工程地震灾变模拟
——从高层建筑到城市区域
（第二版）

陆新征　著

科学出版社

北京

内 容 简 介

本书介绍了作者近十余年来在高层建筑和城市区域建筑群地震灾变模拟方面的研究工作。全书共分 12 章，以"建筑抗震弹塑性分析"和"城市抗震弹塑性分析"为核心，主要内容包括：绪论、高层建筑地震灾变模拟的精细模型、高层建筑地震灾变模拟案例、中美典型高层建筑抗震设计对比及性能化评价、高层建筑地震灾变模拟的简化模型及应用、可恢复功能伸臂桁架和多灾害防御框架、城市区域建筑震害模拟的计算模型、城市区域地震经济损失预测方法、城市区域震害模拟的高性能计算和可视化、城市区域地震次生火灾及次生坠物模拟、典型城市建筑群的震害模拟案例、结论与展望。

本书可供从事土木工程、地震工程领域研究的科技人员及高等院校相关专业的师生参考。

图书在版编目（CIP）数据

工程地震灾变模拟：从高层建筑到城市区域/陆新征著. —2 版. —北京：科学出版社，2020.9

ISBN 978-7-03-065920-0

Ⅰ. ①工… Ⅱ. ①陆… Ⅲ. ①工程地震–地震模拟试验–研究 Ⅳ. ①P315.8

中国版本图书馆 CIP 数据核字（2020）第 161697 号

责任编辑：童安齐 / 责任校对：马英菊
责任印制：吕春珉 / 封面设计：耕者设计工作室

科 学 出 版 社 出版
北京东黄城根北街 16 号
邮政编码：100717
http://www.sciencep.com
北京中科印刷有限公司 印刷
科学出版社发行　各地新华书店经销
*
2015 年 9 月第 一 版　　　开本：787×1092　1/16
2020 年 9 月第 二 版　　　印张：51 1/4
2020 年 9 月第三次印刷　　　字数：1 187 000
定价：360.00 元
（如有印装质量问题，我社负责调换〈中科〉）
销售部电话 010-62136230　编辑部电话 010-62137026

第二版前言

我国是世界上地震灾害最为严重的国家之一，深入开展地震工程研究，切实提高建筑和城市的抗震防灾能力，是保障人民生命财产安全和国家可持续发展的重大问题。由于我国工程建设和城市化发展非常迅速，再加上地震的偶发性，特别是我国中、东部人口密集的城市自唐山地震后已经有40余年未曾经历过重大地震灾害，现有的震害经验显然难以满足工程建设和城市发展的需要。考虑到试验能力的局限，发展数值模拟技术，科学模拟工程结构和城市区域的地震场景和地震破坏，深入揭示灾变机理，并提出安全可靠的韧性防灾对策，对提升我国工程抗灾能力和应急救援能力，建设抗震韧性城市，都具有非常重要的意义。

本书作者近十余年来，围绕"建筑抗震弹塑性分析"和"城市抗震弹塑性分析"，在工程结构地震灾变模拟方面开展了很多的研究工作。特别是在2008年汶川地震后，相关研究工作得到了国家自然科学基金委、科技部、中国地震局等机构的大力支持，在高层建筑和城市区域建筑群的灾变模拟方面承担了多项重要科研项目和工程项目。为了向广大的研究人员和设计人员系统介绍相关研究成果，于2015年在科学出版社出版了本书的第一版，总结了高层建筑和城市区域建筑群地震灾变模拟的新型数值模型、高性能计算方法、高真实感可视化方法、性能化设计与损失评价方法以及典型工程应用等相关方面的工作。

自本书第一版出版以来，国内外地震工程界又取得了很多重要的进展。一方面，抗震韧性问题得到越来越多的关注，地震的经济损失控制与震后的快速恢复能力成为研究的重点。另一方面，城市作为一个"物理-社会-信息"三度复杂系统，单体结构的高性能无法保证抗震韧性的实现，因而社区和城市的防震减灾问题也得到了越来越多的关注。针对上述前沿动向，本书作者近年来也开展了相应的研究工作，并将其成果总结后补充到本书第二版：①超高层建筑楼面加速度控制和大震功能可恢复超高层设计方法（第5章）；②可恢复功能伸臂桁架和多灾害防御框架研发（第6章）；③城市区域建筑群多LOD震害模拟框架（第7章）；④密集建筑群"场地-城市"相互作用模拟方法（第7章）；⑤基于BIM、GIS和新一代性能化设计方法的地震损失评价方法（第8章）；⑥基于无人机航拍和机器学习的震后损失评估方法（第8章）；⑦基于倾斜摄影测量的高真实感可视化方法（第9章）；⑧单体和区域地震次生火灾模拟及可视化方法（第 10 章）；⑨地震次生坠物的产生、运动机理及其对震后疏散和避难场所选址的影响（第 10 章）；⑩基于建筑和城市抗震弹塑性分析的地震破坏力速报技术等（第 11 章）。同时，对全书的章节和内容也做了相应调整，并删去了一些应用较少的内容。

工程地震灾变模拟内容很丰富，国内外很多研究者都做出了许多杰出的研究工作。但由于篇幅所限，本书主要介绍作者及其合作者在相关领域开展的工作，读者可以参阅相关文献了解其他研究者的工作。

本书的主要内容源于以下科研项目的部分成果。

"十一五"国家重点研发计划课题（项目编号：2018YFC1504401，2017YFC0702902），国家"万人计划"科技创新领军人才（项目编号：W02020024），国家自然科学基金优秀青年科学基金项目（项目编号：51222804），国家自然科学基金重大研究计划重点项目（项目编号：90815025）和集成项目（项目编号：91315301），国家自然科学基金重大国际（地区）合作研究项目（项目编号：51261120377），国家自然科学基金重点项目（项目编号：U1709212），国家自然科学基金面上项目（项目编号：51178249，51378299，51578320，51778341），"十一五""十二五"国家科技支撑计划（项目编号：2006BAJ03A02，2009BAJ28B01，2012BAJ07B012，2013BAJ08B02，2015BAK17B03），北京市自然科学基金项目（项目编号：8142024，8182025），教育部新世纪优秀人才支持计划（项目编号：NCET-10-0528），霍英东教育基金会第十三届高等院校青年教师基金（项目编号：131071），中国地震局地球物理研究所基本科研专项（项目编号：DQJB14C01），清华大学自主研究项目（项目编号：2010THZ02-1）等。

本书所反映的成果是作者与国内外合作者及作者指导的研究生共同完成的，主要包括：清华大学叶列平教授、任爱珠教授、岑松教授，澳大利亚格里菲斯大学 H. Guan 教授，日本东京大学 M. Hori 教授，美国斯坦福大学 K. H. Law 教授，美国加州大学伯克利分校 S. A. Mahin 教授、F. McKenna 博士，意大利都灵理工大学 G. P. Cimellaro 教授，中国地震局工程力学研究所林旭川研究员，北京建筑设计研究院齐五辉教授、杨蔚彪教授、甄伟教授，华东建筑设计研究院周建龙教授、包联进教授，中国地震台网中心孙丽博士，香港科技大学王刚教授，Arup 公司的黄羽立博士，以及本书作者课题组的研究生汪训流、缪志伟、马千里、曲哲、许镇、卢啸、施炜、熊琛、解琳琳、杨青顺、曾翔、林楷奇、田源、张磊、杨哲飚、程庆乐、顾栋炼、徐永嘉、廖文杰、孙楚津、张万开、韩博、李梦珂、王丽莎、刘斌、谢昭波、张书豪、朱亚宁等。此外，感谢清华大学钱稼茹教授、刘晶波教授、赵作周教授、潘鹏教授、纪晓东教授、冯鹏教授，美国俄亥俄州立大学 H. Sezen 教授，加拿大不列颠哥伦比亚大学 T. Yang 教授，美国北德州大学 C. Yu 教授，英国斯旺西大学 C. F. Li 教授，大连理工大学崔瑶教授等，他们在相关研究中提出很多宝贵建议。同时，感谢中国建筑科学研究院、北京建筑设计研究院、中国地震局工程力学研究所、中国地震局地球物理研究所、西安建筑科技大学等单位的大力协助和支持。在过去的十多年科研工作中，众多单位、领导与同事给了我们巨大的支持和帮助，谨致以最诚挚的谢意！

本书的计算分析工作和试验研究工作还得到清华大学力学计算与仿真实验室和土木工程安全与耐久教育部重点实验室的大力支持，在此也表示衷心的感谢。

由于作者水平有限，本书内容只是相关领域诸多研究成果中的沧海一粟，尚存在很多不足之处，衷心希望有关专家和读者批评指正。

作　者

2019 年 2 月

北京清华园

第一版前言

我国是世界上地震灾害最为严重的国家之一，深入开展地震工程研究，切实提高建筑和城市的抗震防灾能力，是保障我国人民生命财产安全的重大问题。由于我国工程建设和城市化发展非常迅速，再加上地震的偶发性，特别是我国中、东部人口密集的大城市自唐山地震后已经有近40年未曾经历过重大地震灾害，现有的震害调查经验显然难以满足工程建设和城市发展的需要。考虑到试验能力的局限，发展数值模拟技术，科学模拟工程结构和城市区域的地震场景和地震破坏，深入揭示灾变机理并提出安全可靠的抗震对策，对提升我国工程抗灾能力和应急救援能力都具有非常重要的意义。

本书作者近十余年来，在工程结构地震灾变模拟方面开展了很多的研究工作。特别是在2008年汶川地震后，相关研究工作得到了国家自然科学基金委、科技部等机构的大力支持，在高层建筑和城市区域建筑群的灾变模拟方面承担了多项重要科研项目。为了向广大的研究人员和设计人员介绍相关研究成果，特撰写本书。全书共13章，主要介绍了高层建筑和城市区域建筑群地震灾变模拟的新型数值模型、高性能计算方法、高真实感可视化方法、性能化设计与损失评价方法及典型工程应用等相关方面的工作。由于工程地震灾变模拟内容很丰富，国内外很多研究者都做出了许多杰出的研究工作，限于篇幅，本书主要介绍作者及合作者在相关领域开展的工作，读者可以参阅相关文献了解其他研究者的工作。

本书的主要内容源于以下科研项目的部分成果：国家自然科学基金优秀青年科学基金项目（项目编号：51222804），国家自然科学基金重大研究计划重点项目（项目编号：90815025）和集成项目（项目编号：91315301），国家自然科学基金重大国际（地区）合作研究项目（项目编号：51261120377），国家自然科学基金面上项目（项目编号：51178249，51378299，51578320），国家科技支撑计划（项目编号：2006BAJ03A02，2009BAJ28B01，2012BAJ07B012，2013BAJ08B02，2015BAK17B00），北京市自然科学基金项目（项目编号：8142024），教育部新世纪优秀人才支持计划项目（项目编号：NCET-10-0528），霍英东教育基金会第十三届高等院校青年教师基金（项目编号：131071），中国地震局地球物理研究所基本科研专项（项目编号：DQJB14C01），清华大学自主研究项目（项目编号：2010THZ02-1）等。

本书的成果是作者与国内外合作者及作者指导的研究生共同完成的，主要包括：清华大学叶列平教授、任爱珠教授、岑松教授，澳大利亚格里菲斯大学 H. Guan 教授，日本东京大学 M. Hori 教授，美国斯坦福大学 K. H. Law 教授，中国地震局工程力学研究所林旭川博士，北京建筑设计研究院齐五辉教授、杨蔚彪教授、甄伟教授，Arup 公司的黄羽立博士，以及本书作者课题组的研究生汪训流、缪志伟、马千里、曲哲、许镇、卢啸、施炜、熊琛、解琳琳、曾翔、林楷奇、田源、张万开、韩博、李梦珂、王丽莎、刘斌、杨哲飚等。此外，感谢清华大学钱稼茹教授、刘晶波教授、赵作周教授、潘鹏教授、纪晓东教授、冯鹏教授，美国俄亥俄州立大学 H. Sezen 教授，加拿大不列颠哥伦比亚大学 T. Yang 教授，美国北德州大学 C. Yu 教授等，他们在相关研究中提出很多宝贵建议，并感谢中国建筑科学研究院、北京建筑设计研究院、中国地震局工程力学研究所、中国地震局地球物理研究所、西安建筑科技大学等单位的大力协助和支持。

本书的计算分析工作和试验研究工作得到清华大学力学计算与仿真实验室和土木工程安全与耐久教育部重点实验室的大力支持，在此表示衷心的感谢。

由于作者水平有限，本书内容只是相关领域诸多研究成果中的沧海一粟，一定存在很多不足和错误之处，衷心希望有关专家和读者批评指正。

作　者
2015 年 7 月
北京清华园

目　　录

1 绪 论

1.1 研究的背景

我国位于世界两大地震带——环太平洋地震带与欧亚地震带的交会部位，是世界上地震灾害最为严重的国家之一。历史上曾经发生过多次重大地震灾害，造成了非常严重的人员伤亡和经济财产损失。历次地震灾害均表明，土木工程结构是地震灾害的主要承灾体，也是造成人员伤亡和经济损失的最主要原因。深入研究工程结构的灾变演化机理，进而提出科学有效的抗震减灾对策，是减轻地震灾害最重要的手段之一。

世界地震工程界经过一百余年的努力，在工程结构抗震方面已经取得了很多重要的研究成果。近年来几次重大地震灾害都表明，当实际地震作用没有显著超出设防罕遇地震水准时，经过科学抗震设计的常规工程结构基本都能够成功避免倒塌破坏，防止出现重大人员伤亡。这是地震工程界非常了不起的成就。但是，由于地震的复杂性以及社会的发展，地震工程仍然面临着许多重要的挑战，主要包括以下几方面。

1）新型工程结构的抗震防灾问题

目前各国规范所采用的抗震设计方法，很多内容是历史上大量震害经验的积累。地震是一个天然的试验场，经过实际地震考验的抗震设计是最为可靠的。但是，由于地震的偶发性和土木工程的迅速发展，工程建设不可能等到实际强烈地震考验后再开展。例如，近年来非常突出的一个问题就是超高层建筑的抗震防灾问题。世界各国都在建或建成了很多超高层建筑，但是很少有超高层建筑真正经历过实际强烈地震的考验。这些建设在地震区的 400m、500m 甚至 600m 级超高层建筑，其地震响应究竟如何？会是怎样的一个破坏模式？抗震措施效果到底怎样？这些问题都亟待深入展开研究。

2）城市区域的综合抗震防灾问题

抗震设计方法的进步不能完全解决城市区域的综合抗震防灾问题，因为就像谚语所说"罗马不是一天建成的"。每个城市都有着漫长的历史。城市里面有大量不同历史时期遗留下来的工程结构。特别是对于我国，由于近代地震工程开始较晚，加上我国是从落后、不发达阶段逐步发展过来的，过去因为经济、科技水平的限制而遗留下来大量低抗灾能力的基础工程设施和房屋建筑，是我国现代城市防灾能力的重要软肋。按照现在城市建筑物的更新换代速度，在未来很长一段时间内，一旦地震发生在人口密集的城市区域，仍然不可避免地会造成很大的破坏和损失。如果不能科学、准确地预测城市区域的地震灾害并采取科学的防灾预案和应急对策，则抢险救灾既不可能及时，也不可能高效。灾后的重建，生产和生活的恢复也更加困难。

3）超出设防水准的极罕遇地震作用问题

虽然我国的地震区划已经经历了四五次重大修订，对地震风险的认识一直在不断加深，但是由于地震的复杂性，超出设防水准的极罕遇地震作用在历史上多次出现，且未来也难以完全避免。类似这样的极端灾害事件，一旦发生，往往后果极其严重，因此必须给予必要的考虑。对极罕遇地震的抗震设计，显然不能依照常规的抗震设计方法来进行。它需要将一个工程结构，或者一个城市区域，视为一个系统，通过科学的体系能力设计，充分发挥系统中每个零件的作用，实现整体大于局部之和，以求得防灾投入和抗灾能力之间的平衡。这是对现行工程结构设计方法的重要发展，国内外很多学者在此领域开展了大量的研究（叶列平等，2008a，2008b；王亚勇等，2010；姚攀峰，2011），但还有很多工作有待进一步开展。

4）工程和城市的可恢复功能/韧性抗震问题

传统的工程抗震研究主要关注结构在地震下的安全性。然而，近年来发生在新西兰的 Christchurch 地震（2011）、日本"3·11"地震（2011）等都表明，基于现行的抗震设计方法，虽然可以有效避免工程结构的地震倒塌破坏，但是很多工程却因为破坏严重没有修复价值而被迫拆除，从而造成巨大的经济损失和社会冲击。因此，基于"韧性"（Resilience）（也可以翻译成"可恢复功能"）的抗震设计，成为近年来国际地震工程界非常关注的话题。

基于"可恢复功能/韧性"的抗震减灾要求一个城市、社区或建筑物，在灾害发生时其损失要尽可能的小，在灾害发生后其恢复正常功能的时间要尽可能地短。以图 1.1-1 为例，一个城市、社区或建筑物，在没有地震时处于一个稳定的状态。灾难一旦发生，则其功能会有一个迅速的下降，而后通过灾后重建恢复，其功能又逐渐得到回升（Bruneau，et al.，2003）。显然，如果这个城市、社区或建筑物在灾害下功能下降得越少，灾后恢复的时间越短，则灾害造成的影响也越小，也就是说，这个城市、社区或建筑物的地震韧性（或震后恢复能力）也就越强。而现阶段国内外抗震防灾工作在工程和城市的韧性抗震方面的研究还比较有限。

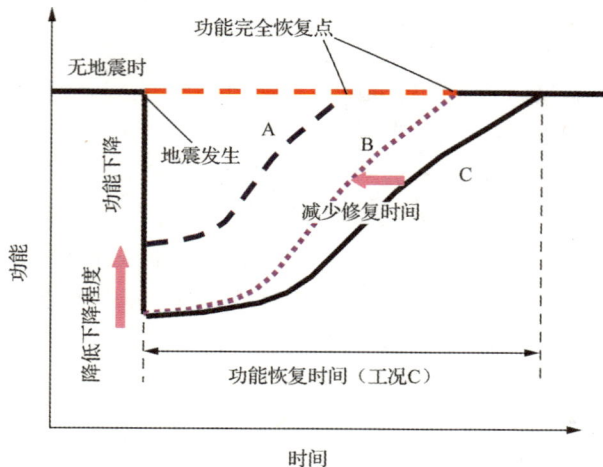

图 1.1-1 可恢复功能/韧性抗震的基本概念

1.2　工程地震灾变模拟的内涵和意义

由于土木工程结构自身体量庞大、造价高昂、结构复杂，加上地震作用的"突发性、区域性和毁灭性"的特点，完全依赖物理试验手段研究其地震灾变过程难度很大。即使采用缩比模型，也依然存在尺寸效应、相似比设计等诸多困难。与此同时，土木工程也是城市功能的主要载体，当工程结构的灾变研究从单体发展到城市区域规模时，采用物理试验手段更是无能为力。因此，计算机数值模拟作为一种重要的科学研究手段，在工程结构抗震防灾领域得到日益广泛的应用。

工程结构计算机数值模拟的核心工作，是将工程结构的各种复杂行为（力学、热学等），建立相应的数学方程，而后通过计算机对这些方程进行求解，以预测相应的工程结构响应。工程结构数值模拟包括三个主要的构成部分。

（1）工程结构的数值计算模型。

（2）数学方程的求解算法。

（3）完成工程结构数值模拟所需的计算机硬件平台。

其中高性能的计算机硬件平台是基础，高效的求解算法是重要手段，而工程结构的数值计算模型是核心研究内容。

由于土木工程结构自身体量的庞大和行为的复杂，准确描述其复杂非线性受力行为的数值模型的计算量非常大。计算机有限的计算能力与工程结构数值模拟几乎无限的计算量需求，构成了工程结构数值模拟的一个主要矛盾，同时也成为工程结构数值模拟不断进步的一个重要原动力。

实际上，科学研究/工程应用的需求与试验能力（包括物理试验和数值模拟试验）的限制之间的矛盾，无论是对于物理试验还是对于数值模拟试验都同样存在。然而，计算机技术日新月异的发展，为突破数值模拟计算能力限制不断提供新的手段。与此相对，物理试验能力的发展却遇到了巨大的困难。以振动台试验为例，目前世界上最大的振动台为建于1995年的日本E-Defense振动台，此后20多年，振动台试验能力都很难进一步得到提高。而世界上最快的超级计算机的头衔，几乎每年都在变化，甚至家家户户使用的台式计算机的速度，已经可以与15年前世界上最快的超级计算机相媲美。日趋庞大而廉价的计算机数值计算能力，不断为工程结构的数值模拟提供强有力的推动力。2009年，我国住房和城乡建设部、美国国家科学基金会（NSF）和日本文部省组织中国、美国、日本三国50余位地震工程和结构工程知名专家在广州举行"中美日建筑结构抗震减灾研讨会"，探讨未来结构工程和地震工程的发展方向。与会专家一致认定"基于超大规模计算的区域综合震害预测是未来地震工程领域具有重大价值的研究方向"。

1.3　本书的研究思路和主要研究内容

针对前述的目前工程抗震防灾领域比较突出的问题，即高层建筑和城市区域的抗震防灾问题，本书主要通过数值模拟手段，研究高层建筑和城市区域的灾变演化机理，特别关注以下四个方面。

（1）高层和超高层建筑在极罕遇地震作用下的倒塌机理及抗倒塌对策。

（2）可恢复功能高层和超高层建筑设计方法及新型构件。

（3）基于物理模型的城市地震灾害及次生灾害精细化高真实感模拟。

（4）基于"情境-对策"模式的区域地震灾害预测及应急。

本书的研究思路和各章的关系如图 1.3-1 所示。

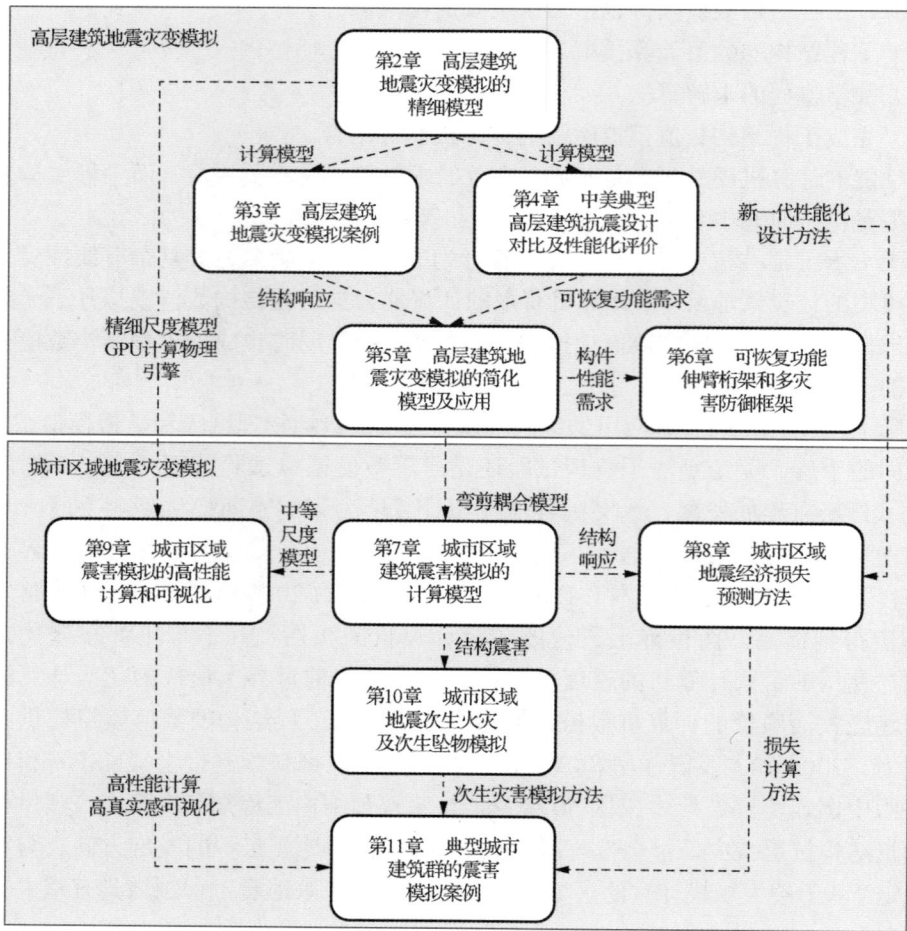

图 1.3-1　本书的研究思路和各章的关系

第 2～6 章主要介绍高层建筑的地震灾变模拟问题。

由于高层建筑体量庞大，结构复杂，提出合理准确的计算模型是研究其灾变机理的基础，第 2 章首先介绍了以纤维梁单元和分层壳单元为基础的高层建筑地震灾变模拟的精细有限元模型，以及相应的多尺度建模方法及高性能计算手段，并通过一系列构件试验的模拟，验证了所提出模型的准确性和可靠性。

基于第 2 章的精细化有限元模型，第 3 章通过两个比较有代表性的超高层建筑地震灾变模拟，研究了新型超高层结构的倒塌过程和破坏机理，提出了相应的工程设计建议，并针对近年来高层建筑抗震设计中矛盾比较突出的一些问题，如框架-核心筒结构框架剪力分担比问题、超高层建筑最小剪力系数问题等，基于倒塌模拟给出了设计建议。

第 3 章的研究主要偏重于高层建筑的结构性能，而从可恢复功能/韧性抗震的角度来看，除了对结构性能提出要求外，还关注非结构构件破坏，以及相应的经济损失和修复时间等。因此，第 4 章利用所提出的灾变演化模型，结合新一代性能化设计方法，通过两个典型中美高层建筑对比，研究了中美高层建筑的结构抗震性能和功能可恢复能力。

利用精细化有限元模型实现结构地震响应分析虽然精度高，但是毕竟代价较大，不便于在工程设计初期使用。因此，第 5 章提出了高层建筑地震灾变模拟的简化模型，包括"弯剪耦合模型"和"鱼骨模型"，从而可以以非常小的计算代价，取得和精细化有限元模型相近的计算结果，为工程前期设计和方案比选提供参考，并基于简化模型，讨论了高层建筑的楼面加速度控制对策、地震动强度指标，以及可恢复功能超高层建筑的抗震设计方法。

第 5 章的研究成果指出，超高层建筑要实现可恢复功能，需要关键竖向构件（如巨型柱、剪力墙）低损伤，同时伸臂桁架、连梁和次框架具有良好的耗能能力和震后可修复性。第 6 章首先介绍了可恢复功能伸臂桁架的研究工作。除了可恢复功能，多灾害防御也已经成为国际土木工程的重要研究前沿。由于超高层建筑往往是重要的地标性建筑，除了抗震能力外，次框架结构还需要有良好的抗连续倒塌能力。因此，第 6 章提出了地震与连续倒塌综合防御混凝土框架结构和组合框架结构及其设计方法。

第 7～11 章主要介绍城市区域的地震灾变模拟问题。

针对目前城市区域建筑群地震灾变模拟存在的不足，第 7 章提出了利用多自由度层模型和非线性时程分析来实现城市区域建筑群的地震灾变模拟，并给出了多层砌体、多层混凝土框架和高层框架-剪力墙/核心筒结构的计算模型和参数确定方法，讨论了参数不确定性对震害预测结果的影响。由于城市中心建筑物密集，密集建筑群和场地耦合作用会影响地震动输入。因此，第 7 章还提出了"场地-城市"相互作用的模拟方法。

城市地震灾变模拟除了需要得到结构的地震破坏以外，还需要预测地震可能造成的经济损失。因此，第 8 章进一步提出了从常规的结构尺度，到精细化的构件尺度的城市地震灾害经济损失预测方法。为解决数据获取的难题，提出了基于精细数据模型 FDM（fine data model）、基于建筑信息模型 BIM（building information modeling）和基于地理信息系统 GIS（geographic information system）模型的多源数据震损分析方法，并进一步提出利用航拍照片和机器学习等方法来提高震损预测精度。

　　精细化的城市区域震害模拟的计算量需求很大，因此第 9 章首先介绍了通过图形处理器 GPU（graphics processing unit）并行计算及多尺度分布式计算来实现城市区域建筑群高性能计算。由于城市建筑群地震灾变模拟的用户将不仅仅是土木工程专业人员，因此高真实感的灾变场景可视化模拟对非土木工程专业人员非常重要。第 9 章结合 2D 城市 GIS 模型、3D 城市多边形模型和倾斜摄影测量模型，实现了城市区域建筑群震害模拟的高真实感可视化，以及基于物理引擎的区域建筑群倒塌灾变行为的模拟。

　　除了建筑震害外，地震引发的次生火灾、坠物等次生灾害同样可能导致严重的后果，第 10 章给出了考虑喷淋系统震害的建筑次生火灾分析方法，以及基于物理模型的城市区域次生火灾模拟及高真实感可视化方法，并且开展了建筑外围护构件的地震坠物试验以及考虑坠物碎片影响的人员疏散试验，给出了坠物碎片的模拟方法、考虑坠物碎片影响的应急区域规划方法和避难逃生模拟方法。

　　基于前述第 7～10 章提供的方法，第 11 章分别讨论了六个典型的中外区域建筑群震害分析案例，其建筑数量，从几十、几百，到几万，再到上百万。通过这些案例对比，说明了本书建议方法的优势。同时，本书提出的城市区域震害预测方法，不仅可以用于震前震害预测，也可以用于震后应急评估。第 11 章还给出了基于强震观测网络、建筑和城市抗震弹塑性分析的震后地震破坏力速报系统。

　　最后，第 12 章对相关研究工作进行了总结，并对灾变模拟未来的发展提出展望。

2　高层建筑地震灾变模拟的精细模型

2.1　概　　述

高层建筑构件数量众多，受力形式复杂，提出准确而高效的计算模型，是开展高层建筑地震灾变模拟的前提。经过长期的研究和对比，目前工程界都比较接受采用纤维梁模型来模拟框架梁柱构件，采用分层壳模型来模拟剪力墙构件。本书作者在这两类模型上也开展了相应的研究，将在 2.2 节和 2.3 节加以介绍。而对于某些特殊构件，纤维梁或分层壳单元模拟效果不是很好，这时可以采用一些专门的模型加以建模。2.4 节介绍了作者提出的一些专用的基于截面或构件的分析模型。另外，对于某些复杂受力部位，梁单元或者壳单元由于单元自身的性能限制，无法加以准确模拟，而整个结构都采用实体单元建模又工作量太大，因此本书作者建议可以采用多尺度有限元建模方法，详见 2.5 节。在结构地震灾变倒塌过程中，构件会断裂破碎形成碎片，可以采用生死单元法来模拟这样的构件断裂过程。2.6 节介绍了构件断裂生死单元法的实现方法，以及被杀死后单元的一些模拟技术。针对精细化模型带来的高计算量挑战，本书作者建议了基于 GPU 的高性能矩阵求解技术和可视化技术，详见 2.7 节和 2.8 节。

2.2　纤　维　模　型

2.2.1　纤维梁模型的基本原理

对于钢筋混凝土框架构件，例如梁、柱等，由于其长细比较大，正截面受力时一般可以保持平截面假定，因此纤维梁模型成为此类构件最常用的分析模型。纤维梁单元（图 2.2-1，其中 1、2 代表两个端截面）将构件截面划分成很多的小"区块"，每个小"区块"称为一根"纤维"，服从预设的一维应力-应变关系。不同的纤维之间根据平截面假定协调工作。结构分析时主程序计算得到纤维梁单元节点的平动和转动变形，而后纤维梁单元根据节点位移和单元的位移

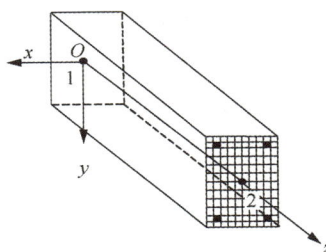

图 2.2-1　纤维梁单元

形函数，计算得到不同截面的轴向应变和曲率。再根据平截面假定，计算得到不同纤维的轴向应变。之后根据纤维一维本构关系，得到每个纤维的轴向应力和轴力。全截面积分得到截面的总轴力和总弯矩，最后得到单元的节点反力及单元的刚度矩阵，其具体公式为

$$\varepsilon_{ic} = \varepsilon^{\text{sect}} + \phi_x^{\text{sect}} y_{ic} - \phi_y^{\text{sect}} x_{ic} \qquad (2.2\text{-}1)$$

$$\varepsilon_{is} = \varepsilon^{sect} + \phi_x^{sect} y_{is} - \phi_y^{sect} x_{is} \qquad (2.2\text{-}2)$$

$$N = \sum_{ic=1}^{nc} \sigma_{ic} A_{ic} + \sum_{is=1}^{ns} \sigma_{is} A_{is} \qquad (2.2\text{-}3)$$

$$M_x = \sum_{ic=1}^{nc} \sigma_{ic} A_{ic} y_{ic} + \sum_{is=1}^{ns} \sigma_{is} A_{is} y_{is} \qquad (2.2\text{-}4)$$

$$M_y = \sum_{ic=1}^{nc} \sigma_{ic} A_{ic} \left(-x_{ic}\right) + \sum_{is=1}^{ns} \sigma_{is} A_{is} \left(-x_{is}\right) \qquad (2.2\text{-}5)$$

式中，ε^{sect}、ϕ_x^{sect}、ϕ_y^{sect} 分别为截面轴向应变及绕 x、y 轴的曲率；N 为截面的轴向力；M_x、M_y 分别为截面绕 x、y 轴（图 2.2-1）的弯矩；n 为截面纤维总数；其他符号意义见表 2.2-1。

表 2.2-1　符号意义

纤维类型	纤维编号，数量	纤维在截面上的坐标	面积	应变	应力	切线模量
混凝土	ic，nc	x_{ic}，y_{ic}	A_{ic}	ε_{ic}	σ_{ic}	E_{ic}^t
钢筋	is，ns	x_{is}，y_{is}	A_{is}	ε_{is}	σ_{is}	E_{is}^t

截面刚度矩阵 $\boldsymbol{K}^{sect}$ 为

$$\boldsymbol{K}^{sect} = \begin{bmatrix} \sum_{ic=1}^{nc} E_{ic}^t A_{ic} + \sum_{is=1}^{ns} E_{is}^t A_{is} & \sum_{ic=1}^{nc} E_{ic}^t A_{ic} y_{ic} + \sum_{is=1}^{ns} E_{is}^t A_{is} y_{is} & -\sum_{ic=1}^{nc} E_{ic}^t A_{ic} x_{ic} - \sum_{is=1}^{ns} E_{is}^t A_{is} x_{is} \\ \sum_{ic=1}^{nc} E_{ic}^t A_{ic} y_{ic} + \sum_{is=1}^{ns} E_{is}^t A_{is} y_{is} & \sum_{ic=1}^{nc} E_{ic}^t A_{ic} y_{ic}^2 + \sum_{is=1}^{ns} E_{is}^t A_{is} y_{is}^2 & -\sum_{ic=1}^{nc} E_{ic}^t A_{ic} x_{ic} y_{ic} - \sum_{is=1}^{ns} E_{is}^t A_{is} x_{is} y_{is} \\ -\sum_{ic=1}^{nc} E_{ic}^t A_{ic} x_{ic} - \sum_{is=1}^{ns} E_{is}^t A_{is} x_{is} & -\sum_{ic=1}^{nc} E_{ic}^t A_{ic} x_{ic} y_{ic} - \sum_{is=1}^{ns} E_{is}^t A_{is} x_{is} y_{is} & \sum_{ic=1}^{nc} E_{ic}^t A_{ic} x_{ic}^2 + \sum_{is=1}^{ns} E_{is}^t A_{is} x_{is}^2 \end{bmatrix}$$

$$(2.2\text{-}6)$$

由混凝土纤维应变 ε_{ic} 和钢筋纤维应变 ε_{is} 计算相应的混凝土纤维应力 σ_{ic} 和钢筋纤维应力 σ_{is}，是纤维模型中比较关键的一个问题，2.2.2 节和 2.2.3 节将结合本书作者做的一些工作加以介绍。此外，国内外很多学者也提出了不同的单轴混凝土和钢筋模型，读者也可以参考。

纤维模型计算正截面受力的效果已经得到了很多验证，但是纤维模型在计算斜截面受力（受剪或受扭）时，还有很多困难。很多研究者都提出了不同的纤维模型斜截面计算模型。需要说明的是，由于混凝土斜截面受力存在复杂的轴力-弯矩-剪力-扭矩耦合作用，精确计算斜截面滞回受力行为是非常复杂的。考虑到混凝土构件斜截面破坏一般是脆性破坏，所以本书作者建议采用简化的处理方法，即当斜截面的剪力/扭矩大于构件的设计抗剪或抗扭强度时，认为构件已经发生破坏退出工作。

2.2.2　钢筋混凝土构件纤维模型

2.2.2.1　混凝土本构模型

为了更加合理地反映受压混凝土的约束效应、循环往复荷载下的滞回行为（包括刚度和强度退化）以及受拉混凝土的"受拉刚化效应"，本书作者与清华大学叶列平教授、研究生汪训流等（2007）开发了一种新的单轴混凝土本构关系。该混凝土本构的受压单调加载包络线选取 Légeron-Paultre 模型（Légeron, et al., 2003），可同时考虑构件中纵、横向配筋对混凝土约束效应的影响（图 2.2-2）。为反映反复荷载下混凝土的滞回行为，采用二次抛物线模拟混凝土卸载及再加载路径，并考虑反复受力过程中材料的刚度和强度退化（Mander, et al., 1988）。为模拟混凝土裂缝闭合带来的裂面效应，在混凝土受拉、受压过渡区，采用线性裂缝闭合函数模拟混凝土由开裂到受压时的刚度恢复过程。在受拉区，采用江见鲸模型（江见鲸等，2005），模拟混凝土受拉开裂及软化行为，以考虑"受拉刚化效应"（图 2.2-3）。

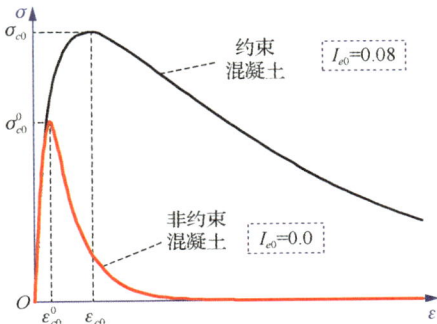

图 2.2-2　混凝土受压单调加载曲线

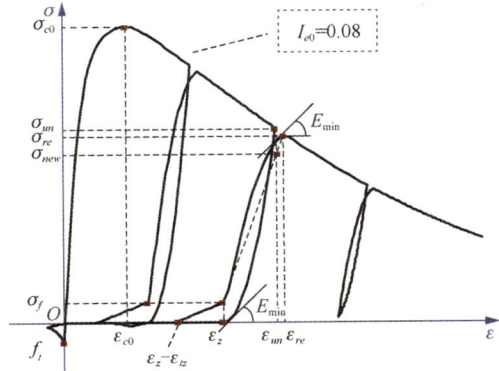

图 2.2-3　混凝土往复加载曲线

各受力分区的力学模型详细介绍如下。

1）混凝土受压本构

受压区混凝土的本构主要包括骨架线加载曲线、卸载及再加载曲线、拉压过渡区（即裂缝闭合区）等三部分。

（1）骨架线加载曲线。骨架线加载曲线应能反映约束效应和软化行为，本节采用以下模型，即

$$
\sigma = \begin{cases} \sigma_{c0}\left[\dfrac{s(\varepsilon/\varepsilon_{c0})}{s-1+(\varepsilon/\varepsilon_{c0})^{s}}\right] & \varepsilon \leqslant \varepsilon_{c0} \\ \sigma_{c0}\exp\left[s_1\left(\varepsilon-\varepsilon_{c0}\right)^{s_2}\right] & \varepsilon > \varepsilon_{c0} \end{cases} \tag{2.2-7}
$$

式中，σ、ε 分别为受压混凝土的压应力和压应变；σ_{c0}、ε_{c0} 分别为受压混凝土的峰值应力和峰值应变；s、s_1、s_2 为应力-应变曲线的控制参数。

峰值应力和峰值应变 σ_{c0}、ε_{c0} 与混凝土的约束情况有关，根据 Légeron 等（2003）建议，峰值应力和峰值应变 σ_{c0}、ε_{c0} 与有效约束指标的关系为

$$
\begin{cases} \sigma_{c0} = \sigma_{c0}^{0}\left(1+2.4I_{e0}^{0.7}\right) \\ \varepsilon_{c0} = \varepsilon_{c0}^{0}\left(1+35I_{e0}^{1.2}\right) \end{cases} \tag{2.2-8}
$$

式中，σ_{c0}^{0}、ε_{c0}^{0} 分别为无约束混凝土的受压峰值应力和峰值应变；I_{e0} 为混凝土达到受压

峰值应变 ε_{c0} 时的有效约束指标，可根据 Légeron 等（Légeron，et al.，2003）建议的公式计算。

根据 Légeron 等（Légeron，et al.，2003）建议，控制参数 s、s_1、s_2 按式（2.2-9）确定为

$$\begin{cases} s = \dfrac{E_c}{E_c - \sigma_{c0} / \varepsilon_{c0}} \\ s_1 = \dfrac{\ln 0.5}{\left(\varepsilon_{50} - \varepsilon_{c0}\right)^{s_2}} \\ s_2 = 1 + 25 I_{e50}^2 \end{cases} \qquad (2.2\text{-}9)$$

式中，E_c 为混凝土抗压弹性模量（原点切线模量）；ε_{50} 为混凝土压应力降至峰值应力的 50%时对应的压应变，且 $\varepsilon_{50} = \varepsilon_{50}^0 (1 + 60 I_{e50})$，其中 I_{e50} 为混凝土受压应变等于 ε_{50} 时的有效约束指标。

（2）卸载及再加载曲线。卸载及再加载曲线能反映滞回、强度退化以及刚度退化的特性。

首先，按 Mander 等建议的方法（Mander，et al.，1988）确定卸载至零应力点时的残余应变 ε_z 和再加载至骨架线时的应变 ε_{re}（图 2.2-3）。

$$\begin{cases} \varepsilon_z = \varepsilon_{un} - \dfrac{\left(\varepsilon_{un} + \varepsilon_{ca}\right)\sigma_{un}}{\sigma_{un} + E_c \varepsilon_{ca}} \\ \varepsilon_{re} = \varepsilon_{un} + \dfrac{\sigma_{un} - \sigma_{new}}{E_r \left(2 + \dfrac{\sigma_{c0}}{\sigma_{c0}^0} \right)} \end{cases} \qquad (2.2\text{-}10)$$

$$\begin{cases} \varepsilon_{ca} = \max\left(\dfrac{\varepsilon_{c0}}{\varepsilon_{c0} + \varepsilon_{un}}, \dfrac{0.09\varepsilon_{un}}{\varepsilon_{c0}} \right) \sqrt{\varepsilon_{c0}\varepsilon_{un}} \\ \sigma_{new} = 0.92\sigma_{un} + 0.08\sigma_{un0} \\ E_r = \dfrac{\sigma_{un0} - \sigma_{new}}{\varepsilon_{un0} - \varepsilon_{un}} \end{cases} \qquad (2.2\text{-}11)$$

式中，ε_z 为受压混凝土卸载至零应力点时的残余应变；ε_{re} 为受压混凝土再加载至骨架线时的应变；σ_{un}、ε_{un} 分别为受压混凝土从骨架线开始卸载时相应卸载点的应力和应变；ε_{ca}、σ_{new} 及 E_r 分别为附加应变、与 ε_{un} 等应变的更新应力和更新割线模量；σ_{un0}、ε_{un0} 分别为混凝土受压段卸载曲线终点的应力和应变（图 2.2-3）。

其次，按式（2.2-12）确定受压混凝土的卸载及再加载路径，即

$$\sigma = a_1 \varepsilon^2 + a_2 \varepsilon + a_3 \qquad (2.2\text{-}12)$$

式中，σ、ε 分别为受压混凝土的压应力和压应变；参数 a_1、a_2 和 a_3 确定如下。

当为卸载路径时，有

$$
\begin{cases}
a_1 = \left[\sigma_{un} - E_{\min} (\varepsilon_{un} - \varepsilon_z) \right] \big/ (\varepsilon_{un} - \varepsilon_z)^2 \\
a_2 = E_{\min} - 2a_1 \varepsilon_z \\
a_3 = \sigma_{un} - a_1 \varepsilon_{un}^2 - a_2 \varepsilon_{un}
\end{cases}
\tag{2.2-13}
$$

当为再加载路径时，有

$$
\begin{cases}
a_1 = \left[(\sigma_f - \sigma_{re}) - E_{\min} (\varepsilon_z - \varepsilon_{re}) \right] \big/ (\varepsilon_z - \varepsilon_{re})^2 \\
a_2 = E_{\min} - 2a_1 \varepsilon_{re} \\
a_3 = \sigma_{re} - a_1 \varepsilon_{re}^2 - a_2 \varepsilon_{re}
\end{cases}
\tag{2.2-14}
$$

式中，$E_{\min}$ 为受压混凝土卸载或再加载路径沿线最小切线斜率（图 2.2-3）；σ_f 为混凝土拉压过渡区终点应力，可取为 $\sigma_f = \sigma_{c0} / 10$；$\sigma_{re}$ 为受压混凝土再加载路径达到骨架线时的应力，由混凝土受压单调加载曲线［式（2.2-7）］代入 ε_{re} 计算所得；其他的符号意义同式（2.2-10）和式（2.2-11）。

式（2.2-13）和式（2.2-14）实际是分别用过两点（ε_{un}，σ_{un}）、（$\varepsilon_z,0$）和（ε_z，σ_f）、（ε_{re}，σ_{re}）并指定沿线最小切线斜率 $E_{\min}$（路径终点斜率）的抛物线来模拟受压混凝土的卸载及再加载应力-应变关系，整个卸载和再加载循环考虑了加卸载时的强度退化、刚度退化和滞回行为。

（3）拉压过渡区。在拉压过渡区，混凝土存在一个刚度恢复过程，该本构关系采用线性裂缝闭合函数。过渡区起点的相对应变为最大名义受拉应变 ε_{tz}（混凝土第一次开裂后再次进入受拉区时根据平截面假定所得到的最大"虚假"应变），且限定 $\varepsilon_{tz} \leq \varepsilon_{tu}$，相应应力为 0；终点的应变为 ε_z，相应应力为 σ_f，如图 2.2-3 所示。

参照《混凝土结构设计规范》（GB 50010—2010）[①]，将式（2.2-10）～式（2.2-14）进行了简化，即

$$
\begin{cases}
\varepsilon_z = \varepsilon_{un} - \dfrac{(\varepsilon_{un} + \varepsilon_{ca}) \sigma_{un}}{\sigma_{un} + E_c \varepsilon_{ca}} \\[2mm]
\varepsilon_{ca} = \max \left(\dfrac{\varepsilon_{c0}}{\varepsilon_{c0} + \varepsilon_{un}}, \dfrac{0.09 \varepsilon_{un}}{\varepsilon_{c0}} \right) \sqrt{\varepsilon_{c0} \varepsilon_{un}} \\[2mm]
E_r = \dfrac{\sigma_{un}}{\varepsilon_{un} - \varepsilon_z}
\end{cases}
\tag{2.2-15}
$$

式中符号意义同前。

同时，将混凝土的卸载和再加载曲线简化为一条直线，如式（2.2-16）和图 2.2-4 所示，即

$$
\sigma_c = E_r (\varepsilon_c - \varepsilon_z)
\tag{2.2-16}
$$

---

① 本书所阐述的部分内容的依据是《混凝土结构设计规范》（GB 50010—2010），不涉及 2015 年对该规范修订的部分条款。下同。

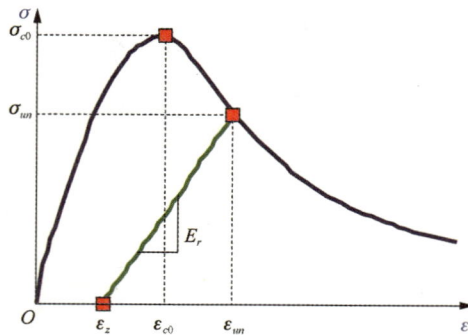

图 2.2-4　《混凝土结构设计规范》（GB 50010—2010）建议的混凝土卸载和再加载曲线

2）混凝土受拉本构

受拉混凝土单调加载曲线上升段取为直线，软化段取江见鲸模型（江见鲸等，2005）为

$$\sigma = \begin{cases} E_t \varepsilon & \varepsilon \leqslant \varepsilon_{t0} \\ f_t \exp\left[-\alpha\left(\varepsilon - \varepsilon_{t0}\right)\right] & \varepsilon > \varepsilon_{t0} \end{cases} \qquad (2.2\text{-}17)$$

式中，σ、ε 分别为受拉混凝土的应力和应变；f_t 为混凝土抗拉强度；ε_{t0} 为受拉混凝土峰值应变，且 $\varepsilon_{t0} = f_t / E_t$；$E_t$ 为混凝土抗拉弹性模量（原点切线模量）；α 为控制参数，可以按江见鲸等（2005）的建议取值，一般可取 $\alpha =1\,000\sim 2\,000$。通过参数 α 的适当取值，曲线型受拉软化段可以较好考虑混凝土的"受拉刚化"效应。受拉混凝土的卸载及再加载路径为指向应力正负转折点型（图 2.2-3）。

图 2.2-5 为采用汪训流混凝土本构模型计算曲线与文献（Sinha, et al., 1964）试验曲线的对比，可见二者吻合较好。

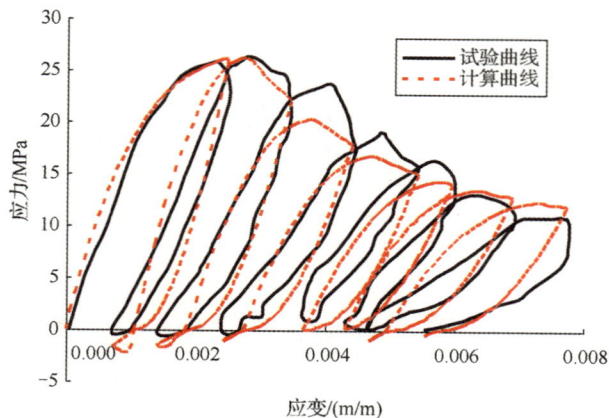

图 2.2-5　本节建议的混凝土本构模型计算曲线与试验曲线的对比

2.2.2.2　钢筋本构模型

本书作者与清华大学叶列平教授、研究生汪训流等（2007）开发了一种比较精确的钢筋本构模型。该模型基于 Légeron 模型（Légeron，et al.，2005），并在 Légeron 模型的基础上做以下修正。①单调加载曲线采用 Esmaeily 和 Xiao 模型（Esmaeily，et al.，2005），即分别引入钢筋的屈服点、硬化起点、应力峰值点和极限点，将 Légeron 模型的双线性骨架线修正成带抛物线的三段式。②引入代表钢筋拉压屈服强度之比的参数 k_5，即 $k_5 = f_y / f_y'$（f_y 为钢筋的抗拉屈服强度，f_y' 为钢筋的抗压屈服强度），将钢筋本构扩展为可以分别模拟拉压等强的具有屈服台阶的普通钢筋和拉压不等强的没有屈服台阶的高强钢筋或钢绞线的通用模型。

该钢筋本构模型的具体关系式如下。

1）钢筋单调加载曲线

钢筋单调受拉加载加载曲线由双直线段加抛物线段三部分组成，以受拉段为例（图 2.2-6），有

$$\sigma = \begin{cases} E_s \varepsilon & \varepsilon \leqslant \varepsilon_y \\ f_y & \varepsilon_y < \varepsilon \leqslant k_1 \varepsilon_y \\ k_4 f_y + \dfrac{E_s (1 - k_4)}{\varepsilon_y (k_2 - k_1)^2} (\varepsilon - k_2 \varepsilon_y)^2 & \varepsilon > k_1 \varepsilon_y \end{cases} \quad (2.2\text{-}18)$$

式中，σ、ε 分别为钢筋的应力和应变；E_s 为钢筋的弹性模量；f_y、$\varepsilon_y = f_y / E_s$ 分别为钢筋的屈服强度和屈服应变；参数 k_1 为钢筋硬化起点应变与屈服应变的比值；参数 k_2 为钢筋峰值应变与屈服应变的比值；参数 k_3 为钢筋极限应变与屈服应变的比值；参数 k_4 为钢筋峰值应力与屈服强度的比值。通过参数 k_1 的不同取值，可以分别模拟有明显屈服台阶的软钢和无屈服台阶的硬钢。

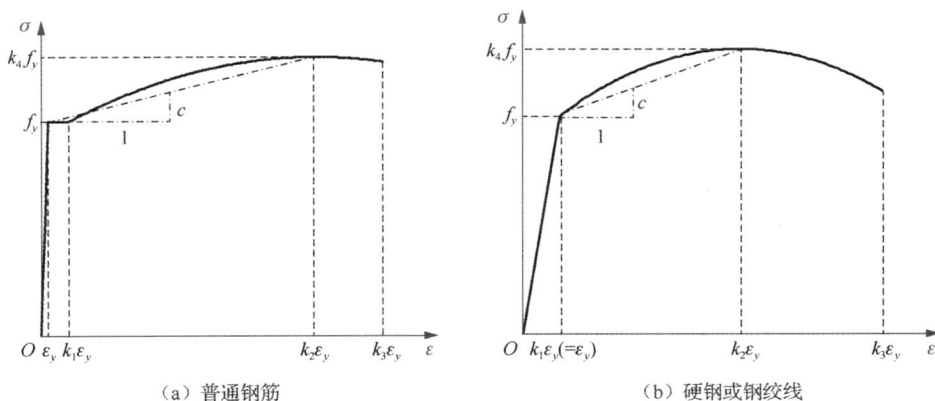

（a）普通钢筋　　　　　　　　　　（b）硬钢或钢绞线

图 2.2-6　钢筋单调受拉加载曲线

2）钢筋卸载及再加载曲线

钢筋加卸载曲线中，卸载为直线，反复拉压应力-应变曲线见图 2.2-7，并采用以下方程：

$$\sigma = \left[E_s \left(\varepsilon - \varepsilon_a \right) + \sigma_a \right] - \left(\frac{\varepsilon - \varepsilon_a}{\varepsilon_b - \varepsilon_a} \right)^p \left[E_s \left(\varepsilon_b - \varepsilon_a \right) - \left(\sigma_b - \sigma_a \right) \right] \quad （2.2\text{-}19）$$

$$p = \frac{E_s \left(1 - c/E_s \right) \left(\varepsilon_b - \varepsilon_a \right)}{E_s \left(\varepsilon_b - \varepsilon_a \right) - \left(\sigma_b - \sigma_a \right)} \quad （2.2\text{-}20）$$

式中，c 为等效硬化直线的斜率，取为过屈服点和峰值点直线的斜率（图 2.2-6）；σ_a 为再加载路径起点应力，建议取 $\sigma_a = 0$；其他符号的意义见图 2.2-7。

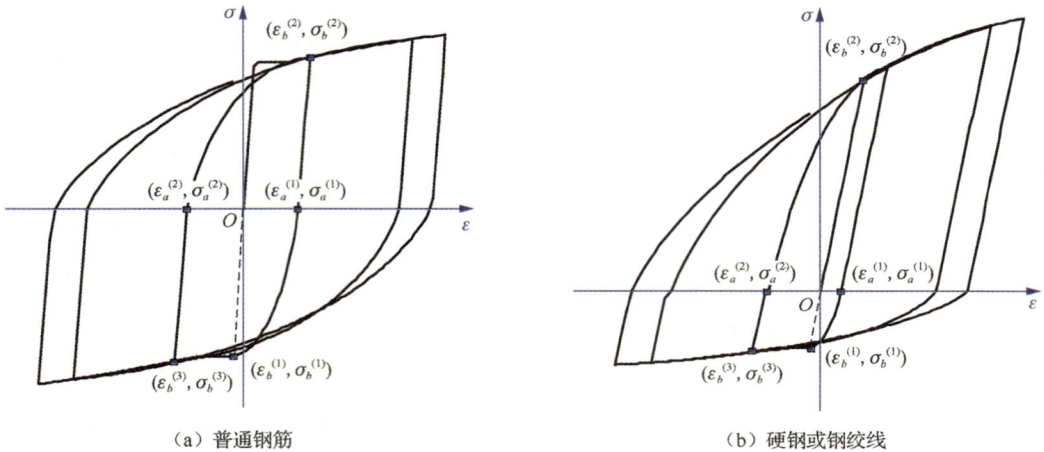

（a）普通钢筋　　　　　　　　　　　　（b）硬钢或钢绞线

图 2.2-7　钢筋反复拉压应力-应变曲线

图 2.2-8 为该钢筋本构计算曲线与试验曲线的对比，可见吻合良好。

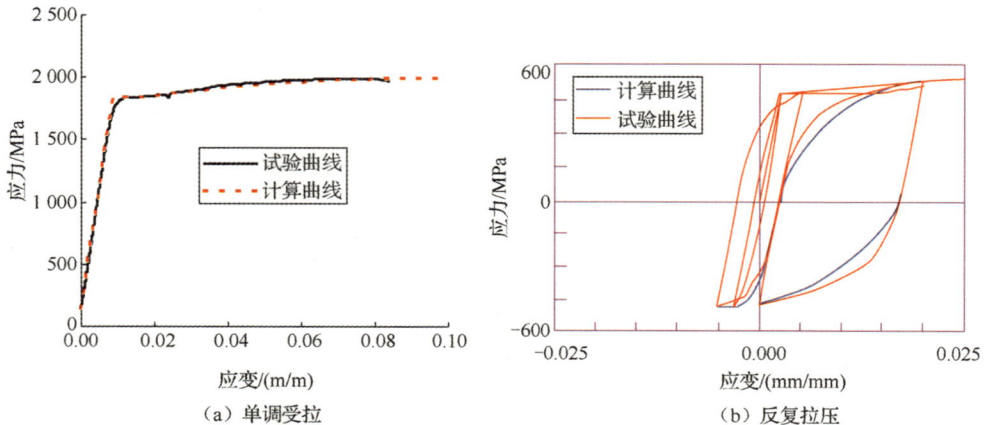

（a）单调受拉　　　　　　　　　　　　（b）反复拉压

图 2.2-8　钢筋本构计算曲线与试验曲线的对比

参照《混凝土结构设计规范》（GB 50010—2010），对上述钢筋本构模型进行了简化，将图 2.2-6 中的曲线钢筋单调加载模型简化为图 2.2-9 的直线模型，并将单调加载应力-应变关系［式（2.2-18）］简化为式（2.2-21）和式（2.2-22）。

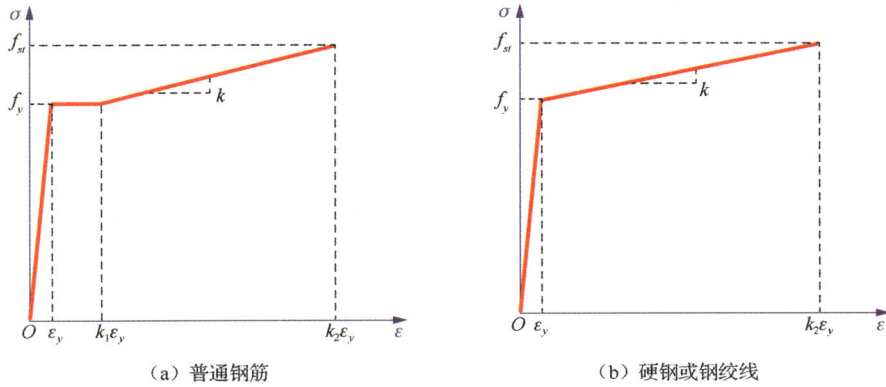

（a）普通钢筋   （b）硬钢或钢绞线

图 2.2-9　钢筋单调加载模型

$$\sigma = \begin{cases} E_s\varepsilon & \varepsilon \leqslant \varepsilon_y \\ f_y & \varepsilon_y < \varepsilon \leqslant k_1\varepsilon_y \\ f_y + \dfrac{\left(\varepsilon - k_1\varepsilon_y\right)\left(f_{st} - f_y\right)}{\left(k_2\varepsilon_y - k_1\varepsilon_y\right)} & k_1\varepsilon_y < \varepsilon \leqslant k_2\varepsilon_y \\ 0 & \varepsilon > k_2\varepsilon_y \end{cases} \quad \text{（适用于普通钢筋）} \quad (2.2\text{-}21)$$

$$\sigma = \begin{cases} E_s\varepsilon & \varepsilon \leqslant \varepsilon_y \\ f_y + \dfrac{\left(\varepsilon - \varepsilon_y\right)\left(f_{st} - f_y\right)}{\left(k_2\varepsilon_y - \varepsilon_y\right)} & \varepsilon_y < \varepsilon \leqslant k_2\varepsilon_y \\ 0 & \varepsilon > k_2\varepsilon_y \end{cases} \quad \text{（适用于硬钢或钢绞线）} \quad (2.2\text{-}22)$$

式中，f_{st} 为钢筋峰值强度。

同样，对图 2.2-7 中的钢筋的滞回曲线也进行了简化，如图 2.2-10 和式（2.2-23）所示。

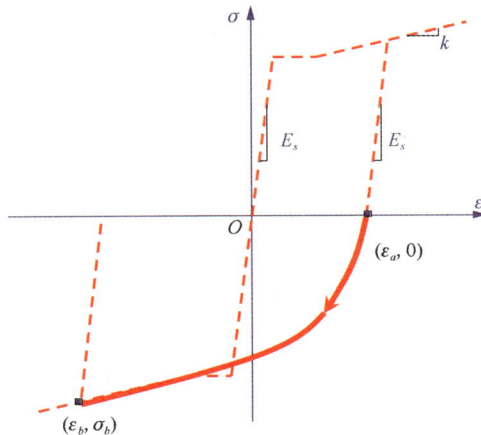

图 2.2-10　钢筋卸载和再加载曲线

$$\sigma = E_s\left(\varepsilon - \varepsilon_a\right) - \left(\frac{\varepsilon - \varepsilon_a}{\varepsilon_b - \varepsilon_a}\right)^p \left[E_s\left(\varepsilon_b - \varepsilon_a\right) - \sigma_b\right], \quad p = \frac{\left(E_s - k\right)\left(\varepsilon_b - \varepsilon_a\right)}{E_s\left(\varepsilon_b - \varepsilon_a\right) - \sigma_b} \quad （2.2\text{-}23）$$

式中变量含义同前述。

2.2.2.3　钢筋混凝土构件验证

采用本节建议的纤维模型对往复荷载下混凝土压弯柱试件（S-1、YW0）（汪训流等，2007）进行了数值模拟（图 2.2-11 和图 2.2-12），并与试验数据进行对比。通过比较可以看出，由于较好地反映了复杂受力状态下混凝土的实际受力变形特性以及钢筋的硬化特性和 Bauschinger 效应，本模型对试件在往复荷载下的承载力、滞回特性以及卸载后的残余变形均具有较高预测精度。

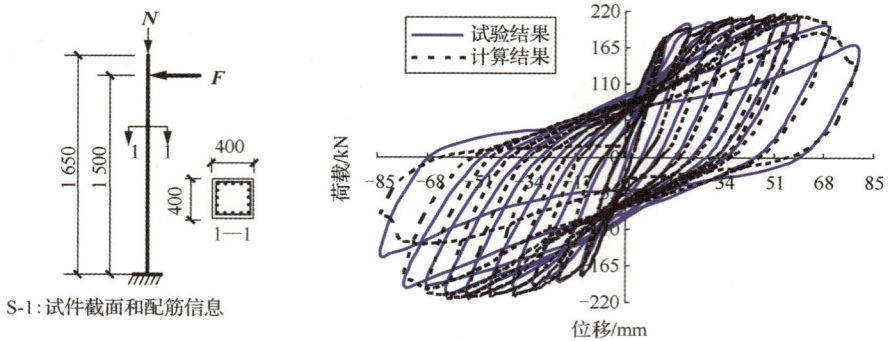

图 2.2-11　S-1 计算结果与试验结果比较

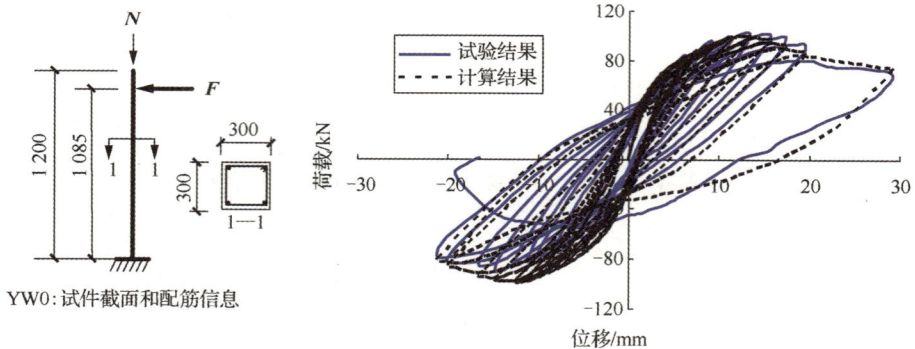

图 2.2-12　YW0 计算结果与试验结果比较

为了验证纤维模型在倒塌阶段的模拟效果，本书作者对 Yi 等（2008）开展的三层四跨框架连续倒塌试验进行了模拟，试验设置和构件尺寸如图 2.2-13 所示，为了模拟中柱失效后的连续倒塌行为，Yi 等（2008）逐步卸去底层中柱下端的千斤顶荷载，同时调整中柱顶部的竖向荷载，这样就可以得到完整的连续倒塌受力变形过程。图 2.2-14（a）所示为试验和纤维模型模拟得到的首层中柱荷载曲线对比。图 2.2-14（b）所示为首层柱顶的位移曲线对比。详细模拟过程可以参阅 Li 等（2011）。该结果表明，纤维模型模拟结果与试验结果吻合良好，可以很好地模拟结构的连续倒塌行为。

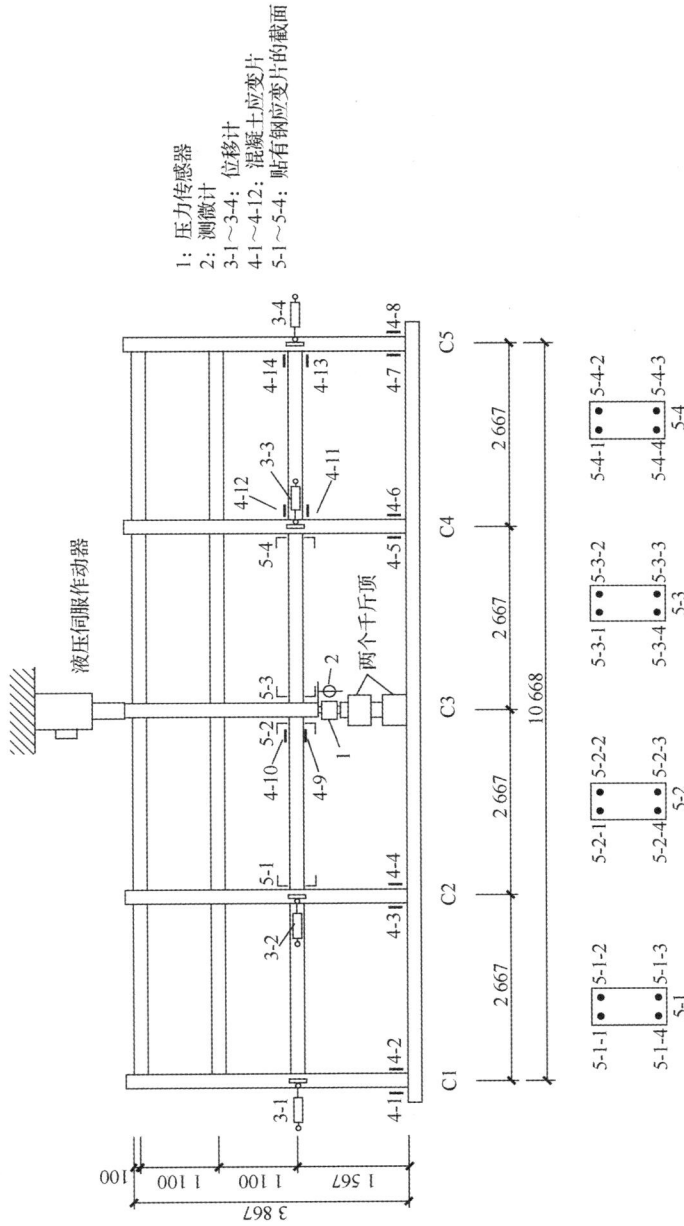

图 2.2-13 Yi 等（2008）开展的连续倒塌试验

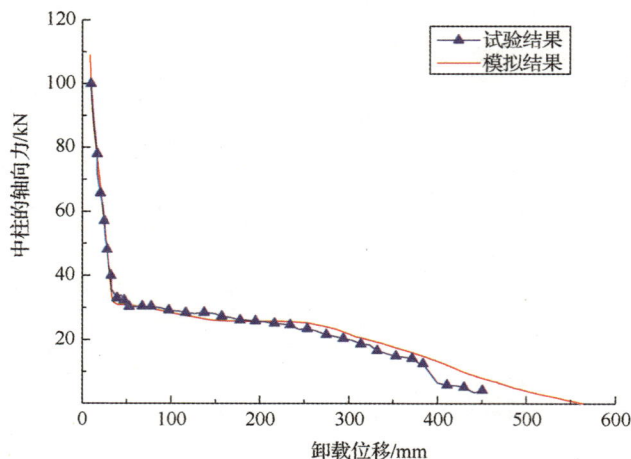

（a）首层中柱卸载曲线对比

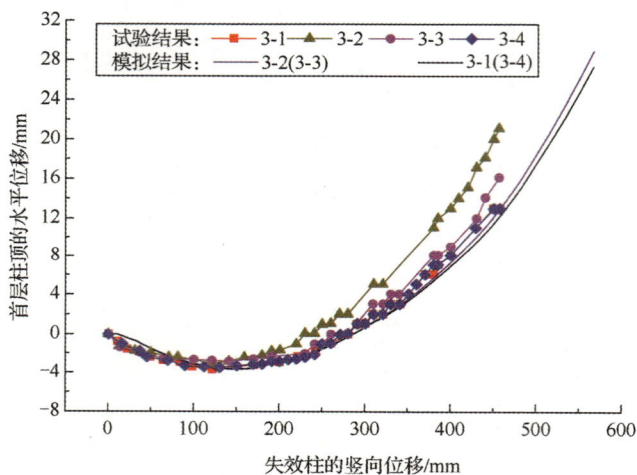

（b）首层柱顶位移曲线对比

图 2.2-14 三层四跨框架连续倒塌试验结果对比

进一步地，本书作者开展了系列钢筋混凝土框架柱和子结构的倒塌试验（Xie, et al., 2015）来验证纤维模型对倒塌行为的模拟效果。图 2.2-15 所示为模拟结果与试验结果对比，以及试验构件尺寸及配筋图。构件纵向配筋率 ρ 为 1.29%，轴压比为 0.348。从试验与纤维模型模拟得到的滞回曲线对比可见数值模型结果很好地模拟了构件的软化和倒塌过程。

本书作者按照我国《建筑抗震设计规范》（GB 50011—2010）设计的 7 度设防 6 层 3 跨平面框架，取底部 3 层，按 1∶2 缩尺比例进行了拟静力往复推覆试验，试验布置见图 2.2-16。竖向千斤顶通过分配梁对框架柱施加随动轴向压力，模拟 4~6 层结构自重；水平千斤顶按照 1∶2∶18 的比例分别对首层、2 层和 3 层施加水平作用力。试验加载制度以位移控制加载，通过 MTS 试验机保证三个水平千斤顶的作用力比例。具体试验设计见 Xie 等（2015）。

———————————

① 本书所阐述的部分内容的依据是《建筑抗震设计规范》（GB 50011—2010），不涉及 2016 年对该规范修订的部分条款。下同。

(a) 试验构件 (单位: mm)   (b) 模拟结果与试验结果对比

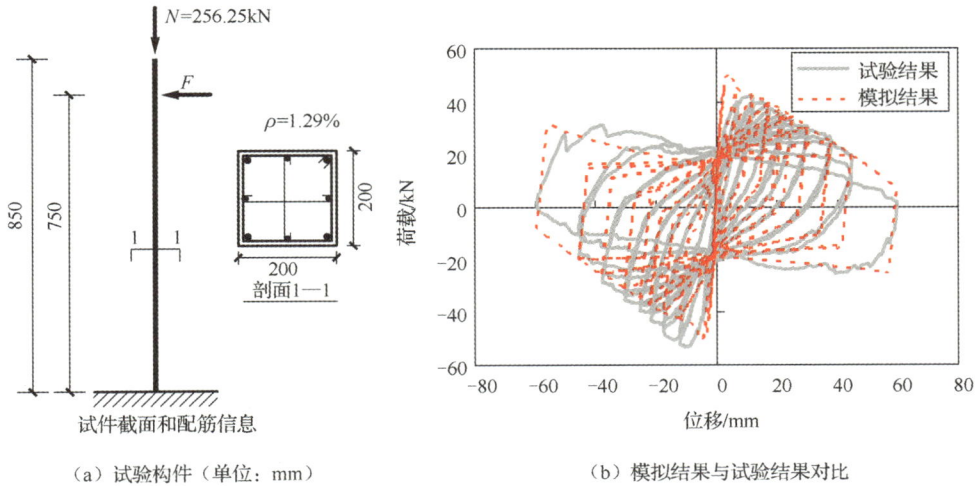

图 2.2-15 纤维模型模拟结果与试验结果对比 (Xie, et al., 2015)

本书作者采用纤维模型对该框架结构试验进行了有限元模拟, 框架基底剪力-顶点位移曲线如图 2.2-17 所示, 承载力和延性模拟结果与试验结果吻合良好。由于模型未考虑节点区的破坏, 模拟结果的结构初始刚度略高。但由于框架结构的最终倒塌破坏部位是底层柱脚, 依然可以用纤维梁模型对框架结构进行模拟以评价其抗倒塌能力。

图 2.2-16 框架结构试验布置   图 2.2-17 框架基底剪力-顶点位移曲线

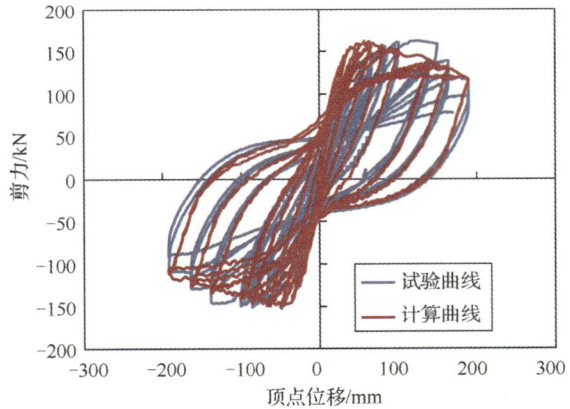

2.2.3 钢管混凝土构件纤维模型

对于钢管混凝土等组合构件, 也可按照前述方法建立其纤维模型, 但是其混凝土纤维应力-应变曲线的骨架线和普通钢筋混凝土构件有较大不同。本书作者建议可以选用韩林海 (2007) 建议的钢管混凝土核心混凝土纵向 σ-ε 关系确定混凝土本构模型。例如, 对于方钢管约束混凝土, 其表达式为

$$y = 2 \cdot x - x^2 \quad x \leq 1 \tag{2.2-24}$$

$$y = \frac{x}{\beta \cdot (x-1)^\eta + x} \quad x > 1 \tag{2.2-25}$$

其中

$$x = \frac{\varepsilon}{\varepsilon_0}, \quad y = \frac{\sigma}{\sigma_0} \tag{2.2-26}$$

$$\beta = \begin{cases} \dfrac{(f_c')^{0.1}}{1.35\sqrt{1+\xi}} & \xi \leqslant 3.0 \\[4mm] \dfrac{(f_c')^{0.1}}{1.35\sqrt{1+\xi \cdot (\xi-2)^2}} & \xi > 3.0 \end{cases} \tag{2.2-27}$$

$$\eta = 1.6 + 1.5/x \tag{2.2-28}$$

式中，σ_0 为核心混凝土峰值应力；ε_0 为核心混凝土达到峰值应力时的应变；f_c' 为混凝土圆柱体轴心抗压强度；ξ 为钢管混凝土约束效应系数，$\xi = (A_s / A_c) \cdot (f_y / f_{ck})$，$A_s$ 为钢管混凝土截面中混凝土周围的钢管面积，A_c 为钢管混凝土截面中混凝土面积，f_y 为钢管混凝土钢材屈服强度，f_{ck} 为混凝土轴心抗压强度标准值，可取为 $0.96 f_c'$。σ_0 和 ε_0 可分别按式（2.2-29）和式（2.2-30）确定，即

$$\sigma_0 = \left[1 + (-0.013\,5 \cdot \xi^2 + 0.1 \cdot \xi) \cdot \left(\frac{24}{f_c'}\right)^{0.45}\right] \cdot f_c' \tag{2.2-29}$$

$$\varepsilon_0 = (1\,300 + 12.5 \cdot f_c') + \left[1\,330 + 760 \cdot \left(\frac{f_c'}{24} - 1\right)\right] \cdot \xi^{0.2} \tag{2.2-30}$$

上述各式反映出钢管的约束效应，ξ 越大，约束越强。在倒塌分析中，钢管约束混凝土的极限应变 ε_u 可取为 $10\% \sigma_0$ 所对应的应变。

典型钢管约束混凝土应力-应变曲线如图 2.2-18 所示。

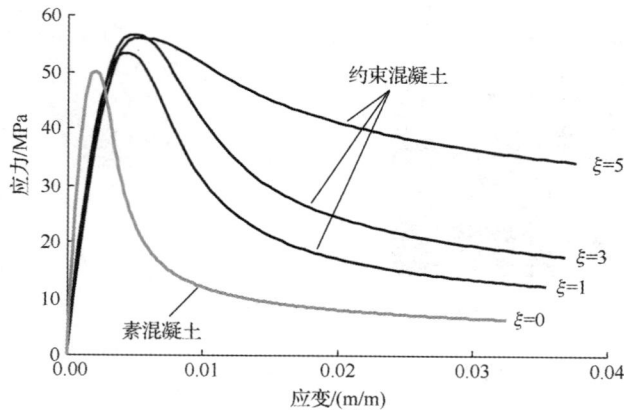

图 2.2-18　典型钢管约束混凝土应力-应变曲线（韩林海，2007）

选取文献（韩林海，2007）中的一系列压弯构件试验，构件的具体参数及试验计算验证见表 2.2-2。表 2.2-2 中，B 为方钢管混凝土短柱截面边长（mm）；t 为钢管厚度（mm）；λ 为构件计算长细比；e 为加载偏心距（mm）；r 为截面回转半径（mm）；f_y 为钢管屈服强度（MPa）；f_{cu} 为混凝土立方体抗压强度（MPa）；N_{ue} 为试验值（kN）；N_{cB} 为本节有限元计算值（kN）。

表 2.2-2　方钢管混凝土短柱压弯试验计算验证

序号	编号	$B \times t$	λ	e/r	f_y	f_{cu}	N_{ue}	N_{cB}	N_{cB}/N_{ue}
1	scp1-1-1	120×3.84	75.1	0.25	330.1	28.3	588	508.8	0.865
2	scp1-1-2	120×3.84	75.1	0.50	330.1	28.3	450.8	398.9	0.885
3	scp1-1-3	120×3.84	75.1	0.67	330.1	38.0	421.4	369.6	0.877
4	scp1-1-4	120×3.84	75.1	0.83	330.1	28.3	333.2	311.1	0.934
5	scp1-1-6	120×3.84	75.1	0.83	330.1	54.6	423.4	350.2	0.827
6	scp1-2-1	140×3.84	63.3	0.21	330.1	35.1	833.0	754.4	0.906
7	scp1-2-2	140×3.84	63.3	0.57	330.1	35.1	615.4	531.0	0.863
8	scp1-2-3	140×3.84	63.3	0.86	330.1	35.1	509.6	424.7	0.833
9	scp1-2-4	140×3.84	63.3	0.57	330.1	38.0	558.6	540.9	0.968
10	scp1-2-5	140×3.84	63.3	0.86	330.1	54.6	539.0	468.9	0.870
11	scp2-1-2	120×5.86	75.1	0.25	321.1	35.1	753.6	691.5	0.918
12	scp2-1-3	120×5.86	75.1	0.50	321.1	35.1	548.8	539.1	0.982
13	scp2-1-4	120×5.86	75.1	0.83	321.1	35.1	510.6	424.8	0.832
14	scp2-2-1	140×5.86	63.3	0.21	321.1	28.7	1013.3	921.8	0.910
15	scp2-2-2	140×5.86	63.3	0.43	321.1	28.7	803.6	743.0	0.925
16	scp2-2-3	140×5.86	63.3	0.57	321.1	28.0	733.3	658.6	0.898
17	scp2-2-4	140×5.86	63.3	0.86	321.1	28.0	555.7	536.0	0.965
18	scp2-3-2	200×5.86	45.0	0.30	321.1	40.0	1793.4	1697.2	0.946
19	scp2-3-3	200×5.86	45.0	0.50	321.1	34.0	1425.9	1344.1	0.943
20	scp2-3-4	200×5.86	45.0	0.80	321.1	40.0	1200.5	1092.8	0.910
平均值	—	—	—	—	—	—	—	—	0.903
方差	—	—	—	—	—	—	—	—	0.0021

由表 2.2-2 的计算结果可知，本节采用纤维模型计算方钢管混凝土柱压弯构件的承载力，误差不超过 10%，且比试验值小，偏于保守；本节计算结果与文献计算结果也很接近。图 2.2-19 比较了构件压弯承载力（N）与构件柱中水平位移（u_m）关系曲线，由图可知，本节纤维模型的计算结果与文献计算的结果较为接近，与文献试验结果相比，压弯承载力总体偏于保守，但大致趋势与文献试验相吻合。

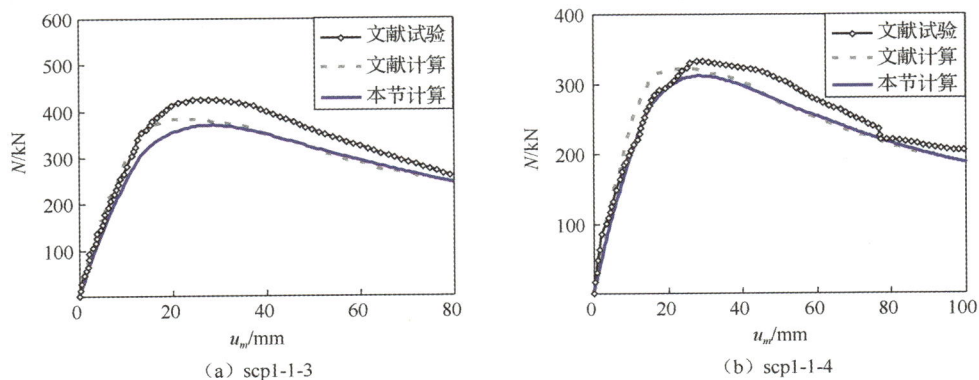

（a）scp1-1-3　　　　　　　　　　　（b）scp1-1-4

图 2.2-19　方钢管混凝土短柱构件压弯承载力（N）与构件柱中水平位移（u_m）关系曲线

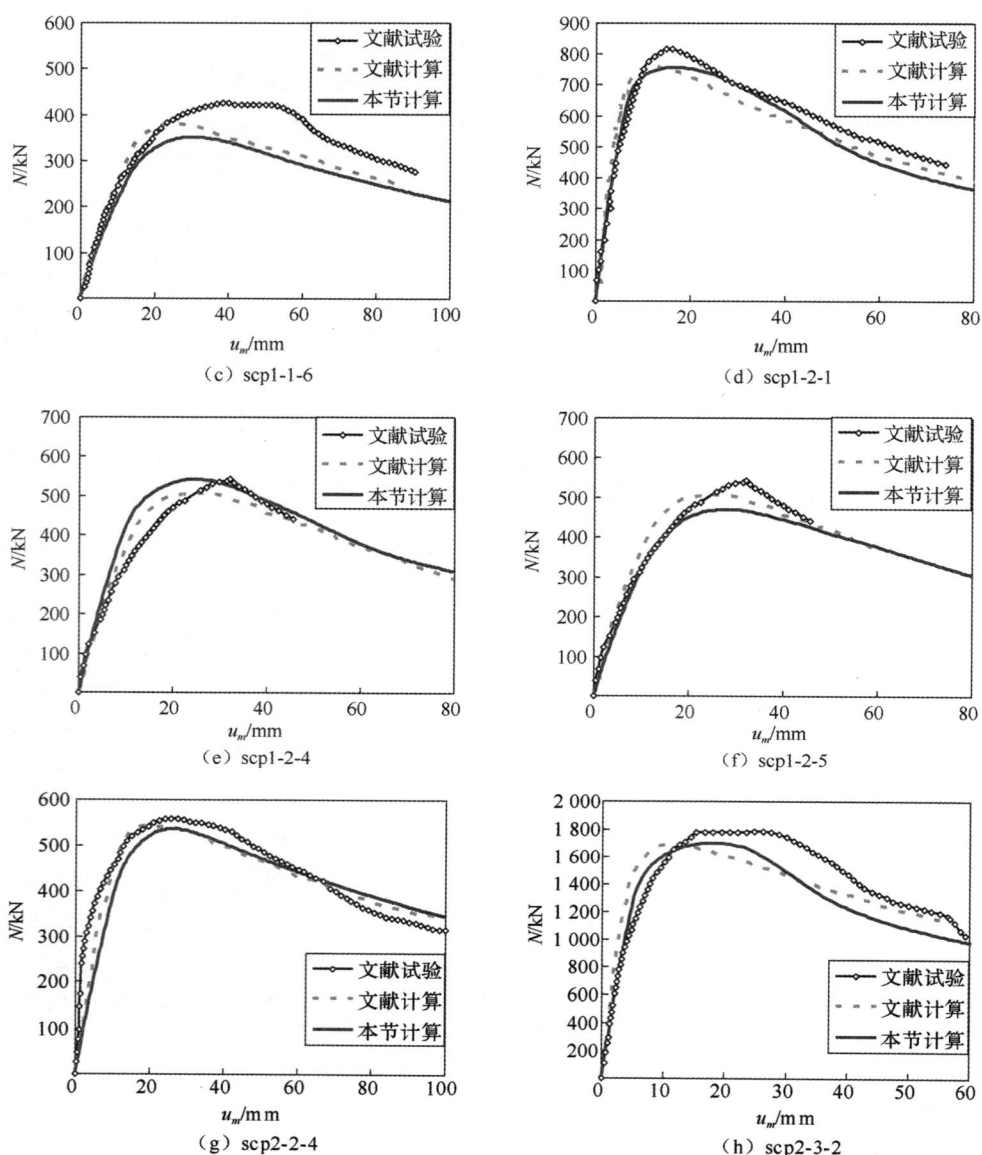

（c）scp1-1-6

（d）scp1-2-1

（e）scp1-2-4

（f）scp1-2-5

（g）scp2-2-4

（h）scp2-3-2

图 2.2-19（续）

2.2.4　考虑局部屈曲的钢构件纤维模型

钢构件在进入塑性阶段后可能会出现构件局部屈曲，需要开发专门的纤维本构模型以考虑其行为特点。Lin 等（2018b）开发了一种可以模拟钢构件局部屈曲行为的钢材受压本构模型。在该模型基础上，本书作者和清华大学研究生廖文杰做了以下补充与修正。

（1）单调受拉加载曲线采用 Esmaeily 和 Xiao 模型（Esmaeily，et al.，2005），与 2.2.2.2 节中钢筋本构模型一致。

（2）单调受压加载曲线，为保证数值计算稳定且收敛，避免由于受压屈服段刚度过小出现刚度阵奇异，受压强化段弹性模量取值不小于 $0.004E_s$；并且引入后继下降段，弹性模量取值为$-0.004E_s$。

该钢材本构模型具体关系式如下。

（1）单调受拉加载曲线如图 2.2-6（a）所示，取值采用式（2.2-18）。

（2）单调受压加载曲线如图 2.2-20 所示，各特征点采用表 2.2-3 提供的建议值（Yamada，1993a，1993b；AIJ，2009）。其中，局部屈曲起始点强度σ_{lb}取值采用起始点应变ε_{lb}对应的受拉骨架线应力值[式（2.2-18）]，后继下降段弹性模量取值$\tau_{re}E_s=-0.004E_s$，该值为文献（Yamada，1993a，1993b；AIJ，2009）所提供的 H 型钢与方（圆）钢管平均值。

（3）钢材局部屈曲反复拉压应力-应变曲线如图 2.2-21 所示，其中卸载为直线，再加载曲线取值方程为式（2.2-19）和式（2.2-20），可考虑 Bauschinger 效应，与 2.2.3 节钢筋卸载和再加载方程一致。必须指出，为保证 p 曲线计算收敛，对幂指数 p 限定范围为[0,2]。

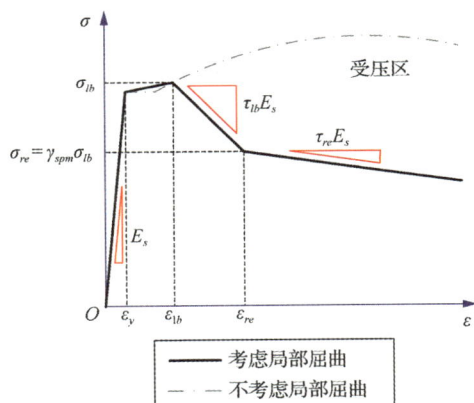

图 2.2-20　钢材局部屈曲单调受压加载曲线

表 2.2-3　不同截面受压骨架线参数建议值

参数	钢构件截面		
	H 型钢截面	矩形截面	圆形截面
ε_{lb}	$\max\left(\dfrac{0.18}{\alpha_f}+\dfrac{2.6}{\alpha_w}+0.3,\dfrac{0.5}{\alpha_f}+\dfrac{5.7}{\alpha_w}-4.0\right)\varepsilon_y$	$[(8.7/\alpha)-1.2]\times\varepsilon_y$	$0.205\alpha^{-1.39}\times\varepsilon_y$
σ_{lb}	$\sigma_{lb}=\begin{cases}1.01f_y, & \varepsilon_y<\varepsilon_{lb}\leqslant k_1f_y\\ k_4f_y+\dfrac{E_s(1-k_4)}{\varepsilon_y(k_2-k_1)^2}(\varepsilon_{lb}-k_2\varepsilon_y)^2, & k_1\varepsilon_y<\varepsilon_{lb}<k_2\varepsilon_y\\ k_4f_y, & k_2\varepsilon_y<\varepsilon_{lb}<k_3\varepsilon_y\end{cases}$		
γ_{spm}	$-0.062\alpha_w-0.56\alpha_f+0.98$	$-0.079\alpha+0.81$	$3.37\alpha^{-0.07}-3.576$
τ_{lb}	$-0.004\,6\alpha_w^2-0.57\alpha_f^2-0.000\,5$	$-0.014\alpha^2-0.005$	$-0.12\alpha^{-0.48}+0.011$
τ_{re}	-0.004		
α	$\alpha_w=[(D-2t_f)/t_w]^2\varepsilon_y,\alpha_f=(B/t_f)^2\varepsilon_y$	$(B/t)^2\varepsilon_y$	$(D/t)\varepsilon_y$

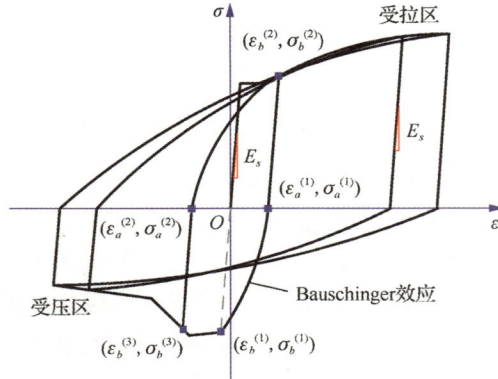

图 2.2-21　钢材局部屈曲反复拉压应力-应变曲线

　　局部屈曲的钢纤维模型对往复荷载作用下的矩形钢管试件（Yang，et al.，2014）进行了数值模拟，并与试验数据进行对比，其中试件参数取值见表 2.2-4。从模拟结果可以看到，该方法能较好地模拟构件由于发生局部屈曲而引起的强度降低，较为准确地预测构件在往复荷载下的承载力、变形以及滞回特性。图 2.2-22 为矩形钢管试件往复加载计算与试验结果对比。

表 2.2-4　矩形钢管试件参数取值（Yang，et al.，2014）

h/mm	b/mm	t/mm	E/GPa	f_y/MPa	f_u/MPa	轴压比 n
160	80	2.49	205	330	400	0.1

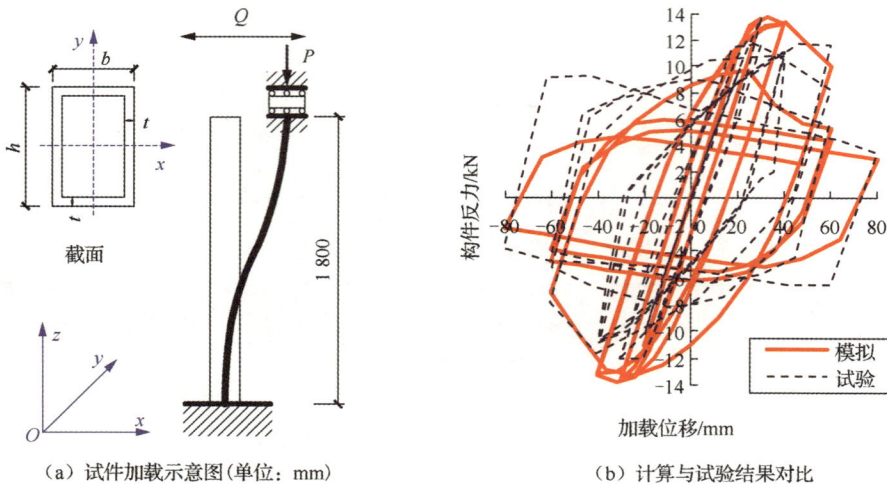

（a）试件加载示意图（单位：mm）　　　　（b）计算与试验结果对比

图 2.2-22　矩形钢管试件往复加载计算与试验结果对比

　　日本 E-Defense 在 2007 年完成了一次足尺的钢框架模型的振动台试验（Suita，et al.，2008），E-Defense 模型三视图如图 2.2-23 所示。试验共进行了三组地震动测试，均为 1995 Hyogoken-Nanbu Earthquake Takatori 的三向地震动，其中依次连续输入 0.4 倍、0.6 倍、1 倍的地震动进行试验，其中 NS 地震动输入 y 向，EW 地震动输入 x 向，UD 地震动输入 z 向。

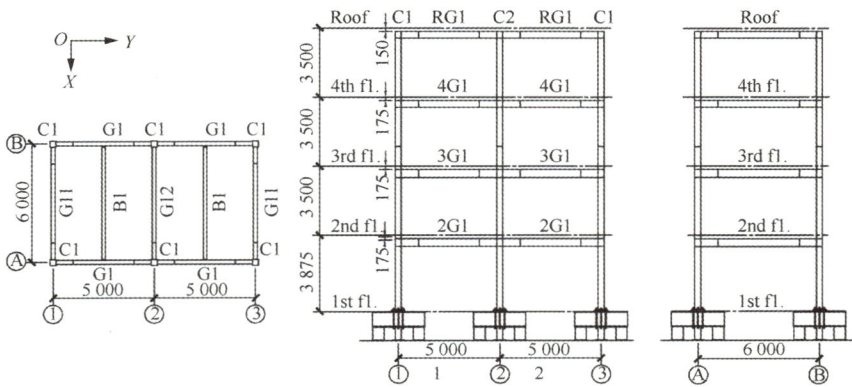

图 2.2-23　E-Defense 模型三视图

参考 Suita 等（2008）给出的试验材料实测数据进行建模，梁柱均采用 52 号单元，楼板则采用弹性膜单元，弹性模量取值 20.1MPa。模拟时阻尼比根据文献取值为 2%，使用瑞利阻尼，频率取第 1 阶与第 4 阶（Pan, et al., 2008）。采用与试验相同的地震动输入方式，提取结果中的底层层间位移角与试验结果进行对比，其中考虑钢材局部屈曲的模型编号为 LB，不考虑局部屈曲的模型编号为 NLB。

如图 2.2-24 所示，在 0.6 倍地震动输入时，结构的非线性行为加深，开始出现大量塑性铰。模拟能较好地预测结构在 x 方向行为，y 方向的行为预测存在一定偏差，此时应考虑局部屈曲会对结构非线性行为影响较小。

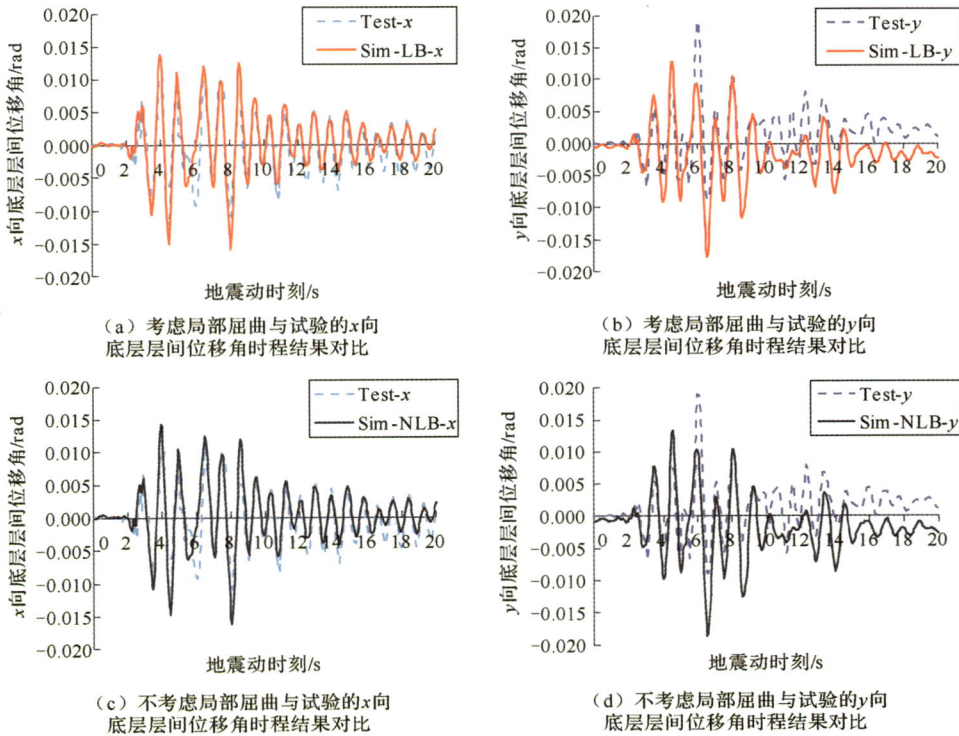

（a）考虑局部屈曲与试验的 x 向底层层间位移角时程结果对比

（b）考虑局部屈曲与试验的 y 向底层层间位移角时程结果对比

（c）不考虑局部屈曲与试验的 x 向底层层间位移角时程结果对比

（d）不考虑局部屈曲与试验的 y 向底层层间位移角时程结果对比

图 2.2-24　0.6 倍地震动输入下层间位移角时程对比

在 1 倍地震动输入时，结构在第 6s 左右发生倒塌。试验中，由于钢框架四周布置了防倒塌维护装置，结构无法完全倒塌，底层最大层间位移角为 0.2rad；考虑局部屈曲的模拟同样在第 6s 左右 y 向出现动力失稳，底层层间位移角剧烈增加，结构发生倒塌，而不考虑局部屈曲的模拟结构未倒塌。因此，在结构进入高度非线性状态时，是否考虑局部屈曲模拟差异较大。层间位移角时程对比见图 2.2-25。同时，提取底层 6 根柱的弯矩时程，除以层高得到等效剪力，等效剪力时程对比如图 2.2-26 所示，在地震动输入为第 6s 时，不考虑局部屈曲的底层柱所能提供的剪力比起考虑局部

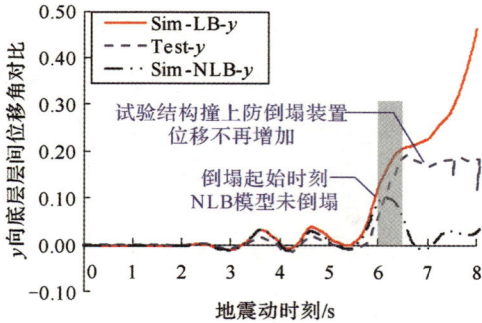

图 2.2-25　1 倍地震动输入下层间位移角时程对比

屈曲所能提供的剪力超过 52%，考虑局部屈曲的模型抗侧能力较弱，底层位移发展迅速最终结构倒塌，与结构的真实倒塌模式一致（图 2.2-27），因此在进行钢结构模拟时应考虑由于局部屈曲引起的承载力退化。

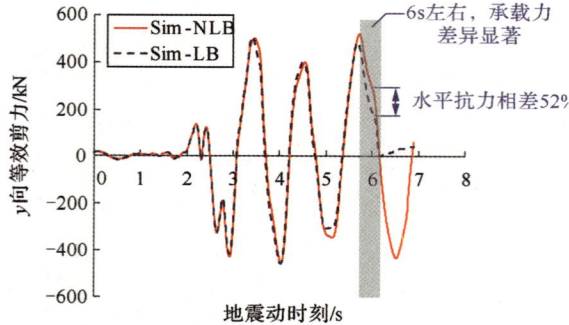

图 2.2-26　1 倍地震动输入下底层等效剪力时程对比

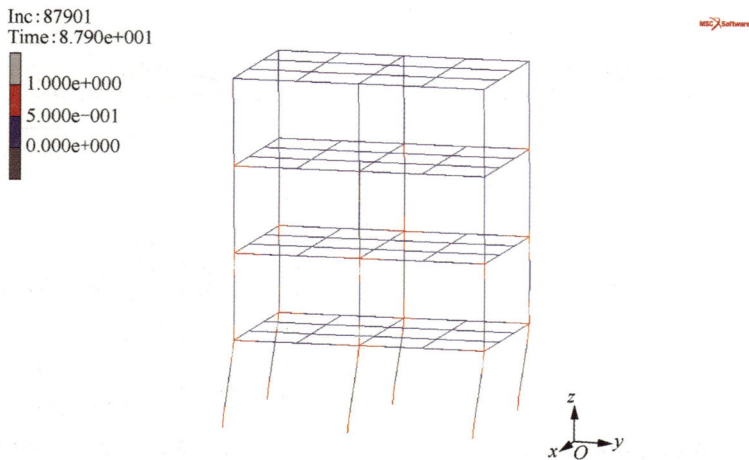

图 2.2-27　1 倍地震动输入下结构倒塌模式（y 向倒塌，变形放大系数 2）

2.3 分层壳模型

2.3.1 分层壳模型的基本原理

分层壳模型基于复合材料力学原理,可以用来描述钢筋混凝土剪力墙面内弯剪共同作用效应和面外弯曲效应(林旭川等,2009;叶列平等,2006),因此被广泛应用于钢筋混凝土高层结构和超高层结构的抗震性能分析(Lu, et al.,2011;Lu, et al.,2013a;Lu, et al.,2015b;Lu, et al.,2015c)。采用分层壳截面模型的四节点壳单元,如图 2.3-1 所示。一个分层壳单元可以划分成很多层,各层可以根据需要设置不同的厚度和材料性质(混凝土、钢筋)。在有限元计算过程中,首先得到壳单元中心层的应变和壳单元的曲率,然后根据各层材料之间满足平截面假定,就可以由中心层应变和壳单元的曲率得到各钢筋和混凝土层的应变,进而由各层的材料本构方程可以得到各层相应的应力,并积分得到整个壳单元的内力。由此可见,壳单元可以直接将混凝土、钢筋的本构行为和剪力墙的非线性行为联系起来,因而在描述实际剪力墙复杂非线性行为方面有着明显的优势。

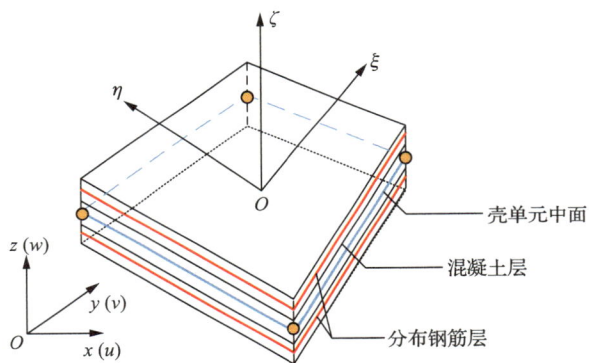

图 2.3-1　采用分层壳截面模型的四节点壳单元

分层壳模型的主要假设包括以下内容。

(1)混凝土层和钢筋层之间无相对滑移。

(2)每个分层壳单元可以有不同的分层数,并且每个分层可以厚度不同,但同一个分层厚度均匀。

分层壳单元内,各层的位移、应变与应力关系按照壳单元公式计算,下面详细介绍各层应力沿厚度积分得到壳单元内力的过程。如图 2.3-2 所示,将壳单元分成若干层,各分层依次编号,从分层壳单元的下表面开始,每一层中面上有高斯积分点,每层的应力分量就在这些高斯应力点上计算,那么壳单元的应力分布可以由分段的常应力值来近似表示。

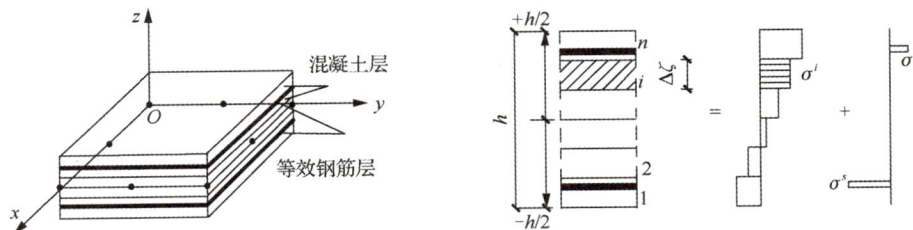

图 2.3-2　分层壳单元模型和应力表示

单元内力的正方向符号（图 2.3-3）之后，分层壳单元的单元内力可以由每层上的应力分量沿厚度方向的坐标进行积分而得到，即

$$
\begin{cases}
N_x = \int_{-h/2}^{h/2} \sigma_x \mathrm{d}z = \dfrac{h}{2}\sum_1^n \sigma_x^i \Delta\zeta^i & N_y = \int_{-h/2}^{h/2} \sigma_y \mathrm{d}z = \dfrac{h}{2}\sum_1^n \sigma_y^i \Delta\zeta^i \\[2mm]
N_{xy} = \int_{-h/2}^{h/2} \sigma_{xy} \mathrm{d}z = \dfrac{h}{2}\sum_1^n \sigma_{xy}^i \Delta\zeta^i & M_x = \int_{-h/2}^{h/2} z\sigma_x \mathrm{d}z = \dfrac{h^2}{4}\sum_1^n \sigma_x^i \zeta^i \Delta\zeta^i \\[2mm]
M_y = \int_{-h/2}^{h/2} z\sigma_y \mathrm{d}z = \dfrac{h^2}{4}\sum_1^n \sigma_y^i \zeta^i \Delta\zeta^i & M_{xy} = \int_{-h/2}^{h/2} z\sigma_{xy} \mathrm{d}z = \dfrac{h^2}{4}\sum_1^n \sigma_{xy}^i \zeta^i \Delta\zeta^i
\end{cases}
\tag{2.3-1}
$$

式中，$\zeta = 2z/h$ 为等参坐标；ζ^i 和 $\Delta\zeta^i$ 分别代表第 i 层的 z 向等参坐标和厚度；σ_x^i、σ_y^i 和 σ_{xy}^i 代表第 i 层的平面应力分量。

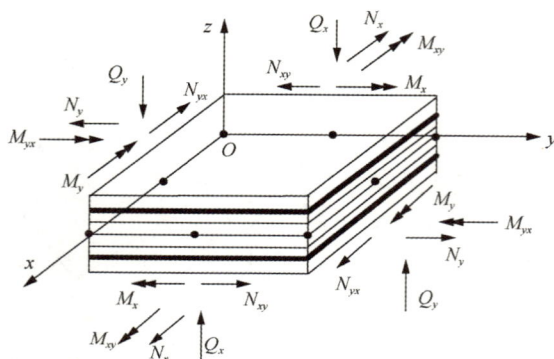

图 2.3-3　单元内力的正方向符号

建模时，混凝土层用平面二维混凝土本构模型来模拟。钢筋则被弥散成若干层，对纵、横配筋率相同的墙体，钢筋层可以设为各向同性，来同时模拟纵向钢筋和横向钢筋；对于纵、横配筋率不同的墙体，需分别设置不同材料主轴方向的正交各向异性钢筋层，材料的主方向对应于钢筋的主方向，来分别模拟纵向钢筋和横向钢筋，分层壳模型中钢筋和混凝土层设置示意图如图 2.3-4 所示。

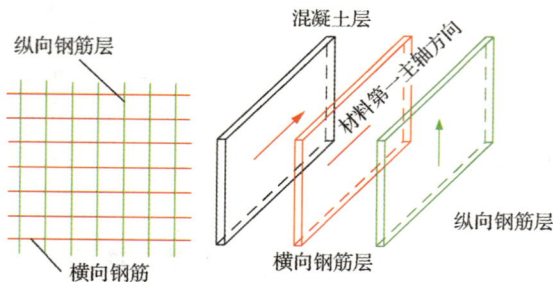

图 2.3-4　分层壳模型中钢筋和混凝土层设置示意图

2.3.2　四边形壳单元 NLDKGQ

2.3.2.1　研究背景

准确高效的壳单元及混凝土本构模型是剪力墙分层壳模型的关键基础。虽然国内外

已经进行了大量的研究，并已经开发出了很多优秀的壳单元。但这些壳单元或者停留在文献中，研究人员无法直接使用；或者被集成在商用有限元程序中，成为一个黑盒子，研究人员无法探求其原理。开源有限元程序由于源代码开放，是研究有限元程序计算机理的良好工具。例如，在常用的开源有限元程序 OpenSees 中，已经集成了分层壳单元 MITC4（图 2.3-5），为研究高层建筑受力行为提供了良好的工具，然而 OpenSees 中集成的壳单元 MITC4（Dvorkin, et al., 1984）尚存在以下不足：①该单元基于厚壳理论，在模拟细长构件或者薄壁构件时，容易产生闭锁问题；②每个节点只有 5 个自由度，缺少面外转角自由度，使得壳单元与梁柱单元无法直接连接，需要在建模时增加过渡单元（图 2.3-6），进而增加建模工作量且降低计算效率；③目前 OpenSees 中 MITC4 壳单元尚未集成几何非线性算法。

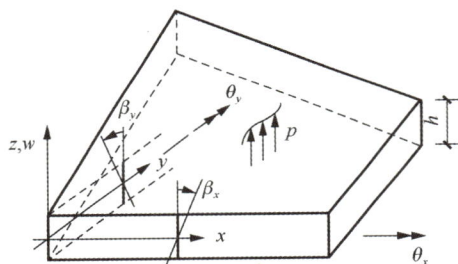

框架单元
内嵌框架单元
壳单元

图 2.3-5　壳单元 MITC4 示意图　　　　　图 2.3-6　壳单元-梁柱单元间的过渡单元

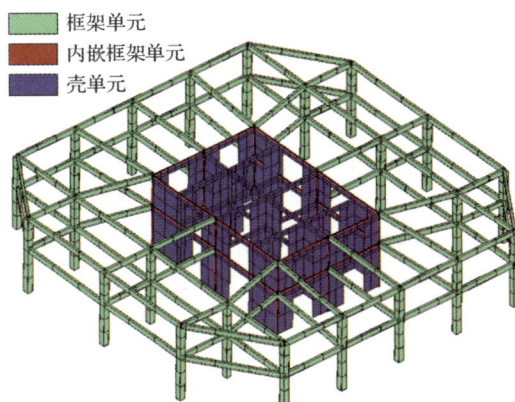

针对以上问题，为了改善 OpenSees 软件用于高层建筑非线性计算的效果，本书作者与清华大学岑松教授，以及研究生王丽莎、解琳琳等共同开发了一个新型高性能四边形平板壳单元，并发展了其几何非线性列式，供读者参考（Lu, et al., 2018b）。

2.3.2.2　壳单元列式

为了得到高性能的四边形平板壳元，经过广泛调研（龙驭球，2004；王勖成，2003），本节优选基于广义协调的四边形四节点平面膜元 GQ12（须寅等，1993）和高性能四边形四节点薄板弯曲单元 DKQ（Batoz, et al., 1982）来构造平板壳元基本列式。GQ12 单元采用单元间协调条件，包含带刚体转角的节点旋转自由度，文献（须寅等，1993）中的算例表明其具有较高的位移和应力计算精度，且列式简单，具有较高的实用性。DKQ 单元基于 Kirchhoff 薄板弯曲理论，避免了闭锁现象，在精度测试中表现良好，具体算例可参考文献（Batoz, et al., 1982），且该单元稳定性好，已集成于多种商业有限元软件中，在工程领域受到广泛应用。

如图 2.3-7 所示，平板膜元 GQ12 与板弯曲元 DKQ 组合得到新型平板壳元，本节中记作壳单元 DKGQ；其用于几何非线性分析的形式记作壳单元 NLDKGQ。本节中将详细列出小变形壳单元 DKGQ 及几何非线性壳单元 NLDKGQ 的单元列式。

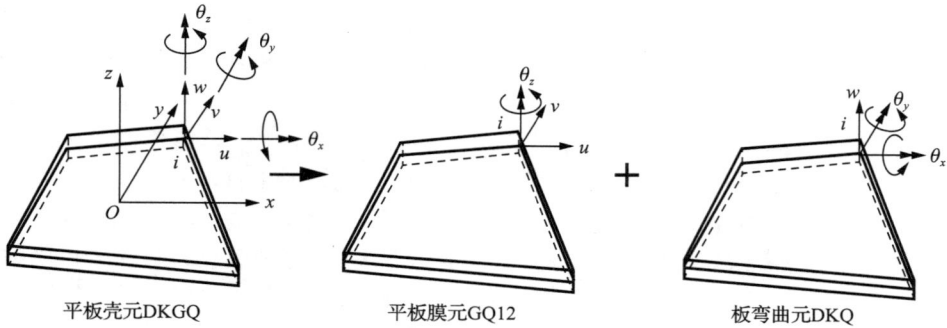

图 2.3-7　局部坐标系下平板壳单元 DKGQ 的组成示意图

1）平面膜元 GQ12 单元列式

平面膜元 GQ12 为四边形平面膜元，每个单元具有 4 个节点，每个节点有两个平动自由度和一个面外转角自由度。单元节点位移向量表示如下：

$$\boldsymbol{q}^m = [q_1^m \quad q_2^m \quad q_3^m \quad q_4^m]^T \tag{2.3-2}$$

其中，每个节点处的自由度形式为

$$\boldsymbol{q}_i^m = [u_i \quad v_i \quad \theta_{zi}]^T \quad i = 1,2,3,4 \tag{2.3-3}$$

构造单元 GQ12 所用的位移场 $\boldsymbol{u}$ 由双线性协调位移场 $\boldsymbol{u}_0$ 和附加位移场 $\boldsymbol{u}_\theta$ 两部分组成，如式（2.3-4）所示；双线性协调位移场 $\boldsymbol{u}_0$ 由节点平动自由度确定，其位移插值函数与四边形等参元相同，如式（2.3-5）和式（2.3-6）所示。

$$\boldsymbol{u} = \boldsymbol{u}_0 + \boldsymbol{u}_\theta \tag{2.3-4}$$

$$\boldsymbol{u}_0 = \boldsymbol{N}_0 \boldsymbol{q}^m = \sum_{i=1}^4 \begin{bmatrix} N_i^0 & 0 \\ 0 & N_i^0 \end{bmatrix} \begin{Bmatrix} u_i \\ v_i \end{Bmatrix} \tag{2.3-5}$$

$$N_i^0 = \frac{1}{4}(1 + \xi_i\xi)(1 + \eta_i\eta) \tag{2.3-6}$$

式中，ξ 和 η 代表单元的等参坐标。

单元附加位移场 $\boldsymbol{u}_\theta$ 由面外转角自由度确定，与节点平动自由度无关；附加位移场的形式如式（2.3-7）所示，根据广义协调条件及附加位移场沿单元边界呈三次分布的假设可以求得位移插值函数的表达式为

$$\boldsymbol{u}_\theta = \boldsymbol{N}_\theta \boldsymbol{q}^m = \sum_{i=1}^4 \begin{bmatrix} N_i^{u\theta} \\ N_i^{v\theta} \end{bmatrix} \cdot \theta_{zi} \tag{2.3-7}$$

$$N_i^{u\theta} = \frac{1}{8}[\xi_i(1-\xi^2)(b_1 + b_3\eta_i)(1+\eta_i\eta) + \eta_i(1-\eta^2)(b_2 + b_3\xi_i)(1+\xi_i\xi)] \tag{2.3-8}$$

$$N_i^{v\theta} = -\frac{1}{8}[\xi_i(1-\xi^2)(a_1 + a_3\eta_i)(1+\eta_i\eta) + \eta_i(1-\eta^2)(a_2 + a_3\xi_i)(1+\xi_i\xi)] \tag{2.3-9}$$

其中

$$a_1 = \frac{1}{4}\sum_{i=1}^4 \xi_i x_i \qquad a_2 = \frac{1}{4}\sum_{i=1}^4 \eta_i x_i \qquad a_3 = \frac{1}{4}\sum_{i=1}^4 \xi_i\eta_i x_i \tag{2.3-10}$$

$$b_1 = \frac{1}{4}\sum_{i=1}^{4}\xi_i y_i \qquad b_2 = \frac{1}{4}\sum_{i=1}^{4}\eta_i y_i \qquad b_3 = \frac{1}{4}\sum_{i=1}^{4}\xi_i\eta_i y_i \tag{2.3-11}$$

式中，(x_i, y_i) 是单元节点 i 在局部坐标系下的坐标。

由单元位移场的表达式和位移-应变关系得到平面膜元应变场为

$$\boldsymbol{\varepsilon}^m = \begin{Bmatrix} \varepsilon_x^m \\ \varepsilon_y^m \\ 2\varepsilon_{xy}^m \end{Bmatrix} = \begin{Bmatrix} \dfrac{\partial u}{\partial x} \\ \dfrac{\partial v}{\partial y} \\ \dfrac{\partial u}{\partial y} + \dfrac{\partial v}{\partial x} \end{Bmatrix} \tag{2.3-12}$$

代入平面膜元位移场的表达式，可以得到

$$\boldsymbol{\varepsilon}^m = \boldsymbol{B}_m \boldsymbol{q}^m = \sum_{i=1}^{4} B_i^m q_i^m \tag{2.3-13}$$

$$\boldsymbol{B}_i^m = \begin{bmatrix} \dfrac{\partial N_i^0}{\partial x} & 0 & \dfrac{\partial N_i^{u\theta}}{\partial x} \\ 0 & \dfrac{\partial N_i^0}{\partial y} & \dfrac{\partial N_i^{v\theta}}{\partial y} \\ \dfrac{\partial N_i^0}{\partial y} & \dfrac{\partial N_i^0}{\partial x} & \dfrac{\partial N_i^{u\theta}}{\partial y} + \dfrac{\partial N_i^{v\theta}}{\partial x} \end{bmatrix} \tag{2.3-14}$$

另外，局部坐标系与等参坐标系间的雅克比矩阵如式（2.3-15）所示，其表明了式（2.3-16）中两个坐标系内形函数对坐标的偏导数变换关系，即

$$\boldsymbol{J} = \begin{bmatrix} J_{11} & J_{12} \\ J_{21} & J_{22} \end{bmatrix} = \frac{1}{4}\begin{bmatrix} x_{21}+x_{34}+\eta(x_{12}+x_{34}) & y_{21}+y_{34}+\eta(y_{12}+y_{34}) \\ x_{32}+x_{41}+\xi(x_{12}+x_{34}) & y_{32}+y_{41}+\xi(y_{12}+y_{34}) \end{bmatrix} \tag{2.3-15}$$

$$\begin{Bmatrix} \dfrac{\partial N}{\partial \xi} \\ \dfrac{\partial N}{\partial \eta} \end{Bmatrix} = \boldsymbol{J}\begin{Bmatrix} \dfrac{\partial N}{\partial x} \\ \dfrac{\partial N}{\partial y} \end{Bmatrix} \tag{2.3-16}$$

$$x_{ij}=x_i-x_j \qquad y_{ij}=y_i-y_j \quad i\neq j \quad i,j=1,2,3,4$$

则可以求得雅克比行列式及雅克比逆阵为

$$\det\boldsymbol{J} = \frac{1}{8}[(y_{42}x_{31}-y_{31}x_{42})+\xi(y_{34}x_{21}-y_{21}x_{34})+\eta(y_{41}x_{32}-y_{32}x_{41})] \tag{2.3-17}$$

$$\boldsymbol{J}^{-1} = \frac{1}{\det\boldsymbol{J}}\begin{bmatrix} J_{22} & -J_{12} \\ -J_{21} & J_{11} \end{bmatrix} \tag{2.3-18}$$

因此，平面膜元的刚度矩阵表示为

$$\boldsymbol{K}_m = \iint_{A^e} \boldsymbol{B}_m^{\mathrm{T}}\boldsymbol{D}_{mm}\boldsymbol{B}_m \mathrm{d}A = \int_{-1}^{1}\int_{-1}^{1}\boldsymbol{B}_m^{\mathrm{T}}\boldsymbol{D}_{mm}\boldsymbol{B}_m \det\boldsymbol{J}\,\mathrm{d}\xi\,\mathrm{d}\eta \tag{2.3-19}$$

式中，$\boldsymbol{D}_{mm}$ 是平面膜元的弹性刚度矩阵，对于各向同性的均匀线弹性材料，其形式可以写为

$$\boldsymbol{D}_{mm} = \frac{Eh}{1-\upsilon^2}\begin{bmatrix} 1 & \upsilon & 0 \\ \upsilon & 1 & 0 \\ 0 & 0 & \dfrac{1-\upsilon}{2} \end{bmatrix} \tag{2.3-20}$$

式中，h 为平面膜元的厚度；E 为材料的弹性模量；υ 为材料的泊松比。

2）板弯曲元 DKQ 单元列式

板单元 DKQ 的单元自由度如式（2.3-21）和式（2.3-22）所示，但是其转角自由度与挠度不是相互独立的，式（2.3-23）是文献（Batoz, et al., 1982）中给出的转角自由度的定义式，即

$$\boldsymbol{q}^b = [q_1^b \quad q_2^b \quad q_3^b \quad q_4^b]^{\mathrm{T}} \tag{2.3-21}$$

$$\boldsymbol{q}_i^b = [w_i \quad \theta_{xi} \quad \theta_{yi}]^{\mathrm{T}} \quad i = 1, 2, 3, 4 \tag{2.3-22}$$

$$\theta_x = \frac{\partial w}{\partial y} \quad \theta_y = -\frac{\partial w}{\partial x} \tag{2.3-23}$$

除单元的 4 个角节点外，在每条边的中点增加边中辅助节点，节点依次编号为 5～8，分别对应第 i 个角节点和第 j 个角节点确定的边中点（顺序依次为 $ij=12$，23，34，41）。板弯曲元的单元位移用中性面上绕 x 轴和 y 轴的转角 β_x 和 β_y 表示，采用上述 8 个节点进行位移插值，其形函数如下：

$$\begin{Bmatrix} \beta_x \\ \beta_y \end{Bmatrix} = \sum_{i=1}^{8} \begin{bmatrix} N_i & 0 \\ 0 & N_i \end{bmatrix} \begin{Bmatrix} \beta_{xi} \\ \beta_{yi} \end{Bmatrix} \tag{2.3-24}$$

$$\begin{cases} N_1 = -\dfrac{1}{4}(1-\xi)(1-\eta)(1+\xi+\eta) \\[2mm] N_2 = -\dfrac{1}{4}(1+\xi)(1-\eta)(1-\xi+\eta) \\[2mm] N_3 = -\dfrac{1}{4}(1+\xi)(1+\eta)(1-\xi-\eta) \\[2mm] N_4 = -\dfrac{1}{4}(1-\xi)(1+\eta)(1+\xi-\eta) \\[2mm] N_5 = \dfrac{1}{2}(1-\xi^2)(1-\eta) \\[2mm] N_6 = \dfrac{1}{2}(1+\xi)(1-\eta^2) \\[2mm] N_7 = \dfrac{1}{2}(1-\xi^2)(1+\eta) \\[2mm] N_8 = \dfrac{1}{2}(1-\xi)(1-\eta^2) \end{cases} \tag{2.3-25}$$

根据 Kirchhoff 假设，单元的转角变化率是 C^0 连续函数，因此转角为线性函数；式（2.3-26）和式（2.3-27）分别是单元在角节点处和边节点处的边界条件。根据以上假设和边界条件，推导得到转角位移场与单元自由度的关系如式（2.3-28）和式（2.3-29）

所示，具体推导过程请参考文献（Batoz，et al.，1982），有

$$\begin{Bmatrix} \beta_{xi} + w_{,xi} \\ \beta_{yi} + w_{,yi} \end{Bmatrix} = \begin{Bmatrix} 0 \\ 0 \end{Bmatrix} \qquad i = 1, 2, 3, 4 \tag{2.3-26}$$

$$\begin{Bmatrix} \beta_{sk} + w_{,sk} \\ \beta_{sk} + w_{,sk} \end{Bmatrix} = \begin{Bmatrix} 0 \\ 0 \end{Bmatrix} \qquad k = 5, 6, 7, 8 \tag{2.3-27}$$

$$\begin{Bmatrix} \beta_x \\ \beta_x \end{Bmatrix} = \begin{Bmatrix} H^x(\xi,\eta) \cdot q^b \\ H^y(\xi,\eta) \cdot q^b \end{Bmatrix} \tag{2.3-28}$$

$$H^x(\xi,\eta)^{\mathrm{T}} = \begin{Bmatrix} \dfrac{3}{2}(a_5 N_5 - a_8 N_8) \\ b_5 N_5 + b_8 N_8 \\ N_1 - c_5 N_5 - c_8 N_8 \\ \dfrac{3}{2}(a_6 N_6 - a_5 N_5) \\ b_5 N_5 + b_6 N_6 \\ N_2 - c_5 N_5 - c_6 N_6 \\ \dfrac{3}{2}(a_7 N_7 - a_6 N_6) \\ b_7 N_7 + b_6 N_6 \\ N_3 - c_7 N_7 - c_6 N_6 \\ \dfrac{3}{2}(a_8 N_8 - a_7 N_7) \\ b_7 N_7 + b_8 N_8 \\ N_4 - c_8 N_8 - c_7 N_7 \end{Bmatrix} \quad H^y(\xi,\eta)^{\mathrm{T}} = \begin{Bmatrix} \dfrac{3}{2}(d_5 N_5 - d_8 N_8) \\ -N_1 + e_5 N_5 + e_8 N_8 \\ -b_5 N_5 - b_8 N_8 \\ \dfrac{3}{2}(d_6 N_6 - d_5 N_5) \\ -N_2 + e_5 N_5 + e_6 N_6 \\ -b_5 N_5 - b_6 N_6 \\ \dfrac{3}{2}(d_7 N_7 - d_6 N_6) \\ -N_3 + e_7 N_7 + e_6 N_6 \\ -b_7 N_7 - b_6 N_6 \\ \dfrac{3}{2}(d_8 N_8 - d_7 N_7) \\ -N_4 + e_8 N_8 + e_7 N_7 \\ -b_7 N_7 - b_8 N_8 \end{Bmatrix} \tag{2.3-29}$$

其中

$$a_k = -\frac{x_{ij}}{l_{ij}^2} \qquad b_k = \frac{3}{4}\frac{x_{ij} y_{ij}}{l_{ij}^2} \qquad c_k = \left(\frac{1}{4}x_{ij}^2 - \frac{1}{2}y_{ij}^2\right)\Big/ l_{ij}^2$$

$$d_k = -\frac{y_{ij}}{l_{ij}^2} \qquad e_k = \left(\frac{1}{4}y_{ij}^2 - \frac{1}{2}x_{ij}^2\right)\Big/ l_{ij}^2 \qquad l_{ij} = \sqrt{x_{ij}^2 + y_{ij}^2}$$

指标参数 $k=5,6,7,8$ 分别对应 $ij=12,23,34,41$。

根据转角位移-应变关系，代入转角位移场的表达式，得到板弯曲元的曲率场为

$$\chi_b = \begin{Bmatrix} \partial \beta_x / \partial x \\ \partial \beta_y / \partial y \\ \partial \beta_y / \partial x + \partial \beta_x / \partial y \end{Bmatrix} = \begin{Bmatrix} -\partial^2 w / \partial x^2 \\ -\partial^2 w / \partial y^2 \\ -2\partial^2 w / \partial x \partial y \end{Bmatrix} = \boldsymbol{B}_b \boldsymbol{q}^b \tag{2.3-30}$$

$$\boldsymbol{B}_b = \begin{bmatrix} \partial H^x / \partial x \\ \partial H^y / \partial y \\ \partial H^y / \partial x + \partial H^x / \partial y \end{bmatrix} \tag{2.3-31}$$

因此，板弯曲元的单元刚度最终可以表示为

$$K_b = \iint_{A^e} B_b^{\mathrm{T}} D_{bb} B_b \mathrm{d}A = \int_{-1}^{1}\int_{-1}^{1} B_b^{\mathrm{T}} D_{bb} B_b \det J \, \mathrm{d}\xi \mathrm{d}\eta \qquad （2.3-32）$$

式中，D_{bb} 是材料的弯曲刚度矩阵；在各向同性均匀线弹性材料情况下，详细表示为

$$D_{bb} = \frac{Eh^3}{12(1-\upsilon^2)}\begin{bmatrix} 1 & \upsilon & 0 \\ \upsilon & 1 & 0 \\ 0 & 0 & \dfrac{1-\upsilon}{2} \end{bmatrix} \qquad （2.3-33）$$

式中，h 是板弯曲元的厚度；E 为材料的弹性模量；υ 为材料的泊松比。

3）小变形平板壳单元 DKGQ 列式

如图 2.3-7 所示，平面膜元和板弯曲元组合成平板壳单元，其在局部坐标系下的节点位移矢量为

$$q = [q_1 \quad q_2 \quad q_3 \quad q_4]^{\mathrm{T}} \qquad （2.3-34）$$

$$q_i = [u_i \quad v_i \quad w_i \quad \theta_{xi} \quad \theta_{yi} \quad \theta_{zi}]^{\mathrm{T}} \quad i = 1, 2, 3, 4 \qquad （2.3-35）$$

将该自由度分成平面膜元自由度和板弯曲元自由度两部分，重新组合顺序得到壳单元的组合自由度为

$$\tilde{q} = \begin{Bmatrix} q^m \\ q^b \end{Bmatrix} \qquad （2.3-36）$$

根据平板壳元理论，其中性面上的位移用平面膜元的位移代替，则单元内任一点的位移场可以表示为

$$\hat{u} = \begin{Bmatrix} \hat{u}(x,y,z) \\ \hat{v}(x,y,z) \\ \hat{w}(x,y,z) \end{Bmatrix} = \begin{Bmatrix} u(x,y) - z\dfrac{\partial w(x,y)}{\partial x} \\ v(x,y) - z\dfrac{\partial w(x,y)}{\partial y} \\ w(x,y) \end{Bmatrix} \qquad （2.3-37）$$

在小变形情况下，根据平面应力假设，壳单元内独立的应变场-位移几何关系表示为

$$\varepsilon = \begin{Bmatrix} \varepsilon_x \\ \varepsilon_y \\ 2\varepsilon_{xy} \end{Bmatrix} = \begin{Bmatrix} \dfrac{\partial \hat{u}}{\partial x} \\ \dfrac{\partial \hat{v}}{\partial y} \\ \dfrac{\partial \hat{u}}{\partial y} + \dfrac{\partial \hat{v}}{\partial x} \end{Bmatrix} \qquad （2.3-38）$$

代入壳单元的位移场相关公式，壳单元的应变场可以表示为平面膜元应变与板弯曲元转角应变场的组合，即

$$\boldsymbol{\varepsilon} = \left\{ \begin{array}{c} \dfrac{\partial u}{\partial x} \\[2mm] \dfrac{\partial v}{\partial y} \\[2mm] \dfrac{\partial u}{\partial y} + \dfrac{\partial v}{\partial x} \end{array} \right\} - z \left\{ \begin{array}{c} \dfrac{\partial^2 w}{\partial x^2} \\[2mm] \dfrac{\partial^2 w}{\partial y^2} \\[2mm] 2\dfrac{\partial^2 w}{\partial x \partial y} \end{array} \right\} = \boldsymbol{\varepsilon}_m + z\boldsymbol{\chi}_b \tag{2.3-39}$$

因此，壳单元应变场与单元节点组合自由度的关系表示为

$$\boldsymbol{\varepsilon} = \boldsymbol{B}\tilde{\boldsymbol{q}} \tag{2.3-40}$$

$$\boldsymbol{B} = \begin{bmatrix} B_m & zB_b \end{bmatrix} \tag{2.3-41}$$

壳单元应力场可以表示为

$$\boldsymbol{\sigma} = \left\{ \begin{array}{c} \sigma_x \\ \sigma_y \\ \tau_{xy} \end{array} \right\} = \boldsymbol{D}_{\tan}\boldsymbol{\varepsilon} \tag{2.3-42}$$

式中，$\boldsymbol{D}_{\tan}$ 为平面应力状态下的切线刚度矩阵；对于线弹性材料，其形式为

$$\boldsymbol{D}_{\tan} = \frac{E}{1-\upsilon^2} \begin{bmatrix} 1 & \upsilon & 0 \\ \upsilon & 1 & 0 \\ 0 & 0 & \dfrac{1-\upsilon}{2} \end{bmatrix} \tag{2.3-43}$$

式中，E 为材料的弹性模量；υ 为材料的泊松比。

因此，小变形下壳单元的刚度矩阵表示为

$$\boldsymbol{K}_l = \iiint \boldsymbol{B}^{\mathrm{T}} \boldsymbol{D}_{\tan} \boldsymbol{B} \mathrm{d}\Omega = \iint_{A^e} \int_{-h/2}^{h/2} \begin{bmatrix} B_m^{\mathrm{T}} D_{\tan} B_m & z B_m^{\mathrm{T}} D_{\tan} B_b \\ z B_b^{\mathrm{T}} D_{\tan} B_m & z^2 B_b^{\mathrm{T}} D_{\tan} B_b \end{bmatrix} \mathrm{d}z\mathrm{d}A \tag{2.3-44}$$

由于 $\boldsymbol{B}_m$ 和 $\boldsymbol{B}_b$ 与单元厚度方向的积分无关，刚度矩阵又可写为

$$\boldsymbol{K}_l = \iint_{A^e} \begin{bmatrix} B_m^{\mathrm{T}} D_{mm} B_m & B_m^{\mathrm{T}} D_{mb} B_b \\ B_b^{\mathrm{T}} D_{bm} B_m & B_b^{\mathrm{T}} D_{bb} B_b \end{bmatrix} \mathrm{d}A \tag{2.3-45}$$

其中

$$\left\{ \begin{array}{l} \boldsymbol{D}_{mm} = \displaystyle\int_{-h/2}^{h/2} \boldsymbol{D}_{\tan} \mathrm{d}z \\[3mm] \boldsymbol{D}_{mb} = \boldsymbol{D}_{bm} = \displaystyle\int_{-h/2}^{h/2} z \boldsymbol{D}_{\tan} \mathrm{d}z \\[3mm] \boldsymbol{D}_{bb} = \displaystyle\int_{-h/2}^{h/2} z^2 \boldsymbol{D}_{\tan} \mathrm{d}z \end{array} \right. \tag{2.3-46}$$

对于线弹性材料，材料矩阵沿厚度积分后得到

$$\boldsymbol{D}_{mb} = \boldsymbol{D}_{bm} = \boldsymbol{0} \tag{2.3-47}$$

因此，局部坐标系下壳单元刚度矩阵可以写作式（2.3-48）中的形式，即平板壳单

元的刚度矩阵可由平面膜元刚度和板弯曲元刚度组合得到

$$\boldsymbol{K}_l = \iint\limits_{A^e} \begin{bmatrix} B_m^{\mathrm{T}} D_{mm} B_m & 0 \\ 0 & B_b^{\mathrm{T}} D_{bb} B_b \end{bmatrix} \mathrm{d}A = \begin{bmatrix} K_m & 0 \\ 0 & K_b \end{bmatrix} \tag{2.3-48}$$

最后转换单元自由度顺序，并转化到整体坐标系下得到壳单元 DKGQ 的单元刚度矩阵。

4）几何非线性平板壳单元 NLDKGQ 列式

本节采用更新拉格朗日列式介绍壳单元 DKGQ 在几何非线性情况下的单元列式 NLDKGQ。在更新拉格朗日格式下，所有变量基于时刻 t 的位形作为参考位形，则从时刻 t 到时刻 $t+\Delta t$ 的应变增量用更新的 Green 应变张量的增量 $\Delta\varepsilon_{ij}$ 表示为

$$\Delta\boldsymbol{\varepsilon}_{ij} = \frac{1}{2}\left(\Delta\boldsymbol{u}_{i,j} + \Delta\boldsymbol{u}_{j,i}\right) + \frac{1}{2}\Delta\boldsymbol{u}_{k,i}\Delta\boldsymbol{u}_{k,j} = \Delta\boldsymbol{e}_{ij} + \Delta\boldsymbol{\eta}_{ij} \tag{2.3-49}$$

其中，更新的 Green 应变张量的线性增量 $\Delta\boldsymbol{\varepsilon}_{ij}$ 和非线性增量 $\Delta\boldsymbol{\eta}_{ij}$ 分别为

$$\Delta\boldsymbol{e}_{ij} = \frac{1}{2}\left(\Delta\boldsymbol{u}_{i,j} + \Delta\boldsymbol{u}_{j,i}\right) \qquad \Delta\boldsymbol{\eta}_{ij} = \frac{1}{2}\Delta\boldsymbol{u}_{k,i}\Delta\boldsymbol{u}_{k,j} \tag{2.3-50}$$

在更新拉格朗日格式下，与更新的 Green 应变张量对应的是更新的 Kirchhoff 应力张量 $_{t}^{t+\Delta t}\boldsymbol{S}_{ij}$。为建立增量方程，应力的增量分解为

$$_{t}^{t+\Delta t}\boldsymbol{S}_{ij} = {}^{t}\boldsymbol{\tau}_{ij} + {}_{t}\boldsymbol{S}_{ij} \tag{2.3-51}$$

在材料处于非线性的大应变情况下，由于不便于采用直接联系 $_{t}\boldsymbol{S}_{ij}$ 和 $_{t}\boldsymbol{\varepsilon}_{ij}$ 的本构关系，一般采用联系 Jaumann 应力速率张量 $^{t}\dot{\boldsymbol{\sigma}}_{ij}^{J}$ 和应变速率张量 $^{t}\dot{\boldsymbol{e}}_{ij}$ 的本构关系。因此，定义 $\Delta\boldsymbol{\sigma}_{ij}^{J}$ 为以时刻 t 为参考位形的 Jaumann 应力增量张量；时间步增量 Δt 若足够小，则当前时间步 $t+\Delta t$，以时刻 t 为参考位形的应力张量可以表示为

$$_{t}^{t+\Delta t}\boldsymbol{S}_{ij} = {}^{t}\boldsymbol{\tau}_{ij} + \Delta\boldsymbol{\sigma}_{ij}^{J} \tag{2.3-52}$$

按照 Jaumann 率本构关系，Jaumann 应力增量与应变增量的关系如下：

$$\Delta\boldsymbol{\sigma}_{ij}^{J} = \boldsymbol{D}_{ijkl}\Delta\boldsymbol{\varepsilon}_{kl} \tag{2.3-53}$$

同样地，在一个足够小的时间步内，可以忽略 $_{t}\boldsymbol{u}_{i,j}$ 的二阶以及更高阶项，使得

$$\delta_{t}\boldsymbol{\varepsilon}_{ij} = \delta_{t}\boldsymbol{e}_{ij} \tag{2.3-54}$$

因此，基于以上的应力和应变增量，与弹性力学中平衡方程和力边界条件等效的虚位移原理可以表示为

$$\int_{{}^{t}V} {}_{t}^{t+\Delta t}\boldsymbol{S}_{ij}\delta\,{}_{t}^{t+\Delta t}\boldsymbol{\varepsilon}_{ij}\,\mathrm{d}V = {}^{t+\Delta t}\boldsymbol{W} \tag{2.3-55}$$

式中，$^{t+\Delta t}\boldsymbol{W}$ 是外力（体力 $\boldsymbol{P}$ 和面力 $\overline{\boldsymbol{F}}$）做功，按照下式计算：

$$^{t+\Delta t}\boldsymbol{W} = \int_{{}^{t}S}\left(\overline{\boldsymbol{F}}_{k} + \Delta\overline{\boldsymbol{F}}_{k}\right)\delta u_{k}^{t}\,\mathrm{d}S + \int_{{}^{t}V}\left(\boldsymbol{P}_{k} + \Delta\boldsymbol{P}_{k}\right)\delta u_{k}^{t}\,\mathrm{d}V \tag{2.3-56}$$

对于局部坐标系下的平板壳单元，式（2.3-50）的应变增量的线性增量部分和非线性增量部分可以分别写为

$$\Delta e = \Delta\varepsilon_m + z\Delta\chi_b \tag{2.3-57}$$

$$\Delta \boldsymbol{\eta} = \left\{ \begin{array}{c} \dfrac{1}{2}\left(\dfrac{\partial w}{\partial x}\right)^2 \\[3mm] \dfrac{1}{2}\left(\dfrac{\partial w}{\partial y}\right)^2 \\[3mm] \dfrac{\partial w}{\partial x}\dfrac{\partial w}{\partial y} \end{array} \right\} \tag{2.3-58}$$

引入平板膜元 GQ12 和板弯曲元 DKQ 的应变场以及位移场，再代入到式（2.3-55）中，即可得到

$$I_1 + I_2 = {}^{t+\Delta t}W - I_3 \tag{2.3-59}$$

$$I_1 = \iint\limits_A \left(\delta\Delta\boldsymbol{\varepsilon}_m^{\mathrm{T}}\boldsymbol{D}_{mm}\Delta\boldsymbol{\varepsilon}_m + \delta\Delta\boldsymbol{\varepsilon}_m^{\mathrm{T}}\boldsymbol{D}_{mb}\Delta\boldsymbol{\chi}_b + \delta\Delta\boldsymbol{\chi}_b^{\mathrm{T}}\boldsymbol{D}_{bm}\Delta\boldsymbol{\varepsilon}_m + \delta\Delta\boldsymbol{\chi}_b^{\mathrm{T}}\boldsymbol{D}_{bb}\Delta\boldsymbol{\chi}_b\right)\mathrm{d}A \tag{2.3-60}$$

$$I_2 = \iint\limits_A \delta\Delta\boldsymbol{w}'^{\mathrm{T}}\overline{\boldsymbol{N}}\Delta\boldsymbol{w}'\mathrm{d}A \tag{2.3-61}$$

$$I_3 = \iint\limits_A \left(\delta\Delta\boldsymbol{\varepsilon}_m^{\mathrm{T}}\boldsymbol{N}_m + \delta\Delta\boldsymbol{\chi}_b^{\mathrm{T}}\boldsymbol{M}_b\right)\mathrm{d}A \tag{2.3-62}$$

式中，材料矩阵 $\boldsymbol{D}_{mm}$、$\boldsymbol{D}_{mb}$、$\boldsymbol{D}_{bm}$、$\boldsymbol{D}_{bb}$ 的定义同式（2.3-46）；平板膜元和板元应变场增量及单元挠度偏导数与单元自由度关系为

$$\Delta\boldsymbol{\varepsilon}_m = \boldsymbol{B}_m\Delta\boldsymbol{q}^m \qquad \Delta\boldsymbol{\chi}_m = \boldsymbol{B}_b\Delta\boldsymbol{q}^b \tag{2.3-63}$$

$$\Delta\boldsymbol{w}' = \boldsymbol{G}\Delta\boldsymbol{q}^b \qquad \boldsymbol{G} = \left\{\begin{array}{c} -\boldsymbol{H}^x \\ -\boldsymbol{H}^y \end{array}\right\} \tag{2.3-64}$$

$\boldsymbol{N}_m$ 和 $\boldsymbol{M}_b$ 分别是时刻 t 的平面膜力和弯矩，即

$$\boldsymbol{N}_m = \left\{\begin{array}{c} N_x \\ N_y \\ N_{xy} \end{array}\right\} \qquad\qquad \boldsymbol{M}_b = \left\{\begin{array}{c} M_x \\ M_y \\ M_{xy} \end{array}\right\} \tag{2.3-65}$$

$$\left\{\begin{array}{ll} N_x = \displaystyle\int_{-h/2}^{h/2}\sigma_x\mathrm{d}z & N_y = \displaystyle\int_{-h/2}^{h/2}\sigma_y\mathrm{d}z \\[3mm] N_{xy} = \displaystyle\int_{-h/2}^{h/2}\sigma_{xy}\mathrm{d}z & M_x = \displaystyle\int_{-h/2}^{h/2}z\sigma_x\mathrm{d}z \\[3mm] M_y = \displaystyle\int_{-h/2}^{h/2}z\sigma_y\mathrm{d}z & M_{xy} = \displaystyle\int_{-h/2}^{h/2}z\sigma_{xy}\mathrm{d}z \end{array}\right. \tag{2.3-66}$$

$$\overline{\boldsymbol{N}} = \begin{bmatrix} N_x & N_{xy} \\ N_{yx} & N_y \end{bmatrix} \tag{2.3-67}$$

再将上述应变增量代入式（2.3-60）～式（2.3-62），得到

$$I_1 = \delta\Delta\boldsymbol{q}^{m\mathrm{T}}\left(\iint\limits_A \boldsymbol{B}_m^{\mathrm{T}}\boldsymbol{D}_{mm}\boldsymbol{B}_m\mathrm{d}A\right)\Delta\boldsymbol{q}^m + \delta\Delta\boldsymbol{q}^{m\mathrm{T}}\left(\iint\limits_A \boldsymbol{B}_m^{\mathrm{T}}\boldsymbol{D}_{mb}\boldsymbol{B}_b\mathrm{d}A\right)\Delta\boldsymbol{q}^b$$

$$+ \delta\Delta\boldsymbol{q}^{b\mathrm{T}}\left(\iint\limits_A \boldsymbol{B}_b^{\mathrm{T}}\boldsymbol{D}_{bm}\boldsymbol{B}_m\mathrm{d}A\right)\Delta\boldsymbol{q}^m + \delta\Delta\boldsymbol{q}^{b\mathrm{T}}\left(\iint\limits_A \boldsymbol{B}_b^{\mathrm{T}}\boldsymbol{D}_{bb}\boldsymbol{B}_b\mathrm{d}A\right)\Delta\boldsymbol{q}^b \tag{2.3-68}$$

$$I_2 = \delta \Delta \boldsymbol{q}^{b\mathrm{T}} \left(\iint_A \boldsymbol{G}^\mathrm{T} \overline{\boldsymbol{N}} \boldsymbol{G} \mathrm{d}A \right) \Delta \boldsymbol{q}^b \tag{2.3-69}$$

$$I_3 = \delta \Delta \boldsymbol{q}^{m\mathrm{T}} \left(\iint_A \boldsymbol{B}_m^\mathrm{T} \boldsymbol{N}_m \mathrm{d}A \right) \Delta \boldsymbol{q}^m + \delta \Delta \boldsymbol{q}^{b\mathrm{T}} \left(\iint_A \boldsymbol{B}_b^\mathrm{T} \boldsymbol{M}_b \mathrm{d}A \right) \Delta \boldsymbol{q}^b \tag{2.3-70}$$

另外，外力做功 $^{t+\Delta t}W$ 又可写作等效节点外力做功的形式

$$^{t+\Delta t}W = \delta \Delta \boldsymbol{q}^{m\mathrm{T}} \, ^{t+\Delta t}\boldsymbol{F}_m + \delta \Delta \boldsymbol{q}^{b\mathrm{T}} \, ^{t+\Delta t}\boldsymbol{F}_b \tag{2.3-71}$$

式中，$^{t+\Delta t}\boldsymbol{F}_m$ 和 $^{t+\Delta t}\boldsymbol{F}_b$ 分别为时刻 $t+\Delta t$ 相应于膜元和板弯曲元的等效节点力向量。

由于虚位移向量具有任意性，根据变分原理和式（2.3-68）～式（2.3-71），得到用于几何非线性分析的壳单元在局部坐标系下的增量求解方程：

$$\left(\boldsymbol{K}_l + \boldsymbol{K}_{nl} \right) \begin{Bmatrix} \Delta q^m \\ \Delta q^b \end{Bmatrix} = \begin{Bmatrix} ^{t+\Delta t}F_m \\ ^{t+\Delta t}F_b \end{Bmatrix} - \begin{Bmatrix} ^t R_m \\ ^t R_b \end{Bmatrix} \tag{2.3-72}$$

式中，线性单元刚度矩阵 $\boldsymbol{K}_l$ 和非线性单元刚度矩阵 $\boldsymbol{K}_{nl}$ 分别为

$$\boldsymbol{K}_l = \iint_{_tA^e} \begin{bmatrix} B_m^\mathrm{T} D_{mm} B_m & B_m^\mathrm{T} D_{mb} B_b \\ B_b^\mathrm{T} D_{bm} B_m & B_b^\mathrm{T} D_{bb} B_b \end{bmatrix} \mathrm{d}A \tag{2.3-73}$$

$$\boldsymbol{K}_{nl} = \begin{bmatrix} 0 & 0 \\ 0 & K_\sigma \end{bmatrix} \qquad \boldsymbol{K}_\sigma = \iint_{_tA^e} \boldsymbol{G}^\mathrm{T} \overline{\boldsymbol{N}} \boldsymbol{G} \mathrm{d}A \tag{2.3-74}$$

式中，$^t\boldsymbol{R}_m$ 和 $^t\boldsymbol{R}_b$ 分别为膜元的等效节点内力矢量和板元的等效节点内力矢量，即

$$^t\boldsymbol{R}_m = \iint_{_tA^e} \boldsymbol{B}_m^\mathrm{T} \boldsymbol{N}_m \mathrm{d}A \qquad ^t\boldsymbol{R}_b = \iint_{_tA^e} \boldsymbol{B}_b^\mathrm{T} \boldsymbol{M}_b \mathrm{d}A \tag{2.3-75}$$

对式（2.3-72）进行自由度顺序变换和坐标转换，得到在整体坐标系下的增量求解方程，即

$$\left(\boldsymbol{K}_{l,global}^e + \boldsymbol{K}_{nl,global}^e \right) \Delta \boldsymbol{q} = \, ^{t+\Delta t}\boldsymbol{F} - \, ^t\boldsymbol{R} \tag{2.3-76}$$

2.3.2.3 经典算例验证

为了验证本节中新型壳单元 DKGQ 及几何非线性壳单元 NLDKGQ 的性能，在 OpenSees 中集成新单元后利用壳单元经典算例进行了测试。

1）两端约束受一对集中力的圆筒算例

两端为刚性隔板约束的圆筒壳，中心受到一对等值反向的集中力作用，如图 2.3-8 所示，其几何尺寸和材料参数均为无量纲参数，荷载作用点位移的理论解（Belytschko，et al.，1994）为 $w=1.854\ 1\times10^{-5}$。由于对称性，取该圆柱壳的 1/8 部分划分网格进行计算，得到荷载作用点沿荷载方向的位移，其数值计算精度列于表 2.3-1 中。本算例中用于比较的单元分别为 ABAQUS 中的四边形四节点通用壳单元 S4、OpenSees 中已有壳单元 MITC4 和本节提出的小变形平板壳单元 DKGQ。表 2.3-1 的结果表明，本节的壳单元 DKGQ 能够有效模拟壳体结构的面内-面外耦合受力状态，且在网格数目较少的情况下即可达到较高的计算精度，从而有效提高计算效率。

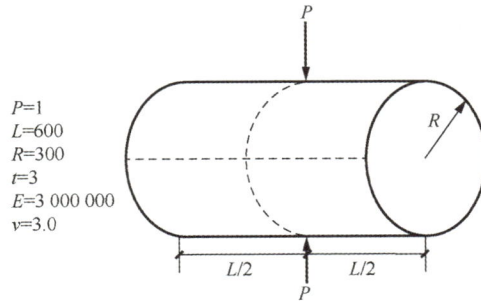

图 2.3-8 两端刚性约束的圆筒壳：几何尺寸和材料参数

表 2.3-1 两端刚性约束的圆筒壳：荷载作用点位移的数值计算精度

壳单元类型	不同网格（1/8 壳）荷载点位移/理论解		
	4×4	8×8	16×16
S4	0.382	0.742	0.918
MITC4	0.364	0.717	0.910
DKGQ	0.629	0.935	0.999

2）MacNeal 梁算例

MacNeal 细长梁问题（MacNeal，et al.，1985）是用于考察单元闭锁问题的经典算例，其几何尺寸和材料参数如图 2.3-9 所示，采用三种形状的网格划分方式：矩形、平行四边形和梯形。梁所用材料的弹性模量 $E=10^7$，泊松比 $\upsilon=0.3$，梁厚度 $t=0.1$，均采用无量纲参数；分别施加面内剪切和弯曲两种载荷，面内剪切载荷情况下自由端竖向位移标准值为-0.1081，弯曲载荷情况下自由端竖向位移标准值为-0.0054；采用不同类型的单元进行计算得到的精度如表 2.3-2 所示。用于计算的平面单元分别是：四边形平面等参元 Q4 单元，Allman（1984）提出的含转角自由度的平面膜元和本节的平板壳元所采用的高性能平面膜元 GQ12 单元。计算结果表明，Q4 膜元出现了薄膜闭锁现象，Allman 膜元和 GQ12 膜元抗闭锁能力较强，相同网格下 GQ12 单元具有更高的计算精度。为了考察壳单元的抗闭锁能力，将该算例拓展到三维，分别用 S4、MITC4 和 DKGQ 这三种壳单元进行计算，结果表明 MITC4 单元出现了闭锁现象，DKGQ 单元没有闭锁现象，与 ABAQUS 中的 S4 单元计算精度相当。

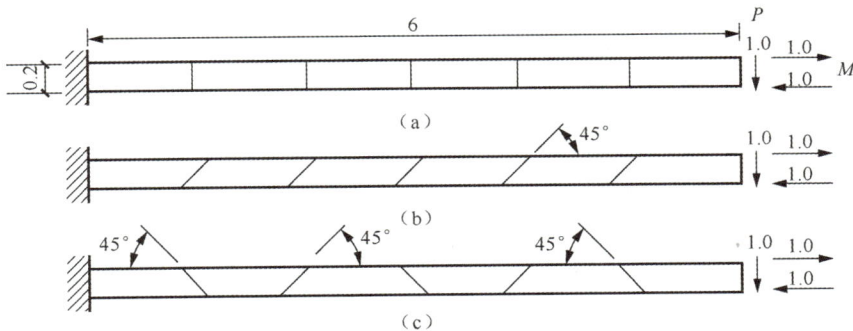

图 2.3-9 MacNeal 梁：几何尺寸和材料参数

表 2.3-2　MacNeal 梁自由端挠度计算精度

壳单元类型	剪切（载荷 P）			弯曲（载荷 M）		
	网格（a）	网格（b）	网格（c）	网格（a）	网格（b）	网格（c）
Q4	0.093	0.035	0.003	0.093	0.031	0.022
Allman	0.904	0.873	0.805	0.910	—	—
GQ12	0.993	0.993	0.988	0.996	0.995	0.989
S4	0.907	0.876	0.874	0.915	0.890	0.889
MITC4	0.076	0.030	0.030	0.076	0.028	0.028
DKGQ	0.904	0.873	0.873	0.911	0.881	0.881
精确解	—	1.000	—	—	1.000	—

3）大变形悬臂梁算例

图 2.3-10 所示是一端固支，一端受到集中弯矩作用的悬臂梁，采用无量纲的几何尺寸和材料参数。这类悬臂梁问题通常采用 1×10 的网格划分（Park，et al.，1995），自由端施加的弯矩（通过弯矩系数 $k=M/M_{max}$ 表示）与自由端节点的轴向和竖向位移关系曲线如图 2.3-11（a）所示，图 2.3-11（b）显示了不同弯矩作用下悬臂梁的中性轴变形后的形状。计算结果表明，本节开发的 NLDKGQ 壳单元能够较好地模拟大变形大转动情况，且精度与 ABAQUS 中的通用壳单元 S4 相当，均具有较高的计算精度。

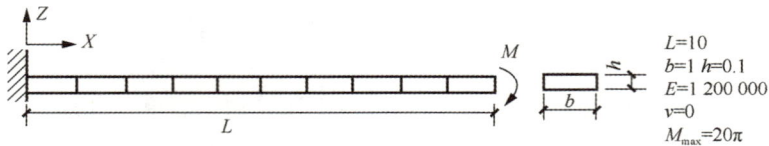

图 2.3-10　悬臂梁自由端受集中弯矩作用：几何尺寸和材料参数

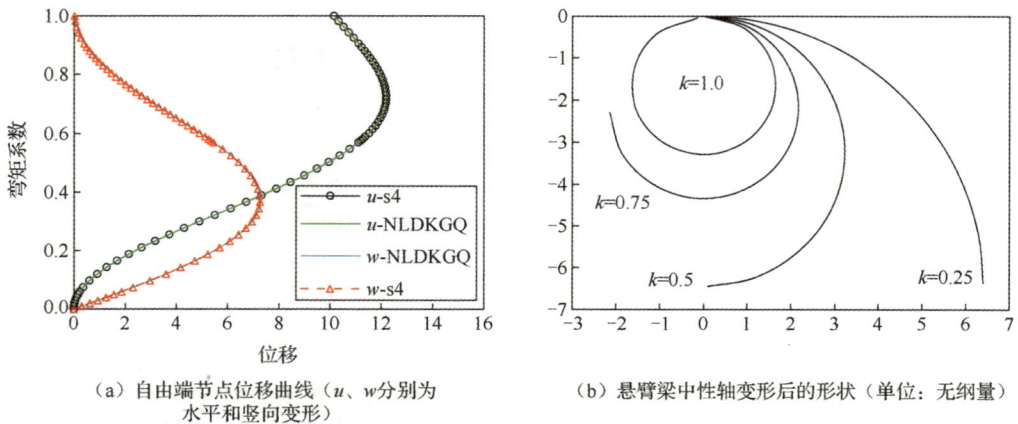

（a）自由端节点位移曲线（u、w 分别为　　　　（b）悬臂梁中性轴变形后的形状（单位：无纲量）
　　　水平和竖向变形）

图 2.3-11　悬臂梁自由端受集中弯矩作用的变形

2.3.3 三角形壳单元 NLDKGT

2.3.3.1 研究背景

NLDKGQ 单元是一种四边形平板壳单元，能够模拟几何非线性，可以应用于大变形问题，但该单元不是一种三角形/四边形通用单元，无法应用于三角形网格，这使其在模拟曲面、复杂边界时容易导致网格畸变，而且该单元在模拟结构屈曲时容易出现计算不收敛的问题。而三角形单元与四边形单元相比，具有更好的网格适应性，能够模拟复杂的几何边界，且有助于改善四边形单元出现翘曲时导致的计算不收敛现象。因此，本书作者与研究生张书豪、解琳琳等根据平板壳单元理论，提出一种三角形壳单元以补充 OpenSees 中现有壳单元的功能不足之处，并应用到工程结构的有限元模拟中。

2.3.3.2 三角形壳单元的组成部分

为了得到适用的三角形壳单元，本节采用基于广义协调理论（龙驭球，2004）的三角形平面膜单元 GT9（须寅等，1993）及三角形薄板弯曲单元 DKT（Batoz, et al.，1980）来构造新型三角形壳单元，其中平面膜单元 GT9 通过构造节点刚体转角，使该单元每个节点拥有三个自由度，同时令其位移场具有更高的阶数，提高了计算精度。文献（须寅等，1993）表明其具有较好的计算精度。而薄板弯曲单元 DKT 应用了 Kirchhoff 理论，能够有效地避免剪切闭锁的发生。

如图 2.3-12 所示，通过膜单元 GT9 和板弯曲元 DKT 组合构成新型三角形壳单元，该单元每个节点拥有 6 个自由度，易于应用，将其记作 DKGT，而用于几何非线性模拟的壳单元记作 NLDKGT。本节将给出该三角形壳元的基本列式，以及壳单元组合方法，并对其几何非线性形式进行了推导。

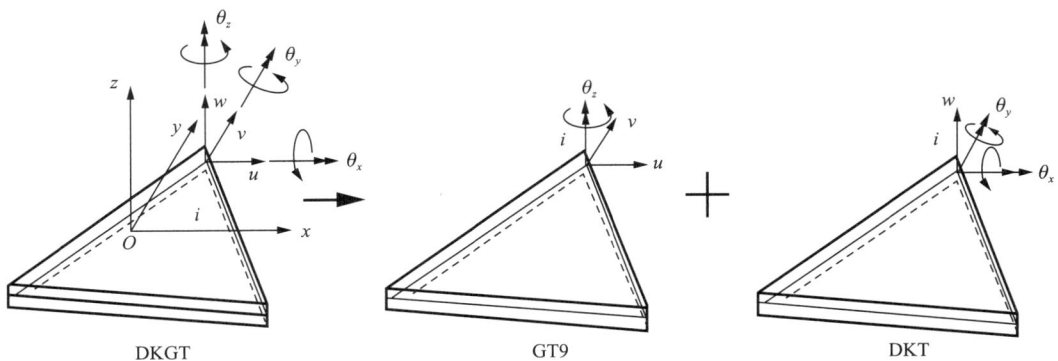

图 2.3-12　三角形壳单元 DKGT 单元的基本构成

1）平面膜单元 GT9 基本理论

平面膜单元 GT9 每一个单元共 3 个节点，每个节点有 3 个自由度，其节点位移矢量及自由度矢量可以表示为

$$\boldsymbol{q}^m = [q_1^m \quad q_2^m \quad q_3^m]^{\mathrm{T}} \tag{2.3-77}$$

$$\boldsymbol{q}_i^m = [u_i \quad v_i \quad \theta_{zi}]^{\mathrm{T}} \quad i=1,2,3 \tag{2.3-78}$$

设膜单元 GT9 的位移场 $\boldsymbol{u}$ 由两部分构成，即

$$\boldsymbol{u} = \boldsymbol{u}_0 + \boldsymbol{u}_\theta \tag{2.3-79}$$

其中线性位移场 $\boldsymbol{u}_0$ 由节点的线自由度通过形函数插值确定，即

$$\boldsymbol{u}_0 = \boldsymbol{N}_0 \boldsymbol{q}^m = \sum_{i=1}^{3} \begin{bmatrix} L_i & 0 \\ 0 & L_i \end{bmatrix} \begin{Bmatrix} u_i \\ v_i \end{Bmatrix} \tag{2.3-80}$$

式（2.3-80）中 L_i 是三角形的面积坐标，即

$$L_i = \frac{1}{2A}(a_i + b_i x_i + c_i y_i) \quad i=1,2,3 \tag{2.3-81}$$

附加位移场 $\boldsymbol{u}_\theta$ 是由单元节点处的刚体转角 θ_{zi} (i=1,2,3)起的，此处的刚体转角自由度不同于连续介质力学定义的旋转自由度，其与线性位移场 $\boldsymbol{u}_0$ 无关，GT9 单元引入刚体转角的目的在于增加位移场阶数以提高单元计算精度。附加位移场 $\boldsymbol{u}_\theta$ 可表示为

$$\boldsymbol{u}_\theta = \boldsymbol{N}_\theta \boldsymbol{q}^m = \sum_{i=1}^{3} \begin{bmatrix} N_i^{u\theta} \\ N_i^{v\theta} \end{bmatrix} \theta_{zi} \tag{2.3-82}$$

$$N_i^{u\theta} = \frac{1}{2} L_i (b_m L_j - b_j L_m) \tag{2.3-83}$$

$$N_i^{v\theta} = \frac{1}{2} L_i (c_m L_j - c_j L_m) \tag{2.3-84}$$

在式（2.3-81）～式（2.3-84）中

$$a_i = x_j y_m - x_m y_j \quad b_i = y_j - y_m \quad c_i = x_m - x_j \tag{2.3-85}$$

其中 (x_i, y_i) 是 GT9 的节点 i 在单元局部坐标系下的坐标。得到 GT9 的位移场后，利用几何方程可得到 GT9 的应变场，其表达式如下：

$$\boldsymbol{\varepsilon}_m = \begin{Bmatrix} \varepsilon_x^m \\ \varepsilon_y^m \\ 2\varepsilon_{xy}^m \end{Bmatrix} = \begin{Bmatrix} \dfrac{\partial u}{\partial x} \\ \dfrac{\partial v}{\partial y} \\ \dfrac{\partial u}{\partial y} + \dfrac{\partial v}{\partial x} \end{Bmatrix} \tag{2.3-86}$$

将膜单元 GT9 的位移场表达式代入式（2.3-86），可以得到

$$\boldsymbol{\varepsilon}_m = \boldsymbol{B}_m \boldsymbol{q}_m = \sum_{i=1}^{3} \boldsymbol{B}_i^m \boldsymbol{q}_i^m \tag{2.3-87}$$

$$\boldsymbol{B}_i^m = \begin{bmatrix} \dfrac{\partial L_i}{\partial x} & 0 & \dfrac{\partial N_i^{u\theta}}{\partial x} \\[2mm] 0 & \dfrac{\partial L_i}{\partial y} & \dfrac{\partial N_i^{v\theta}}{\partial y} \\[2mm] \dfrac{\partial L_i}{\partial y} & \dfrac{\partial L_i}{\partial x} & \dfrac{\partial N_i^{u\theta}}{\partial y} + \dfrac{\partial N_i^{v\theta}}{\partial x} \end{bmatrix} \tag{2.3-88}$$

利用雅克比矩阵将形函数对两种坐标的偏导数进行转化，即

$$\left\{ \begin{array}{c} \dfrac{\partial N}{\partial L_1} \\[2mm] \dfrac{\partial N}{\partial L_2} \end{array} \right\} = \boldsymbol{J} \left\{ \begin{array}{c} \dfrac{\partial N}{\partial x} \\[2mm] \dfrac{\partial N}{\partial y} \end{array} \right\} \tag{2.3-89}$$

式中，$\boldsymbol{J}$ 为三角形面积坐标与局部直角坐标系之间的雅克比矩阵。

将膜单元形函数代入式（2.3-89），则可得到雅克比矩阵 $\boldsymbol{J}$ 的表示式，即

$$\boldsymbol{J} = \begin{bmatrix} J_{11} & J_{12} \\ J_{21} & J_{22} \end{bmatrix} = \begin{bmatrix} x_2 - x_1 & y_2 - y_1 \\ x_3 - x_1 & y_3 - y_1 \end{bmatrix} \tag{2.3-90}$$

由此求得雅克比矩阵的行列式和逆矩阵表达式为

$$\det \boldsymbol{J} = (x_2 - x_1)(y_3 - y_1) - (y_2 - y_1)(x_3 - x_1) \tag{2.3-91}$$

$$\boldsymbol{J}^{-1} = \frac{1}{\det \boldsymbol{J}} \begin{bmatrix} J_{22} & -J_{12} \\ -J_{21} & J_{11} \end{bmatrix} \tag{2.3-92}$$

进一步通过积分，可以得到膜单元的刚度矩阵表达式为

$$\boldsymbol{K}_m = \iint_{A^e} \boldsymbol{B}_m^{\mathrm{T}} \boldsymbol{D}_{mm} \boldsymbol{B}_m \mathrm{d}A = \int_0^1 \int_0^1 \boldsymbol{B}_m^{\mathrm{T}} \boldsymbol{D}_{mm} \boldsymbol{B}_m \det \boldsymbol{J} \mathrm{d}L_1 \mathrm{d}L_2 \tag{2.3-93}$$

式中，$\boldsymbol{D}_{mm}$ 为材料的本构矩阵。

2）薄板弯曲单元 DKT 基本理论

薄板弯曲单元 DKT 的单元位移矢量及自由度矢量如式（2.3-94）和式（2.3-95）所示，即

$$\boldsymbol{q}^b = [q_1^b \quad q_2^b \quad q_3^b]^{\mathrm{T}} \tag{2.3-94}$$

$$\boldsymbol{q}_i^b = [w_i \quad \theta_{xi} \quad \theta_{yi}]^{\mathrm{T}} \tag{2.3-95}$$

式中，θ_x 和 θ_y 为 DKT 单元节点的转角自由度，按照 Kirchhoff 理论可表示为

$$\theta_x = \frac{\partial w}{\partial y} \qquad \theta_y = -\frac{\partial w}{\partial x} \tag{2.3-96}$$

在构造单元时，需在三角形各边的中点设置辅助节点，并根据与每条边两端节点 i 和 j 的对应关系分别编号为 4～6，对应顺序依次为 $ij=12,23,31$。DKT 的单元位移可以用

中性面上绕 x 轴和绕 y 轴的转角 β_x 和 β_y 表示。需要注意，β_x 和 β_y 与 θ_x 和 θ_y 并不相同，β_x 和 β_y 可按下式计算：

$$\beta_x = -\frac{\partial w}{\partial x} \quad \beta_y = -\frac{\partial w}{\partial y} \tag{2.3-97}$$

利用形函数插值对 β_x 和 β_y 进行表达，表达式为

$$\begin{Bmatrix} \beta_x \\ \beta_y \end{Bmatrix} = \sum_{i=1}^{6} \begin{bmatrix} N_i & 0 \\ 0 & N_i \end{bmatrix} \begin{Bmatrix} \beta_{xi} \\ \beta_{yi} \end{Bmatrix} \tag{2.3-98}$$

而 DKT 的形函数表达式为

$$\begin{cases} N_1 = (2L_1 - 1)L_1 \\ N_2 = (2L_2 - 1)L_2 \\ N_3 = (2L_3 - 1)L_3 \\ N_4 = 4L_2L_3 \\ N_5 = 4L_1L_3 \\ N_6 = 4L_1L_2 \end{cases} \tag{2.3-99}$$

根据 Kirchhoff 假设，DKT 单元的转角是线性的，同时结合单元在六个节点处的边界条件，可推导出转角位移场与单元节点自由度之间的关系为

$$\begin{Bmatrix} \beta_{xi} + w_{,xi} \\ \beta_{yi} + w_{,yi} \end{Bmatrix} = \begin{Bmatrix} 0 \\ 0 \end{Bmatrix} \tag{2.3-100}$$

$$\begin{Bmatrix} \beta_{sk} + w_{,sk} \\ \beta_{sk} + w_{,sk} \end{Bmatrix} = \begin{Bmatrix} 0 \\ 0 \end{Bmatrix} \tag{2.3-101}$$

$$\begin{Bmatrix} \beta_x \\ \beta_y \end{Bmatrix} = \begin{Bmatrix} H_x(L_1, L_2) \cdot q^b \\ H_y(L_1, L_2) \cdot q^b \end{Bmatrix} \tag{2.3-102}$$

$$\boldsymbol{H}_x(L_1, L_2)^{\mathrm{T}} = \begin{Bmatrix} 1.5(a_6N_6 - a_5N_5) \\ b_5N_5 + b_6N_6 \\ N_1 - c_5N_5 - c_6N_6 \\ 1.5(a_4N_4 - a_6N_6) \\ b_6N_6 + b_4N_4 \\ N_2 - c_4N_4 - c_6N_6 \\ 1.5(a_5N_5 - a_4N_4) \\ b_5N_5 + b_4N_4 \\ N_3 - c_4N_4 - c_5N_5 \end{Bmatrix} \quad \boldsymbol{H}_y(L_1, L_2)^{\mathrm{T}} = \begin{Bmatrix} 1.5(d_6N_6 - d_5N_5) \\ -N_1 + e_5N_5 + e_6N_6 \\ -b_5N_5 - b_6N_6 \\ 1.5(d_4N_4 - d_6N_6) \\ -N_2 + e_4N_4 + e_6N_6 \\ -b_6N_6 - b_4N_4 \\ 1.5(d_5N_5 - d_4N_4) \\ -N_3 + e_4N_4 + e_5N_5 \\ -b_5N_5 - b_4N_4 \end{Bmatrix} \tag{2.3-103}$$

其中

$$a_k = -\frac{x_{ij}}{l_{ij}^2} \quad b_k = -\frac{3}{4}\frac{x_{ij}y_{ij}}{l_{ij}^2} \quad c_k = \left(\frac{1}{4}x_{ij}^2 - \frac{1}{2}y_{ij}^2\right)\bigg/l_{ij}^2$$

$$d_k = -\frac{y_{ij}}{l_{ij}^2} \quad e_k = \left(\frac{1}{4}y_{ij}^2 - \frac{1}{2}x_{ij}^2\right)\bigg/l_{ij}^2 \quad l_{ij} = \sqrt{x_{ij}^2 + y_{ij}^2}$$

其中参数下标 k 为 4~6 与下标 ij 为 12、23、31 一一对应，然后通过转角位移场计算得到 DKT 的曲率场表达式为

$$\boldsymbol{\chi}_b = \left\{\begin{array}{c} \dfrac{\partial \beta_x}{\partial x} \\[2mm] \dfrac{\partial \beta_y}{\partial y} \\[2mm] \dfrac{\partial \beta_x}{\partial y} + \dfrac{\partial \beta_y}{\partial x} \end{array}\right\} = \left\{\begin{array}{c} -\dfrac{\partial^2 w}{\partial x^2} \\[2mm] -\dfrac{\partial^2 w}{\partial y^2} \\[2mm] -2\dfrac{\partial^2 w}{\partial x \partial y} \end{array}\right\} = \boldsymbol{B}_b \boldsymbol{q}^b \qquad (2.3\text{-}104)$$

$$\boldsymbol{B}_b = \left[\begin{array}{c} \dfrac{\partial \boldsymbol{H}_x}{\partial x} \\[2mm] \dfrac{\partial \boldsymbol{H}_y}{\partial y} \\[2mm] \dfrac{\partial \boldsymbol{H}_x}{\partial y} + \dfrac{\partial \boldsymbol{H}_y}{\partial x} \end{array}\right] \qquad (2.3\text{-}105)$$

最终，通过积分可以得到板弯曲元的单元刚度矩阵表达式为

$$\boldsymbol{K}_b = \iint_{A^e} \boldsymbol{B}_b^{\mathrm{T}} \boldsymbol{D}_{bb} \boldsymbol{B}_b \mathrm{d}A = \iint_{A^e} \boldsymbol{B}_b^{\mathrm{T}} \boldsymbol{D}_{bb} \boldsymbol{B}_b \det \boldsymbol{J} \mathrm{d}L_1 \mathrm{d}L_2 \qquad (2.3\text{-}106)$$

3）小变形情况下的壳单元 DKGT 列式

如图 2.3-12 所示，将膜单元 GT9 和板弯曲元 DKT 组合构成壳单元，并对组合后的壳单元节点自由度矢量进行重新排列，得到壳单元在局部坐标系下每个节点的自由度矢量表达式为

$$\tilde{\boldsymbol{q}}_i = \left\{\begin{array}{c} q^m \\ q^b \end{array}\right\} \rightarrow \boldsymbol{q}_i = [u_i \quad v_i \quad w_i \quad \theta_{xi} \quad \theta_{yi} \quad \theta_{zi}]^{\mathrm{T}} \qquad (2.3\text{-}107)$$

为了对壳单元节点自由度进行重排，需要引入一个转换矩阵为

$$\boldsymbol{P} = \left[\begin{array}{ccc} p & 0 & 0 \\ 0 & p & 0 \\ 0 & 0 & p \end{array}\right] \qquad (2.3\text{-}108)$$

$$p = \begin{bmatrix} 1 & 0 & 0 & 0 & 0 & 0 \\ 0 & 1 & 0 & 0 & 0 & 0 \\ 0 & 0 & 0 & 0 & 0 & 1 \\ 0 & 0 & 1 & 0 & 0 & 0 \\ 0 & 0 & 0 & 1 & 0 & 0 \\ 0 & 0 & 0 & 0 & 1 & 0 \end{bmatrix} \tag{2.3-109}$$

另一方面，根据平板型壳单元的基本理论，用膜单元的位移表示壳单元中性面上的位移（王勖成，2003），得到单元的位移场如下：

$$\tilde{\boldsymbol{u}} = \begin{Bmatrix} \tilde{u}(x,y,z) \\ \tilde{v}(x,y,z) \\ \tilde{w}(x,y,z) \end{Bmatrix} = \begin{Bmatrix} u(x,y) - z \dfrac{\partial w(x,y)}{\partial x} \\ v(x,y) - z \dfrac{\partial w(x,y)}{\partial y} \\ w(x,y) \end{Bmatrix} \tag{2.3-110}$$

根据位移场表达式（2.3-110），可得到壳单元的应变场表示为

$$\boldsymbol{\varepsilon} = \begin{Bmatrix} \varepsilon_x \\ \varepsilon_y \\ \varepsilon_z \end{Bmatrix} = \begin{Bmatrix} \dfrac{\partial u}{\partial x} \\ \dfrac{\partial v}{\partial y} \\ \dfrac{\partial u}{\partial y} + \dfrac{\partial v}{\partial x} \end{Bmatrix} - z \begin{Bmatrix} \dfrac{\partial^2 w}{\partial x^2} \\ \dfrac{\partial^2 w}{\partial y^2} \\ \dfrac{\partial^2 w}{\partial x \partial y} \end{Bmatrix} = \boldsymbol{\varepsilon}_m + z \boldsymbol{\chi}_b \tag{2.3-111}$$

因此，可得到应变场和壳单元节点自由度的关系表达式为

$$\boldsymbol{\varepsilon} = \begin{bmatrix} \boldsymbol{B}_m & z\boldsymbol{B}_b \end{bmatrix} \tilde{\boldsymbol{q}} \tag{2.3-112}$$

壳单元应力和应变的关系为

$$\boldsymbol{\sigma} = \begin{Bmatrix} \sigma_x \\ \sigma_y \\ \tau_{xy} \end{Bmatrix} = \boldsymbol{D}_{\tan} \boldsymbol{\varepsilon} \tag{2.3-113}$$

式中，$\boldsymbol{D}_{\tan}$ 为平面应力状态下的切线刚度矩阵，进一步通过积分得到小变形条件下的壳单元刚度矩阵表达式为

$$\boldsymbol{K}_l = \iiint \boldsymbol{B}^{\mathrm{T}} \boldsymbol{D}_{\tan} \boldsymbol{B} \mathrm{d}\Omega = \iint_{A^e} \int_{h/2}^{h/2} \begin{bmatrix} B_m^{\mathrm{T}} D_{\tan} B_m & z B_m^{\mathrm{T}} D_{\tan} B_b \\ z B_b^{\mathrm{T}} D_{\tan} B_m & z^2 B_b^{\mathrm{T}} D_{\tan} B_b \end{bmatrix} \mathrm{d}z \mathrm{d}A \tag{2.3-114}$$

观察积分式中反对角的两项，当材料处于线弹性时，$\boldsymbol{B}_m$、$\boldsymbol{D}_{\tan}$ 和 $\boldsymbol{B}_b$ 中不含与 z 相关的项，则反对角两项沿单元厚度方向的积分必然等于 0。因此，壳单元的刚度矩阵计算式可改写为

$$\boldsymbol{K}_l = \iint_{A^e} \int_{-h/2}^{h/2} \begin{bmatrix} B_m^{\mathrm{T}} D_{\tan} B_m & 0 \\ 0 & z^2 B_b^{\mathrm{T}} D_{\tan} B_b \end{bmatrix} \mathrm{d}z\mathrm{d}A \qquad (2.3\text{-}115)$$

此时利用式（2.3-115）中的转换矩阵计算在壳单元局部坐标下经过自由度重排后的刚度矩阵 $\tilde{\boldsymbol{K}}_l$，即

$$\tilde{\boldsymbol{K}}_l = \boldsymbol{P}^{\mathrm{T}} \boldsymbol{K}_l \boldsymbol{P} \qquad (2.3\text{-}116)$$

4）几何非线性下的壳单元 NLDKGT 列式

图 2.3-13 所示为三角形单元的局部坐标与整体坐标，若将整体坐标系标记为 XYZ，局部坐标系标记为 xyz，则单元中节点在整体坐标系的坐标表示为 $[X_i, Y_i, Z_i]^{\mathrm{T}}$，局部坐标系下的坐标表示为 $[x_i, y_i, z_i]^{\mathrm{T}}$。

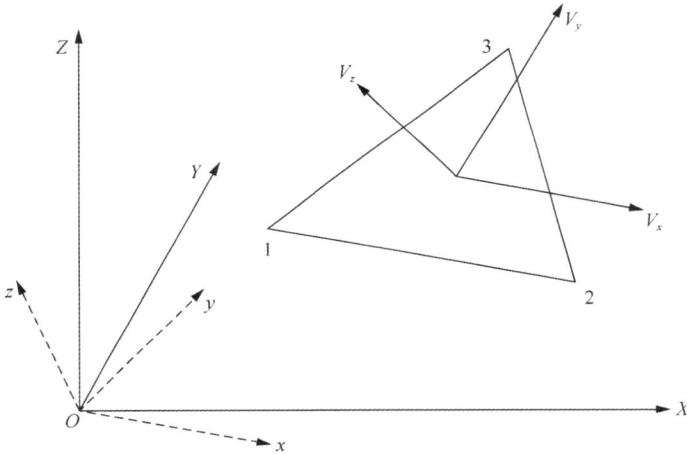

图 2.3-13 三角形单元的局部坐标与整体坐标

在进行坐标转换时，首先需要得到局部坐标系在整体坐标系下的方向向量。令局部坐标系与整体坐标系的原点重合，以节点 1 和节点 2 所夹边的方向作为局部坐标系 x 轴，并按右手系规则建立局部坐标系。则 x 轴的方向向量表示为

$$\boldsymbol{\lambda}_x = \frac{1}{L_{12}} \begin{Bmatrix} X_2 - X_1 \\ Y_2 - Y_1 \\ Z_2 - Z_1 \end{Bmatrix} \qquad (2.3\text{-}117)$$

式中，L_{12} 是节点 1 和节点 2 所夹的边的长度，可按下式计算：

$$L_{12} = \sqrt{(X_2 - X_1)^2 + (Y_2 - Y_1)^2 + (Z_2 - Z_1)^2} \qquad (2.3\text{-}118)$$

以节点 2 和节点 3 所夹的边作为 y 轴的参考方向以确定壳单元所在平面为

$$\tilde{\lambda}_y = \frac{1}{L_{23}} \begin{Bmatrix} X_3 - X_2 \\ Y_3 - Y_2 \\ Z_3 - Z_2 \end{Bmatrix} \tag{2.3-119}$$

在利用 λ_x 和 $\tilde{\lambda}_y$ 确定三角形所在平面后，可以得到 z 轴的方向矢量为

$$\lambda_z = \lambda_x \times \tilde{\lambda}_y \tag{2.3-120}$$

进一步根据右手系的原则，通过 λ_z 和 λ_x 得到 y 轴的真实的方向向量为

$$\lambda_y = \lambda_z \times \lambda_x \tag{2.3-121}$$

利用 λ_x、λ_y 和 λ_z 组成节点的坐标系转换矩阵，表达式为

$$\lambda = \begin{bmatrix} \lambda_x & \lambda_y & \lambda_z \end{bmatrix}^{\mathrm{T}} \tag{2.3-122}$$

则单元整体的坐标系转换矩阵可表示为

$$T = \begin{bmatrix} \lambda & 0 & 0 & 0 & 0 & 0 \\ 0 & \lambda & 0 & 0 & 0 & 0 \\ 0 & 0 & \lambda & 0 & 0 & 0 \\ 0 & 0 & 0 & \lambda & 0 & 0 \\ 0 & 0 & 0 & 0 & \lambda & 0 \\ 0 & 0 & 0 & 0 & 0 & \lambda \end{bmatrix} \tag{2.3-123}$$

因此，整体坐标下的单元刚度矩阵可表示为

$$K_{gl} = T^{\mathrm{T}} \tilde{K}_l T \tag{2.3-124}$$

而后，可根据 NLDKGQ 单元类似方法，得到考虑几何非线性的三角形壳单元 NLDKGT。

$$(K_l + K_{nl}) \begin{Bmatrix} q^m \\ q^b \end{Bmatrix} = \begin{Bmatrix} {}^{t+\Delta t} F_m \\ {}^{t+\Delta t} F_b \end{Bmatrix} - \begin{Bmatrix} {}^{t} R_m \\ {}^{t} R_b \end{Bmatrix} \tag{2.3-125}$$

式中，K_l 即为小变形下壳单元的单元刚度矩阵；K_{nl} 是对于几何大变形情况附加的部分；${}^{t} R_m$ 和 ${}^{t} R_b$ 分别是膜单元和板弯曲元的等效节点内力矢量。根据 K_l 的格式，K_{nl} 可表示为

$$K_{nl} = \begin{bmatrix} 0 & 0 \\ 0 & K_\sigma \end{bmatrix} \qquad K_\sigma = \iint_A G^{\mathrm{T}} \bar{N} G \mathrm{d}A \tag{2.3-126}$$

其中

$$G = \begin{Bmatrix} -H_x \\ -H_y \end{Bmatrix} \qquad \bar{N} = \begin{bmatrix} N_x & N_{xy} \\ N_{yx} & N_y \end{bmatrix} \tag{2.3-127}$$

矩阵 $\bar{N}$ 中的元素 N_x、N_y、N_{xy} 是膜单元的内力，可按式（2.3-129）计算，即

$$N_x = \int_{-h/2}^{h/2} \sigma_x \mathrm{d}z \qquad N_y = \int_{-h/2}^{h/2} \sigma_y \mathrm{d}z \qquad N_{xy} = \int_{-h/2}^{h/2} \sigma_{xy} \mathrm{d}z \tag{2.3-128}$$

2.3.3.3 数值算例

1）Scordelis-Lo 屋盖问题（图 2.3-14）

图 2.3-14 所示是一个受竖向均布荷载作用的单曲壳体，均布荷载 $g=90$。壳体两端用刚体隔板支撑，考察其自由边中点的竖向位移，本节以文献（MacNeal, et al., 1985）中的理论解作为计算结果的比较值。利用结构的对称性，取图中所示壳体的四分之一进行有限元计算，并采用不同的网格划分，Scordelis-Lo 屋盖问题的自由边中点位移计算结果，如表 2.3-3 所示。同

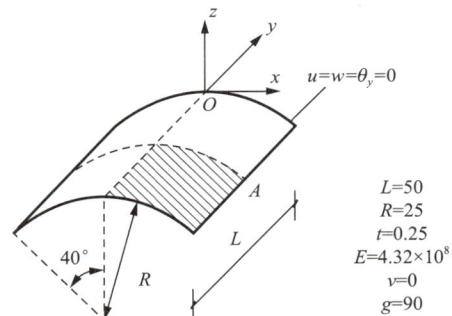

图 2.3-14　Scordelis-Lo 屋盖问题

时表 2.3-3 还给出了 DKT-CST-15RB 单元（Nicholas, et al., 1986）和 OLSON 单元（Olson, et al., 1979）在相同网格划分下的计算结果，结果证明，DKGT 单元具有较好的收敛性和计算精度。

表 2.3-3　Scordelis-Lo 屋盖问题的自由边中点位移计算结果

网格	OLSON	DKT-CST-15RB	DKGT
2×2	0.380 9	0.297 6	0.378 7
4×4	0.294 2	0.214 4	0.292 8
10×10	0.297 0	0.273 7	0.297 6
理论解		0.302 4	

2）扭曲悬臂梁

扭曲悬臂梁问题是由 MacNeal 等（1985）提出，作为三角形壳单元的经典验证算例被广泛采用。图 2.3-15 是扭曲悬臂梁的示意图，从固定端到自由端梁的转角为 90°，采

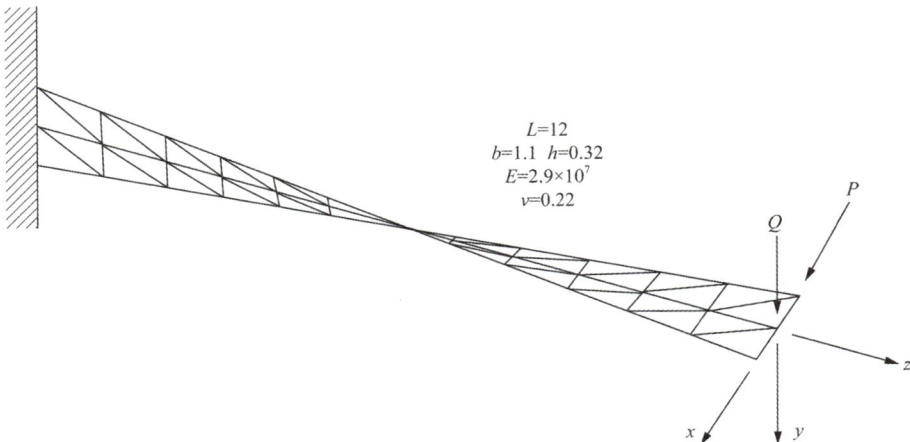

图 2.3-15　扭曲悬臂梁示意图

用 2×12 的网格对梁进行离散，为梁的自由端添加两种不同荷载工况：①$P=1$，$Q=0$；②$P=0$，$Q=1$。表 2.3-4 是单元 DKGT 扭曲悬臂梁问题计算结果对比，由计算结果可知 DKGT 单元具有较好的精度。

表 2.3-4　DKGT 扭曲悬臂梁问题计算结果对比

荷载	DKGT	理论解	误差/%
工况 1	0.005 354	0.005 424	−1.29
工况 2	0.001 673	0.001 754	−4.62

3）工字梁屈曲问题

工字梁的尺寸和网格划分如图 2.3-16 所示。工字梁算例采用弹性材料，取 $E=2.06\times10^{11}$，$v=0.3$。工字梁两端简支，在腹板的每个节点上添加一个面外方向的压力以模拟初始缺陷，荷载大小取为 $p=0.5$，然后在一端施加压力来模拟工字梁的屈曲。将工字梁的腹板采用 4×20 的网格划分，翼缘采用 2×20 网格划分，并分别采用能模拟几何非线性的四边形壳单元 NLDKGQ 和三角形壳单元 NLDKGT 进行计算。图 2.3-17 为工字梁端中点沿压力方向的荷载-位移曲线。图 2.3-18 为工字钢腹板变形图。

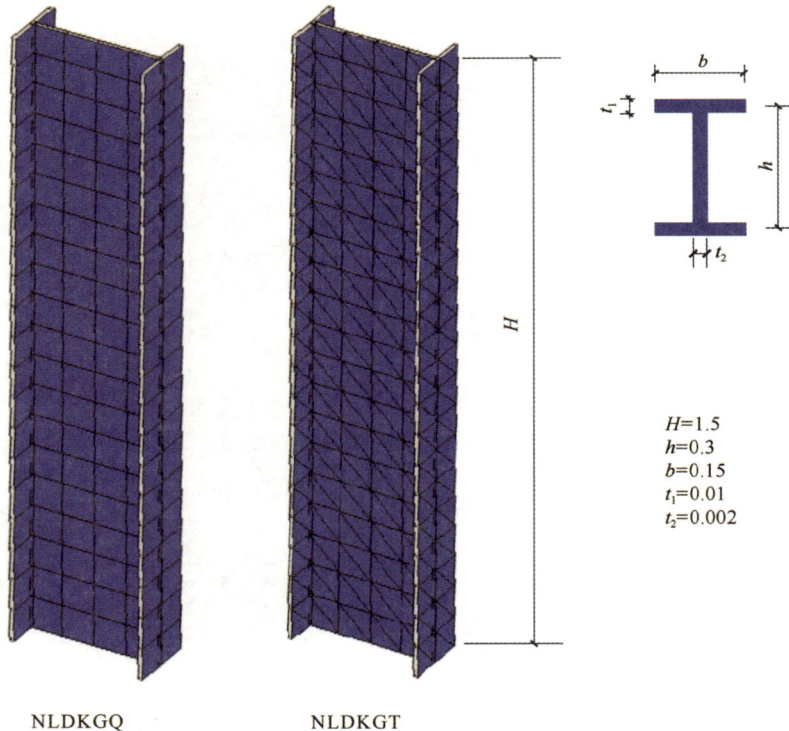

NLDKGQ　　　　　　NLDKGT

$H=1.5$
$h=0.3$
$b=0.15$
$t_1=0.01$
$t_2=0.002$

图 2.3-16　工字梁的尺寸和网格划分

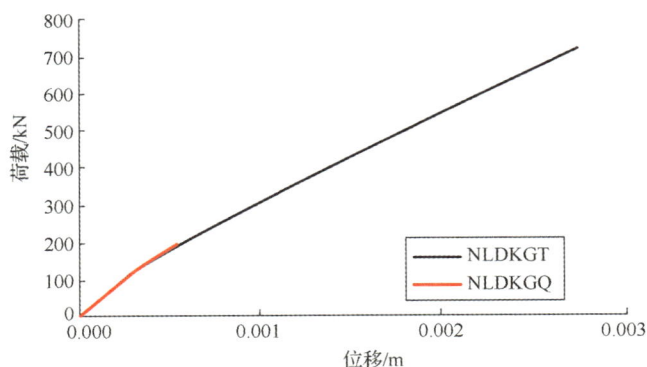

图 2.3-17　工字梁端中点沿压力方向的荷载-位移曲线

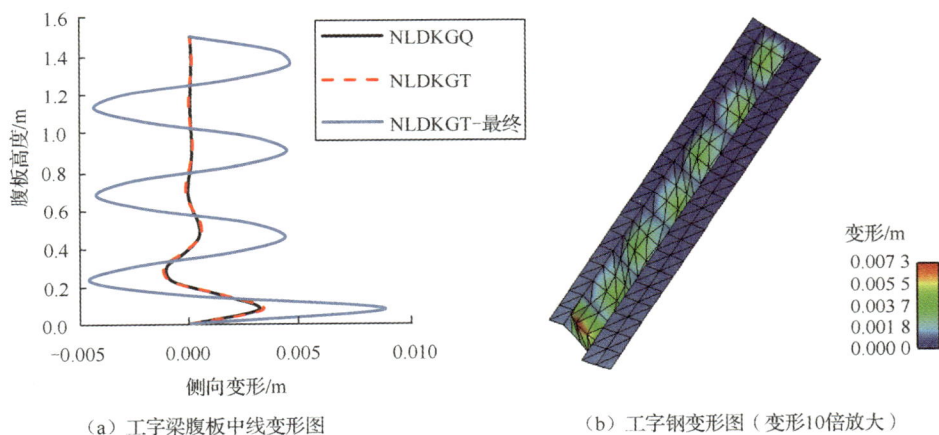

（a）工字梁腹板中线变形图　　　　　　　（b）工字钢变形图（变形10倍放大）

图 2.3-18　工字钢腹板变形图

由图 2.3-17 可知，四边形单元 NLDKGQ 的位移曲线在刚刚过了拐点就终止了，这是因为在 NLKDGQ 单元进行计算时，迭代次数超过了最大限制，即迭代不收敛，这可能是由屈曲问题引起的四边形单元翘曲导致的。而 NLDKGT 单元则在拐点之后可以稳定地计算，说明三角形壳单元 NLDKGT 对翘曲问题有较好的改善。

由图 2.3-18 可知，在 NLDKGQ 曲线终点时，两种单元计算得到的腹板中线形状相同，这证明了 NLDKGT 单元拥有较好的计算精度，同时三角形壳单元 NLDKGT 相比于四边形壳单元更适合模拟构件的屈曲问题。

2.3.4　混凝土和钢筋的本构模型及 OpenSees 实现

混凝土材料十分复杂，目前尚缺乏一种能够完美描述混凝土应力-应变关系的本构模型，因而需要根据混凝土构件的受力特征选择合适的本构模型。分层壳截面模型采用平面应力假设，混凝土处于二维受力状态，因此本书作者提出了基于损伤力学和弥散裂缝模型的二维混凝土本构模型（Lu，et al.，2015c），其形式简单且具有较好的计算稳定性，目前已被集成于 OpenSees 中。

基于损伤力学和弥散裂缝模型的二维混凝土二维本构模型的基本方程可以表示为

$$\boldsymbol{\sigma}_c' = \begin{bmatrix} 1-d_1 & \\ & 1-d_2 \end{bmatrix} \boldsymbol{D}_e \boldsymbol{\varepsilon}_c' \tag{2.3-129}$$

式中，$\boldsymbol{\sigma}_c'$ 和 $\boldsymbol{\varepsilon}_c'$ 分别为混凝土的应力和应变（主应力坐标系）；d_1 为混凝土的受压损伤因子（主应力坐标系），参考 Løland 建议的受压损伤演化曲线（Løland，1980）；d_2 为混凝土在主应力坐标系下的受拉损伤因子，参考 Mazars 建议的受拉损伤演化曲线（Mazars，1986）。

图 2.3-19 为基于损伤力学和弥散裂缝模型的二维混凝土的单轴本构关系示意图。分布钢筋的本构模型，以 OpenSees 中已有的单轴钢筋模型（如 Steel01 和 Steel02 等）为基础，衍生出正交各向异性钢筋模型，即平面应力钢筋（plateRebar）模型。

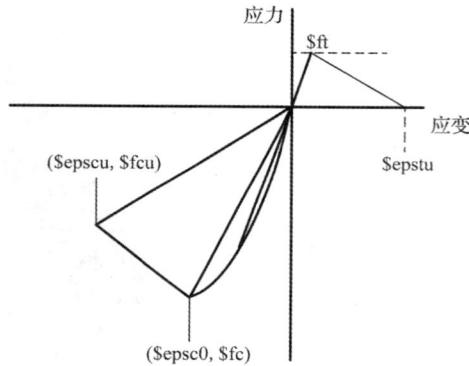

图 2.3-19　基于损伤力学和弥散裂缝模型的二维混凝土的单轴本构关系示意图
（图中英文均为 OpenSees 中的固有变量名）

分层壳单元由壳单元和分层壳截面组成，其流程如图 2.3-20 所示：首先需要定义综合考虑混凝土、钢筋的本构模型的分层壳截面，其次用四边形壳单元（ShellMITC4/ShellDKGQ/ShellNLDKGQ）离散剪力墙或筒体结构构件，将该分层壳截面信息赋予壳单元，即可得到分层壳单元。定义分层壳截面时，钢筋层采用多维材料 PlateRebar 模拟，需要分别定义单轴钢筋材料和钢筋层角度；混凝土层采用多维材料 PlatePlaneFromStress 模拟，采用平面二维混凝土本构 PlaneStressUserMaterial，结合混凝土材料弹性模量、泊松比等参数定义。

以几何非线性壳单元 NLDKGQ 为例，在 OpenSees 中集成该壳单元时，单元类 ShellNLDKGQ 与相关模块的关系，以及主要成员函数如图 2.3-21 所示，其中返回单元刚度矩阵和内力矢量的成员函数 formResidAndTangent() 的程序流程如图 2.3-22 所示。

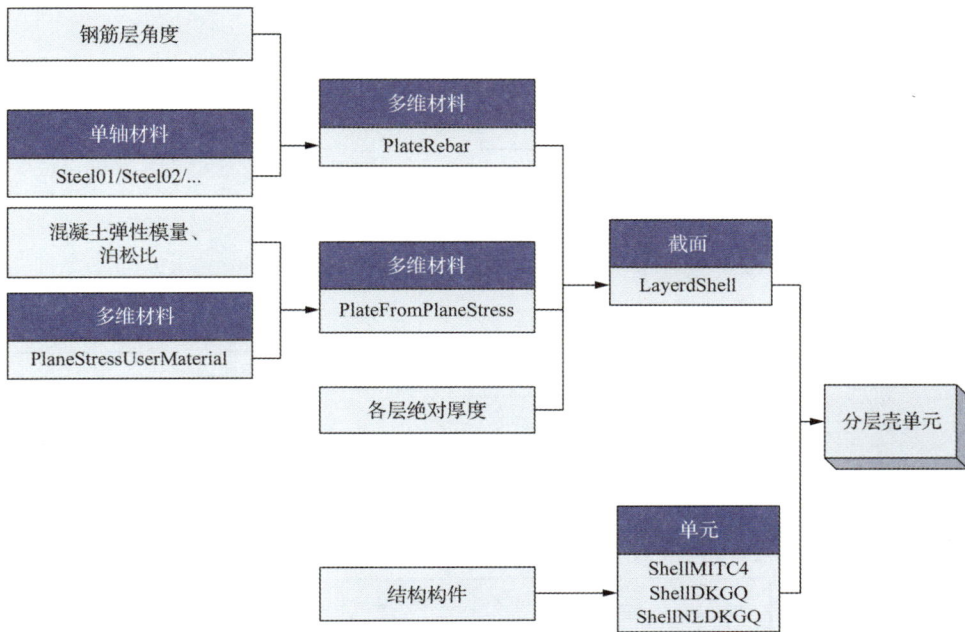

图 2.3-20　分层壳单元组成流程

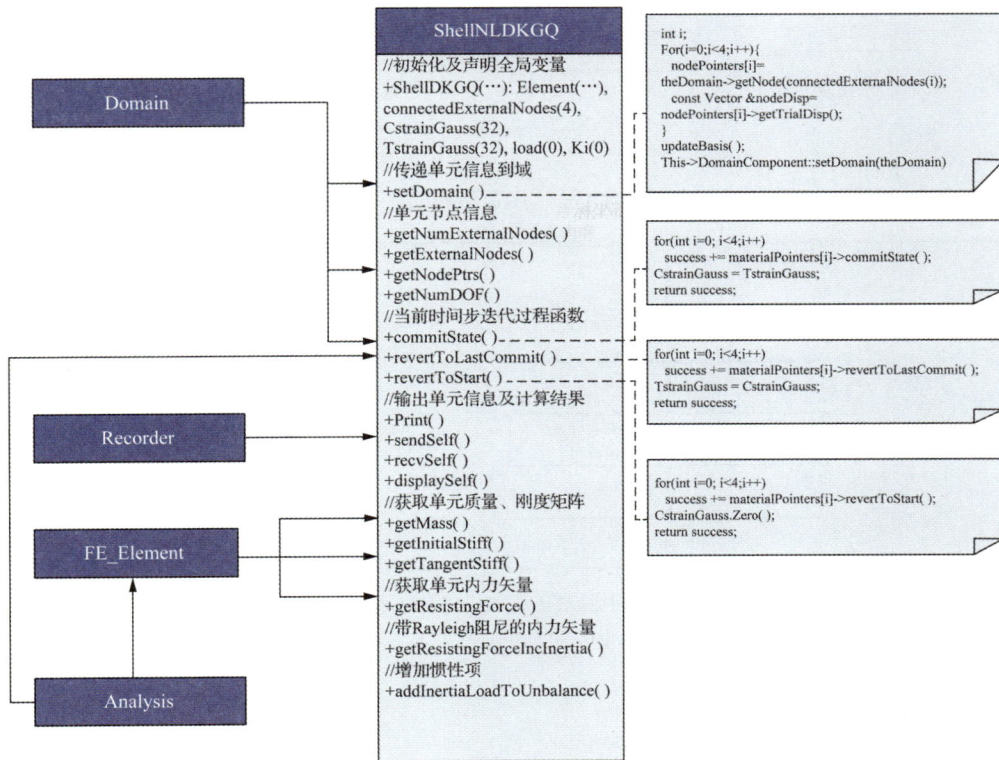

图 2.3-21　单元类 ShellNLDKGQ 的主要成员函

```
┌─────────────────────────────────┐
│ 初始化刚度矩阵stiff和内力矢量resid │
└─────────────────────────────────┘
                 │
┌─────────────────────────────────┐
│       建立更新位形的局部坐标系      │
└─────────────────────────────────┘
                 │
┌─────────────────────────────────┐
│           Gauss积分循环            │
│     for（i=0；i<4；i++）           │
└─────────────────────────────────┘
```

图中各处理框：

- 计算平面膜元形函数和板弯曲元形函数 — 整体坐标系下节点位移增量 ← 节点指针
- 组合壳单元NLDKGQ位移-应变矩阵B — 局部坐标系下节点位移增量
- 非线性位移-应变矩阵G
- 上一时间步积分点应变 CstrainGauss — 计算积分点应变增量dε — 单轴/多轴材料
- 当前时间步积分点应变ε/TstrainGauss —(材料指针)→ 材料截面
- 当前时间步积分点应力σ ←(材料指针)—
- 材料截面本构矩阵D
- 局部坐标系下非线性刚度矩阵Knl — 局部坐标系下线性刚度矩阵Kl和内力矢量Flocal
- 局部坐标系下刚度矩阵Klocal和内力矢量Flocal
- 整体坐标系下刚度矩阵Kglobal和内力矢量Fglobal （i递增）
- 返回单元刚度矩阵stiff和内力矢量resid

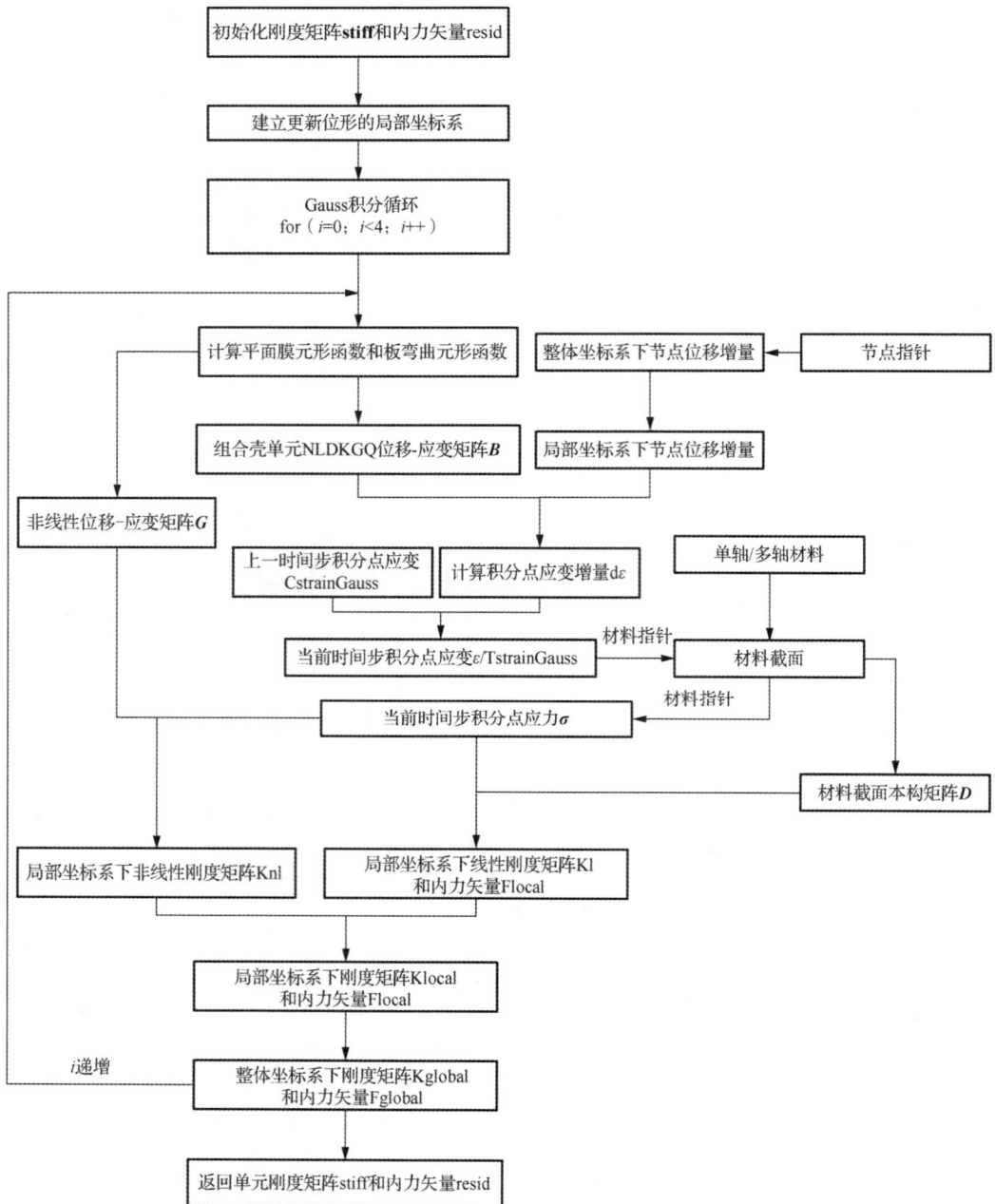

图 2.3-22　ShellNLDKGQ 中成员函数 formResidAndTangent()的程序流程图

2.3.5　算例及验证

2.3.5.1　钢筋混凝土剪力墙模拟

为了验证 NLDKGQ 分层壳单元模拟钢筋混凝土剪力墙构件的可靠性，本节选取了 4 个剪力墙试件，包括两片一字形剪力墙（章红梅，2007）（高宽比分别为 2.0 和 1.0），一片带翼缘剪力墙（陈勤，2002）和一片联肢剪力墙（陈云涛等，2003）。单元离散方案和参数取值与文献（Lu，et al.，2015c）相同，采用 NLDKGQ 单元计算得到的滞回曲线、MITC4 单元计算得到的位移曲线和试验曲线对比如图 2.3-23 所示。可以看出，两个单元的计算结果与试验结构整体均吻合良好，相比于 MITC4 单元，本节提出的 NLDKGQ 单元一定程度上可以更好地模拟构件的初始刚度，并且能较好地反映承载力的退化现象。

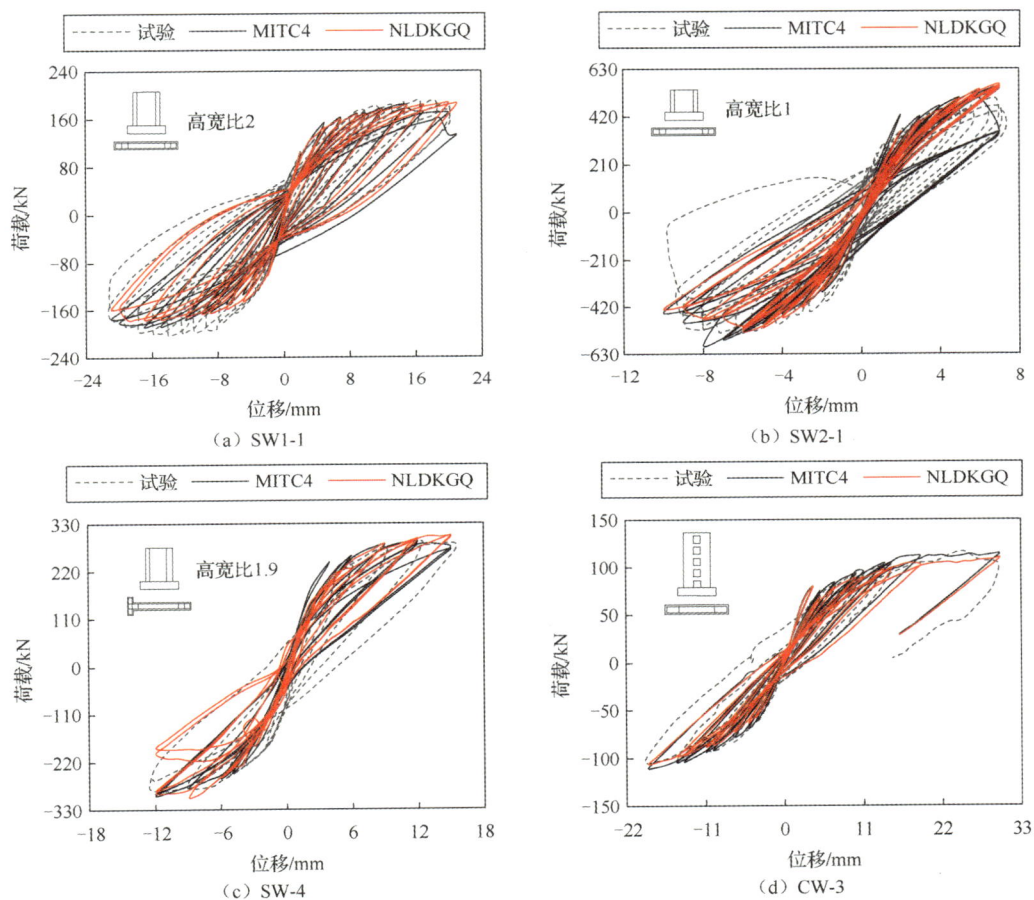

图 2.3-23　NLDKGQ、MITC4 单元计算得到的位移曲线和试验曲线对比

2.3.5.2　新型组合混凝土剪力墙模拟

本节选取了一系列钢管混凝土剪力墙（Qian，et al.，2012）、钢骨混凝土剪力墙（钱稼茹等，2008）和钢板组合剪力墙（蒋冬启，2011）进行试验模拟，其构件尺寸、配筋信息和材性详见相关文献。为了提高构件的承载力，这些组合混凝土剪力墙往往在边缘约束构件内添加钢骨或钢管，为了准确反映其对剪力墙整体受力的贡献，有必要对边缘约束构件进行更为精细合理的考虑。在此本节提出了适用于新型高性能混凝土剪力墙构件的组合建模方法示意图（图 2.3-24），其中边缘约束构件采用纤维模型模拟，墙体则采用分层壳模拟。采用纤维模型模拟边缘约束构件，一方面可以更精确地反映钢骨和钢

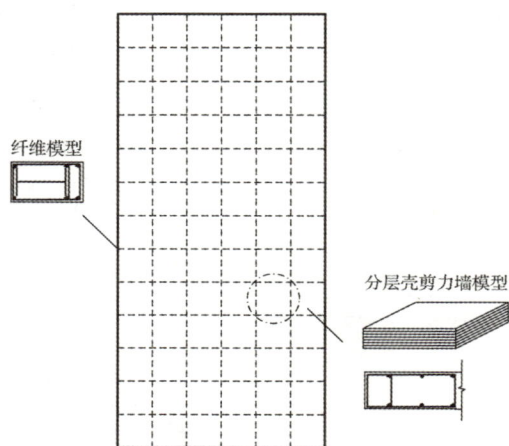

图 2.3-24　组合建模方法示意图

管的几何位置和截面尺寸以及对构件整体抗弯承载力的贡献，另一方面也可以方便地考虑钢管对混凝土的约束提升作用。墙板采用分层壳单元模拟时，其网格尺寸与上述的矩形剪力墙相近，采用纤维模型模拟边缘约束构件时，其节点与墙板边缘壳单元节点共节点以保证两者变形协调共同承受外荷载。圆钢管和方钢管约束混凝土的骨架曲线特征点分别采用Elremaily 等（2002）和 2.2.5 节提出的计算方法计算，混凝土模型采用 OpenSees中的 Concrete01，钢板则采用两层各向异性的 PlateRebar 模拟。

　　基于组合建模方法，本节建立了组合混凝土剪力墙的数值模型，其模拟结果与试验结果对比如图 2.3-25 所示。从图中可以明显看出本节所提出的分层壳模型能够较好地把握上述组合混凝土剪力墙的主要受力特性，其骨架曲线与试验结果基本一致，滞回特性也基本相近，表明本节所提出的分层壳模型和组合建模方法可用于模拟超高层结构中的新型高性能混凝土剪力墙。

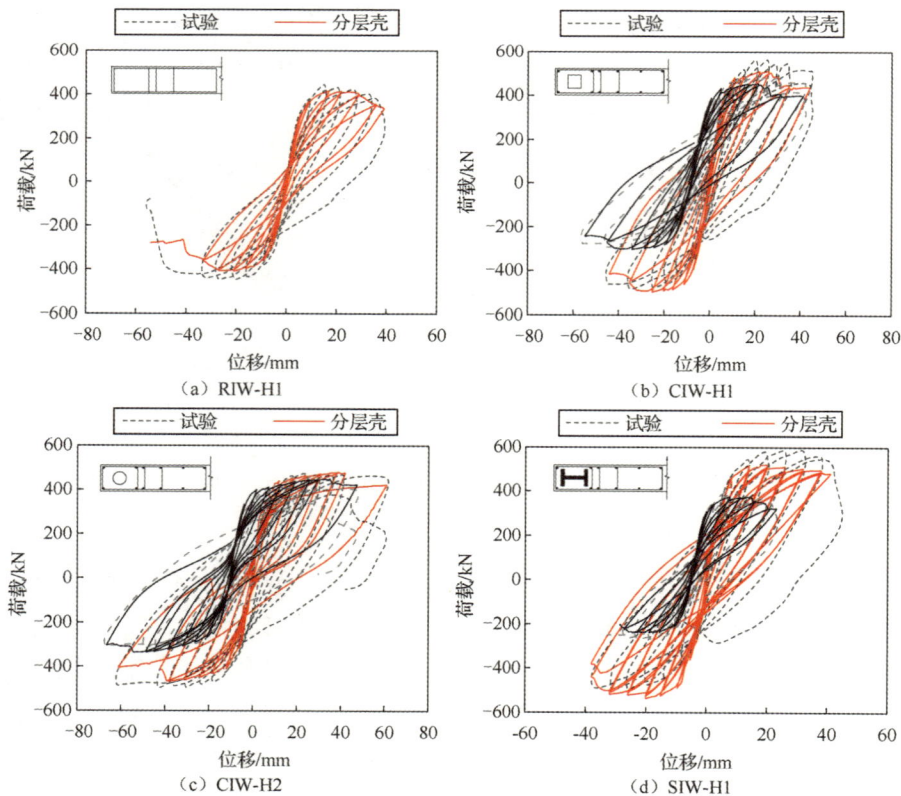

（a）RIW-H1　　　　　　　　　　（b）CIW-H1

（c）CIW-H2　　　　　　　　　　（d）SIW-H1

图 2.3-25　组合混凝土剪力墙试件模拟结果与试验结果对比

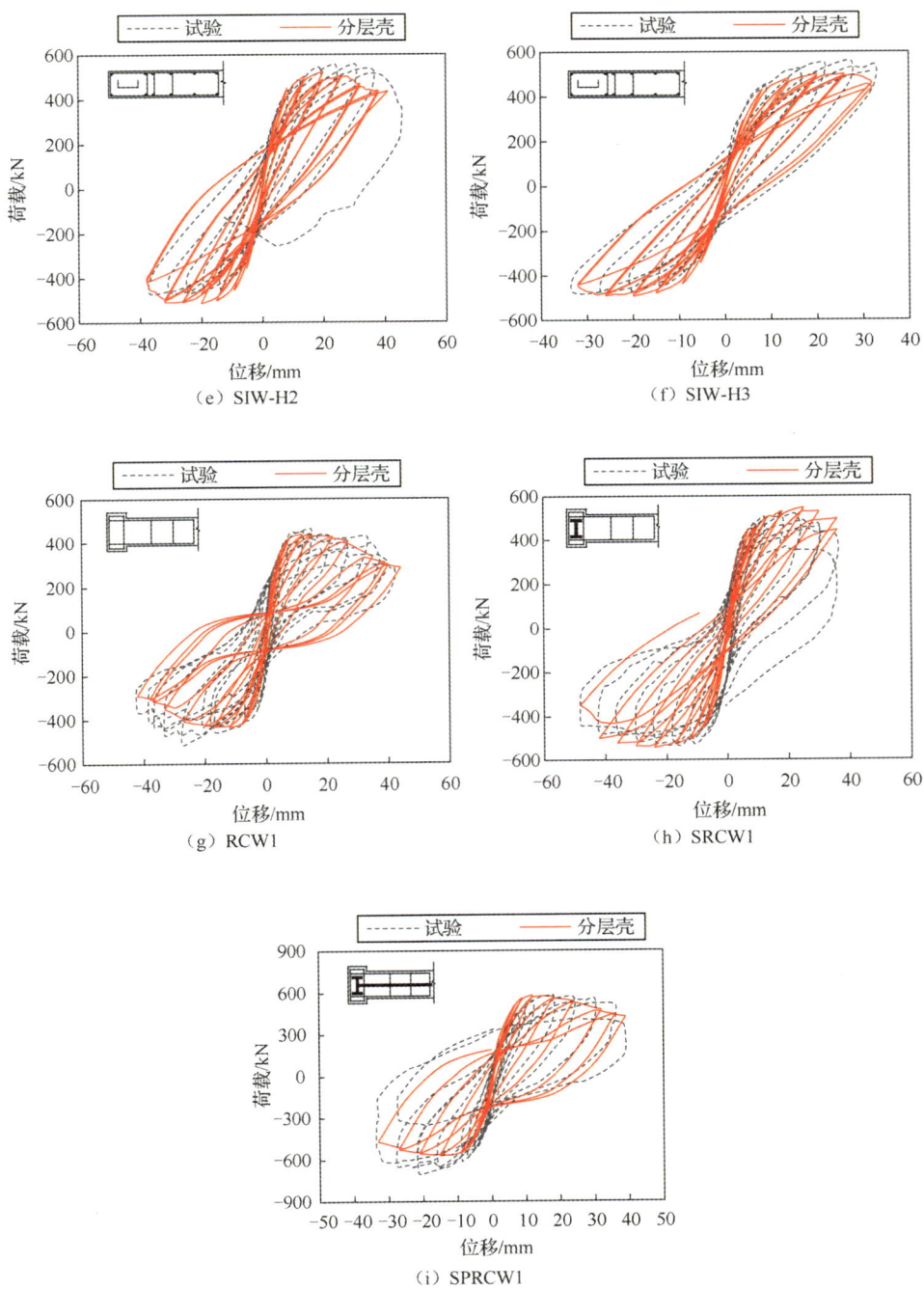

（e）SIW-H2

（f）SIW-H3

（g）RCW1

（h）SRCW1

（i）SPRCW1

图 2.3-25（续）

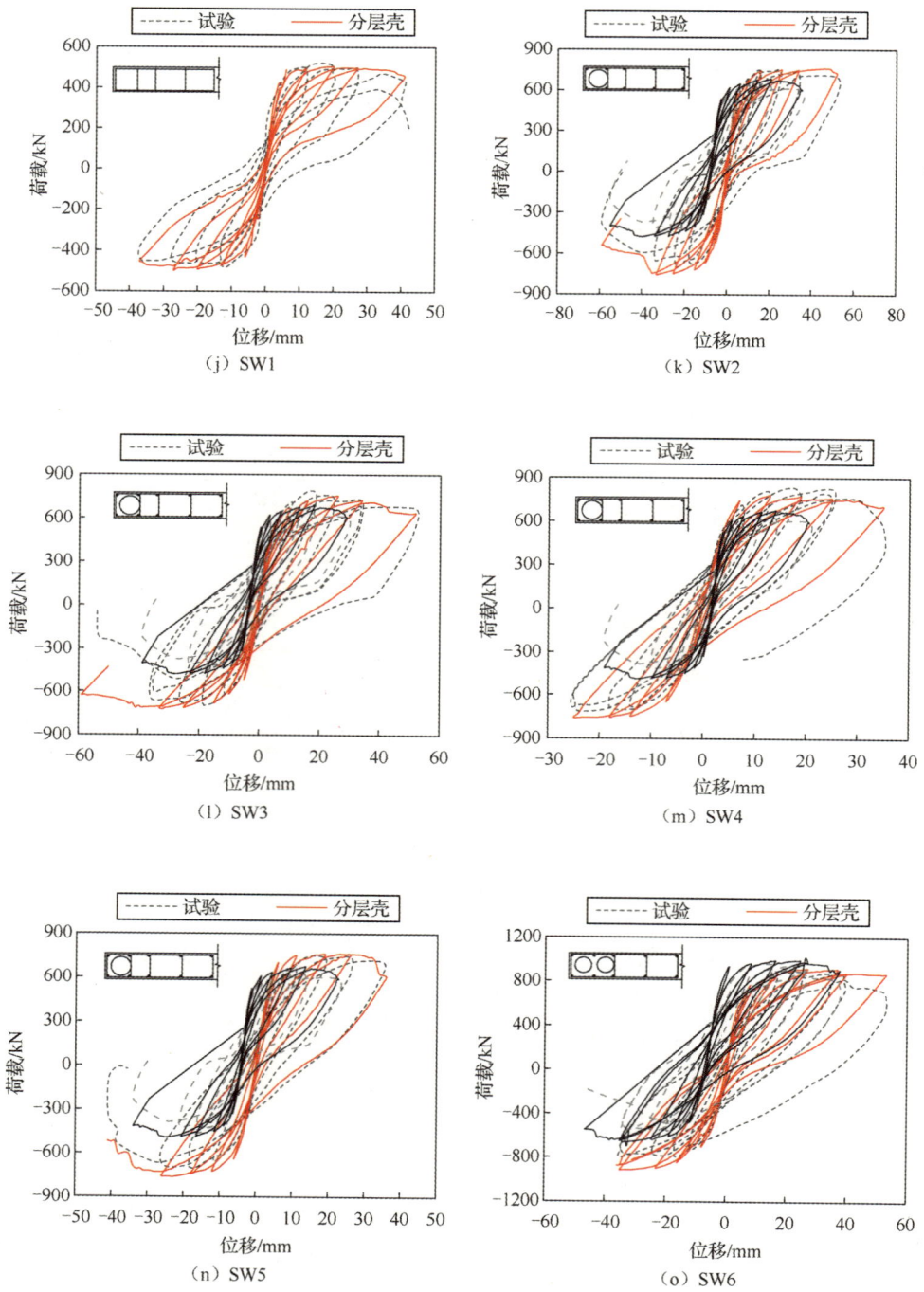

（j）SW1

（k）SW2

（l）SW3

（m）SW4

（n）SW5

（o）SW6

图 2.3-25（续）

2.3.5.3 倒塌构件试验模拟

1）混凝土框架柱倒塌试验

本节对本书作者开展的 RC 框架结构倒塌试验的边柱 B（陆新征等，2012a）进行了数值模拟，其构件截面尺寸和配筋信息如图 2.3-26（a）所示。柱沿着高度和宽度方向分别离散为 15 段和 4 段，沿着厚度方向离散为 9 层，分别采用 NLDKGQ 分层壳模型和 MITC4 分层壳模拟该构件，两者模拟结果与试验结果对比如图 2.3-26（b）所示。从图中可以看出，NLDKGQ 分层壳模型可以很好地模拟由于强度退化引起的倒塌现象，且其骨架曲线和滞回特性与试验结果基本完全一致，而 MITC4 模型在位移达到 40mm 后才出现一定程度的强度退化现象，这主要是由于采用上述网格划分方案后，单元厚度与构件尺寸之比远小于 1，MITC4 单元在模拟该类薄板构件时发生了一定的闭锁现象，导致底部边缘壳单元不能模拟试验中因为混凝土压溃退出工作引起的退化现象。这表明本节提出的 NLDKGQ 单元能有效避免闭锁现象，从而较好地模拟倒塌柱构件的受力过程。

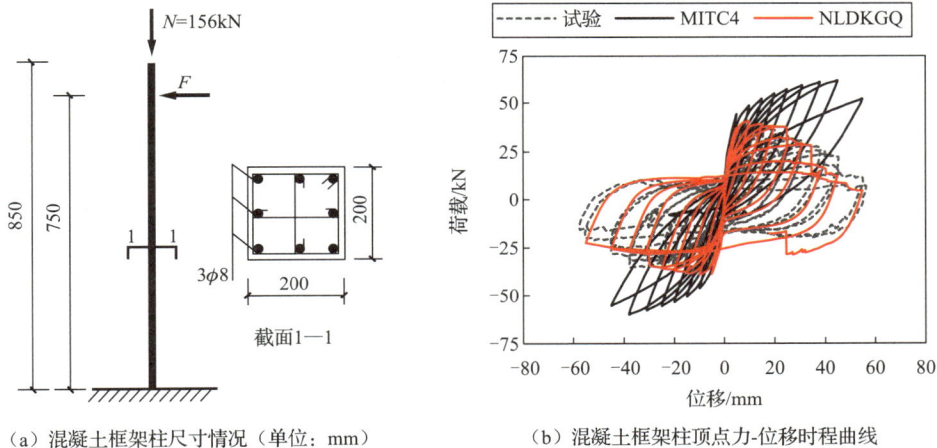

（a）混凝土框架柱尺寸情况（单位：mm）　　（b）混凝土框架柱顶点力-位移时程曲线

图 2.3-26　混凝土框架柱构件模拟情况

2）钢筋混凝土梁构件抗连续倒塌试验

本书作者开展了钢筋混凝土单向梁板子构件的抗连续倒塌试验，其中 B2 梁试件在试验中的最大变形达 40%，因而本节采用 NLDKGQ 分层壳模型模拟该试件的变形行为，来验证 NLDKGQ 分层壳模型在强几何非线性和材料非线性情况下的模拟能力。

B2 梁试件最终破坏情况如图 2.3-27 所示。梁的跨度和宽度方向分别划分 200 个和 4 个壳单元，厚度方向离散为 14 层；按照位移加载模式在梁跨中位置施加面外荷载，分别采用基于 NLDKGQ 分层壳模型和 MITC4 分层壳模型来模拟，两者计算结果与试验结果对比如图 2.3-28 所示。从图 2.3-28 中可以明显看出，MITC4 分层壳模型缺乏大变形模拟能力，不能模拟试验中出现的悬链线效应；而本节提出的 NLDKGQ 分层壳模型则能较好地模拟这种效应，且计算所得的承载力与试验结果基本吻合，从而验证了 NLDKGQ 分层壳模型能够准确模拟钢筋混凝土连续倒塌过程的能力，为开展超高层结构的动力灾变模拟提供了基础和保障。

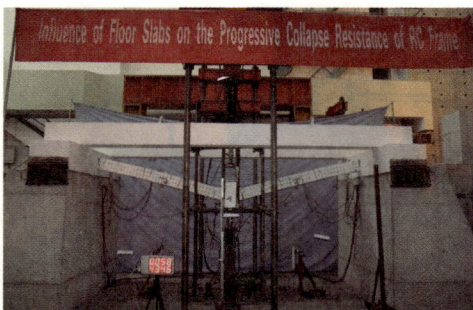

图 2.3-27　B2 梁试件最终破坏情况

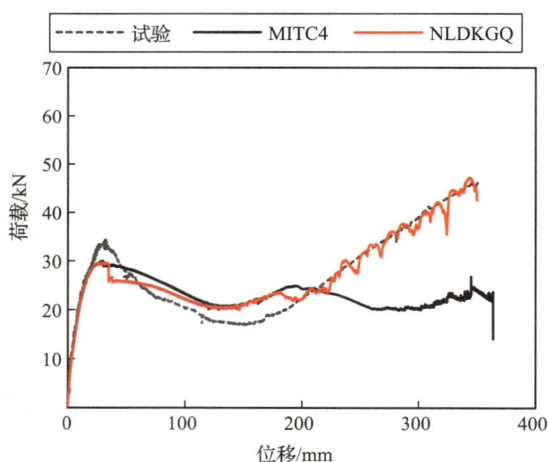

图 2.3-28　B2 梁试件的载荷-位移曲线

2.4　基于构件和截面的模型

2.4.1　引言

纤维模型、分层壳模型等基于材料的恢复力模型虽然可以较好地考虑轴力和弯矩的共同影响，但是计算过程比较复杂，且难以考虑钢筋与混凝土之间的界面滑移。因此，对于以弯曲破坏为主，轴力变化不大或者轴力影响可以预测的问题，可以采用基于截面的恢复力模型。这类模型一般是根据试验的弯矩曲率关系加以简化得到。由于截面模型一般隐含考虑了钢筋滑移、塑性内力重分布等影响，且计算过程也比较简单，得到了比较广泛的应用。

2.4.2　十参数滞回模型

对于典型的钢筋混凝土构件而言，其往复受力时的滞回曲线一般包含以下关键特征。

2.4.2.1　骨架线

钢筋混凝土构件往复加载过程会形成一系列的滞回曲线，将这些滞回曲线的外轮廓连接起来得到的曲线称为"骨架线"（backbone curve）。一般滞回试验的骨架线和单调加载的曲线形状比较接近，但是承载力和延性一般要低一些。常见的骨架线有双折线[Clough 模型（Clough，1966）]、三折线["武田模型"（Takeda model）（Takeda，et al.，1970），图 2.4-1]、曲线 [Ramberg-Osgood 模型（Chen，et al.，2005）] 等。

2.4.2.2　刚度退化

刚度退化指的是构件在往复加载过程中，随着变形的增大而刚度不断减小的现象。刚度退化主要有两类：一类是体现在骨架线上的刚度减小，主要由混凝土的开裂、钢筋的屈服等引起；另一类是滞回加载时的刚度退化，主要体现在荷载反向时，荷载位移曲线的刚度小于初始加载刚度，往往是指向历史最大位移点或者更小。滞回加载时的刚度退化主要是由裂缝的闭合、构件剪切变形、钢筋锚固滑移等行为决定的。混凝土结构滞回加载时的刚度退化现象是其非常重要的受力特征。典型的描述混凝土结构滞回加载刚度退化的模型有"武田模型"（Takeda，et al.，1970），如图 2.4-1 所示。

2.4.2.3　捏拢

对于钢筋混凝土构件而言，如果出现了剪切破坏，或者节点处出现了锚固破坏等，在滞回过程中都存在明显的"滑移捏拢"现象，即在反向加载过程中，存在一段刚度很小的"滑移段"。滑移段产生的原因，或者是斜裂缝处于闭合过程中，或者是钢筋处于反向加载滑移过程中。"滑移捏拢"现象会显著降低结构的滞回耗能能力，故而有必要在分析中加以考虑。目前国内外都提出了很多不同的可以模拟捏拢的滞回模型，如 Park 等（1987）提出的考虑捏拢的弯矩曲率模型，如图 2.4-2 所示。当变形小于裂缝闭合位移（ϕ_{close}，可取前次卸载到零时对应的残余变形）时，再加载曲线指向前次卸载曲线上对应于 γM_y 的点 P，其中 γ 是预先给定的参数，Park 等建议对于捏拢现象严重的构件取 0.25，对一般捏拢的构件取 0.4，对没有捏拢的构件取 1.0。当变形超过 ϕ_{close} 时，其与 Clough 模型一样指向历史最大点。

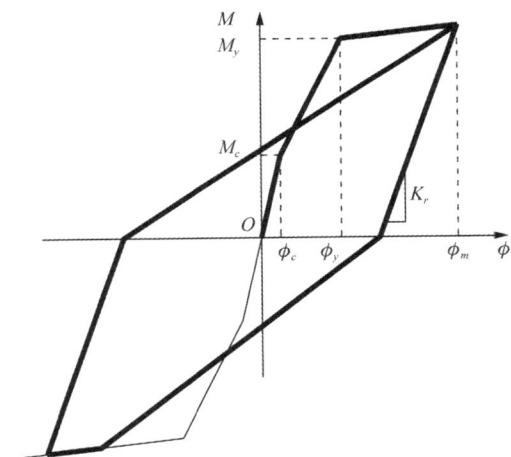

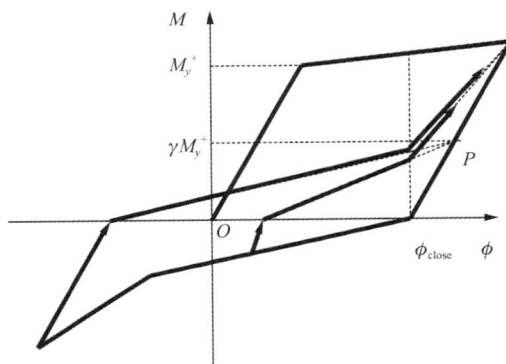

图 2.4-1　"武田模型"　　　　图 2.4-2　Park 等提出的考虑捏拢的弯矩曲率模型

2.4.2.4　强度退化

无论是钢筋混凝土构件还是钢构件，在往复加载过程中，除了再加载的刚度会退化（如 Clough 模型那样出现再加载刚度指向历史最大点，或出现 Park 模型那样的捏拢现象）外，其强度也会退化。也就是说，保持一个最大位移，反复加载，结构的强度会不断降低。为了反映构件这一特性，很多研究者又提出了考虑损伤累计导致强度退化的滞回模型。损伤累计的参量，可以是位移，也可以是能量。一般用总滞回耗能作为损伤累计指标的较多。清华大学曲哲等（2011）在 Clough 模型的基础上，建议以下累计滞回能量与屈服强度之间的关系为

$$M_y = M_{y0}\left(1.0 - \frac{E_{h,\text{eff}}}{3.0 \times CM_{y0}\phi_{y0}}\right) \geqslant 0.3M_{y0} \qquad (2.4\text{-}1)$$

式中，M_y 为当前考虑损伤累计后的屈服弯矩；M_{y0} 为初始屈服弯矩；ϕ_{y0} 为初始屈服曲率；$E_{h,\text{eff}}$ 为累计滞回耗能；C 为系数，表示构件屈服强度降低和累计损伤之间的关系。曲哲模型中一共有四个基本参数，即初始刚度 K_0、屈服强度 M_y、强化模量 η 和损伤累计耗能参数 C。

本节作者参考前人的研究工作，提出了十参数滞回铰模型（陆新征-曲哲模型），如图 2.4-3 所示。该模型共包含 10 个参数。

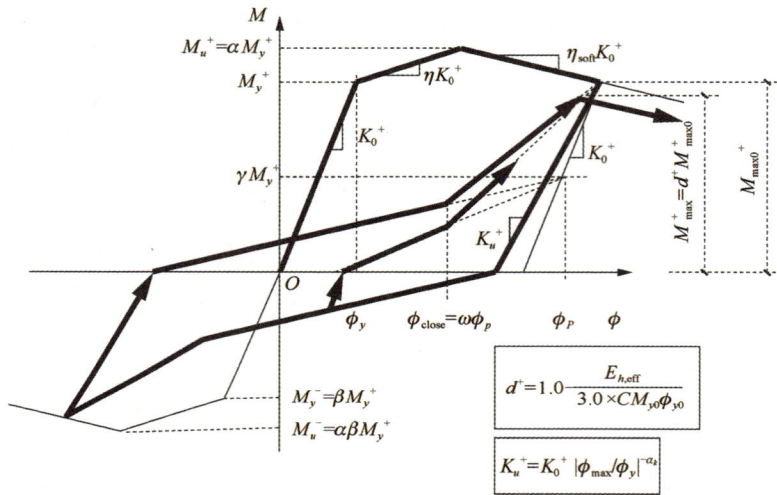

（a）考虑捏拢效应

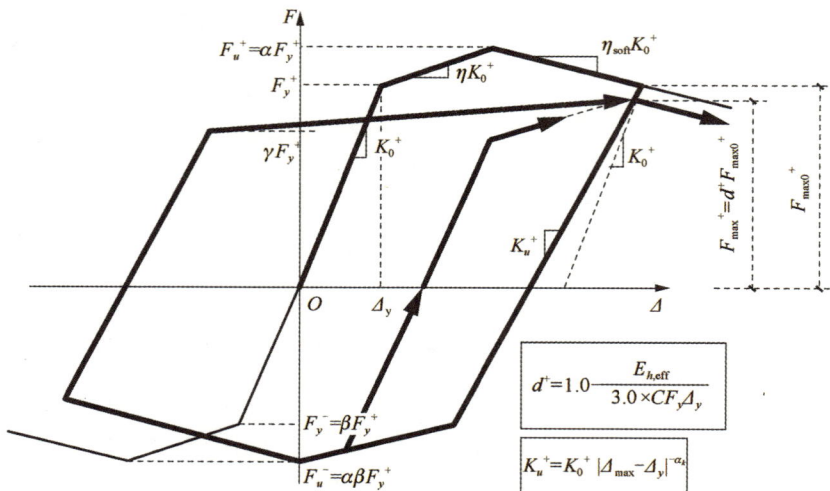

（b）不考虑捏拢效应

图 2.4-3　十参数滞回模型中的参数含义

（1）K_0：初始刚度。

（2）M_y：屈服强度。

（3）η：强化参数、屈服后刚度和初始刚度的比值。

（4）C：损伤累计耗能参数。

（5）γ：滑移捏拢参数，与 Park 模型定义相同。在反向加载过程中，如荷载小于 γM_y，表示结构在滑移捏拢阶段。

（6）η_{soft}：软化参数，结构超过极限强度后的软化刚度和初始刚度比值。

（7）α：极限荼载和屈服荷载的比例，结构极限强度和屈服强度的比值。

（8）β：正向与反向屈服强度比，结构负向屈服弯矩和正向屈服弯矩之比。

（9）α_k：卸载刚度参数。

（10）ω：受拉滑移结果位置，滑移段终点参数。

通过调整十参数滞回模型中 8 个系数（强化参数 η、损伤累计耗能参数 C、滑移捏拢参数 γ、软化参数 η_{soft}、极限荼载和屈服荷载的比例 α、正向与反向屈服强度比 β、卸载刚度参数 α_k、受拉滑移结束位置 ω）的取值，就可以模拟多种不同的滞回模型。例如，取损伤累计耗能参数 $C=\infty$，则相当于不考虑累计耗能损伤；取滑移捏拢参数 $\gamma=1.0$，则相当于不考虑滑移捏拢效应；取极限强度参数 $\alpha=\infty$，则相当于不考虑软化行为。由十参数滞回模型取不同参数得到的滞回曲线形状如图 2.4-4 所示。

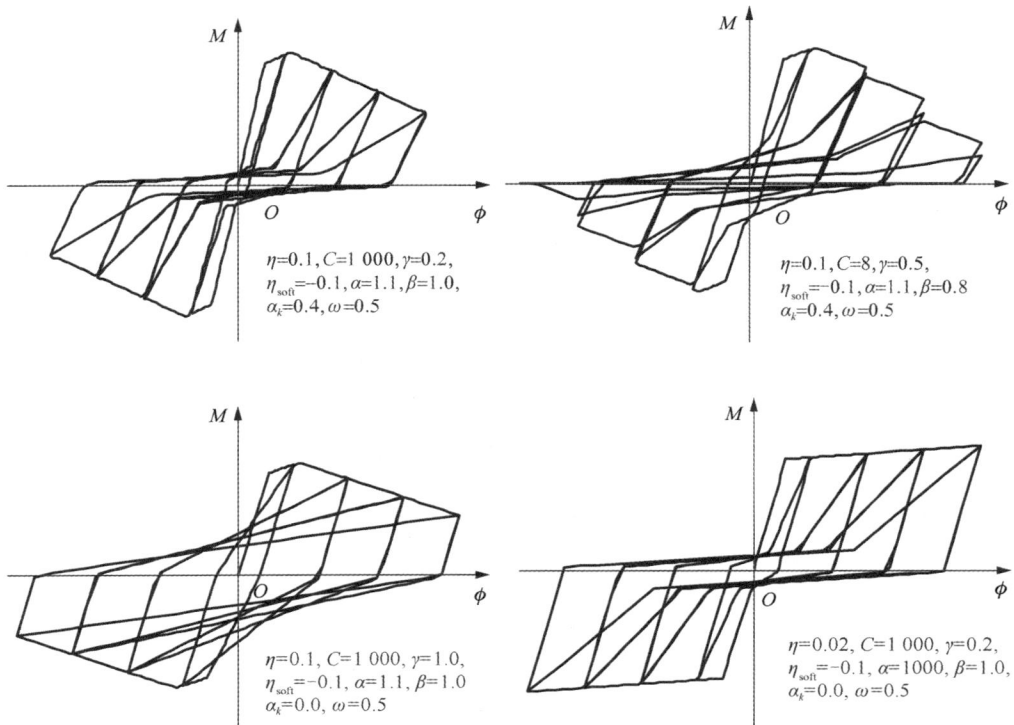

图 2.4-4　十参数滞回模型取不同参数得到的滞回曲线形状

图 2.4-5 所示为采用十参数滞回模型模拟钢结构滞回行为，选择了 3 个代表性试验

结果，JD-1 是捏拢型滞回，JD-3 是饱满型滞回，JD-6 是损伤累计型滞回。可见，通过选择合适的参数，十参数滞回模型都和试验结果吻合良好。

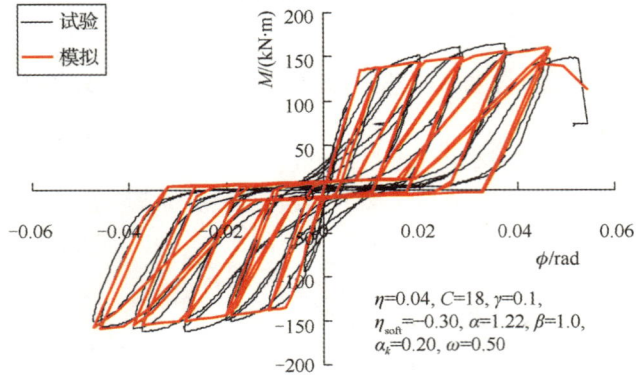

（a）JD-1 平齐式半刚性端板节点

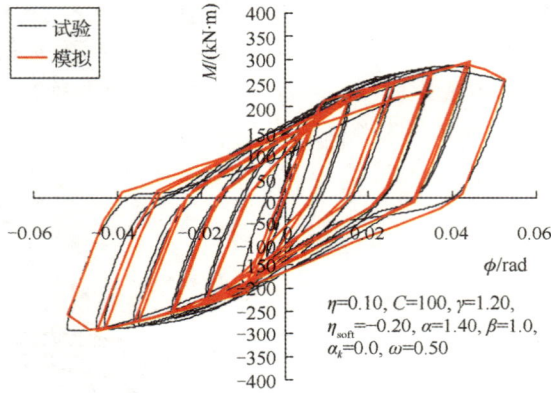

（b）JD-3 外伸式半刚性端板节点

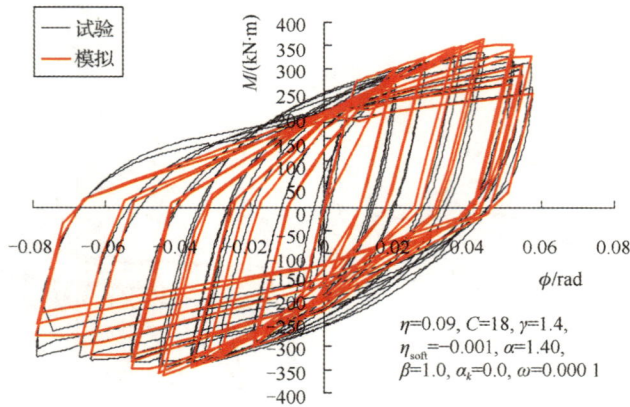

（c）JD-6 外伸式半刚性端板节点

图 2.4-5　十参数滞回模型模拟钢结构滞回行为（施刚等，2005）

图 2.4-6 所示为采用十参数滞回模型模拟钢筋混凝土结构滞回行为，选择了 3 个代

表性试验结果，分别是弯曲破坏、弯剪破坏和剪切破坏。可见，通过选择合适的参数，十参数滞回模型都和试验结果吻合良好。

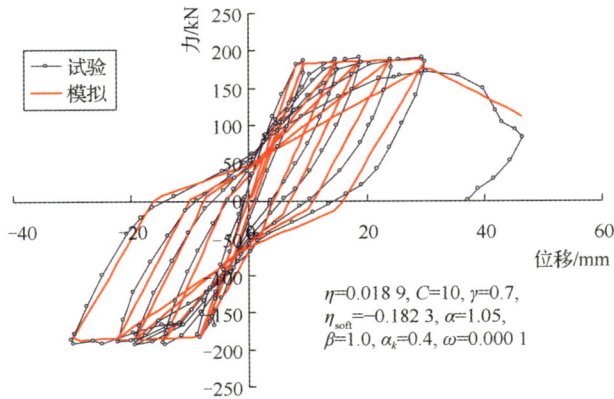

$\eta=0.0189$, $C=10$, $\gamma=0.7$,
$\eta_{soft}=-0.1823$, $\alpha=1.05$,
$\beta=1.0$, $\alpha_k=0.4$, $\omega=0.0001$

（a）十参数滞回模型与弯曲破坏剪力墙试验比较（陈勤，2002）

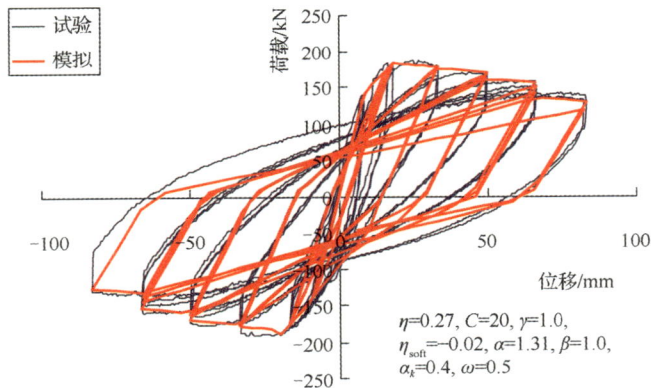

$\eta=0.27$, $C=20$, $\gamma=1.0$,
$\eta_{soft}=-0.02$, $\alpha=1.31$, $\beta=1.0$,
$\alpha_k=0.4$, $\omega=0.5$

（b）十参数滞回模型与弯剪破坏钢筋混凝土试验柱压弯比较
（Saatcioglu, et al, 1999）

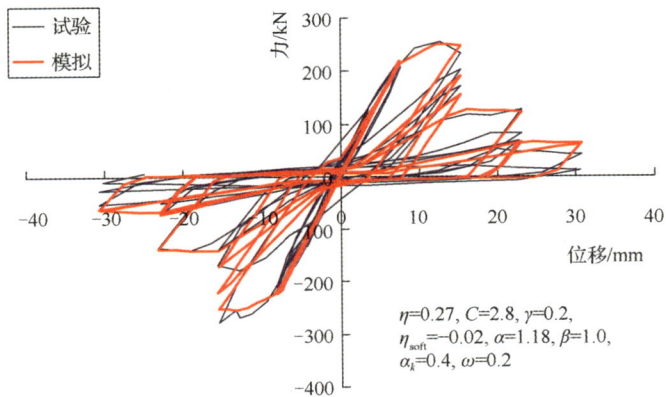

$\eta=0.27$, $C=2.8$, $\gamma=0.2$,
$\eta_{soft}=-0.02$, $\alpha=1.18$, $\beta=1.0$,
$\alpha_k=0.4$, $\omega=0.2$

（c）十参数滞回模型与剪切破坏钢筋混凝土压弯柱试验比较
（Lynn, et al.,1996）

图 2.4-6 十参数滞回模型模拟钢筋混凝土结构滞回行为

2.4.3　钢支撑滞回模型

钢支撑是钢结构中非常常见的构件类型。结构设计中一般倾向于让钢支撑作为第一道防线来消耗地震能量。所以准确模拟钢支撑的非线性行为在结构弹塑性分析中有着重要的应用价值。除了防屈曲支撑外，普通支撑在受压时往往会失稳，因此支撑表现出明显的拉压行为不同。这也成为钢支撑模拟的一个主要难点。

钢支撑在轴力作用下的典型变形过程和单循环滞回曲线如图 2.4-7 所示。由于支撑存在初始缺陷，其两端施加的轴力会在跨中位置产生附加弯矩。在轴力到达 A 点之前，支撑处于弹性压缩阶段，承担的轴力和跨中附加弯矩比例增加。当跨中截面在压弯共同作用下屈服时，支撑在跨中位置将形成塑性铰，宏观上支撑开始发生屈曲现象（B 点）。支撑屈曲后，塑性铰的转动导致支撑侧向变形增大，轴力产生的附加弯矩迅速增加，杆件的受压承载力迅速下降（BC 段）。从 C 点开始支撑进入卸载和反向拉伸阶段，支撑受压屈曲后的卸载刚度明显低于初始弹性刚度。拉伸到 D 点时跨中截面在拉弯共同作用下再次屈服并形成塑性铰，但此时塑性铰的转动方向与受压时相反，支撑的侧向变形不断减小。随着拉伸变形的不断增加，支撑到达 E 点时接近全截面受拉屈服。EF 段支撑进入塑性拉伸变形阶段，而在 F 点后支撑开始弹性卸载并进入下一循环。由于包辛格效应和残留的侧向变形，后一循环的支撑稳定承载力将会明显低于前一循环。随着循环次数的增加，塑性损伤逐渐累积，支撑的稳定承载力、屈曲后软化刚度和屈曲后卸载刚度等都将不断降低。支撑典型多循环滞回曲线如图 2.4-8 所示。

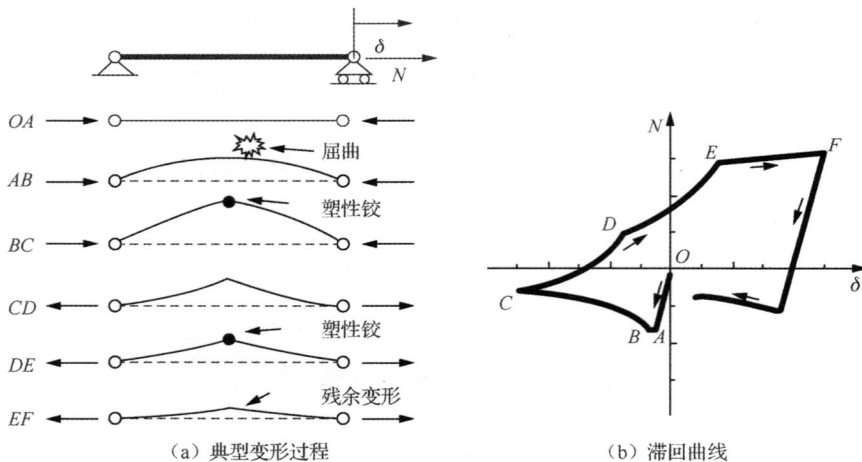

（a）典型变形过程　　　　　　　（b）滞回曲线

图 2.4-7　单循环加载时支撑变形过程及滞回曲线（Marino, et al., 2006）

本书作者开发了能较全面地模拟钢支撑复杂滞回行为的十八参数支撑模型，如图 2.4-9 所示。该模型考虑的主要特点包括：支撑的屈服、强化、软化特性；支撑的捏拢特性；支撑在往复加载下的累积损伤特性；支撑的正、反向屈服强度不同的特性；支撑卸载刚度退化的特性；支撑受压失稳引起刚度、强度退化等特性。

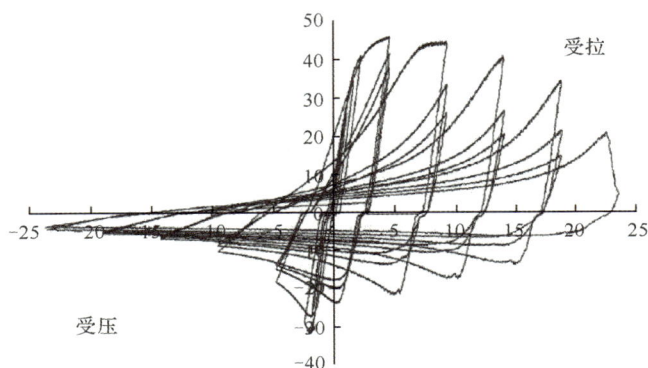

图 2.4-8 钢支撑典型多循环滞回曲线（Goggins，et al.，2005）

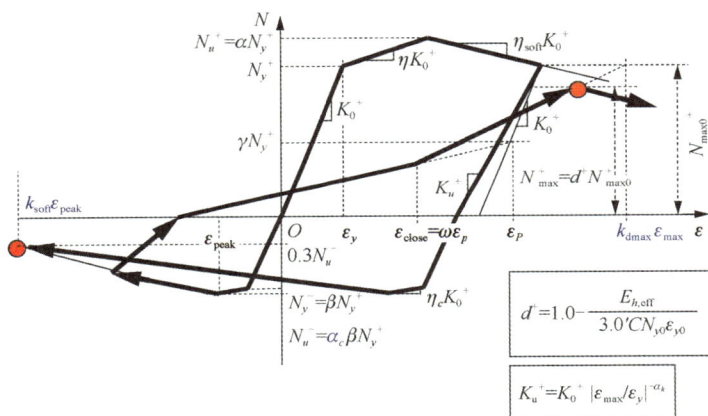

图 2.4-9 十八参数支撑滞回模型

在该模型中一共需定义 18 个参数，支撑模型输入参数见表 2.4-1。通过调整这些参数的取值，就可以模拟多种不同的滞回行为。以 Goggins 等（2005）的支撑试验为例，十八参数支撑模型与试验结果对比如图 2.4-10 所示。可见，模型和试验结果吻合很好，准确模拟了支撑的屈服、屈曲、刚度退化、强度退化、捏拢等复杂受力特征。

表 2.4-1 支撑模型输入参数

序号	参数	序号	参数
1	初始刚度 K_0	10	受拉滑移结束位置 ω
2	初始屈服轴向力 N_y	11	最大位移增大系数 K_{dmax}
3	强化参数 η	12	受压强化参数 η_c
4	损伤累计耗能参数 C	13	受压滑移捏拢参数 γ_c
5	滑移捏拢参数 γ	14	受压软化比例 K_{soft}
6	软化参数 η_{soft}	15	受压极限荷载和屈服荷载的比例 α_c
7	极限荷载和屈服荷载的比例 α	16	受压卸载刚度系数 α_{kc}
8	正向与反向屈服强度比 β	17	受压滑移结束位置 ω_c
9	卸载刚度系数 α_k	18	受压损伤累积速度比受拉 D_c

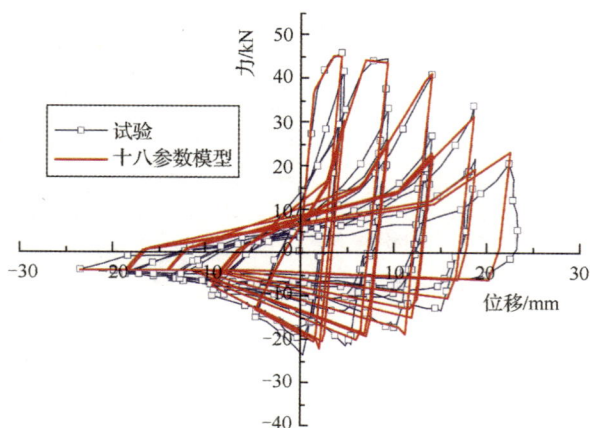

图 2.4-10　十八参数支撑模型与试验结果对比

2.5　多尺度有限元建模方法

2.5.1　引言

随着有限元技术的迅速普及，工程非线性计算已经得到了迅猛发展。目前常用的工程非线性计算可以分为以下两大类。

（1）基于杆模型、壳模型和宏模型等宏观模型的整体结构非线性计算。

（2）基于实体单元的复杂构件、节点等局部结构非线性计算。

随着技术的不断发展，上述两类分析都日渐难以满足工程计算更高精细化的要求，因为宏观模型虽然具有计算量小的优势，但却难以反映结构破坏的微观机理；而基于实体单元的微观分析，虽然可以较好地把握结构的微观破坏过程，但由于计算机能力和建模工作量的限制，实际复杂结构的分析完全依赖微观模型模拟是不现实的。从整体结构中取出局部构件进行微观分析，又难以准确确定其边界条件，特别是对于地震等复杂往复灾害荷载，构件边界条件就变得更加复杂，事先难以准确预知，进而构件计算得到的滞回性能、耗能能力、变形能力和实际情况也可能有显著不同。故目前工程计算迫切需要提出一个可以同时模拟结构局部微观破坏和整体宏观行为的计算模型，而多尺度计算就是解决该问题的有效途径。本书作者和研究生林旭川等通过开发不同尺度单元间的协同工作界面技术，实现了框架复杂节点微观模型和整体框架模型的多尺度有限元计算。

2.5.2　多尺度有限元模型界面连接方法与实现

多尺度有限元计算的难点是如何保证不同尺度模型之间界面连接的科学合理。一般情况下，不同单元构成的模型由微观到宏观排序如下：实体单元模型、壳单元模型、梁单元模型。工程结构多尺度有限元计算中，常见不同尺度单元的连接情况有下面三种情况。

（1）梁单元构件与壳单元构件的连接。

（2）梁单元构件与实体单元构件的连接。

（3）壳单元构件与实体单元构件的连接。

上述三种界面连接本质上都是一样的，宏观模型在界面处的节点少，而精细模型在界面上的节点多，连接的关键在于寻找方法实现界面处节点数量不对应情况下的变形协调。由于不同单元类型节点的自由度和精度不同，很难实现没有任何"瑕疵"的连接。界面处的连接应在不损失宏观模型自由度的同时，尽可能不增加微观模型的额外约束。三种连接中，比较复杂的是宏观梁单元的一个节点与实体单元或壳单元构成的精细模型的多个节点的连接，因为这涉及如何传递梁单元的弯矩，如何在精细模型界面处分配剪力的问题，下面以这类连接为例说明界面连接的原理与实现方法。

2.5.2.1 不同尺度模型轴向位移与转角的协调

界面处梁单元轴力和弯矩、扭矩的传递是通过轴向位移和转角的变形协调实现。由于梁单元已遵循平截面假定，对界面进行平截面假定是完全合理的。

图 2.5-1 为多尺度有限元模型及其坐标系统，图中示出梁单元模型与实体单元模型或壳单元的连接，其中 B 点为梁单元在界面上的节点，$A_i (A_j)$ 为微观模型在界面上的任意节点，为了表达简洁和有限元建模方便，引入局部坐标系，各个点的局部坐标轴 X' 轴和 Y' 轴均在界面内，Z' 轴通过右手螺旋法则确定，微观模型界面上任意节点 A_i 的 X' 轴指向 B 点（当界面不考虑扭转自由度耦合时，这点不需要满足），B 点的 X' 轴可设为指向面内任意方向（图 2.5-2）。

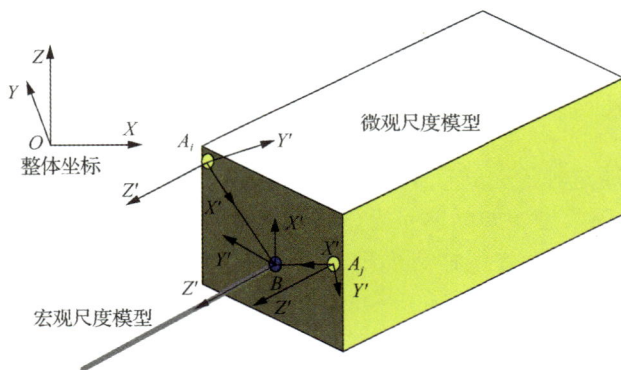

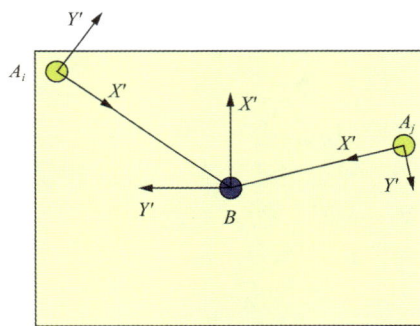

图 2.5-1 多尺度有限元模型及其坐标系统　　图 2.5-2 界面上的局部坐标

按照平截面假定，当微观模型界面上有 n 个节点时，截面轴向变形和弯曲变形需要满足如下 n 个方程：

$$Z'_{Ai}(B) = 0 \quad i = 1,2,3,\cdots,n-1,n \tag{2.5-1}$$

式中，$Z'_{Ai}(B)$ 为 B 在 A_i 点局部坐标系下的 Z' 值。

同理，为了实现界面上的扭转变形协调，应满足以下 n 个方程：

$$Y'_{Ai}(B) = 0 \quad i = 1,2,3,\cdots,n-1,n \tag{2.5-2}$$

式中，$Y'_{Ai}(B)$ 为 B 在 A_i 点局部坐标系下的 Y' 值。

实际上，式（2.5-1）和式（2.5-2）可以通过通用有限元软件 MSC.Marc 中的 RBE2 的 1 对 N 连接功能实现。

2.5.2.2　不同尺度模型剪切位移协调

为了使梁单元与体单元或壳单元组成的模型沿梁横向的剪切位移协调，需要将界面上的剪力按照一定的权重分配到精细模型界面节点上，界面两侧模型的节点局部坐标需满足以下关系：

$$u'_B(B) = \sum_{i=1}^{n}[\beta_{xi}\cos\theta_i \cdot u'_{Ai}(A_i) + \beta_{xi}\sin\theta_i \cdot v'_{Ai}(A_i)]$$

$$i = 1, 2, 3, \cdots, n-1, n \tag{2.5-3}$$

$$u'_B(B) = \sum_{i=1}^{n}[-\beta_{yi}\sin\theta_i \cdot u'_{Ai}(A_i) + \beta_{yi}\cos\theta_i \cdot v'_{Ai}(A_i)]$$

$$i = 1, 2, 3, \cdots, n-1, n \tag{2.5-4}$$

式中，$u'_B(B)$ 表示 B 节点沿着 B 节点局部坐标系的 X' 轴方向的位移；$v'_B(B)$ 表示 B 节点沿着 B 节点局部坐标系的 Y' 轴方向的位移；$u'_{Ai}(A_i)$ 表示 A_i 节点沿着 A_i 节点局部坐标系的 X' 轴方向的位移；$v'_{Ai}(A_i)$ 表示 A_i 节点沿着 A_i 节点局部坐标系 Y' 轴方向的位移；θ_i 为 B 点局部坐标系到 A_i 点局部坐标系的夹角；β_{xi} 为在 B 点局部坐标系 X' 轴方向上，A_i 点位移对 B 点位移的影响权重系数；β_{yi} 为在 B 点局部坐标系 Y' 轴方向上，A_i 点位移对 B 点位移的影响权重系数。

需要指出的是，β_{xi}、β_{yi} 的物理意义表示在一定方向上，节点分担到的剪力占整个截面剪力的比值，数值上等于截面上该节点代表区域的剪力与截面总剪力的比值，因此，满足 $\sum_{i=1}^{n}\beta_{xi} = 1$、$\sum_{i=1}^{n}\beta_{yi} = 1$。该权重系数与剪应力分布以及节点分布有关，对于弹性问题，截面剪应力分布（图 2.5-3）可直接通过理论公式获得。对于弹塑性问题，则截面剪应力分布就格外复杂。考虑到界面在宏观模型（如梁单元模型）一侧，剪应力一般处理得比较简单，所以为建模方便，可以近似认为弹塑性界面剪应力分布与弹性剪应力分布相同。

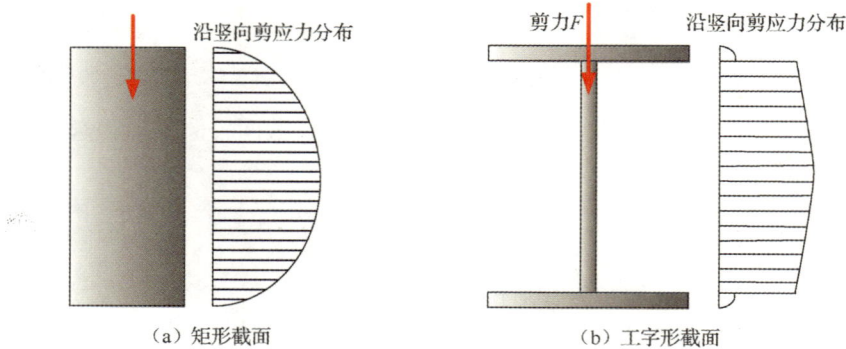

（a）矩形截面　　　　　　　　　（b）工字形截面

图 2.5-3　截面剪应力分布

上述原理保证了界面的剪切变形协调。在有限元软件 MSC.Marc 里可通过 UFORMS

子程序定义约束矩阵实现，基于该子程序用户可以任意设定节点之间位移的数学关系，因而适用于各类不同单元界面连接问题。UFORMS 子程序的接口见图 2.5-4。约束矩阵[S]见下式：

```
subroutine uforms(s,nretn,long,ndeg,istyp,iti,
    istart,itie,longsm,itiem,ipass,numnp,dicos,transm,
    xord,itransid,nbctra,ncrd,tdicos,levelm,ii,longtm,disp,ityfl)
    dimension s(ndeg,longsm),iti(longtm,itiem),
1   dicos(ndeg,ndeg),transm(6,*),xord(ncrd,*),
2   itransid(*),tdicos(ndeg,ndeg),disp(ndeg,*)
        ......
    为连接约束矩阵[S]赋值
        ......
    return
    end
```

图 2.5-4　UFORMS 子程序接口

$$\{U_B\} = [S]\begin{Bmatrix} U_{A1} \\ U_{A2} \\ \vdots \\ U_{An} \end{Bmatrix} \quad （2.5-5）$$

式中，U_B 为 B 点的位移向量；U_{Ai} 为 A_i 点的位移向量，各点位移向量均相对各自所在的局部坐标系；[S]为 $ndeg \times (ndeg \times n)$矩阵，$ndeg$ 为界面上节点的自由度数。

2.5.3　多尺度有限元模型算例

2.5.3.1　钢-混凝土混合结构多尺度有限元算例

混合结构中混凝土与钢结构连接部位的受力和破坏非常复杂，需要加以专门的试验或数值分析。试验是研究构件抗震性能的重要手段，但是试验很难完全模拟构件在结构中的边界条件，因而不能用构件的试验结果完全代替其在整个结构中表现出的性能。因此，本节在对混合结构节点进行试验研究和精细节点有限元模型模拟的基础上，通过多尺度有限元计算方法对节点在整体结构中的表现进行了考察。

林旭川等（2010）对处在钢柱与钢骨柱过渡区域的环梁节点进行了缩尺构件试验研究及其有限元分析。试验构件及加载装置如图 2.5-5 所示，该节点上部为方钢管柱，下部为钢骨柱，两侧钢筋混凝土框架梁的纵筋锚入节点环梁内，框架梁通过节点的环梁传递弯矩和剪力。试验加载中，首先在柱顶施加恒定轴力，模拟柱受到的轴压力，然后在两个梁端施加竖向力或位移，模拟反复地震作用。有限元模型见图 2.5-6，有限元模型中的纵筋、箍筋采用纤维模型进行模拟；钢骨采用壳单元模拟；混凝土采用实体单元模拟。采用 MSC.Marc 提供的 INSERTS 功能实现钢筋、钢骨和混凝土的共同工作。

图 2.5-5　环梁节点试验构件及加载装置

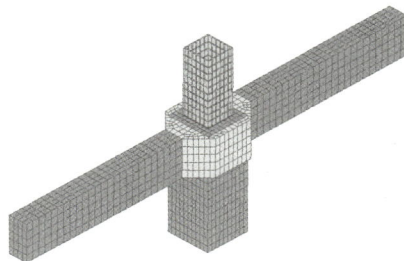

图 2.5-6　环梁节点有限元模型

运用 2.5.2 节建议的不同尺度界面连接技术，将精细节点有限元模型嵌入到由梁单元构成的框架结构宏模型中，对整体结构进行弹塑性时程分析。将图 2.5-6 中的精细有限元节点模型上下的两个柱端和两侧的两个梁端通过 2.5.2 节建议的界面连接技术与框架的梁单元连接，框架多尺度有限元模型如图 2.5-7 所示，输入的地震动记录如图 2.5-8 所示。

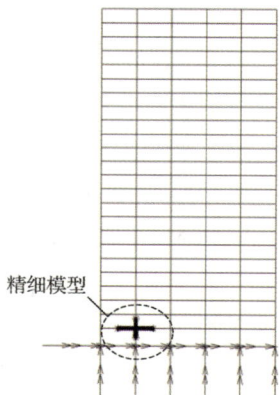

图 2.5-7　混合框架多尺度有限元模型

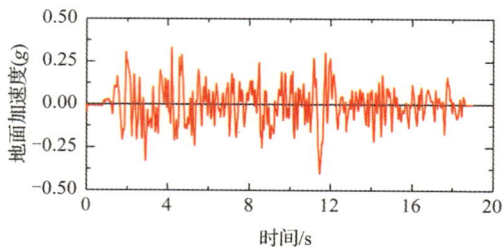

图 2.5-8　输入的地震动记录（1940）

模拟得到的框架顶点的位移时程分析结果见图 2.5-9，位移响应最大时框架结构整体变形如图 2.5-10 所示。多尺度有限元计算结果与节点试验假定边界条件的差异如下所述。

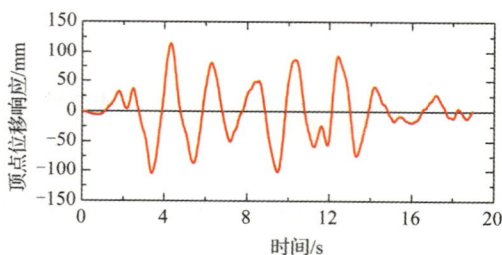

图 2.5-9　框架顶点位移时程分析结果

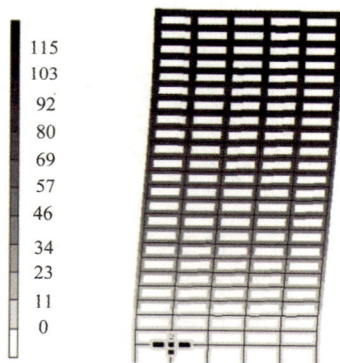

图 2.5-10　位移响应最大时框架结构整体变形

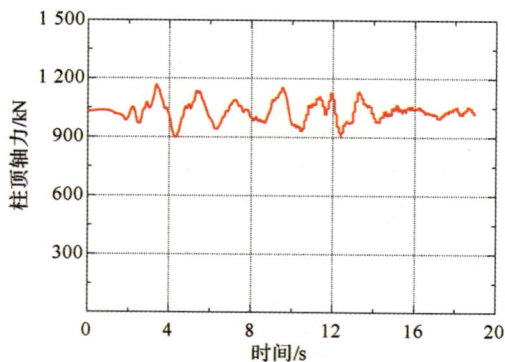

图 2.5-11　环梁节点柱顶轴力

（1）试验中柱顶轴力恒定，而整体结构在地震作用下，柱顶轴力随着结构的水平运动不断变化（图 2.5-11），这一点在多尺度有限元模型中得到了很好的模拟。

（2）由于加载装置的局限性，试验中采用在梁端施加竖向力模拟节点在地震下受到的作用，这不符合环梁节点实际的边界受力情况（梁的反弯点未必在跨中，梁内可能还存在轴力和扭矩等），而在多尺度有限元模型中通过界面连接将梁单元的全部作用传给节点，与真实情况更为接近。

（3）试验假定反弯点在梁跨中，而实际上，在竖向荷载和地震作用的共同作用下框架梁的反弯点不断变化，多尺度有限元模型可以较好地模拟这些真实边界条件，从而更准确地模拟得到构件的开裂情况（图 2.5-12）。

由此可见，多尺度有限元模型既可以在目前和接受的计算代价下，实现整体结构受力行为的模拟，

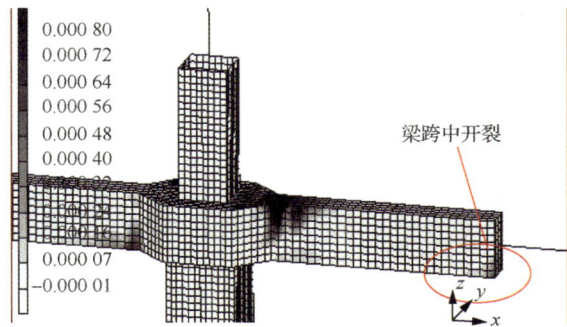

图 2.5-12　模拟得到构件的开裂情况

又可以比纯杆系模型更好地模拟关键部位受力变化，比局部构件模型/试验更好地模拟复杂边界条件，因而是准确研究复杂结构和复杂受力构件真实行为的有力工具。

2.5.3.2　钢框架多尺度有限元分析算例

钢结构节点区焊缝较多、板件复杂，其连接与构造往往成为结构的最薄弱环节，一般来说，整体结构模型往往很难模拟节点的刚度和节点的微观破坏过程，而多尺度有限元计算可兼顾模拟结构整体行为与关键局部的破坏。以下对两跨六层的钢框架结构进行多尺度有限元弹塑性时程分析。多尺度有限元模型的所有梁柱节点采用壳单元进行精细建模，杆件采用相对宏观的梁单元建模，结构多尺度有限元模型如图 2.5-13 所示，局部节点模型如图 2.5-14 所示，同时建立全部由梁单元构成的结构模型进行对比。

钢框架节点并不是理想的刚接，一般全部用梁单元构成的框架模型将节点处自由度直接耦合，按理想刚接计算，结构的刚度偏大。多尺度有限元模型通过在节点进行精细建模，考虑了非理想刚性连接的特性，因此，结构的前 3 阶周期比全梁单元模型大，其中第 1 阶周期差别最大，多尺度有限元模型与梁单元模型的周期比较如表 2.5-1 所示。多尺度有限元模型得到的在地震下的顶点位移比梁单元框架模型的大，两种模型位移时程的比较如图 2.5-15 所示。图 2.5-16 为最大位移时刻（$t=7.22\text{s}$）中部节点的主应力分布图，图中可以获得节点区具体的应力分布情况。可见，在有限计算条件下，多尺度分析是提高结构计算精度并反映更多局部细节的有效途径之一。

表 2.5-1　多尺度有限元模型与梁单元模型的周期比较　　　　单位：s

周期	模型	
	多尺度有限元模型	梁单元结构模型
第 1 阶周期	1.67	1.48
第 2 阶周期	0.43	0.39
第 3 阶周期	0.18	0.17

Inc:　　0
Time:　　0.000e+000

1.000e+000
9.667e-001
9.333e-001
9.000e-001
8.667e-001
8.333e-001
8.000e-001
7.667e-001
7.333e-001
7.000e-001
6.667e-001
6.333e-001
6.000e-001
5.667e-001
5.333e-001
5.000e-001
4.667e-001
4.333e-001
4.000e-001
3.667e-001
3.333e-001
3.000e-001
2.667e-001
2.333e-001
2.000e-001
1.667e-001
1.333e-001
1.000e-001
6.667e-002
3.333e-002
0.000e+000

y 方向位移

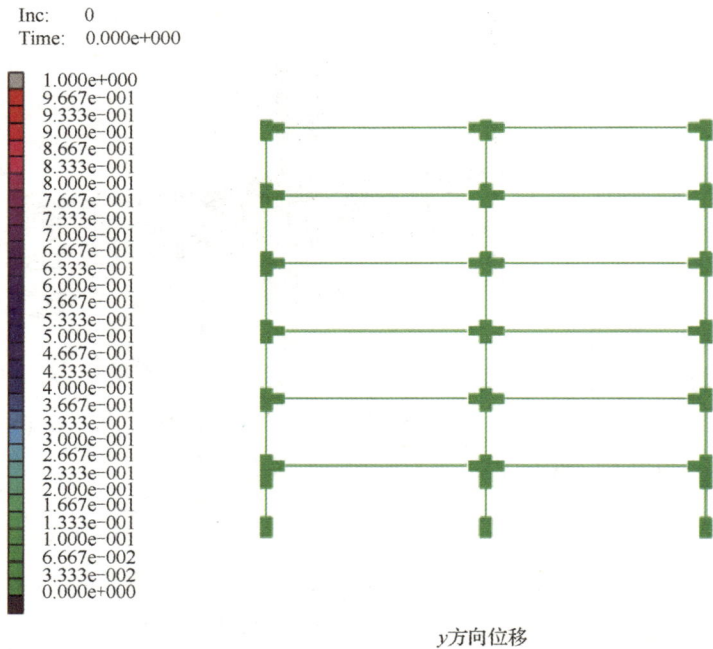

图 2.5-13　结构多尺度有限元模型

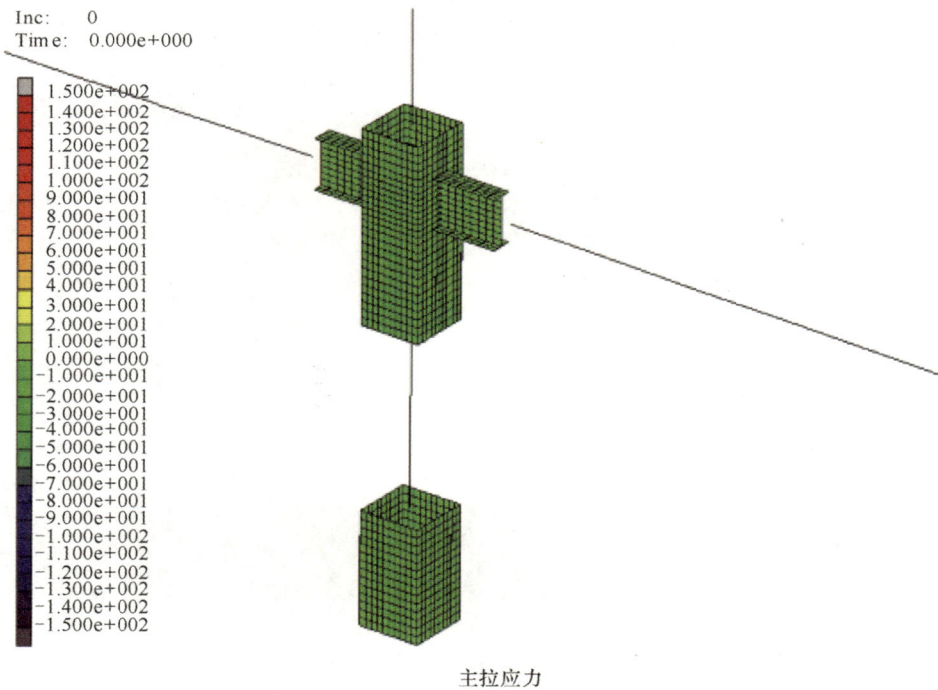

Inc:　　0
Time:　　0.000e+000

1.500e+002
1.400e+002
1.300e+002
1.200e+002
1.100e+002
1.000e+002
9.000e+001
8.000e+001
7.000e+001
6.000e+001
5.000e+001
4.000e+001
3.000e+001
2.000e+001
1.000e+001
0.000e+000
-1.000e+001
-2.000e+001
-3.000e+001
-4.000e+001
-5.000e+001
-6.000e+001
-7.000e+001
-8.000e+001
-9.000e+001
-1.000e+002
-1.100e+002
-1.200e+002
-1.300e+002
-1.400e+002
-1.500e+002

主拉应力

图 2.5-14　局部节点模型

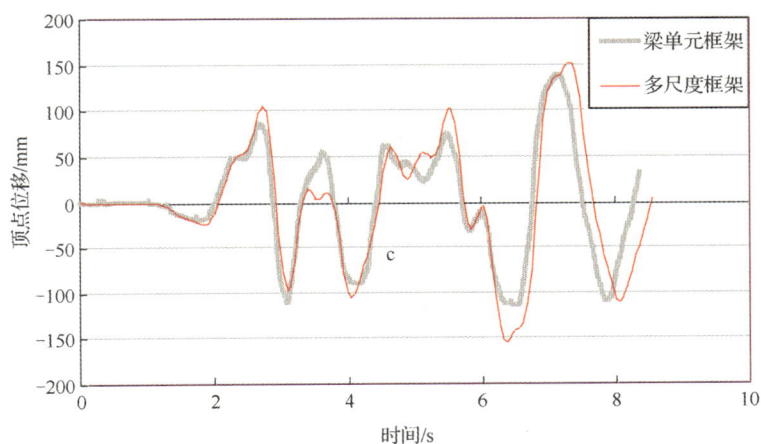

图 2.5-15　两种模型位移时程的比较

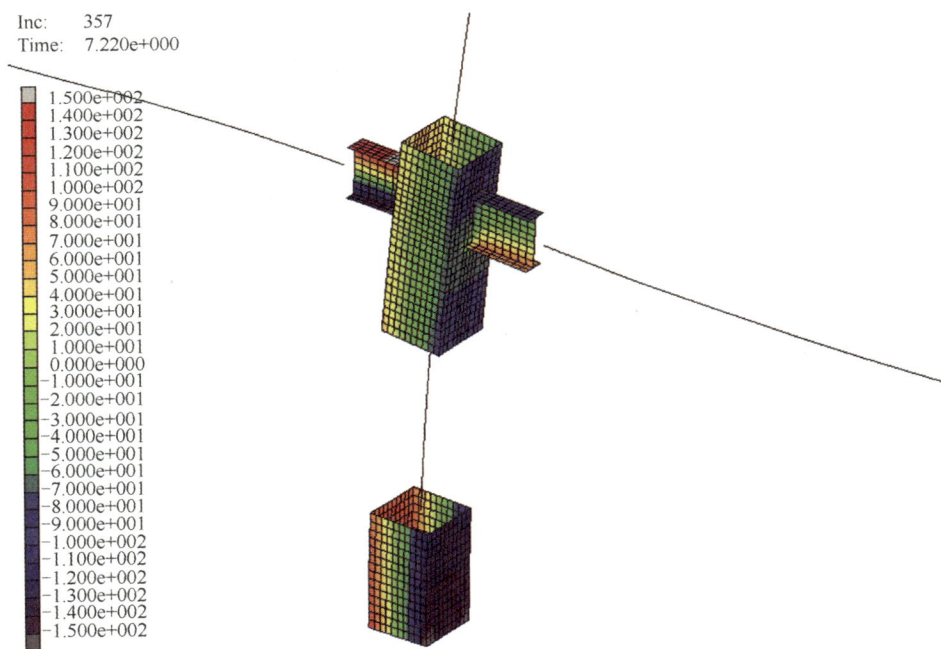

图 2.5-16　最大位移时刻节点主应力分布（单位：MPa）

2.6　单元生死算法与倒塌模拟

2.6.1　构件失效的单元生死算法

建筑结构在特大地震作用下发生倒塌破坏的过程中，构件会逐渐破坏失效而退出工作。在有限元分析中，这一过程可以采用生死单元技术来模拟。生死单元技术是通过修改单元的刚度矩阵来实现的，当某一单元的响应超过某一设定的阈值时将会被"杀死"，通过调整该单元的刚度矩阵，赋予被"杀死"单元一个极小的刚度，避免直接归零带来的刚度矩阵奇异的问题。当该单元被杀死，其相应的应力和应变将释放为 0，在整个结构的质量和阻尼矩阵中该单元所对应的元素也将归为 0。在 MSC.Marc 等通用有限元分析中，可以方便地采用类似 UACTIVE 子程序的结构（图 2.6-1），通过编写相应的代码来实现这一过程。

```
      subroutine uactive(m,n,mode,irststr,irststn,inc,time,timinc)
      include '../common/implicit'
      dimension m(2)
c     user routine to activate or deactivate an element
c
c     m(1)      - user element number
c     m(2)      - master element number for local adaptivity
c     n         - internal elsto number
c     mode=-1   - deactivate element and remove element from post file
c     mode=-11  - deactivate element and keep element on post file
c     mode=2    - leave in current status
c     mode=1    - activate element and add element to post file
c     mode=11   - activate element and keep status on post file
c     irststr   - reset stresses to zero
c     irststn   - reset strains to zero
c     inc       - increment number
c     time      - time at begining of increment
c     timinc    - incremental time
c
      ……用户代码（主要定义单元生死的判断准则）……
      return
      end
```

图 2.6-1 UACTIVE 子程序的结构

由于纤维梁和分层壳模型都是基于材料本构层次的数值模型，可以建立基于材料层次的单元失效准则来监控整个地震灾变过程各构件的应力-应变行为。对于纤维梁单元，每个单元至少包含 36 个混凝土纤维和 4 个钢筋纤维，而每个纤维沿长度方向有 3 个高斯积分点；类似地，对于分层壳模型，每个壳单元至少分成 10 层（具体层数根据剪力墙的实际配筋情况而定），每层具有 4 个高斯积分点。当每一个纤维或者层上任意积分点的应变值超过了预设的失效准则，该纤维和层的应力和刚度将被杀死，当某一单元所有的纤维或者层均被杀死，则认为该构件完全失效，将其从整个模型中杀死并移除。

失效后单元一般会从计算模型中删除，不再参与结构的计算。这样处理比较简单，但是也存在一些问题，如下所述。

（1）在倒塌过程中，结构碎片可能会撞击其他结构构件，或形成堆载，影响剩余结构的失效倒塌过程。为了实现构件碎片的冲击和堆载的模拟，需要在模型中定义接触关系。利用有限元程序的自体接触，可以实现倒塌过程中尚未失效的结构碎片的接触模拟。如果需要更进一步模拟已经失效后结构碎片的分散和冲击作用，本书作者和研究生林旭川等提出了可以采用有限元-离散元耦合方法实现（Lu, et al., 2009），详见 2.6.2 节。当然，对于一般工程应用而言，可以不必考虑得如此细致。

（2）失效后的碎片行为的模拟对保证倒塌模拟的真实度具有重要意义，不考虑碎片倒塌模拟的真实度过低。这个问题由本书作者和清华大学任爱珠教授、北京科技大学许镇博士，以及澳大利亚格里菲斯大学 H. Guan 教授等建议可以考虑采用物理引擎的方式加以模拟，详见 2.6.3 节。

2.6.2　失效后单元的离散元模型

离散元法的实质（魏群，1991）是采用单节点的物理元进行区域剖分并在物理元间使用具有明确力学意义的连接元件而建立的有限离散数值方法。离散元的一个常用模型是将离散块体用一系列球体来模拟，故又一般专门称为颗粒离散元（江见鲸等，2013）。该模型既可以基本把握非连续体运动特征，又具有接触分析简单的优点。在结构倒塌过程中的碎片之所以可以采用颗粒离散元，一方面是因为有限元模型已经分得比较精细，进一步破碎后，其几何形状等对倒塌过程影响其实很小；另一方面是因为倒塌仿真模型主要关心其模拟碎片在倒塌过程中的冲击、碰撞和堆积等整体效果，而不是关心具体某个碎片的轨迹。相对于块体离散元，颗粒离散元的计算效率明显较高，故被本节采用。

1）颗粒离散元的生成

本研究根据等质量和等体积的原则将一个四边形单元变成 9 个颗粒离散元。生成的离散元应具备被"杀死"单元的运动状态（速度、位移等），因此，每个颗粒离散元的初始运动状态应该由原来被"杀死"单元确定，这里可以分别由四边形单元的 4 个节点的坐标、速度和加速度插值得到离散元的坐标、速度和加速度。"杀死"的单元转变为多个离散单元如图 2.6-2 所示。

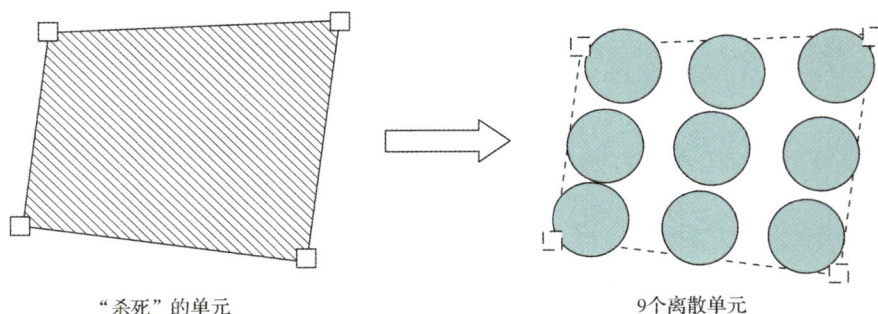

"杀死"的单元　　　　　　　　　　　　　9个离散单元

图 2.6-2　"杀死"的单元转变为多个离散单元

2）颗粒离散元的自由运动规律

每个离散元在运动过程中可以看成一个质点，该质点任意时刻（t_i）的运动方程可表示为

$$m\ddot{u}(t_i) + c\dot{u}(t_i) = p(t_i) \qquad (2.6\text{-}1)$$

式中，m 为该离散元的质量；p 为 t_i 时刻质点受到的外力向量，如离散元的自重力等；$\ddot{u}$ 为 t_i 时刻质点的位移；c 为阻尼系数。

采用中心差分法（刘晶波等，2004）计算离散元的运动状态。中心差分法用有限差分代替位移对时间的求导，如果采用等步长，$\Delta t_i = \Delta t$，则可得

$$\dot{u}_i = \frac{u_{i+1} - u_{i-1}}{2\Delta t} \tag{2.6-2}$$

$$\ddot{u}_i = \frac{u_{i+1} - 2u_i + u_{i-1}}{\Delta t^2} \tag{2.6-3}$$

将式（2.6-2）和式（2.6-3）代入式（2.6-1），得

$$\left(\frac{m}{\Delta t^2} + \frac{c}{2\Delta t}\right)u_{i+1} = p(t_i) + \frac{2m}{\Delta t^2}u_i - \left(\frac{m}{\Delta t^2} - \frac{c}{2\Delta t}\right)u_{i-1} \tag{2.6-4}$$

根据式（2.6-2）～式（2.6-4）可分别求得质点在各个时刻的位移、速度和加速度。

3）颗粒离散元和有限元的接触计算

三维情况下，当两个离散元球心距小于二者半径之和时，可以判断出两个离散元发生了接触，因此，判断接触的准则可以用下式表达（魏龙海等，2008）：

$$(r_i + r_j) \times CNC \geqslant R_{ij} \tag{2.6-5}$$

$$R_{ij} = \sqrt{(x_i - x_j)^2 + (y_i - y_j)^2 + (z_i - z_j)^2} \tag{2.6-6}$$

式中，r_i、r_j 分别表示两粒子的半径；CNC 是两粒子的接近系数，与介质结构有关，一般 $CNC \geqslant 1.0$，本节取 1.0；R_{ij} 为两粒子中心距离。

为了模拟碎片对结构的冲击，需要模拟颗粒离散元和有限元之间的接触，本节在判断离散元与有限元之间的接触时，按照前文将有限元等效成 9 个球状离散元，进而按照离散元之间的接触判断方法来判断离散元与有限元之间的接触关系，并按照两个球体碰撞来计算二者之间的作用力和碰撞后的运动状态。

4）耦合模拟的程序实现与算例

为实现基于有限元-离散单元法耦合计算的结构连续倒塌模拟方法，本节采用 MSC.Marc 的用户子程序对其进行二次开发，采用的子程序及实现过程如下。

（1）"杀死"单元与离散元生成。有限单元失效后，采用 UACTIVE 子程序将该有限单元杀死，将被"杀死"的单元转换成 9 个球状离散元，各个离散元的初始速度和加速度根据该被杀死有限单元的状态插值得到。

（2）接触判断的实现。倒塌过程中，构件碎片的冲击和堆积对下部结构的破坏影响很大，为了实现上述过程的模拟，需要在模型中定义接触关系。结构在倒塌过程中存在三种类型的接触关系：有限单元之间的接触、离散元之间的接触以及有限元与离散元之间的接触。有限元之间的接触可直接利用 MSC.Marc 软件内提供的自体接触来实现；离散元与有限元之间的接触、离散元之间的接触判断均通过 MSC.Marc 的用户子程序 UBGITR 来实现，UBGITR 子程序在每次迭代开始时会被调用。

（3）离散单元对有限元结构的冲击作用实现。当判断到离散元碎片接触到有限元结构时，为实现二者的接触作用，用 FORCDT 子程序将接触力施加给有限元模型中剩余单元的对应节点。

相应程序执行流程如图 2.6-3 所示。

为了观察基于有限元-离散单元法耦合计算的结构连续倒塌模拟方法的效果，本节建立了一个 8 层空间框架分析模型。该模型中，框架的梁和柱采用纤维模型模拟，楼板采用分层壳模型模拟，并将其结果与有限元模拟方法进行了比较。拆除结构第 5 层的一根角柱之后，结构发生倒塌，图 2.6-4 为有限元方法计算的倒塌过程，图 2.6-5 为有限

元-离散元耦合计算的倒塌过程。1.0s 时刻,两种倒塌模拟的方法的结果接近,拆除角柱以上的楼层均发生垮塌,部分楼板开始与结构脱离;2.0s 时刻,两种方法的结果差异不大,上部掉落的楼板撞击到第五层的楼面上,导致第 5 层楼板继续发生垮塌;3.0s 时刻,两种方法的结果明显不同,采用有限元方法计算的倒塌过程在第四层楼板发生破坏后,因为所有有限元的结构碎片都被"杀死",倒塌过程终止,采用有限元-离散元耦合计算方法的倒塌过程发生了更严重的连续倒塌,不仅第四层楼板垮塌下落,其下部各楼层的楼板也发生垮塌。可见,采用基于有限元-离散单元法耦合计算的结构连续倒塌模拟方法可以更好地模拟碎片地撞击和堆积等过程。

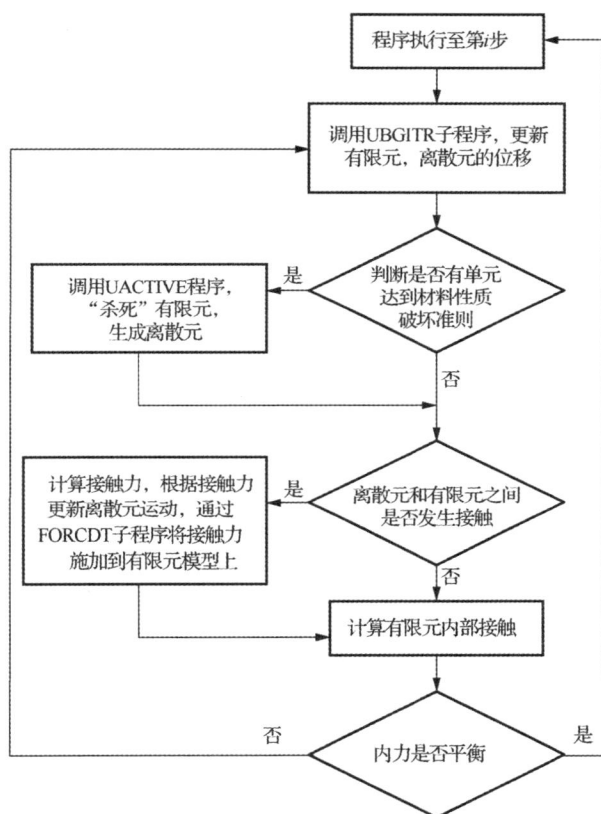

图 2.6-3 离散单元对有限元结构的冲击作用的程序执行流程

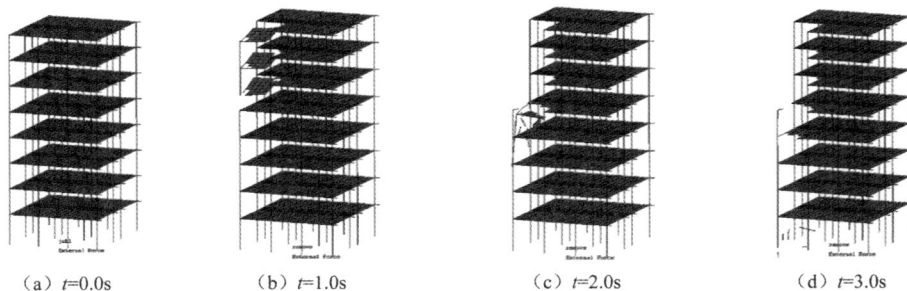

（a）t=0.0s　　　（b）t=1.0s　　　（c）t=2.0s　　　（d）t=3.0s

图 2.6-4 有限元方法计算的倒塌过程

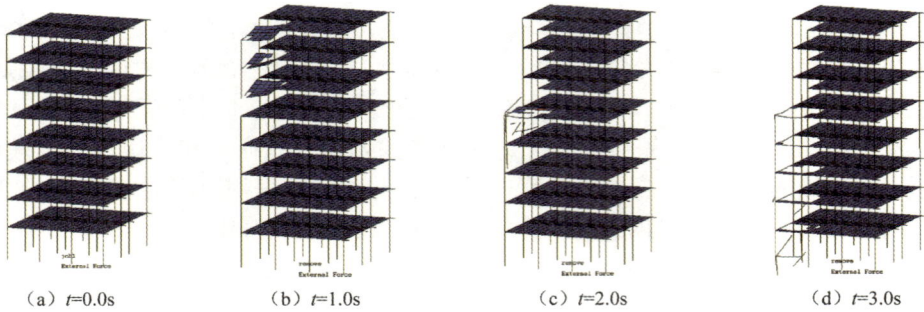

（a）t=0.0s　　　　（b）t=1.0s　　　　（c）t=2.0s　　　　（d）t=3.0s

图 2.6-5　有限元-离散元耦合计算的倒塌过程

2.6.3　采用物理引擎模拟失效后的单元

　　在结构倒塌模拟过程中，失效的单元会被"杀死"，而"杀死"的单元因为不再参与结构计算，因此也不会出现在后处理的结果中。失效的单元在很多通用有限元程序中，如 ANSYS、ABAQUS 和 MSC.Marc，都是不可见的，失效和未失效的单元见图 2.6-6（Xu，et al.，2013a）。然而，大量失效单元不可见，严重影响了倒塌模拟过程的真实感和可信性，因此，有必要提出合理的失效后单元可视化的方法。

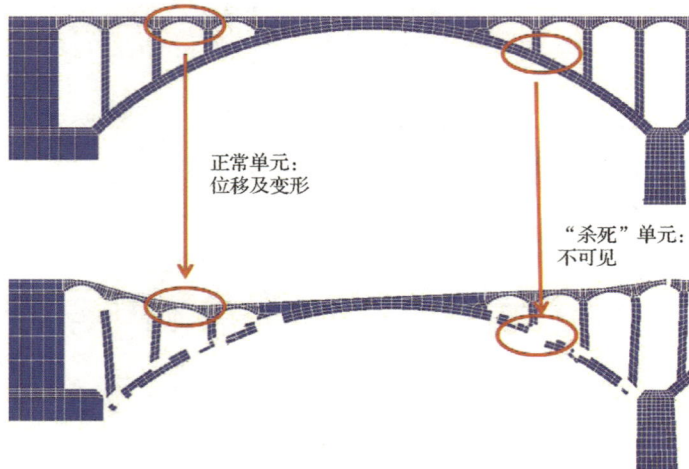

图 2.6-6　失效和未失效的单元

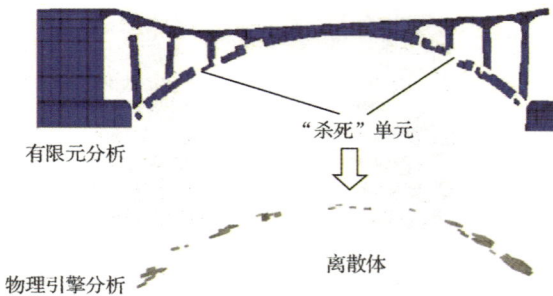

图 2.6-7　将失效后的单元转化为独立的碎块图元

　　在实际结构中，失效后的单元变成了结构碎片。由于现代计算机分析能力比较强，有限元分析时的网格已经非常细致，可以直接将失效后的单元转化成为独立的碎块图元，如图 2.6-7 所示。这些碎块图元与已被"杀死"单元具有相同的形状和位置等。碎块在结构倒塌过程中，会按照一定的物理规律不断运动。由于单元被"杀死"后将不再参与计算，碎块的运动是无法依靠有限元分析数据的。为此，可以采用物理引擎来进行碎块运动的模拟。物理引擎（Boeing，et al.，2007）是一个专门设计的计算机程序，用来实时计算物体的复杂运动行为，如烟气运动、水流、刚体动力学等。在视景模拟中，碎块的主要动力学行为是刚体运动和碰撞，而刚体运动和碰撞恰恰是物理引擎最显著的功能，故可基于物理引擎高效和准确地模拟碎块运动。

因此，可以用图 2.6-8 所示的方法来完成基于物理引擎的倒塌过程中失效单元碎片运动模拟。它由 3 个主要部分组成，即有限元分析、图形引擎部分和物理引擎模拟。图形引擎部分是实现倒塌视景仿真的主要平台，而有限元分析和物理引擎模拟提供了视景仿真的必要信息。在倒塌模拟中，正常单元的变形和位移由有限元分析数据支持，转换为碎块的失效单元的运动由物理引擎控制，并继承单元"杀死"时的初始位置和形状来模拟碎块运动。3 个领域需要相互配合，形成整体，以真实、流畅地表现结构的倒塌过程。

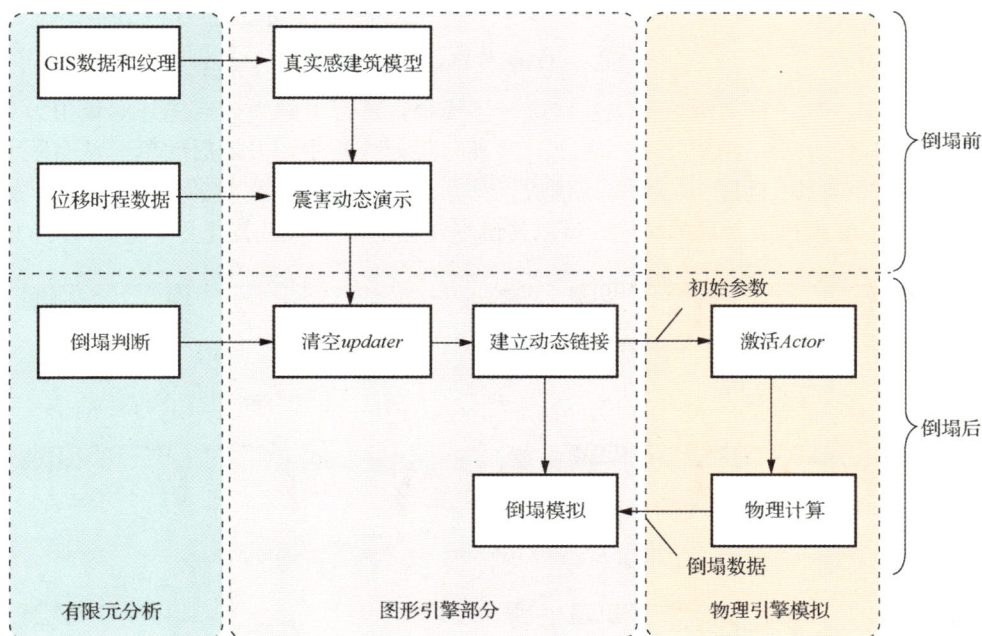

图 2.6-8 基于物理引擎的倒塌过程中失效单元碎片运动模拟

基于图 2.6-8 所示的框架，本书作者与清华大学任爱珠教授、北京科技大学许镇博士，以及澳大利亚格里菲斯大学 H. Guan 博士等开发了一套模拟系统（Xu，et al.，2013b），其图形引擎部分采用的是开源引擎 OSG（OSG Community，2010），物理引擎采用 NVIDIA 公司开发的 PhysX（NVIDIA，2010），OSG 和 PhysX 的集成如图 2.6-9 所示。首先，创建一个专门的类 Fragments。在 OSG 中，所有的图形被 Geode 类储存和管理；在 PhysX 中，物理世界中所有的物体被 Actor 类储存和管理。通过 Fragments 类建立了 Actor 和 Geode 的对应关系。而后，通过开发新类 Move-callback，从 PhysX 的 Actor 中获取运动信息，再在 OSG 的 Callback 机制中实现碎块运动的动画显示。当然，为了达到高效实时的碎片运动模拟，还需要开发响应的碎片运动聚类算法，这些工作详见文献（Xu，et al.，2013b）。

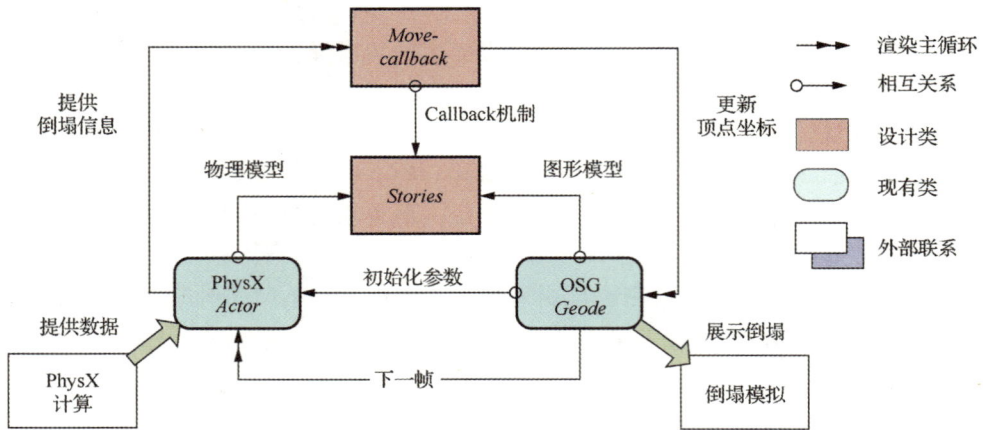

图 2.6-9　OSG 和 PhysX 的集成

　　基于以上工作，对某桥梁倒塌过程进行了模拟，是否考虑失效后碎片对模拟效果的影响如图 2.6-10 所示。由对比可以看出，常规有限元分析中，失效后的单元从有限元模型中去除，使得倒塌过程中大量单元消失，严重影响了模拟的真实感［图 2.6-10（a）］。而基于物理引擎模拟失效后的单元，可以使倒塌过程的真实感显著提升［图 2.6-10（b）］。

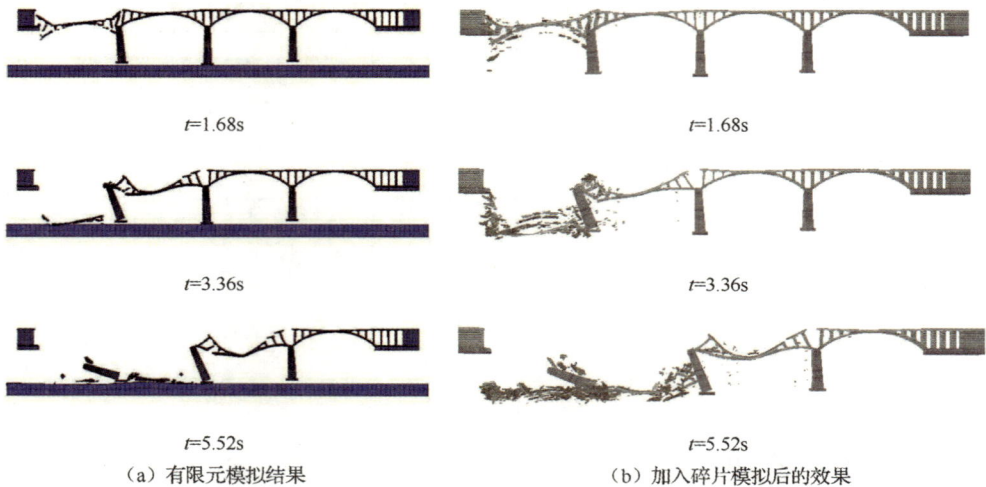

t=1.68s　　　　　　　　　　　　　　　　　t=1.68s

t=3.36s　　　　　　　　　　　　　　　　　t=3.36s

t=5.52s　　　　　　　　　　　　　　　　　t=5.52s

（a）有限元模拟结果　　　　　　　　　　　　（b）加入碎片模拟后的效果

图 2.6-10　是否考虑失效后碎片对模拟效果的影响

2.7　GPU 高性能矩阵求解器

2.7.1　通用 GPU 计算的基本概念

　　GPU（graphic processing units）最早是用于计算机图形显示的处理单元。由于图形学要求有很好的并行计算和浮点计算能力，GPU 从早期发展开始便在这两类计算上拥有较强的优势。20 世纪 90 年代，通用 GPU（general-purpose computation on graphics processing units，GPGPU）的概念出现了。GPU 开始走出图形计算的限制，将其强大的性能延伸到通用计算的领域。2006 年 11 月，英伟达（NVIDIA）公司发布了全新的 GPU 计算架构 CUDA（NVIDIA，2012a），提供了基于 C 语言进行 GPU 编程的计算环境。程序员无须对 GPU 的底层计算和实现方式有深入了解，就可以轻松地使用 CUDA 进行 GPU 编程。在 CUDA 的支持下，越来越多的研究者开始使用 GPU 进行通用计算。目前，全世界前 100 强的超级计算机均有 GPU 参与进行计算，我国也有类似的采用 GPU 作为运算核心的计算机集群。

　　CUDA 的计算架构是在一个异构计算模型中，同时采用 CPU 和 GPU 进行计算。对于程序的顺序执行、逻辑分配等任务，由 CPU 来承担其计算，而对于那些独立、可并行的大规模数值运算，就交给 GPU 来处理。典型的 CUDA 程序流程如图 2.7-1 所示（NVIDIA，2012a），首先复制内存至 GPU（显存），然后让 CPU 通过指令驱动 GPU，使 GPU 平行处理每个核心，之后 GPU 再将复制结果返回内存和 CPU。

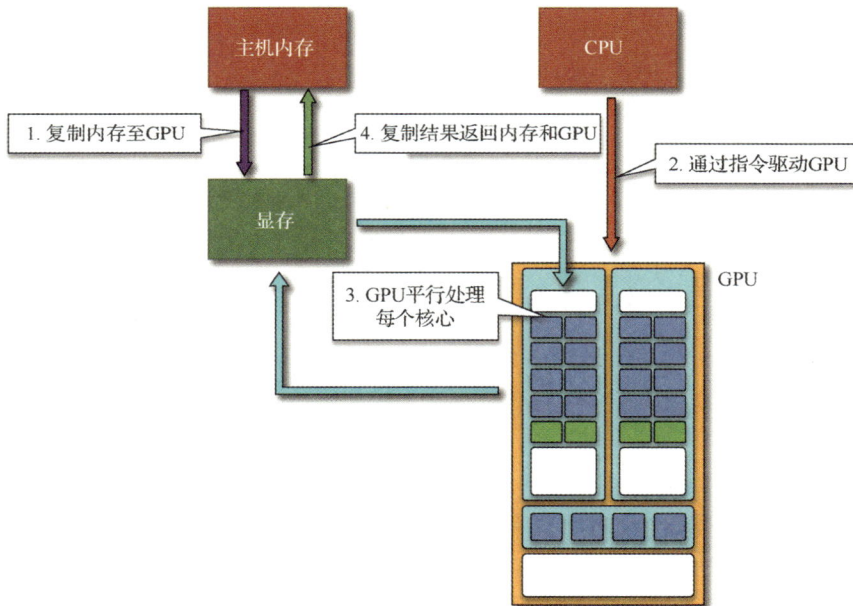

图 2.7-1　典型的 CUDA 程序流程

2.7.2　GPU 高性能矩阵求解

2.7.2.1　OpenSees 线性方程组求解模型

　　OpenSees 作为开源有限元软件，虽然拥有良好的可扩展性，然而计算效率一直以来都是它的瓶颈。对于 OpenSees 来说，其求解大型模型时，耗费时间最长的就是线性方程组求解模块。因此，如何提高 OpenSees 线性方程组求解速度是解决其计算效率偏低的关键技术。本书作者和研究生韩博等以 GPU 加速求解作为技术手段，为 OpenSees 编写基于 GPU 加速的线性方程组求解器，力求使其满足大型模型震害模拟的时效性需求。

在 OpenSees 的非线性时程分析中，求解线性方程组模块由以下两个基类组成。

1）LinearSOE 类

LinearSOE 类（linear system of equation）类是 OpenSees 的线性方程组基类，其主要功能如下。

（1）存储构成线性方程组 $Ax=b$ 的矩阵 A 和向量 x、b，根据 A 矩阵类型的不同，存储形式可以变换。

（2）提供集成矩阵 A 和向量 b 的方法。

（3）提供返回 A、x、b 数据的方法，供其他模块使用。

以 LinearSOE 为基类，OpenSees 中根据矩阵 A 的类型，派生出各种子类，基本类型包括一般矩阵、带状矩阵、稀疏矩阵和分块矩阵等。

2）LinearSOESolver 类

LinearSOESolver 类（linear system of equation solver）是 OpenSees 提供的线性方程组求解器基类，其基本功能如下。

（1）从对应 LinearSOE 中获取 A、x、b 的数据，并求解 x 向量。

（2）将计算结果返回给 LinearSOE。

LinearSOESolver 类也有很多派生类，分别对应于不同的 LinearSOE 类型和求解方法（如直接法或间接法）。

OpenSees 中，LinearSOE 决定了方程组的类型，而 LinearSOESolver 则决定了方程组的求解方法，但求解方法一般也受限于方程组类型。因此在大多数情况下，一个 LinearSOESolver 类仅能求解一种与之对应的 LinearSOE 类，但一个 LinearSOE 类则可以调用多种 LinearSOESolver 类进行求解。

在结构动力分析中，无论采用哪种数值积分方法，其求解线性方程组的矩阵都是由质量阵、刚度阵和阻尼阵组合而成的。而对于一般由梁、柱、剪力墙构成的结构中，其刚度阵和质量阵都具有稀疏矩阵的特征，如若采用经典瑞雷阻尼，则阻尼阵也具有稀疏矩阵的特征（阻尼矩阵由刚度阵和质量阵线性组合而成）。因此，动力方程迭代求解的线性方程组 $Ax=b$ 中，矩阵 A 可以认为是稀疏矩阵。此外，稀疏矩阵还具有内存空间占用小，适合大型方程求解的特征。因此，OpenSees 中针对大型模型求解，多采用稀疏矩阵求解器。在 OpenSees 原版程序中，有 SparseSYM、SuperLU 等许多 LinearSOESolver 以供选择。然而，这些求解器存在下述缺陷。

（1）方程求解方式多为直接法。直接法的优势在于无须迭代即可求得结果，但由于直接法一般采用三角分解后进行消元求解，算法并行化空间较小。

（2）多数求解器无法并行，或仅有 CPU 并行方法。这也是由直接法计算的劣势造成的。部分求解器能够采用分块矩阵的方式进行 CPU 并行，但并行效率并不高。

可以看出，OpenSees 原有的线性方程组求解器并不适合采用 GPU 进行并行化处理。因此，需要为 OpenSees 重新设计适合 GPU 并行求解的稀疏矩阵方程组求解器。

2.7.2.2 OpenSees 稀疏矩阵方程组 GPU 加速求解器

由于 OpenSees 属于开源有限元软件，对其进行求解器设计是比较方便的。为了提升 GPU 加速求解器的性能，并保持与 OpenSees 原版计算程序良好的兼容性，GPU 加速求解器的编写依照如下原则。

1）在 CPU 线程中集成矩阵，复制到显存中，再并行计算

在 OpenSees 的其他 CPU 求解方法中，在 LinearSOE 集成方程组之后，LinearSOESolver 并不将 LinearSOE 中的数据进行复制，而是采用友元类的方法，直接操作 LinearSOE 中的数据，这样可以减少因数据复制而造成的时间浪费。然而对于 GPU 来说，虽然也可以直接操作内存中的数据，但其效率远不及读写显存。因此在 GPU 加速求解器中，需要先将方程组中的矩阵和向量数据复制到显存中，再调用 GPU 线程并行计算。

2）采用迭代法计算

由于直接法求解线性方程组时，算法并行度较低，不适合 GPU 计算，在编写 GPU 加速求解器时，应采用迭代法求解，最大限度地发挥 GPU 多核并行的计算能力，提高计算性能。

3）求解器类与求解函数分别设计，加强兼容性和可扩展性

求解器类采用继承 OpenSees 中 LinearSOESolver 类进行设计，最大限度保持与 OpenSees 其他求解模块的兼容性。求解函数本身设计为动态链接库 DLL（dynamic-link library）形式，可以方便地进行求解函数的替换和修改。

图 2.7-2 为 OpenSees 稀疏矩阵方程组求解流程，图中示出 GPU 加速求解器的求解流程与原版 CPU 求解器对比。可以看出，上述设计方法在引入 GPU 的同时，最大限度地保持了与 OpenSees 其他模块的统一性。下面将分别介绍 LinearSOE 和 LinearSOESolver 类的选择与设计。

（1）LinearSOE 类。

稀疏矩阵存储有许多形式，其中比较常用的存储方法为行压缩存储 CSR（compressed sparse row）格式，其格式如下。

假设 n 维稀疏矩阵含有 nnz 个非零元素，CSR 格式将 nnz 个非零元素按照先列后行的顺序存储在一维数组 A 中，将每个元素所在的列位置索引存储于一维数组 colInd 中。此外，还需要一维数组 rowPtr，用来存储矩阵中每一行第一个元素在数组 A 中的索引位置（第 $n+1$ 个元素存储 nnz）。则数组 A 和 colInd 的长度均为 nnz，数组 rowPtr 的长度则为 $n+1$。

采用 CSR 格式存储稀疏矩阵，可以快速地与 COO（coordinate format，坐标格式，采用一维数组 A 顺序存储非零元素，以及采用 colInd 和 rowInd 存储非零元素的列位置和行位置）格式进行格式转换，且存储占用空间更低。同时，可以快速计算一些矩阵特征数值，如某一行非零元素个数（rowPtr[i+1]-rowPtr[i]）。CSR 格式也可以方便和高效地在 GPU 上进行矩阵乘矩阵、矩阵乘向量的并行运算，因此在本研究中采用 CSR 格式存储矩阵。

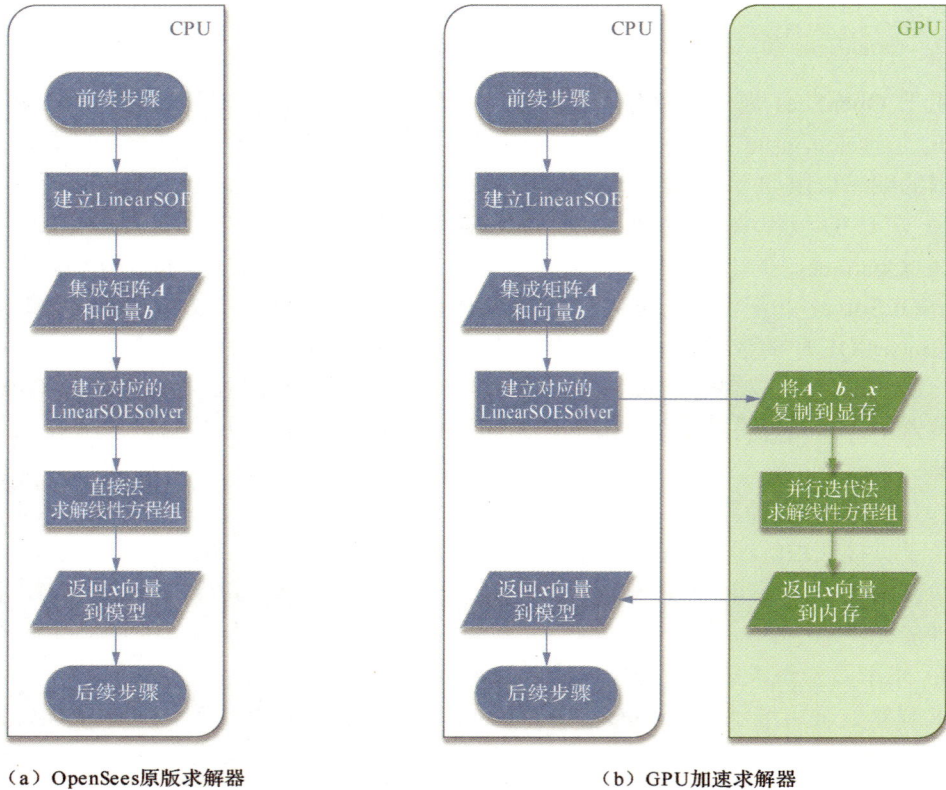

（a）OpenSees原版求解器　　　　　　　（b）GPU加速求解器

图 2.7-2　OpenSees 稀疏矩阵方程组求解流程

OpenSees 中提供了 SparseGenRowLinSOE 类，用于 CSR 格式存储的稀疏矩阵，因此本研究直接采用此类作为 LinearSOE。

（2）LinearSOESolver 类。

在确定了 SparseGenRowLinSOE 作为 LinearSOE 之后，需要为其编写基于 GPU 计算的 LinearSOESolver 类。为此，本研究引入两个基于 GPU 加速的稀疏矩阵方程组求解库，用于 OpenSees 中稀疏矩阵方程组加速求解。

① CulaSparse。CulaSparse 是一个基于 GPU 加速的线性代数函数库（Humphrey，et al.，2010），用于迭代求解稀疏矩阵方程组。它由 EM Photonics 公司开发和维护，基于 CUDA 编写。它支持许多常用的稀疏矩阵方程组求解器、预处理器以及存储格式等，其加速效率最高可达到 10 倍以上。此外，CulaSparse 提供 C、C++和 Fortran 语言接口，支持 Linux、Windows、OSX 等操作系统。CulaSparse 为研究人员免费提供研究许可。

② CuSP。CuSP 是一个开源的 C++稀疏矩阵函数模板库（CuSP Home Page，2014），可以进行多种稀疏矩阵运算。CuSP 同样基于 CUDA 编写，它有着方便、快捷的程序结构和函数调用接口，容易上手；同时，由于其以模板库的形式与 CUDA 合并，其编译较为方便，仅依赖 CUDA 库即可。

通过调用以上两个 GPU 加速求解库，可以快速进行稀疏矩阵方程组的求解。为了保证求解器类与求解函数相互独立，需要保持接口的统一性。求解函数的调用格式统一如下。

```
int EquationSolver(double* A,        // A 矩阵 CSR 格式非零元素序列
                   double* B,        // b 向量
                   double* X,        // x 向量(被求解量)
                   double* rowStartA, // A 矩阵行起始元素索引
                   double* colA,     // A 矩阵元素列位置索引
                   int size,         // A 矩阵维度
                   int nnz,          // A 矩阵非零元素个数
                   int maxInteration, // 求解器最大迭代次数
                   double relTol,    // 相对收敛容差
                   int PreCond,      // 预处理器标识
                   int Solver)       // 求解方法标识
```

其中 PreCond 和 Solver 为迭代求解器所需的预处理器和求解方法标识,对于不同的求解库,其定义并不相同。EquationSolver()函数的返回值表示求解是否完成,返回 0 表示正常结束,返回其他数值则表示遇到错误,返回数值与错误类型相关。EquationSolver()函数在 LinearSOESolver 类的 Solve()方法中调用。

针对 CulaSparse 和 CuSP 两个求解库,本研究为其编写了 CulaSparseSolver 和 CuSPSolver 类(均继承自 SparseGenRowLinSolver,对应于 SparseGenRowLinSOE)。两个求解器类的架构完全相同,仅在调用 EquationSolver()时加载了不同的 DLL。图 2.7-3 为这两个求解器类的 UML 类图。

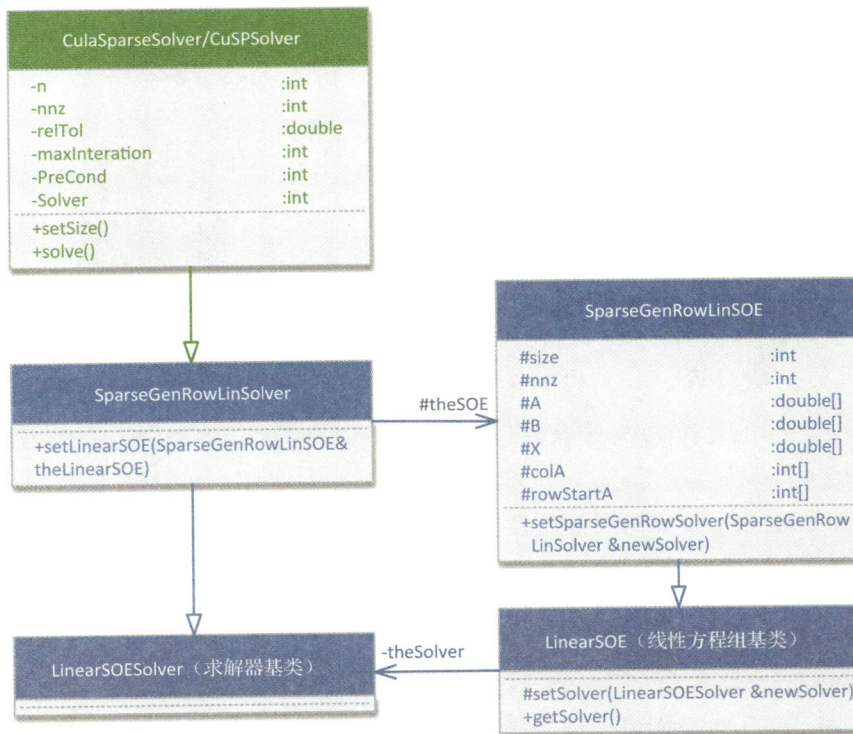

图 2.7-3　求解器 CulaSparseSolver/CuSPSolver UML 类图

2.7.3　算例及比较

完成求解器之后，为了了解 GPU 加速的效果，本研究对上述两个求解器进行了性能测试。测试配置如下。

1）测试模型和与地震动

测试模型有以下两个。

（1）某超高层建筑 OpenSees 模型（高 632m，121 层），如图 2.7-4 所示，共有 53 006 个结点，48 774 个纤维梁单元和 39 315 个分层壳单元。测试地震动采用 1940 年 El-Centro 地震动记录，峰值加速度归一化为 400cm/s^2。

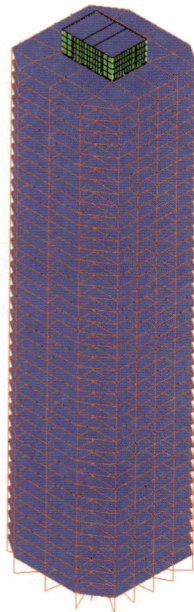

（2）TBI-2N OpenSees 精细模型（高 141.8m，43 层），如图 2.7-5 所示，共有 23 945 个结点，23 024 个纤维梁单元和 16 032 个分层壳单元。测试地震动同样采用 1940 年 El-Centro 地震动记录，峰值加速度归一化为 1 000cm/s^2。

图 2.7-4　某超高层建筑 OpenSees 模型　　　　图 2.7-5　TBI-2N OpenSees 精细模型

2）测试平台

CPU 和 GPU 测试平台硬件配置及求解器见表 2.7-1，可以看出，两个平台的价格基本接近，均在人民币 15 000 元左右。

表 2.7-1　测试平台硬件配置及求解器

平台	硬件	价格及购置时间	求解器
CPU	Intel Core i7-3970X 3.5GHz	15 645 元 2013 年 6 月	SparseSYM
GPU	Intel Core i7-4770X 3.4GHz & NVIDIA Geforce GTX Titan	15 005 元 2013 年 12 月	CulaSparseSolver & CuSPSolver

采用上述配置对 OpenSees 的两个 GPU 加速求解器性能进行了测试。三种求解器计算用时如表 2.7-2 和表 2.7-3 所示,顶点时程曲线结果对比如图 2.7-6 所示。可以看出,采用两种 GPU 加速求解器进行弹塑性时程分析,可以使计算效率提升 9～15 倍;同时,分析计算结果可以看出,采用两种 GPU 求解器进行计算的结果几乎完全重合。由此可以证明,采用 GPU 对 OpenSees 弹塑性时程分析进行加速是可靠且高效的。

表 2.7-2　某超高层建筑模型三种求解器计算用时

平台	求解器	计算用时/h	相对于 CPU 加速比
CPU	SparseSYM	409	—
GPU	CulaSparseSolver	38	10.76
	CuSPSolver	27.5	14.87

表 2.7-3　TBI-2N 模型三种求解器计算用时

平台	求解器	计算用时/h	相对于 CPU 加速比
CPU	SparseSYM	168	—
GPU	CulaSparseSolver	18	9.33
	CuSPSolver	11	15.27

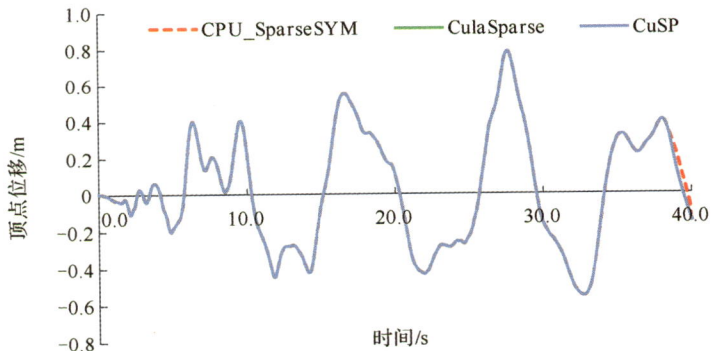

（a）某超高层建筑模型

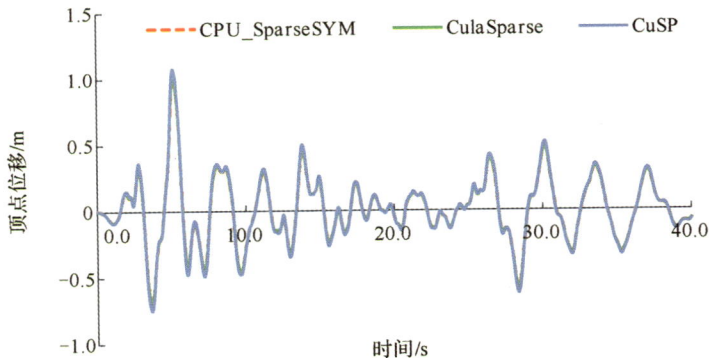

（b）TBI-2N模型

图 2.7-6　三种求解器顶点时程曲线结果对比

2.8　地震灾变模拟的高性能可视化

2.8.1　引言

重大工程地震灾变模拟常常产生海量的时变数据，需要高效的后处理渲染算法，从而实时、交互地展现地震灾变模拟的结果。目前，在商用数值分析软件的后处理程序中（ANSYS Inc，2013；ABAQUS，2013；MSC Software，2013），这些海量时变数据在每个时间步的渲染过程都非常缓慢，长达几十秒，甚至超过 1min。而结构动力分析中，时间步的数量可能是成百上千，因此，完整动力过程结果的渲染过程非常漫长，很可能需要几个小时，严重降低了结果分析和观察的工作效率。为了流畅地表现整个结构动力过程，一般结构分析软件都会将分析结果渲染成视频文件。但是，视频文件仅能以固定角度、位置展现分析，无法进行任何交互操作，不能从根本上解决大规模动力分析结果的可视化问题。

为此，本书作者和清华大学任爱珠教授、研究生许镇，以及澳大利亚格里菲斯大学 H. Guan 博士等提出了基于 GPU 的渲染加速方法（Xu，et al.，2014c）。首先基于聚类思想，提出了结构动力分析中海量时变数据的关键帧提取方法，以有效降低数据规模，满足显存容量限制，而后利用获得的关键帧数据，提出基于样条曲线的并行插值算法，准确、高效地还原结构动力反应过程，并且在显存中设计了适合关键帧特点的数据快速访问模型，提高基于 GPU 的并行插值和渲染的效率。选取一个超高层建筑的地震响应分析作为算例，实现了海量的时变数据的实时渲染。本节解决了结构分析海量数据的低效可视化难题，为结构分析的后处理提供了实时、可交互的可视化环境。

2.8.2　整体框架

为从软硬件方面综合提高渲染速度，本节研究涉及三个平台，即图形平台、硬件开发平台和硬件平台。由于开源平台可以对渲染进行深层次开发，本节选择开源图形引擎 OSG（open scene graph）。在硬件开发平台上，选择广泛应用的 CUDA（compute unified device architecture）平台。为实现 OSG 与 CUDA 的结合，本节采用德国锡根大学（University of Siegen）的计算机图形学和多媒体系统工作组在 2009 年开发的 osgCompute 库进行相关开发（University of Siegen，2012）。osgCompute 是一个开源的 OSG 的第三方库，可以很好地实现 OSG 与 CUDA 的结合应用，并且从软件到硬件对渲染全过程进行深入开发，符合本研究的要求。

海量时变数据的主要渲染瓶颈是内存到 GPU 内存的缓慢的动态传输。由于地震灾变分析的数据量往往是几十甚至几百个 GB，而一般主流 GPU 内存只有几个 GB。因此，海量的时变数据难以全部存储在 GPU 内存中，只能在渲染过程中从硬盘或者内存中读取图形数据。然而，研究表明（Gokhale，et al.，2008）从硬盘读入内存以及从内存复制到显存的数据传输速度都非常缓慢，占据了渲染过程中绝大部分时长。因此，缓慢的数据传输问题是造成海量时变数据难以实时渲染的最主要原因。

为解决这一问题，本节的整体思路是将渲染所需要的数据一次传输到 GPU 内存中，在渲染中直接读取 GPU 内存的数据。这种方法避免了渲染过程动态传输的延迟，从而提高渲染速度。但是，问题的瓶颈转移到了显存的容量。当结构动力分析数据大于显存容量时，渲染所需数据将无法一次性复制到显存中。因此，本节采用了关键帧提取和并行帧插值方法解决这一问题。具体而言，从结构动力过程中选取重要的时间步的数据作为关键帧数据，将少量关键帧数据，而不是全部数据复制到 GPU 内存中。在动态可视化过程中，利用关键帧数据进行帧插值来弥补其他时间步的数据，从而还原整个结构动力过程。在插值过程中，利用 GPU 群核进行并行插值，提高插值计算效果，保证可视化的实时性。大规模震害模拟数据高性能可视化的整体框架如图 2.8-1 所示。

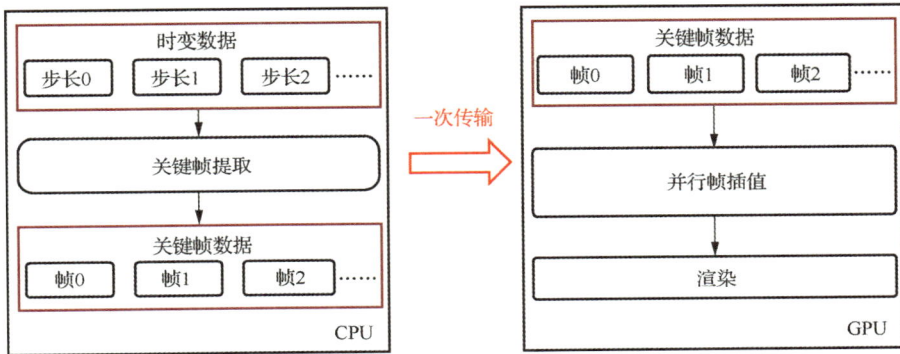

图 2.8-1　大规模震害模拟数据高性能可视化的整体框架

2.8.3　关键帧提取与并行帧插值

1）关键帧提取

结构动力分析的关键帧数据是本节基于 GPU 的并行帧插值的基础。结构动力分析的时变数据包括内力、位移等信息，本节主要研究体现结构变形的节点位移数据的渲染加速方法，其他时变数据的渲染加速可以参考。聚类是寻找数据间关键信息的有效方法，它按照某种相似度量将整体划分为若干类，使得类内数据对象的相似性尽量大，类间数据对象的相似性尽量小。本节参考聚类划分算法（Yang, et al., 2005；Mundur, et al., 2006）提出满足 GPU 显存条件的结构动力过程的关键帧提取方法。

本节聚类划分过程的实际意义在于将整个运动过程分解为子过程。这些子过程的运动可以用具有代表性的帧表示，而子过程之间的相关性不大。因此，将这些聚类的中心和边界（首帧和末帧）作为关键帧，其意义在于子运动过程的起始、发展和结束。

结构动力过程的关键帧提取首要目的是为了满足 GPU 显存需求，因此提取的关键帧数据规模应小于显存容量。假设结构分析中时变数据的总帧数为 N，数据大小为 V，GPU 显存大小为 V_v，一般在 1～2GB。聚类的两个边界和中心都将作为关键帧，一个聚类可以产生三个关键帧。由于结构分析产生的帧数据是连续的，两个相邻聚类的边界帧是重合的。因此，假设聚类个数为 N_c，关键帧的数量为 k，则 $k = 2N_c + 1$。由于关键帧数据大小 kV/N 应小于显存容量 V_v，聚类个数 N_c 的最大值 $N_c^{\max}$ 可由下式计算：

$$N_c^{\max} = \left(\frac{V_v \cdot N}{V} - 1 \right) \Big/ 2 \qquad (2.8\text{-}1)$$

式中，N_c 越大，k 越大，则结构动力过程的可视化结果将更加准确、完整。但是，实际可用的显存大小可能要低于显存容量 V_v，因此，N_c 在实际应用中难以达到 $N_c^{\max}$。通过测试，本节推荐聚类个数 N_c 取 0.8 倍的 $N_c^{\max}$。

结构动力分析可以给出每一帧的所有顶点的位置坐标信息。假设模型顶点总数为 n，由所有顶点构成的帧向量为 $\boldsymbol{X}_i$，$i = 1,2,\cdots,N$，则不同帧向量间的欧几里得距离可由下式计算：

$$\mathrm{d}(\boldsymbol{X}_i, \boldsymbol{X}_j) = \sqrt{\sum_{l=1}^{n}[(x_{i,l} - x_{j,l})^2 + (y_{i,l} - y_{j,l})^2 + (z_{i,l} - z_{j,l})^2]} \qquad (2.8\text{-}2)$$

本节采用式（2.8-2）所计算距离作为聚类划分依据，距离具有明确的实际意义，可以表示在动力过程中结构相对运动程度的大小。

确定聚类个数 N_c 后，本节的关键帧提取算法如下所示。

（1）确定聚类的初始中心。从 N 个帧向量均匀选择 N_c 个帧向量 $\bar{\boldsymbol{X}}_j$，$j = 1$，2，$\cdots$，N_c，作为聚类的初始中心。

（2）聚类分配。由于帧向量是连续的，帧向量只可能属于相邻的两个聚类。该向量与哪个聚类中心距离近就属于哪个聚类。根据式（2.8-2）计算每一个帧向量 $\boldsymbol{X}_i$ 到相邻两个聚类中心 $\bar{\boldsymbol{X}}_j$ 的聚类，如果 $\boldsymbol{X}_i$ 满足式（2.8-3），就说明 $\boldsymbol{X}_i$ 到聚类 l 的中心 $\bar{\boldsymbol{X}}_l$ 距离最小，则 $\boldsymbol{X}_i$ 归入聚类 C_l。

$$\mathrm{d}(\boldsymbol{X}_i, \bar{\boldsymbol{X}}_l) = \min(\mathrm{d}(\boldsymbol{X}_i, \bar{\boldsymbol{X}}_j)) \quad j = l, m \qquad (2.8\text{-}3)$$

式中，l 和 m 表示与 i 相邻的两个聚类中心的编号。

（3）重新计算聚类中心。按照式（2.8-4）重新计算每个聚类的中心。该中心并不是一个帧向量，而是一系列帧向量的平均值。

$$\bar{\boldsymbol{X}}_j = \frac{1}{n_j}\sum_{i=1}^{n_j}\boldsymbol{X}_i \quad j = 1,2,\cdots,N_c \qquad (2.8\text{-}4)$$

式中，n_j 表示聚类 j 的帧向量个数。

（4）循环更新聚类。循环步骤（2）～步骤（4）直到聚类中心 $\bar{\boldsymbol{X}}_j$ 不再发生变化，则聚类划分完成。

（5）确定关键帧。在最终的聚类中，聚类边界以及与聚类中心距离最近的帧向量将作为关键帧。

上述关键帧提取过程如图 2.8-2 所示。在图 2.8-2 中，横轴代表等时间分布的帧向量，纵轴表示帧向量距离，不同帧向量距离的变化程度如曲线所示。该曲线可以反映结构位移或变形的剧烈程度，曲线斜率小，变化越平缓，而曲线斜率大，变化越剧烈。从图 2.8-2

中最终划分的聚类结果可以看出，本节聚类方法提取的关键帧在平缓阶段数量较少，在剧烈阶段数量较多。因此，本节聚类方法可以更充分地表现结构位移或变形剧烈阶段的情况，反映关键特征。

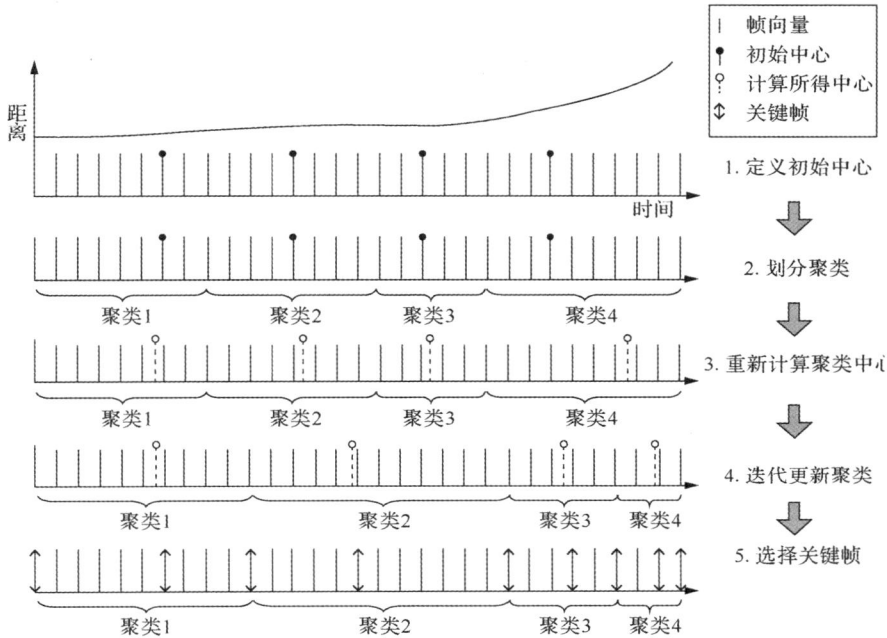

图 2.8-2   基于聚类的关键帧提取过程

本节用一个桥梁垮塌过程的实例进一步展示聚类划分过程，如图 2.8-3 所示，全部过程共 832 帧。在图 2.8-3 展示的是初始状态下的关键帧与最终状态的关键帧的对比情况。在初始状态，聚类中心按照时间均匀分布，运动平缓阶段和运动剧烈阶段关键帧数量都是相同的。而桥体落地运动过程中，由于受重力加速度作用，桥体运动会越来越剧烈。因此，合理的关键帧并不是均匀分布的，而应更集中在运动结尾，以提取运动变化明显的帧向量。通过本节方法，所选取的关键帧在运动平缓阶段的数量减少了，更集中在运动结束阶段，聚类初始状态与最终状态的关键帧对比情况如图 2.8-3 所示，从而可以更好地反映结构动力过程的特征。另外，最终选择的关键帧数量低于总帧数的 1/10，从而有效降低了海量时变数据的数据规模，满足显存容量限制，为准确、实时的结构动力过程可视化奠定了基础。

2）并行帧插值

前面的关键帧提取使得原来体积庞大的计算结果文件得到精简，从而可以在显存中存储。但是，为了获得完整而流畅的可视化效果，在渲染过程中，还需要对这些关键帧进行插值，得到满足人眼视觉需要的每秒帧率（frame per second，fps）。样条曲线插值是一种重要的帧插值方法，在计算机图形学、结构分析、三维结构建模等很多领域有着广泛的应用。本节对比了三种最为常用的样条曲线（Bezier 样条、均匀 B 样条和 NURBS 样条），选择三次均匀 B 样条来实现关键帧数据的插值过程（Wahba，1990）。它可以模拟复杂曲线，很好地表现结构复杂的运动过程，并具有较好的计算效率，满足帧插值的效率需要。

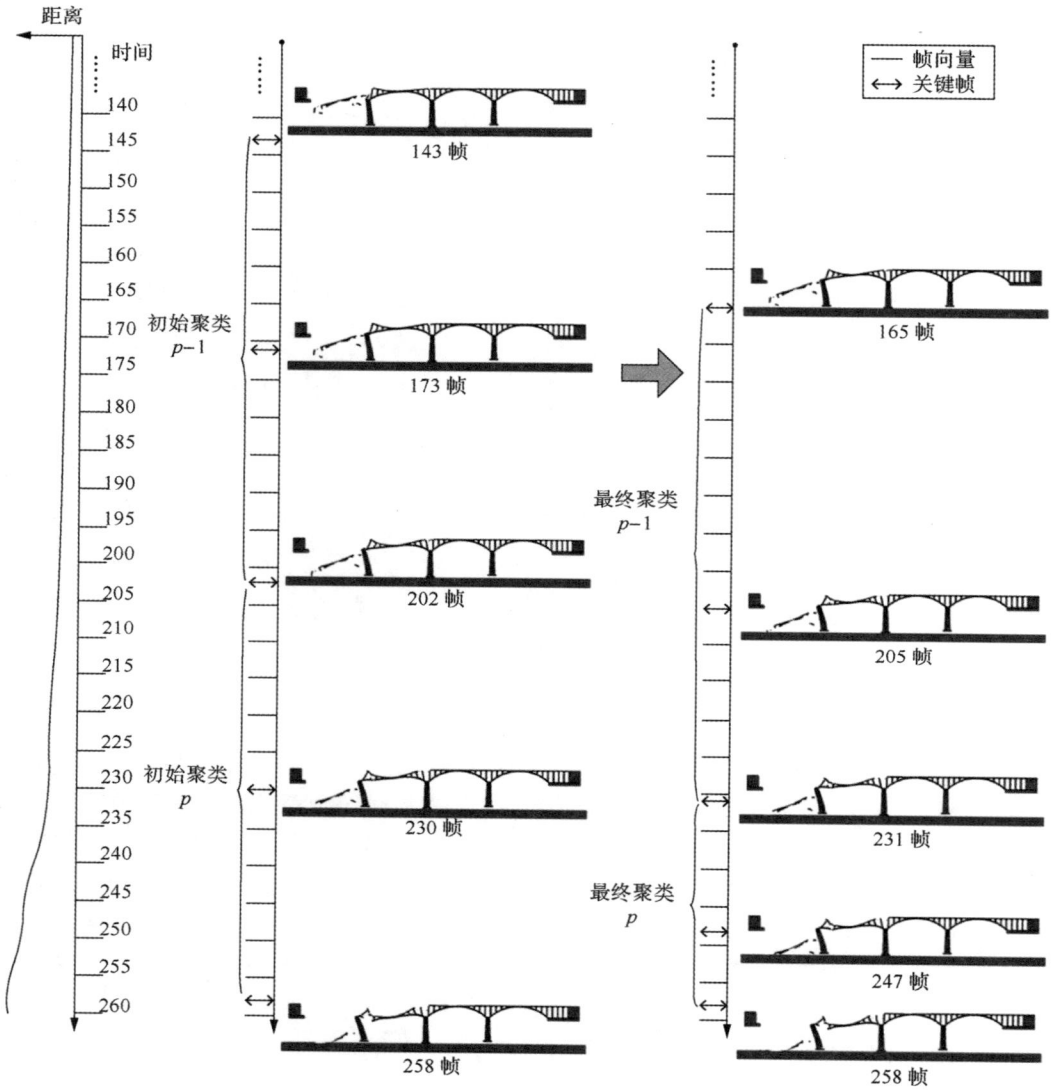

图 2.8-3　聚类初始状态与最终状态的关键帧对比情况

假设共有 k 个关键帧，那么共有 $k-1$ 个时间段。假设在第 i 个时间段，结构任意一个结点的三次均匀 B 样条插值的矩阵表达形式，即

$$\boldsymbol{P}_i(u) = \frac{1}{6}\begin{bmatrix} 1 & u & u^2 & u^3 \end{bmatrix}\begin{bmatrix} 1 & 4 & 1 & 0 \\ -3 & 0 & 3 & 0 \\ 3 & -6 & 3 & 0 \\ -1 & 3 & -3 & 0 \end{bmatrix}\begin{bmatrix} V_i \\ V_{i+1} \\ V_{i+2} \\ V_{i+3} \end{bmatrix}, \quad i = 1, 2, \cdots, k-1 \quad (2.8\text{-}5)$$

式中，$P_i(u)$ 表示第 i 个时间段的曲线上的点；u 表示曲线的参数，V_i 到 V_{i+3} 等表示插值控制点。B 样条曲线是局部控制的，4 个相邻的控制点就可以确定一段曲线。

只要根据插值式（2.8-5）反求出控制点数据，就可以对曲线任意时刻进行插值。结构动力分析可以给出结构模型所有节点的运动曲线。假设某节点运动曲线上 k 个不同时刻的位移值点为 $Q_i, i = 1, 2, \cdots, k$，且在局部，任意一个型值点 Q_i 都满足

$$Q_i = P_i(0) \tag{2.8-6}$$

取 $u=0$，将式（2.8-6）代入式（2.8-5）当中，得到 k 个方程，即

$$V_i + 4V_{i+1} + V_{i+2} = Q_i, \quad i = 1, 2, \cdots, k \tag{2.8-7}$$

本节涉及的运动曲线一般为开放曲线，可补充方程（2.8-8），有

$$\begin{cases} V_0 = V_1 \\ V_k = V_{k+1} \end{cases} \tag{2.8-8}$$

结合式（2.8-7）和式（2.8-8），求解控制点向量 V_i 的矩阵形式为

$$\begin{bmatrix} V_0 \\ V_1 \\ V_2 \\ \vdots \\ V_{k-2} \\ V_{k-1} \\ V_k \\ V_{k+1} \end{bmatrix} = \begin{bmatrix} 1 & 4 & 1 & & & & \\ & 1 & 4 & 1 & & & \\ & & 1 & 4 & 1 & & \\ & & & \cdots & & & \\ & & & 1 & 4 & 1 & \\ & & & & 1 & 4 & 1 \\ 1 & -1 & & & & & \\ & & & & & 1 & -1 \end{bmatrix}^{-1} \times \begin{bmatrix} Q_0 \\ Q_1 \\ Q_2 \\ \vdots \\ Q_{k-2} \\ Q_{k-1} \\ 0 \\ 0 \end{bmatrix} \tag{2.8-9}$$

由式（2.8-9）可以求解出插值控制点。基于插值控制点，根据式（2.8-5）可以实现结构运动过程的插值。

在动力过程中，结构的每个模型顶点都对应一条以时间步为变量的三维运动曲线，因此，式（2.8-5）的插值计算只是一个运动点的局部曲线。对于整个模型而言，数以万计的顶点都需要进行插值运算。由于实时渲染要求，插值计算需要在极短时间内完成。因此，基于 B 样条的结构动力过程的帧插值必须依赖基于 GPU 的高性能的计算手段。

插值过程中最重要的问题是如何利用 GPU 的并行提高插值的计算效率。高效的插值过程依赖 CUDA 强大的并发线程能力。在 CUDA 中，线程的组织层次为（NVIDIA，2013）：网格 Grid—线程块 Block—线程 Thread。一般情况，一个 Grid 最多容纳 65 535×65 535 × 1 个 Block，而一个 Block 最多可以并发 512 × 512 × 64 个线程，这使得 GPU 可以处理足够多的线程数量。由于大规模、高精细的结构模型中顶点的数量是巨大的，本节将每一个图形顶点的插值过程用一个线程处理，以实现最大程度的并行计算。

基于上述线程设计，基于 CUDA 的并行插值算法具体如下。

（1）开辟线程。CUDA 中，线程数量主要取决于 Grid 和 Block。由于模型顶点采用

一维数组进行存储，CUDA 中 Grid 和 Block 都采用一维组织形式。由于 GPU 硬件限制，每个 Block 开辟的线程必须是 32 的整数倍，一般不超过 512。最优的线程组织模式需要根据算法和 GPU 硬件条件进行讨论。在一般情况下，推荐取每个 Block 开辟 256 个线程（NVIDIA，2013）。每个顶点有 3 个坐标分量，每个分量分别用一个线程进行计算，因此，Grid 中 Block 的数量由图形顶点总数的 3 倍 3n 除以 256 后的整数部分确定，如果有余数则加 1。这种情况下，开辟的线程数量将保证覆盖所有顶点。

（2）计算参数获取。算法实现需要图形顶点数组 *vertices*，插值参数 *u*，插值控制顶点 *s_data* 等 3 个变量。当 *u* 取 0、1/3、2/3 和 1 时，将得到 4 个关键帧数据，而当 *u* 取其他值将得到插值数据。在帧插值过程中，*u* 根据相邻两个关键帧的所需补帧数量决定。

插值控制顶点数量巨大，而且在插值过程中插值控制顶点 *s_data* 需要反复读取，因此插值顶点的读取速度非常影响插值计算效率。本节在 GPU 共享内存中，开辟_shared_float s_data[256][4]二维数组，一次读取 Block 中 256 个线程所需的控制点数据，以节省读取时间，具体读取过程将在下面具体阐述。

（3）线程检验。编号大于或等于 3n 的线程，将不参与计算，以避免多余线程造成的错误。

（4）执行插值。每一次插值中，每一个线程处理一个顶点更新过程。所有线程执行的语句都是相同的，不同线程通过线程编号与顶点对应。按照式（2.8-5），插值的具体执行语句如下：

```
vertices[vertIdx] = 1.0/6.0*((1-3*u+3*u*u-u*u*u)*s_data[threadIdx.x][0]
                    +(4-6*u*u+3*u*u*u)* s_data[threadIdx.x][1]
                    +(1+3*u+3*u*u-3*u*u*u)* s_data[threadIdx.x][2]
                    +(u*u*u)* s_data[threadIdx.x][3] );
```

其中，vertIdx 表示线程的全局 ID，与图形顶点的 ID 是一致的。而 threadIdx.x 是当前 Block 内线程的 ID，s_data 代表当前 Block 中所有线程对应的插值控制点数据，只能在 Block 内部调用。因此，通过 threadIdx.x 调用插值控制点。

本节帧插值算法充分利用了 CUDA 中线程并发特点，将显著提高结构中海量顶点插值过程的计算效率。同时，基于 GPU 的插值过程与渲染过程形成无缝连接的整体，可直接展示插值结果。

2.8.4　GPU 内存的数据访问模型

尽管 GPU 内存中读取数据要比从系统内存中读取快得多，但是数据读取依然是影响 GPU 并行计算速度的最大制约因素。GPU 内存结构非常复杂，共有 6 种不同的存储器，如 Global Memory、Shared Memory 等，不同存储器在容量和访问速度上差异巨大（Sanders，Kandrot，2010）。

GPU 中的 Global Memory 几乎占据全部显存的容量，而且可以被 CPU 和 GPU 读写。因此，它是系统内存与 GPU 最主要的数据的交互平台。但是，Global Memory 没有缓存，访问延时很大，有 400～600 个时钟周期。因此，尽管 GPU 的群核并行效率很高，但是这种并行的规模必须可以掩饰 Global Memory 的延时才具有优越性。

合并访问是减小 Global Memory 访问延时的重要方法（NVIDIA，2013）。当数据在 Global Memory 中地址是连续的，而且数据类型大小满足 4byte、8byte 或者 16byte，那么，一般情况下连续的 16 个线程会将数据合并，一次读入大小为 32byte、64byte 或者 128byte 的数据。如果不满足合并访问要求，那么线程的访问请求将被解释为串行进行，每一个线程依次读取数据。

本节基于 B 样条的插值算法主要涉及海量的插值控制点数据，它们都是三维向量数据。如果按照 float3 类型存储顶点数组，每个点的大小是 12byte，无法满足合并访问规则。因此，需要将插值控制点数据 3 个坐标分量连续存储为一个一维 float 类型数组。这样，每个数组元素的都是 4byte，以满足合并访问的基本要求。此外，由于本节采用的 3 次 B 样条插值，每个顶点插值计算都需要读取 4 个控制点数据。但是，这些控制点数据在存储空间中是存在间隔的。假设共有 k 个关键帧数据，则不同线程间的读取位置相隔 k 个地址空间，Global Memory 中插值顶点数据的非合并访问如图 2.8-4 所示。因此，要实现高效的帧插值算法必须建立合理的插值顶点的快速访问模型。

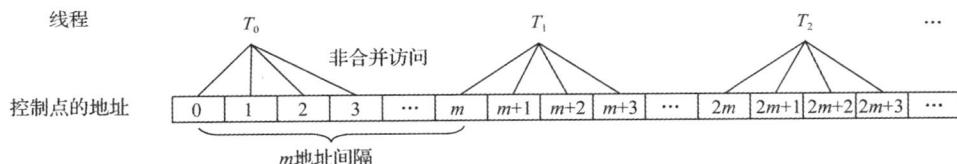

图 2.8-4　Global Memory 中插值顶点数据的非合并访问

Shared Memory 是 Block 中所有线程共享的高速缓存。在没有访问冲突的情况下，从共享内存中读取数据的速度与寄存器相当。因此，可以利用共享内存尽可能地以合并访问的方式从 Global Memory 中整体读入所需数据，然后，线程再从共享内存中高效调用所需数据进行实时插值。

假设一个 Block 中有 s 个线程，s 一般可取 256 个。那么在 Block 拥有的共享内容中开辟 $s \times 4$ 的二维数组，以存放 s 个线程各自需要的 4 个插值顶点，如：

```
__shared__ float s_data[s][4];
```

假设图形顶点数量为 n，在 Global Memory 中采用一维数组存放不同插值顶点数据，其访问模型如图 2.8-5 所示。

在图 2.8-5 的数据组织方式下，共享内存的 s_data 的每一列可以合并访问 Global Memory 中 s 个连续的顶点数据，实现高效访问。s_data 读完所需要的 $s \times 4$ 个顶点数据后，每个线程可整体调用 s_data 的每一行的关键帧数据用于插值计算。s_data 的每一列的实现了对 Global Memory 的合并访问，提高了读取效率；而 s_data 的每一行可以被线程整体调用，提高了算法效率。共享内存作为一个高效的存储中介，整体读入计算所需数据，避免了线程多次单独对数据的访问。

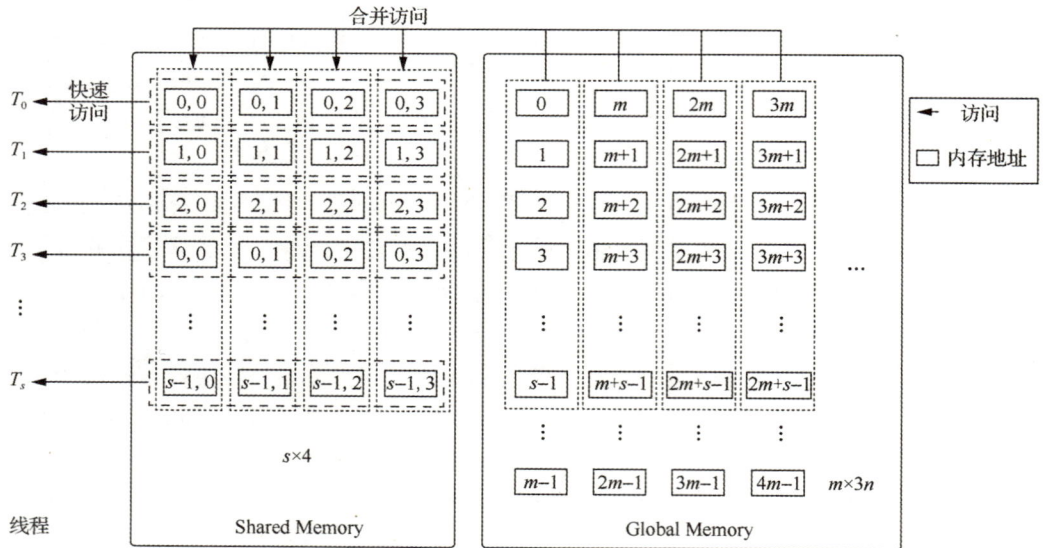

图 2.8-5 基于 Shared Memory 的插值顶点数据访问模型

2.8.5 算例与讨论

本小节将用某超高层建筑地震弹塑性分析的算例来说明本节建议的高性能可视化的效果。该超高层建筑有 124 层，总高度为 632m。有限元模型包含了 86 563 个单元和 54 542 个节点。弹塑性时程分析采用 MSC.Marc 软件，共存储结果 2 001 步，结果文件体积大约为 20GB。

如果采用一台配有 Quadro FX 3800 显卡（显存 1GB）的计算机来执行该算例的后处理，上述结果文件肯定是无法直接存入显卡的。因此，通过 2.8.3 节的关键帧提取算法，整个动力时程响应过程被划分为 42 个聚类共 86 个关键帧，其体积大小为 832MB。只有原始结果文件体积的 4.3%，满足了显卡显存大小的要求。展现出本节建议的关键帧提取算法的高压缩效率。

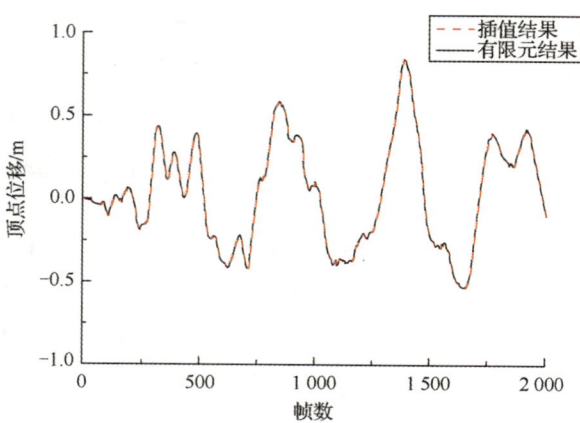

图 2.8-6 超高层建筑顶点位移和原始顶点位移
时程曲线对比

采用 2.8.4 节建议的帧插值算法重建整个动力过程，得到的顶点位移和原始顶点位移时程曲线对比如图 2.8-6 所示。两条曲线的相似度达到了 99.96%。显然，插值得到的精度和原始曲线吻合得很好。插值得到的结构变形图对比，同样与原始结果吻合良好。超高层建筑变形形状对比如图 2.8-7 所示。

（a）原始有限元结果
（Frame 432）

（b）原始有限元结果
（Frame 1 126）

（c）原始有限元结果
（Frame 1 402）

（d）插值结果（Frame 432）　（e）插值结果（Frame 1 126）　（f）插值结果（Frame 1 402

图 2.8-7　超高层建筑变形形状对比

如果采用 MSC.Marc 来处理该有限元分析结果，则后处理的渲染效率不足 0.5 帧/s。而采用本节建议的方法，后处理的渲染速度可以超过 30 帧/s，效率提高了大约 67 倍，完全可以满足实时显示的需要。需要说明的是，当采用 2.8.5 节建议的 GPU 高速内存访问模型后，所有节点（54 542 个节点共 163 626 个坐标值）的插值计算时间从 0.003 2s 提高到了 0.001 6s，提高了约 1 倍，体现出本节所提出方法的巨大优势。

3 高层建筑地震灾变模拟案例

3.1 概　　述

基于第2章建立的高层建筑地震灾变模型和算法，可以实现实际工程结构的地震灾变模拟。3.2节和3.3节将先以两个典型超高层结构为例，研究超高建筑地震灾变演化的过程、倒塌模式和破坏机理，并基于倒塌模拟结果，对工程结构抗震设计提出参考，从结构体系、抗震参数和构件设计三个层次对案例超高层建筑进行了抗震优化设计。

工程地震灾变模拟除了可以为具体工程设计提出建议外，最重要的应用价值在于可以通过揭示结构体系的灾变机理，为工程结构设计方法的发展提供建议，3.4节采用灾变模拟方法，讨论框架-核心筒单重和双重抗侧力体系的性能，以及最小地震剪力系数对超高层建筑抗震性能的影响。

3.2 某巨型柱-核心筒-伸臂超高层建筑地震灾变模拟

3.2.1 工程简介

某巨型柱-核心筒-伸臂超高层建筑高度为632m，结构屋顶高度为580m，地面以上总共124层。位于7度设防区。采用了"巨型柱-核心筒-伸臂"混合抗侧力体系，该体系的主要组成如下。

（1）核心筒是一个边长约30m的方形钢筋混凝土筒体，核心筒底部翼墙厚度约为1.2m，随高度增加核心筒墙厚逐渐减小，到顶部墙厚为0.5m；核心筒内腹墙厚度由底部的0.9m逐渐减薄至顶部的0.5m，墙体主要采用C60混凝土。由于建筑功能的要求，核心筒的角部在第5节段以上被逐步切去，最终形成一个十字形筒体（丁洁民等，2010b；蒋欢军等，2011；田春雨等，2011）。

（2）巨型柱系统由12根钢骨混凝土巨型柱组成，其中4根角柱仅延伸至结构的第5节段，其余8根巨型柱贯穿整个结构高度。最大巨型柱截面尺寸约为5.3m×3.7m，并随着结构高度增加截面逐渐缩小，到结构顶层时，柱截面尺寸减小为2.4m×1.9m。巨型柱的混凝土等级从底部到顶部逐渐降低，第1～第3节段的巨型柱采用C70混凝土，第4～第6节段的巨型柱采用C60混凝土，第7节段和第8节段的巨型柱采用C50混凝土。

（3）桁架系统位于结构的加强层位置。根据建筑结构防火和避难要求，每隔13～16层设置一个避难层，共8个避难层，将结构分成8个节段。桁架系统由环形桁架和伸臂桁架两大部分组成，桁架高度约为9.9m，桁架的所有杆件均采用工字形截面钢梁。

由于该超高层建筑在设计过程中经历了多次模型变更，本研究中以2010年1月的模型为准。本节分析工作由本书作者及清华大学叶列平教授、研究生卢啸等共同完成。

3.2.2　建模方法

为满足超高层结构地震倒塌模拟的复杂结构建模、强非线性分析和高性能计算需求，本节以非线性计算性能良好的大型通用有限元程序 MSC.Marc 2007 为平台，建立了该超高层建筑的有限元模型。模型中包含的主要单元类型如下：空间梁单元模拟外围次框架、桁架和塔冠等型钢构件以及剪力墙边缘构件中的型钢；分层壳单元模拟核心筒中的剪力墙和连梁；空间杆单元模拟连梁上下铁的纵向钢筋；膜单元模拟楼板；空间杆单元和分层壳组成的组合模型模拟巨型钢骨混凝土柱。各类构件的详细建模及所用材料的本构模型具体介绍如下。

1）材料本构模型

为准确模拟超高巨型柱-核心筒-伸臂结构倒塌过程中构件在复杂内力（轴力、弯矩、剪力等）组合作用下的非线性行为和破坏行为，本研究中所有构件均采用基于材料本构模型的精细化模型（陆新征等，2009），详见第 2 章相关内容。

2）核心筒模型的建立

该超高层建筑核心筒由钢筋混凝土剪力墙组成，并在局部节段内置钢板。典型节段核心筒有限元模型如图 3.2-1 所示。因此，分析时采用 MSC.Marc 2007 的 75 号厚壳单元，并利用其可以分层的特性来模拟核心筒中的剪力墙。

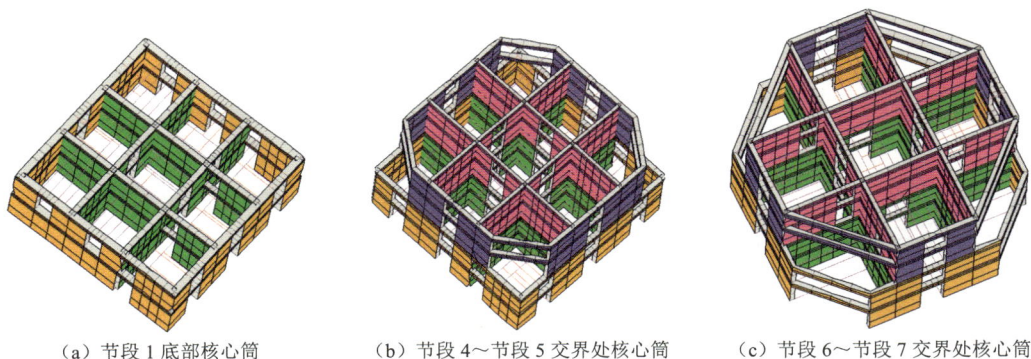

（a）节段 1 底部核心筒　　　　　（b）节段 4～节段 5 交界处核心筒　　　　　（c）节段 6～节段 7 交界处核心筒

图 3.2-1　典型节段核心筒有限元模型

为保证计算精度，在本研究中一般将壳单元沿厚度方向至少分成 21 层，其中等效钢筋层的厚度根据实际的配筋率计算得到。以该超高层建筑第 4 节段（Zone 4）核心筒中的外围翼墙为例（图 3.2-1），墙体厚度为 800mm，分布钢筋采用双向双层对称布置，横向总配筋率为 0.6%，纵向总配筋率为 1.5%，混凝土为 C60，钢筋为 HRB400。建立分层壳模型时，按照双层双向钢筋网布置，沿厚度将该壳单元分为 21 层，前 10 层材料参数如表 3.2-1 所示。第一层代表混凝土保护层，相对厚度为 3.75%，即 30mm；第二层代表弥散的钢筋层，相对厚度为 0.3%，即表示单侧配筋率为 0.3%，0 度表示与材料的第一主轴方向相同，说明其为剪力墙的横向配筋；第 3 层代表弥散的钢筋层，相对厚度为 0.75%，即表示单侧配筋率为 0.75，90° 表示与材料的第一主轴方向垂直，代表了剪力墙的纵向配筋。

表 3.2-1　典型分层壳前 10 层材料参数

分层序号	材料型号	相对厚度/%	角度/（°）
1	C60	3.75	0
2	HRB400	0.30	0
3	HRB400	0.75	90
4	C60	4.51	0
5	C60	6.26	0
6	C60	6.26	0
7	C60	6.26	0
8	C60	6.26	0
9	C60	6.26	0
10	C60	6.26	0

3）伸臂、次框架等钢构件模型的建立

该超高层建筑的外围次框架、桁架系统以及顶部的塔冠均采用工字形钢梁。因此，在进行结构分析时，可利用 MSC.Marc 2007 中的纤维梁单元进行模拟，为保证计算精度，工字形钢梁截面的翼缘和腹板均设置 9 个积分点，如图 3.2-2 所示。次框架的有限元模型如图 3.2-4 所示。伸臂桁架及塔冠钢梁的有限元模型如图 3.2-4 所示。

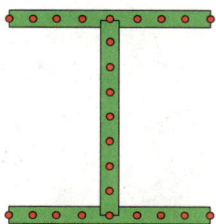

图 3.2-2　工字形钢梁截面积分点分布

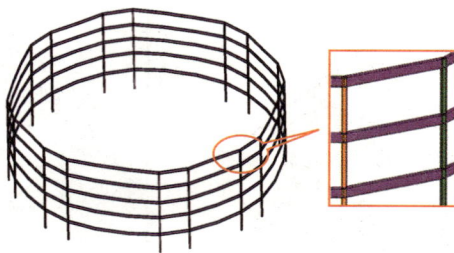

图 3.2-3　次框架的有限元模型

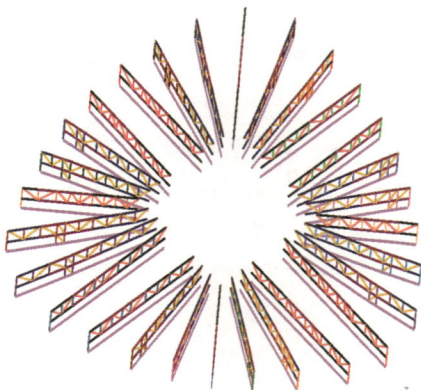

（a）伸臂桁架

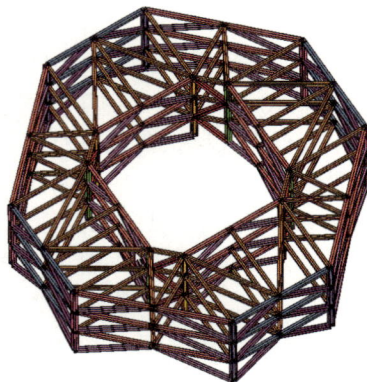

（b）塔冠

图 3.2-4　伸臂桁架及塔冠钢梁的有限元模型

4）巨型柱模型的建立

该超高层建筑的巨柱为钢骨混凝土柱，典型巨型柱截面如图 3.2-5 所示，最大截面尺寸约为 3.7m×5.3m，截面面积接近 20m^2。由于利用常规的纤维梁单元进行模拟的准确性有待验证，而直接采用实体单元进行整体结构抗震分析的计算量太大，现有的计算机硬件条件很难满足要求。因此，为了获得计算精度和计算效率的均衡，本小节以巨型柱为对象，在缺少相应巨型钢骨混凝土柱试验数据的条件下，以巨型柱的精细化实体有限元模型的分析结果为基准，讨论巨型柱简化有限元模型的建立。

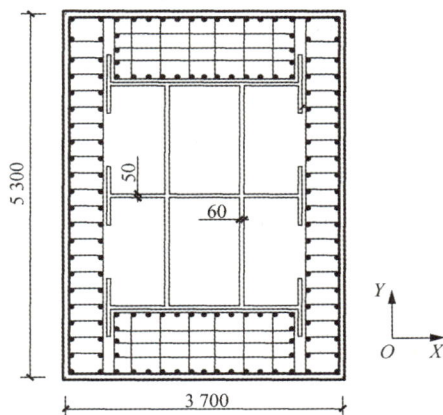

图 3.2-5　典型巨型柱截面（单位：mm）

在巨型柱精细化有限元模型中，采用 MSC.Marc 2007 中的 7 号实体（solid）单元模拟混凝土，网格采用规则的 6 面体网格，如图 3.2-6（a）所示，并采用虚拟应变法来防止实体单元中可能出现的剪力锁死现象；采用 MSC.Marc 2007 中 75 号壳单元（shell）模拟巨型柱中的型钢，网格采用规则的四边形网格，如图 3.2-6（b）所示；采用 MSC.Marc 2007 中的 9 号杆单元（truss）来模拟巨型柱中纵向钢筋和箍筋，如图 3.2-6（c）所示。

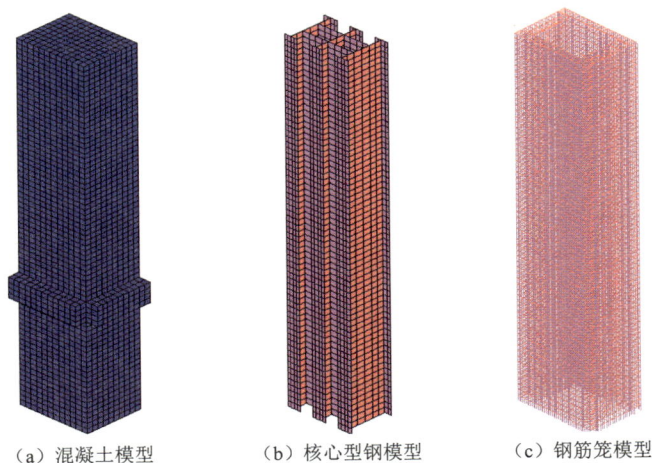

（a）混凝土模型　　　　　（b）核心型钢模型　　　　　（c）钢筋笼模型

图 3.2-6　典型巨型柱精细有限元模型

巨型柱的简化模型采用基于分层壳单元和杆单元的组合式模型来实现。利用分层壳单元模拟巨型柱沿厚度方向（图 3.2-5 中 X 轴的方向）的混凝土层、钢筋层和型钢的腹板层，利用杆单元模拟型钢的翼缘和沿厚度方向的钢筋，利用共节点方法将杆单元插入到壳单元中，保证两者的变形协调，而忽略钢筋与混凝土之间的滑移，如图 3.2-7 所示。仍以第一节段的巨型柱为例，精细模型的总单元数量约为 8.5 万，而相应的简化模型单

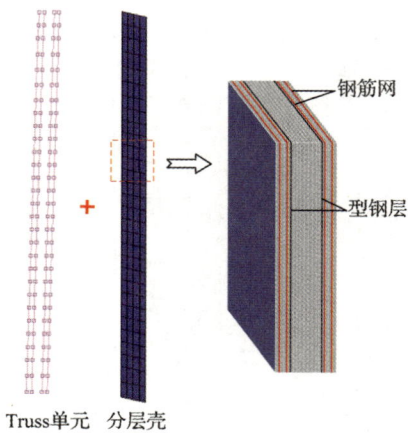

Truss单元　分层壳

图 3.2-7　典型巨型柱简化模型示意图

元总数不足 1 000 个，显然，该简化模型大大地简化了模型的分析，为提高整体结构的计算效率提供了基础。

为了全面考察巨型柱简化模型的准确性，设置了 8 种工况与精细巨型柱模型分析结果进行对比：①轴压；②无轴压沿截面强轴推覆；③无轴压沿截面弱轴推覆；④不同轴压下沿截面强轴推覆；⑤不同轴压下沿截面弱轴推覆；⑥不同轴压下双向推覆（两个方向推覆力之比 1：1）；⑦不同轴压下双向推覆（两个方向推覆力之比 1：2）；⑧不同轴压下双向推覆（两个方向推覆力之比 2：1）。在此重点介绍 6 种工况的加载示意图，如图 3.2-8 所示。

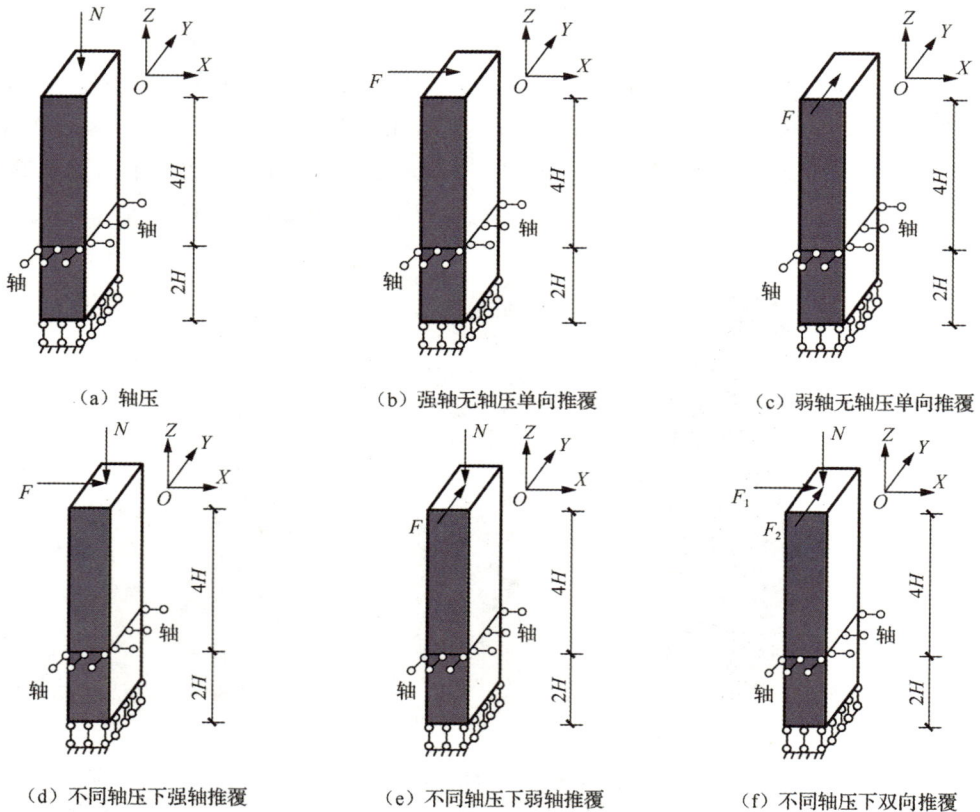

（a）轴压　　　　　　　　（b）强轴无轴压单向推覆　　　　　　　（c）弱轴无轴压单向推覆

（d）不同轴压下强轴推覆　　　　（e）不同轴压下弱轴推覆　　　　（f）不同轴压下双向推覆

图 3.2-8　6 种工况的加载示意图

通过一系列的数值计算对比，得到典型工况下简化巨型柱模型和精细模型计算结果的比较，如图 3.2-9 所示。通过对上述工况的整理可得到巨柱的简化模型和精细模型的轴力-弯矩相关关系的分析结果比较如图 3.2-10 所示。所有工况下精细模型与简化模型预测的承载力峰值偏差如表 3.2-2 所示。

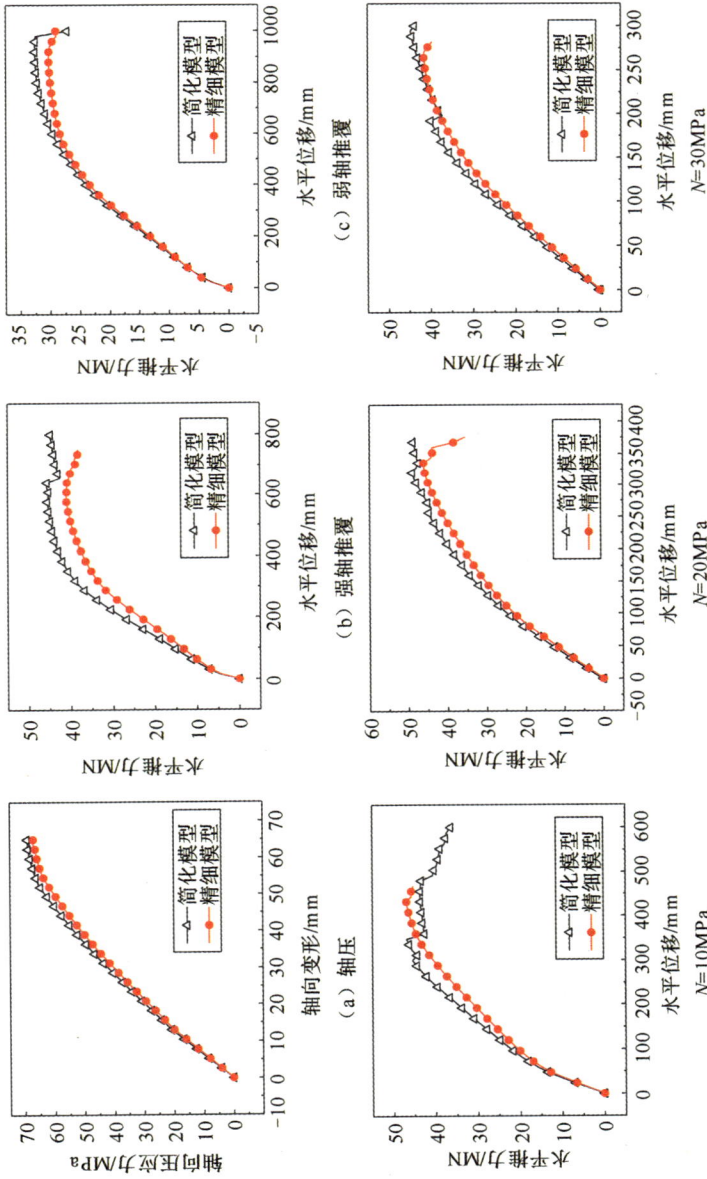

图 3.2-9　典型工况下简化巨型柱模型和精细模型计算结果的比较

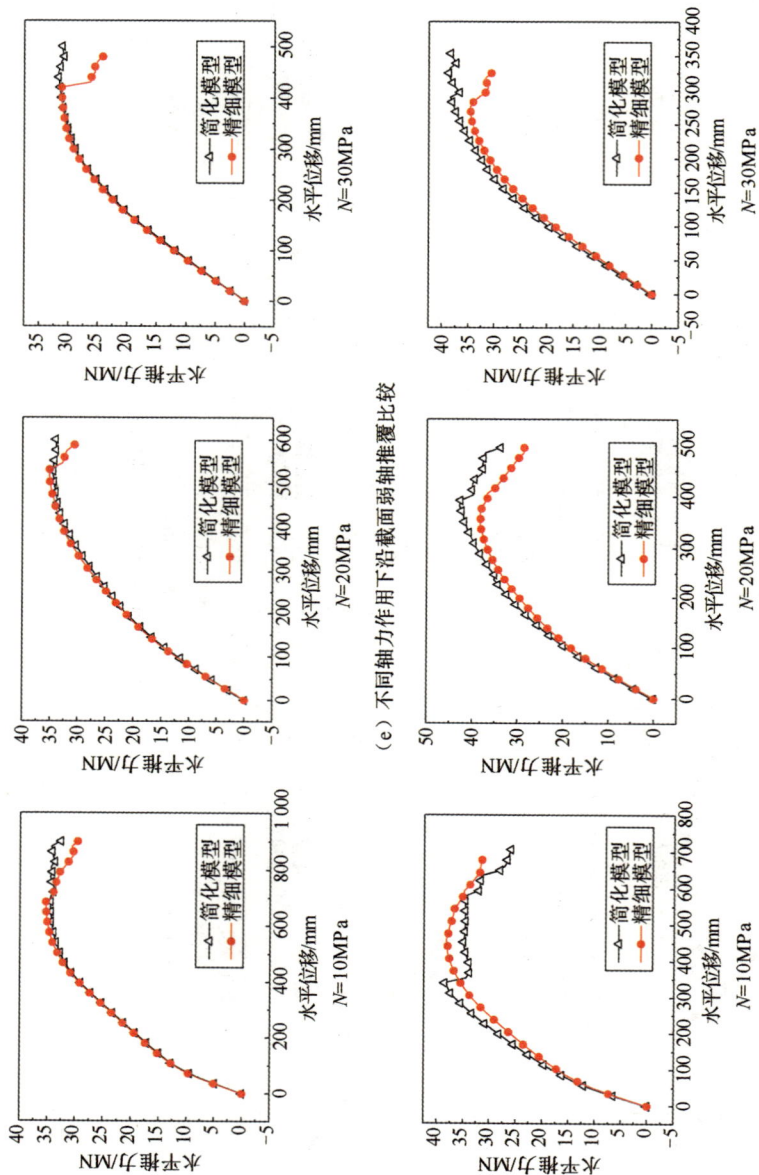

（e）不同轴力作用下沿截面弱轴推覆比较

（f）不同轴力作用下双向1：1推覆比较

图 3.2-9（续）

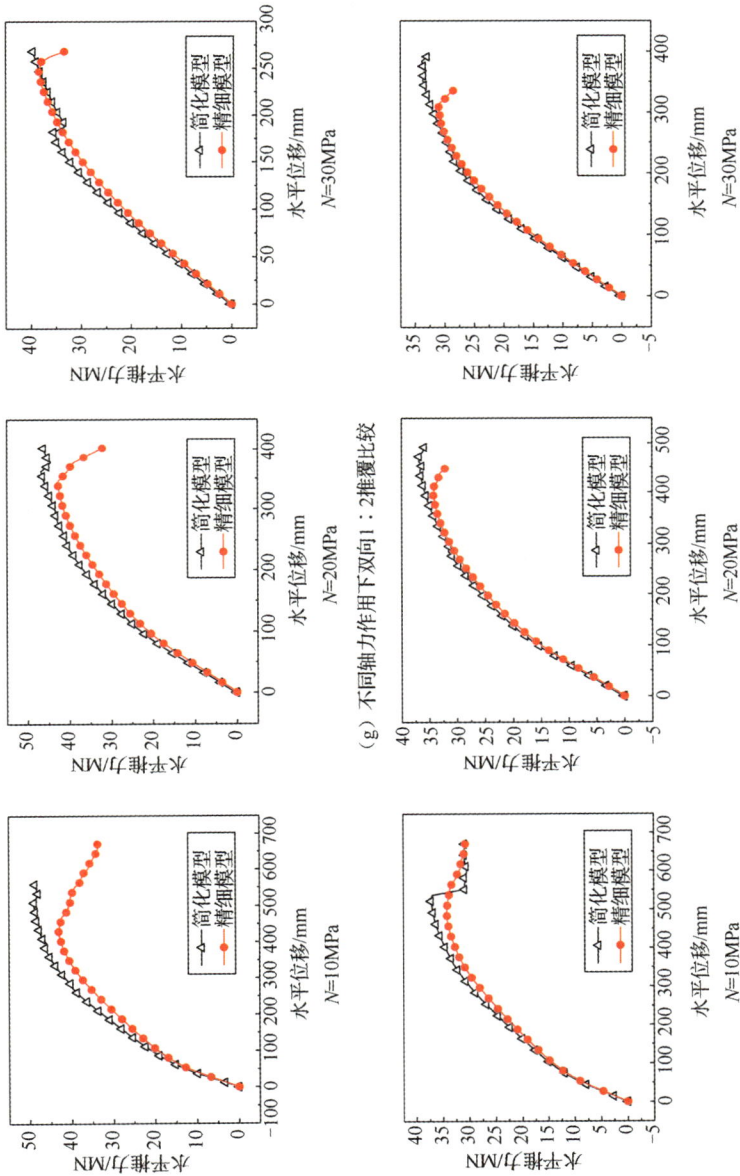

(g) 不同轴力作用下双向1：2推覆比较

(h) 不同轴力作用下双向2：1推覆比较

图3.2-9（续）

（a）强轴

（b）弱轴

（c）双向1∶1

（d）双向1∶2

（e）双向2∶1

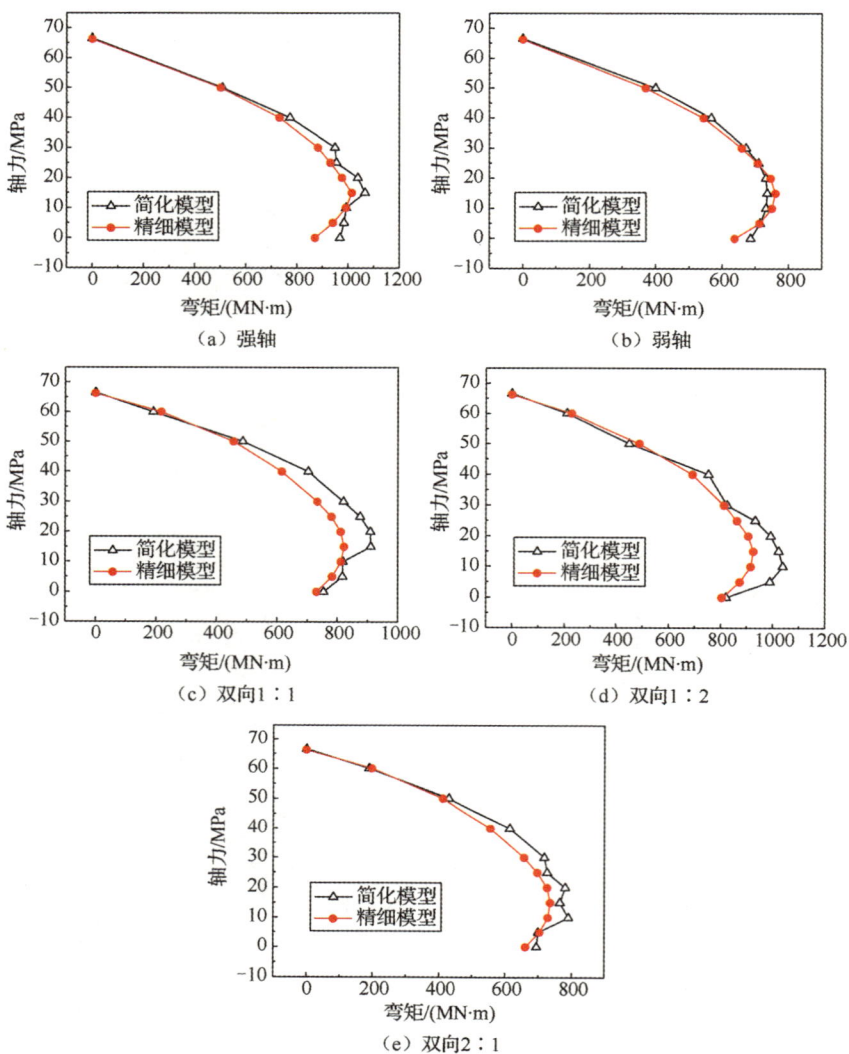

图 3.2-10　简化模型与精细模型的轴力-弯矩相关关系的分析结果比较

表 3.2-2　所有工况下精细模型与简化模型预测的承载力峰值偏差

内容	不同轴压力 N/MPa						
	0	5	10	15	20	25	30
强轴推覆/%	11.16	4.58	0.02	5.02	6.38	3.73	7.56
弱轴推覆/%	7.77	0.15	-2.37	-3.27	-1.92	0.31	1.85
双向1∶1推覆/%	2.44	4.56	0.82	10.72	12.16	11.95	11.80
双向1∶2推覆/%	1.99	13.19	13.44	10.54	9.47	8.03	1.46
双向2∶1推覆/%	4.71	-0.59	8.61	4.04	7.50	3.04	8.55
轴压/%	3.05						

注：相对偏差 $=(F_{简化模型}-F_{精细模型})/F_{精细模型}$。

通过对图 3.2-8 所示各种受力工况下巨型柱的简化模型与精细化模型的分析结果对比，可得到以下几点认识。

（1）对于简化模型与精细模型计算曲线的上升段，二者基本吻合，在曲线的下降段存在一定的差异。简化模型的计算曲线下降段较陡，且呈锯齿状，这是由于简化模型的单元数目相对精细模型要少很多，当某一单元发生破坏后，简化模型的反应较之精细模型要敏感得多，该问题可以通过细化简化模型的单元尺寸来进行改善。

（2）简化模型沿截面弱轴的响应与精细模型吻合较好，说明分层壳单元可较好地反映平面外受力特性，且也能较好地反映平面内-平面外的耦合作用。

（3）由计算结果对比可知，在大部分情况下，简化模型对峰值承载力的预测略高于精细模型；当轴向压力在 $N=0\sim30\text{MPa}$，简化模型对巨型柱峰值抗弯承载力的预测与精细模型的最大偏差均在 15%以内，能较好地反映出巨型柱的压弯特性。

（4）在沿不同主轴受力时，简化模型和精细模型的 N-M 相关关系曲线吻合较好。

总的说来，基于分层壳和杆单元的组合式巨型柱模型能较好地把握巨型柱的压弯受力特性，同时可大大地减少单元数量，提高计算效率，因此可采用上述研究提出的基于分层壳和杆单元的组合式简化巨型柱模型进行整体结构的抗震性能分析。

基于以上建模原则，最终得到整体结构的三维有限元模型如图 3.2-11 所示。

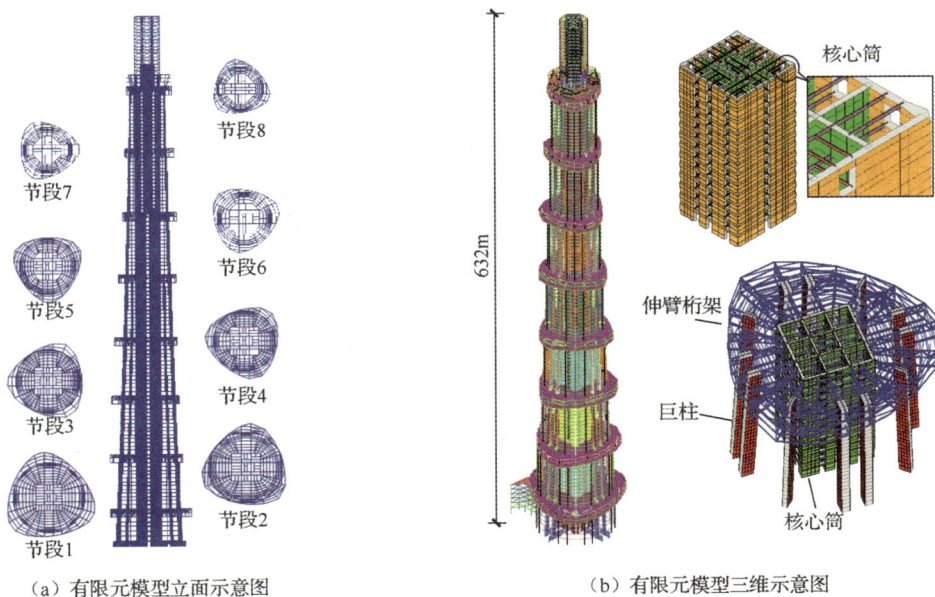

（a）有限元模型立面示意图　　　　　　　　（b）有限元模型三维示意图

图 3.2-11　整体结构的三维有限元模型

3.2.3　地震灾变倒塌模拟

该超高层建筑通过精心设计和反复论证，已经可以保证其在设计罕遇地震下的安全性（丁洁民等，2010b；蒋欢军等，2011），但是为了更好地研究此类结构的倒塌机理和倒塌过程，本节中采用抗震研究中广泛应用的增量动力分析 IDA（incremental dynamic analysis）方法，选取典型的 El Centro 1940 地震动记录和上海人工波记录为基本输入，逐步增大地震动强度，直至结构发生倒塌。由于地震动本身具有较大的随机性，地震动记录离散性对该超高层建筑倒塌的影响将在后续章节进行详细讨论。虽然使得该超高层建筑发生倒塌的地震发生的可能性非常低，但是由此得到的结构倒塌模式和破坏机理对认识超高巨型柱-核心筒-伸臂结构的抗震特性有一定的科学意义。

3.2.3.1　El-Centro 地震动记录单向输入下的典型倒塌模式

在 3.2.2 节中建立的该超高层建筑精细有限元模型的基础上，选择了应用广泛的 1940 年的 El-Centro 地震动记录作为典型输入。由于缺乏超长周期结构阻尼比的取值依据，以下的分析中按照《高层建筑钢-混凝土混合结构设计规程》（CECS 230:2008）中 5.3.4 条规定，采用 5%的阻尼比。将地震动记录进行调幅，沿结构 x 方向进行单向输入，当 El Centro 1940 地震动记录的峰值地面加速度 PGA（peak ground acceleration）为 $1.8g$ 时，结构发生倒塌，结构最终的典型倒塌模式如图 3.2-12 所示。

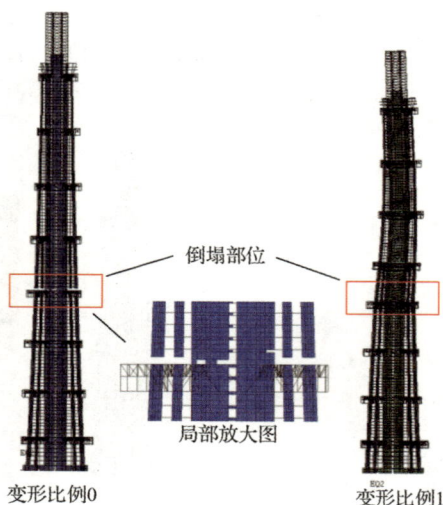

图 3.2-12　在 El Centro 1940 地震动记录单向输入下的典型倒塌模式

详细的倒塌过程如图 3.2-13 所示。

（1）当 t=1.50s［图 3.2-13（a）］时，节段 4 和节段 5 伸臂桁架的斜腹杆开始发生屈服。

（2）当 t=2.58s［图 3.2-13（b）］时，核心筒的部分连梁发生破坏，且由于核心筒从节段 6 到节段 7 的转变中，洞口布局有改变，核心筒开洞从中间移至外缘，存在刚度的突变，极大削弱了核心筒的抗弯能力，因此，节段 7 底部核心筒外缘的剪力墙被压溃。

（3）当 t=3.38s［图 3.2-13（c）］时，结构中所有节段伸臂桁架的斜腹杆都已经发生了严重的屈服，开始大量耗散地震能量。

（4）当 t=3.90s［图 3.2-13（d）］时，由于核心筒从节段 4 到节段 5 截面形状改变，4 个角部被切除，节段 5 底部剪力墙开始被压溃。

（5）当 t=5.88s［图 3.2-13（e）］时，由于节段 5 部分剪力墙严重破坏，内力产生重分配，巨型柱受到的侧向力和竖向力逐渐增大，巨型柱开始压弯破坏。

（6）当 t=6.18s［图 3.2-13（f）］时，节段 5 核心筒和巨型柱完全破坏，结构倒塌开始发生。

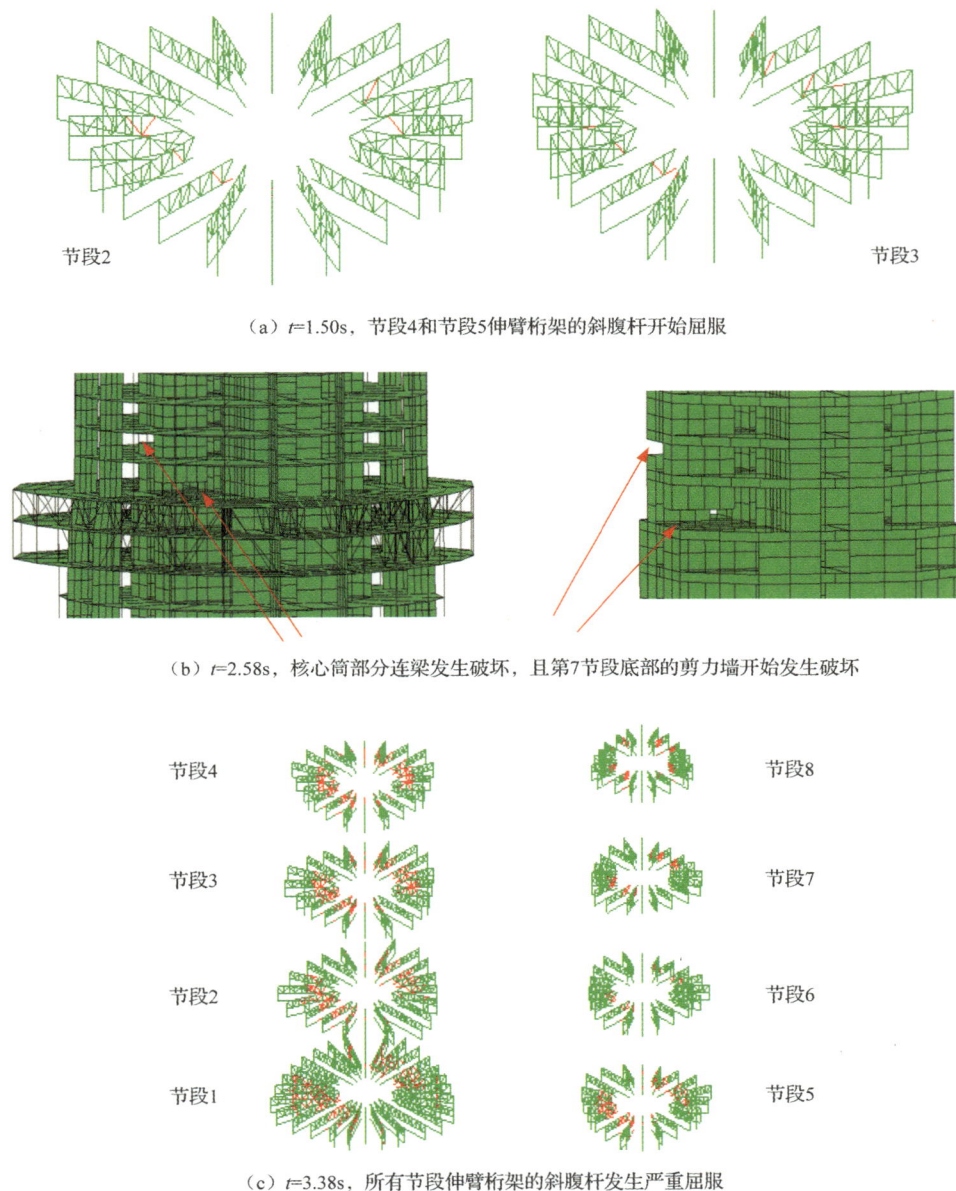

节段2　　　　　　　　　　　　　　　节段3

（a）t=1.50s，节段4和节段5伸臂桁架的斜腹杆开始屈服

（b）t=2.58s，核心筒部分连梁发生破坏，且第7节段底部的剪力墙开始发生破坏

节段4　　　　　　　　　　　　　　节段8

节段3　　　　　　　　　　　　　　节段7

节段2　　　　　　　　　　　　　　节段6

节段1　　　　　　　　　　　　　　节段5

（c）t=3.38s，所有节段伸臂桁架的斜腹杆发生严重屈服

图 3.2-13　El Centro 1940 地震动记录单向输入下的详细倒塌过程

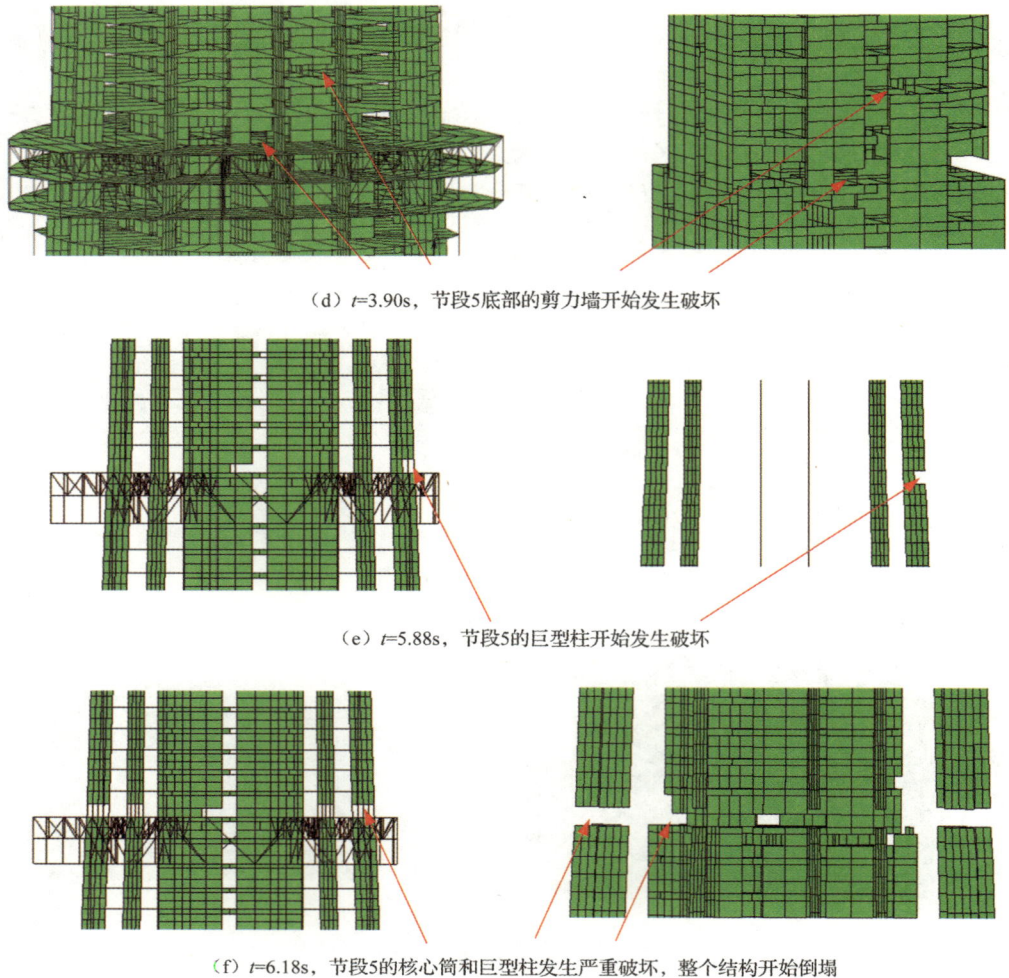

（d）t=3.90s，节段5底部的剪力墙开始发生破坏

（e）t=5.88s，节段5的巨型柱开始发生破坏

（f）t=6.18s，节段5的核心筒和巨型柱发生严重破坏，整个结构开始倒塌

图 3.2-13（续）

El Centro 1940 地震动记录输入下结构顶点的水平位移和竖向位移时程曲线如图 3.2-14 所示。在倒塌开始时刻（t=6.18s）加强层处的水平位移及节段间位移角（上、下节段位移差除以节段高度）如图 3.2-15 所示。由于该超高层建筑第 1、2 阶平动周期非常长，相应的地震力也比较小，其在地震作用下的破坏主要由高阶振型（水平向三阶振型）控制，当结构临近倒塌时，结构变形模式呈高阶振型形状。破坏部位以上结构的重心并未有显著偏移（图 3.2-15），故而结构倒塌以竖向倒塌模式为主，而非侧向倾覆倒塌。

显然，该超高层建筑在 El-Centro 1940 地震动记录（PGA=1.8g）单向输入作用下，节段 5 以上部位破坏比较严重，主要集中在 5~7 三个节段，最终在节段 5 发生折断，整个结构断成两截，可见节段 5 是引起结构倒塌的潜在薄弱部位，在设计过程中应给予更多关注。在上述倒塌过程中，伸臂桁架的斜腹杆和连梁最先发生屈服和破坏，是结构的第一道防线，耗散地震能量；随后核心筒内的剪力墙和巨型柱开始发生破坏，只有在同一节段的剪力墙和巨柱都发生破坏后，结构才可能发生倒塌。值得注意的是，通过常规弹塑性分析得到结构中的初始屈服部位（如连梁、次框架等）可能并非是导致最终引起结构倒塌的关键部位，如果设计不当，对初始屈服部位进行加强，可能使得耗能构件不能充分耗散能量，反而使结构的抗倒塌能力未必得到有效提高，这进一步说明了倒塌分析的重要性。

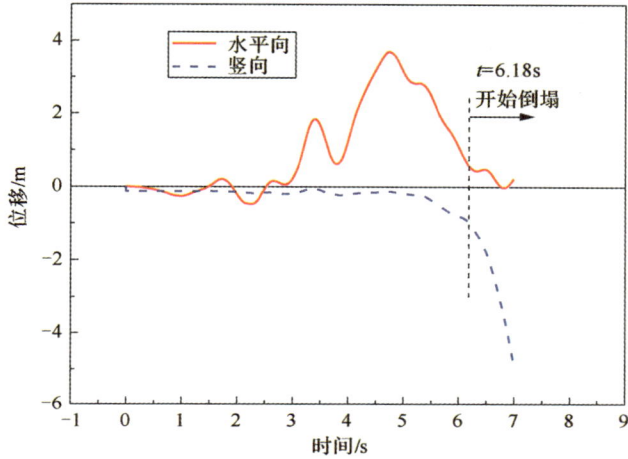

图 3.2-14   倒塌过程中结构顶点的水平位移和竖向位移时程曲线

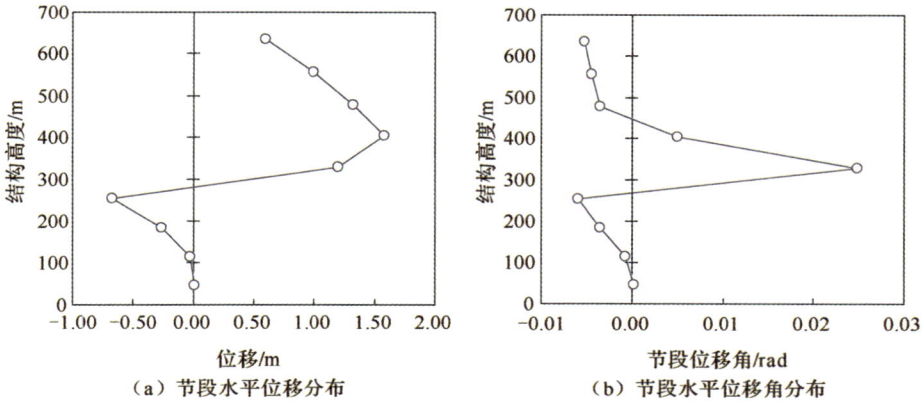

图 3.2-15   倒塌临界状态时节段位移响应

3.2.3.2 关键部位的应力-应变历程

结构倒塌过程是结构在地震作用下的宏观响应，为进一步研究结构倒塌过程中关键构件的力学行为，本节对倒塌过程中关键构件的应力-应变行为进行了研究。在 El Centro 1940 地震动记录单向输入下计算得到的结构典型破坏部位如图 3.2-12 所示，引起结构倒塌的主要部位位于该超高层建筑的节段 5，因此，选取破坏部位的典型结构单元位置示意图如图 3.2-16 所示，得到相应的倒塌过程中典型构件混凝土和钢材应力-应变历程如图 3.2-17～图 3.2-20 所示。

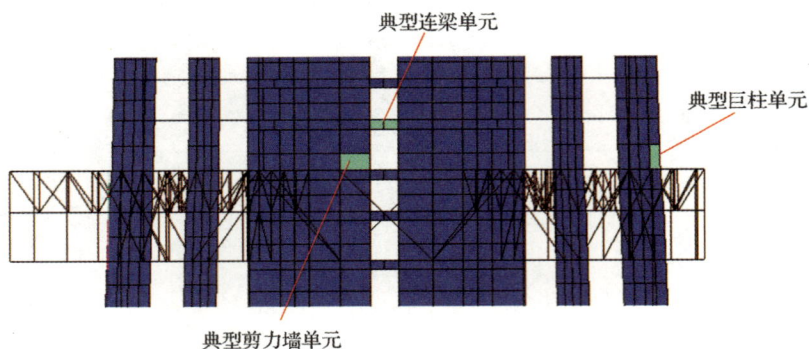

图 3.2-16　选取破坏部位的典型结构单元位置示意图

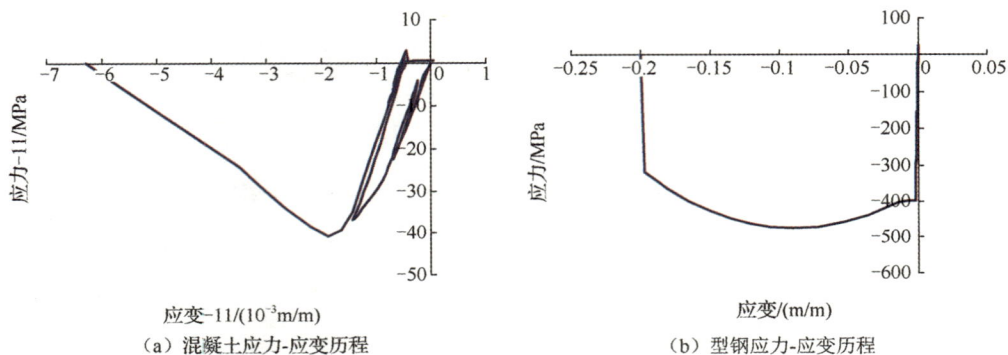

（a）混凝土应力-应变历程　　　　　　（b）型钢应力-应变历程

图 3.2-17　典型破坏巨型柱混凝土及型钢应力-应变历程

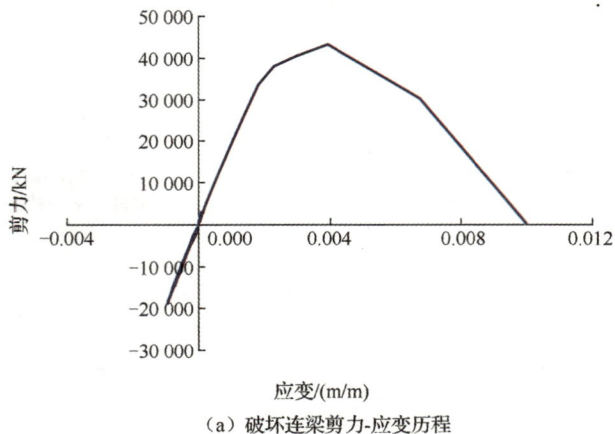

（a）破坏连梁剪力-应变历程

图 3.2-18　典型连梁剪力-应变历程

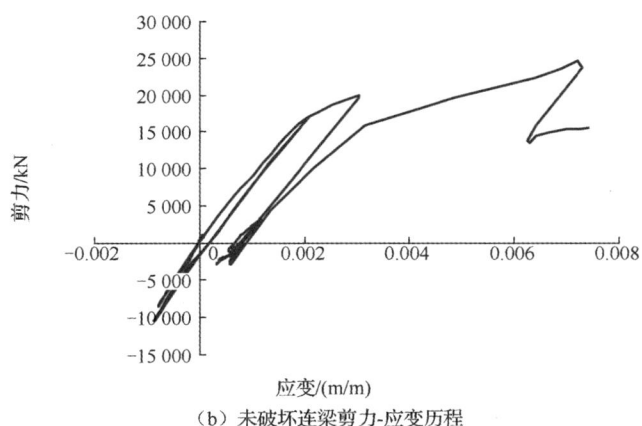

（b）未破坏连梁剪力-应变历程

图 3.2-18（续）

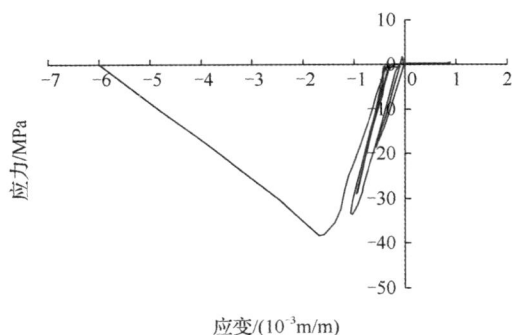

（a）剪力墙中混凝土应力-应变历程

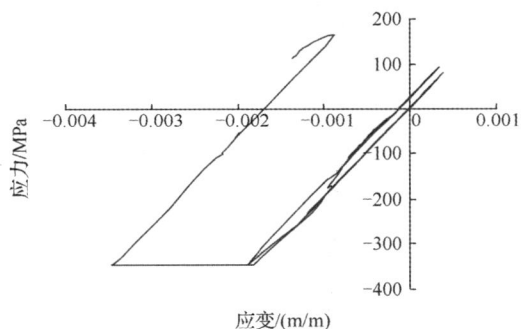

（b）剪力墙中内嵌钢板应力-应变历程

图 3.2-19　典型破坏剪力墙应力-应变历程

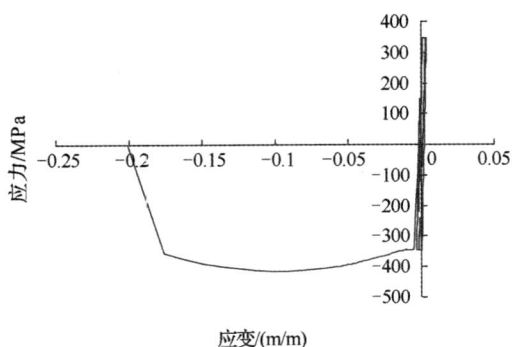

（a）破坏伸臂应力-应变历程

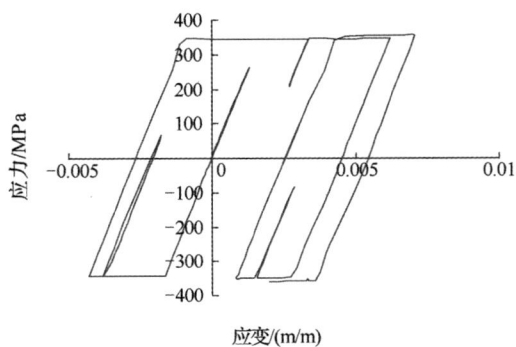

（b）未破坏伸臂应力-应变历程

图 3.2-20　典型伸臂应力-应变历程

对于巨型柱单元，在 El Centro 1940 地震动记录（PGA=1.8g）输入下的倒塌过程中，混凝土和内置型钢的应力-应变滞回曲线如图 3.2-17 所示。显然，巨型柱在整个倒塌破坏过程中主要承受压应力，仅在较少时刻出现了拉应力，最终混凝土被压溃，巨型柱发生压弯破坏；倒塌过程中，发生破坏和未破坏的典型连梁的剪力-剪应变的关系如图 3.2-18 所示，连梁基本处于剪切状态，最终主要发生剪切破坏；剪力墙中混凝土和钢板的应力-应变历程如图 3.2-19 所示，可见剪力墙中的混凝土也主要处于受压状态，最后混凝土被压溃而发生破坏；伸臂桁架中发生破坏和未破坏的典型斜腹杆在整个倒塌过程中应力-应变关系分别如图 3.2-20（a）和（b）所示，斜腹杆基本处于轴向拉压状态，最后达到钢材的极限应变而发生破坏。

3.2.3.3　其他倒塌模式

由于不同地震动记录的频谱成分差异较大，激发起的结构振动模态会有一定的不同，可能导致计算结果有较大差异。对于 El-Centro 波单向输入，结构在 PGA=1.8g 时发生倒塌；而对于长周期成分比较丰富的日本 Tha San 波，PGA=0.4g 时结构就会发生倒塌；另外，地震动的输入形式（单向、双向和三向输入）对分析结果也存在较大的影响，例如采用于上海人工波双向输入时，主、次方向的地震动按照规范中规定的 1∶0.85 的比例进行调幅，逐步增大地震动强度，当主方向的 PGA 增大到 1.0g 左右时结构发生倒塌，且结构倒塌破坏模式也发生了一定程度的变化，其典型倒塌模式如图 3.2-21 所示。

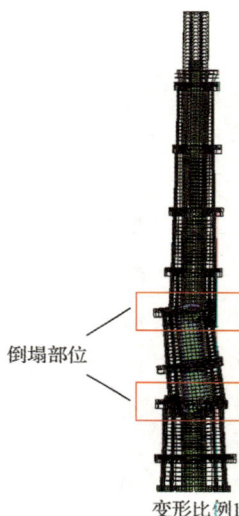

图 3.2-21　在上海人工波双向
作用下的典型倒塌模式
（PGA=1.0g）

具体输入倒塌过程如图 3.2-22 所示。

（1）当 t=2.02s［图 3.2-22（a）］时，节段 2 伸臂桁架的斜腹杆开始屈服。

（2）当 t=3.82s［图 3.2-22（b）］时，节段 6 的连梁和墙肢开始发生破坏，这是由于巨型柱仅延伸至节段 5 顶部，从节段 5 到节段 6 存在一定的刚度突变。

（3）当 t=4.40s［图 3.2-22（c）］时，节段 6 的墙肢破坏已超过 50%。

（4）当 t=4.80s［图 3.2-22（d）］时，所有节段中伸臂桁架的斜腹杆发生严重屈服，且主要集中在上部 5～8 四个节段。

（5）当 t=8.32s［图 3.2-22（e）］时，节段 5 的墙肢开始发生破坏。

（6）当 t=10.12s［图 3.2-22（f）］时，节段 5 的巨柱也开始发生破坏。

（7）当 t=10.40s［图 3.2-22（g）］时，破坏向下延伸到了节段 3，节段 3 的墙肢开始发生破坏。

（8）当 t=10.70s［图 3.2-22（h）］时，节段 5 的墙体和巨型柱破坏超过 80%，节段 5 以上部分开始倒塌。

（9）当 t=11.00s［图 3.2-22（i）］时，节段 3 的巨型柱也开始发生破坏。

（10）当 t=12.52s［图 3.2-22（j）］时，节段 3 巨型柱完全破坏，墙体破坏超过了 50%，整个结构折断成为 3 段。

（a）t=2.02s，节段2伸臂斜腹杆开始屈服

（b）t=3.82s，节段6的连梁和墙肢开始发生破坏

（c）t=4.40s，节段6 50%以上的墙肢发生破坏

节段4　　　　　　　节段8
节段3　　　　　　　节段7
节段2　　　　　　　节段6
节段1　　　　　　　节段5

（d）t=4.80s，伸臂斜腹杆发生严重屈服

（e）t=8.32s，节段5底部的墙肢开始发生破坏

（f）t=10.12s，节段5的巨型柱开始发生破坏

（g）t=10.40s，节段3的剪力墙开始发生破坏

（h）t=10.70s，节段5的巨型柱开始完全破坏

（i）t=11.00s，节段3的巨型柱开始发生破坏

（j）t=12.52s，节段3的50%以上的巨型柱和剪力墙
发生破坏，整个结构折断成三段

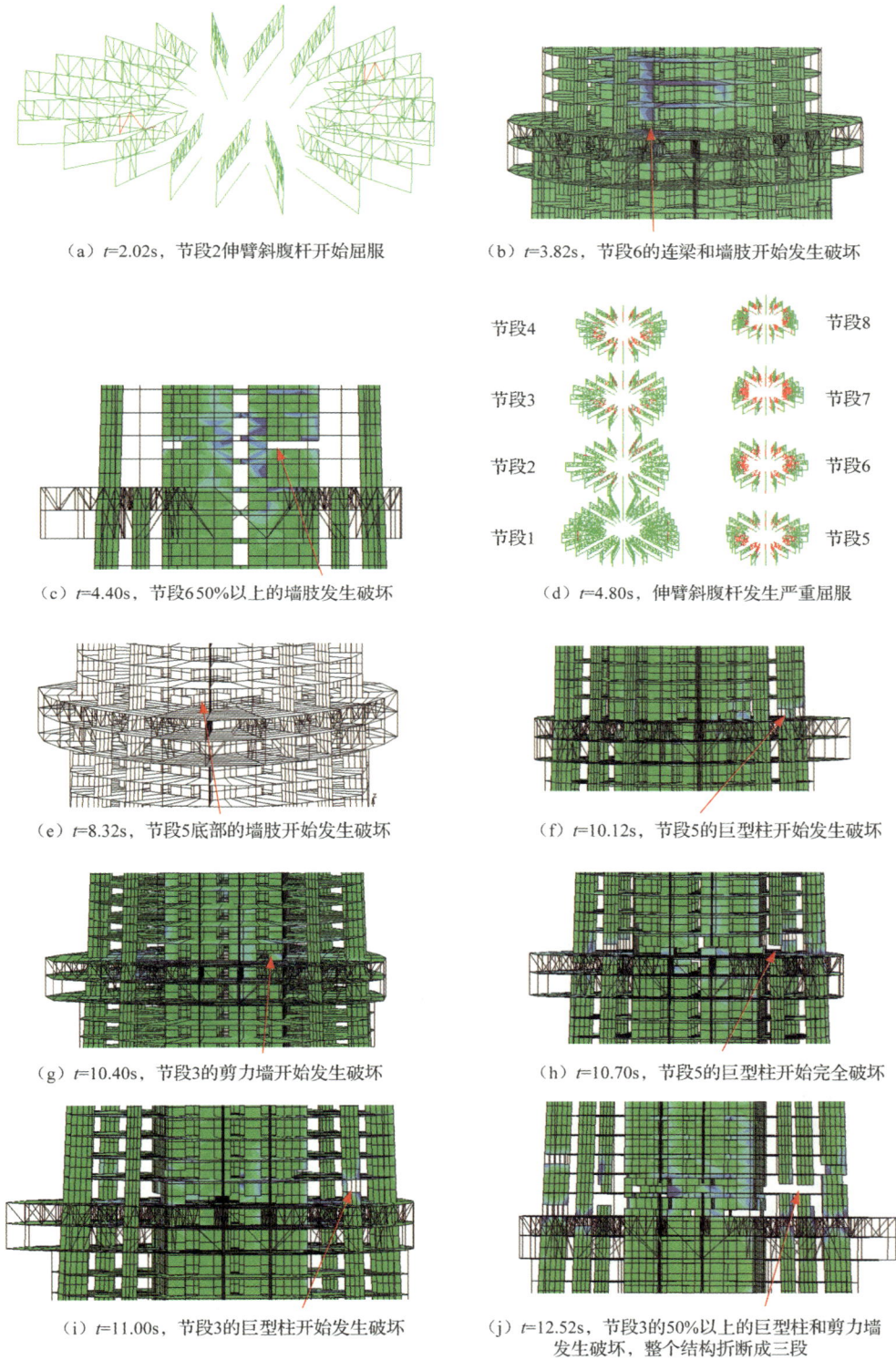

图3.2-22　上海人工波双向地震动输入倒塌过程（PGA=1.0g）

图 3.2-22 中给出的上海人工波双向输入下的倒塌过程与图 3.2-13 中 El Centro 1940 地震动记录单向输入下的倒塌过程比较可知，两种倒塌模式的主要差别在于：在上海人工波双向作用下，结构在节段 5 的巨型柱和核心筒发生严重破坏后，节段 3 也发生了严重破坏，最终结构折断成为三段（图 3.2-21）。显然，除节段 5 以外，节段 3 也可能是结构的一个潜在薄弱部位。由此可见，由于该超高层结构冗余度较多，振型极为丰富，存在多条备用的荷载路径，且地震动本身的离散性大，使得超高巨型柱-核心筒-伸臂结构可能存在多种倒塌模式和多个可能的潜在薄弱部位。因此，要研究超高巨型柱-核心筒-伸臂结构的地震倒塌机理，需对地震动频谱、输入方式等问题加以综合考虑，才能得到比较合理的模拟结果。

3.2.3.4 地震动离散性对结构倒塌的影响

由于地震动本身具有很大的离散性，不同的频谱特性会激发结构的不同地震响应，吕大刚等（2008）的研究发现，地震动的离散性对结构抗震可靠度的影响最大，结构响应的离散性 78%左右来自地震动的离散性。因此，本节将讨论地震动离散性对超高巨型柱-核心筒-伸臂结构倒塌的影响。

本研究中以 FEMA-P695（FEMA，2009）推荐的 22 组远场地震动记录为基础，选用了每组地震动水平分量较大的一个分量作为基本输入，沿该超高层建筑 X 轴方向进行单向输入，阻尼采用经典的瑞利阻尼，阻尼比取 5%，逐渐增大地震动强度，直至结构发生倒塌，最终确定了 22 组地震动记录引起结构倒塌的临界地震动强度。临界倒塌地震动强度及破坏位置的分析结果如表 3.2-3 所示。

表 3.2-3　22 组地震动记录下的临界倒塌强度及破坏位置的分析结果

序号	地震波名称	倒塌 PGA / （cm/s²）	破坏部位	序号	地震波名称	倒塌 PGA / （cm/s²）	破坏部位
1	CAPEMEND_RIO270	2.2	节段 1	12	KOCAELI_DZC180	0.8	节段 5
2	CHICHI_CHY101-E	1	节段 1	13	LANDERS_CLW-LN	2.3	节段 5
3	CHICHI_TCU045-E	1.3	节段 1	14	LANDERS_YER270	0.7	节段 5
4	DUZCE_BOL000	3.4	节段 1	15	LOMAP_CAP000	2.7	节段 1
5	FRIULI_A-TMZ000	4.8	节段 1	16	LOMAP_G03000	4.6	节段 1
6	HECTOR_HEC000	1.8	节段 5	17	MANJIL_ABBAR-L	2.6	节段 5
7	IMPVALL_H-DLT262	1.7	节段 5	18	NORTHR_LOS000	1.9	节段 5
8	IMPVALL_H-E11140	1.8	节段 7	19	NORTHR_MUL009	2	节段 1
9	KOBE_NIS000	3.5	节段 1	20	SFERN_PEL090	1.6	节段 4
10	KOBE_SHI000	1.6	节段 1	21	SUPERST_B-ICC000	1.9	节段 1
11	KOCAELI_ARC000	2.4	节段 1	22	SUPERST_B-POE270	2.8	节段 5

通过对 22 组地震动下结构临界倒塌的 PGA 统计分析可得该超高层建筑的倒塌易损性曲线，如图 3.2-23 所示。22 组地震动记录作用下结构 10%倒塌率所对应的 PGA 值约为 1.28g，结构 50%倒塌率所对应的 PGA 值约为 2.22g，由于该超高层建筑的设防烈度为 7 度，其大震对应的 PGA 值为 220cm/s²，可得该超高层建筑 50%倒塌率所对应的抗

倒塌安全储备系数 $CMR_{50\%}$ 约为 2.22/0.22=10.09；FEMA-P695（FEMA，2009）中建议以大震下结构倒塌概率不超过 10%为可接受的限值，相应的该超高层建筑 10%倒塌率所对应的抗倒塌安全储备系数 $CMR_{10\%}$=1.28/0.22=5.82。可见，该超高层建筑的抗倒塌安全储备非常高，具有良好的抗大震性能。

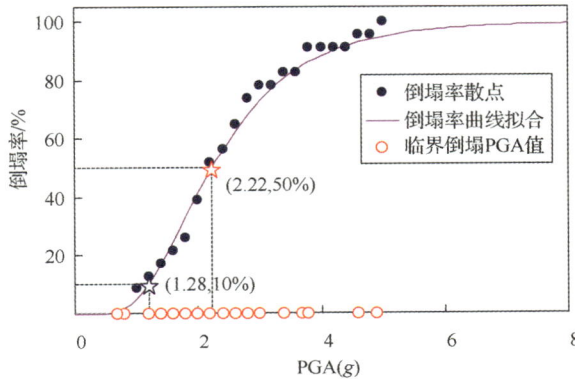

图 3.2-23　倒塌易损性曲线

　　通过对倒塌部位的统计分析可知，在 22 组地震动记录作用下，在该超高层建筑的初始倒塌部位出现在了 1、4、5 和 7 四个节段，这些倒塌部位汇总分布如图 3.2-24 所示，显然在四个倒塌部位中，节段 1 和节段 5 是两个主要的倒塌破坏部位，分别占所有倒塌部位的 50%和 40.91%，是该超高层建筑的典型薄弱部位，而初始破坏发生在节段 4 和节段 7 均只有一条地震动记录。

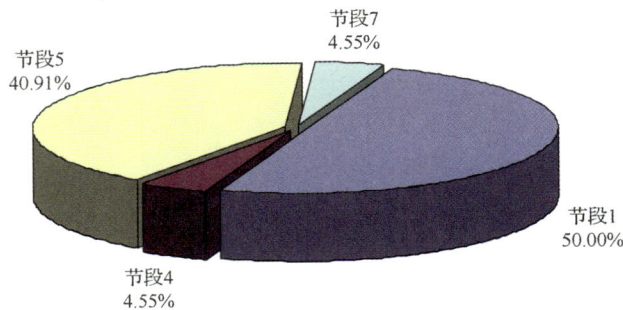

图 3.2-24　倒塌部位汇总分布

3.2.4　土-结相互作用对倒塌的影响

　　众多超高层建筑结构的现场实测表明：土-结相互作用对超高层建筑结构的基本动力特性有显著影响（Li，et al.，2014），从而可能使得地震响应以及预期损伤模式发生改变。本节采用土-结相互作用的间接模拟方法——子结构法，实现了该超高层建筑在强震作用下考虑土-结相互作用的倒塌模拟，讨论了土-结相互作用对该超高层建筑倒塌模式及抗倒塌安全储备的影响。

3.2.4.1　基础及土体模型

　　土-结相互作用的数值分析方法主要分成两大类（NIST，2012），第一类是直接分析方法，即建立完整的建筑结构、基础以及土体的有限元模型进行分析，其示意图如图 3.2-25（a）所示，该方法能较好地反映在地震作用下上部结构、基础及土体的响应及其损伤程度，但是该方法计算量大，对计算机硬件的要求较高，特别是当上部结构体系比较复杂、上部结构地震响应非线性明显或考虑土体的强非线性后，该方法对计算能力的需求显得更加突出；第二类是子结构方法（Pitilakis，et al.，2010），是一种把基础与周围土体的作用简化成一系列弹簧的分析方法，其示意图如图 3.2-25（b）所示。早在 1953年，Meyerhof 就提出了采用等效弹簧刚度的方法来考虑框架结构与土体的共同作用。在本节中，由于该超高层建筑的构件种类和数量繁多，如果采用直接方法，建立完整的上部结构、基础以及土体的精细有限元模型，会使得计算量过大，且不便于进行必要的参数讨论；此外，本节主要关注建筑上部结构的地震响应，土体的地震响应特性并不是研究重点。因此，本节采用子结构方法，将基础和周围土体等效成相应的一系列弹簧来考虑基础及周围土体对上部结构地震响应的影响。

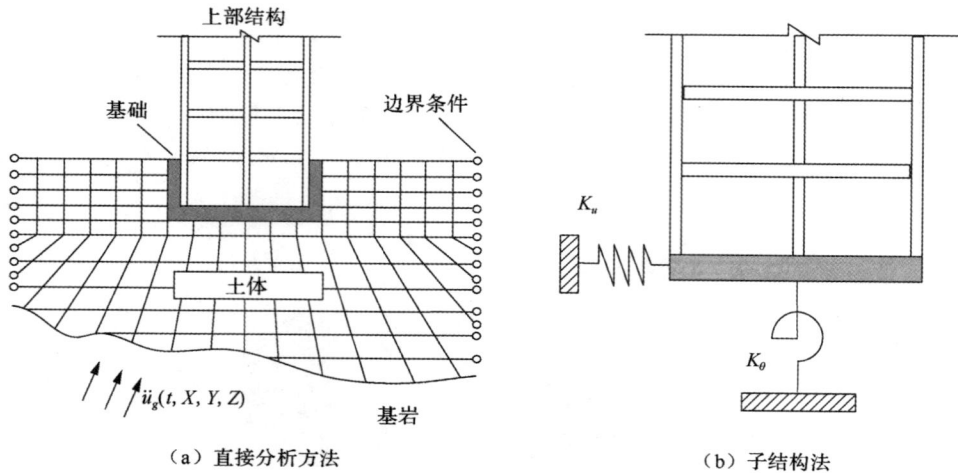

图 3.2-25　土-结相互作用分析方法示意图

　　吕西林等（2000）的试验研究表明，基础和土体的转动分量对上部结构的影响最大，平动分量次之。由于该超高层建筑的基础埋深与其自身高度的比值非常小，本节主要研究水平地震作用下，基础和土体的转动分量对上部结构的影响，忽略基础的平动和竖向振动的影响。本节将基础和周围土体简化为结构底部的线弹性转动弹簧，通过研究基础以及周围土体的精细有限元模型，为简化模型提供合理的参数取值范围，即转动弹簧刚度的合理取值范围。

　　该超高层建筑的基础及土体三维精细化模型示意图如图 3.2-26 所示。其基础体系采用桩筏基础，包括地下室、筏板和桩体三部分，平面形状为八边形，基础面积为 8 250m²。地下室共 5 层，筏板材料为钢筋混凝土，其厚度为 6m，筏板顶标高-25.4m。下部桩基原设计采用直径 1m 超长钻孔灌注桩，桩长为 85m，桩距为 3m。为了简化计算，在分析模型中按照刚度等效的原则对桩体进行了合并，等效后的桩径为 1.8m，桩距为 9m，其材料参数仍保持不变。姜忻良等（2013）将该超高层建筑的场地土层沿深度方向近似分成了 4 层，每层土样的划分以及基本参数如表 3.2-4 所示。分析模型中，土体范围取为筏板两侧各 100m，土体边界采用黏弹性边界，底面视为基岩全部约束。

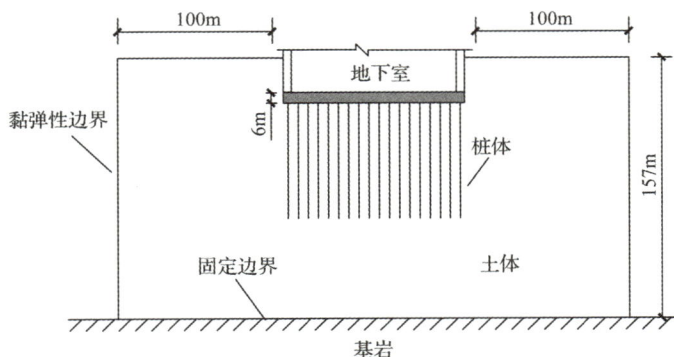

图 3.2-26　基础及土体三维精细化模型示意图

表 3.2-4　土层基本参数（姜忻良等，2013）

土层	深度范围/m	重度/（kN/m³）	泊松比	弹性模量/MPa
1	0～-15	18.4	0.49	20.36
2	-15～-30	18.15	0.47	20.55
3	-30～-115	23.8	0.46	74.4
4	-115～-157	42.8	0.46	97.6

为求解基础以及周围土体精细化模型的线弹性转动刚度，在地下室顶面两对边上施加大小相等、方向相反的力，单边所施加的合力 F 与筏板长度 L 相乘得力矩 M。由于地下室为钢筋混凝土结构，混凝土的弹性模量远大于土体的弹性模量，在外力矩 M 的作用下，可忽略地下室及筏板自身的变形，地下室和筏板作为一个整体发生刚性转动，通过计算筏板两侧的相对竖向位移 Δ，确定地下室和筏板的整体转角 $\theta=2\Delta/L$，从而可得到基础弹性转动刚度 K 为

$$K=\frac{FL^2}{2\Delta} \tag{3.2-1}$$

利用上述方法，求解出地下结构的等效弹性转动刚度约为 $K=4.36\times10^{13}$N·m/rad。此外，由于影响地下结构特性的因素很多，且土体在地震下可能会进入非线性，刚度也会发生变化。采用上述模型和方法求解出的基础及土体转动刚度可能与实际情况存在一定的差别，为了尽量考虑土体参数的离散性，使得后续分析结果更具有代表性，本节对弹簧刚度的取值范围扩展到 $0.5K\sim2.0K$，即新增了弹簧刚度为 $0.5K=2.18\times10^{13}$N·m/rad 和 $2.0K=8.72\times10^{13}$N·m/rad 的两个模型用于该超高层建筑基础以及周围土体简化模型的计算。

根据上述分析，共得到三组基础以及周围土体的转动刚度，为下面讨论方便，分别将基础及土体刚度为 0.5*K*、*K* 和 2*K* 的模型称作模型 A、模型 B 和模型 C，底部固结的模型称作模型 O。

3.2.4.2 基本动力特性比较

采用 Lanczos 方法，分别对上述四个模型进行了模态分析，得到了其基本动力特性，结构两主轴方向（*X*，*Y*）前 3 阶平动周期比较见表 3.2-5。对于模型 O，即不考虑土-结相互作用时，*X* 向和 *Y* 向的基本周期分别为 9.83s 和 9.77s。对于模型 A、B、C，其各平动周期均明显长于模型 O，且基础及土体的等效弹簧刚度越小，周期延长越多，其中对于模型 A，最大相对偏差超过了 30%。随着振型阶数的升高，周期的延长程度减小，对于模型 A 的第 3 阶平动周期，最大相对偏差约为 6%。可见，考虑土-结相互作用对超高层建筑结构的低阶平动周期特别是 1 阶平动周期有明显的影响。

表 3.2-5　*X* 向和 *Y* 向前 3 阶平动周期比较

内容		模型 O	模型 A		模型 B		模型 C	
		T/s	*T*/s	相对偏差/%	*T*/s	相对偏差/%	*T*/s	相对偏差/%
X 方向	1 阶平动	9.83	13.49	37.3	11.79	20.0	10.85	10.4
	2 阶平动	3.57	3.76	5.4	3.70	3.6	3.65	2.2
	3 阶平动	1.67	1.78	6.0	1.74	4.1	1.72	2.5
Y 方向	1 阶平动	9.77	13.45	37.7	11.74	20.2	10.79	10.5
	2 阶平动	3.52	3.71	5.5	3.64	3.6	3.59	2.2
	3 阶平动	1.66	1.76	6.3	1.73	4.3	1.70	2.6

为了进一步定量衡量土-结相互作用对超高层建筑结构振型的影响，采用 NMD（normalized modal difference）指标（Waters，1995）来定量表征模型 A、B、C 与模型 O 各阶平动振型的差异。指标 NMD 可按式（3.2-2）和式（3.2-3）计算得到。

$$\text{NMD}(\boldsymbol{\phi}_i^X \boldsymbol{\phi}_i^O) = \sqrt{\frac{1 - \text{MAC}(\phi_i^X \phi_i^O)}{\text{MAC}(\phi_i^X \phi_i^O)}} \tag{3.2-2}$$

$$\text{MAC}(\boldsymbol{\phi}_i^X \boldsymbol{\phi}_i^O) = \frac{(\{\phi_i^X\}^T \{\phi_i^O\})^2}{(\{\phi_i^X\}^T \{\phi_i^X\} \{\phi_i^O\}^T \{\phi_i^O\})} \tag{3.2-3}$$

式中，X 代表模型 A、B、C，$\boldsymbol{\phi}_i^X$ 为模型 A、B 或 C 第 *i* 阶模态向量，$\boldsymbol{\phi}_i^O$ 为模型 O 第 *i* 阶模态向量。MAC 是一个无量纲参数，大小与两个模态向量的相关性有关，MAC = 0 表示两个向量不相关。NMD 是对两个模态向量平均差异的近似估计，NMD 值越小表示两个模态向量的相关性越好。表 3.2-6 给出了模型 A、B、C 与模型 O 的振型差异，即两主轴方向（*X*,*Y*）前 3 阶平动周期的 NMD 值。从表 3.2-6 可看出，基础及土体的等效弹簧刚度越小，振型的差异越大，但总的说来，考虑土-结相互作用对结构的平动振型影响较小。

表 3.2-6　模型 A、B、C 与模型 O 的振型差异

内容	模态	X 方向/%	Y 方向/%
NMD（O-A）	1 阶平动	7.7	7.7
	2 阶平动	11.4	11.2
	3 阶平动	10.0	10.3
NMD（O-B）	1 阶平动	5.1	5.1
	2 阶平动	7.6	7.5
	3 阶平动	6.8	7.1
NMD（O-C）	1 阶平动	3.0	3.0
	2 阶平动	4.5	4.5
	3 阶平动	3.2	4.3

3.2.4.3　抗倒塌能力及损伤次序比较

在建筑结构的抗倒塌研究中，一般采用抗倒塌安全储备系数 CMR（collapse margin ratio）来定量反映结构的抗倒塌能力，可按式（3.2-4）计算得到，即

$$\text{CMR} = \frac{\text{PGA}_{\text{collapse}}}{\text{PGA}_{\text{MCE}}} \qquad (3.2\text{-}4)$$

式中，$\text{PGA}_{\text{collapse}}$ 为引起结构发生倒塌的临界地震动强度；PGA_{MCE} 为结构设计大震所对应的地震动强度，对于按照 7 度设防的该超高层建筑，$\text{PGA}_{\text{MCE}} = 0.22g$。

在 El Centro 1940 地震动记录沿结构 X 方向单向作用下，模型 O 在 PGA 增大到 1.4g 时发生倒塌；模型 A 在 PGA 增大到 1.8g 时发生倒塌；模型 B 在 PGA 增大到 1.7g 时发生倒塌；模型 C 在 PGA 增大到 1.6g 时发生倒塌。在四种情况下，结构的抗倒塌安全储备系数 CMR 的比较如图 3.2-27 所示。从图中可知，模型 A 的 CMR 最高，为 8.2；模型 B 为 7.7；模型 C 为 7.3；模型 O 的 CMR 最小，为 6.4。这表明考虑土-结相互作用后，结构的周期延长，地震力需求降低，从而使得结构的抗倒塌安全储备相对提高，且基础及土体的等效弹簧刚度越小，CMR 提高越多。

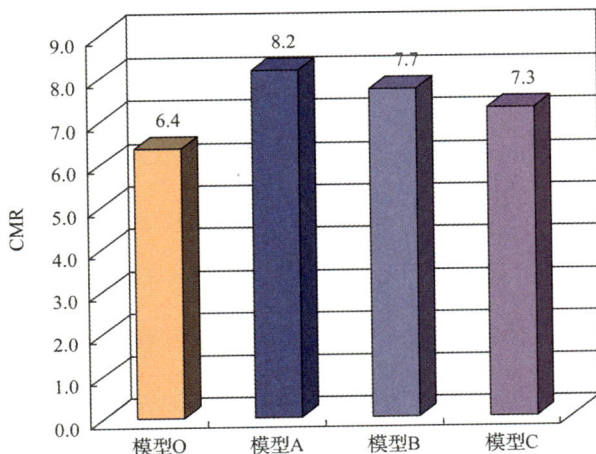

图 3.2-27　在 El Centro 1940 地震动记录单向输入下不同模型 CMR 的比较

　　该超高层建筑四个模型在其临界地震动强度作用下发生倒塌时，其损伤演化次序比较如表 3.2-7 所示。四个模型均是节段 4 和节段 5 伸臂桁架斜腹杆首先发生屈服，并且随着主要破坏部位——节段 5 底部的核心筒破坏、连梁破坏、巨型柱破坏，最终导致竖向承重构件不连续，整个结构断成两截，在节段 5 底部发生竖向倒塌。不同之处是模型 A 和模型 B 的节段 7 底部剪力墙较早发生了破坏，而模型 C 节段 7 底部剪力墙没有发生破坏，模型 O 是节段 8 底部剪力墙发生了少量破坏。在临界地震动强度作用下，四个模的顶点位移时程曲线如图 3.2-28 所示。倒塌发生时刻，结构的楼层位移分布如图 3.2-29 所示，模型 A、B、C 的变形模式呈高阶振型形状，破坏部位以上结构的重心没有显著偏移，破坏模式为节段 5 竖向倒塌。模型 O 在 $t = 20.23s$ 结构发生倒塌，此时结构已进入自由振动阶段。由于在地震作用下结构已发生严重破坏，进入自由振动后，结构损伤继续发展并在节段 5 断成两截，倒塌时断裂面以上结构变形呈 1 阶振型，但结构的最终倒塌模式仍是以竖向倒塌为主。因此，土-结相互作用对该超高层建筑在特大地震下的损伤演化次序有所影响，但对结构最终的倒塌模式没有影响。

表 3.2-7　各模型倒塌损伤演化次序比较

损伤次序	模型 A	模型 B	模型 C	模型 O
1	节段 4 和节段 5 伸臂桁架斜腹杆屈服	节段 4 和节段 5 伸臂桁架斜腹杆屈服	节段 4 和节段 5 伸臂桁架斜腹杆屈服	节段 4 和节段 5 伸臂桁架斜腹杆屈服
2	节段 7 底部剪力墙破坏	节段 7 底部剪力墙破坏	节段 4 顶部、节段 5 底部剪力墙破坏	节段 4 顶部、节段 5 底部剪力墙破坏
3	节段 4 顶部、节段 5 底部剪力墙破坏	节段 4 顶部、节段 5 底部剪力墙破坏	连梁发生破坏	节段 8 底部剪力墙发生少量破坏
4	连梁发生破坏	连梁发生破坏	节段 4 和节段 5 交界处剪力墙已大量破坏，巨型柱开始压弯破坏	连梁发生破坏
5	节段 4 和节段 5 交界处剪力墙已大量破坏，巨型柱开始压弯破坏	节段 4 和节段 5 交界处剪力墙已大量破坏，巨型柱开始压弯破坏	核心筒和巨型柱破坏严重，结构开始发生倒塌	节段 4 和节段 5 交界处剪力墙已大量破坏，巨型柱开始压弯破坏
6	核心筒和巨型柱破坏严重，结构开始发生竖向倒塌	核心筒和巨型柱破坏严重，结构开始发生竖向倒塌		核心筒和巨型柱破坏严重，结构开始发生竖向倒塌

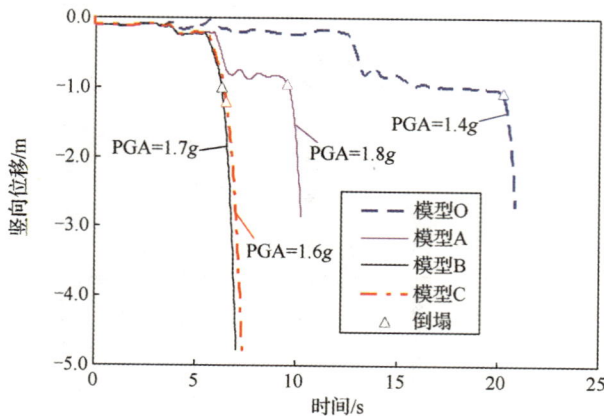

图 3.2-28　各模型在临界倒塌下结构顶点位移时程曲线

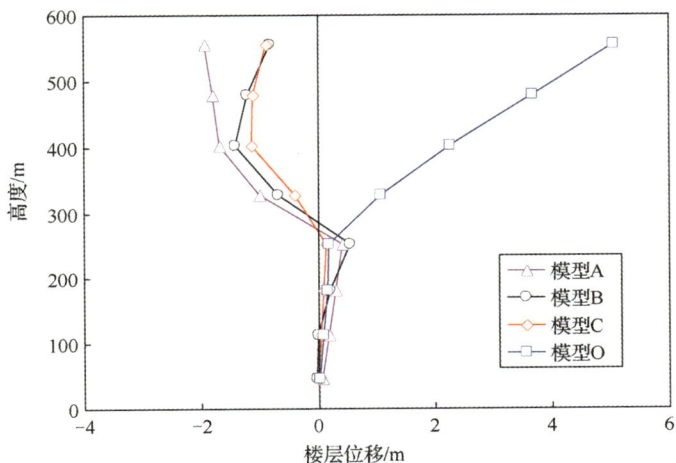

（a）各节段楼层位移分布

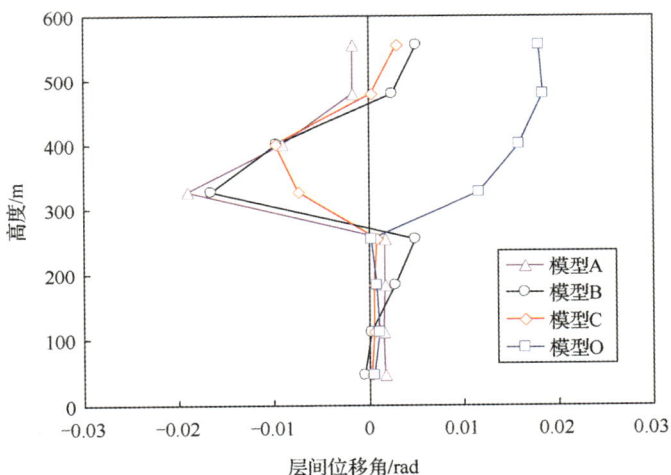

（b）各节段层间位移角分布

图 3.2-29 各模型倒塌发生时刻结构的楼层位移分布

3.3 某巨型柱-核心筒-巨型支撑超高层建筑地震灾变模拟

3.3.1 工程简介

3.2 节以一具体超高层建筑为例，介绍了超高层建筑的地震灾变模拟。本节将结合另一 8 度区实际超高层建筑，介绍地震灾变模拟在结构选型、关键参数确定及关键构件设计中的应用。该工作由本书作者，研究生张万开、卢啸、刘斌，以及北京建筑设计研究院教授级高级工程师杨蔚彪、齐五辉等共同完成。

3.3.2　地震灾变模拟在结构方案比选中的应用

3.3.2.1　结构方案介绍

某巨型柱-核心筒-巨型支撑超高层建筑位于 8 度区，建筑总高度超过 500m，采用了巨型框架-核心筒-巨型支撑的混合抗侧力体系。在设计过程中，由于楼层建筑功能布局变化和业主变更要求，结构方案处于不断调整和修改中。本节依据 2011 年 8 月和 2012 年 8 月的两套结构设计方案开展相关研究。

两种结构方案（图 3.3-1）简要介绍如下。

方案一为半高支撑方案，结构体系为"巨型框架柱+下部巨型支撑/顶部外框筒+腰桁架+局部伸臂桁架+钢筋混凝土核心筒"，如图 3.3-1（a）所示。巨型框架柱采用方钢管混凝土柱，其尺寸沿建筑高度向上逐渐减小，从节段 2 开始，每个角部的一根巨型柱分叉为两根巨型柱，并一直延伸至结构顶部；巨型支撑布置在节段 1～节段 4，而节段 5 及以上不设置巨型支撑，采用密柱框架筒；腰桁架沿塔楼竖向约每隔 15 层设置一道，共九道（含底部与巨型支撑相交叉的一道）。伸臂桁架布置在节段 5～节段 8；核心筒为钢筋混凝土剪力墙，部分节段在剪力墙中加钢板进行增强。

方案二为全高支撑方案，采用的结构体系为"巨型框架柱+全高巨型支撑+腰桁架+钢筋混凝土核心筒"，如图 3.3-1（b）所示。全高支撑方案中，巨型框架柱也采用方钢管混凝土柱，其布置方式与半高支撑方案基本相同，有两点变化：①巨型柱在每个角部

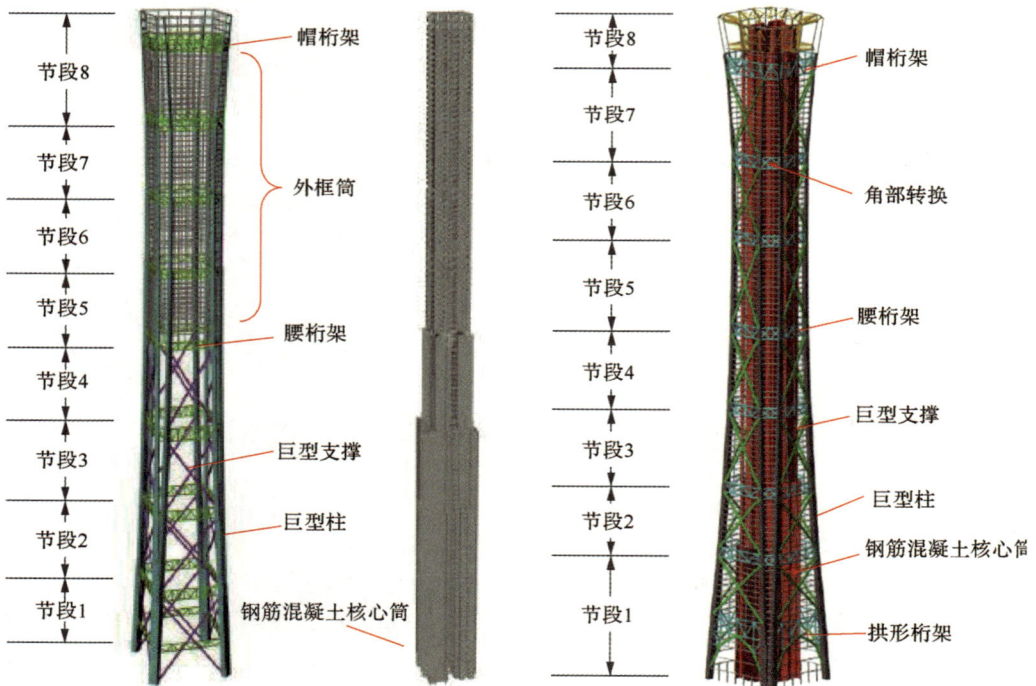

（a）半高支撑方案主体结构示意图　　　　　　（b）全高支撑方案主体结构示意图

图 3.3-1　两种结构方案示意图

都布置两根，不再采用在节段 2 分叉的方案；②巨型柱从结构底部一直延伸至结构节段
7 顶部，观光层（节段 8）无巨型柱。巨型支撑沿结构全高布置；腰桁架沿塔楼竖向建
筑功能节间布置，共 8 组；核心筒采用含钢板的钢筋混凝土剪力墙组成。

　　表 3.3-1 对比了两种结构方案的主要差别。除表中列出的差别外，两种结构方案的
次框架构件尺寸、核心筒剪力墙厚度、剪力墙布置以及剪力墙的具体配筋等方面也有所
差异，限于篇幅，不在表中一一列出。

表 3.3-1　两种结构方案的主要差别

差别	半支撑方案	全支撑方案
结构高度/m	545.6	536.7
结构平面尺寸/(m×m)	顶部约为 60×60 收腰约为 50×50 底部约为 67×67	顶部约为 69×69 收腰约为 54×54 底部约为 71×71
收腰最小部位/m	$H \approx 420$	$H \approx 380$
巨型支撑布置	节段 1～节段 4	沿结构全高
腰桁架布置	共 9 道	共 8 道
伸臂桁架布置	节段 5～节段 8	未设置
巨型柱最大尺寸/(m×m)	6.5×6.5	5.2×5.2

　　本节依据这两种结构方案建立了相应的整体结构有限元模型，如图 3.3-2 所示。为
便于区分，将半高支撑结构方案对应的有限元模型称为半支撑结构模型，全高支撑结构
方案对应的有限元模型称为全支撑结构模型。在本节后续章节中，以半支撑结构模型和
全支撑结构模型指代两种结构有限元模型。

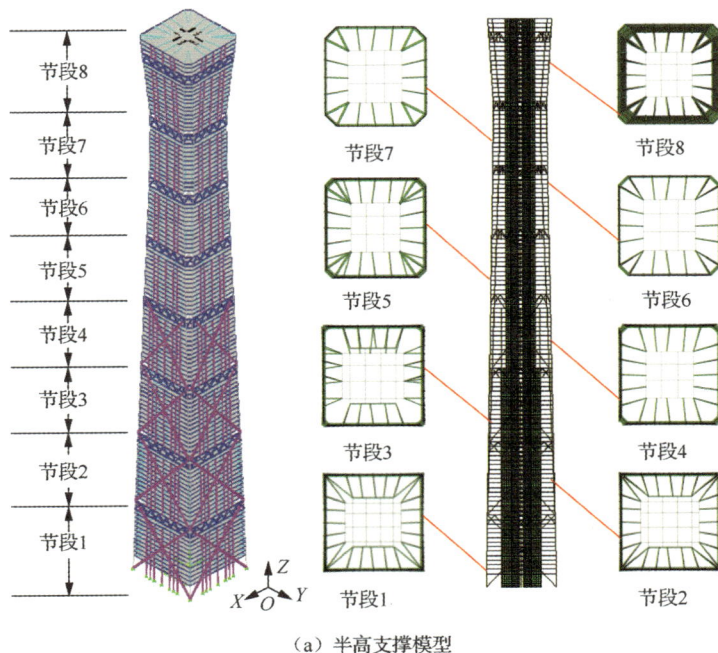

节段8
节段7
节段6
节段5
节段4
节段3
节段2
节段1

节段7　　节段8
节段5　　节段6
节段3　　节段4
节段1　　节段2

（a）半高支撑模型

图 3.3-2　整体结构有限元模型

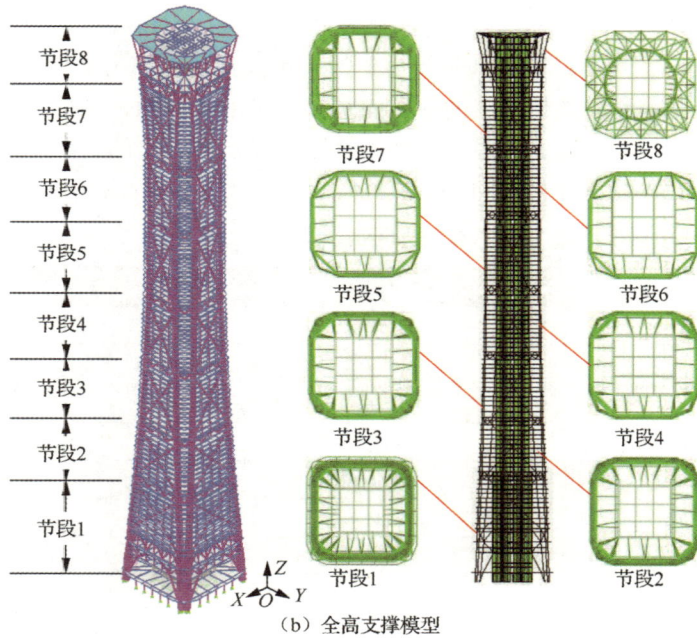

（b）全高支撑模型

图 3.3-2（续）

3.3.2.2　建模方法

1）材料本构模型

普通构件中混凝土及钢材本构模型同第 2 章所述。本工程中巨型柱采用钢管混凝土，其约束混凝土受力行为的模拟非常关键。因此，本节采用 Han 等（2001）提出的方钢管混凝土纵向应力（σ）-应变（ε）关系模型，具体内容参见 2.2.5 节，取峰值应力 σ_0 的 10%对应的应变作为方钢管混凝土中混凝土的极限应变 ε_u，各节段巨型柱的混凝土本构模型的参数汇总如表 3.3-2 所示。

表 3.3-2　巨型柱的混凝土本构模型参数

巨型柱所处节段	ξ	σ_0/MPa	ε_0	ε_u（10%σ_0）
节段 1 巨型柱	0.415	−61.557	−0.004 12	−0.580
节段 2～节段 4 巨型柱	0.610	−62.223	−0.004 29	−0.675
节段 5 巨型柱	0.572	−51.898	−0.003 85	−0.614
节段 6 巨型柱	0.533	−51.776	−0.003 82	−0.595
节段 7 巨型柱	0.782	−42.224	−0.003 55	−0.656
节段 8 巨型柱	0.990	−42.727	−0.003 63	−0.738

2）核心筒

半支撑结构方案和全支撑结构方案的核心筒有限元模型及典型节段剪力墙布局如图 3.3-3 所示，图中不同颜色代表不同厚度的墙体。

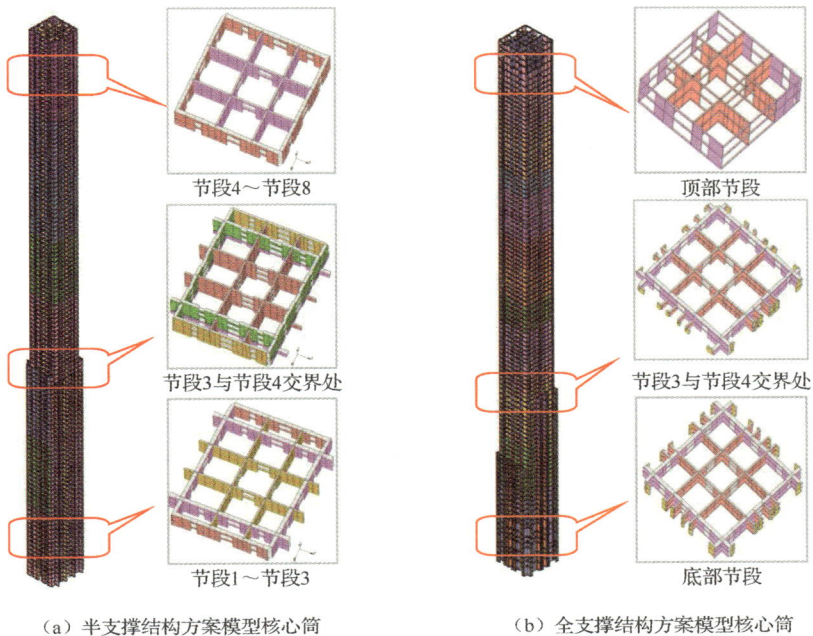

（a）半支撑结构方案模型核心筒　　　　　（b）全支撑结构方案模型核心筒

图 3.3-3　核心筒有限元模型及典型节段剪力墙布局

剪力墙和连梁采用分层壳单元加以模拟。剪力墙中配置的边缘约束构件采用杆单元单独进行模拟，这些杆单元与剪力墙单元共节点，可实现边缘约束构件与剪力墙的变形协调。

3）次框架、桁架和巨型支撑

结构中的次框架、桁架和巨型支撑均为纯钢构件，采用 MSC.Marc 软件自带的纤维梁单元进行模拟。次框架、桁架和巨型支撑的截面形式为工字形或箱形。典型钢构件截面纤维梁划分示意图如图 3.3-4 所示。

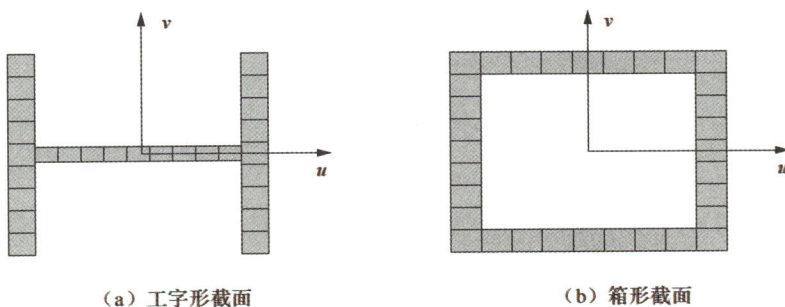

（a）工字形截面　　　　　　　　（b）箱形截面

图 3.3-4　典型钢构件截面纤维梁划分示意图

次框架、桁架和支撑的建模效果图如图 3.3-5 所示。

4）巨型钢管混凝土柱

本节研究对象中，一类特殊的构件是布置在结构四个角部的巨型钢管混凝土柱。本节采用纤维梁模型模拟巨型钢管混凝土柱，并采用 2.2.5 节中 Han 等（2001）提出的方钢管约束混凝土本构。

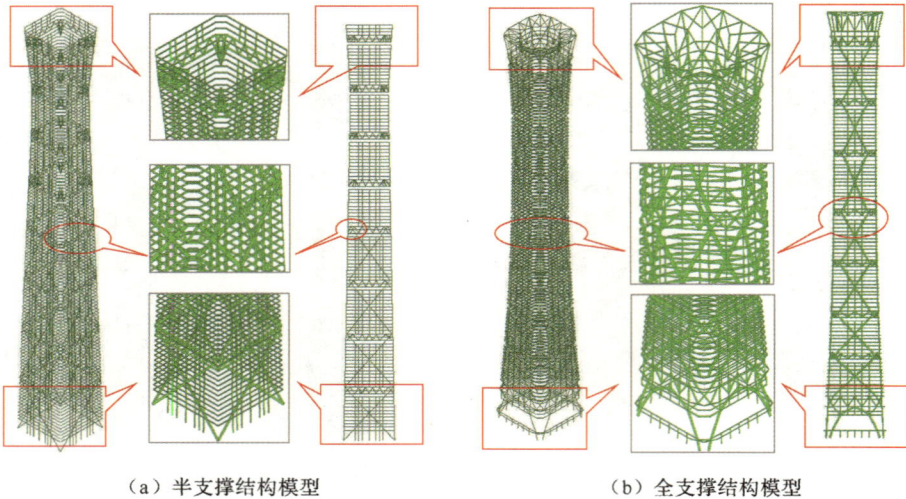

（a）半支撑结构模型 （b）全支撑结构模型

图 3.3-5　次框架、桁架和支撑的建模效果图

5）失效准则

一般而言，约束混凝土（如方钢管混凝土柱中的混凝土）的延性比非约束混凝土（如保护层混凝土）大，因此结构中不同部位的混凝土应采用不同的压碎失效准则。同理，不同构件中的钢筋和钢材也应采用不同的失效准则。本节具体应用于混凝土和钢材的失效准则见表 3.3-3。

表 3.3-3　混凝土和钢材的失效准则

材料名称	失效准则
方钢管约束混凝土	受压应变超过表 3.3-2 的极限应变 ε_u
非约束混凝土	受压应变超过 0.37% ［《混凝土结构设计规范》（GB 50010—2010）表 C.2.4］
混凝土中的钢筋	受拉应变超过 9% ［《建筑抗震设计规范》（GB 50011—2010）第 3.9.2 条第 2 款］
支撑、腰桁架、伸臂桁架、巨型柱的钢管 以及剪力墙中的钢板	受拉应变超过 20% ［《建筑抗震设计规范》（GB 50011—2010）第 3.9.2 条第 3 款］

3.3.2.3　半支撑结构地震灾变倒塌模拟

1）El Centro 波输入下的倒塌过程

地震倒塌模拟采用 El Centro 地震动记录作为典型输入，采用 PGA 调幅方法将 PGA 调至 2940cm/s^2。地震动沿结构 Y 向主轴输入，阻尼比参考我国《高层建筑钢-混凝土混合结构设计规程》（CECS 230: 2008）5.3.4 条的规定取值为 5%。结构在 El Centro 波的倒塌模式如图 3.3-6 所示；失效单元（即为在地震倒塌计算过程中采用生死单元技术"杀死"的单元）分布如图 3.3-7 所示；结构倒塌的整体进程如图 3.3-8 所示。

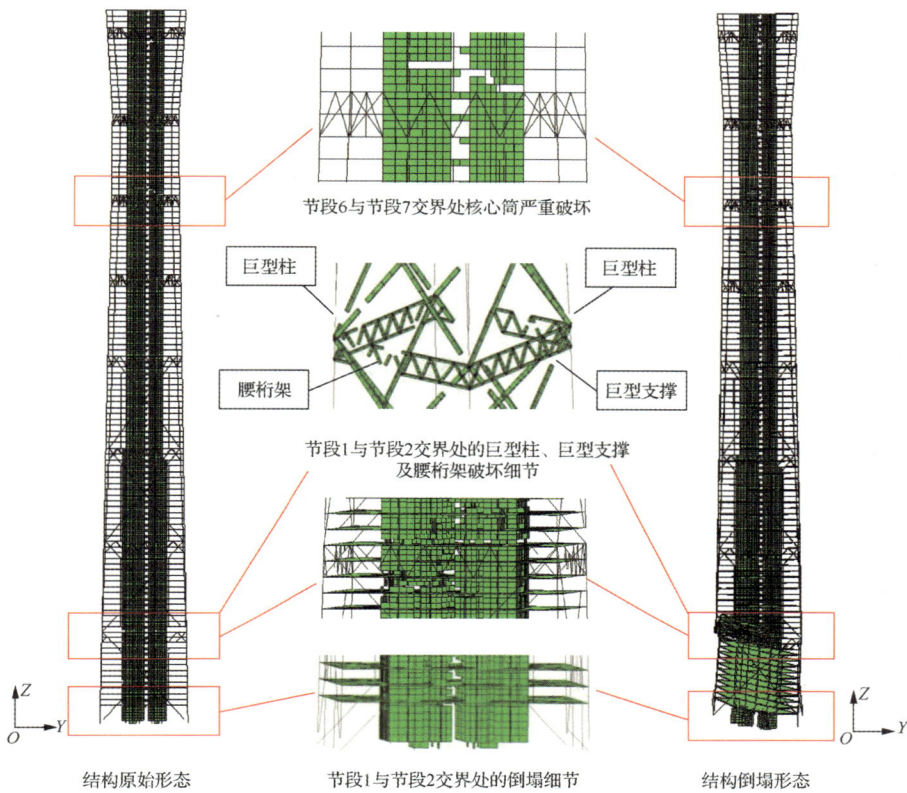

节段6与节段7交界处核心筒严重破坏

巨型柱 巨型柱

腰桁架 巨型支撑

节段1与节段2交界处的巨型柱、巨型支撑
及腰桁架破坏细节

结构原始形态　节段1与节段2交界处的倒塌细节　结构倒塌形态

图 3.3-6　半支撑结构沿 Y 轴输入 El Centro 波的倒塌模式

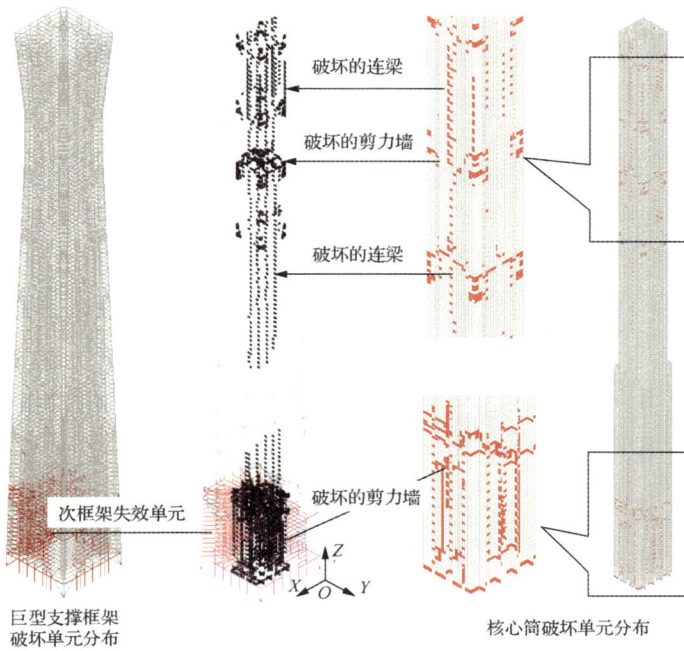

破坏的连梁

破坏的剪力墙

破坏的连梁

次框架失效单元　破坏的剪力墙

巨型支撑框架
破坏单元分布　核心筒破坏单元分布

图 3.3-7　半支撑结构倒塌过程中的失效单元分布

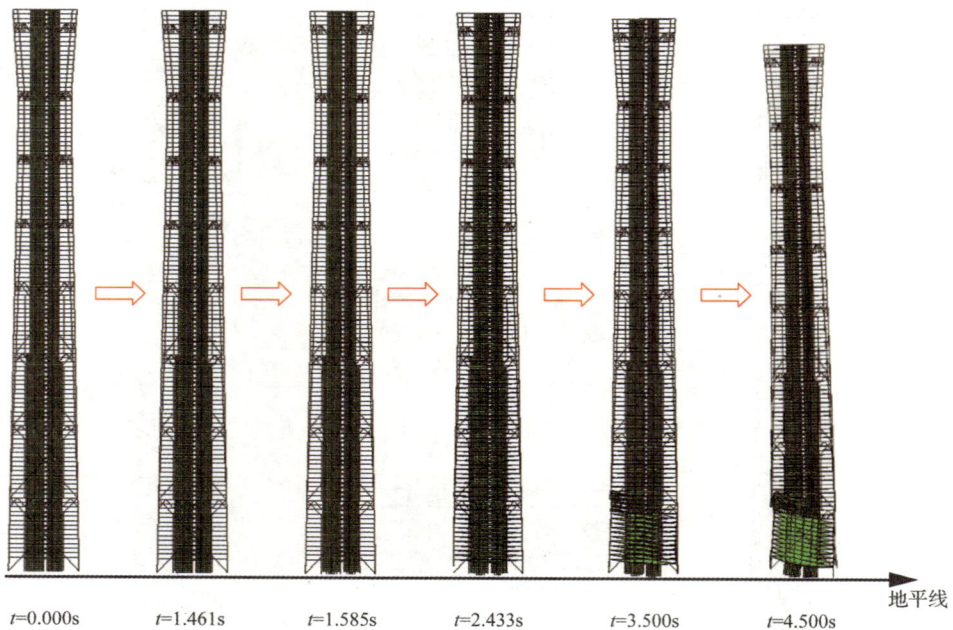

$t=0.000\text{s}$　　$t=1.461\text{s}$　　$t=1.585\text{s}$　　$t=2.433\text{s}$　　$t=3.500\text{s}$　　$t=4.500\text{s}$

图 3.3-8　半支撑结构沿 Y 轴输入 El Centro 波的结构倒塌的整体进程

　　结构大致倒塌具体过程如图 3.3-9 所示。当 $t=1.461\text{s}$［图 3.3-9（a）］时，核心筒底部的一些剪力墙局部混凝土接近压碎应变，发生破坏，主要集中在核心筒边缘区域；当 $t=1.585\text{s}$［图 3.3-9（b）］时，节段 1 核心筒底部剪力墙大部分发生破坏、脱落，同时结构节段 6 和节段 7 的连梁混凝土达到压碎应变，开始发生剪切破坏；当 $t=2.433\text{s}$［（图 3.3-9（c）］时，由于结构节段 1 核心筒大部分发生破坏，结构内力产生重分配，巨型柱受到的侧向力和竖向力逐渐增大，节段 1 底部巨型柱和节段 2 底部巨型柱开始发生压弯破坏；当 $t=3.500\text{s}$［图 3.3-9（d）］时，节段 6 与节段 7 交界处的剪力墙发生较严重破坏，节段 6 和节段 7 中间连梁大部分都已被剪坏；当 $t=4.500\text{s}$［图 3.3-9（e）］时，节段 1 底部巨型柱完全破坏，节段 1 底部核心筒剪力墙大部分发生破坏，节段 2 底部巨型柱一侧完全破坏，节段 1 和节段 2 交界处发生局部倒塌，进而结构开始发生倒塌。从倒塌过程的模拟分析可知，结构的大致破坏顺序为：底部核心筒剪力墙→高节段连梁和剪力墙→节段 1 和节段 2 巨型柱。

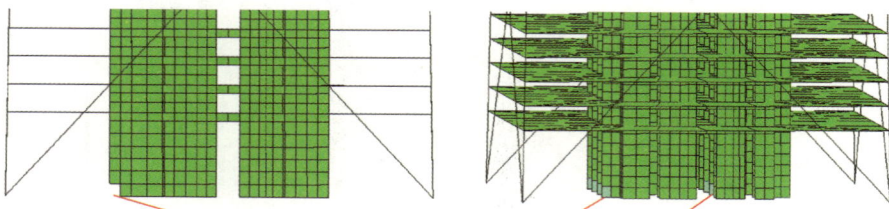

（a）$t=1.461\text{s}$，节段 1 底部剪力墙开始发生破坏

图 3.3-9　半支撑结构沿 Y 轴输入 El Centro 波的结构大致倒塌具体过程

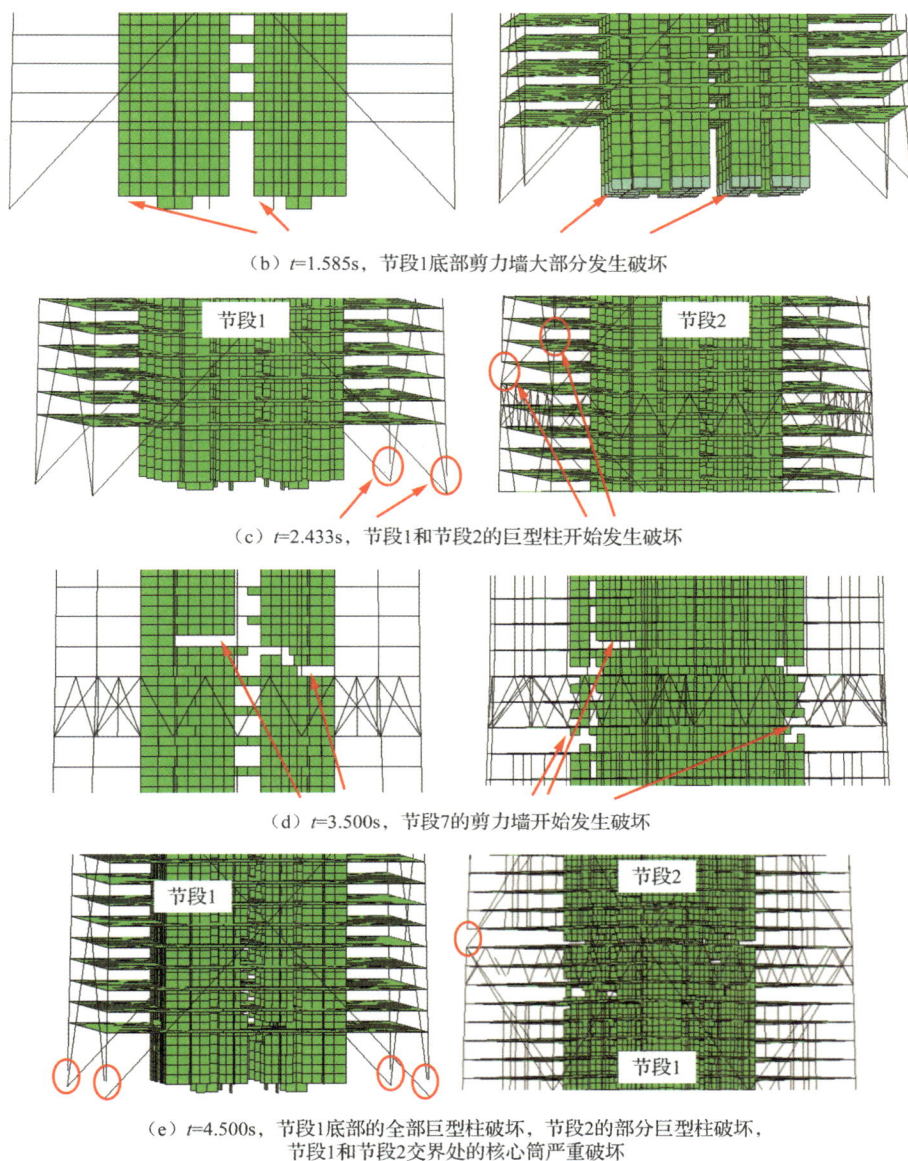

（b）*t*=1.585s，节段1底部剪力墙大部分发生破坏

（c）*t*=2.433s，节段1和节段2的巨型柱开始发生破坏

（d）*t*=3.500s，节段7的剪力墙开始发生破坏

（e）*t*=4.500s，节段1底部的全部巨型柱破坏，节段2的部分巨型柱破坏，
节段1和节段2交界处的核心筒严重破坏

图 3.3-9（续）

半支撑结构沿 *Y* 轴单向输入 El Centro 波（PGA=2940cm/s^2）的倒塌时刻结构顶点位移时程曲线，如图 3.3-10 所示。该超高层巨型结构的前 2 阶平动周期很长，相应的地震力也比较小。因此，该超高层巨型结构的倒塌破坏形态主要受高阶振型（3 阶平动振型）控制，结构在临近倒塌时的变形模式呈现出高阶振型的形状。由图 3.3-10 可知，倒塌时结构顶点竖向位移远大于顶点水平位移。图 3.3-11 示出半支撑结构沿 *Y* 轴输入 EI Centro 波的倒塌计算中楼层 *Y* 方向位移分布。由图可知，结构重心在结构倒塌过程中未发生明显偏移，表明结构是竖向倒塌而不是倾覆倒塌。

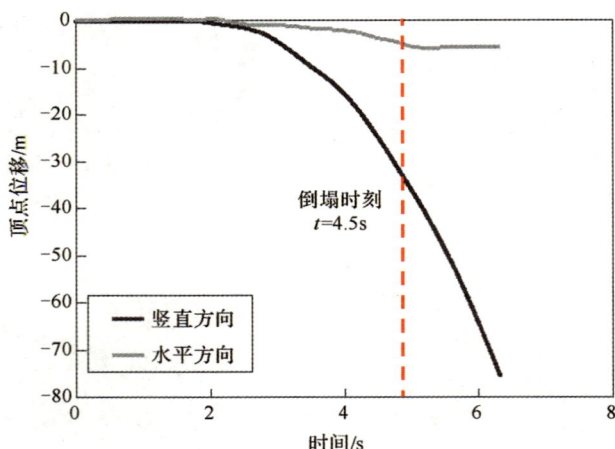

图 3.3-10　半支撑结构沿 Y 轴单向输入 El Centro 波的倒塌时刻结构顶点位移时程曲线

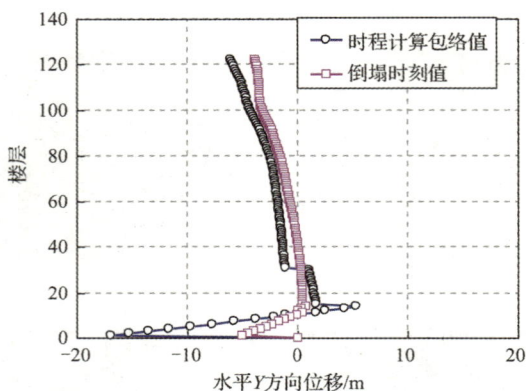

图 3.3-11　半支撑结构沿 Y 轴输入 El Centro 波的倒塌计算中楼层 Y 方向位移分布

从以上分析结果可知，半支撑结构在 El Centro 波作用（PGA=2 940cm/s^2）下，结构底部破坏最严重，主要集中在节段 1、节段 2，最终在节段 1 底部和节段 1 与节段 2 的交界处发生坍塌而导致整体结构倒塌；另外，结构的节段 6 和节段 7 交界处的剪力墙也发生了较为严重的破坏。由此可见，上述部位是结构发生倒塌的潜在薄弱部位，在结构设计中需要加以注意。

2）KOBE 波输入下的倒塌过程

不同地震动记录的频谱特性有较大差异，因此激发的结构振动模态也有所不同，结构的地震响应及破坏情况也有所差异，最终结构的倒塌模式也可能有所不同。为了考察结构在不同地震动输入下倒塌模式的差别，本节采用太平洋地震工程研究中心提供的地震动记录数据库中的 KOBE-SHI000 波（以下简称为 KOBE 波）作为地震动输入进行结构倒塌计算，采用 PGA 调幅方法将其 PGA 调至 1 764cm/s^2。半支撑结构沿 Y 轴输入 KOBE 波的大致倒塌过程如图 3.3-12 所示。当 t=12.310s 时，结构核心筒底部的部分剪力墙首先发生破坏；到 t=12.410s 时，结构核心筒最底部剪力墙大部分发生破坏，同时结构上部节段的连梁开始发生剪切破坏；当 $t=12.810$s 时，由于结构底部核心筒大部分发生破坏，结构内力产生重分配，节段 1 底部巨型柱和节段 2 底部巨型柱开始发生压弯破坏；当 $t=13.500$s 时，结构底部剪力墙和巨型柱大部分发生破坏，节段 2 底部的巨型柱也基本破坏，结构开始发生倒塌。

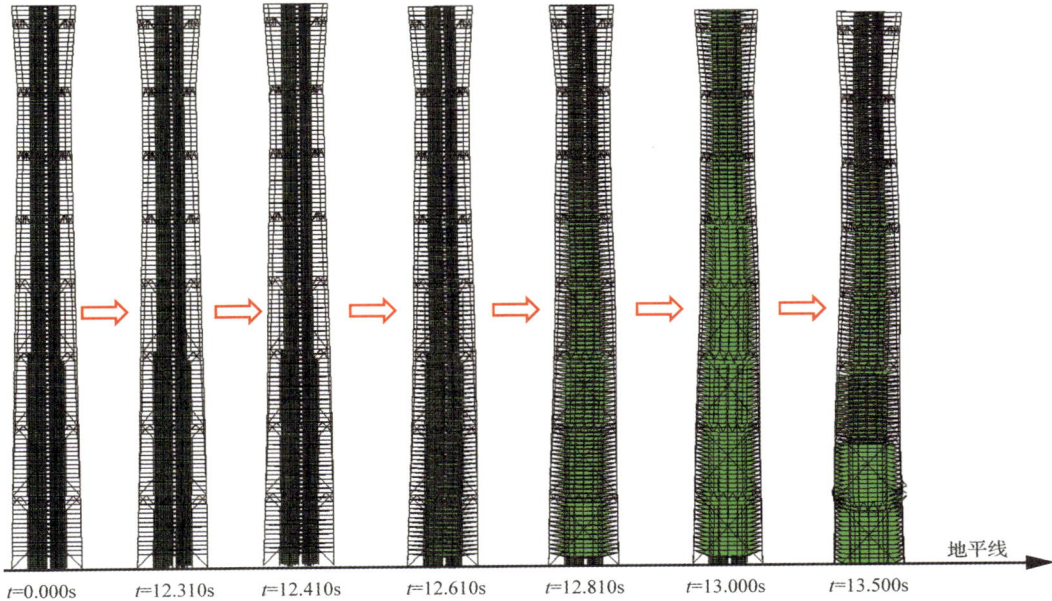

图 3.3-12　半支撑结构沿 Y 轴输入 KOBE 波的大致倒塌过程

半支撑结构沿 Y 轴单向输入 KOBE 波（PGA=1764cm/s^2）的结构顶点位移时程曲线，如图 3.3-13 所示。由图可知，结构顶点在倒塌时刻的竖向位移约为水平位移的 3 倍，结构重心在倒塌过程中没有发生显著偏移，因此结构倒塌模式是竖向倒塌，而不是倾覆倒塌。这也验证了采用 El Centro 波作为地震动输入的分析结果，即结构在极罕遇地震作用下主要发生竖向倒塌，而不是倾覆倒塌。

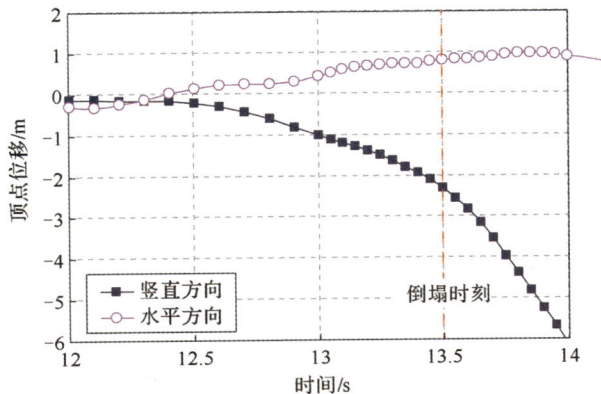

图 3.3-13　半支撑结构沿 Y 轴单向输入 KOBE 波的结构顶点位移时程曲线

3）IDA 分析

为了考察半支撑结构方案的抗地震倒塌能力，以下进一步采用 IDA 分析方法对半支撑结构进行了地震倒塌分析。地震动记录集合选取美国 FEMA-P695 建议采用的 22 组远场地震动记录（FEMA，2009），在具体计算中选择这 22 组地震动记录中强度较大的分量作为地震动输入。因为结构 1 阶周期相应于 Y 方向的平动，所以 IDA 分析中地震动沿结构 Y 向单方向输入。在 IDA 分析中，采用 PGA 调幅方法调整各地震动记录的 PGA 值。

对半支撑结构模型 IDA 分析的结构倒塌部位统计，如图 3.3-14 所示。从图 3.3-14 可知结构发生倒塌的部位主要集中在节段 2，所占比例约为 73%；其次是节段 1 与节段 7，所占比例为 9.09%。倒塌发生在结构其他部位的比例较小，且分布较为离散。在本次 IDA 分析中，各有 1 组地震动记录使得结构在节段 5 和节段 6 发生倒塌。结构倒塌部位集中在节段 2 的可能原因之一是结构角部的巨型柱在节段 2 由一根分叉为两根，导致巨型柱受力不利，在地震作用下容易发生破坏，而巨型柱是结构抗侧力体系中的重要组成部位，一旦巨型柱发生严重破坏，将可能导致结构发生倒塌。除了节段 2 之外，结构倒塌部位发生在节段 7 的概率也相对较大，可能原因是结构平面尺寸在节段 7 达到最小，然后又开始逐步扩大直至结构顶部，因而在节段 7 形成了一个相对薄弱的"颈缩"位置。

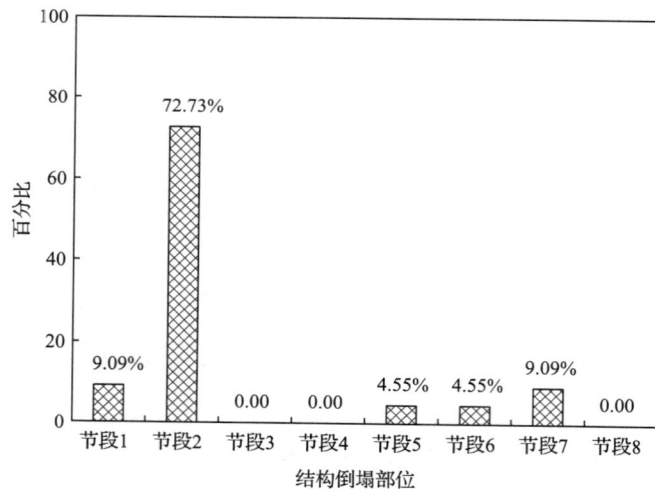

图 3.3-14　半支撑结构模型 IDA 分析的结构倒塌部位统计

根据 IDA 分析的结果，可得到半支撑结构模型的结构倒塌易损性曲线，如图 3.3-15 所示。结构的倒塌 PGA 平均值为 2.35g，是结构设计大震强度（8 度罕遇，0.4g）的 5.88 倍，说明本结构具有较高的抗地震倒塌安全储备。

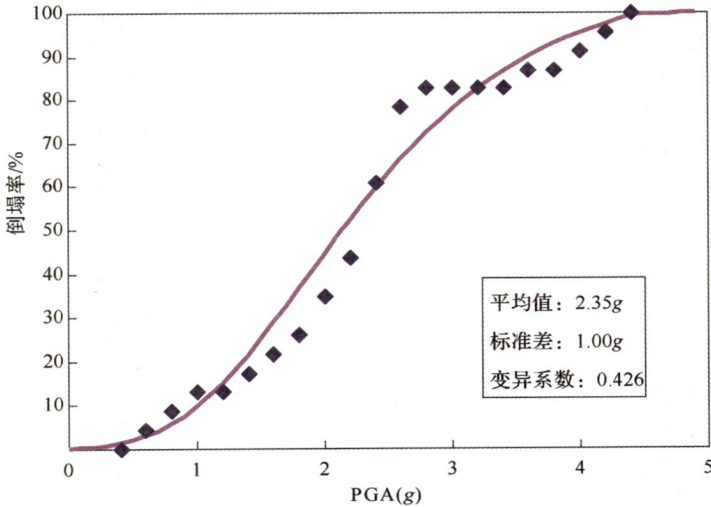

图 3.3-15　半支撑结构模型的结构倒塌易损性曲线

3.3.2.4　全支撑结构地震灾变倒塌模拟

1）El Centro 波输入下的倒塌过程

全支撑结构的第一振型为 X 主轴方向的平动振型。故沿结构 X 向主轴单向输入 El Centro 波。根据我国《高层建筑钢-混凝土混合结构设计规程》（CECS 230: 2008）中 5.3.4 条的规定并参考设计人员的建议，取阻尼比为 4.5%。结构在 El Centro 波的倒塌模式如图 3.3-16 所示，失效单元（在地震倒塌计算过程中采用生死单元技术"杀死"的单元）分布如图 3.3-17 所示，结构整体倒塌进程如图 3.3-18 所示。

结构倒塌过程细节如图 3.3-19 所示：当 t=2.055s［图 3.3-19（a）］时，核心筒底部的一些连梁达到压碎应变，开始发生剪切破坏；当 t=2.955s［图 3.3-19（b）］时，节段 6 中上部的核心筒剪力墙出现破坏、脱落；当 t=10.810s［图 3.3-19（c）］时，由于结构节段 6 中上部的核心筒剪力墙破坏严重，结构内力产生重分配，巨型柱受到的侧向力和竖向力逐渐增大，节段 6 中上部（腰桁架以下）的巨型柱开始发生压弯破坏，结构在节段 6 中上部节段（82～86 层）发生倒塌；当 t=14.500s［图 3.3-19（d）］时，节段 6 中上部的巨型支撑出现破坏，结构在倒塌部位的核心筒重心发生偏移，产生一定程度的倾覆现象；当 t=15.360s［图 3.3-19（e）］时，节段 6 中上部的核心筒几乎完全破坏，同时该部位的巨型柱和巨型支撑也严重破坏，结构主承重体系基本丧失承载能力，结构竖向倒塌发展迅速，同时倒塌部位以上的节段在水平地震力作用下重心进一步偏移，由于重力 2 阶效应产生侧向倾覆。从倒塌过程分析可知，结构的大致破坏顺序为：底部核心筒连梁→高节段连梁和节段 6 的剪力墙→节段 6 的巨型柱→节段 6 的巨型支撑。

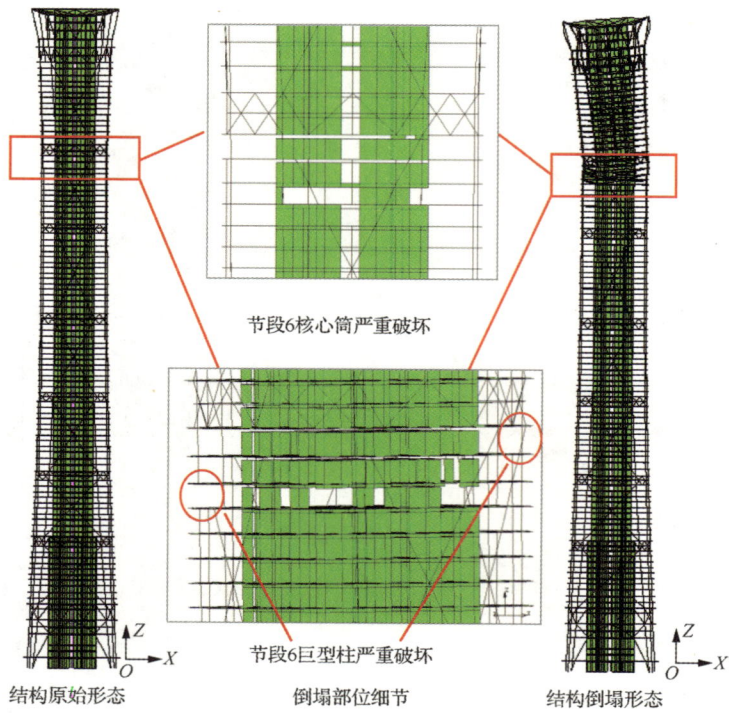

节段6核心筒严重破坏

节段6巨型柱严重破坏

结构原始形态　　　　　倒塌部位细节　　　　　结构倒塌形态

图 3.3-16　全支撑结构沿 X 轴单向输入 El Centro 波的倒塌模式

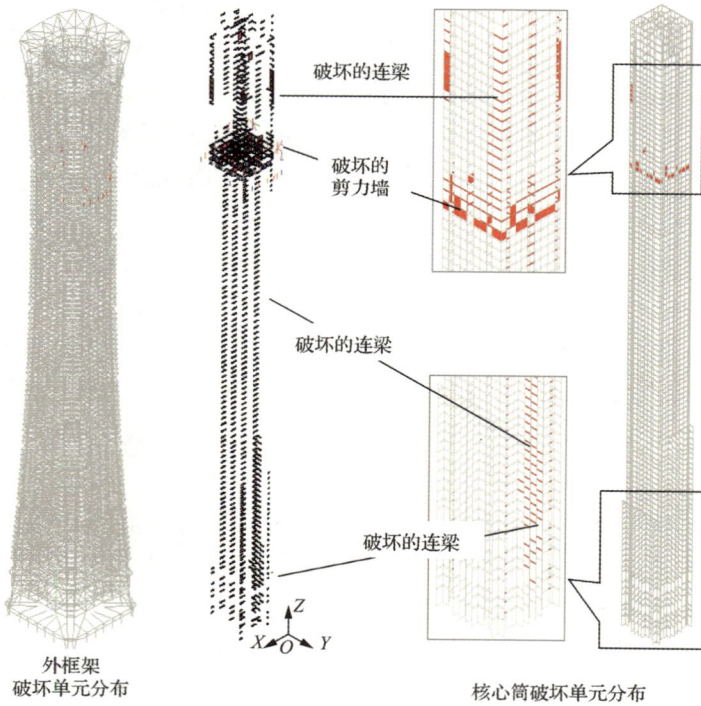

破坏的连梁

破坏的剪力墙

破坏的连梁

破坏的连梁

外框架
破坏单元分布　　　　　　　　　　　　　核心筒破坏单元分布

图 3.3-17　全支撑结构倒塌过程中的失效单元分布

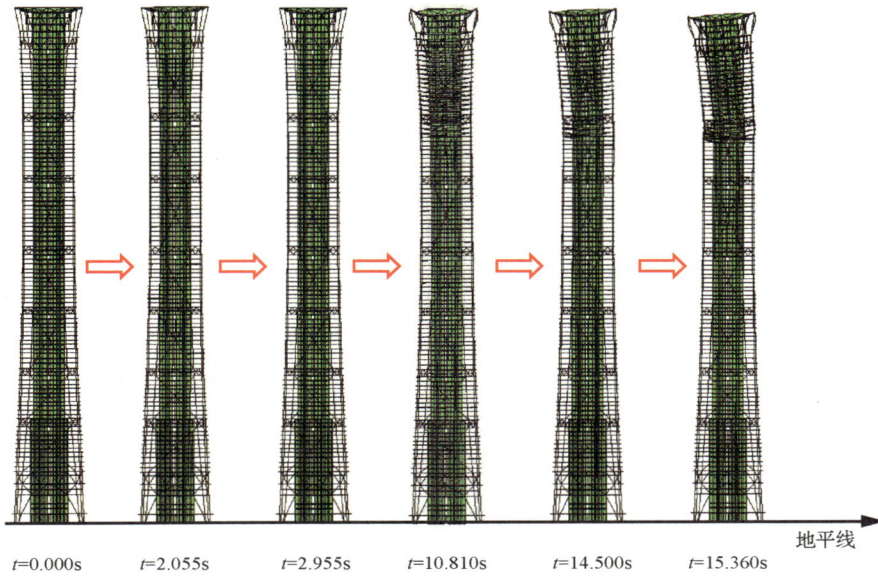

图 3.3-18　全支撑结构沿 X 轴单向输入 El Centro 波的结构整体倒塌进程

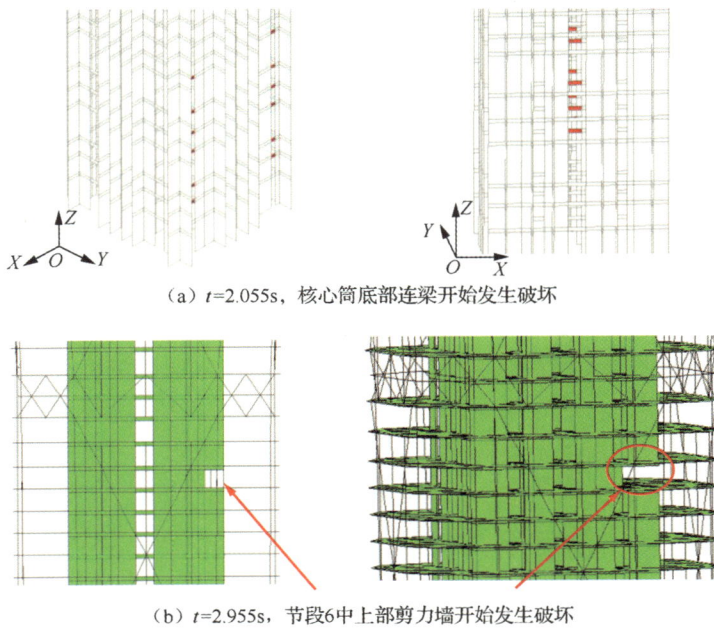

（a）t=2.055s，核心筒底部连梁开始发生破坏

（b）t=2.955s，节段6中上部剪力墙开始发生破坏

图 3.3-19　全支撑结构沿 X 轴单向输入 El Centro 波的结构倒塌过程细节

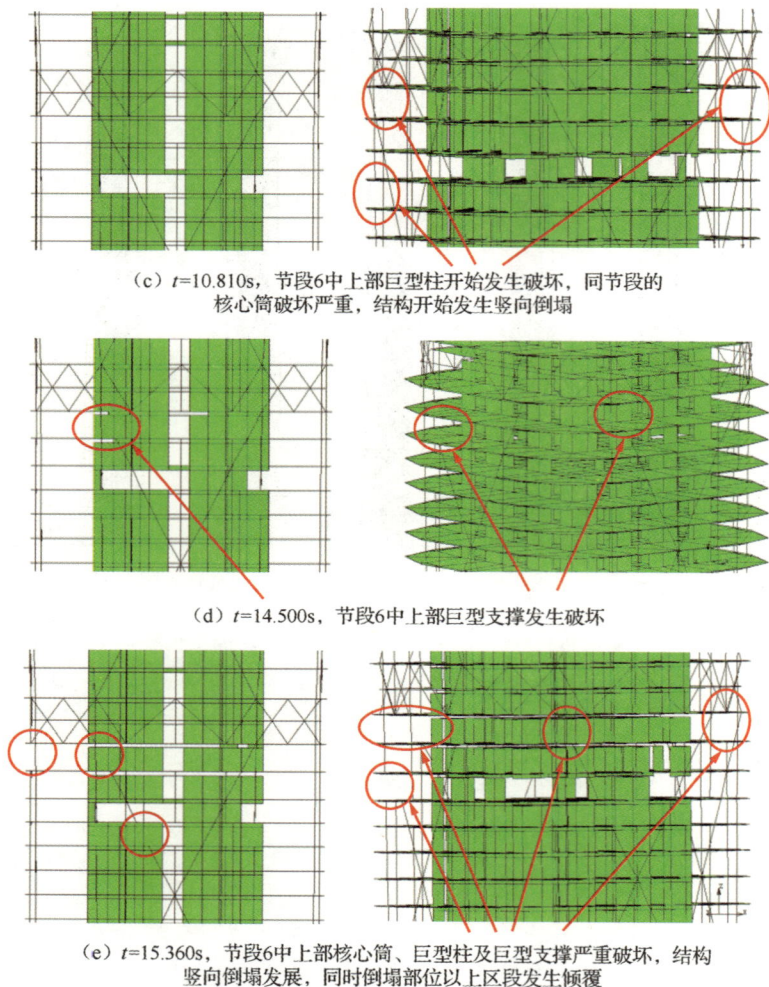

（c）$t=10.810\text{s}$，节段6中上部巨型柱开始发生破坏，同节段的
核心筒破坏严重，结构开始发生竖向倒塌

（d）$t=14.500\text{s}$，节段6中上部巨型支撑发生破坏

（e）$t=15.360\text{s}$，节段6中上部核心筒、巨型柱及巨型支撑严重破坏，结构
竖向倒塌发展，同时倒塌部位以上区段发生倾覆

图 3.3-19（续）

　　图 3.3-20 为全支撑结构沿 X 向输入 El Centro 波（PGA=2058cm/s²）的顶点位移时程曲线。该超高层巨型结构在临近倒塌时的变形模式呈现出高阶振型形状。由图 3.3-20 与图 3.3-21 可知，结构发生倒塌的倒塌部位（82～86 层）以下楼层的水平位移和竖向位移都很小，说明该部分结构的重心无明显偏移；而结构倒塌部位以上节段（86～110 层）的水平位移和竖向位移都远远大于倒塌部位以下的节段，同时由图 3.3-21（b）可以看出，结构倒塌部位以上各个楼层的竖向位移都几乎相等，说明这些楼层是作为一个整体下坠，即结构发生了竖向倒塌。在结构发生竖向倒塌的同时，结构倒塌部位以上的节段在水平地震力作用下，由于重力 2 阶效应而有倾覆趋势，结构发生竖向倒塌后，倒塌部位以上的结构节段水平位移迅速增大，如图 3.3-21（a）所示。

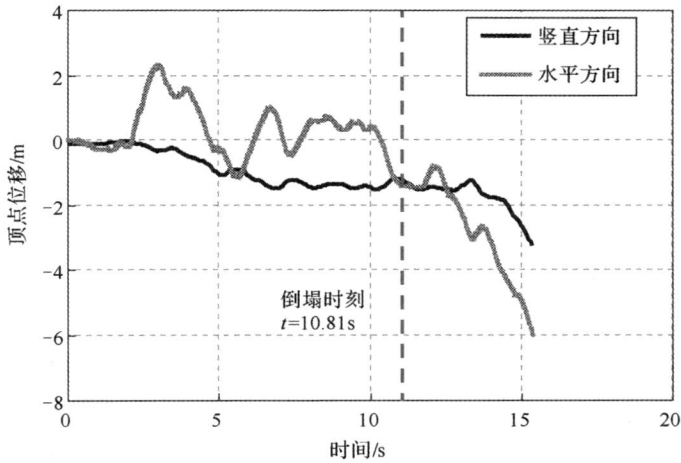

图 3.3-20　全支撑结构沿 X 向输入 El Centro 波的顶点位移时程曲线

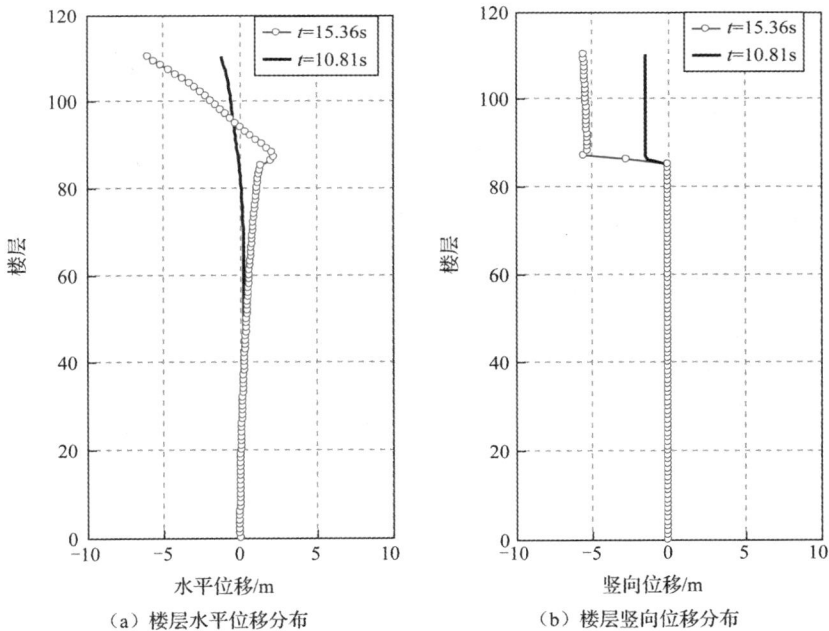

（a）楼层水平位移分布　　　　　　　　　（b）楼层竖向位移分布

图 3.3-21　El Centro 波（PGA=2 058cm/s²）作用下楼层位移分布

　　从以上分析结果可知，全支撑结构模型在 El Centro 波作用下，结构平面尺寸由小变大的节段（即节段 6 中上部位置）破坏最严重，先是剪力墙发生破坏，然后由于结构内力重分布，使得巨型支撑框架的巨型柱和巨型支撑先后发生破坏，最后由于节段 6 中上部位置的核心筒几乎破坏殆尽、巨型柱和巨型支撑严重破坏，结构主承载体系丧失竖向承载能力而在节段 6 中上部处发生倒塌，同时节段 6 中上部以上的结构节段在向下倒塌的过程中，在水平地震力的共同作用下重心发生偏移而发生水平倾覆。结构的破坏模式为先发生竖向倒塌，然后在水平地震力作用下，结构倒塌部位以上的节段重心发生偏移而发生倾覆。从地震倒塌分析结果可以发现，结构平面尺寸最小的位置（腰部最细的位置）是结构倒塌的潜在薄弱部位，在设计过程中应该给予更多关注。

2）KOBE 波输入下的倒塌过程分析

参照半支撑结构模型的分析，采用 KOBE 波作为地震动输入进行地震倒塌计算，采用 PGA 调幅方法将其 PGA 值调幅至 2 058cm/s²，沿结构 X 向主轴单向输入，地震动力时程计算时间设定为 40s。全支撑结构沿 X 轴单向输入 KOBE 波（PGA=2 058cm/s²）的倒塌模式如图 3.3-22 所示。

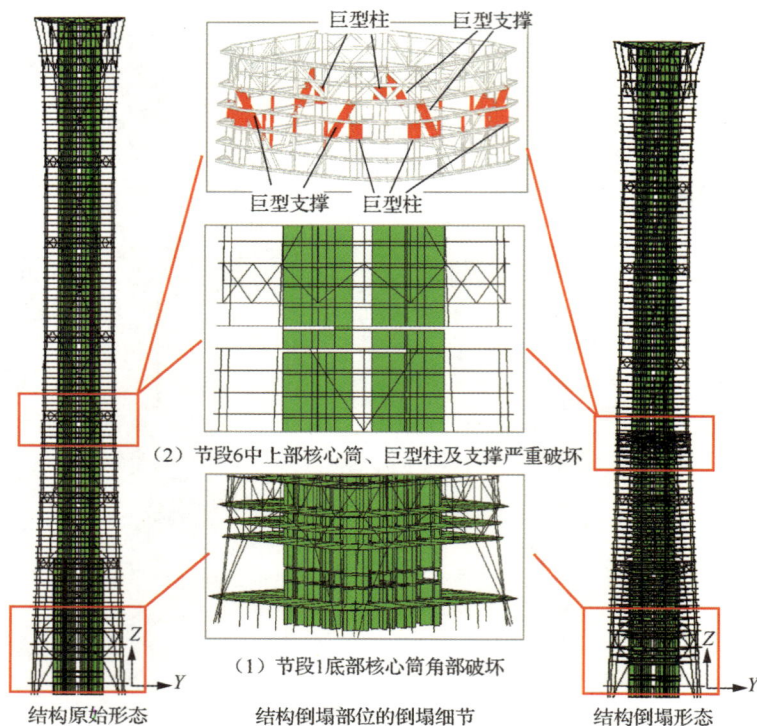

图 3.3-22　全支撑结构沿 X 轴单向输入 KOBE 波的倒塌模式

结构倒塌过程中失效单元（在地震倒塌计算过程中采用生死单元技术"杀死"的单元）的分布如图 3.3-23 所示。结构整体倒塌进程如图 3.3-24 所示。

结构倒塌过程细节如图 3.3-25 所示：当 t=12.310s［图 3.3-25（a）］时，核心筒底部的一些连梁达到压碎应变，开始发生剪切破坏，同时连梁破坏逐渐向上发展；当 t=15.500s［图 3.3-25（b）］时，节段 3 中上部的核心筒剪力墙出现破坏、脱落；与此同时，核心筒中的连梁从下往上破坏较为严重，表明连梁的耗能作用得到了较好发挥；当 t=23.500s［图 3.3-25（c）］时，与全支撑结构模型单向输入 El Centro 波的情况相类似，由于结构节段 3 中上部的核心筒剪力墙破坏严重，结构内力产生重分配，巨型柱受到的侧向力和竖向力逐渐增大，节段 3 中上部的巨型柱开始发生压弯破坏；当 t=24.005s［图 3.3-25（d）］时，节段 3 中上部（腰桁架以下）的巨型支撑出现破坏；当 t=24.500s［图 3.3-25（e）］

时，节段 3 中上部的核心筒几乎完全破坏，同时该部位的巨型柱和巨型支撑也严重破坏，结构主承重体系基本丧失承载能力，结构发生竖向倒塌；当 t =26.300s 时，结构倒塌部位以上的节段整体下坠，但没有发生侧向倾覆。从倒塌过程分析可知，结构的大致破坏顺序为：底部核心筒连梁→高节段连梁→节段 3 的剪力墙→节段 3 的巨型柱→节段 3 的巨型支撑。

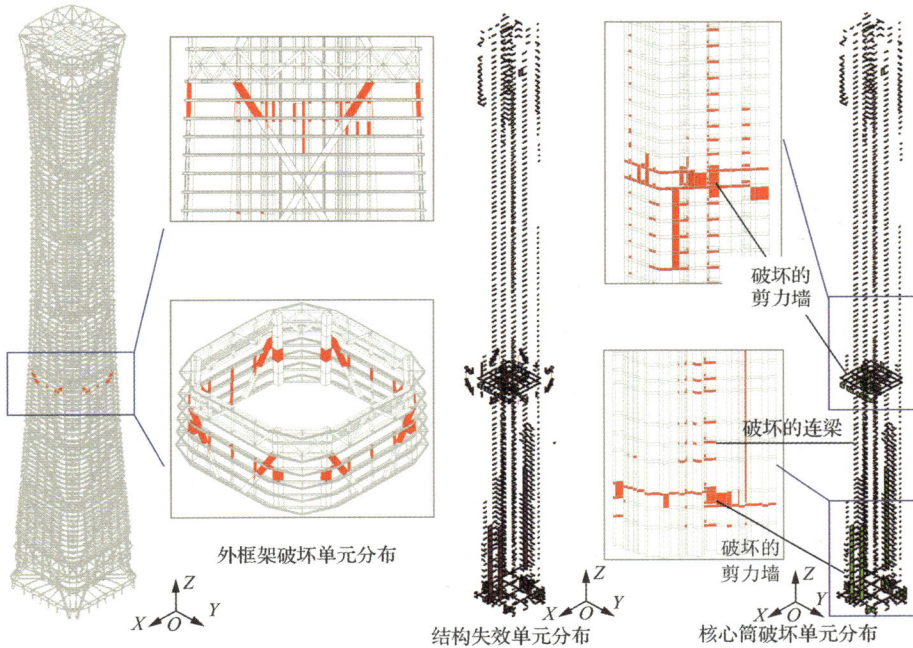

外框架破坏单元分布

结构失效单元分布

核心筒破坏单元分布

图 3.3-23 全支撑结构沿 X 轴单向输入 KOBE 波的倒塌失效单元的分布

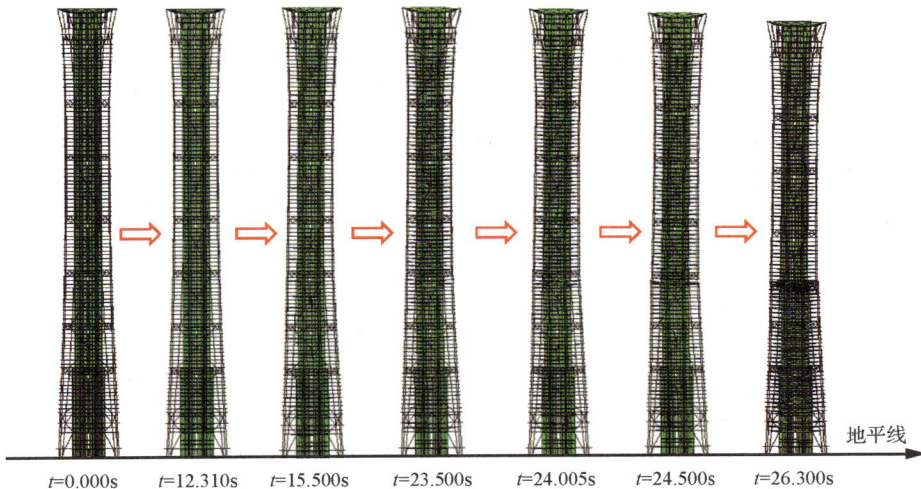

地平线

t=0.000s t=12.310s t=15.500s t=23.500s t=24.005s t=24.500s t=26.300s

图 3.3-24 全支撑结构沿 X 轴单向输入 KOBE 波的结构整体倒塌进程

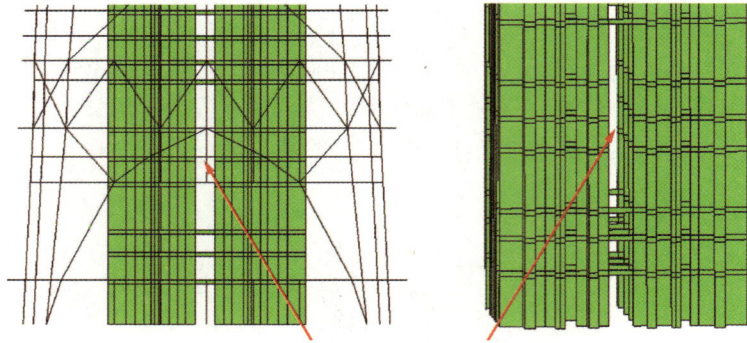

（a）t=12.310s，核心筒底部连梁开始发生破坏

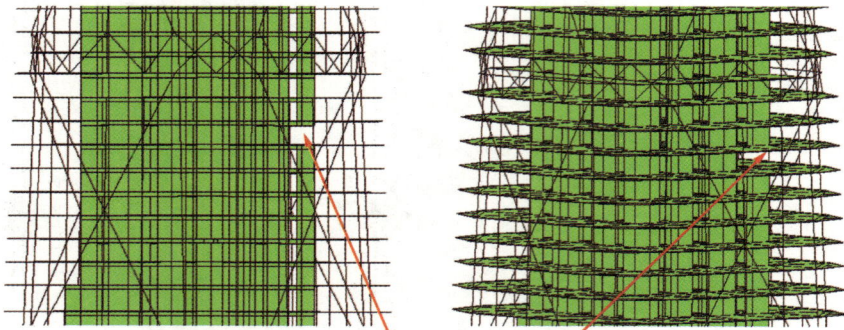

（b）t=15.500s，节段3中上部核心筒剪力墙开始发生破坏

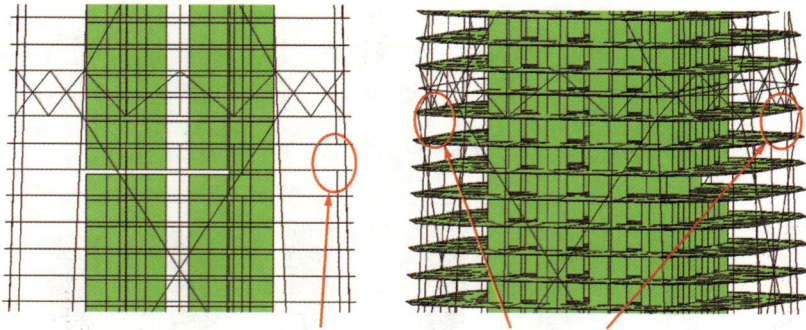

（c）t=23.500s，节段3上部区段的巨型柱发生破坏，同时该区段的核心筒严重破坏

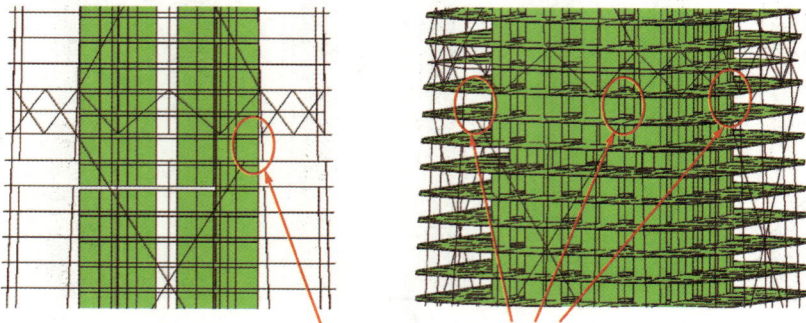

（d）t=24.005s，节段3上部的巨型支撑发生破坏

图 3.3-25　全支撑结构沿 X 轴单向输入 KOBE 波的结构倒塌过程细节

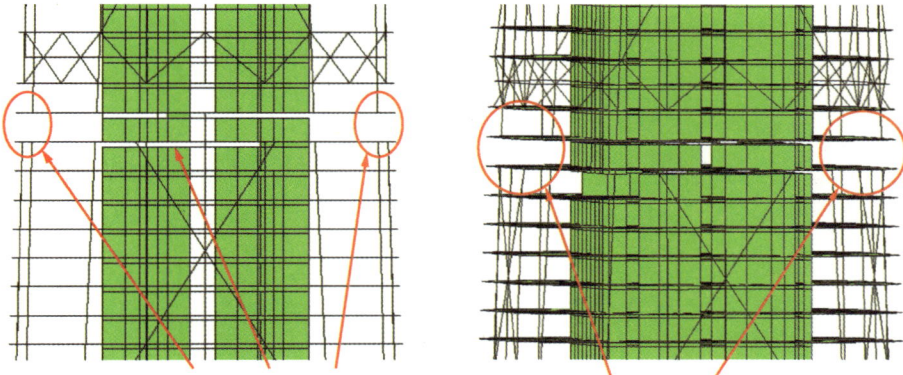

（e）$t=24.500\text{s}$，节段3上部区段的核心筒、巨型柱以及巨型支撑严重破坏，结构发生竖向倒塌

图 3.3-25（续）

全支撑结构沿 X 轴单向输入 KOBE 波（PGA=2058cm/s²）的结构顶点位移时程曲线如图 3.3-26 所示。由图 3.3-26 可知，结构顶点的水平位移在倒塌时刻（$t=24.500\text{s}$）趋于稳定，而结构顶点的竖向位移急剧增大，说明倒塌时刻结构发生了竖向倒塌。倒塌时刻（$t=24.500\text{s}$）与计算终止时刻（$t=26.300\text{s}$）不同阶段楼层位移分布（竖向位移与水平位移分布）如图 3.3-27 所示。从图 3.3-27 可知，结构楼层竖向位移在 43 层的位置发生突变，且 43 层以上的楼层的竖向位移都相同，说明结构在 43 层发生倒塌；而倒塌时刻（$t=24.500\text{s}$）结构楼层的水平位移分布与计算终止时刻（$t=26.300\text{s}$）基本相同，对比同时段内结构楼层的竖向位移分布，可知结构在倒塌开始后主要发生竖向位移，也证实了结构的倒塌模式为竖向倒塌。

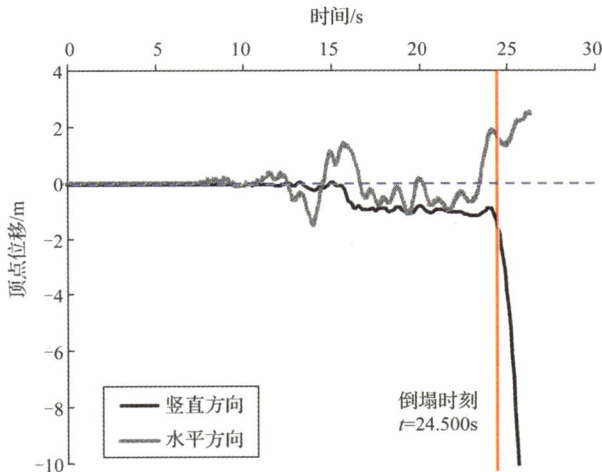

图 3.3-26　全支撑结构沿 X 轴单向输入 KOBE 波的结构顶点位移时程曲线

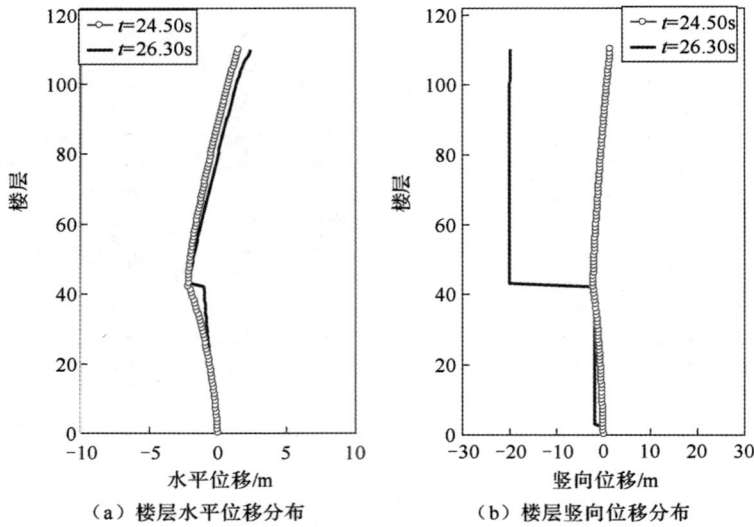

图 3.3-27　全支撑结构沿 X 轴单向输入 KOBE 波的不同阶段楼层位移分布

3）IDA 分析

　　本节对全支撑结构模型进行 IDA 分析时，采用与半支撑结构模型相同的地震动记录集合。与半支撑结构模型略有不同，因为全支撑结构模型的 1 阶周期相应于 X 向的平动，因此在全支撑结构模型 IDA 分析中，地震动沿结构 X 向主轴单向输入。在 IDA 分析中，采用 PGA 调幅方法调整各地震动记录的 PGA 值进行 IDA 分析。

　　对全支撑结构模型 IDA 分析结构倒塌部位进行统计，如图 3.3-28 所示。由图可知，全支撑结构模型在 IDA 分析中，结构发生倒塌的部位主要分布在节段 1、节段 3、节段 4 及节段 6，其中节段 6 发生倒塌的概率最大，约占 30%，而 22 组地震波记录中，倒塌部位发生在节段 1、节段 3、节段 4 的地震动记录 4 组；倒塌部位发生在节段 5 的地震动记录各有 2 组；倒塌部位发生在节段 7 和节段 8 的地震动记录各有 1 组；在 22 组地震波计算中，未观察到倒塌部位发生在节段 2 的情况。

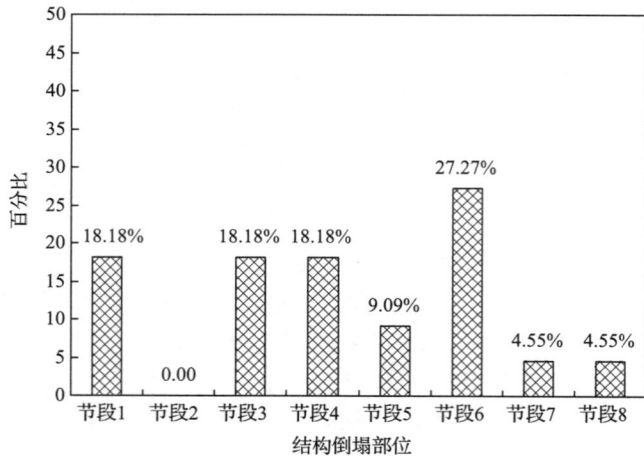

图 3.3-28　全支撑结构模型 IDA 分析结构倒塌部位统计

结构倒塌部位发生在节段 6 的概率最大，可能原因之一是全支撑结构模型的平面尺寸在节段 6 最小，形成了一个相对薄弱的"颈缩"位置，因此在地震作用下容易发生倒塌。对比半支撑结构模型，全支撑结构模型可能出现倒塌的部位更多，且各部位出现的概率分布相对更为均匀。

根据 IDA 分析的结果，可得到全支撑结构模型的倒塌易损性曲线如图 3.3-29 所示。结构倒塌的 PGA 平均值为 2.70g，是结构设计大震强度（8 度罕遇，0.4g）的 6.75 倍，说明本结构具有较高的抗地震倒塌安全储备。

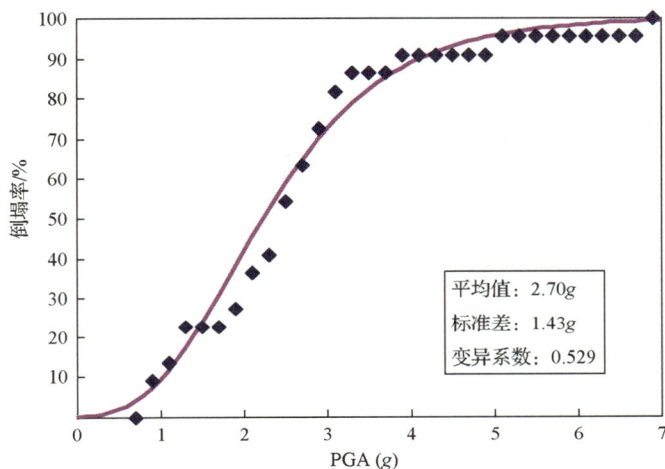

| 平均值：2.70g |
| 标准差：1.43g |
| 变异系数：0.529 |

图 3.3-29　全支撑结构模型的倒塌易损性曲线

3.3.2.5　结构方案比较

1）抗震性能比较

本小节对半支撑结构和全支撑结构两种结构模型的地震响应进行比较。两种结构模型在相应于我国《建筑抗震设计规范》（GB 50011—2010）规定的 8 度、8.5 度和 9 度设计大震水准下的地震响应如图 3.3-30～图 3.3-32 所示。

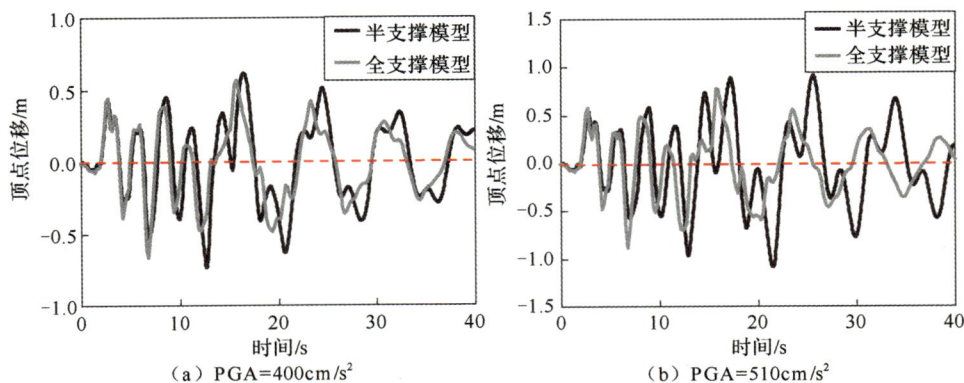

（a）PGA=400cm/s^2　　　　（b）PGA=510cm/s^2

图 3.3-30　两种结构模型地震响应比较（1）：结构顶点位移时程

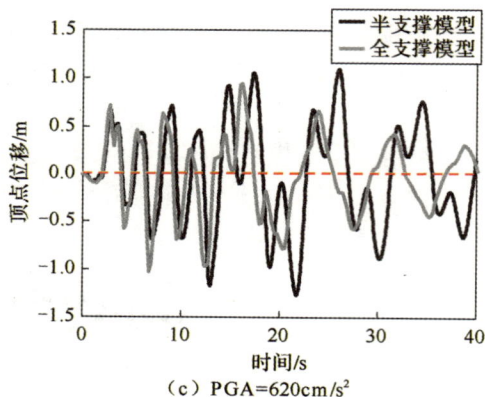

（c）PGA=620cm/s²

图 3.3-30（续）

由图 3.3-30 可知，在我国《建筑抗震设计规范》（GB 50011—2010）规定的 8 度、8.5 度和 9 度设计大震水准下，全支撑结构模型的结构顶点位移峰值比半支撑要小一些，在时程计算后半段（t=20~40s），地震波加速度为零，结构进入自振阶段时，半支撑结构模型的顶点位移响应要明显大于全支撑结构模型，且呈现出多个振型振动叠加的现象。

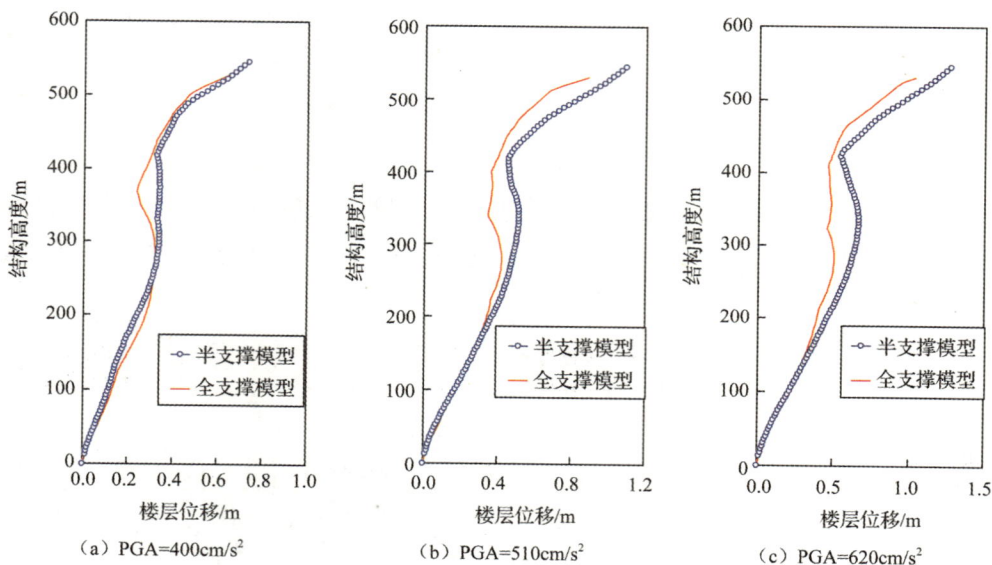

（a）PGA=400cm/s²　　　　（b）PGA=510cm/s²　　　　（c）PGA=620cm/s²

图 3.3-31　两种结构模型地震响应比较（2）：楼层位移包络值

由图 3.3-31 可知，全支撑结构模型的结构楼层位移包络值比半支撑结构模型小，且随着地震动强度的增大，差值也增大。两种结构的楼层位移包络曲线都在各自收腰位置出现了明显的内缩现象。

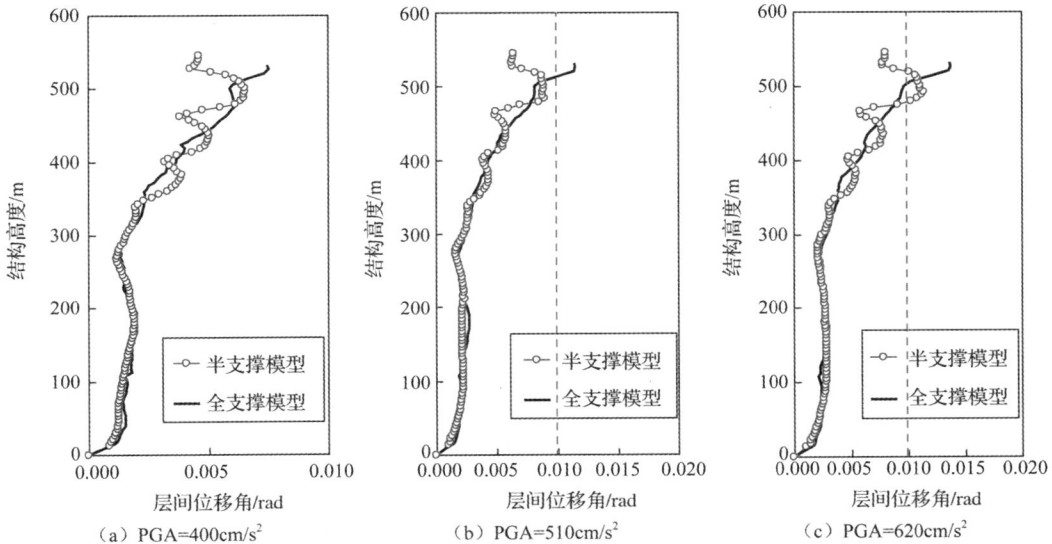

（a）PGA=400cm/s²　　　　（b）PGA=510cm/s²　　　　（c）PGA=620cm/s²

图 3.3-32　两种结构模型地震响应比较（3）：层间位移角包络值

由图 3.3-32 可知，两种模型的结构层间位移角在结构的中下部节段（节段 1～节段 4）差异并不明显，且分布都较为均匀，而在结构中上节段（节段 5～节段 7），全支撑结构模型的层间位移角总体要小于半支撑结构模型，这种趋势随着地震动强度增大而增大。但全支撑结构模型的顶部节段（节段 8）的层间位移角均比半支撑结构模型大，这是因为全支撑结构模型的顶部节段为观光层，由于建筑功能要求不能布置过多抗侧力构件，因此该节段的刚度相比其他节段要偏小；而半支撑结构模型在结构的中部以上节段（节段 5～节段 8）相应于腰桁架部位的层间位移角分布呈现明显的内缩现象，这是因为半支撑结构模型在结构节段 5～节段 8 设置了伸臂桁架，增强了腰桁架部位的结构刚度，形成了环箍效应。

2）地震易损性比较

两种结构方案模型的 IDA 分析得到的结构倒塌部位统计对比如图 3.3-33 所示，从图中可明显看出半支撑结构模型的倒塌部位集中于节段 2，而全支撑结构模型的结构倒塌部位离散性较大，且分布概率较为均匀，但结构平面尺寸最小的节段 6 发生倒塌的概率相对较大。

两种结构模型的倒塌易损性曲线对比如图 3.3-34 所示。由图可知，全支撑结构模型与半支撑结构模型的倒塌率曲线大致相近。两种结构模型 IDA 分析中倒塌 PGA 的平均值、标准差和变异系数对比如表 3.3-4 所示，二者倒塌 PGA 的统计指标值相差不大，说明了两种结构模型的抗地震倒塌能力大致相当，全支撑结构模型抗倒塌能力比半支撑模型大约高 14.8%。

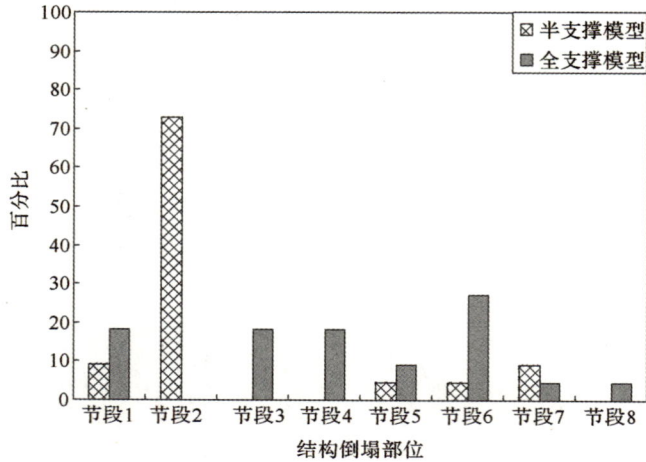

图 3.3-33　两种结构模型 IDA 分析的结构倒塌部位统计对比

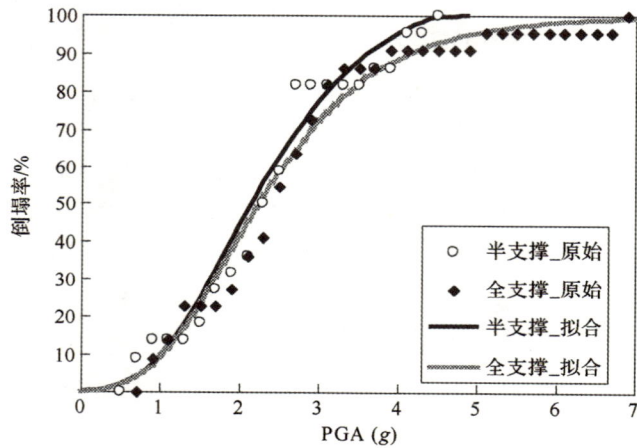

图 3.3-34　两种结构模型 IDA 分析的结构倒塌易损性曲线对比

表 3.3-4　两种结构模型 IDA 分析统计指标比较

结构模型	平均值（g）	标准差（g）	变异系数
半支撑结构模型	2.35	1.00	0.426
全支撑结构模型	2.70	1.43	0.529

　　另外，由于地震的复杂性，将 PGA 作为地震动强度指标用于超高层时精度相对较低。因此，本节建议了一个新的地震动强度指标 $\bar{S}$，有关详细介绍参见 5.2.4 节。基于 $\bar{S}$ 得到半支撑结构和全支撑结构的倒塌易损性曲线如图 3.3-35 所示。与图 3.3-34 的结论一致，半支撑结构的倒塌易损性要高于全支撑结构。但是采用 $\bar{S}$ 时，不同地震动计算得到的倒塌地震动强度"$IM_{collapse}$"（例如"$PGA_{collapse}$"或"$\bar{S}_{collapse}$"）的离散度会显著减小。以半支撑结构为例，采用 PGA 指标时，其变异系数为 0.426，而采用 $\bar{S}$ 时，变异系数只

有 0.282。由此可知，合理的地震动强度指标可以显著减小计算结果的不确定性。当然，考虑到工程人员更熟悉 PGA 指标，因此后续讨论中将仍以 PGA 指标进行分析。

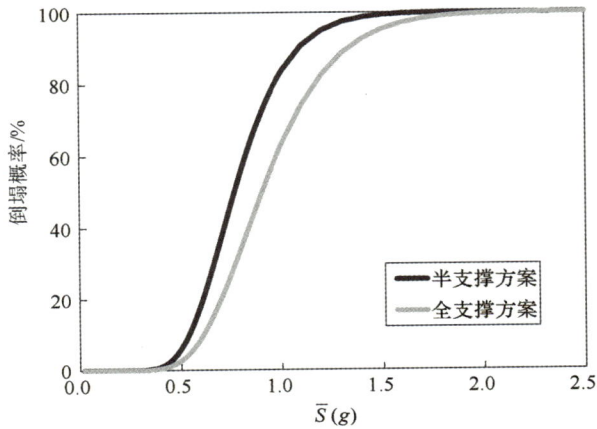

图 3.3-35　采用 $\bar{S}$ 指标得到的易损性曲线

3）材料用量比较

本小节对两种结构方案的材料用量进行估算。超高层巨型结构中主要的建筑材料为混凝土与钢材，其中钢材包括普通钢筋、外框架中的钢构件以及剪力墙中的钢板等。本节主要估算按受力配置的钢材用量，对结构中的一些构造钢筋如拉筋等因在前期设计阶段缺乏详细的设计资料，暂不考虑在内。两种结构模型的材料用量比较如表 3.3-5 所示，可见全支撑结构模型的总质量比半支撑结构模型减小约 11.2%，这主要是由于全支撑结构模型的混凝土用量比半支撑结构模型有明显减少，减少幅度约为 13.44%；而两种结构模型的总用钢量大致相当，其中全支撑结构模型的巨型柱用钢量比半支撑结构模型减小约 18%，但全支撑结构模型的核心筒与钢构件用钢量比半支撑结构模型增加约 13%，但两种结构方案建筑每平方米用钢量非常接近，仅相差 3.36%。

表 3.3-5　两种结构模型材料用量比较

结构模型	结构总质量/t	混凝土总质量/t	巨型柱用钢量/t	核心筒与钢构件用钢量/t	楼板用钢量/t	总用钢量/t	建筑每平方米用钢量/t
半支撑结构	753 720.3	652 937.9	29 074.4	65 408.1	6 300.0	100 782.5	0.288
全支撑结构	669 381.6	565 211.2	23 934.7	73 935.7	6 093.0	103 963.4	0.298
相对差值/%	−11.19	−13.44	−17.68	13.04	−3.29	3.16	3.16

4）讨论与分析

从以上分析可以看出，与半支撑结构相比，全支撑结构混凝土总质量大幅减少，总用钢量相差不大，且全支撑结构抗地震倒塌能力更优。因此，下面以全支撑结构方案为基础进行结构设计优化。

3.3.3　地震剪力系数调整方法比选

3.3.3.1　地震剪力系数调整方案介绍

近年来，我国大量的超高层建筑设计实例表明（汪大绥等，2012）：对于基本周期很长的超高层建筑，其最小地震剪力系数很难完全满足我国现行规范的最小地震剪力系数的要求。对于本节讨论的巨型柱-核心筒-巨型支撑超高层建筑，在设计过程中同样遇到了最小剪力系数的问题。故本节将针对该问题进行专门研究。

针对 3.2.3 节所述的全支撑方案，按照表 3.3-6 所示三种楼层地震剪力控制办法设计了三个不同的结构方案。其中，模型 A 是刚度调整方案，模型 B 是刚度调整和承载力调整相结合的方案，模型 C 是承载力调整方案。需要说明的是，由于 3.3.2.4 节分析表明在初步设计阶段，全支撑方案超高层结构的抗倒塌储备富裕较大，因此，相关甲方和设计单位对该超高层建筑的设计又做了很多修改，所以部分具体参数和上文中有所不同。

表 3.3-6　三种楼层地震剪力控制办法

模型	最小地震剪力系数不满足规范要求时地震剪力处理办法
模型 A	改变结构布置，使所有楼层的计算地震剪力系数满足规范的要求
模型 B	对不满足最小地震剪力系数要求的楼层放大地震剪力使之满足规范的最小地震剪力系数要求，并通过改变结构布置的方法使结构满足规范对位移的要求，并做构件设计
模型 C	不改变结构布置，先验算规范的位移要求，再对最小地震剪力系数不满足规范要求的楼层放大地震剪力使其满足要求，并做构件设计

模型的剪力墙配筋设计基于剪力墙承载力安全储备系数相等的原则进行。三个模型的典型构件截面参数见表 3.3-7。对同一模型，沿建筑高度向上同一类型构件截面尺寸逐渐减小。同一高度处不同模型之间，模型 A 与模型 B 相比，前者的巨型柱、墙厚、转换桁架尺寸和构件含钢率均大于后者。模型 B 与模型 C 相比，墙体的厚度、混凝土强度等级和钢板用量相同，墙体的配筋率略有不同，模型 B 的巨型柱面积比模型 C 的大，混凝土强度等级，钢材强度等级及含钢率与模型 C 的相同。两个模型的转换桁架相同。

表 3.3-7　模型 A、B、C 典型构件截面参数

构件截面参数		模型 A	模型 B	模型 C
底层巨型柱	截面尺寸/(m×m)	6.5×6.5	5.2×5.2	4.8×4.8
	混凝土材料	C70	C70	C70
	含钢率/%	10	5.9	5.9
底层核心筒外墙	墙厚/m	1.5	1.2	1.2
	混凝土材料	C60	C60	C60
	含钢率/%	9	6	6
	配筋率/%	0.25	0.5	0.51
巨型支撑	箱型截面尺寸/(mm×mm×mm×mm)	3.4×1.7×0.015×0.01	1.8×0.9×0.01×0.01	1.8×0.9×0.01×0.01
	钢材型号	Q390	Q390	Q390

注：未说明的钢材型号均为 Q345。

从设计结果的对比上不难发现，模型 A 的设计难度最大，构件截面尺寸最大，模型 B 与模型 C 的设计难度和构件尺寸大体相当。

3.3.3.2　材料用量分析

对三个模型主要构件进行混凝土和钢材的用量分析，研究构件包括巨型柱、核心筒剪力墙、巨型支撑与转换桁架，其中钢材用量包括钢板用量和钢筋用量。三个模型主要构件的材料用量如表 3.3-8 所示，模型 A 为三个模型中巨型柱材料用量最大者，其巨型柱的混凝土用量是模型 B 的 1.865 倍，钢材用量是模型 B 的 2.856 倍。模型 B 巨型柱的建筑材料用量与模型 C 的较为接近。模型 B 巨型柱的混凝土用量是模型 C 的 1.104 倍，钢材用量是模型 C 的 1.176 倍。三个模型的核心筒剪力墙的混凝土用量较为接近，模型 A 的核心筒剪力墙的用钢量较大，是模型 B 的 2.164 倍。模型 B 的核心筒剪力墙的用钢量是模型 C 的 1.019 倍。巨型支撑和转换桁架全部采用 Q390 钢材，模型 B 与模型 C 的支撑和加强层设计相同，用钢量相同；而模型 A 支撑和加强层转换桁架两部分的用钢量之和是另外两个模型的用钢量的 3.408 倍。

表 3.3-8　三个模型主要构件的材料用量

主要构件材料用量		模型 A	模型 B	模型 C
巨型柱	混凝土用量/m^3	65 408	35 077	31 761
	钢材用量/t	47 070	16 482	14 017
核心筒剪力墙	混凝土用量/m^3	59 524	51 064	51 101
	钢材用量/t	33 376	15 423	15 132
巨型支撑	钢材用量/t	4 532	1 236	1 236
转换桁架	钢材用量/t	3 072	995	995
混凝土用量总和/m^3		124 932	86 141	82 862
钢材用量总和/t		88 050	34 136	31 380

如表 3.3-8 所示，针对三个模型的主要抗侧力构件——巨型柱、核心筒外墙、巨型支撑与加强层钢桁架，对各模型的总混凝土用量和总钢材用量进行了对比。模型 B 与模型 C 相比，用钢量增加 10%，混凝土用量增加 4%。模型 A 的混凝土用量是模型 B 的约 1.5 倍，而二者的用钢量相差极大，模型 A 的用钢量是模型 B 的 2.6 倍。采用刚度调整方案设计的模型 A，其材料用量明显比模型 B 和模型 C 的多。模型 B 与模型 C 相比，材料用量较为接近，前者略大于后者。

3.3.3.3　模型的弹性分析

模型的弹性分析基于 ETABS 软件进行，巨型柱、钢梁、钢柱、钢桁架和巨型支撑均采用程序中的梁单元模拟，单元考虑剪切作用。剪力墙采用程序中的壳单元模拟，单元具有平面内刚度和平面外刚度。楼板采用程序中的膜单元模拟，单元仅具有平面内刚度。

三个模型的基本动力特性比较如表 3.3-9 所示。模型 A 的基本自振周期比模型 B 与模型 C 的小，重力荷载代表值和基底设计地震剪力均比模型 B 和模型 C 的大。故通过采用调整结构刚度的方法设计的模型 A，其刚度最大，模型 B 次之。

表 3.3-9　三个模型的基本动力特性比较

动力特性	模型 A	模型 B	模型 C
T_1/s（Y 向 1 阶平动）	5.957	7.589	7.669
T_2/s（X 向 1 阶平动）	5.936	7.542	7.624
T_3/s（1 阶扭转）	2.033	2.449	2.541
T_4/s（X 向 2 阶平动）	1.896	2.369	2.431
T_5/s（Y 向 2 阶平动）	1.893	2.367	2.428
T_6/s（2 阶扭转）	0.974	1.162	1.194
重力荷载代表值/(10^6 kN)	8.582	6.415	6.198
基底设计地震剪力/(10^5 kN)	2.077	1.540	1.488

　　三个模型由反应谱法计算得到的地震剪力系数（简称计算楼层剪力系数）如图 3.3-36 所示，只有模型 A 满足《建筑抗震设计规范》（GB 50011—2010）限值 0.024 的要求。对于模型 B 和 C，由于其计算楼层剪力系数低于规范的限值要求，按照规范的限值对剪力放大，使其满足《建筑抗震设计规范》（GB 50011—2010）的要求，以放大后的楼层剪力（简称设计楼层剪力系数）进行构件设计。这样，三个模型的设计楼层地震剪力系数均满足规范的限值要求（图 3.3-37）。

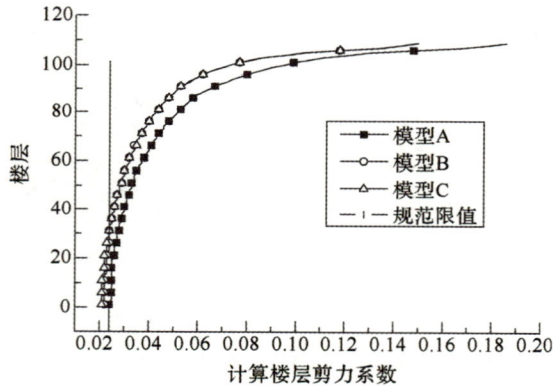

图 3.3-36　三个模型的计算楼层地震剪力系数

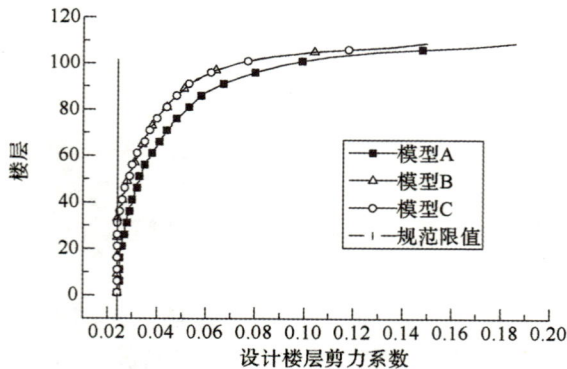

图 3.3-37　三个模型的设计楼层地震剪力系数

　　结构楼层位移曲线和层间位移角曲线如图 3.3-38 和图 3.3-39 所示。研究表明，在多遇地震水准下，三个模型的最大层间位移角均满足规范限值要求。模型 A 的刚度最大，位移响应最小，最大楼层位移为 0.439m，最大层间位移角为 1/719。模型 C 的最大楼层位移为 0.639m，最大层间位移角 1/503。模型 B 的位移略小于模型 C 的，模型 B 的最大楼层位移为 0.615m，最大层间位移角为 1/529。结构在标准风荷载作用下的位移响应明显小于按规范地震反应谱计算得到的多遇地震水准下的位移响应，因此该结构主要为地震作用控制，后面的分析也将以地震作用下的结构响应为主。

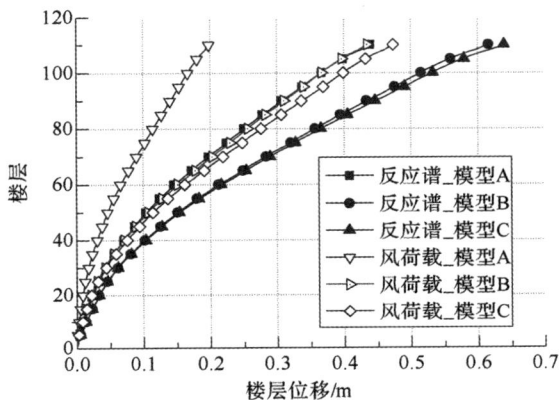

图 3.3-38　模型的楼层位移曲线

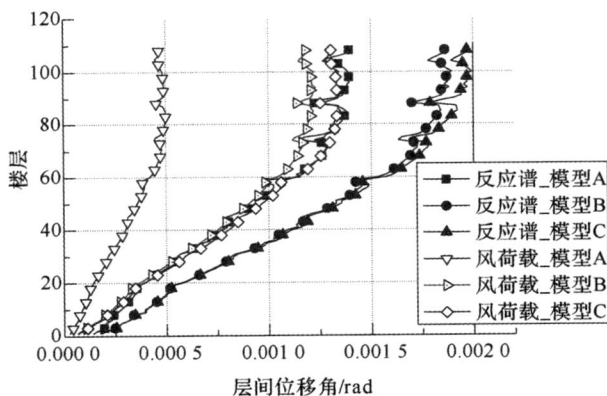

图 3.3-39　模型的层间位移角曲线

　　由规范反应谱计算得到结构在多遇地震水准下的倾覆力矩沿楼层高度的分布曲线如图 3.3-40 所示，超高层建筑结构构件设计通常为压弯承载力控制，模型 A 沿楼层高度分布的倾覆力矩要明显大于另外两个模型的。可见，模型 A 的地震力需求明显比模型 B 与模型 C 的高。按照我国《高层建筑混凝土结构技术规程》（JGJ 3—2010）计算得到的三个模型各节段巨型柱轴压比如图 3.3-41 所示，三个模型各节段的巨型柱轴压比最大值均远小于《高层建筑混凝土结构技术规程》（JGJ 3—2010）对钢管混凝土柱规定的限值 0.7。模型 A 通过提高刚度满足最小地震剪力系数的要求，将巨型柱截面做大，轴压比最大值在 0.2 左右，最小值达 0.1，相比于常规设计而言，并不经济。

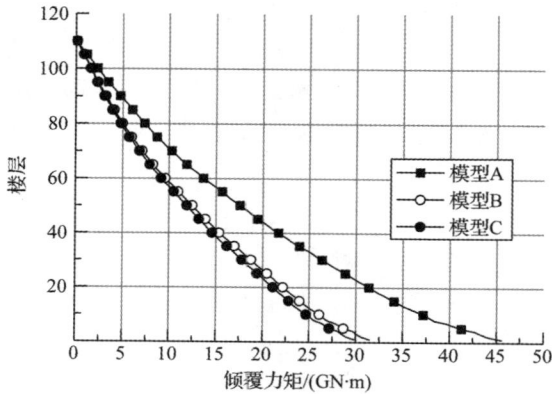

图 3.3-40　倾覆力矩沿楼层高度的分布曲线

由于模型的剪力墙承载力设计基于几个模型承载力储备系数相等的原则进行，几个模型剪力墙的承载力利用率大体相同，图 3.3-42 和图 3.3-43 给出了巨型柱和巨型支撑的承载力利用率。巨型柱的承载力利用率定义为考虑地震作用的荷载组合计算得到的巨型柱内力同按照《钢管混凝土结构技术规程》（CECS 28: 2012）计算得到的钢管混凝土柱截面承载力之比。巨型支撑的承载力利用率定义为考虑地震作用的荷载组合计算得到的支撑内力同按照《钢结构设计规范》（GB 50017—2017）计算得到的钢结构构件截面承载力之比。

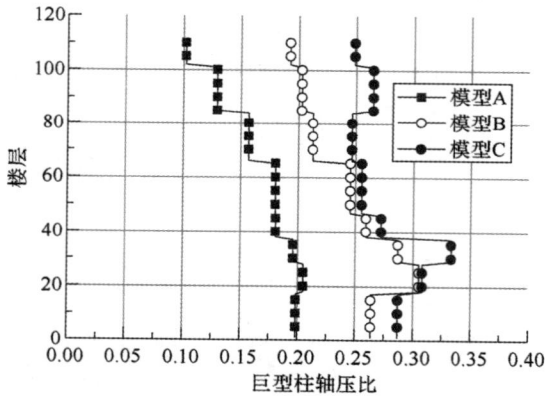

图 3.3-41　各节段巨型柱轴压比

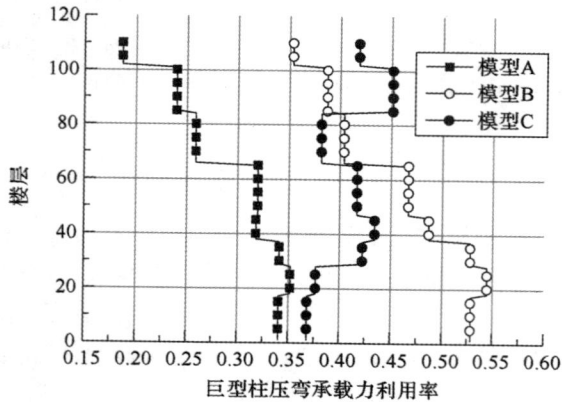

图 3.3-42　各模型巨型柱压弯承载力利用率

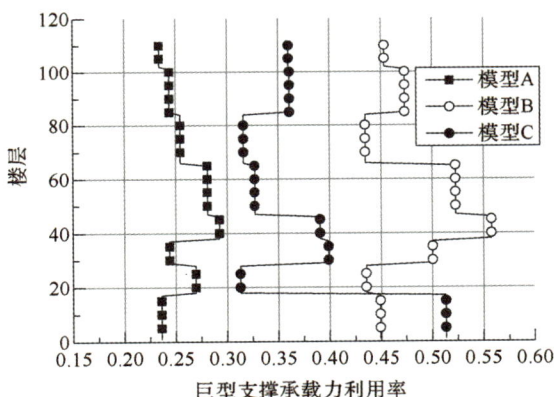

图 3.3-43　各模型巨型支撑承载力利用率

三个模型中，模型 A 的承载力利用率最低，尤其是作为次要构件，在地震作用中起到耗能作用的巨型支撑，其承载力利用率最高仅为 0.28。这一方面说明模型 A 的安全储备较高，另一方面说明，模型 A 为了通过增大刚度满足最小剪力系数的要求将结构尺寸做大，导致了结构构件材料的浪费。

3.3.3.4　大震弹塑性分析

采用大型通用有限元程序 MSC.Marc 2007 对上述三个模型进行大震弹塑性分析。根据《建筑抗震设计规范》（GB 50011—2010）第 5.2.1 条规定的时程分析地震波选取原则，采用 5 组天然波（El_Centro、Hector_Hec000、L0169、L0397 和 L0781）和 2 组由目标反应谱生成的人工波（L845-7 和 L845-12）对各模型进行 X 向一维地震动输入，将地震输入加速度峰值 PGA 调幅至我国抗震设防 8 度区罕遇地震水准，即 PGA=400cm/s^2。结构阻尼统一采用经典瑞利阻尼，阻尼比取为 5%。所有地震波的平均反应谱与《建筑抗震设计规范》（GB 50011—2010）目标反应谱对比见图 3.3-44，在三个模型基本自振周期 5.9～7.7s，平均反应谱与《建筑抗震设计规范》（GB 50011—2010）反应谱基本一致。

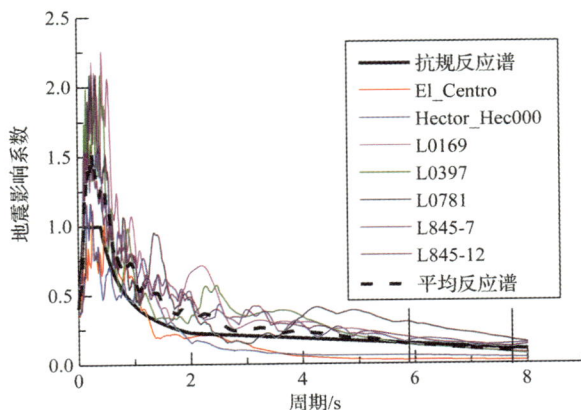

图 3.3-44　平均反应谱与《建筑抗震设计规范》（GB 50011—2010）目标反应谱对比

　　各个模型的平均楼层位移曲线与平均层间位移角曲线见图 3.3-45。在罕遇地震作用下，三个模型的顶点位移平均值较为接近。结构中部，模型 A 的位移值小于另外两个模型。结构高度为 300~400m，三个模型的层间位移角数值较为接近；400m 以下，模型 A 的层间位移角明显小于另外两个模型的，模型 C 的层间位移角比模型 B 的大。三个模型在罕遇地震水准下的位移响应较为接近，均能满足《高层建筑混凝土结构技术规程》（JGJ 3—2010）层间位移限值 1/100 的要求。三个结构均实现了大震不倒的要求，且结构响应较为接近。

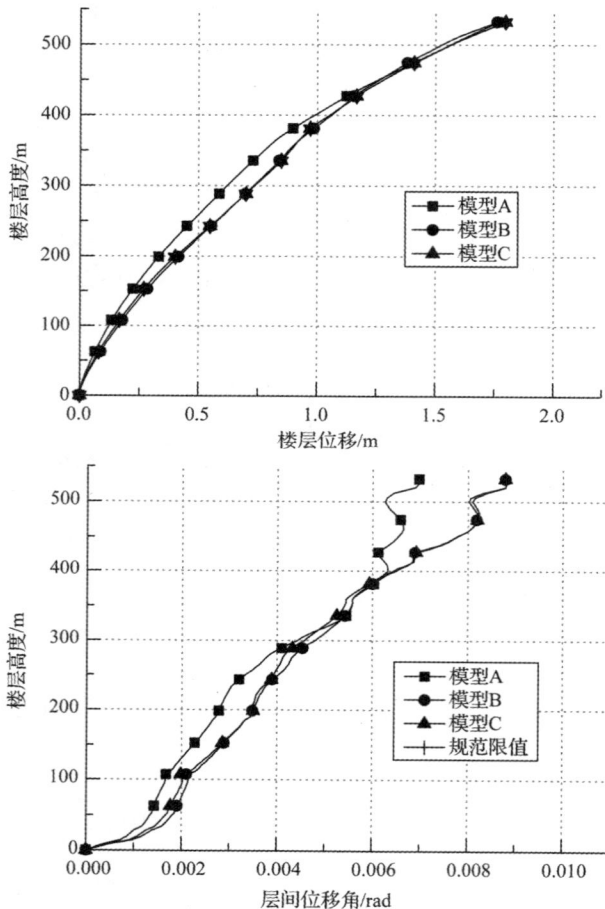

图 3.3-45　各模型的平均楼层位移曲线与平均层间位移角曲线

3.3.3.5　抗倒塌储备分析

　　采用上述 7 组地震动，以 PGA 作为地震动强度指标，开展 IDA 分析。三个方案典型倒塌模式和倒塌部位统计如图 3.3-46 所示。可见，对于模型 A，结构的初始倒塌部分分区比较均匀，说明无明显薄弱部位；而模型 B 和 C 的倒塌部位主要集中在节段 6，而该部位恰好是结构平面尺寸最小的部位，其强度和刚度相比于上下节段较低，容易形成损伤集中，在后续的设计中应该对这一节段给予更多的关注。

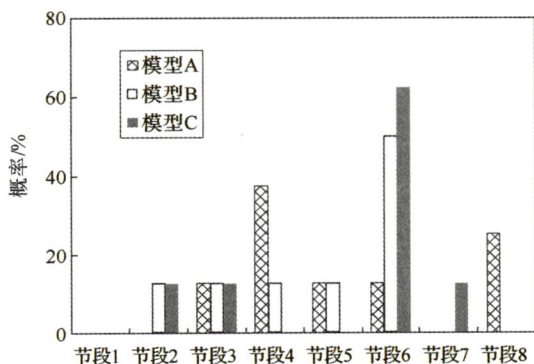

图 3.3-46　三个方案典型倒塌模式和倒塌部位统计

三个方案的倒塌易损性曲线如图 3.3-47 所示。可见，在地震动强度较小时，模型 A 的抗倒塌能力明显强于模型 B 和 C；由于模型 A 的整体刚度远大于模型 B 和 C，随着地震动强度的增大，模型 A 的地震力需求增量要高于另外两个模型，因此，三个方案的抗倒塌能力的差异会相应减小。三个方案的 CMR 分别为 4.53、3.91 和 3.66，可见，模型 A 的抗倒塌能力最强，约为模型 B 和 C 的 1.16 倍和 1.24。但是模型 A 的材料用量是明显多于模型 B 和 C 的，总混凝土用量是模型 B 的 1.5 倍，总用钢量是模型 B 的 2.6 倍。故综合考虑结构安全性和经济性，可优先选用模型 B 作为该超高层建筑基底剪力的控制方案，即当采用振型组合法计算得到的基底剪力小于规范限值时，直接放大至规范要求的最小基底剪力进行构件设计。在后续的设计和研究中，将以模型 B 为基础来继续结构方案的优化设计。

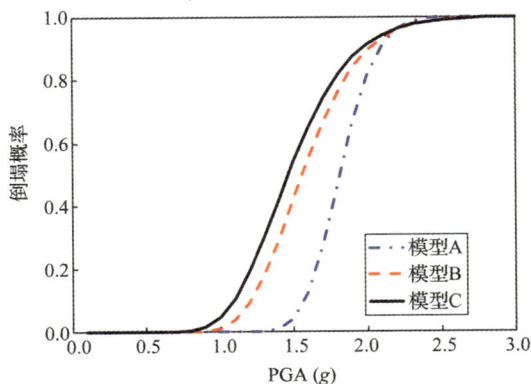

图 3.3-47　三个方案的倒塌易损性曲线

3.3.4　剪力墙内支撑布置方案比选

经过三年多的结构设计，该超高层建筑的结构设计已经基本完成。2014 年，该结构进入了最后的构件优化阶段。根据建筑外形的需要，该超高层建筑的平面尺寸沿着高度方向先逐渐减小，大约在 380m 附近达到最小，随后又开始逐渐增大，平面尺寸最小的部位大约位于结构的节段 6，那么该节段的强度和刚度会略小于其他节段。由于高阶振型参与显著，超高层建筑上部楼层的地震响应会明显大于其他楼层。这意味着节段 6 的地震力需求却并不一定小于其他节段。因此，节段 6 可能形成一个相对薄弱的区域，容易形成损伤集中，不利于结构整体抗震能力的发挥和震后功能快速恢复，而且 3.3.3.5 节的倒塌分析也表明，在模型 B 中，节段 6 的倒塌破坏比例最高，可见，必须采取有效的抗震措施来提高节段 6 的抗震能力。

相比于传统的钢筋混凝土剪力墙，暗支撑剪力墙作为一种新型的高性能剪力墙，具有高强度、高延性的特点，而且施工也比较方便。因此，有关设计单位和咨询专家会建议在节段 6 的 78～95 层范围采用高性能暗支撑剪力墙来代替原来的普通钢筋混凝土剪力墙。因此，本节将利用倒塌分析来论证暗支撑剪力墙对结构地震倒塌模式及抗倒塌能力的影响。

在此共设计了两种剪力墙暗支撑的布置方案，并建立了其有限元模型。方案一（模型 B1）在结构的 78～95 层采用普通钢筋混凝土剪力墙；方案二（模型 B2）在结构的 78～95 层剪力墙内设置暗支撑。需要说明的是，为了充分发挥支撑的作用，支撑均布置在每层最外围的剪力墙内，其布置形式如图 3.3-48 所示。在核心筒的四个角部采用 V 字形的支撑，在每边的外墙采用人字形支撑。

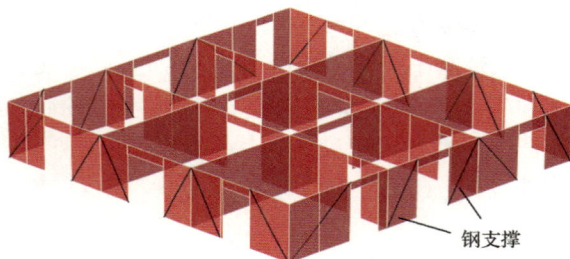

钢支撑

图 3.3-48　典型标准层剪力墙及钢支撑布置图

为了比较这两个方案抗震性能的差别，采用动力时程弹塑性分析和倒塌分析方法对这一问题开展了对比研究。

两个模型的基本动力特性对比见表 3.3-10。可以看到，两个方案的自振周期相差很小，说明在 78～95 层多设置的暗支撑对结构的整体刚度影响很小，不会改变结构的地震力需求。

表 3.3-10　两个模型的基本动力特性对比

基本动力特性	模型 B1	模型 B2
T_1/s（X 向 1 阶平动）	7.513	7.458
T_2/s（Y 向 1 阶平动）	7.452	7.399
T_3/s（1 阶扭转）	2.587	2.573

仍然以 3.3.3.5 节的 7 组地震动作为基本输入，大震下两个方案的位移响应如图 3.3-49 所示。可见，两个方案的位移响应基本一致，方案二的位移响应略小于方案一，两者都满足《建筑抗震设计规范》（GB 50011—2010）中 1/100 的位移限值。因此，仅采用弹塑性分析，很难得出两个方案的优劣，有必要进一步进行倒塌分析。

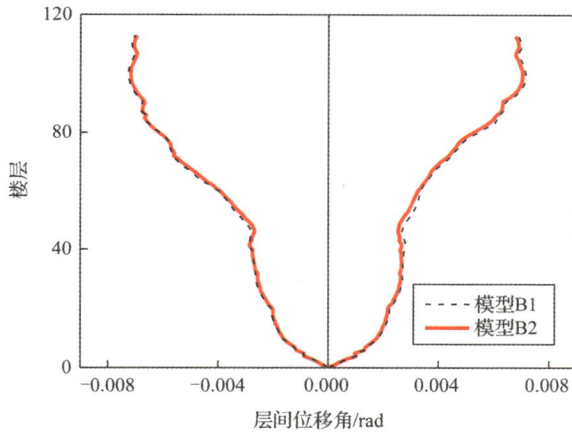

图 3.3-49 两个方案的位移响应

　　仍以上述 7 组地震动记录进行两个方案的倒塌分析，得到结构典型倒塌模式对比如图 3.3-50 所示。从典型破坏模式可以看出，模型 B1 的初始发生破坏和最终破坏层均为 85 层附近，即缺少墙内支撑的楼层范围内，而模型 B2 的最终破坏层在结构中部 56 层附近。可见，在节段 6 采用暗支撑剪力墙后，降低了节段 6 发生倒塌破坏的概率，使节段 6 不再是一个典型的薄弱部位，而且结构整体的抗倒塌能力也提高了 12.7%。总的说来，在 78～95 层范围内采用暗支撑剪力墙的方案，可显著提高案例超高层建筑的抗倒塌能力约 12.7%，而增加的钢材用量不足总用钢量的 0.1%，因此是一个成本低而效率高的结构加强方案。

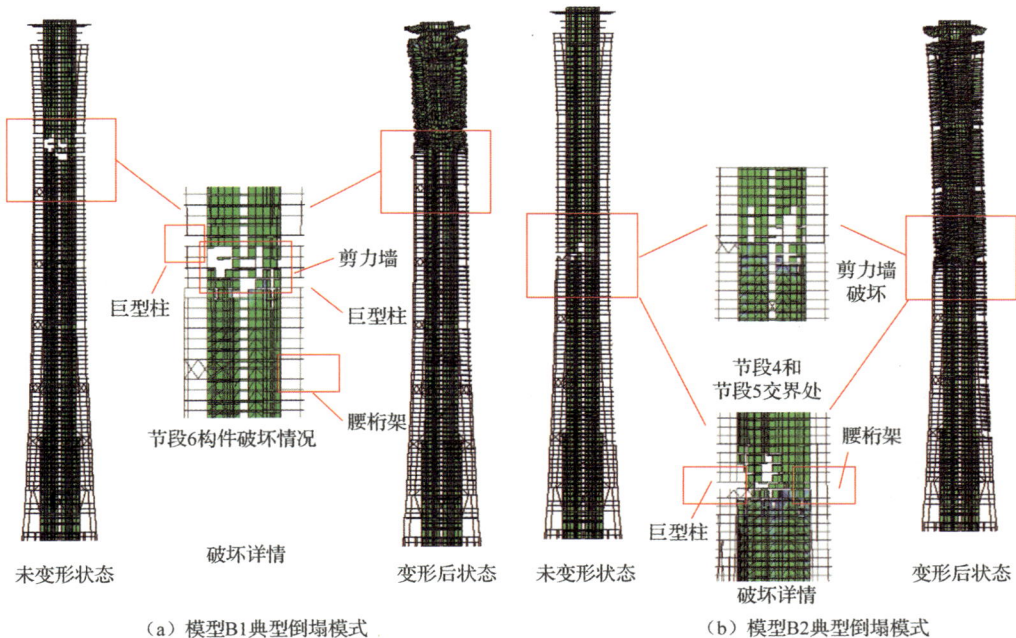

（a）模型B1典型倒塌模式　　　　　　　　（b）模型B2典型倒塌模式

图 3.3-50 两个方案的典型倒塌模式对比

3.3.5　小结

本节以某结构高度超过 500m 的超高层建筑为研究对象，利用倒塌分析方法，从结构体系、抗震参数和构件设计三个层次对案例超高层建筑进行抗震优化设计，得到以下几点结论。

（1）结构体系优化设计表明：全支撑方案具有更好的经济性和安全性，整体结构无明显薄弱区域，抗倒塌安全储备比半支撑方案高 14.8%，而材料用量节省 11.2%。

（2）关键抗震参数的优化设计表明：当超高层建筑的设计基底剪力不满足规范要求时，直接放大基底剪力至规范规定的限值进行构件设计的方法能兼顾结构抗倒塌能力和经济性。

（3）高性能构件的优化设计表明：在结构 78～95 层剪力墙内增加暗支撑对提高结构的整体抗倒塌能力具有明显作用，用钢量增加不到 0.1%，整体抗倒塌能力提高了约 12.7%。

总的说来，倒塌分析能识别结构的薄弱部位，直接明确各类参数和结构抗震安全性的关系，可以更好地指导新型结构类型的抗震设计，提高超高层建筑的抗倒塌能力，实现震后功能可恢复的目标。

3.4　基于倒塌灾变模拟的结构体系抗震设计方法研究

3.2 节和 3.3 节结合具体工程，展示了地震倒塌灾变模拟在发现结构薄弱环节，改进结构体系设计方面的应用。抗震设计的重要任务是保证结构的抗震安全性，而结构是作为一个体系来抵抗地震倒塌的。传统研究手段由于种种限制，难以考察结构体系倒塌阶段的行为机理，而基于精细有限元模型的地震灾变模拟为考察结构体系抗倒塌性能提供了有力的定量工具，进而可以用于结构体系抗震设计方法研究。

本节将以现阶段高层和超高层建筑抗震设计中两个矛盾比较突出的问题，即单重与双重抗侧力体系问题和最小地震剪力系数问题为例，进行倒塌灾变模拟和抗震安全性分析，为改进结构抗震设计方法提供建议。

3.4.1　框架-核心筒单重与双重抗侧力结构体系安全性研究

框架-核心筒结构体系是国内外超高层建筑的常用结构体系之一（卢啸，2013；范重等，2015），由延性框架和核心筒两个系统组成。由于核心筒的抗侧刚度一般比框架大很多，地震作用下核心筒承担大部分底部总剪力，是抗震第一道防线；在中、大震作用下，核心筒剪力墙发生开裂，抗侧刚度下降，一部分地震剪力转移到框架上，整个结构体系内力重分布，框架此时成为抗震第二道防线。出于保证中、大震下抗震二道防线发挥作用的目的，不少国家的抗震规范都对框架-核心筒体系中框架所能承担的剪力做了量化规定。我国的《建筑抗震设计规范》（GB 50011—2010）和《高层建筑混凝土结构技术规程》（JGJ 3—2010）对框架-核心筒结构框架柱剪力的调整规定，如表 3.4-1 所示。

表 3.4-1　框架-核心筒结构框架柱剪力的调整规定

调整前提	$V_f / V_0 < 20\%$	
	$V_{f,\,max} / V_0 < 10\%$	$V_{f,\,max} / V_0 \geqslant 10\%$
调整方法	$V_f = 0.15V_0$	$V_f = \min\,(0.2V_0,\ 1.5\,V_{f,\,max})$

注：V_f 为各层框架承担的层剪力；V_0 为结构底部总地震剪力；$V_{f,\,max}$ 为框架承担的最大层剪力。

　　上述规定是为了保证框架在核心筒破坏后仍具有一定的承载能力，但随着建筑高度的不断增加，对于超高层建筑结构，满足上述框架剪力分担比的规定会带来设计难度较大，技术经济指标较差等问题（扶长生等，2015）。实际设计当中，大部分超高层框架-核心筒结构很难满足该规定，很多工程中框架承担的地震剪力仅为结构总剪力的 4%～5%（安东亚等，2015）。如果仍按照表 3.4-1 要求提高框架的设计剪力，则会大幅增加设计难度和框架部分的建造成本，且不能完全保证剪力调整后的超高层结构抗震性能优于原结构。且考虑到核心筒与外框架之间巨大的刚度和承载力差异，当核心筒破坏后，外框架是否可以有效发挥二道防线作用，不同研究也持不同观点。而过去由于研究手段限制，多限于分析大震下单重体系和双重体系结构的刚度、变形差异等，尚不足以充分揭示其抗倒塌性能的差异。因此，有必要采用先进地震倒塌模拟手段，从抗倒塌安全性的角度对比单重与双重抗侧力体系的抗震安全性能。

　　本书作者和清华大学研究生顾栋炼、谢昭波等一起，首先对中国和美国主要抗震规范及规程中框架-核心筒结构框架剪力调整方法的相关规定进行简单的综述和对比，然后以一个 400m 级的实际超高层建筑和一个 100m 级的假想高层建筑为例，对其双重抗侧力体系方案和单重抗侧力体系方案进行精细有限元建模和抗震性能分析，从而讨论框架-核心筒单重和双重抗侧力体系的经济性和抗震安全性差异。

3.4.1.1　国内外对双重抗侧力体系的研究

　　以美国 1961 年 UBC 规范为参考，我国自 1979 年引进了美国双重抗侧力体系的概念，并对框架-核心筒结构每层框架应当承担的剪力设定了如表 3.4-1 的调整规定，一直沿用至今。对上述调整方法，《高层建筑混凝土结构技术规程》（JGJ 3—2010）认为"实际工程中，由于外周框架柱的柱距过大、梁高过小，造成其刚度过低、核心筒刚度过高，结构底部剪力主要由核心筒承担。在强烈地震作用下，核心筒墙体可能损伤严重，经内力重分布后，外周框架会承担较大的地震作用，从而需要提高外周框架按弹性刚度分配得到的地震剪力"。另外，我国《超限高层建筑工程抗震设防专项审查技术要点》（中华人民共和国住房和城乡建设部，2015）中规定：超高的框架-核心筒结构，其混凝土内筒和外框之间的刚度宜有一个合适的比例，框架部分计算分配的楼层地震剪力，除底部个别楼层、加强层及其相邻上下层外，多数不低于基底剪力的 8%且最大值不宜低于 10%，最小值不宜低于 5%。可以看出，我国规范认为若要实现框架-核心筒结构双重抗震防线，外框架需要具有足够的刚度，当外周框架不满足刚度要求时需要加强框架承载能力。因此，我国规范对框架剪力调整的规定可总结为"刚度和强度综合控制"。

　　美国几部比较有影响力的规范，如 UBC 1997、IBC 2000-2012、ASCE 7-05 和 ASCE 7-10 等，对双重抗侧力体系也有相关的规定。*Uniform Building Code*，*Volume* 2，1997（UBC，1997）规定：由剪力墙或支撑框架和受弯框架抵抗侧向荷载，受弯框架按照能独立承担至少 25% 的设计基底剪力进行强度设计。*International Building Code* 2000 和 2003 版本（ICC，2000；ICC，2003）规定：对于框架核心筒结构，地震作用下受弯框架部分的设计层剪力不小于该层总设计剪力的 25% 时作为双重抗侧力体系；当框架核心筒结构中的框架构件截面较小，框架承担的水平力小于 25% 总剪力时，只考虑剪力墙筒体独立承担水平荷载，以保证主体结构的安全。*Minimum Design Loads for Buildings and Other Structures*（ASCE，2005；ASCE，2010）规定：双重抗侧力体系中的受弯框架应能承担至少 25% 的设计地震作用，包括剪力、弯矩、轴向力等。可以看出，ASCE 7-05 和 7-10 版本基本沿用 IBC 2000 中的双重抗侧力体系概念，但将受弯框架承载力指标由设计层剪力扩大到设计地震作用。*International Building Code* 2006（ICC，2006）及其之后的版本（ICC，2009；ICC，2012）沿用 ASCE 7-05 中对双重抗侧力体系的规定。

　　由于现阶段我国复杂超高层建筑多为近年来建成，尚未经历过实际地震的考验，相关震害资料匮乏。从工程设计实际情况出发，安东亚等（2015）通过研究上海中心、武汉中心等 14 幢现有超高层建筑的剪力分担比，指出《高层建筑混凝土结构技术规程》（JGJ 3—2010）与《建筑抗震设计规范》（GB 50011—2010）的上述规定在工程设计中常常难以满足，若依照规范要求调整设计，经济成本巨大。扶长生等（2015）指出，若不计斜柱的轴力投影，使 300m 以上的超高层建筑剪力分担比满足规范要求相当困难。

3.4.1.2　某 400m 级实际超高层建筑模型对比分析

　　该超高层结构位于我国抗震设防 6 度区，场地特征周期为 0.35s。主体结构地上 88 层，总高度为 438m，为巨型柱框架-核心筒-伸臂桁架结构体系。该结构核心筒为底部边长约 28.6m 的方形混凝土筒体，结构底部楼层的筒体剪力墙为混凝土-钢板组合剪力墙，其底部外墙厚度为 1.3m，随高度增加该墙厚逐渐减薄至 0.4m。核心筒的角部在 64 层以上被切去，形成切角的方形筒体，并在 78 层以上进一步内缩。该超高层的钢管混凝土框架巨型柱在 66 层以下区域为每侧边 4 根，柱距约 9.45m，共 16 根巨型柱；在 66 层以上区域为每侧边 2 根，柱距约 28.35m，共 8 根巨型柱，在 8 根巨型柱之间，自 68～87 层沿每个侧边布置 5 个次结构钢柱，共 20 个次结构钢柱。从 64 层开始，框架柱约以 2° 稍向核心筒倾斜，以实现建筑物顶部平滑内收的外立面效果。该超高层共设置 5 道环带桁架，分别位于 18 层、31 层、47 层、63 层和 87 层；共布置 3 道 "K" 形伸臂桁架，每道伸臂桁架为两层高，分别位于 31～32 层、47～48 层和 63～64 层。结构的主要荷载信息如表 3.4-2 所示，结构整体示意图如图 3.4-1 所示。根据设计信息建立其有限元模型（以下称为"模型 A"）。

　　该超高层结构设计时依据《建筑抗震设计规范》（GB 50011—2010）和《高层建筑混凝土结构技术规程》（JGJ 3—2010）对框架剪力进行了调整，以此工程为基础，本节改变其框架剪力调整策略，通过减小外围钢管混凝土巨型柱的截面来削弱外周框架，并将节省的混凝土材料用于增加核心筒剪力墙外墙墙厚，这样形成的单重抗侧力结构体系方案虽然不满足我国规范剪力调整要求，但是在实际工程中设计难度大大降低。另外，为保证整体结构用钢量基本不变，将削弱钢管混凝土巨型柱而节省的钢材用于增加核心筒剪力墙配筋量，提高剪力墙配筋量的方式为均匀增加剪力墙外墙非边缘约束区域的配筋，由于剪力墙外墙墙厚也有所增加，调整后的外墙配筋率与原设计方案基本一致。经过不断尝试以保证整体结构材料用量、结构自振周期基本一致，且调整后的方案仍然满足我国规范对超高层框架-核心筒结构设计除框架剪力调整要求之外的其余相关规定，最终对比方案（以下称为"模型 B"）的调整方案如表 3.4-3 所示，表中巨型柱 1 和巨型柱 2 在该超高层结构的三维示意图如图 3.4-1 所示。

表 3.4-2　结构的主要荷载信息

结构	计算地震作用所用荷载/kPa	备注
办公	3.5	根据实际情况考虑重载区
公寓	4.0	—
酒店	4.0	—
设备间	7.0	另考虑 100mm 垫层
避难区域	3.5	—
卫生间	2.5	—
楼梯间	3.5	—
电梯大堂	4.2	100%面积为石材地面
屋面	2.0	—

表 3.4-3　模型 B 的调整方案

框架巨型柱调整方案				核心筒剪力墙调整方案		
构件		原截面 $D \times t$	新截面 $D \times t$	构件	原墙厚/mm	新墙厚/mm
巨型柱 1	F01～F06	$\phi 3\,000mm \times 60mm$	$\phi 2\,800mm \times 50mm$	F01～F05	1 200	1 500
	F07～F12	$\phi 2\,800mm \times 50mm$	$\phi 2\,500mm \times 45mm$	F06～F19	1 100	1 400
	F13～F20	$\phi 2\,500mm \times 45mm$	$\phi 2\,300mm \times 35mm$	F20～F24	900	1 200
	F21～F49	$\phi 2\,300mm \times 35mm$	$\phi 2\,000mm \times 35mm$	F25～F30	800	1 000
	F50～F66	$\phi 2\,000mm \times 35mm$	$\phi 1\,800mm \times 30mm$	F31～F33	800	800
	F67～F72	$\phi 1\,800mm \times 30mm$	$\phi 1\,500mm \times 30mm$	F34～F49	700	800
	F73～F88	$\phi 1\,500mm \times 30mm$	$\phi 1\,300mm \times 30mm$	F50～F66	600	700
巨型柱 2	F01～F11	$\phi 2\,000mm \times 40mm$	$\phi 2\,000mm \times 35mm$	F67～F73	500	600
	F12～F20	$\phi 2\,000mm \times 35mm$	$\phi 1\,800mm \times 35mm$	F74～F76	400	500
	F21～F33	$\phi 1\,800mm \times 35mm$	$\phi 1\,600mm \times 28mm$	F77	900	1 000
	F34～F49	$\phi 1\,600mm \times 28mm$	$\phi 1\,400mm \times 22mm$	F78～F88	400	500
	F50～F64	$\phi 1\,400mm \times 22mm$	$\phi 1\,200mm \times 18mm$	—	—	—

注：表中 D 表示钢管混凝土巨型柱的外直径，t 表示钢管混凝土巨型柱的钢管壁厚。

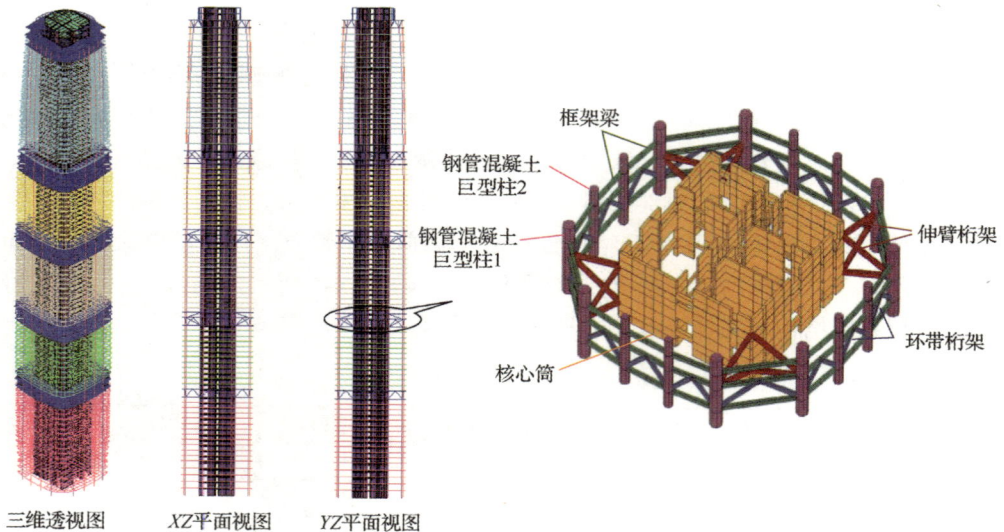

三维透视图　　　XZ平面视图　　　YZ平面视图

图 3.4-1　400m 级实际超高层结构的三维示意图

更改设计后，对模型 B 的巨型柱轴压比、连梁与剪力墙剪压比以及强柱弱梁等设计要求进行校核，发现模型 B 仍然满足我国规范要求。两个模型的基本动力特性对比如表 3.4-4 所示。与模型 A 相比，模型 B 结构周期基本保持不变。两模型弹性设计下的外周框架地震剪力分担比对比如图 3.4-2 所示。与模型 A 相比，模型 B 各个楼层框架剪力占底层总剪力的百分比相对减少，模型 A 各层框架剪力分担比基本位于 5%～10%，而模型 B 大部分楼层的框架剪力分担比已明显低于 5%。对模型 B 框架柱的抗剪承载力进行验算，发现模型 B 框架柱在较多楼层不满足 $0.2V_0$（0.2 倍底部总剪力）的要求，这说明模型 B 不满足我国规范对框架-核心筒结构框架剪力调整的要求。

表 3.4-4　两超高层模型的基本动力特性对比

动力特性	模型 A	模型 B	变化幅度/%
T_1/s（X 向平动）	7.41	7.56	1.98
T_2/s（Y 向平动）	7.40	7.53	1.73
T_3/s（扭转）	2.96	2.88	-2.78
T_4/s（X 向平动）	2.33	2.32	-0.43
T_5/s（Y 向平动）	2.25	2.24	-0.45
T_6/s（扭转）	1.45	1.42	-2.11

采用 MSC.Marc 通用有限元软件，采用本书第 2 章建议的方法，对上述两个方案建模。从 FEMA P695（FEMA，2009）推荐的 22 组远场地震动中选取其中 7 组，再加上常用的 El Centro 波，共 8 组地震动记录作为基本地震输入，并将地震加速度峰值 PGA 调整至该超高层相应大震水平。需要说明的是，根据地震动参数小区划图、超限审查报告及专家意见，该超高层建筑取大震 PGA 为 140cm/s²，由于该超高层两主轴方向平面

布置差异较小，本节主要研究该超高层结构 X 方向的抗震性能，即将调幅后的地震动记录沿结构 X 方向输入。模型采用经典的 Rayleigh 阻尼，阻尼比取 5%。

在 8 组地震动记录下，模型 A 与模型 B 大震下平均层间位移角包络图对比如图 3.4-3 所示。可以看出，无论是考虑均值，还是考虑均值+标准差或者均值−标准差，两模型大震下平均层间位移角包络图整体分布趋势一致，最大层间位移角均值接近，均满足《高层建筑混凝土结构技术规程》（JGJ 3—2010）罕遇地震下 1/100 层间位移角的限值。总的来说，两模型的整体抗大震性能较好，均具有较高的安全储备，两模型在大震下的性能基本一致。可见，对于此超高层结构，削弱其框架而加强核心筒，虽然得到的新设计方案不满足我国规范框架剪力调整要求，但其大震下的抗震安全性与原设计方案相当。

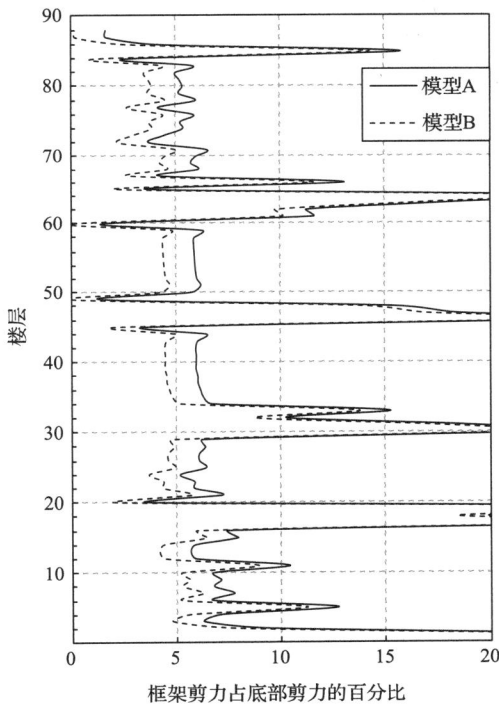

图 3.4-2 两模型弹性设计下的外周框架地震
剪力分担比对比

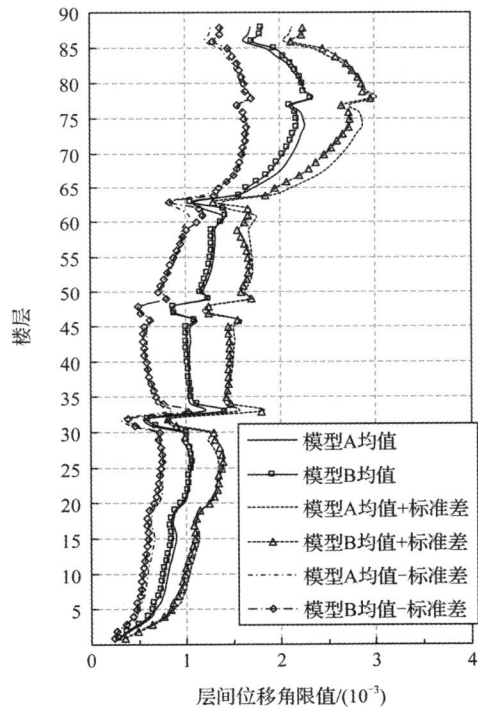

图 3.4-3 两模型大震下平均层间位移角
包络图对比

“大震不倒”是建筑结构抗震设计的核心目标。尤其超高层建筑，一旦发生倒塌将造成极大的经济损失和恶劣的社会影响。因此，本研究从抗倒塌角度出发，采用增量动力分析（IDA）方法，对上述两模型进行倒塌易损性比较。两模型在 8 组地震动记录下的典型倒塌模式对比如图 3.4-4 所示。可以看出，两模型倒塌模式基本一致，最初倒塌楼层均为 30 层。这是因为 31 层和 32 层为加强层，且从 30 层到 31 层结构核心筒剪力墙布置有所变化，这导致 30 层成为薄弱层，在超大震下最先破坏。

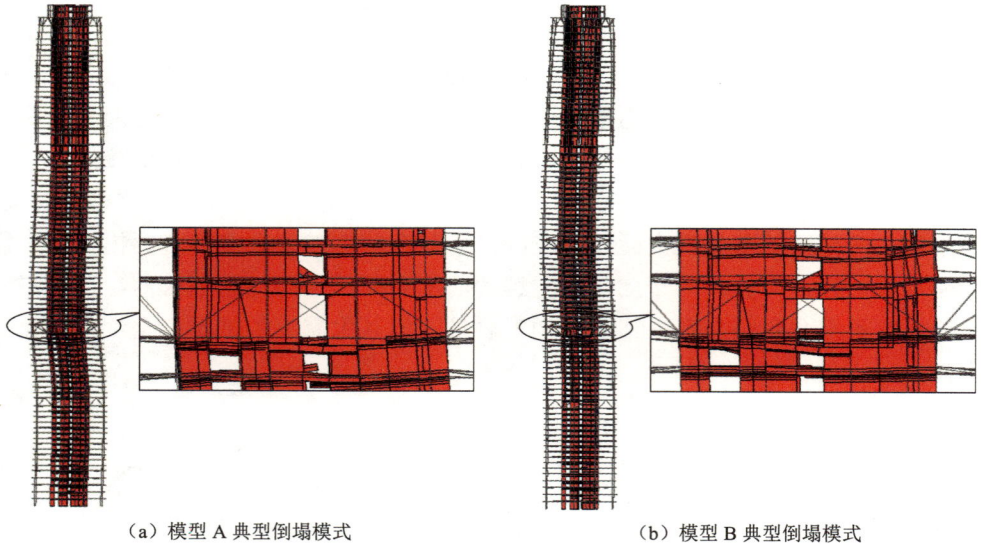

（a）模型 A 典型倒塌模式　　　　　　　　　　（b）模型 B 典型倒塌模式

图 3.4-4　两超高层模型典型倒塌模式对比

模型 A 和模型 B 在 8 组地震动记录下的倒塌 PGA 对比如表 3.4-5 所示。可以看出，编号 2 和 4 的地震动记录下，模型 A 与模型 B 的倒塌 PGA 相同；其余 6 组地震动下，模型 B 的倒塌 PGA 均高于模型 A；编号 5 的地震动记录下，模型 B 的倒塌 PGA 比模型 A 提高 0.5g，增幅达 50%。

表 3.4-5　两超高层模型的倒塌 PGA 对比

地震动记录编号	模型 A 倒塌 PGA（g）	模型 B 倒塌 PGA（g）
1	1.4	1.6
2	1.7	1.7
3	2.1	2.2
4	1.3	1.3
5	1.0	1.5
6	1.5	1.8
7	2.1	2.4
8	1.1	1.3

根据 IDA 分析结果，统计出两模型的倒塌易损性曲线如图 3.4-5 所示。可以看出，与模型 A 相比，模型 B 的倒塌易损性曲线向右移动，即相同 PGA 下，模型 B 的倒塌概率更低，抗倒塌能力更强。模型 A 和模型 B 在 50%倒塌概率下的 PGA 分别为 1.48g 和 1.70g。

模型 A 和模型 B 的抗倒塌安全储备系数 CMR 对比如图 3.4-6 所示。模型 A 在 50%倒塌概率下对应的 PGA 为 1.48g，而该超高层的罕遇地震 PGA 仅为 140cm/s^2，说明模型 A 抗倒塌能力较强，大震下模型 A 的层间位移角包络图（图 3.4-3）也说明了这一点。但本研究关注的重点为改变剪力调整策略对该结构抗倒塌能力的影响。从图 3.4-6 可以看出，尽管模型 A 的 CMR 已达 10.4，抗倒塌安全性较好，但调整设计后，该超高层结构的 CMR 从 10.4 提高到 11.9，提高幅度为 14.4%。

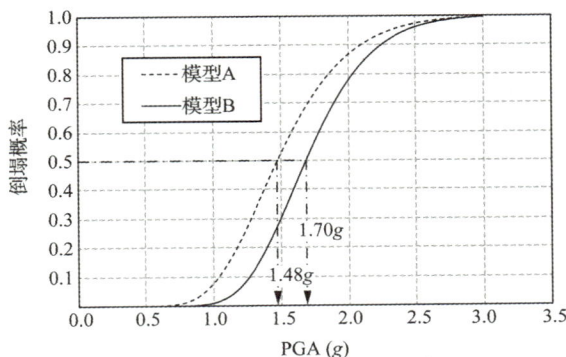

图 3.4-5　两超高层模型的倒塌易损性曲线

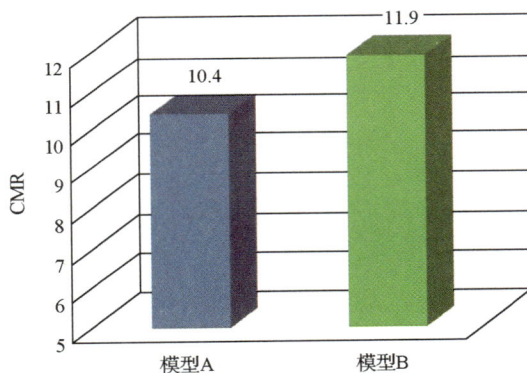

图 3.4-6　两超高层模型的 CMR 对比

综合上述分析结果可以得出以下结论。

（1）在保证整体结构材料用量和结构自振周期基本不变的前提下，改变剪力调整策略的结构模型虽然不满足有关规范的剪力调整规定，但其大震下各层层间位移角大小与原模型相当，两模型抗大震性能基本一致。

（2）与原模型相比，改变剪力调整策略得到的新模型抗倒塌安全储备系数 CMR 提高了 14.4%。这说明：就本节研究的实际超高层结构而言，不满足有关规范的新模型不仅设计难度较低，且其抗特大震倒塌能力更强，性能更优。

3.4.1.3　某 100m 级高层建筑模型对比分析

由于 3.4.1.2 节中的超高层建筑设计地震作用相对较小，且考虑到 400m 级的超高层建筑数量相对较少，不够具有代表性。因此，本节又设计了一个 8 度区 100m 级的框架-核心筒结构来开展单重与双重抗侧力结构体系抗震安全性对比。

该高层建筑为 25 层的混凝土框架-核心筒结构，结构层高为 4m，建筑截面为正方形，长宽均为 44m，结构总高度 100m，筒体尺寸为 21.8m×20m。建筑设防烈度为 8 度，场地类别为三类。结构典型平面布置与楼面荷载布置分别如图 3.4-7 和表 3.4-6 所示。

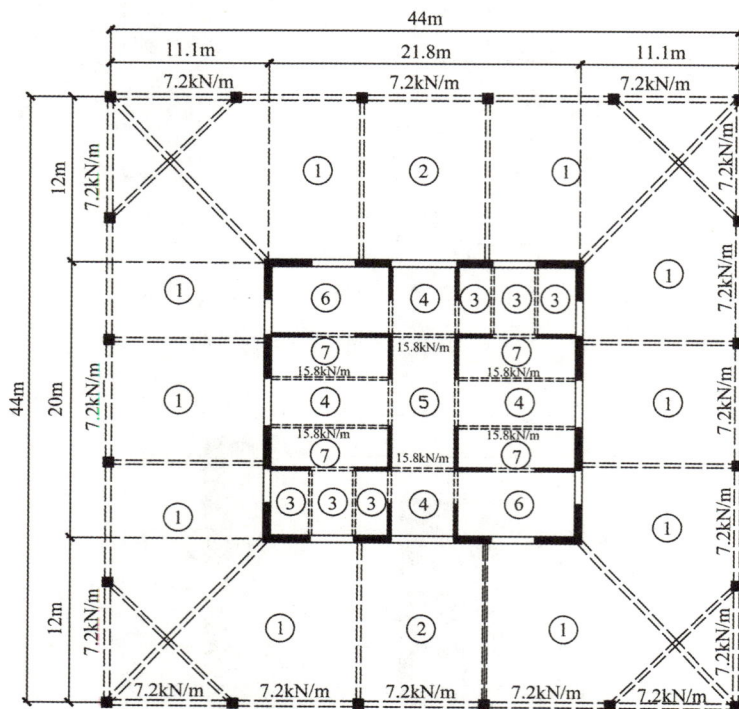

图 3.4-7　结构典型平面布置

表 3.4-6　楼面荷载布置

楼板编号	楼板位置	楼板厚度/mm	恒荷载/（kN/m²）	活荷载/（kN/m²）	恒荷载+0.5 活荷载/（kN/m²）
1	外围活动区 1	120	1.80	3.00	3.30
2	外围活动区 2	130	1.80	3.00	3.30
3	设备间	120	1.50	7.00	5.00
4	筒内走廊 1	120	2.50	2.00	3.50
5	筒内走廊 2	130	2.50	2.00	3.50
6	楼梯间	0	8.00	3.50	9.75
7	电梯间	无	无	无	无

针对上述建筑，根据我国有关规范设计出一个具有二道防线的双重抗侧力体系结构模型。然后，在双重抗侧力体系结构模型的基础上取消框架楼层剪力的调整［《建筑抗震

设计规范》（GB 50011—2010）的 6.2.13 条或《高层建筑混凝土结构技术规程》（JGJ 3—2010）的 9.1.11 条等］，同时为了减小框架构件截面尺寸，取消了框架构件的抗震等级［《建筑抗震设计规范》（GB 50011—2010）6.1.2 条］的要求，使结构筒体部分承受大部分的地震水平作用，而框架部分只承担结构的竖向荷载和极小部分的层间地震剪力，从而设计出单重抗侧力体系结构模型。由于单重抗侧力体系结构框架部分承担的地震倾覆力矩小于结构总剪力倾覆力矩的 10%，根据广东省《高层建筑混凝土结构技术规程》（DBJ 15-92—2013）的 8.1.3 条，按剪力墙结构的要求来控制弹性层间位移角（1/1000）。单、双重抗侧力体系结构模型的构件截面尺寸如表 3.4-7 所示。

表 3.4-7　构件截面尺寸

构件类型	构件位置	混凝土编号	构件截面尺寸	
			单重抗侧力体系	双重抗侧力体系
柱	1～2 层	C60	750mm×750mm	1 000mm×1 000mm
	3 层		750mm×750mm	900mm×900mm
	4～7 层		700mm×700mm	900mm×900mm
	8～9 层		700mm×700mm	800mm×800mm
	10～13 层		600mm×600mm	800mm×800mm
	14～16 层		600mm×600mm	700mm×700mm
	17 层		600mm×600mm	600mm×600mm
	18～25 层		500mm×500mm	600mm×600mm
梁	外圈梁	C30	250mm×550mm	400mm×850mm
	角梁		400mm×850mm	300mm×750mm
	筒内梁		250mm×500mm	250mm×500mm
	连系梁		300mm×700mm	300mm×700mm
	墙连梁	C60	墙厚×1200mm	墙厚×800mm
墙	1～3 层	C60	550mm	350mm
	4～6 层		500mm	350mm
	7 层		450mm	350mm
	8～16 层		450mm	300mm
	17 层		450mm	250mm
	18～25 层		450mm	250mm
	筒内墙		250mm	250mm

单重和双重抗侧力体系模型的重力荷载代表值分别为 $5.349×10^5$ kN 和 $5.339×10^5$ kN，两者的重力荷载代表值基本相同。双重抗侧力体系的构件质量分布在框架和核心筒，而单重抗侧力体系构件质量集中于核心筒，两个结构的周期如表 3.4-8 所示。

表 3.4-8　两个结构的周期　　　　　　　　单位：s

周期	双重抗侧力体系	单重抗侧力体系	振型
1	2.80	2.08	平动
2	2.66	2.02	平动
3	2.37	1.74	扭转
4	0.90	0.63	平动
5	0.84	0.60	平动
6	0.82	0.58	扭转
7	0.47	0.34	平动
8	0.47	0.33	平动
9	0.44	0.31	扭转

两个模型的结构用钢量如表 3.4-9 所示。双重体系模型在梁和柱钢筋用量上比单重体系模型的多 70.14%，但单重体系模型在连梁和墙体上的钢筋用量要比双重体系模型的多 48.26%。单重体系模型结构的总钢筋用量比双重体系模型的少 28.57%。

表 3.4-9　两个模型的结构用钢量　　　　　　　　单位：t

构件类别	单重抗侧力体系	双重抗侧力体系
梁	507	763
柱	139	335
墙	390	265
连梁	49	31
总计	1085	1395

由于两种体系重力代表值一样，单重抗侧力体系模型的结构抗侧刚度大于双重抗侧力体系，根据反应谱法计算出单重体系模型所承担的地震作用略高于双重体系模型。双重抗侧力体系模型的框架构件截面大于单重抗侧力体系模型，因此双重抗侧力体系模型框架部分所承受的地震剪力必然大于单重抗侧力体系模型［图 3.4-8（a）］。对于双重抗侧力体系，地震力所产生的倾覆力矩是由框架部分和核心筒两者共同承担。与之相比，对于单重抗侧力体系，大部分倾覆力矩是由筒体单独承担，框架部分承担很小的倾覆力矩［图 3.4-8（b）］。根据反应谱法计算结果得出，双重抗侧力体系模型的最大层间位移角为 1/810，单重抗侧力体系模型的最大层间位移角为 1/1100，均小于有关规范所规定的弹性层间位移角限值（图 3.4-9）。

基于第 2 章提出的精细有限元模型，采用 MSC.Marc 软件对单重和双重抗侧力结构体系进行罕遇地震弹塑性时程分析。MSC.Marc 软件的模型与 PKPM 中设计模型的结构总质量误差不超过 5%，前 9 阶周期的误差不超过 10%，表明本研究建立的弹塑性分析模型与设计模型基本保持一致。本节选用 FEMA P695（FEMA，2009）建议远场的 22 组地震动和 El Centro 作为输入地震动，分析对比两个体系在多遇（PGA = 0.07g）和罕遇地震（PGA = 0.4g）作用下的结构响应。

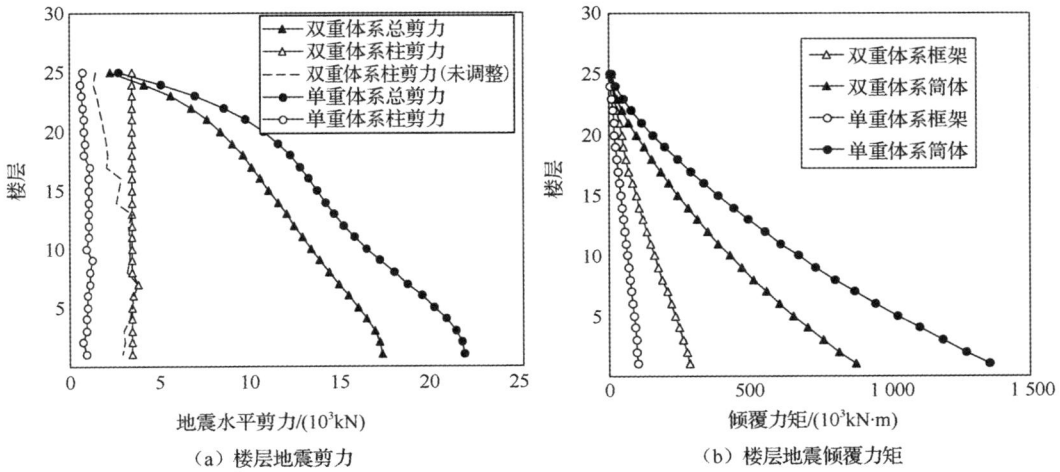

（a）楼层地震剪力

（b）楼层地震倾覆力矩

图 3.4-8 框架和筒体地震力分担比

图 3.4-10 给出了单重与双重体系框架-核心筒在 23 组地震动下层间位移角中位值。在多遇地震作用下，单重体系模型的最大层间位移角（1/2040）小于双重体系（1/1291），均满足规范的结构弹性位移角限值要求。在罕遇地震作用下，单重体系的最大层间位移角（1/292）略小于双重体系（1/216），均小于有关规范的结构弹塑性位移角限值。

对于梁或柱单元，本节根据纤维梁单元中钢筋的应变是否大于屈服应变来判断梁柱构件是否出现塑性铰。对于壳单元，根据分层壳单元中的钢筋层等效应变来判断墙体是否屈服。为了研究构件的损伤破坏，本章采用的输入地震动为常用的 El Centro 地震动。

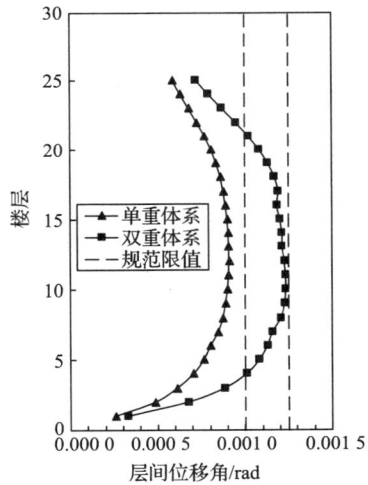

图 3.4-9 反应谱法小震下层间位移角限值

在多遇和设防地震作用下，双重和单重体系结构构件都处于弹性阶段。在罕遇地震作用下，由于单重体系的框架设计较弱，外框架小部分框架梁的端部已出现塑性铰，但框架柱仍保持弹性，符合强柱弱梁的设计，而双重体系的框架梁和柱都处于弹性状态。罕遇地震作用下外框架梁塑性铰分布情况如图 3.4-11 所示。单重体系的剪力墙和连梁大部分已经屈服，但连梁未发生破坏，而双重体系模型的筒体相对较弱，所以在罕遇地震下，大部分连梁已经发生破坏，筒体局部屈服，红色区域表示构件内部钢筋已屈服。核心筒塑性区分布情况如图 3.4-12 所示。从图 3.4-11 和图 3.4-12 中可见，单重和双重体系的筒体底部仍处于弹性状态。

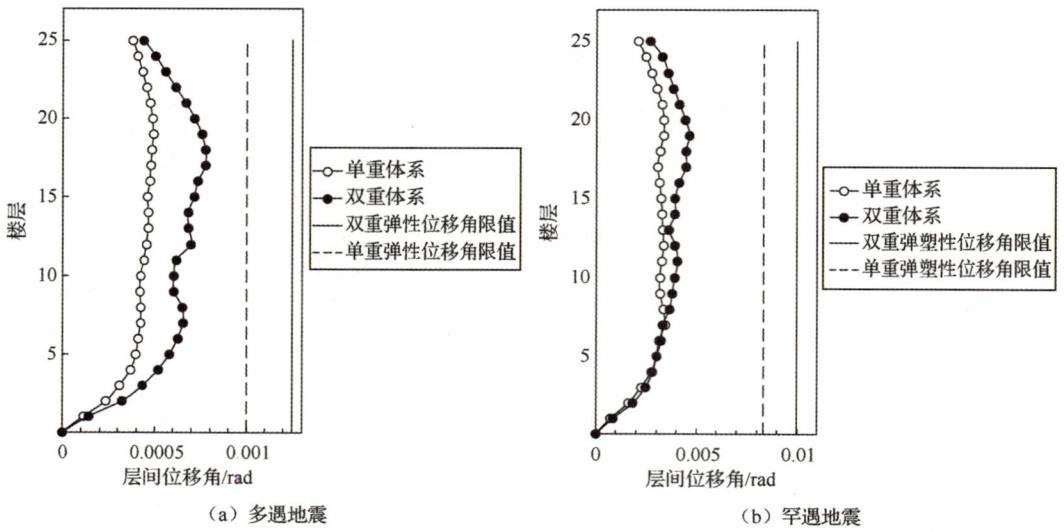

（a）多遇地震　　　　　　　　　　　　（b）罕遇地震

图 3.4-10　地震动下层间位移角中位值

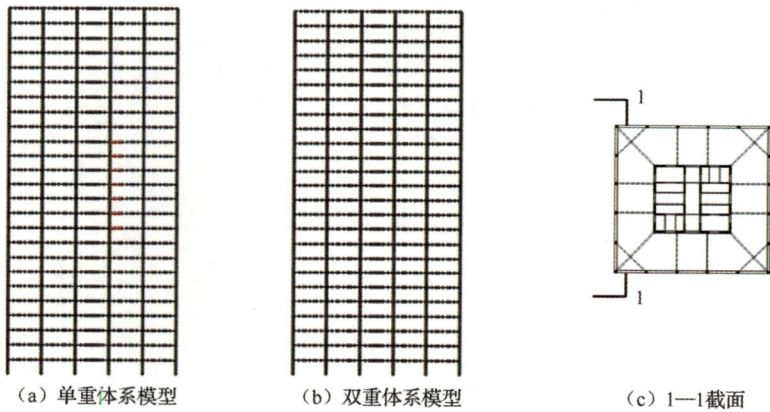

（a）单重体系模型　　　　（b）双重体系模型　　　　（c）1—1截面

图 3.4-11　罕遇地震作用下外框架梁塑性铰分布情况

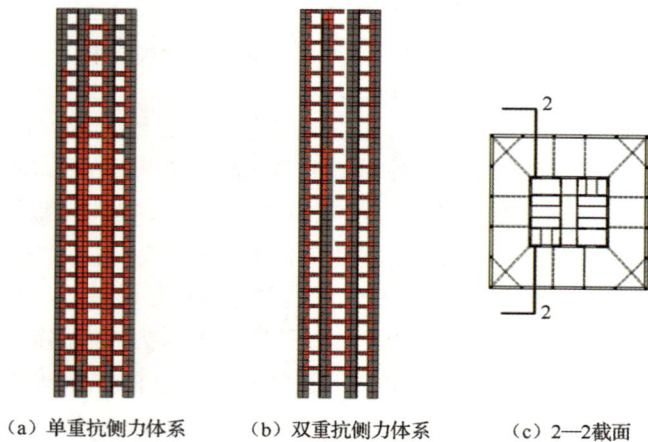

（a）单重抗侧力体系　　　（b）双重抗侧力体系　　　（c）2—2截面

图 3.4-12　罕遇地震作用下核心筒塑性区分布情况

采用 IDA 方法研究结构的抗坍塌能力，经过 23 组地震动结果的统计，筒体的破坏是导致结构倒塌模式（图 3.4-13）。在不同的地震动作用下，双重和单重体系的墙体主要是在结构底部（1 层和 2 层）发生破坏。

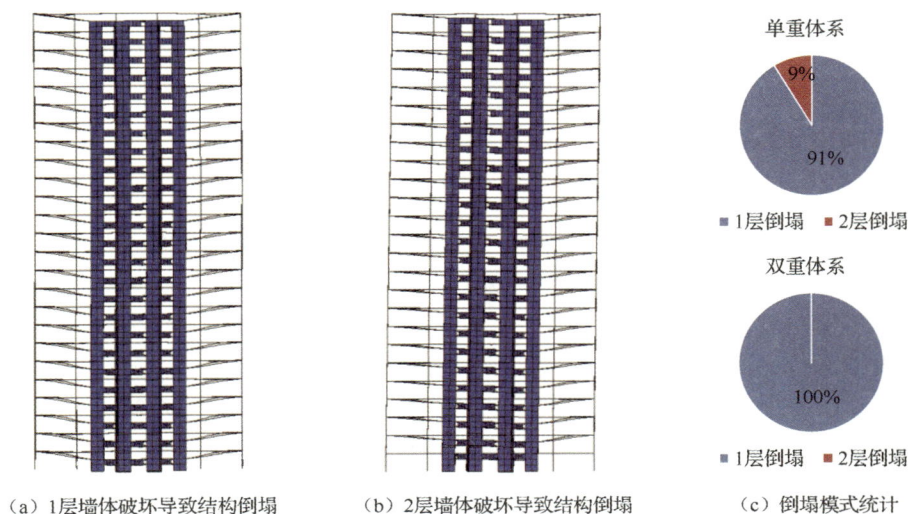

（a）1 层墙体破坏导致结构倒塌　　　（b）2 层墙体破坏导致结构倒塌　　　（c）倒塌模式统计

图 3.4-13　23 组地震动作用下结构的倒塌模式

根据 23 组地震动的弹塑性时程倒塌易损性曲线（图 3.4-14）可见，单重和双重体系模型对应 50%倒塌概率的 PGA 分别为 1.85g 和 1.87g，规范给出 8 度抗震设防的罕遇地震对应的 PGA 为 0.4g，从而可计算得出单重和双重体系的抗倒塌储备系数 CMR 分别为 4.63 和 4.68，两者的抗倒塌能力基本相当，且在规定的罕遇地震作用水平下倒塌概率均小于 5%，满足《建筑结构抗倒塌设计规范》（CECS 392—2014）不大于 5%的要求。单重与双重体系易损性曲线的标准差分别为 0.482 和 0.599，这表明相比于单重体系，双重体系对作用于结构的不同地震动较敏感。

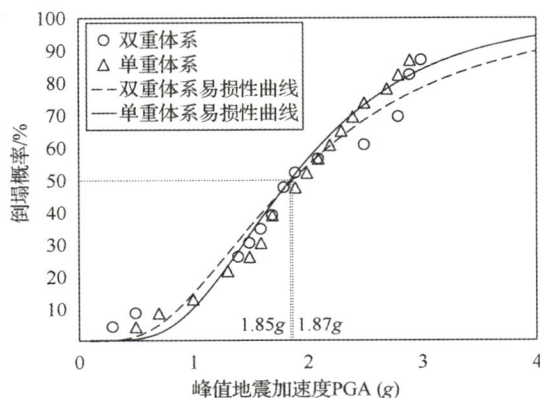

图 3.4-14　结构倒塌易损性曲线

3.4.1.4　小结

本节通过两个高层建筑算例对比，表明对于框架-核心筒结构，采用单重抗侧力结构体系在相同或更少的材料用量的情况下，可以做到与双重抗侧力体系相当甚至更高的抗地震倒塌性能。因此，建议对高层建筑进一步加强单重抗侧力结构体系性能和安全性的研究，并考虑在相关结构设计规范上给予相应的支持。

3.4.2　超高层建筑最小剪力系数研究

目前在建筑结构抗震设计时，基本都是基于加速度反应谱确定地震作用力，而由于对长周期地震动特性的研究还不够完善，长周期地震动记录中的速度或者位移特性对结构可能具有更大的破坏性（GB 50011—2010），基于规范加速度反应谱的底部剪力法或振型分解法所确定的地震力，并不能很好地反映长周期地震动对结构的影响，尤其是超高层长周期结构，基于规范加速度反应谱确定的底部剪力会很小，而且超高层长周期结构的抗震设计尚缺乏足够的工程实践，出于对结构安全的考虑，国内外的抗震相关规范中都提出了最小地震剪力系数（或最小基底剪力）的要求。而近年来，我国大量的超高层建筑设计实例表明（汪大绥等，2012）：对于基本周期很长的超高层建筑，其最小地震剪力系数并不完全满足我国现行规范的最小地震剪力系数的要求，这已经成为超高层建筑设计中的瓶颈。

在 3.3.3 节已经结合一个 8 度区具体工程，对不同最小剪力系数控制方案及其对抗震性能的影响做了分析。在本节，本书作者和清华大学叶列平教授，研究生卢啸、刘斌，以及北京建筑设计研究院齐五辉教授、甄伟教授等一起，对超高层建筑最小剪力系数问题进行了研究。将首先对我国和美国主要抗震规范及规程中对最小地震剪力系数（或最小基底剪力）的相关规定进行简单的综述和对比，然后以我国 8 度区的某假想超高层为例，对不同设计方案的抗震性能和抗倒塌性能进行对比，为工程设计提供参考。

3.4.2.1　国内外规范对最小地震剪力系数规定的综述

由于长周期地震动的不确定性以及现行规范中长周期反应谱衰减迅速，为确保结构安全，我国的《建筑抗震设计规范》（GB 50011—2010）和《高层建筑混凝土结构技术规程》（JGJ 3—2010）要求在多遇地震作用下，结构任意楼层的地震作用标准值不应小于规范中规定的最小地震剪力。如《建筑抗震设计规范》（GB 50011—2010）中第 5.2.5 条规定：抗震验算时，结构任一楼层的水平地震剪力应符合下式要求：

$$V_{\text{EK},i} \geqslant \lambda \sum_{j=i}^{n} G_j \tag{3.4-1}$$

式中，$V_{\text{EK},i}$ 为第 i 层对应于水平地震作用标准值的楼层剪力；λ 为剪力系数，不应小于表 3.4-10 所示的楼层最小地震剪力系数值，对竖向不规则结构的薄弱层，尚应乘以 1.15 的增大系数。G_j 为第 j 层的重力荷载代表值。

在结构抗震设计验算过程中，对地震剪力系数不满足最小地震剪力系数的楼层，应该进行相应的调整使之符合规范要求，而在实际设计中发现，对于超高层建筑，一般很难完全满足规范中关于最小地震剪力系数的要求。以 8 度 II 类场地第一分组（$T_g=0.35s$）为例，其设计反应谱和最小地震剪力系数限值如图 3.4-15 所示。可见当周期大于 6.0s 后，反应谱值小于最小地震剪力系数的限值，周期越长，小得越多。现有的超高层建筑结构的周期一般都在 7～10s，所以其抗震验算时的最小地震剪力系数很难完全满足现行规范要求限值。

表 3.4-10　楼层最小地震剪力系数值（GB 50011—2010）

类别	6 度	7 度	8 度	9 度
扭转效应明显或基本周期小于 3.5s 的结构	0.008	0.016（0.024）	0.032（0.048）	0.064
基本周期大于 5.0s 的结构	0.006	0.012（0.018）	0.024（0.036）	0.048

注：1）基本周期介于 3.5s 和 5s 之间的结构，按插入法取值；
　　2）括号内数值分别用于设计基本地震加速度为 0.15g 和 0.30g 的地区。

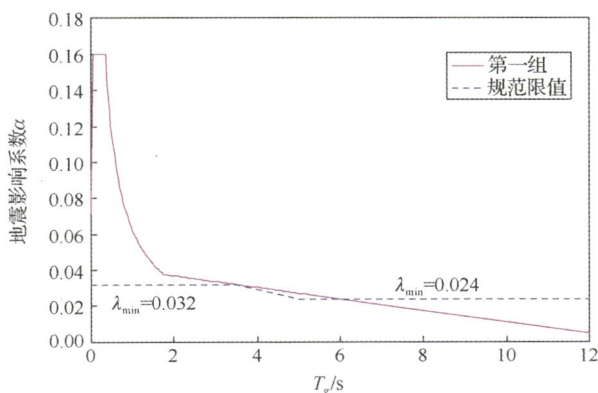

图 3.4-15　8 度 II 类场地设计反应谱和最小地震剪力系数限值

在国外的几本比较有影响力的规范中，如 UBC 1997、IBC 2000—2012、ASCE 7-05 等，也有类似我国有关规范中对结构楼层最小地震剪力系数的规定，即最小基底总剪力大小的限值。

在 *Uniform Building Code，Volume* 2，1997（UBC，1997）的第 1630.2 条中规定了在给定方向上结构设计总水平剪力的确定方法，即按照式（3.4-2）进行计算得到：

$$V = \frac{C_v I}{RT} W \tag{3.4-2}$$

该规范中明确给出了设计总水平剪力的上下限值，分别按照式（3.4-3）和式（3.4-4）确定。而对于位于近断层的高烈度区第 4 类场地，基底总设计剪力还不应该小于式（3.4-5）得到的剪力值：

$$V_{\max} = \frac{2.5 C_v I}{R} W \tag{3.4-3}$$

$$V_{\min} = 0.11 C_a I W \tag{3.4-4}$$

$$V_{\min} = \frac{0.8 Z N_v I}{R} W \tag{3.4-5}$$

式中，C_v、C_a 分别为相应的地震影响系数；I 为结构的重要性系数；R 为承载力折减系数；N_v 为近断层的影响系数；Z 为烈度分区影响系数，以上系数取值均可以通过查 UBC 1997 中的相应图表得到；W 为结构的总重力荷载代表值。

除近断层的高烈度区外，一般情况下 $C_v = 0.06\sim0.84$；$C_a = 0.06\sim0.36$；$I = 1.0\sim1.25$，从而可以得到设计总水平剪力的最小值 $V_{\min}$ 的范围为 $0.006\,6\sim0.049\,5W$，而对于近断层的高烈度区，$Z = 0.4$，$N_v = 1.0\sim2.0$，$V_{\min} = （0.32\sim0.8）W/R$，$R$ 一般不超过 8.5。虽然 UBC 中的设计地震力大致对应于我国中震的地震水平，但我国的设计地震力是根据多遇地震水平即小震确定的，由此可知，UBC 1997 中给出的最小基底总剪力的大小要小于我国抗震规范中最小地震剪力系数的限值。

在 ASCE 7，*Minimum Design Loads for Buildings and Other Structures*（ASCE，2005）规范中规定结构任意方向上的基底总剪力设计值为 $V = C_sW$，其中 C_s 为基底剪力系数。同时，给出了 C_s 的上下限取值，其上限取值可按照式（3.4-6）进行确定，即

$$C_s = \begin{cases} \dfrac{S_{Dl}}{T(R/I)} & T \leqslant T_L \\[2mm] \dfrac{S_{Dl}T_L}{T^2(R/I)} & T > T_L \end{cases} \qquad (3.4\text{-}6)$$

式中，S_{Dl} 是 1s 周期对应的 5%阻尼比的设计反应谱值，C_s 的下限取值不得小于 0.01。此外，对于 $S_l \geqslant 0.6g$ 的高烈度区，C_s 的取值不应该小于 $0.5S_l/(R/I)$。随着研究的不断深入，*Quantification of Building System Performance and Response Parameters*（ATC-63 75% Draft）（ATC，2008）报告研究表明：高层结构可能在较低的地震动强度水准的地震力作用下发生较严重的不可接受的破坏，因此在 ASCE 7-05 的补充文件中对最小基底总剪力大小的限值进行了调整，恢复到 ASCE 7 2002 版本中的最小基底总剪力的确定方法，即

$$C_s = 0.044S_{DS}I \geqslant 0.01 \qquad (3.4\text{-}7)$$

类似地，在 *International Building Code*（IBC，2000—2012）各版本中，关于结构总设计基底剪力的计算与 ASCE 7-05 的计算方法基本一致，基本沿用了 ASCE 7-05 的计算方法，其最小基底总剪力的下限取值方法也一致，即按照式（3.4-7）确定。当计算得到的基底总设计剪力值小于规范中最小基底总剪力时，则按照最小基底总剪力沿楼层分配进行构件和结构设计。

以上几部规范中关于最小基底总剪力的规定都是建筑结构抗震设计的普遍规定，而不是专门针对高层或者超高层建筑提出的。洛杉矶高层规范（LATBSDC，2008）中明确提出了关于高层结构的最小基底剪力的限值，规范中规定抗震设计中计算得到基底总剪力不得小于式（3.4-8）最小基底总剪力，即

$$V_{\min} = 0.03W \qquad (3.4\text{-}8)$$

从 19 世纪 80 年代到 90 年代初期洛杉矶开始大量修建高层建筑，$0.03W$ 就作为结

构设计基底总剪力的下限值。之所以采用 $0.03W$ 作为设计基底总剪力的下限值，是因为设计者认为 $0.03W$ 的最小基底总剪力大致对应于钢结构的初始屈服荷载，而对于其他类型的结构，也能基本保持结构处于弹性状态。此外，在该规范的条文说明中还明确指出：强制规定最小基底剪力的做法不是性能化的设计方法，随着各种研究的深入，该条规定可能要做相应修改，甚至取消最小基底总剪力限值的规定。在 TBI 发布的高层建筑设计指南（PEER，2010）中已经完全取消了最小基底剪力的规定，而是通过性能化设计，对不同构件提出不同地震动水准下的性能目标来确保结构的安全性。

　　由于地震动长周期成分的不确定性，从结构安全的角度出发，国内外相关抗震规范都规定了一个楼层地震剪力值的下限值（最小地震剪力系数或者最小基底总剪力），但在具体的规定上有一定的差异。

　　与国外规范相比，最本质的区别在于：我国高层建筑实践中往往要求抗震验算时，用底部剪力法或振型分解反应谱法计算的楼层剪力不得小于规范的限值，当不能满足要求时，从式（3.4-1）可以看出，只能减小结构总质量或者增大楼层地震力来使之满足要求。而结构的总质量一般可调整性不大，那么只能通过增大地震力来实现，要想增大底部剪力法或振型分解反应谱法计算得到的楼层水平地震剪力，则主要依靠增大结构刚度，减小结构周期。也就是说，我国相关规范中最小地震剪力的规定在工程实践中很大程度上是对结构的刚度起控制。但是如果设计的超高层结构（500m 以上）要完全满足最小地震剪力系数的限值，从图 3.4-15 的示例中可以看出，对于位于 8 度 II 类场地第一分组的超高层建筑，基本周期必须控制在 6.0s 以内才有可能满足抗震规范中最小地震剪力系数的要求，这样的超高层结构构件尺寸将会非常巨大，使得结构的经济性较差。

　　相比之下，国外有关规范中，对最小基底总剪力的规定在于设计地震力上，要求直接用于结构设计的水平地震总剪力不得小于某一限值，当计算的基底总剪力小于限值时，直接取最小限值作为设计基底总剪力，然后分配到各楼层进行设计，是一种从强度方面确保结构安全性的方法，而结构的刚度则主要通过风荷载或者地震荷载作用下的位移角限值的手段进行控制。在高层或者超高层建筑的设计中，TBI 高层结构设计指南（PEER，2010）认为：在经过性能化设计和大震弹塑性验算，当结构整体性能和构件的性能都满足规范要求后，最小基底总剪力的大小会自动满足规范。因此，TBI 高层结构设计指南（PEER，2010）中甚至完全取消了最小基底剪力限值的强制规定，而是通过结构的性能化设计来保证结构在大震作用下的安全性。

　　总的说来，我国工程实践中，规范关于最小地震剪力系数的规定很大程度上是对结构刚度的控制，在增大结构抗震能力的同时，也增大了结构的地震力需求，而且实际操作也非常困难；而国外最小基底总剪力的规定则是从结构的承载力方面来控制结构的安全性，在不能满足规范要求时，通过增大基底总剪力进行设计，提高结构强度，在设计中也便于实现。因此，国内部分工程师在进行超高层建筑设计时，借鉴了国外相关规范的经验，在楼层水平地震剪力不满足规范要求时，通过增大楼层的设计地震剪力使之满足规范规定的最小地震剪力系数，这一设计思路在广东省地方标准《高层建筑混凝土结构技术规程》（DBJ 15-92—2013）中已有体现，在该规程 3.3.12 条的条文说明中明确指出：为了安全起见，规定结构需承担必要的最小地震剪力。当小震弹性计算的楼层剪力小于规定的最小值时，应予加大满足楼层最小地震剪力要求，而不宜采用加大结构刚度的方法。此外，基底总剪力尚不小于按底部剪力法算得的总剪力的 85%。

3.4.2.2　8 度区的某假想超高层案例对比分析

为讨论抗震规范中最小地震剪力系数对超高巨型柱-核心筒-伸臂结构抗震性能及抗特大震倒塌性能的影响，本节以我国 8 度区的某假想超高层为例，按照表 3.4-10 中三种最小地震剪力系数取值方法，设计了三种不同方案的超高层建筑，并建立了相应的有限元模型。通过对以上方案进行大量弹塑性时程分析和 IDA 倒塌分析，讨论最小地震剪力系数对超高巨型柱-核心筒-伸臂结构抗震性能的影响。

该假想超高层建筑位于我国抗震设防 8 度区，场地特征周期为 $T_g=0.35s$，主体结构地面总高度为 439m，约 97 层，顶部 4 层为观光层，地下 4 层，约 18m。该结构平面尺寸约为 36.1m×53.7m，外围为 16 根矩形钢管混凝土巨型柱，内部为 21m×37m 的矩形核心筒，在结构的长边方向采用了"巨型钢管混凝土柱-核心筒-桁架"的混合抗侧力体系；为保证结构短边方向的刚度，在结构短边方向沿结构全高布置了 X 形巨型钢斜撑抵抗水平荷载。5 道腰桁架均匀分布在结构的高度方向，每道桁架体系高约 8.3m。结构的主要恒载、活载信息见表 3.4-11。

表 3.4-11　结构的主要恒载、活载信息　　　　　　　单位：kN/m^2

楼层位置	核心筒外		核心筒内	
	恒载	活载	恒载	活载
避难层	1.95	7.5	1.95	7.5
办公层	2.2	4.0	1.7	4.0
酒店层	4.7	2.0	1.7	4.0

以此工程背景为基础，在保证设计条件完全相同的情况下，按照三种不同的最小地震剪力控制方案，设计了表 3.4-12 中三种不同的模型方案。

表 3.4-12　三种模型的最小地震剪力系数差异比较

楼层地震作用取值方法	模型 A	模型 B	模型 C
$V_{d,i}=V_{EK,i} \geq \lambda G_i$	是	否	否
$V_{d,i}=\max(V_{EK,i}, \lambda G_i)$ 且 $V_b \geq 0.8\lambda G$	—	是	否
$V_{d,i}=V_{EK,i}$ 且 $V_b \geq 0.8\lambda G$	—	—	是

注：$V_{d,i}$ 表示第 i 层的用于结构设计的水平地震剪力标准值；$V_{EK,i}$ 表示用振型组合法计算得到的第 i 层的水平地震剪力；G_i 表示第 i 层以上结构的重力荷载代表值；G 表示结构总重力荷载代表值；V_b 表示结构的总基底剪力。

假想超高层结构三维示意图如图 3.4-16 所示。

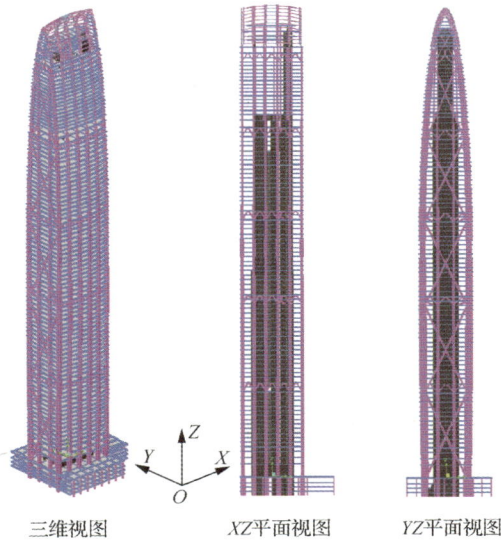

三维视图　　　　　　XZ平面视图　　　　　　YZ平面视图

图 3.4-16　假想超高层结构三维示意图

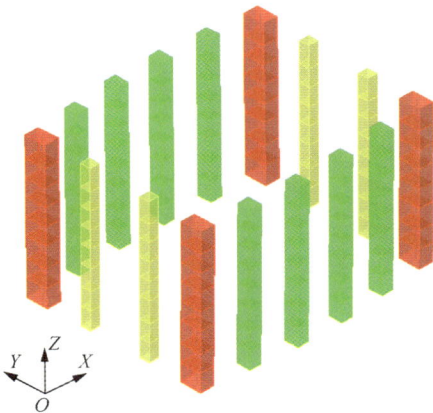

图 3.4-17　外围巨型柱分布示意图

在模型 A 中，外围的 16 根矩形钢管巨型柱系统主要有三种截面尺寸，其布置形式如图 3.4-17 所示。

（1）4 根角部巨型柱的最大截面尺寸约为 4950mm×3300mm，钢管壁厚为 50mm。

（2）长边方向共 8 根边柱，每边 4 根，最大截面尺寸约为 3700mm×3150mm，钢管壁厚为 45mm。

（3）短边方向共 4 根边柱，每边 2 根，最大截面尺寸约为 2850mm×2850mm，钢管壁厚为 40mm。

钢管均采用 Q345GJC 级钢材，钢管混凝土柱截面平均每 20 层减小一次，壁厚也逐渐减小，柱内填充的混凝土采用 C80 混凝土。

短边方向设置了 5 道 X 形交叉斜撑贯穿结构全高，斜撑采用箱形截面的 Q345GJC 型钢，最大截面尺寸约为 2700mm×2400mm，壁厚约为 180mm，支撑截面沿结构高度逐渐缩小，顶部截面尺寸缩小为 1200mm×1200mm，壁厚为 90mm。

为使得该模型能完全满足我国规范最小地震剪力系数的要求，必须尽可能增大结构刚度，减小结构周期。因此，从研究的角度出发，通过反复调整，最终模型 A 的核心筒采用 C100 钢纤维高强混凝土，虽然超高强混凝土在实际工程中还较少采用，但已经有了较多的研究（李俊等，2008）。剪力墙拟定为特一级，纵横向配筋按照构造的

0.35%配置，对于底部加强区按照 0.4%配置。筒体底部长边方向的外墙厚度约为 2900mm，且内置两块124mm 厚的钢板；短边方向外墙厚度约为 1800mm，内置两块76mm 厚的钢板。墙体的边缘构件采用了 H 形钢，连梁上下铁配筋率约为 1%。核心筒的布局沿结构高度方向有两次明显变化。第一次变化在从底部算起第 46 层和第 47 层交界处，短边方向的外围墙体被去除，筒体向内缩进约 3.35m；第二次明显变化发生在 78 层以上，由于建筑功能要求，78 层以上为高级酒店，筒体内部的腹墙被去除，形成通透的大空间，仅剩余外侧的电梯井贯通结构全高，核心筒内缩示意图如图 3.4-18 所示。

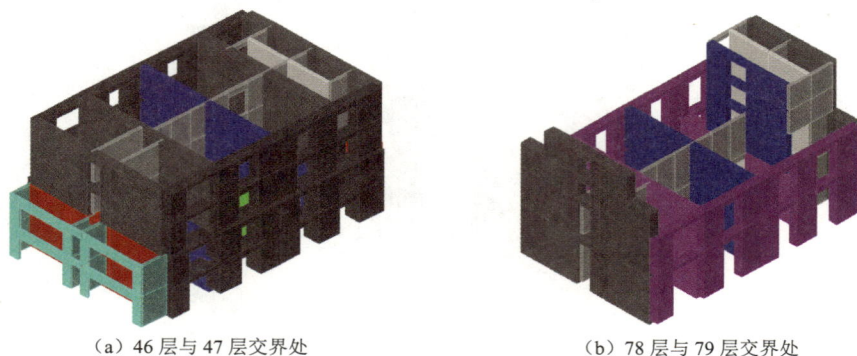

（a）46 层与 47 层交界处　　　　　　　　（b）78 层与 79 层交界处

图 3.4-18　核心筒内缩示意图

模型 A 设计剪重比沿高度的变化如图 3.4-19 所示，显然所有楼层均满足规范中最小地震剪力系数 0.024 的要求。模型 A 前 6 阶自振周期及重力荷载代表值如表 3.4-13 所示。结构的基本自振周期约为 5.51s。

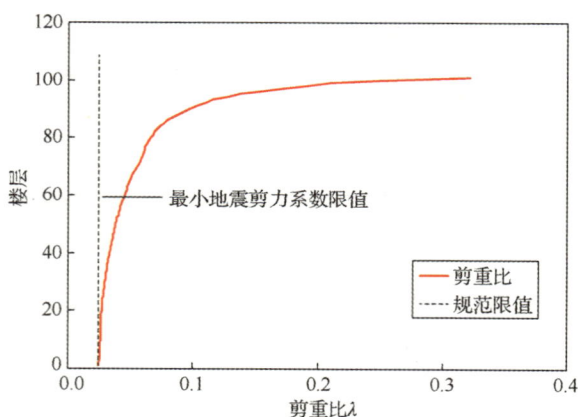

图 3.4-19　模型 A 设计剪重比沿高度的变化

表 3.4-13　模型 A 前 6 阶自振周期及重力荷载代表值

T_1/s（X向1阶平动）	T_2/s（Y向1阶平动）	T_3/s（1阶扭转）	T_4/s（X向2阶平动）	T_5/s（Y向2阶平动）	T_6/s（2阶扭转）	重力荷载代表值/t
5.51	5.37	2.62	1.80	1.42	1.02	7.12×10^5

　　模型 B 的结构布置与模型 A 完全一致，除外围巨型钢管混凝土柱和核心筒外，其他的构件尺寸也与模型 A 基本一致。模型 B 的外围巨型柱明显小于模型 A，角部 4 根巨型柱的最大截面尺寸约为 3950mm×2700mm，长边边柱的最大截面尺寸约为 3200mm×2650mm，短边边柱的最大截面尺寸约为 2350mm×2350mm，钢管仍采用 Q345GJC 等级钢材，内填充 C80 等级混凝土。核心筒由普通的钢筋混凝土剪力组成，筒体底部长边方向外墙厚度约为 1900mm，短边方向外墙厚度约为 1200mm，筒体纵横向配筋按照构造的 0.35% 配置，对于底部加强区按照 0.4% 配置，连梁上下铁配筋率依然为 1%。下部筒体采用 C80 等级的混凝土，在约 1/2 高度以上的部位混凝土强度等级降低为 C60。边缘构件配置与模型 A 基本一致。模型 B 的楼层设计剪重比沿结构高度变化如图 3.4-20 所示。显然，底部约 30 层不能完全满足有关规范中最小地震剪力系数的要求，底部楼层的剪重比约为 0.019，约为规范限值（0.024）的 79%，对这些楼层的水平地震剪力按照有关规范最小地震剪力进行结构设计，从而得到模型 B 前 6 阶自振周期及重力荷载代表值如表 3.4-14 所示。结构的基本自振周期约为 6.91s。

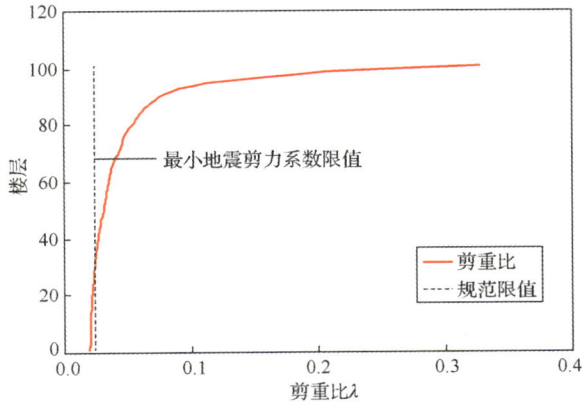

图 3.4-20　模型 B 的楼层设计剪重比沿结构高度变化

表 3.4-14　模型 B 前 6 阶自振周期及重力荷载代表值

T_1/s（X 向 1 阶平动）	T_2/s（Y 向 1 阶平动）	T_3/s（1 阶扭转）	T_4/s（X 向 2 阶平动）	T_5/s（Y 向 2 阶平动）	T_6/s（2 阶扭转）	重力荷载代表值/t
6.91	6.60	3.66	2.21	1.83	1.40	$5.72×10^5$

　　模型 C 与模型 B 的结构布置与设计剪重比完全一致，对底部 30 层不满足规范最小地震剪力系数的楼层，不进行承载力调整，直接按照振型分解反应谱法计算得到的楼层剪力进行结构设计。因此，在结构 30 层以上，模型 C 与模型 B 的构件尺寸及配筋率完全一致，仅底部 30 层的外围巨型柱钢管壁厚和核心筒的边缘构件尺寸略小于模型 B。

　　模型 C 的外围角部巨型柱尺寸为 3200mm×2650mm，壁厚 40mm，长边边柱尺寸为 3950mm×2700mm，壁厚 45mm，短边边柱尺寸为 2350mm×2350mm，壁厚 35mm。对于内部的核心筒，剪力墙配筋率仍为特一级墙体构造配筋，边缘构件的含钢率约为模型 B 含钢率的 85%，且不小于规范中边缘构件的最小配筋率，即一般部位为 1.2%，底部加强区为 1.4%。

三个模型典型截面差异比较见表 3.4-15。显然，模型 A 的截面尺寸远大于模型 B 和模型 C，最大墙厚约为模型 B 和模型 C 的 1.52 倍，且还需在剪力墙内配置钢板，并使用 C100 钢纤维高强混凝土来提高结构的整体刚度；模型 A 外围的巨型柱尺寸也要明显大于模型 B 和模型 C，最大柱截面高度约为模型 B 和模型 C 的 1.25 倍；而模型 B 和模型 C 的截面尺寸差异并不明显，仅在剪力墙的边缘约束构件和外围巨型柱的钢管壁厚上存在细小的差别，且这些差别主要体现在地震剪力系数不满足规范最小要求的结构底部 30 层。

表 3.4-15　三个模型典型截面差异比较

构件截面		模型 A	模型 B	模型 C
剪力墙	X 向外墙	2 900	1 900	1 900
	Y 向外墙	1 800	1 200	1 200
	混凝土等级	C100 钢纤维高强混凝土	C80	C80
	内置钢板	是	否	否
	典型边缘构件	650×1 300×50×70	650×1 300×50×70	650×1 300×45×60
巨型柱	X 向中柱	3 700×3 150×45	3 200×2 650×45	3 200×2 650×40
	Y 向中柱	2 850×2 850×40	2 350×2 350×40	2 350×2 350×35
	角柱	4 950×3 300×50	3 950×2 700×50	3 950×2 700×45

注：表中截面尺寸单位均为 mm；边缘构件为工字形截面型钢，截面表示方式：宽×高×腹板厚×翼缘厚；外围巨型柱为矩形钢管混凝土柱，截面表示方式：高×宽×壁厚。

三个模型基本动力特性比较如表 3.4-16 所示。显然，完全满足规范最小地震剪力系数要求的模型 A，其基本自振周期最短，结构抗侧刚度最大；模型 B 和模型 C 周期基本一致，模型 C 自振周期略大于模型 B；由于模型 A 为了完全满足规范最小地震剪力系数的要求，外围钢管混凝土柱和剪力墙的尺寸要明显大于模型 B 和模型 C，模型 A 在增大结构抗侧刚度的同时，其重力荷载代表值也有了明显增加，是模型 B 和模型 C 重力荷载代表值的 1.24 倍。显然，要完全满足规范最小地震剪力系数的要求，必须要付出很多的代价，且这样的设计在实际工程中实现难度也非常大。

表 3.4-16　三个模型基本动力特性比较

动力特性	模型 A	模型 B	模型 C
T_1/s（X 向 1 阶平动）	5.51	6.91	6.94
T_2/s（Y 向 1 阶平动）	5.37	6.60	6.64
T_3/s（1 阶扭转）	2.62	3.66	3.66
T_4/s（X 向 1 阶平动）	1.80	2.21	2.21
T_5/s（Y 向 1 阶平动）	1.42	1.83	1.83
T_6/s（1 阶扭转）	1.02	1.40	1.40
重力荷载代表值/t	$7.12×10^5$	$5.76×10^5$	$5.76×10^5$
基底总设计剪力/N	$1.67×10^8$	$1.13×10^8$	$1.13×10^8$

进行大震弹塑性分析时，在非线性分析性能良好的大型通用有限元程序 MSC.Marc 2007 的基础上，采用第 2 章介绍的纤维梁单元、分层壳单元以及杆单元建立了模型 A、模型 B、模型 C 的有限元模型。以 FEMA P695（FEMA，2009）推荐的 22 组远场地震动作为基本地震输入（在后续的讨论中将该地震动集合简称为"EQ-22 集合"），并将地震加速度峰值 PGA 调幅至我国《建筑抗震设计规范》（GB 50011—2010）的 8 度大震水平，即 PGA=400cm/s^2。由于本研究的主要考察对象是"巨型柱-核心筒-伸臂"的超高层结构体系，本章中主要研究该假想超高层结构 X 方向的抗震性能，即无支撑的长边方向，调幅后的地震动记录沿 X 向单向输入，并采用经典的瑞利阻尼，阻尼比取 5%。

在 EQ-22 地震动记录作用下，三个模型的平均基底总剪力比较如表 3.4-17 所示。由于模型 A 的基本周期最短，结构抗侧刚度最大，时程分析得到的平均基底剪力也最大，约为模型 B 平均基底剪力的 1.58 倍，平均剪重比约为模型 B 的 1.27 倍；由于模型 B 和模型 C 的抗侧刚度基本一致，仅底部 30 层左右楼层的巨型柱和剪力墙的配筋略有差异，两者的基底剪力也基本一致。

表 3.4-17　三个模型在 EQ-22 地震动记录作用下平均基底总剪力比较

内容	模型 A	模型 B	模型 C
平均基底剪力/N	$4.844×10^8$	$3.074×10^8$	$3.057×10^8$
重力荷载代表值/N	$6.98×10^9$	$5.64×10^9$	$5.64×10^9$
剪重比/%	6.94	5.45	5.42

在 EQ-22 地震动记录作用下，三个模型的大震下平均位移响应比较如图 3.4-21 所示。由图 3.4-21（a）可知，模型 A 的楼层平均位移最小，模型 B 和模型 C 的楼层位移基本一致；类似地，图 3.4-21（b）也显示，三个模型的层间位移角的分布趋势一致，最大层间位移角均发生在第 86 层附近。由于核心筒在 78 层附近的布局有较大改变，去除了筒内的大部分墙体，仅剩余短边方向的电梯井［图 3.4-21（b）］，因此 78 层以下楼层的层间位移角分布较均匀，在腰桁架部位略有缩进，但从 78 层以上楼层的层间位移角突然增大，远大于底部楼层的层间位移角，但仍然满足规范规定的层间位移角限值。模型 A 的层间位移角最小，模型 B 和模型 C 基本一致，均满足罕遇地震下 1/100 层间位移角的限值。总的说来，三个模型的整体抗大震性能良好，均具有较高的安全储备，相比之下，模型 A 的大震性能略优于模型 B 和模型 C，而模型 B 和模型 C 的大震性能基本一致。

通过对上述三个模型最小地震剪力控制要求及大震弹塑性分析和比较，可得到以下的初步认识。

（1）模型 A 完全满足我国《建筑抗震设计规范》（GB 50011—2010）最小地震剪力系数的规定，结构抗侧刚度最大、承载力最高，在大震下具有最好的抗震性能。但是，为了完全满足规范中最小地震剪力系数的要求，在设计中对模型 A 的抗侧刚度进行了很大的提高，底部的剪力墙最大墙厚达到了 2 900mm，并采用 C100 的钢纤维高强混凝土，且还需在墙内配置了两块 124mm 厚的钢板等多项措施，显然，这样的设计在实际工程中难以实现，且经济性也较差。

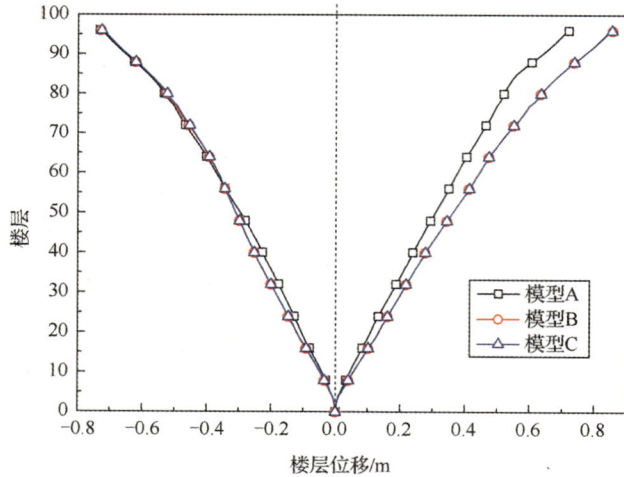

（a）平均最大楼层位移比较

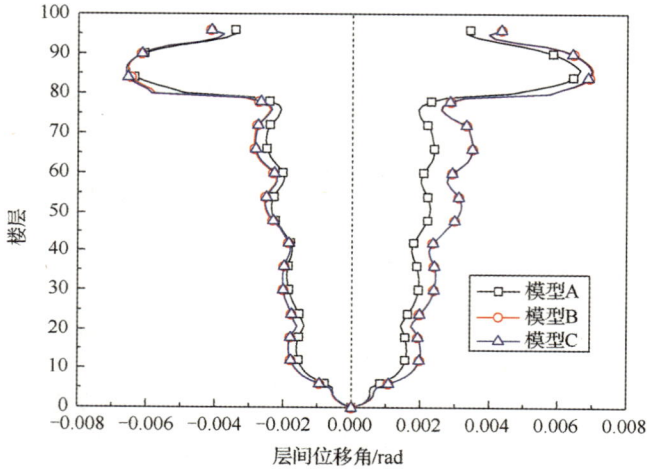

（b）平均最大层间位移比较

图 3.4-21　EQ-22 地震动记录作用下三个模型大震下平均位移响应比较

（2）与模型 A 相比，模型 B 虽然没有完全满足我国《建筑抗震设计规范》（GB 50011—2010）最小地震剪力系数的要求，大震下的位移响应略大于模型 A，但是仍然满足《建筑抗震设计规范》（GB 50011—2010）中大震下层间位移角限值，依然具有较好的抗震性能。由于模型 A 的抗侧刚度明显高于模型 B，而抗侧刚度的增加也同样带来了地震力的增大，模型 A 的能力需求比并没有得到明显提高。可见，在超高层建筑抗震设计时，在不满足《建筑抗震设计规范》（GB 50011—2010）中最小地震剪力系数要求时，可通过对不满足要求的楼层按照最小地震剪力调整后进行结构设计，并保证底部总剪力不小于最小地震剪力的 80%，该方案同样也可保证超高层建筑在大震下具有较好的抗震性能。

（3）虽然模型 C 直接采用未调整的地震剪力进行设计，截面尺寸与模型 B 基本一致，仅在外围钢管壁厚和剪力墙边缘构件上略有差别，墙体的配筋由最小配筋率控制，两者一致，但是由于该超高层结构本身具有较高的安全储备，在大震作用下，模型

C 与模型 B 的抗震性能仍然基本相当，后续分析中将集中针对模型 A 和模型 B 进行讨论。

　　由于上述讨论是基于 FEMA-P695（FEMA，2009）中推荐的 22 组远场地震动展开的，而这 22 组远场地震动记录的平均反应谱虽然在短周期和中等周期段与我国有关的规范反应谱基本一致，但在长周期段会低于我国有关规范的反应谱 [图 3.4-22（b）]，因此，为使最小地震剪力系数的讨论结果更贴近我国规范《建筑抗震设计规范》（GB 50011—2010），本小节就按照《建筑抗震设计规范》（GB 50011—2010）的选波方法在 PEER 的地震动记录库中选择了 5 组天然地震动记录，并以此规范反应谱为目标谱合成了 2 组人工波，总共 7 组地震动记录（后续讨论中将该地震动集合简称为"EQ-7集合"）。由于《建筑抗震设计规范》（GB 50011—2010）的反应谱中仅给了前 6s 的取值，而本章研究的模型 B 和模型 C 的结构基本周期约为 6.9s，超过了《建筑抗震设计规范》（GB 50011—2010）反应谱中 6s 的范围，而上海市工程建设规范中的《建筑抗震设计规程》

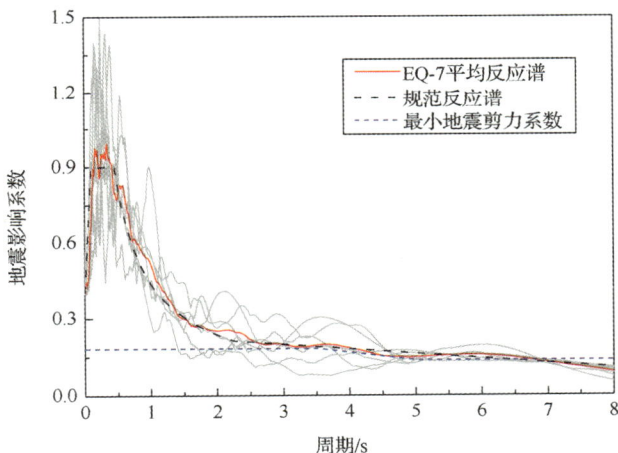

（a）7组地震动记录平均反应谱与规范反应谱比较

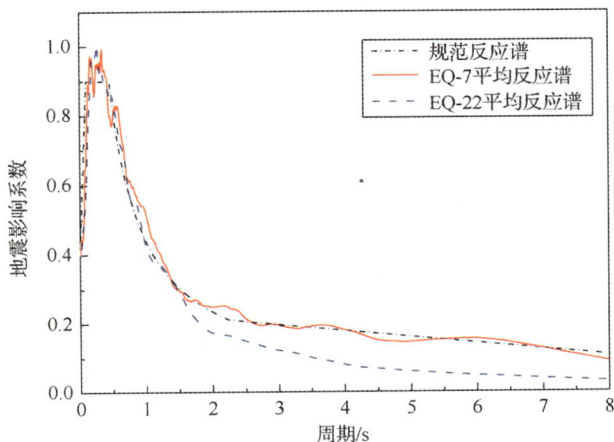

（b）不同地震动集合平均反应谱与规范反应谱比较

图 3.4-22　EQ-7 集合平均反应谱与规范目标谱及 EQ-22 地震动集合的平均反应谱比较

（DGJ 08-9—2003）对反应谱的 6s 以后的周期范围进行了延长，本节在确定规范目标谱时，按照上海市《建筑抗震设计规程》（DGJ 08-9—2003）的方法对抗震规范 6s 以后的反应谱延长至 8s，最终选择的 EQ-7 地震动集合的平均反应谱与 8 度大震的规范目标谱及 EQ-22 地震动集合的平均反应谱比较如图 3.4-22 所示，显然，对 EQ-7 地震动集合调幅后得到的平均反应谱与规范 8 度大震反应谱在统计意义上基本一致，且结构模型主要周期点上的反应谱值与规范谱相对偏差在 20%以内。

EQ-7 地震动集合中的 5 组天然地震动记录基本信息如表 3.4-18 所示，震中距主要分布在 50～110m；加速度时程的 PGA 较小，基本分布在 0.02～0.05g，仅 1999 年在 Kocaeli, Turkey 台站记录到的 Kocaeli_DZC180 地震动记录分量的 PGA 达到了 0.33g 左右。

表 3.4-18　5 组天然地震动记录基本信息

序号	震级	发生年份	地震名称	震中距/km	分量	PGA（g）
1	6.2	1999	Chi-Chi, Taiwan-04	64.87	CHICHI04_TCU145-W	0.0516
2	7.13	1999	Hector Mine	110.11	HECTOR_0292c090	0.0427
3	5.63	1990	Upland	75.33	UPLAND_UP90S-H2	0.0208
4	7.28	1992	Landers	54.59	LANDERS_SIL090	0.0463
5	7.51	1999	Kocaeli, Turkey	98.22	KOCAELI_DZC180	0.3255

以 EQ-7 地震动集合作为基本地震动输入，采用 PGA 对加速度时程调幅至 8 度大震水平，即 PGA=400cm/s^2，并沿结构的长边无支撑方向（X 方向）进行单向输入。

在 EQ-22 地震动集合和 EQ-7 地震动集合作用下模型 A 的平均位移响应比较如图 3.4-23 所示。

显然，在 EQ-7 地震动集合作用下模型 A 的平均位移响应要明显大于其在 EQ-22 地震动集合作用下的平均位移响应。从图 3.4-23（a）可知，在 EQ-7 地震动集合下的最大楼层位移约为 EQ-22 地震动集合下最大楼层位移的 2.8 倍；从图 3.4-23（b）可知，由于我国规范反应谱在长周期段较高，以此为目标谱选择的 EQ-7 地震动集合包含了较多的长周期分量，其平均反应谱在 2s 以后明显高于 EQ-22 地震动集合的平均反应谱。在模型 A 基本周期（T_1=5.5s）附近，EQ-7 地震动集合的平均反应谱值约为 EQ-22 地震动集合平均反应谱值的 2.9 倍，使得模型 A 在 EQ-7 地震动集合下的平均位移响应要明显大于 EQ-22 地震动集合下的响应。可见，在考虑长周期的震动影响后，模型 A 的位移响应会明显变大，且楼层位移的增大要比层间位移角的增大更加显著。

在两种不同地震动集合作用下模型 A 的基底总剪力比较如图 3.4-24 所示。在 EQ-22 地震动集合作用下的平均基底总剪力 V_{EQ-22} 约为 4.84×10^{8}N，而在 EQ-7 地震动集合下结构的平均基底总剪力 V_{EQ-7} 达到了 6.47×10^{8}N，约为 V_{EQ-22} 的 1.34 倍。可见，在考虑长周期地震动影响后，结构的地震剪力也会明显增大。

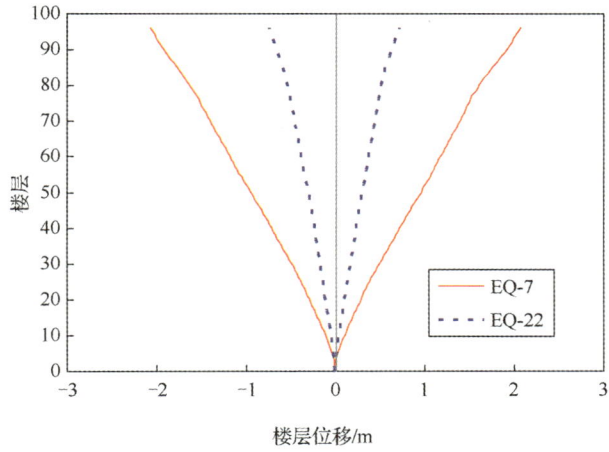

（a）楼层位移响应比较

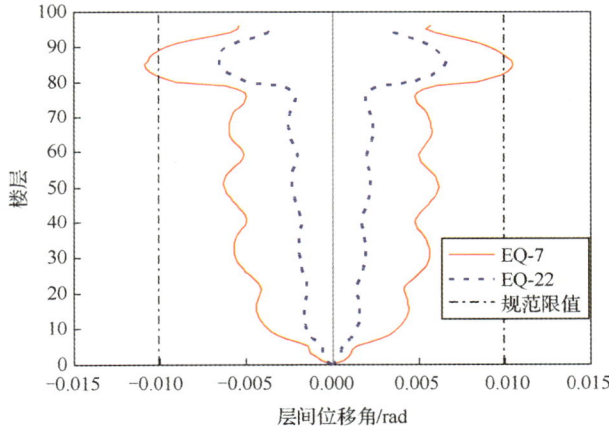

（b）层间位移角响应比较

图 3.4-23 两种不同地震动集合作用下模型 A 的平均位移响应比较

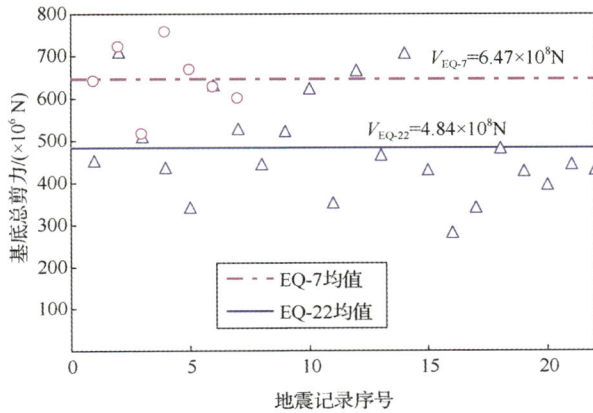

图 3.4-24 两种不同地震动集合作用下模型 A 的基底总剪力比较

在 EQ-22 地震动集合和 EQ-7 地震动集合作用下模型 B 的平均位移响应比较如图 3.4-25 所示。与模型 A 类似，在 EQ-7 地震动集合作用下模型 B 的平均位移响应要明显大于其在 EQ-22 集合下的位移响应。从图 3.4-25（a）可知，在 EQ-7 集合下的正、负向最大楼层位移约为 EQ-22 集合下正、负向最大楼层位移的 2.24 倍和 2.41 倍。两种不同地震动集合作用下，模型 B 的层间位移角分布趋势存在一定的差异，在 EQ-22 地震动记录下，模型 B 的层间位移角在 78 层以上的酒店层明显大于下部楼层，而在 EQ-7 地震动记录下，模型 B 的层间位移角分布均匀，其正、负向最大层间位移角约为 EQ-22 地震动集合下的 1.30 倍和 1.24 倍，而在 78 层以下的楼层，在 EQ-7 集合下的最大层位移角约为 EQ-22 集合下的 2.4 倍。

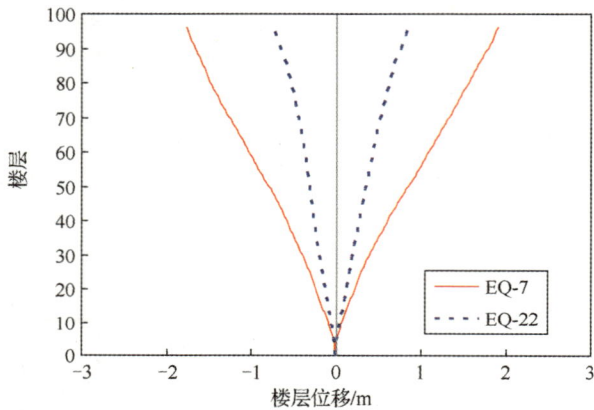

（a）楼层位移响应比较

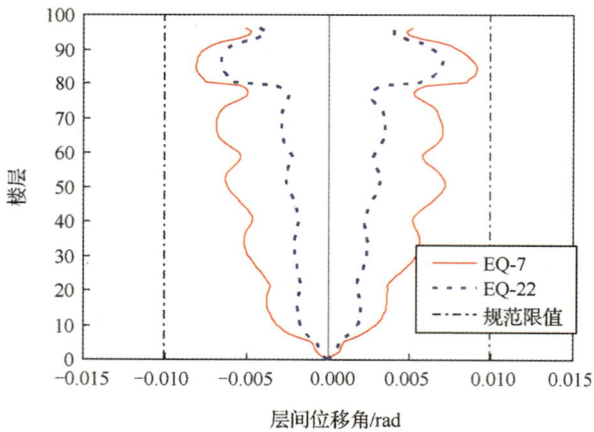

（b）层间位移角响应比较

图 3.4-25　两种不同地震动集合作用下模型 B 的平均位移响应比较

在两种不同地震动集合作用下模型 B 的基底总剪力比较如图 3.4-26 所示。在 EQ-22 地震动集合作用下的平均基底总剪力 V_{EQ-22} 约为 3.07×10^8 N，而在 EQ-7 地震动集合下结构的平均基底总剪力 V_{EQ-7} 达到了 3.38×10^8 N，而约为 V_{EQ-22} 的 1.10 倍。同样，对于模型 B 在考虑长周期地震动影响后，结构的基底剪力响应也有一定程度的增大，但增大的幅度小于模型 A。

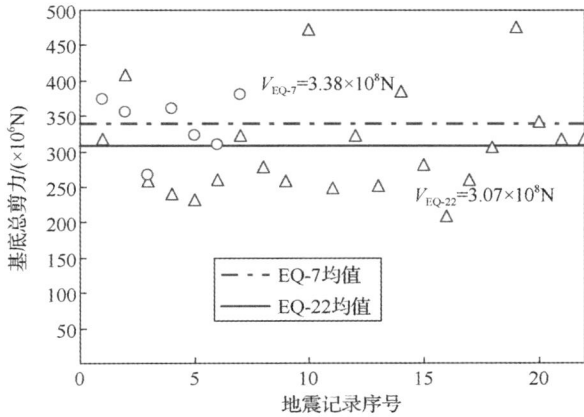

图 3.4-26　两种不同地震动集合作用下模型 B 的基底总剪力比较

在 EQ-7 地震动集合作用下，模型 A 和模型 B 的位移响应比较如图 3.4-27 所示。从图 3.4-27（a）可知，模型 A 和模型 B 的正、负向楼层位移包络差异均较小，模型 B 的楼层位移略小于模型 A 的楼层位移。从图 3.4-27（b）可知，模型 A 的正、负向最大层间位移角均大于模型 B。模型 A 的层间位移角在 78 层以上的酒店层存在较明显的突变，最大层间位移角出现在第 85 层，约为 1/92，已经超过了《高层建筑混凝土结构技术规程》（JGJ 3—2010）罕遇地震下 1/100 层间位移角的限值；模型 B 的层间位移角分布相对均匀，78 层以上楼层的层间位移角并没有出现明显的突变现象，最大层间位移角出现在 84 层，约为 1/109，仍满足《高层建筑混凝土结构技术规程》（JGJ 3—2010）罕遇地震下 1/100 层间位移角的限值；而位于 30～78 层之间的楼层，模型 B 的层间位移角要明显大于模型 A；在 30 层以下的楼层，模型 A 的层间位移角略大于模型 B。值得注意的是，模型 B 中 30 层以下的楼层恰好是结构设计过程中地震剪力系数不能满足规范规定的楼层。总的说来，EQ-7 地震动集合作用下，模型 B 表现出了比模型 A 更好的抗震性能。

两种模型 A 和模型 B 平均基底总剪力比较如表 3.4-19 所示。在 EQ-7 地震动集合作用下，模型 A 的平均基底总剪力约为 6.47×10^8 N，相应的平均剪重比约为 9.28%；而模型 B 的平均基底总剪力约为 3.38×10^8 N，相应的平均剪重比约为 6.00%。由于模型 A 为了完全满足规范中最小地震剪力系数的要求，结构的基本周期仅为模型 B 的 0.8 倍，抗侧刚度远大于模型 B，约为模型 B 抗侧刚度的 1.75 倍，在 EQ-7 地震动记录作用下模型 A 的平均基底总剪力 $V_{A,EQ-7}$ 明显大于模型 B 平均基底总剪力 $V_{B,EQ-7}$，约为 $V_{B,EQ-7}$ 的 1.91 倍，可见，结构抗侧刚度增大后会导致结构的抗震需求也相应大大增加。而在 EQ-22 地震动集合作用下，模型 A 的平均基底总剪力 $V_{A,EQ-22}$ 约为模型 B 平均基底总剪力 $V_{B,EQ-22}$ 的 1.58 倍。可见，在考虑地震动的长周期特性后，模型 A 的基底剪力增量要大于模型 B 的剪力增量。

（a）楼层位移比较

（b）层间位移角比较

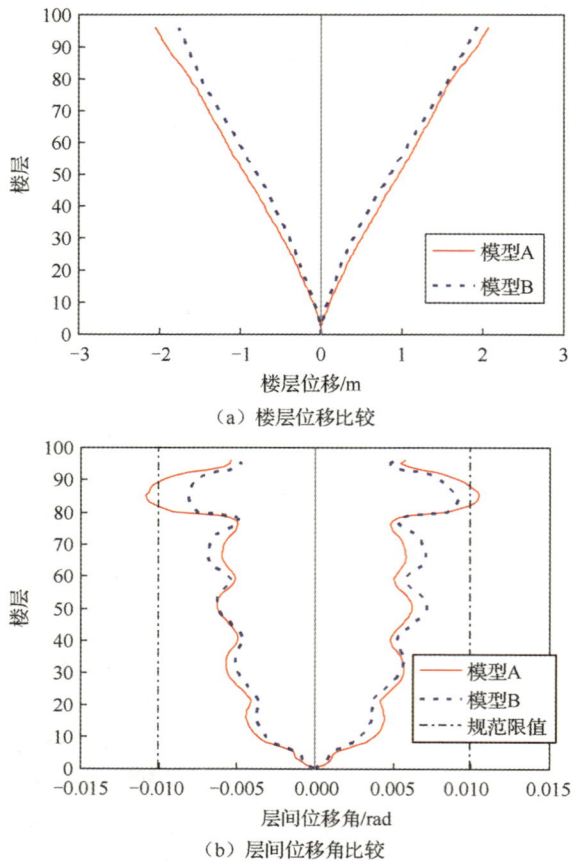

图 3.4-27　在 EQ-7 地震动集合作用下，模型 A 和模型 B 的位移响应比较

表 3.4-19　模型 A 和模型 B 平均基底总剪力比较

内容	模型 A		模型 B	
	平均基底剪力/N	剪重比/%	平均基底剪力/N	剪重比/%
EQ-22 地震动集合	4.84×10^8	6.94	3.07×10^8	5.45
EQ-7 地震动集合	6.47×10^8	9.28	3.38×10^8	6.00

通过模型 A 和模型 B 在 EQ-22 和 EQ-7 两组地震动记录作用下的弹塑性时程分析的对比，可得到以下几点认识。

（1）在考虑长周期地震动影响后，模型 A 和模型 B 的楼层位移、层间位移角以及基底剪力响应均有明显增大，其中楼层位移和基底剪力的增大程度要比层间位移角的增大程度明显；由于模型 A 的抗侧刚度大于模型 B，模型 A 的位移和基底剪力增量均大于模型 B。

（2）在长周期成分相对较多的 EQ-7 地震动记录作用下，模型 B 的基底剪力、楼层位移和最大层间位移角均小于模型 A，抗震性能优于模型 A，而在 EQ-22 地震动记录作用下，模型 A 的位移响应小于模型 B，抗震性能略优于模型 B。可见，虽然模型 A 的刚度和承载力均高于模型 B，但是整个结构的能力需求比并没有明显增加。在地震力较小时，模型 A 的绝对抗震能力高于模型 B，因此在 EQ-22 地震动集合作用下体现出了优于模型 B 的抗震性能，而当地震力较大时，由于模型 A 的抗侧刚度远大于模型 B，地震力需求的增量远大于模型 B，导致模型 A 的抗震能力需求比反而小于模型 B，从而模型 B 在 EQ-7 地震动集合作用下体现出了优于模型 A 的抗震性能。

总的说来，模型 B 在原材料用量、设计难度上均小于模型 A，但在大震作用下的抗震性能却与模型 A 基本相当，而且在地震动中长周期成分较多时（即地震力较大时），模型 B 甚至会表现出优于模型 A 的抗震性能。因此，在超高层建筑结构设计过程中，当计算得到的楼层地震剪力系数不满足《建筑抗震设计规范》（GB 50011—2010）5.2.5 条的规定时，通过控制基底地震设计总剪力不小于最小基底剪力限值的 80%，且对不满足最小地震剪力系数的楼层，按照最小地震剪力系数调整得到的楼层剪力进行内力组合和构件设计的方案是可行的，由该设计方案设计的超高层建筑具有与完全满足规范模型相当的抗大震性能。

大震不倒是建筑结构抗震设计的核心目标，本节对模型 A 和模型 B 进行了倒塌分析，以一条典型地震动记录的倒塌分析结果定性讨论了最小地震剪力系数对超高巨型柱-核心筒-伸臂结构抗倒塌能力的影响。

以 EQ-7 地震动集合中的典型天然地震动记录 Kocaeli_DZC180 为基本地震动记录，其 5%阻尼比的弹性反应谱与规范反应谱比较如图 3.4-28 所示。倒塌分析过程中，阻尼取经典的瑞利阻尼，阻尼比取 5%，逐渐增大地震动强度，并沿模型 X 轴（即无支撑方向）单向输入，直至结构发生倒塌，从而得到引起结构倒塌的临界地震动强度，即为结构的抗倒塌能力。

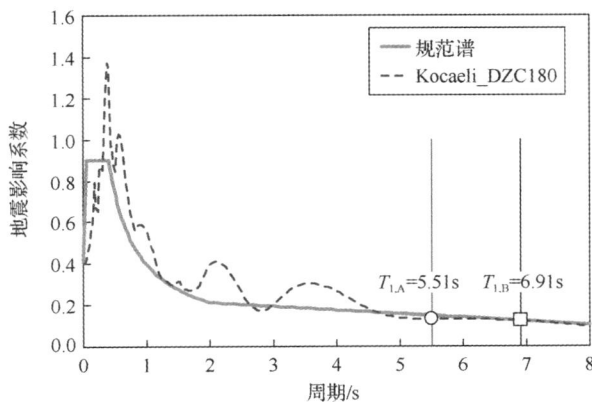

图 3.4-28 Kocaeli_DZC180 地震动记录 5%阻尼比的弹性反应谱与规范反应谱比较

对于模型 A，当 Kocaeli_DZC180 地震动记录的 PGA 增大到 1.4g 时，结构发生倒塌；对于模型 B，当 Kocaeli_DZC180 地震动记录的 PGA 增大到 2.0g 时，结构发生倒塌。从而可得到在 Kocaeli_DZC180 地震动记录输入下抗震安全储备系数模型 A 和模型 B

CMR 比较如图 3.4-29 所示。模型 A 在 Kocaeli_DZC180 地震动记录输入的抗倒塌安全储备系数 CMR 约为 3.5，而模型 B 在 Kocaeli_DZC180 地震动记录输入的抗倒塌安全储备系数 CMR 约为 5.0。可见，模型 A 虽然完全满足抗震规范中最小地震剪力系数的要求，结构抗侧刚度、构件和结构整体的绝对承载能力高于模型 B，但是，由于结构抗侧刚度大同时也使得结构在地震动作用下的水平地震剪力大幅增大，承载力需求大幅提高，模型 A 的抗震能力需求比并没有明显大于模型 B，反而模型 B 在 Kocaeli_DZC180 地震动记录输入下体现出了更高的抗倒塌安全储备。由此可见，在超高层建筑结构抗震设计中，在地震剪力系数不能完全满足规范要求时，通过控制基底设计总剪力不小于最小基底剪力限值的 80%，且对不满足最小地震剪力系数的楼层按照最小地震剪力系数调整得到的楼层剪力进行内力组合和构件设计的方案具有较好的抗倒塌安全储备。

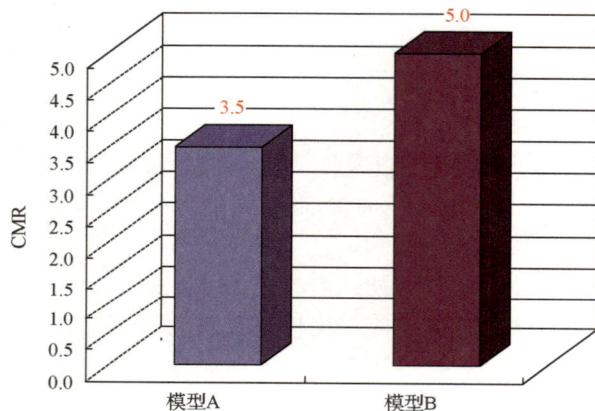

图 3.4-29　Kocaeli_DZC180 地震动记录输入下模型 A 和模型 B CMR 比较

4 中美典型高层建筑抗震设计对比及性能化评价

4.1 概　　述

4.1.1 性能化抗震设计方法

传统抗震设计规范的主要目标是保障地震下人员的生命安全。但在过去发生的北岭地震（1994）、阪神地震（1995）、集集地震（1999）等大地震中，地震造成的结构损伤及建筑使用功能丧失和震后修复造成的经济损失大大超出了业主和社会的接受能力（Ghobarah，2001）。此外，现行有关规范对"中震可修""大震不倒"的性能水准缺少足够具体量化的依据，工程人员对设计出来的结构的具体抗震性能尚不清楚。因此，传统抗震设计理论需要改进，而性能化抗震设计是一种更先进的设计理念。

性能化抗震设计是一种以达到一系列性能目标（performance objective）作为建筑结构设计标准的设计方法（Ghobarah，2001）。与传统设计方法相比，性能化抗震设计具有以下优点：①可以根据业主需要、建筑的实际情况选择合适的性能目标；②性能目标明确，并且达到相应性能目标的保证率更高；③可以减少建筑的全寿命成本；④可以使用传统规范规定以外的新结构体系和新建筑材料。

美国一些权威的研究机构，如加州结构工程师协会（SEAOC）、应用技术委员会（ATC）、联邦应急管理署（FEMA）、太平洋地震工程研究中心（PEER）等，已形成了很多针对性能化抗震设计的基础指导性文件，如 Vision 2000（SEAOC，1995）；ATC 40（ATC，1996）；FEMA 273/274/356（FEMA，1997a；FEMA，1997b；FEMA，2000a）和 ASCE 41-06（ASCE，2006）；TBI（PEER，2010）；LATBSDC 2011（LATBSDC，2011），这些文件通常包含性能化抗震设计的原理、需要考虑的内容以及一些指导建议，在实际实施中给设计者留有很大空间。

虽然现行的性能化抗震设计方法已经形成了较为完整的体系，并提供了量化结构抗震性能的具体指标，但在实际应用中仍存在一定的局限性（Cornell, et al.，2000）。为此，美国联邦应急管理署（FEMA）与美国应用技术委员会（ATC）启动了 ATC-58/ATC-58-1 计划，研究新建建筑及既有建筑的下一代性能化抗震设计方法。经过 10 年的研究，颁布了 FEMA P-58 *Seismic Performance Assessment of Buildings*，*Methodology and Implementation* 系列报告（FEMA，2012a；FEMA，2012b）。FEMA P-58 提出的建筑性能评估方法具有以下特点：①是一种概率性的评估方法，明确考虑地震强度、结构响应、破坏情况等各种不确定性。评估的目标并不是为求得一个保守的答案，而是希望能够提供更接近实际情况的信息。②与现行性能化设计中以结构响应及损伤为性能指标的评估方法不同，FEMA P-58 以建筑遭受的地震损失后果作为其性能水准的度量，包括人员伤亡、维修或更换的费用、维修时间等，改善了性能评估成果在应用上的方便性。此外，为便于该方法的实际应用，该项目还收集了大多数常规结构体系和建筑业态的损伤及修复数据，并编制了性能评估计算软件 PACT（performance assessment calculation tool）来辅助相关概率计算和累计损失分析。为开展基于性能的抗震设计提供了更加明确而量化的分析方法。FEMA P-58 建议的性能评估方法流程图如图 4.1-1 所示，一个实现过程中的建筑性能评估流程图如图 4.1-2 所示。

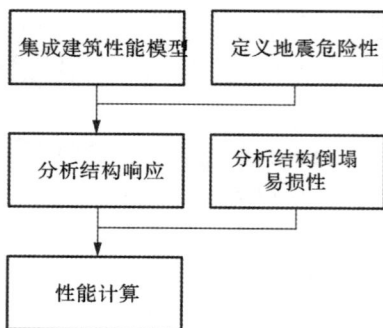

图 4.1-1　FEMA P-58 建议的性能评估方法流程图

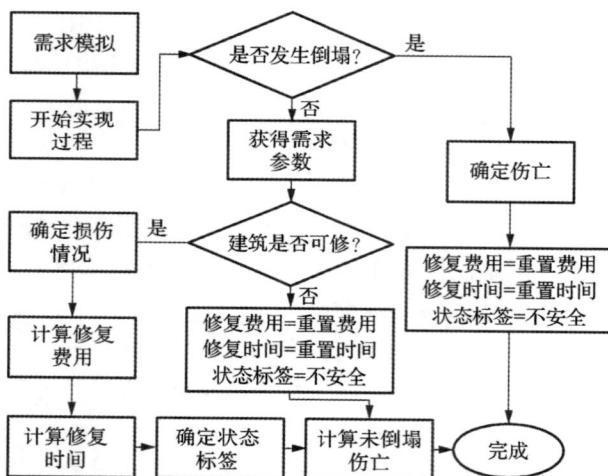

图 4.1-2　FEMA P-58 一个实现过程中的建筑性能评估流程图

4.1.2　中美高层建筑抗震设计对比的意义

我国高层建筑抗震设计方法经历了多年的发展，已经取得了很多重要成果，但还有很多方面有待进一步完善，存在的主要问题包括以下几点。

（1）由于我国高层建筑基本上尚未经历过强烈地震的考验，其抗震性能及设计方法的合理性还有待检验。将我国高层建筑抗震设计结果与国际抗震先进国家设计结果进行对比，将非常有利于发现不同国家设计方法的差异和改进方向。

（2）目前我国高层建筑抗震设计和分析侧重于结构性能，而对非结构构件性能及整体建筑地震下总损失的关注还不够。比如我国对高层建筑小震下的变形规定相对较为严格，虽然从理论上说，这样的规定对减小小震下的非结构构件损失是具有重要意义的，但是其效果到底如何，还缺乏量化的评价结果。

从以上分析可以看出，美国不仅有着悠久的建筑抗震研究和工程实践历史，而且在性能化设计方面走在了世界的前列。对比中美典型高层建筑的抗震设计，对发展完善我国高层建筑抗震具有较好的参考价值。虽然目前已有很多研究者对中美抗震规范中某些具体条文或规定进行了对比，但是考虑到各国的抗震规范都是一个完整的体系，单一条款的对比未必能充分反映整个规范体系的特点，而选取典型工程案例，对比不同抗震规范的最终设计结果，具有很好的工程参考价值。本书作者及其所指导的研究生自 2012年起，基于 FEMA P-58 方法，对中美高层建筑抗震设计进行了系统的对比，对比案例包括钢筋混凝土框架-核心筒结构、钢筋混凝土框架结构、剪力墙结构、钢框架-支撑结构等。由于中美高层建筑抗震设计都在不断发展过程中，因此其对比研究是一个漫长的系统工程。本章对开展得较早、较为系统的两个钢筋混凝土框架-核心筒结构案例加以介绍。

4.2   中美典型高层建筑抗震设计对比

4.2.1   中美典型高层建筑抗震设计对比案例

本书作者和清华大学叶列平教授，研究生李梦珂、田源，以及澳大利亚格里菲斯大学 H. Guan 教授等，选取两个高烈度区（以期望结构设计是以地震控制为主，而不是以风荷载控制为主）RC 框架-核心筒结构对比案例展开研究。案例一以美国地震工程主要研究机构太平洋地震工程研究中心（PEER）2011 年发布的一个典型高层 RC 框架-核心筒结构的工程案例为设计基础，保持相同的几何条件、设计附加荷载、场地条件和地震危险性水平，采用中国规范体系进行重新设计，从而得到案例一中的中国模型。案例二以一栋按照中国相关规范体系设计的 27 层钢筋-混凝土框架核心筒结构为设计基础，在结构布置和设计基底剪力基本不变的前提下，重新按照美国抗震设计方法进行设计，得到案例二中的美国模型。案例二中的两个方案均是由清华大学土木工程系研究生胡妤在其导师赵作周教授和美国斯坦福大学土木与环境工程系 Gregory G. Deierlein 教授共同指导下完成。在后续讨论中，为了描述方便，案例一的两栋结构统称为 Building 2，案例二的两栋结构统称为 HuYu 模型。

4.2.2 Building 2 抗震设计及结果对比

4.2.2.1   案例基本信息

案例一：为推进高层建筑结构性能化抗震设计方法的研究和实际应用，PEER 于 2006年发起了 TBI（tall buildings initiative）研究计划。其中 Task 12 作为 TBI 计划的一部分，开展了一系列工程案例研究，并发布了最终案例研究报告（Moehle, et al., 2011）。在 Task 12 中，案例 Building 2A 是一栋钢筋-混凝土框架-核心筒结构，Moehle 等（2011）给出了该结构的详细设计信息及设计结果，为开展中美设计研究对比提供了非常好的条件。

Building 2A 位于美国洛杉矶，是一栋 42 层住宅，地下 4 层停车场，楼顶有高 6.1m 的阁楼，地上总高度为 135.7+6.1=141.8（m），其三维立面图和结构平面图如图 4.2-1（a）所示。Building 2A 设计主要依据 IBC 2006（ICC，2006）、ASCE 7-05（ASCE，2005）和 ACI 318-08（ACI，2008）等规范，其具体信息可参见该案例研究报告（Moehle，et al.，2011）附录 B 表 6。

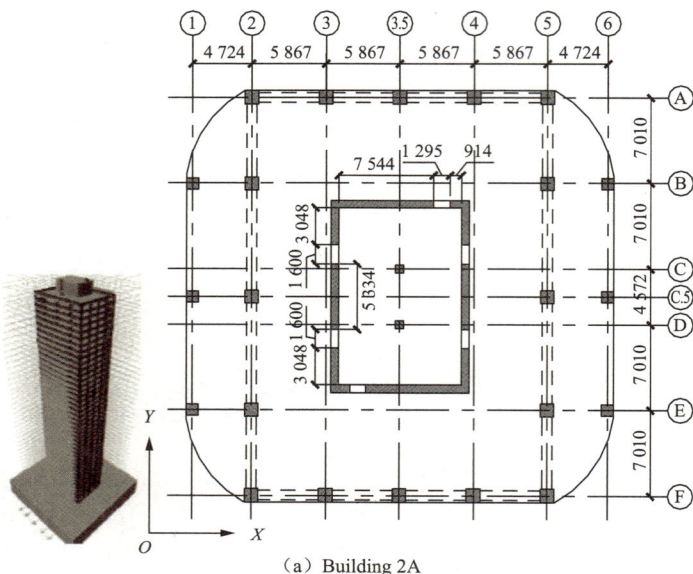

（a）Building 2A

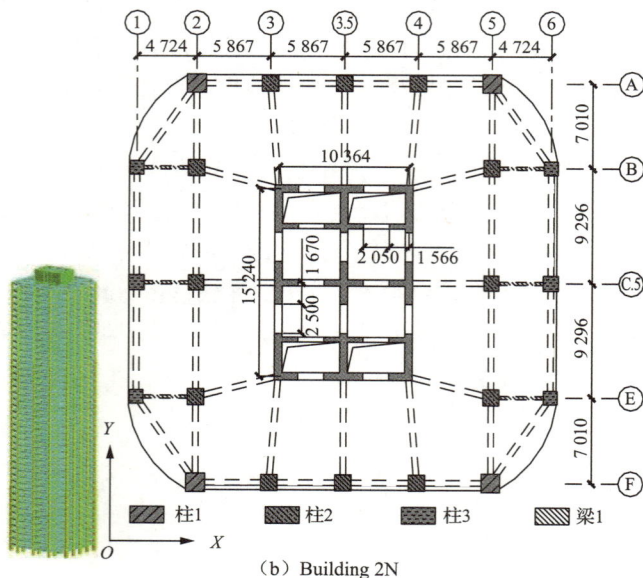

（b）Building 2N

图 4.2-1　Building 2A 和 Building 2N 的三维立面图和结构平面图（单位：mm）

根据 Building 2A 的设计要求，本研究按照中国规范体系 GB 50010—2010、GB 50011—2010、JGJ 3—2010，对其进行了重新设计，设计软件采用 PKPM 2010 软件。

在后续的讨论中将按照中国规范重新设计的结构模型称为 Building 2N，其三维立面图和结构平面图如图 4.2-1（b）所示。按照中国规范体系进行重新设计时，保证两个结构的几何条件（即外形尺寸、层高、柱网布置、核心筒尺寸和位置）、设计附加荷载、场地条件和地震危险水平一致，且重新设计时认为上部结构嵌固于地下室顶板，不考虑地下室的影响。

为保持两个结构设计条件的一致性，按中国规范体系设计 Building 2N 时，除结构自重外，附加恒载和活载均按照案例研究报告（Moehle，et al.，2011）给出的荷载取值［详见文献（Moehle，et al.，2011）附录 B 表 2］。Building 2N 的荷载组合按照中国规范 GB 50011—2010 的 5.6.1 条和 5.6.3 条的规定。Building 2A 采用美国规范 ASCE 7-05 规定的用于极限强度设计的荷载组合。管娜（2012）对中美规范的荷载组合进行了比较，比较表明中美两国设计规范荷载组合概念相似，具体荷载组合系数的数值略有差别，但是总体上看来基本相当。

4.2.2.2 设计地震作用

本研究重点关注按照中美规范设计出的结构，其设计结果及抗震性能有何差异，因此保证 Building 2A 和 Building 2N 的场地类别和地震危险性一致非常重要。

罗开海等（2006）对中美抗震规范的场地类别和地震危险性特征等进行了综合对比，并建议了中美规范场地类别和地震动参数的换算关系。Building 2A 的场地属于 NEHRP 中 C 类场地，30m 土层剪切波速 $V_{S30}=360$m/s，特征周期 0.455s；根据罗开海等（2006）的研究结果，该场地条件大致相当于中国规范 GB 50011—2010 中的 II 类场地，设计地震分组为第三组。

中美规范在设计地震动的取值上有较大差异，因此，为确保 Building 2A 和 Building 2N 的地震危险性水平基本一致，如何合理确定 Building 2N 的设计地震作用成为了本研究要解决的关键问题。美国规范最大考虑地震（MCE）的 50 年超越概率为 2%，这与中国规范 GB 50011—2010 的罕遇地震超越概率（50 年超越概率 2%～3%）相当。Building 2A 抗震设计的 MCE 反应谱是通过场地危险性分析得到的，所以本研究将中国规范 GB 50011—2010 规定的 8.5 度和 9 度的罕遇地震反应谱与美国规范 MCE 场地谱（Moehle，et al.，2011）进行对比，如图 4.2-2 所示。可见 MCE 场地谱（虚线）和 8.5 度（粗实线）及 9 度（细实线）的罕遇地震反应谱比较接近：在平台段，中国规范 GB 50011—2010 9 度罕遇地震反应谱和美方场地反应谱相当，在中等周期段（2.5s 左右），中国规范 GB 50011—2010 规定的 8.5 度罕遇地震反应谱和美方场地反应谱相当，而 2.5 s 后的长周期段，中国规范 GB 50011—2010 反应谱都高于美方。

综合考虑以下两方面的因素，最终选取中国规范 GB 50011—2010 规定的 8.5 度作为 Building 2N 的设防烈度，用于 Building 2N 的抗震设计：①按照中国规范 JGJ 3—2010 规定，Building 2 这种 RC 框架-核心筒结构类型在我国 9 度区限制非常严格（不超过 60m），所以不宜选择 9 度作为 Building 2N 的设防烈度；②按照我国 RC 框架-核心筒结构的自振周期经验公式 $T_1=(0.06～0.12)N$（李海涛等，2003），估算 Building 2N 的基本周期约为 2.52～5.04s。在这一周期段，中国规范 GB 50011—2010 规定的 8.5 度罕遇地震反应谱和美国 MCE 场地反应谱比较接近。此外，从后面的设计结果可以看出，结构两个主轴方向的基本自振周期分别为 2.56s 和 2.38s，在此范围中国规范 GB 50011—2010 规定的 8.5 度罕遇地震反应谱与美国 MCE 场地谱非常接近。

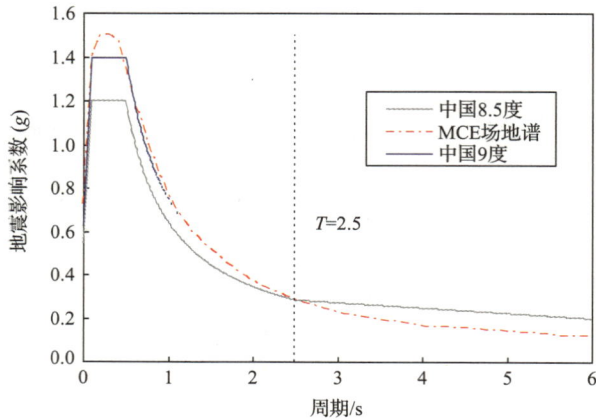

图 4.2-2　中国规范 GB 50011—2010 中的 8.5 度和 9 度的罕遇地震反应谱与美国规范 MCE 场地谱对比

4.2.2.3　设计结果对比

　　Building 2N 和 Building 2A 的重力荷载代表值及设计周期见如 4.2-1 所示。Building 2N 的重力荷载代表值是根据中国规范 GB 50011—2010 中 5.1.3 条规定，取结构和构配件自重标准值，以及按等效均布荷载 0.5 倍计算的楼面活荷载之和。Building 2A 的重力荷载代表值（effective seismic weight）根据美国规范 ASCE 7-05 的规定，除结构总的恒荷载外还包括：①储藏类建筑至少 25%的楼面活荷载；②隔墙荷载；③永久设备荷载；④屋面雪荷载 P_f 超过 1.44kN/m^2 时，20%的雪荷载。

表 4.2-1　Building 2N 和 Building 2A 的重力荷载代表值及设计周期

内容		Building 2N	Building 2A
重力荷载代表值/t		57 306.0	46 267.2
结构设计周期/s	X 向基本周期	2.565	4.456
	Y 向基本周期	2.383	4.026
	1 阶扭转周期	1.992	2.478

　　从表 4.2-1 可以看出，Moehle 等（2011）给出的 Building 2A 的周期显著比 Building 2N 的周期要长，除了结构布置和构件尺寸上的差异影响外，还有以下两个原因。

　　（1）由于中国规范采用多遇地震下的弹性设计，在建立设计分析模型时，中国的通常做法是采用弹性截面总刚度，而美国采用设计地震下的弹塑性设计，在建立设计分析模型时通常采用等效刚度（effective stiffness），以考虑结构在设计地震下进入弹塑性后的开裂和损伤，例如 RC 梁柱等效刚度的经验值分别为 $0.35EI_g$ 和 $0.7EI_g$，RC 剪力墙和连梁的等效刚度取为 $0.6EI_g$ 和 $0.2EI_g$，Moehle 等（2011）详细给出了 Building 2A 所采用的刚度假定。

（2）案例研究报告（Moehle，et al.，2011）中 Building 2A 的设计模型包含地下室，设计周期中包含地下室的影响，使得周期延长。但重力荷载代表值仅考虑地上部分。

如果去除以上两点影响，按照中国模型 Building 2N 周期的计算方法重新计算 Building 2A 的周期，即采用构件弹性刚度且不考虑地下室，PKPM 软件得到 Building 2A 的一阶弹性周期约为 2.9s，明显小于表 4.2-1 中的周期，但仍然比中国模型的周期长 13%。

Building 2A 和 Building 2N 的结构平面图如图 4.2-1 所示，两个结构主要构件材料和尺寸比较见表 4.2-2。Building 2N 主要构件的材料强度和尺寸详见文献（Lu，et al.，2015b），Building 2A 的详细设计信息参见案例研究报告（Moehle，et al.，2011）。表 4.2-2 和图 4.2-1 的比较表明，Building 2N 的柱截面尺寸较大，且核心筒有较多内部墙体。这主要是因为中国规范反应谱的设计地震力较大，且对结构层间位移角的限制比较严格，因而需要通过增加内墙和增大构件截面以满足刚度和强度的要求，具体讨论参见 4.2.2.4 节。

表 4.2-2　Building 2A 和 Building 2N 主要构件材料和尺寸比较

构件材料和尺寸		Building 2A	Building 2N
梁	材料	f'_c=5 ksi	C40
	尺寸	762mm×914mm	450mm×900mm，250mm×500mm
柱	材料	f'_c=8ksi，6ksi，5ksi	C60，C50，C40
	尺寸	（1170mm×1170mm）～（915mm×915mm）	（1500mm×1500mm）～（800mm×800mm）
剪力墙	材料	f'_c=6ksi，5ksi	C60，C50，C40
	尺寸/mm	610，460	600～400

注：1 ksi = 6.895 MPa，下同。

由于中国有关规范采用小震弹性设计，Building 2N 的设计剪力是多遇地震（50 年超越概率 63%）下结构所受的地震力，用于结构强度设计和弹性变形验算。Building 2A 的设计地震力为在设计地震（大致相当于我国的中震）下结构所受的地震力除以结构响应修正系数 R，在设计地震力作用下对结构进行线弹性分析和构件强度设计；并采用位移放大系数 C_d 对线弹性分析得到的位移进行调整，进行弹塑性变形验算。

按照中国规范 GB 50011—2010，8.5 度区罕遇地震下水平地震影响系数最大值为 1.20g，多遇地震（中国设计地震）下水平地震影响系数最大值为 0.24g，罕遇地震与多遇地震的地震影响系数比值为 5.0，而美国 MCE 地震影响系数与用于计算设计剪力的地震影响系数比值为 $R/$（2/3）=7.0/（2/3）=10.5。

Building 2A 和 Building 2N 的设计层剪力分布如图 4.2-3（a）所示，Building 2N 的设计基底剪力约为 Building 2A 的 1.47 倍。中美两国规范设计的地震影响系数比较如图 4.2-3（b）所示。TBI 案例研究报告（Moehle，et al.，2011）中 Building 2A 的设计信

息表明，Building 2A 采用振型分解反应谱法计算的基底剪力设计值 V_t 小于采用基底剪力法计算的基底剪力设计值 V 的 0.85 倍。而美国规范 ASCE 7-05 第 12.9.4 规定，若采用振型分解反应谱法计算的基底剪力设计值 V_t 小于采用基底剪力法计算的基底剪力设计值 V 的 0.85 倍，则需要按比例将设计剪力调整至 $0.85V$。基底剪力法的地震影响系数由 ASCE 7-05 中式（12.8-2）、式（12.8-3）和式（12.8-5）确定，如图 4.2-3（b）所示。Building 2A 采用基底剪力法计算的基底剪力设计值 V 是由 ASCE 7-05 式（12.8-5）地震影响系数的下限所控制［图 4.2-3（b）点划线］，与之相应的 $0.85V$ 为图 4.2-3（b）粗虚线。由图 4.2-3（b）的比较可知，中国规范 GB 50011—2010 规定的 8.5 度小震的地震影响系数（图中粗实线）显著大于美国规范的地震影响系数（图中粗虚线）。此外，Building 2N 的重力荷载代表值大于 Building 2A，最终使得 Building 2N 的设计剪力显著高于 Building 2A。因此，在地震危险性水平一致的前提下，Building 2N 的设计剪力要高于 Building 2A。

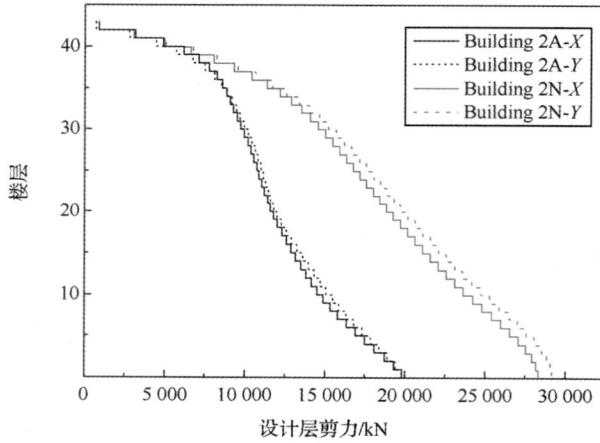

（a）设计层剪力分布

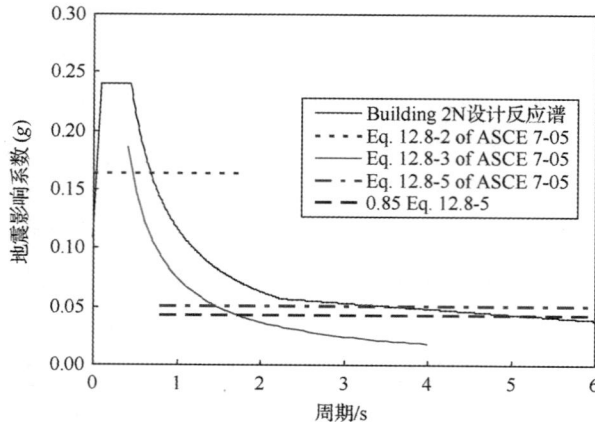

（b）设计地震影响系数比较

图 4.2-3　Building 2A 和 Building 2N 设计层剪力及设计地震影响系数

需要说明的是，在 2016 版 ASCE 7-16（ASCE，2016）规范中，对剪力计算又做了修改，规定振型分解反应谱法计算的基底剪力设计值 V_t 不得小于采用基底剪力法计算的基底剪力设计值 V 的 1.0 倍。因此，如果 Building 2A 按照最新的美国规范进行设计，则其地震设计剪力要有所增加。

Building 2A 和 Building 2N 的设计层间位移角如图 4.2-4 所示。Building 2N 的设计层间位移角最大值为 1/809，刚好满足中国规范 GB 50011—2010 中规定的小震弹性层间位移角不大于 1/800 的限值要求。而 Building 2A 的设计层间位移角最大值为 1/152，远小于 ASCE 7-05 对弹塑性层间位移角不大于 1/50 的限值要求。因此，中国规范 GB 50011—2010 中层间位移角限值对 Building 2N 的设计起一定的控制作用，而 Building 2A 的设计并不受层间位移角限值的控制。

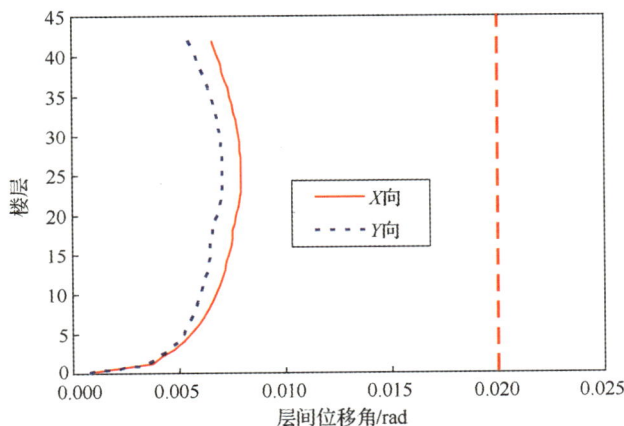

（a）Building 2A 设计层间位移角曲线

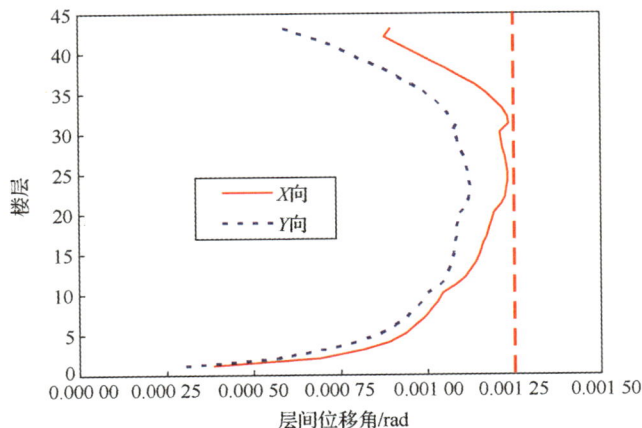

（b）Building 2N 设计层间位移角曲线

图 4.2-4　Building 2A 和 Building 2N 设计层间位移角

Building 2A 和 Building 2N 材料用量对比如图 4.2-5 所示，其中除剪力墙的钢筋用量外，Building 2N 的材料用量根据 PKPM 设计的材料清单给出，Building 2A 的材料用量按照文献（Langdon，2010）中的数据统计。剪力墙钢筋根据设计资料仅统计了水平和纵向分布筋、边缘约束构件的纵向受力筋以及连梁的受力钢筋。根据对比可知，虽然中美双方的混凝土总用量大体相当，但是主要抗侧力构件墙、柱、梁的混凝土用量对比表明，中国结构的抗侧力构件混凝土用量明显高于美方结构；由于美方方案采用后张预应力楼板，板厚较大，楼板的混凝土用量高于中国方案，两个方案最终的混凝土用量差异不大。同样，Building 2N 的钢材用量也显著高于 Building 2A，而高出的部分主要集中在剪力墙的配筋。由于按照中国规范设计的结构地震力显著大于美国，且核心筒内部墙体较多，导致剪力墙钢筋用量较高。

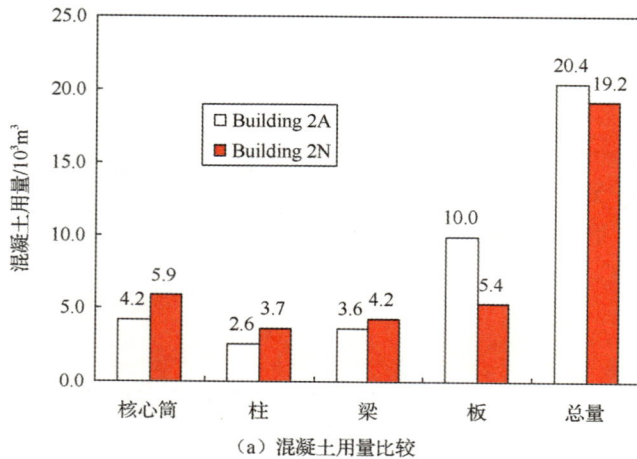

（a）混凝土用量比较

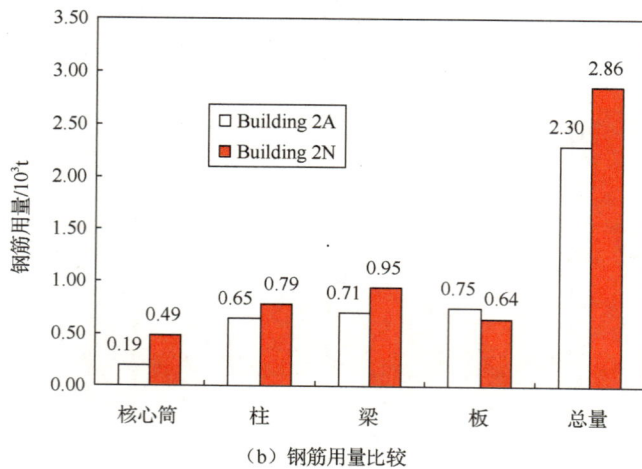

（b）钢筋用量比较

图 4.2-5　Building 2A 和 Building 2N 材料用量对比

4.2.2.4 设计结果讨论

以上比较表明，在相同地震危险性前提下，由中国相关规范反应谱计算的设计地震作用较大，且对结构层间位移角的限制比较严格，使得 Building 2N 的设计地震力以及材料用量均显著高于 Building 2A。

按中国有关规范设计时，控制设计的主要因素有设计地震作用、层间位移角限值要求、剪力墙和连梁的配筋以及柱的轴压比。初始设计时，Building 2N 梁柱和剪力墙的布置、截面尺寸、材料强度选取与 Building 2A 基本相同，但 X 方向的层间位移角约为 1/750，无法满足中国规范 1/800 的层间位移角限值要求。此外，结构的承载力不足，底部 10 层柱的轴压比超限，最大轴压比达 0.89；大量连梁和部分剪力墙的截面抗剪承载力不足。因此，增大了柱的截面，并在核心筒内部增加了内墙，使结构刚度增大，满足了规范层间位移角要求和柱轴压比限值的要求。但仍有很多连梁和部分剪力墙的截面抗剪承载力不足，于是采取增大连梁跨度，同时进一步增大剪力墙截面，以满足截面抗剪要求并保证结构的刚度。

4.2.3 HuYu 模型抗震设计及结果对比

4.2.3.1 案例基本信息及相关设计

案例二：HuYu 模型是一栋 27 层钢筋-混凝土框架核心筒结构，结构总高度 98.1m，平面尺寸 40.8m×40.8m，其结构平面图及立面示意图如图 4.2-6 所示。中美方案均由清华大学研究生胡好设计，两方案的成果发表于有关文献（胡好，2014；胡好等，2015；赵作周等，2015）。中国方案抗震设防烈度为 8 度，Ⅱ类场地，设计地震分组为第一组，场地特征周期为 0.35s，框架和剪力墙抗震等级均为一级，主要设计依据仍为中国规范 GB 50010—2010、GB 50011—2010、JGJ 3—2010。楼面设计恒荷载取 7.5kN/m²，活荷载取 3kN/m²，框架梁上线荷载取 10kN/m（胡好，2014）。按照美国规范重新进行设计时，保持结构布置和设计基底剪力一致，假定美国方案位于加利福尼亚旧金山地区，主要设计依据为美国规范 ASCE 7-10（ASCE，2010）、ACI 318-11（ACI，2011）。楼面恒荷载和梁上线荷载与中国方案取值一致，楼面活荷载按照 ASCE 7-10 取为 2.4kN/m²。虽然美国高层建筑常采用后张预应力平板体系，但为保证中美结构方案的高度一致，胡好等（2014）在重新设计美国方案的过程中，楼盖仍采用梁板体系。在后续讨论中，HuYu 模型的中国设计方案称为 HuYu-CHN，美国设计方案称为 HuYu-US，两栋结构的详细设计信息可参见有关文献（胡好，2014；胡好等，2015；赵作周等，2015）。

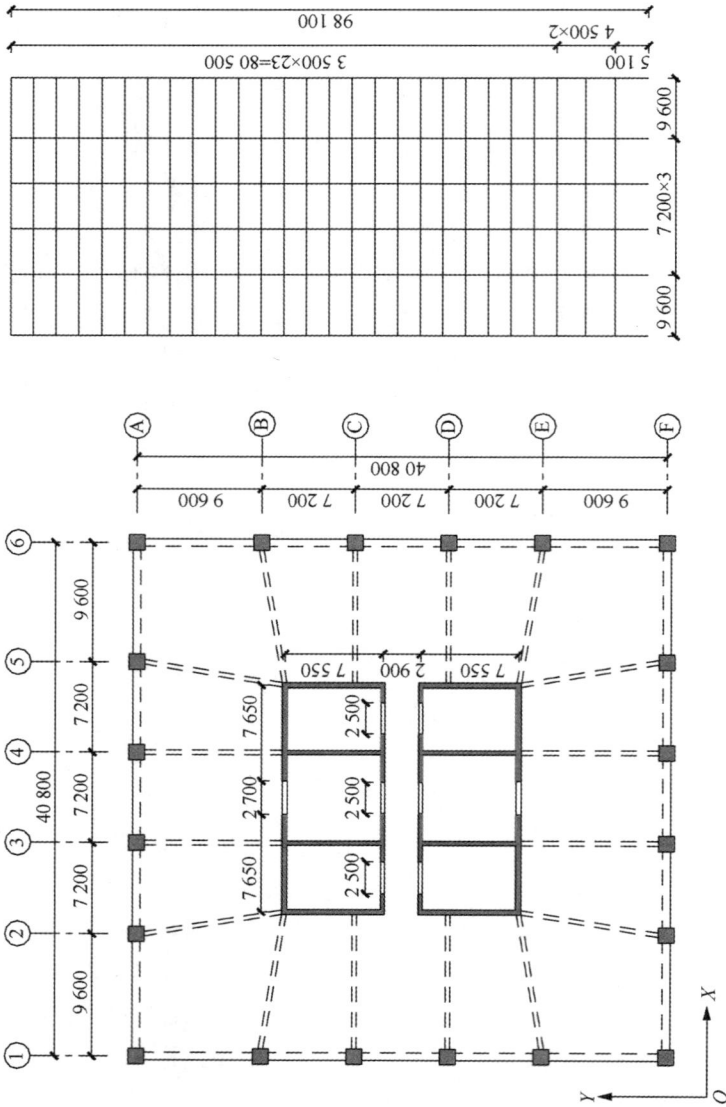

图 4.2-6 结构平面图及立面示意图（单位：mm）

4.2.3.2 设计结果对比

如 4.2.2.3 节所述，中国规范和美国规范的重力荷载代表值计算的方法不同，HuYu-US 为 1.0 倍总恒荷载，HuYu-CHN 为 1.0 倍总恒荷载与 0.5 倍总活荷载之和，故 HuYu-US 重力荷载代表值稍小。由于 HuYu-US 在结构设计时采用截面等效刚度，其设计周期显著长于 HuYu-CHN（表 4.2-3）。

表 4.2-3　HuYu-US 和 HuYu-CHN 重力荷载代表值及设计周期

内容		HuYu-US	HuYu-CHN
重力荷载代表值/t		62 727	67 865
结构设计周期/s	Y 向基本周期	3.00	2.24
	X 向基本周期	2.82	2.11

HuYu-CHN 和 HuYu-US 主要构件的材料和尺寸比较如表 4.2-4 所示。胡好（2014）在 HuYu-US 设计过程中，由于 16 层以上框架柱截面无法满足 ACI 381-11 中最大轴力限值的要求，将框架柱截面增大到 900mm×900mm，并且存在个别连梁剪应力指标超限的现象，将不满足设计要求的连梁厚度进行了调整。胡好（2014）在设计美国方案时没有采用梁端弯矩塑性调幅，个别楼面梁截面调整为 350mm×800mm（图 4.2-6 中 C 轴和 D 轴楼面梁）。

表 4.2-4　HuYu-CHN 和 HuYu-US 主要构件的材料和尺寸比较

主要构件楼层		HuYu-CHN		HuYu-US	
		材料强度	截面	材料强度/ksi	截面
柱	1～8	C50	1 200mm×1 200mm	5	1 200mm×1 200mm
	9～10	C50	1 000mm×1 000mm	5	1 000mm×1 000mm
	11～15	C40	1 000mm×1 000mm	4	1 000mm×1 000mm
	16～18	C40	800mm×800mm	4	900mm×900mm
	19～27	C30	800mm×800mm	3	900mm×900mm
框架梁	1～15	C30	600mm×900mm	3	600mm×900mm
	16～27	C30	500mm×900mm	3	500mm×900mm
楼面梁	1～27	C30	350mm×750mm	3	350mm×750mm，350mm×800mm
剪力墙			外墙/mm	内墙/mm		外墙/mm	内墙/mm
	1～10	C50	400	300	5	400	300
	11～15	C40	400	200	4	400	300（X 向）200（Y 向）
	16～18	C40	300	200	4	300	200
	19～27	C30	300	200	3	300	200
连梁高度			外墙/mm	内墙/mm		外墙/mm	内墙/mm
	1～3	同剪力墙	1 000	1 000	同剪力墙	1 000	600
	4～27		600	1 000		600	600

HuYu-US 和 HuYu-CHN 的设计层剪力和反应谱比较如图 4.2-7（a）、（b）所示，二

者设计基底剪力基本相同，这与本案例的相同基底剪力设计前提是一致的。中、美方案的设计地震影响系数比较如图 4.2-7（c）所示，中国方案罕遇地震反应谱与美国方案 MCE 反应谱比较如图 4.2-7（d）所示。在确定设计基底剪力时，与 4.2.2.3 节 Building 2A 一样，HuYu-US 的设计基底剪力由 $0.85V$［图 4.2-7（c）中粗虚线］所控制，HuYu-US 地震影响系数［图 4.2-7（c）中粗虚线］与 HuYu-CHN 地震影响系数［图 4.2-7（c）中粗实线］在结构基本周期 2s 附近是十分接近的，最终使得中美方案设计基底剪力基本相同。但从图 4.2-7（d）可知，此时中国方案罕遇地震反应谱与美国方案 MCE 反应谱相差较大，意味着美国场地的地震危险性高于中国。

　　HuYu-US 和 HuYu-CHN 的设计层间位移角如图 4.2-8 所示。HuYu-CHN 的设计层间位移角最大值为 1/1105，满足中国有关规范小震弹性层间位移角不大于 1/800 的限值要求，还有较大富余度。HuYu-US 的设计层间位移角最大值为 1/107，远小于 ASCE 7-10 对弹塑性层间位移角不大于 1/50 的限值要求。因此，本案例中两栋结构的设计均不受相应规范中层间位移角限值的要求控制，而是由强度控制。

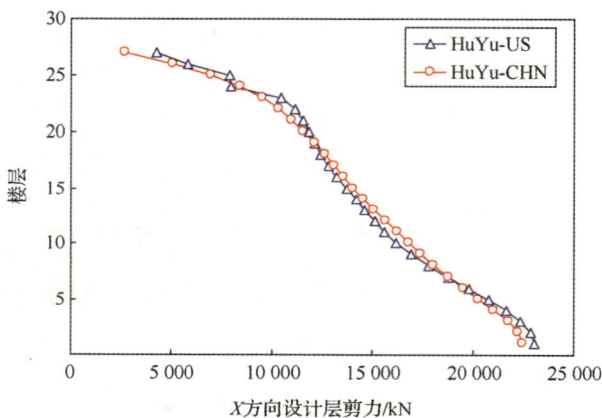

（a）X 方向设计层剪力

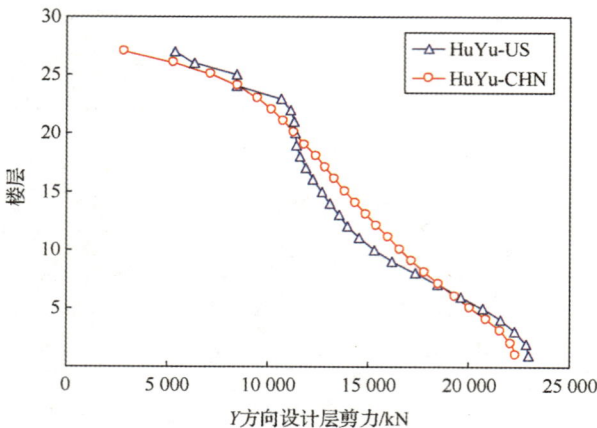

（b）Y 方向设计层剪力

图 4.2-7　HuYu-US 和 HuYu-CHN 的设计层剪力和反应谱比较

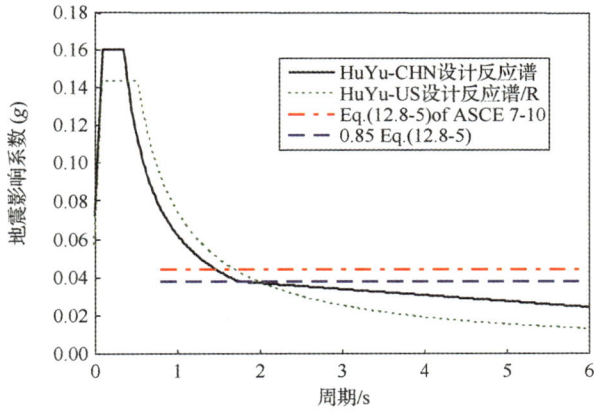

（c）设计地震影响系数

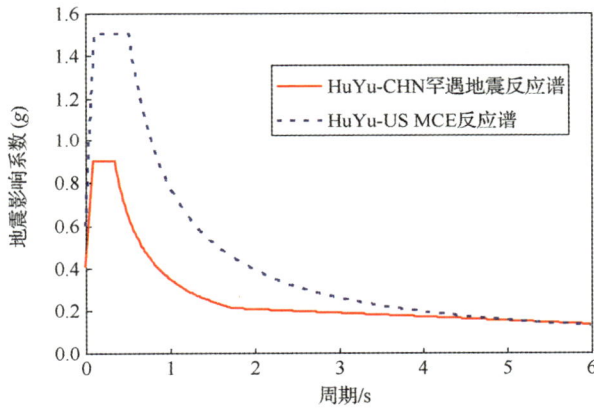

（d）中国罕遇地震反应谱与美国MCE反应谱

图 4.2-7（续）

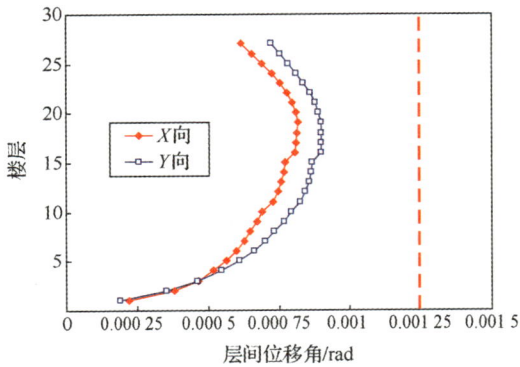

（a）HuYu-CHN设计层间位移角曲线

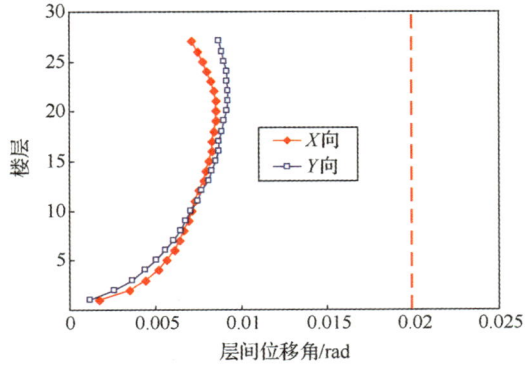

（b）HuYu-US设计层间位移角曲线

图 4.2-8　HuYu-US 和 HuYu-CHN 的设计层间位移角

　　HuYu-US 和 HuYu-CHN 的主要承重构件即核心筒与框架柱的材料用量对比如图 4.2-9 所示，其中，剪力墙钢筋根据文献（胡妤，2014）提供的设计资料统计了水平和纵向分布筋、边缘约束构件的纵向受力筋以及连梁的受力钢筋，框架柱钢筋统计了受力纵筋和箍筋用量。由图 4.2-9（a）可知，HuYu-US 核心筒和框架柱的混凝土用量略高于 HuYu-CHN，是由于 HuYu-US 部分核心筒内墙厚度略大，16 层以上框架柱截面加大导致。图 4.2-9（b）表明，HuYu-US 核心筒的钢筋用量略高于 HuYu-CHN，主要是由于美国规范边缘构件约束范围比中国有关规范的要大，总纵筋面积较大，并且文献（胡妤等，2015）表明边缘构件箍筋体积配箍率也比中国相关规范的要多。对于框架柱而言，HuYu-US 的钢筋用量高于 HuYu-CHN，1~15 层各层框架柱纵筋面积之和 HuYu-US 比 HuYu-CHN 多 3.70%，16~27 层 HuYu-US 框架柱截面加大，使得总纵筋面积比 HuYu-CHN 多 27.80%，沿全楼高度 HuYu-US 框架柱的体积配箍率比 HuYu-CHN 约多 15%，具体比较如表 4.2-5 所示。但需要注意的是，根据文献（胡妤等，2015），HuYu-US 核心筒大部分连梁的承载力略低于 HuYu-CHN，其连梁钢筋用量也比 HuYu-CHN 略低。

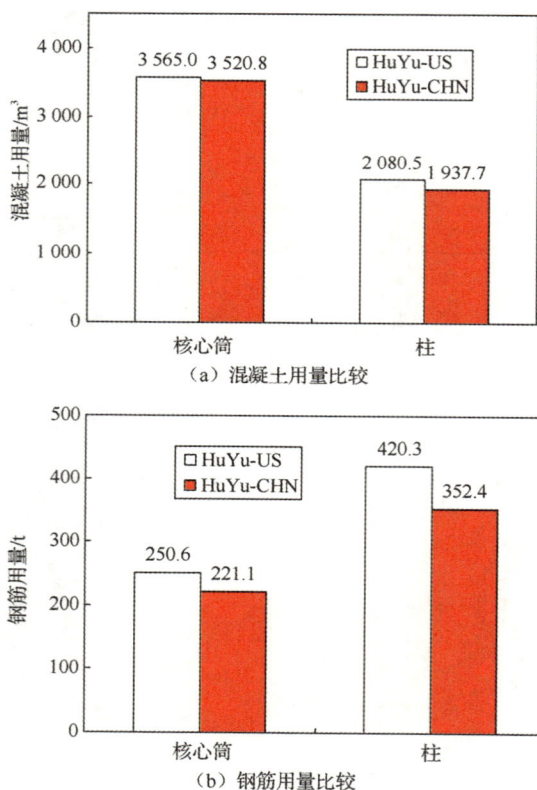

（a）混凝土用量比较

（b）钢筋用量比较

图 4.2-9　HuYu-US 和 HuYu-CHN 的核心筒与框架柱的材料用量对比

表 4.2-5　HuYu-CHN 和 HuYu-US 框架柱楼层总纵筋面积和体积配箍率具体比较

楼层	HuYu-CHN			HuYu-US			总纵筋偏差/%	配箍率偏差/%
	边长/mm	总纵筋面积/mm²	体积配箍率/%	边长/mm	总纵筋面积/mm²	体积配箍率/%		
1～8 层	1 200	285 120	1.38	1 200	295 560	1.57	3.70	14.06
9～10 层	1 000	198 000	1.44	1 000	205 260	1.67	3.70	15.74
11～15 层	1 000	198 000	1.44	1 000	205 260	1.70	3.70	18.31
16～18 层	800	126 720	1.60	900	162 000	1.85	27.80	15.74
19～27 层	800	126 720	1.60	900	162 000	1.89	27.80	18.06

4.3　中美典型高层建筑抗震性能对比

4.3.1　弹塑性时程分析评估

4.3.1.1　弹塑性建模

根据上述 Building 2 和 HuYu 模型中美方案的设计结果，以通用非线性有限元软件 MSC.Marc 为平台，建立了两个案例、四个结构的三维有限元模型。根据本书第 2 章建议的建模方法，采用空间纤维梁单元模拟框架梁柱，采用分层壳单元来模拟剪力墙和连梁，剪力墙边缘约束构件中的钢筋以及连梁上下铁的纵向钢筋或交叉斜筋采用空间杆单元模拟。最终得到 Building 2 和 HuYu 模型的三维有限元模型如图 4.3-1 所示，由于 HuYu-US 和 HuYu-CHN 的结构布置几乎完全相同，其示意图采用一张图表示。

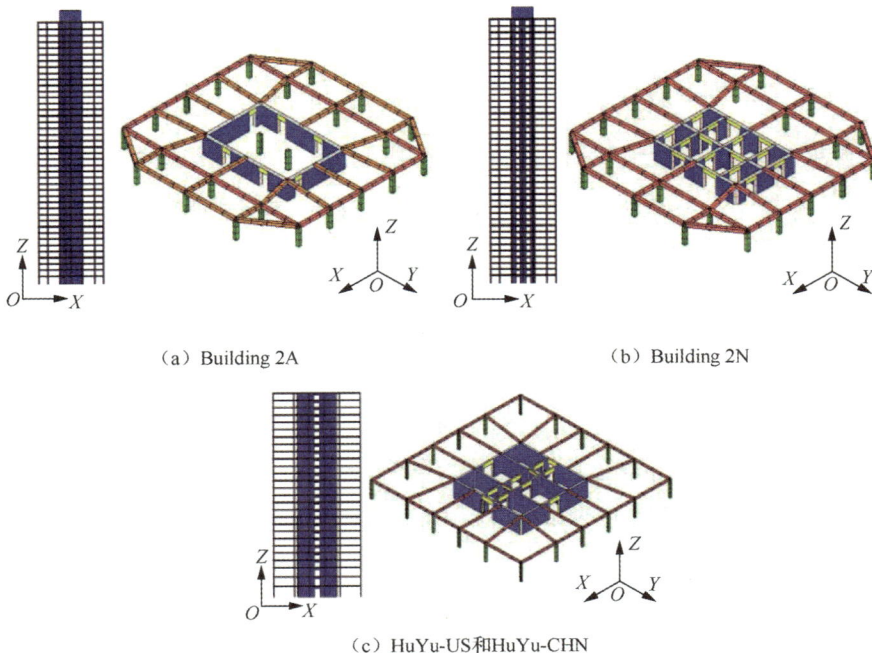

（a）Building 2A　　　　　　（b）Building 2N

（c）HuYu-US和HuYu-CHN

图 4.3-1　Building 2 和 HuYu 模型的三维有限元模型示意图

4.3.1.2 Building 2 抗震性能评估

采用弹塑性时程分析方法对两栋结构在不同地震水准下的抗震性能进行评估和比较。地震输入选取 FEMA P695（FEMA，2009）推荐的 22 组远场地震动记录，并分别将峰值地面加速度 PGA 调幅至《建筑抗震设计规范》（GB 50011—2010）的 8.5 度多遇地震、设防地震和罕遇地震水准，即 PGA=110cm/s^2、300cm/s^2、510cm/s^2。所选地震动记录调幅至罕遇地震水平的反应谱及其平均反应谱如图 4.3-2 所示。调幅后的地震动记录沿结构弱轴方向，即 X 向 [图 4.3-1（a）、（b）] 单向输入。分析采用经典的瑞利阻尼，阻尼比取 5%。在后续的讨论中，结构的地震响应均以 22 组地震动作用下统计特征值（均值和标准差）表征。

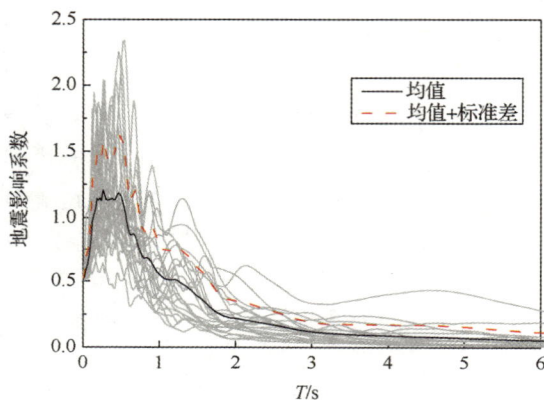

图 4.3-2　所选地震动记录调幅至罕遇地震水平的反应谱及其平均反应谱

在所选地震动集合作用下，Building 2A 和 Building 2N 的平均位移响应如图 4.3-3 所示。由图 4.3-3 可知，在各地震强度水平下，Building 2A 和 Building 2N 的正负楼层位移和层间位移角响应均相差较小。在结构底部楼层，Building 2A 的层间位移角小于 Building 2N，但在结构顶部楼层，Building 2A 的层间位移角大于 Building 2N，Building 2N 的层间位移角分布相对较为均匀。在各地震强度水平下，Building 2A 的最大层间位移角出现在第 34 层，其大小分别为多遇地震 1/859、设防地震 1/304、罕遇地震 1/170，Building 2N 的最大层间位移角出现在第 33 层，其大小分别为多遇地震 1/882、设防地震 1/316、罕遇地震 1/178，Building 2A 的最大层间位移角响应比 Building 2N 略大。此外，整体看来 Building 2N 位移响应的离散性较 Building 2A 要小。

（a）楼面位移

（b）层间位移角

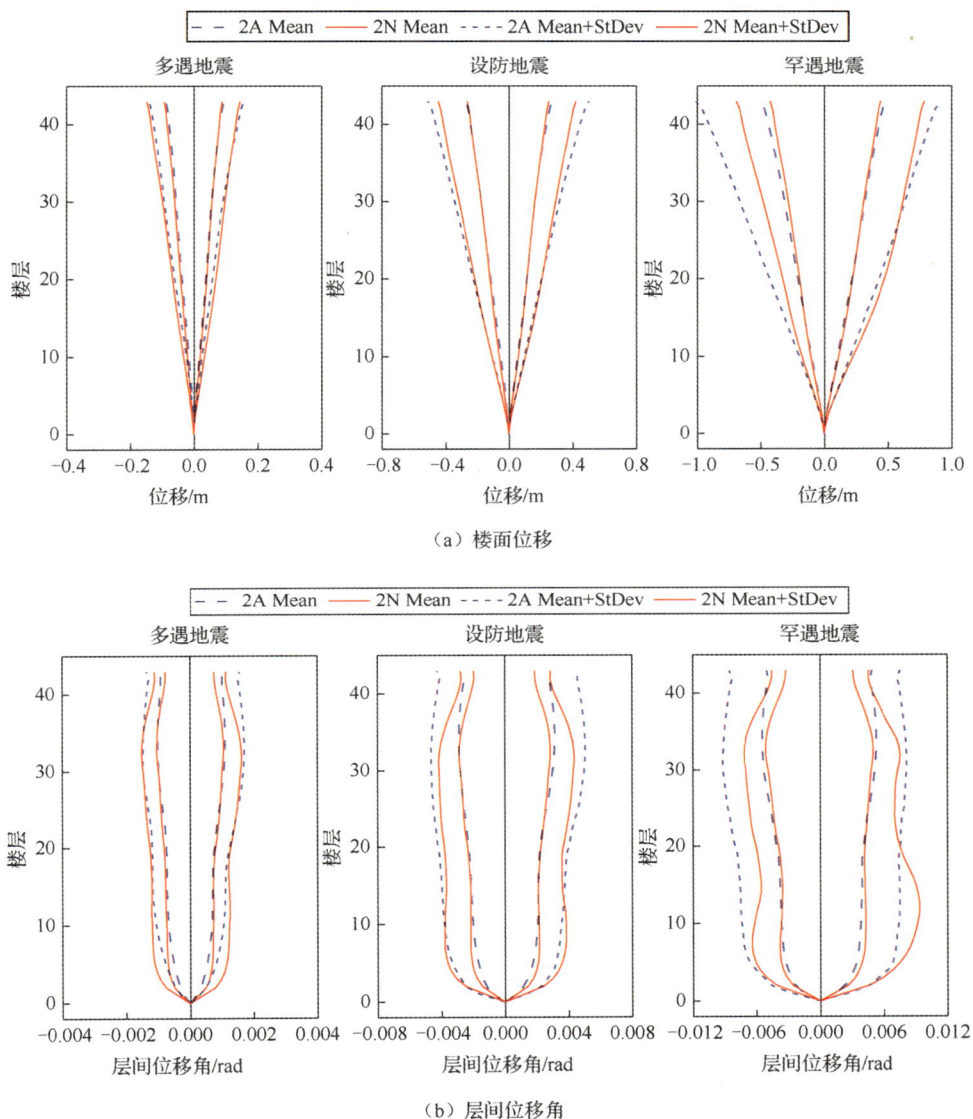

图 4.3-3 Building 2A 和 Building 2N 的平均位移响应

Building 2A 和 Building 2N 的平均楼面加速度响应如图 4.3-4 所示。由图 4.3-4 可知，在各地震强度水平下，除极少数楼层外，Building 2N 的楼面加速度响应均小于 Building 2A，并且两栋结构的最大加速度响应均出现在顶层。表 4.3-1 列出了各地震强度水平下两栋结构的最大加速度 a_{max}、相应的峰值地面加速度 PGA 及二者的比值。可以看出，在结构顶层，加速度被放大，最大约 1.8 倍，在多遇地震下放大程度最大，设防地震次之，罕遇地震下放大程度最小。此外，Building 2N 的顶层加速度放大程度小于 Building 2A。

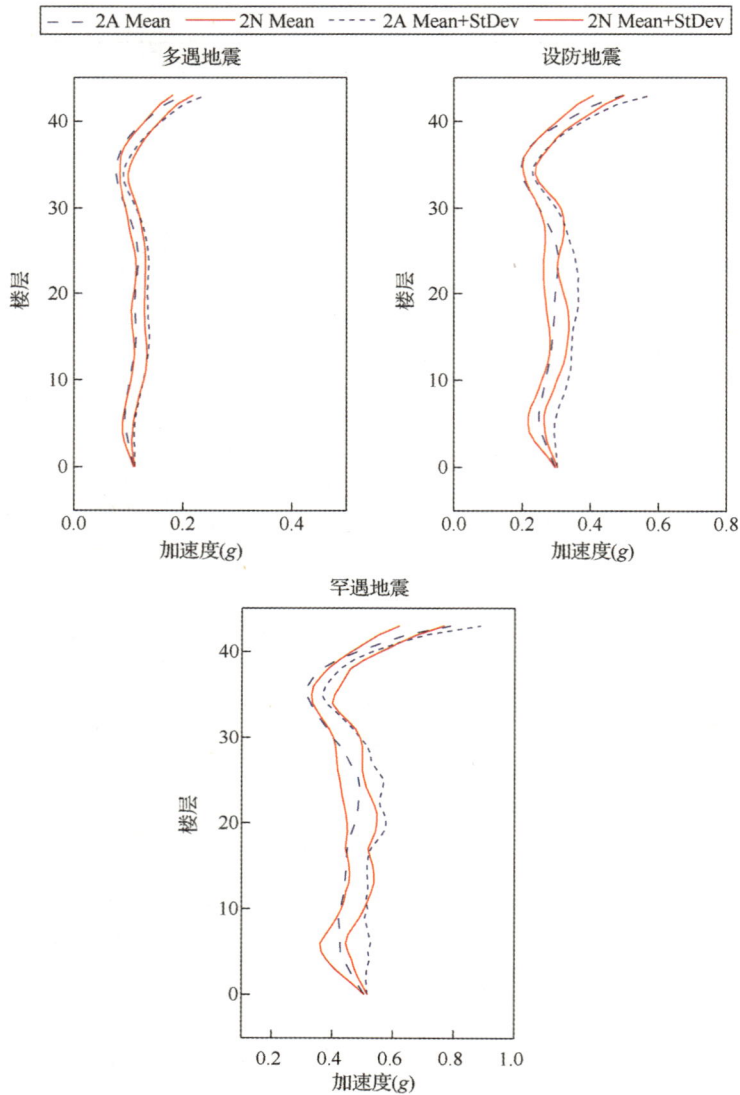

图 4.3-4　Building 2A 和 Building 2N 的平均楼面加速度响应

表 4.3-1　Building 2A 和 Building 2N 两栋结构的最大加速度 a_{max}、

相应的峰值地面加速度 PGA 及二者的比值

地震强度	PGA（g）	Building 2A		Building 2N	
		a_{max}（g）	$a_{max}/$（PGA）	a_{max}（g）	$a_{max}/$（PGA）
多遇地震	0.11	0.200	1.82	0.179	1.63
设防地震	0.30	0.494	1.65	0.406	1.35
罕遇地震	0.51	0.787	1.54	0.618	1.21

　　以所选 22 组地震动记录中的 CHICHI_CHY101-N 为例，图 4.3-5 给出了 Building 2A 和 Building 2N 在该地震动输入下塑性铰分布。由图 4.3-5 可知，Building 2A 的损伤程度

略大于 Building 2N；两栋结构梁端塑性铰沿结构高度的分布比较均匀，在结构底部楼层均有较多柱端出现塑性铰，二者的差别在于 Building 2A 的中上部楼层也出现了较多的柱铰，而 Building 2N 的中上部则以梁铰为主并且梁铰数量少于 Building 2A。在其他罕遇地震强度地震动输入的情况下，两栋结构的损伤情况均比 CHICHI_CHY101-N 要轻。

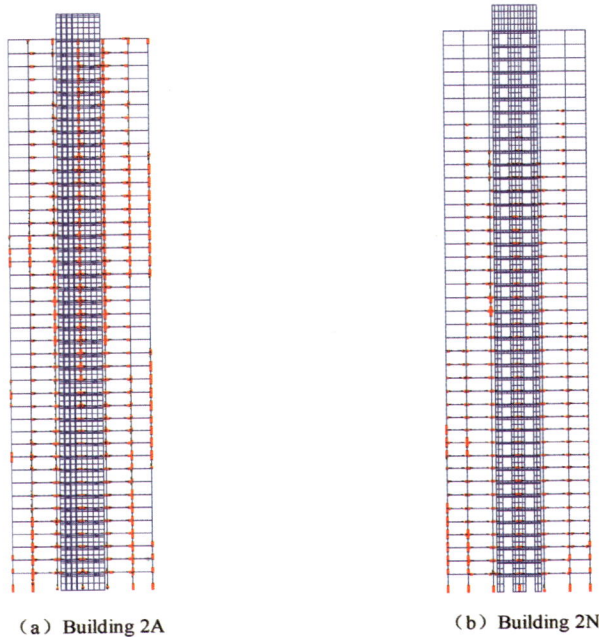

（a）Building 2A　　　　　　　　　（b）Building 2N

图 4.3-5　两栋结构在 CHICHI_CHY101-N 地震动输入下塑性铰分布（PGA=510cm/s^2）

逐步增量的时程分析方法（IDA）（Vamvatsikos，et al.，2002）是评价结构抗震性能的有效方法。为了研究并比较 Building 2A 和 Building 2N 抗倒塌能力的差异，本研究采用 IDA 方法，对两栋结构在 22 组地震动沿 X 方向单向输入情况下进行了倒塌模拟分析。根据 22 组地震动记录的临近倒塌强度的统计结果，拟合出两栋结构的倒塌易损性曲线，如图 4.3-6 所示。Building 2A 的抗倒塌安全储备系数 CMR 为 7.86；Building 2N 的 CMR 为 8.35，两栋结构的抗倒塌能力相差不大，Building 2N 的抗倒塌能力略高于 Building 2A。

对 22 组地震动记录下两栋结构的初始倒塌部位进行统计，其结果如图 4.3-7 所示。由图 4.3-7（a）可知，在绝大部分地震动作用下，Building 2A 的初始倒塌部位均位于结构底层，是主要的薄弱部位。而在 Building 2N［图 4.3-7（b）］中，没有明显的特定薄弱部位，初始倒塌较多发生于结构第 6 层、7 层和 11 层，第 6 层为底部加强区结束部位，11 层为框架柱和核心筒截面发生变化的部位。Building 2N 结构底层的抗倒塌能力相对于其他部位较强，这是由于中国规范对剪力墙提出了底部加强区的规定，并且对于一级框架的底层，柱下端截面组合的设计弯矩值应乘以增大系数 1.7（GB 50011—2010 中 6.2.3 条规定）。

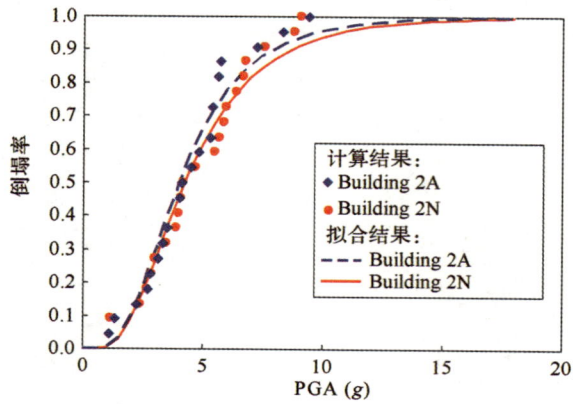

图 4.3-6　Building 2A 和 Building 2N 倒塌易损性曲线

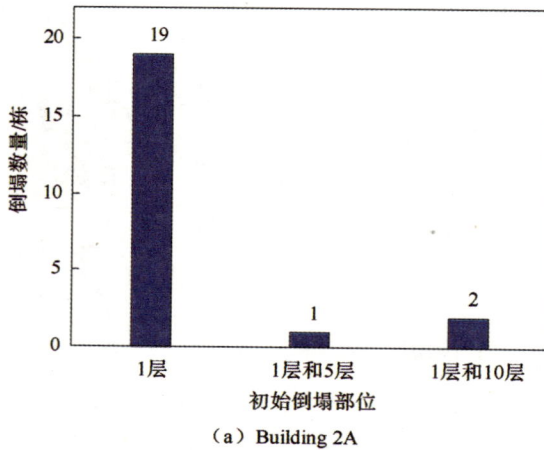

（a）Building 2A

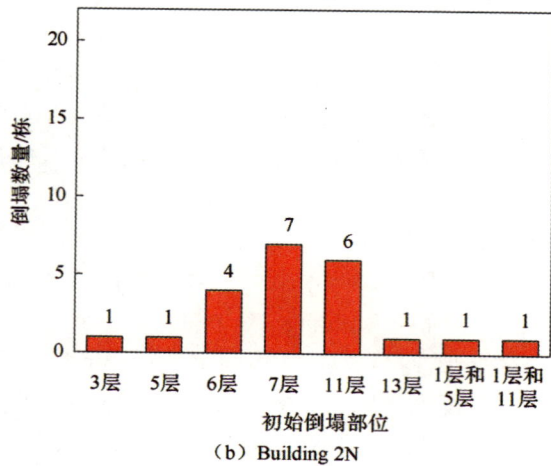

（b）Building 2N

图 4.3-7　Building 2A 和 Building 2N 初始倒塌部位统计

4.3.1.3 HuYu 模型抗震性能评估

HuYu 模型弹塑性时程分析仍采用 FEMA P695（FEMA，2009）推荐的 22 组远场地震动记录作为基本地震输入，分别将峰值地面加速度 PGA 调幅至我国 8 度多遇地震、设防地震和罕遇地震水准，即 PGA=70cm/s²、200cm/s²、400cm/s²。调幅后的地震动记录沿结构弱轴方向，即 Y 向 [图 4.3-1（c）] 单向输入。分析采用经典的瑞利阻尼，阻尼比取 5%。

在所选地震动集合作用下，HuYu-US 和 HuYu-CHN 的平均位移响应比较如图 4.3-8 所示，HuYu-US 的楼层位移和层间位移角均略小于 HuYu-CHN，随地震强度增大二者的差异逐渐明显。在各地震强度水平下，HuYu-US 的最大层间位移角出现在第 23 层，其大小分别为多遇地震 1/1265、设防地震 1/411、罕遇地震 1/193，HuYu-CHN 的最大层间位移角也出现在第 23 层，其大小分别为多遇地震 1/1214、设防地震 1/404、罕遇地震 1/182。

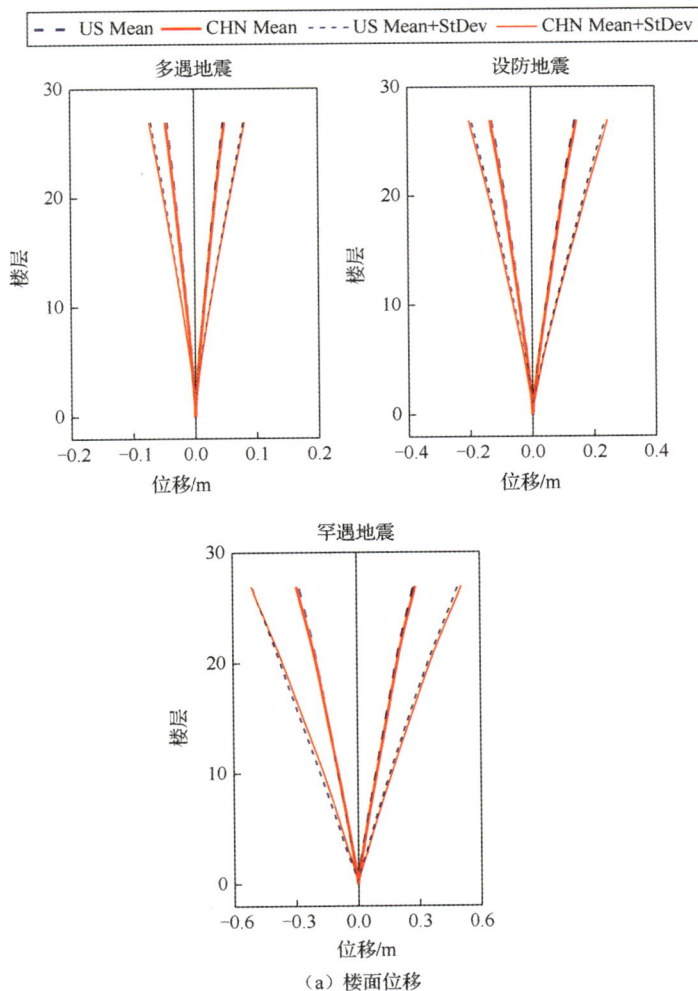

（a）楼面位移

图 4.3-8 HuYu-US 和 HuYu-CHN 平均位移响应比较

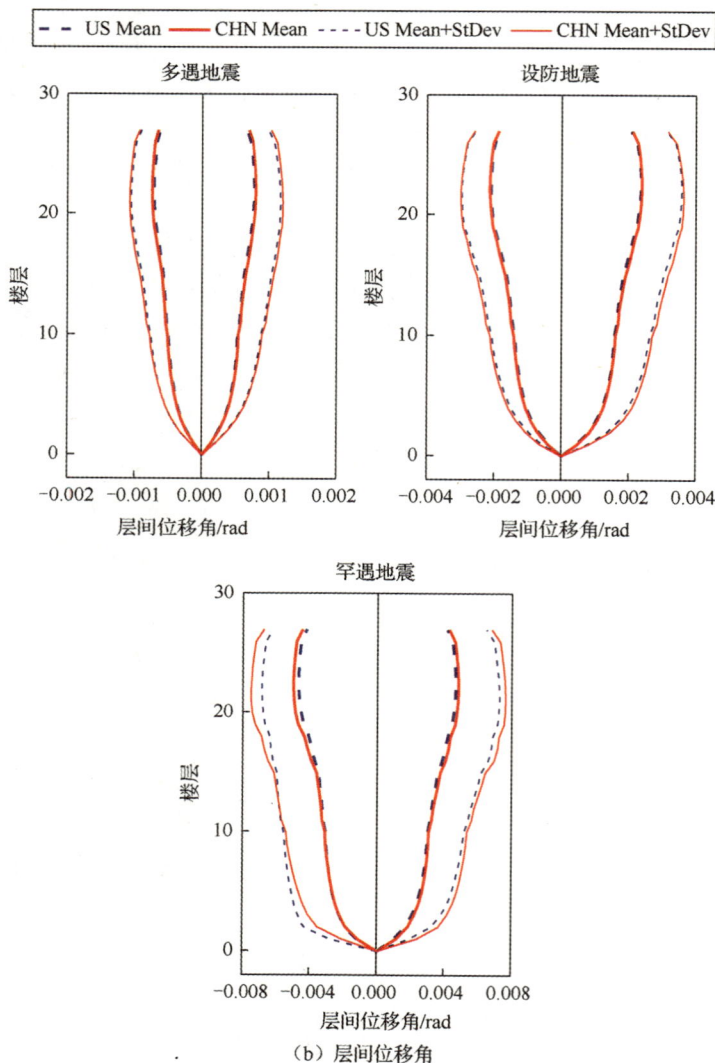

图 4.3-8（续）

　　HuYu-US 和 HuYu-CHN 的平均楼面加速度响应如图 4.3-9 所示。由图 4.3-9 可知，在各地震强度水平下，除极少数楼层外，HuYu-US 的楼面加速度响应均小于 HuYu-CHN，并且两栋结构的最大加速度响应均出现在顶层。表 4.3-2 列出了各地震强度水平下两栋结构的最大加速度 a_{max}、相应的峰值地面加速度 PGA 及二者的比值，可以看出，在结构顶层，加速度被放大，最大放大约 1.8 倍，在多遇地震下放大程度最大，设防地震次之，罕遇地震下放大程度最小。

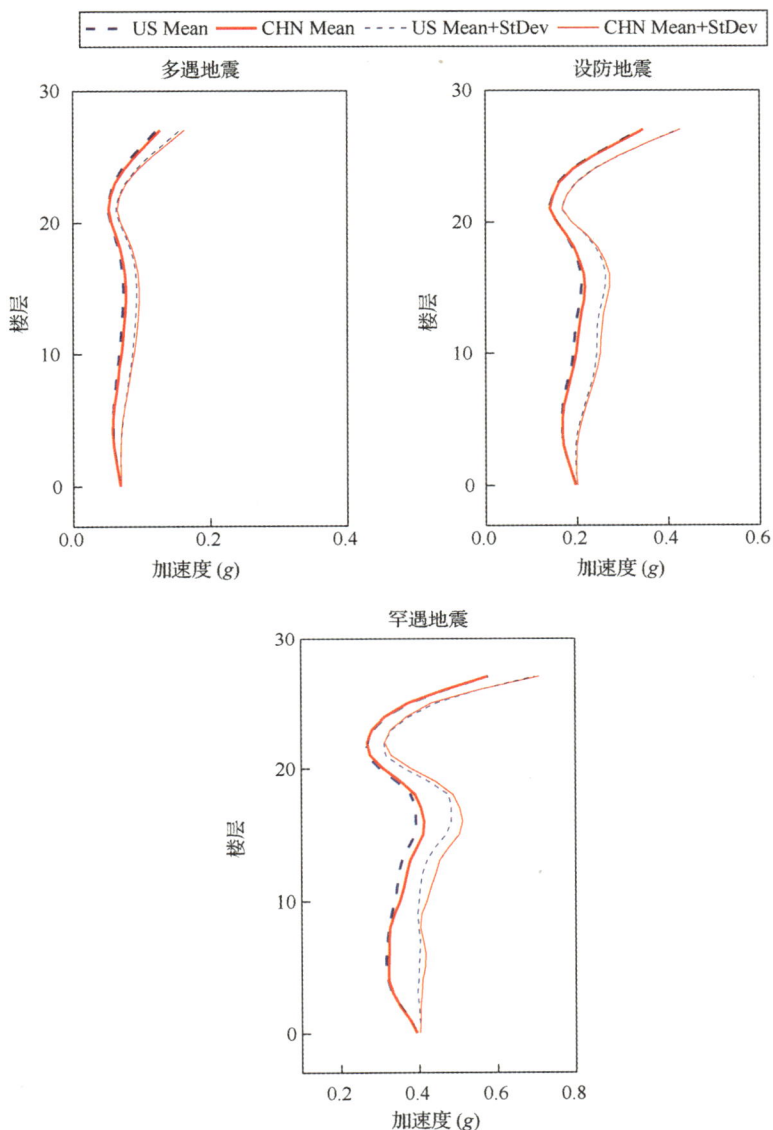

图 4.3-9 HuYu-US 和 HuYu-CHN 的平均楼面加速度响应

表 4.3-2 HuYu-US 和 HuYu-CHN 两栋结构的最大加速度 a_{max}、相应的峰值地面加速度 PGA 及二者的比值

地震强度	PGA（g）	HuYu-US		HuYu-CHN	
		a_{max}（g）	a_{max}/（PGA）	a_{max}（g）	a_{max}/（PGA）
多遇地震	0.07	0.122	1.75	0.127	1.82
设防地震	0.20	0.341	1.71	0.347	1.73
罕遇地震	0.40	0.579	1.45	0.577	1.44

以所选 22 组地震动记录中的 CHICHI_CHY101-N 为例，图 4.3-10 给出了 HuYu-US 和 HuYu-CHN 在该地震动输入下的塑性铰分布。由图 4.3-10 可知，HuYu-CHN 的损伤程度略大于 HuYu-US；两栋结构梁端塑性铰沿结构高度的分布比较均匀，结构底层框

架柱底端几乎全部出现塑性铰，二者的主要差别在于 HuYu-CHN 19 层以上楼层出现较多柱铰，而 HuYu-US 仅出现少量柱铰。在其他地震动输入的情况下，两栋结构的损伤情况均比 CHICHI_CHY101-N 要轻。

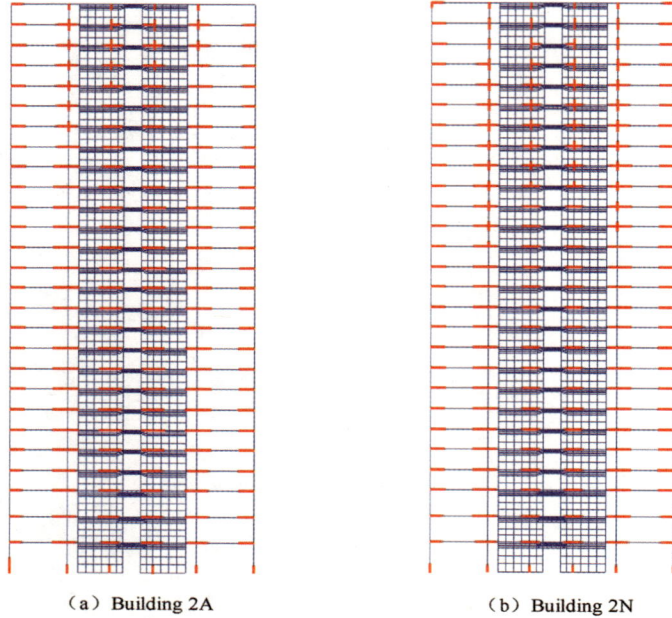

（a）Building 2A   （b）Building 2N

图 4.3-10　两栋结构在 CHICHI_CHY101-N 地震动输入下的塑性铰分布（PGA=400cm/s²）

采用的 IDA 方法对两栋结构在 22 组地震动沿 Y 方向单向输入情况下进行倒塌模拟分析。根据 22 组地震动记录临界地震动强度的统计结果，拟合出两栋结构的倒塌易损性曲线，如图 4.3-11 所示。HuYu-US 的抗倒塌安全储备系数 CMR 为 6.57；HuYu-CHN 的 CMR 为 2.70，HuYu-US 的抗倒塌能力明显高于 HuYu-CHN。

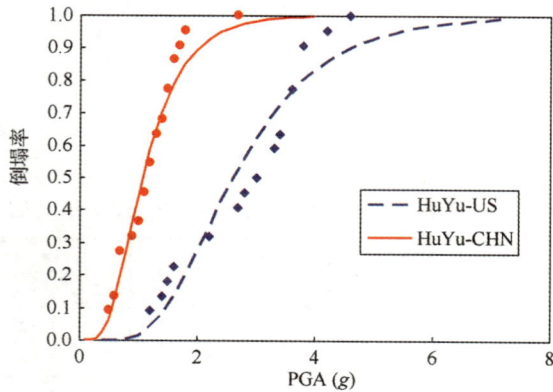

图 4.3-11　HuYu-US 和 HuYu-CHN 倒塌易损性曲线

对 22 组地震动记录下两栋结构的初始倒塌部位进行统计，其结果如图 4.3-12 所示。由图 4.3-12（a）可知，在绝大部分地震动作用下，HuYu-US 的初始倒塌部位均位于结构底层，是主要的薄弱部位。而 HuYu-CHN 在大部分地震动作用下临界倒塌部位位于 19 层附近［图 4.3-12（b）］，是主要的薄弱部位。导致两栋结构抗倒塌能力和薄弱部位差异的主要原因可参见两栋结构材料用量对比部分讨论。

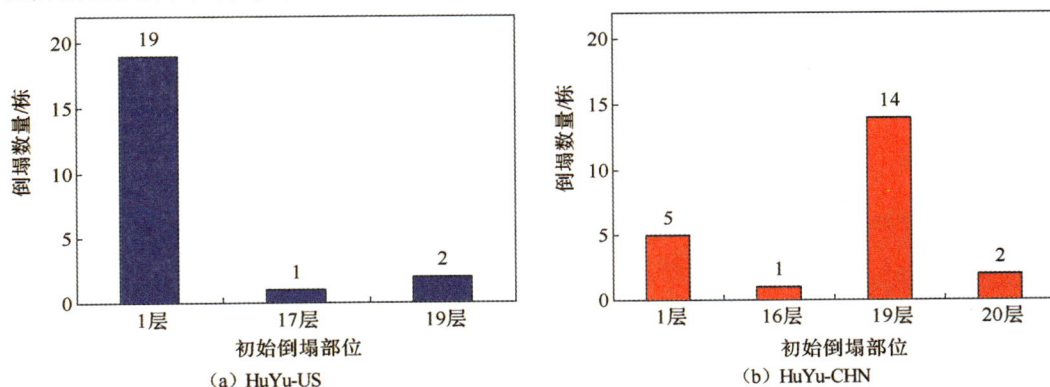

图 4.3-12　HuYu-US 和 HuYu-CHN 初始倒塌部位统计

4.3.2 地震损失评估

本节将采用美国新一代性能化抗震设计方法的最新研究成果——《建筑抗震性能评估方法》（FEMA P-58）（FEMA，2012a），对两个研究案例中的中美设计方案在地震作用下的损失情况（修复费用、修复时间和人员伤亡）进行评估比较（Tian，et al.，2016）。

4.3.2.1　地震损失评估的基本流程

以 Building 2 为例，简单介绍使用《建筑抗震性能评估方法》（FEMA P-58）及其配套软件 Performance Assessment Calculation Tool（PACT）进行地震损失评估的流程。

基于地震强度的性能评估主要包括以下步骤：①提供项目信息（项目名称等基本信息）；②提供建筑信息；③定义建筑中人口分布情况；④选择结构构件和非结构构件的易损性规格和性能集合；⑤定义建筑倒塌易损性及倒塌模式；⑥输入结构分析结果；⑦提供残余位移易损性。

PACT 软件"建筑信息（building info）"选项卡用来输入基本的建筑数据，包括楼层数量、基本重置成本（core and shell replacement cost）、总重置成本（total replacement cost）、重置时间（replacement time）、每平方英尺（ft²）[①]最大的工人数量（maximum workers per square foot）、每层的面积和层高以及一些调整系数，如高度系数（height factor）、危险系数（hazmat factor）、占用系数（occupancy factor），还有总损失阈值（total loss threshold）。

人口模型是定义人员在建筑内不同时间的分布情况，用来进行人员伤亡评估。PACT 提供了典型商务办公、教育、医疗保健、住宅、零售等功能的人口模型。本研究即采用 PACT 内置的人口模型，根据建筑使用功能，第 1 层为零售人口模型，第 2～42 层为住宅人口模型。

---

① 1ft² = 9.290 304×10⁻²m²，下同。

　　FEMA-P58 将不同构件归入不同的易损性类别（fragility specification），PACT 软件提供了 700 多种常见的结构构件和非结构构件的易损性资料，通常使用峰值层间位移角或峰值加速度作为需求参数来判断构件的破坏情况。本案例中结构构件的数量根据建筑实际情况计算，非结构构件的数量采用 FEAM P-58 提供的标准数量估算工具（normative quantity estimation tool）进行估算。本研究选定的 Building 2A 和 Building 2N 结构构件易损性类别如表 4.3-3 所示，由于建筑布局和使用功能一致，假定两栋结构中非结构构件完全相同，则非结构构件易损性类别如表 4.3-4 所示。

表 4.3-3　Building 2A 和 Building 2N 结构构件易损性类别

结构构件类型	易损性类别编号	
	Building 2A	Building 2N
梁柱节点	B1041.002a，B1041.003b	B1041.001a，B1041.001b B1041.002a，B1041.002b
板柱节点	B1049.031	—
连梁	B1042.011a，B1042.011b	B1042.002b，B1042.012b
剪力墙	B1044.021，B1044.022，B1044.101	B1044.011，B1044.021 B1044.022，B1044.101

表 4.3-4　Building 2A 和 Building 2N 非结构构件易损性类别

非结构构件类型		易损性类别编号	方向性
外立面	非结构墙	B2011.201a	D
	窗	B2022.001	D
	隔墙	C1011.001a	D
内部设施	楼梯	C2011.021b	D
	隔墙饰面	C3011.002a	D
	天花板及内嵌灯具	C3032.003b	N
运输	电梯和升降机	D1014.011	N
水管	冷水管道	D2021.013a	N
	热水管道	D2022.013a	N
	生活污水管道	D2031.013b	N
	冷却水管道	D2051.013a	N
采暖通风与空调（HVAC）	冷水机组（Chiller）	D3031.011c	N
	冷却塔	D3031.021c	N
	暖通空调管道	D3041.021c	N
	HVAC drops	D3041.032c	N
	变风量箱	D3041.041b	N
	空气处理机组	D3052.011c	N
防火装置	防火喷头	D4011.033a	N
电气服务和配电	电动机控制中心	D5012.013a	N
	低压成套开关设备	D5012.021a	N
	配电盘	D5012.031a	N
设备及家具		暂不考虑	

　　注："方向性"列中 D 表示性能组具有方向性（directional），N 表示性能组具有非方向性（non-directional）。

建筑的倒塌易损性通过 PACT "倒塌易损性"（collapse fragility）选项卡输入，需要输入定义该易损性曲线的倒塌地震强度平均值θ、标准差β、结构的最终倒塌模式，以及倒塌区域内人员的伤亡比例。基于 IDA 方法，本节已经研究并给出了 Building 2A 和 Building 2N 的倒塌易损性曲线。参照文献 FEMA P-58/BD-3.7.8（FEMA，2008a），取倒塌区域内死亡率为 10%，受伤率为 90%，协方差（COV）取默认值 0.5。

性能评估所需的结构需求参数通过 PACT "结构分析结果（structural analysis results）"选项卡输入。根据所选择的易损性规格，需要输入的结构响应需求参数主要包括峰值层间位移角向量、峰值加速度向量和峰值连梁转角向量。基于前一节非线性时程分析方法，已经得到了 22 条地震动记录这些需求参数的结果，将其依次输入到 PACT 程序中。

4.3.2.2 Building 2 地震损失评估结果比较

Building 2A 和 Building 2N 在三种地震强度下的修复费用概率分布曲线分别如图 4.3-13（a）、（b）所示，三种地震强度下两栋建筑修复费用中位值的比较（包括建筑总修复费用、结构构件的修复费用和非结构构件的修复费用），如图 4.3-14 所示。由于分别取总修复费用、结构构件修复费用和非结构构件修复费用的中位值进行统计比较，结构构件和非结构构件修复费用中位值之和与总修复费用中位值并不一定相等。图 4.3-14 比较表明，在三种地震强度下非结构构件的修复费用均占总费用的绝大部分，在多遇地震和设防地震强度下，结构构件的损失均很小，在罕遇地震下结构构件的损失有所增大。此外，三种地震强度下 Building 2A 总修复费用中位值均大于 Building 2N，Building 2A 非结构构件的修复费用也比 Building 2N 大。由于多遇地震和设防地震下结构构件的修复费用很小，总修复费用由非结构构件主导，Building 2A 的总修复费用比 Building 2N 明显要大，而罕遇地震下结构构件损失增大，并且 Building 2N 结构构件数量多（较多内墙、连梁和楼面梁），使得其结构构件修复费用大于 Building 2A，总修复费用差距不再明显，Building 2N 略小于 Building 2A。

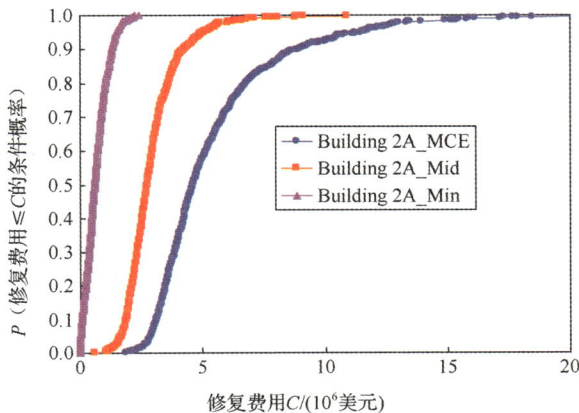

（a）Building 2A修复费用分布曲线

图 4.3-13　Building 2A 和 Building 2N 在三种地震强度下的修复费用概率分布曲线

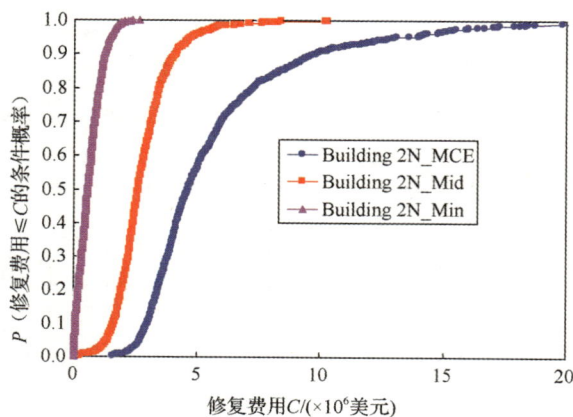

（b）Building 2N修复费用分布曲线

图 4.3-13（续）

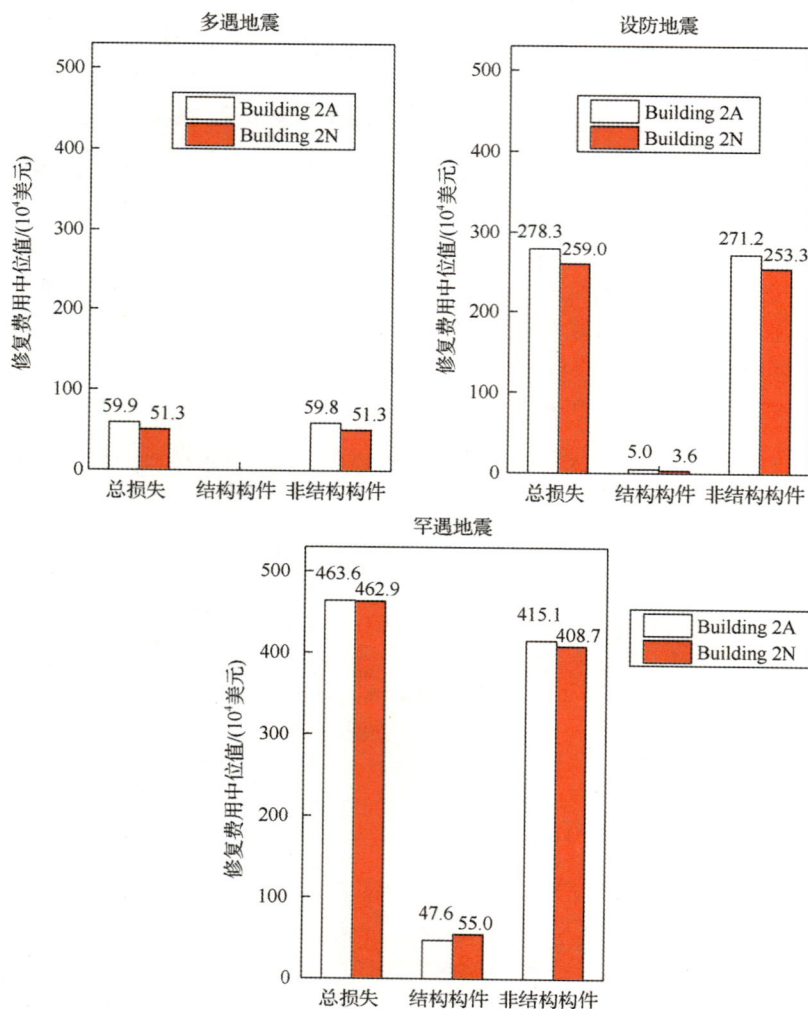

图 4.3-14　Building 2A 和 Building 2N 修复费用中位值比较

需要说明的是，PEER 的案例研究报告（Moehle，et al.，2011）表明，TBI 项目组也采用 FEMA P-58 方法对 Building 2A 在地震作用下的修复费用进行了评估。由于本研究与 TBI 项目所选用的基本地震动输入不同，结构响应有一定差异，从而评估出的修复费用值并不相同。但经过验证，若直接采用 TBI 项目的结构响应，则评估出的修复费用与之基本一致，表明本研究所建立的建筑性能模型及评估方法是正确的。

三种地震强度下 Building 2A 和 Building 2N 各类构件修复费用在总费用中所占比例如图 4.3-15 所示，值得注意的是由于各类构件修复费用中位值之和与总修复费用中位值并不相等，此类比例图采用 1000 次蒙特卡罗模拟的平均值来表征。由图 4.3-15（a）、（b）可知，在多遇地震下两栋建筑的修复费用主要由采暖通风与空调系统、隔墙及其饰面的损伤导致，而采暖通风与空调系统中，位于建筑顶层的冷水机组、冷却塔和空气处理机组引起的损失占绝大部分，这些非结构构件均为加速度敏感构件。由 4.3.1.2 节图 4.3-4 可知，多遇地震下 Building 2A 顶层加速度较 Building 2N 大，因此 Building 2A 中采暖通风与空调系统占总修复费用的比例较大。由图 4.3-15（c）、（d）可知，在设防地震下，采暖通风与空调系统、隔墙及其饰面仍占总费用的大部分，但此时剪力墙和连梁已发生不可忽视的损伤，天花板和电梯也产生了一定损失。在罕遇地震下 [图 4.3-15（e）、（f）]，

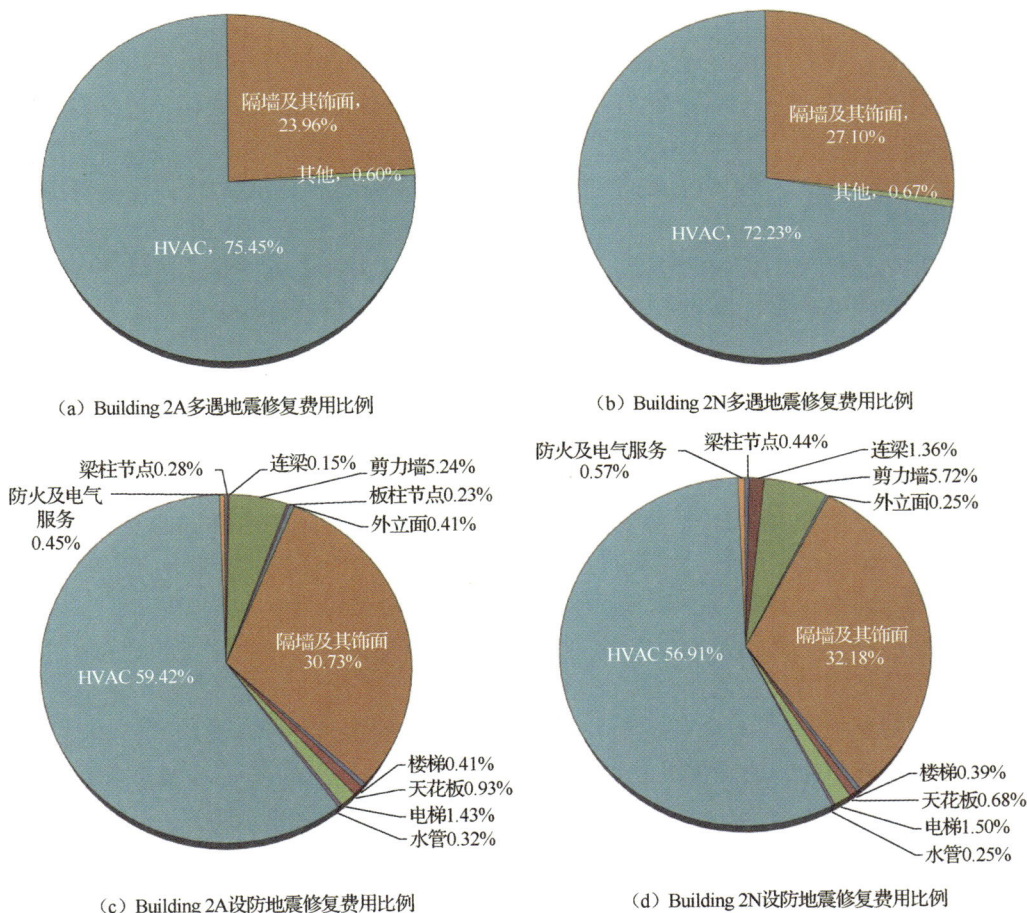

（a）Building 2A 多遇地震修复费用比例

（b）Building 2N 多遇地震修复费用比例

（c）Building 2A 设防地震修复费用比例

（d）Building 2N 设防地震修复费用比例

图 4.3-15　Building 2A 和 Building 2N 各类构件修复费用在总费用中所占比例

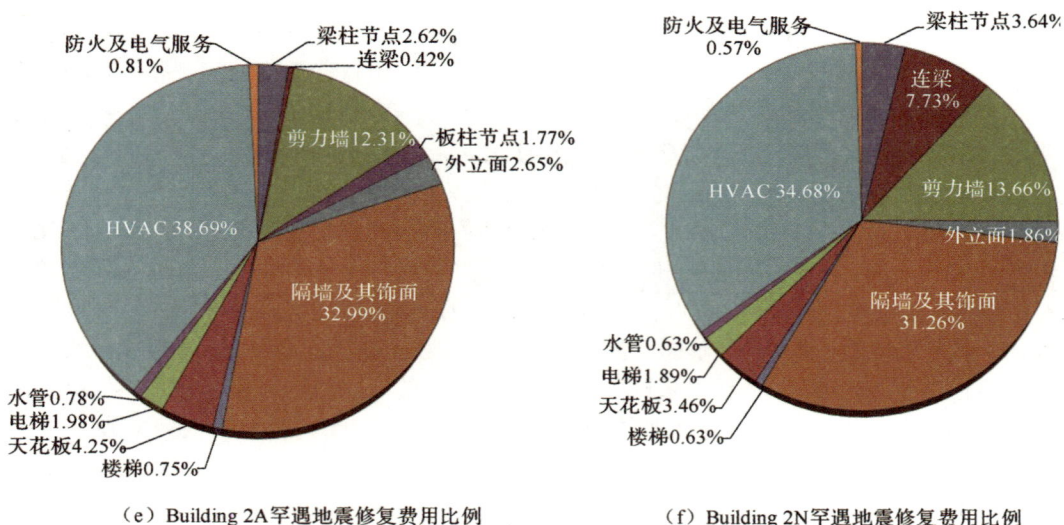

（e）Building 2A罕遇地震修复费用比例　　　　（f）Building 2N罕遇地震修复费用比例

图 4.3-15（续）

采暖通风与空调系统所占比例降低，其他结构构件和非结构构件损伤增加，所占比例上升。梁柱节点、板柱节点、剪力墙和连梁都发生了较大损伤，剪力墙所占比例最大，在非结构构件中，外立面、天花板和电梯所占比例较大。Building 2N 梁柱节点、剪力墙和连梁的损失比例均大于 Building 2A，是由于 Building 2N 中楼面梁、内墙和连梁数量较多，且连梁跨高比大，这与图 4.3-14 中罕遇地震下 Building 2N 结构构件修复费用中位值较大是一致的。

　　三种地震强度下两栋建筑修复工日中位值的比较如图 4.3-16 所示，包括建筑总修复工日、结构构件的修复工日和非结构构件的修复工日。一个工日代表一个工人一个工作日的劳动量，修复工日表征建筑修复所需的工作量。与修复费用类似，在三种地震强度下非结构构件的修复工日均占总修复工日的绝大部分，在多遇地震和设防地震下，结构构件的修复工日均很小，在罕遇地震下结构构件的修复工日有所增大。在多遇地震和设防地震下，Building 2A 的修复工日中位值大于 Building 2N，由非结构构件起主导作用；而在罕遇地震下 Building 2N 的修复工日中位值则较大，这是由于 Building 2N 中结构构件数量较多，罕遇地震下结构构件的损伤增加，且结构构件修复时间普遍比非结构构件要长，导致 Building 2N 修复所需工日略大于 Building 2A。

　　图 4.3-17 所示为两栋结构在三种地震强度下各楼层修复工日中位值的分布。在多遇地震下，下部楼层的层间位移角和加速度均很小，仅 27 层以上楼层需要一定量的修复工作，建筑顶层的修复工日中位值最长，是因为顶层有较多易受地震损坏的设备仪器（冷水机组、冷却塔和空气处理机组）。由于多遇地震下 Building 2N 上部多数楼层的层间位移角和加速度均小于 Building 2A，修复工日中位值略小。在设防地震下，全部楼层均发生损伤，需要一定量的修复工作，上部楼层的修复工日中位值大于下部楼层。建筑顶层修复工日中位值最长且 Building 2N 小于 Building 2A，除建筑顶层外，底层的修复工日中位值也明显较长，是由于在该地震强度下，电梯已发生损坏（本研究假设地震发生时

电梯均位于建筑底层）。两栋结构相比，Building 2A 上部楼层修复时间中位值大于 Building 2N，而下部楼层修复时间中位值则是 Building 2N 较大，且 Building 2N 沿楼层分布较为均匀。在设防地震下，除顶层采暖通风与空调系统外，剪力墙、隔墙及其饰面占总修复工日的绝大部分，这两类构件均是位移敏感型，其损伤与层间位移角密切相关，而层间位移角比较 [图 4.3-3（b）] 表明，下部楼层 Building 2N 层间位移角较大，上部楼层 Building 2A 层间位移角较大，且 Building 2N 层间位移角分布较为均匀，所以关于修复时间的结论是合理的。在罕遇地震下，全部楼层损伤程度加大，上部楼层的修复工日中位值大于下部楼层。最大修复工日中位值仍位于建筑顶层，且 Building 2N 小于 Building 2A，此外底层的修复工日中位值也明显较长。两栋结构之间相比的结论与设防地震下基本相同。

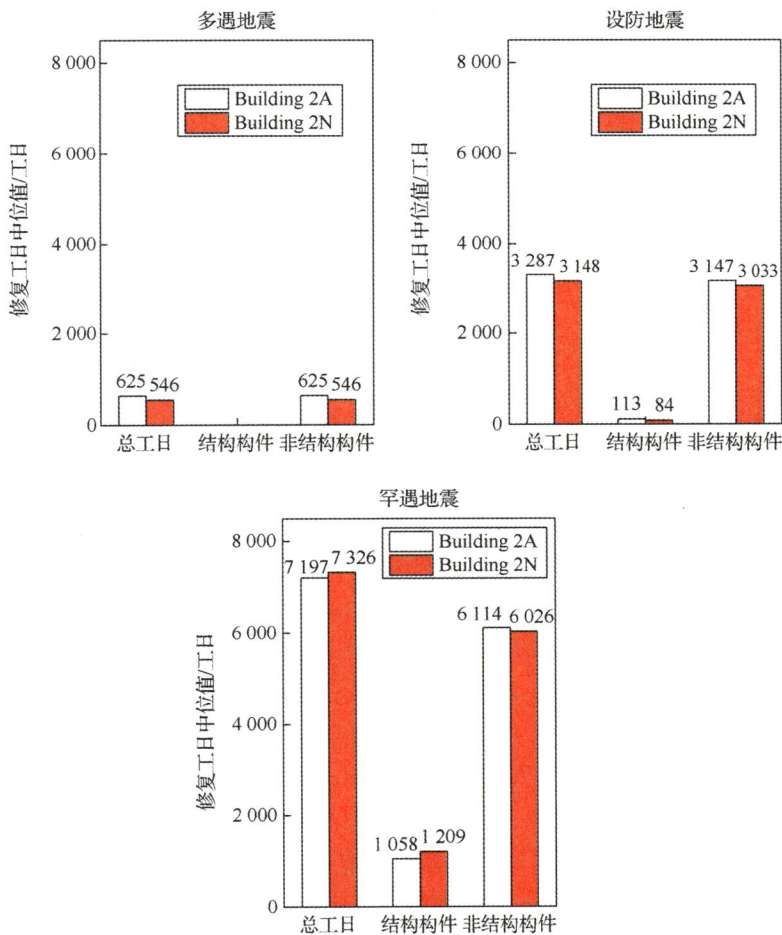

图 4.3-16 Building 2A 和 Building 2N 修复工日中位值比较

（a）Building 2A

（b）Building 2N

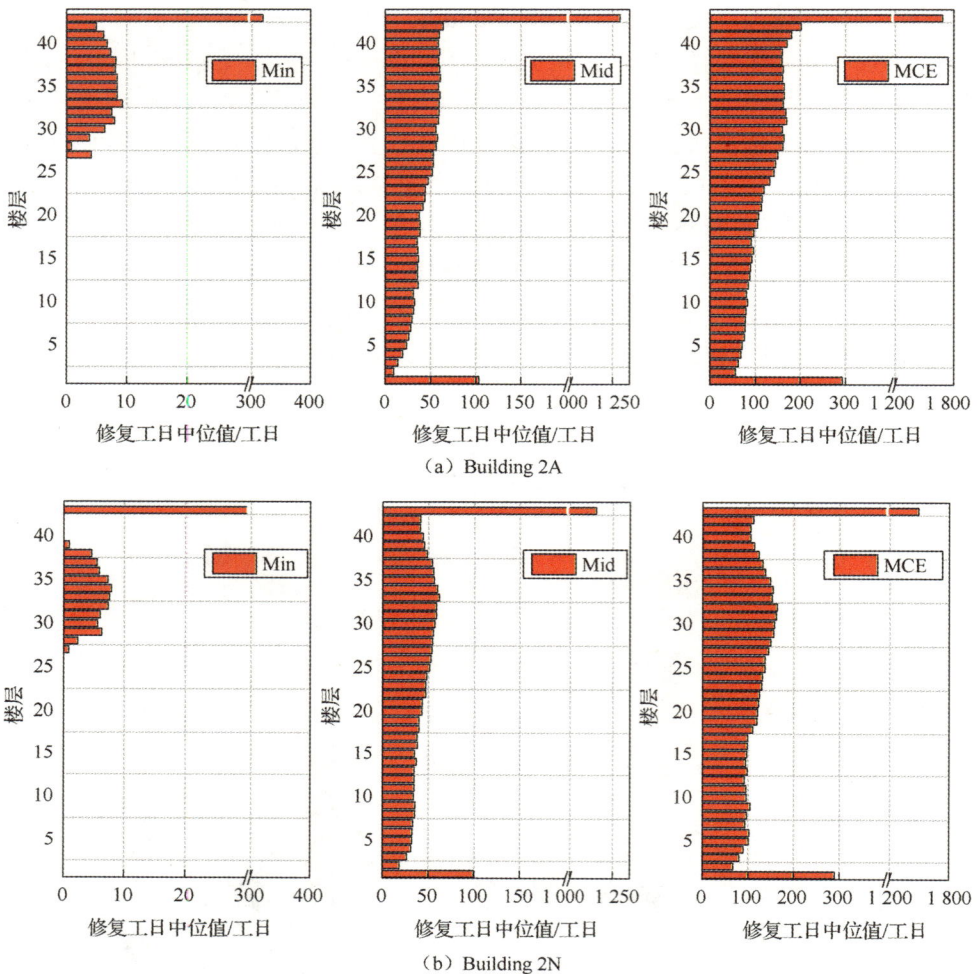

图 4.3-17　Building 2A 和 Building 2N 各楼层修复工日中位值分布

　　三种地震强度下两栋结构各类构件修复工日在总工日中所占比例如图 4.3-18 所示。由图 4.3-18（a）、（b）可知，在多遇地震下两栋建筑的修复工日主要由采暖通风与空调系统、隔墙及其饰面的损伤导致，多遇地震下 Building 2A 顶层加速度较 Building 2N 大，因此 Building 2A 中采暖通风与空调系统占总修复工日的比例较大。隔墙及其饰面在修复工日中所占比例与其在修复费用中所占比例相比有较大提升，这是因为隔墙饰面的类型为石膏与瓷砖，需要固化时间，修复时间较长。由图 4.3-18（c）、（d）可知在设防地震下，剪力墙和连梁所占比例增加，其次是电梯和天花板。在罕遇地震下 [图 4.3-18（e）、（f）]，结构构件损伤程度增大，所占比例进一步增加，且 Building 2N 结构构件数量多，结构构件所占修复工日的比例较 Building 2A 大。此外，结构构件在修复工日中所占比例与其在修复费用中所占比例相比有较大提升，是由于相对于大部分非结构构件而言，结构构件的修复时间较长，比重增大。在非结构构件中，除采暖通风与空调系统、隔墙及其饰面外，电梯、天花板和外立面也在修复工日中占有一定比例。

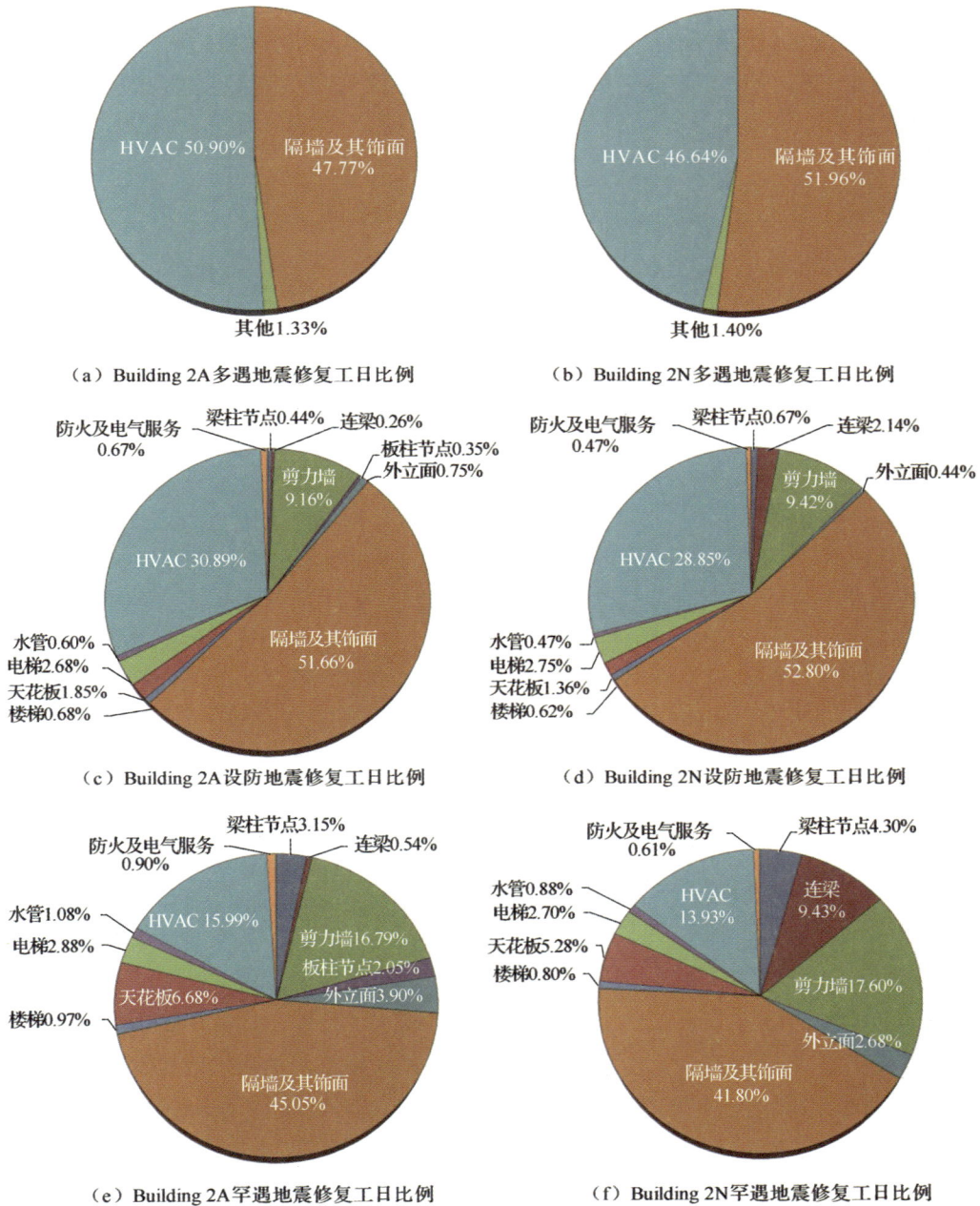

（a）Building 2A 多遇地震修复工日比例

（b）Building 2N 多遇地震修复工日比例

（c）Building 2A 设防地震修复工日比例

（d）Building 2N 设防地震修复工日比例

（e）Building 2A 罕遇地震修复工日比例

（f）Building 2N 罕遇地震修复工日比例

图 4.3-18　Building 2A 和 Building 2N 各类构件修复工日在总工日中所占比例

在多遇地震和设防地震下，两栋结构均不会发生人员伤亡，在罕遇地震下两栋结构的人员伤亡统计情况如表 4.3-5 所示，伤亡人数仍然极小，90%分位值的伤亡人数不足 1 人。可能引起人员伤亡的易损集合主要是非结构构件天花板和电梯，因此，通过合理的抗震设计避免结构发生倒塌，并锚固好天花板等易损的非结构构件，采取可靠措施保障电梯在地震时的安全性，可有效地减少地震导致的直接人员伤亡。

表 4.3-5　Building 2A 和 Building 2N 罕遇地震下人员伤亡统计情况

死伤人数	Building 2A		Building 2N	
	中位值	90%分位值	中位值	90%分位值
受伤人数/人	0.057 7	0.447	0.028 5	0.418
死亡人数/人	0.001 57	0.025 3	0.001 66	0.024 9

4.3.2.3　HuYu 模型地震损失评估结果比较

对 HuYu-US 和 HuYu-CHN 在 8 度多遇地震、设防地震和罕遇地震三种地震强度下，受 Y 向单向地震作用时的地震损失进行评估，在多遇地震和设防地震下两栋建筑均未发生倒塌，在罕遇地震下 HuYu-US 未发生倒塌，而 HuYu-CHN 在 1 000 个蒙特卡罗模拟中有 25 个实现发生倒塌，具体评估结果如下。

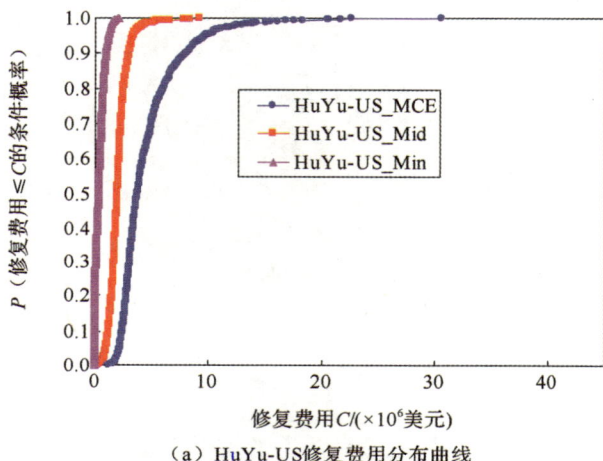

（a）HuYu-US修复费用分布曲线

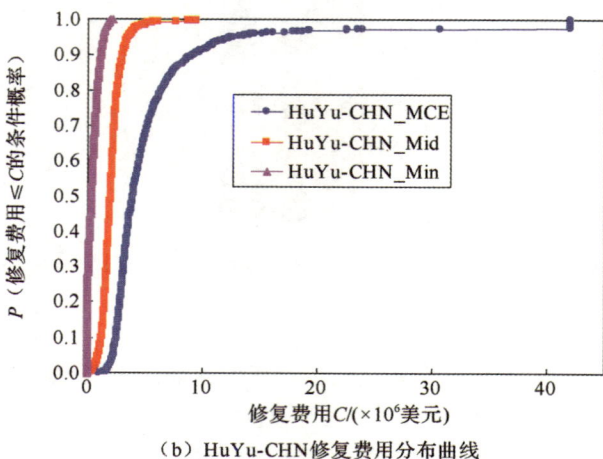

（b）HuYu-CHN修复费用分布曲线

图 4.3-19　HuYu-US 和 HuYu-CHN 修复费用概率分布曲线

HuYu-US 和 HuYu-CHN 在三种地震强度下的修复费用概率分布曲线分别如图 4.3-19（a）、（b）所示，图 4.3-19（b）中罕遇地震下的修复费用概率分布曲线在末端有数据集结的现象，这是因为 1 000 个蒙特卡罗模拟中有 25 个算例发生倒塌，这些算例的修复费用等于建筑的重置费用，因而集结在同一横坐标处。可以看出，部分算例发生倒塌会引起概率分布曲线一定的变化，但由于倒塌发生的比率很低，对统计结果中位值造成的影响非常小。

图 4.3-20 所示为三种地震强度下两栋建筑修复费用中位值比较。由图 4.3-20 可知，在三种地震强度下非结构构件的修复费用均占总费用的绝大部分，在多遇地震和设防地震下，结构构件的损失均很小，在罕遇地震下结构构件的损失有所增大。此外，三种地震强度下 HuYu-US 总修复费用中位值、非结构构件修复费用中位值均小于 HuYu-CHN，由于多遇地震和设防地震下结构

构件的损伤很小，两栋建筑结构构件修复费用没有差别，而罕遇地震下 HuYu-US 结构构件修复费用中位值也小于 HuYu-CHN。

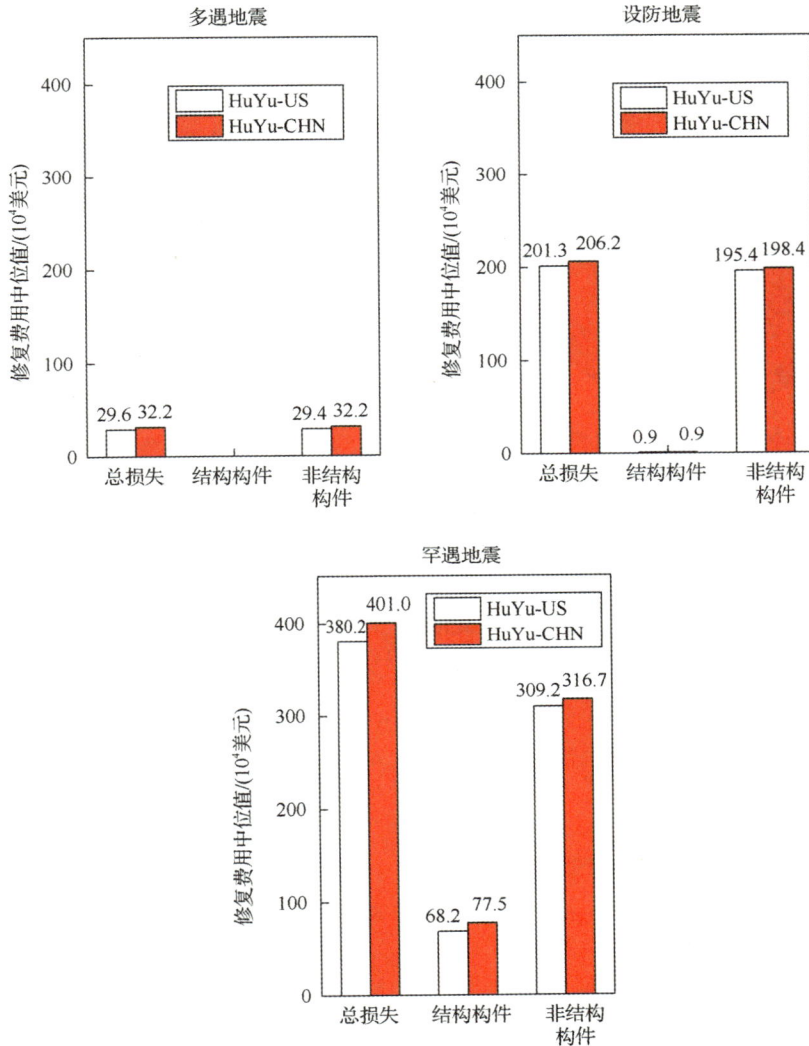

图 4.3-20　HuYu-US 和 HuYu-CHN 修复费用中位值比较

三种地震强度下 HuYu-US 和 HuYu-CHN 各类构件修复费用在总费用中所占比例如图 4.3-21 所示。由图 4.3-21（a）、（b）可知，在多遇地震下两栋建筑的修复费用主要由采暖通风与空调系统、隔墙及其饰面的损伤导致。在设防地震下 [图 4.3-21（c）、（d）]，采暖通风与空调系统、隔墙及其饰面仍占总费用的大部分，但此时其他结构构件和非结构构件损伤增加，剪力墙、连梁、天花板及灯具、电梯占据一定比例。在罕遇地震下 [图 4.3-21（e）、（f）]，其他结构构件和非结构构件所占比例进一步增加，梁柱节点、剪力墙和连梁都发生了较大损伤，剪力墙和连梁占据较大比例，在非结构构件中，外立面、天花板和电梯所占比例较大。从图 4.3-21（e）、（f）的比较可知，在结构构件中，HuYu-US

梁柱节点和剪力墙所占比例比 HuYu-CHN 小，而连梁所占比例比 HuYu-CHN 大，这是由于 HuYu-US 框架部分比 HuYu-CHN 强，并且剪力墙边缘构件约束范围、纵筋面积和箍筋体积配箍率均大于 HuYu-CHN，而连梁塑性变形较大，弱于 HuYu-CHN（胡好等，2015；赵作周等，2015）。

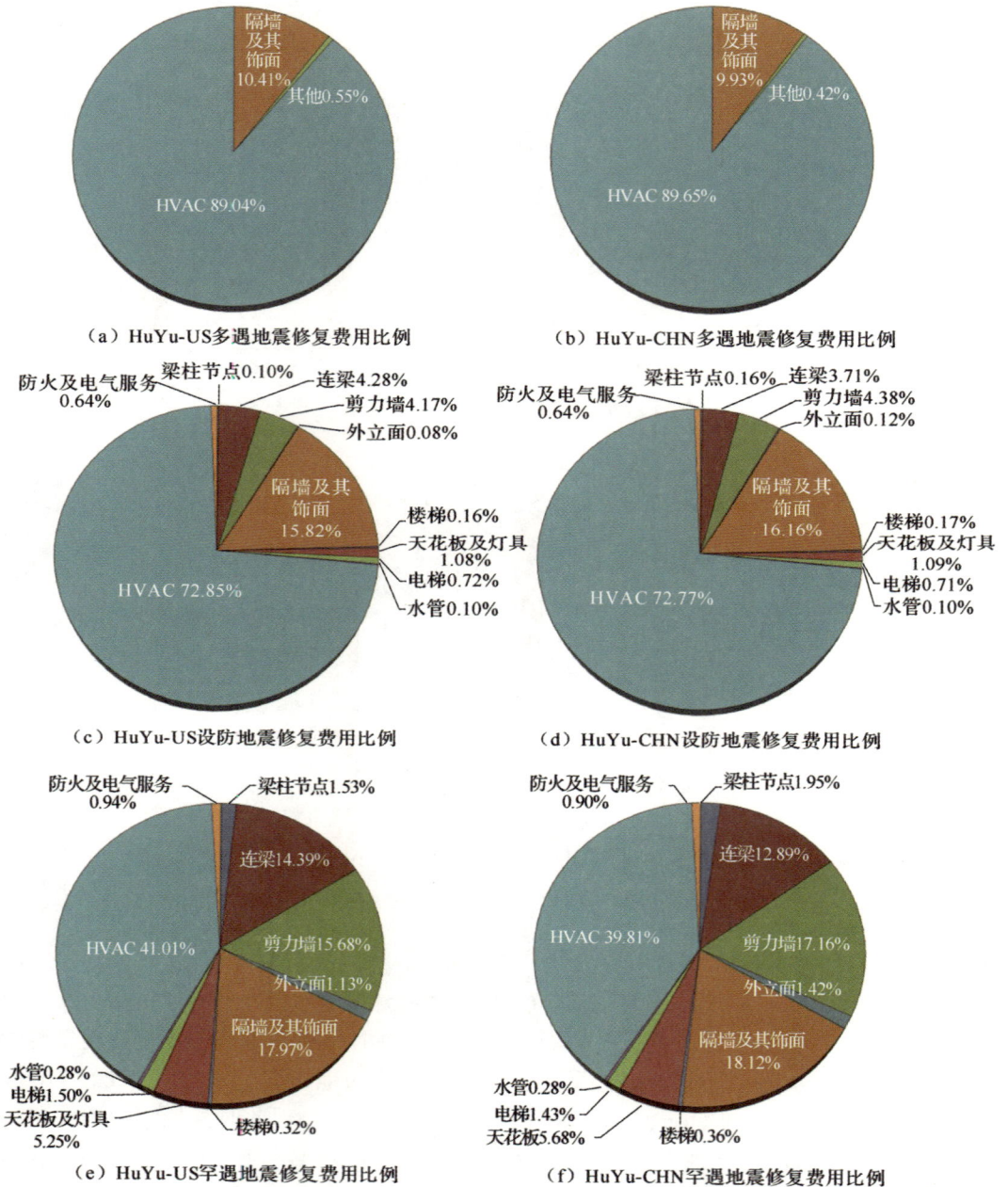

（a）HuYu-US多遇地震修复费用比例　　　（b）HuYu-CHN多遇地震修复费用比例

（c）HuYu-US设防地震修复费用比例　　　（d）HuYu-CHN设防地震修复费用比例

（e）HuYu-US罕遇地震修复费用比例　　　（f）HuYu-CHN罕遇地震修复费用比例

图 4.3-21　HuYu-US 和 HuYu-CHN 各类构件修复费用在总费用中所占比例

三种地震强度下两栋建筑修复工日中位值的比较如图 4.3-22 所示。与修复费用类似，在三种地震强度下非结构构件的修复工日均占总修复工日的绝大部分，在多遇地震和设防地震下，结构构件的修复工日均很小，在罕遇地震下结构构件的修复工日有所增大。此外，三种地震强度下 HuYu-US 总修复工日中位值、非结构构件修复工日中位值均小于 HuYu-CHN，多遇地震和设防地震下结构构件修复工日差别很小，而罕遇地震下HuYu-US 结构构件修复工日中位值也小于 HuYu-CHN。

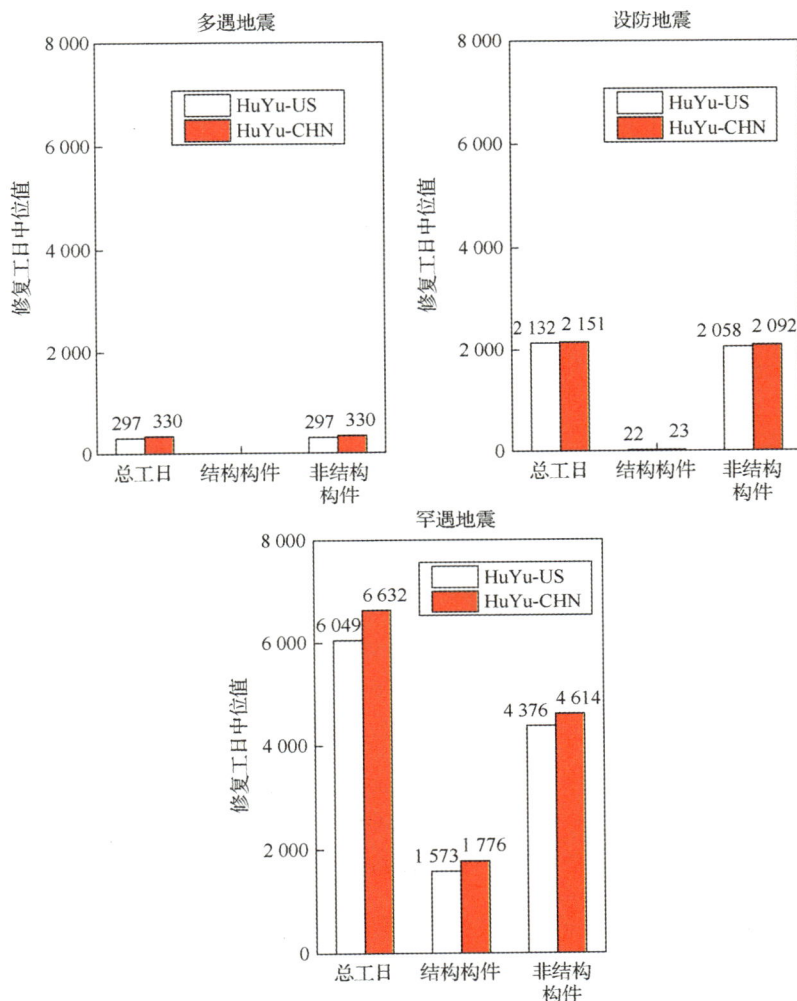

图 4.3-22　HuYu-US 和 HuYu-CHN 修复工日中位值比较

　　图 4.3-23 所示为 HuYu-US 和 HuYu-CHN 在三种地震强度下各楼层修复工日中位值的分布。在多遇地震下，仅建筑顶层需要一定量修复，在设防地震和罕遇地震下，所有楼层均需修复。由于建筑顶层设有较多易受地震损坏的设备仪器、建筑底层设有电梯，因此顶层和底层的修复工日中位值明显较大。此外，HuYu-US 的层间位移角和楼层加速度整体小于 HuYu-CHN，故 HuYu-US 修复工日中位值在多数楼层均小于 HuYu-CHN。

（a）HuYu-US

（b）HuYu-CHN

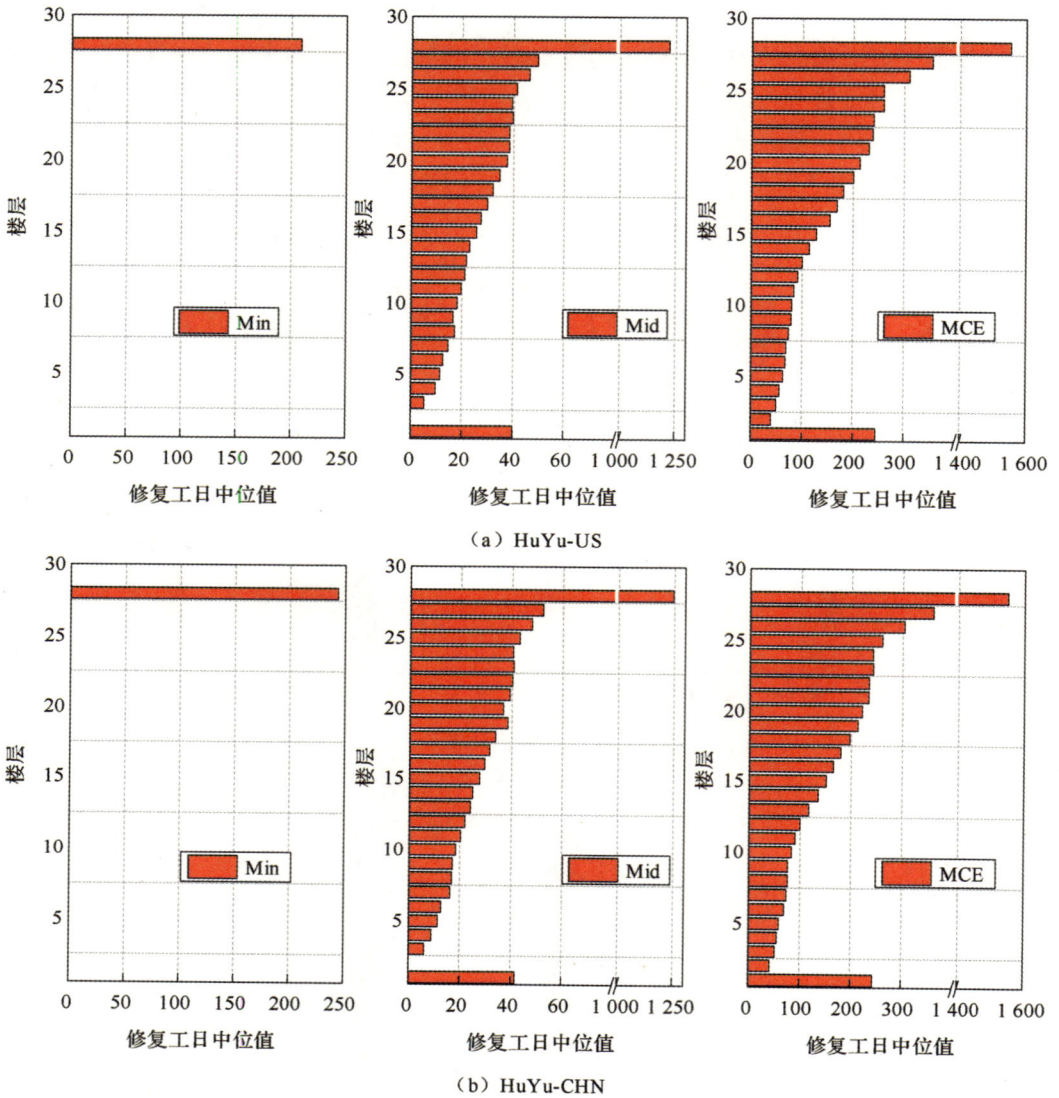

图 4.3-23　HuYu-US 和 HuYu-CHN 各楼层修复工日中位值分布

　　三种地震强度下 HuYu-US 和 HuYu-CHN 各类构件修复工日在总工日中所占比例如图 4.3-24 所示，采暖通风与空调系统、隔墙及其饰面的比例均占主导地位。由图 4.3-24（a）、（b）可知，在多遇地震下两栋建筑的修复工日主要由采暖通风与空调系统、隔墙及其饰面的损伤导致。由图 4.3-24（c）、（d）可知在设防地震下，剪力墙和连梁所占比例增加，其次是电梯、天花板及灯具、防火及电气服务。在罕遇地震下［图 4.3-24（e）、（f）］，结构构件损伤程度增大，所占比例进一步增加。此外，结构构件在修复工日中所占比例与其在修复费用中所占比例相比有较大提升，是由于相对于大部分非结构构件而言，结构构件的修复时间较长，比例增大。在非结构构件中，除采暖通风与空调系统、隔墙及其饰面外，天花板及灯具、防火及电气服务、电梯和外立面也在修复工日中占有一定比例。

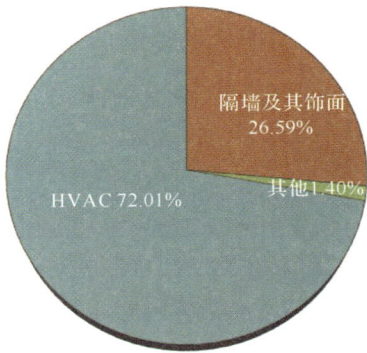

（a）HuYu-US多遇地震修复工日比例　　　　　（b）HuYu-CHN多遇地震修复工日比例

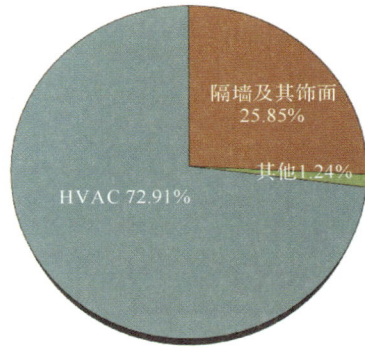

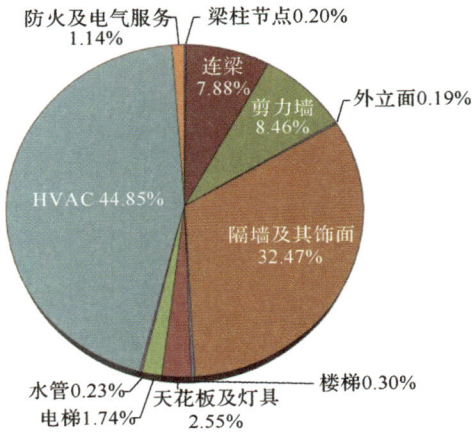

（c）HuYu-US设防地震修复工日比例　　　　　（d）HuYu-CHN设防地震修复工日比例

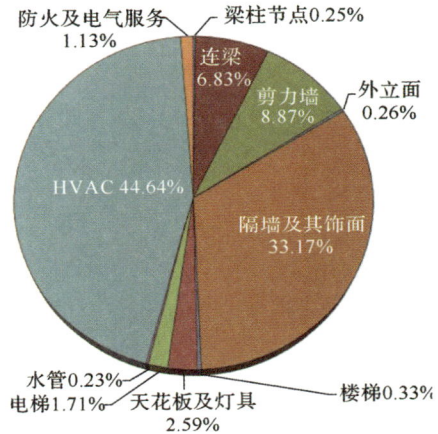

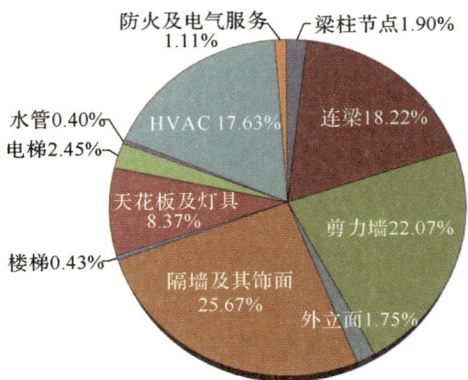

（e）HuYu-US罕遇地震修复工日比例　　　　　（f）HuYu-CHN罕遇地震修复工日比例

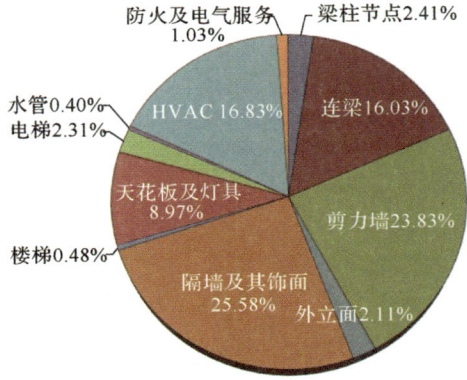

图 4.3-24　HuYu-US 和 HuYu-CHN 各类构件修复工日在总工日中所占比例

在多遇地震和设防地震下，两栋结构均不会发生人员伤亡，在罕遇地震下两栋结构的人员伤亡统计情况如表 4.3-6 所示。在罕遇地震下，HuYu-CHN 在部分实现中发生了倒塌（1000 个实现中 25 个实现发生倒塌），造成了一定的人员伤亡。由于倒塌概率较低，中位值和 90%分位值无法体现结构倒塌对伤亡人数造成的影响，而平均值可以体现这一影响。由平均值可知，HuYu-US 伤亡人数仍然极小，不足 1 人；而 HuYu-CHN 在罕遇地震下会造成约 8.2 人受伤，1.1 人死亡。

表 4.3-6　HuYu-US 和 HuYu-CHN 罕遇地震下人员伤亡统计情况

伤亡人数	HuYu-US			HuYu-CHN		
	中位值	90%分位值	平均值	中位值	90%分位值	平均值
受伤人数/人	0	0.242	0.115	0	0.328	8.163
死亡人数/人	0	0.011 8	0.003 3	0	0.013 5	1.135

此外，同 Building 2 相似，可能引起人员伤亡的易损集合也主要是非结构构件天花板和电梯，因此，通过合理的抗震设计避免结构发生倒塌，并锚固好天花板等易损的非结构构件，采取可靠措施保障电梯在地震时的安全性，可有效地减少地震导致的直接人员伤亡。

4.4　本 章 小 结

本章通过两个典型中美高层建筑案例对比，研究了案例中美高层建筑的综合抗震性能，结果如下所述。

（1）在相同地震危险性条件下（案例一），由中国有关规范反应谱计算的设计地震作用较大，且中国有关规范对结构层间位移角的限制比较严格，二者共同导致中国方案的材料用量显著高于美国方案；中国方案的抗震性能及抗倒塌能力略好于美国方案；三种地震强度下，中国方案的修复费用均小于美国方案；在多遇地震和设防地震下，中国方案的修复工日小于美国方案，而在罕遇地震下中国方案的修复工日略大。

（2）在相同设计基底剪力条件下（案例二），美国方案的部分构件截面较大，剪力墙边缘构件约束范围比中国方案要大，边缘构件总纵筋面积和箍筋体积配箍率均较大，并且框架柱的体积配箍率也比中国方案多，因而美国方案的主要承重构件的材料用量略大于中国方案；美国方案的抗震性能及抗倒塌能力均好于中国方案；三种地震强度下，美国方案的修复费用和修复工日均小于中国方案。

5 高层建筑地震灾变模拟的简化模型及应用

5.1 概　　述

　　第 2 章建议的高层建筑精细化有限元模型，如纤维梁单元、分层壳单元等，虽然有着简化和假定少、建模精度高、能反映整个灾变全过程的优点，但是其建模和分析的工作量较大，不便于开展大量的参数讨论，也不便于在工程早期初设阶段对比不同的设计方案。因而，如果能够提出计算量较小，且可以较好反映超高层建筑主要动力特性的简化计算模型，则具有较好的科学和工程价值。为此，本章将讨论两类不同简化程度的超高层建筑简化计算模型，本节分别称之为"弯剪耦合模型"和"鱼骨模型"。"弯剪耦合模型"一般只有几百个自由度，但是也可以较好地反映超高层建筑的弹性动力特性。而"鱼骨模型"一般只有几千个自由度，它不仅在弹性阶段和精细化有限元模型吻合较好，在弹塑性阶段也有不错的计算效果。无论是"弯剪耦合模型"还是"鱼骨模型"，比起自由度数动辄几十万上百万的精细化有限元模型，计算效率无疑是极大提高了，且也有助于把握结构的关键行为特征。本章将结合具体工程案例，介绍简化模型在超高层振动控制、地震动强度指标选取、建筑方案比选及功能可恢复高层建筑设计中的一些应用。

5.2　弯剪耦合模型及其应用

5.2.1　弯剪耦合模型的基本概念

　　现有的超高层建筑结构大都采用"核心筒-巨型柱-伸臂桁架"或者"核心筒-巨型柱-巨型斜撑"的混合抗侧力体系，变形模式属于弯曲变形和剪切变形的耦合。虽然采用精细的三维有限元模型能较好地预测超高层建筑结构的地震响应，但是其有限元模型单元数量繁多，计算量大，不便于开展大量的参数分析；因此，本书作者和清华大学叶列平教授，研究生卢啸、张万开等提出，可采用如图 5.2-1 所示的 Miranda 等（2005）提出的弯曲-剪切耦合的连续化模型（以下简称"弯剪耦合模型"）加以模拟。

　　该模型由弯曲梁和剪切梁以及连接二者的刚性链杆构成。弯曲梁和剪切梁均假定为悬臂梁，弯曲梁的变形代表结构变形中的弯曲成分，剪切梁的变形代表结构变形中的剪切成分。刚性

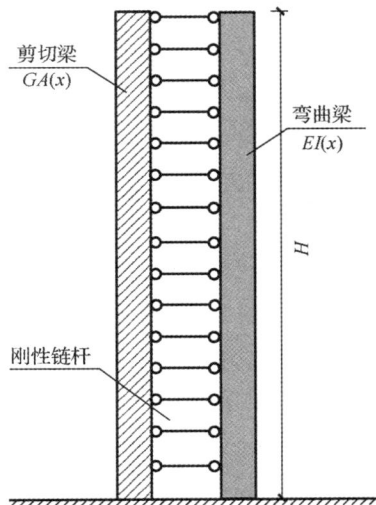

图 5.2-1　弯曲-剪切梁耦合的连续化模型
（弯剪耦合模型）示意图

链杆连接弯曲梁和剪切梁，两端采用铰接，可传递水平力，并保证弯曲梁与剪切梁之间的水平位移协调。

弯剪耦合模型在水平地震动作用下的水平位移满足下列微分方程：

$$\frac{\rho(x)}{EI_0}\frac{\partial^2 u(x,t)}{\partial t^2}+\frac{c(x)}{EI_0}\frac{\partial u(x,t)}{\partial t}+\frac{1}{H^4}\frac{\partial^2}{\partial x^2}\left[S(x)\frac{\partial^2 u(x,t)}{\partial x^2}\right]-\frac{\alpha_0^2}{H^4}\frac{\partial}{\partial x}\left[S(x)\frac{\partial u(x,t)}{\partial x}\right]$$

$$=-\frac{\rho(x)}{EI_0}\frac{\partial^2 u_g(t)}{\partial t^2} \tag{5.2-1}$$

$$\alpha_0=H(GA_0/EI_0)^{1/2} \tag{5.2-2}$$

式中，$\rho(x)$为结构沿竖向的质量分布函数；$u(x,t)$为结构的水平位移关于高度 x 和时间 t 的分布函数，其中 x 为结构任意位置的高度与结构总高度的比值，即位于结构底部时，$x=0$，位于结构顶部时，$x=1$；H、EI_0、GA_0 分别为结构总高度、结构底部抗弯刚度与抗剪刚度；$S(x)$为结构刚度沿高度的分布函数，假定结构弯曲刚度与剪切刚度沿结构高度的分布一致，即 $EI(x)=EI_0 S(x)$，$GA(x)=GA_0 S(x)$；α_0 为结构水平变形模式控制参数，即控制结构剪切变形与弯曲变形的比例，为无量纲参数；$u_g(t)$为水平地震动加速度时程。

Miranda 和 Taghavi（2005）的研究表明，对于不同类型的结构，由于结构横向变形中弯曲变形与剪切变形的成分差异，相应弯剪模型的 α_0 取值也有所不同，但存在着一定的规律，如表 5.2-1 所示。当 $\alpha_0 \geq 30$ 以后，结构横向变形中绝大部分为剪切变形，弯曲变形成分已极少。

表 5.2-1　不同类型结构的 α_0 取值

结构类型	α_0
剪力墙结构	0～1.5
框架剪力墙结构	1.5～5.0
带支撑框架结构	1.5～5.0
框架结构	5.0～20

5.2.2　弯剪耦合模型的算例

5.2.2.1　某巨型柱-核心筒-伸臂超高层建筑算例

以 3.2 节某巨型柱-核心筒-伸臂超高层建筑为例，对图 5.2-1 弯剪耦合模型的关键参数进行标定，并检查该模型的适用性。由于该超高层建筑的设计比较规则，X、Y 两个方向的抗侧刚度基本一致，仅以一个方向的平动特性对弯剪耦合模型进行标定。需要说明的是，为尽可能减少模型中不确定性因素的影响，在模型进行简化的过程中忽略鞭梢效应的影响，即不考虑楼层顶部的非结构层部分塔冠的影响。

由于核心筒和巨型柱等关键构件截面面积以及结构楼层面积沿着结构高度方向近似线性递减，在简化模型中假定各楼层质量沿结构高度方向近似满足线性分布。该巨型柱-核心筒-伸臂超高层建筑的顶底质量比约为 0.2，则其质量分布函数为 $\rho(x)=1-0.8x$。假定弯曲梁和剪切梁刚度沿结构高度方向分布近似满足二阶抛物线分布（Miranda，et al.，2002），通过不断筛选，本节最终确定刚度分布函数 $S(x)=0.9104\,x^2-1.6488\,x+1$。调整弯曲梁底部刚度 EI_0 和弯剪刚度比 α_0 的取值，使弯剪耦合模型与精细有限元模型的基本动力特性一致，相应弯剪耦合模型的参数取值如表 5.2-2 所示。弯剪耦合模型和精细模型前 5 阶平动周期对比如表 5.2-3 所示，相应平动振型对比如图 5.2-2 所示。

表 5.2-2　模型主要参数取值

总质量/t	$EI_0/(10^{14}\mathrm{N\cdot m^2})$	α_0	ζ
6.88×10^8	4.965 6	2.68	5%

表 5.2-3　弯剪耦合模型和精细模型前 5 阶平动周期对比

模型	T_1/s （X向1阶平动）	T_2/s （X向2阶平动）	T_3/s （X向3阶平动）	T_4/s （X向4阶平动）	T_5/s （X向5阶平动）
弯剪耦合模型	9.13	3.31	1.62	0.946	0.65
精细模型	9.13	3.32	1.56	0.94	0.67
相对偏差/%	0.00	0.30	3.84	0.64	-2.98

从表 5.2-3 中可以看出，本节标定的弯剪耦合模型和精细模型计算所得的前 5 阶平动周期整体吻合良好，相对偏差基本在 3%左右，第 3 阶平动周期偏差相对较大，为3.84%。此外，从图 5.2-2 中可以看出，本节标定的弯剪耦合模型和精细模型的前 5 阶平动振型基本一致。上述分析结果表明本节标定的弯剪耦合模型可较准确地反映结构的基本动力特性。

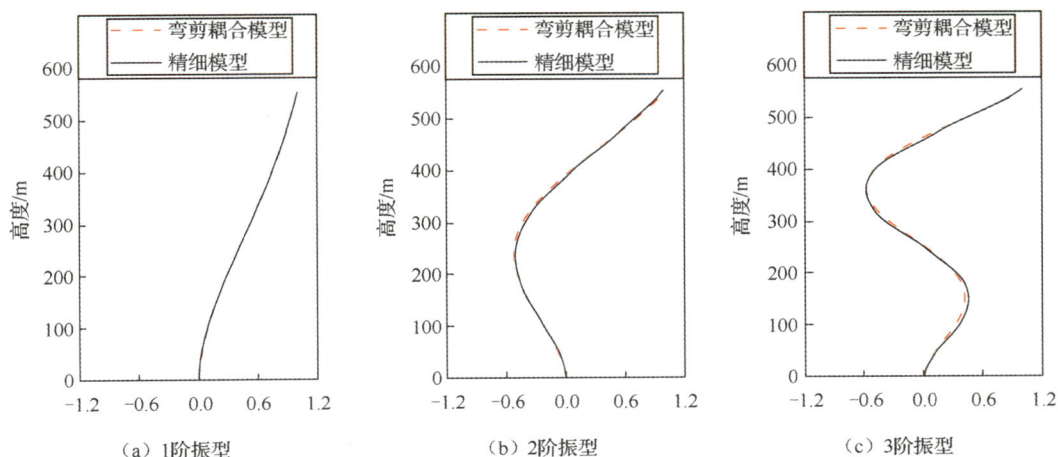

图 5.2-2　弯剪耦合模型和精细模型前 5 阶平动振型对比

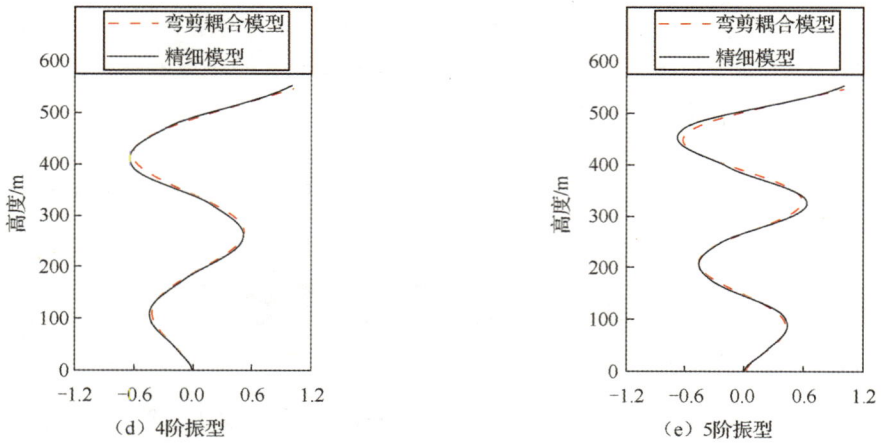

（d）4阶振型　　　　　　　　　　　　　　（e）5阶振型

图 5.2-2（续）

　　为了进一步验证该模型的可靠性，本节分别对弯剪耦合模型和精细模型进行动力时程分析，对比两者顶层位移时程以及弹性层间侧移角包络。选取 FEMA P695（FEMA，2009）推荐的 22 组原始远场地震动记录中的 SUPERST_B-POE270 波作为地震动输入，将地震动加速度峰值调幅至 220 cm/s^2，对应于原结构设防水准（7 度）的大震。两者典型动力时程分析结果对比如图 5.2-3 所示。从图 5.2-3（a）中可以看出弯剪耦合模型和精细模型计算所得的顶点位移时程吻合良好。两者计算所得的层间侧移角包络曲线对比如图 5.2-3（b）所示，从图中可以看出虽然两者的层间侧移角分布存在一定的差别，但两者计算所得的最大弹性层间侧移角基本一致，误差仅为 2.4%，这表明弯剪耦合模型可以较准确地预测巨型柱-核心筒-伸臂超高层结构的最大弹性层间侧移角。

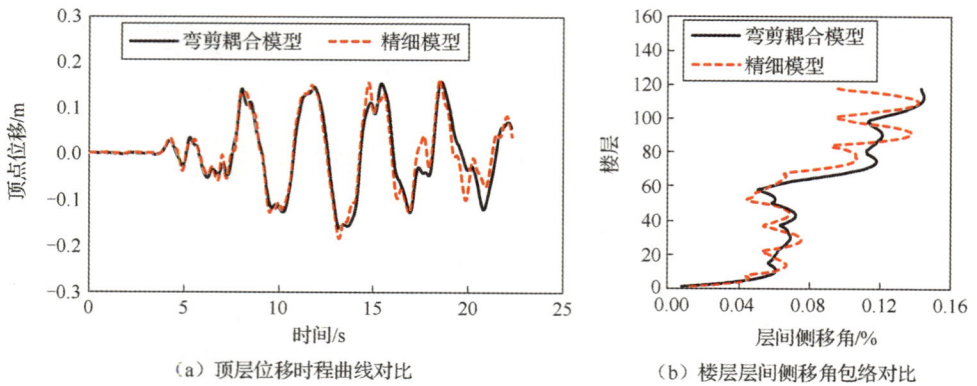

（a）顶层位移时程曲线对比　　　　　　　（b）楼层层间侧移角包络对比

图 5.2-3　弯剪耦合模型和精细模型典型动力时程分析结果对比

　　综上所述，弯剪耦合模型可以较好地把握巨型柱-核心筒-伸臂超高层结构的基本动力特性和最大弹性层间侧移角。

5.2.2.2　某巨型柱-核心筒-巨型支撑超高层建筑算例

以 3.3 节某巨型柱-核心筒-巨型支撑超高层建筑中的半支撑结构方案为例，对图 5.2-1 弯剪耦合模型的关键参数进行标定，并检查该模型的适用性。

由于半支撑结构的平面尺寸沿结构高度先逐渐缩小，然后达到某个最小尺寸后又开始逐渐扩大，直至结构顶部。因此，直观判断结构沿高度的刚度分布函数可能存在一个最小值，取弯剪耦合模型的刚度分布函数为如下形式的二次抛物线函数：

$$S(x) = a\left[x - \left(\frac{106}{124}\right)\right]^2 + \delta_1 \qquad (5.2\text{-}3)$$

式中，a 和 δ_1 为待定系数；数字 106 和 124 分别为半支撑结构的结构平面尺寸达到最小值的大致楼层和结构楼层总数。

经过试算，取 $S(x)$ 为

$$S(x) = 1.155\,4\left[x - \left(\frac{106}{124}\right)\right]^2 + 0.155\,65 \qquad (5.2\text{-}4)$$

取 $\delta = 0.18$，$\alpha_0 = 2.35$，刚度沿高度的分布函数示意图如图 5.2-4 所示，图中 H_0 为结构总高度。质量分布函数取分段函数，即按节段分段，每层的集中质量为每个节段总质量除以该节段楼层数。质量沿高度的分布函数示意图如图 5.2-5 所示。

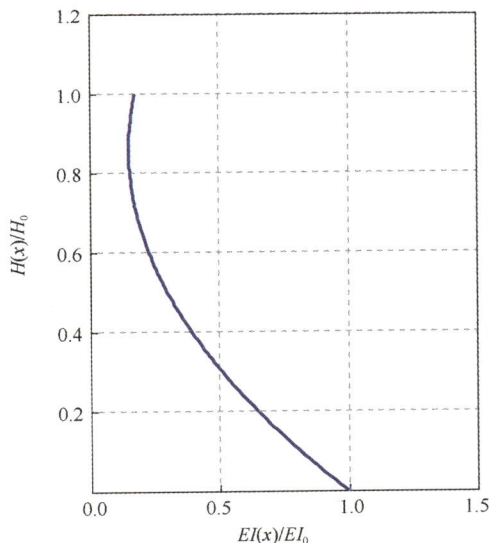

图 5.2-4　刚度沿高度的分布函数示意图　　　图 5.2-5　质量沿高度的分布函数示意图

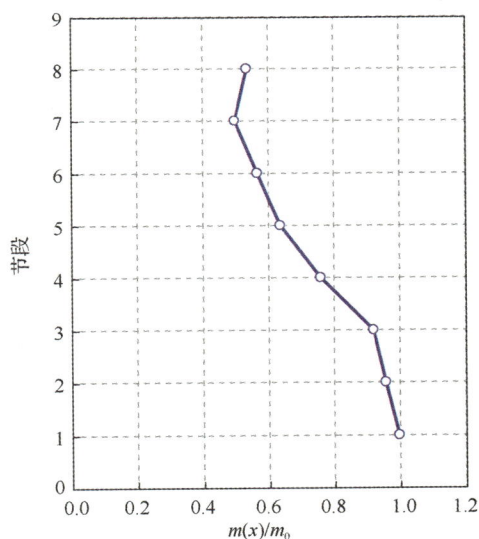

将半支撑结构精细模型与弯剪模型计算的前几阶周期及振型比较，如表 5.2-4 和图 5.2-6 所示。可以看出，弯剪模型计算的第 5 阶周期与精细模型差异较大，其他阶次周期吻合较好。弯剪模型计算的振型曲线与精细模型结果吻合良好。可见，弯剪模型可较准确把握结构的基本动力特性。

表 5.2-4　半支撑结构精细模型与弯剪模型计算的前 5 阶周期及振型比较

阶次	精细模型		弯剪模型		相对误差/%
	f/Hz	T/s	f/Hz	T/s	
1 阶	0.134 4	7.440 5	0.134 6	7.429 4	-0.149
2 阶	0.389 0	2.570 7	0.390 1	2.563 4	-0.282
3 阶	0.747 0	1.338 7	0.813 6	1.229 1	-8.186
4 阶	1.204 0	0.830 6	1.414 0	0.707 2	-14.851
5 阶	1.652 0	0.605 3	2.169 0	0.461 0	-23.836

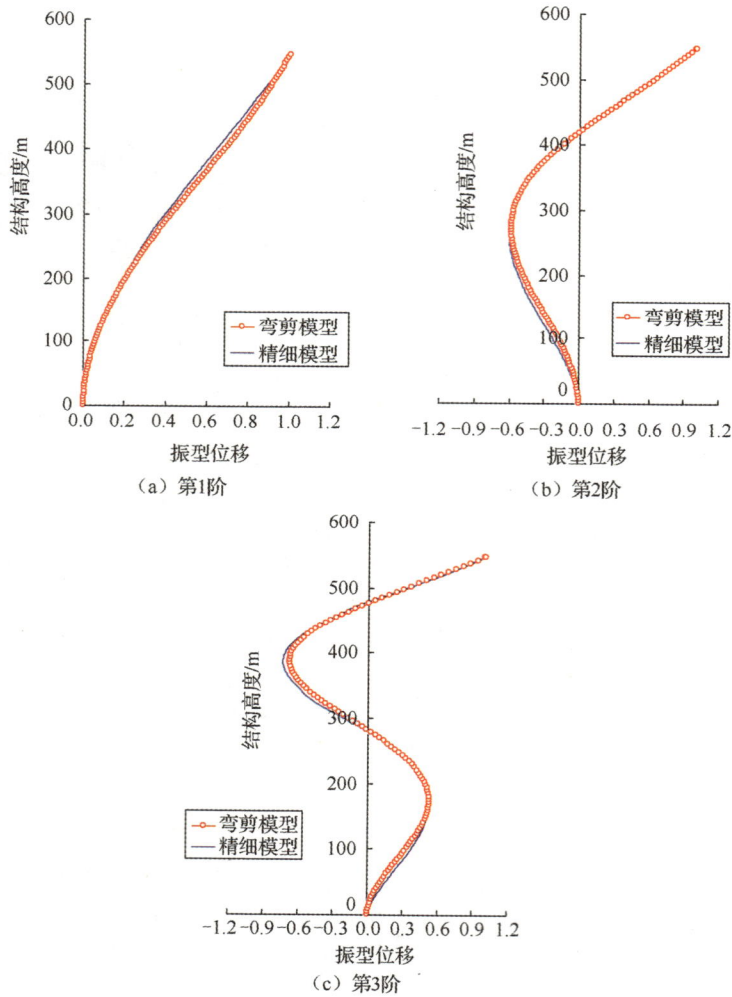

（a）第1阶　　　　　　（b）第2阶

（c）第3阶

图 5.2-6　半支撑结构精细模型与弯剪模型前 3 阶振型比较

5.2.3 控制超高层建筑楼面加速度响应的减振子结构

5.2.3.1 减振子结构的基本概念

第 3 章分析结果表明，超高层建筑普遍具有较高的安全储备，能够保障大震下超高层建筑的抗倒塌性能。但是在中小地震作用下，由于超高层建筑显著的加速度放大效应，顶部结构的加速度能够达到输入地震动的 6 倍，甚至更大（Chen，et al.，2013a）。过大的楼层加速度可造成建筑内贵重物品、重要设备以及非结构构件的损坏，不仅带来严重的经济损失（Shome，et al.，2015），还会影响高层建筑的正常使用。因此，有必要采取一定的措施来减小超高层建筑在中小地震作用下的楼层加速度。

常用的结构响应控制方法包括添加耗能装置、设置隔震装置及安装振动控制装置，例如，调谐质量阻尼器 TMDs（tuned mass dampers）、调谐液体阻尼器 TLDs（tuned liquid dampers）、调液柱型阻尼器 TLCDs（tuned liquid column dampers）。由于大部分超高层建筑在中小地震作用下处于弹性阶段，很多在结构进入塑性后实现消能减震的装置（Vafaei，et al.，2015；Piedrafita，et al.，2015）不能发挥作用，同时隔震措施在超高层建筑中使用也比较困难，而 TMD 作为一种常用的高效被动控制装置，可以为减小超高层建筑在地震作用下的楼层加速度提供一些思路。但是，在实际工程中 TMD 更多的用来减小结构风振响应（Zhou，et al.，2015；Aly，2014；Liu，et al.，2008）。已有研究（张磊等，2015）表明，TMD 能够在一定程度上减小中小地震作用下超高层楼层加速度，因此如何进行 TMD 参数优化成为设计的关键问题。传统 TMD 减振研究多关注变形控制（Sadek，et al.，1997；Cheung，et al.，2011；Xiang，et al.，2015；Marano，et al.，2007；Krenk，et al.，2008；Bozer，2015），由于结构的变形主要受低阶振型影响，而地震楼面加速度与结构高阶振型同样关系密切，已有的 TMD 减振研究尚不足以充分满足超高层建筑楼面加速度控制的需要。最重要的是，一般认为 TMD 系统减振效果随着附加质量的增加而增加，考虑到造价和安装的难度，高层建筑中 TMD 的质量比（m/M，其中 m 为 TMD 质量，M 为结构总质量）一般较小，一般取值在 0.5%～2%。这是限制 TMD 应用的一大原因。

1995 年 Feng 等（1995）首先将巨型框架结构中的部分非承重子结构设计成 TMD，对巨型框架结构进行减振控制，并将巨型框架-子结构减振体系简化成两个自由度模型，对其减振控制效果进行了初步探讨。此后，许多学者在巨型体系子结构减震控制方面进行了研究（Lan，et al.，2000；Zhang，et al.，2009；Limazie，et al.，2013）。

由于超高层建筑大量采用巨型结构体系，如巨型框架体系（Jiang，et al.，2014b）或巨型柱-核心筒-伸臂体系（Lu，et al.，2011），其主结构由巨型柱（或角筒）、桁架加强层、核心筒、伸臂桁架等构件组成，构成承担结构重力荷载和水平荷载的主要受力体系，而楼层结构则作为次结构，支承在主结构上，其刚度对整体结构的抗侧刚度贡献很小（Lu，et al.，2014a；Lu，et al.，2016b）。可见这两种结构体系的结构布局清晰，主次结构分明。因此，可以将部分次结构楼层设计为减振子结构 VRS（vibration reduction substructure）。如图 5.2-7（a）所示为在超高层巨型框架结构设置减振子结构的方案，图 5.2-7（b）所示为在超高层框架-核心筒结构中设置减振子结构的方案。通过在部分主、次框架的连接处即次框架柱底部设置隔震支座，将竖向荷载传递到主结构上。同时可在次框架梁与巨型梁柱之间设置耗能阻尼器，消能并控制子结构的相对位移。对于一栋 300m 的超高层建筑，只要把顶部若干层做成减振子结构，就可以使得子结构的质量比达到 5%左右，从而为达到良好的减振效果提供了可行性。减振子结构和主结构之间，可以通过安装阻尼器等装置，来调整减振子结构的阻尼比、频率，并防范减振子结构和主结构发生碰撞导致不必要的破坏，同时起到消能减震的作用。此前（Lan，2000；王春林等，2008）研究者也提出过很多类似的结构概念，并通过大量研究，论证了这种结构体系具有可行性。因此，减振子结构从技术上是具有较好的可行性的。需要说明的是，此前的研究所针对的主体结构一般是多高层，其基本周期在 1.5s 以内，结构的 1 阶模态在时程反应中占主导地位，所得到的结论并不适用于基本周期在 4s 以上的超高层结构。与以往研究不同的是，本节的研究对象是 300m 超高层建筑，其基本周期在 6s 左右，高阶振型影响更加复杂，因此需要开展专门的分析和研究。

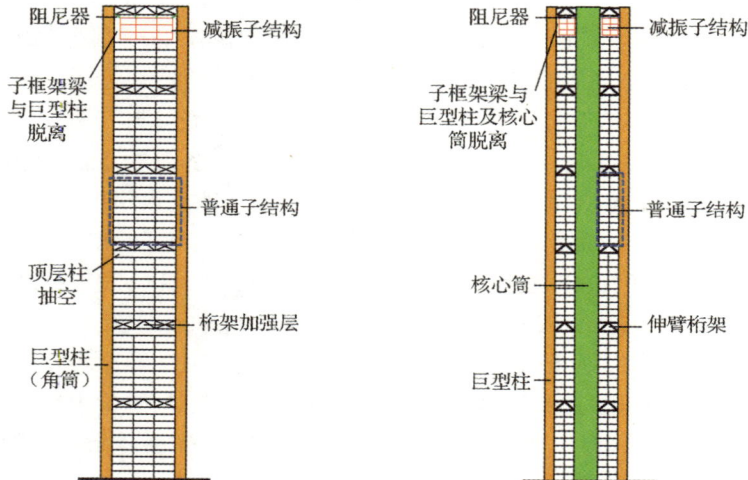

（a）超高层巨型框架结构设置减振子结构的方案　（b）超高层框架–核心筒结构设置减振子结构的方案

图 5.2-7　减振子结构设计方案

　　基于上述研究思路，本书作者与清华大学研究生张磊等（Zhang，et al.，2017），以一个 300m 超高层建筑为研究对象，将结构顶部若干楼层设计成减振子结构，实现了高附加质量比。为了便于开展大量参数讨论，采用本章 5.2.1 节提出的弯剪耦合模型，选取 FEMA P695 推荐的 22 组远场地震动作为基本地震输入，以减小超高层楼层加速度为目标，利用弹性时程分析，研究中小地震作用下减振子结构楼面加速度控制效果与减振子结构最优频率的确定方法，并验证了采用减振子结构减小超高层楼面加速度响应的可行性，可为工程设计与减震理论研究提供一定参考。

5.2.3.2　分析模型

　　根据国际高层建筑与城市住宅委员会 CTBUH（Council on Tall Buildings and Urban

Habitat）的建议，超过 300m 的建筑物一般列为超高层建筑物。根据 CTBUH 的统计结果，已有的超高层建筑中 300m 左右的目前数量最多。由于超高层减振子结构基本尚无先例，未来应用势必会先从相对常规一点的结构开始，因此本节首先选取 300m 高度的超高层作为研究对象。由于本节研究针对的是一般性问题，不针对某一具体工程，在参数取值上尽量做到有代表性且覆盖一定的常见工程参数范围。

对 CTBUH 给出的 300m 左右结构的数据（http://skyscrapercenter.com/buildings）进行统计，可以得到其建筑面积基本在 11 万～17 万 m^2 这一范围内。根据我国《全国民用建筑工程设计技术措施：结构（结构体系）》（住房和城乡建设部工程质量安全监管司，2009），钢筋混凝土结构高层建筑单位面积的自重标准值可取 $14\sim16kN/m^2$，同时根据楼面上活动的人数以及设备的不同状态楼面活荷载标准值可取 $2\sim4kN/m^2$。若结构的质量按 1 倍恒载加 0.5 倍活载得到的重力荷载代表值（$15\sim18kN/m^2$）来确定，则可以近似估算出结构的质量在 16.5 万～30.6 万 t 这一范围，模型的质量可拟定为 20 万 t。

由于 300m 实际结构的基本周期通常在 $5\sim6s$（徐培福等，2014），本节将针对结构 1 阶周期 T_1 为 4s、5s、6s 和 7s 这 4 种情况进行探讨。

根据美国太平洋地震研究中心 TBI 研究计划（PEER，2010）所得的结果，中小地震作用下超高层结构的阻尼比为 2.5%，因此，结构阻尼比取为 2.5%。

由于精细有限元模型计算量过大、耗时长，不便于进行大量地震响应分析。因此，采用本章 5.2.1 节提出的弯剪耦合模型近似模拟超高层结构在中小地震作用下的弹性反应。

大多数超高层建筑其质量和刚度沿着高度会逐步减小，已有研究多采用线性分布或者抛物线分布来模拟超高层建筑沿高度方向的质量和刚度变化（Lu, et al.，2013b）。根据 Miranda 等（2005）的研究，对于多数多高层结构而言，弯剪耦合模型各层质量沿高度方向的变化对结构的动力特性影响相对较小。此外，Miranda 等（2005）的研究结果也表明在结构顶部与底部刚度比 SRTB（stiffness ratio of top to bottom）一定的情况下，2 阶抛物线分布和 1 阶线性分布两种刚度分布模式对结构的基本动力特性的影响很小。因此，对于超高层结构而言，在顶部与底部刚度比值符合实际工程的情况下，线性分布和抛物线分布两种刚度分布模式都可以较好地把握结构的基本动力特性。本节对 $200\sim600m$ 的 30 多栋建筑的结构信息（徐永基等，2002；王立长等，2004；郭全全，2005；周优文等，2006；傅学怡等，2008；朱宏等，2008；闫锋等，2009；齐建伟等，2010；龚亮等，2011；黄忠海等，2011；陈慈评等，2012；刘鹏等，2012；王立长等，2012；王洁，2012；朱立刚等，2012a；陈颖等，2013；韩玉栋等，2013；李宁等，2013；邱坤等，2013；孙会郎等，2013；吴昭华等，2013；杨晓明等，2013；卜丹等，2014；刘琼祥等，2014；王玮等，2014；王伟锋等，2014；冯克等，2015；哈敏强等，2015a；哈敏强等，2015b；于敬海等，2015）进行了统计，发现主要抗侧力构件尺寸、结构的平面尺寸以及结构内部的隔墙数量等，一般都会随着结构的高度增加而减小，顶部楼层的质量为底部楼层的 0.25～0.5 倍，顶部楼层的刚度为底部楼层的 0.2～0.6 倍。因此，在本节进行参数讨论时，参考 Lu 等（2013b）的研究，取 300m 超高层建筑的质量分布为线性关系，刚度分布为抛物线关系，并取结构顶部与底部的质量比 MRTB（mass ratio of top to bottom）为 0.25，SRTB 为 0.28。需要说明的是，该取值只是实际工程一种比较常见的情况，其他情况会在以后的研究中深入探讨。此外，Miranda 等（2005）的研究表明弯剪刚度比 α 对结构动力特性影响很大。因此，本节将针对 α 为 1.0、1.5 和 2.0 这三种情况进行探究，该弯剪刚度比涵盖了大部分 300m 左右的超高层建筑的弯剪刚度比范围。根据上述 α 与 T_1 的不同取值，共建立了 12 个带有不同结构参数的 300m 弯剪耦合模型进行研究。考虑到不同 MRTB 和 SRTB 的影响，本文还进行了不同 MRTB 和 SRTB 的讨论，结论表明本节建议的最优减振子结构设计方案，对于其他 MRTB 和 SRTB 也有较好的减振效果。

5.2.3.3 减振子结构参数设计

在本章介绍的弯剪耦合模型中添加质量块-弹簧-阻尼系统模拟减振子结构。中小地震作用下减振子结构楼面加速度控制效果与其自身的质量、阻尼比、自振频率有关，同时也受其布置位置和数量的影响。为了简化问题，同时考虑到结构顶层加速度反应通常最大，因此本节采用单一减振子结构，并且布置在结构顶层。考虑到造价以及建筑结构承载能力有限这两方面的限制因素，普通 TMD 的质量比一般不超过 2%，在上海中心大厦中设置的 TMD 的质量比不足 0.2%。Zuo 等（2005）的研究表明，在地震作用下，高质量比的 TMD 能够有效地减小楼面位移，但是当 TMD 的质量比大于 5%时，随着 TMD 质量比的增加，减楼面位移的效果增加并不明显，因此，为了更全面地研究 TMD 质量比的影响，同时考虑到本节的优化目标是楼面加速度，最终将减振子结构质量比的研究范围确定为 0.1%～10%；由于减振子结构与主体结构可以用阻尼器相连接（Lan，et al.，2000），同时 Landi 等（2014）对于耗能阻尼器研究时采用的阻尼比范围在 5%～40%，因此，本节将减振子结构阻尼比的研究范围确定为 5%～40%；作者前期研究表明，在中小地震作用下，减振子结构减楼面加速度的最优频率出现在 0.1～10Hz 这一范围内，因此，本节将减振子结构自振频率的研究范围确定为 0.1～10Hz。上述参数取值基本涵盖了工程中可能采用的减振子结构的所有参数范围，具有较好的代表性。

5.2.3.4 减振子结构楼面加速度控制效果分析

为了充分考虑地震动随机性的影响，本节采用 FEMA P-695 推荐的 22 组远场地震动作为基本地震输入（EQ-22 集合），针对前述 12 个带有不同结构参数的 300m 弯剪耦合模型中的一个进行分析。由于本节讨论的是中小地震作用下楼面加速度的控制问题，将地震加速度峰值 PGA 调幅至 0.1g（g=9.8m/s^2），相当于我国《建筑抗震设计规范》（GB 50011—2010）7 度中震水平。由于超高层建筑的安全储备较高，在中小地震作用下，主体结构基本保持弹性，本节采用弹性时程分析来评估超高层建筑的地震响应。

为了描述清晰起见，这里对后面用到的术语与符号进行简要说明。

本节优化分析时采用的优化控制目标为模型的楼面绝对加速度的绝对值包络的最大值，记为 Θ，表达式如式（5.2-5）所示。

$$\Theta = \max_{1 \leq i \leq n-m} \left(\max_{0 \leq t \leq t_N} \left| A_{(i,t)} \right| \right) \tag{5.2-5}$$

式中，$A_{(i,t)}$为地震动作用在t时刻时第i层楼面绝对加速度值；n为楼层总数；m为减振子结构所占用的楼层数（在本节研究中$m=3$）；t_N为地震动总时程。

在给定的减振子结构参数取值的条件下，将 EQ-22 集合中各条地震动依次输入带减振子结构与不带减振子结构的模型，最终将带减振子结构与不带减振子结构Θ的比值（共 22 个）的中位值，定义为楼面加速度控制效果，记为$\bar{\theta}$，表达式如式（5.2-6）所示。$\bar{\theta}$值越大，楼面加速度控制效果越好。

$$\bar{\theta} = \underset{\mathrm{EQ}_j \in \mathrm{EQ\text{-}22}}{\mathrm{Median}} \left(1 - \frac{\Theta_{\mathrm{EQ}_j}^{\mathrm{TMD}}}{\Theta_{\mathrm{EQ}_j}^{\mathrm{NoTMD}}} \right) \tag{5.2-6}$$

式中，$\Theta_{\mathrm{EQ}_j}^{\mathrm{TMD}}$为 EQ-22 集合中第$j$条地震动作用下带减振子结构的$\Theta$值；$\Theta_{\mathrm{EQ}_j}^{\mathrm{NoTMD}}$为 EQ-22 集合中第$j$条地震动作用下不带减振子结构的$\Theta$值；Median 代表求中位值。

将减振子结构频率范围内$\bar{\theta}$值的最大值定义为楼面加速度的最优控制效果，记为$\bar{\theta}^{\mathrm{opt}}$（$\bar{\theta}^{\mathrm{opt}}$对应的减振子结构的自振频率为减振子结构最优频率，记为f^{opt}），表达式为

$$\bar{\theta}^{\mathrm{opt}} = \max_{f_0 \leqslant f \leqslant f_N} \bar{\theta} \tag{5.2-7}$$

式中，f_0为减振子结构自振频率研究范围的下限值；f_N为减振子结构自振频率研究范围的上限值；f为减振子结构的自振频率，单位为 Hz。

减振子结构的质量比、阻尼比分别记为μ与ξ，$\mu = m/M$，其中，m为减振子结构质量，M为结构总质量。

1）减振子结构参数对$\bar{\theta}^{\mathrm{opt}}$与$f^{\mathrm{opt}}$的影响

（1）首先选取$\alpha=2.0$、$T_1=6s$的弯剪耦合模型，在不同减振子结构设计参数、不同地震动作用下进行弹性时程分析。最终得到减振子结构设计参数与$\bar{\theta}$之间的关系，如图 5.2-8 所示。通过观察不同ξ下μ与f对$\bar{\theta}$的影响，可得到以下几点结论。

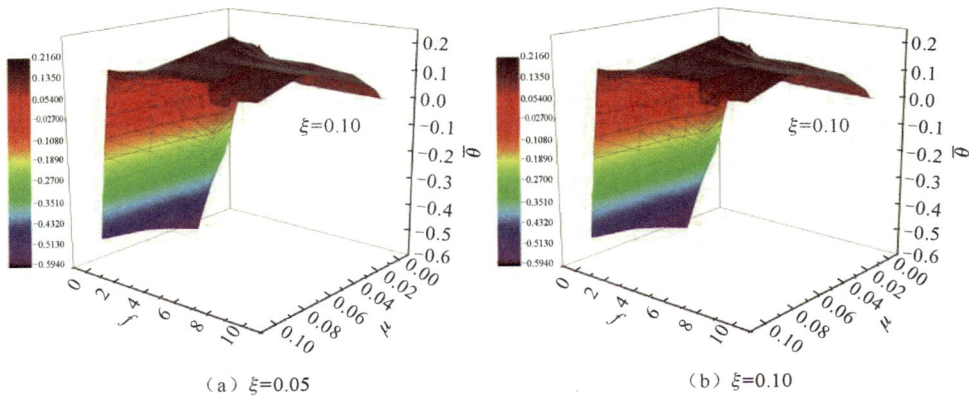

（a）$\xi=0.05$　　　　　　　　（b）$\xi=0.10$

图 5.2-8　减振子结构设计参数与$\bar{\theta}$之间的关系

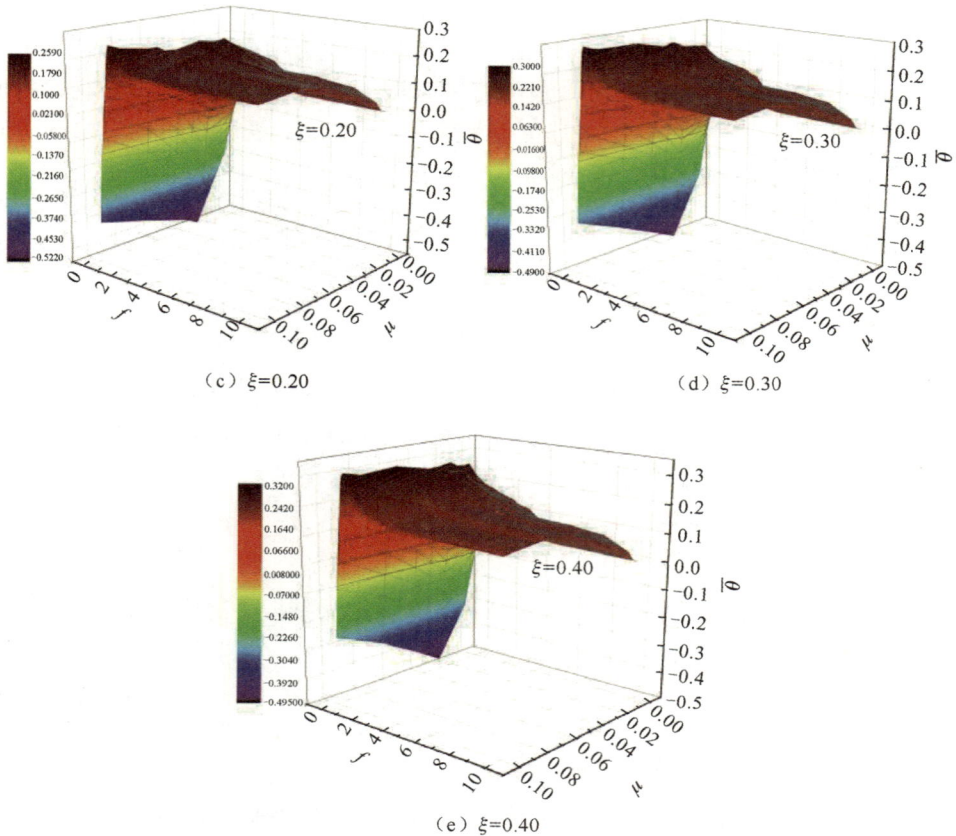

图 5.2-8（续）

① 对于不同的减振子结构自振频率 f，随着质量比 μ 的增大，$\bar{\theta}$ 有所增加，表明增加减振子结构质量可以提高减振效果。该结论和之前研究者（Hoang，et al.，2008；Zuo，Nayfeh，2005；Sadek，et al.，1997）的结论也是一致的。但是，上述的研究是采用附加质量的方法来实现结构的减振控制。附加质量由于造价和安装的难度，一般只能做到几百吨，对于超高层建筑而言 μ 太小，难以起到足够的减振效果。

② 对于不同的质量比 μ，当减振子结构自振频率 f 较低时，$\bar{\theta}$ 随着 f 的增加迅速提高；当减振子结构自振频率 f 较高时，$\bar{\theta}$ 达到一个稳定值；当减振子结构自振频率 $f=1\sim5$Hz 时，$\bar{\theta}$ 有所波动，f^{opt} 出现在这一区间。

③ 随着减振子结构阻尼 ξ 的增大，沿着减振子结构自振频率的方向，结果曲面变得平滑，说明结果的稳定性有所提高。

（2）为了更直观地展示 μ 与 ξ 对 $\bar{\theta}$ 的影响，可以选取 $\bar{\theta}^{\text{opt}}$ 与 f^{opt} 作为研究对象。图 5.2-9 与图 5.2-10 给出了 μ 与 ξ 对 $\bar{\theta}^{\text{opt}}$ 及 f^{opt} 的影响，可发现如下几点。

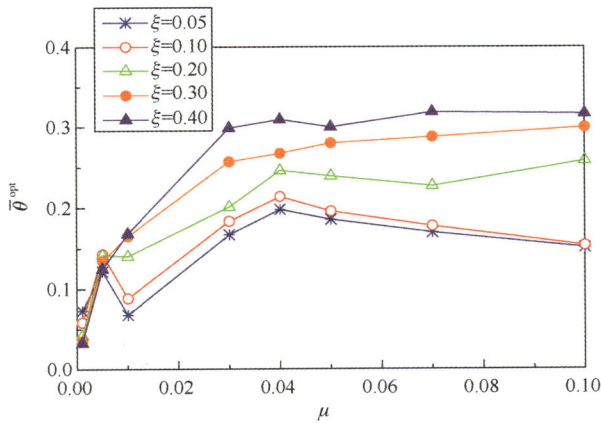

图 5.2-9　μ 与 ξ 对 $\bar{\theta}^{\text{opt}}$ 的影响

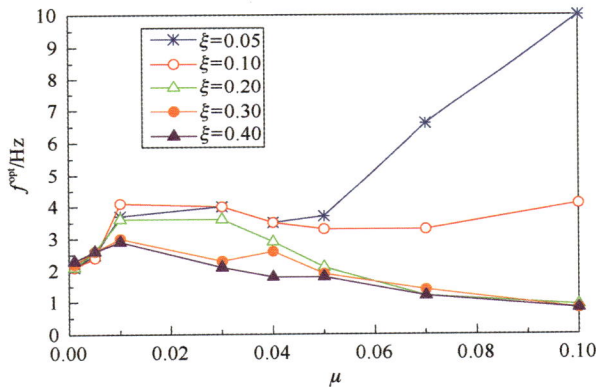

图 5.2-10　μ 与 ξ 对 f^{opt} 的影响

① 由图 5.2-9 可见，对于不同的 ξ，基本上随着 μ 的增加，$\bar{\theta}^{\text{opt}}$ 增加，但是增幅逐渐减小。具体说来，当 $\mu<1\%$ 时，$\bar{\theta}^{\text{opt}}$ 值较低（$\mu=1\%$ 时，减振子结构的质量为 2000t）；当 $1\%<\mu<3\%$ 时，随着 μ 的增加，$\bar{\theta}^{\text{opt}}$ 迅速增加；当 $\mu=3\%\sim5\%$ 时，可以达到一个稳定的 $\bar{\theta}^{\text{opt}}$ 值，μ 再增加时，减楼层加速度效果变化不明显。所以，减振子结构要想达到比较好的减振效果，质量比建议在 $3\%\sim5\%$。显然，传统的通过添加附加质量块制作 TMD 的方法对于超高层建筑很难达到这样一个质量比。而本节建议的减振子结构在技术上的可行性则大为提高。

② 由图 5.2-9 可见，对于高质量比的减振子结构，随着 ξ 的增加，$\bar{\theta}^{\text{opt}}$ 有所增加。所以，在实际工程许可的条件下可以适当增大减振子结构的阻尼比。

③ 由图 5.2-10 可见，μ 与 ξ 较小时，f^{opt} 有较大波动，减振效果鲁棒性差，所以目前常用的通过安装附加质量 TMD 来控制结构振动响应的方法，由于 μ 过小，因而导致减振效果不稳定；而当 $\mu>3\%$，$\xi>20\%$ 时，随着 μ 与 ξ 的增加，f^{opt} 呈现减小的趋势，μ、ξ、f^{opt} 三者之间具有较好的规律性。

综上，为达到理想的楼面加速度控制效果，并保证减振子结构最优频率计算结果的稳定性，在本节后续的研究中进一步将减振子结构的参数取值凝聚：$\mu=3\%\sim5\%$、$\xi=20\%\sim40\%$、$f=0.1\sim5Hz$（步长为 0.25Hz），并开展后续讨论。

2）结构参数对 $\bar{\theta}^{\mathrm{opt}}$ 与 f^{opt} 的影响

（1）对其他 11 个带有不同结构参数的弯剪耦合模型，在 $\mu=3\%\sim5\%$、$\xi=20\%\sim40\%$、$f=0.1\sim5Hz$ 范围内进行类似的计算分析，来进一步探究结构参数 α 与 T_1 对 $\bar{\theta}^{\mathrm{opt}}$ 及 f^{opt} 的影响，如图 5.2-11 和图 5.2-12 所示。通过观察图 5.2-11 与图 5.2-12，可发现如下几点。

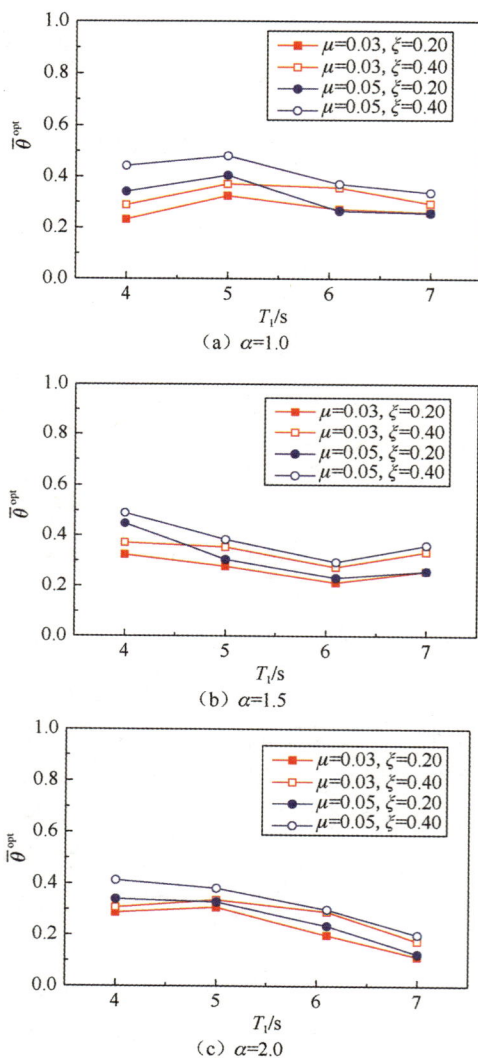

（a）$\alpha=1.0$

（b）$\alpha=1.5$

（c）$\alpha=2.0$

图 5.2-11　α 与 T_1 对 $\bar{\theta}^{\mathrm{opt}}$ 的影响

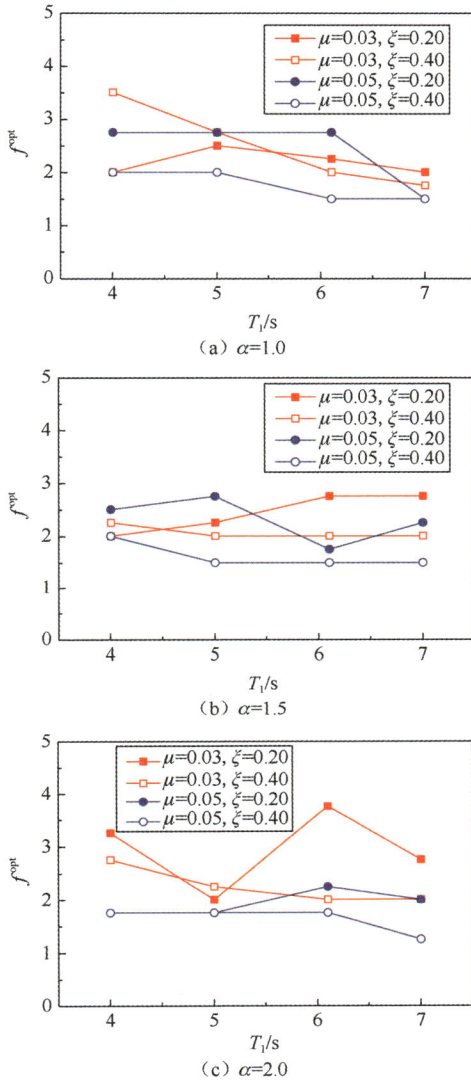

（a）$\alpha=1.0$

（b）$\alpha=1.5$

（c）$\alpha=2.0$

图 5.2-12 α 与 T_1 对 f^{opt} 的影响

① 结构参数 α 与 T_1 在所研究的范围内，对 $\overline{\theta}^{\text{opt}}$ 影响无明显的规律；但是，对于不同 α 与 T_1 的结构，均可找到一个合适设计参数的减振子结构使得结构的楼面加速度控制效果达到一个理想的值。

② 不同的 α 与 T_1 对 f^{opt} 的影响，无明显的、统一的规律性。

（2）通过前述的研究可知，当减振子结构的频率高于某一范围后，f^{opt} 在一定范围内变化对最终减振效果的影响不显著，计算得到的 f^{opt} 的离散度较大，不便于规律性分析。为了便于回归出一个更加规律性的结果，本节取减振效果达到 $\overline{\theta}^{\text{opt}}-5\%\leqslant\overline{\theta}\leqslant\overline{\theta}^{\text{opt}}$ 的所有减振子结构的自振频率的上、下限值进行研究，分别记为 f^{Up} 与 f^{Low}。因此，可以

通过研究 α 与 T_1 对 f^{Low} 和 f^{Up} 的影响，来避免 f^{opt} 离散度较大的问题。图 5.2-13 给出了不同 α 下 f^{Up} 与 f^{Low} 随 T_1 的变化规律。通过观察图 5.2-13，可发现如下几点。

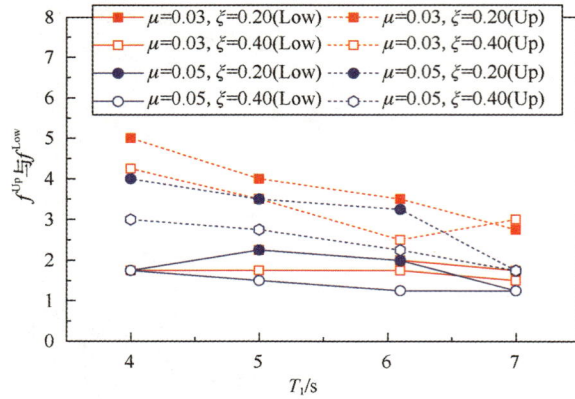

（a）$\alpha=1.0$

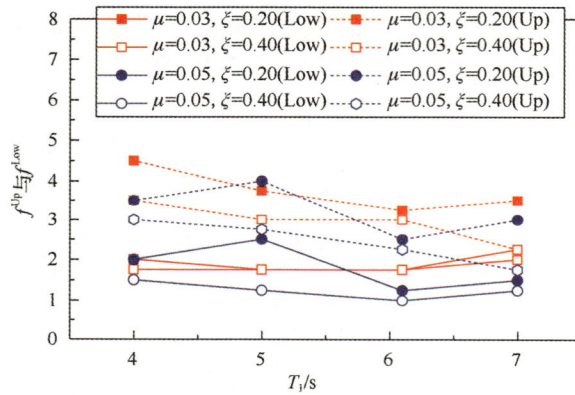

（b）$\alpha=1.5$

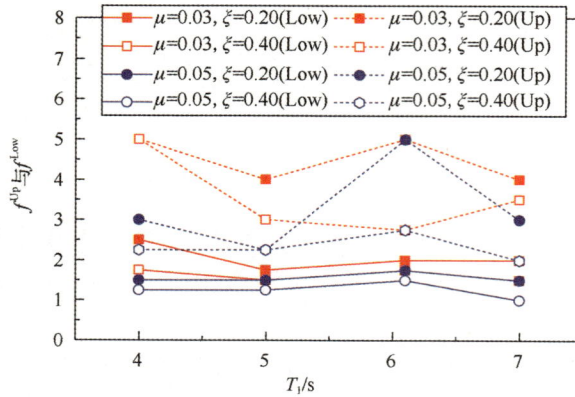

（c）$\alpha=2.0$

图 5.2-13　不同 α 下 f^{Up} 与 f^{Low} 随 T_1 的变化规律的影响

① 对于不同的 α 与 T_1 对 f^{Up} 的影响，无明显的、统一的规律性。

② 当 α 与 T_1 以及 μ 与 ξ 一定时，f^{Up} 与 f^{Low} 之间有一定的差距，实际上在 f^{Up} 与 f^{Low}

这个范围，都具有较好的减振效果，从而可以减小 f^{opt} 计算结果的离散度大所带来的影响。

③ T_1 对 f^{Low} 的影响较小，在一定程度上可以说明，对本节所研究的内容而言，结构的高阶成分起控制作用。

④ 对于不同的 α，f^{Low} 均在 1.5～2.0Hz，说明在本节研究的范围内 α 对 f^{Low} 的影响较小。

综上，在本节研究的范围内，减振子结构最优频率与结构的一阶周期以及结构的弯剪比的相关性较小。

5.2.3.5 减振子结构最优频率的确定

由于 μ 在实际工程中由设计需求确定，在进行减振子结构参数设计时，可依据工程需求首先确定 μ，并保证 ξ 取值大于 20%且符合工程实际，再由已经确定的 μ 和 ξ，通过参数优化设计给出 f^{opt}。

通过 $\alpha=2.0$、$T_1=6s$ 的结构来分析 μ 和 ξ 对 f^{opt} 的影响，如图 5.2-14 所示。其中，图 5.2-14（a）为拟合值与样本值之间的拟合关系，拟合公式如式（5.2-8）所示；图 5.2-14（b）为拟合值与样本值的相关性分析，Pearson 相关系数 R 可达 0.95。

$$f^{\mathrm{opt}}(\mu,\xi) = 0.057\,2\mu^{-0.915\,3}\xi^{-0.556\,7} \tag{5.2-8}$$

因此，f^{opt}、μ、ξ 三者之间的关系可用式（5.2-9）表示：

$$f^{\mathrm{opt}}(\mu,\xi) = C\mu^{\beta_\mu}\xi^{\beta_\xi} \quad (C>0) \tag{5.2-9}$$

式中，C、μ^{β_μ}、ξ^{β_ξ} 为待定系数。

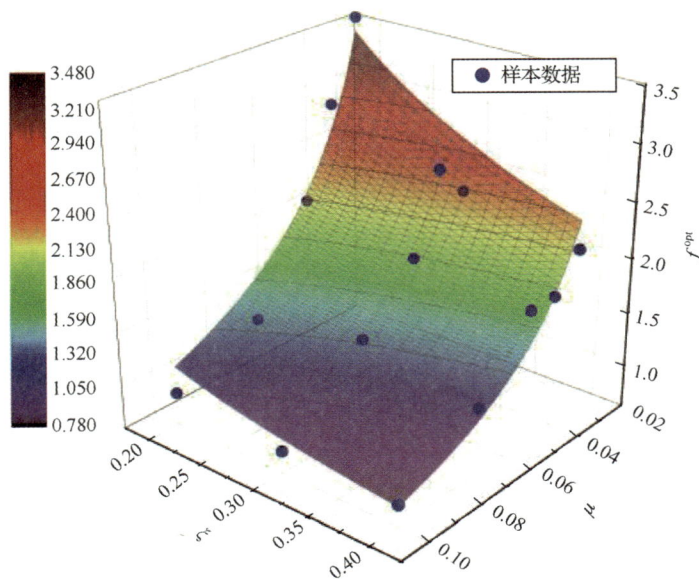

（a）f^{opt} 与 μ 和 ξ 的拟合关系

图 5.2-14　$\alpha=2.0$、$T_1=6s$ 的结构分析 μ 和 ξ 对 f^{opt} 的影响

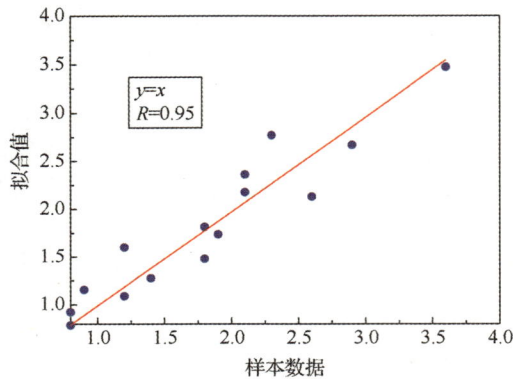

（b）拟合值与样本值的相关性

图 5.2-14（续）

将式（5.2-9）转换为式（5.2-10），利用最小二乘法确定待定系数，假设各数据点的权为 1，令

$$\ln(f^{\mathrm{opt}}(\mu,\xi)) = \ln(C) + \beta_\mu \ln(\mu) + \beta_\xi \ln(\xi) \quad (C > 0) \tag{5.2-10}$$

$$Q(C,\beta_\mu,\beta_\xi) = \sum_{i=1}^n [\ln(F_i) - (\ln(C) + \beta_\mu \ln(\mu_i) + \beta_\xi \ln(\xi_i))]^2 \tag{5.2-11}$$

式中，F_i 为 μ_i、β_i 对应的样本值。由 $\dfrac{\partial Q}{\partial \beta_\mu} = \dfrac{\partial Q}{\partial \beta_\xi} = \dfrac{\partial Q}{\partial C} = 0$，可以确定出待定系数。

对于不同的 α（1.0,1.5,2.0）、T_1（4s,5s,6s,7s）、μ（0.03,0.05）、ξ（0.2,0.4），一共 48 组数据点，对该组数据通过上述方式进行最小二乘拟合，可求得最优解为

$$f^{\mathrm{opt}}(\mu,\xi) = 0.386\mu^{-0.415}\xi^{-0.275} \tag{5.2-12}$$

图 5.2-15 为减振子结构最优频率拟合值与效果检验。图 5.2-15 示出，在 48 组数据中，绝大部分拟合数据点 f_{Fit} 都位于 f^{Up} 与 f^{Low} 限值区间内，表明其减振效果良好。编

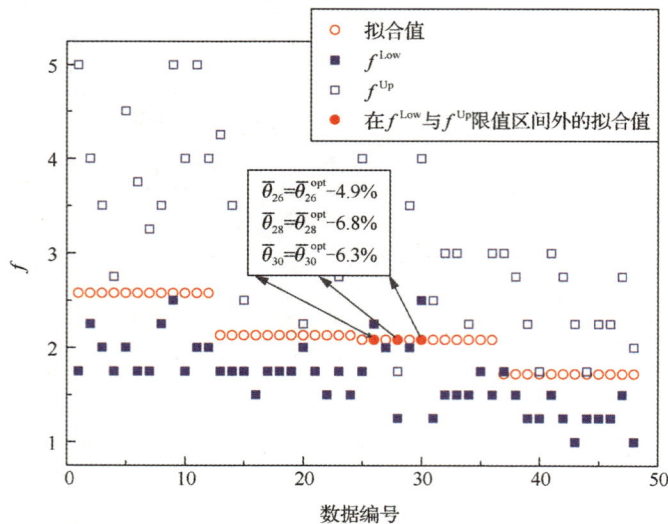

图 5.2-15 减振子结构最优频率拟合值与效果检验

号为 26、28、30 的三组数据确定的减振子结构的拟合频率 f_{Fit} 位于 f^{Up} 与 f^{Low} 限值区间外，但是偏差也不大，因此式（5.2-12）确定的最优减振频率总体上效果是比较好的。

5.2.3.6 可靠性验证

为了验证按式（5.2-12）进行减振子结构参数设计的可靠性，本文采用两个 300m 弯剪耦合模型、三种不同参数的减振子结构进行验证。其中两个模型的参数分别为 $\alpha=1.25$、$T_1=5.5s$ 和 $\alpha=1.75$、$T_1=4.5s$；减振子结构的参数（μ,ξ,f）由式（5.2-12）确定，分别为（0.03Hz,0.20Hz,2.65Hz）、（0.04Hz,0.30Hz,2.11Hz）和（0.05Hz,0.40Hz,1.79Hz）。输入地震动采用 EQ-22 集合，最终得到各条地震动下结构楼面绝对加速度绝对值包络的中位值，如图 5.2-16 所示（g 为重力加速度），各楼面的加速度控制效果如图 5.2-17 所示。

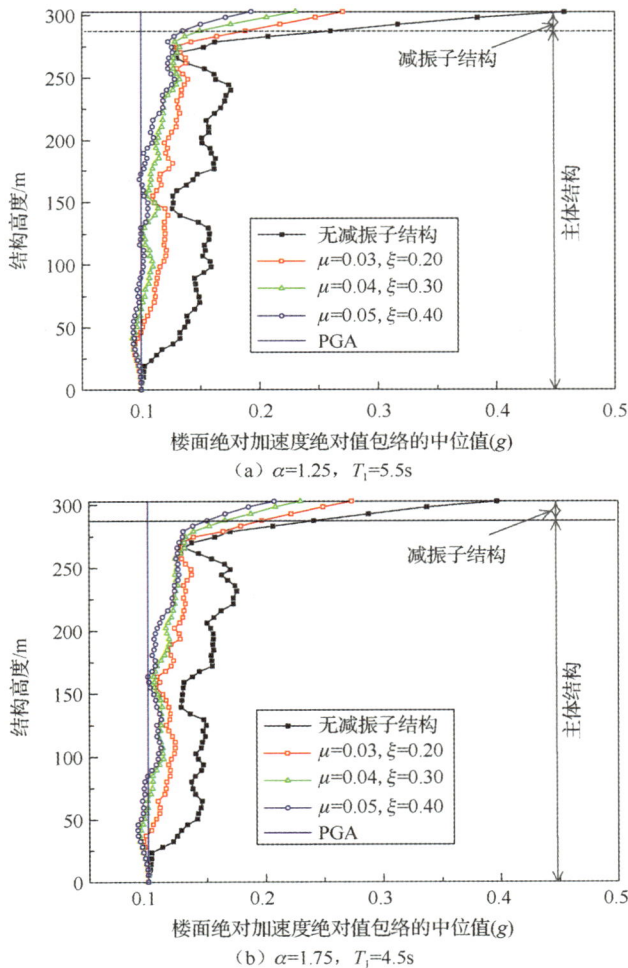

（a）$\alpha=1.25$，$T_1=5.5s$

（b）$\alpha=1.75$，$T_1=4.5s$

图 5.2-16 楼面绝对加速度绝对值包络的中位值

（a）$\alpha=1.25$，$T_1=5.5s$

（b）$\alpha=1.75$，$T_1=4.5s$

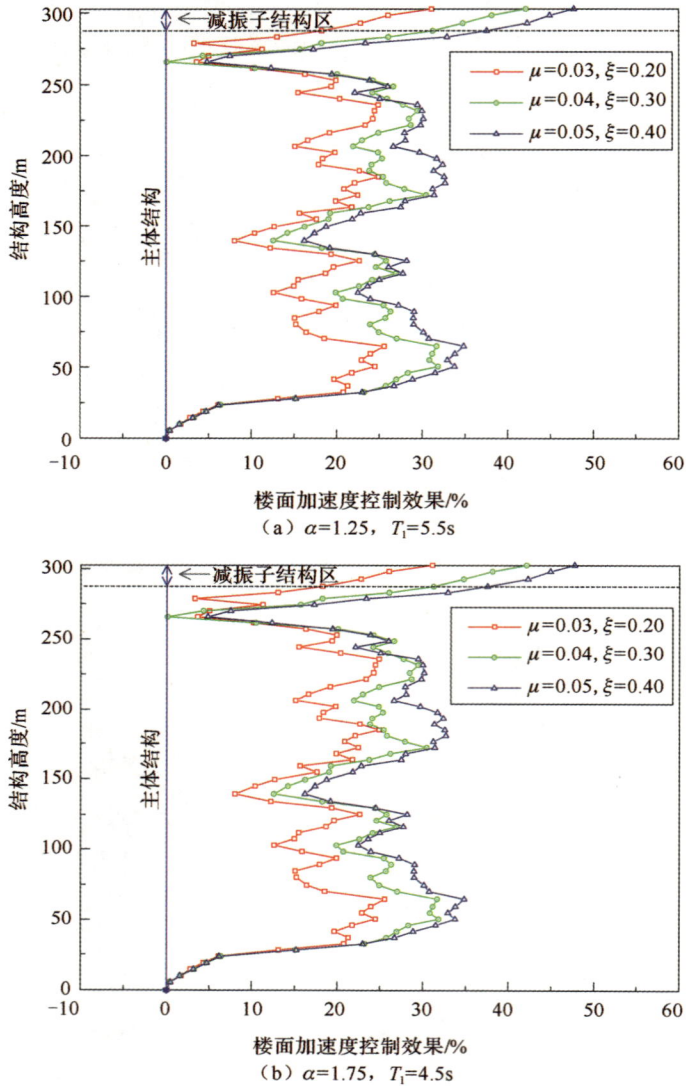

图 5.2-17　楼面加速度控制效果

根据图 5.2-16 以及图 5.2-17 中的结果，可以得出如下结论。

（1）采用式（5.2-12）确定的减振子结构最优频率进行减振子结构参数设计，能够使结构在中小地震作用下达到一个理想的楼面加速度控制效果。

（2）高质量比，高阻尼比的减振子结构能够更加有效地减小楼面加速度。

（3）减振子结构安装位置附近的楼面加速度控制效果最为明显，对于三种不同参数的减振子结构，均高于 40%。

（4）针对结构中部，从 40～250m，对于三种不同参数的减振子结构，楼面加速度控制效果的平均值分别为 20%、26% 和 29%，说明采用式（5.2-12）确定的减振子结构最优频率进行减振子结构参数设计，能够有效地控制结构的整体加速度。需要说明的是，三个减振子结构的参数变化较大，但是总的减振效果都比较好，表明本节建议的减振子结构具有较好的鲁棒性。这个对于实际工程意义也很重要，因为在实际工程中，由于减振子结构自身重量、刚度、阻尼等都会随时间发生少量变化，具有较好鲁棒性的减振子结构可以降低这种不可控变化造成的影响。

　　考虑到减振子结构与主结构之间过大的相对位移可能导致两者的碰撞，因此，这里专门提取了两者的相对位移来进行验证。图 5.2-18 给出了减振子结构与主结构连接位置在各条地震动作用下的相对位移时程的最大值，其中横坐标为地震动编号 1～22。可发现，当减振子结构的质量比在 3%～5%、阻尼比在 20%～40%时，减振子结构与主结构之间的相对位移并不大，最大值均小于 2.5cm，因此，可以采取一定的措施，使得减振子结构与主结构之间不发生碰撞。当改变主结构的质量分布与刚度分布时，也可得到类似的结论，故在后文中不再赘述。

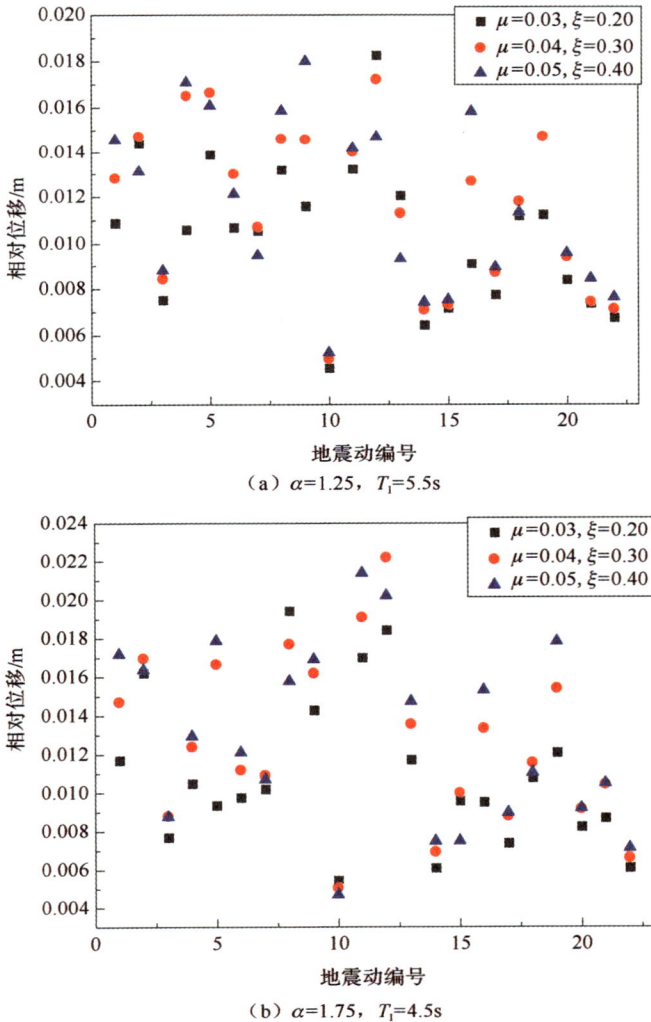

（a）$\alpha=1.25$，$T_1=5.5\mathrm{s}$

（b）$\alpha=1.75$，$T_1=4.5\mathrm{s}$

图 5.2-18　减振子结构与主结构之间的相对位移

　　最后，本节设计了主结构参数（α，T_1，MRTB，SRTB）分别为（2,6s,0.5,0.28）和（2,6s,0.25,0.5）的两个弯剪耦合模型，其中结构沿高度质量分布为线性关系，刚度分布为抛物线关系；同时减振子结构的参数（μ,ξ,f）由式（5.2-12）确定，分别为（0.03Hz,0.20Hz,2.65Hz）、（0.04Hz,0.30Hz,2.11Hz）和（0.05Hz,0.40Hz,1.79Hz），来探讨最优频率设计公式（5.2-12）对于不同 MRTB 和 SRTB 的模型的适用性。采用 EQ-22 集合作为输入地震动，最终得到各组地震动下结构楼面绝对加速度绝对值包络的中位值如图 5.2-19 所示，楼面加速度控制效果如图 5.2-20 所示。

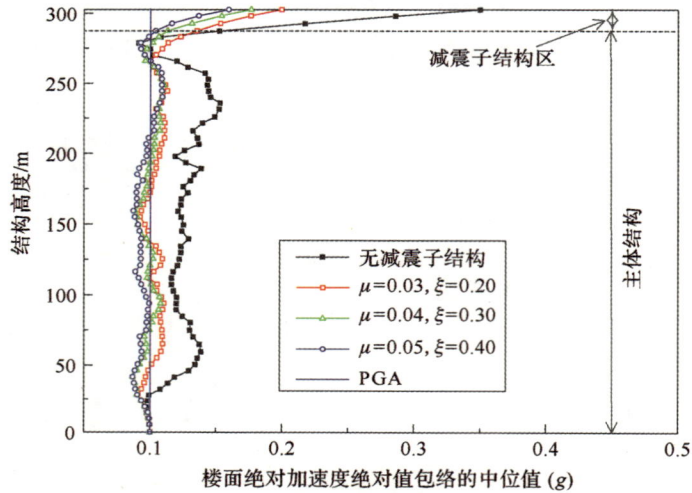

（a）MRTB为0.5，SRTB为0.28

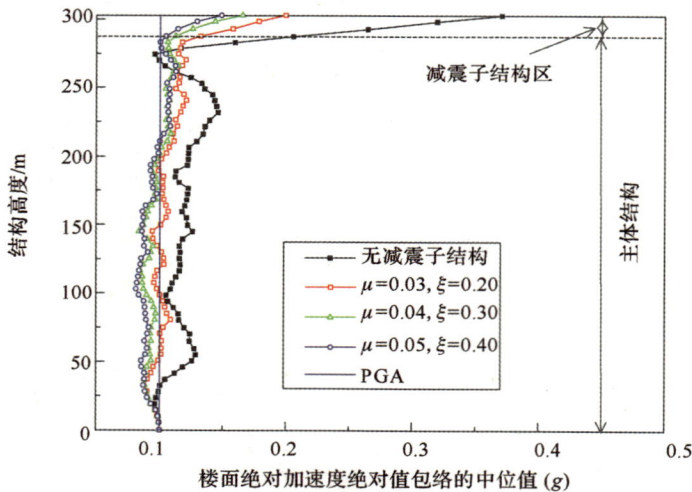

（b）MRTB为0.25，SRTB为0.5

图 5.2-19　楼面绝对加速度绝对值包络的中位值（不同顶底刚度、质量结构）

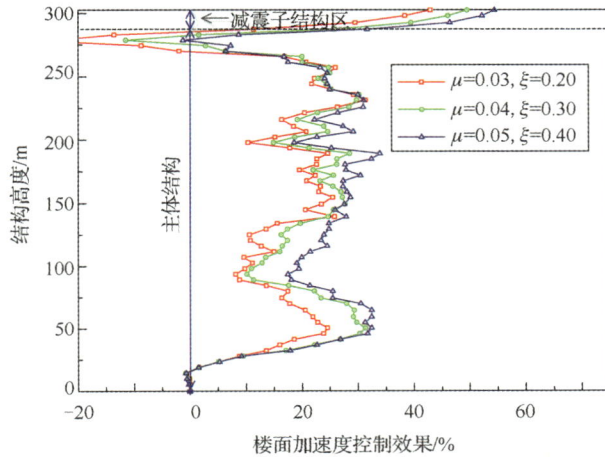

（a）MRTB为0.5，SRTB为0.28

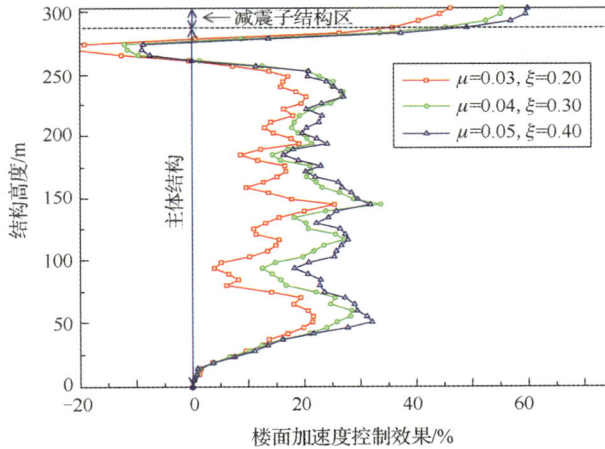

（b）MRTB为0.25，SRTB为0.5

图 5.2-20　楼面加速度控制效果（不同顶底刚度、质量结构）

通过图 5.2-19 和图 5.2-20，可以发现：对于 MRTB 为 0.5 的情况，在结构 40～250m 高度范围内，对于三种不同参数的减振子结构，楼面加速度控制效果的平均值分别为 21%、25% 和 28%；对于 SRTB 为 0.5 的情况，在结构 40～250m 高度范围内，对于三种不同参数的减振子结构，楼面加速度控制效果的平均值分别为 17%、23% 和 26%。可说明，对于不同的 MRTB 和 SRTB 的结构，相同的减振子结构的楼面加速度控制效果有所差异，但是这种差异比较小。总的来说，采用式（5.2-12）确定的最优频率进行减振子结构参数设计方法，对于不同 MRTB 和 SRTB 的结构同样具有很好的楼面加速度控制效果。需要说明的是，大部分 300m 左右的超高层的 MRTB 在 0.25～0.5，SRTB 在 0.25～0.5，表明本节建议的减振子结构参数设计方法对于 300m 左右不同结构体系、不同立面设计的超高层也具有很好的适用性。

5.2.4　适合超高层建筑的地震动强度指标研究

5.2.4.1　常用地震动强度指标简介

自 1989 年 Loma Prieta 地震和 1994 年 Northridge 地震以后，基于性能的抗震设计方法逐渐被广大工程师所接受和采用（Hamburger，et al.，2004），其中地震动强度指标是性能化设计方法中的重要组成部分，是连接地震动危险性与结构响应的桥梁。合理的地震动强度指标能够有效减小结构响应预测结果的离散性，众多学者已经对适用于常规结构的地震动强度指标展开了大量的研究（Shome，et al.，1998；Cordova，et al.，2001；Baker，et al.，2005；Luco，et al.，2007；Tothong，et al.，2007；Ye，et al.，2013）。

自 2004 年首座超过 500m 的超高层建筑——中国台湾的台北 101 大厦建成以来，超高层建筑已进入一个蓬勃发展的新时期。2012 年有关部门的统计数据显示：到 2020 年，前 20 的超高层建筑的平均结构高度将会达到 598m。而这些超高层建筑的基本周期要远远长于普通的多层高层框架或剪力墙结构，如上海中心大厦（蒋欢军等，2011；田春雨等，2011）和深圳平安金融中心（杨先桥等，2011）的基本周期都在 9s 左右，远超过了中国有关抗震规范中反应谱所规定的 6s 的范围。虽然现有的地震动强度指标在减小结构地震响应预测结果的离散性方面有了很大的进步，但是这些地震动强度指标的研究和提出基本都是针对 0～4s 的常规结构展开的，而对于近年来大量涌现的超高层建筑，这些地震动强度指标的适用性有待考证，进一步提出适用于超高层建筑的地震动强度指标也是十分必要的。

因此，本节将针对超高层建筑结构的特点，借鉴现有地震动强度指标的优点，并考虑到指标使用的简便性，利用本节的弯剪耦合模型，通过对大量时程分析结果进行统计，提出适用于超高层建筑结构的地震动强度指标，并对指标中的参数进行了标定；最后以两个超高层建筑结构 IDA 倒塌分析的实例为基础，对本节提出的地震动强度指标的合理性进行验证。

现阶段常用的地震动强度指标主要有两类（Shome，et al.，1998；Cordova，et al.，2001；Vamvatsikos，et al.，2002；Baker，et al.，2005；Vamvatsikos，et al.，2005；Luco，et al.，2007；Tothong，et al.，2007；Ye，et al.，2013），即标量地震动指标和矢量地震动指标，而标量地震动强度指标根据参数个数又分为单参数指标和多参数指标。

传统的地面运动地震动峰值强度指标 PGA、PGV、PGD 属于单参数标量指标，其表达形式直观，运用简便，如我国《建筑抗震设计规范》采用 PGA 作为地震动强度指标，相应 8 度设防地震和罕遇地震的 PGA 分别为 200cm/s² 和 400cm/s²；而日本则采用 PGV 作为地震动强度指标，相应一次设计和二次设计的 PGV 分别为 25cm/s 和 50cm/s，最近又补充了特大地震设计的 PGV 为 75cm/s。

近年来的一些研究表明，在中短周期范围内，仅考虑地震动本身的强度指标 PGA 并不能很好地对结构响应需求指标进行预测，而考虑结构基本动力特性的 5%阻尼比对应的一阶周期谱加速度 $S_a(T_1)$（Shome，et al.，1998）被广泛地采用。与 PGA 相比，$S_a(T_1)$ 指标预测结构响应的有效性已显著提高，离散性也明显减小（Vamvatsikos，et al.，2002；Ye，et al.，2013），但是 $S_a(T_1)$ 指标仅考虑结构的弹性一阶周期特性，随着结构进入非线性程度的加深，结构的基本周期逐渐变长，意味着结构的动力特性发生改变；另外，即使每条地震动记录在 T_1 周期对应的谱加速度一致，但是由于地震动本身的复杂性，不同地震记录的反应谱形状依然存在很大差异，而且 $S_a(T_1)$ 指标也无法考虑结构高阶振型的影响，因此采用 $S_a(T_1)$ 指标调幅后的地震响应预测结果依然存在较大的离散性（Lucchini，et al.，2011）。

鉴于上述 $S_a(T_1)$ 指标的不足，众多研究学者从以下两方面对地震动强度指标进行了研究和改进：①考虑结构进入塑性后周期延长的影响；②考虑结构高阶振型参与的影响。

为考虑结构进入塑性后周期延长的影响，Tothong 等（2007）提出了把对应结构一阶周期 T_1 的等效单自由度结构的弹塑性谱位移 S_{di} 作为基本地震动指标。与 $S_a(T_1)$ 相比，S_{di} 同样也没有考虑结构高阶模态对结构地震响应的影响，但是 S_{di} 指标从某种程度上考虑了结构进入非线性后周期延长对结构地震响应的影响。Cordova 等（2001）提出了基于结构 1 阶周期 T_1 和结构进入非线性后周期延长的等效周期 T_f 的地震动强度指标，其表达式为

$$S_a^* = S_a(T_1)\left[\frac{S_a(T_f)}{S_a(T_1)}\right]^\alpha, \quad T_f = c \cdot T_1 \tag{5.2-13}$$

式中，α、c 是两个待定的参数。

为了验证该指标的有效性，Cordova 采用两组地震动集，每组包含 8 条地震动记录，对两个组合结构框架（6 层和 12 层，钢筋混凝土柱和钢梁）和一个 6 层钢框架进行了分析，研究认为 S_a^* 指标对结构最大层间位移角预测的离散性小于 $S_a(T_1)$ 指标。

Vamvatsikos 等（2005）也提出了与此类似的地震动强度指标为

$$IM = S_a(\tau_a, 5\%)^{1-\beta} S_a(\tau_b, 5\%)^\beta \tag{5.2-14}$$

式中，τ_a、τ_b 为感兴趣的任意周期，一般说来，τ_a 为基本周期 T_1，τ_b 为考虑结构非线性后延长的等效周期 T_f；β 是待定参数，其值小于 1。

由于结构进入塑性后其动力特性的变化规律还有待进一步研究，特别是在结构设计的早期阶段，难以准确预测结构的塑性行为，这些考虑结构进入塑性后周期延长影响的地震动强度指标在实际工程设计中的应用还比较有限。

在考虑结构高阶振型参与的影响方面，Vamvatsikos 等（2005）提出的地震动强度指标，如式（5.2-14）所示，也能考虑高阶振型的参与，此时，τ_a 和 τ_b 的取值为感兴趣的振型所对应的结构周期。

为考虑近场地震动脉冲效应带来的结构高阶振型的影响，Luco 等（2007）提出了基于结构前 2 阶模态的地震动强度指标 $IM_{1E\&2E}$，其具体表达式如式（5.2-15）所示，即

$$IM_{1E\&2E} = \sqrt{[PF_1^{[2]}S_d(T_1,\xi_1)]^2 + [PF_2^{[2]}S_d(T_2,\xi_2)]^2}$$

$$= \sqrt{1 + R_{2E/1E}^2}\left|\frac{PF_1^{[2]}}{PF_1^{[1]}}\right|\left|PF_1^{[1]}\right|S_d(T_1,\xi_1) \tag{5.2-15}$$

式中，$R_{2E\&1E} = \dfrac{PF_1^{[2]}S_d(T_2,\xi_2)}{PF_1^{[2]}S_d(T_1,\xi_1)}$；$S_d(T_1,\xi_1)$，$S_d(T_2,\xi_2)$ 分别代表结构 1 阶、2 阶周期对应的阻尼比为 ξ_1、ξ_2 时的位移谱值；并定义第 j 阶模态对第 i 层层间位移角的参与系数为

$PF_j(\theta_i) = \Gamma_j \dfrac{\phi_{j,i} - \phi_{j,i-1}}{h_i}$，$PF_1^{[2]}$ 则表示考虑结构前 2 阶模态进行层间位移角 SRSS 组合得

到最大层间位移角时对应的 1 阶模态参与系数；同理，$PF_1^{[1]}$ 表示仅考虑结构 1 阶模态得到最大层间位移角时的 1 阶模态参与系数。显然，系数 $\sqrt{1+R_{2E\&1E}^2}$ 反映了 2 阶模态对最大层间位移角的贡献和反应谱形状的影响；系数 $\left| PF_1^{[2]}/PF_1^{[1]} \right|$ 主要反映了仅采用 1 阶模态和 2 阶模态估算最大层间位移角时，最大层间位移角可能出现在不同楼层的影响。此后，Luco 等（2007）又在此基础上进行了改进，利用结构 1 阶周期对应的弹塑性谱位移值 $S_d^1(T_1, \xi_1, d_y)$ 代替弹性谱位移值 $S_d(T_1, \xi_1)$ 得到新的地震动指标 $IM_{1I\&2E}$。但是这些指标的表达式过于复杂，参数多且难以在结构设计的早期阶段确定，故而在工程中应用也受到一定的限制。

除了上述一些标量的地震动指标外，近年来很多学者提出了一些矢量的地震动指标。Baker 等（2005）提出了一个两参数的矢量地震动指标 $\langle S_a(T_1),\ \varepsilon \rangle$，其中参数 ε 的定义来源于地震工程学，它反映了反应谱形状的差异，同时也可以从某种程度上反映高阶振型和周期延长的影响。但是由于很多国家缺乏参数 ε 的基础数据，其矢量指标 $\langle S_a(T_1),\ \varepsilon \rangle$ 还有待进一步推广。

上述地震动强度指标研究的结构对象都是周期不大于 6s 的结构，且主要集中在 0～4s 内，对于基本周期 T_1 将近 10s 的超长周期高层建筑结构来说，显然这些指标的适用性有待进一步验证。因此，结合超高层建筑的地震响应特点，提出适用于超高层建筑的地震动强度指标是十分必要的。

5.2.4.2　适用于超高层建筑的改进地震动强度指标

本节将充分考虑超高层建筑结构地震响应中高阶振型参与显著的特点，并借鉴现有地震动强度指标的优点，提出适用于超高层结构的地震动强度指标，并利用 5.2.1 节介绍的弯剪耦合简化模型时程分析的结果对所建议的地震动强度指标中的关键参数进行标定。

与常规结构相比，超高层建筑结构的显著特点就是基本周期很长。第 3 章中分析表明，在地震作用下结构响应中高阶振型参与明显，结构的破坏模式甚至受高阶振型控制。因此，适用于超高层建筑结构的地震动强度指标必须能够反映结构响应中高阶振型的影响；其次，作为一个合理的地震动强度指标，还要使用简单及便于工程人员接受。现行规范的抗震设计中都是基于加速度反应谱的，且地震危险性的衰减关系也是基于谱加速度的，故本节中提出的地震动强度指标将以谱加速度 S_a 作为基本参数；最后，由于超高层建筑结构设计时的性能水准比较高，完全满足规范中所规定的大震需求，具有较高的安全储备（Fan, et al., 2009；丁洁民等，2010b），在大震下，结构的主要抗侧力构件基本保持弹性或者只有少量的屈服，整个结构进入非线性的程度并不深。因此，本节在提出新的地震动强度指标时，初步不考虑结构进入非线性周期变长带来的影响。鉴于上述原因，本书作者和清华大学叶列平教授、研究生卢啸等提出的如式（5.2-16）所示的适用于超高层建筑的地震动强度指标，即

$$\overline{S}_a = n\sqrt{\prod_{i=1}^{n} S_a(T_i)} \tag{5.2-16}$$

式中，$S_a(T_i)$ 是第 i 阶周期对应的谱加速度；n 是所考虑的结构的平动周期数，与结构的基本周期相关的待定参数；$\overline{S}_a$ 表示新的地震动强度指标，其反映了前 n 阶周期对应的结构的谱加速度的几何平均值，对于一个给定的结构，该指标可以直接通过加速度反应谱得到，且与常用的 $S_a(T_1)$ 指标有较好的延续性。显然，当结构周期非常短时，即 $n=1$ 时，该指标退化成 1 阶周期对应的谱加速度 $S_a(T_1)$。

在该指标的使用过程中，关键问题是如何确定反映结构高阶振型参与程度的参数 n 的取值，本节将利用大量的时程分析给出不同基本周期结构对应的 n 的合理取值。由于地震动强度指标的研究初衷之一就是尽量减小结构响应预测的离散性，虽然结构的地震响应指标有很多，但部分学者研究表明（Miranda, et al.，2006），结构的最大层间位移角与结构的损伤程度具有较好的相关性，故在本节中将以最大层间位移角作为结构的基本响应指标。此外，大量学者研究同时表明（Miranda, et al.，2003；Baker, et al.，2005），在利用谱加速度对地震动调幅后得到的结构最大层间位移角 $\theta_{\max}$ 基本满足对数正态分布，即 $\ln(\theta_{\max})$ 满足正态分布，而且 $\ln(\theta_{\max})$ 的均值和标准差也是基于概率的地震需求分析中的重要参数，故 $\ln(\theta_{\max})$ 的均值和标准差可由式（5.2-17）计算得到，即

$$\mu_{\ln(\theta_{\max})} = \frac{1}{n}\sum_{i=1}^{n}\ln(\theta_{\max})_i \tag{5.2-17a}$$

$$\sigma_{\ln(\theta_{\max})} = \sqrt{\frac{1}{n-1}\sum_{i=1}^{n}[\ln(\theta_{\max})_i - \mu_{\ln(\theta_{\max})}]^2} \tag{5.2-17b}$$

因此，本节在确定合理的 n 取值时，以 $\ln(\theta_{\max})$ 的标准差最小为取值原则确定最优 n 的取值，确定合理 n 值的大致步骤如下。

（1）对于给定基本周期 T_1 的结构，确定试算的 n（n=1,2,$\cdots$,10）的取值。

（2）对于每一个试算的 n 值，利用 $\overline{S}_a$ 对 FEMA P695（FEMA，2009）建议的 44 组远场地震动记录调幅到相同的幅值后，进行时程分析，得到结构的最大层间位移角响应。

（3）计算每个 n 值对应的结构最大层间位移角响应的标准差并进行比较，得到使标准差最小的 n 的取值作为周期 T_1 对应的最优 n 取值。

（4）改变结构的基本周期，重复以上步骤，得到不同基本周期 T_1 结构所对应的 n 的最优取值，从而回归出 n 随结构基本周期变化的大致规律。

以 5.2.2 节中标定的 α_0=4.0 的弯剪耦合模型为基础，改变模型的其他参数 EI_0 和 $\rho(x)$，得到一系列不同基本周期（T_1=1s, 2s, 3s, 4s, 6s, 8s, 9s, 10s）的模型作为基本模型来对参数 n 进行标定。对于给定的试算 n 值，依次按照 FEMA P695（FEMA，2009）建议的 44 组远场地震动记录的 $\overline{S}_a$ 的平均值对每组地震动记录进行调幅，对不同周期（T_1=1s, 2s, 3s, 4s, 6s, 8s, 9s, 10s）的弯剪耦合模型进行时程分析，阻尼比取为 5%，得到不同基本周期结构在 T_1 下不同 n 值对应 $\sigma_{\ln(\theta_{\max})}$ 的分布，如图 5.2-21 所示。

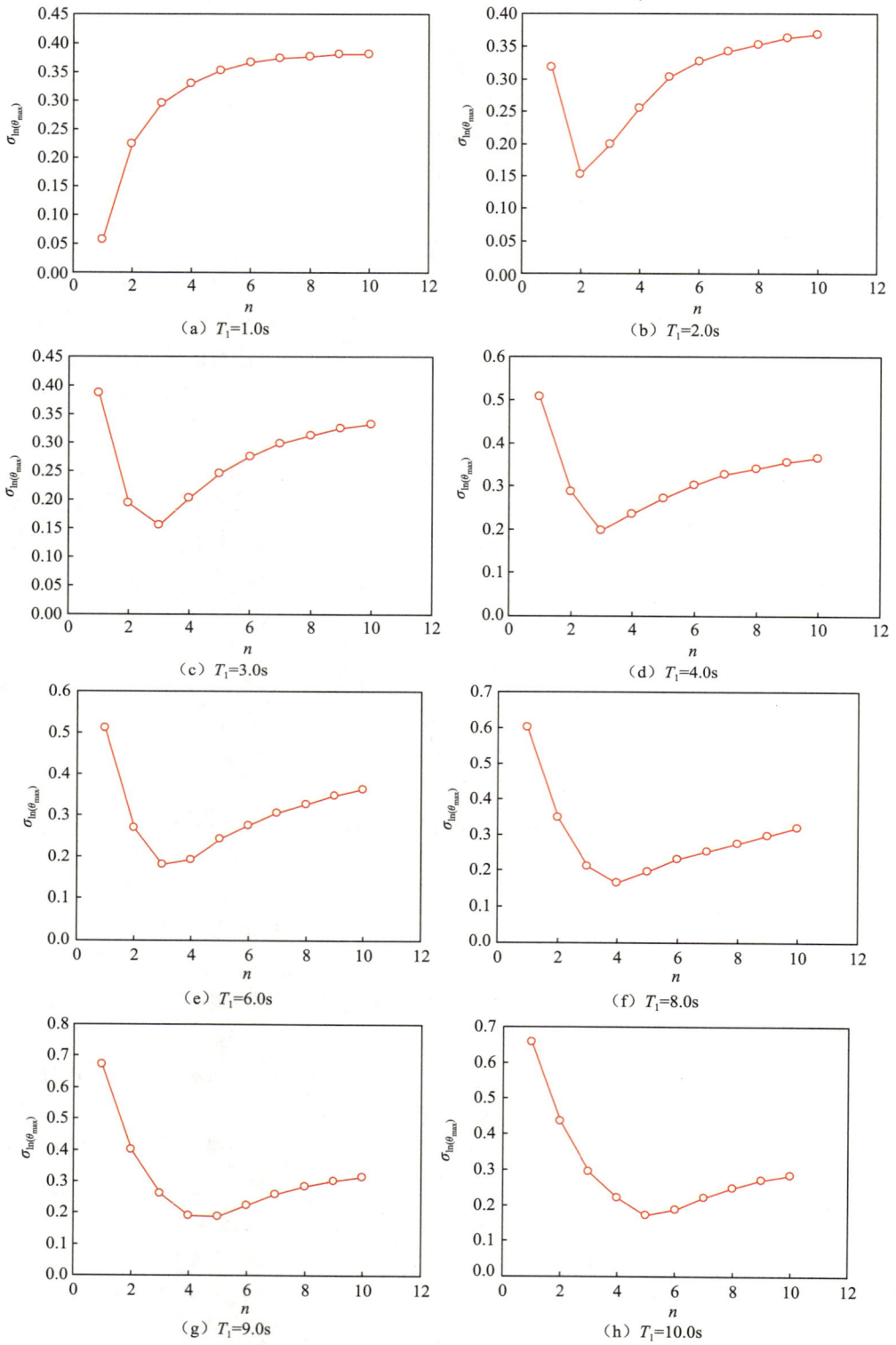

图 5.2-21　不同基本周期结构在 T_1 下不同 n 值对应 $\sigma_{\ln(\theta_{\max})}$ 的分布

显然，当 $T_1=1.0s$ 时，取 $n=1$ 时最大层间位移角的标准差 $\sigma_{\ln(\theta_{\max})}$ 的值最小。此时，$\overline{S}_a$ 退化成 $S_a(T_1)$，即对于基本周期不大于 1s 的结构或者一阶模态起控制作用的结构，$S_a(T_1)$ 指标能大大减小结构地震最大层间位移角的离散度，与之前学者的研究结论一致（Vamvatsikos，et al.，2002；Ye，et al.，2013）；当 $T_1=2.0s$ 时，从图 5.2-21（b）可以看出，$n=2$ 时最大层间位移角的标准差 $\sigma_{\ln(\theta_{\max})}$ 最小，即 $\overline{S}_a=[S_a(T_1)\cdot S_a(T_2)]^{1/2}$；当 $T_1=3.0s$ 时，从图 5.2-21（c）可以看出，$n=3$ 时最大层间位移角的标准差 $\sigma_{\ln(\theta_{\max})}$ 的值最小；当 $T_1=8.0s$ 时，从图 5.2-21（f）可以看出，$n=4$ 时最大层间位移角的标准差 $\sigma_{\ln(\theta_{\max})}$ 的值最小；类似，从图 5.2-21（g）和（h）可以看出，当 $T_1=9.0s$ 或 10.0s 时，$n=5$ 时最大层间位移角的标准差 $\sigma_{\ln(\theta_{\max})}$ 有最小值。故不同基本周期 T_1 下最优 n 值随结构基本周期 T_1 的变化规律，如图 5.2-22 所示。对这些离散点进行线性拟合，可以得到 n 随结构基本周期 T_1 的变化规律，如式（5.2-18）所示。

$$n=\begin{cases}1, & T_1\leqslant 1s \\ 0.39T_1+1.15, & 1s<T_1\leqslant 10s\end{cases}\qquad(5.2\text{-}18)$$

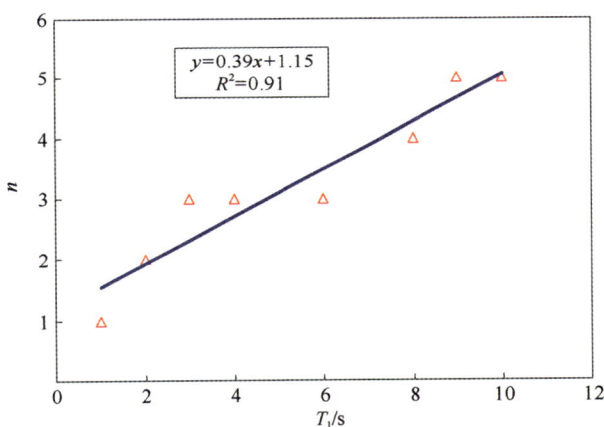

图 5.2-22　最优 n 值随结构基本周期 T_1 的变化规律

由图 5.2-22 可见，两者的线性相关性指标 R^2 约为 0.91，表明 n 和 T_1 具有较好的线性相关性，式（5.2-18）能较好地反映 n 随结构基本周期 T_1 的变化规律。当结构基本周期 T_1 不大于 1s 时，该地震动强度指标退化成 $S_a(T_1)$，因此，可直接采用 $S_a(T_1)$ 作为地震动强度指标，否则按照式（5.2-18）计算不同周期对应的最优 n 值。由于 n 的物理意义决定了 n 值只能取整数，在利用式（5.2-18）计算 n 的过程中，需要对所计算得到的 n 值四舍五入取整，作为最终的 n 的取值。例如，对于基本周期约为 7s 的结构，利用式（5.2-18）可以计算得到最优 $n=3.88$，此时可近似取 $n\approx 4$，此时，地震动强度指标 $\overline{S}_a=[S_a(T_1)\cdot S_a(T_2)\cdot S_a(T_3)\cdot S_a(T_4)]^{1/4}$。显然，对于超长周期结构，指标 $\overline{S}_a$ 对应的最大层间位移角的标准差 $\sigma_{\ln(\theta_{\max})}$ 远小于 $S_a(T_1)$ 所对应的最大层间位移角的标准差 $\sigma_{\ln(\theta_{\max})}$。因此理论上，该地震动强度指标能较好地反映高阶振型参与对结构最大层间位移角响应的影响。

5.2.4.3 现有地震动强度指标适用性比较

在 5.2.4.1 节中对现有的常用地震动强度指标进行了综述，这些地震动强度指标的适用对象大都是短周期、中短周期或者 1 阶模态起控制作用的结构，结构的周期基本分布在 0～4s 以内，对于超高层建筑结构，基本周期大都已接近 7.0～9.0s，远远超出了现有地震动强度指标的适用范围。因此验证这些地震动强度指标对超高层建筑的适用性是十分必要的。本节将比较已有的地震动强度指标 PGA、PGV、PGD、$S_a(T_1)$、$IM_{1E\&2E}$ 和本章提出的地震动强度指标 $\bar{S}_a$ 等 6 个地震动强度指标对超高层建筑的适用性，各地震动强度指标如表 5.2-5 所示。

表 5.2-5　各地震动强度指标

指标名称	基本描述	单位
PGA	地震动记录的峰值加速度（g）	
PGV	地震动记录的峰值速度	cm/s
PGD	地震动记录的峰值位移	cm
$S_a(T_1)$	1 阶周期对应的谱加速度（g）	
$IM_{1E\&2E}$	$IM_{1E\&2E}=\sqrt{[PF_1^{[2]}S_d(T_1,\xi_1)]^2+[PF_2^{[2]}S_d(T_2,\xi_2)]^2}$	
$\bar{S}_a$	本节中所提出的地震动强度指标（g）	

$S_a(T_1)$ 是目前在科研中广泛被采用的地震动强度指标；PGA 则是我国抗震规范中所采用的地震动强度指标，并与抗震设防烈度有直接的关系；选择 PGV 主要是考虑到叶列平等（Ye，et al.，2013）的研究结论 "PGV 与结构层间位移角的相关性随结构基本周期的增加而提高"；而选择地震动强度指标 $IM_{1E\&2E}$ 则主要是因为该指标能考虑结构前二阶振型的影响；最后选择 PGD 主要因为在三对数坐标的反应谱的中、长周期段基本位于位移敏感段，且其形式简单、便于使用。

1）评价方法

文献研究表明（Baker，et al.，2005；Baker，et al.，2008；Padgett，et al.，2008），结构的响应指标 DM（damage measure）和地震动强度指标 IM（intensity measure）之间近似满足式（5.2-19）所示的指数关系，即

$$DM = a \cdot IM^b \tag{5.2-19}$$

式中，a 和 b 是回归系数。对上式两边取自然对数，可变换成式（5.2-20）所示的线性关系。

$$\ln(DM) = \ln a + b\ln(IM) \tag{5.2-20}$$

由于式（5.2-20）满足古典的线性回归模型，利用最小二乘原理对 n 次动力时程分析得到的离散点（DM_i，IM_i）进行回归统计，可得到 lnDM 与 lnIM 的相关系数 ρ 和离散度 β。离散度 β 的计算如式（5.2-21）所示，即

$$\beta = \sqrt{\frac{\sum_{i=1}^{n}\left(\ln(DM_i)-\ln(aIM_i^b)\right)^2}{n-2}} \tag{5.2-21}$$

相关性系数ρ的取值范围为$-1\sim1$，$|\rho|$越接近1，则表示所考察的结构的响应指标与地震动强度指标的相关性越好。一般说来，当相关系数$|\rho|\geqslant0.8$，表明结构的响应指标与地震动强度指标之间具有良好的相关性；而离散度β越小，则表示所考察的地震动强度指标越有效。

具体的研究步骤如下。

（1）对于给定基本周期的简化分析模型及其相应的模型参数，利用时程计算分析方法，计算第i条地震记录输入下简化分析模型的最大响应指标DM_i。

（2）计算相应的第i条地震动记录的强度指标IM_i。

（3）计算n组地震动记录，可得到n个离散点（IM_i，DM_i），将其绘制在$\ln IM$-$\ln DM$坐标系中，图5.2-23为结构地震响应指标与地震动强度指标相关性示意图，对上述离散点进行线性回归，得到相应周期下$\ln IM$与$\ln DM$的相关系数ρ和离散度β。

（4）调整模型参数，得到不同基本周期T_1的结构，重复上述（1）～（3）的步骤，即可得到结构响应指标与地震动强度指标相关系数ρ及离散度β随着结构周期T_1的变化规律。

虽然结构的地震响应指标DM有很多，如最大楼层位移d_{max}、最大加速度a_{max}、最大层间位移角θ_{max}、最大基底剪力F_{max}、总输入能量E_{input}等等，但是在建筑结构抗震设计和地震响应分析中最关心和常用的结构地震响应指标主要是最大层间位移角θ_{max}、最大顶点位移d_{max}和最大加速度a_{max}，因此本小节的研究中将依次讨论各地震动强度指标[PGA、PGV、PGD、$S_a(T_1)$、$IM_{1E\&2E}$、$\overline{S}_a$]与这些结构地震响应指标（d_{max}、θ_{max}、a_{max}）的相关性和离散度随结构基本周期T_1的变化规律。

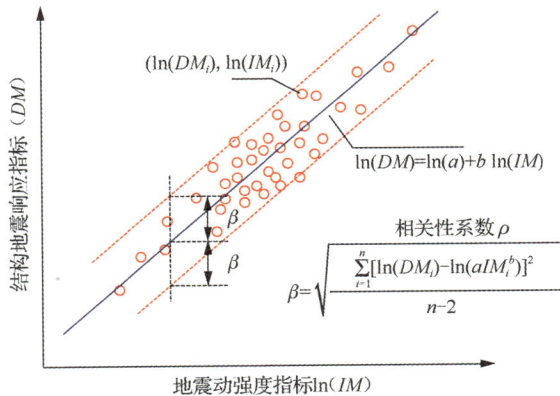

图5.2-23　结构地震响应指标与地震动强度指标相关性示意图

2）地震动强度指标与最大层间位移角相关性

取$\alpha_0=4.0$的不同基本周期（$T_1=1s,2s,3s,4s,6s,8s,9s,10s$）的弯剪耦合模型，利用FEMA P-695（FEMA，2009）建议的44组远场地震动记录进行时程分析，阻尼比取5%。根据前述的评价步骤，可得到各地震动强度指标[PGA、PGV、PGD、$S_a(T_1)$、$IM_{1E\&2E}$、$\overline{S}_a$]与结构地震响应指标（d_{max}、θ_{max}、a_{max}）的相关系数和离散度系数。已有研究表明，层间位移角与结构的地震损伤关系最为密切。各地震动强度指标[PGA、PGV、PGD、

$S_a(T_1)$、$IM_{1E\&2E}$、$\bar{S}_a$] 与结构最大层间位移角 $\theta_{\max}$ 的相关系数和离散度系数随结构基本周期 T_1 的变化规律分别如图 5.2-24 和图 5.2-25 所示。

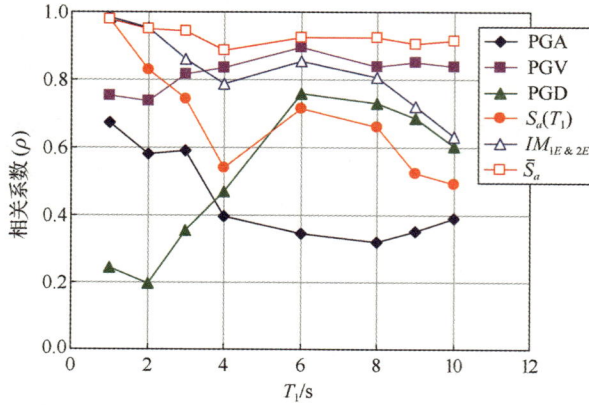

图 5.2-24　各地震动强度指标与 $\theta_{\max}$ 相关系数随 T_1 的变化规律

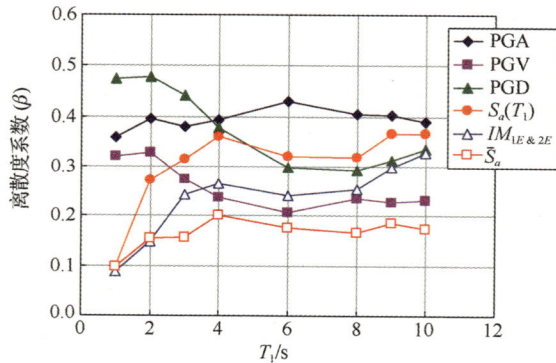

图 5.2-25　各地震动强度指标与 $\theta_{\max}$ 离散度系数随 T_1 的变化规律

由图 5.2-24 可见，随着结构基本周期的变长，$\bar{S}_a$ 与最大层间位移角 $\theta_{\max}$ 的相关性略有降低，但在 1～10s 的周期范围内，两者的相关性系数均在 0.9 以上，说明 $\bar{S}_a$ 与最大层间位移角 $\theta_{\max}$ 有着良好的相关性；而 PGV 与 $\theta_{\max}$ 的相关性随着结构基本周期的变长略有提高，在 8～10s 的超长周期范围内两者的相关系数维持在 0.82 左右，略低于 $\bar{S}_a$ 与 $\theta_{\max}$ 的相关性系数，这表明 PGV 与 $\theta_{\max}$ 有较好的相关性。PGA、$S_a(T_1)$ 和 $IM_{1E\&2E}$ 与 $\theta_{\max}$ 的相关性随着结构基本周期的变长而逐渐降低，在 $T_1=1.0$s 左右，$S_a(T_1)$ 和 $IM_{1E\&2E}$ 与 $\theta_{\max}$ 的相关系数在 0.95 以上，说明 $S_a(T_1)$ 和 $IM_{1E\&2E}$ 与 $\theta_{\max}$ 具有很好的相关性；但随着结构周期的变长，当 $T_1=10.0$s 左右，$S_a(T_1)$ 和 $IM_{1E\&2E}$ 与 $\theta_{\max}$ 的相关性系数均小于 0.8，仅在 0.6 左右，由于 $IM_{1E\&2E}$ 考虑了结构的前两阶振型的影响，$IM_{1E\&2E}$ 与 $\theta_{\max}$ 的相关性略好于 $S_a(T_1)$ 与 $\theta_{\max}$ 的相关性，PGA 与 $\theta_{\max}$ 的相关性最差。而 PGD 与 $\theta_{\max}$ 的相关性随 T_1 的变长逐渐提高，6s 以后的相关性系数又略有下降，但相关性系数均在 0.8 以下，说明 PGD 与 $\theta_{\max}$ 不具有良好的相关性。图 5.2-25 也显示了类似的规律，$\bar{S}_a$ 与最大层间位移角 $\theta_{\max}$ 的离散度系数最小，PGV 与 $\theta_{\max}$ 的离散度系数次之，PGA 与 $\theta_{\max}$ 的离散度系数最大。

3）地震动强度指标与最大楼层位移相关性

各地震动强度指标（PGA、PGV、PGD、$S_a(T_1)$、$IM_{1E\&2E}$、$\overline{S}_a$）与结构最大楼层位移d_{max}的相关系数和离散度系数随结构基本周期T_1的变化规律分别如图5.2-26和图5.2-27所示。图5.2-26表明，指标$S_a(T_1)$和$IM_{1E\&2E}$与结构的最大楼层位移d_{max}有较好的相关性，在从1~10s的整个周期段上相关性系数均在0.94左右；PGD和结构的最大楼层位移d_{max}的相关性随着结构基本周期的变长逐渐提高，当结构基本周期在1s左右时，PGD和d_{max}的相关性系数不足0.25，当结构基本周期为10s左右时，PGD和d_{max}的相关系数提高到了0.94；PGV和$\overline{S}_a$与d_{max}相关性随着结构基本周期的变长而逐渐降低，到了10s左右的超长周期段，两者与d_{max}的相关性系数均小于0.8，但$\overline{S}_a$与的d_{max}相关性略好于PGD与d_{max}的相关性；而PGA与d_{max}的相关性最差，随着结构基本周期的变长急剧下降，从4.0 s以后，甚至出现了负相关，说明在长周期段或者超长周期段PGA和d_{max}基本没有相关性。同样，从图5.2-27也可得到类似的结论，即指标$S_a(T_1)$和$IM_{1E\&2E}$与结构的最大楼层位移d_{max}的离散度在1~10s的整个考察周期范围内均最小，而PGA与d_{max}的离散度则最大。

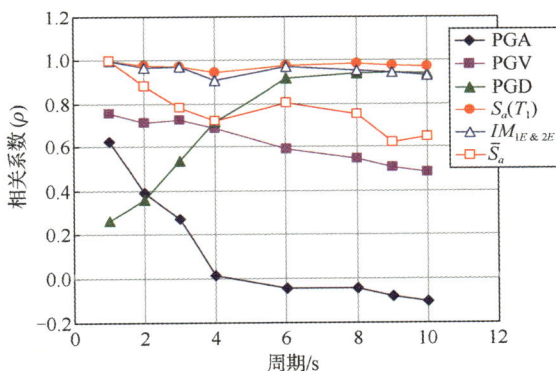

图5.2-26　各地震动强度指标与d_{max}相关系数随T_1的变化规律

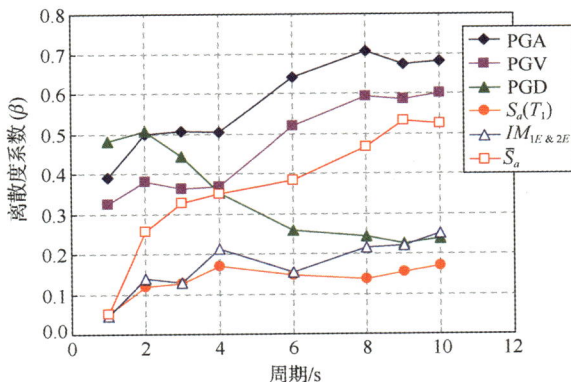

图5.2-27　各地震动强度指标与d_{max}离散度系数随T_1的变化规律

4）地震动强度指标与楼面最大加速度相关性

各地震动强度指标（PGA、PGV、PGD、$S_a(T_1)$、$IM_{1E\&2E}$、$\bar{S}_a$）与结构楼面加速度 a_{max} 的相关系数和离散度系数随结构基本周期 T_1 的变化规律分别如图 5.2-28 和图 5.2-29 所示。

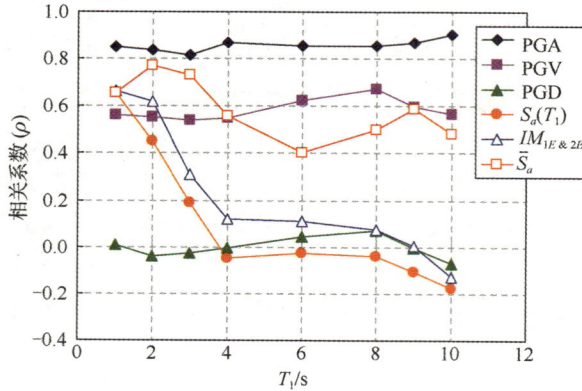

图 5.2-28　各地震动强度指标与 a_{max} 相关系数随 T_1 的变化规律

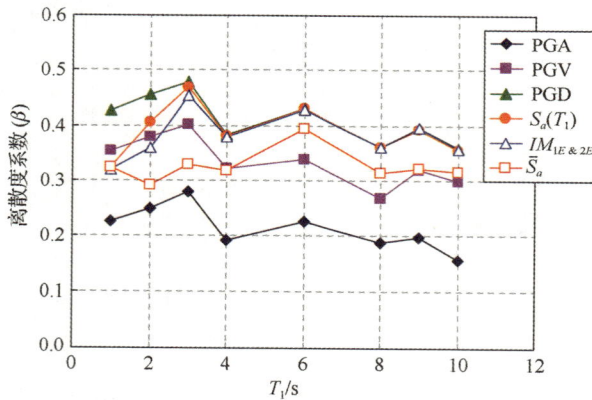

图 5.2-29　各地震动强度指标与 a_{max} 离散度系数随 T_1 的变化规律

显然，由图 5.2-28 和图 5.2-29 可见，在 1～10s 所考察的周期范围内，PGA 与结构最大楼面加速度 a_{max} 都有很好的相关性，两者的相关性系数基本在 0.9 左右，且离散度也最小。而 $\bar{S}_a$ 和 PGV 与 a_{max} 都具有一定的相关性，但在超长周期的范围内相关系数均小于 0.8；此外，$S_a(T_1)$、$IM_{1E\&2E}$ 与 a_{max} 的相关性随基本周期 T_1 的变长迅速降低，当结构周期超过 4.0s 后，$S_a(T_1)$、$IM_{1E\&2E}$ 与 a_{max} 的相关性变得很差，到了 10s 左右基本不具备相关性；而在 1～10s 的所考察的周期段，PGD 与 a_{max} 的相关性系数都很小，基本不具备相关性。总的说来，在所考察的 6 个地震动强度指标中，PGA 和结构最大楼面加速度 a_{max} 具有很好的相关性，且离散度也最小。

5）对地震动强度指标的选取的建议

根据上述弯剪耦合模型的分析研究，提出不同地震动强度指标对超高层建筑的适用性建议如下。

（1）由于在结构的设计过程中，结构的层间位移角是小震承载力设计和大震位移验算的重要指标，且研究表明，结构的损伤程度与结构的最大层间位移角具有很好的相关性（Miranda，et al.，2003），而第2）小节的分析表明，$\overline{S}_a$ 与最大层间位移角 θ_{max} 的相关性最好，且离散度最小，PGV 次之，也具有较好的相关性，另外，由于 $\overline{S}_a$ 是基于谱加速度提出的，能直接利用规范的反应谱，在基于概率的地震动危险性分析中也可直接采用现有的地震动衰减关系。因此，在进行超高层建筑设计或大震验算时，建议优先采用 $\overline{S}_a$ 作为地震动强度指标，也可采用 PGV 作为超高层建筑的设计地震动强度指标。

（2）第3）小节的分析表明，$S_a(T_1)$ 与结构的最大楼层位移 d_{max} 具有很好的相关性，因此在预测结构最大楼层位移时，可优先采用 $S_a(T_1)$ 作为地震动强度指标。

（3）第4）小节的分析表明，PGA 和结构的最大楼面加速度 a_{max} 始终具有很好的相关性，而结构的最大楼面加速度一般与结构的舒适度相关，是结构舒适度控制的重要指标。因此，在对结构进行舒适度和结构最大楼面加速度评估时，可优先考虑采用 PGA 作为基本的地震动强度指标。

5.2.4.4 基于 IDA 倒塌分析对各地震动强度指标合理性的检验

为了进一步检验不同地震动强度指标的合理性，本节将以两个超高层建筑结构的三维有限元模型为基础，以 FEMA P695（FEMA，2009）中推荐的 22 组远场地震动记录作为基本输入，进行弹塑性动力增量时程分析（IDA），逐步增大地震动强度，直至结构发生倒塌，得到引起结构发生倒塌的临界地震动强度，比较表 5.2-5 中 6 个地震动强度指标所对应的临界倒塌强度 $IM_{critical}$ 的变异系数 COV（coefficient of variation）。变异系数越小，表示该指标对超高层建筑结构越有效，越适用于超高层建筑的抗震设计和分析。

本节分析中用到的两个超高层建筑分别称为模型 A 和模型 B。其中模型 A 为 3.2 节介绍的高 632m 的"巨型柱-核心筒-伸臂桁架"超高层结构，其基本周期超过 9s，按照式（5.2-18）可以计算得到 n 的大致取值约为 5，从而得到 $\overline{S}_a = [S_a(T_1)\cdot S_a(T_2)\cdot S_a(T_3)\cdot S_a(T_4)\cdot S_a(T_5)]^{1/5}$。

模型 B 是为 3.3 节介绍的高 528m 的"巨型柱-核心筒-巨型支撑"超高层结构。结构的基本周期约为 7.5s，按式（5.2-18）可计算得到 n 的大致取值约为 4，从而 $\overline{S}_a = [S_a(T_1)\cdot S_a(T_2)\cdot S_a(T_3)\cdot S_a(T_4)]^{1/4}$。

建立两个超高层建筑的弹塑性分析模型，对两个结构进行了多条地震动记录下的倒塌 IDA 分析，从而确定引起结构倒塌的临界地震动强度。在 IDA 倒塌分析的过程时，仅选用了 FEMA P695（FEMA，2009）中 22 组远场地震动记录中较大的水平分量进行单向输入，结构的阻尼比取为 5%。通过对以上两栋超高层建筑进行 22 组地震动记录的倒塌分析，从而得到使结构倒塌临界状态各地震动指标的变异系数分析如图 5.2-30 所示。

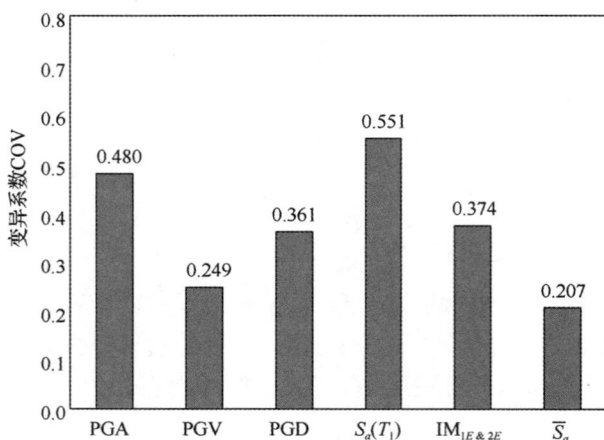

（a）模型A

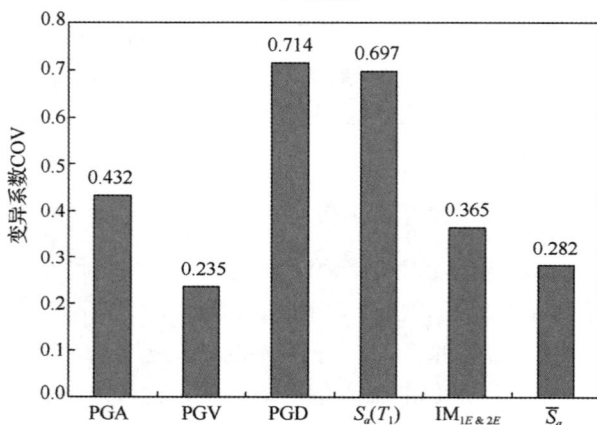

（b）模型B

图 5.2-30　结构倒塌临界状态各地震动指标的变异性系数分析

　　从图 5.2-30（a）可明显看出，在利用不同地震动强度指标表征模型 A 发生倒塌的临界值时，指标 $\overline{S}_a$ 的变异系数最小，约为 0.207，仅为 $S_a(T_1)$ 变异系数的 37.5%；PGV 指标的变异性系数次之，约为 0.249，为 $S_a(T_1)$ 对应变异系数的 45.1%；$S_a(T_1)$ 的变异系数最大，说明仅考虑结构一阶模态是不能全面反映超高层结构地震响应的；$IM_{1E\&2E}$ 考虑了结构前两阶振动模态，其变异系数比 $S_a(T_1)$ 有所减小，但仍大于 $\overline{S}_a$ 的变异系数，说明仅考虑前两阶模态依然不足以反映超高层建筑结构的地震响应。同理，由图 5.2-30（b）可见，在利用不同的地震动强度指标表征模型 B 发生倒塌的临界值时，指标 PGV 的变异系数最小，指标 $\overline{S}_a$ 的变异系数次之，略大于 PGV 的变异系数；PGD 和 $S_a(T_1)$ 的变异系数最大。总的说来，PGV 和本章提出的指标 $\overline{S}_a$ 对超高层结构都具有较好的适用性，但是，根据叶列平等（Ye, et al., 2013）的研究，对于短周期结构，PGV 指标精度较差，而 $S_a(T_1)$ 的精度最好，本节提出的指标 $\overline{S}_a$ 指标在短周期范围内自动退化为指标 $S_a(T_1)$ 的指标，因此比 PGV 指标有着更好的通用性。

另外，本章提出的地震动强度指标是基于谱加速度的，能较好地利用规范的反应谱，也便于地震风险性分析中直接利用现有的地震动衰减关系，因此，本节提出的地震动强度指标 $\overline{S}_a$ 也可作为超高层建筑结构抗震设计的地震动强度指标之一。

5.3　鱼骨模型及其应用

5.3.1　鱼骨模型的基本概念

5.2 节中的弯剪耦合模型虽然很简单，但是对结构简化太多，难以充分反映结构自身的受力特征。因此，还需要提出既计算简便，又可以充分反映结构主要构件受力行为的计算模型。许多研究者对传统高层建筑结构的简化模型开展了研究（Connor，et al.，1991；Luco，et al.，1998；Hoenderkamp，2002；包世华等，2003；Meftah，et al.，2007），其主要思路是采用弹性的弯曲梁、剪切梁或者两者的组合对高层建筑的基本动力特性或弹性位移响应进行预测。而超高层建筑普遍采用巨型结构体系，其弹塑性简化模型的研究还不多见。

因此，本书作者和清华大学叶列平教授，研究生卢啸、张万开、解琳琳等基于各类构件对整体结构抗震能力贡献的影响分析，提出采用发展成熟的非线性梁单元和剪切弹簧单元，尝试建立超高层建筑的简化分析模型，并讨论简化思路与方法（Lu, et al., 2014a；Lu，et al.，2016b）。由于此模型只包含梁单元和弹簧单元，本节称其为"鱼骨模型"；并以模态分析、静力分析和动力分析等多种工况下精细模型的结果为基准，对鱼骨模型的精度进行验证。在验证了鱼骨模型的可靠性后，可将该模型应用于不同类型超高层结构的抗震性能研究。众所周知，地震作用下各构件的累积塑性滞回耗能是评估结构抗震性能的一个重要指标，为了实现地震作用下结构损伤可控，很有必要研究各类构件的耗能能力以及整个结构的耗能分布情况。由于超高层巨型结构体系复杂，其精细模型单元数量往往较大，导致计算时间偏长，不利于参数分析得出其能量耗散规律，而本节所研究的鱼骨模型则较为高效且具有一定的精度，可用于超高层结构的耗能分析。此外，超高层结构在设计初期往往存在多种设计方案，基于本节提出的鱼骨模型可对不同设计方案的抗震性能进行迅速可靠的评估，为不同设计方案的比选和方案的进一步调整提供参考。下面将以一座典型巨型柱-核心筒-伸臂超高层建筑和一座典型巨型框架-核心筒-巨型支撑超高层建筑为例，详细阐述鱼骨模型的简化准则、合理性验证方法以及在超高层抗震性能研究方面的应用。

5.3.2　某巨型柱-核心筒-伸臂超高层建筑的鱼骨模型

以 3.2 节介绍的某巨型柱-核心筒-伸臂超高层建筑为例，下面重点介绍该类结构鱼骨简化模型的建立方法。

5.3.2.1　简化准则

基于以下简化准则建立鱼骨模型。

（1）将超高层建筑的精细三维有限元模型简化成平面模型。从 3.2 节的分析中可知，该超高层建筑刚度比较规则，不考虑顶部塔冠时，X、Y 两个方向的 1 阶平动周期分别为 9.10s 和 9.04s，差别不大，说明两个方向的抗侧刚度基本一致；1 阶扭转周期为 3.97s，扭转周期与平动周期比约为 0.416，远小于《高层建筑混凝土结构技术规程》（JGJ 3—2010）中 0.85 的要求，说明其扭转效应也不明显，可将该三维模型简化为一个平面模型。因此，在鱼骨模型中主要考虑其平动特性。此外，为尽可能减少模型中不确定性因素的影响，在模型进行简化的过程中忽略鞭梢效应的影响，即不考虑楼层顶部的非结构层部分塔冠的影响，由此得到的精细有限元模型如图 5.3-1（a）所示。

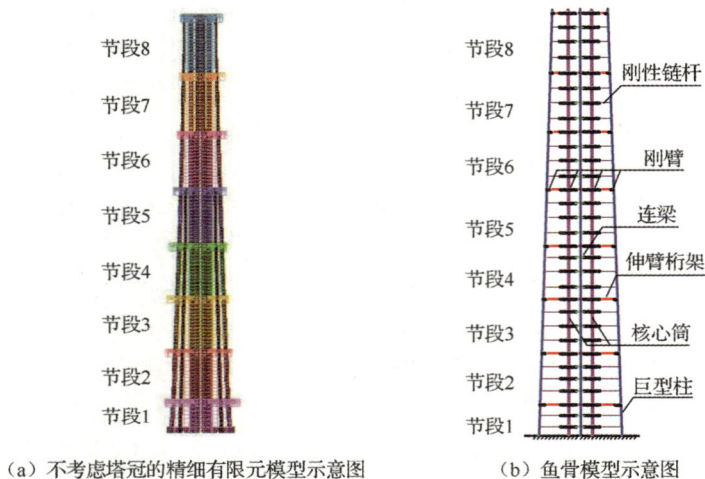

（a）不考虑塔冠的精细有限元模型示意图　　　　（b）鱼骨模型示意图

图 5.3-1　某巨型柱-核心筒-伸臂超高层建筑精细有限元模型与鱼骨模型示意图

（2）鱼骨模型中主要考虑巨型柱、核心筒（包括剪力墙和连梁）和伸臂桁架，这是基于结构构件对结构整体刚度贡献大小确定的，其他对结构整体刚度贡献小的次要构件，如次框架对结构的抗震能力贡献可忽略。各类构件对整体结构刚度贡献的分析方法是：分别将精细有限元模型中各类构件的刚度折减 50%，而总质量及其他的构件参数保持不变。降低刚度后的模型与初始模型的周期变化率对比见表 5.3-1，可见次框架刚度减小 50% 对整体结构周期的影响均小于 0.35%，故其对结构的抗震能力贡献非常微小，在鱼骨模型中可忽略。当巨型柱的刚度降低 50% 时，平动周期的变化非常显著，基本周期变化率约为 15%，这说明巨型柱对整个建筑的抗侧刚度有很大贡献。将核心筒的刚度减小 50% 导致所有模态的周期大幅增加，且高阶模态的周期增加更多。核心筒刚度的减小对扭转周期也有很大影响，增幅约 28%。因此，核心筒对整个结构的侧向刚度和扭转刚度有显著贡献，振动模态越高，核心筒对刚度的贡献越大。最后，伸臂桁架对结构的抗侧刚度有显著贡献，而对扭转刚度影响较小。基于上述分析结果，巨型柱、核心筒（包括剪力墙和连梁）和伸臂桁架是整个结构体系中的关键构件，故鱼骨模型中仅考虑这几类构件，即可从整体上体现该结构的抗震性能。

表 5.3-1 构件刚度折减 50%后的模型与初始模型的周期变化率对比

振型周期		周期变化率/%			
		次框架刚度 折减 50%	巨型柱刚度 折减 50%	核心筒刚度 折减 50%	伸臂桁架刚度 折减 50%
T_1	X 向 1 阶平动周期	0.27	15.30	11.17	9.12
T_2	Y 向 1 阶平动周期	0.26	15.10	11.46	8.94
T_3	1 阶扭转周期	0.26	2.58	27.76	2.64
T_4	X 向 2 阶平动周期	0.35	5.24	21.91	6.36
T_5	Y 向 2 阶平动周期	0.34	5.34	22.12	6.22
T_6	2 阶扭转周期	0.30	2.31	28.36	3.01
T_7	X 向 3 阶平动周期	0.31	2.90	27.38	4.28
T_8	Y 向 3 阶平动周期	0.31	3.00	27.28	4.33
T_9	3 阶扭转周期	0.33	2.01	29.34	2.70

（3）鱼骨模型的总质量与精细模型基本保持一致。将精细模型中的巨型柱、核心筒和伸臂的自重折算成构件的等效密度，分别施加在鱼骨模型中的巨型柱、核心筒和伸臂的构件上；外围次框架的自重力折算成巨型柱等效密度附加在巨型柱上；楼板的自重力及活载则根据巨型柱和筒体的从属面积大小分配到该楼层位置的巨型柱和核心筒上。

（4）为使鱼骨模型计算简便且合理，巨型柱、剪力墙和伸臂均使用非线性梁单元模拟，连梁采用 ATC-72（ATC，2010）建议的两端有弯曲铰、中间有剪切铰的梁单元来模拟。在本节中，非线性梁单元具有 6 个自由度（3 个平动、2 个转动和 1 个扭转自由度），每个自由度分别赋予相应的滞回模型。本节采用 2.4 节（陆新征等，2009）提出的十参数滞回模型，如图 5.3-2 所示。该模型不仅考虑了屈服、强化和软化行为，也考虑了循环荷载下的捏拢效应和强度及刚度退化。此外，该模型还能反映正负向屈服强度不等的特性，因此具有很好的通用性和灵活性。该模型的参数可分为两组，第一组参数主要定义骨架线，包括初始刚度 K_0、广义屈服强度 F_y（如轴向力、剪力或弯矩）、硬化率 η、

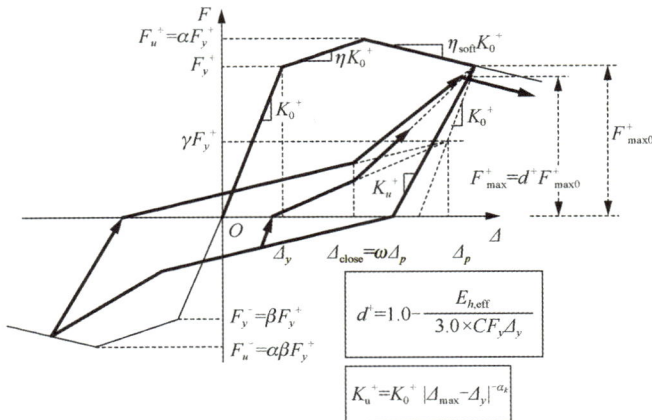

（a）考虑捏拢效应

图 5.3-2 滞回模型

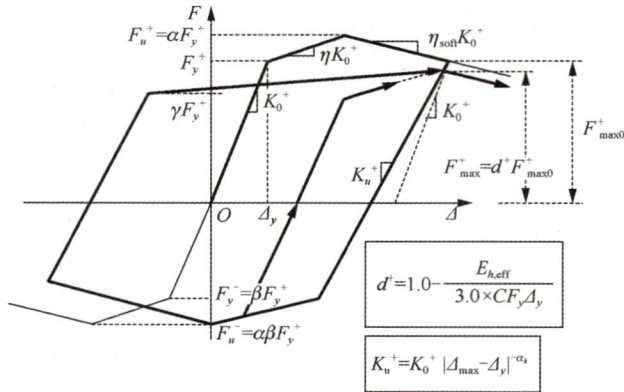

（b）不考虑捏拢效应

图 5.3-2（续）

软化率 η_{soft}、极限强度与屈服强度比 α 和负向屈服强度与正向屈服强度比 β。第二组参数控制滞回性能，包括捏拢效应系数 γ、滑移段终点参数 ω、损伤累积耗能参数 C 和卸载刚度参数 α_u。对模型的详细讨论参见文献（陆新征等，2009）及 2.4 节。

（5）基于精细有限元模型模拟和常规构件的滞回试验确定各关键构件鱼骨模型的滞回参数。由于该超高层建筑构件尺寸非常大，很难找到类似尺寸的构件试验来校准滞回模型参数值，为此本节根据以下两个原则确定模型参数：①对于钢构件（如伸臂桁架），采用精细有限元模型标定相应鱼骨模型的骨架线参数和滞回参数。②对于钢筋混凝土构件使用精细有限元模型模拟荷载作用下的力-位移骨架线，由此得到骨架线参数（K_0, F_y, η, η_{soft}, α 和 β）；考虑到精细有限元模型模拟的困难，滞回参数（γ, ω, C 和 α_k）根据文献中常规构件的滞回试验获得。

根据上述假定和简化，最终建立了该超高层建筑的鱼骨模型，如图 5.3-1（b）所示。值得注意的是 3-D 精细有限元模型包含约 120 000 个单元，而鱼骨模型仅包含 2 500 个单元，显著减少了计算量。

5.3.2.2　关键构件简化模型参数标定方法

1）巨型柱的简化模型

该超高层建筑的 8 根巨型柱从底部延伸至顶部，其布局如图 5.3-3（a）所示。由于这些巨型柱具有相似的强度和刚度，鱼骨模型中将每侧的两根巨型柱简化为一根柱子，如图 5.3-3（b）所示。对于其他的仅延伸到第 5 节段的角部巨型柱，由于其截面尺寸相对较小，且距离结构的中心较近，对整体结构的刚度贡献要远小于边柱，在鱼骨模型中，忽略角部巨型柱，而直接将其刚度的贡献折算到鱼骨模型的巨型柱上。精细有限元模型的结果显示，巨型柱的主要受力状态为弯曲和轴压，因此鱼骨模型中考虑了巨型柱的非线性弯曲和受压行为，而剪切和扭转行为则采用弹性模拟。精细有限元模型的结果还表明，建筑的重力荷载非常大，相应巨型柱的静态轴力也非常大，罕遇地震

下巨型柱的轴力无显著变化，在鱼骨模型中可以采用恒定轴压力作用下的弯曲性能来
模拟巨型柱的非线性性能。

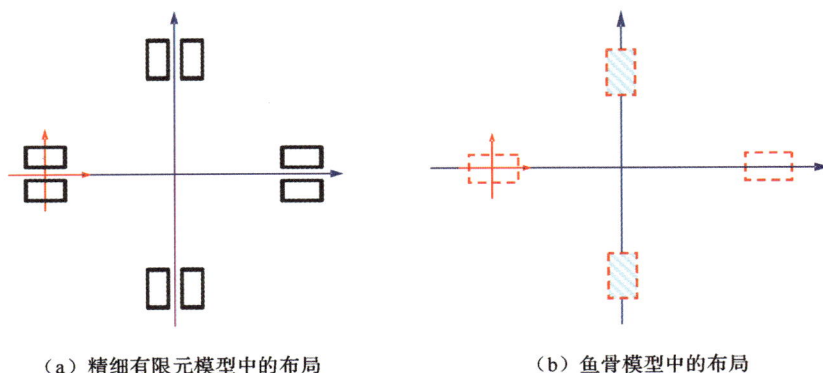

（a）精细有限元模型中的布局　　　　　（b）鱼骨模型中的布局

图 5.3-3　巨型柱的楼层平面布局

依次取出节段1～节段8巨型柱，建立其精细有限元模型，进行定轴力下的弯曲数值
分析，得到每个节段巨型柱的弯矩-曲率骨架线，其中典型的巨型柱弯矩-曲率骨架线如图
5.3-4 所示。由于该超高层建筑的型钢混凝土巨型柱最大截面约达 20m^2，很难找到尺寸
相似的足尺试验来确定其滞回性能，在分析过程中，通过选取含钢率和轴压比相近的普
通钢骨混凝土柱的滞回试验来确定鱼骨模型的恢复力模型滞回参数。陈小刚等（2009）
进行了边长为 300mm 的方形型钢混凝土柱的滞回试验，纵向含钢率和设计轴压比分别
为 7.22%和 0.65，与该超高层建筑巨型柱的配筋率和轴压比基本相同，因此本节采用
该钢骨混凝土柱滞回试验数据来标定鱼骨模型巨型柱的滞回参数。采用图 5.3-2 滞回模
型模拟试验柱的滞回性能，滞回试验与模拟结果对比如图 5.3-5 所示，可见模拟结果
和试验结果吻合较好。

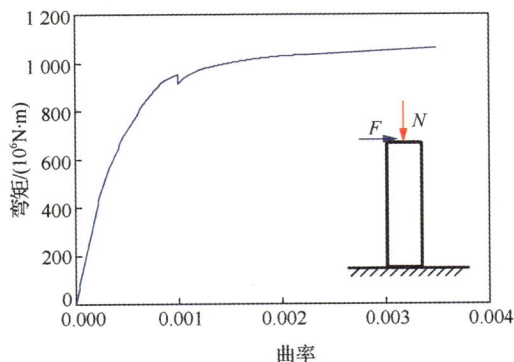

图 5.3-4　单根巨型柱定轴压下的典型弯矩-曲率骨架线

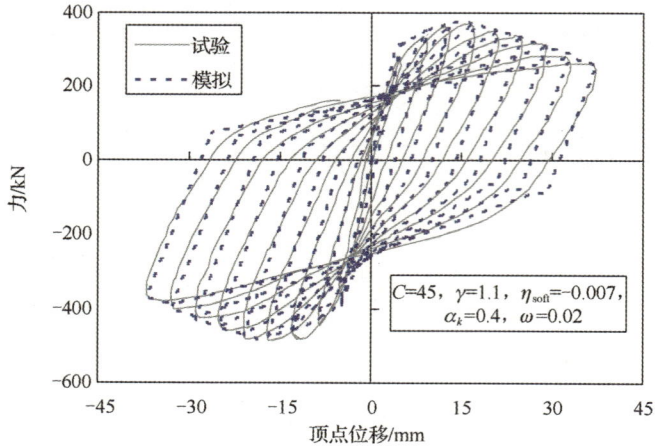

图 5.3-5　钢骨混凝土柱滞回试验与模拟结果对比

2）连梁的简化模型

该超高层建筑采用钢板增强复合连梁（即在连梁的中间嵌入钢板），以提供更高的刚度和延性。图 5.3-6 显示了核心筒连梁和墙壁的典型布置，可见连梁布置比较规则，主要沿核心筒的 X 轴和 Y 轴对称分布。图 5.3-6 中 A、B、C 和 D 四根连梁沿 Y 轴将核心筒分成两个部分，在鱼骨模型中将每层的这四根连梁等效成一个连梁。由于图 5.3-6 中相邻剪力墙 W_1、W_2 和 W_3 的约束，另外两根连梁（图 5.3-6 中的 E 和 F）被模拟为左右半筒的一部分。3.2 节研究表明连梁的破坏主要是剪切破坏，鱼骨模型中连梁的简化模型见图 5.3-7。图中示出连梁采用两端有弯曲铰、中间有剪切铰的梁单元模拟。本节对每层典型连梁用精细有限元模型模拟，给出了典型连梁的剪力-位移预测骨架线，见图 5.3-8，并据此确定鱼骨连梁简化模型的骨架线参数，滞回参数则通过现有文献中钢板增强复合连梁试验（Lam，et al.，2005）校准。针对某典型钢板增强复合连梁的滞回试验，采用如图 5.3-7 所示的剪切弹簧模型来模拟，滞回试验与模拟结果对比如图 5.3-9 所示，可见两者吻合较好。

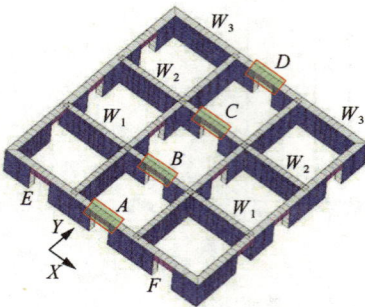

图 5.3-6　核心筒连梁和墙壁的典型布置

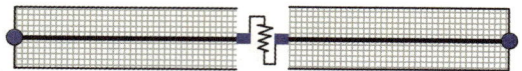

图 5.3-7　连梁的简化模型

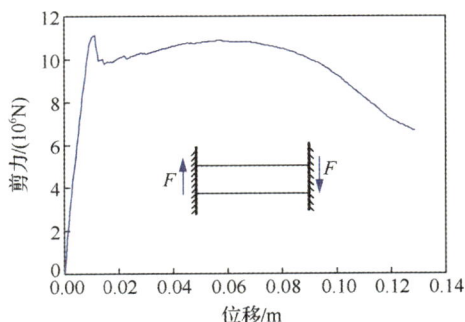

图 5.3-8　连梁的剪力-位移预测骨架线

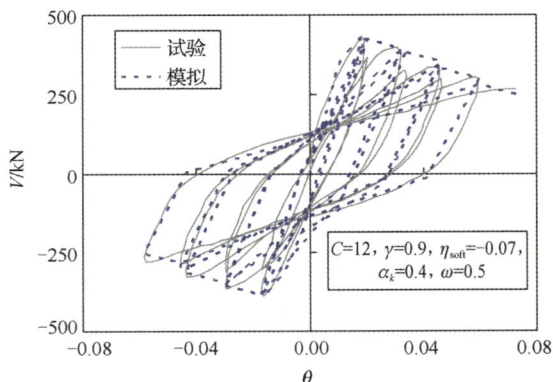

图 5.3-9　钢板增强复合连梁的滞回试验与模拟结果对比

3）剪力墙的简化模型

如上所述，核心筒中连梁的布置相对规则，A、B、C 和 D 四个连梁沿 Y 轴方向将核心筒分成左右两个相同的子筒，如图 5.3-6 所示。这两个子筒在鱼骨模型中由两个竖向悬臂梁模拟，并通过前述的等效连梁相连。地震作用下核心筒的破坏主要是轴向压缩破坏和弯曲破坏，此外与巨型柱类似，由于重力荷载非常大，罕遇地震下核心筒的轴力无显著变化，因此在鱼骨模型中可以采用恒定轴压力作用下的弯曲性能来模拟核心筒的非线性性能。为此，先依次建立 8 个节段筒体的精细有限元模型，模拟其在定轴力下的弯曲性能，进而得到典型核心筒恒定轴压作用下的侧向力-位移骨架线（图 5.3-10），获得相应简化模型的骨架线参数。简化模型滞回参数则通过循环荷载下钢筋混凝土筒体试验数据获得。贾鹏等（2009）测试了一系列尺寸为 1380mm×1380mm、厚 70mm 的核心筒，其设计轴压比约为 0.5，与该超高层建筑核心筒的实际轴压比相近。采用梁单元和图 5.3-2 中的滞回模型来模拟该核心筒试件的滞回性能，以校准滞回模型的参数，滞回试验与模拟结果对比如图 5.3-11 所示，可见两者吻合较好。

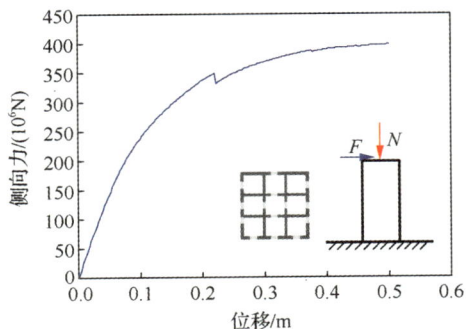

图 5.3-10　典型核心筒恒定轴压作用下的
侧向力-位移骨架线

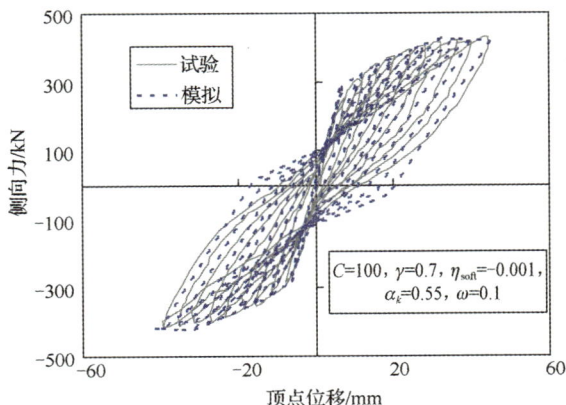

图 5.3-11　核心筒试件的滞回试验与
模拟结果对比

4）伸臂桁架的简化模型

伸臂桁架是连接核心筒和外侧巨型柱的主要构件。地震下外侧巨型柱和核心筒的变形差使得伸臂桁架中产生弯矩和剪力。3.2 节的分析表明，伸臂桁架中的弯矩主要通过上下水平构件（弦杆）抵抗，而伸臂桁架中的剪力主要通过斜腹杆抵抗［图 5.3-12（a）］。由于弯矩和剪力之间的耦合效应不明显，鱼骨模型中，分别采用一个非线性弯曲铰和一个剪切铰来模拟伸臂的弯曲和剪切行为，其示意图如图 5.3-12（b）所示。通过典型伸臂的精细有限元模型分析获得弯矩和剪力作用下的骨架线参数。由于现有文献中伸臂桁架的滞回试验研究很少，并且钢构件的有限元模拟较为可靠，伸臂桁架的滞回性能是通过精细有限元模型分析确定的。伸臂桁架的简化模型与精细模型的剪切滞回性能对比如图 5.3-13 所示，可见两者吻合较好。

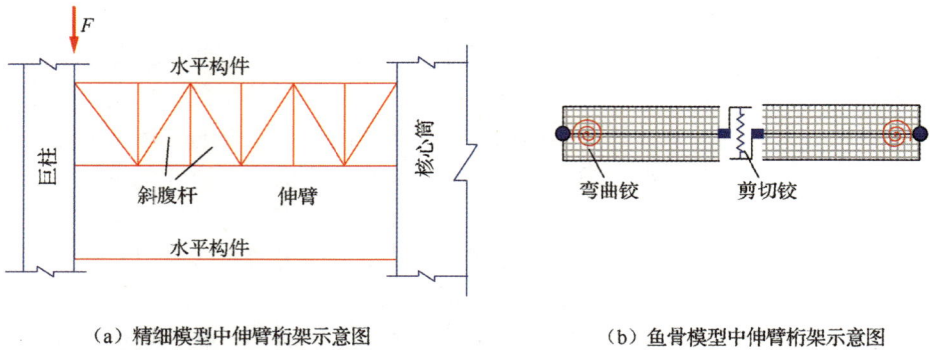

　（a）精细模型中伸臂桁架示意图　　　　　　（b）鱼骨模型中伸臂桁架示意图

图 5.3-12　精细模型和鱼骨模型中伸臂桁架示意图

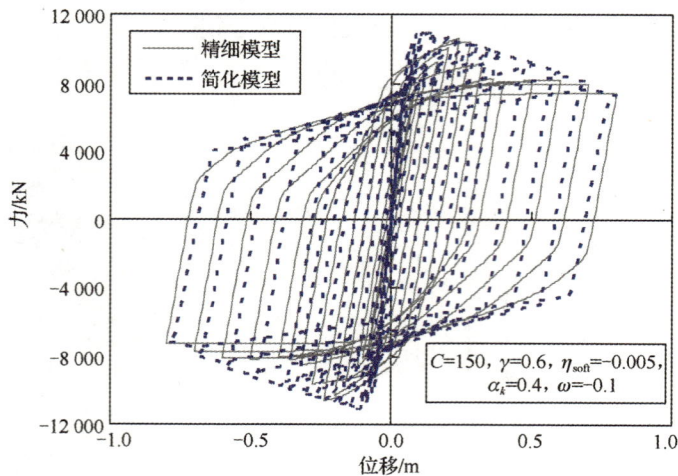

图 5.3-13　伸臂桁架的简化模型与精细模型的剪切滞回性能对比

5）刚臂和链杆

核心筒和巨型柱在精细有限元模型中有特定的宽度。而在鱼骨模型中，简化的梁单元无法反映实际宽度，因此在巨型柱和核心筒以及各层连梁和剪力墙的连接处设置了一定长度的刚臂。刚臂的长度取决于与刚臂相连处巨型柱或核心筒的实际宽度。为近似考虑楼板的约束作用，在巨型柱和核心筒之间设置刚性链杆。

最终的鱼骨模型中不同构件滞回参数的典型取值如表 5.3-2 所示。

表 5.3-2 不同构件滞回参数的典型取值

构件	滞回参数							
	η	α	β	η_{soft}	C	γ	α_k	ω
巨型柱（弯曲）	0.03	1.12	1	−0.007	45	1.1	0.4	0.02
核心筒（弯曲）	0.08	1.4	1	−0.001	100	0.7	0.55	0.1
连梁（剪切）	0.014	1.085	1	−0.07	12	0.9	0.4	0.5
伸臂（剪切）	0.04	1.15	1	−0.05	150	0.6	0.4	−0.1
伸臂（弯曲）	0.05	1.2	1	−0.001	15	0.6	0.001	−0.1

5.3.2.3 鱼骨模型的合理性验证

本节对鱼骨模型和精细模型分别进行了基本动力特性分析、静力分析和动力时程分析，通过对比两种模型的典型计算结果验证了鱼骨模型的准确性及用于研究巨型柱-核心筒-伸臂超高层建筑抗震性能的可行性和可靠性。

1）基本动力特性

分析了鱼骨模型 X 方向的自振周期，与精细模型前 6 阶 X 向振型及周期相对偏差比较如图 5.3-14 所示。

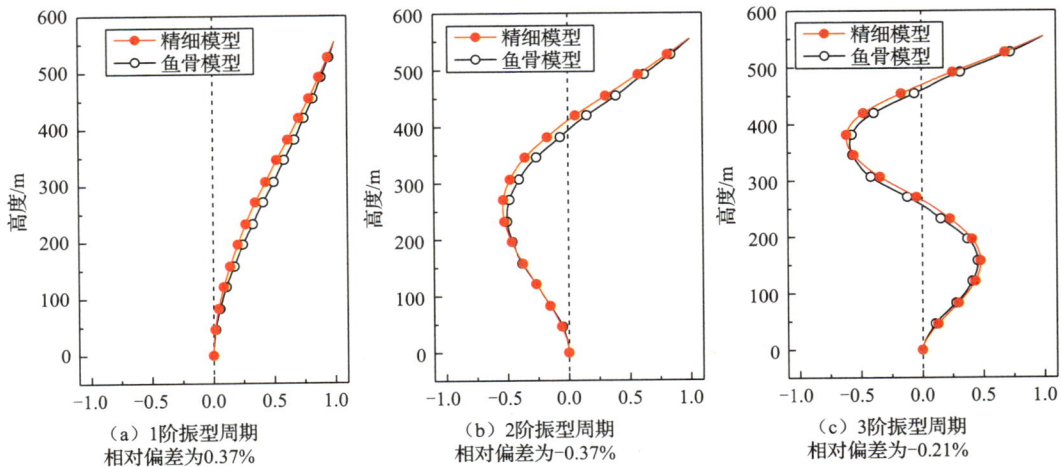

（a）1阶振型周期
相对偏差为0.37%

（b）2阶振型周期
相对偏差为-0.37%

（c）3阶振型周期
相对偏差为-0.21%

图 5.3-14 鱼骨模型与精细模型前 6 阶 X 向振型及周期相对偏差比较

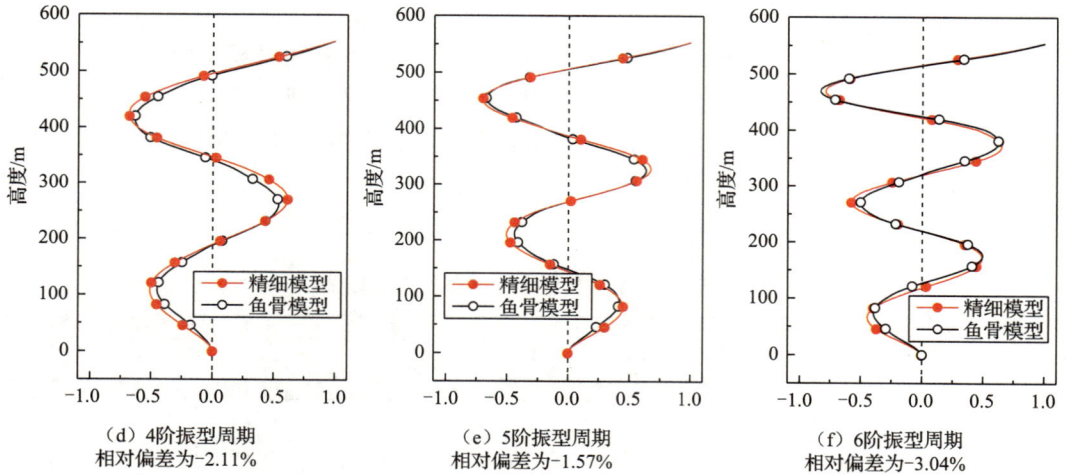

(d) 4阶振型周期
相对偏差为-2.11%

(e) 5阶振型周期
相对偏差为-1.57%

（f）6阶振型周期
相对偏差为-3.04%

图 5.3-14（续）

图 5.3-14 的比较表明：鱼骨模型的前 6 阶平动自振振型与精细模型振型基本一致，自振周期与精细模型周期吻合良好，1 阶平动周期的相对偏差仅为 0.37%，鱼骨模型刚度略小于精细模型，前 6 阶自振周期的最大相对偏差约为-3.04%，在 5%以内。因此，鱼骨模型能较好地反映了该超高层建筑的基本动力特性。

2）静力分析

在进行静力工况比较时，设置了两种静力分析工况，即竖向重力荷载作用和水平荷载作用，分别考查巨型柱和核心筒内总轴力和总剪力的分配关系是否与精细模型基本一致。

在竖向重力荷载作用下，鱼骨模型与精细模型每个节段内的巨型柱和核心筒内的轴力比较如图 5.3-15 所示。显然，鱼骨模型中核心筒轴力与精细模型吻合较好，在节段 5～节段 7 略有一些差异，鱼骨模型核心筒中的总轴力略低于精细模型，但最大相对偏差仍在 10%以内；鱼骨模型巨型柱中的总轴力与精细模型也基本一致，但随着楼层高度增加，轴力略大于精细模型，但最大偏差也在 10%以内。总的说来，鱼骨模型与精细模型在竖向重力荷载作用下的总轴力分配基本一致。

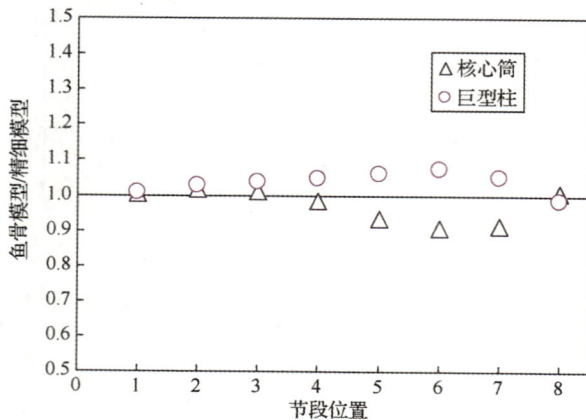

图 5.3-15 鱼骨模型与精细模型每个节段内的巨型柱和核心筒内的轴力比较

在 0.01g 的水平荷载作用下，鱼骨模型与精细模型底部总剪力在巨型柱和核心筒中的分配如表 5.3-3 所示。由表 5.3-3 可知，在精细模型中，核心筒分担了大部分的基底总剪力，约为 72.70%，外围巨型柱柱分担了 27.30%左右。在鱼骨模型中，核心筒和巨型柱的剪力分担比例与精细模型基本一致，分别为 73.99%和 26.01%，核心筒的剪力分担比例略高于精细模型。总的说来，鱼骨模型和精细模型在水平荷载作用下，二者巨型柱和核心筒的剪力分担比例吻合良好。

表 5.3-3　水平荷载作用下鱼骨模型与精细模型底部总剪力分配比较

结构	鱼骨模型		精细模型		鱼骨模型/精细模型
	剪力/MN	剪力分配比例/%	剪力/MN	剪力分配比例/%	
核心筒	46.80	73.99	45.70	72.70	1.024
巨型柱	16.45	26.01	17.16	27.30	0.959

注：精细模型中巨型柱分担的总剪力为巨型柱和外围次框架剪力之和。

3）动力时程分析

采用动力时程分析验证鱼骨模型的准确性时，依然选择了科研中常用的地震动记录 El Centro EW 1940 作为基本的地震动输入，并将其沿 X 方向单向输入，将加速度幅值调幅至 220cm/s^2。首先比较弹性计算结果的差别，鱼骨模型与精细模型弹性分析顶点及楼层位移时程对比如图 5.3-16 和图 5.3-17 所示。图 5.3-16 为鱼骨模型与精细模型顶点位移时程的对比，显然两者的顶点位移时程基本一致，吻合较好。

图 5.3-17（a）为鱼骨模型与精细模型楼层位移包络值的比较，两者楼层位移基本一致，吻合较好，仅在楼层中部略有差别；图 5.3-17（b）为鱼骨模型与精细模型层间位移角的比较，显然，两者吻合也较好，在顶部略有差别，满足工程精度需求。

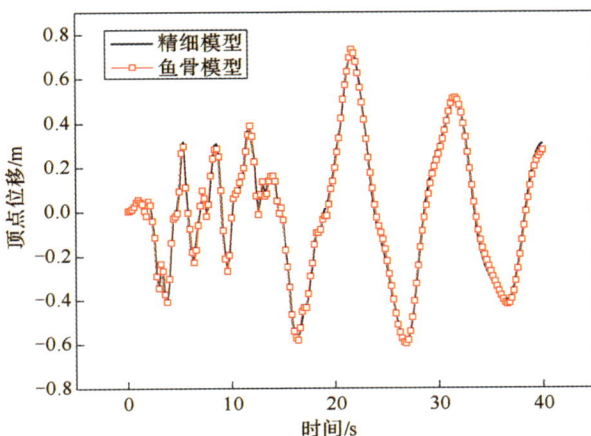

图 5.3-16　鱼骨模型与精细模型弹性分析顶点位移时程对比

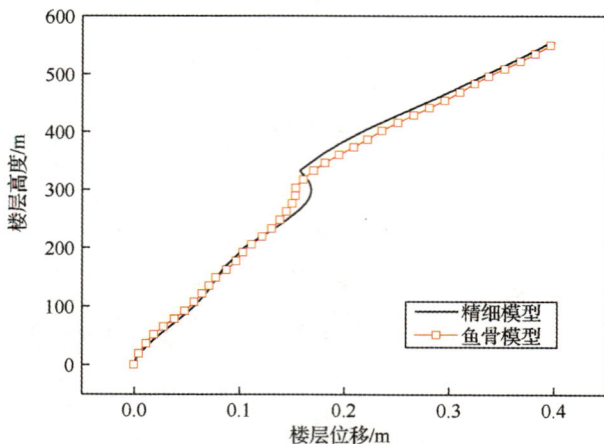

（a）最大位移包络比较

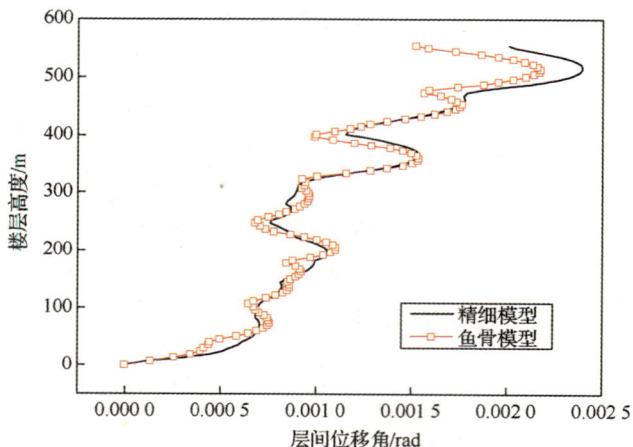

（b）最大层间位移角包络比较

图 5.3-17　鱼骨模型与精细模型弹性分析楼层位移时程对比

　　当考虑结构的弹塑性变形时，PGA=220cm/s² 的 El Centro 地震动作用下的鱼骨模型与精细模型楼层弹塑性位移响应比较如图 5.3-18 所示。图 5.3-18（a）为鱼骨模型与精细模型弹塑性楼层位移的比较，显然两者吻合良好；图 5.3-18（b）为鱼骨模型与精细模型弹塑性层间位移角比较，趋势基本一致，仅在中部楼层和顶部楼层偏差略大，但依然在工程可接受的范围内。

（a）最大位移包络比较

（b）最大层间位移角包络比较

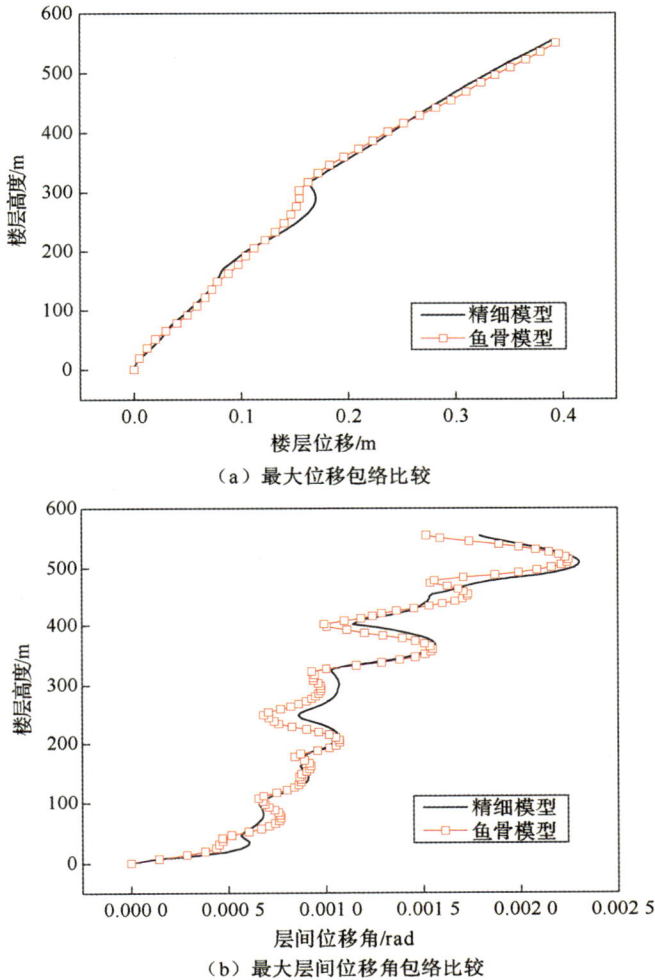

图 5.3-18　鱼骨模型与精细模型楼层弹塑性位移响应比较

　　鱼骨模型和精细模型伸臂损伤分布比较如图 5.3-19 所示。在鱼骨模型中，损伤主要体现在节段 2～节段 6 伸臂桁架的剪切屈服，而在精细模型中，损伤主要体现在节段 2～节段 6 伸臂腹杆的屈服，两者的屈服部位基本一致，可见鱼骨模型也可以把握结构的损伤的宏观特性。

　　综上所述，本节以一座典型巨型柱-核心筒-伸臂结构超高层为例，基于精细有限元模型建立了其相应的鱼骨模型，并通过模态分析、静力分析和动力时程分析等多种分析工况，对鱼骨模型的可靠性进行了验证。结果表明该鱼骨模型能够较好地表征该超高层的基本动力特性，能较好地反映结构在静力作用下的内力分布规律，并可近似把握结构地震作用下的弹塑性响应和损伤的宏观规律，显著提高了分析效率，为该类超高层的地震能量分析提供了模型基础。

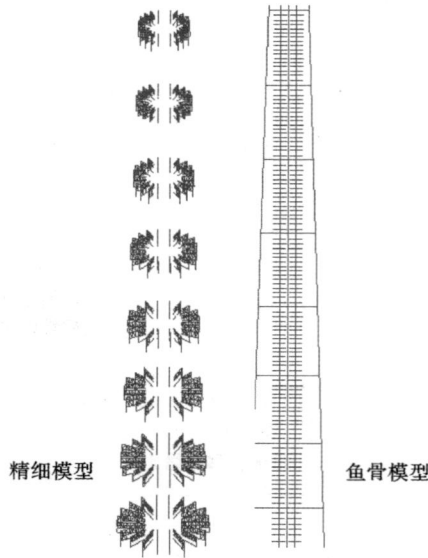

图 5.3-19　　鱼骨模型和精细模型伸臂损伤分布比较

5.3.2.4　基于鱼骨模型的地震耗能分析

以鱼骨模型为基本对象，采用 FEMA P695（FEMA，2009）中的 22 组远场地震动记录作为基本输入，分别计算了 PGA=220cm/s²、310cm/s²、400cm/s² 和 620cm/s² 四种分析工况。不同地震动强度下，22 组地震动记录下结构的塑性滞回耗能比例如图 5.3-20 所示。在 PGA=220cm/s² 时，结构的平均滞回耗能约为 1.511×10^7 N·m，仅占地震平均总输入能量的 21.37%；随着地震动强度的增大，结构的塑性滞回耗能略有增大；PGA= 310cm/s² 时，结构的平均滞回耗能约为 3.46×10^7 N·m，占地震平均总输入能量的 26.25%；PGA=400cm/s² 时，结构的平均滞回耗能约为 5.866×10^7 N·m，占地震平均总输入能量的 29.09%；PGA=620cm/s² 时，结构的平均滞回耗能约为 1.608×10^8 N·m，约为地震平均总输入能量的 36.37%。总的说来，由于该超高层的抗震设计性能目标较高，地震动总输入能量主要由阻尼耗能耗散，结构塑性滞回耗能所占比例较低，即使在 PGA=620cm/s² 时，结构的塑性滞回耗能也仅在 36%左右。通过对这 22 组地震动 Fourier 谱平均周期的对比可知，CHICHI_CHY101-E，KOCAELI_DZC180 和 LANDERS_YER270 3 组地震动记录的 Fourier 谱平均周期明显大于其他地震动记录，长周期分量较多，因此在 4 种不同地震动水准下，这 3 组地震动记录输入下结构的滞回耗能均达到了 45%以上。

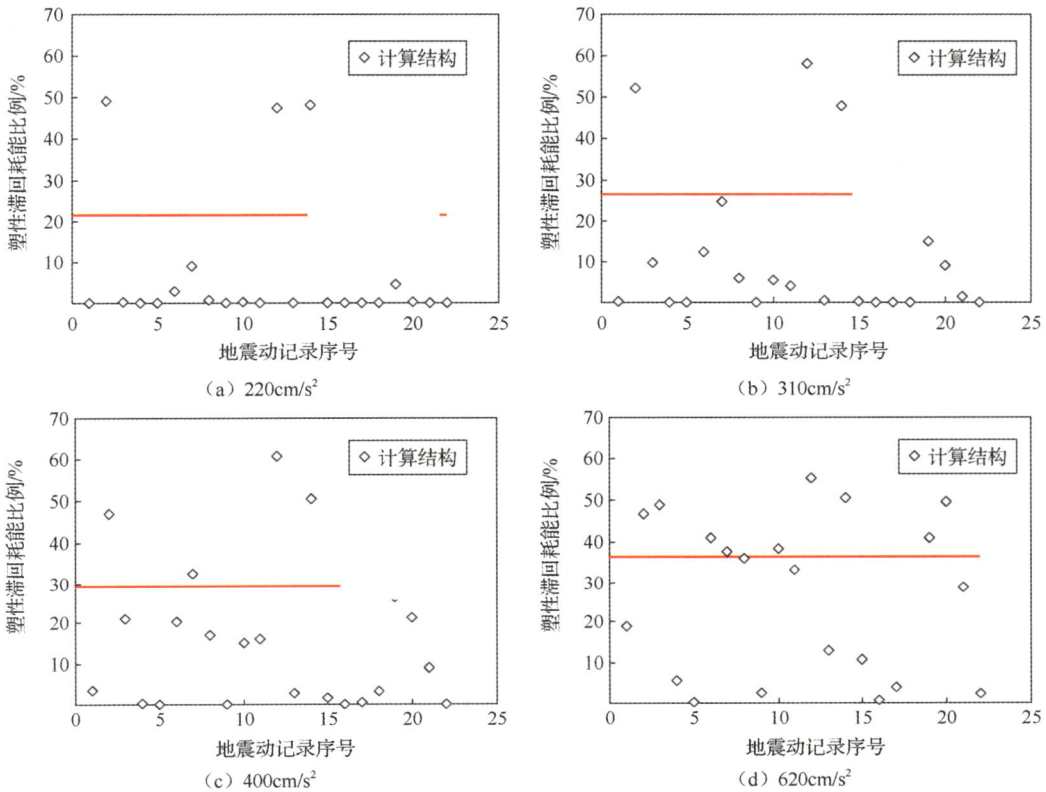

图 5.3-20 不同地震动强度下结构的塑性滞回耗能比例（图中◇为计算结构）

1）不同地震动强度下各类构件的耗能比例

本小节主要讨论结构的总滞回耗能在各类重要构件中的分配规律，对 5.3.2.4 节中 4 种不同强度 22 组地震动记录弹塑性时程分析结果的整理可知，不同地震动强度下超高层各类构件（巨型柱、剪力墙、连梁和伸臂桁架）的平均滞回耗能分配比例如图 5.3-21 所示。

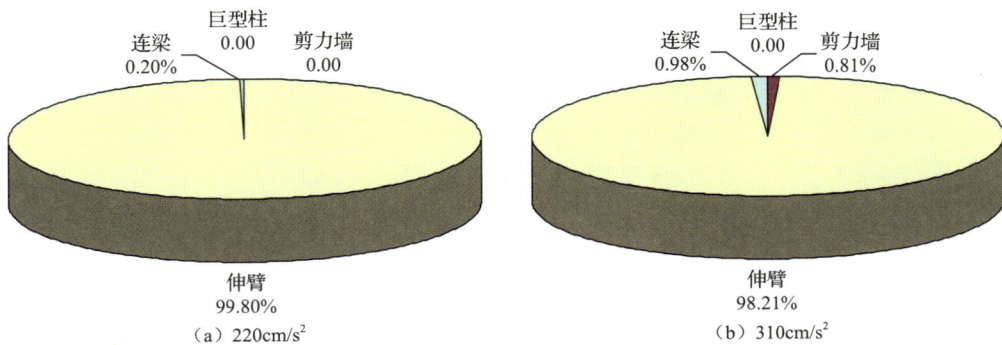

图 5.3-21 不同地震动强度下超高层各类构件的平均滞回耗能分配比例

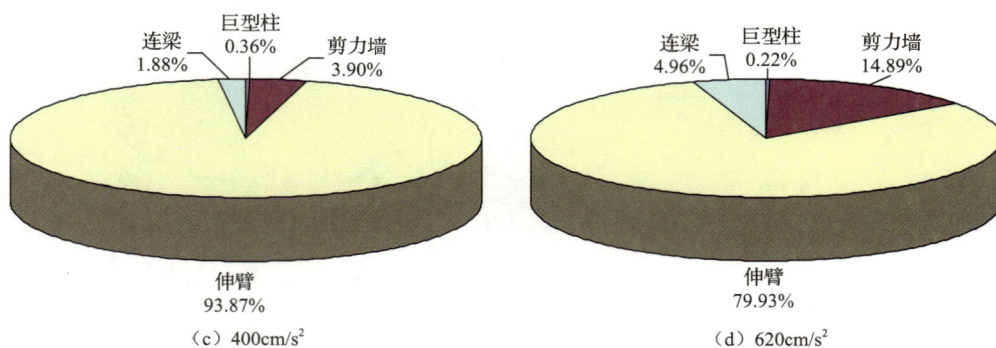

（c）400cm/s²　　　　　　　　　　　　（d）620cm/s²

图 5.3-21（续）

显然，在 PGA=220cm/s² 时，巨型柱和核心筒基本保持弹性，仅连梁和伸臂桁架发生了局部屈服，而伸臂耗能占总滞回耗能比例的 99.80%，远远高于连梁耗能；在 PGA=310cm/s² 时，核心筒中的部分剪力墙也局部进入屈服，开始参与耗能，连梁的耗能比例略有增加，伸臂桁架的耗能比例略有下降，约为 98.21%，依然是主要耗能构件；在 PGA=400cm/s² 时，在部分地震波作用下，巨型柱也开始屈服参与耗能，连梁和剪力墙的耗能比例略有上升，伸臂桁架的耗能比例略有下降，约为 93.87%，依然是主要耗能构件；在 PGA=620cm/s² 时，连梁、核心筒耗能比例提高较大，连梁耗能占总滞回耗能的比例增加至 4.96%，剪力墙耗能占总滞回耗能比例达到了 14.89%，伸臂桁架耗能比例进一步降低，约为 79.93%，但依然是最主要的耗能构件。巨型柱和核心筒在承受水平荷载的同时，还主要抵抗竖向荷载，是结构的关键构件，对结构的抗倒塌有着重要的作用，且损伤后不利于修复，不适合作为结构的耗能构件。因此，连梁和伸臂桁架是该巨型柱-核心筒-伸臂超高层结构可用于耗能的两大类构件，从图 5.3-21 可明显看出，在不同的地震动强度水准下，伸臂桁架的耗能比例远高于连梁的耗能比例，是该超高层的主要耗能构件。

2）不同地震动强度下各类构件总耗能沿结构高度的分布

本小节主要讨论该超高层各类主要构件总滞回耗能沿结构高度的分布规律，对 5.3.2.4 节中 4 种不同强度 22 组地震动记录弹塑性时程分析的结果整理可以得到，不同地震动强度下各类构件（巨型柱、剪力墙、连梁和伸臂桁架）的塑性滞回耗能沿高度的分布如图 5.3-22～图 5.3-25 所示。由于巨型柱基本没有发生屈服耗能（仅在 400cm/s² 和 620cm/s² 地震动强度下，极少数地震记录作用时发生了屈服），因此仅列出连梁、剪力墙和伸臂桁架的滞回耗能沿结构高度的分布规律。

从图 5.3-22 可知，当 PGA=220cm/s² 时，结构的滞回耗能主要由伸臂和连梁耗散，且伸臂桁架的滞回耗能远大于连梁滞回耗能，占据了结构总滞回耗能的绝大部分。图 5.3-22（a）显示，除第 1 节段的伸臂外，其余 7 个节段的伸臂桁架均耗散了一定的地震能量，且上部 4 个节段伸臂的耗能明显大于下部节段；类似地，由图 5.3-22（b）可知，连梁的耗能主要集中在节段 6～节段 8，底部 4 个节段的连梁并没有发生明显的耗能。

（a）伸臂滞回耗能竖向分布

（b）连梁滞回耗能竖向分布

（c）各类构件平均滞回耗能竖向分布

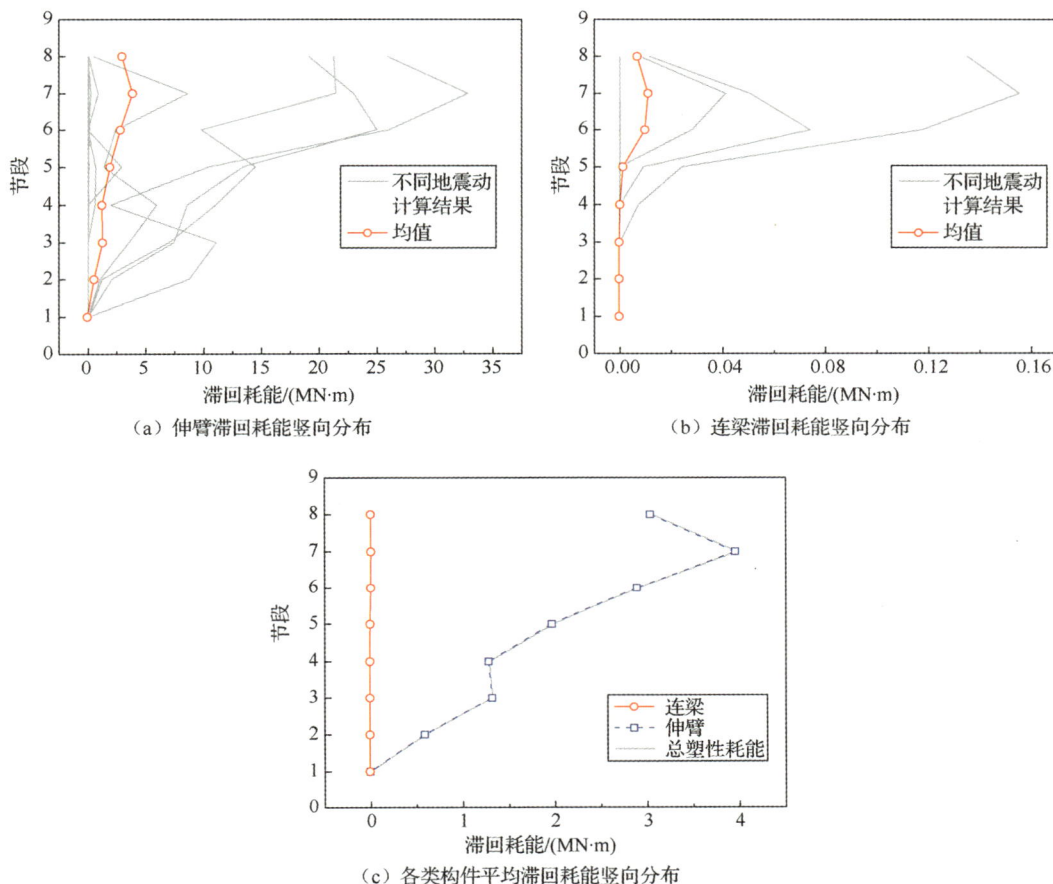

图 5.3-22   220cm/s² 时各类构件滞回耗能竖向分布

从图 5.3-23 可知，当 PGA 强度增大到 310cm/s² 时，结构的总滞回耗能明显增加，核心筒也开始屈服参与结构滞回耗能，且滞回耗能主要集中在第 7 节段。伸臂桁架和连梁的滞回耗能依然是主要集中在结构的上部 4 个节段。伸臂桁架的滞回耗能比例远高于连梁和核心筒，是最主要的地震塑性滞回耗能构件。

随着地震动强度的继续增大，当 PGA=400cm/s² 时，从图 5.3-24 可知，在大部分地震动记录作用下，结构都开始屈服耗能，剪力墙的滞回耗能主要集中在节段 5～节段 7，连梁的滞回耗能主要集中在节段 6～节段 8，伸臂桁架的滞回耗能仍然远大于剪力墙和连梁的滞回耗能。

当地震动强度继续增大到 620cm/s² 时，各类构件的塑性滞回耗能如图 5.3-25 所示。连梁和剪力墙的滞回耗能明显增大，剪力墙的滞回耗能主要集中在结构的底部第 1 节段和上部节段 5～节段 7，连梁的滞回耗能主要集中在上部的节段 5～节段 8；所有伸臂均发生了屈服，耗能比例随着楼层高度的增加而逐渐增大。

（a）伸臂滞回耗能竖向分布

（b）连梁滞回耗能竖向分布

（c）剪力墙滞回耗能竖向分布

（d）各类构件平均滞回耗能竖向分布

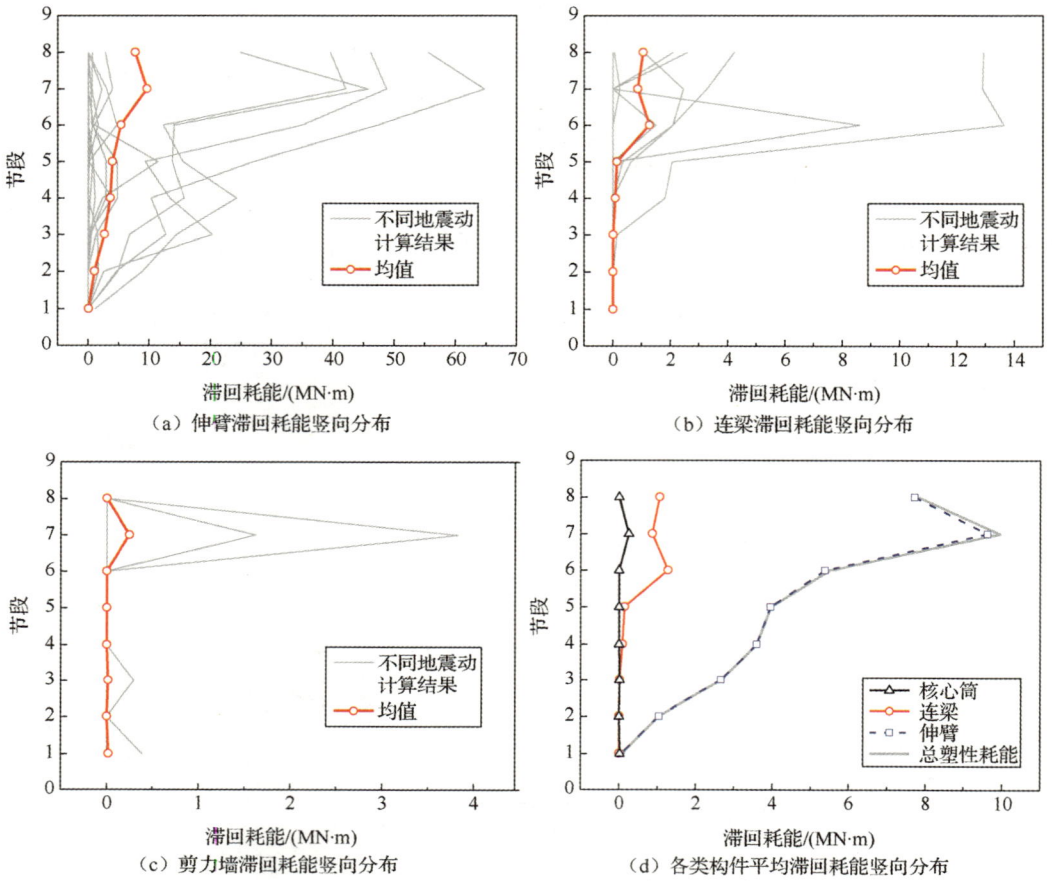

图 5.3-23　310cm/s² 时各类构件滞回耗能竖向分布

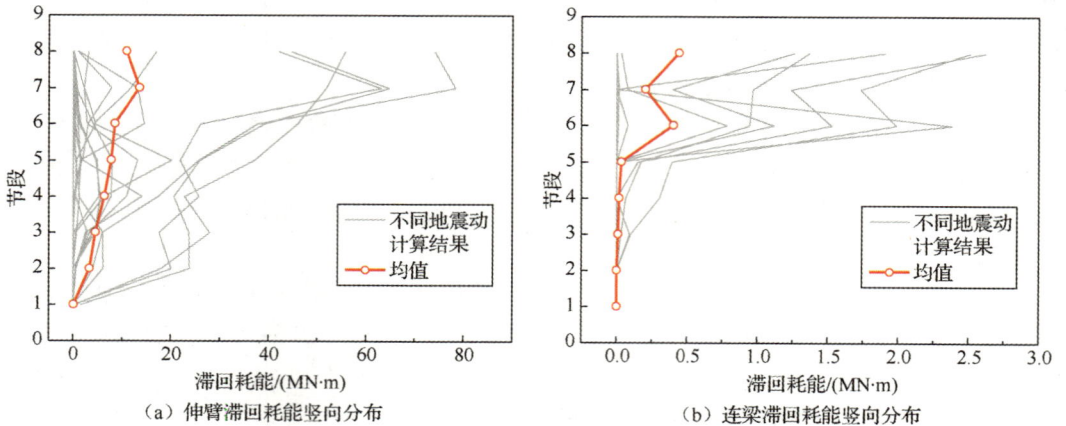

（a）伸臂滞回耗能竖向分布

（b）连梁滞回耗能竖向分布

图 5.3-24　400cm/s² 时各类构件滞回耗能竖向分布

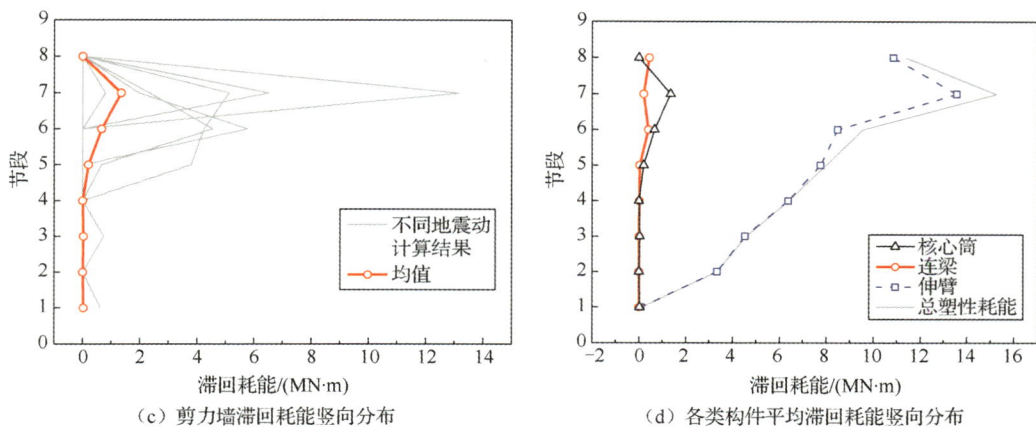

（c）剪力墙滞回耗能竖向分布　　　　　　（d）各类构件平均滞回耗能竖向分布

图 5.3-24（续）

（a）伸臂滞回耗能竖向分布　　　　　　　（b）连梁滞回耗能竖向分布

（c）剪力墙滞回耗能竖向分布　　　　　　（d）各类构件平均滞回耗能竖向分布

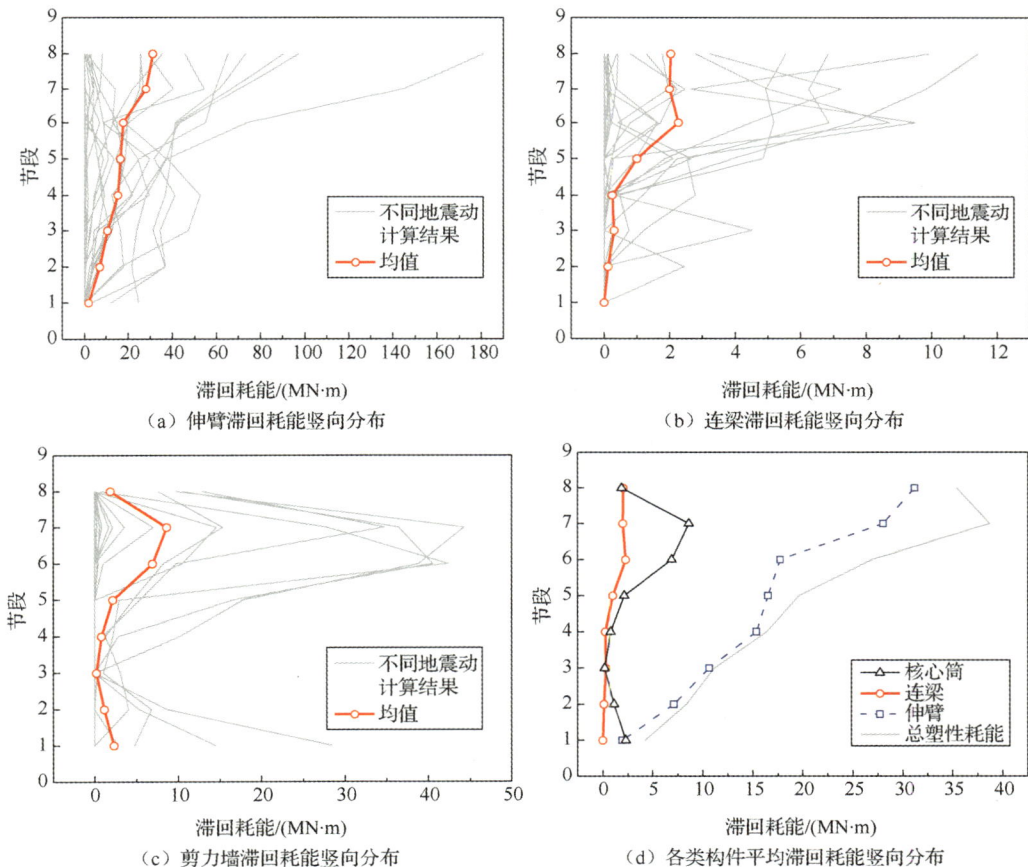

图 5.3-25　620cm/s² 时各类构件滞回耗能竖向分布

总的来说，由于该超高层在地震作用下高阶振型影响显著，在不同地震动强度下结构的各节段总滞回耗能沿结构高度的增加而逐渐增大，主要集中在上部的 4 个节段

（图 5.3-26），其中连梁的滞回耗能主要集中在上部 4 个节段，核心筒中剪力墙的主要耗能除了顶部节段外，底部节段也明显参与了耗能。而现阶段的有关高层设计规范中，对筒体的设计仅在底部进行加强设计，上部墙体多按照构造配筋，因此，在以后的设计中，应对超高巨型柱-核心筒-伸臂结构上部的墙体给予更多的关注，以更好地实现损伤的控制。

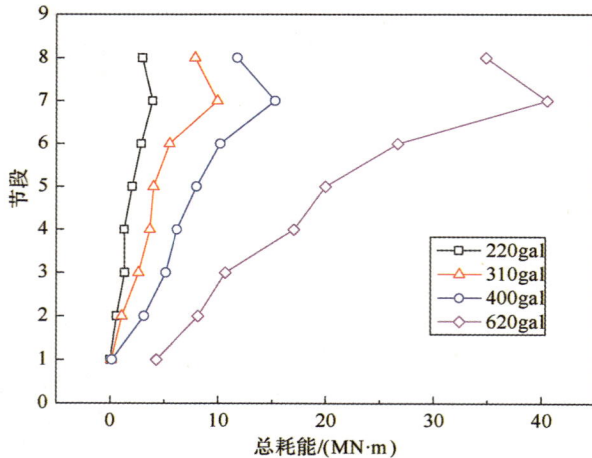

图 5.3-26　不同地震动力水准下各节段平均总耗能沿结构高度的分布

5.3.3　某巨型框架-核心筒-巨型支撑超高层建筑的鱼骨模型

以 3.3 节介绍的某巨型框架-核心筒-巨型支撑超高层建筑为例，建立其鱼骨模型。该超高层建筑在设计初期存在两套结构设计方案：全支撑方案——巨型框架柱+全高巨型支撑+腰桁架+钢筋混凝土核心筒的结构体系；半支撑方案——巨型框架柱+下部巨型支撑/顶部外框筒+腰桁架+局部伸臂桁架+钢筋混凝土核心筒的结构体系（图 3.3-1）。两种结构方案的主要差别如表 3.3-1 所示。

本书 3.3 节建立了该建筑半支撑方案和全支撑方案的精细有限元模型。两种结构方案所对应的精细有限元模型分别如图 3.3-2（a）和（b）所示，这两个精细有限元模型各包含 78 099 和 64 875 个单元。本节将讨论这两种结构方案的鱼骨模型。

5.3.3.1　简化准则

基于以下简化准则建立鱼骨模型。

（1）将超高层建筑的精细三维有限元模型简化成平面模型。三维精细有限元模型分析所得的两个结构方向沿 X 向和 Y 向的 1 阶平动周期分别为 7.38s、7.33s（全支撑）和 7.44s、7.69s（半支撑），表明该超高层两个方案下两个主轴方向的抗侧刚度相近。另外，两个结构的 1 阶扭转周期分别为 2.77s 和 3.42s，与各自的 1 阶平动周期比值均小于 0.85，满足《高层建筑混凝土结构技术规程》（JGJ 3—2010）的相关规定，这表明两种方案的扭转效应均不明显，因此可以将结构简化为平面模型。对于全支撑模型其简化模型选取 X 方向为主轴方向，而对于半支撑方案模型则选取 Y 方向为主轴方向。

（2）鱼骨模型中主要考虑巨型柱、核心筒（包括剪力墙和连梁）、巨型支撑以及桁架（伸臂桁架和腰桁架），这是基于结构构件对结构整体刚度贡献大小而确定的。外围次框架中的一些梁柱构件以及一些楼面梁则作为次要构件不予以考虑。各类构件对整体结构刚度贡献的分析方法是：分别将精细有限元模型中各类构件的刚度减小 50%，而总质量及其他的构件参数保持不变，比较构件刚度折减 50% 后的模型与初始模型的周期变化率对比如表 5.3-4 所示。结果对比表明，当巨型柱刚度折减 50% 后，全支撑和半支撑方案的周期变化率最大分别达 15.52% 和 20.07%；而当核心筒刚度折减 50% 后，全支撑和半支撑方案的周期变化率最大分别达 21.25% 和 21.65%。巨型柱的刚度变化对结构平动周期的影响较大，对扭转周期的影响相对较小，并且主要影响结构低阶平动周期。核心筒的刚度变化对结构的平动周期和扭转周期都有较大影响，并且主要影响结构的高阶周期。相比巨型柱和核心筒，巨型支撑、桁架和次框架三类构件的刚度折减 50% 时，引起的结构周期变化率最大均未超过 10%，说明对于本节研究的这种超高层巨型结构，巨型柱和核心筒对结构的刚度起主要作用。相比巨型支撑和桁架，次框架刚度折减 50% 时导致的结构周期变化率又要小一些，结构前 9 阶周期的最大变化率仅为 2.07%，说明次框架对结构刚度的贡献非常小，基本可以忽略不计。基于上述分析结果，巨型柱、核心筒（包括剪力墙和连梁）、巨型支撑以及桁架（伸臂桁架和腰桁架）是整个结构体系中的关键构件。因此，鱼骨模型中仅考虑这几类构件，即可从整体上体现该结构的抗震性能。

表 5.3-4　构件刚度折减 50% 后的模型与初始模型的周期变化率对比

周期	周期变化率/%									
	巨型柱刚度折减 50%		核心筒刚度折减 50%		巨型支撑刚度折减 50%		桁架刚度折减 50%		次框架刚度折减 50%	
	全	半	全	半	全	半	全	半	全	半
T_1	15.52	20.07	8.57	6.68	4.71	4.95	2.73	2.96	1.19	0.81
T_2	15.40	19.16	8.86	7.96	4.60	4.03	2.71	3.07	1.26	0.83
T_3	3.79	1.21	15.47	18.86	6.93	7.62	3.52	1.95	0.44	1.42
T_4	4.65	7.98	17.80	12.43	5.93	7.55	2.15	3.04	0.87	0.82
T_5	4.64	8.08	17.79	13.31	5.88	7.25	2.12	3.18	0.91	1.15
T_6	3.42	1.06	17.24	17.24	7.42	6.87	3.92	1.41	0.75	1.08
T_7	2.48	3.70	21.25	19.07	4.24	4.29	1.89	2.79	0.77	0.72
T_8	2.48	3.86	20.10	19.96	4.08	4.10	1.83	3.10	0.80	1.00
T_9	3.28	1.98	17.29	21.65	7.25	5.45	3.89	2.35	1.24	2.07

（3）与 5.3.2 节类似，鱼骨模型的总质量与精细模型基本保持一致，为使鱼骨模型计算简便且合理，巨型柱、核心筒、巨型支撑和桁架也均使用 2.4 节提出的十参数滞回模型来模拟。

根据上述假定和简化，最终建立了两种结构方案的鱼骨模型，其与精细有限元模型对比分别如图 5.3-27 和图 5.3-28 所示，其中全支撑方案包含 1309 单元（精细模型的 1.676%），半支撑方案包含 1817 单元（精细模型的 2.8%），可见计算量可显著降低。

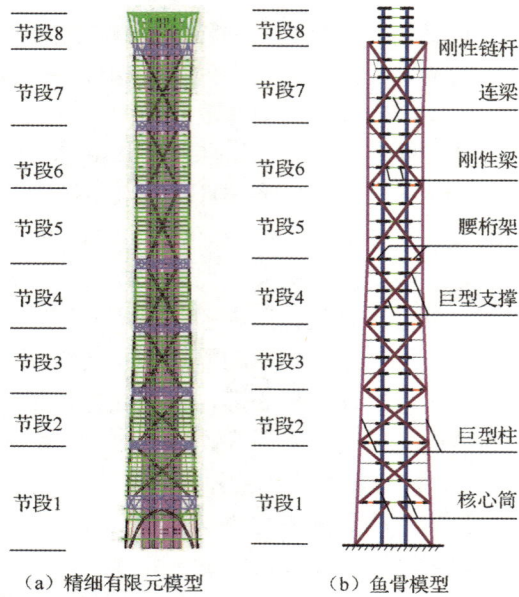

节段8 　节段8 　刚性链杆
节段7 　节段7 　连梁
节段6 　节段6 　刚性梁
节段5 　节段5 　腰桁架
节段4 　节段4 　巨型支撑
节段3 　节段3 　
节段2 　节段2 　巨型柱
节段1 　节段1 　核心筒

（a）精细有限元模型　　　（b）鱼骨模型

图 5.3-27　全支撑方案精细有限元模型与鱼骨模型对比

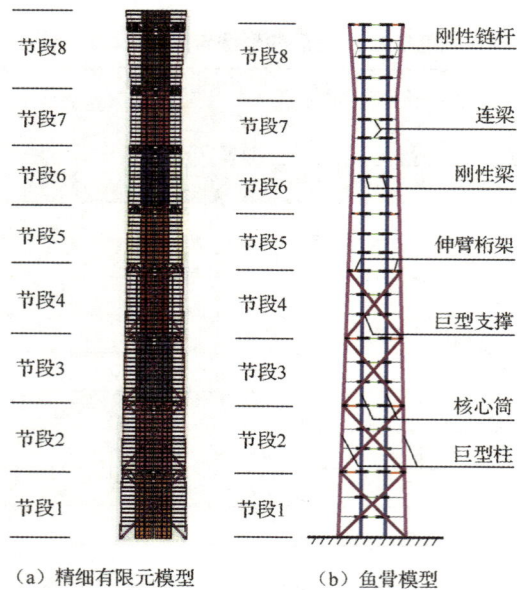

节段8 　节段8 　刚性链杆
节段7 　节段7 　连梁
节段6 　节段6 　刚性梁
节段5 　节段5 　伸臂桁架
节段4 　节段4 　巨型支撑
节段3 　节段3 　核心筒
节段2 　节段2 　巨型柱
节段1 　节段1 　

（a）精细有限元模型　　　（b）鱼骨模型

图 5.3-28　半支撑方案精细有限元模型与鱼骨模型对比

5.3.3.2　关键构件简化模型参数标定方法

与 5.3.2 节的巨型柱-核心筒-伸臂超高层结构类似，该超高层结构两个方案的核心筒中的剪力墙和连梁的布局均比较规则，两个主轴方向对称（图 5.3-29）。因此，巨型柱、核心筒、桁架、刚臂和链杆均采用 5.3.2.2 节中的简化模型模拟，并采用相同的参数标定方法确定简化模型的骨架线参数和滞回参数。

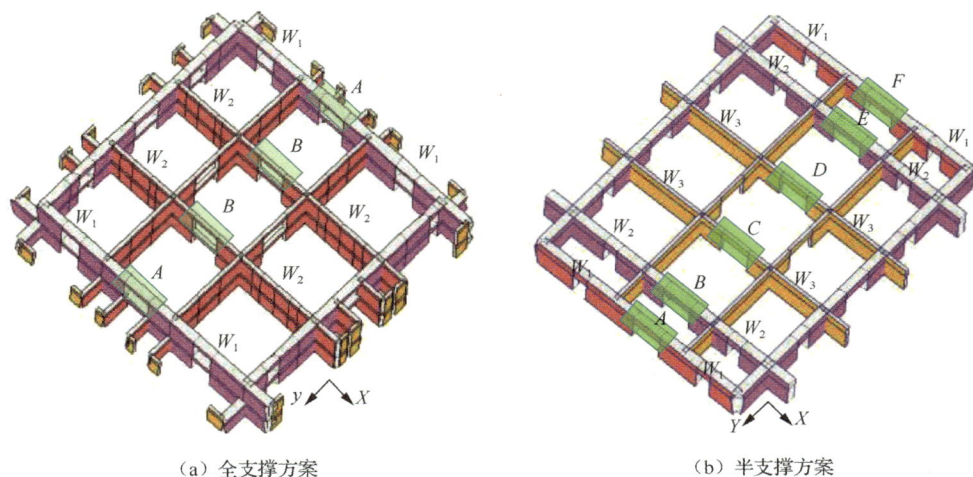

（a）全支撑方案　　　　　　　　　　　（b）半支撑方案

图 5.3-29　结构核心筒中剪力墙和连梁的典型布局

巨型支撑主要考虑受拉和受压。确定巨型支撑简化模型的滞回模型参数的方法与伸臂桁架的处理方法类似，由于巨型支撑为纯钢构件，对于此类构件，有限元数值分析方法较为成熟可靠；同时由于现有文献中在尺度上与本节巨型支撑相当的支撑滞回试验研究很少，本节采用精细模型有限元分析的方法确定巨型支撑的滞回性能参数。

根据上述方法，可确定鱼骨模型中各类构件滞回模型参数，其中各类构件滞回性能参数的典型取值如表 5.3-5 所示。

表 5.3-5　鱼骨模型中各类构件滞回性能参数的典型取值

构件	滞回参数							
	η	α	β	η_{soft}	C	γ	α_k	ω
巨型柱（弯曲）	0.130	1.76	0.9	−0.033	10 000	1.0	0.020	0.40
连梁（剪切）	0.014	1.085	1.0	−0.070	12.0	0.9	0.400	0.50
核心筒（弯曲）	0.010	1.40	1.0	−0.001	100	0.7	0.550	0.10
支撑（拉压）	0.010	1.00	1.0	−0.001	500	1.0	0.000	−0.10
桁架（剪切）	0.150	1.00	1.0	−0.200	150	1.0	0.040	−0.10
桁架（弯曲）	0.050	1.20	1.0	−0.001	15.0	0.6	0.001	−0.10

5.3.3.3　鱼骨模型的合理性验证

本节对鱼骨模型和精细模型分别进行了基本动力特性分析、静力分析和动力时程分析，通过对比两种模型的典型计算结果验证鱼骨模型的准确性以及用于研究巨型框架-核心筒-巨型支撑超高层建筑抗震性能的可行性和可靠性。

1）基本动力特性

分析了全支撑方案鱼骨分析模型 X 方向和半支撑方案鱼骨分析模型 Y 方向的自振特性，并与相应精细模型与鱼骨模型前 6 阶振型对比如图 5.3-30 和图 5.3-31 所示。全支撑方案和半支撑方案结构精细模型与鱼骨模型前 6 阶平动周期对比如表 5.3-6 所示。从图 5.3-30 和图 5.3-31 可以看出，鱼骨模型与精细模型前 6 阶振型基本一致，且从表 5.3-6 中可以看出，鱼骨模型与精细模型前 6 阶平动周期相对误差不超过 6%，两者吻合良好，这表明鱼骨模型可以较好的把握结构的基本动力特性。

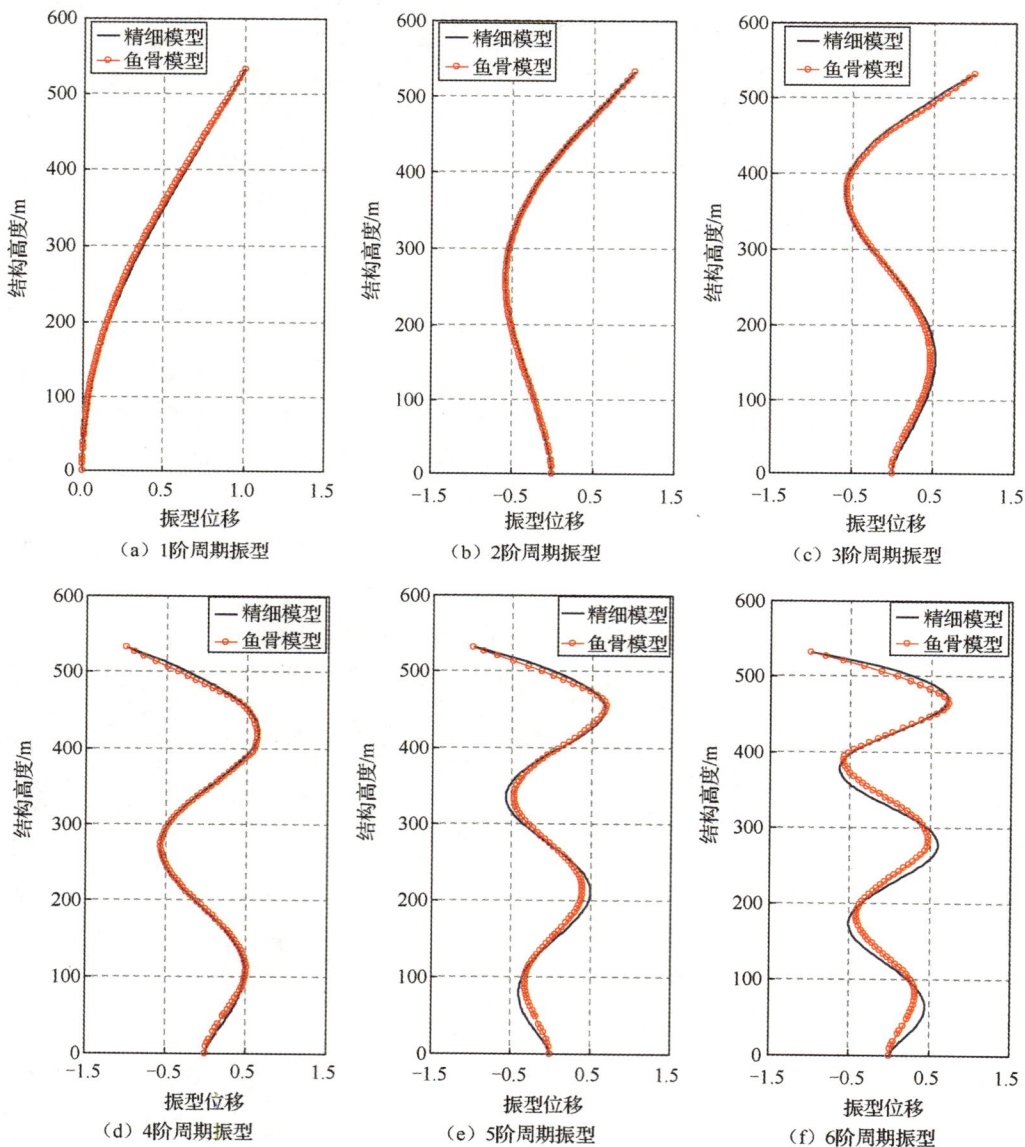

（a）1阶周期振型　　　　　（b）2阶周期振型　　　　　（c）3阶周期振型

（d）4阶周期振型　　　　　（e）5阶周期振型　　　　　（f）6阶周期振型

图 5.3-30　全支撑方案精细模型与鱼骨模型前 6 阶振型对比

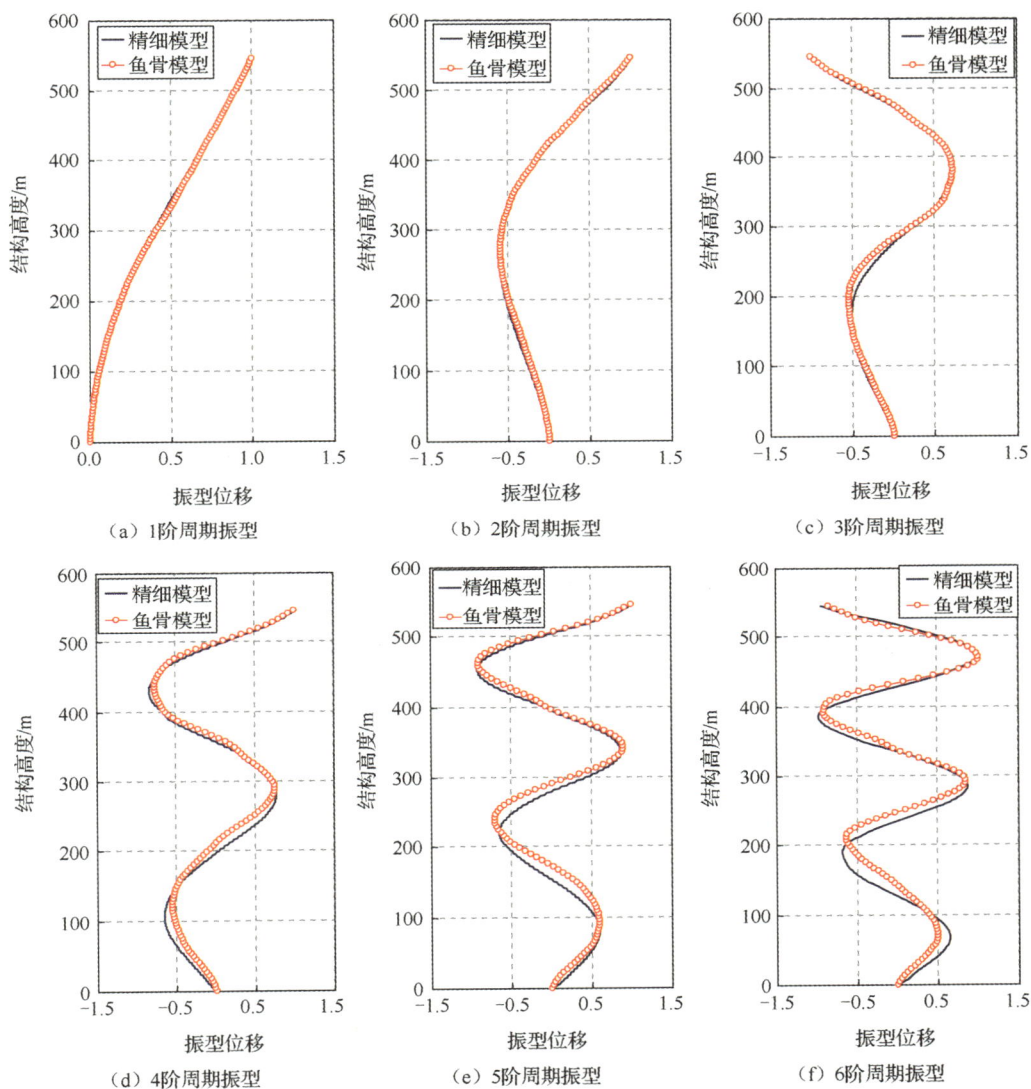

（a）1阶周期振型　　　　（b）2阶周期振型　　　　（c）3阶周期振型

（d）4阶周期振型　　　　（e）5阶周期振型　　　　（f）6阶周期振型

图 5.3-31　半支撑方案精细模型与鱼骨模型前 6 阶振型对比

表 5.3-6　全支撑方案和半支撑方案结构精细模型与鱼骨模型前 6 阶平动周期对比

阶数	全支撑方案			半支撑方案		
	精细模型周期/s	鱼骨模型周期/s	相对误差/%	精细模型周期/s	鱼骨模型周期/s	相对误差/%
1 阶	7.380	7.424	0.60	7.441	7.587	1.96
2 阶	2.391	2.257	-5.60	2.571	2.532	-1.52
3 阶	1.210	1.191	-1.57	1.339	1.329	-0.75
4 阶	0.762	0.776	1.84	0.831	0.789	-5.05
5 阶	0.537	0.553	2.98	0.605	0.592	-2.15
6 阶	0.411	0.421	2.43	0.452	0.436	-3.54

2）静力分析

在进行静力工况比较时，设置了两种静力分析工况，即竖向重力荷载作用和水平荷载作用，分别考查鱼骨模型中巨型柱和核心筒内总轴力和总剪力的分配关系是否与精细模型基本一致。

在自重荷载作用下，精细模型与鱼骨模型的巨型柱、核心筒的轴力对比如图 5.3-32 所示。从图中可以看出，对于两种结构方案，其精细模型与鱼骨模型中的巨型柱、核心筒在自重作用下的总轴力吻合良好，从侧面反映了鱼骨模型的质量分布与精细模型基本一致。

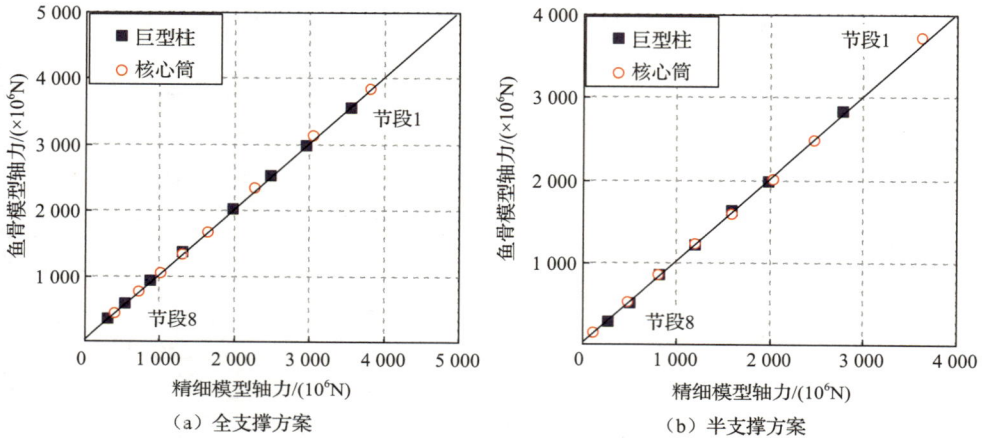

（a）全支撑方案　　　　　　　　（b）半支撑方案

图 5.3-32　精细模型与鱼骨模型轴力对比

对精细模型和鱼骨模型施加 $0.02g$ 的水平荷载作用，精细模型与鱼骨模型底部巨型柱、核心筒分担的基底剪力比较如表 5.3-7 和表 5.3-8 所示。

表 5.3-7　全支撑方案在水平荷载作用下精细模型与鱼骨模型基底剪力比较

内容	基底总剪力/N	巨型柱分担剪力/N	核心筒分担剪力/N	巨型柱剪力分配比例/%	核心筒剪力分配比例/%
精细模型	-1.312×10^8	-6.411×10^7	-6.707×10^7	48.87	51.13
鱼骨模型	-1.311×10^8	-6.371×10^7	-6.739×10^7	48.59	51.41
鱼骨/精细	0.999	0.994	1.005	0.994	1.005

注：精细模型的巨型柱总剪力为巨型柱与外围次框架分担剪力之和。

表 5.3-8　半支撑方案在水平荷载作用下精细模型与鱼骨模型基底剪力比较

内容	基底总剪力/N	巨型柱分担剪力/N	核心筒分担剪力/N	巨型柱剪力分配比例/%	核心筒剪力分配比例/%
精细模型	-1.473×10^8	-6.909×10^7	-7.819×10^7	46.91	53.09
鱼骨模型	-1.487×10^8	-5.850×10^7	-9.020×10^7	39.34	60.66
鱼骨/精细	1.010	0.847	1.154	0.839	1.143

注：精细模型的巨型柱总剪力为巨型柱与外围次框架分担剪力之和。

从表 5.3-7 和表 5.3-8 的比较结果可知，对于全支撑方案和半支撑方案在 0.02g 的水平荷载作用下，全支撑方案精细模型中的巨型柱和核心筒的基底剪力分担比例分别为48.87%和51.13%，而鱼骨模型中的巨型柱和核心筒的基底剪力分担比例分别为48.59%和 51.41%，与精细模型几乎一样；对于半支撑方案，精细模型中的巨型柱和核心筒的基底剪力分担比例分别为 46.91%和 53.09%，而鱼骨模型中的巨型柱和核心筒的基底剪力分担比例分别为 39.34%和 60.66%。可见，对全支撑方案和半支撑方案，其精细模型与鱼骨模型的基底总剪力在巨型柱、核心筒之间的分配情况大致相当，说明鱼骨模型中巨型柱与核心筒的刚度分配情况与精细模型基本一致。

3）动力时程分析

为了进一步验证鱼骨模型的准确性和合理性，本节比较了两种结构方案的精细模型与鱼骨模型弹塑性的动力时程分析结果。动力时程分析选用 El Centro EW 1940 波，分析时将加速度幅值调幅至 $400cm/s^2$。两种结构方案的精细模型与鱼骨模型弹塑性动力时程分析结果比较如图 5.3-33 所示。全支撑方案鱼骨模型与精细模型的顶点位移时程对比如图 5.3-33（a）所示，整体吻合良好；图 5.3-33（b）所示为全支撑方案两种模型计算所得的楼层位移包络对比图，两者楼层位移基本一致，吻合良好，仅在中部略有差别；图 5.3-33（c）为全支撑方案两种模型计算所得的层间位移角包络对比图，两者吻合良好，未见明显差别。整体来看，全支撑方案鱼骨模型与精细模型计算结果整体吻合良好。半支撑方案鱼骨模型与精细模型计算所得的层间侧移角包络如图 5.3-33（d）所示，两者吻合良好，特别是对于上部节段（节段 5～节段 8），鱼骨模型能够很好的反映伸臂桁架导致层间侧移角分布出现内缩的现象，两者仅在顶部略有差别，但是满足工程精度需求。值得注意的是，在 $400cm/s^2$ 的 El Centro 波下，精细模型计算需要超过 36h 的计算时间，而鱼骨模型仅需要不到 0.3h，计算效率提高超过 100 倍。

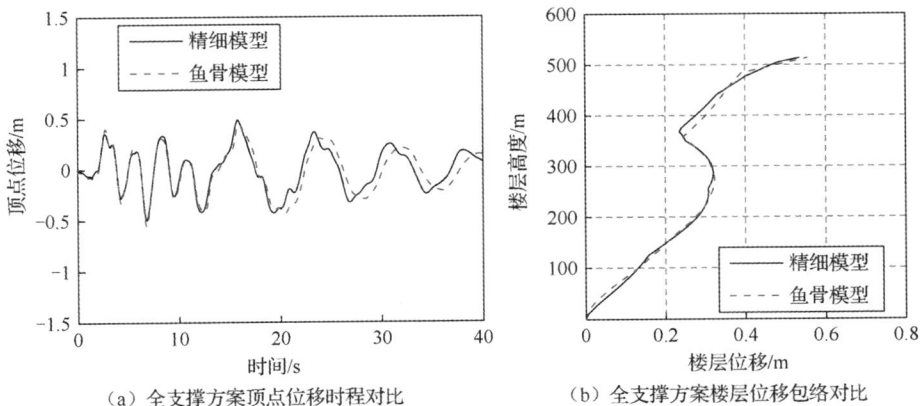

（a）全支撑方案顶点位移时程对比   （b）全支撑方案楼层位移包络对比

图 5.3-33 精细模型与鱼骨模型弹塑性动力时程分析结果比较

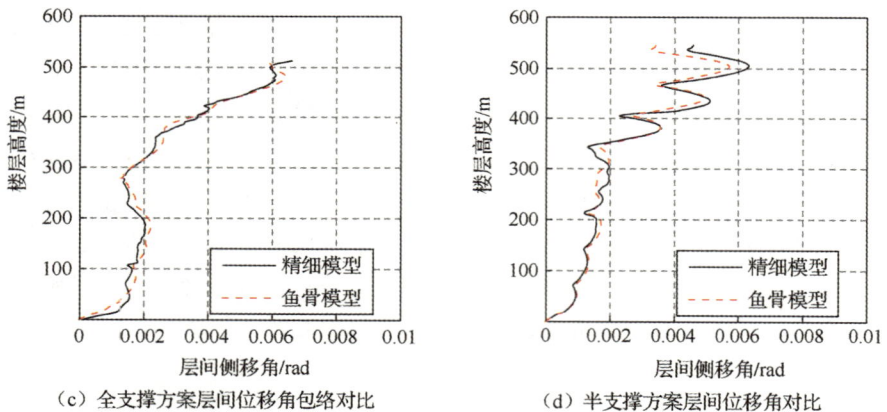

（c）全支撑方案层间位移角包络对比　　　　（d）半支撑方案层间位移角对比

图 5.3-33（续）

综上所述，本节以一座典型巨型框架-核心筒-巨型支撑结构超高层为例，基于全支撑方案和半支撑方案的精细有限元模型建立了相应的简化鱼骨模型，通过模态分析、静力分析和动力时程分析等多种分析工况，对鱼骨模型的可靠性进行了验证。结果表明该鱼骨模型可近似反映结构的主要受力特性，可帮助研究人员和设计人员快速准确地把握不同结构设计方案的抗震性能。需要说明的是，本节出于研究的考虑，采用精细有限元模型对鱼骨模型的精度进行了仔细的验证，而实际工程在早期设计阶段，建立其精细有限元模型的难度很大，此时可以直接根据整体结构和主要构件的设计方案，建立简化模型，分析结构的弹性和非线性受力性能，从而可以快速准确地把握结构的抗震性能，并服务于设计方案的调整。

5.3.3.4　基于鱼骨模型的地震耗能分析

结构构件在地震下的耗能水平，也是构件地震损伤的一个重要标志。对于超高层结构，由于其功能非常重要，为了减少地震下的直接经济损失和功能停滞导致的间接损失，希望其具有地震可恢复功能的能力。也就是说，地震导致的损伤，应该尽量发生在易于修复和更换的构件内，而对于难以修复或者更换的构件，则应该尽量使其保持在弹性工作状态。进而从耗能的角度上说，应该让易于修复或更换的构件充分耗能，而避免让难于修复或更换或者对结构安全有重要影响的构件大量耗能。

为了考察不同强度地震作用对结构塑性耗能分布的影响，本研究选取了相当于我国建筑抗震设计规范规定的 7 度区罕遇地震、7.5 度区罕遇地震和 8 度区罕遇地震条件下的三种地震强度，即 PGA 分别为 220cm/s^2、310cm/s^2 和 400cm/s^2。此外，由于结构地震弹塑性时程分析受地震动输入的影响很大，不同的地震动引起的结构响应差异显著，为消除单一地震动输入的随机性影响，本节在结构耗能分析中采用美国 FEMA P695（FEMA，2009）报告建议的 22 组远场地震动记录作为地震输入集合，然后根据 22 组地震动输入的计算结果进行统计分析，研究结构的耗能特性。

需要说明的是，尽管同时有精细模型和鱼骨模型，但是如果采用精细模型进行 22 组地震波三种地震强度的非线性时程分析，则耗时将超过 4 500h，这在结构设计中是不可接受的。而鱼骨模型完成上述计算仅耗时 40 多个小时，所以在结构方案比选中有着很好的优势。

1）不同地震动强度下各类构件的耗能比例

对全支撑方案和半支撑方案进行上述三种 PGA 的 22 组地震波输入，分别计算得到三种不同地震动强度下超高层各类构件滞回耗能分配比例，如表 5.3-9 所示。从表中可以看出，随着地震动强度增大，两种结构设计方案下连梁的耗能比逐渐减小，但当 PGA 增大至 400cm/s² 时，其耗能仍占结构总耗能的 93.8%（全支撑方案）和 63.25%（半支撑方案），这表明对于两种结构方案，连梁均是其主要耗能构件。因为连梁是可替换的次要构件，所以在设计中应考虑将连梁按可更换构件加以设计，以保证结构在震后能够方便的进行修复且能迅速恢复使用。

表 5.3-9　不同地震动强度下超高层各类构件滞回耗能分配比例

PGA/（cm/s²）		各关键构件塑性耗能比/%				
		连梁	桁架	核心筒	巨型支撑	巨型柱
220	全支撑	97.71	2.29	0.00	0.00	0.00
	半支撑	67.15	32.77	0.00	0.08	0.00
310	全支撑	96.15	3.80	0.05	0.00	0.00
	半支撑	64.8	32.05	0.42	2.67	0.00
400	全支撑	93.80	5.07	0.56	0.55	0.02
	半支撑	63.25	28.39	2.92	5.44	0.00

对于全支撑方案，三种地震动强度下桁架耗能占比均很小（不超过 5.07%），但远超出巨型支撑、巨型柱和核心筒，因此仍可视为结构的主要耗能构件之一。对于半支撑方案，地震动强度增大，桁架的耗能比逐渐减小，但当 PGA 增大至 400cm/s² 时，其塑性耗能仍占总结构总耗能的 28.39%，这表明桁架也是半支撑方案的主要耗能构件之一。这与全支撑方案有明显差别，这主要是因为半支撑方案中的桁架包括了腰桁架和伸臂桁架，而全支撑方案中的桁架仅包括腰桁架。伸臂桁架连接着巨型柱和核心筒，地震作用下，巨型柱和核心筒的变形模式存在较大差异，因此伸臂桁架承受弯剪作用更大，参与耗能较多；而腰桁架连接结构周围巨型柱，承受弯剪作用小，参与耗能则较少。与连梁相类似，也可以在设计中按可更换构件设计伸臂桁架和腰桁架，使得结构满足功能可恢复的需求。

对于传统结构，支撑往往被视为可更换的主要耗能构件之一，然而对于超高层结构，其巨型支撑往往由于自重巨大（大于 150t）而难以修复或更换。因此，为了实现超高层结构的功能可恢复，应尽可能保证巨型支撑在强震下不发生屈服参与耗能。对于全支撑方案，巨型支撑在三种地震动强度下基本保持弹性不参与结构整体耗能，当 PGA 达到 400cm/s² 时，巨型支撑耗能比仅增长至 0.55%。而半支撑方案在 PGA 达到 400cm/s² 时，巨型支撑耗能比增长至 5.44%。这表明在 400cm/s² 下，半支撑方案的巨型支撑产生了中度的损伤，震后需要进行修复或更换，一定程度上影响了结构的功能恢复。

巨型柱和核心筒作为超高层的关键构件往往不易修复和更换，因此为了实现超高层的功能可恢复，应保证该类构件在强震下保持弹性。随着地震动强度增大，核心筒和巨型柱的耗能比则逐渐增加，这表明随着地震动强度增大，核心筒和巨型柱进入塑性参与耗能。对于全支撑方案，在 PGA 达到 400cm/s^2 时，核心筒和巨型柱耗能比分别为 0.56% 和 0.02%，这表明作为结构的主要构件，两者在强震下仍基本保持弹性，不是结构的主要耗能构件，其较小的损伤保证了结构在震后基本不需修复或者经简单修复即可立刻恢复使用。对于半支撑方案，在 PGA 达到 400cm/s^2 时，核心筒和巨型柱的耗能分别占结构总耗能的 2.92% 和 0.00。这说明半支撑方案下核心筒进入一定程度的塑性，产生了较为严重的损伤，震后修复较为困难，严重影响结构功能的恢复。

综上所述，全支撑方案能够更有效地引导损伤发生于可更换的构件（连梁和桁架）中而非不易更换的构件（巨型柱、核心筒和巨型支撑）中，保证了结构在强震下的可修复性以及功能可恢复性。因此较半支撑方案有着较显著的优越性。

2）不同地震动强度下各类构件总耗能沿结构高度的分布

不同地震动强度下，半支撑方案总耗能平均值沿高度的分布如图 5.3-34 所示，从图中可以看出半支撑方案在中上部节段（节段 4～节段 8）的耗能明显大于下部节段（节段 1～节段 3），这是因为半支撑模型顶部结构体系发生变化，刚度有所降低，变形和耗能集中于此。另外，半支撑方案在节段 5～节段 7 的耗能明显大于底部节段，而这一范围正是结构平面尺寸先缩小然后又扩大的区域，表明结构在这一区域的耗能比较集中，可能会产生较严重的集中损伤且不易修复，一定程度上影响结构功能的可恢复性。

与此相对，全支撑方案总耗能平均值沿高度的分布如图 5.3-35 所示，由于全支撑方案节段 8 为观光层，楼层数目较少，耗能计算时将节段 8 和节段 7 的耗能合并统计，记为节段 7。结构耗能沿结构高度的分布较为均匀。相比半支撑方案，全支撑方案各个节段耗能情况较为接近。这种现象是由多种原因综合作用造成的，首先由于全支撑方案沿结构全高布置巨型支撑，因此结构刚度沿结构高度的分布较为均匀，这一点与半支撑方案有明显差异。此外，全支撑模型的强度设计更为合理，各节段进入非线性程度较为均匀。在 400cm/s^2 时，全支撑方案最大节段耗能仅为半支撑方案下最大节段耗能的 50.84%。

综上所述，相比于半支撑方案，全支撑方案结构能有效引导结构各节段耗能近似均匀分布，避免了个别区段损伤集中，提高了结构的可恢复性能，方便了震后修复工作的开展，具有较显著的优越性。

不同地震动强度下，半支撑方案各类构件及结构总塑性耗能竖向分布如图 5.3-34 所示，各类构件的耗能平均值沿高度的分布规律有所不同。核心筒的耗能主要出现在节段 5～节段 8，且随着高度增大而增大。桁架的耗能集中在节段 5～节段 8，在节段 1～节段 4 几乎为零。半支撑方案中节段 1～节段 8 均布置了腰桁架，而伸臂桁架仅布置在节段 5～节段 8，可见桁架的耗能主要是由伸臂桁架贡献。桁架和连梁的耗能明显较大。结合表 5.3-9 可知，随地震动强度的增大，连梁和桁架的耗能总量都有所增加，但耗能比逐渐减小。在 4 种地震动水准下，巨型柱几乎均未出现塑性耗能。核心筒和支撑的耗能随高度增加而增大，但其耗能比均较小。与半支撑方案总塑性耗能沿着结构高度方向分布规律一致，各类构件的损伤主要集中于结构的上部节段。

全支撑方案各类构件及结构总塑性耗能竖向分布如图 5.3-35 所示。与结构耗能沿高度的分布相类似，各类构件的耗能平均值沿结构高度的分布也较为均匀，这与半支撑方案有明显差异。从图 5.3-35 中可明显看出，全支撑方案的耗能构件主要是连梁，但相比于半支撑方案，全支撑方案下的连梁耗能分布比较均匀，并未出现损伤明显集中于某一节段。各节段的桁架和巨型支撑的耗能沿结构高度增加而增大，从上到下连续布置的巨型支撑较好的控制了结构的高阶振型，从而避免了半支撑方案连梁耗能出现局部集中的现象。

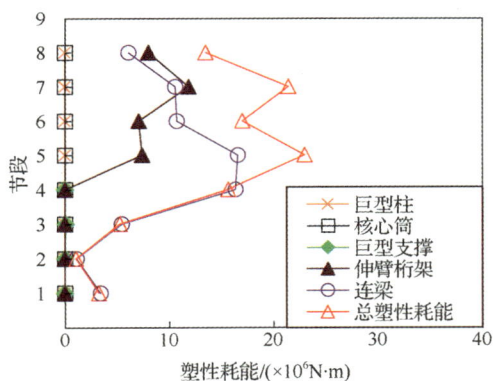

（a）PGA=220cm/s²

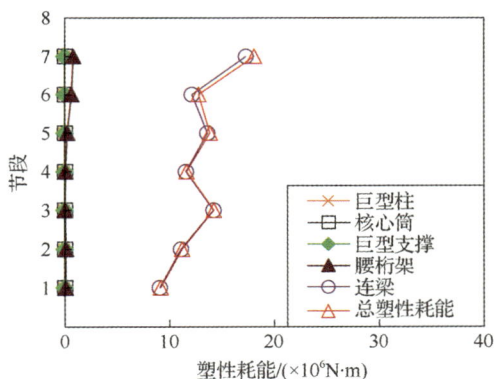

（a）PGA=220cm/s²

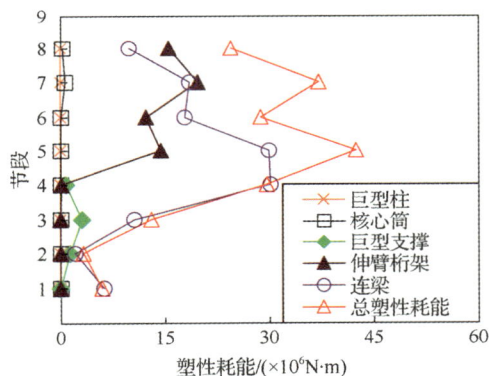

（b）PGA=310cm/s²

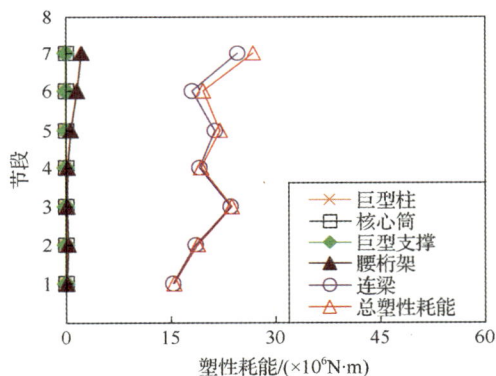

（b）PGA=310cm/s²

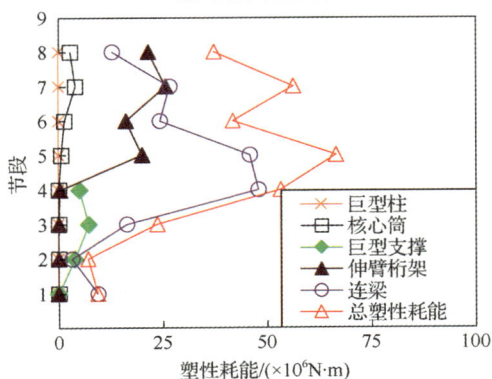

（c）PGA=400cm/s²

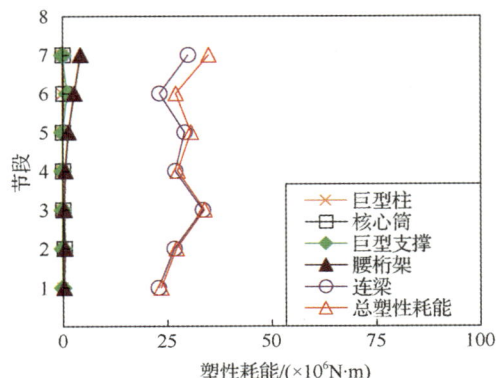

（c）PGA=400cm/s²

图 5.3-34　不同地震动强度下半支撑方案各类
构件及结构总塑性耗能竖向分布

图 5.3-35　不同地震动强度下全支撑方案各类
构件及结构总塑性耗能竖向分布

　　总的说来，全支撑方案能够有效引导主要耗能构件沿着结构高度方向塑性耗能较均匀分布，避免了结构局部节段的损伤集中，可作为优选的抗震设计方案。

5.4　大震功能可恢复巨型柱-核心筒-伸臂超高层设计方法

5.4.1　引言

　　建筑结构抗震设防的首要目标是避免结构在大震下发生倒塌。随着抗震设计方法的完善，特别是对于超高层结构，由于经过了认真的抗震设计和抗震审查，往往具有较高的抗倒塌能力。本书第 3、第 4 章的算例均表明超高层结构具有较高的抗倒塌安全储备。但是，大量的震害均表明，建筑结构构件和非结构构件的严重损伤往往会造成重大的财产损失和建筑使用功能的中断。虽然这些损伤在现行规范中是容许的，但很多情况下从社会效应的角度来说仍然是难以接受的。

　　以 2011 年新西兰发生的 Christchurch 地震为例，由于新西兰执行了严格的抗震措施，该次地震中高层建筑均未发生倒塌，但震后对 Christchurch 市最高的 51 栋高层建筑（最大高度为 86m）的调查表明：有 37 栋已经因震损无法使用，且修缮费用超出拆除重建费用，均计划拆除（Wikipedia，2012），导致巨大的经济损失和社会冲击（Guha-Sapir，et al.，2012）。这表明对于高层建筑，如果抗震设计仅立足于人员生命安全，在很大程度上已经不能满足社会需求。因此，对于超高层建筑，有必要提出更高的抗震目标，即保证超高层建筑具有大震功能可恢复的抗震能力：在大震下损伤较小，震后不需修复或仅需简单修复即可恢复使用（Zhou，et al.，2014；Robinson，et al.，2015）。

　　"功能可恢复"（resilience，也被译为"韧性"）这个概念近年来被广泛应用于地震工程中，美国纽约布法罗大学（University at Buffalo，the State University of New York）地震工程多学科研究中心 MCEER（Multidisciplinary Center for Earthquake Engineering Research）将地震功能可恢复定义为降低结构地震破坏概率，吸收地震能量以及震后快速修复的能力，Bruneau 等（2003）建议采用受损程度和恢复时间量化结构和城市震后可恢复功能的能力。以图 1.1-1 为例，当地震未发生时，结构功能为 100%；当地震发生后，结构受损，功能下降；在经过一定时间的修复后，结构功能得到了恢复可供继续使用。因此可以通过降低地震下结构功能的下降程度和缩短修复时间来提高结构的功能可恢复能力。

　　显然相比于传统抗震设计，基于功能可恢复的抗震设计考虑的因素更为全面，也更符合工程抗震防灾的实际需求。因此，这一思想得到了学术界和工程界的广泛关注。对于震后功能可恢复结构，尽管国内外学者提出了不同的结构性能需求，但整体可归纳为以下四点（吕西林等，2011；张爱林等，2013；纪晓东等，2014；钱稼茹等，2015）。

　　（1）重要结构构件应不产生损伤或只产生较小的损伤。

　　（2）耗能构件应能够提供稳定的耗能能力，且震后易更换或修复。

　　（3）应控制非结构构件的损伤。

（4）结构残余变形小。

因此，使用合理的功能可恢复结构体系、震后无损伤或轻微损伤的新型高性能竖向承重构件，以及高性能震后可更换耗能构件，是实现超高层结构功能可恢复的重要手段。

本节将针对巨型柱-核心筒-伸臂结构体系，提出功能可恢复超高层建筑的结构体系设计方法，并明确不同类型构件的性能需求。本书第 6 章将进一步针对巨型柱-核心筒-伸臂结构体系中两类重要构件类型，即伸臂桁架和次框架梁柱节点，研发新型结构构件，满足功能可恢复结构体系的性能需求。需要说明的是，针对功能可恢复超高层建筑体系和构件国内外已经开展了大量的研究，本书将基于本书作者开展的工作加以介绍。

5.4.2　现行超高层抗震设计方法存在的问题

目前我国采用的超高层抗震设计方法大都是基于小震工况进行弹性分析，然后进行承载力和构造设计，最终通过弹塑性时程分析检验其大震下是否满足层间侧移角限值需求。如果不满足，则通过一定次数的迭代得到满足规范需求的超高层结构设计方案。这种设计方法主要存在下述三个缺点。

（1）该方法基于小震设计，采用大震检验，而功能可恢复是面向大震提出的性能目标，这使得设计人员花费了大量的时间进行小震设计，却不能直接获得满足大震功能可恢复需求的设计方案。

（2）超高层结构体量庞大，构件繁多，设计时建立的计算模型大都较复杂，建模工作量和计算量均较大，耗时长。特别是为了检验大震性能而进行的大震弹塑性分析，其建模和计算尤其耗时费力。

（3）传统设计方法仅提出了构件的承载力需求和小震变形需求，而巨型柱和剪力墙构件震后能否满足功能可恢复需求主要取决于该类构件大震下的变形情况，且连梁和伸臂桁架这类耗能构件的抗震性能不仅由承载力决定，还受到耗能能力的影响，仅依靠承载力需求和小震下的变形需求不能完全明确地确定这类构件的抗震能力，不能很好地控制超高层结构在大震下的损伤部位和损伤程度，需要反复通过"小震设计、大震验算"来满足功能可恢复需求。

因此，上述缺点使得传统的设计方法用于功能可恢复超高层结构设计时效率较低。

基于能量的设计方法能够较好地将构件的承载力需求和位移需求进行统一，相比于现行设计方法，基于能量的设计方法直接面向大震设计，可综合考虑构件的承载力、延性和耗能需求，可实现结构损伤模式和损伤程度可控。因此，本节将开展基于能量的巨型柱-核心筒-伸臂超高层结构大震功能可恢复设计方法的研究。通过设置合理的损伤模式（关键竖向承重构件无损伤或轻微损伤，耗能构件充分耗能）来控制结构大震响应，将大震下的地震能量需求直接分配到各类耗能构件，通过各类构件的承载力设计、变形能力设计以及耗能能力设计，使得构件在大震下的承载力和变形均可控，最终实现整个结构的损伤可控，保障超高层结构的功能可恢复能力。

在开展巨型柱-核心筒-伸臂超高层结构大震功能可恢复设计方法研究时，有必要首先明确该类结构的功能可恢复量化指标。地震下结构产生的层间相对侧移是引起结构构件以及非结构构件损伤的主要因素之一（Miranda，et al.，2002；FEMA，2012a；FEMA，

2012b；Almufti，et al.，2013）。因此，迄今为止，大量研究均基于绝对层间侧移角对结构进行抗震性能评估以及开展结构抗震设计方法研究（Priestley，1996；Wallace，1994；FEMA，2012a；FEMA，2012b；Almufti，et al.，2013；Hutt，et al.，2015）。本研究在此也以该指标作为评价结构是否满足功能可恢复需求的指标。

5.4.3　本设计方法的基本前提

使用本设计方法需满足以下前提。

（1）结构为缩进型巨型柱-核心筒-伸臂超高层结构（定义见 5.4.5.1 节）。核心筒顶部弯曲刚度与底部弯曲刚度比介于 20%～30%，巨型柱顶部轴向刚度与底部轴向刚度比介于 10%～25%，顶层总质量与底层总质量比值介于 20%～30%。本章 5.4.5 节统计数据表明，缩进型超高层结构基本满足上述要求。

（2）结构规则。结构水平方向刚度较为接近，可简化为平面模型。

（3）巨型柱构件和核心筒墙体在设防大震下无损伤或只产生轻微损伤。为了保证巨型柱-核心筒-伸臂超高层结构的震后功能可恢复，巨型柱构件和核心筒墙体这类关键竖向构件不宜产生损伤，震后应保证该类构件不需修复或简单修复即可恢复使用。

（4）结构功能可恢复的最大层间侧移角指标 θ_{res} 为各类新型高性能关键竖向构件不需修复或简单修复即可恢复使用的位移角限值。

（5）连梁作为该类超高层结构大震功能可恢复设计的"第一道耗能防线"。连梁采用高性能可更换耗能连梁，设计时应使得连梁满足小震工况下保持弹性，中震工况下受剪屈服充分发挥其耗能能力。

（6）伸臂桁架作为该类超高层结构大震功能可恢复设计的"第二道耗能防线"。中震工况下伸臂桁架不屈服，大震工况下受剪屈服进入塑性，与连梁共同耗能控制结构最大层间侧移角不超过 θ_{res}，满足功能可恢复需求。

（7）设计初期伸臂桁架沿着结构高度方向基本满足均匀布置，数量和位置应尽量与设备层及避难层设计保持一致。

5.4.4　基本设计流程

这里首先提出本设计方法流程图如图 5.4-1 所示。流程中涉及的具体公式将在 5.4.5～5.4.7 节中提供更为详细的介绍，并在 5.4.8 节中给出案例分析供读者参考。具体步骤如下。

（1）给定结构基本周期 T_1、高度 H、层数 N、高宽比 H/B 和设计加速度反应谱或地震动集合。

（2）根据基本周期 T_1，采式（5.2-18）获得计算地震动强度指标 $\bar{S}_a$ 所需的平动周期阶数 n。

（3）选择一初始弯剪刚度比 α_0，根据式（5.4-1）计算结构第 2～n 阶平动周期。

（4）根据设计加速度反应谱（或各地震动的加速度反应谱）确定第 1～n 阶平动周期所对应的谱加速度值，根据式（5.2-16）计算地震动强度指标 $\bar{S}_a$。

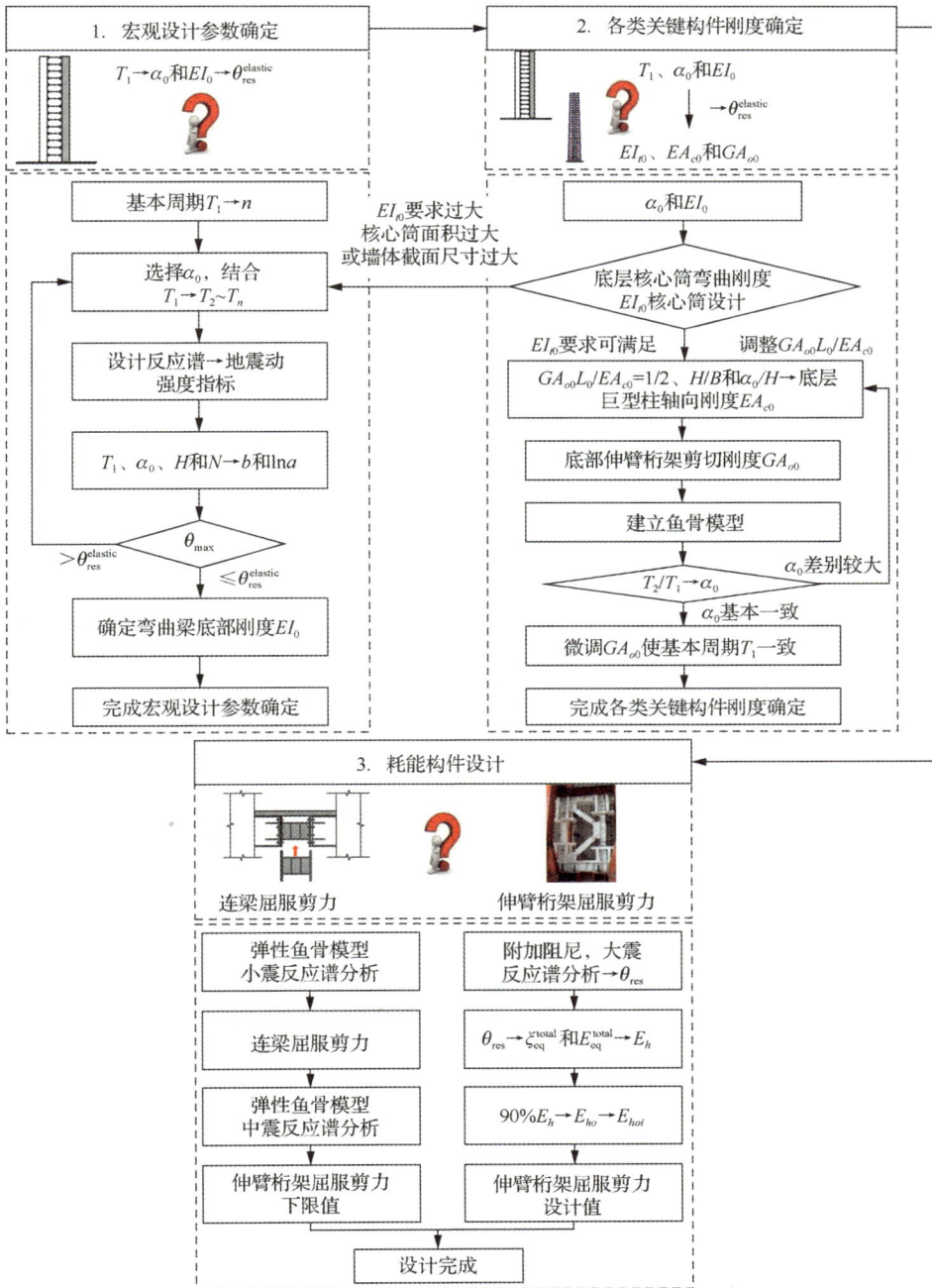

图 5.4-1　设计方法流程图

（5）将基本周期 T_1、弯剪刚度比 α_0、结构高度 H 和层数 N 代入式（5.4-4）或式（5.4-5）计算系数 b 和 $\ln a$。

（6）将系数 b、$\ln a$ 和地震动强度指标 $\overline{S}_a$ 代入式（5.4-2）计算结构的大震最大弹性

层间位移角 $\theta_{\max}$，若 $\theta_{\max}$ 大于最大弹性层间侧移角限值 $\theta_{res}^{elastic}$，返回（3）重新选取 α_0 设计，直至 $\theta_{\max}$ 不超过 $\theta_{res}^{elastic}$。

（7）采用查表或者数值方法根据基本周期 T_1 确定弯曲梁底部刚度 EI_0，完成宏观设计参数确定。

（8）根据弯剪刚度比 α_0 和弯曲梁底部刚度 EI 采用式（5.4-6）确定底层核心筒弯曲刚度 EI_{t0}，如果在允许的尺寸范围内可以满足 EI_{t0} 的要求，则可进入巨型柱和伸臂桁架的设计，如果不满足（例如 EI_{t0} 要求过大，导致核心筒面积过大或者墙体截面尺寸过大），则返回步骤（3）重新选取弯剪刚度比或返回（1）重新讨论结构初始设计条件，直至可完成核心筒设计。

（9）以 $GA_{oo}L_0/EA_{c0}=1/2$ 作为初始条件进行巨型柱和伸臂桁架设计，根据 α_0/H 和高宽比 H/B，采用式（5.4-7）确定底层巨型柱轴向刚度与底层核心筒弯曲刚度比值 EA_{c0}/EI_{t0}，进而确定底层巨型柱轴向刚度 EA_{c0}。

（10）根据 $GA_{oo}L_0/EA_{c0}=1/2$ 计算底部第 1 节段伸臂桁架剪切刚度 GA_{oo}。

（11）根据 5.4.6 节建议的各类关键构件刚度沿结构高度方向的简化变化规律建立弹性鱼骨模型，进行模态分析获得结构前 2 阶平动周期 T_1 和 T_2，计算 T_2/T_1，根据式（5.4-1）计算弯剪刚度比 α_0，并与步骤（3）确定的弯剪刚度比进行对比，若两者差别较大，返回步骤（9）重新选取 $GA_{oo}L_0/EA_{c0}$，直至弯剪刚度比与预设弯剪刚度比基本一致。

（12）对比鱼骨模型和弯剪耦合模型结构的基本周期，一般均差别不大，若存在一定的差别，微调 GA_{oo} 直至基本周期一致。

（13）对步骤（12）确定的弹性鱼骨模型进行小震反应谱分析，获得各节段内连梁的小震剪力，对节段内取其包络值作为各节段连梁的屈服剪力。

（14）对弹性鱼骨模型进行中震反应谱分析，获得各节段伸臂桁架的剪力，该剪力为各节段伸臂桁架屈服剪力下限值。

（15）增大阻尼比，对弹性鱼骨模型进行大震反应谱分析，使得最大层间侧移角降低为结构功能可恢复的最大层间侧移角指标 θ_{res}，获得整个体系的等效阻尼比 ζ_{eq}^{total}。输入满足规范要求的地震动，对阻尼比为 ζ_{eq}^{total} 的弹性鱼骨模型进行大震弹性分析，获得总阻尼耗能 E_{eq}^{total} 和伸臂桁架的最大竖向相对位移 u_i，根据式（5.4-13）计算总塑性耗能 E_h。

（16）将 90%的总塑性耗能 E_h 分配给伸臂桁架，即伸臂桁架总塑性耗能 $E_{ho}=0.9E_h$。根据 5.4.7 节建议的如图 5.4-24 所示的伸臂桁架塑性耗能简化分布规律计算伸臂桁架的塑性耗能需求 E_{hoi}。

（17）将第 i 节段伸臂桁架的最大相对竖向位移 u_i、第 i 节段单根伸臂桁架的塑性耗能 E_{hoi} 和能量系数 $\eta=4$ 代入式（5.4-15）计算伸臂桁架屈服剪力设计值。

（18）根据功能可恢复的变形需求和承载力需求，进行巨型柱和核心筒构件的弹性设计。

本节在此提出了适用于巨型柱-核心筒-伸臂超高层结构大震功能可恢复设计的一般方法。随着新型高性能竖向承重构件研究的进一步深入，该类构件震后不需修复或简单修复即可恢复使用的最大位移角将会有所提高，θ_{res} 也会相应提高，但仅需在设计时将 θ_{res} 放宽至新的标准，仍可采用本节提出的大震功能可恢复设计方法进行设计。此外，最大弹性层间侧移角限值 $\theta_{res}^{elastic}$ 主要取决于耗能构件的承载能力和耗能能力，随着耗能构件研究的进一步深入，$\theta_{res}^{elastic}/\theta_{res}$ 的取值将会得到进一步的提升，但本节建议的方法在未来的研究中仍可适用。

5.4.5 宏观设计参数确定方法

无论是常规的小震弹性设计方法还是本文提出的大震功能可恢复设计方法，设计人员首先要保证结构在预期地震下的变形不超过一个合理的范围。对于小震弹性设计而言，是保证结构的层间侧移角满足规范小震弹性层间侧移角的要求。而对于大震功能可恢复结构而言，问题则稍微复杂一些。因为大震下部分构件会屈服耗能，使得结构出现非线性变形。即便如此，也需要首先控制结构在大震下的弹性响应，为后期的耗能设计提供基础。因此，如何根据最大弹性层间侧移角限值确定结构的宏观抗侧刚度，成为超高层结构设计首先需要解决的关键问题之一。

虽然精细有限元模型可以预测结构的变形，但是基于精细模型评估超高层结构的最大弹性层间侧移角十分依赖于具体的设计细节。然而在初步设计阶段，往往仅存在结构高度和平面布置等信息，在不具备具体结构设计细节的条件下，需要通过大量试算和模型修改来满足要求，工作量大且效率低。

针对上述研究需求，本节基于 5.2 节的弯剪耦合模型，提出了适用于巨型柱-核心筒-伸臂超高层结构的弯剪耦合模型参数标定方法，量化了最大弹性层间侧移角与地震动强度指标 $\overline{S}_a$ 的关系。

5.4.5.1 结构平面尺寸和关键构件截面尺寸数据统计

弯剪耦合模型的关键参数 $\rho(x)$、EI_0、α_0 和 $S(x)$ 很大程度上与结构的平面尺寸以及核心筒、巨型柱和伸臂桁架等关键构件的截面尺寸相关，因此本节首先对典型巨型柱-核心筒-伸臂超高层结构（王立长等，2005；闫锋等，2007；黄忠海等，2011；王兴法等，2011；黄永强，2012；赵静，2012；周健等，2012；卢啸，2013；吴国勤等，2014；黄良，2015a；黄良，2015b）平面尺寸和关键构件尺寸（表 5.4-1）等的相关信息进行了收集和整理，并将信息完整的三栋该类建筑结构的信息列于表 5.4-1 中。对于巨型柱-核心筒-伸臂超高层结构，根据外形可将其划分为两类：一类的典型代表为上海中心大厦，该类结构沿着高度方向其平面尺寸逐渐减小，本节将这一类巨型柱-核心筒-伸臂超高层结构称为"缩进型超高层"；另一类的典型代表为武汉中心，该类结构沿着高度方向其平面尺寸近似保持不变，本节将这一类巨型柱-核心筒-伸臂超高层结构称为"均匀型超高层"。统计数据表明，对于缩进型和均匀型超高层，两者的底部核心筒外围尺寸大都约为 30m×30m，顶部核心筒的外墙厚度和内墙厚度大都减小为底层厚度的 33%～50%，同时顶层核心筒的外墙和内墙的数量大都减少为底层的一半（如上海中心大厦）或存在较大的内收（如南京绿地紫峰大厦）。巨型柱截面尺寸也大都逐渐减小，顶层巨型柱截面尺寸为底层巨型柱截面尺寸的 35%～50%。

表 5.4-1　典型巨型柱-核心筒-伸臂高层结构平面尺寸和关键构件尺寸

建筑名称	结构尺寸	底部	顶部
632m 上海中心	平面尺寸/（m×m）	73.4×73.4	39.6×39.6
	核心筒尺寸/（m×m）	30×30	30×30
	核心筒外墙厚度/m	1.2	0.5
	核心筒内墙厚度/m	0.9	0.5
	巨型柱尺寸/（m×m）（数目）	5.3×3.7（12）	2.4×1.9（8）
438m 武汉中心	平面尺寸/（m×m）	51.45×51.45	51.45×51.45
	核心筒尺寸/（m×m）	28.6×28.6	28.35×28.35
	核心筒外墙厚度/m	1.2	0.4
	核心筒内墙厚度/m	0.5	0.25
	巨型柱尺寸/（m×m）（数目）	3.0×3.0（16）	1.5×1.5（8）
530m 广州东塔	平面尺寸/（m×m）	58.1×58.1	58.1×58.1
	核心筒尺寸/（m×m）	32.7×32.7	32.7×32.7
	核心筒外墙厚度/m	1.5	0.5
	核心筒内墙厚度/m	0.7	0.4
	巨型柱尺寸/（m×m）（数目）	5.6×3.5（8）	2×1.5（8）

5.4.5.2　弯剪耦合简化模型参数分析

5.2.2 节以一栋巨型柱-核心筒-伸臂超高层结构为例，比较了弯剪耦合模型和精细有限元模型的计算结果，二者振型分析及弹性时程分析结果吻合良好。需要说明的是，尽管弯剪耦合模型可以较好地把握巨型柱-核心筒-伸臂超高层结构的基本动力特性和最大弹性层间侧移角，然而其计算精度有赖于准确合理的弯剪刚度比 α_0、刚度分布函数 $S(x)$ 和质量分布函数 $\rho(x)$，因此本节将对上述参数展开研究。由于弯剪耦合模型主要用于设计初期确定结构的基本动力特性和宏观刚度需求，以及评估结构的最大弹性层间侧移角，本节主要以基本动力特性、弯曲梁底部刚度 EI_0 和最大弹性层间侧移角作为指标来评价各参数对弯剪耦合模型的影响。

1）弯剪刚度比 α_0

Miranda（1999）指出对于多层结构，相比于刚度分布函数和质量分布函数，弯剪刚度比 α_0 对结构的弹性响应影响更大。在保证 $S(x)$、$\rho(x)$ 和 T_1 不变的前提下，选取了三种不同 α_0（1.5、2.68 和 5）对弯剪耦合模型进行标定，相应前 5 阶平动周期及 EI_0 取值如表 5.4-2 所示。选取 SUPERST_B-POE270 波进行动力时程分析，将加速度幅值调幅至 220cm/s^2，对比三种方案的顶点时程和层间侧移角包络图如图 5.4-2 所示。可以看出 α_0=1.5 时，EI_0 增加至 α_0=2.68 时的 2.29 倍，而 α_0=5 时，EI_0 则减小至 α_0=2.68 时的 35%，而且不同的弯剪刚度比取值会极大影响结构的最大弹性层间侧移角。总的说来，弯剪刚度比 α_0 对结构基本动力特性、弯曲梁底部刚度 EI_0 和最大弹性层间侧移角均存在较大的影响。

表 5.4-2 不同 α_0 下弯剪耦合模型前 5 阶平动周期及 EI_0 取值

弯剪刚度比 α_0	周期/s					$EI_0 /（10^{14}\text{N·m}^2）$
	T_1	T_2	T_3	T_4	T_5	
1.50	9.13	2.86	1.40	0.68	0.43	11.367 6
2.68	9.13	3.31	1.62	0.95	0.65	4.965 6
5.00	9.13	3.63	2.01	1.28	0.87	1.716 3

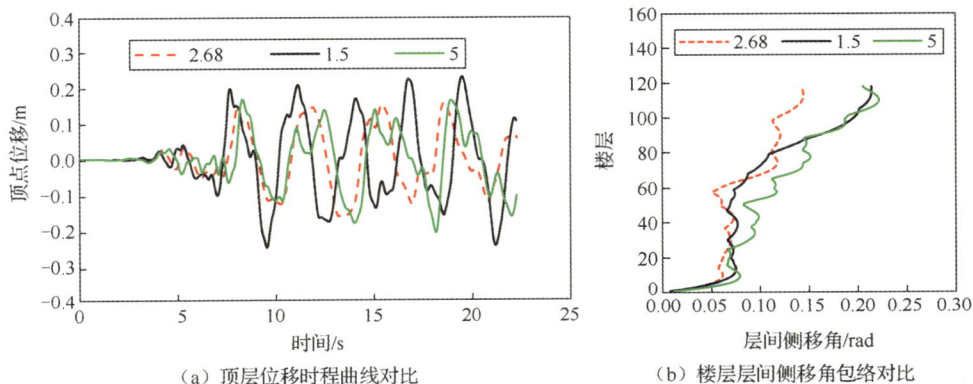

（a）顶层位移时程曲线对比 （b）楼层层间侧移角包络对比

图 5.4-2 不同弯剪刚度比顶点时程和层间侧移角包络图

2）刚度分布函数 $S(x)$

对于超高层结构，沿着高度方向各节段外立面尺寸或关键构件（核心筒、巨型柱、巨型支撑和伸臂桁架等构件）截面尺寸往往存在较大的变化，如果仍采用均匀刚度分布，可能会导致基于此假定建立的简化模型不能较好地预测超高层结构的弹性地震响应，因此，有必要对其弯剪耦合模型的刚度分布展开进一步的研究。为了保证弯剪耦合模型的简易性，本研究仅选取二阶抛物线分布和一阶线性分布来模拟 $S(x)$。值得注意的是，结构的顶部刚度与底部刚度比值（简称为"顶底刚度比"，下同）对弯剪耦合模型可能也存在较大的影响，因此本节选取不同的顶底刚度比予以研究。

基于上述需求，本章设置了三种不同的刚度分布方案。

（1）二阶抛物线分布，顶底刚度比为 0.26，其刚度分布函数 $S(x)=0.9104x^2-1.6488x+1$。

（2）二阶抛物线分布，顶底刚度比为 0.5，其刚度分布函数 $S(x)=0.6205x^2-1.1205x+1$。

（3）线性分布，顶底刚度比为 0.26，其刚度分布函数 $S(x)=1-0.74x$。

为了保证各方案间的可比性，在标定弯剪耦合模型时，上述三种方案均采用相同的质量分布和弯剪刚度比，以 $T_1=9.13$s 为目标，确定不同刚度分布简化模型前 5 阶平动周期及 EI_0 对比如表 5.4-3 所示。选取 SUPERST_B-POE270 波进行动力时程分析，将加速度幅值调幅至 220cm/s^2，对比三种方案下的顶点时程和层间侧移角包络图如图 5.4-3 所示。

表 5.4-3　不同刚度分布简化模型前 5 阶平动周期及 EI_0 对比

不同弯曲刚度分布	周期/s					EI_0（10^{14}N·m^2）
	T_1	T_2	T_3	T_4	T_5	
二阶抛物线 0.26	9.13	3.31	1.62	0.946	0.65	4.965 6
二阶抛物线 0.5	9.13	3.16	1.56	0.91	0.58	4.012 8
线性分布 0.26	9.13	3.32	1.63	0.946	0.61	4.166 7

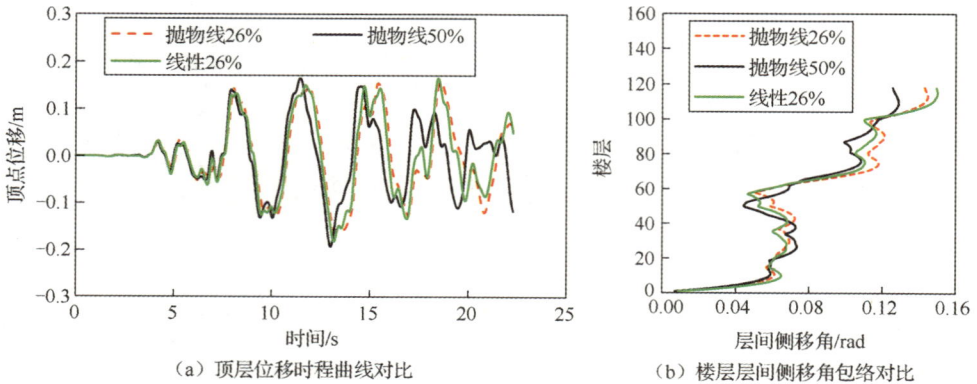

(a) 顶层位移时程曲线对比　　　　(b) 楼层层间侧移角包络对比

图 5.4-3　不同刚度分布的顶点时程和层间侧移角包络图

　　由表 5.4-3 和图 5.4-3 可以看出，当顶底刚度比相同时，采用线性分布和二阶抛物线分布计算所得的前 5 阶平动周期基本一致，但线性分布方案下的 EI_0 约为抛物线分布下 EI_0 的 84%；另外，线性分布与抛物线分布预测的最大弹性层间侧移角基本相近，误差为 2.1%。当同时采用抛物线分布时，不同的顶底刚度比（0.26 和 0.5）会对结构的基本动力特性产生一定程度的影响，两者周期相对误差基本在 4% 左右，最大可达到 11%；顶底刚度比取为 0.5 时，其 EI_0 为顶底刚度比为 0.26 时 EI_0 的 81%，且二者预测的最大弹性层间侧移角的相对误差为 10.4%。

　　上述分析结果表明，弯剪耦合模型中刚度分布函数的阶次对结构的基本动力特性和最大弹性层间侧移角影响较小，对刚度需求则存在一定的影响，建议选用更符合实际刚度分布的二阶抛物线分布（闫锋等，2007；王立长等，2012；卢啸，2013）。顶底刚度比对其基本动力特性、EI_0 和最大弹性层侧移角影响较大，宜根据建筑平面布置大致确定其取值。统计数据（王立长等，2005；闫锋等，2007；王兴法等，2011；黄忠海等，2011；黄永强，2012；赵静，2012；周健等，2012；卢啸，2013；吴国勤等，2014；黄良，2015a；黄良，2015b）表明核心筒截面尺寸随着结构高度的上升逐渐减小，结构顶部内墙和外墙的厚度大都减小为底部厚度的 33%～50%，同时内墙和外墙数量大都显著减少或核心筒存在较大的内收，顶部核心筒的抗弯刚度大都减小为底部核心筒抗弯刚度的 20%～30%。外围巨型柱的截面尺寸往往也减小为底部巨型柱尺寸的 35%～50%，即使巨型柱至核心筒外围的距离保持不变，巨型柱拉压对弯曲刚度的贡献也至少减小为底部的 25%。因此，可近似认为顶底刚度比大都介于 0.2～0.3。本节以该范围内的巨型柱-核心筒-伸臂超高层结构作为主要研究对象。为了进一步明确顶底刚度比在 0.2～0.3 取值对结构基本动力特性、EI_0 和结构最大弹性层间侧移角的影响，本节分别建立了顶底刚度比为 0.2 和 0.3 的弯剪耦合模型，进行模态分析和 SUPERST_B-POE270 波下的动力时程分析，并与顶底刚度比为 0.26 时的相应结果进行对比，结果表明前 5 阶平动周期的相对误差不超过 1.2%，相应的前 5 阶平动振型也未见显著差别，弯曲梁底部刚度 EI_0 的相对误差不超过 3.7%，最大弹性层间侧移角的相对误差不超过 1.3%，这表明顶底刚度比在 0.2～0.3 取值对结构的基本动力特性和最大弹性层间侧移角影响较小，基本可以忽略不计。

总的说来，对于超高层结构，Miranda（1999）和 Xiong 等（2016）采用的均匀刚度分布不再适用，宜采用更符合真实刚度分布的二阶抛物线分布；结构的顶底刚度比对弯剪耦合模型影响较大，统计数据表明巨型柱-核心筒-伸臂超高层结构的顶底刚度比大都介于 0.2～0.3，在该范围内其取值对结构基本动力特性、EI_0 和最大弹性层间侧移角影响相对较小，因此在设计初期可将顶底刚度比取为 0.25。

3）质量分布函数 $\rho(x)$

对于超高层结构，沿着高度方向各节段外立面尺寸和关键构件截面尺寸往往存在较大的变化，如果仍采用均匀质量分布，可能会导致基于此假定建立的弯剪耦合模型不能较好地预测超高层结构的弹性地震响应。为了保证整体模型的简易性，本章选取一阶线性分布来考虑沿着结构高度方向的质量分布。与刚度分布相类似，结构的顶部质量与底部质量比（简称为"顶底质量比"，下同）对弯剪耦合模型可能也存在较大的影响，因此本节也对顶底质量比予以研究。

根据上述统计数据，本节对结构的顶底质量比进行了估算，对于缩进型超高层，由于结构平面和构件尺寸都存在较大的变化，这类结构的顶底质量比大都在 0.2～0.3。对于均匀型超高层，尽管结构平面尺寸并未发生明显变化，但其核心筒和巨型柱尺寸大都存在较大的变化，而核心筒和巨型柱在楼层自重中贡献较大，这类结构的顶底质量比大都在 0.5 左右。因此本节设置了三种不同的线性质量分布方案，顶底质量比分别为0.2、0.3 和 0.5。在标定弯剪耦合模型时，上述三种方案均采用相同的刚度分布、弯剪刚度比和总质量，以 $T_1 = 9.13$s 为目标，确定不同质量分布简化模型前 5 阶平动周期及 EI_0 取值如表 5.4-4 所示。选取 SUPERST_B-POE270 波进行动力时程分析，将加速度幅值调幅至 220cm/s^2，对比三种方案下的顶点时程和层间侧移角包络图如图 5.4-4 所示。

表 5.4-4　不同质量分布简化模型前 5 阶平动周期及 EI_0 取值

不同弯曲刚度分布	周期/s					$EI_0 / (10^{14}\text{N·m}^2)$
	T_1	T_2	T_3	T_4	T_5	
线性 0.2	9.13	3.31	1.62	0.946	0.65	4.965 6
线性 0.3	9.13	3.19	1.57	0.919	0.62	5.300 9
线性 0.5	9.13	3.16	1.53	0.912	0.58	6.728 9

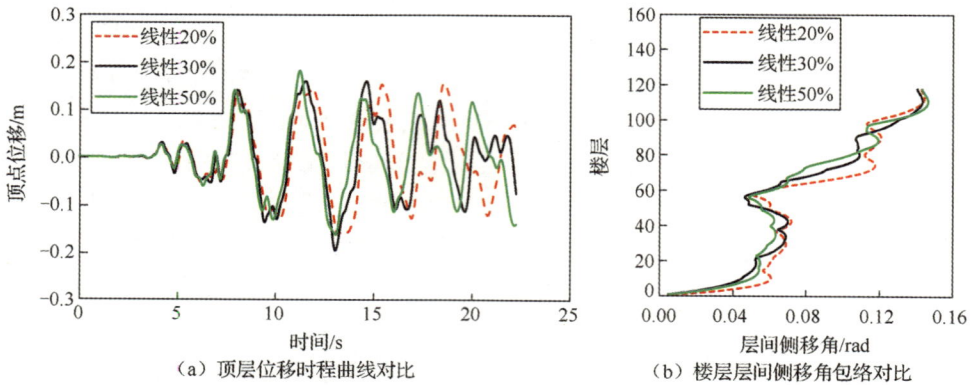

（a）顶层位移时程曲线对比　　　　　　　　（b）楼层层间侧移角包络对比

图 5.4-4　不同质量分布顶点时程和层间侧移角包络图

由表 5.4-4 和图 5.4-4 可以看出，顶底质量比对结构的基本动力特性存在一定程度的影响。当顶底质量比取为 0.2 和 0.3 时，周期误差基本在 4%左右，两者的 EI_0 相差不大，且两者计算所得的最大弹性层间侧移角基本一致。这表明对于缩进型超高层结构，其顶底质量比在 0.2~0.3 取值对整体结构的基本动力特性、弯曲梁底部刚度 EI_0 和最大弹性层间侧移角没有显著影响，在设计初期可取为 0.25。

当顶底质量比取为 0.5 时，与顶底质量比为 0.2 时的前 4 阶周期误差基本在 5%左右，第 5 阶周期误差相对较大，EI_0 为顶底质量比为 0.2 时的 1.35 倍，存在较大的差别。因此在对均匀型超高层和缩进型超高层进行研究时，应分别选取不同的顶底质量比。

总的说来，对于巨型柱-核心筒-伸臂超高层结构，在相同的基本周期 T_1 下，弯剪刚度比 α_0、刚度分布函数 $S(x)$ 和质量分布函数 $\rho(x)$ 对结构的基本动力特性、弯曲梁底部刚度 EI_0 和最大弹性层间侧移角均存在一定程度的影响，其中弯剪刚度比 α_0 对结构基本动力特性、EI_0 和最大弹性层间侧移角的影响最大，为弯剪耦合模型中的最关键参数。刚度分布函数对最大弹性层间侧移角存在较大的影响，其中顶底刚度比影响最大，但其取值大都介于 0.2~0.3，在此范围内顶底刚度比带来的影响较小，因此在设计初期可将顶底刚度比取为 0.25，其刚度分布函数 $S(x)$ 宜采用二阶抛物线函数。质量分布可采用线性分布模拟，对于缩进型超高层结构其顶底质量比可取为 0.25，对于均匀型超高层其顶底质量比可取为 0.5。

5.4.5.3　弯剪刚度比与各阶周期比关系

5.2.4 节深入研究了各种地震动强度指标（PGA、PGV、PGD、$S_a(T_1)$、$IM_{1E\&2E}$、$\bar{S}_a$）与最大弹性层间位移角的相关性，结果表明本节提出的地震动强度指标 $\bar{S}_a$ 与最大弹性层间侧移角相关性最好。

Miranda（1999）指出弯剪刚度比直接决定了结构各阶平动周期与 1 阶平动周期的比值（简称为"各阶周期比"，下同）。在相同的基本周期 T_1 下，不同的 α_0 使得结构具有不同的第 2~5 阶平动周期，而结构的前 n 阶平动周期直接决定了地震动强度指标 $\bar{S}_a$。

这表明结构的最大弹性层间侧移角可能与 T_1 和 α_0 存在着一定的关系。因此，有必要首先建立各阶周期比和弯剪刚度比之间的关系。

以 5.2.2 节缩进型巨型柱-核心筒-伸臂超高层结构（以下简称结构 A）和均匀型武汉中心超高层结构的弯剪耦合模型为基准，在保证弯剪耦合模型刚度分布函数和质量分布函数不变的前提下，在 1～3.5 内变化 α_0，研究 α_0 与各阶周期比的关系。分别计算第 2～5 阶周期与基本周期的比值，回归分析获得 α_0 与各阶周期比关系如图 5.4-5 所示。从图中可以看出，在研究区间范围内 α_0 与各阶周期比具有良好的相关性。这表明刚度分布确定的情况下，各阶周期比主要由弯剪刚度比决定，而质量分布函数对周期比的影响相对较小。相应的各阶周期比与弯剪刚度比的关系如式（5.4-1）所示。可以发现，当 α_0 介于 1～3 时，根据上式计算所得的结构第 2 阶平动周期与基本周期的比值 T_2/T_1 介于 0.28～0.37，而根据徐培福等（2014）统计的 28 栋高度超过 300m 的超高层结构的 T_2/T_1，78.6% 的超高层 T_2/T_1 介于 0.28～0.34，这表明本节所建议的弯剪刚度比范围可以满足实际工程中该类超高层结构研究的相关需求。

$$\begin{cases} T_2/T_1 = -0.011\,60\alpha_0^2 + 0.090\,70\alpha_0 + 0.202\,5 \\ T_3/T_1 = 0.032\,20\alpha_0 + 0.089\,40 \\ T_4/T_1 = 0.022\,90\alpha_0 + 0.041\,30 \\ T_5/T_1 = 0.015\,30\alpha_0 + 0.026\,20 \end{cases} \tag{5.4-1}$$

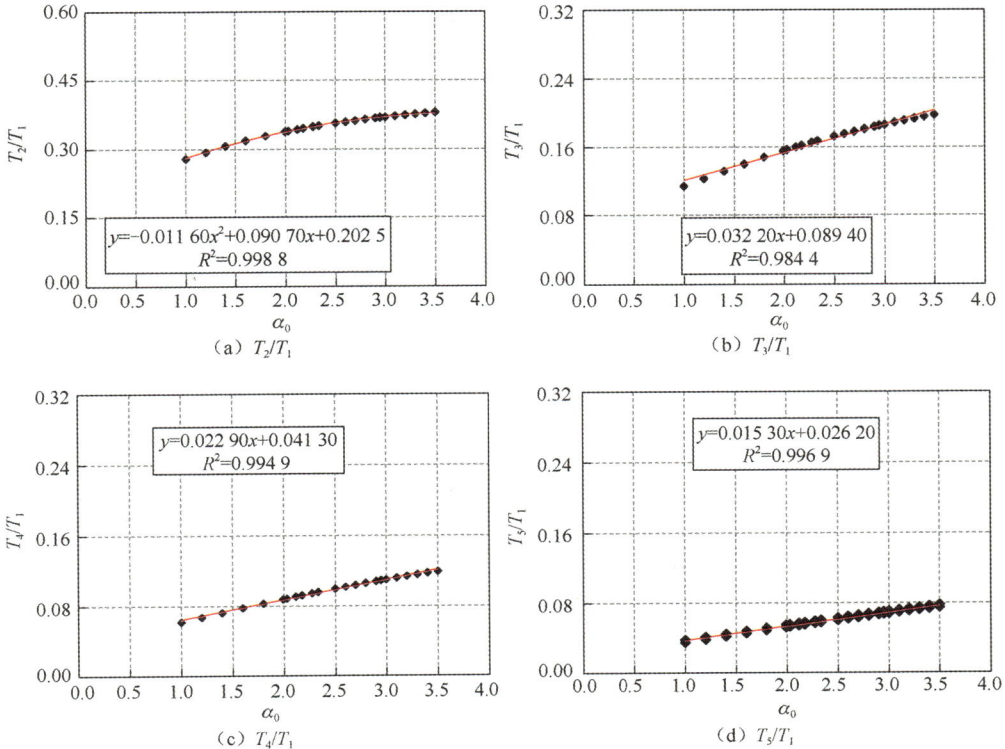

图 5.4-5　α_0 与各阶周期比关系

5.4.5.4　最大弹性层间侧移角与地震动强度指标关系

Baker 等（2008）指出结构的损伤指标（DM）和地震动强度指标（IM）近似满足指数关系，如式（5.2-19）所示。本研究为了建立大震下地震动强度指标 $\bar{S}_a$ 和最大弹性层间侧移角 θ_{max} 的关系，用于指导大震功能可恢复超高层结构的设计，因此有必要确定 θ_{max} 与地震动强度指标的关系 [式（5.4-2）]，即

$$\ln(\theta_{max}) = \ln a + b \cdot \ln(\bar{S}_a) \qquad (5.4-2)$$

Miranda（1999）的研究表明，结构的最大弹性层间侧移角 θ_{max} 主要取决于三个因素，即结构的基本周期 T_1、弯剪刚度比 α_0 和高度 H（楼层数 N）。地震动强度指标 $\bar{S}_a$ 仅与结构的基本周期 T_1 和弯剪刚度比 α_0 相关，因此在研究 $\bar{S}_a$ 和 θ_{max} 的关系式时必须考虑结构高度的影响。为了保证本节提出的 $\bar{S}_a$ 和 θ_{max} 的关系式可以用于预测不同高度巨型柱-核心筒-伸臂超高层结构的最大弹性层间侧移角，本节分别对高 400m 级（武汉中心）和 600m 级（结构 A）的两栋超高层结构展开 $\bar{S}_a$ 和 θ_{max} 关系的研究。在此，仍然选取 FEMA P695（FEMA，2009）中推荐的 22 组原始远场地震动记录作为基本地震动集合，将地震峰值加速度统一调幅为 220cm/s^2，研究过程中不改变上述结构弯剪耦合模型的质量分布和刚度分布函数，考虑三种基本周期 T_1（7s、8s 和 9.13s）与 5 种弯剪刚度比（2、2.2、2.4、2.68 和 3），具体的研究步骤如下。

（1）针对每一个基本周期 T_1，标定不同 α_0 下的弯剪耦合模型，将第 i 条地震记录调幅至 220cm/s^2，对弯剪耦合模型进行动力时程分析，获得相应的最大弹性层间侧移角 θ_{max}，记为 DM_i。

（2）根据式（5.2-16）计算第 i 组地震动记录的地震动强度指标 $\bar{S}_a$，记为 IM_i。

（3）对 22 组地震动分别执行步骤（1）和（2），获得不同 T_1 和 α_0 下的离散点（IM_i，DM_i），进行回归分析，得到每组 T_1 与 α_0 组合下的 $\ln(IM)$ 与 $\ln(DM)$ 的对数线性关系（$T_1 = 7\text{s}$），如图 5.4-6 所示。

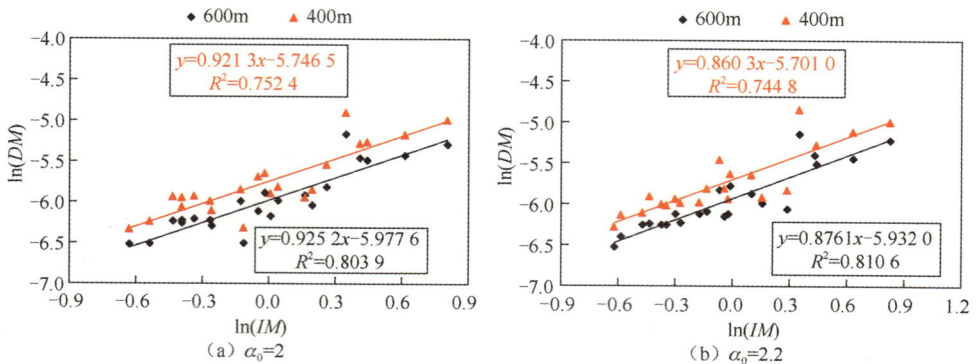

图 5.4-6　不同弯剪刚度比下 $\theta_{max}(DM)$ 与 $\bar{S}_a(IM)$ 的对数线性关系（$T_1=7\text{s}$）

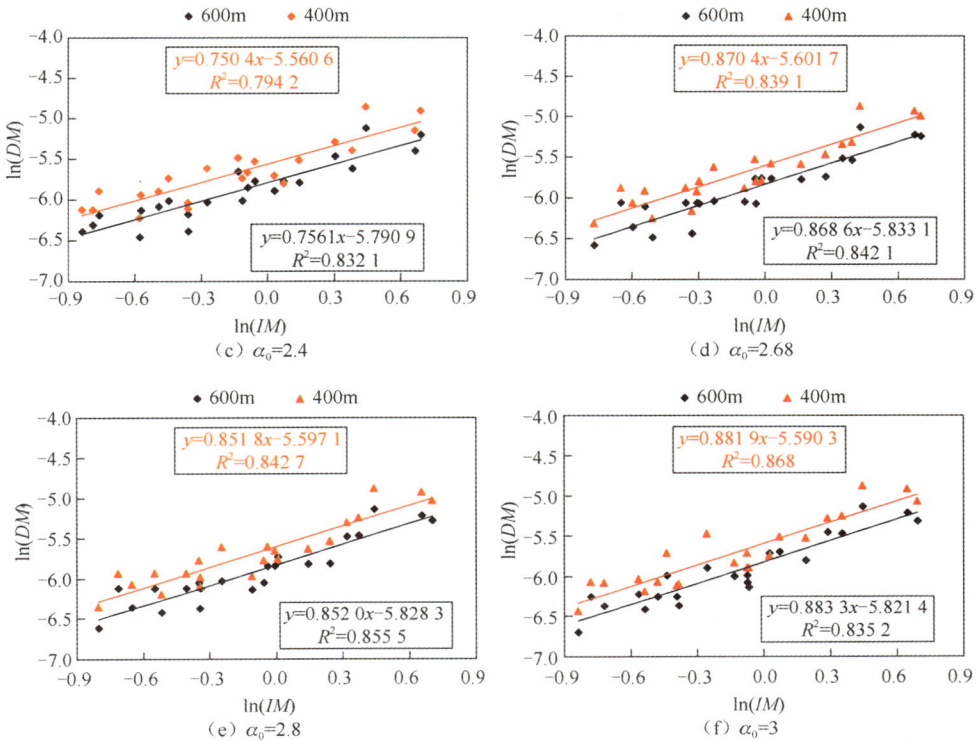

（c）$\alpha_0=2.4$

（d）$\alpha_0=2.68$

（e）$\alpha_0=2.8$

（f）$\alpha_0=3$

图 5.4-6（续）

从图 5.4-6 中可以看出，在每组基本周期 T_1 和弯剪刚度比 α_0 的组合下，不同高度的结构 $\ln(\bar{S}_a)$ 与 $\ln(\theta_{max})$ 的相关性系数都在 0.8～0.9，表明在确定的地震动强度下 $\bar{S}_a$ 和 θ_{max} 仍具有良好的相关性。统计不同 T_1 和 α_0 组合（共 18 种组合）下不同高度结构系数 b 和 $\ln a$，绘制两种高度结构系数 b 的关系如图 5.4-7（a）所示，计算各种组合下两种高度结构系数 $\ln a$ 的差值如图 5.4-7（b）所示。可以看出，在相同的 α_0 和 T_1 下，不同高度结构的系数 b 基本一致；而系数 $\ln a$ 则随着结构高度的减小而增大，且差值趋于一个定值。Miranda 等（2002）指出结构的最大弹性层间侧移角与$(1+\mu/30+N/200)/H$成正比关系，其中 μ 为结构延性系数，对于弹性模型 μ 取为 1，N 和 H 分别为结构的楼层数和总高度，不同高度结构的最大弹性层间侧移角间则应满足下式：

$$\ln\theta_{maxi}-\ln\theta_{maxj}=\ln[(31/30+N_i/200)/H_i]-\ln[(31/30+N_j/200)/H_j] \quad (5.4\text{-}3)$$

式中，θ_{maxi} 和 θ_{maxj} 分别为 i 楼和 j 楼的最大弹性层间侧移角；N_i 和 N_j 分别为 i 楼和 j 楼的楼层数；H_i 和 H_j 分别为 i 楼和 j 楼的总高度。本节所建立的两栋不同高度的超高层结构的 $\ln a$ 差值近似满足上式，这表明在建立 $\ln(\bar{S}_a)$ 与 $\ln(\theta_{max})$ 的关系式时可以采用上述关系考虑结构高度对最大弹性层间侧移角的影响。

上述分析表明，系数 b 仅与结构基本周期 T_1 和弯剪刚度比 α_0 相关，而系数 $\ln a$ 则与结构基本周期 T_1、弯剪刚度比 α_0、总高度 H 和总楼层数相关。在此，本节首先通过回归分析建立了结构 A 系数 b 与 T_1 和 α_0 的关系如图 5.4-8（a）所示，建立了结构 A 系

数 $\ln a$ 与 T_1 和 α_0 的关系如图 5.4-8（b）所示，两者的相关性系数分别为 0.94 和 0.98。在此基础上，通过式（5.4-3）考虑不同结构高度对 $\ln a$ 的影响，最终建立了弯剪刚度比介于 2～3 时，不同高度结构的系数 b 和 $\ln a$ 的表达式如式（5.4-4）所示。

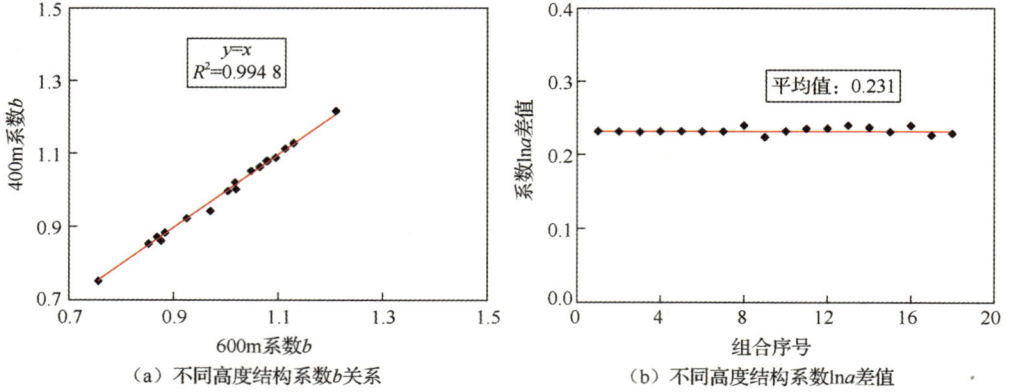

（a）不同高度结构系数 b 关系 　　　　　　（b）不同高度结构系数 $\ln a$ 差值

图 5.4-7　不同组合 T_1 和 α_0 下不同高度结构系数 b 和 $\ln a$ 关系

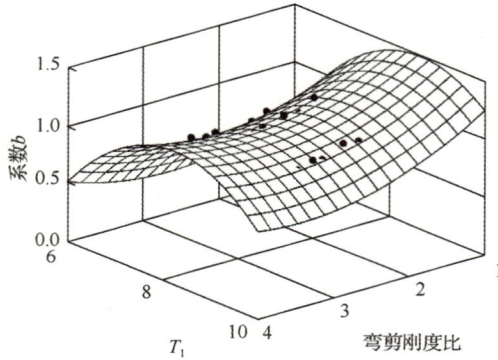

$$b=-7.879\,3-0.265\,6\,\alpha_0+2.243\,8\,T_1+0.088\,40\,\alpha_0^2-0.127\,9\,T_1^2-0.034\,20\,\alpha_0 T_1$$

（a）系数 b

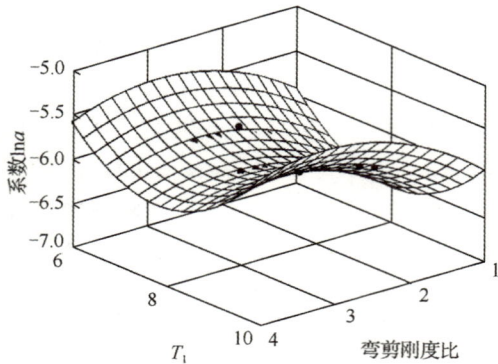

$$\ln a=3.338\,3+0.783\,1\alpha_0-2.651\,6\,T_1-0.161\,5\,\alpha_0^2+0.163\,7\,T_1^2+0.023\,10\,\alpha_0 T_1$$

（b）系数 $\ln a$

图 5.4-8　结构 A 系数 b 与 T_1 和 α_0 的关系

$$\begin{cases} \ln a = 3.338\ 3 + 0.783\ 1\alpha_0 - 2.651\ 6T_1 - 0.161\ 5\alpha_0^2 + 0.163\ 7T_1^2 + 0.023\ 10\alpha_0T_1 \\ \qquad + \ln[(31/30 + N/200)/H/0.002\ 928],\ 2 < \alpha_0 \leqslant 3 \\ b = -7.879\ 3 - 0.265\ 6\alpha_0 + 2.243\ 8T_1 + 0.088\ 40\alpha_0^2 - 0.127\ 9T_1^2 - 0.034\ 20\alpha_0T_1, \\ \qquad 2 < \alpha_0 \leqslant 3 \end{cases} \tag{5.4-4}$$

采用相同的方法，本节对弯剪刚度比介于 1~2 之间时地震动强度指标和结构最大弹性层间侧移角的关系进行了回归分析，相应的系数 b 和 $\ln a$ 的表达式为

$$\begin{cases} \ln a = 0.190\ 3 - 0.214\ 4\alpha_0 - 1.615\ 0T_1 + 0.069\ 12\alpha_0^2 + 0.100\ 4T_1^2 + 0.025\ 76\alpha_0T_1 \\ \qquad + \ln[(31/30 + N/200)/H/0.002\ 928],\ 1 < \alpha_0 \leqslant 2 \\ b = -5.183\ 0 - 1.167\ 0\alpha_0 + 1.819\ 0T_1 + 0.149\ 6\alpha_0^2 - 0.111\ 4T_1^2 + 0.039\ 97\alpha_0T_1, \\ \qquad 1 < \alpha_0 \leqslant 2 \end{cases} \tag{5.4-5}$$

5.4.6 关键构件刚度确定方法

巨型柱-核心筒-伸臂超高层结构体量庞大，构件繁多，其关键构件主要包括巨型柱、核心筒和伸臂桁架，合理的各类关键构件刚度分配比和刚度取值是该类结构初步设计的关键难题。5.4.5 节提出了地震动强度指标和最大弹性层间侧移角的关系，可快速确定满足最大弹性层间侧移角限值要求的宏观结构设计参数，包括弯曲梁底部刚度 EI_0 和弯剪刚度比 α_0。然而宏观结构设计参数并不具有明确的物理意义，不能直接确定各类关键构件的刚度需求。

因此本节将采用 5.3 节的鱼骨模型，建立弯剪耦合模型和鱼骨模型的对应关系，明确弯剪刚度比 α_0 和弯曲梁底部刚度 EI_0 与各类关键构件刚度之间的内在联系，进而可确定满足最大弹性层间侧移角限值要求的各类关键构件的合理刚度，用于指导巨型柱-核心筒-伸臂超高层结构的大震功能可恢复设计。

5.4.6.1 关键构件重要刚度分量

本节考虑的关键构件主要包括核心筒、巨型柱和伸臂桁架，每类关键构件主要拥有弯曲刚度、轴向刚度以及剪切刚度三个刚度分量。各类关键构件的不同刚度分量对结构的基本动力特性和大震下的最大弹性层间侧移角均存在不同程度的影响。本节以结构 A 的鱼骨模型为基准模型（5.3.2 节），根据各类关键构件不同刚度分量对结构整体刚度的贡献确定其重要刚度分量。具体来说，采用控制变量法，每次仅增大一个关键构件的一个刚度分量至原始值的 2 倍，计算各刚度分量增大后前 5 阶平动周期的变化率 $|T_{变化后} - T_{变化前}|/T_{变化前}$。

整体核心筒的各刚度分量主要取决于子筒的轴向刚度、弯曲刚度和剪切刚度以及连梁的剪切刚度，上述刚度增大后前 5 阶平动周期变化率如表 5.4-5 所示。总体上，由于在建立鱼骨模型时将整体核心筒划分为了两个子筒和连梁，子筒的轴向刚度和弯曲刚度对整体核心筒的弯曲刚度以及整体结构的抗侧刚度贡献较大。鉴于核心筒截面细节设计

比较复杂，本节在后续讨论中将以整体核心筒的弯曲刚度 $EI_t(x)$ 为整体核心筒的重要刚度分量进行研究，设计人员可根据 $EI_t(x)$ 完成整体核心筒及子筒和连梁的设计。

表 5.4-5　核心筒刚度增大后前 5 阶平动周期变化率

周期	周期变化率/%		
	轴向刚度（子筒）	剪切刚度（子筒+连梁）	弯曲刚度（子筒）
1 阶	6.87	0.27	6.01
2 阶	11.09	0.31	9.02
3 阶	11.67	0.51	11.11
4 阶	10.37	0.66	12.86
5 阶	8.70	0.97	10.51

对于巨型柱构件，鱼骨模型通常将结构中每边的多根巨型柱等效成一根巨型柱，因此模型中巨型柱的轴向刚度、剪切刚度和弯曲刚度为结构中每边多根巨型柱相应刚度分量的总和。巨型柱各刚度分量增大后前 5 阶平动周期的变化率如表 5.4-6 所示，可以发现巨型柱轴向刚度为巨型柱的重要刚度分量。

表 5.4-6　巨型柱各刚度分量增大后前 5 阶平动周期变化率

周期	周期变化率/%		
	轴向刚度	剪切刚度	弯曲刚度
1 阶	10.13	0.04	0.92
2 阶	6.06	0.04	1.12
3 阶	2.64	0.03	1.18
4 阶	1.36	0.04	1.21
5 阶	0.72	0.03	1.22

国内外学者已对耗能型伸臂桁架展开了研究，通过合理的布置耗能构件，例如使用防屈曲支撑作为伸臂桁架的斜腹杆，或者在伸臂桁架端部布置耗能阻尼器，可以有效引导伸臂桁架受剪屈服参与耗能，并在地震后实现更换；而受弯时则在大震下保持弹性。部分学者也提出了相应的耗能型伸臂桁架的简化模型，这类模型大都直接采用剪切弹簧模拟伸臂桁架的非线性行为（Deng，et al.，2014；Tan，et al.，2015）。此外，伸臂桁架受剪屈服后剪切刚度折减较大，而弯曲刚度基本保持不变，整体结构的弹塑性响应对伸臂桁架的剪切刚度更为敏感。因此可以将剪切刚度作为伸臂桁架的重要刚度分量。关于耗能伸臂桁架，将在 6.2 节详细介绍。

5.4.6.2　关键构件重要刚度分量沿结构高度的变化规律

1）整体核心筒弯曲刚度变化规律 $t_b(x)$

Reinoso 等（2005）及 Xiong 等（2016）研究表明，弯剪耦合模型的弯曲梁刚度主要由核心筒的弯曲刚度决定，因此本节建议采用弯剪耦合模型中弯曲梁的刚度分布函数 $S(x)$ 作为整体核心筒弯曲刚度的简化变化规律。核心筒大都体型规则，整体核心筒的弯曲刚度近似正比于子筒本身的弯曲刚度和轴向刚度。因此也可采用 $S(x)$ 作为子筒弯曲刚度和轴向刚度的变化规律。根据 5.4.5.2 节标定的结构 A 弯剪耦合模型中弯曲梁的刚度分布函数 $S(x)$ 确定子筒弯曲刚度和轴向刚度分布，并与 5.3.2 节标定的鱼骨模型中的相应刚度分量变化规律对比如图 5.4-9 所示。

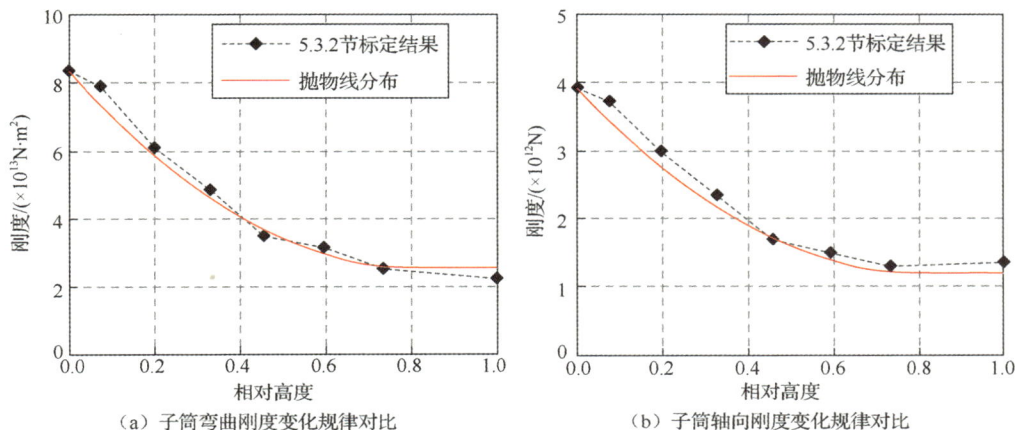

（a）子筒弯曲刚度变化规律对比　　　　　（b）子筒轴向刚度变化规律对比

图 5.4-9　子筒各刚度分量变化规律对比

　　与弯剪耦合模型相类似，$t_b(x)$ 所采用的函数类型（线性函数或二阶抛物线函数）也可能对整体结构的基本动力特性和大震响应也存在一定的影响。在此，分别选取线性函数和二阶抛物线函数 $S(x)$，研究不同类型 $t_b(x)$ 对整体结构平动周期的影响，两种分布下核心筒的顶底刚度比均取为 0.25。表 5.4-7 为不同 $t_b(x)$ 鱼骨模型前 5 阶平动周期对比。从表 5.4-7 可以看出，采用抛物线函数 $S(x)$ 计算所得的前 5 阶平动周期与 5.3.2 节模拟结果基本一致；线性函数计算所得的周期虽然存在一定的误差，但整体均在 2% 左右。由于采用二阶抛物线变化规律计算所得的基本动力特性与 5.3.2 节模拟结果基本完全一致，图 5.4-10 为不同 $t_b(x)$ 鱼骨模型典型动力时程分析结果对比，图中重点对比线性变化规律的计算结果与 5.3.2 节模拟结果的结果，从图中可以看出两者仍然吻合良好。

表 5.4-7　不同 $t_b(x)$ 鱼骨模型前 5 阶平动周期对比

内容	T_1/s（1 阶平动）	T_2/s（2 阶平动）	T_3/s（3 阶平动）	T_4/s（4 阶平动）	T_5/s（5 阶平动）
5.3.2 节模拟结果	9.30	3.35	1.59	0.96	0.65
$t_b(x)$抛物线函数	9.302（+0.02%）	3.355（+0.15%）	1.589（−0.06%）	0.956（−0.42%）	0.652（+0.31%）
$t_b(x)$线性函数	9.284（−0.17%）	3.292（−1.73%）	1.568（−1.38%）	0.933（−2.81%）	0.627（−3.54%）

　　综上所述，可采用弯剪耦合模型中弯曲梁的刚度分布函数 $S(x)$ 作为整体核心筒弯曲刚度、子筒轴向刚度和子筒弯曲刚度的简化变化规律。

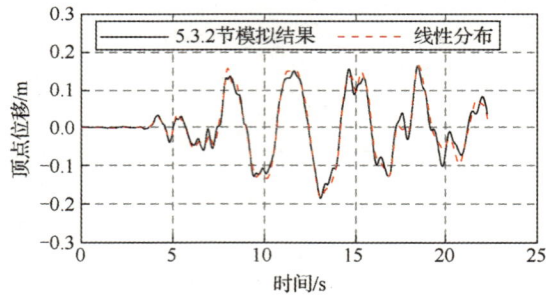

（a）顶层位移时程曲线对比

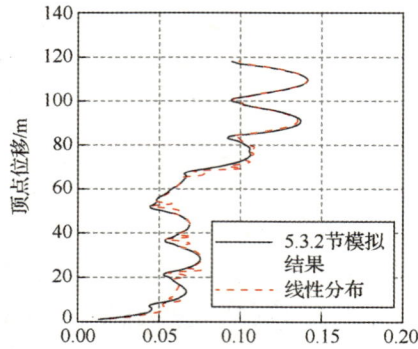

（b）层间侧移角包络对比

图 5.4-10　不同 $t_b(x)$ 鱼骨模型典型动力时程分析结果对比

2）巨型柱轴向刚度变化规律 $c_a(x)$

结构 A 鱼骨模型中巨型柱轴向刚度变化规律对比如图 5.4-11 所示。从图 5.4-11 中可以看出，不同于核心筒弯曲刚度，巨型柱的轴向刚度变化规律更接近线性变化，因此本节拟采用线性函数作为巨型柱轴向刚度的简化变化规律，巨型柱顶底轴向刚度比与5.3.2 节标定结果一致，取为 0.17。

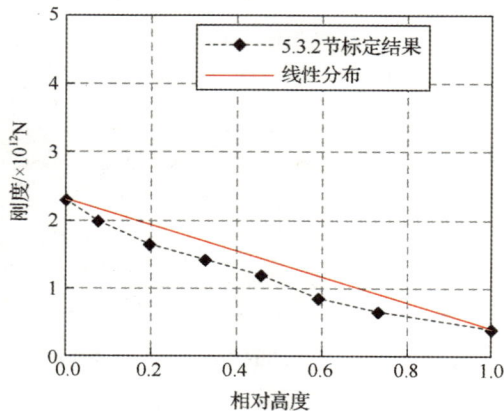

图 5.4-11　巨型柱轴向刚度变化规律对比

由于 $c_a(x)$ 采用线性函数，其控制参数仅为顶底轴向刚度比。根据 5.4.5.1 节的统计，结构顶部巨型柱截面尺寸往往减小为底层巨型柱截面尺寸的 35%～50%，同时部分超高层在结构顶部抽去了部分巨型柱，这表明顶部巨型柱的顶底轴向刚度比大都介于 0.1～0.25。因此，本节分别设置了三种线性 $c_a(x)$ 方案，顶底轴向刚度比分别为 0.1、0.17 和 0.25，用以研究不同 $c_a(x)$ 对结构基本动力特性和结构大震弹性响应的影响。不同 $c_a(x)$ 鱼骨模型前 5 阶平动周期对比如表 5.4-8 所示。从表中可以看出对于顶底轴向刚度比为 0.1 和 0.17 的方案，各阶平动周期变化率基本均不超过 1.5%。在顶底巨型柱轴向刚度比达到 0.25 时，其各阶平动周期变化率也均不超过 2.2%。动力时程分析结果也表明，三种顶底轴向刚度比的计算结果与 5.3.2 节模拟结果基本一致。

表 5.4-8　不同 $c_a(x)$ 鱼骨模型前 5 阶平动周期对比

内容	T_1/s（1 阶平动）	T_2/s（2 阶平动）	T_3/s（3 阶平动）	T_4/s（4 阶平动）	T_5/s（5 阶平动）
5.3.2 节模拟结果	9.30	3.35	1.59	0.96	0.65
顶底刚度比 0.17 方案	9.157 (−1.54%)	3.324 (−0.78%)	1.585 (−0.34%)	0.956 (−0.37%)	0.653 (+0.44%)
顶底刚度比 0.1 方案	9.220 (−0.86%)	3.359 (+0.28%)	1.599 (+0.57%)	0.962 (+0.25%)	0.655 (+0.84%)
顶底刚度比 0.25 方案	9.100 (−2.16%)	3.294 (−1.68%)	1.574 (−1.02%)	0.952 (−0.80%)	0.651 (+0.17%)

综上所述，可采用线性函数作为巨型柱-核心筒-伸臂超高层结构中巨型柱轴向刚度的简化变化规律。统计数据表明巨型柱顶底轴向刚度比大都介于 0.1～0.25，本节研究表明在此范围内，巨型柱顶底轴向刚度比对结构的基本动力特性和大震弹性响应影响较小，下文将顶底刚度比取为结构 A 的 0.17 开展相关研究。

3）伸臂桁架剪切刚度变化规律 $o_s(n)$

与巨型柱轴向刚度相类似，伸臂桁架剪切刚度也呈现出较为明显的线性变化规律，但不同的是沿着结构高度方向伸臂桁架的剪切刚度变化相对较小甚至不发生变化。结构 A 鱼骨模型中伸臂桁架剪切刚度变化规律对比如图 5.4-12 所示，两者基本一致，其中顶部和底部伸臂桁架剪切刚度比为 0.87。

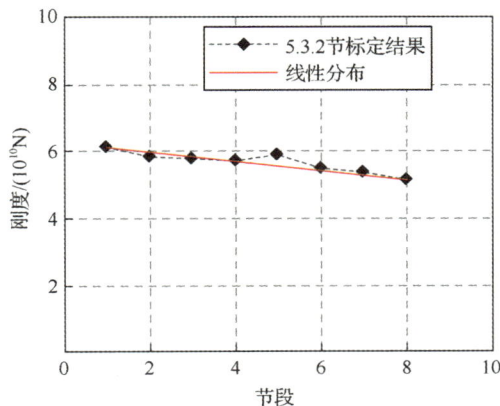

图 5.4-12　伸臂桁架剪切刚度变化规律对比

为了进一步简化设计，本节拟采用顶底刚度比为 1 的线性函数作为伸臂桁架剪切刚度的简化变化规律。为了验证这一简化变化规律的合理性，本节建立了相应的鱼骨模型，不同 $o_s(n)$ 鱼骨模型前 5 阶平动周期对比如表 5.4-9 所示，两者计算所得前 5 阶平动周期基本一致。

表 5.4-9　不同 $o_s(n)$ 鱼骨模型前 5 阶平动周期对比

内容	T_1/s（1 阶平动）	T_2/s（2 阶平动）	T_3/s（3 阶平动）	T_4/s（4 阶平动）	T_5/s（5 阶平动）
5.3.2 节模拟结果	9.30	3.35	1.59	0.96	0.65
简化变化规律	9.232 （-0.73%）	3.332 （-0.54%）	1.578 （-0.75%）	0.953 （-0.73%）	0.65 （0）

5.4.6.3　宏观设计参数与各类关键构件重要刚度分量设计参数的关系

在各类关键构件重要刚度分量变化规律均采用 5.4.6.2 节的简化变化规律的情况下，巨型柱-核心筒-伸臂超高层结构鱼骨模型存在以下几个关键设计参数：高宽比 H/B、底层整体核心筒弯曲刚度 EI_{t0}、底层巨型柱轴向刚度 EA_{c0} 和结构底部第 1 节段伸臂剪切刚度 GA_{o0}，其中 H 为主体结构高度，B 为结构底部平面宽度。本节旨在建立不同高宽比 H/B 下，宏观设计参数（α_0 和 EI_0）与各类关键构件重要刚度分量设计参数（EI_{t0}、EA_{c0} 和 GA_{o0}）的内在关联。

1）建立鱼骨模型

基于上述研究目标，本节首先建立了一定数量的巨型柱-核心筒-伸臂超高层的鱼骨模型。值得注意的是，弯剪刚度比 α_0 决定了各类关键构件刚度的分配比例关系，而弯曲梁底部刚度 EI_0 则决定了各类关键构件刚度的绝对值，因此在研究上述关系时，可选择固定一个变量，通过变换其他变量来研究两者的关系。由于核心筒截面详细设计受到竖向交通、设备、管道的影响，比较复杂且也不是本文的研究重点，本节在开展相关研究时保持整体核心筒各刚度分量不变。

具体而言，在建立鱼骨模型时，整体核心筒弯曲刚度分量设计参数 EI_{t0} 采用结构 A 的 EI_{t0}，整体核心筒弯曲刚度分量变化规律采用 $S(x)$。通过变化其余关键设计参数（包括巨型柱轴向刚度设计参数 EA_{c0}、伸臂桁架剪切刚度设计参数 GA_{o0} 和结构高宽比 H/B）建立多组鱼骨模型。其中 EA_{c0} 和 GA_{o0} 参照结构 A 原始值进行变化，考虑三种 H/B（7、7.5 和 8）、七种 EA_{c0}（分别为结构原始 EA_{c0} 的 50%、70%、90%、100%、110%、130% 和 150%）以及五种 $GA_{o0}L_0/EA_{c0}$（1/3、1/2、2/3、5/6 和 1），其中 L_0 为第 1 节段伸臂桁架的净跨度。不同设计参数组成的鱼骨模型和相应的弯剪耦合模型标定流程如下。

（1）固定 H/B，选定一 $GA_{o0}L_0/EA_{c0}$，变化 EA_{c0}，分别建立七种 EA_{c0} 下的鱼骨模型。进行模态分析，获得结构前 5 阶平动周期，根据 2 阶平动周期与 1 阶平动周期的比值采用式（5.4-1）初步确定该模型的弯剪刚度比 α_0，建立相应的弯剪耦合模型，微幅调整弯剪刚度比直至弯剪耦合模型和鱼骨模型前 2 阶平动周期比完全吻合。调整弯剪耦合模型中弯曲梁底部刚度 EI_0 直至弯剪耦合模型与鱼骨模型基本周期完全一致，获得 EI_0。

（2）维持步骤（1）中的 H/B 和 L_0 不变，变换 $GA_{o0}L_0/EA_{c0}$，在每种 $GA_{o0}L_0/EA_{c0}$ 下，分别建立七种 EA_{c0} 下的鱼骨模型，采用与步骤（1）相同的方法标定每个鱼骨模型所对应的弯剪耦合模型，获得相应的宏观设计参数 α_0 和 EI_0。

（3）变换 H/B，对于每种 H/B 重复步骤（1）和步骤（2）。

2）参数之间的关系

建立完鱼骨模型后，作者研究了 α_0 与 EI_{t0}/EI_0 关系及 α_0/H 与 EA_{c0}/EI_{t0} 关系。

（1） α_0 与 EI_{t0}/EI_0 关系。统计不同高宽比下各组算例中弯剪耦合模型的宏观设计参数 α_0 和 EI_0，计算整体核心筒弯曲刚度分量设计参数 EI_{t0} 与弯剪耦合模型中弯曲梁底部刚度 EI_0 的比值 EI_{t0}/EI_0，绘制 α_0 与 EI_{t0}/EI_0 关系如图 5.4-13 所示。从图中可以看出 EI_{t0}/EI_0 与 α_0 存在较好的线性相关性。这表明整体核心筒弯曲刚度分量设计参数 EI_{t0} 一定程度上与结构的高宽比不相关，仅与结构的宏观设计参数 EI_0 和 α_0 相关。 α_0 和 EI_{t0}/EI_0 的线性关系如式（5.4-6）所示，即

$$EI_{t0} / EI_0 = 0.1726\alpha_0 + 0.2811 \tag{5.4-6}$$

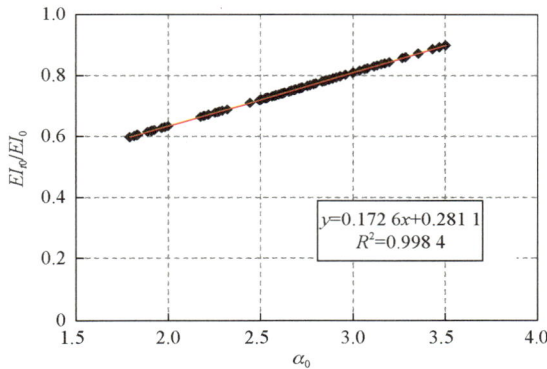

图 5.4-13 　 α_0 与 EI_{t0}/EI_0 关系

（2） α_0/H 与 EA_{c0}/EI_{t0} 关系。对上述算例进行了数据统计，以高宽比取 7 时为例，不同 $GA_{o0}L_0/EA_{c0}$ 下， EA_{c0}/EI_{t0} 与 α_0/H 关系如图 5.4-14 所示。绘制不同高宽比，不同 $GA_{o0}L_0/EA_{c0}$ 下， EA_{c0}/EI_{t0} 与 T_1 关系如图 5.4-15 所示。从图中可以明显看出在不同的 H/B、不同 $GA_{o0}L_0/EA_{c0}$ 下， EA_{c0}/EI_{t0} 和 α_0/H 均具有较好的相关性。当 $GA_{o0}L_0/EA_{c0}$ 取为 1/3 和 1/2 时， EA_{c0}/EI_{t0} 和 α_0/H 的关系存在一定的差异，当 $GA_{o0}L_0/EA_{c0}$ 值超过 1/2 后， EA_{c0}/EI_{t0} 和 α_0/H 的关系以及 EA_{c0}/EI_{t0} 和基本周期的关系都趋于稳定。这表明当伸臂桁架达到一定的截面尺寸后，其对整体结构弯剪刚度比的贡献就相对有限。基于上述统计，本节建立了不同 H/B 和 $GA_{o0}L_0/EA_{c0}$ 下，弯剪耦合模型宏观设计参数（ α_0 和 EI_0）与各类关键构件重要刚度分量设计参数（ EI_{t0}、 EA_{c0} 和 GA_{o0}）的关系如式（5.4-7）～式（5.4-9）所示。

$GA_{o0}L_0/EA_{c0}=1/2$ 时，EA_{c0}/EI_{t0} 和 α_0/H 的关系如式（5.4-7）所示。

$$\alpha_0/H = -22.385\,0(EA_{c0}/EI_{t0})^2 + 0.564\,0EA_{c0}/EI_{t0} + 0.001\,900 \qquad H/B = 7 \qquad （5.4\text{-}7a）$$

$$\alpha_0/H = -18.964\,0(EA_{c0}/EI_{t0})^2 + 0.598\,7EA_{c0}/EI_{t0} + 0.001\,700 \qquad H/B = 7.5 \qquad （5.4\text{-}7b）$$

$$\alpha_0/H = -8.394\,9(EA_{c0}/EI_{t0})^2 + 0.542\,9EA_{c0}/EI_{t0} + 0.001\,600 \qquad H/B = 8 \qquad （5.4\text{-}7c）$$

$GA_{o0}L_0/EA_{c0}=1/3$ 时，EA_{c0}/EI_{t0} 和 α_0/H 的关系如式（5.4-8）所示。

$$\alpha_0/H = -21.136\,0(EA_{c0}/EI_{t0})^2 + 0.539\,6EA_{c0}/EI_{t0} + 0.001\,900 \qquad H/B = 7 \qquad （5.4\text{-}8a）$$

$$\alpha_0/H = -18.490\,0(EA_{c0}/EI_{t0})^2 + 0.575\,1EA_{c0}/EI_{t0} + 0.001\,700 \qquad H/B = 7.5 \qquad （5.4\text{-}8b）$$

$$\alpha_0/H = -9.831\,0(EA_{c0}/EI_{t0})^2 + 0.539\,6EA_{c0}/EI_{t0} + 0.001\,600 \qquad H/B = 8 \qquad （5.4\text{-}8c）$$

$GA_{o0}L_0/EA_{c0}=1$ 时，EA_{c0}/EI_{t0} 和 α_0/H 的关系如式（5.4-9）所示。

$$\alpha_0/H = -24.136\,0(EA_{c0}/EI_{t0})^2 + 0.598\,2EA_{c0}/EI_{t0} + 0.001\,900 \qquad H/B = 7 \qquad （5.4\text{-}9a）$$

$$\alpha_0/H = -19.783\,0(EA_{c0}/EI_{t0})^2 + 0.633\,0EA_{c0}/EI_{t0} + 0.001\,600 \qquad H/B = 7.5 \qquad （5.4\text{-}9b）$$

$$\alpha_0/H = -6.954\,6(EA_{c0}/EI_{t0})^2 + 0.552\,6EA_{c0}/EI_{t0} + 0.001\,500 \qquad H/B = 8 \qquad （5.4\text{-}9c）$$

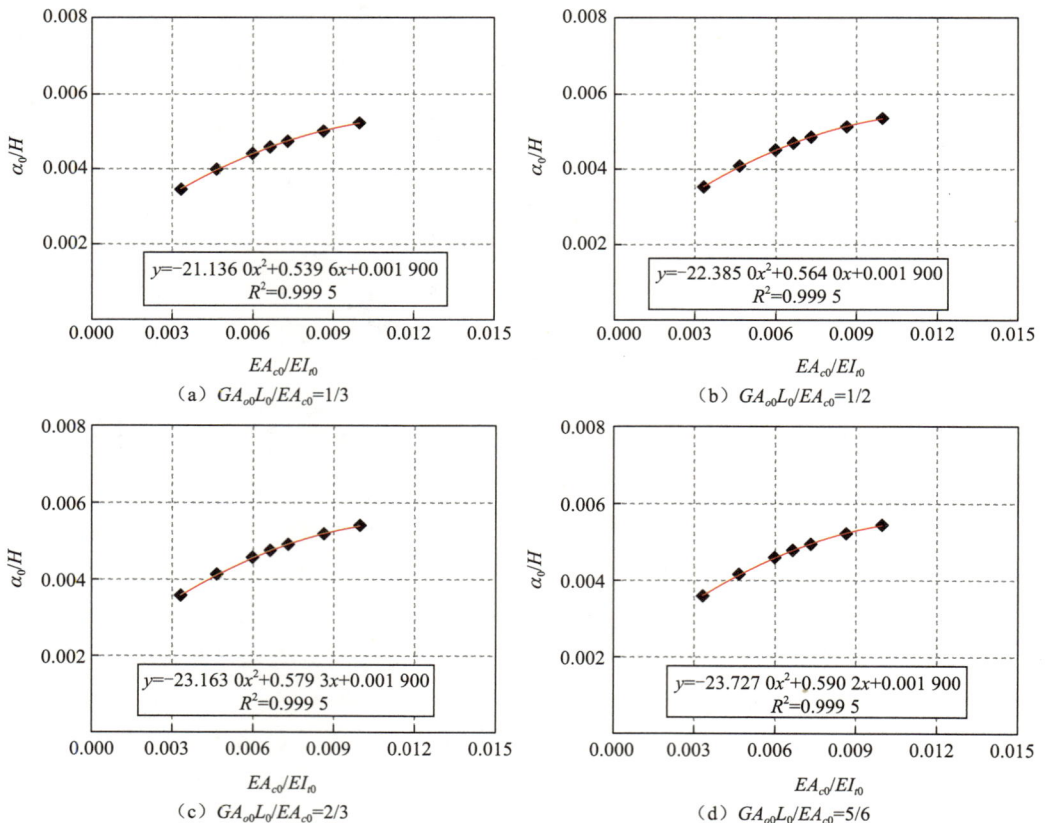

（a）$GA_{o0}L_0/EA_{c0}=1/3$ （b）$GA_{o0}L_0/EA_{c0}=1/2$

（c）$GA_{o0}L_0/EA_{c0}=2/3$ （d）$GA_{o0}L_0/EA_{c0}=5/6$

图 5.4-14　高宽比为 7 时 EA_{c0}/EI_{t0} 与 α_0/H 关系

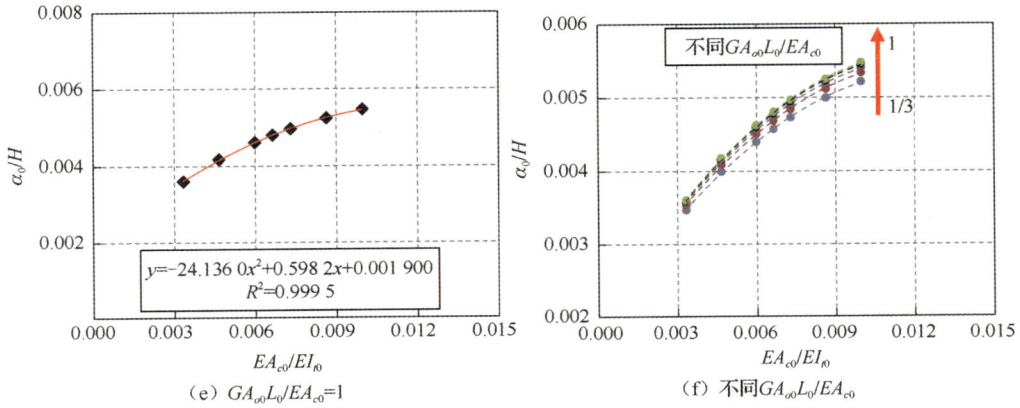

（e）$GA_{c0}L_0/EA_{c0}=1$

$$y=-24.136\ 0x^2+0.598\ 2x+0.001\ 900$$
$$R^2=0.999\ 5$$

（f）不同$GA_{c0}L_0/EA_{c0}$

图 5.4-14（续）

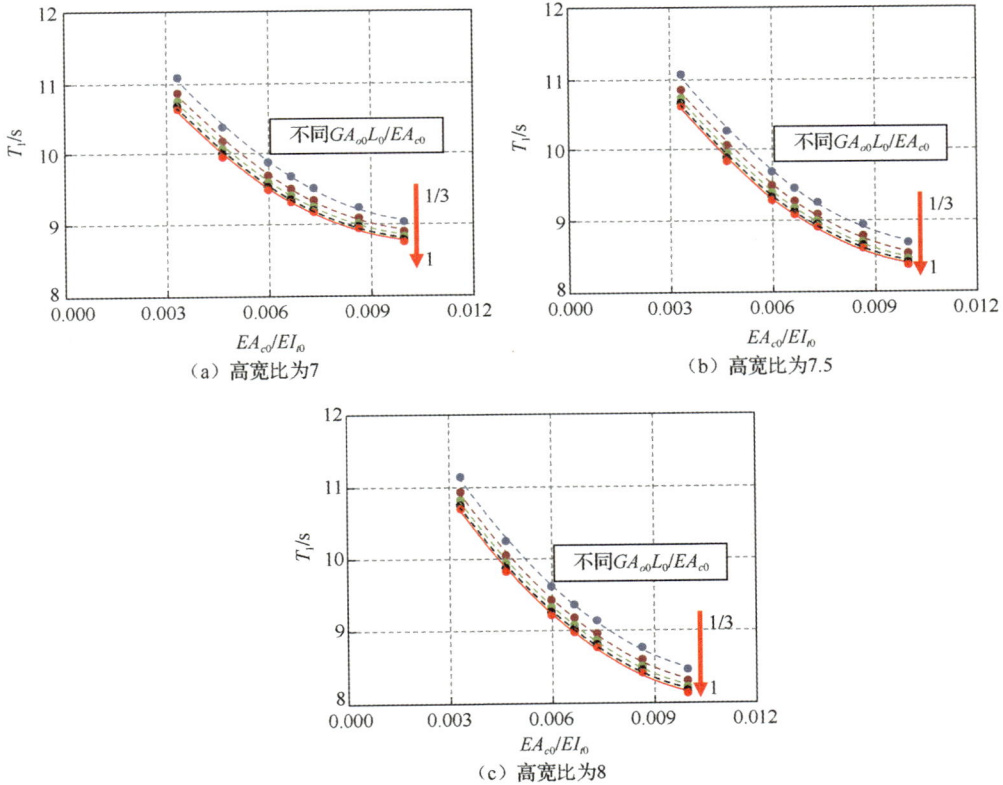

（a）高宽比为7

（b）高宽比为7.5

（c）高宽比为8

图 5.4-15　不同高宽比下 EA_{c0}/EI_{t0} 与 T_1 关系

5.4.7　耗能分析与耗能设计方法

5.4.7.1　构件性能目标

为了实现巨型柱-核心筒-伸臂超高层结构的大震功能可恢复，应保证关键竖向承重构件无损伤或只产生轻微损伤（震后可简单快速修复）。新型高性能构件（巨型柱和剪力墙）和高性能可更换耗能构件（连梁和伸臂桁架）是实现这一目标的重要手段。其中，新型高性能构件无损伤或轻微损伤的位移角限值决定了功能可恢复超高层结构允许的最大弹塑性层间侧移角 θ_{res}。本节对已有的新型高性能构件研究进行了统计（聂建国等，2011；卜凡民等，2013；李宁波，2013；Ji, et al., 2013；李盛勇等，2013；聂建国等，2013；Qian, et al., 2014），结果表明现有新型高性能构件大约在 1/200 的绝对层间侧移角以内才可满足震后不需修复或简单修复即可恢复使用的要求。由于超高层建筑社会地位重要且设计影响因素较多（如风荷载下刚度需求等），大都偏于严格进行设计，通过统计已经建成或在建的 14 栋巨型柱-核心筒-伸臂超高层结构大震下的最大弹塑性层间侧移角发现（王立长等，2005；闫锋等，2007；谢伟强等，2008；黄忠海等，2011；蒋欢军等，2011；罗永峰，2011；王国安，冯平，2011；王兴法等，2011；杨先桥等，2011；黄永强，2012；刘晴云等，2012；李东存，2012；袁志立等 2013；吴国勤等，2014；黄良，2015a；黄良，2015b），大震下该类结构的最大弹塑性层间侧移角大都介于 1/200～1/150。因此，本节在开展研究时偏于严格考虑，将巨型柱-核心筒-伸臂超高层结构大震下的功能可恢复层间侧移角指标 θ_{res} 取为 1/200。值得注意的是，我国大震设计地震力一般为小震的 5～6 倍，因此基于本节提出的大震功能可恢复设计方法所得的超高层结构，其小震弹性层间侧移角可直接满足我国规范规定的 1/500 限值要求（GB 50011—2010，JGJ 3—2010）。随着新型高性能构件研究的进一步深入，将会提出更多高弹性低损伤构件，θ_{res} 也会相应提高，但在设计时只需调整 θ_{res} 即可，本节方法仍然适用。

5.4.6 节提出的巨型柱-核心筒-伸臂超高层结构关键构件初步设计方法可根据最大弹性层间侧移角限值高效可靠地确定各类关键构件的合理刚度。在此基础上，可对耗能构件进行设计，控制结构的最大弹塑性层间侧移角不超过 θ_{res}，满足功能可恢复需求。由于耗能构件在超高层结构最大层间侧移角方面的控制效果有限，因此必须在初步设计阶段控制结构大震下的最大弹性层间侧移角不超过一上限值（定义为 $\theta_{res}^{elastic}$，下同）。当结构的大震最大弹性层间侧移角小于 $\theta_{res}^{elastic}$ 时，可以通过耗能设计使得结构的大震最大弹塑性层间侧移角满足 θ_{res} 的要求。否则，仅靠耗能是无法做到满足功能可恢复要求的，必须对关键构件重新设计以提高刚度。

抗震设计中，连梁往往被视为框架-核心筒结构和超高层结构的"第一道防线"。我国《高层建筑混凝土结构技术规程》（JGJ 3—2010）指出在对整体结构进行小震和大震下的分析时应对连梁刚度予以折减，用以考虑连梁进入塑性后其刚度退化对整体结构抗震性能的影响。实际震害表明，由于剪力墙墙肢修复难度较大，应该尽量让连梁屈服耗能（清华大学土木工程结构专家组等，2008）。近年来，大量学者对高性能可更换耗能连梁展开了研究，这类连梁具有较好的变形能力和稳定的滞回耗能能力，且可实现震后快速更换，因此可将高性能可更换耗能连梁作为巨型柱-核心筒-伸臂超高层结构的"第一道耗能防线"。

目前对于伸臂桁架的性能化设计目标，不论在我国有关规范还是美国有关规范中均没有做出相关的规定。因此在工程实际应用中，设计人员往往根据自身的判断来确定伸臂桁架的性能目标，这使得不同结构的伸臂桁架的设计目标、设计结果和真实表现会出现较大的差异。在此本节统计了现有高层结构和超高层结构中伸臂桁架的性能目标（邹昀，2006；丁生根等，2009；何伟明等，2009；刘鹏等，2009；王浩，2009；丁洁民等，2010a；蒋欢军等，2011；雷强等，2011；陆道渊等，2011；宋莉等，2011；王国安等，2011；王兴法等，2011；王绪华等，2011；杜刚，2012；傅学怡等，2012；哈敏强等，2012；黄永强，2012；孔启明等，2012；刘晴云等，2012；谭伟等，2012；杨学林等，2012a；杨学林等，2012b；张颖等，2012；赵宏等，2012；赵静，2012；周健，2012；朱立刚等，2012b；陈颖等，2013；韩玉栋等，2013；唐增洪等，2013；文元等，2013；吴昭华等，2013；辛力等，2013；袁志立，2013），得到的伸臂桁架在中震和大震下的性能目标分别如表 5.4-10 和表 5.4-11 所示，表中 f_y 和 f_u 分别表示钢材的屈服强度和极限强度。根据统计结果，总体上可将伸臂桁架的抗震性能目标设置为"中震不屈服"和"大震下屈服"，并将伸臂桁架视为巨型柱-核心筒-伸臂超高层结构抗震耗能设计的"第二道耗能防线"。

表 5.4-10　现有工程伸臂桁架中震下的性能目标

性能目标	项目名称	所占比例/%
中震不屈服	上海中心大厦、深圳平安金融中心大厦、广州东塔、苏州国际金融中心大厦、重庆嘉陵帆影大厦、兰州红楼、中铁·西安中心项目、深圳能源集团总部大厦（北塔楼）、北京财富中心二期办公楼、扬州东方国际大酒店、天津富润中心、无锡茂业城主塔楼、天津现代城办公塔楼、重宾·保利国际广场、昆明江东和谐广场项目、柳州地王国际财富中心、华敏帝豪大厦、厦门海峡明珠广场、重庆国汇中心酒店楼	68
中震弹性	北京国贸三期工程、深圳京基 100 大厦、大连嘉和广场、上海白玉兰广场、深圳航天科技广场、珠海十字门标志塔楼	21
中震上、下弦杆弹性，腹杆不屈服	大连万达中心（南塔楼）、大连新世界大厦东塔楼	7
少部分杆件端部出现弯曲塑性，其他满足不屈服/不屈曲	延长石油科研中心大楼、上海环球金融中心大厦、武汉中心大厦	4

表 5.4-11　现有工程伸臂桁架大震下的性能目标

性能目标	项目名称	所占比例/%
大震允许进入塑性，控制塑性变形	大连万达中心（南塔楼）、兰州红楼、北京财富中心二期办公室、大连新世界大厦东塔楼、柳州地王国际财富中心	20
大震不进入塑性，钢材应力允许超过 f_y，但不允许超过 f_u	深圳平安金融中心大厦	4
大震形成塑性铰，破坏程度可修复并保证生命安全	武汉中心、天津现代城办公塔楼	8
大震屈服	深圳京基 100 大厦	4
大震允许进入塑性，钢材应力允许超过 f_y，但不允许超过 f_u	苏州国际金融中心大厦	4
大震钢材应力钢允许超过 f_y，但不允许超过 f_u	上海中心大厦	4
大震允许出现压-弯或拉-弯塑性铰，破坏程度可修复并保证生命安全	重庆嘉陵帆影大厦	4
大震屈服，控制塑性变形	中铁·西安中心项目	4

续表

性能目标	项目名称	所占比例/%
大震最不利工况下不引起剪力墙破坏，允许屈服/屈曲，出现弹塑性变形，破坏程度可修复并保证生命安全	广州东塔	4
允许出现轻微损坏和轻微裂缝，局部区域允许构件内钢筋屈服	上海环球金融中心大厦	4
部分杆件端部出现弯曲塑性，其他满足屈服/屈曲	延长石油科研中心大楼	4
允许屈服屈曲，出现弹塑性变形，破坏程度可修复并保证生命安全	深圳能源集团总部大厦（北塔楼）	4
部分屈服	天津富润中心大厦、无锡茂业城主塔楼	4
允许屈服屈曲，出现弹塑性变形，破坏程度可修复并保证生命安全	深圳能源集团总部大厦（北塔楼）	4
抗剪截面控制破坏	厦门海峡明珠广场、大连嘉和广场	4
不屈服	珠海十字门标志塔楼、深圳长富金茂大厦、深圳航天科技广场	12

5.4.7.2　耗能构件整体减震效率和减震贡献比分析

为了研究功能可恢复巨型柱-核心筒-伸臂超高层结构的抗震性能，有必要首先设计一个达到功能可恢复需求的原型结构。由于目前仅存在功能可恢复结构的评价指标，尚无功能可恢复超高层结构的设计方法，因此本节首先设计一栋高度500m的巨型柱-核心筒-伸臂超高层结构（记为"结构1"，下同），外形与3.2节介绍的600m级结构A（记为"结构2"，下同）类似，共108层，其底部核心筒平面尺寸为30m×30m，结构高宽比为7，在第12层、27层、42层、58层、74层、91层和108层设置7道伸臂桁架，假定其位于7度区。选用FEMA P695推荐的22组原始远场地震动记录作为基本地震动集合，对结构1和结构2进行试算，同时调整伸臂桁架屈服剪力以及各地震动强度，最终得到一个可行的功能可恢复超高层算例以及对应的地震动强度，使其在所有地震动下的最大弹塑性层间侧移角均达到θ_{res}。

在试算的过程中保证连梁在各地震动对应的小震水准下均保持弹性，中震后则进入屈服参与耗能。为了保证连梁具有充分的耗能能力且震后可快速更换，在此均采用纪晓东等（2014）提出的高性能可更换耗能连梁，其滞回耗能参数根据低周反复荷载试验确定，并采用陆新征等（2009）提出的剪切弹簧模型模拟该高性能可更换耗能连梁。计算所得的转角-荷载模拟曲线与试验曲线对比如图5.4-16所示。从图中可以看出，两者虽然存在一定的差别，但整体说来该模型可以较好地把握高性能连梁的滞回耗能特性。

本节参照工程实例确定伸臂桁架滞回模型，并调整各节段伸臂桁架屈服剪力，控制结构最大弹塑性层间侧移角达到θ_{res}，在试算的过程中对比了两种伸臂桁架屈服剪力设计方案：方案一允许顶部节段（结构1的节段7和结构2的节段8）的伸臂桁架受剪屈服参与耗能，结果表明顶部节段的伸臂桁架在进入屈服后产生的塑性变形将会使得结构的最大弹塑性层间侧移角出现在结构顶部，且超出θ_{res}，在相同的地震动强度下结构不易满足功能可恢复要求；方案二则不允许顶部节段的伸臂桁架进入屈服，其余节段伸臂桁架的屈服剪力与方案一相同，结果表明方案二下结构最大弹塑性层间侧移角基本均可得到有效控制，小于 θ_{res}，满足功能可恢复要求。以结构 1 在 LANDERS_YER270 下的试算结果为例，两种方案下结构的弹塑性层间侧移角包络与弹性层间侧移角包络对比如图 5.4-17 所示，从图中可以看出通过控制顶部伸臂桁架受剪不屈服可使得结构 1 满足功能可恢复需求。

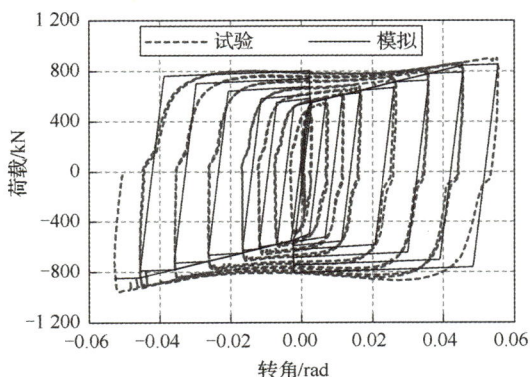

图 5.4-16 转角-荷载模拟曲线与试验曲线对比

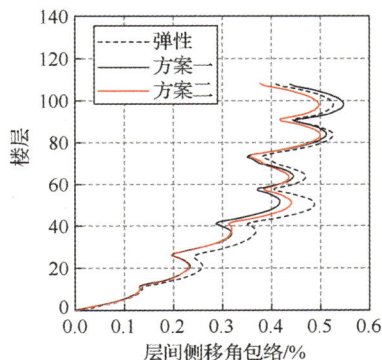

图 5.4-17 结构的弹塑性层间侧移角包络与弹性层间侧移角包络对比

　　目前基于性能的抗震设计方法并未对不同位置的伸臂桁架性能目标作出区分。本节研究表明，对于巨型柱-核心筒-伸臂超高层结构，其顶部节段伸臂桁架变形需求较大，大震下如果受剪屈服可能会产生较大的塑性变形，使得结构最大弹塑性层间侧移角不易控制，一定程度上会影响该类结构的震后功能可恢复，设计时可能不宜作为耗能段。同时底部节段（第 1 节段）伸臂桁架变形需求相对较小，因此其耗能效率相对较低，设计时可视为不易耗能段。因此，在对底部和顶部伸臂桁架进行设计时，可将两者均设为弹性。而中部节段伸臂桁架受剪屈服参与耗能则可能有效控制结构的最大弹塑性层间侧移角，因此设计时可视为主要耗能段。

　　接下来，将结构 1 和结构 2 鱼骨模型中的连梁和伸臂桁架均设为弹性，输入相同大小的地震动，计算其最大弹性层间侧移角，研究耗能构件的整体减震效率。这里整体减震效率定义为 $1-\theta_{maxp}/\theta_{maxe}$，其中 θ_{maxe} 和 θ_{maxp} 分别为结构的最大弹性层间侧移角和最大弹塑性层间侧移角。结构 1 和结构 2 在各地震动下 θ_{maxp} 与 θ_{maxe} 的比值如图 5.4-18 所示。从图中可以看出在伸臂桁架和连梁受剪屈服参与耗能后，θ_{maxp} 与 θ_{maxe} 比值的平均值约为 90.5%，结构的弹塑性层间侧移角比弹性层间侧移角降低了大约 9.5%，即耗能构件的整体减震效率约为 9.5%。已知功能可恢复结构可接受的最大弹塑性层间侧移角 θ_{res} 为 0.5%，则可满足功能可恢复需求的最大弹性层间侧移角 $\theta_{res}^{elastic}$ 为 $\theta_{res}/0.905 \approx 0.55\%$。在结构设计时，可首先通过控制结构刚度，使得大震弹性计算所得的最大弹性层间侧移角 θ_{maxe} 小于 $\theta_{res}^{elastic}$，然后再通过构件耗能设计，使得最终最大弹塑性层间侧移角 θ_{maxp} 小于 θ_{res}，满足功能可恢复需求。值得注意的是，$\theta_{res}^{elastic}$ 主要取决于耗能构件的承载能力和耗能能力，随着耗能构件研究的进一步深入，$\theta_{res}^{elastic}/\theta_{res}$ 的取值将会得到进一步的提升，但本节提出的设计方法是一般性的方法，在未来的研究中仍可适用。

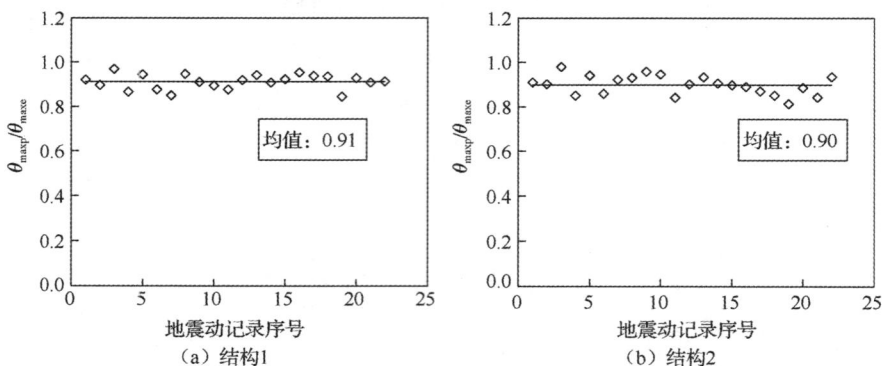

图 5.4-18 结构 1 和结构 2 在各地震动下的 θ_{maxp} 与 θ_{maxe} 的比值

为了进一步明确各类耗能构件的减震贡献，本节将结构 1 和结构 2 鱼骨模型中的伸臂桁架设为弹性，即仅考虑连梁的减震贡献，计算其最大弹塑性层间侧移角 θ_c，根据式（5.4-10）计算连梁减震贡献比 θ_c 为

$$\theta_c=(1-\theta_c/\theta_{maxe})/(1-\theta_{maxp}/\theta_{maxe}) \tag{5.4-10}$$

各地震动下结构 1 和结构 2 的连梁减震贡献比如图 5.4-19 所示。从图中可以看出两个结构的高性能耗能连梁平均减震贡献比为 51.5%，这表明高性能耗能连梁可有效减小结构的层间侧移角。但值得注意的是在部分地震动下，高性能连梁的减震贡献比相对较小，这表明在这些地震动下伸臂桁架减震贡献较大。

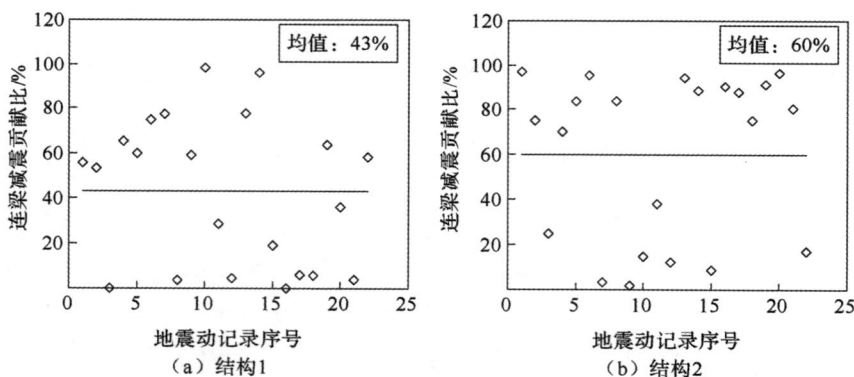

图 5.4-19 各地震动下结构 1 和结构 2 的连梁减震贡献比

5.4.7.3 地震耗能分析

1）总塑性耗能与地震总输入能量比值

22 组地震动记录下结构 1 和结构 2 的总塑性耗能与地震总输入能量的比值（简称为"塑性耗能比"，下同）如图 5.4-20 所示。从图 5.4-20 中可以看出，两个结构的总塑性耗能约为地震总输入能量的 22%。

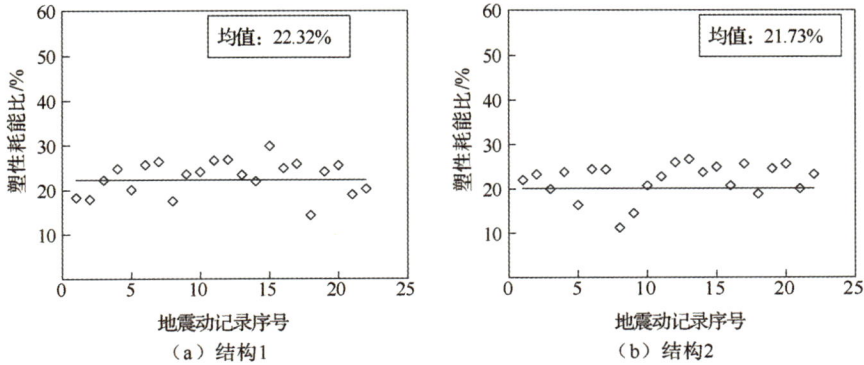

（a）结构1　　　　　　　　　　　（b）结构2

图 5.4-20　22 组地震动记录下结构 1 和结构 2 的塑性耗能比

2）总塑性耗能分配比

22 组地震动下的总塑性耗能分配比如表 5.4-12 和表 5.4-13 所示。绝大部分地震动下连梁的塑性耗能比均可达到 60%以上，甚至接近 100%，然而在 3 组地震动下（CHICHI_CHY101-N、KOCAELI_ARC000 和 LANDERS_YER270），连梁的塑性耗能比均较小，甚至小于 10%，而在这些地震动下连梁的减震贡献比基本均不超过 10%甚至为 0。这主要是由于选取的地震动具有一定的随机性，在这 3 组地震动下两个结构更多呈现出巨型柱和核心筒的相对变形，伸臂桁架耗散了结构的绝大部分塑性耗能。整体说来，通过采用高性能耗能连梁可以使得连梁构件充分耗能，发挥"第一道耗能防线"的作用，在大震下与伸臂桁架共同耗能减小整体结构响应，保护巨型柱和核心筒等不易修复构件。然而对于巨型柱-核心筒-伸臂超高层结构设计起控制作用的可能是如 CHICHI_CHY101-N 等这类使得伸臂桁架耗散结构绝大部分塑性耗能的地震动，因此，对于功能可恢复巨型柱-核心筒-伸臂超高层结构，本节建议按偏于安全设计伸臂桁架，即设定伸臂桁架塑性耗能比为 90%。

表 5.4-12　结构 1 总塑性耗能分配比

地震动记录序号	连梁/%	伸臂桁架/%	地震动记录序号	连梁/%	伸臂桁架/%
1	87.10	12.90	12	7.81	92.19
2	79.03	20.97	13	51.75	48.25
3	17.74	82.26	14	83.79	16.21
4	43.34	56.66	15	22.80	77.20
5	76.48	23.52	16	78.74	21.26
6	87.24	12.76	17	42.02	57.98
7	53.96	46.04	18	39.34	60.66
8	46.77	53.23	19	75.56	24.44
9	34.61	65.39	20	79.76	20.24
10	63.14	36.86	21	61.70	38.30
11	57.06	42.94	22	27.25	72.75

表 5.4-13　结构 2 总塑性耗能分配比

地震动记录序号	连梁/%	伸臂桁架/%	地震动记录序号	连梁/%	伸臂桁架/%
1	76.69	23.31	12	9.56	90.44
2	83.11	16.89	13	60.14	39.86
3	31.84	68.16	14	93.69	6.31
4	44.26	55.74	15	23.35	76.65
5	98.00	2.00	16	98.55	1.45
6	93.23	6.77	17	49.20	50.80
7	64.90	35.10	18	34.48	65.52
8	83.25	16.75	19	84.67	15.33
9	54.02	45.98	20	81.60	18.40
10	78.96	21.04	21	54.98	45.02
11	68.45	31.55	22	34.91	65.09

3）各类耗能构件塑性耗能沿结构高度方向分布规律

结构 1 和结构 2 各耗能构件塑性耗能沿结构高度方向的分布规律如图 5.4-21 和图 5.4-22 所示。

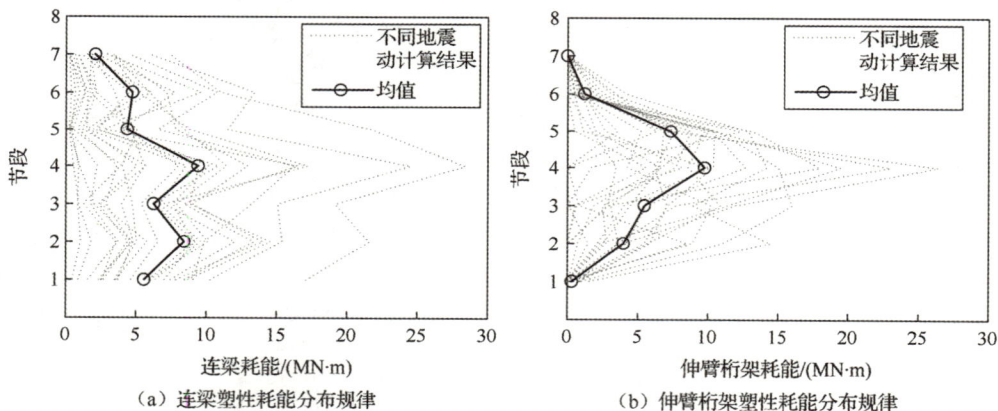

（a）连梁塑性耗能分布规律　　　　　　（b）伸臂桁架塑性耗能分布规律

图 5.4-21　结构 1 各耗能构件塑性耗能沿结构高度方向的分布规律

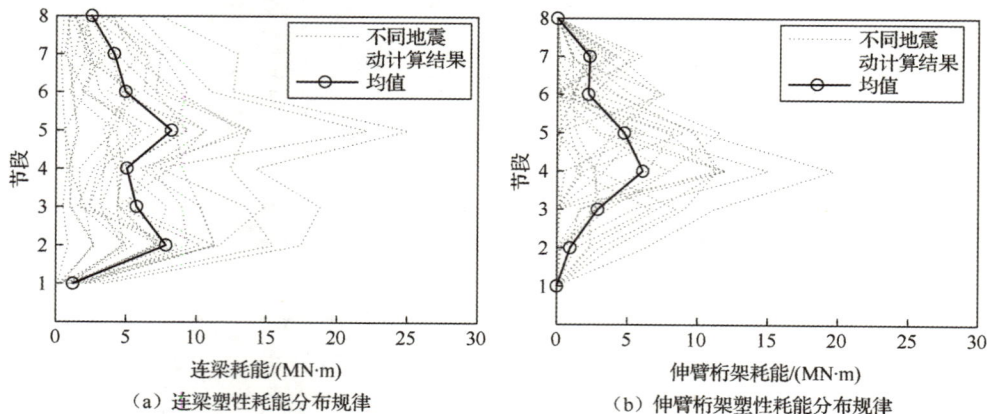

（a）连梁塑性耗能分布规律　　　　　　（b）伸臂桁架塑性耗能分布规律

图 5.4-22　结构 2 各耗能构件塑性耗能沿结构高度方向的分布规律

从图中可以发现，巨型柱-核心筒-伸臂超高层结构中伸臂桁架的塑性耗能主要集中于结构节段 4，从节段 4 至顶部节段和底部节段均呈现出一定程度的递减趋势，因此可采用如图 5.4-23 所示的结构 1 和结构 2 伸臂桁架塑性耗能沿结构高度的简化分布规律。

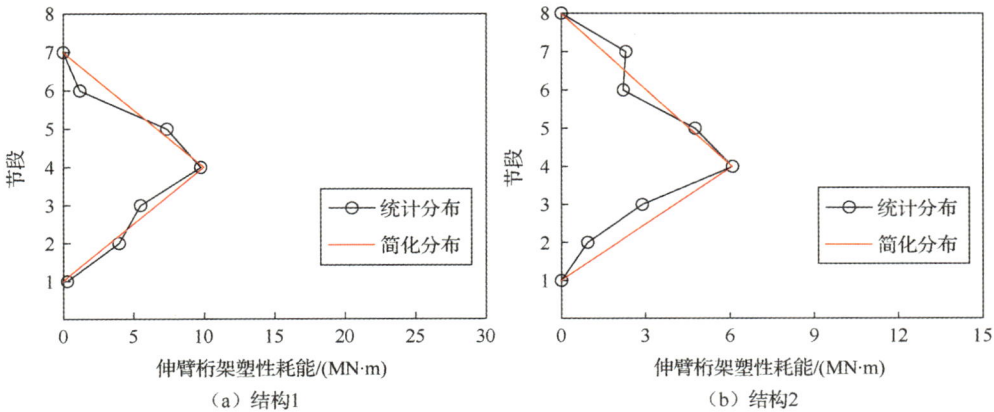

（a）结构1 （b）结构2

图 5.4-23　结构 1 和结构 2 伸臂桁架塑性耗能沿结构高度的简化分布规律

5.4.7.4　总塑性耗能确定方法

地震输入能量的耗散主要由两部分组成，一部分是结构自身阻尼耗散的阻尼耗能，另一部分是耗能构件进入塑性的滞回耗能，诸多学者（Jacobsen，1930；Iwan，1980；Kowalsky，1994；Kwan，et al.，2003；曲哲，2010）均将结构各类构件屈服后产生的塑性耗能等效为阻尼耗能，在此基础上建立简化计算方法和结构的设计方法。值得注意的是，对于功能可恢复巨型柱-核心筒-伸臂超高层结构，其塑性耗能主要集中于连梁和伸臂桁架，而阻尼等效方法是提升整体结构的阻尼，两者之间可能存在一定的差别；此外等效阻尼的计算往往受结构滞回模型的影响。因此，ATC-40（ATC，1996）引入了等效阻尼调整系数 κ，用于考虑上述因素的影响，建立了整体结构等效阻尼比 ζ_{eq}^{total} 与结构自身阻尼比 ζ 和塑性耗能等效阻尼比 ζ_{eq} 之间的关系，其关系为

$$\zeta_{eq}^{total} = \zeta + k\zeta_{eq} \qquad (5.4\text{-}11)$$

式中，k 为一个不大于 1 的系数，本节拟采用上述公式确定巨型柱-核心筒-伸臂超高层结构总塑性耗能。

在此采用动力时程分析的方法统计 k 的取值，具体方法如下。

（1）建立结构 1 和结构 2 的弹性鱼骨模型，5.4.6 节计算结果表明其最大弹性层间侧移角均超过 θ_{res}（0.5%）。

（2）增加阻尼比，使得上述弹性鱼骨模型的最大弹性层间侧移角降低到 θ_{res}，获得相应的阻尼比为 ζ_{eq}^{total}，下节将该类模型称为附加阻尼弹性鱼骨模型。

（3）获得附加阻尼弹性鱼骨模型的总阻尼耗能 E_{eq}^{total}，采用式（5.4-12）计算 k 为

$$k = E_{eq}^{total} \cdot (\zeta_{eq}^{total} - \zeta) / \zeta_{eq}^{total} / E_h \qquad (5.4\text{-}12)$$

结构 1 和结构 2 的 k 取值如表 5.4-14 和表 5.4-15 所示，其中 θ_{maxeq} 为附加阻尼弹性鱼骨模型的最大层间侧移角；θ_{maxp} 为弹塑性鱼骨模型的最大层间侧移角。从表中可以看出两者基本一致。

表 5.4-14　结构 1 的 k 取值

地震动记录序号	ζ_{eq}^{total} /%	E_{eq}^{total} /（N·m）	E_h /（N·m）	k	θ_{maxp} /%	θ_{maxeq} /%
1	6.932	2.31×10^8	4.92×10^7	1.307	0.499	0.499
2	7.913	2.82×10^8	5.97×10^7	1.736	0.502	0.503
3	6.145	1.46×10^8	2.67×10^7	1.017	0.501	0.500
4	8.514	2.27×10^8	5.92×10^7	1.584	0.503	0.505
5	6.673	1.76×10^8	3.26×10^7	1.354	0.502	0.501
6	6.975	4.67×10^8	1.08×10^8	1.226	0.502	0.500
7	8.108	4.42×10^8	1.16×10^8	1.456	0.495	0.498
8	8.144	5.93×10^8	1.03×10^8	2.231	0.494	0.492
9	7.500	2.19×10^8	4.74×10^7	1.540	0.498	0.497
10	8.630	3.89×10^8	9.10×10^7	1.799	0.505	0.495
11	8.446	4.51×10^8	1.04×10^8	1.765	0.496	0.500
12	7.171	1.45×10^8	5.52×10^7	0.793	0.496	0.494
13	7.061	1.56×10^8	3.33×10^7	1.362	0.499	0.499
14	7.095	1.92×10^8	3.98×10^7	1.424	0.501	0.500
15	6.954	1.76×10^8	5.67×10^7	0.871	0.501	0.499
16	6.134	5.7×10^8	1.54×10^7	0.684	0.503	0.504
17	7.500	2.16×10^8	5.07×10^7	1.422	0.498	0.500
18	7.500	1.59×10^8	2.93×10^7	1.803	0.508	0.492
19	8.288	3.11×10^8	7.07×10^7	1.744	0.493	0.498
20	7.500	3.59×10^8	8.88×10^7	1.348	0.501	0.494
21	7.540	3.2×10^8	6.27×10^7	1.718	0.501	0.503
22	7.763	1.9×10^8	3.94×10^7	1.714	0.496	0.497

表 5.4-15　结构 2 的 k 取值

地震动记录序号	ζ_{eq}^{total} /%	E_{eq}^{total} /（N·m）	E_h /（N·m）	k	θ_{maxp} /%	θ_{maxeq} /%
1	7.500	3.60×10^8	8.12×10^7	1.479	0.498	0.496
2	8.500	3.10×10^8	8.44×10^7	1.511	0.504	0.504
3	6.389	1.43×10^8	2.91×10^7	1.068	0.504	0.504
4	6.389	1.43×10^8	2.91×10^7	1.069	0.504	0.504
5	8.663	2.33×10^8	6.42×10^7	1.532	0.499	0.502
6	6.185	1.42×10^8	2.55×10^7	1.065	0.503	0.502
7	7.500	5.27×10^8	1.20×10^8	1.464	0.500	0.502
8	6.222	2.50×10^8	7.27×10^7	0.675	0.501	0.497
9	6.090	2.38×10^8	3.03×10^7	1.410	0.502	0.499
10	6.658	1.38×10^8	1.96×10^7	1.750	0.498	0.498

续表

地震动记录序号	ζ_{eq}^{total} /%	E_{eq}^{total} /（N·m）	E_h /（N·m）	k	θ_{maxp} /%	θ_{maxeq} /%
11	6.092	$3.06×10^8$	$7.78×10^7$	0.706	0.502	0.501
12	6.542	$1.23×10^8$	$4.24×10^7$	0.681	0.496	0.497
13	7.671	$2.16×10^8$	$5.48×10^7$	1.371	0.501	0.502
14	5.507	$4.23×10^8$	$4.24×10^7$	0.918	0.497	0.495
15	7.045	$1.46×10^8$	$3.95×10^7$	1.075	0.501	0.498
16	7.237	$1.47×10^8$	$4.11×10^7$	1.104	0.501	0.500
17	6.673	$1.98×10^8$	$4.77×10^7$	1.038	0.498	0.498
18	7.045	$1.46×10^8$	$3.95×10^7$	1.074	0.502	0.497
19	7.622	$4.55×10^8$	$8.75×10^7$	1.789	0.506	0.507
20	7.500	$2.15×10^8$	$5.48×10^7$	1.306	0.504	0.505
21	7.728	$2.90×10^8$	$8.44×10^7$	1.215	0.496	0.500
22	7.500	$2.62×10^8$	$6.85×10^7$	1.274	0.501	0.498

上述计算结果中，仅有七个算例计算所得的 k 值小于 1，k 值超越 1 的概率为 84%。这可能是由以下三个因素引起的：首先，尽管弹塑性鱼骨模型和附加阻尼弹性鱼骨模型的最大层间侧移角基本相近，但楼层的速度响应可能存在一定的差别；其次，将局部构件的塑性耗能等效为整体结构阻尼耗能可能会使得两者之间存在一定的差别；最后，两种模型出现最大层间侧移角的楼层存在一定的差别。因此，本节建议在评估整体结构总塑性耗能时，可将等效阻尼调整系数 k 取为 1。设计时，首先基于弹性鱼骨模型评估结构最大弹性层间侧移角，若最大弹性层间侧移角介于 θ_{res} 与 $\theta_{res}^{elastic}$ 之间，则可通过附加阻尼将结构最大层间角减小至 θ_{res}，获得附加阻尼弹性鱼骨模型的阻尼比 ζ_{eq}^{total} 和总阻尼耗能 E_{eq}^{total}，然后可采用式（5.4-13）计算整体结构的总塑性耗能需求 E_h，即

$$E_h = E_{eq}^{total} \cdot (\zeta_{eq}^{total} - \zeta) / \zeta_{eq}^{total} \tag{5.4-13}$$

5.4.7.5 伸臂桁架耗能设计方法

在设计中，如何确定伸臂桁架屈服剪力是功能可恢复巨型柱-核心筒-伸臂超高层的设计难点。理论而言，应对各节段的伸臂桁架逐一展开设计，然而 5.4.7.3 节研究表明中间节段的伸臂桁架塑性耗能相对较大，同时实际工程案例表明沿结构高度方向伸臂桁架屈服剪力可能近似满足线性分布，因此可针对塑性耗能最大节段的伸臂桁架优先展开设计，在此基础上再对其他节段伸臂桁架进行设计。

地震作用下伸臂桁架耗散的能量可表示为

$$E_{hoi} = \eta F_{yi} u_i \tag{5.4-14}$$

式中，E_{hoi} 为第 i 节段单根伸臂桁架的塑性耗能，鱼骨模型中每一节段的伸臂桁架均被简化为两根伸臂桁架，在此假定两根伸臂桁架塑性耗能相等；F_{yi} 为第 i 节段伸臂桁架的屈服剪力，u_i 为第 i 节段伸臂桁架的最大相对竖向位移；η 为能量系数，用于考虑伸臂桁架进入塑性后的累积滞回耗能情况。

在功能可恢复巨型柱-核心筒-伸臂超高层结构中，大震下巨型柱、核心筒等竖向关

键构件均不产生损伤或只轻微损伤，结构的变形模式基本保持不变，故各节段伸臂桁架的 u_i 也较容易确定。因此本节将首先对能量系数 η、F_{yi} 和 E_{hoi} 之间的相互关系展开研究。

为了研究伸臂桁架屈服承载力取值对 E_{hoi} 和能量系数 η 的影响，本节选取伸臂桁架塑性耗能绝对值较大且其塑性耗能比例比较高的算例展开研究。以结构 2 为例，在节段 4、节段 17、节段 18 和节段 22 地震动下，其节段 4 塑性耗能均超过了 1.2×10^7 N·m，伸臂桁架塑性耗能比也均超过了 50%。结构 2 在上述地震动下的最大弹塑性层间侧移角分别为 0.499%、0.504%、0.496% 和 0.496%。在此，以结构 2 模型为基准模型，以节段 4 伸臂桁架屈服剪力为基准变量，等比例调整各节段伸臂桁架屈服剪力，同时保证各节段伸臂桁架屈服剪力不小于其屈服剪力下限值（满足中震不屈服性能需求的最小剪力），研究伸臂桁架屈服剪力取值对伸臂桁架塑性耗能绝对值、伸臂桁架塑性耗能沿结构高度方向的分布规律和结构最大层间侧移角的影响。

伸臂桁架屈服剪力变化前后，各地震动下伸臂桁架塑性耗能沿结构高度方向的分布对比如图 5.4-24 所示，相应结构的最大层间侧移角的变化如表 5.4-16 所示。从图中可以看出伸臂桁架屈服剪力变化前后，伸臂桁架塑性耗能沿结构高度方向的分布规律基本不变，随着屈服剪力的减小其塑性耗能绝对值均有所增大，结构的最大层间侧移角也逐渐减小。这表明为了满足功能可恢复最大层间侧移角限值需求，伸臂桁架的屈服剪力存在

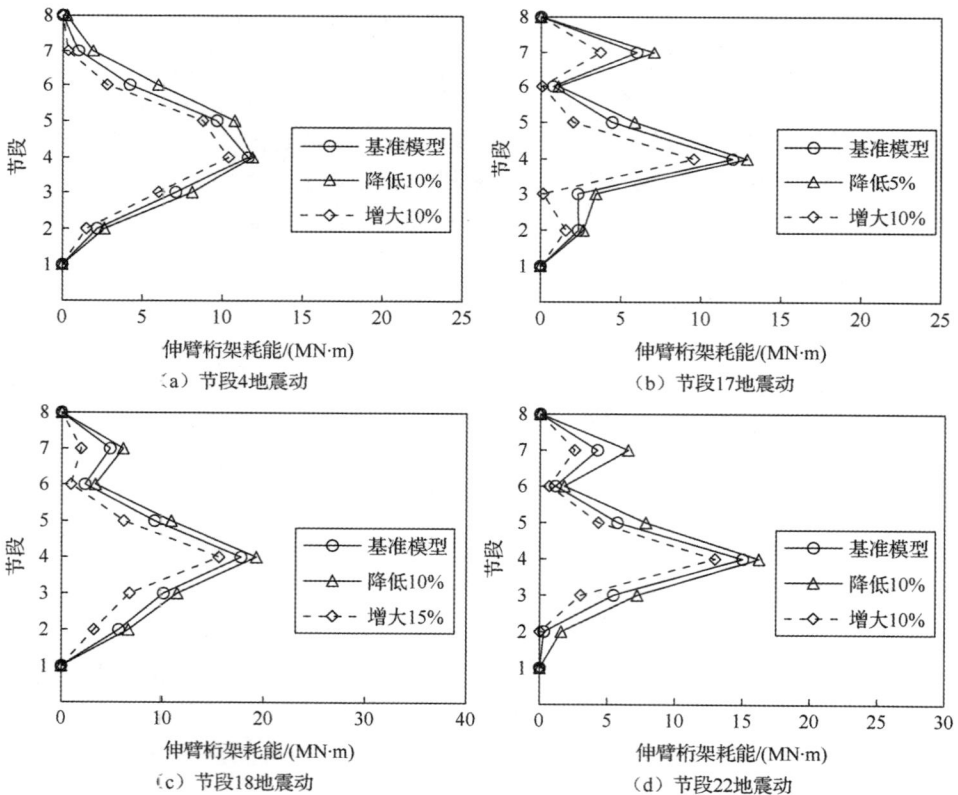

图 5.4-24　伸臂桁架屈服剪力对伸臂桁架塑性耗能沿结构高度方向的分布对比

表5.4-16   伸臂桁架屈服剪力对最大层间侧移角的变化

地震动记录序号	基准模型 θ_{max} /%	提升屈服剪力得到的 θ_{max} /%	降低屈服剪力得到的 θ_{max} /%
4	0.499	0.501	0.495
17	0.504	0.510	0.500
18	0.496	0.500	0.473
22	0.496	0.500	0.494

一个上限值。当屈服剪力小于该值时，伸臂桁架能较好发挥其能量耗散能力，有效控制结构最大层间侧移角。即在相同的伸臂桁架竖向相对位移 u_i 下，屈服剪力 F_{yi} 的减小会引起 E_{hoi} 的增大，进而导致能量系数 η 增大，屈服剪力的上限解所对应的 η 为能量系数 η 的下限解。

对结构1和结构2的所有算例采用类似的方法调整伸臂桁架屈服剪力，使得整体结构最大层间侧移角达到 θ_{res}，获取节段4伸臂桁架的塑性耗能与相对竖向位移，计算相应的能量系数 η 如图5.4-25所示。从图中可以看出，部分能量系数 η 为0或者相对较小，这主要是由于部分地震动下，结构总塑性耗能主要由连梁耗散，节段4伸臂桁架未屈服或屈服进入塑性程度较低耗能较少，相应的能量系数为0或者较小；97.8%的算例计算所得的能量系数均不超过4，这意味着在节段耗能需求确定的前提下，若将能量系数 η 取为4，对于绝大多数地震动其计算所得的屈服剪力将小于各算例的屈服剪力上限值，可以更有效的控制结构的最大层间侧移角。但是如果进一步提高能量系数 η，又可能会使得伸臂桁架难以满足中震不屈服的性能要求。基于上述研究，本节建议在进行伸臂桁架剪力设计时，可采用 $\eta=4$ 确定中间节段伸臂桁架的屈服剪力设计值。

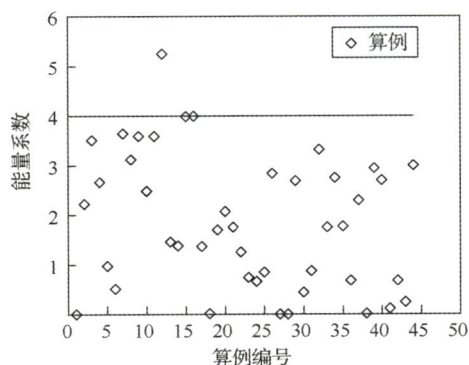

图5.4-25   各算例能量系数 η

5.4.8 案例分析

本节通过开展一个假想巨型柱-核心筒-伸臂超高层结构的设计，来检验所提出的设计方法的有效性。

所设计的假想巨型柱-核心筒-伸臂超高层结构位于7度区，Ⅲ类场地第二分组，相应的小震、中震和大震的地震峰值加速度分别为 $35cm/s^2$、$100cm/s^2$ 和 $220cm/s^2$。结构外形及沿着高度方向核心筒、巨型柱和伸臂桁架的变化均参照结构 A，其结构立面图如图 5.4-26（a）所示；典型节段核心筒示意图如图 5.4-26（b）所示。结构总高度为 525m，高宽比为 7.3，共 112 层。塔楼平面呈圆形，底部直径为 72m，核心筒平面尺寸为 30m×30m，在第 16 层、31 层、46 层、62 层、78 层、95 层和 112 层设置伸臂桁架。进行大震功能可恢复设计时，θ_{res} 取为 0.5%，$\theta_{res}^{elastic}$ 取为 0.55%，采用如图 5.4-27 所示的大震反应谱进行设计。详细设计流程如下。

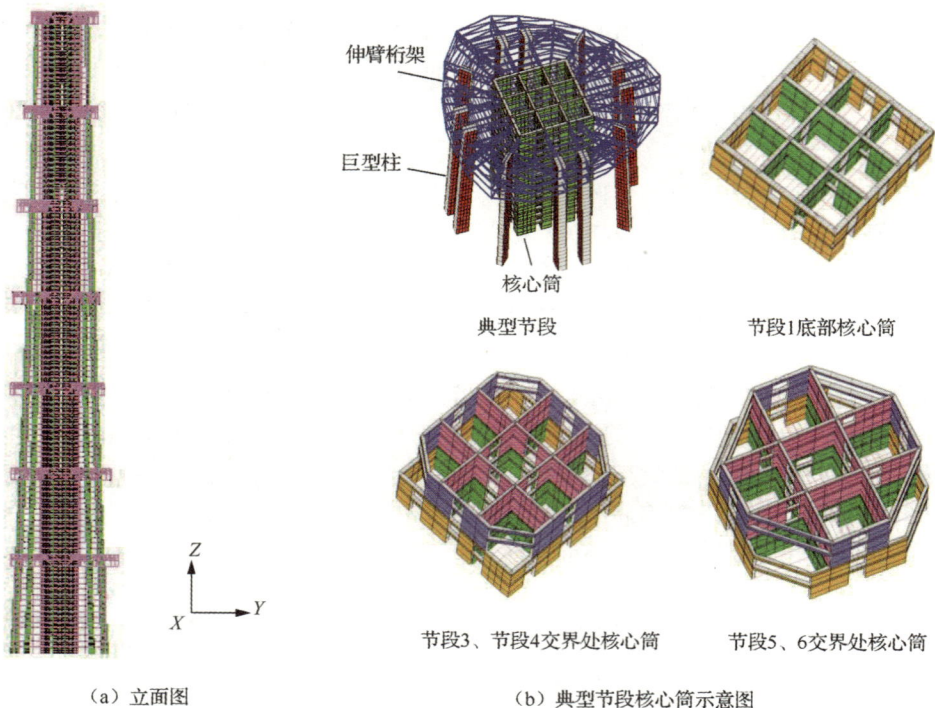

伸臂桁架

巨型柱

核心筒

典型节段　　　　　　　节段I底部核心筒

节段3、节段4交界处核心筒　　　　节段5、6交界处核心筒

（a）立面图　　　　　　（b）典型节段核心筒示意图

图 5.4-26　525m 超高层结构示意图

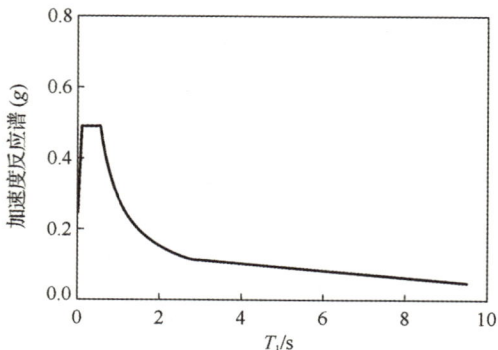

图 5.4-27　大震反应谱设计

（1）假定给定结构基本周期为8.6s，初选结构弯剪刚度比 α_0 为2.4。

（2）根据式（5.2-18）获得计算地震动强度指标 $\bar{S}_a$ 所需的平动周期阶数 n 为

$$n=0.39T_1+1.15=4.504 \qquad (5.4\text{-}15)$$

对 n 四舍五入，取为5。

（3）根据式（5.4-1）计算结构第2～5阶平动周期为

$$\begin{cases} T_2 = (-0.011\,60\alpha_0^2 + 0.090\,70\alpha_0 + 0.202\,5) \times T_1 = 3.039\text{s} \\ T_3 = (0.032\,20\alpha_0 + 0.089\,40) \times T_1 = 0.156\,4 \times 8 = 1.433\text{s} \\ T_4 = (0.022\,90\alpha_0 + 0.041\,30) \times T_1 = 0.088\,932 \times 8 = 0.828\text{s} \\ T_5 = (0.015\,30\alpha_0 + 0.026\,20) \times T_1 = 0.541\text{s} \end{cases} \qquad (5.4\text{-}16)$$

（4）根据式（5.2-16）计算地震动强度指标指标 $\bar{S}_a$=1.86。

（5）根据结构高度 H=525m、层数 N=112、大震所对应的地震峰值加速度 $a_{\max}$=220cm/s²、基本周期 T_1=8.6s 和弯剪刚度比 α_0=2.4，采用式（5.4-4）计算系数 b 和 $\ln a$，有

$$\begin{cases} b = -7.879\,3 - 0.265\,6\alpha_0 + 2.243\,8T_1 + 0.088\,40\alpha_0^2 - 0.127\,9T_1^2 - 0.034\,20\alpha_0 T_1 \\ \quad = 1.124 \\ \ln a = 3.338\,3 + 0.783\,1\alpha_0 - 2.651\,6T_1 - 0.161\,5\alpha_0^2 + 0.163\,7T_1^2 + 0.023\,10\alpha_0 T_1 \\ \quad + \ln\left[(31/30 + N_i/200)/H_i/0.002\,928\right] = -5.9 \end{cases} \qquad (5.4\text{-}17)$$

（6）根据式（5.4-2）计算结构的大震最大弹性层间侧移角 $\theta_{\max}$ 为

$$\ln(\theta_{\max}) = \ln a + b \cdot \ln(\bar{S}_a) = -5.202 \qquad (5.4\text{-}18\text{a})$$

或

$$\theta_{\max} = a \cdot (\bar{S}_a)^b = 0.005\,5 = \theta_{\text{res}}^{\text{elastic}} \qquad (5.4\text{-}18\text{b})$$

（7）通过数值方法确定弯曲梁底部刚度 EI_0=5.321×10¹⁴ N·m²。

（8）根据式（5.4-6）计算底层核心筒弯曲刚度 EI_{t0} 为

$$\begin{cases} EI_{t0}/EI_0 = 0.172\,6 \times \alpha_0 + 0.281\,1 = 69.53\% \\ EI_{t0} = 3.7 \times 10^{14}\text{N} \cdot \text{m}^2 \end{cases} \qquad (5.4\text{-}19)$$

EI_{t0} 为结构A的 EI_{t0} 的1.07倍，相应核心筒的外墙厚度约为1.3 m，内墙厚度约为0.95m，该尺寸可满足建筑要求。

（9）根据 $GA_{o0}L_0/EA_{c0}$=1/2 进行初始设计，采用式（5.4-7a）和式（5.4-7b）计算高宽比为7和7.5时的 EA_{c0}/EI_{t0} 分别为0.006 324和0.005 898，线性插值获得高宽比为7.3时的 EA_{c0}/EI_{t0}=0.006 068，则巨型柱轴向刚度 EA_{c0} 为2.25×10¹² N。

$$\begin{cases} \alpha_0/H = -22.385\,0(EA_{c0}/EI_{t0})^2 + 0.564\,0EA_{c0}/EI_{t0} + 0.001\,900, \quad H/B = 7 \\ \alpha_0/H = -18.964\,0(EA_{c0}/EI_{t0})^2 + 0.598\,7EA_{c0}/EI_{t0} + 0.001\,700, \quad H/B = 7.5 \quad (5.4\text{-}20) \\ EA_{c0} = 0.006\,068 \times 3.7 \times 10^{14} = 2.25 \times 10^{12}\text{N} \end{cases}$$

（10）已知 $GA_{o0}L_0/EA_{c0}$=1/2，底部伸臂桁架净跨度为16.4m，计算伸臂桁架抗剪刚度 GA_{o0}=6.86×10¹⁰ N。

（11）建立弹性鱼骨模型，进行模态分析，前2阶平动分别为8.61s和3.048s，根据式（5.4-1）计算弯剪刚度比 α_0 为2.418，基本一致。

（12）微调伸臂桁架刚度，当伸臂桁架抗剪刚度 $GA_{o0}=6.95\times10^{10}$N 时，结构基本周期与预设值基本一致，相应的前 5 阶平动周期分别为 8.605s、3.045s、1.442s、0.874s 和 0.598s。

（13）对弹性鱼骨模型进行小震反应谱分析获得连梁屈服剪力如图 5.4-28 所示。

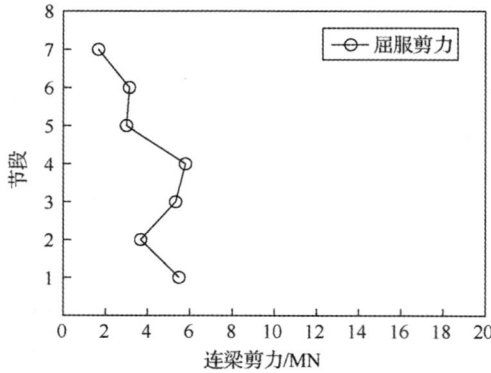

图 5.4-28　各节段连梁屈服剪力

（14）对弹性鱼骨模型进行中震反应谱分析，获得伸臂桁架屈服剪力下限值如图 5.4-29 所示。

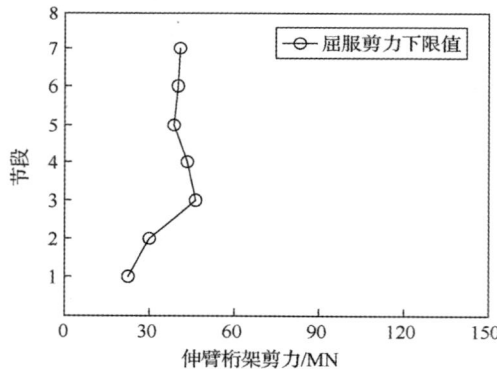

图 5.4-29　各节段伸臂桁架屈服剪力下限值

（15）增大阻尼比，对弹性鱼骨模型进行大震反应谱分析，当阻尼比达到 6.23%时，结构最大层间侧移角降低至 0.5%。采用人工地震动模拟程序生成长持时人工波，人工波加速度时程曲线如图 5.4-30 所示，5%阻尼比人工波加速度反应谱与设计反应谱对比如图 5.4-31 所示，从图中可以看出该人工波加速度反应谱与设计反应谱基本一致，地震峰值加速度约为 220cm/s^2，持时为 50s，满足相关要求。对附加阻尼的弹性鱼骨模型进行人工波下的大震动力时程分析，获得总阻尼耗能 $E_{eq}^{total}=1.149\times10^8$N·m，根据式（5.4-13）计算总塑性耗能 E_h。节段 4 伸臂桁架两端的最大竖向相对位移为 $u_4=0.013\,55$m。

$$E_h = E_{eq}^{total}\cdot(\zeta_{eq}^{total}-\zeta)/\zeta_{eq}^{total} = 2.2685\times10^7\,\mathrm{N}\cdot\mathrm{m}^2 \tag{5.4-21}$$

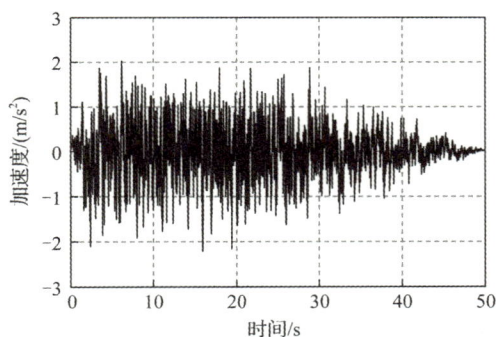

图 5.4-30　人工波加速度时程曲线

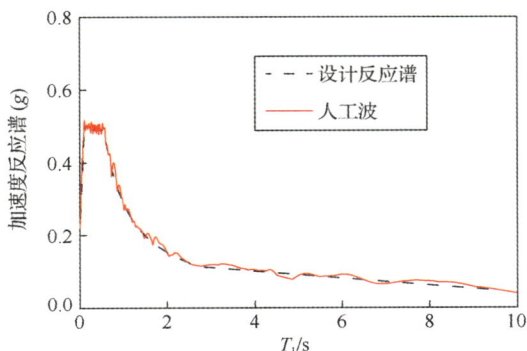

图 5.4-31　5%阻尼比人工波加速度反应谱与设计反应谱对比

（16）将 90%的总塑性耗能分配给伸臂桁架，节段 4 伸臂桁架塑性耗能最大，根据简化分布规律计算节段 4 单根伸臂桁架塑性耗能为

$$E_{h4}=0.9E_h/3/2=3.403\times10^6\,\text{N}\cdot\text{m} \tag{5.4-22}$$

（17）$E_{h4}=3.403\times10^6\text{N}\cdot\text{m}$，$u_4=0.013\,55\text{m}$，$\eta=4$，根据式（5.4-14）计算节段 4 伸臂桁架屈服剪力设计值。

$$F_y=E_{h4}/u_4/\eta=3.403\times10^6/4/0.013\,55=6.28\times10^7\text{N} \tag{5.4-23}$$

满足伸臂桁架中震不屈服指标，参照结构 A 的伸臂桁架屈服剪力分布设计其他节段伸臂剪力，同时保证第 1 节段和第 7 节段伸臂桁架大震下不屈服，各节段伸臂桁架屈服剪力对比如图 5.4-32 所示，建立考虑连梁和伸臂桁架受剪屈服的塑性鱼骨模型。对该模型进行人工波下的大震弹塑性分析，获得层间侧移角包络、各类耗能构件塑性耗能和总塑性耗能沿结构高度方向的分布如图 5.4-33 所示。

（18）从图 5.4-33（a）中可以看出通过耗能设计可有效控制结构最大层间侧移角不超过 0.5%，满足功能可恢复需求；从图 5.4-33（b）中可以看出伸臂桁架耗散了绝大部分塑性耗能，其塑性耗能沿结构高度方向的分布与本节建议的简化分布规律基本一致。

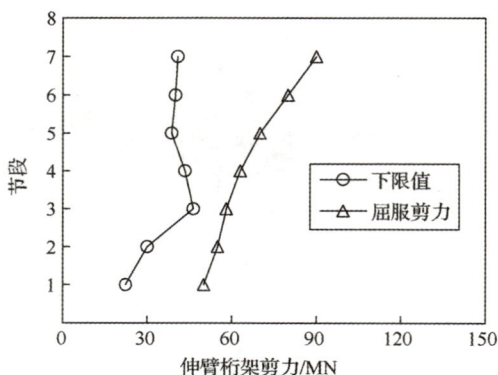

图 5.4-32　各节段伸臂桁架屈服剪力对比

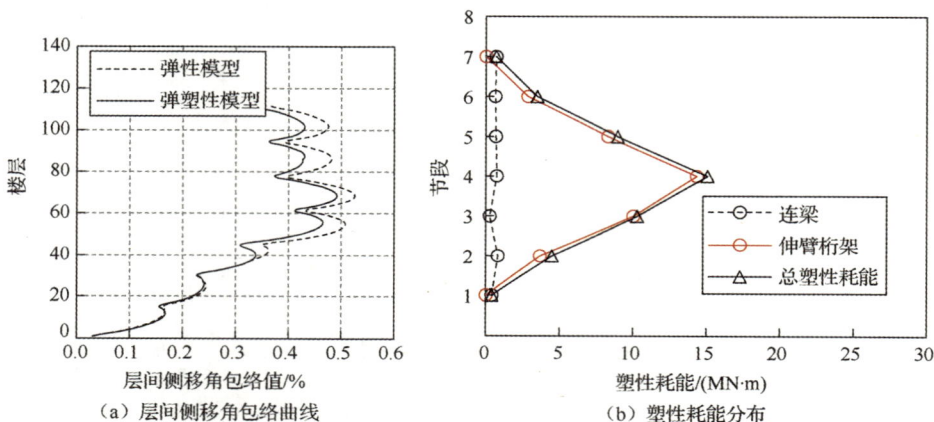

（a）层间侧移角包络曲线　　　　（b）塑性耗能分布

图 5.4-33　层间侧移角包络、各类耗能构件塑性耗能和总塑性耗能沿结构高度方向的分布

（19）根据各节段巨型柱和核心筒在重力荷载和罕遇地震作用下的变形需求以及上述确定的刚度需求，巨型柱的屈服轴力和核心筒的屈服承载力确定如表 5.4-17 所示，对比结构 A 巨型柱和核心筒的设计屈服承载力，在巨型柱和核心筒允许的尺寸范围内（刚度需求），可满足该屈服承载力需求，设计完成。

表 5.4-17　巨型柱的屈服轴力和核心筒的屈服承载力确定

节段	巨型柱屈服轴力/(10^8 N)	核心筒屈服弯矩/(10^9N·m)
1	10.56	8.16
2	8.28	5.58
3	6.52	3.92
4	4.99	2.88
5	3.44	2.15
6	2.04	1.35
7	0.74	0.52

为了验证该设计方案的合理性，本节基于规范设计大震反应谱，从 PEER Ground Motion Database（PEER，2016）选取了 12 组天然地震动。调幅后 12 组地震动的加速反应谱与有关规范反应谱对比如图 5.4-34 所示。从图中可以看出 12 组地震动的平均反应谱与相关规范反应谱吻合良好。采用上述调幅后的 12 组地震动对本节设计的 525m 巨型柱-核心筒-伸臂超高层结构进行动力弹塑性时程分析，获得各地震动下 θ_{maxp} 如表 5.4-18 所示。从表中可以看出在上述地震动作用下，本节设计的结构均满足了功能可恢复需求，验证了该设计方案的合理性。

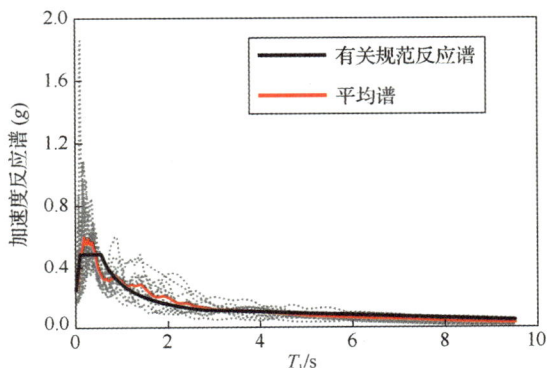

图 5.4-34   各地震动的加速反应谱与有关规范反应谱对比

表 5.4-18   12 组地震动下 θ_{maxp}

序号	地震动名称	θ_{maxp}/%	序号	地震动名称	θ_{maxp}/%
1	BORREGO_B-ELC000	0.395	7	SFERN_BVP090	0.447
2	KERN.PEL_PEL090	0.424	8	SFERN_C08051	0.432
3	PARKF_C12DWN	0.427	9	SFERN_PEL090	0.457
4	BORREGO_A-ELC180	0.336	10	SFERN_SON033	0.369
5	SFERN_PVE065	0.463	11	SFERN_FSD172	0.350
6	SFERN_BFA180	0.458	12	SFERN_WND143	0.348

为了进一步验证该方案的合理性，本节选取 FEMA P695 推荐的 22 组地震动进行大震弹塑性动力时程分析，获得各地震动作用下 θ_{maxp} 如表 5.4-19 所示；第 3 组和第 12 组地震动的加速度反应谱与有关规范反应谱对比如图 5.4-35 所示。从表 5.4-19 中可以看出，在 20 组地震动下结构满足功能可恢复需求；在图 5.4-35 中第 3 组和第 12 组地震动下，由于结构各阶平动周期所对应的谱加速度值显著大于有关规范反应谱值，结构的最大弹塑性层间侧移角略高于 0.5%。

表 5.4-19　22 组地震动下 θ_{maxp}

序号	地震动名称	θ_{maxp}/%	序号	地震动名称	θ_{maxp}/%
1	SUPERST_B-POE270	0.112	12	KOCAELI_ARC000	0.539
2	CAPEMEND_RIO360	0.100	13	KOCAELI_DZC270	0.299
3	CHICHI_CHY101-N	0.532	14	LANDERS_CLW-TR	0.156
4	CHICHI_TCU045-N	0.097	15	LANDERS_YER270	0.496
5	DUZCE_BOL090	0.100	16	LOMAP_CAP000	0.081
6	FRIULI_A-TMZ000	0.083	17	LOMAP_G03000	0.192
7	HECTOR_HEC090	0.159	18	MANJIL_ABBAR--L	0.230
8	IMPVALL_H-DLT352	0.280	19	NORTHR_LOS270	0.117
9	IMPVALL_H-E11230	0.197	20	NORTHR_MUL279	0.177
10	KOBE_NIS000	0.089	21	SFERN_PEL090	0.131
11	KOBE_SHI000	0.198	22	SUPERST_B-ICC000	0.307

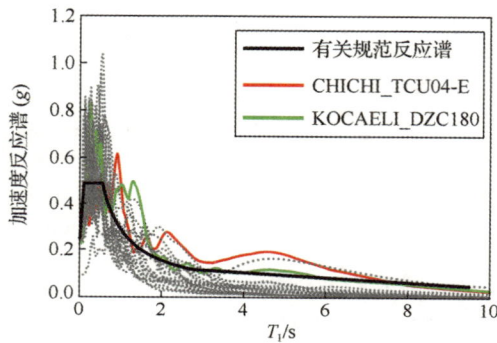

图 5.4-35　第 3 组和第 12 组地震动的加速度反应谱与有关规范反应谱对比

　　综上所述，本节设计了一栋 525m 高的大震功能可恢复巨型柱-核心筒-伸臂超高层结构。对其进行了 35 组地震动下的动力时程分析，在 33 组地震动下该结构满足功能可恢复需求，2 组地震动下由于其反应谱值远高于设计反应谱值，所以弹塑性变形略高于功能可恢复需求。综合说来，91% 的地震动下该结构均满足功能可恢复需求，考虑到地震动的随机性，在 100% 的地震动下满足功能可恢复要求可能会对结构刚度提出过高的要求，上述比例相对较为合理，验证了本章提出的设计方法的合理性。

　　值得注意的是，上述设计流程耗时仅约 1h，即可快速确定巨型柱-核心筒-伸臂超高层结构的大震功能可恢复设计方案，包括各类关键构件的刚度和承载力，用于进一步指导该类结构的详细设计。此外，即使 α_0 等参数的初始取值不合理，也仅需少量次数修改，即可完成设计，效率明显优于现行小震设计，精细建模，大震验算的流程设计。

　　此外，如果不考虑耗能构件对最大层间侧移角的控制作用，本节还对该 525m 超高层结构进行了大震弹性设计，其设计目标为使得该超高层在除 CHICHI_CHY101-N 和 KOCAELI_ARC000 以外的 33 组地震动下的弹性变形均直接满足功能可恢复需求。其具体做法为提升各类关键构件刚度绝对值使结构在大震下保持弹性且最大弹性层间侧移角均不超过 0.5%。结果表明,当各类关键构件刚度提升至原刚度的 1.14 倍时,结构在 33 组地震动下的最大弹性层间侧移角均不超过 0.5%。由于子筒的轴向刚度、巨型柱的轴向刚度和伸臂桁架的剪切刚度均正比于构件截面面积,这意味着相比于考虑耗能构件控制作用的功能可恢复方案,为了实现大震下弹性满足功能可恢复需求,可能需要增加 14%左右的材料用量(大约 9 万 t),这是很不经济的。

5.4.9 小结

本节提出了一套大震功能可恢复巨型柱-核心筒-伸臂超高层设计方法。首先基于弯剪耦合模型提出了结构宏观设计参数与结构最大弹性层间侧移角的量化关系;然后研究了弯剪耦合模型和弹性鱼骨模型的内在关联,提出了巨型柱-核心筒-伸臂超高层结构的关键构件刚度确定方法;接着建议了功能可恢复巨型柱-核心筒-伸臂超高层结构的地震耗能分布和耗能设计方法;最后采用提出的方法完成了一栋 525m 高的超高层结构初步设计,耗时仅约 1h,为实现巨型柱-核心筒-伸臂超高层结构的震后功能可恢复提供了可供参考的快速设计方法。

6 可恢复功能伸臂桁架和多灾害防御框架

6.1 概　　述

本书 5.4 节已经介绍了实现韧性抗震目标的功能可恢复结构的基本概念，并给出了功能可恢复超高层巨型柱-核心筒-伸臂结构的基于能量设计方法。为了满足功能可恢复的性能需求，超高层巨型柱-核心筒-伸臂结构的高性能巨型柱和剪力墙应保持弹性或低损伤，利用伸臂桁架和连梁作为主要的耗能构件。同时，超高层建筑中的次框架结构也应该具有良好的功能可恢复能力。

对于高性能巨型柱、剪力墙和耗能连梁，国内外众多研究者已经开展了很多很好的研究工作，本书不再赘述，读者可以参阅相关资料。相比而言，可恢复功能伸臂桁架的研究相对较少，因此，本章 6.2 节首先介绍了本书作者开展的关于可恢复功能伸臂桁架的研究工作。

另外，除了可恢复功能，多灾害防御也已经成为国际土木工程的重要研究前沿。由于超高层建筑往往是重要的地标性建筑，除了地震灾害外，爆炸等极端事件导致的连续倒塌灾害在设计中也应给予充分重视。现代超高层建筑中大量采用巨型结构体系。由巨型柱、核心筒及腰桁架和伸臂桁架构成主受力体系，使用框架结构组成次结构体系。巨型柱和核心筒的截面巨大，很难因为意外事件而被破坏，因此，超高层建筑连续倒塌研究的重点是次框架结构的抗连续倒塌能力。本章 6.3 节和 6.4 节将针对超高层建筑次框架的可恢复功能需求和地震与连续倒塌综合防御需求，提出地震与连续倒塌综合防御混凝土框架结构和组合框架结构及其设计方法。

6.2 可恢复功能伸臂桁架结构

6.2.1 引言

伸臂桁架是超高层结构中连接周边柱和核心筒的关键构件，当结构承受水平荷载时，核心筒通过伸臂桁架将整体结构的弯矩转化为轴力传递到周边柱子中，使框架柱在结构体系中起着类似拉压杆的作用，从而使得外框架与核心筒共同受力达到提高抗侧能力的目的。

对于伸臂桁架的性能化设计目标，不论我国规范还是美国规范中都没有做出具体的规定。因此，本节对国内 30 栋采用伸臂桁架的超高层建筑的伸臂桁架性能化设计目标进行调查研究（图 6.2-1 为中震下的抗震性能化设计目标，图 6.2-2 为大震下的抗震性能化设计目标）。结果表明，中震下框架柱以及核心筒墙体抗震设计目标往往是"不屈服"或者"弹性"，大震下的性能化设计目标有"大震允许进入塑性""大震部分屈服""大震不屈服"几类。但总体来说伸臂桁架分为了屈服与不屈服两大类，其中 87%的超高层建筑伸臂桁架性能化目标定义为屈服或者部分屈服，即允许耗能；13%的超高层建筑的伸臂桁架性能目标定义为不屈服。

从图 6.2-2 的调查分析可以看出，大部分超高层建筑的伸臂桁架具备在罕遇地震下耗能的可能，考虑到超高层建筑中剪力墙、框架柱、巨型柱这些不易修复的构件不宜作为耗能构件，则在连梁、框架梁等耗能构件屈服后，伸臂桁架在罕遇地震情况下是可以作为耗能构件发生塑性变形并参与消耗地震能量。Lu 等（2011；2014a）、陆新征（2016）、Poon 等（2011）、Fan 等（2009）、Li 等（2004）和 Jiang 等（2014a）对进入非线性阶段超高层建筑进行分析与研究后发现，伸臂桁架屈服后可以大量耗散地震能量，对结构的抗震耗能性能有重要影响。Moehle（2015）指出通过伸臂桁架的屈服和破坏来耗散地震输入能量，可以达到保护主结构的目的，起到"结构保险丝（fuses）"的作用，因此伸臂桁架的非线性性能也应该给予充分重视。

虽然伸臂桁架具备在地震下消耗地震能力的需求和可行性，但是对于伸臂桁架耗能机制及高性能耗能伸臂桁架的研究还相对较少。因此，本书作者和清华大学研究生杨青顺、北京市建筑设计研究院甄伟教授级高级工程师等，开展了不同类型伸臂桁架的抗震性能试验研究和设计方法研究（Yang，et al.，2017）。

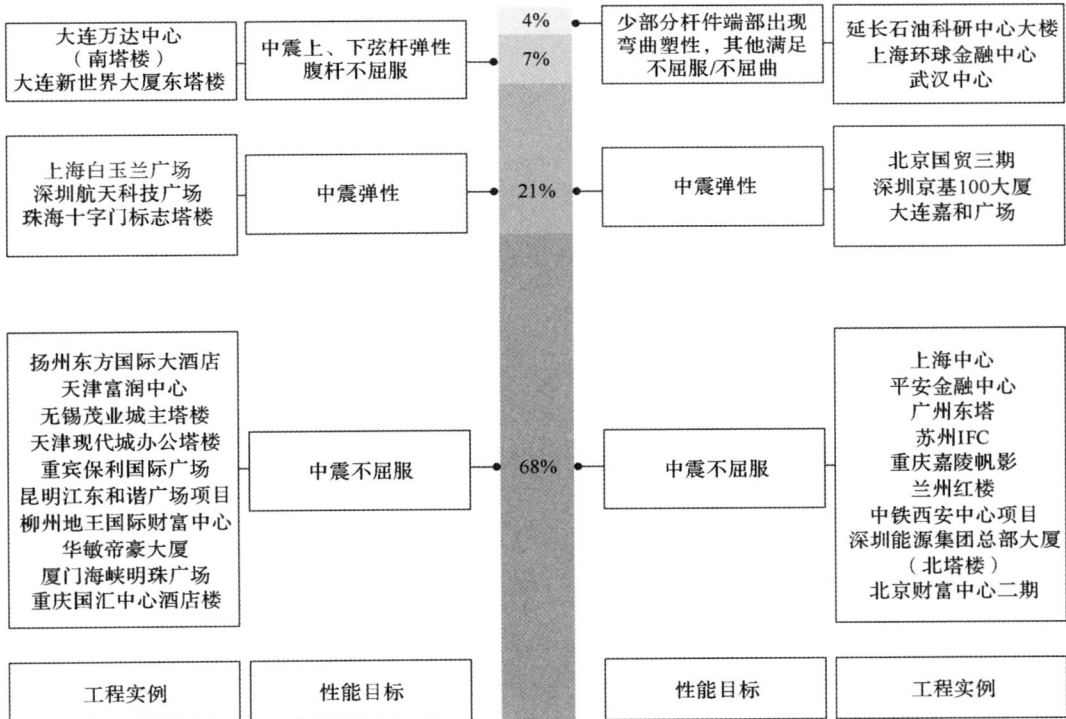

图 6.2-1　国内部分超高层结构中的伸臂桁架在中震下的抗震性能化设计目标

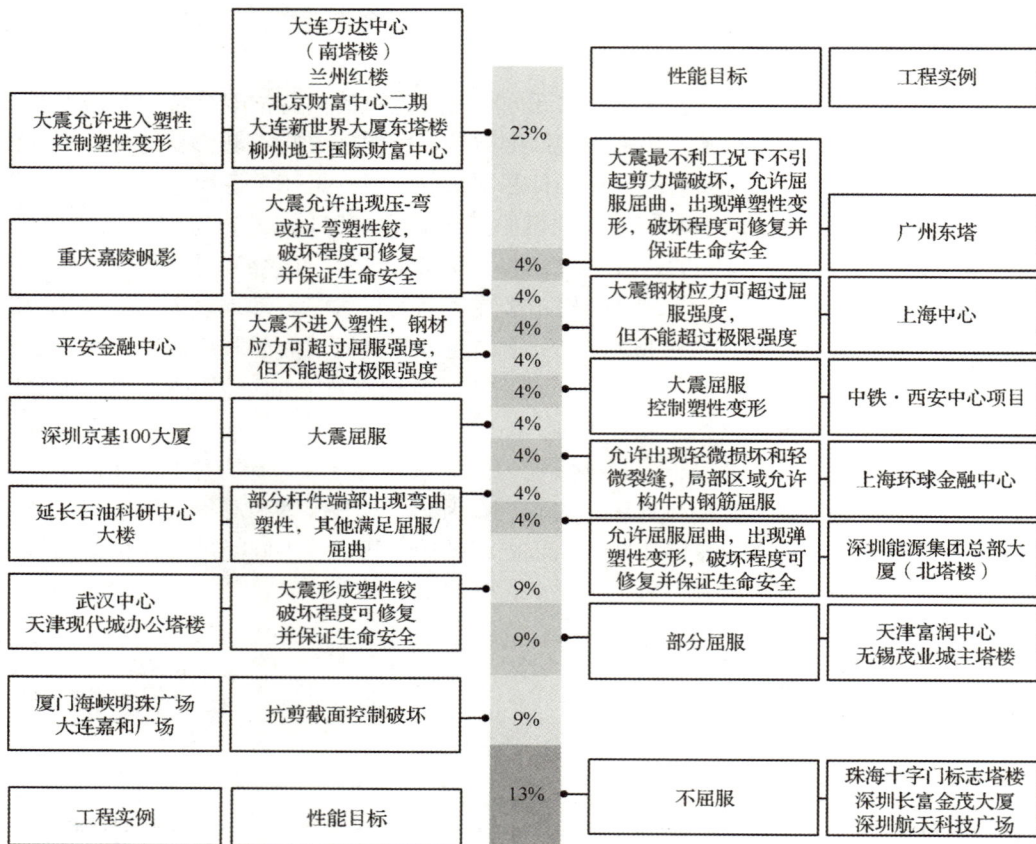

图 6.2-2　国内部分超高层结构中的伸臂桁架在大震下的抗震性能化设计目标

6.2.2　试验设计

本节某 8 度区超高层框架-核心筒-伸臂桁架结构工程，如图 6.2-3 所示。选取第二道加强层中的单跨单榀伸臂桁架，根据实验室加载能力，采用 1∶3 缩比进行了试验设计。根据文献调研及本节试验结果，发现普通伸臂桁架的耗能能力、延性以及震后可修复性等性能较差。因此，为了提高伸臂桁架的性能并能够实现震后的快速修复，研发了新型耗能伸臂桁架，即端部设置阻尼器的伸臂桁架和将腹杆替换为防屈曲支撑（BRB）的伸臂桁架。

对三类伸臂桁架进行了试验研究，包括普通伸臂桁架 [图 6.2-4（a）]、端部带摩擦阻尼器耗能伸臂桁架 [图 6.2-4（b）] 及高强钢 BRB 耗能伸臂桁架 [图 6.2-4（c）]。

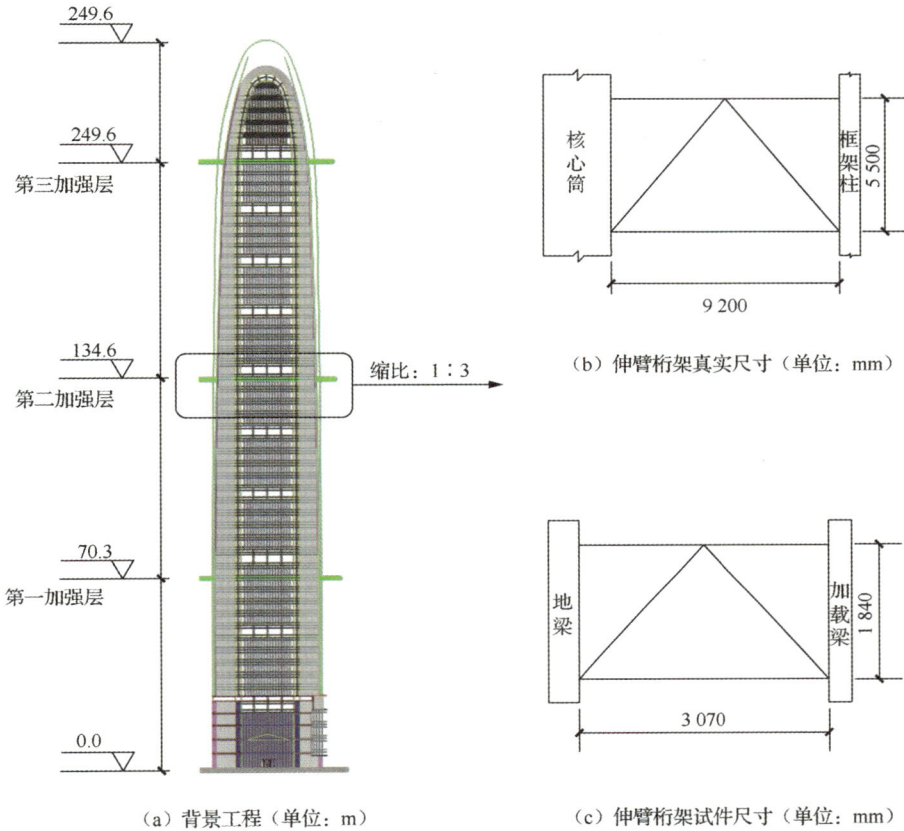

249.6

249.6
第三加强层

134.6
第二加强层

缩比：1:3

（b）伸臂桁架真实尺寸（单位：mm）

核心筒   框架柱   5 500

9 200

70.3
第一加强层

0.0

（a）背景工程（单位：m）

地梁   加载梁   1 840

3 070

（c）伸臂桁架试件尺寸（单位：mm）

图 6.2-3 某超高层结构及伸臂桁架结构工程

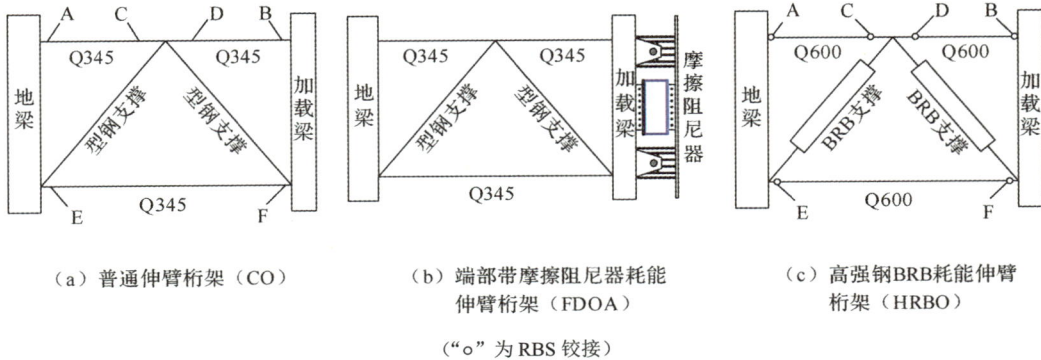

（a）普通伸臂桁架（CO）

（b）端部带摩擦阻尼器耗能
伸臂桁架（FDOA）

（"○"为 RBS 铰接）

（c）高强钢BRB耗能伸臂
桁架（HRBO）

图 6.2-4 本节试验研究对象

6.2.2.1 伸臂桁架试验加载装置

普通伸臂桁架、BRB 耗能伸臂桁架及端部带阻尼器伸臂桁架试验均采用同样的加载装置。试验设置 1 个往复荷载加载点，通过两个 1000 kN 的作动器施加水平荷载。伸臂桁架作为剪力墙与框架柱的水平连接结构件，主要为纯剪切受力状态，因此试验采用四连杆装置保证伸臂桁架的纯剪切受力状态。考虑到试件尺寸及实验室加载系统要求，伸臂桁架试件加载设计成"竖立加载方式"。通过高强螺栓连接伸臂桁架试件及辅助地梁，并通过锚栓将辅助地梁固定于地面。图 6.2-5 为试验试件加载装置示意图。

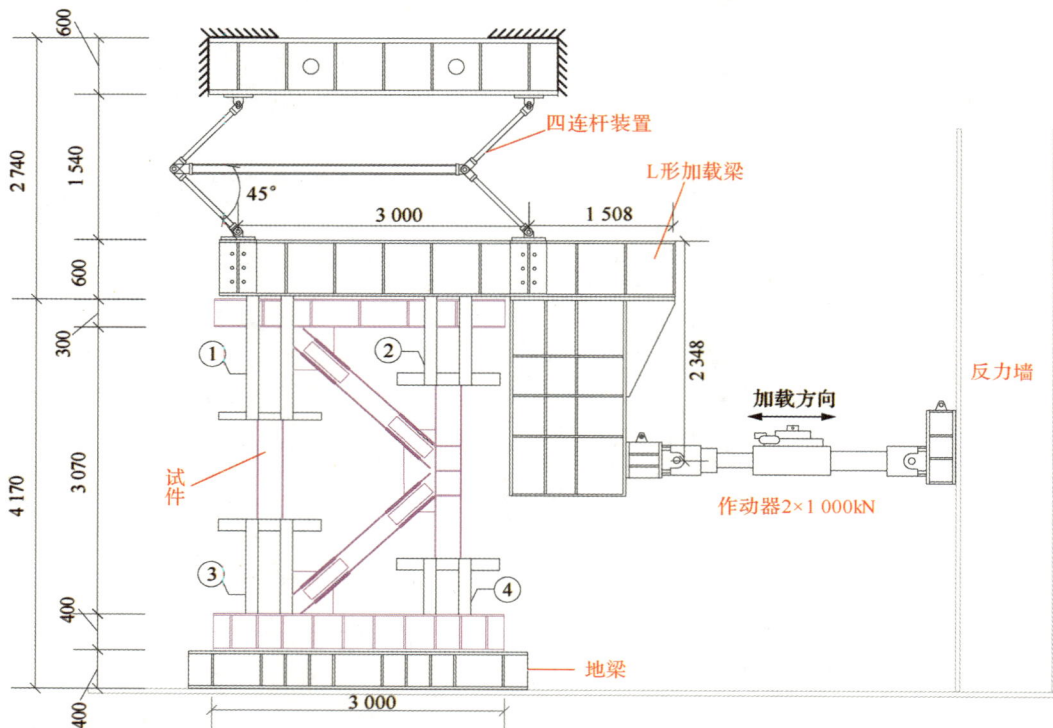

（①～④为防止弦杆弱轴失稳限制装置）

图 6.2-5　试验试件加载示意图（单位：mm）

　　试验加载采用位移控制的拟静力加载方式，设计加载为 16 级，每级加载反复 2 次，具体试验加载制度如图 6.2-6 所示。最终当试件破坏，并导致承载力丧失无法继续加载时停止试验。

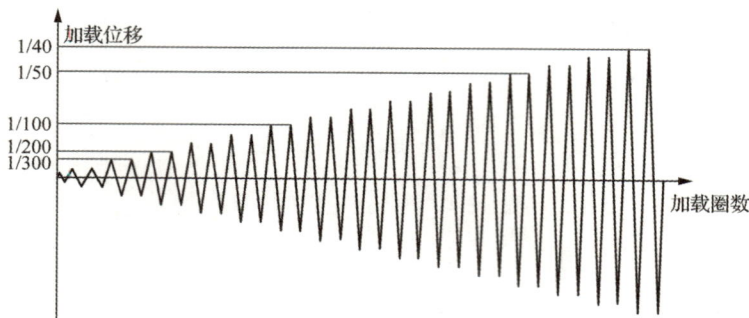

图 6.2-6　试验加载制度

6.2.2.2 普通伸臂桁架试件设计

在实际结构中，伸臂桁架所在楼层的剪力墙和框架柱设计上都要做相应的加强，同时本研究重点关注伸臂桁架自身性能，所以对框架柱和剪力墙进行了合理的简化。

根据工程设计图纸设计普通伸臂桁架试件，其上、下弦杆以及腹杆均采用焊接工字钢，钢材牌号为 Q345，材性试验确定其屈服强度 f_y 为 388MPa，极限强度 f_u 为 479 MPa，延伸率为 34%。将实际结构中的剪力墙及框架柱视为试验伸臂桁架的约束端，试件 C0 尺寸及细部构造如图 6.2-7 所示。

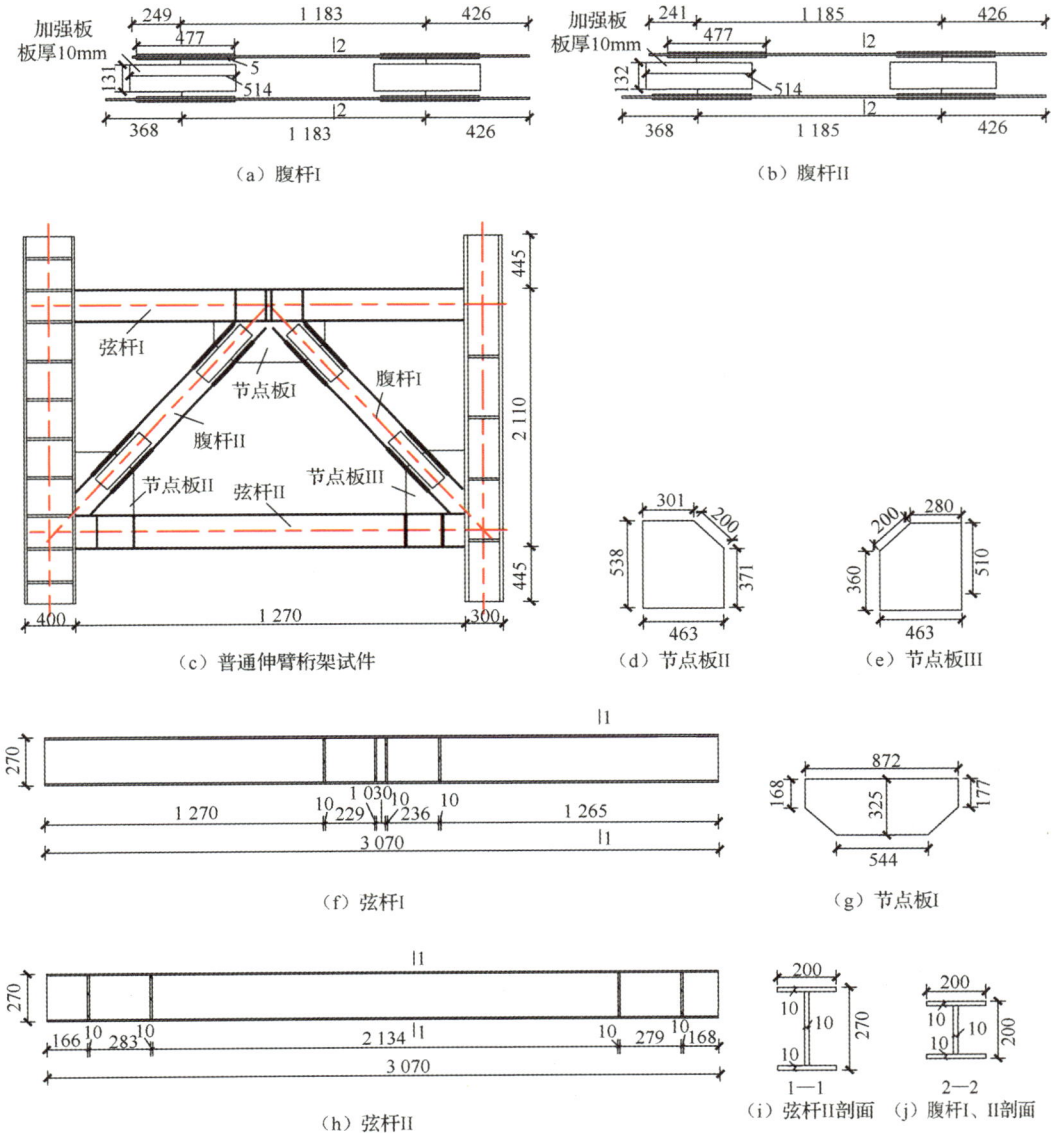

（a）腹杆I
（b）腹杆II
（c）普通伸臂桁架试件
（d）节点板II
（e）节点板III
（f）弦杆I
（g）节点板I
（h）弦杆II
（i）弦杆II剖面
（j）腹杆I、II剖面

图 6.2-7 普通伸臂桁架试件 C0 尺寸及细部构造（单位：mm）

6.2.2.3　端部带阻尼器耗能伸臂桁架试件设计

在结构中使用的阻尼器类型主要有黏滞阻尼器、磁流变阻尼器、软钢阻尼器以及摩擦阻尼器等，摩擦阻尼器（Pall，et al.，1982；Kanazawa，et al.，2003）具有初始刚度大、耗能能力强、承载力稳定、易生产施工及价格低廉的优点。在伸臂桁架端部添加摩擦阻尼器如图 6.2-4（b）所示（试件 FDOA），为了更好地对比端部添加阻尼器后对抗震性能的改善，伸臂桁架主体构件尺寸与图 6.2-7 所示的普通伸臂桁架试件相同。

伸臂桁架在地震作用下以剪切变形为主（Hoenderkamp，2004；Smith，et al.，2007），摩擦型阻尼器的耗能在纯剪变形下发挥最为充分。本节所采用的四连杆加载装置（图 6.2-5）虽然可以在宏观上保证整个试件处于剪切变形状态，但是当伸臂桁架受到外力时，除剪切变形外还会产生整体的弯曲变形，进而导致阻尼器出现剪切变形以外的拉压变形模式（图 6.2-8），且摩擦阻尼器自身承受竖向力时会造成起滑困难甚至导致摩擦阻尼器失效，从而影响整体伸臂桁架的耗能性能。

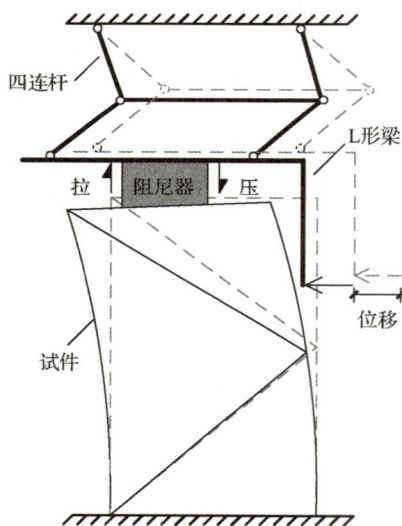

图 6.2-8　带端部阻尼器的伸臂桁架拉压变形模式

国内外研究者针对这一问题提出了一些解决方法（朱立刚等，2015；Chan，et al.，2008；Ghabraie，et al.，2010；Nakashima，et al.，1994），但是这些加载方式均不便于在实际工程中实现。因此，需要提出易于在工程中应用的阻尼器辅助装置。

设计摩擦阻尼器辅助装置如图 6.2-9 所示，其包括：I-竖向支撑装置，与底板相连；II-限制竖向位移装置，与顶板相连；III-滑动滚轴（直径 110mm）。

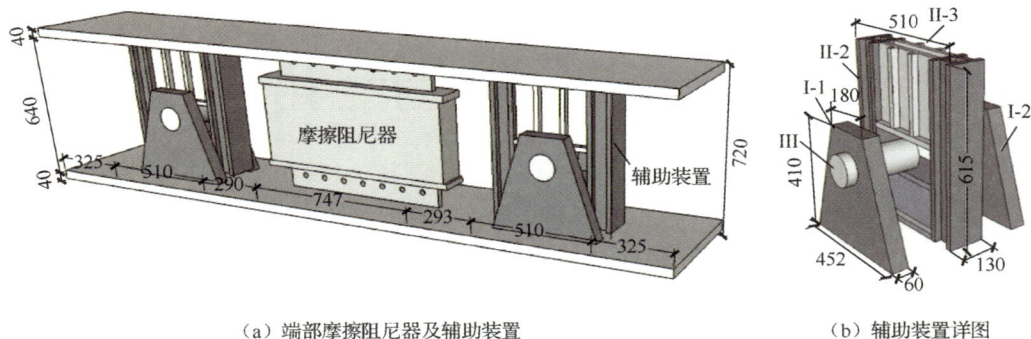

（a）端部摩擦阻尼器及辅助装置　　　　　　　　（b）辅助装置详图

图 6.2-9　端部摩擦阻尼器辅助装置（单位：mm）

为满足伸臂桁架的屈服承载力需求，采用两个 500kN 的摩擦阻尼器进行并联。单个摩擦阻尼器的性能参数如表 6.2-1 所示。

表 6.2-1　摩擦阻尼器的性能参数

参数	参数取值
起滑位移/mm	1.0
极限位移/mm	75
起滑力 kN	500
初始刚度/(kN/mm)	500
屈服后刚度比	0

6.2.2.4　高强钢 BRB 耗能伸臂桁架试件设计

为避免普通型钢腹杆的失稳、提高耗能能力，将伸臂桁架的腹杆改为防屈曲支撑（BRB）。BRB 具有良好的耗能能力，且工作性能稳定，设计较为简便，工程人员也较为熟悉。为了保证 BRB 性能的充分发挥，需要将弦杆中容易出现受弯屈服的截面进行铰接设计。由于机械铰的造价较高且施工难度较大，本节采用 RBS（reduced beam section）截面（也称"狗骨"截面），即通过削弱 H 形截面翼缘来近似铰接截面。此外，为提高 BRB 耗能伸臂桁架的屈服承载力并减轻弦杆在 BRB 屈服前的损伤，将弦杆材料更换为高强钢，设计了高强钢 BRB 耗能伸臂桁架（试件 HRBO）。试件 HRBO 尺寸及细部构造如图 6.2-10 所示。

文献研究（Ban，et al.，2011；Shi，et al.，2011）认为对于强度超过 690MPa 的高强度钢材，断后的伸长率一般不能满足规范限值要求。因此结合本节实际试验情况，试件 HRBO 中采用 Q600 钢材。材性试验确定 Q600 钢材的屈服强度 f_y 为 670MPa，极限强度 f_u 为 780MPa，延伸率为 29%，满足《低合金高强度结构钢》（GB 1591—2008）要求。

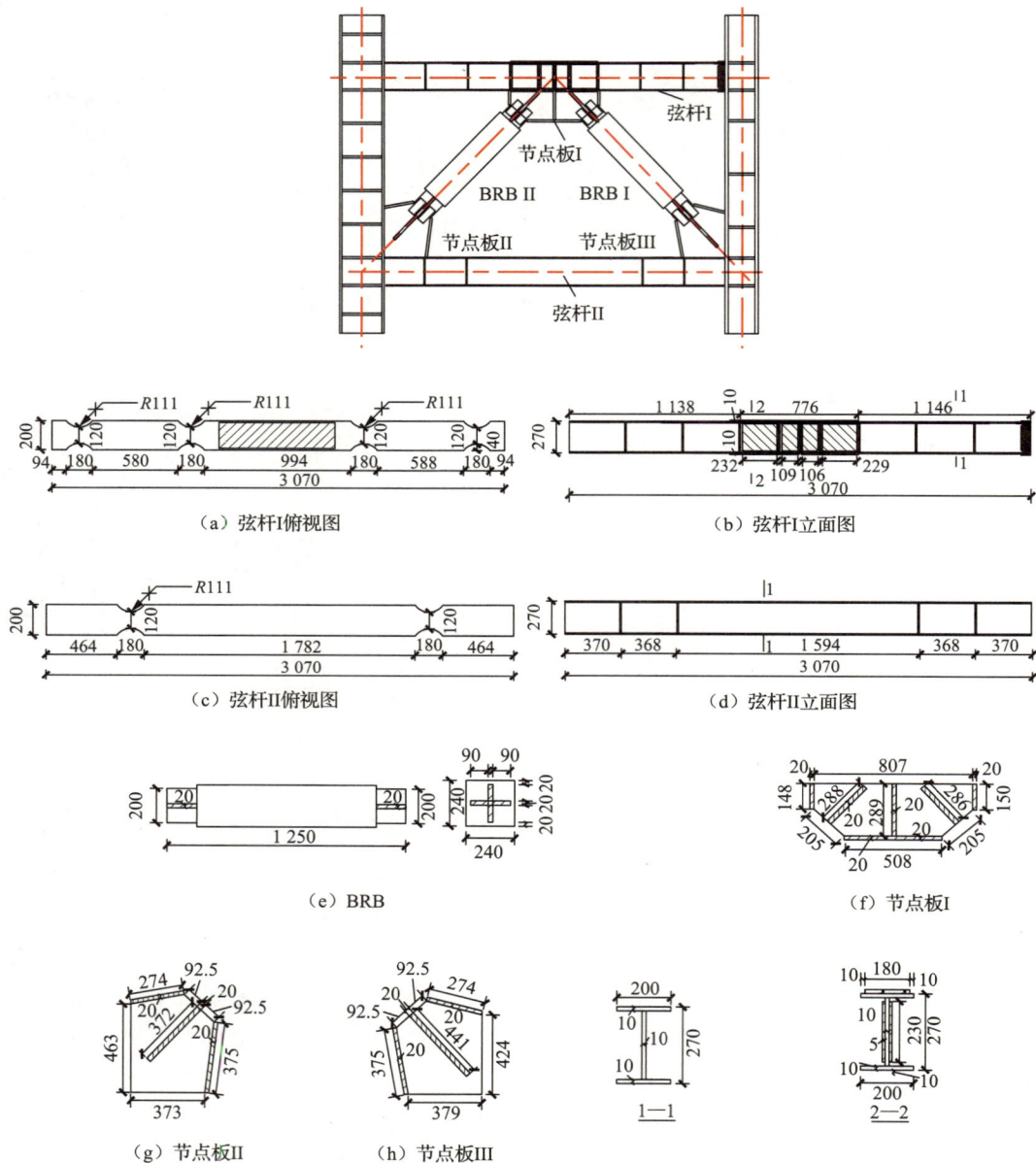

（a）弦杆I俯视图

（b）弦杆I立面图

（c）弦杆II俯视图

（d）弦杆II立面图

（e）BRB

（f）节点板I

（g）节点板II

（h）节点板III

图 6.2-10　试件 HRBO 尺寸及细部构造（单位：mm）

6.2.3　试验结果

6.2.3.1　普通伸臂桁架

根据背景工程设计图纸直接缩比（缩尺比例1∶3）得到普通伸臂桁架（试件CO），安装完成后的试验试件CO如图6.2-11所示。

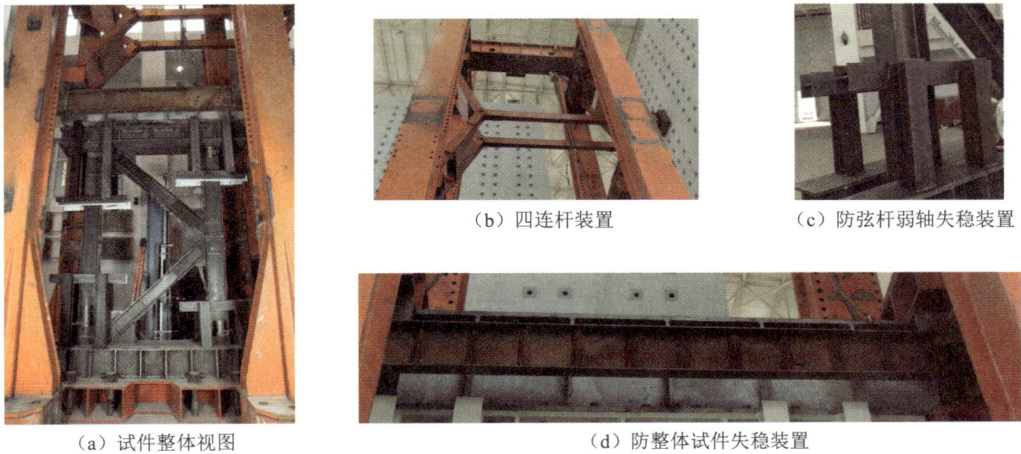

（b）四连杆装置　　　　　　（c）防弦杆弱轴失稳装置

（a）试件整体视图　　　　　　　　（d）防整体试件失稳装置

图6.2-11　安装完成后的试验试件CO

试件CO最终的破坏形态如图6.2-12所示。破坏形态包括腹杆屈曲，弦杆Ⅰ截面B的撕裂，截面A翼缘以及中部节点板处截面C、D翼缘出现的局部屈曲，弦杆Ⅱ角部节

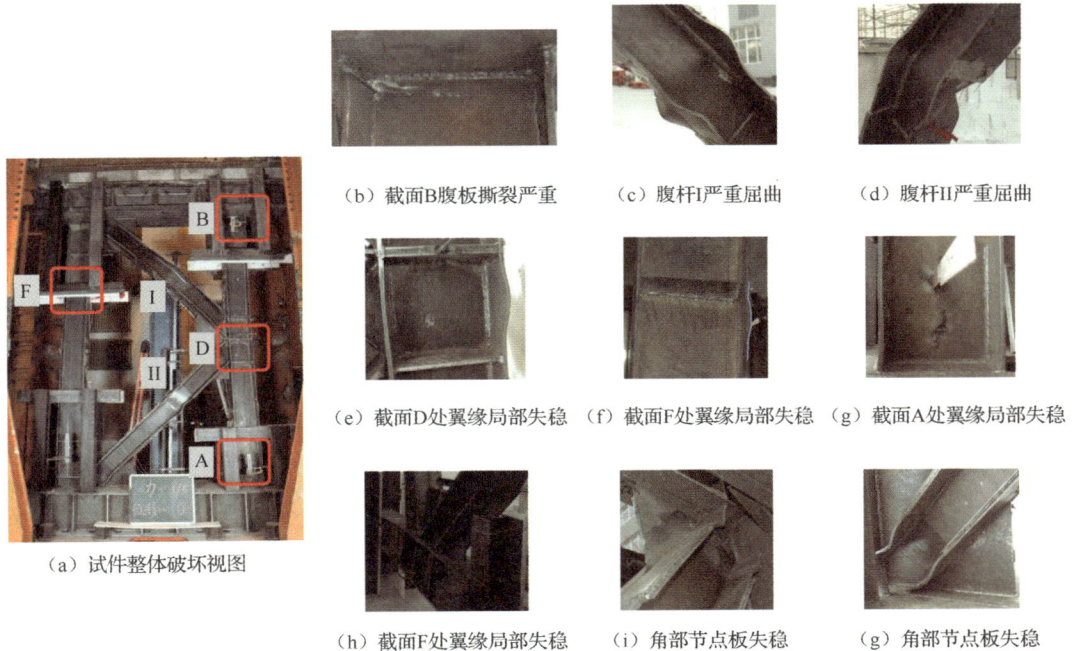

（b）截面B腹板撕裂严重　　（c）腹杆Ⅰ严重屈曲　　（d）腹杆Ⅱ严重屈曲

（e）截面D处翼缘局部失稳　（f）截面F处翼缘局部失稳　（g）截面A处翼缘局部失稳

（a）试件整体破坏视图

（h）截面F处翼缘局部失稳　（i）角部节点板失稳　　（g）角部节点板失稳

图6.2-12　普通伸臂桁架试件CO最终的破坏形态

点板附近截面 E、F 出现局部屈曲。除此之外，伸入节点板根部的腹杆翼缘与角部节点板也出现面外屈曲及失稳等现象。

从试验现象可以看出，试件 CO 中由于弦杆变形能力非常有限，在位移 25mm（层间变形角 1/123）时弦杆截面翼缘已经出现局部屈曲，随着腹杆失稳变形的增加，弦杆破坏加剧并引起了断裂破坏（弦杆端部腹板撕裂）。

试件 CO 顶部荷载-位移滞回曲线如图 6.2-13 所示。从图中可以看出：在试件达到峰值承载力后，随着腹杆 I 发生屈曲 [图 6.2-13（a）] 承载力迅速退化。在荷载继续加载后，腹杆 II 发生屈曲 [图 6.2-13（b）]。最终在弦杆根部达到较大撕裂的同时腹杆 I、II 屈曲严重 [图 6.2-13（c-1）～（c-3）]。

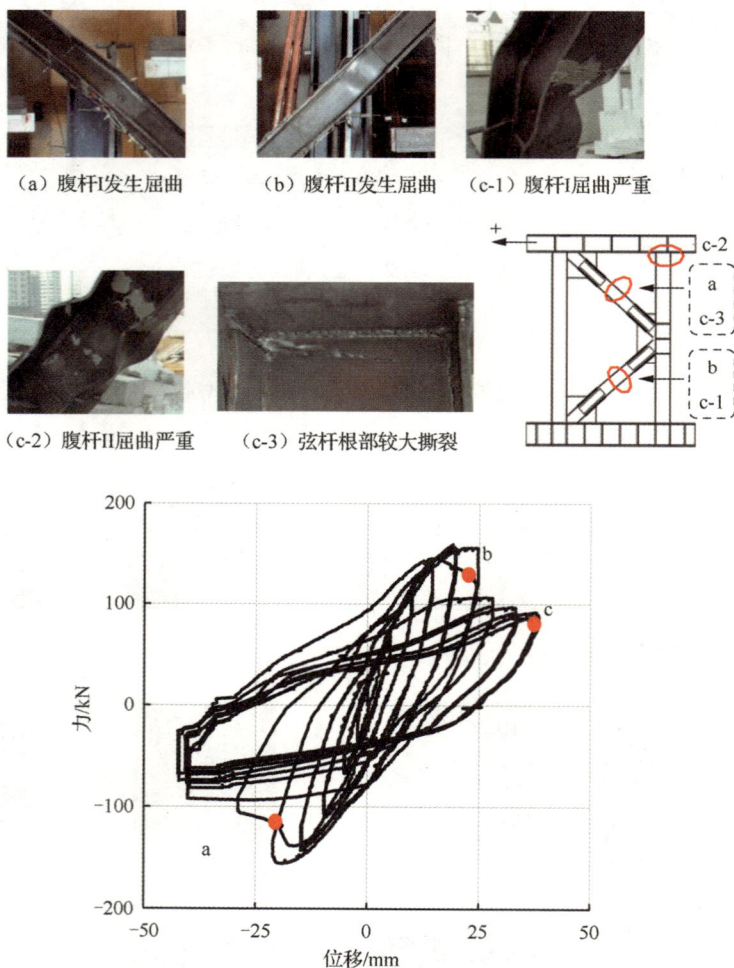

（a）腹杆I发生屈曲　　　（b）腹杆II发生屈曲　　　（c-1）腹杆I屈曲严重

（c-2）腹杆II屈曲严重　　　（c-3）弦杆根部较大撕裂

图 6.2-13　试件 CO 顶部荷载-位移滞回曲线

采用几何作图法确定试件 CO 的屈服承载力 1 359kN、峰值承载力为 1 554kN，屈服位移 14.68mm、峰值位移 20mm。当试件位移达到 27.7mm（层间变形角 1/111）时，承载力下降为 1 060kN，仅为峰值承载力的 66%。因此，由公式 $\mu_\Delta(\Delta_{0.8}/\Delta_y)$ 得到试件 CO 延性系数为 1.69，其中$\Delta_{0.8}$为承载力下降至 80%峰值承载力时相应位移，由此可以看出普通伸臂桁架延性较差。

由以上的试验现象及试验结果可以看出，试件 CO 的性能存在以下不足。

（1）腹杆整体稳定性较差，在轴力作用下最先发生屈曲失稳，承载力退化迅速。

（2）由于弦杆端部采用刚接，荷载作用下端部截面、节点板区截面都出现了撕裂或者受弯屈服，翼缘出现局部失稳。

（3）滞回曲线不饱满，破坏位移较小，延性和耗能能力差。

6.2.3.2　端部带阻尼器耗能伸臂桁架

安装完成后的端部带摩擦阻尼器伸臂桁架试件 FDOA 如图 6.2-14 所示，其中试件包括普通伸臂桁架主体、端部摩擦阻尼器及端部辅助装置。不同伸臂桁架试件参数对比如表 6.2-2 所示。

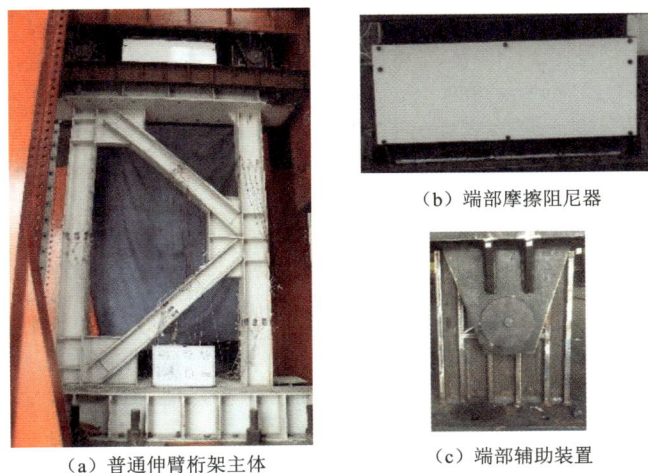

（a）普通伸臂桁架主体　　（b）端部摩擦阻尼器　　（c）端部辅助装置

图 6.2-14　安装完成后的试件 FDOA

表 6.2-2　耗能伸臂桁架试件参数对比

试件编号	屈服荷载 P_y/kN	位移/mm			μ_Δ
		Δ_y	Δ_u	$\Delta_{0.8}$	
试件 CO	1 359	14.68	20	27.7	1.69
试件 FDOA	1 419	22.6	53	53	2.33
试件 HRBO	1 400	25.8	60	60	2.32

图 6.2-15（a）为试件 FDOA 伸臂桁架主体及阻尼器随加载位移-变形状况。从图中可以看出，在第一级加载（加载位移为 2.5mm）至第五级加载（加载位移 20mm）过程中，伸臂桁架主体和摩擦阻尼器的变形都在逐渐增加，表明此时摩擦阻尼器还未起滑。在加载位移达到 20mm 以后，伸臂桁架主体变形趋于一个稳定的值，同时阻尼器的变形逐渐增大，摩擦阻尼器开始起滑。最终阻尼器最大变形为 52.69mm，伸臂桁架主体的最大变形为 14.2mm，阻尼器滑移量占总变形的最大比例为 74%。

  试件 FDOA 中阻尼器及伸臂桁架主体的荷载-变形滞回曲线如图 6.2-15（b）所示。从图中结果可以看出，阻尼器变形随荷载的不断增加而逐渐加大，曲线形状饱满。正向加载至 1 401kN 后（阻尼器变形为 5.69mm），随着阻尼器变形的增加，荷载趋于一个较为稳定的值。正向加载变形曲线体现出了摩擦阻尼器的受力特点，即达到阻尼器的起滑内力后荷载保持不变而变形不断增加。反向加载时阻尼器荷载-变形曲线也出现了明显的拐点（阻尼器变形-3.74mm，荷载-1 479kN），与正向加载不同的是，由于辅助装置中滑动导轨的变形，后期随着阻尼器变形的增加承载力略有上升，与之相对应的是伸臂桁架主体的变形也有所增加。

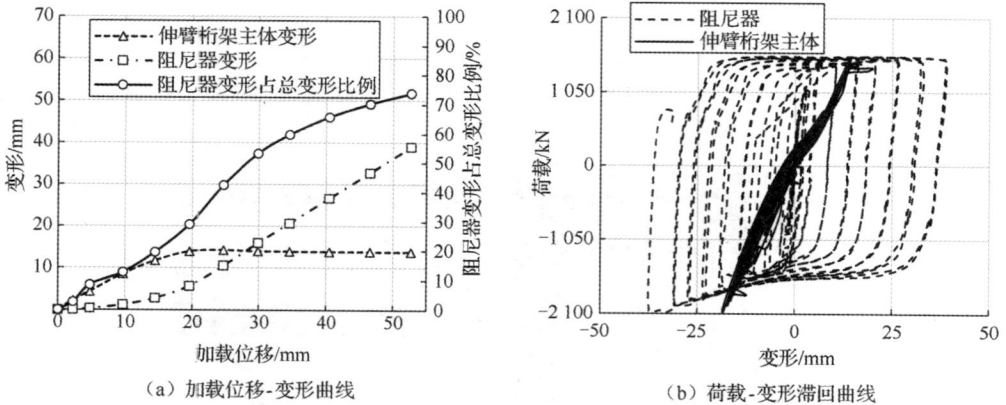

（a）加载位移-变形曲线   （b）荷载-变形滞回曲线

图 6.2-15 试件 FDOA 伸臂桁架主体及阻尼器受力变形情况

  图 6.2-16 为试件 FDOA 力-位移滞回曲线。可以看出，在加载过程中承载力未出现明显下降，曲线形状饱满，构件具有较好的耗能能力。同时，屈服承载力及刚度都与对比试件 CO 一致，满足普通伸臂桁架原有的设计要求，并对延性有了明显的改善。但在加载后期辅助装置一侧由于滑动导轨变形过大，影响了滚轴的自由运动，因此后期负方向承载力有所增大。结合试验过程中摩擦阻尼器的变形及整体试件的滞回曲线，可以看出摩擦阻尼器充分发挥了耗能的作用，实现了提高伸臂桁架整体耗能能力的目标。

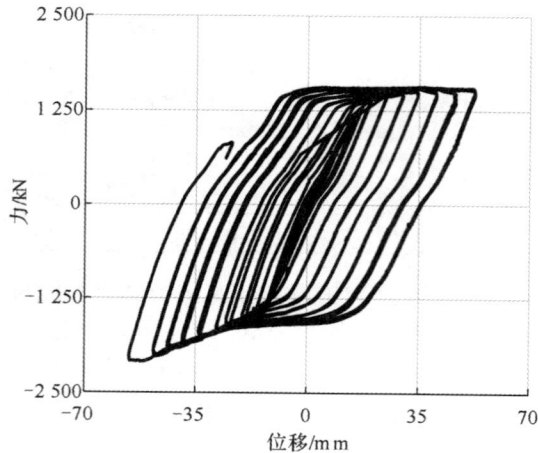

图 6.2-16 试件 FDOA 力-位移滞回曲线

图 6.2-17 为伸臂桁架主体杆件应变-加载位移曲线，可见由于阻尼器的保护作用，伸臂桁架主体保持弹性，没有发生损伤。

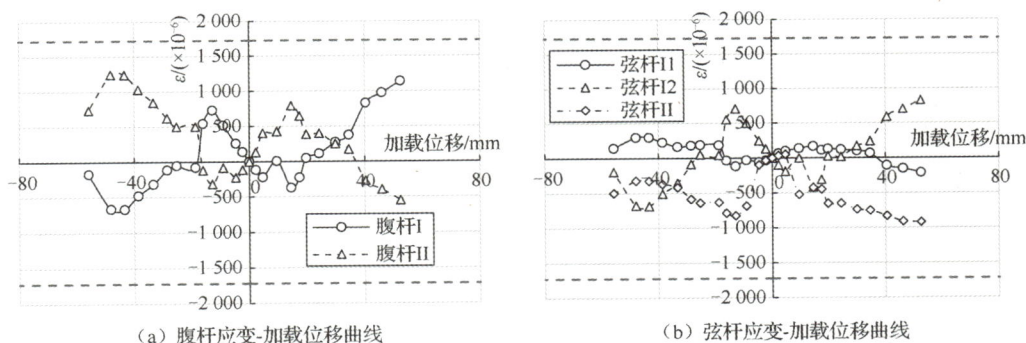

（a）腹杆应变-加载位移曲线

（b）弦杆应变-加载位移曲线

图 6.2-17　试件 FDOA 伸臂桁架主体杆件应变-加载位移曲线（图中虚线为钢材的屈服应变）

试验结束后对试件 FDOA 进行拆卸，观察辅助装置损伤情况，分析辅助装置的作用。将辅助装置拆解后观察到滑动滚轴无损伤（图 6.2-18），但上下限位装置中与滚轴直接接触面摩擦显著（图 6.2-19），导致接触面的聚四氟乙烯板严重破坏，甚至有一侧限位装置滚轴接触面受压变形（图 6.2-20），由此可以看出在受力过程中辅助装置承受了较大的竖向力，对保证阻尼器发挥正常性能起到了至关重要的作用。

图 6.2-18　试件 FDOA 辅助装置滑动滚轴无损伤

图 6.2-19　试件 FDOA 辅助装置滚轴与限位装置
接触面摩擦显著

图 6.2-20　试件 FDOA 辅助装置限位
装置滚轴接触面受压变形

进一步拆卸摩擦阻尼器，观察到摩擦片及碟形弹簧出现了一些损伤，将损坏部分进行更换后，对单个摩擦阻尼器进行滞回加载 [图 6.2-21（a）]，力-位移滞回曲线如图 6.2-21（b）

所示。从试验结果可以看出，摩擦阻尼器在进行简单的修复后仍然具有稳定的耗能能力，符合"韧性（resilience）抗震"的要求。

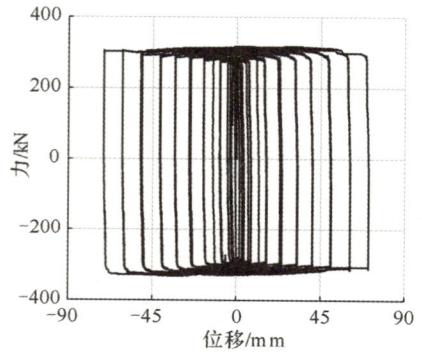

（a）滞回加载　　　　　　　　　　　　（b）力-位移滞回曲线

图 6.2-21　损伤后摩擦阻尼器试验

以上的试验结果表明端部设置摩擦阻尼器可以在不影响伸臂桁架弹性刚度的前提下，有效耗散地震能量，避免伸臂桁架损伤，同时在震后可以迅速修复。且试验结果也表明，阻尼器辅助装置在加载过程中承担了较大的荷载，对保障阻尼器正常工作有着至关重要的作用。

6.2.3.3　高强钢 BRB 耗能伸臂桁架

HRBO 试件与普通伸臂桁架的主要参数对比如表 6.2-2 所示。HRBO 试件加载过程的主要现象如图 6.2-22 所示，加载位移为 10mm 时，试件 HRBO 尚处于弹性阶段。位移加载至 15mm 时 BRB Ⅱ 出现明显变形，如图 6.2-22（a）所示。继续进行 20～60mm 位移加载时，随着位移的不断增加 BRB 变形不断增加。在位移加载至 60mm 之前"狗骨"截面腹板及翼板均未出现失稳问题，焊缝连接处均未出现脆性破坏，如图 6.2-22（b）所示。加载位移为 60mm 时，弦杆 I B 截面翼缘、腹板局部屈曲，故结束加载。此时承载力依然保持稳定没有出现明显的下降，试件 HRBO 最终破坏状态（图 6.2-23）为弦杆 I 截面 B 翼缘及腹板失稳，BRB I 与 BRB Ⅱ 具有较大塑性变形。

（a）试件 HRBO 加载位移 15mm 时 BRB Ⅱ 明显变形

图 6.2-22　HRBO 试件加载过程的主要现象

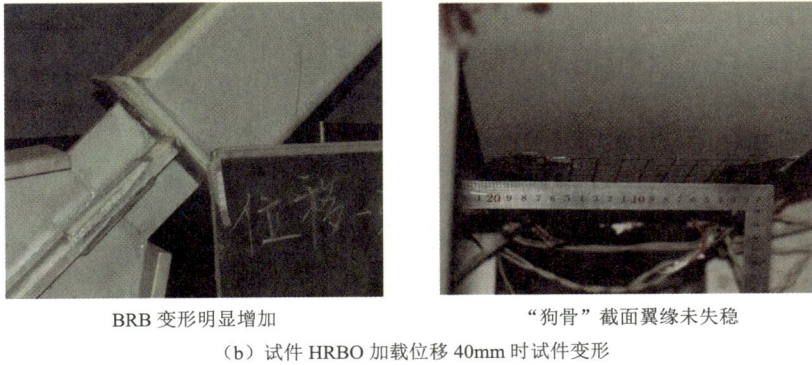

BRB 变形明显增加　　　　　　　　"狗骨"截面翼缘未失稳

（b）试件 HRBO 加载位移 40mm 时试件变形

图 6.2-22（续）

（a）B 截面翼缘失稳　　（b）B 截面腹板失稳

（c）BRB Ⅱ 残余变形　　（d）BRB Ⅰ 残余变形

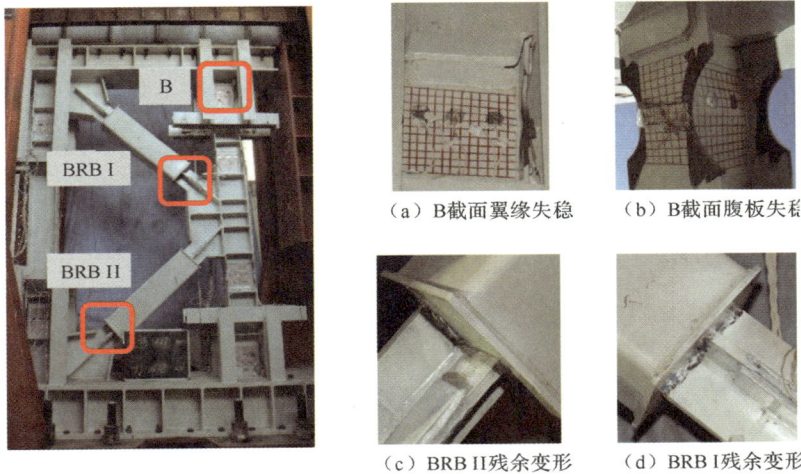

图 6.2-23　试件 HRBO 最终破坏形态

　　试件 HRBO 的荷载-位移滞回曲线如图 6.2-24 所示，看出试件 HRBO 仍然具有饱满的滞回曲线及良好的延性。由表 6.2-2 可以看出，试件 HRBO 相对试件 CO 屈服承载力提高了 20%，峰值承载力提高了 13%，具有优良的耗能能力。试件 HRBO 的极限层间变形角也达到了 1/51，远远超过了《建筑抗震设计规范》（GB 50011—2010）对此类超高层建筑最大非线性层间变形角的规定（1/100），因此也足以满足实际应用需要。

　　试件 HRBO 中"狗骨"截面应变-加载位移曲线如图 6.2-25 所示，从图中可以看出 C、D 截面未进入屈服，始终保持弹性。试件"狗骨"截面屈服位移如图 6.2-26 所示，图中横坐标为试件加载位移。在试件 HRBO 中，正向加载时出现第一个屈服截面时的位移为 32.92 mm（对应层间变形角 1/93），反向加载时出现第一个屈服截面的位移为-47.37 mm（对应层间变形角 1/65）。在伸臂桁架的大震层间变形角限制 1/100 时，采用高强钢材的试件 HRBO 弦杆未发生屈服，从而有效保障了结构的震后可恢复能力。

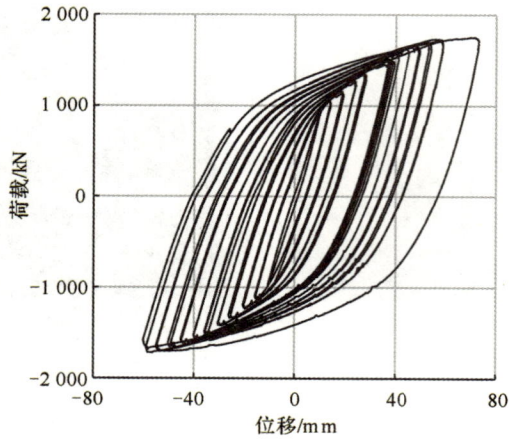

图 6.2-24　试件 HRBO 荷载-位移滞回曲线

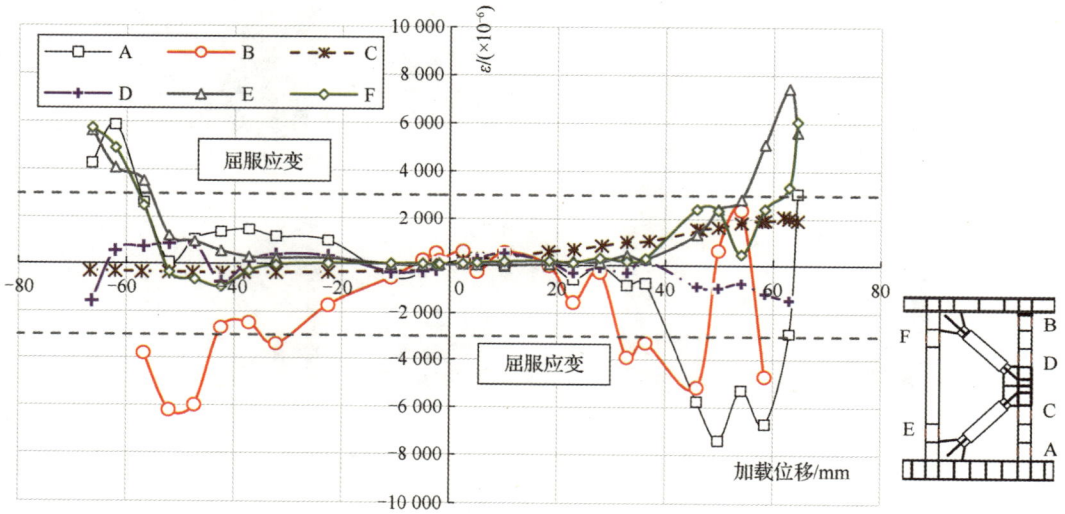

图 6.2-25　试件 HRBO 中"狗骨"截面应变-加载位移曲线

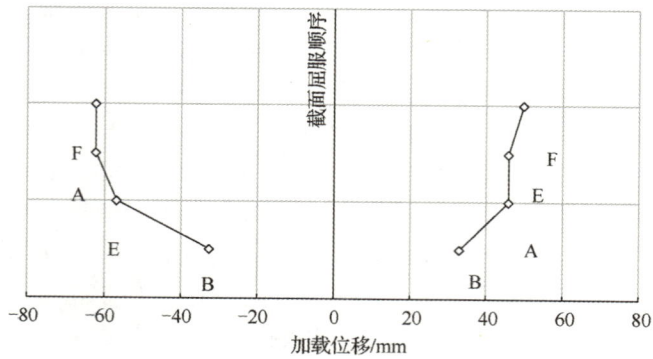

图 6.2-26　试件"狗骨"截面屈服位移

图 6.2-27 为试件 HRBO 中 BRB 变形-加载位移曲线，其中横坐标为试件加载位移，纵坐标为 BRB 变形。从图中结果可以看出，在加载位移达到 15mm 后 BRB 开始出现明显变形，并随着加载位移的增加 BRB 的变形逐渐增长，最终 BRB I 及 BRB II 最大变形量分别为 24.13mm 和 17.56mm，BRB I 的变形量略大于 BRB II。试件 HRBO 中弦杆具有较长的弹性段，进入屈服晚，同一加载位移下两根 BRB 的拉压变形基本对称。

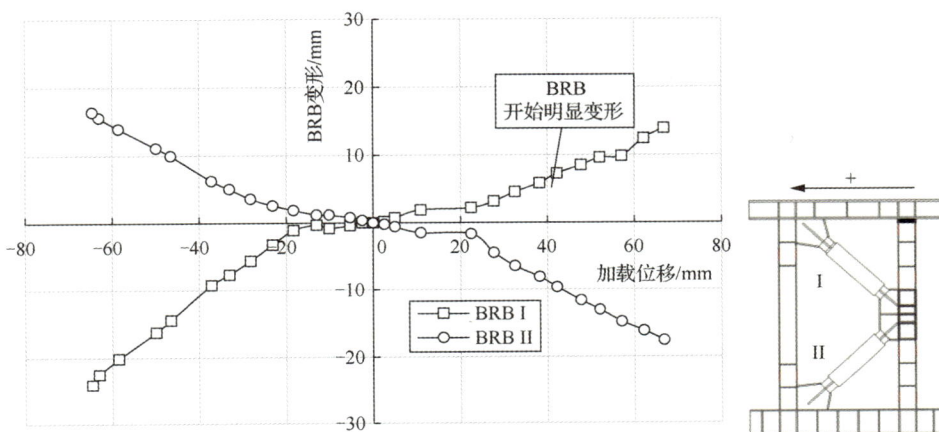

图 6.2-27　试件 HRBO 中 BRB 变形-加载位移曲线

由以上的结果说明，采用 BRB 与"狗骨"的耗能伸臂桁架能够增加弦杆变形能力，实现 BRB 的充分耗能，同时塑性破坏位置明确，具有良好的抗震性能，对工程中耗能伸臂桁架的设计具有参考价值。相比普通伸臂桁架，高强钢 BRB 耗能伸臂桁架在大震下弦杆保持弹性，有效地保证了结构的震后可恢复能力，使 BRB 的性能得到了更充分的发挥，试件屈服承载力和峰值承载力与普通伸臂桁架接近，有小幅提高，累积耗能显著提高。

6.2.4　BRB 耗能伸臂桁架设计方法

BRB 耗能伸臂桁架中，通过 BRB 的替换实现耗能能力的提升，同时通过在弦杆中设置 RBS 截面（即"狗骨"截面）改善了弦杆变形能力，保证了 BRB 性能的充分发挥。因此，BRB 耗能伸臂桁架的设计分为两个阶段：第一阶段为弦杆及 BRB 的设计，第二阶段为弦杆中 RBS 截面的设计。

本节建议的 BRB 耗能伸臂桁架设计流程如图 6.2-28 所示。

第一阶段的设计中包括根据伸臂桁架性能目标需求确定弦杆及 BRB 刚度及强度需求。第二阶段的设计中，首先需要拟定 RBS 截面设置的位置及 RBS 截面的初步设计参数。而后根据初步设计参数对 RBS 截面转动能力进行计算，并根据变形需求对设计参数进行调整，最后对削弱后的 RBS 截面进行轴向承载力验算，以满足轴向承载力的需求。

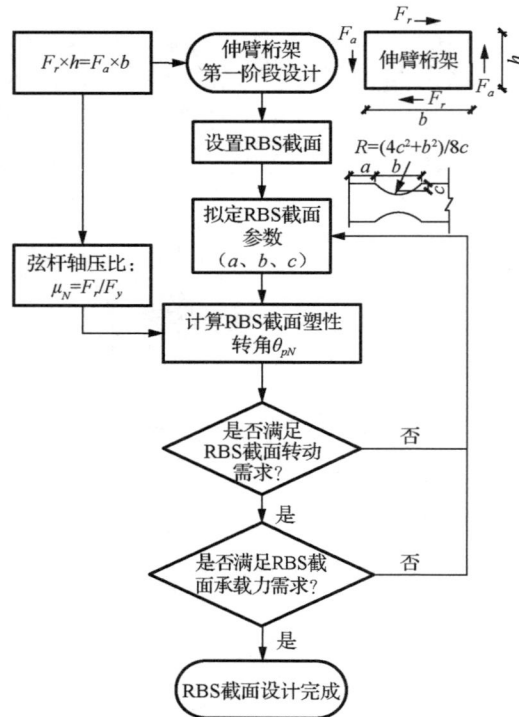

图 6.2-28 BRB 耗能伸臂桁架设计流程

6.2.4.1 第一阶段设计

在 BRB 耗能伸臂桁架中，由于 BRB 不存在失稳退出工作的问题，受力机制始终为桁架机制。因此，在桁架受力机制中由力系平衡条件可得到 BRB 所受轴力及下弦杆所受的轴力。在 BRB 的设计中，轴向承载力设计值应满足式（6.2-1）及式（6.2-2）的要求（FEMA，2004），即

$$N_d = \phi P_{\text{vcc}} \tag{6.2-1}$$

$$P_{\text{vcc}} = f_y A_{\text{cc}} \tag{6.2-2}$$

式中，N_d 为腹杆轴力设计值；P_{vcc} 为 BRB 轴向承载力设计值；ϕ 为安全系数，取值 0.9；f_y 为腹杆的屈服强度最小值；A_{cc} 为 BRB 内芯的净截面面积。

6.2.4.2 第二阶段设计

1）RBS 截面设置

为了减轻伸臂桁架中刚接节点可能导致的局部失稳破坏，将伸臂桁架中可能受弯局部失稳的截面位置均设置 RBS 截面。依据以上的设计原则，对目前工程中常用的伸臂桁架形式提出如图 6.2-29 所示的 RBS 截面设置位置建议。

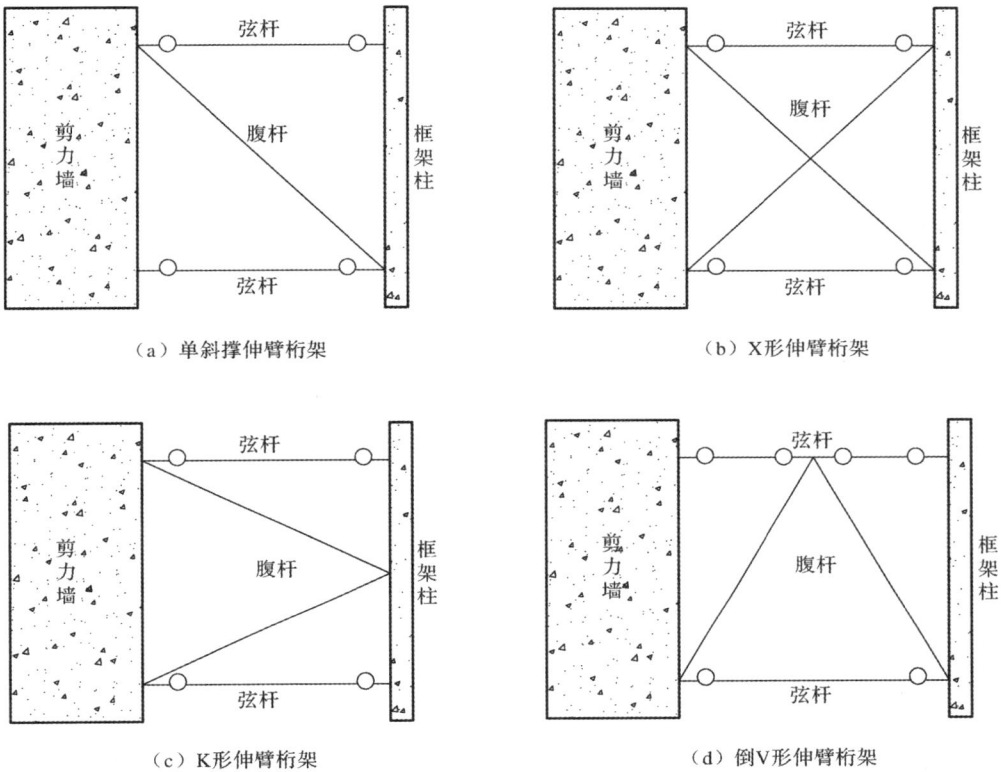

（a）单斜撑伸臂桁架

（b）X形伸臂桁架

（c）K形伸臂桁架

（d）倒V形伸臂桁架

图 6.2-29　常用伸臂桁架 RBS 截面设置（图中"○"的位置）位置建议

2）RBS 截面设计参数（图 6.2-30）

根据 FEMA 推荐的 RBS 截面的基本设计方法对 RBS 截面的参数进行初步确定，需要确定的参数包括削弱起始点距梁端距离（a）、削弱长度（b）、削弱深度（c），如图 6.2-30 所示，计算方法如式（6.2-3）～式（6.2-5）所示。

$$a=(0.5\sim0.75)b_f \tag{6.2-3}$$

$$b=(0.65\sim0.85)h \tag{6.2-4}$$

$$c=0.2b_f \tag{6.2-5}$$

式中，b_f 为翼缘宽度；h 为构件截面高度。而后应根据下述计算得到的伸臂桁架转动能力需求，对上述 a、b、c 参数进行必要的调整。

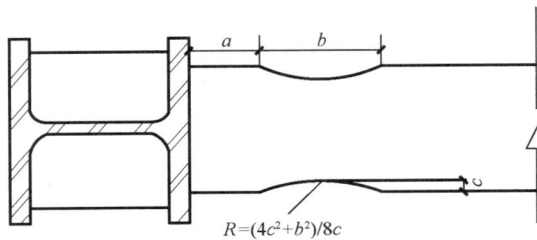

$$R=(4c^2+b^2)/8c$$

图 6.2-30　RBS 截面设计参数

3）RBS 截面转动能力需求

不同形式的伸臂桁架在不同层间位移角的要求下，对于 RBS 截面的转动能力需求值不同。将图 6.2-29 中的几种伸臂桁架中的 RBS 截面的最大转动需求进行简化计算。简化计算中将 RBS 截面设置为理想铰接点，形成各个类型伸臂桁架的受力简图。运用结构力学方法对 RBS 截面的转动需求进行计算。

针对 1/200、1/100 及 1/50 的层间位移角对几种常见形式伸臂桁架中的最大转角需求进行计算，计算结果如表 6.2-3 所示。

表 6.2-3 RBS 截面转角需求

层间位移角	RBS 截面转角需求			
	单斜撑伸臂桁架	X 形伸臂桁架	K 形伸臂桁架	倒 V 形伸臂桁架
1/200	0.005	0.005	0.006	0.006
1/100	0.010	0.010	0.011	0.012
1/50	0.021	0.021	0.022	0.024

4）RBS 截面转动能力计算

（1）弯-剪作用下 RBS 截面塑性转角计算方法及其验证。

在弯-剪耦合作用下 RBS 截面转动能力研究中，Uang 等（2001）在以往试验数据的基础上，建立腹板相对宽厚比、翼缘宽厚比以及侧向扭转与截面塑性转角的关系。研究中以承载力下降至 80%峰值承载力点对应的塑性转角为转动能力失效点（图 6.2-31）。最终确定弯-剪耦合作用下 RBS 截面转动能力的计算方法为

$$\theta_p = 42.7 \left(b_{fr} / 2t_f \right)^{-0.04} \left(h / t_w \right)^{-0.85} \left(L_b / r_{yr} \right)^{0.05} \left(f_y \right)^{-0.66} \quad (6.2-6)$$

式中，b_{fr} 为 RBS 截面翼缘宽度；t_f 为试件截面翼缘厚度；t_w 为试件截面腹板厚度；h 为试件截面高度；L_b 为试件中防失稳支撑点距削弱截面距离；r_{yr} 为 RBS 截面回转半径；f_y 为钢材屈服强度。

从公式中可以看到 RBS 截面的塑性转大小与 RBS 截面设计参数中的削弱深度 c（$c = b_f - b_{fr}$）相关，并且随着 c 的增长塑性转角不断增加。

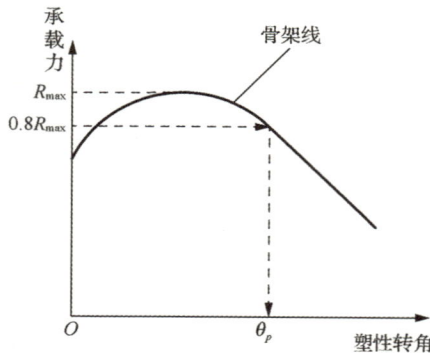

图 6.2-31 转动能力失效点

为了验证该公式的准确性，本节采用式（6.2-6）对试件 1（Lee，et al.，2005），试件 2～试件 9（Jones，et al.，2002），试件 10 和试件 11（Gilton，et al.，2002），试件 12～试件 15（Liu，et al.，2003）中的 15 个弯-剪耦合受力试件进行 RBS 截面的转动能力计算，并与试验结果进行比较。试验结果与公式（6.2-6）结果对比如图 6.2-32 所示。从图中结果可以看出计算值与试验值吻合度较好，相关系数 R^2 为 0.85。

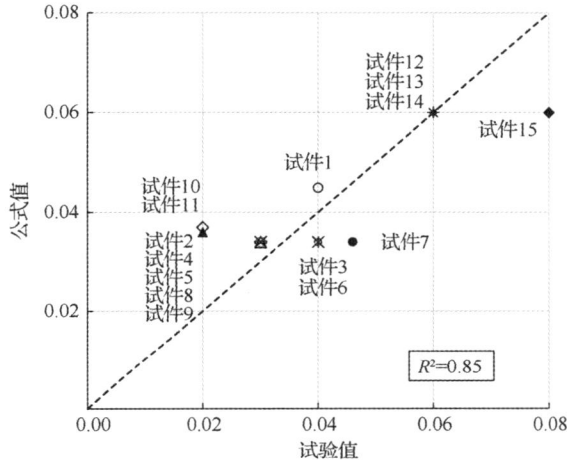

图 6.2-32 试验结果与公式结果对比

以上结果说明公式（6.2-6）对弯-剪耦合作用下 RBS 截面转动能力的计算方法较为合理，可以以该计算方法为基础，对于压-弯-剪耦合作用下的 RBS 截面的转动能力做进一步研究。

（2）弯-剪耦合作用下 RBS 截面转动能力有限元分析。

目前对于 RBS 截面的研究以弯-剪耦合作用下的分析为主，缺乏足够的压-弯-剪耦合作用下的试验数据。因此，本章首先对文献中的弯-剪耦合受力下 RBS 试验建立合理的有限元模型，在此基础上考虑轴压比 0.2、0.3、0.4 和 0.5，对试件施加轴力，分析压-弯-剪耦合作用下的 RBS 截面的转动能力。

采用 MSC.Marc 中的壳单元和混合强化模型对文献中弯-剪耦合受力 RBS 试件建立有限元分析模型。分析模型的加载采取与文献中相同的加载制度。将试验力-位移滞回曲线与模拟结果进行对比，典型弯-剪耦合作用下 RBS 试件有限元模型验证结果如图 6.2-33 所示。从图中可以看到试验结果与有限元分析结果吻合较好，说明所建立的有限元模型可以较为准确地模拟弯-剪耦合受力下 RBS 试件的力学性能，验证了模型的正确性。这些有限元模型可以作为压-弯-剪耦合受力状态下 RBS 截面转动能力研究的基础分析模型。

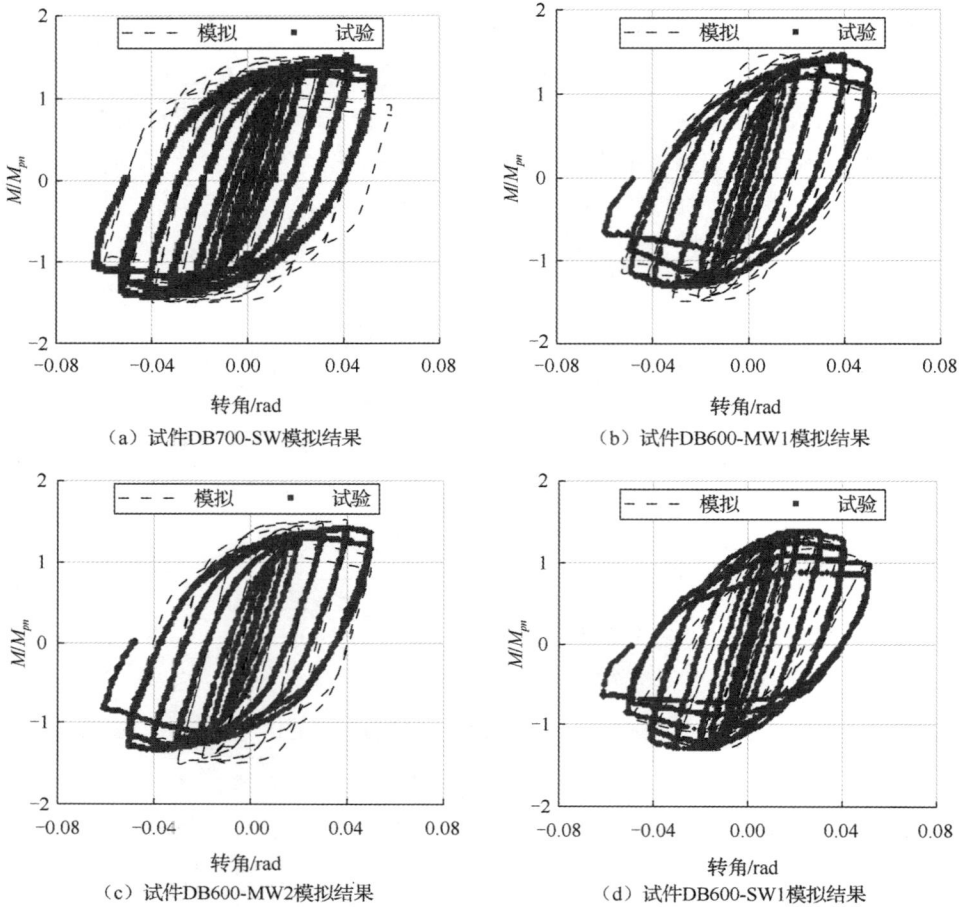

（a）试件DB700-SW模拟结果　　　　　　　　（b）试件DB600-MW1模拟结果

（c）试件DB600-MW2模拟结果　　　　　　　　（d）试件DB600-SW1模拟结果

图 6.2-33　弯-剪耦合作用下 RBS 试件有限元模型验证结果

（3）压-弯-剪耦合作用下 RBS 截面转动能力计算方法。

通过对以上试件的有限元分析，以弯-剪耦合作用下 RBS 截面转动能力为基础，利用式（6.2-7）对不同轴压比对 RBS 截面转动能力折减率的分析结果如图 6.2-34 所示，即

$$\gamma_{\mu N} = \theta_{pN} / \theta_p \qquad (6.2\text{-}7)$$

式中，$\gamma_{\mu N}$ 为 RBS 截面塑性转角折减率；θ_{pN} 为压-弯-剪耦合作用下 RBS 截面转动能力。

根据分析结果，并考虑以下边界条件。

① 当轴压比（μ_N）为 0 时，转角折减率（$\gamma_{\mu N}$）等于 1。

② 当轴压比（μ_N）为 1 时，构件已经没有转动能力，转角折减率（$\gamma_{\mu N}$）等于 0。

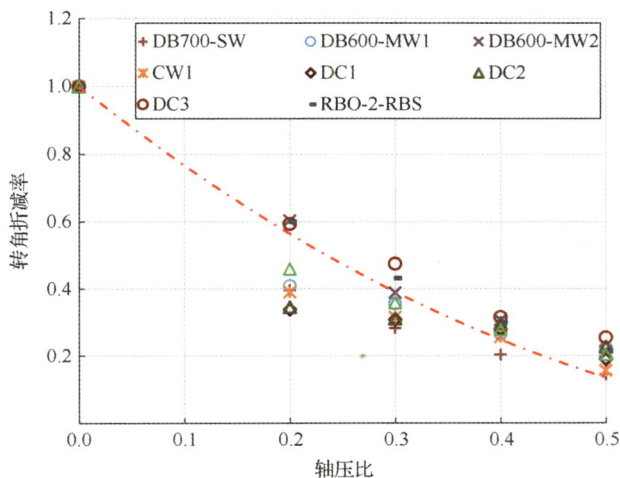

图 6.2-34　不同轴压比对 RBS 截面转动能力折减率的分析结果

建立 RBS 截面塑性转角折减率（$\gamma_{\mu N}$）与轴压比（μ_N）函数关系，如式（6.2-8）所示为

$$\gamma_{\mu N} = 1.48\left(\mu_N\right)^2 - 2.48\mu_N + 1 \tag{6.2-8}$$

将式（6.2-8）和式（6.2-6）代入式（6.2-7），建立压-弯-剪耦合作用下 RBS 截面转动能力计算公式，即

$$\theta_{pN} = 42.7\left[1.48\left(\mu_N\right)^2 - 2.48\mu_N + 1\right]\left(b_{fr}/2t_f\right)^{-0.04}\left(h/t_w\right)^{-0.85}\left(L_b/r_{yr}\right)^{0.05}\left(f_y\right)^{-0.66} \tag{6.2-9}$$

当轴压比为 0 时，式（6.2-9）退化为弯-剪状态下的 RBS 截面转动能力计算公式。当轴压比为 1 时在加载初期试件就达到全截面屈服，截面转动能力为 0。当弦杆的基本截面参数为定值，弦杆最大轴压比确定后，可以通过调整翼缘削弱深度 c 即式（6.2-9）中的 b_{fr} 来达到不同的转角目标。

（4）压-弯-剪耦合作用下 RBS 截面转动能力的试验验证。

式（6.2-9）建立了压-弯-剪耦合作用下 RBS 截面的转动能力计算公式，为验证该计算方法的合理性与准确性，开展了不同轴压比下 RBS 截面转动能力的试验研究。

RBS 截面试验试件尺寸及细部构造如图 6.2-35 所示。设计中包括试件、连接板及地梁。试件截面为焊接 H 形钢，试验试件中钢材牌号为 Q345，材性试验确定其屈服强度 f_y 为 364MPa，极限强度 f_u 为 465 MPa，延伸率为 43%。

试件与连接板通过焊接相连，连接位置如图 6.2-35（c）所示。对连接板的刚度和强度进行验算，添加抗弯加强板提高连接板的抗弯刚度。连接板与地梁通过螺栓进行相连。

试验以试件位移角为控制参数进行滞回加载，加载方案考虑比较典型的 SAC 加载制度，位移角为 0.375%、0.5% 和 0.75% 时每级加载重复 6 次，从 1% 位移角开始每个加载级重复 2 次（1.5%、2%、3%…）。

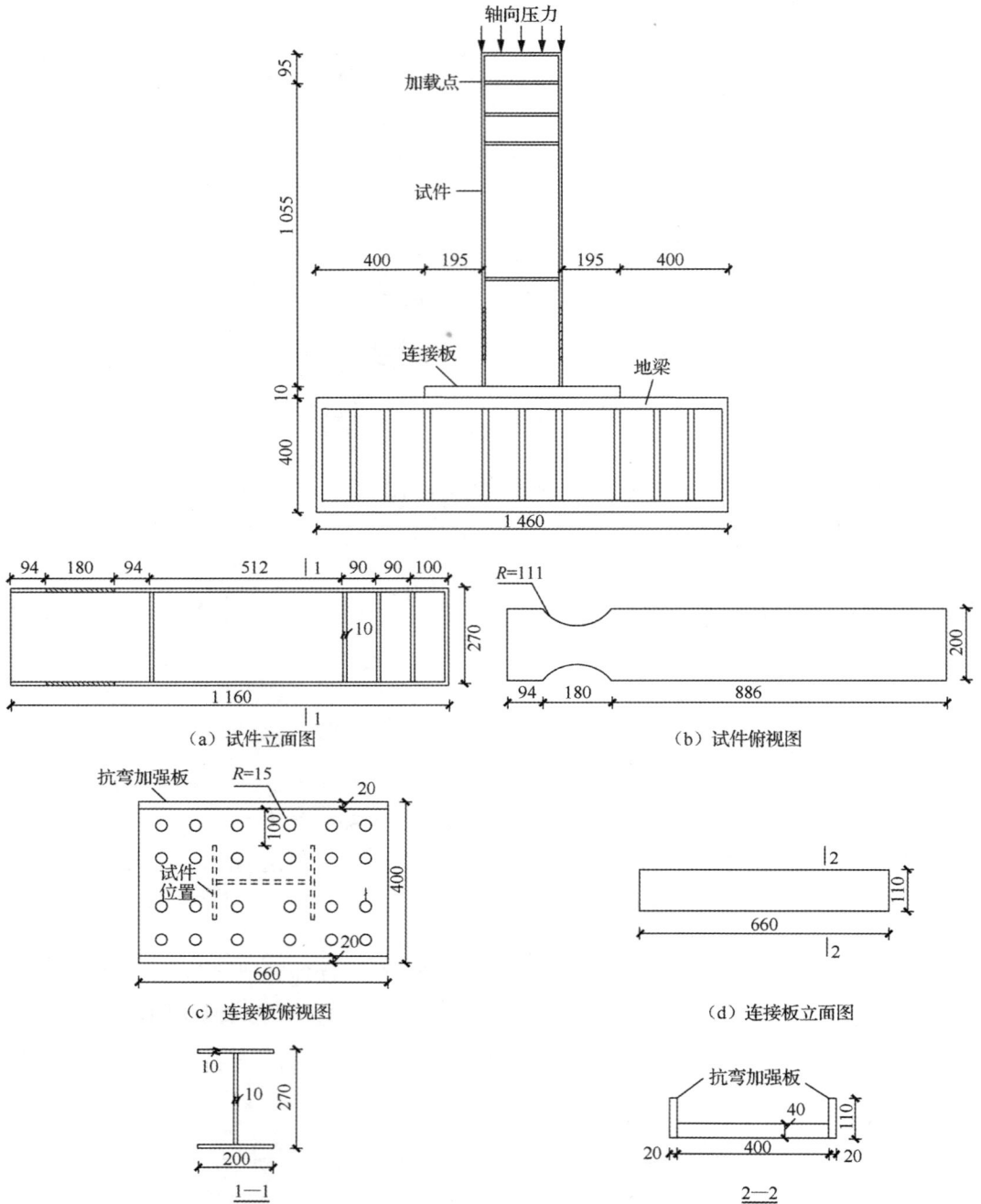

图 6.2-35　RBS 截面试验试件尺寸及细部构造（单位：mm）

试验研究中采用的设计轴压比分别为 μ_N =0.0（试件 RBS00）、μ_N =0.3（试件 RBS03）及 μ_N =0.5（试件 RBS05）。因此，设计轴压比 0.3 及 0.5 对应的实际轴压比为 0.28 和 0.47。安装完成后的试件如图 6.2-36 所示，加载时以推为正、以拉为负。

图 6.2-36 安装完成后的试件

图 6.2-37 为试件 RBS00、试件 RBS03 和试件 RBS05 的力-位移滞回曲线。力-位移滞回曲线的结果说明,在轴力的作用下试件承载力迅速出现退化,并随着轴力的增加退化速度加快。

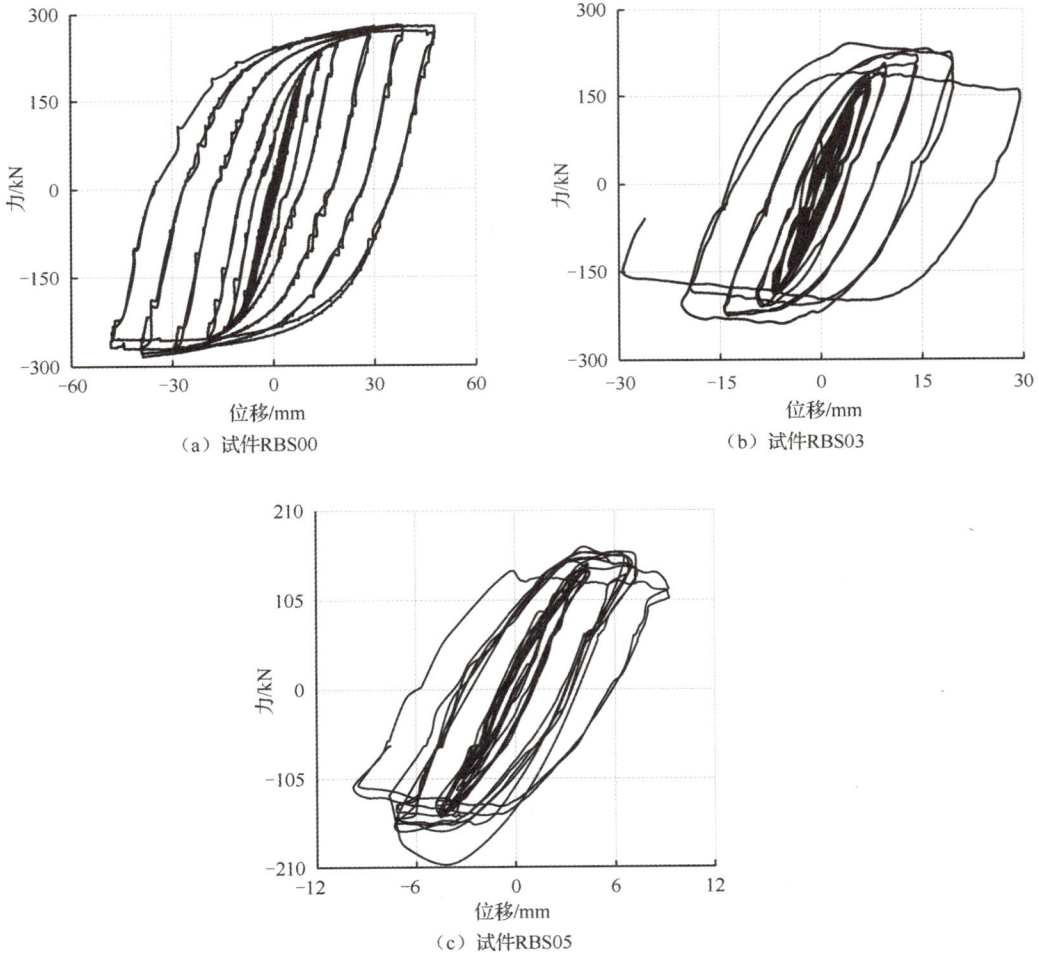

(a) 试件 RBS00

(b) 试件 RBS03

(c) 试件 RBS05

图 6.2-37 不同试件力-位移滞回曲线

进一步将试验结果与式（6.2-9）预测结果进行比较，如图 6.2-38 所示。说明试验结果与公式预测结果吻合良好，式（6.2-9）可以预测在压-弯-剪耦合作用下 RBS 截面转动能力。

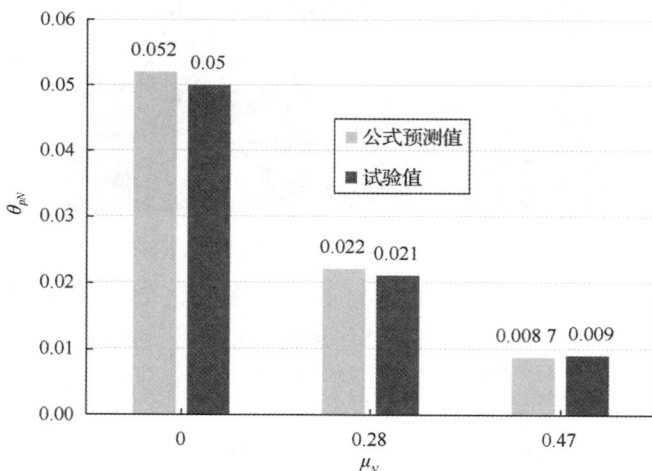

图 6.2-38　RBS 截面塑性转动能力试验结果与预测结果比较

设计中应根据转角需求及 RBS 截面转动能力计算 [式（6.2-9）]，对 RBS 截面的设计参数 a、b、c 进行调整，直至 RBS 截面转动能力大于转角需求。

5）RBS 截面承载能力需求

RBS 截面通过削弱翼缘实现转动能力的提升，从式（6.2-9）可知，翼缘削弱越多，则转动能力提升越大。但翼缘的削弱会降低 RBS 截面的轴向承载能力，因此，在保障 RBS 截面转动能力的同时，为保证 RBS 截面的轴向承载力，RBS 截面面积需要满足

$$N_d \leqslant f_y A_{\mathrm{RBS}} \qquad (6.2\text{-}10)$$

式中，N_d 为弦杆轴向承载力设计值；A_{RBS} 为 RBS 截面削弱区面积（图 6.2-39）；f_y 为弦杆钢材设计强度。

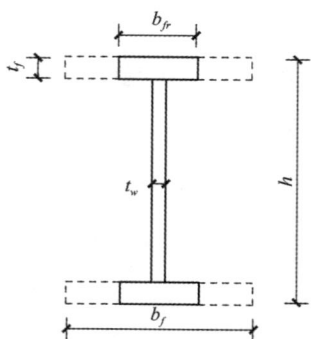

图 6.2-39　RBS 截面削弱区面积

与此同时，在实际结构中，由于伸臂桁架弦杆在轴力作用下需要考虑稳定问题，构件的轴向设计承载力 N_d 要小于全截面屈服承载力 $f_y A$，即

$$N_d \leqslant \varphi f_y A \qquad (6.2\text{-}11)$$

式中，A 为弦杆截面面积（图 6.2-39）；φ 为弦杆失稳系数，$\varphi < 1.0$。

当 RBS 的截面削弱影响 A_{RBS}/A 大于弦杆的失稳系数 φ 时，采用 RBS 截面不会导致弦杆轴向承载力的削弱进而造成材料用量的增加。如果 A_{RBS}/A 小于弦杆的失稳系数 φ 时，需要对弦杆的截面设计进行调整以同时满足轴向承载力和转动能力的需求。

6）RBS 截面轴向承载力需求计算示例

由于在实际桁架结构中，弦杆与腹杆在节点区为刚性连接，根据《钢结构设计标准》（GB 50017—2017）第 8.5.2 条的规定，在弦杆中需要考虑节点次弯矩。同时，考虑弦杆承受轴向荷载的作用，弦杆的承载力设计应按照压弯构件进行计算。在很多实际工程中，弦杆在弱轴方向会受到楼板的约束，因此在其弱轴方向不考虑杆件失稳。本节对于伸臂桁架中弦杆的轴向承载力计算以强轴方向的压弯受力构件为计算对象，并偏于安全忽略楼板对强轴方向压弯承载力的贡献。

通过文献调研，对实际工程中的 5 个伸臂桁架弦杆进行轴向承载力设计值计算，来考察转角能力需求值与承载能力需求值的相对关系，表 6.2-4 为弦杆基本信息。

表 6.2-4 弦杆基本信息

弦杆	伸臂型式	l_0/mm	t_f/mm	t_w/mm	b_f/mm	h/mm	f_y/MPa
弦杆 1 （严鹏等，2013）	倒 V 形	1 867	10	8	100	92	235
弦杆 2 （傅学怡等，2012）	单斜撑	13 180	38	38	460	500	345
弦杆 3 （刘晴云等，2012）	X 形	13 350	100	80	400	1 000	345
弦杆 4 （赵宪忠等，2013）	单斜撑	1 747	12	12	162	81	345
弦杆 5 （吴昭华等，2013）	倒 V 形	13 600	32	32	500	600	345

注：l_0 为弦杆计算长度；t_f 为弦杆截面翼缘厚度；t_w 为弦杆截面腹板厚度；b_f 为弦杆截面翼缘宽度；h 为弦杆截面高度。

弦杆轴向承载力设计值根据《钢结构设计标准》（GB 50017—2017）8.2.5 节计算公式对弦杆的强轴稳定系数进行计算。

按以上计算方法对表 6.2-4 中的弦杆进行设计，得到轴向承载力设计值 N_d，并依据式（6.2-12）得到弦杆弦杆强轴失稳系数 φ，计算结果如表 6.2-5 所示。

$$\varphi = N_d / \left(f_y A \right) \tag{6.2-12}$$

式中，f_y 为弦杆钢材屈服强度；A 为弦杆全截面面积；N_d 为弦杆轴向承载力设计值。

根据不同形式伸臂桁架，在满足《建筑抗震设计规范》（GB 50011—2010）中规定的 1/100 层间位移角要求及表 6.2-3 中的转角需求时，对 RBS 截面中的参数 c 进行计算。以弦杆 1 为例，通过上述方法计算得到稳定系数 φ 为 0.30，由表 6.2-3 得到倒 V 形伸臂桁架在达到规范中 1/100 的层间位移角变形值时，RBS 截面最大转角需求为 0.012。拟定截面削弱值 c 为 40mm 时，由式（6.2-9）计算得到压-弯-剪作用下 RBS 截面的转动能力为 0.023＞0.012，满足转动需求值。此时，RBS 截面削弱区面 A_{RBS} 为 976mm^2，与弦杆全截面面积 A 的比值为 0.37。与该弦杆失稳系数进行对比，即 $A_{RBS}/A \geq \varphi$，对比结果说明 $N_d \leq f_y A_{RBS}$，RBS 截面满足轴向承载力需求。采用同样的方法对弦杆 2、3、4、5 的轴向承载力进行需求验算，如表 6.2-5 所示。

表 6.2-5　轴向承载力需求验算

弦杆	φ	转角需求	c/mm	计算转动能力	A_{RBS}/mm^2	A/mm^2	A_{RBS}/A
弦杆 1	0.30	0.012	40	0.023	976	2 576	0.37
弦杆 2	0.52	0.01	157	0.016	27 208	51 072	0.53
弦杆 3	0.85	0.012	45	0.016	126 000	144 000	0.88
弦杆 4	0.67	0.01	31	0.026	3 084	4 572	0.67
弦杆 5	0.65	0.012	135	0.011	31 872	49 152	0.65

从表中结果可以看出这五个伸臂桁架弦杆，在为满足转动能力需求而进行截面削弱后的轴向承载力仍然满足弦杆承载力需求。因此，在目前的实际工程中，采用 RBS 截面一般不会影响弦杆承载力，具有很好的可操作性。如果满足转动能力需求的 RBS 截面轴向承载力略有不满足要求，可以通过微调翼缘与腹板面积比值来解决。

6.2.5　端部带阻尼器耗能伸臂桁架设计方法

端部摩擦阻尼器设计包括摩擦阻尼器的设计及阻尼器辅助装置设计。第一部分为阻尼器设计，阻尼器设计包括强度设计和刚度设计。在端部添加阻尼器后，应能够满足根据整体结构需求计算的伸臂桁架刚度需求和强度需求，实现原有的设计目标。

此外，伸臂桁架在受力过程中同时存在剪切变形和弯曲变形。因此，需要辅助装置抵消伸臂桁架弯曲变形带来的轴向拉压作用。根据伸臂桁架设计方法中弦杆的设计确定阻尼器辅助装置的设计强度为

$$N_A \geqslant N_{chord} \tag{6.2-13}$$

式中，N_A 为辅助装置轴向承载力；N_{chord} 为伸臂桁架主体弦杆轴向承载力设计值。

图 6.2-40 为摩擦阻尼器辅助装置组成。根据摩擦阻尼器无法承受轴向拉压作用的特点，辅助装置包括上限位板、下限位板及滑动限位滚轴。上、下限位板分别与伸臂桁架和框架柱固结，在同一高度位置设置孔槽，通过滑动限位滚轴及孔槽实现上、下限位板的连接及滑动。

由图 6.2-40 可以看出，辅助装置的设计包括滑动限位滚轴设计以及上、下限位板设计。辅助装置的总体设计原则如下所述。①具有足够的强度不受破坏；②足够的刚度不发生变形以保证阻尼器受力特性；③足够的滑动行程满足阻尼器的变形需求。

以下根据装置构成对辅助装置中的关键参数进行分项设计说明。

1）滑动限位滚轴设计

滚轴限位装置在整个辅助装置中起到承上启下的关键作用，因此需要达到竖向承受拉压荷载、保证水平滑动以及有效连接的目的。滚轴的轴向承载能力由直径（d）进行控制，同时与滚轴在限位板作用下的剪切面相关。以图 6.2-40 中三块限位板为例，滚轴的剪切面为两个，因此对滚轴的轴向承载能力需要满足式（6.2-14）的需求，即

$$N_A / (n\pi d^2 / 4) \leqslant f_v \tag{6.2-14}$$

式中，d 为滚轴直径；n 为滚轴抗剪面数量；f_v 为滚轴抗剪屈服强度。

（a）辅助装置正立面图　　　　　　　　　　　（b）1—1剖面图

（c）下限位板　　　　　　　　　　　（d）上限位板

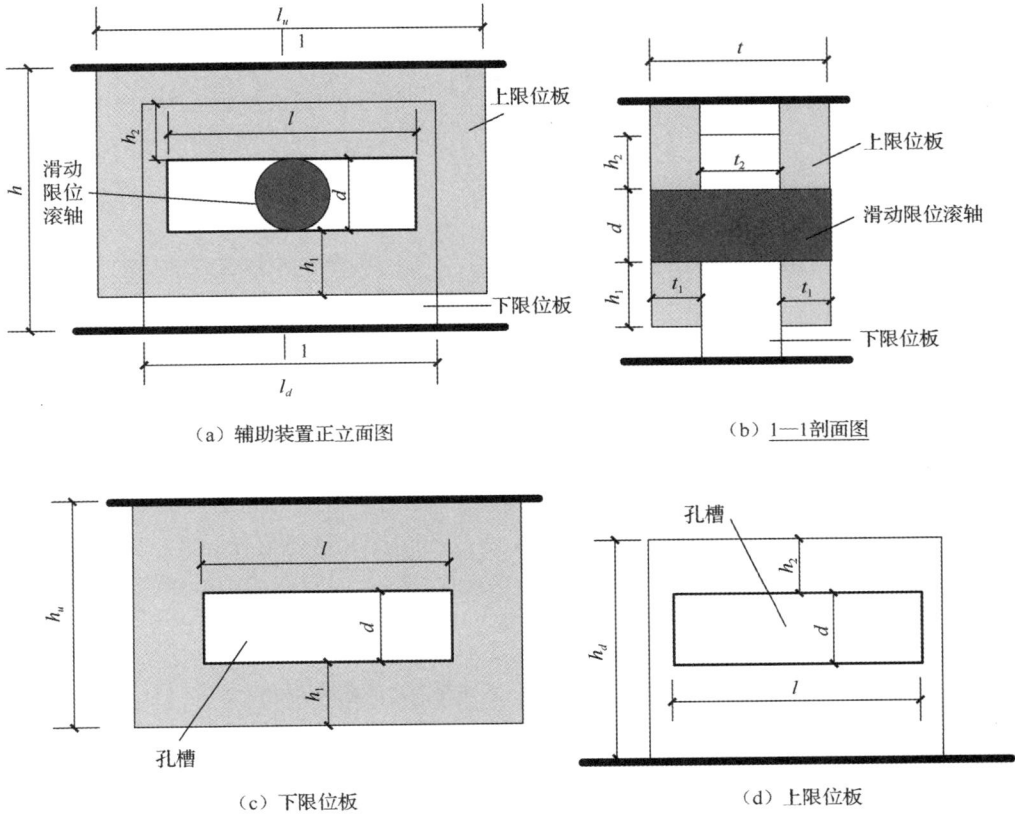

图 6.2-40　摩擦阻尼器辅助装置组成

滚轴在满足轴向承载力需求后，为实现有效连接滚轴的长度还需要大于限位板厚度之和，以图 6.2-40 为例，滚轴长度需要大于 $2t_1+t_2$。

2）限位板设计

上、下限位板在辅助装置中通过滚轴起到限制上下位移的作用，因此在受力的过程中主要受到滚轴对孔槽上下接触面的集中荷载，并且这个集中荷载相对孔槽为移动荷载，在设计中以最不利荷载情况进行设计。除此之外对上、下限位板的设计中还包括孔槽设计，孔槽的设计需要满足阻尼器变形的设计需求，因此孔槽设计长度需要满足式（6.2-15），即

$$(l-d)/2 \geqslant \Delta_{\mathrm{damper}} \tag{6.2-15}$$

式中，l 为孔槽长度；Δ_{damper} 为阻尼器设计位移。

孔槽相邻板件的截面设计中，需保证对应的板件在滚轴滑动过程中不发生屈服。以上限位板薄弱部位（图 6.2-41）截面设计为例，对限位板设计方法进行阐述。选取上限位板与孔槽相邻的两个截面中较为薄弱的部位为限位板的设计截面。在图 6.2-41（a）中，孔槽下部一侧为该限位板中的薄弱部位 [图 6.2-41（b）]，需要保证其在滚轴滑动过程中不发生屈服。因此，此次针对该薄弱部位进行设计。

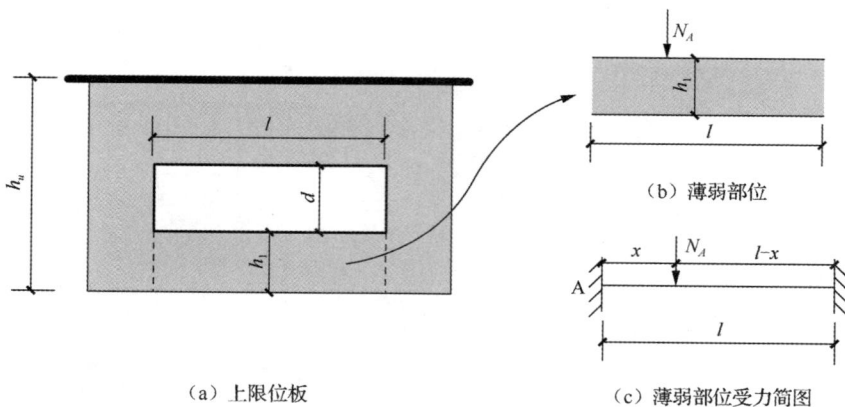

（a）上限位板　　　　　　　　　　　　（c）薄弱部位受力简图

图 6.2-41　上限位板薄弱部位

选取该薄弱部位为研究对象，视该部位两侧为固定端，受力简图如图 6.2-41（c）所示。集中荷载最不利布置位置为距 A 端 $2l/3$ 处，得到最大弯矩值如式（6.2-17）所示。以最不利荷载进行截面计算，即薄弱部位的截面高度（h_1）及截面惯性矩（I）需要满足式（6.2-18）要求，即

$$M_x = \frac{N_A x^2 (l - x)}{l^2}, \qquad M_x' = 0 \qquad x = 2l/3 \qquad （6.2-16）$$

$$M_{\max} = (4N_A l)/9 \qquad （6.2-17）$$

$$2N_A l h_1/(9I) < f_y \qquad （6.2-18）$$

式中，M_x 为距 A 端距离为 x 处［图 6.2-41（c）］截面弯矩值；h_1 为薄弱部位截面高度；I 为薄弱部位截面惯性矩。

同时由图 6.2-41（c）可知，在集中荷载作用下薄弱部位端部需要承受剪力。当集中荷载在端部一侧时截面承受最大剪力即 N_A。因此，同样按照最不利荷载设计时，薄弱部位的截面设计需要满足抗剪承载力需求。

特别需要说明的是，当上、下板的截面形式采用工字型与加劲肋相结合的方式时，为保证滚轴滑动面的平滑，需要考虑滚轴与支撑加劲肋之间的的局部承压作用，局部承压强度需要满足《钢结构设计标准》（GB 50017—2017）规定。

下限位板截面的设计采用与上限位板同样的方法进行设计。除此之外，在装置设计过程中需要采取一定的构造手段以减少滚轴的滑动摩擦损伤。

6.3　多灾害防御可恢复功能混凝土框架

6.3.1　引言

现代超高层建筑中大量采用巨型结构体系。由巨型柱、核心筒及腰桁架和伸臂桁架

构成主受力体系,使用框架结构组成次结构体系。为保障超高层建筑的地震可恢复功能,框架结构也应具有良好的自复位性能和可修复性能。

此外,由于超高层建筑往往是重要地标性建筑,除了地震灾害外,由爆炸、恐怖袭击等引起的连续倒塌灾害也必须在设计中给予必要考虑。巨型柱和核心筒的截面巨大,很难因为意外事件而破坏,因此超高层建筑防连续倒塌的重点是框架结构的防连续倒塌能力。目前,有必要针对超高层建筑中的框架体系,开展地震和连续倒塌综合防御设计方法的研究。

超高层建筑中次结构框架大量采用混凝土框架和组合柱-钢梁组合框架结构。本书作者和研究生林楷奇等发现,传统的防连续倒塌设计由于加强了框架梁的抗震能力,有可能会破坏"强柱弱梁"的设计原则,进而会对框架结构的抗震性能产生不利影响(Lin,et al.,2017)。本书作者和清华大学研究生林楷奇、张磊等,开展了混凝土和组合框架地震与连续倒塌综合防御性能的试验和设计方法研究。

6.3.2　多灾害防御可恢复功能 RC 框架试验研究

6.3.2.1　基本原理

本节提出的多灾害防御可恢复功能 RC 框架(multi-hazard resilient prefabricated concrete frame,以下简称 MHRPC 框架)示意图如图 6.3-1(a)所示,图 6.3-1(b)为对应的节点区构造示意图(Lin,et al.,2018a)。整体结构由预制框架梁柱、无黏结预应力筋、耗能角钢连接器及大变形抗剪板组成。以往的试验研究结果表明,这类结构在地震往复荷载作用下具有良好的复位能力,结构中关键构件震后损伤小,易修复(Priestley,et al.,1993;Priestley,et al.,1999;Stanton,et al.,1997;Lu,et al.,2015a;Song,et al.,2014)。连续倒塌工况下,该结构的变形如图 6.3-1(a)所示,节点区的大变形抗剪板为梁柱间的相互转动提供充足的变形空间,构件上的角钢及预应力钢筋一起提供充足的连续倒塌抗力和备用传力路径,避免局部构件损伤在整体结构中漫延而导致整体结构的连续倒塌。

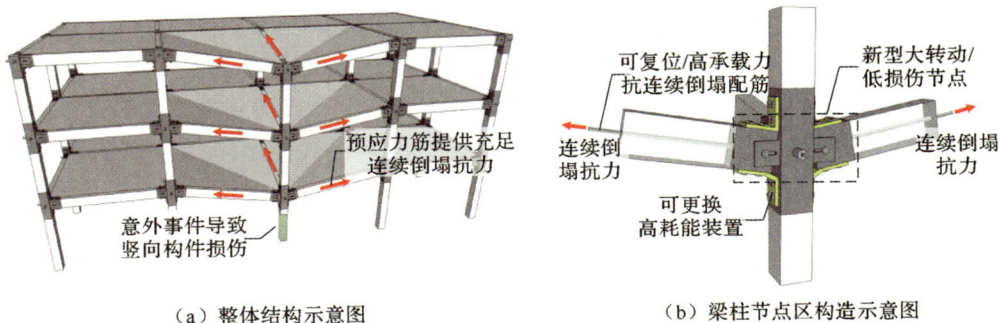

（a）整体结构示意图　　　　　　　　（b）梁柱节点区构造示意图

图 6.3-1　新型 MHRPC 框架示意图

6.3.2.2　试验设计

为了研究提出的 MHRPC 框架的抗震性能和抗连续倒塌性能，本节开展了相应的抗震试验和抗连续倒塌子结构试验，并将 MHRPC 节点和常规 RC 节点进行对比。

1）抗震性能试验

抗震性能试验装置如图 6.3-2（a）所示。试件缩尺比为 1 : 2，试件上下为铰支座。试验时，先在柱顶施加大小为 486kN 的恒定轴力（对应设计轴压比 0.85）用于模拟上部楼层的荷载，然后在梁端施加低周往复荷载模拟构件受到的地震作用，加载点位置距离节点中心 1.5m，加载采用位移控制方法，每级位移下循环两次，试件的加载制度如图 6.3-2（b）所示。为了便于描述试验现象，如图 6.3-2（a）所示，在节点试件上定义了 4 个典型截面（截面 S—A～S—D）。

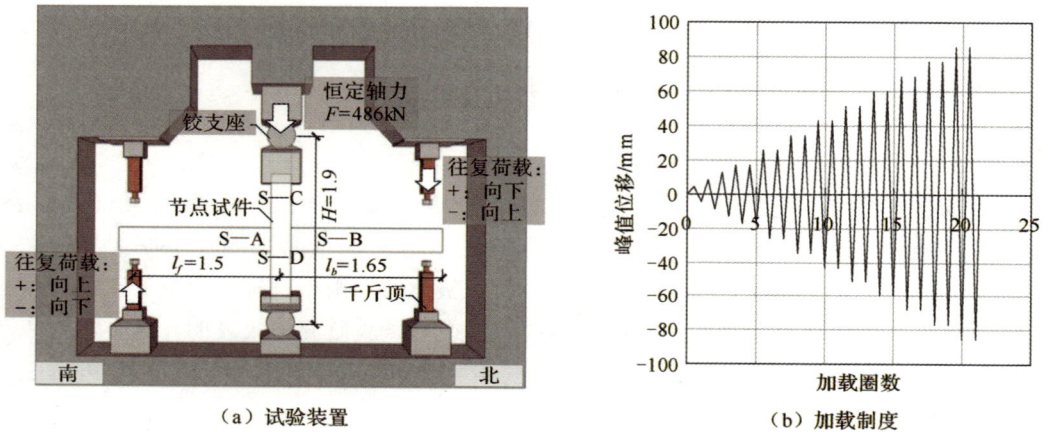

（a）试验装置　　　　　　　　（b）加载制度

图 6.3-2　抗震性能试验装置（单位：m）

抗震性能试验试件配筋详图如图 6.3-3 和图 6.3-4 所示，其中图 6.3-3 为常规 RC 框架试件 S-RC6 的配筋详图。本节提出的 MHRPC 框架试件 S-PC6 配筋详图如图 6.3-4 所示，其配筋设计原则为：①混凝土梁柱配筋与其他构件相同。②根据相关文献的研究结果（Song, et al., 2014；Lu, et al., 2015a），在梁柱节点区包裹 8mm 厚钢套，其主要作用包括：保护梁柱交界面处混凝土，避免其在试验中压溃而影响试件性能；提供预制框架梁柱间的连接；在构件制作过程中，起到试件模板的作用。③根据中国设计标准《无黏结预应力混凝土结构技术规程》（JGJ 92—2016）规定，计算得到构件内配置 2 根 $\phi 12.7$ 的 1860 级预应力钢筋可满足震后自恢复要求。④PC6 的耗能连接器采用低成本的耗能角钢，根据 ACI 550.3—13（ACI 2013）的建议，对于这一类结构，为了保证结构在地震荷载下的复位性能，由耗能构件提供的抗弯承载力不能超过构件总抗弯承载力的 50%。同时，参考 Lu 等（2015a）的工作，选取厚度为 8mm 的 L100 等边角钢作为缩尺试件的耗能构件。耗能角钢与预制装配式梁柱间通过 M16 的 8.8 级高强螺栓连接。⑤大变形抗剪板和对应的螺杆设计原则为抗剪保持弹性。抗剪板厚度为 10mm，板上大变形长孔的孔径 18mm，长度 53mm，以适应连续倒塌大变形的需求（梁端转角大于 0.20rad）。

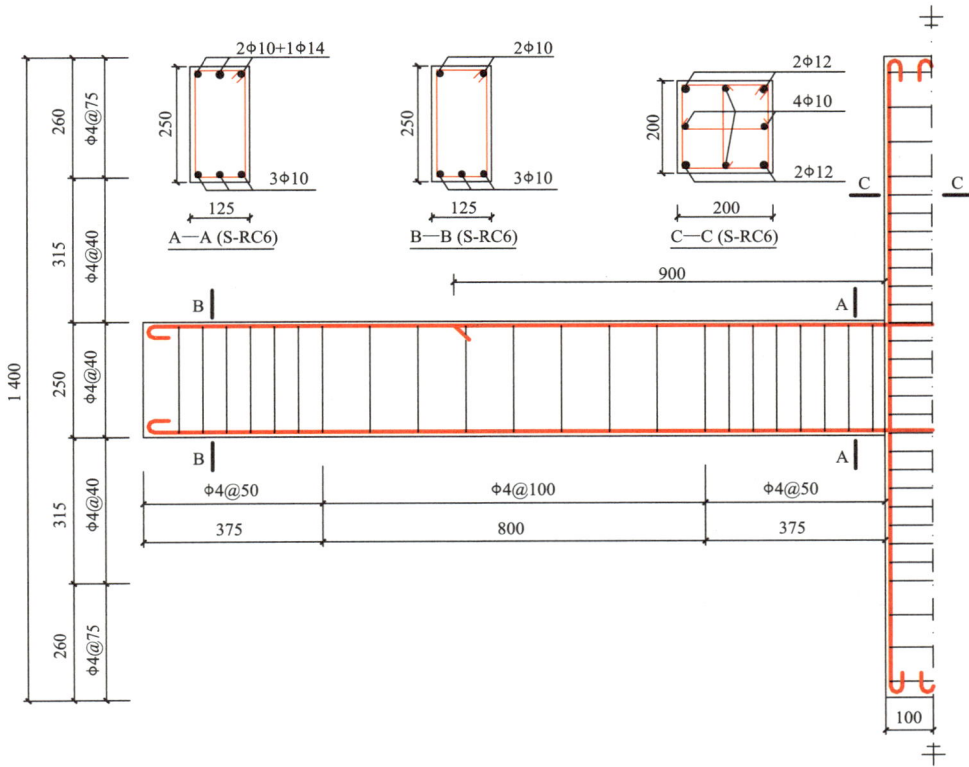

图 6.3-3　常规 RC 框架试件 S-RC6 配筋详图（单位：mm）

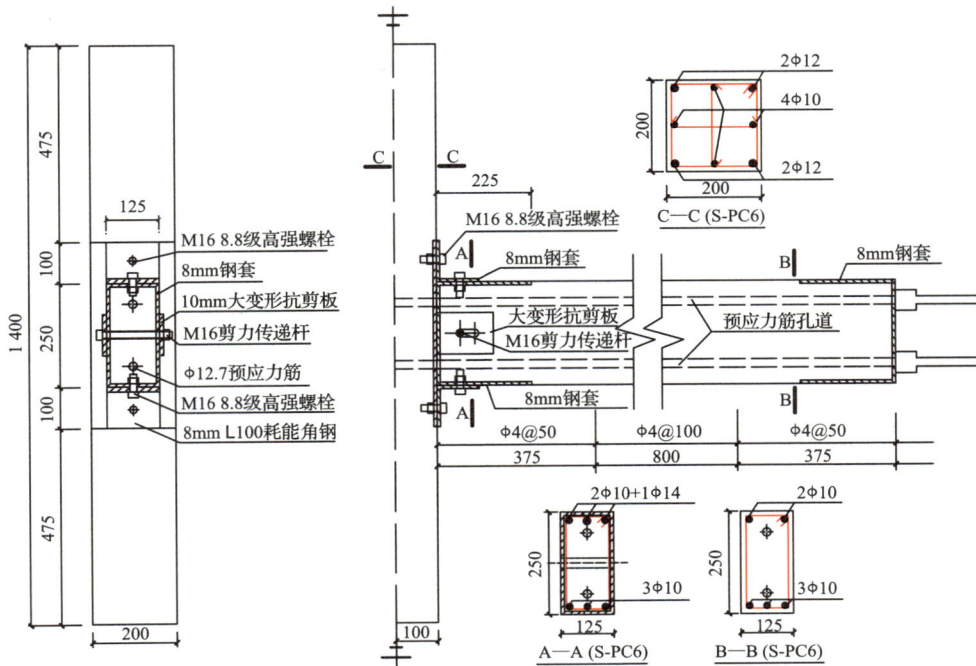

图 6.3-4　MHRPC 框架试件 S-PC6 配筋详图（单位：mm）

2）抗连续倒塌性能试验

抗连续倒塌性能子结构试验装置示意图如图 6.3-5 所示，用于试验的两开间子结构固定在宽度为 600mm 的边界柱上，边界柱内插型钢并在柱顶施加大小为 500kN 的恒定轴力以确保构件梁端为理想固支。

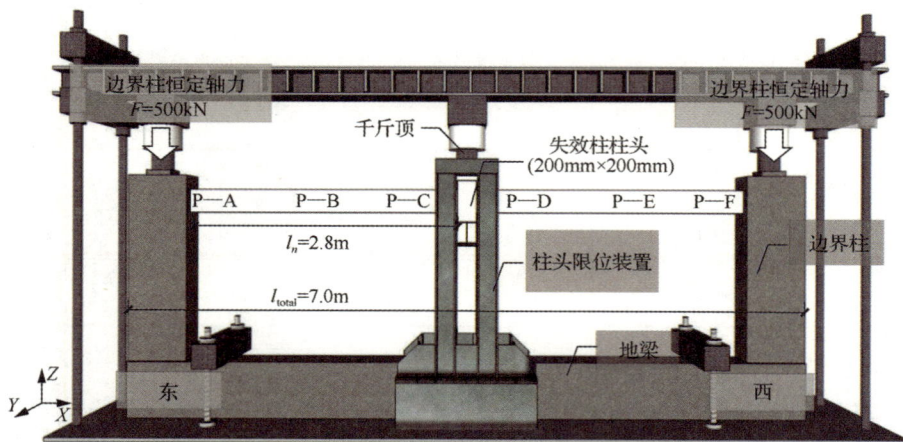

图 6.3-5　抗连续倒塌性能子结构试验装置示意图

按照 DoD（2016）中规定的拆除构件法来模拟中柱失效下子结构的连续倒塌，在失效柱顶用千斤顶施加单调向下的荷载，加载过程采用位移控制。同时，试验中在失效柱头两侧设置了柱头限位装置，防止柱头在加载过程中发生绕 X 轴或 Z 轴的转动。为了便于描述试验现象，如图 6.3-5 所示，在试件上定义了 6 个典型截面（截面 P—A～P—F）。

试验的 2 个两跨子结构配筋图如图 6.3-6 和图 6.3-7 所示，其中，图 6.3-6 为 P-RC6 的构件配筋详图，为了保证边界柱的强度，2 个试件的边界柱中均插入了 H 形钢，构件的两端的钢筋伸入边界柱之后与 H 形钢焊接在一起，保证构件端部钢筋的可靠锚固。图 6.3-7 为 MHRPC 框架的 P-PC6 构件配筋详图。

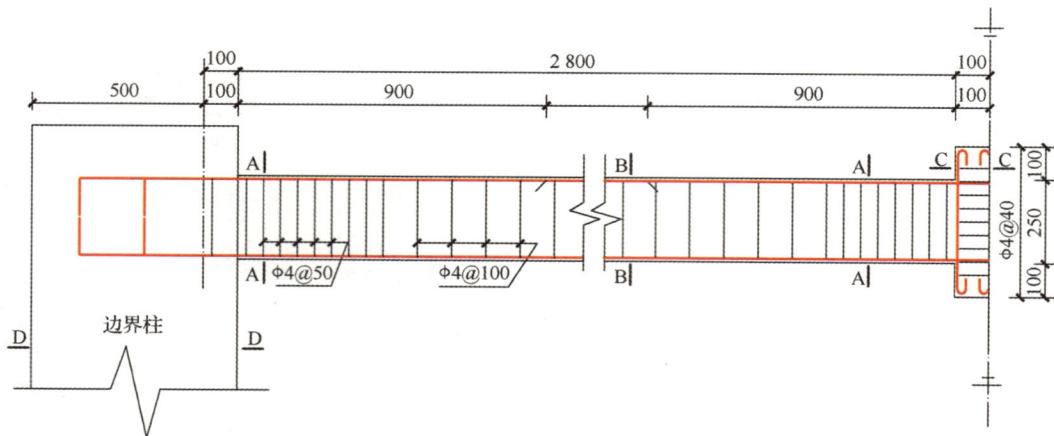

（a）试件配筋图

图 6.3-6　P-RC6 构件配筋详图（单位：mm）

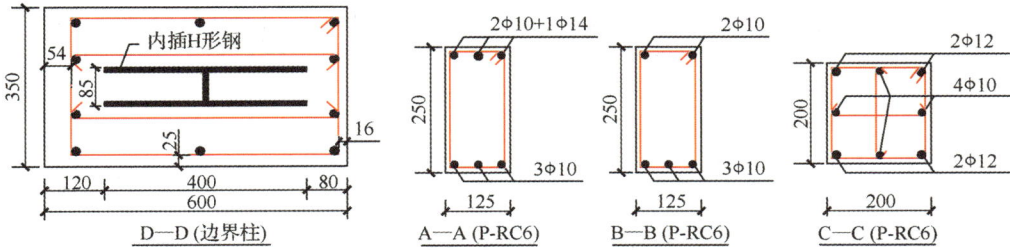

（b）典型截面配筋图

图 6.3-6（续）

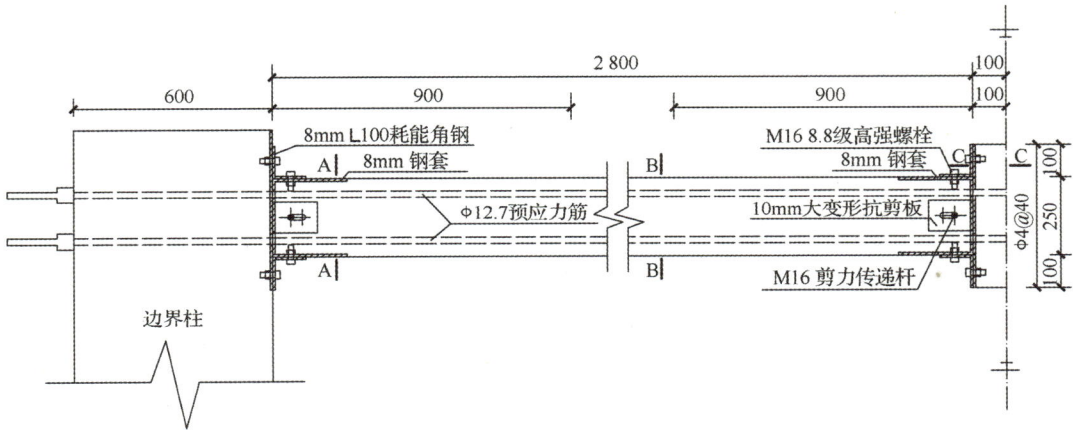

（a）试件配筋图

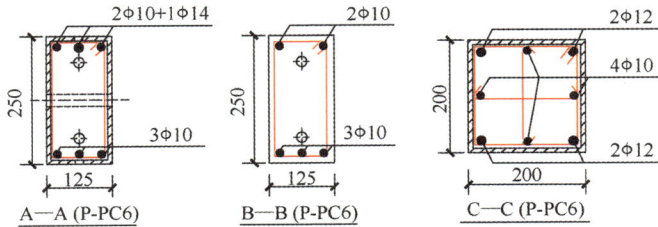

（b）典型截面配筋图

图 6.3-7 MHRPC 框架的 P-PC6 构件配筋详图（单位：mm）

3）材料性能

构件的材料性质如表 6.3-1 所示，其中 RC6 构件的混凝土强度等级为 C30。而根据我国《无黏结预应力混凝土结构技术规程》（JGJ 92—2016）规定，预应力梁及其他构件的混凝土强度等级不宜低于 C40，因此 PC6 混凝土强度取为 C40，梁柱截面的配筋保持不变。PC6 试件中采用预应力筋公称直径为 12.7mm，抗拉强度 1990MPa。S-PC6 与 P-PC6 试件的初始预应力水平分别为 42%和 35%。

表 6.3-1　材料性质

钢筋材性[①]				钢板材性			
钢筋直径/mm	f_y/MPa	f_u/MPa	δ（5d）/%	钢板厚度/mm	f_y/MPa	f_u/MPa	δ（5cm）/%
4	720	720	4	8（钢板）	449	518	39
10	360	535	34	8（角钢）	305	454	41
12	369	520	39	10（钢板）	313	537	40
14	370	515	31				
混凝土强度[②]							
试件名称	$f_{cu,\,150mm}$/MPa		试件名称		$f_{cu,\,150mm}$/MPa		
S-RC6	28.3		P-RC6		32.5		
S-PC6	51.9		P-PC6		51.9		

① f_y 为屈服强度；f_u 为极限强度；δ 为延伸率。
② 混凝土强度试验采用 150mm×150mm×150mm 立方体试块，取试块抗压强度平均值。

6.3.2.3　抗震性能试验

1）常规 RC 框架试件

首先，在试件 S-RC6 柱顶施加 486kN 的竖向荷载用于模拟实际结构中上部楼层传递下来的荷载，接着在梁端加载点处按位移加载模式施加低周往复荷载。试件的转角及弯矩按照式（6.3-1）和式（6.3-2）计算，得到弯矩-转角曲线如图 6.3-8 所示。

$$M = F_S \times l_F + F_N \times l_F \tag{6.3-1}$$

$$\theta = (\delta_S + \delta_N) / 2l_F \tag{6.3-2}$$

式中，M 为试件节点区的弯矩；θ 为节点转角；l_F 为梁端加载点到试件柱中轴线的距离；F_S 和 F_N 分别为南北侧千斤顶施加的竖向力（图 6.3-2）；δ_S 和 δ_N 分别为南北侧加载点的竖向位移。

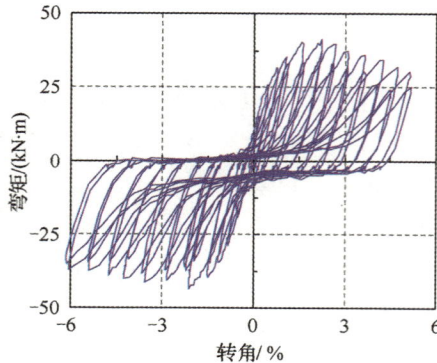

图 6.3-8　S-RC6 弯矩-转角曲线

试件的最终破坏状态如图 6.3-9 所示，属于典型的"强柱弱梁"破坏模式，主要破坏发生在梁上，节点区除梁柱接触面上的保护层混凝土剥落外，未见明显破坏［图 6.3-9（b）］。S-RC6 整体试件的裂缝分布如图 6.3-10 所示。

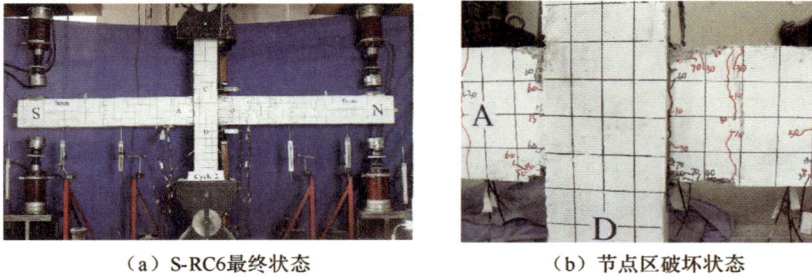

（a）S-RC6最终状态　　　　　　　　（b）节点区破坏状态

图 6.3-9　S-RC6 试件的最终破坏状态

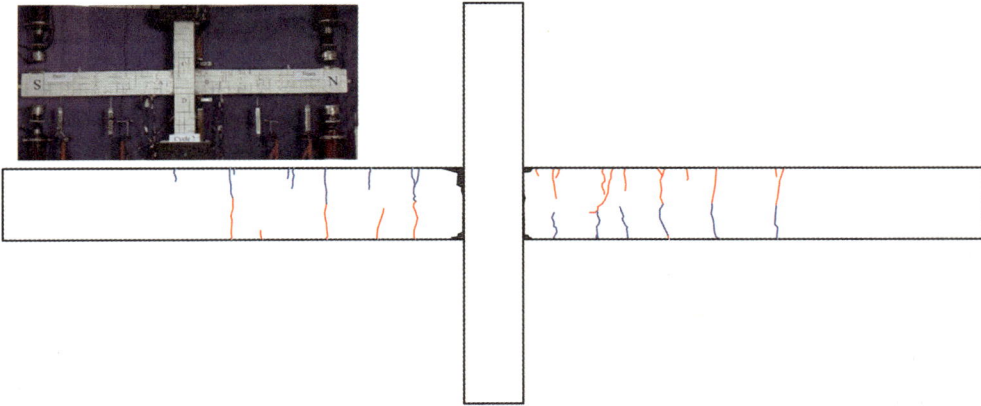

图 6.3-10　S-RC6 整体试件的裂缝分布

2）MHRPC 框架试件

MHRPC 框架试件 S-PC6 的抗震性能试验加载过程与 RC 框架相同，由于试件 S-PC6 在首次加载过程中，试件残余变形小且主体基本无损伤，因此在 S-PC6 第一次试验后，改变其自复位预应力筋的预应力水平并更换试件中的耗能角钢，进行第二次试验。S-PC6 的两次试验中，试件内自复位预应力筋的初始预应力水平分别为 42%（第一次）和 20%（第二次），对应高预应力水平和低预应力水平工况。

按照式（6.3-1）和式（6.3-2）计算 S-PC6 试件的转角及弯矩，绘制两次试验得到的节点弯矩-转角曲线对比如图 6.3-11 所示。

S-PC6 试件第一次试验的主要试验现象包括：节点转角 $\theta=\pm 0.59\%$ 时，节点区两侧 S—A、S—B 截面的梁端钢套边缘处观察到混凝土的弯曲受拉裂缝，随着位移幅值增加，上述受拉裂缝继续延伸变长；节点转角 $\theta=\pm 1.12\%$ 时，试件 S—B 截面一侧观察到角钢在梁端竖向荷载作用下与柱面分离，加载过程中伴随一些响声，此外，在试件两侧梁上 1/2 跨范围内分布着一些弯曲受拉裂缝，构件在每一轮的卸载后，梁上的受拉裂缝均在预应力筋预压力作用下闭合；节点转角 $\theta=\pm 2.24\%$ 时，可以明显观察到框架柱两侧的角钢在往复荷载受用下张开闭合［图 6.3-12（a）］；节点转角 $\theta=\pm 2.80\%$ 时，观察到试件梁上的剪力传递杆在梁端抗剪板的长孔内有明显的滑动［图 6.3-12（b）］；卸载后，试件基本恢复到初始位置，残余变形很小，框架梁上弯曲裂纹在预应力作用下自动闭合，构件除了预制梁柱上部分保护层混凝土的剥落外未观察到明显的损伤，S-PC6 试件最终状态如图 6.3-13 所示。

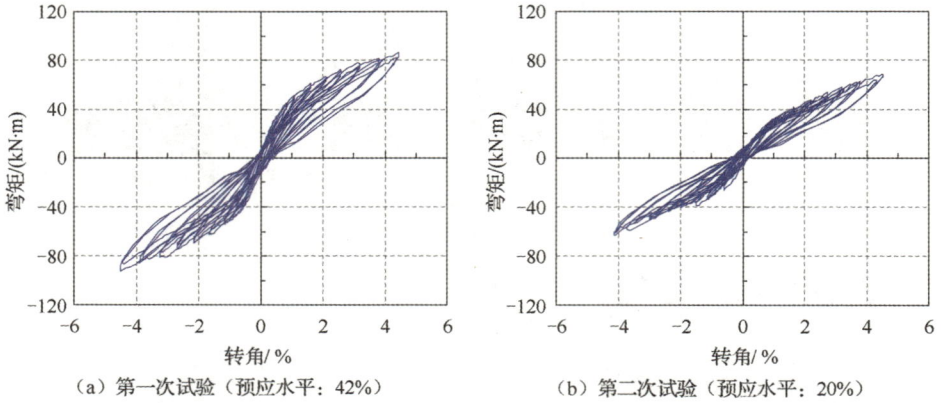

（a）第一次试验（预应水平：42%）　　　　　（b）第二次试验（预应水平：20%）

图 6.3-11　S-PC6 两次试验节点弯矩-转角曲线对比

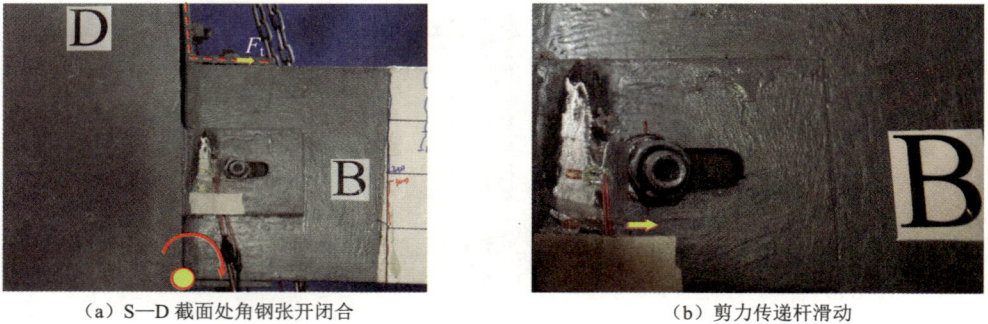

（a）S—D 截面处角钢张开闭合　　　　　（b）剪力传递杆滑动

图 6.3-12　S-PC6 试验过程主要现象过程

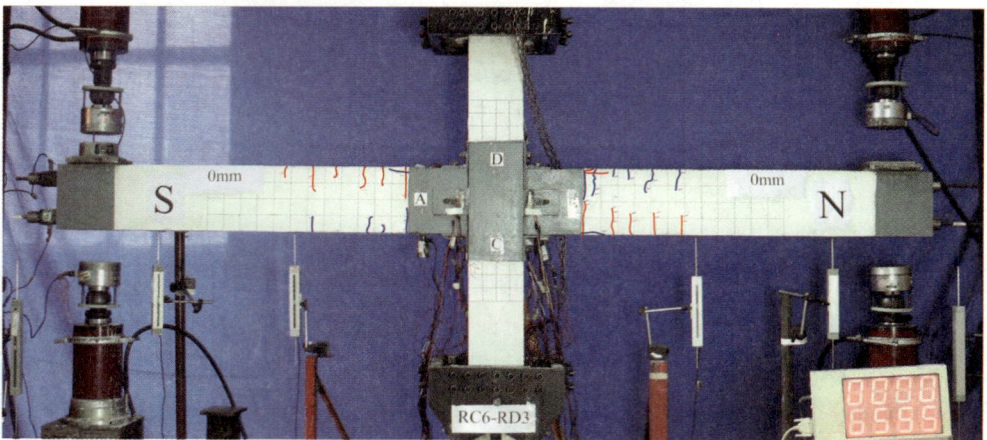

图 6.3-13　S-PC6 试件最终状态（卸载后裂缝闭合，几乎无残余变形）

试件 S-PC6 的第二次试验加载过程与第一次相同，而试验过程中的主要现象也与第一次基本相同，加载过程中梁上的受拉裂缝基本沿着第一次裂缝的基础上开展，卸载后构件基本也能回到初始位置（框架梁上受拉裂缝闭合，角钢张角闭合），残余变形小。

S-PC6 试件第一次试验（预应力 42%）耗能角钢连接器应变如图 6.3-14 所示，对应的 4 个应变测点分别定义为位置①～位置④。大变形抗剪板在抗震性能试验中保持弹性状态。

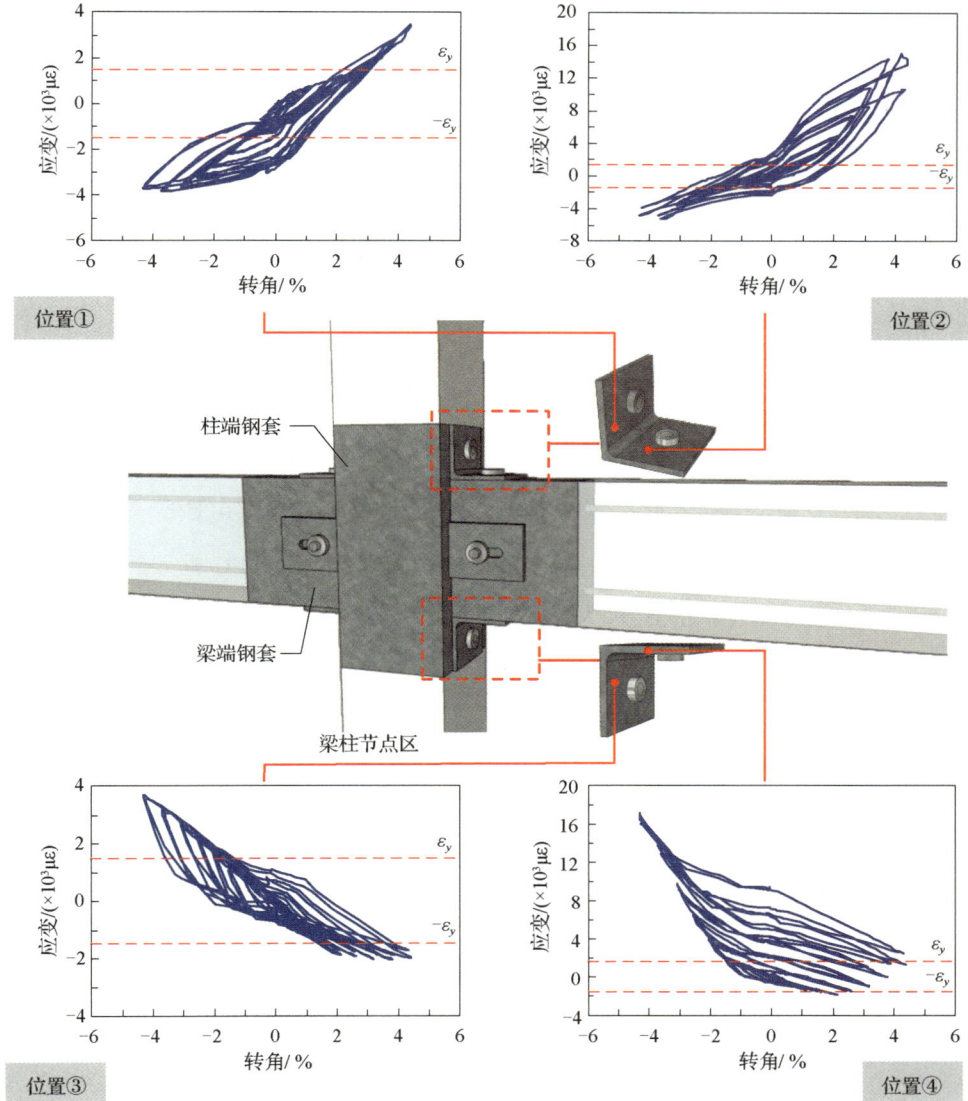

图 6.3-14　S-PC6 试件第一次试验耗能角钢连接器应变

结果表明，在往复荷载下，S-PC6 的角钢耗能连接器迅速进入屈服耗能状态，对比角钢与梁柱相连两侧的应变可以发现：角钢的两肢应变发展有所差别，这是角钢连接器的两肢受力不同导致：与框架梁相连的一侧受到面内水平拉力，应变更快屈服且幅值较大；与框架柱相连的一侧，水平拉力作用于面外，该侧角钢以弯曲变形为主，因此该侧角钢虽然也迅速屈服，但其变幅值较小。此外，相比角钢而言，试验中 S-PC6 试件中的大变形抗剪板在低周往复荷载下处于弹性阶段。S-PC6 第二次试验的角钢耗能连接器及大变形抗剪板的应变测量结果与第一次试验应变发展规律基本一致。

两次试验中测得的试件中自复位预应力筋合力随梁柱相对转角变化，如图 6.3-15 所示，结果表明：虽然构件内预应力筋的初始应力水平不同，但两次试验的预应力的变化幅值基本相当，相比而言，预应力水平较低时，构件在往复荷载作用下的预应力损失更小。

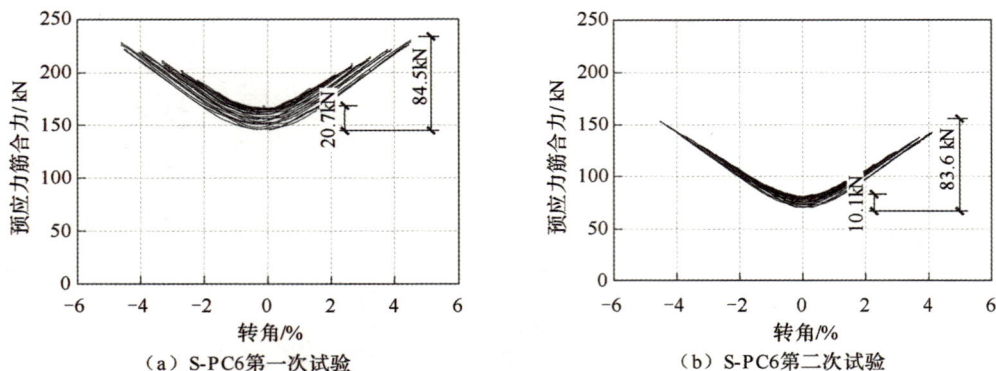

（a）S-PC6第一次试验　　　　　　　　（b）S-PC6第二次试验

图 6.3-15　S-PC6 两次试验预应力筋合力随梁柱相对转角变化

对比 S-PC6 试件的两次试验的荷载-位移曲线发现：①MHRPC 框架的梁柱框架试件复位性能好，两次试验卸载后，构件的残余变形均较小，同时，试件在屈服后均表现出稳定的二次刚度；②对于该类 MHRPC 框架节点试件而言，可以通过调整试件内自复位预应力筋的初始预应力水平及耗能连接器的类型和布置来调整试件初始刚度及耗能性能等，使其满足实际结构设计的需求。

在上述试验研究的基础上，对比 S-PC6 及 S-RC6 试件的抗震性能试验得到的试件弯矩-转角骨架曲线，如图 6.3-16 所示，结果表明，MHRPC 试件的刚度与 RC 试件相当，

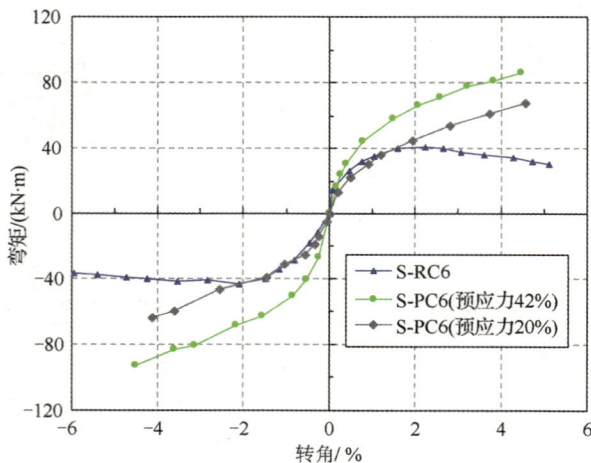

图 6.3-16　MHRPC 框架及 RC 框架节点抗震性能试验试件弯矩-转角骨架曲线

承载力大于 RC 构件，构件屈服后二阶刚度稳定，卸载残余变形小，其中 S-PC6 试件的第二次试验得到的试件刚度及承载力与常规 RC 框架试件均较为接近，本节提出的 MHRPC 框架体系可以很好地替代常规 RC 框架，提升结构的整体抗震性能。

6.3.2.4 抗连续倒塌性能试验

1）常规 RC 框架试件

加载前，首先在试件 P-RC6 的边界柱顶施加大小为 500kN 的竖向轴力，确保边界的固支条件。试件的荷载-位移曲线如图 6.3-17 所示。已有的试验研究结果表明（Qian，et al.，2015；Yu，et al.，2012；Su，et al.，2009；周育泷，2015），RC 框架梁在中柱失效后，其受力过程可以分为梁机制和悬链线机制受力阶段。其中，在梁机制受力阶段，试件的连续倒塌抗力主要来自截面的抗弯承载力以及试件内的压拱机制受力；悬链线机制受力阶段，试件的连续倒塌抗力主要来自于试件内通长纵筋提供的悬链线拉力（周育泷，2015；任沛琪，2015）。

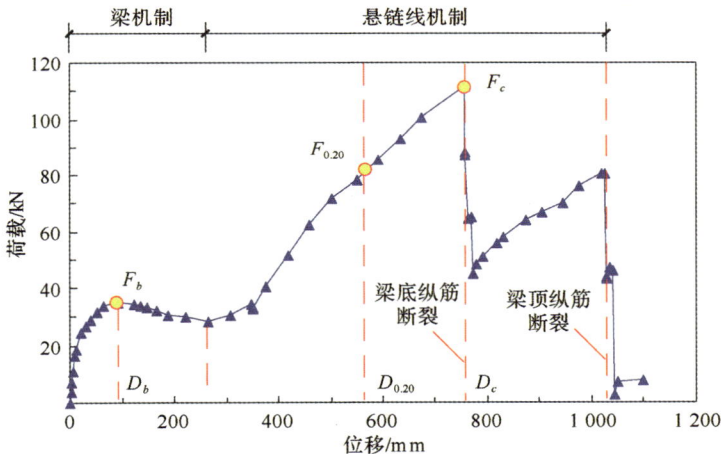

图 6.3-17 P-RC6 荷载-位移曲线

如图 6.3-17 所示，试件 P-RC6 的荷载-位移曲线可以明显地分为梁机制和悬梁线机制受力阶段。为了方便对比，本文将梁机制阶段峰值点定义为 (D_b, F_b)，悬链线机制阶段峰值点定义为 (D_c, F_c)，除此之外，按照规范 DoD 2016（DoD，2016）中的规定，定义构件梁端转角达到 0.20 rad 时对应的点为 $(D_{0.20}, F_{0.20})$。P-RC6 试件最终破坏状态如图 6.3-18 所示。

2）MHRPC 框架试件

P-PC6 试件的加载过程与前述普通混凝土结构试件一致，试件的荷载-位移曲线如图 6.3-19 所示，加载过程中，构件内上、下自复位预应力筋内力变化如图 6.3-20 所示，其中试件的初始预应力水平为 35%。

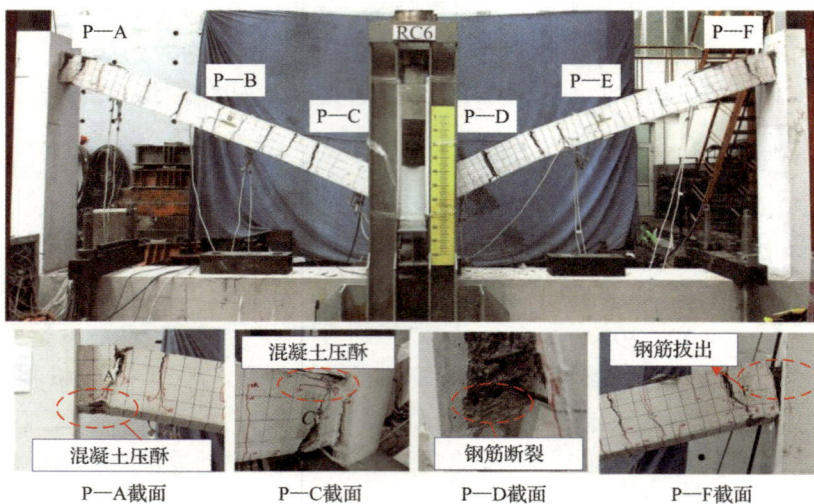

图 6.3-18　P-RC6 试件最终破坏状态

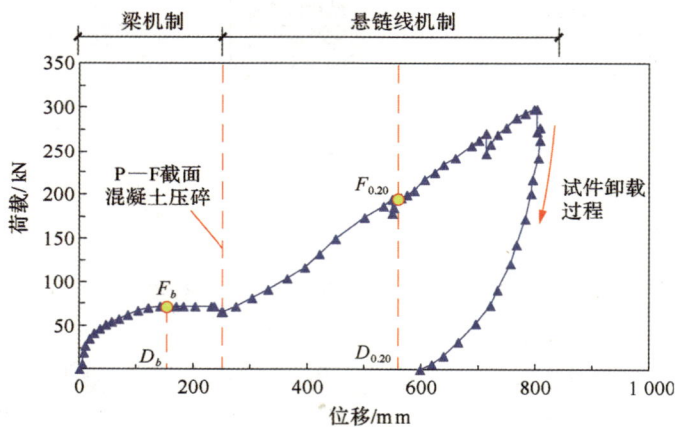

图 6.3-19　P-PC6 荷载-位移曲线

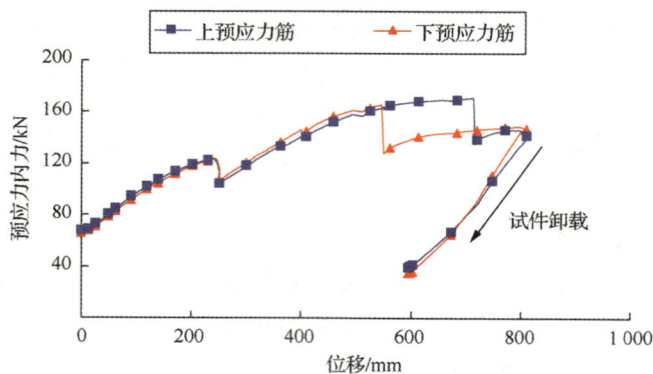

图 6.3-20　P-PC6 试件预应力筋内力变化

根据 P-PC6 的失效柱头处的荷载-位移曲线，P-PC6 试件加载过程（图 6.3-21），同样也可以分为梁机制及悬链线机制阶段。试件柱头位移 15mm 时，梁端 P—A、P—F 截面顶部及失效柱头两端 P—C、P—D 截面底部出现弯曲受拉裂缝；位移为 25mm 时，梁端钢套与边界柱界面分离；柱头位移为 88mm 时，在 P—A、P—F 截面底部及 P—D 截面顶部观察到明显的混凝土压酥现象 [图 6.3-21（a）和（b）]，并伴随着部分保护层混凝土剥落；位移达到 145mm 时，构件达到梁机制承载力峰值（F_b=72kN），外荷载随后保持一个比较稳定的数值；位移达到 250mm 时，由于试件内的压拱受力机制，P—F 截面端框架梁底部混凝土压碎，钢筋受压屈曲，承载力略微下降，自复位预应力筋内力也有所下降 [图 6.3-21（c）]；随后试件进入悬链线受力阶段，承载力随着加载过程不断增加，同时可以明显观察到框架梁与边界柱交界处角钢连接器的张开及剪力传递杆与大变形抗剪板之间的相对滑动 [图 6.3-21（d）]；位移为 545mm 时，下部预应力筋与锚具间发生相对滑动，下预应力筋内力减小但并未断裂（图 6.3-20），构件承载力出现一个小幅波动后继续增长（图 6.3-19）；位移为 560mm 时，试件满足规范（DoD，2016）中的框架梁端转角需求，此时试件的承载力为 $F_{0.20}$ =192kN；位移达到 712mm 时，上部预应力筋与锚具发生相对滑动，内力减小但并未断裂，同样引起承载力的小幅波动（图 6.3-19）；柱头位移为 800mm 时，出于安全考虑，试验终止，试件此时的承载力依然处在上升阶段，P-PC6 试件加载变形过程如图 6.3-22 所示，其抗连续倒塌性能试验的最终破坏状态如图 6.3-23 所示。

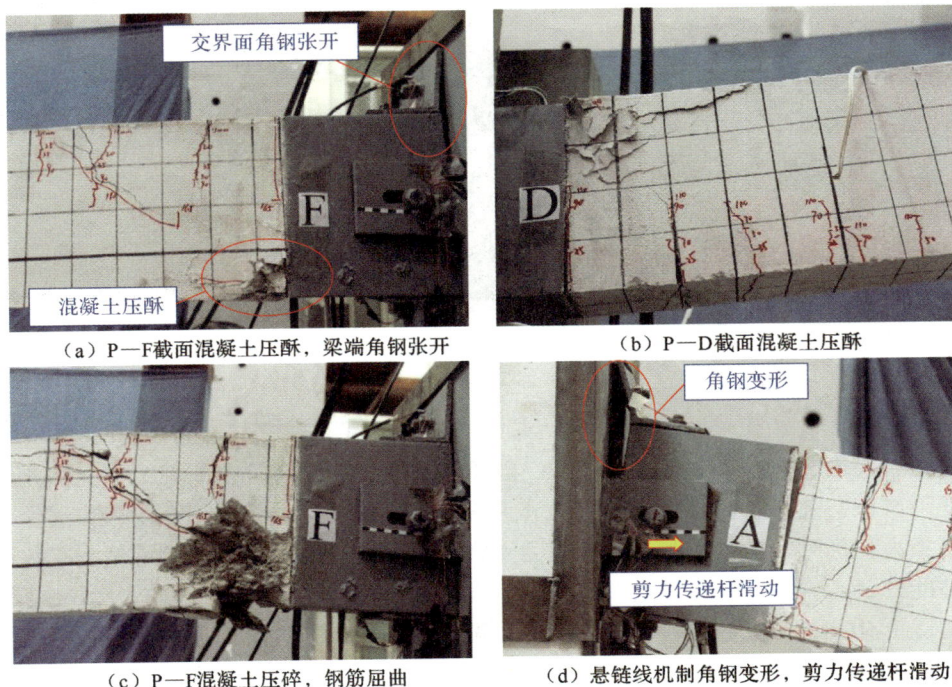

（a）P—F 截面混凝土压酥，梁端角钢张开　　　　（b）P—D 截面混凝土压酥

（c）P—F 混凝土压碎，钢筋屈曲　　　　（d）悬链线机制角钢变形，剪力传递杆滑动

图 6.3-21　P-PC6 试件加载过程

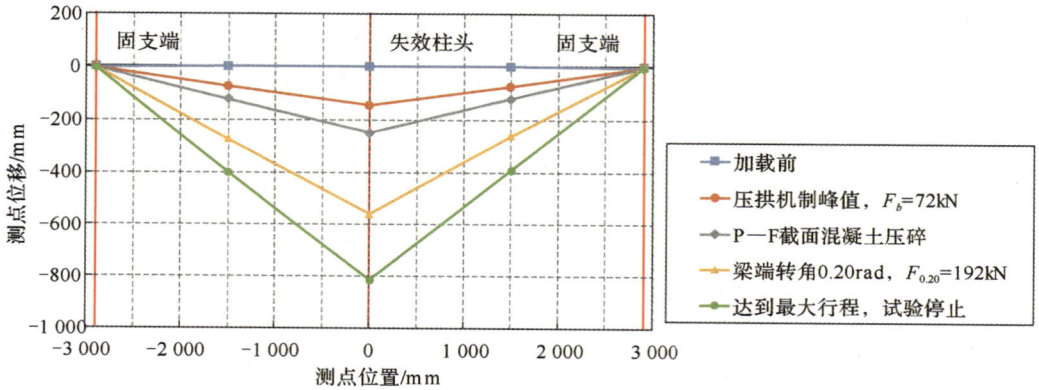

图 6.3-22　P-PC6 试件加载变形过程

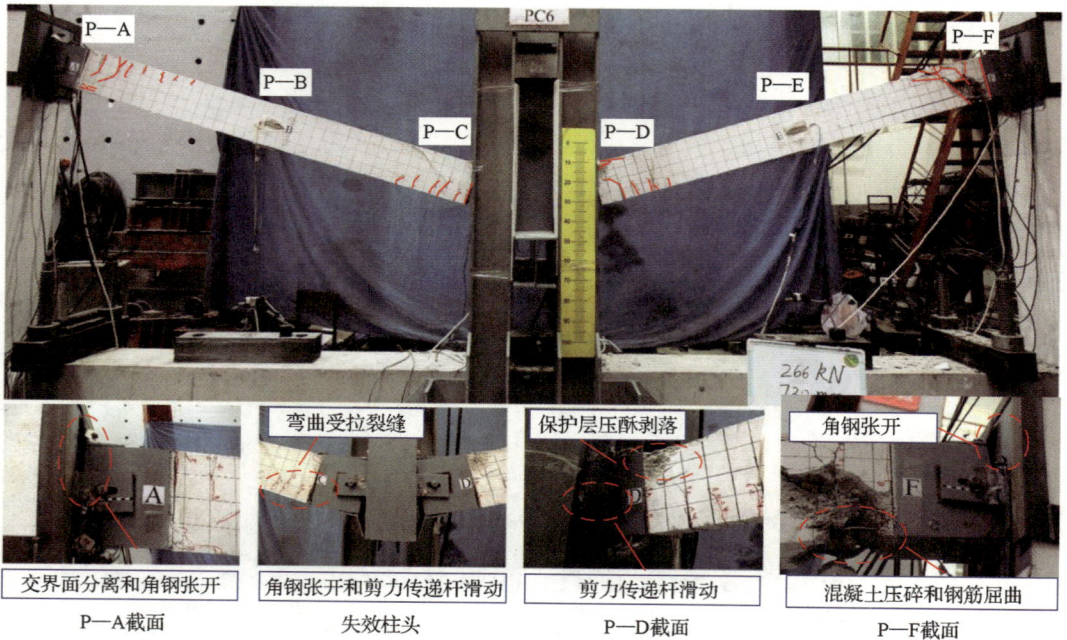

图 6.3-23　P-PC6 试件最终破坏状态

　　试验结果表明，本节提出的 MHRPC 框架体系能够满足规范中框架结构的抗连续倒塌大变形要求，试件的受力也可以明显分为压拱机制和悬链线机制两个阶段，试件加载到试验最大变形时，未出现明显的承载力下降，可以提供稳定的连续倒塌抗力，抗连续倒塌性能好。

　　对比 P-RC6 及 P-PC6 试件的抗连续倒塌性能试验荷载-位移曲线对比，如图 6.3-24 所示，为了更好地对比不同试件的抗连续倒塌承载力，对上述试件的特征点［梁机制阶段峰值点（D_b，F_b）和梁端转角达到 0.20rad 对应点（$D_{0.20}$，$F_{0.20}$）］对应的抗连续倒塌承载力对比如表 6.3-2 所示（出于安全考虑，P-PC6 试件未加载到其悬链线受力机制峰值点）。

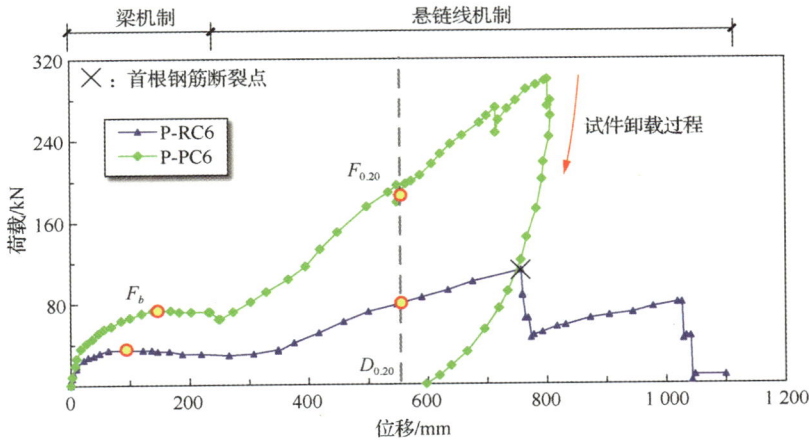

图 6.3-24 不同试件抗连续倒塌性能试验荷载-位移曲线对比

表 6.3-2 不同试件抗连续倒塌承载力对比

试件名称	D_b / mm	F_b / kN	承载力提升/%	$D_{0.20}$ / mm	$F_{0.20}$ / kN	承载力提升/%
P-RC6	97	35	—	560	80	—
P-PC6	145	72	106	560	192	140

试验结果对比表明，两个试件的加载过程均可以分为梁机制阶段及悬链线机制阶段。在梁机制阶段，P-PC6 承载力较 P-RC6 提升了 106%，悬链线机制承载力则提升了 140%。因此，本节提出的 MHRPC 试件 P-PC6 能够提供充足的抗连续倒塌承载力，大变形阶段承载力发展稳定且满足规范中对于试件大转动能力的需求。

6.3.3 多灾害防御可恢复功能 RC 框架设计方法

在上述试验及有限元研究基础上，本节以 MHRPC 框架中的主要受力部件为研究对象，提出不同部件的抗震和连续倒塌承载力计算方法，并基于试验结果对本节的计算方法进行验证，最终得到本节的 MHRPC 框架抗震及抗连续倒塌承载力计算方法。

MHRPC 框架子结构抗震性能试验结果表明，S-PC6 试件的耗能角钢连接器迅速进入屈服耗能状态（图 6.3-14），同时，随着试件变形幅值的逐渐增大，自复位预应力筋的受力也相应不断增大（图 6.3-15），相较而言，试件中的大变形抗剪板在低周往复荷载下处于弹性阶段。

在抗连续倒塌性能试验中，小变形阶段，试件中抗连续倒塌承载力主要来自试验梁内的压拱效应和梁的抗弯能力；大变形阶段，P-PC6 试件通过悬链线机制抵抗连续倒塌，其中耗能角钢连接器和自复位预应力筋也是主要的受力构件，二者受拉并提试件所需的悬链线拉力。除此之外，加载过程中，试件中的部分剪力通过剪力传递杆传递到大变形抗剪板上。

因此，对于本文提出的 MHRPC 框架而言，构件中的耗能角钢连接器和自复位预应力筋为主要的受力构件，大变形抗剪板则主要负责传递部分梁端的剪力，并保证结构能满足连续倒塌工况下的大变形、大转动要求。因此本章主要研究自复位预应力筋和耗能角钢连接器的抗震承载力贡献和抗连续倒塌承载力贡献，并基于此提出构件的抗震和抗连续倒塌承载力理论计算方法。

6.3.3.1　预应力筋承载力贡献

在 MHRPC 框架的抗震性能和抗连续倒塌性能试验中，由于试件中的预制框架梁、柱在交界面处设置了钢套，可以认为预应力筋的变形主要来自于预制构件间的相对刚体转动。因此，可以通过选择合适的自复位预应力筋本构模型，通过构件的变形模式确定自复位预应力筋的应变增量，进而确定自复位预应力筋的承载力贡献。

本节参考 ACI 无黏结预制装配式框架设计规范（ACI，2013）中的建议，采用 Mattock（1979）建议的预应力筋本构。Mattock 本构模型中，自复位预应力筋的内力计算公式为

$$f_s = E\varepsilon \left\{ 0.020 + \frac{0.98}{\left[1 + \left(\dfrac{E\varepsilon}{1.04 f_{py}} \right)^{8.36} \right]^{\frac{1}{8.36}}} \right\} \tag{6.3-3}$$

式中，E 为预应力筋弹性模量；f_{py} 为预应力筋屈服应力，计算时可以取为预应力筋极限强度的 90%；ε 为预应力筋应变，可以通过 $\varepsilon = \varepsilon_0 + \Delta\varepsilon$ 计算得到；ε_0 为预应力筋的初始应变。

根据本节的材性试验结果，试验中的自复位预应力的抗拉强度为 1993MPa，最大力伸长率为 5%，参考我国规范《无粘结预应力混凝土结构技术规程》（JGJ 92—2016）中的建议，自复位预应力筋的弹性模量取为 $E = 1.95 \times 10^5 \, \text{N/mm}^2$。

6.3.3.2　耗能角钢连接器承载力贡献

在本节提出的 MHRPC 框架中，耗能角钢连接器的主要作用包括：①在抗震试验中，提供构件的抗弯承载力及耗能能力；②在连续倒塌试验的大变形阶段，通过受拉提供试件的悬链线承载力。因此，需要分别提出耗能角钢连接器在小变形和大变形阶段的承载力计算方法。

在本节的 MHRPC 框架中，耗能角钢连接器和框架梁柱间的连接参考钢结构的顶底角钢半刚性连接方式，将耗能角钢连接器布置在预制框架梁柱的交界处，通过高强螺栓与预制构件进行连接。对于这类采用顶底角钢连接的半刚性连接方式，已有诸多学者开展了相关的试验研究及理论计算工作（Kishi，et al.，1990；Garlock，et al.，2003；Mander，et al.，1994；Bernuzzi，et al.，1996；Calado，et al.，1994；李文岭，2007；Komuro，et al.，2004；袁媛，2007；Yang，et al.，2009；Ahmed，et al.，2015）。

1）耗能角钢连接器承载力影响因素

顶底角钢连接的半刚性连接节点在梁端集中荷载作用下，框架梁沿图中 O 点与框架柱发生相对转动，框架梁的上、下角钢的变形如图 6.3-25 所示，其中构件的顶底角钢受力及变形模式如图 6.3-26 所示，框架梁的上部角钢受到由梁上连接螺栓传递过来的水平力 V，塑性铰在角钢位于框架柱相连的一肢上［图 6.3-26（a）］；框架梁的下部角钢则沿着角钢的弯折处发生转动，塑性铰位于与梁相连的一侧角钢的根部［图 6.3-26（b）］。

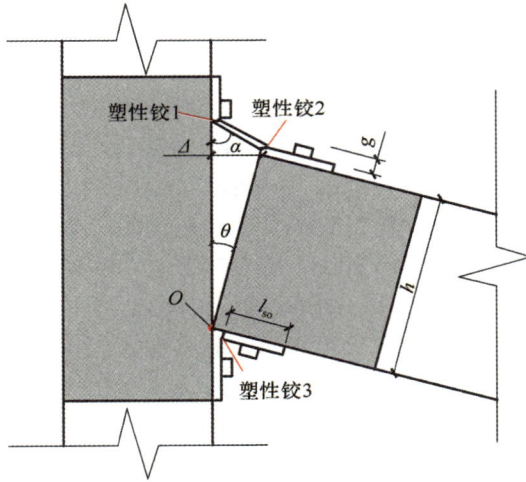

图 6.3-25 框架梁的上、下角钢的变形

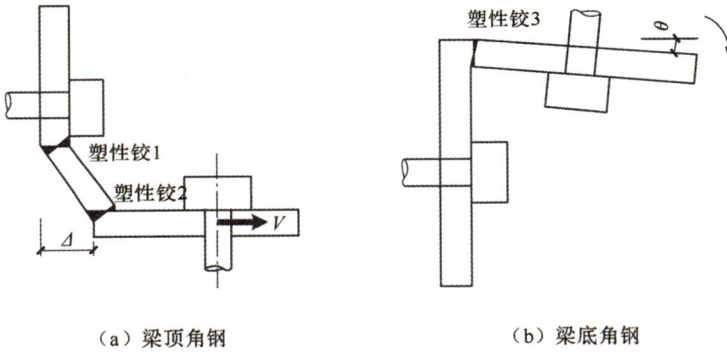

（a）梁顶角钢 （b）梁底角钢

图 6.3-26 顶底角钢受力及变形模式

对于顶部角钢而言，在水平力 V 的作用下，根据 Kishi 等（1990）、Mander 等（1994）及 Garlock 等（2003）的研究，影响顶角钢承载力的主要因素包括塑性铰间距 g，角钢厚度 t，角钢宽度 b 等，其中顶部角钢在受拉时塑性铰间距主要受到角钢上螺栓孔孔径、位置及螺栓孔大小，角钢弯折处倒角直径的影响。为了更直观地表示角钢承载力计算公式，对影响顶角钢承载力的各主要几何参数（g_1、g_1'、g_2、g_2'、r、L、t 和 L'）定义如图 6.3-27 所示。除此之外，图 6.3-27 还定义了角钢的形状参数（角钢肢长 l_1、l_2，螺栓直径 d，螺帽直径 D 等）。对于底部角钢而言，由于与框架梁相连的一侧角钢沿其根部发生转动，底角钢的承载力主要取决于该侧角钢的截面塑性极限弯矩。

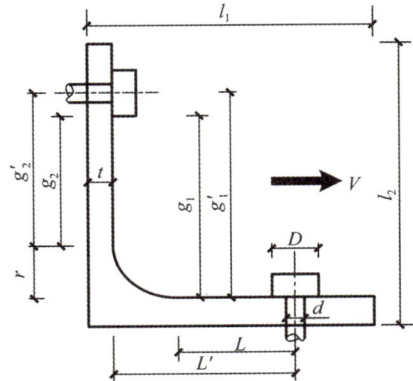

图 6.3-27 角钢主要参数定义

2）耗能角钢承载力计算方法

为了确定耗能角钢连接器的承载力贡献，需要提出其屈服强度、初始刚度及屈服后承载力的计算方法。本节统计了文献中的 45 个不同的角钢连接试验试件，包括 7 个角钢单肢拉压低周往复试验和 38 个顶底角钢半刚性连接节点试验（Garlock，et al.，2003；Mander，et al.，1994；Bernuzzi，et al.，1996；Calado，et al.，1994；李文岭，2007；Komuro，et al.，2004；袁媛，2007；Yang，et al.，2009；Ahmed，et al.，2015）。对比了 Kishi 等（1990）和 Garlock 等（2003）提出的方法，以及 Mander 等（1994）提出的方法，最后表明 Kishi 等（1990）和 Garlock 等（2003）提出方法承载力计算精度较高，Kishi 等（1990）提出方法刚度计算精度较高，其具体表达式如下。

（1）屈服承载力。对于顶底角钢半刚性连接，构件达到屈服状态时，顶底角钢的塑性铰分布如图 6.3-25 所示，Kishi 等（1990）和 Garlock 等（2003）从受力平衡的角度给出了此时构件的屈服弯矩计算方法，屈服弯矩 M_y 的承载力公式如式（6.3-4）所示，即

$$M_y = M_{\text{seat}} + M_p + V_p h \tag{6.3-4}$$

式中，M_{seat} 为底部角钢在塑性铰 3 处［图 6.3-26（b）］的塑性弯矩；M_p 为顶部角钢在塑性铰 2 处［图 6.3-26（a）］的塑性弯矩；V_p 为此时顶部角钢受到的框架梁的水平剪力；h 为框架梁的梁高（图 6.3-25）。

假设角钢两肢的厚度相同，则对于宽度为 b，厚度为 t，钢材强度为 f_y 的角钢，屈服时塑性铰处的塑性弯矩如式（6.3-5），即

$$M_p = \frac{f_y b t^2}{4} \tag{6.3-5}$$

Garlock 等（2003）基于受力平衡给出了更为简单的 V_p 表达式（6.3-6）为

$$V_p = \frac{2M_p}{g} \tag{6.3-6}$$

（2）初始刚度。Kishi 等（1990）在计算顶角钢的刚度贡献时，认为顶角钢与柱相连的一端为固支端，该侧角钢在图 6.3-26（a）所示塑性铰 1 位置为固支，在该侧角钢的另一端则受到一个水平力 V 的作用，将其简化为悬臂梁，并按照铁木辛柯梁理论进行求解，考虑剪切校正因子 $k = 6/5$，Kishi 等（1990）提出的顶角钢对构件的初始抗弯刚度贡献如式（6.3-7）所示，即

$$K_{\text{top}} = \frac{3EI_{\text{top}}}{1 + \dfrac{0.78 t_{\text{top}}^2}{g'^2}} \frac{h_0^2}{g'^3} \tag{6.3-7}$$

式中，E 为顶角钢的材料弹性模量；I_{top} 为顶角钢的截面惯性矩；t_{top} 为顶角钢厚度；g' 为塑性铰 1 至框架梁一侧角钢 1/2 厚度处的距离；h_0 为顶底角钢与框架梁相连一侧的中心线距离。

相比顶角钢的初始刚度计算，底角钢的初始刚度则简单许多，如图 6.3-25 所示，由于底角钢靠框架梁一侧长度为 l_{so} 范围内绕塑性铰 3 发生转动，底角钢的抗弯刚度贡献可以按式（6.3-8）计算（Mander，et al.，1994），即

$$K_{\text{seat}} = \frac{4EI_{\text{seat}}}{l_{\text{so}}} \tag{6.3-8}$$

（3）屈服后响应。Garlock 等（2003）认为顶角钢在屈服后，构件在强化阶段的剪力可以由式（6.3-9）计算为

$$V = \left(\frac{2M_p}{g-\varDelta}\right)\alpha \tag{6.3-9}$$

式中，$\varDelta$ 为框架柱一侧角钢根部水平位移，如图 6.4-25 所示；α 为钢材的强屈比，考虑角钢进入大变形阶段后，由材料非线性带来的影响。

此外，在上述计算过程中，求解角钢的承载力和刚度时，均需要确定构件中顶角钢的塑性铰 1 和塑性铰 2 间距，实际上，对于不同的连接强度，顶角钢破坏塑性铰位置如图 6.3-28 所示（Garlock, et al., 2003；Fleischman, et al., 1989）：①螺栓连接强度较高时，加载过程中，螺栓未发生破坏，塑性铰 1 位于螺帽边缘，此时塑性铰间距取为 g_2；②螺栓连接强度较低时，连接螺栓可能被翘起，此时塑性铰间距取为 g_2'。

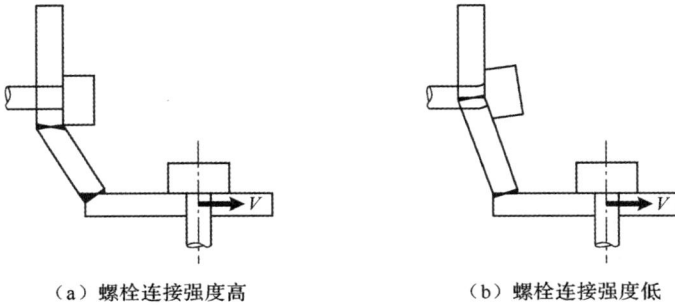

（a）螺栓连接强度高　　　　　　　　　　　（b）螺栓连接强度低

图 6.3-28　不同连接强度下顶角钢破坏塑性铰位置

3）计算步骤

综上所述，本节建议的顶底角钢连接器承载力模型计算流程如图 6.3-29 所示。

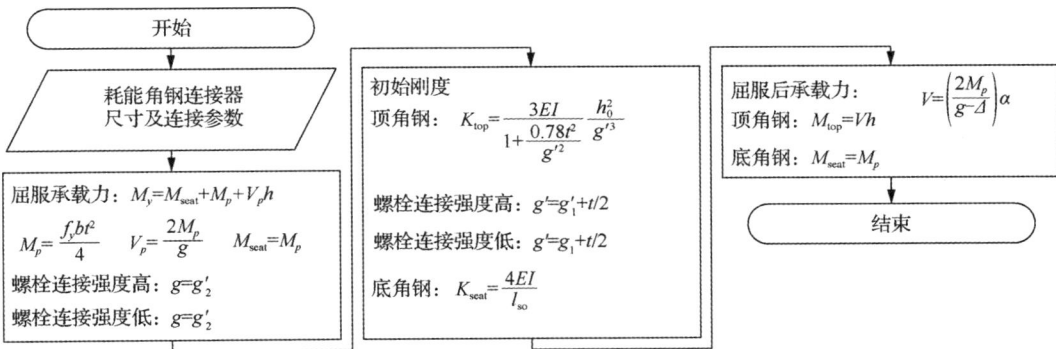

图 6.3-29　耗能角钢连接器承载力模型计算流程

6.3.3.3　MHRPC 框架抗震和抗连续倒塌性能计算方法

1）抗震性能计算方法

在 MHRPC 框架节点试件抗震性能试验的加载初期，试件的变形主要来自混凝土梁

的弯曲变形，直至构件达到线性极限状态（El-Sheikh, et al., 2000），构件的初始刚度定义为构件达到线性极限状态时的割线刚度。根据 El-Sheikh 等（2000）的研究，构件的线性极限状态弯矩（M_{ll}）按照式（6.3-10）～式（6.3-12）计算，即

$$M_{ll} = \min\left(M_{ll1}, M_{ll2}\right) \tag{6.3-10}$$

$$M_{ll1} = 5f_{pi}A_p h/12 \tag{6.3-11}$$

$$M_{ll2} = Th\left(1 - \frac{f_{ci}}{0.85f_c'}\right) = 0.5f_{pi}A_p h\left(1 - \frac{f_{ci}}{0.85f_c'}\right) \tag{6.3-12}$$

式中，M_{ll} 为节点一侧框架梁的线性极限弯矩；T 为构件的单根预应力筋的预拉力；f_{pi} 为预应力筋的初始预应力；A_p 为预应力筋的总配筋面积；h 为截面高度；f_{ci} 为施加预应力后的混凝土初始压应力；f_c' 为混凝土圆柱体抗压强度。

由于试验试件在两侧框架梁端处加载，所以对应本节试件的线性极限弯矩应为 $2M_{ll}$。

达到线性极限状态前，MHRPC 框架节点试件的弯矩-转角曲线的初始刚度如式（6.3-13）所示，即

$$R = 2\frac{EI_g}{L} \tag{6.3-13}$$

式中，E 为截面的弹性模量，取为混凝土的材料弹性模量 3×10^{10} N/m^2；I_g 为毛截面的截面惯性矩；L 为节点试件一侧梁的有效长度，取为梁端钢套边缘间距，在上述试验试验中，$L = 1.2$ m。

根据试验试件的尺寸，计算得到节点试件的初始刚度为 8138 kN·m，第一次试验的线性极限状态弯矩为 34.7 kN·m，对应的转角为 0.426%；第二次试验的线性极限状态弯矩为 16.7 kN·m，对应的转角为 0.205%。

试验结果表明，在 MHRPC 框架的子结构抗震性能试验中，构件的预制框架梁沿着梁端钢套角点与预制框架柱发生相对转动，构件的变形模式如图 6.3-30 所示。假设 MHRPC 试件的连接角钢在构件转角超过线性极限状态转角后提供承载力贡献，可以求得节点受拉侧角钢的变形为

$$\Delta = \left(\theta - \theta_{ll}\right)h \tag{6.3-14}$$

式中，θ 为节点试件的转角；θ_{ll} 为线性极限状态对应的转角，当 $\theta < \theta_{ll}$ 时，Δ 取为 0；h 为梁高。

在此基础上，可以按照图 6.3-29 的计算流程得到节点两侧的顶底角钢连接的承载力贡献。

同时，按照图 6.3-30 所示抗震性能试验节点区的变形模式，以梁内布置的上预应力筋为例，预应力筋的变形为

$$\Delta_{tendon} = \theta\left(d_1 + d_2\right) = \theta h \tag{6.3-15}$$

式中，d_1、d_2 分别为梁内预应力筋中心到梁底面的距离。

由于 MHRPC 试件内上下预应力沿梁高对称布置，下预应力筋的变形同样可以由式（6.3-15）计算。考虑预应力的总长度后，可以计算式（6.3-3）中的预应力筋应变增量 $\Delta\varepsilon = \Delta_{tendon}/l_{tendon}$，并根据式（6.3-3）计算对应梁端转角的预应力筋内力，对于节点左右两侧的梁，分别对图 6.3-30 中所示的转动中心 O 点（梁柱边缘交点）求矩即可得到预应力筋的抗弯贡献。

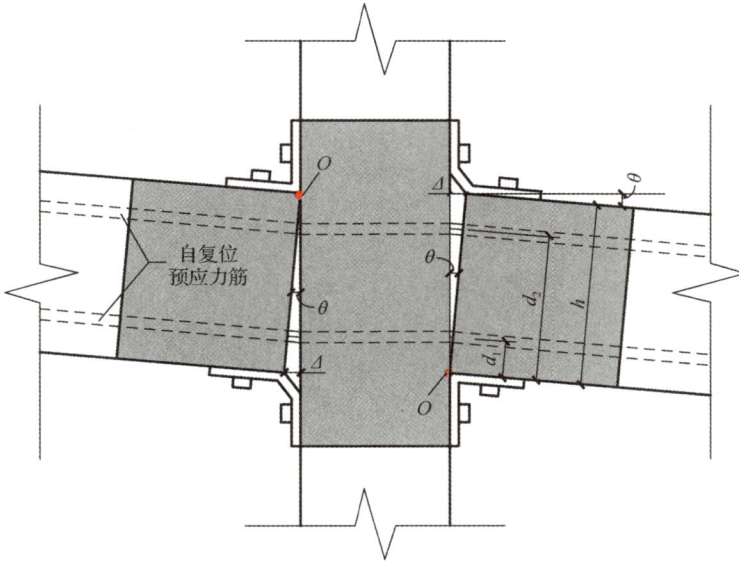

图 6.3-30 抗震性能试验节点区的变形模式

　　将预应力筋和顶底角钢连接的抗弯承载力贡献相加即可近似得到 S-PC6 试件的抗震性能试验试件的弯矩-转角曲线。采用上述模型计算得到的弯矩-转角骨架线理论与试验计算结果对比如图 6.3-31 所示。此外，图 6.3-31 还对比了两次试验理论计算与实测到的预应力筋合力变化曲线。结果表明：基于本节提出的计算流程，求得 MHRPC 框架梁

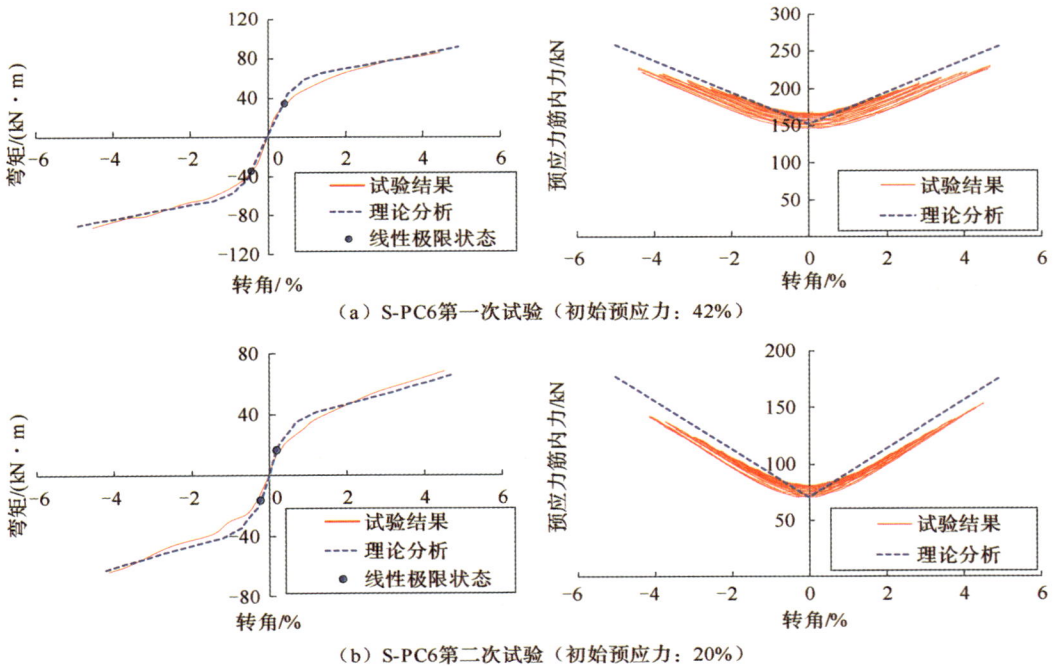

（a）S-PC6 第一次试验（初始预应力：42%）

（b）S-PC6 第二次试验（初始预应力：20%）

图 6.3-31 S-PC6 理论与试验计算结果对比

柱节点试件的抗震性能试验响应与试验基本吻合，也能较为准确反映试件内预应力筋的内力变化，可以用于该类构件的承载力分析及设计。

2）抗连续倒塌承载力计算方法

本节的试验结果表明，P-PC6 试件的加载过程也可以明显分为梁机制和悬链线机制受力阶段。在小变形阶段，连续倒塌抗力主要来自试验梁内的压拱效应和梁的抗弯能力（图 6.3-32）。

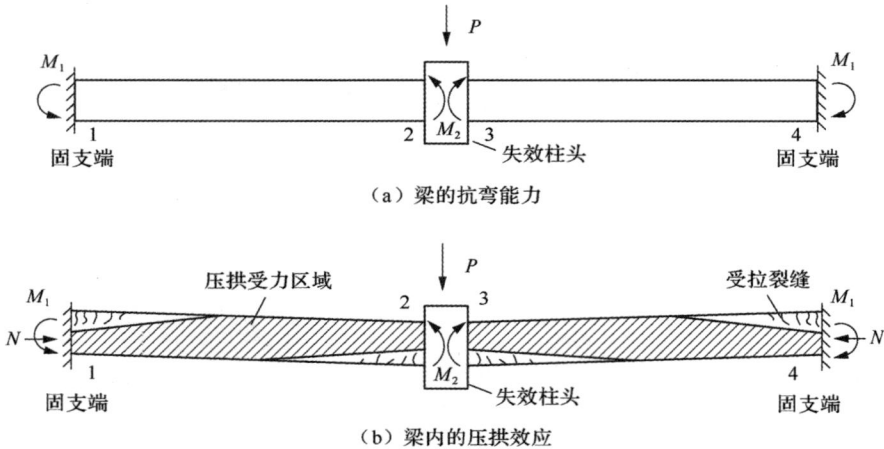

图 6.3-32　小变形阶段连续倒塌抗力主要来自试验梁内的压拱效应和梁的抗弯能力

大变形阶段，P-PC6 试件通过悬链线机制抵抗连续倒塌，其中耗能角钢连接器和自复位预应力筋也是主要的受力构件。因此，对于 P-PC6 试件的抗连续倒塌承载力计算也同样地分为梁机制和压拱机制阶段分别进行计算。

（1）梁机制阶段。很多学者对压拱机制计算开展了理论研究，其中最经典的方法是由 Park 等（2000）提出的，他们通过建立子结构的变形协调和受力平衡方程，提出了钢筋混凝土结构在压拱机制下的承载力理论计算公式。但是 Park 和 Gamble 方法的计算需要用到峰值承载力对应的峰值位移 δ。而 Park 和 Gamble 并未给出非常合适的 δ 计算方法，进而难以用于工程设计。

本节收集了 45 个 RC 框架梁的连续倒塌试验（Yu，et al.，2012，2013；Qian，et al.，2015；Su，et al.，2009；Sasani，et al.，2011；Farhang，et al.，2013；Alogla，et al.，2016；牛金鑫，2011；陈明辉，2010；周育泷，2015），并采用 OpenSees 程序，建立了上述试件的纤维模型。通过 45 个试件的有限元计算表明，对于两端为理想固支的 RC 框架梁，压拱机制峰值位移的影响因素主要包括构件总长 l、梁高 h 和混凝土强度 f_c。

基于 OpenSees 讨论上述因素对其峰值位移的影响，建模时每一个模型仅在基准构件的基础上对一个模型的参数进行改变。计算时，考虑梁长的变化范围为 1～5m；梁高的变化范围为 0.1～0.5m；混凝土强度的变化范围为 10～50MPa。压拱机制峰值位移主要影响因素分析如图 6.3-33 所示。

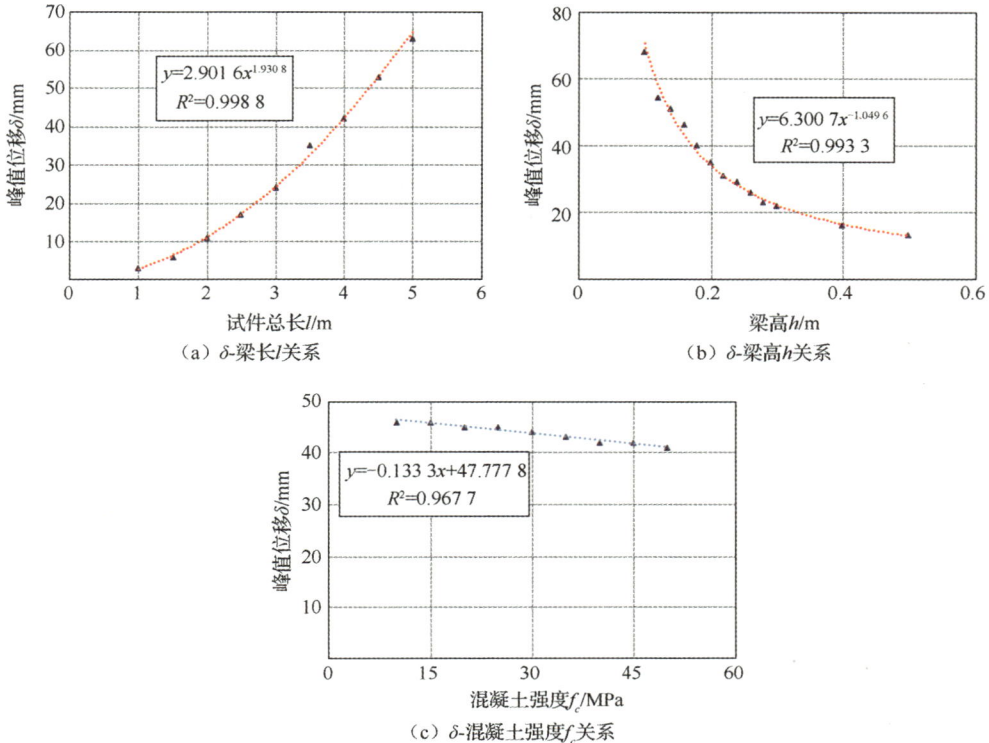

（a）δ-梁长l关系

$y=2.901\ 6x^{1.930\ 8}$
$R^2=0.998\ 8$

（b）δ-梁高h关系

$y=6.300\ 7x^{-1.049\ 6}$
$R^2=0.993\ 3$

（c）δ-混凝土强度f_c关系

$y=-0.133\ 3x+47.777\ 8$
$R^2=0.967\ 7$

图 6.3-33　压拱机制峰值位移主要影响因素分析

上述参数分析结果表明，压拱机制的峰值位移近似与梁长（l）的平方成正比，梁高（h）成反比，随着混凝土强度的增加线性减小，其中混凝土强度带来的影响幅度相比 l^2 及 h 的影响很小，基本可以忽略。因此，选取 l^2/h 对 RC 框架梁的压拱机制峰值位移进行估计。对于上述 45 个梁试件，收集所有梁试件δ-l^2/h 拟合结果，如图 6.3-34 所示。可以看出，可以通过 l^2/h 对 RC 框架梁的压拱机制峰值位移进行估计，且结果的相关系数 R^2 较高。上述分析的详细过程可以参阅 Lu 等（2018a）。因此，可以得到 RC 框架梁压拱机制峰值位移的估计值如式（6.3-16）所示，即

$$\delta = 0.000\ 50\ l^2/h \tag{6.3-16}$$

在此基础上，根据预制框架梁中的配筋，可以采用 Park-Gamble 压拱机制计算模型（Park, et al., 2000）（图 6.3-35）计算该构件的梁机制阶段峰值承载力（Lu, et al., 2018a）。子结构在压拱机制下的连续倒塌抗力 P 可以表示为

$$P = \frac{2(M_1 + M_2 - N\delta)}{\beta l} \tag{6.3-17}$$

式中，M_1 和 M_2 为框架梁端的弯矩；N 为压拱效应导致的梁内轴力；l 为试件的总长；β 为一跨框架梁的净跨与 l 的比值。其中，M_1、M_2 和 N 可以通过在对梁端截面求合外力得到。

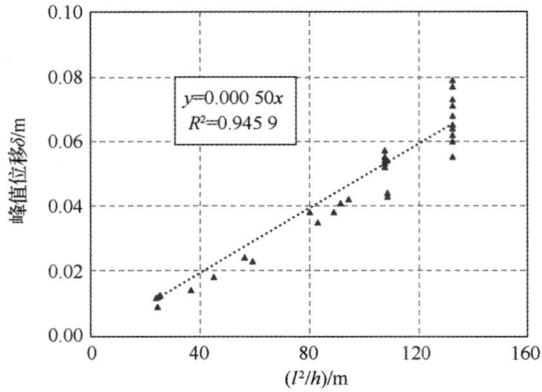

图 6.3-34 所有梁试件 $\delta\text{-}l^2/h$ 拟合结果

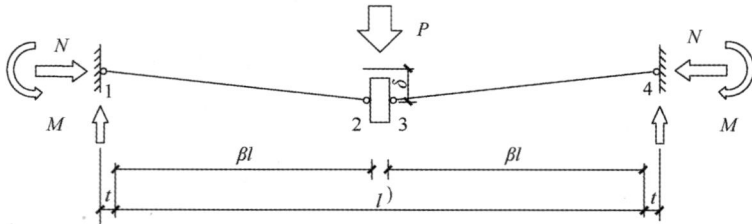

（a）RC框架梁压拱机制宏观受力模型

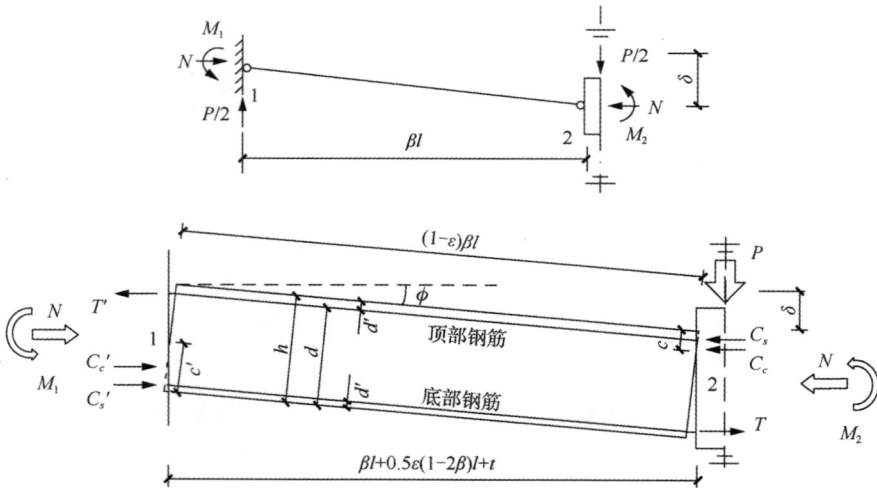

（b）压拱阶段框架梁受力示意图

图 6.3-35 Park-Gamble 压拱机制计算模型（Park，et al.，2000）

（1～4 为不同截面编号）

Park-Gamble 模型通过图 6.3-35 所示的两端固支 RC 框架梁在集中荷载作用下的变形协调和受力平衡得到了边界及加载点处梁截面的相对受压区高度表达式，即

$$c' = \frac{h}{2} - \frac{\delta}{4} - \frac{\beta l^2}{4\delta}\left(\varepsilon + \frac{2t}{l}\right) + \frac{T' - T - C_s' + C_s}{1.7 f_c' \beta_1 b} \quad (6.3\text{-}18)$$

$$c = \frac{h}{2} - \frac{\delta}{4} - \frac{\beta l^2}{4\delta}\left(\varepsilon + \frac{2t}{l}\right) - \frac{T' - T - C_s' + C_s}{1.7 f_c' \beta_1 b} \quad (6.3\text{-}19)$$

式中，c' 和 c 分别为1、2截面的混凝土相对受压区高度；h 为梁高；b 为梁宽；ε 为构件的轴向压缩变形；t 为支座的水平位移；T' 为1截面上部钢筋拉力；C_s' 为1截面下部钢筋压力；T 为2截面下部钢筋拉力；C_s 为2截面上部钢筋压力；f_c' 为混凝土圆柱体强度平均值。

对于经过合理设计的适筋梁，可以通过上述相对受压区高度公式，结合极限状态时钢筋与混凝土的应力水平，计算出式（6.3-18）所需的梁端弯矩和轴力（M_1、M_2 和 N），由此可以计算得到梁在压拱阶段的连续倒塌抗力，梁端弯矩和轴力的计算式如式（6.3-20）～式（6.3-22）所示，即

$$N = C_c + C_s - T = 0.85 f_c' \beta_1 cb + C_s - T \quad (6.3\text{-}20)$$

$$M_1 = 0.85 f_c' \beta_1 c'b\left(0.5h - 0.5\beta_1 c'\right) + C_s'\left(0.5h - d'\right) + T'\left(0.5h - d'\right) \quad (6.3\text{-}21)$$

$$M_2 = 0.85 f_c' \beta_1 cb\left(0.5h - 0.5\beta_1 c\right) + C_s\left(0.5h - d'\right) + T\left(0.5h - d'\right) \quad (6.3\text{-}22)$$

式中，C_c 分别为2截面混凝土受压区合压力；β_1 为混凝土相对受压区高度系数；d' 为混凝土保护层的厚度。

按照上述方法，将式（6.3-18）～式（6.3-22）代入式（6.3-17）即可计算出构件的压拱机制峰值承载力 58.53kN，由此可以标记出构件的压拱机制受力特征点对应的位移和荷载。试验结果表明，构件的压拱机制受力在失效柱头位移达到 250mm（1倍梁高）时，试件的 P—F 截面混凝土压碎，钢筋屈曲，随后试件进入悬链线机制受力阶段，因此理论模型中同样假设构件保持上述压拱机制承载力直至失效柱头位移达到 1 倍梁高为止。

（2）悬链线机制阶段。抗连续倒塌性能子结构试验中，在大变形阶段，试件的变形模式如图 6.3-36 所示。

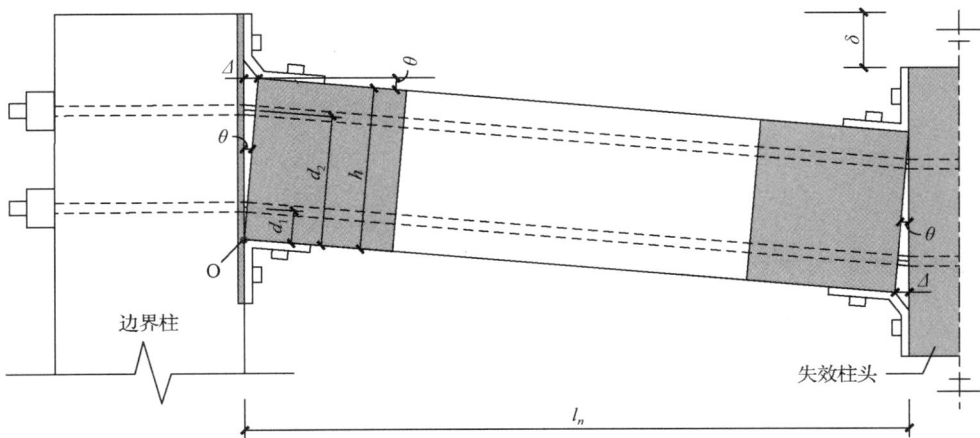

图 6.3-36　抗连续倒塌性能试验试件的变形模式

根据图 6.3-36 所示的变形模式，构件内单根预应力筋伸长量可以按照式（6.3-23）计算为

$$\Delta_{\text{tendon}} = 2\left(\sqrt{\delta^2 + l_n^2} - l_n\right) \tag{6.3-23}$$

式中，δ 为构件失效柱头的位移；l_n 为构件的净跨，如图 6.3-36 所示。进一步地，由自复位预应力筋的变形可以求得他们的应变增量，并按照式（6.3-3）计算出两根自复位预应力筋的内力。悬链线机制下，自复位预应力筋的抗连续倒塌承载力贡献为其内力的竖向分力。

悬链线机制下，Yang 等（2013）的试验结果表明，角钢在大变形阶段的承载力贡献主要决定于截面的极限受拉承载力，并维持不变，如式（6.3-24）所示，即

$$N_a = (b_{\text{eff},a} - nd_{b,\text{hole}})t_a f_u \tag{6.3-24}$$

式中，N_a 为角钢的截面最大拉力；$b_{\text{eff},a}$ 为角钢的有效宽度（图 6.3-37），根据 Yang 等（2013）和 Faella 等（1999）的建议，可以按照式（6.3-25）和式（6.3-26）计算；n 为角钢上沿宽度方向布置的螺栓个数；$d_{b,\text{hole}}$ 为螺栓孔直径；t_a 为角钢厚度；f_u 为角钢的材料极限强度。

$$b_{\text{eff},a} = \min\left(d_h + 2m_a, \quad \frac{d_h}{2} + m_a + \frac{w}{2}, \quad \frac{b_{ta}}{2}, \quad \frac{d_h}{2} + m_a + e_x\right) \tag{6.3-25}$$

式中，d_h 为螺帽直径；w 为沿宽度方向螺栓间距；b_{ta} 为角钢宽度；e_x 为最外侧螺栓到角钢侧边距离；m_a 按照式（6.3-26）计算，即

$$m_a = m - t_a - 0.8r_a \tag{6.3-26}$$

式中，m 为螺栓中心到角钢边缘距离；t_a 为角钢厚度；r_a 为角钢倒角半径。

对于试验中的角钢，计算得到的 $b_{\text{eff},a}$=62.5mm，N_a=130.54kN，在此基础上，同样地计算角钢拉力在竖直方向上的分力为角钢的连续倒塌承载力贡献。假设按照 Garlock 等（2003）提出的角钢屈服后响应计算公式（6.3-9）计算角钢承载力，达到 N_a 后维持该数值不变。

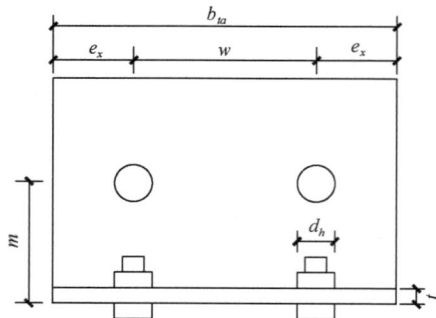

图 6.3-37　角钢有效宽度计算参数示意图（Yang, et al., 2013）

按照上述方法最后计算得到的 P-PC6 框架的荷载-位移曲线与试验结果对比如图 6.3-38 所示。其中，图 6.3-38（a）为构件的荷载-位移曲线计算结果，图 6.3-38（b）为构件内自复位预应力筋合力变化与试验结果对比。结果表明，按照上述方法可以较为准确地预测 MHRPC 框架子结构在梁机制和悬链线机制受力阶段的连续倒塌受力过程，其中由于梁机制阶段的计算过程中没有考虑耗能角钢连接器的抗弯贡献，计算求得的承载力略小于试验值。此外，在梁机制阶段的加载过程中，构件内预应力筋受到梁柱交界面处刚体转动的影响，局部的变形可能略大于理论值，因此在梁机制阶段理论计算得到的预应力合力小于试验值，进入悬链线阶段后，按照图 6.3-36 所示的变形模式可以较为准确地预测试验中自复位预应力筋的内力变化。

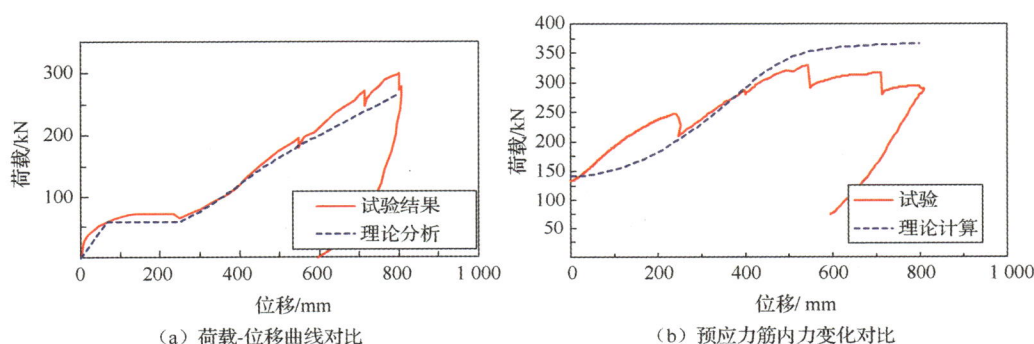

（a）荷载-位移曲线对比　　　　　（b）预应力筋内力变化对比

图 6.3-38　P-PC6 框架的荷载-位移曲线与试验结果对比

6.4　多灾害防御可恢复功能组合框架

6.4.1　引言

本节综合考虑钢混组合框架的抗震及防连续倒塌多灾害防御以及功能可恢复的需求，提出了多灾害防御钢混组合框架 MHRSCCF（multi-hazard resilient steel-concrete composite frame）示意图如图 6.4-1 所示。其基本原理与 6.3 节提出的 MHRPC 相似，但是，针对组合结构的特点进行了两个方面的专门改进。

（1）组合框架中钢梁的抗弯承载力和耗能能力一般较好，MHRPC 中的角钢耗能器无法充分满足组合框架的刚度、承载力和耗能需求，因此需要提出新的低成本高性能耗能装置。

（2）MHRPC 虽然在地震作用下具有较好的可恢复功能能力，但是在连续倒塌机制下由于压拱效应仍然会在梁内引起明显破坏，因此可以充分利用组合结构易于装配的性能优势，实现在地震和连续倒塌工况下均具有低损伤特征：①在梁端和柱之间留有 15mm 空隙，以释放压拱效应的轴力；②在角钢及加劲肋板中设置椭圆孔，以允许发生相对变形；③加强梁的轴向承载力，确保不会在压拱效应的轴力下发生破坏。

（a）节点装配图

（b）加劲角钢耗能构件示意图

（c）细节构造改进图

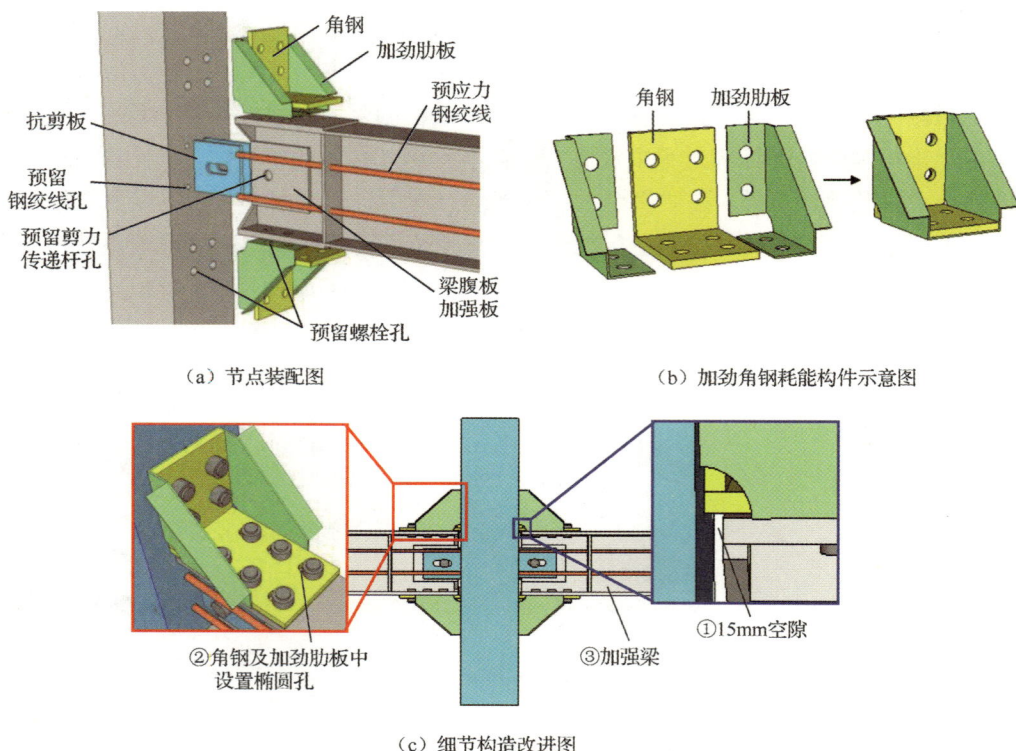

图 6.4-1　多灾害防御（可恢复功能）钢混组合框架示意图

由于 6.3 节已经充分论述了该类框架在抗震和抗连续倒塌性能方面的优势，本节重点对上述加劲角钢耗能构件和细节构造改进的性能影响进行试验和理论研究。

6.4.2　新型加劲角钢耗能构件

图 6.4-1 中此类可恢复功能组合框架的一个关键问题是耗能装置的研究。López-Barraza 等（2016）采用角钢作为预应力钢框架的梁柱连接装置，但是其耗能能力有限。Wang 等（2016）和 Wang 等（2015）利用形状记忆合金棒或将形状记忆合金棒与角钢相结合作为梁柱节点连接件。形状记忆合金可以有效提高梁柱节点的耗能能力和自复位能力，但是形状记忆合金价格高，不便于在土木工程中推广应用。Kim 等（2008）和 Rojas（2005）在预应力钢框架的翼缘位置设置摩擦型耗能构件，Zhang 等（2016）和 Guo 等（2015）在梁腹板处设置摩擦型耗能构件。其试验结果均表明，摩擦型耗能构件耗能效果较好。但是摩擦型耗能构件在恒定的正压力作用下，长期静接触的两材料间会产生冷黏结，使得所期望的摩擦系数发生改变，从而影响耗能构件的耗能性能。因此，如何提出可以有效保证梁柱节点刚度、承载力和耗能能力的新型耗能装置仍然是值得深入研究的重要问题。

本研究提出了一种适用于组合结构梁柱节点连接的新型耗能构件——承载耗能双功能可更换加劲角钢耗能构件（Lu，et al.，2018d）。该构件相比角钢连接件，能够有效的提高梁柱连接的刚度与承载力。且该构件完全采用钢材屈服耗能，从而具有性能稳定，价格低廉的优点。在震后可以通过快速更换，从而满足结构功能可恢复的要求。

6.4.2.1　工作原理

本节提出的承载耗能双功能可更换加劲角钢耗能构件与梁柱的装配图如图 6.4-2 所示。通过在角钢附近添加加劲肋板，来提高其承载力和耗能能力。加劲肋板采用钢材冷加工成形，避免焊接和其他热加工可能导致的残余应力等影响其变形和耗能能力。加劲肋板可以置于角钢内侧［称为"IN"耗能构件，图 6.4-2（a）］，也可以置于角钢外侧［称为"OUT"耗能构件，图 6.4-2（b）］。

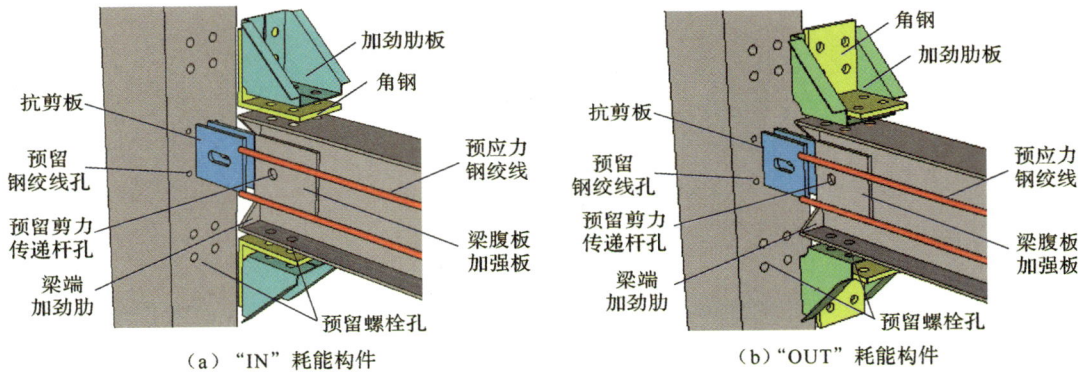

（a）"IN"耗能构件　　　　　　　　（b）"OUT"耗能构件

图 6.4-2　加劲角钢耗能构件与梁柱的装配图

6.4.2.2　试验研究

1）试件设计及钢材材性

为确定优化的耗能构件构造，本研究共设计和对比了七种不同形式的耗能构件构造（图 6.4-3），分别为纯角钢（A）、角钢+置于角钢内侧的月牙形内加劲肋板（AR-IN-M）、角钢+置于角钢内侧的三角形内加劲肋板（AR-IN-T）、角钢+置于角钢内侧的加强型内加劲肋板（AR-IN-S）、角钢+置于角钢外侧的月牙形外加劲肋板（AR-OUT-M）、角钢+置于角钢外侧的三角形外加劲肋板（AR-OUT-T）、角钢+置于角钢外侧的加强型外加劲肋板（AR-OUT-S）。上述耗能构件（除纯角钢外）在后文称为"加劲角钢耗能构件"。加劲肋板置于角钢内侧和置于角钢外侧的含义如图 6.4-2 所示。

角钢与肋板尺寸详图如图 6.4-4 和图 6.4-5 所示。其中角钢规格为∟200mm×200mm×14mm，加劲肋板的设计厚度为 3mm。试验确定各部位钢材材性数据如表 6.4-1 所示。

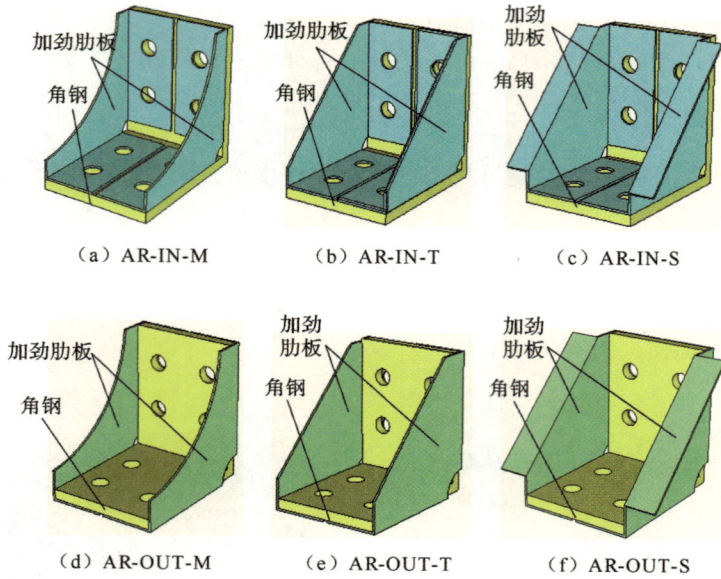

（a）AR-IN-M　　　　（b）AR-IN-T　　　　（c）AR-IN-S

（d）AR-OUT-M　　　　（e）AR-OUT-T　　　　（f）AR-OUT-S

图 6.4-3　加劲角钢耗能构件构造

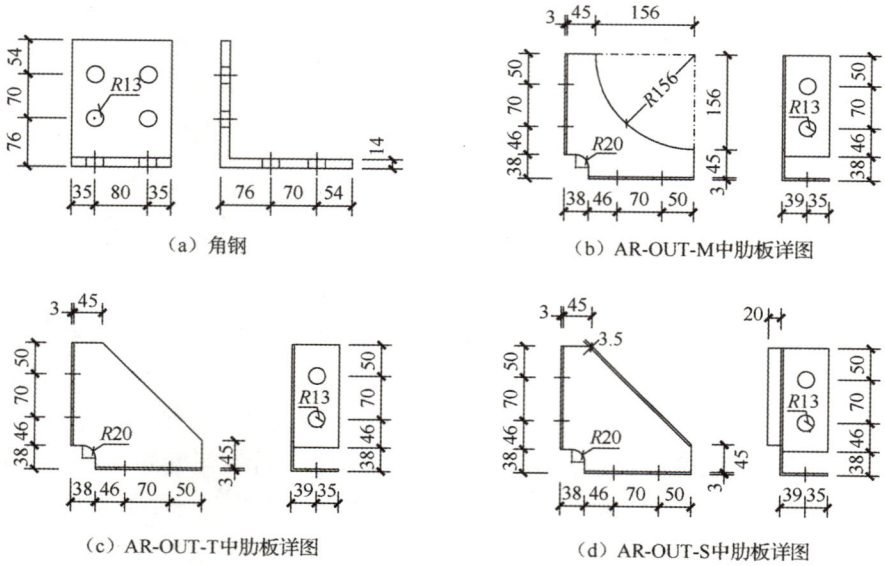

（a）角钢　　　　（b）AR-OUT-M中肋板详图

（c）AR-OUT-T中肋板详图　　　　（d）AR-OUT-S中肋板详图

图 6.4-4　"OUT"耗能构件中角钢与肋板尺寸详图（单位：mm）

（a）角钢

（b）AR-IN-M中肋板详图

（c）AR-IN-T中肋板详图

（d）AR-IN-S中肋板详图

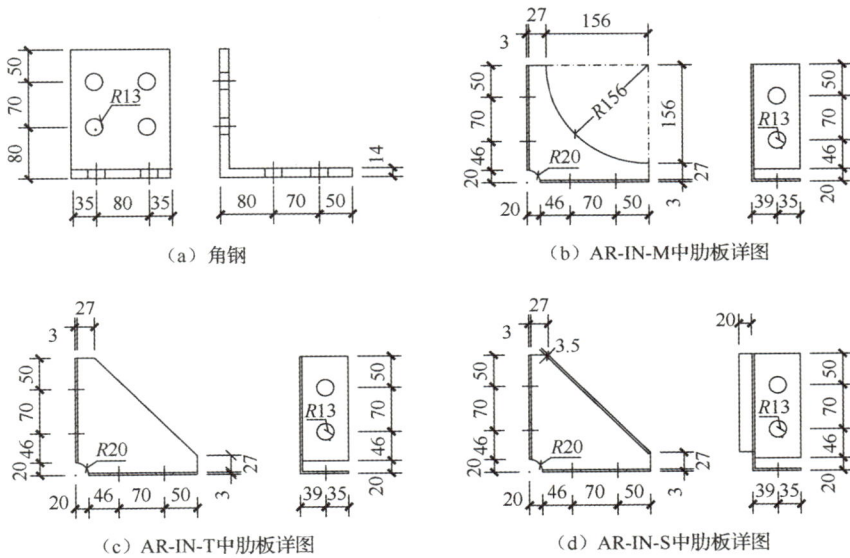

图 6.4-5 "IN"耗能构件中角钢与肋板尺寸详图（单位：mm）

表 6.4-1 各部位钢材材性数据

构件类型	屈服强度 f_y/MPa	极限强度 f_u/MPa
角钢	365.5	551.8
加劲肋板	366.3	478.1

2）加载装置及加载制度

为了对比不同形式的耗能构件性能的差别，采用图 6.4-6 所示的加载装置进行相关试验研究。其中 H 形钢梁的尺寸为 300mm×150mm×6.5mm×9mm，连接所用螺栓为 10.9 级 M24 高强摩擦型螺栓。加载中心距底部支座上表面的距离为 1.4m，具体尺寸如图 6.4-6 所示。在试验设计时，通过加强 H 形钢梁及支座梁的强度，保证其在加载过程中始终保持弹性受力状态。

对上述七种不同构造的耗能构件，首先依次进行单调加载试验，测定其承载力。再选出承载力及平面外稳定性最优的构造形式进行滞回试验，考察其耗能性能。单调加载中加载点目标位移为 120mm（节点转角 0.086rad），远远满足 AISC（2010）规定的特殊抗弯框架（SMF）需要满足的 0.04rad 的延性需求。滞回试验加载制度如图 6.4-7 所示。当试验满足以下条件之一时，加载停止：①加载点达到目标位移；②承载力下降 80%。

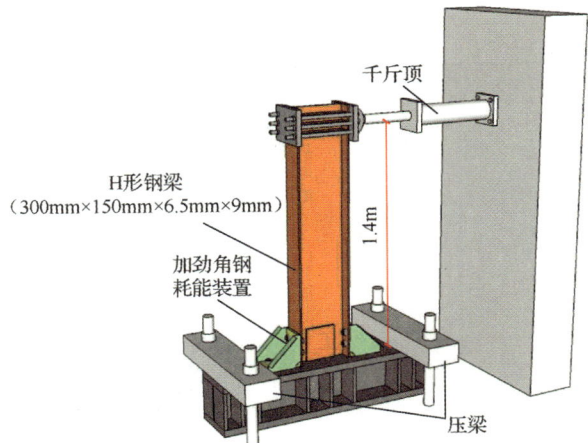

图 6.4-6 加劲角钢耗能构件加载装置

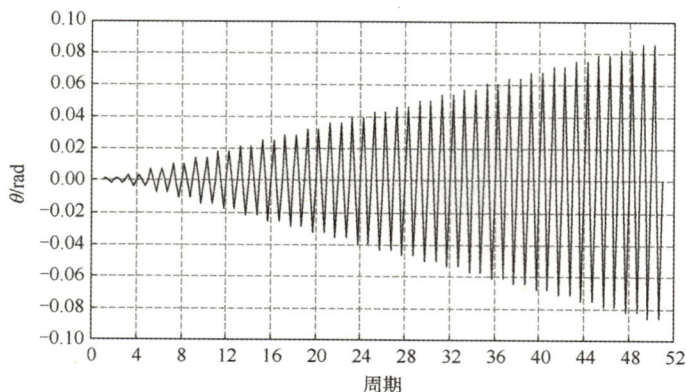

图 6.4-7　滞回试验加载制度

3）试验结果

单调加载下所有试件梁端荷载-位移关系曲线如图 6.4-8 所示。各个试件的最终试验现象如表 6.4-2 所示。

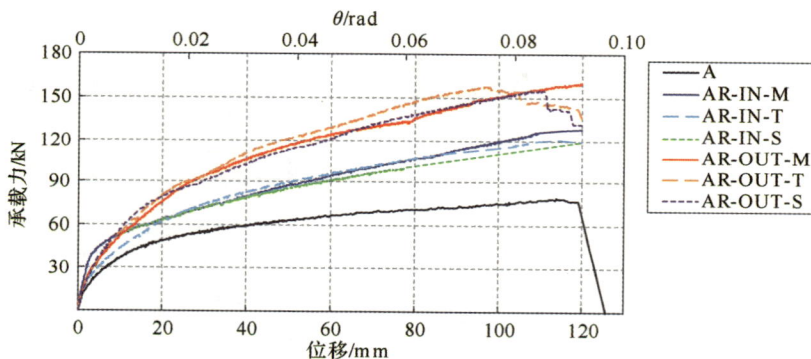

图 6.4-8　梁端荷载-位移关系曲线

表 6.4-2　各个试件的最终试验现象

试件编号	最终试验现象	试件编号	最终试验现象
A	角钢根部断裂（$\theta=0.081\text{rad}$）	AR-IN-T	肋板明显屈曲（$\theta=0.086\text{rad}$）
AR-IN-M	肋板严重屈曲（$\theta=0.086\text{rad}$）	AR-IN-S	肋板屈曲较轻（$\theta=0.086\text{rad}$）

续表

试件编号	最终试验现象	试件编号	最终试验现象
AR-OUT-M	 肋板明显屈曲（θ=0.086rad）	AR-OUT-S	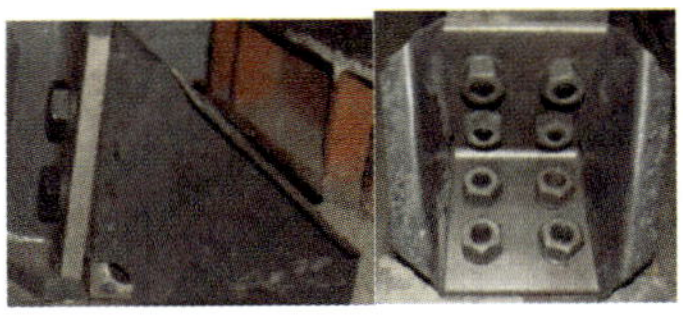 肋板开裂，肋板屈曲较轻（θ=0.079rad）
AR-OUT-T	 肋板开裂，肋板明显屈曲（θ=0.069rad）	—	—

从图 6.4-8 可以看出如下几点。

（1）"OUT"类型的加劲角钢耗能构件比"IN"类型的加劲角钢耗能构件的承载力与刚度更优，因为"OUT"类型的加劲角钢耗能构件中加劲肋板通过角钢进行有效的约束，使得肋板的性能能够充分的发挥；而"IN"类型的加劲角钢耗能构件仅通过螺栓进行约束，未被螺栓压住的部分肋板会发生翘曲，影响了加劲肋板性能的发挥。

（2）对于"OUT"类型的加劲角钢耗能构件而言，对于不同形状的加劲肋板，其加载曲线相当。对于"IN"类型的加劲角钢耗能构件而言，对于不同形状的加劲肋板，其大变形的承载力相当，初始刚度存在一定的差别。

（3）试件 AR-OUT-S 比试件 AR-IN-S 平面外稳定性明显更优。由于加劲肋板平面外的约束构造，肋板在受压过程中屈曲较轻，耗能构件的受力性能更好。

（4）相比于传统的角钢连接（A），本试验中加劲角钢耗能构件（AR-OUT-S）的承载力能够提高 1 倍，而用钢量仅仅提高了 41%。

综上所述，加劲角钢耗能构件 AR-OUT-S 的承载力与刚度高，平面外稳定性良好，材料强度可以充分发挥，所以，最终选择了 AR-OUT-S 来进行滞回试验。

试件 AR-OUT-S 滞回加载曲线如图 6.4-9 所示。图 6.4-10 给出了滞回试验曲线分别在 0.01～0.05rad 下的滞回圈。可以发现当梁柱层间位移角小于 0.01rad 时滞回曲线饱满，无捏拢行为。当梁柱层间位移角在 0.01～0.04rad 时，滞回曲线出现捏拢行为，主要原因为角钢受拉过程中发生屈服。在此阶段，肋板能够有效地发挥承载力与耗能性能，在一定程度上减缓了捏拢行为。当梁柱层间位移角大于 0.043rad 时，肋板出现裂纹并逐个开裂，节点的承载力下降，同时由于肋板的开裂导致再加载刚度进一步减小，捏拢行为加重，试件 AR-OUT-S 滞回试验关键试验现象如图 6.4-11 所示。

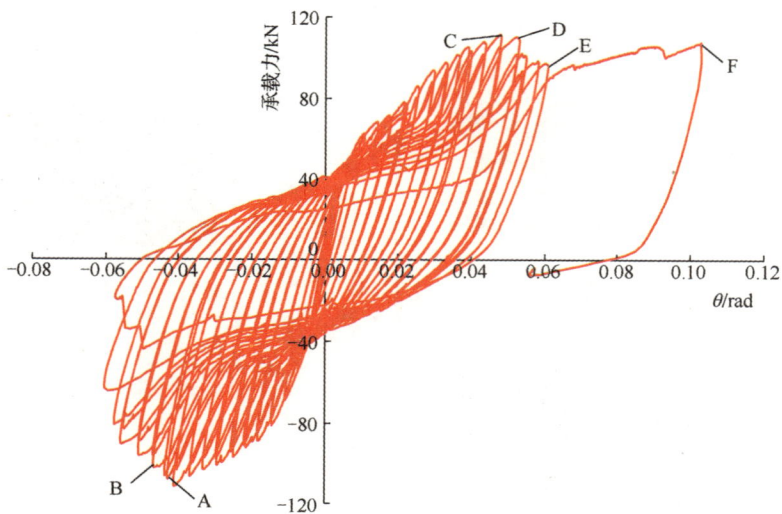

图 6.4-9　试件 AR-OUT-S 滞回加载曲线

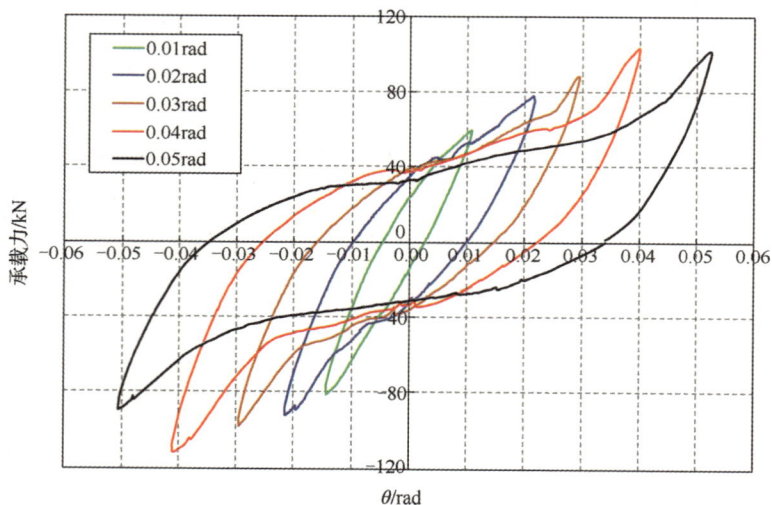

图 6.4-10　试件 AR-OUT-S 滞回试验曲线分别在 0.01～0.05rad 下的滞回圈

（a）肋板屈曲，右侧一肋板开裂　（b）肋板屈曲加重，右侧两肋板均开裂　　　（c）左侧一肋板开裂
　　（A，θ=0.043rad）　　　　　　（B，θ=0.046rad）　　　　　　　（C，θ=0.05rad）

图 6.4-11　试件 AR-OUT-S 滞回试验关键试验现象

（d）左侧两肋板均开裂   （e）左侧一肋板彻底撕裂   （f）所有肋板彻底撕裂
（D，θ=0.054rad）   （E，θ=0.061rad）   （F，θ=0.104rad）

图 6.4-11（续）

综上可知，加劲角钢耗能构件 AR-OUT-S 中的肋板在梁柱层间位移角 0.04rad 前无开裂，能够提供稳定的承载力与刚度，同时可以减缓角钢由于塑性铰带来的捏拢行为，完全满足 AISC（2010）规定的特殊抗弯框架（SMF）0.04rad 的延性需求。

6.4.2.3 数值模拟

为了研究加劲角钢耗能构件破坏机理，并为后面提出理论计算公式提供依据，本节采用广泛应用的非线性有限元软件 MSC.Marc（MSC. Software Corp.，2007）为平台，建立了角钢耗能构件（A）与加劲角钢耗能构件（AR-OUT-S）试验的精细有限元模型。角钢耗能构件（A）与加劲角钢耗能构件（AR-OUT-S）均采用实体单元模拟，有限元模型如图 6.4-12 所示。

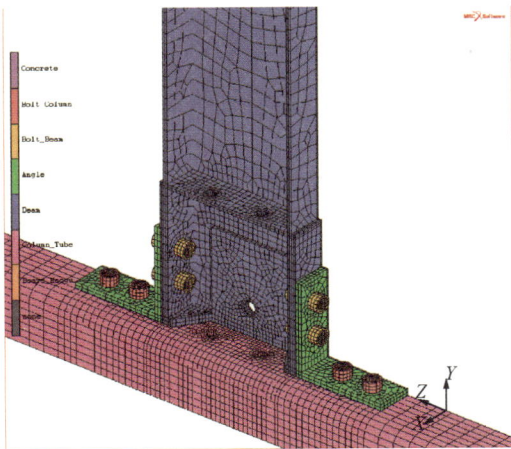

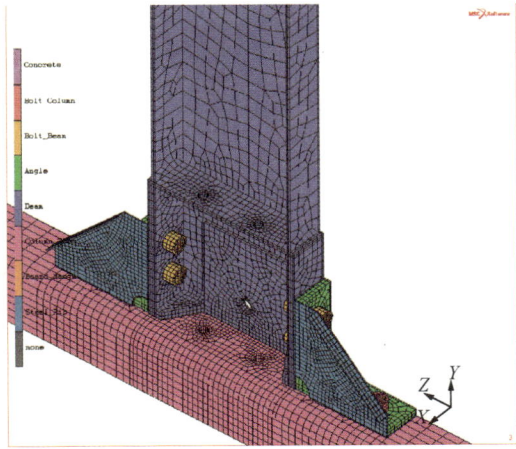

（a）角钢耗能构件（A）节点   （b）加劲角钢耗能构件（AR-OUT-S）节点

图 6.4-12 有限元模型（因为对称，取 1/2 模型）

在实际工程中钢构件不可避免的存在初始缺陷，对于本试验研究的耗能构件而言，主要是加劲肋板的平面外的初始变形，Eurocode 3（BSI，2005）以及《钢结构设计标准》（GB 50017—2017）中考虑构件初始缺陷的方法是通过对构件施加等效均布荷载使得计算模型的变形与实际构件初始变形一致，故对加劲角钢耗能构件（AR-OUT-S）中加劲肋板侧向施加《钢结构设计标准》（GB 50017—2017）建议的均布荷载使得有限元模型的初始缺陷与实际试件保持一致。最终的模拟结果与试验结果对比如图 6.4-13 所示。从图中可以看到对于角钢耗能构件（A）与加劲角钢耗能构件（AR-OUT-S），模拟曲线与试验吻合良好，由于肋板端部的加劲段可以有效约束加劲肋板的屈曲，初始缺陷对加劲角钢耗能构件（AR-OUT-S）的承载力影响很小。模拟结果表明，角钢耗能构件（A）与加劲角钢耗能构件（AR-OUT-S）的有限元模型可以很好地模拟角钢和加劲角钢耗能构件的受力行为，因此可以采用该模型进行参数分析以及理论公式的验证。

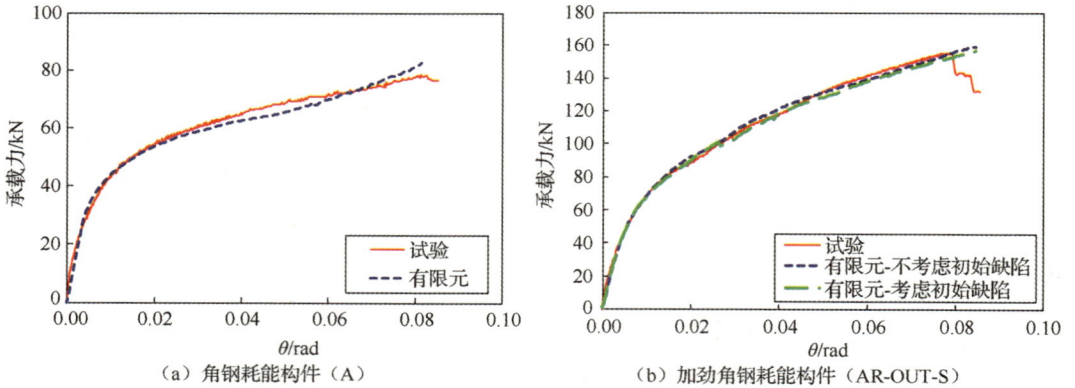

（a）角钢耗能构件（A）　　　　　（b）加劲角钢耗能构件（AR-OUT-S）

图 6.4-13　最终的模拟结果与试验结果对比

6.4.2.4　理论分析

加劲角钢耗能构件（AR-OUT-S）是一种新型的耗能构件，其初始刚度与屈服承载力可以简化为角钢连接件和加劲肋板的初始刚度与屈服承载力的叠加。角钢连接件的设计方法已经有很多学者进行研究，可以利用现有的研究成果；而加劲肋板的设计方法则需要进一步研究。

1）角钢连接件计算模型的参数标定

很多研究表明，Kishi 等（1990）提出的三参数幂函数模型能够较准确的描述角钢连接件节点的行为（Hasan, 2017；Lui, et al., 2014；Pirmoz, et al., 2011），可采用 Kishi-Chen 三参数幂函数模型来计算采用角钢连接件的梁柱节点弯矩-转角关系。Kishi-Chen 三参数幂函数模型包含三个关键参数：初始转动刚度 k_0^A，极限弯矩 M_u^A 和形状参数 n^A。表达式为

$$M^A = \frac{k_0^A \theta}{\left[1 + \left(\dfrac{\theta}{\theta_0^A} \right)^{n^A} \right]^{1/n^A}} \tag{6.4-1}$$

式中，$\theta_0^A = M_u^A / k_0^A$，$M^A$ 和 θ 分别表示连接的弯矩和相应的转角。

Kishi 等（1990）给出了初始刚度 k_0^A 和极限弯矩 M_u^A 理论计算方法，而形状参数 n^A 需要通过采用角钢连接的梁柱节点单调试验结果标定。Kishi 等（1990）提出通过理论计算值与试验值在承载力峰值点相等的原则确定形状系数 n^A。这样的标定方法可以较

好地反映节点在峰值承载力附近的弯矩-转角行为。但是，本节通过试算表明，这样确定的形状系数 n^A 在计算屈服弯矩时会存在较大的误差（图 6.4-14）。为了更好地确定采用角钢连接的梁柱节点屈服弯矩，本节对 Kishi 等的方法加以修正，定义了一个新的形状系数 n_p^A，其含义为：理论计算的弯矩-转角曲线与试验弯矩-转角曲线在指定转角 θ_p 内能量相等。θ_p 需要大于节点的屈服转角，但不宜过大，否则会影响屈服弯矩的确定。由于《建筑抗震设计规范》（GB 50011—2010）规定的钢结构的弹塑性层间位移角限制为 0.02rad，不妨取 $\theta_p = 0.02$rad。根据表 6.4-3 中的数据，对形状系数 n_p^A 进行了参数拟合，如图 6.4-15 所示，最终确定形状系数 n_p^A 如式（6.4-2）所示，即

$$n_p^A = 74.29 \frac{M_u^A}{k_0^A} + 0.34 \tag{6.4-2}$$

则相应的屈服弯矩为计算式为

$$M_y^A = \frac{k_0^A \theta_y}{\left[1 + \left(\frac{\theta_y}{\theta_0^A}\right)^{n_p^A}\right]^{1/n_p^A}} \tag{6.4-3}$$

式中，θ_y 为屈服转角。

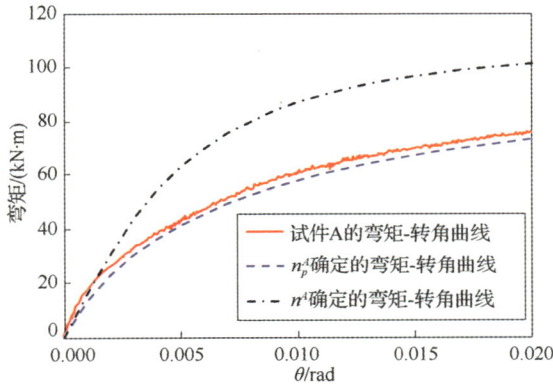

图 6.4-14　形状系数 n^A 和 n_p^A 的差别（以试件 A 为例）

表 6.4-3　单调加载试验试件参数

试件编号	梁	柱	顶/底角钢	n_p^A
JT-07（Davison，et al.，1987）	H254mm×102mm×5.7mm×6.8mm	H153mm×152mm×5.8mm×6.8mm	∟80mm×60mm×8mm（∟125mm×75mm×8mm）	0.622
JT-08（Davison，et al.，1987）	H254mm×102mm×5.7mm×6.8mm	H153mm×152mm×5.8mm×6.8mm	∟80mm×60mm×8mm（∟125mm×75mm×8mm）	0.520
TSC-M（Bernuzzi，et al.，1996）	H300mm×150mm×7.1mm×10.7mm	H300mm×150mm×7.1mm×10.7mm	∟120mm×120mm×12mm	0.529
TA-4（顾正维，2003）	H250mm×125mm×6mm×9mm	H350mm×175mm×6mm×9mm	∟140mm×90mm×12mm	0.655
JD1（王新武，2003）	H300mm×300mm×8mm×12mm	H200mm×200mm×12mm×12mm	∟110mm×110mm×12mm	0.760
JD2（王新武，2003）	H300mm×300mm×8mm×12mm	H200mm×200mm×12mm×12mm	∟140mm×140mm×16mm	0.982

续表

试件编号	梁	柱	顶/底角钢	n_p^A
W00 （Komuro, et al.，2004）	H400mm×200mm×8mm×13mm	H408mm×408mm×21mm×21mm	∟150mm×100mm×12mm	0.516
ZRBA2-1（李文岭，2007）	H298mm×149mm×5.5mm×8mm	H300mm×300mm×10mm×15mm	∟125mm×125mm×12mm	0.685
ZRBA2-2（李文岭，2007）	H298mm×149mm×5.5mm×8mm	H300mm×300mm×10mm×15mm	∟125mm×125mm×12mm	0.654
ZRBA2-3（李文岭，2007）	H298mm×149mm×5.5mm×8mm	H300mm×300mm×10mm×15mm	∟125mm×125mm×12mm	0.656
F1（熊洁，2011）	H300mm×250mm×8mm×12mm	H400mm×300mm×10mm×14mm	∟160mm×160mm×10mm	0.587

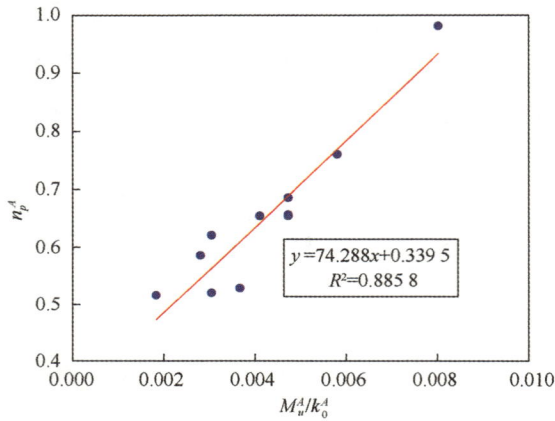

$y=74.288x+0.339\,5$
$R^2=0.885\,8$

图 6.4-15　文献中的数据确定形状系数 n_p^A

图 6.4-16 为加劲肋板刚度计算原理图。以试件 A 为例，在 0.02rad 转角前，采用 Kishi 等（1990）确定的形状系数 n^A 和形状系数 n_p^A 计算得到的弯矩转角关系与试验对比如图 6.4-14 所示，可见采用形状系数 n_p^A 能够更好地确定角钢耗能构件在转角为 0.02rad 以前的行为，即可以更好地标定梁柱连接的屈服弯矩。

2）加劲肋板提供的梁柱连接初始刚度

根据有限元模拟结果，可以将加劲肋板有效受力区域简化成角度为 α 的板带。图 6.4-16（a）为计算加劲肋板提供的初始刚度时的等效受力区，其中红色区代表受拉，蓝色区代表受压；图 6.4-16（b）为梁柱相对转动 θ 后的加劲肋板变形模式；图 6.4-16（c）为梁柱相对转动 θ 后拉压板带的变形示意图；图 6.4-16（d）为计算加劲肋板提供的初始刚度时的等效受力模型。

（1）对于受拉加劲肋。

拉力带应变

$$\varepsilon_1 = \gamma_1^k \frac{\theta h \cos\alpha}{x_1/\cos\alpha} = \gamma_1^k \frac{\theta h \cos^2\alpha}{x_1} \qquad (6.4\text{-}4)$$

式中，γ_1^k 为受拉区应变不均匀系数；h 为梁高；x_1 为加劲肋条带到梁边缘的距离；α 为条带倾角，建议取 45°。

拉力带横截面积

$$dS_1 = t_r \sin\alpha dx_1 \qquad (6.4\text{-}5)$$

式中，t_r 为加劲肋厚度。

拉力带对点 O_2 的力臂为

$$d_1 = h\cos\alpha + x_1\sin\alpha \qquad (6.4\text{-}6)$$

则受拉肋板对点 O_2 的弯矩为

$$\begin{aligned} M_1 &= \int_{l_1}^{l_r} E_r\varepsilon_1 d_1 dS_1 \\ &= \gamma_1^k\theta ht_r E_r\cos^2\alpha\sin\alpha\big[h\cos\alpha(\ln l_r - \ln l_1) + \sin\alpha(l_r - l_1)\big] \end{aligned} \qquad (6.4\text{-}7)$$

式中，l_r 为加劲肋的高度；l_1 为梁端螺栓孔边缘到柱边缘的最小距离（图 6.4-16）；E_r 为加劲肋弹性模量。

受拉肋板对点 O_2 的初始刚度为

$$k_1 = \frac{M_1}{\theta} = \gamma_1^k ht_r E_r\cos^2\alpha\sin\alpha\big[h\cos\alpha(\ln l_r - \ln l_1) + \sin\alpha(l_r - l_1)\big] \qquad (6.4\text{-}8)$$

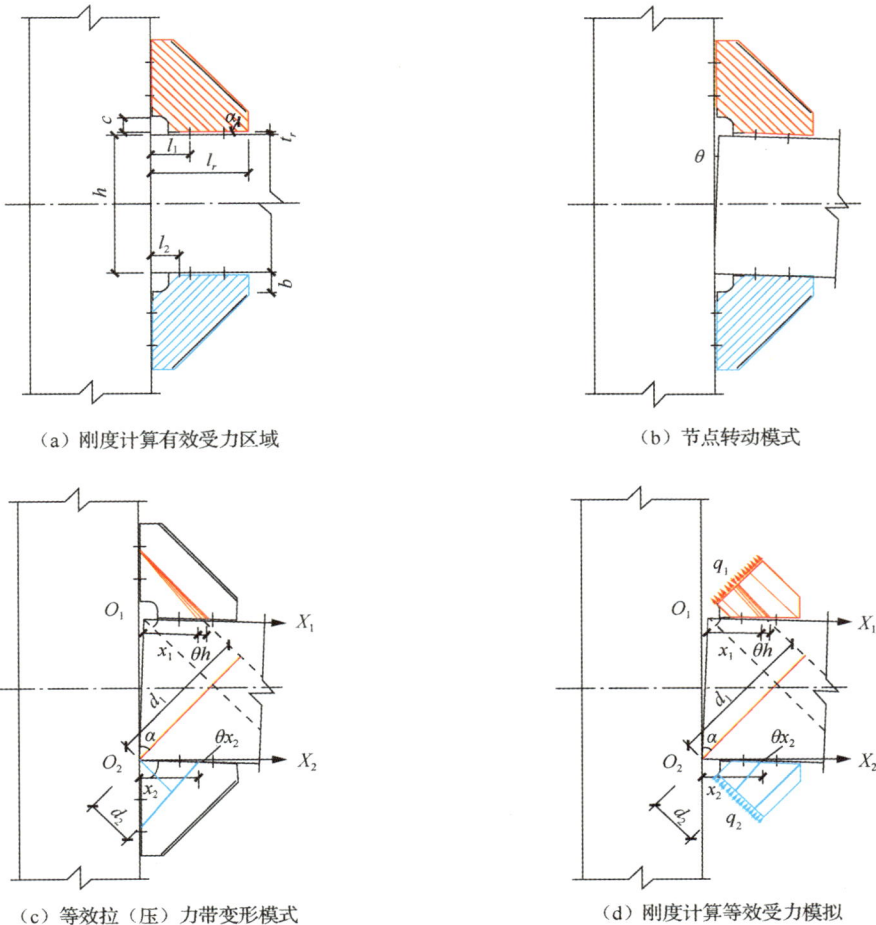

（a）刚度计算有效受力区域　　　　　　　　　（b）节点转动模式

（c）等效拉（压）力带变形模式　　　　　　　（d）刚度计算等效受力模拟

图 6.4-16　加劲肋板刚度计算原理图

（2）对于受压加劲肋。

压力带应变

$$\varepsilon_2 = \gamma_2^k \frac{\theta x_2}{x_2 / \cos\alpha} = \gamma_2^k \theta\cos\alpha \qquad (6.4\text{-}9)$$

式中，x_2 为加劲肋条带到梁边缘的距离；γ_2^k 为受压区应变不均匀系数。

压力带横截面积

$$dS_2 = t_r \sin\alpha dx_2 \qquad (6.4\text{-}10)$$

压力带对点 O_2 的力臂

$$d_2 = x_2 \sin\alpha \qquad (6.4\text{-}11)$$

受压肋板对点 O_2 的弯矩

$$M_2 = \int_{l_2}^{l_r} E_r \varepsilon_2 d_2 dS_2 = \frac{1}{2}\gamma_2^k \theta t_r E_r \cos\alpha \sin^2\alpha(l_r^2 - l_2^2) \qquad (6.4\text{-}12)$$

式中，l_2 为受压肋板中靠近梁端的加劲肋条带到梁边缘的距离。

受压肋板对点 O_2 的初始刚度

$$k_2 = \frac{M_2}{\theta} = \frac{1}{2}\gamma_2^k t_r E_r \cos\alpha \sin^2\alpha(l_r^2 - l_2^2) \qquad (6.4\text{-}13)$$

取 $\alpha = 45°$，则肋板提供的初始刚度

$$\begin{aligned} k_0^r &= 2(k_1 + k_2) \\ &= 0.5\gamma_1^k h t_r E_r\left[h(\ln l_r - \ln l_1) + (l_r - l_1)\right] + 0.354\gamma_2^k t_r E_r(l_r^2 - l_2^2) \end{aligned} \qquad (6.4\text{-}14)$$

3）加劲肋板提供的屈服弯矩

图 6.4-17 为加劲肋板屈服值计算原理图。取图 6.4-17 中加劲肋板所有板条屈服时的弯矩为屈服弯矩。图 6.4-17（a）为计算加劲肋板提供的梁柱连接屈服弯矩时的等效受力区，其中红色区代表受拉，蓝色区代表受压；图 6.4-17（b）为梁柱相对转动 θ 后的加劲肋板变形模式；图 6.4-17（c）为梁柱相对转动 θ 后拉压板带的变形示意图；图 6.4-17（d）为计算加劲肋板提供的梁柱连接屈服弯矩时的等效受力模型。

（1）对于受拉加劲肋。

受拉合力

$$F_{y1} = \gamma_1^M(l_r \sin\alpha + b\cos\alpha - c)f_y^r t_r \qquad (6.4\text{-}15)$$

式中，b、c 为肋板局部构造尺寸，如图 6.4-17 所示；f_y^r 为肋板屈服应力；γ_1^M 为受拉区应力不均匀系数。

受拉合力对 O_2 的力臂

$$d_{y1} = h\cos\alpha + 0.5(l_r \sin\alpha + b\cos\alpha + c) \qquad (6.4\text{-}16)$$

受拉肋板屈服弯矩

$$M_{y1} = \gamma_1^M(l_r \sin\alpha + b\cos\alpha - c)f_y^r t_r[h\cos\alpha + 0.5(l_r \sin\alpha + b\cos\alpha + c)] \qquad (6.4\text{-}17)$$

（a）屈服值计算有效受力区域

（b）节点转动模式

（c）等效拉（压）力带变形模式

（d）屈服值计算等效受力模拟

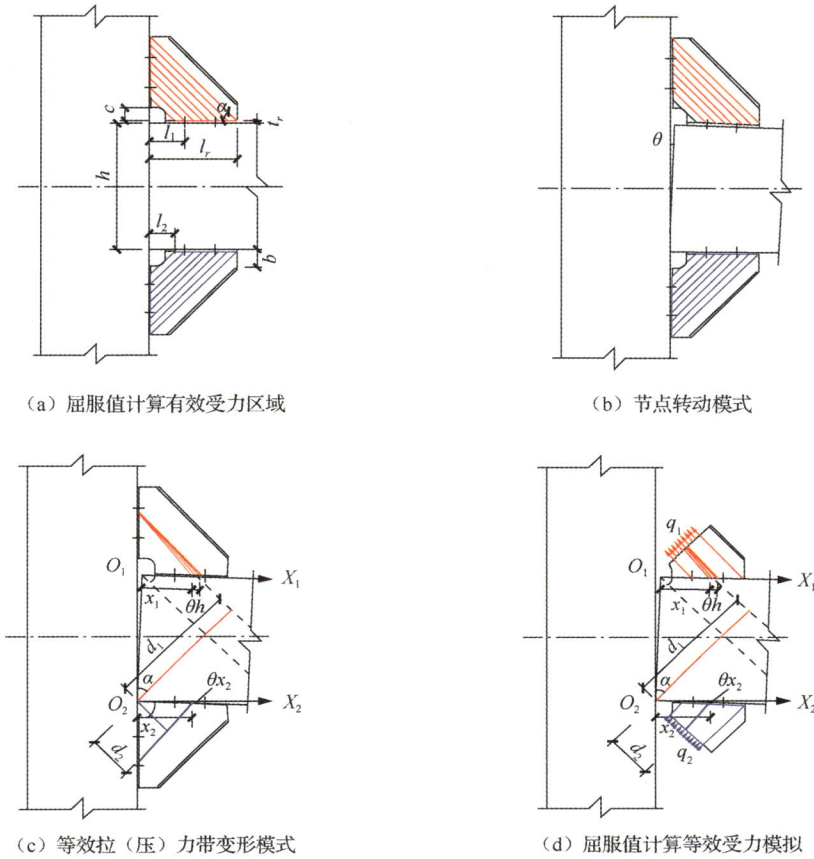

图 6.4-17 加劲肋板屈服值计算原理图

（2）对于受压加劲肋。

受压合力

$$F_{y2} = \gamma_2^M (l_r \sin\alpha + b\cos\alpha - c) f_y^R t_r \qquad (6.4\text{-}18)$$

式中，γ_2^M 为受拉区应力不均匀系数。

受压合力对 O_2 的力臂

$$d_{y2} = 0.5(l_r \sin\alpha + b\cos\alpha + c) \qquad (6.4\text{-}19)$$

受压肋板屈服弯矩

$$M_{y2} = \gamma_2^M (l_r \sin\alpha + b\cos\alpha - c) f_y^r t_r [0.5(l_r \sin\alpha + b\cos\alpha + c)] \qquad (6.4\text{-}20)$$

取 $\alpha = 45°$，则肋板提供的屈服弯矩

$$M_y^r = 2(M_{y1} + M_{y2})$$
$$= f_y^r t_r [\gamma_1^M h(l_r + b - 1.414c) + 0.5(\gamma_1^M + \gamma_2^M)((l_r + b)^2 - 2c^2)] \qquad (6.4\text{-}21)$$

4）利用有限元模型确定加劲肋板参数

由以上分析可知，如果确定了相应的应力不均匀系数 γ_1^k、γ_2^k、γ_1^M 和 γ_2^M，就可以计算加劲肋板所提供的刚度和屈服弯矩。由于试验数量较少，本研究利用试验数据标定

的有限元模型来进行参数讨论。为了排除角钢对刚度和屈服承载力的影响，模型中删除角钢角部单元，只考虑肋板的贡献。图 6.4-18 为不同肋板高度的有限元模型。

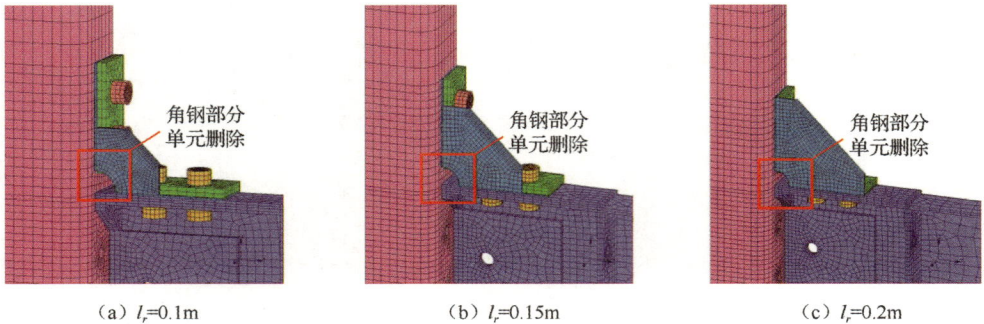

（a）l_r=0.1m　　　　　（b）l_r=0.15m　　　　　（c）l_r=0.2m

图 6.4-18　不同肋板高度的有限元模型

所变化的参数主要包括梁高 h（0.3m、0.35m、0.4m），肋板厚度 t_r（0.001～0.007m）、肋板高度 l_r（0.1m、0.15m、0.2m）、肋板屈服强度 f_y^r（235MPa、345MPa、368MPa）。不同肋板高度的有限元模型如图 6.4-18 所示。通过有限元模拟发现，当肋板过厚时，肋板会使角钢变形过大，影响耗能构件性能；当肋板厚度过薄时，贡献的承载力较低；当肋板的屈服强度为 345MPa 时，肋板与角钢的厚度比宜为 $1/14 < t_r/t_a < 5/14$。

将有限元计算结果和式（6.4-14）、式（6.4-21）计算得到的初始刚度和屈服弯矩进行对比，通过参数拟合，从而确定应力不均匀系数 γ_1^k、γ_2^k、γ_1^M、γ_2^M 取值为

$$\gamma_1^k = \frac{1}{4.67 - 0.011h/t_r} \qquad (6.4\text{-}22)$$

$$\gamma_2^k = \frac{1}{2.80 - 0.0064h/t_r} \qquad (6.4\text{-}23)$$

$$\gamma_1^M = \gamma_2^M = \frac{1}{2.42 - 0.18h/l_r} \qquad (6.4\text{-}24)$$

将上述参数代入式（6.4-14）和式（6.4-21），可得

$$k_0^r = \frac{ht_r E_r[h(\ln l_r - \ln l_1) + (l_r - l_1)]}{9.34 - 0.022h/t_r} + \frac{t_r E_r(l_r^2 - l_2^2)}{7.91 - 0.018h/t_r} \qquad (6.4\text{-}25)$$

$$M_y^r = \frac{f_y^r t_r[h(l_r + b - 1.414c) + (l_r + b)^2 - 2c^2)]}{2.42 - 0.18h/l_r} \qquad (6.4\text{-}26)$$

将式（6.4-25）和式（6.4-26）计算得到的初始刚度和屈服弯矩与有限元计算结果对比，如图 6.4-19 所示，可见吻合较好。

此外，有限元模拟得到的只含加劲肋板的弯矩转角关系可以用类似式（6.4-3）的方式表示，如式（6.4-27）所示，即

$$M_r = \frac{k_0^r \theta_r}{\left[1 + \left(\dfrac{\theta_r}{\theta_{0.07}}\right)^{n^r}\right]^{1/n^r}} \qquad (6.4\text{-}27)$$

式中，$\theta_{0.07} = M_{0.07}^r/k_0^r$，$M_{0.07}^r$ 为 $\theta_r = 0.07$rad 时的弯矩值。因为有限元模拟发现，部分加

劲肋板梁柱转角超过 0.07rad 后发生破坏,承载力出现下降,因此取 $M_{0.07}^r$ 作为基本参数。n^r 为加劲肋板形状系数。根据修正后初始刚度误差、屈服弯矩误差与肋板计算参数的关系(图 6.4-20 和图 6.4-21)、式(6.4-25)和式(6.4-26),可以确定 n^r 和 $M_{0.07}^r$ 的表达式为

$$n^r = 51.246\left(\frac{M_y^r}{k_0^r}\right) + 0.513 \tag{6.4-28}$$

$$M_{0.07}^r = 1.835 M_y^r \tag{6.4-29}$$

当加劲肋板屈服时,有

$$\theta_y = \frac{M_y^r}{k_0^r \left(1 - 0.54^{n^r}\right)^{1/n^r}} \tag{6.4-30}$$

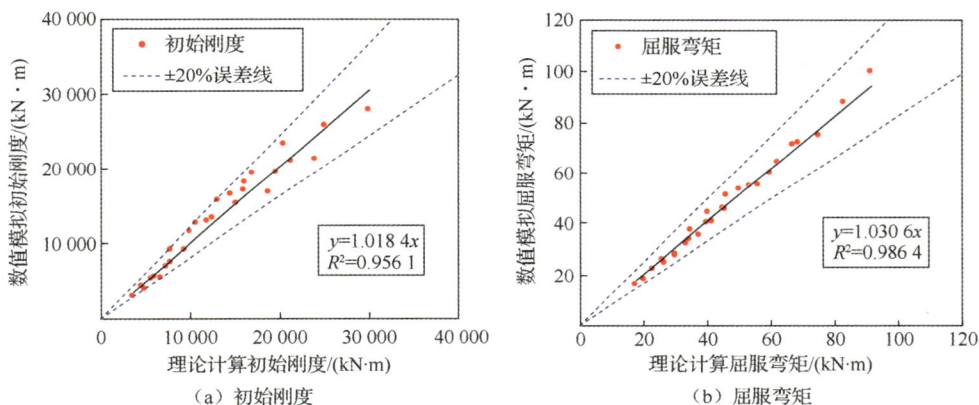

(a)初始刚度　　(b)屈服弯矩

图 6.4-19　初始刚度和屈服弯矩与有限元计算结构对比

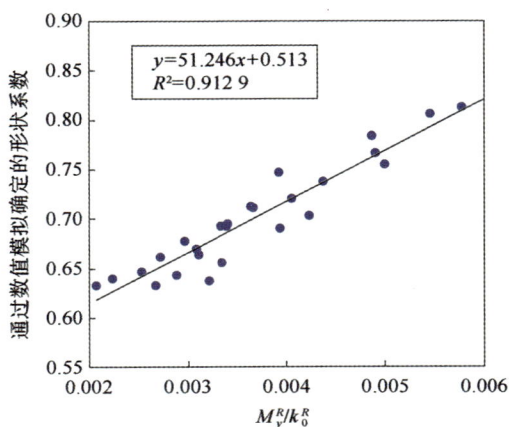

图 6.4-20　修正后初始刚度误差与肋板
计算参数的关系

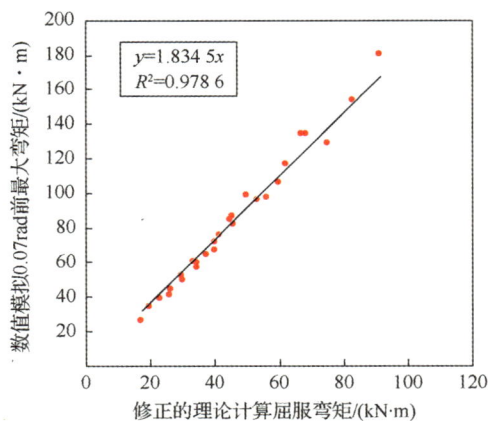

图 6.4-21　修正后屈服弯矩误差与肋板
计算参数的关系

6.4.2.5　初始刚度和屈服承载力计算方法

通过上述分析，则可以确定角钢耗能构件初始刚度和屈服承载力计算方法。

加劲角钢耗能构件初始刚度即为角钢贡献和加劲肋板贡献之和为

$$k_0 = k_0^A + k_0^r \qquad (6.4\text{-}31)$$

由于加劲肋板屈服后，加劲角钢耗能构件的刚度会显著下降，以加劲肋板屈服时刻作为加劲角钢耗能构件的屈服点，对应的屈服弯矩计算方法为：首先，根据式（6.4-26）确定加劲肋板的屈服弯矩 M_y^r。而后根据式（6.4-30），可以计算出加劲肋板屈服时梁的转角 θ_y。再根据式（6.4-3），可以计算角钢此时的弯矩贡献 M_y^A。则加劲角钢耗能构件的屈服弯矩为

$$M_y = M_y^A + M_y^r \qquad (6.4\text{-}32)$$

为验证上述结论，本节建立了一系列加劲角钢耗能钢构件的有限元模型，具体参数为：角钢厚度 14mm，角钢的其余参数与图 6.4-22（a）中的角钢数值模型一致；梁高 h（0.3m、0.35m、0.4m）；肋板厚度 t_r（0.002m、0.003m、0.004m）；肋板高度 l_r（0.1m、0.15m、0.2m）。最终得到有限元计算的初始刚度、屈服弯矩和式（6.4-25）、式（6.4-26）计算的初始刚度与屈服弯矩对比，如图 6.4-22 所示；加劲角钢耗能构件数值模拟与理论分析结果对比，如表 6.4-4 所示。图 6.4-22 和表 6.4-4 示出二者吻合良好，证明了本节提出的计算方法的合理性。

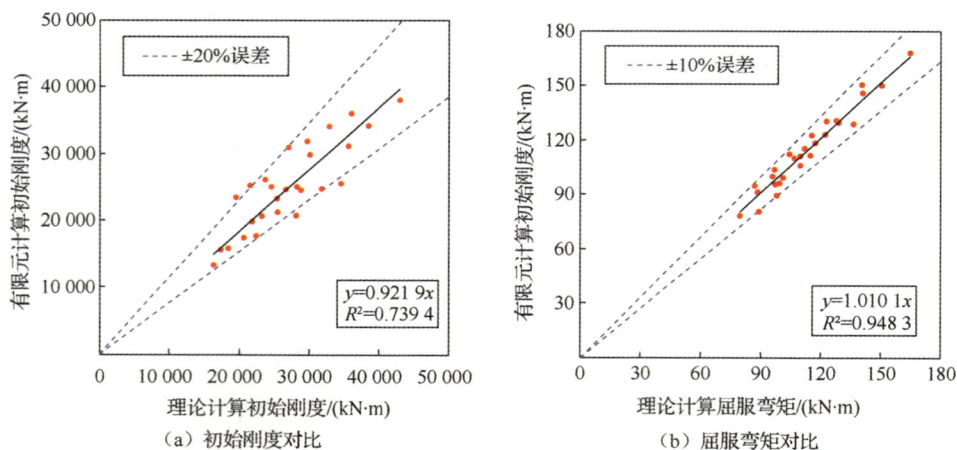

（a）初始刚度对比　　　　　　　　　（b）屈服弯矩对比

图 6.4-22　加劲角钢耗能构件初始刚度与屈服弯矩对比

表 6.4-4　加劲角钢耗能构件数值模拟与理论分析结果对比

算例编号	h/mm	t_r/mm	l_r/mm	初始刚度			屈服弯矩		
				有限元 /（kN·m）	式（6.4-31） /（kN·m）	误差/%	有限元 /（kN·m）	式（6.4-32） /（kN·m）	误差/%
1	300	2	100	$1.34×10^4$	$1.63×10^4$	21.4	77.90	79.68	2.28
2	300	3	100	$1.57×10^4$	$1.73×10^4$	10.2	80.20	89.08	11.07
3	300	4	100	$1.59×10^4$	$1.84×10^4$	15.4	88.90	98.08	10.33
4	300	2	150	$2.34×10^4$	$1.94×10^4$	−17.1	94.40	87.07	−7.76
5	300	3	150	$2.53×10^4$	$2.15×10^4$	−14.8	99.00	101.33	2.35
6	300	4	150	$2.62×10^4$	$2.37×10^4$	−9.4	111.70	115.05	3.00
7	300	2	200	$1.78×10^4$	$2.24×10^4$	25.8	95.00	97.50	2.63
8	300	3	200	$2.13×10^4$	$2.55×10^4$	19.7	118.30	117.25	−0.89
9	300	4	200	$2.45×10^4$	$2.88×10^4$	17.4	128.90	136.43	5.84
10	350	2	100	$1.74×10^4$	$2.07×10^4$	18.5	90.80	88.46	−2.58
11	350	3	100	$1.99×10^4$	$2.19×10^4$	9.9	95.90	99.54	3.80
12	350	4	100	$2.07×10^4$	$2.32×10^4$	12.1	105.80	110.00	3.97
13	350	2	150	$2.50×10^4$	$2.46×10^4$	−1.9	99.60	95.86	−3.76
14	350	3	150	$3.11×10^4$	$2.70×10^4$	−13.1	115.50	112.27	−2.79
15	350	4	150	$3.20×10^4$	$2.97×10^4$	−7.2	130.70	127.82	−2.21
16	350	2	200	$2.08×10^4$	$2.82×10^4$	35.4	110.00	106.86	−2.85
17	350	3	200	$2.48×10^4$	$3.18×10^4$	28.3	129.30	129.15	−0.11
18	350	4	200	$3.13×10^4$	$3.56×10^4$	14.0	149.70	150.51	0.54
19	400	2	100	$2.32×10^4$	$2.53×10^4$	8.9	103.50	97.09	−6.20
20	400	3	100	$2.47×10^4$	$2.67×10^4$	8.2	111.10	110.15	−0.85
21	400	4	100	$2.51×10^4$	$2.82×10^4$	12.6	123.10	122.26	−0.68
22	400	2	150	$3.00×10^4$	$3.01×10^4$	0.4	112.30	104.22	−7.20
23	400	3	150	$3.41×10^4$	$3.29×10^4$	−3.6	130.40	123.12	−5.58
24	400	4	150	$3.61×10^4$	$3.60×10^4$	−0.2	150.00	140.65	−6.23
25	400	2	200	$2.56×10^4$	$3.45×10^4$	34.5	122.50	115.72	−5.53
26	400	3	200	$3.42×10^4$	$3.85×10^4$	12.4	145.50	140.87	−3.18
27	400	4	200	$3.80×10^4$	$4.30×10^4$	13.1	167.90	164.57	−1.98
平均误差						9.3			−0.54
标准差						0.143			0.048

6.4.3　多灾害防御可恢复功能组合框架试验研究

6.4.3.1　试件设计

在完成可更换加劲角钢耗能构件研发和设计方法研究后，进一步开展多灾害防御可恢复功能组合框架节点的研究。

为了保证本节所研究的组合框架符合工程实际情况，本节特选择了一个真实超高层建筑（记为建筑 L）作为背景工程（杨晓明等，2013）。该工程位于中国规范 7 度场地区，设计地震（50 年超越概率 10%的地震）PGA 为 0.1g（g 为重力加速度），总高度为211.75m，共 51 层。结构型式为超高层建筑中常见的框架-核心筒结构体系。

建筑 L 中部框架及试验子结构尺寸信息如表 6.4-5 所示。考虑到实验室场地和加载能力限制，采用 1∶2.4 缩比，缩尺后的截面尺寸如表 6.4-5 所示。由于目前销售的 H 形钢具有固定的规格尺寸，选取尺寸与 H292×117×5×7.5 相近的 H 形钢作为子结构试验中的框架梁。由于本节的研究重点为梁柱连接的变形及受力特性，同时希望框架柱能够实现重复利用，在本试验加载过程中框架柱需要保持弹性，同时试验中框架梁的尺寸比原型缩尺后的尺寸略大，综上试验中框架柱需要加强，通过增加钢管壁厚实现，具体规格见表 6.4-5。试验中框架柱间距取为 3.05m。

表 6.4-5　建筑 L 中部框架及试验子结构尺寸信息

尺寸	框架柱	框架梁	柱间距/m
建筑 L 中部框架尺寸	CFST□600mm×600mm×20mm	H700×280mm×12mm×18mm	6.85～10.5
缩尺比 2.4 后的尺寸	CFST□250mm×250mm×8.3mm	H292×117mm×5mm×7.5mm	2.85～4.38
试验子结构尺寸	CFST□250mm×250mm×14mm	H300×150mm×6.5mm×9mm	3.05

为了对比图 6.4-1（c）中细节构造改进的必要性和效果，设计了两个对比方案。第一个对比方案（MHRSCCF-1）没有采用图 6.4-1（c）中的构造改进，梁端直接和柱侧面相连。第二个方案（MHRSCCF-2）则采用了图 6.4-1（c）的改进措施，即：①框架梁与框架柱之间预留空隙（本节试验中的空隙为 15mm）；②在角钢与加劲肋板中的螺栓孔道设计为长圆孔；③加强梁截面。该设计意在通过压拱阶段框架梁与耗能构件间的滑移来释放梁中轴力，同时通过对框架梁及其与耗能构件间摩擦力的合理设计，保证地震作用下节点的承载力，并保证框架梁在发生滑移时未进入屈服阶段，从而实现结构在抗震与抗连续倒塌多灾害下的功能可恢复性能。

依据工程原型缩尺后的普通外框架及所提出的两种新型结构分别进行抗震子结构试验研究和抗连续倒塌子结构试验研究。本节探究的试件及试件设计思路，如图 6.4-23所示。对于抗震子结构试验，普通框架试件、MHRSCCF-1/1.5/2 试件分别命名为 B-S、M-P100-S、M-P140-S1.5 和 M-P140-S2。其中，MHRSCCF-1.5 试件在 MHRSCCF-1 试件的基础上，加强梁截面，提升预应力钢绞线初始预应力水平；其余构造及尺寸和MHRSCCF-1 试件一致。该试验是为了确定 MHRSCCF-2 试件中框架梁的截面尺寸，保证框架梁在加载过程中处于弹性阶段，并提升结构抗震及抗连续倒塌下功能快速恢复性能。对于抗连续倒塌子结构试验，普通框架试件、MHRSCCF-1 试件及 MHRSCCF-2 试件分别命名为 B-C、M-P100-C 和 M-P140-C2。

抗震子结构试验装置如图 6.4-24（a）所示。试件上下为铰支座，试验时先在柱顶施加大小为 1 160kN 的恒定轴力用于模拟上部楼层的荷载，然后在梁端施加低周往复荷载模拟构件受到的地震作用，加载点位置与框架柱之间的距离为 L=1.4m，加载采用位移控制方法，每级位移下循环两次，通过量测梁端加载点位移Δ得到梁柱间的相对转角θ，θ = Δ / L。试件加载直至转角θ超过 AISC（2010）规定的组合特殊抗弯框架（C-SMFs）需要满足的延性需求转角 0.04rad。

	普通框架试件	MHRSCCF-1试件	MHRSCCF-1.5试件	MHRSCCF-2试件
抗震试件	B-S	M-P100-S	M-P140-S1.5	M-P140-S2
抗连续倒塌试件	B-C	M-P100-C		M-P140-C2

提升抗震功能可恢复性能　保证框架梁在加载过程中处于弹性　缓解压拱效应提升抗震及抗连续倒塌功能可恢复性能

图 6.4-23　本节探究的试件及试件设计思路

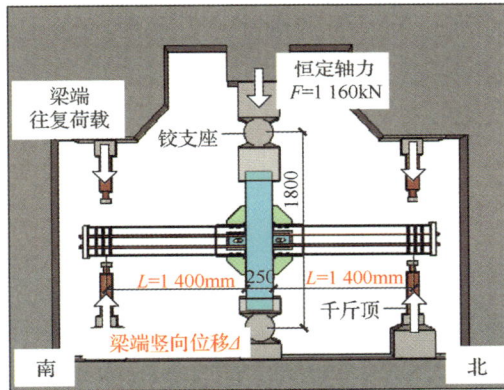

（a）抗震子结构试验装置

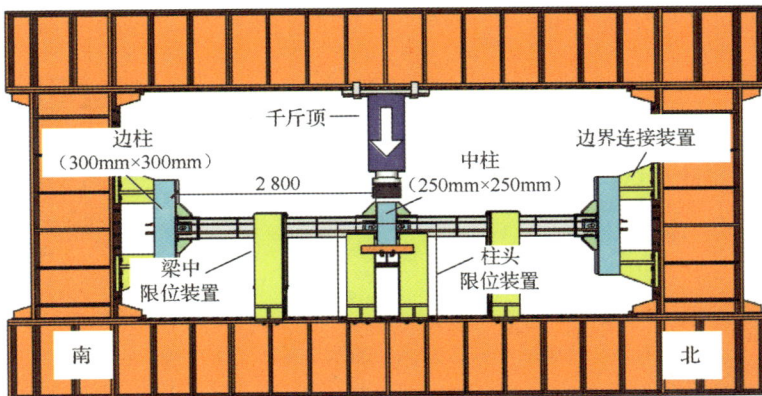

（b）抗连续倒塌子结构试验装置

图 6.4-24　抗震和抗连续倒塌子结构试验装置

连续倒塌子结构试验的装置如图 6.4-24（b）所示，试验中边柱进行适当的加强，并通过足够强的连接构造与加载架相连以确保构件梁端为理想固支。为了模拟中柱失效下子结构的连续倒塌，在失效柱顶用千斤顶施加单调向下的荷载，加载过程采用位移控制。同时，试验中在失效柱头两侧设置了柱头限位装置以防止柱头在加载过程中发生扭转以及平面外的位移；在梁跨中设置了限位装置，防止梁发生平面外的位移。当构件承载力无法继续上升时停止加载。

抗震子结构试验试件的构造及尺寸如图 6.4-25 所示。其中，图 6.4-25（a）为普通组合框架抗震节点 B-S 的构造与尺寸详图；图 6.4-25（b）为 MHRSCCF-1 抗震节点 M-P100-S 的构造与尺寸详图；将 M-P100-S 试件中梁的横截面规格调整为 H316mm× 150mm×10mm×20mm，与 M-P140-S2 试件梁截面尺寸一致，即为 M-P140-S1.5 试件；图 6.4-25（c）为 MHRSCCF-2 抗震节点 M-P140-S2 的构造与尺寸详图。

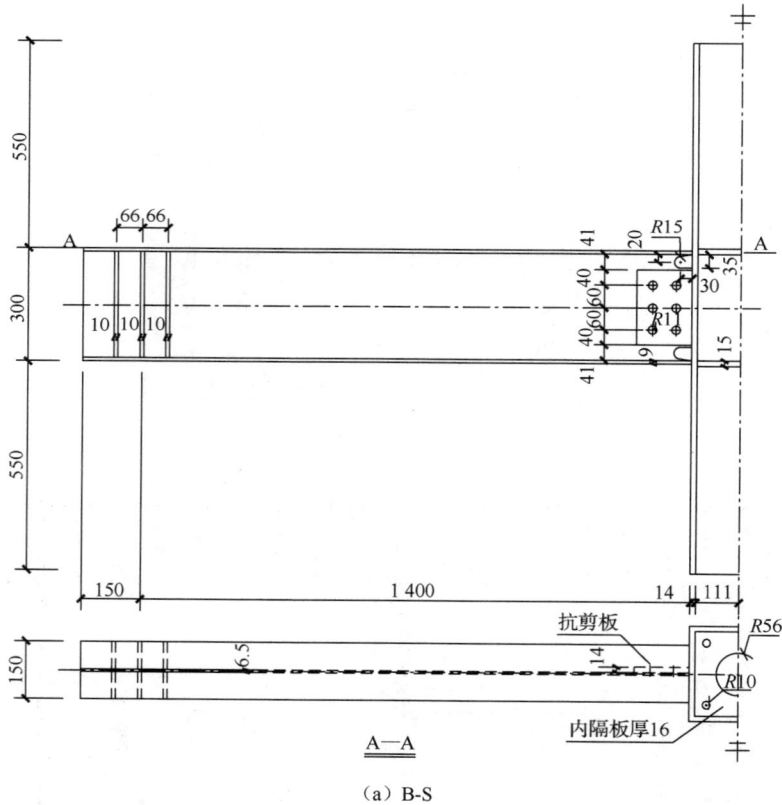

（a）B-S

图 6.4-25　抗震子结构试验试件的构造及尺寸（单位：mm）

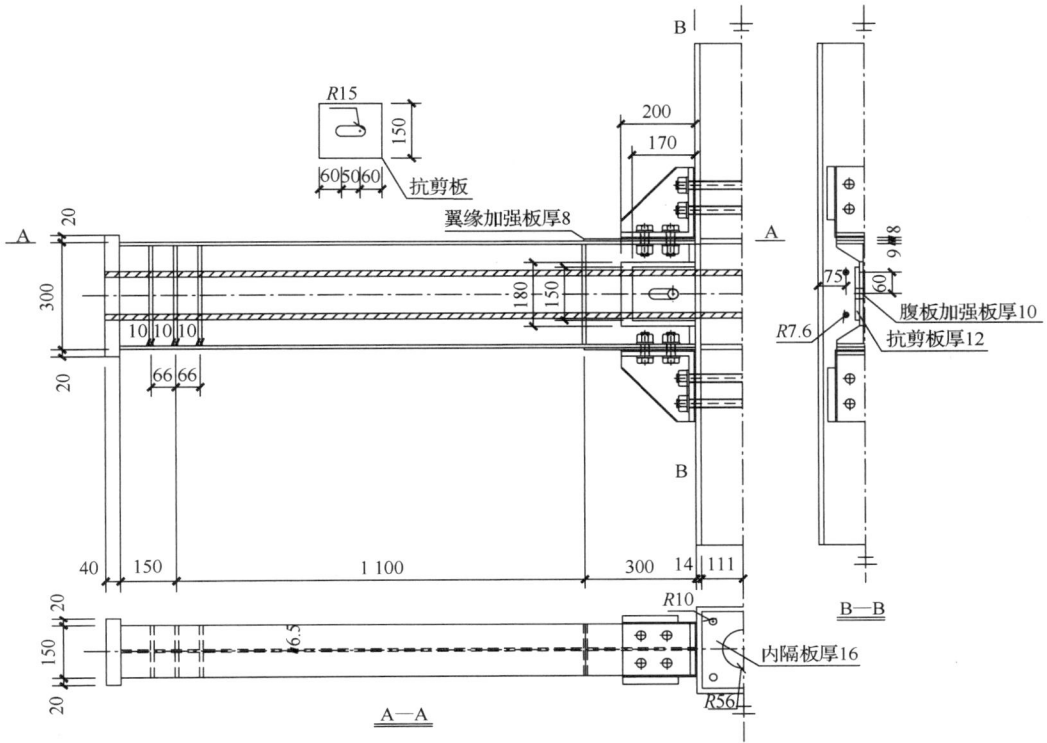

（b）M-P100-S

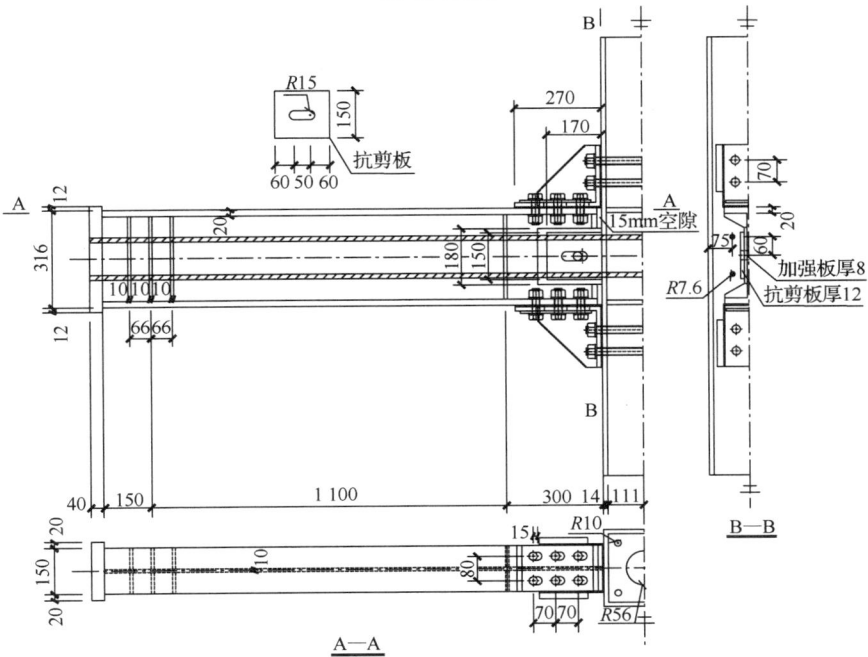

（c）M-P140-S2

图 6.4-25（续）

　　抗连续倒塌子结构试验选取两跨框架，模拟中柱失效的场景。抗连续倒塌子结构试验试件的构造及尺寸如图 6.4-26 所示。其中，图 6.4-26（a）为普通组合框架抗连续倒塌节点 B-C 的构造与尺寸详图；图 6.4-26（b）为 MHRSCCF-1 抗震节点 M-P100-C 的构造与尺寸详图；图 6.4-26（c）为 MHRSCCF-2 抗震节点 M-P140-C2 的构造与尺寸详图。抗连续倒塌子结构试验试件节点区域的构造与尺寸与抗震子结构相同，图 6.4-26 中未标注的尺寸与图 6.4-25 相同。MHRSCCF-2 抗连续倒塌子结构中加劲角钢耗能构件的具体构造及尺寸示意图如图 6.4-27 所示。

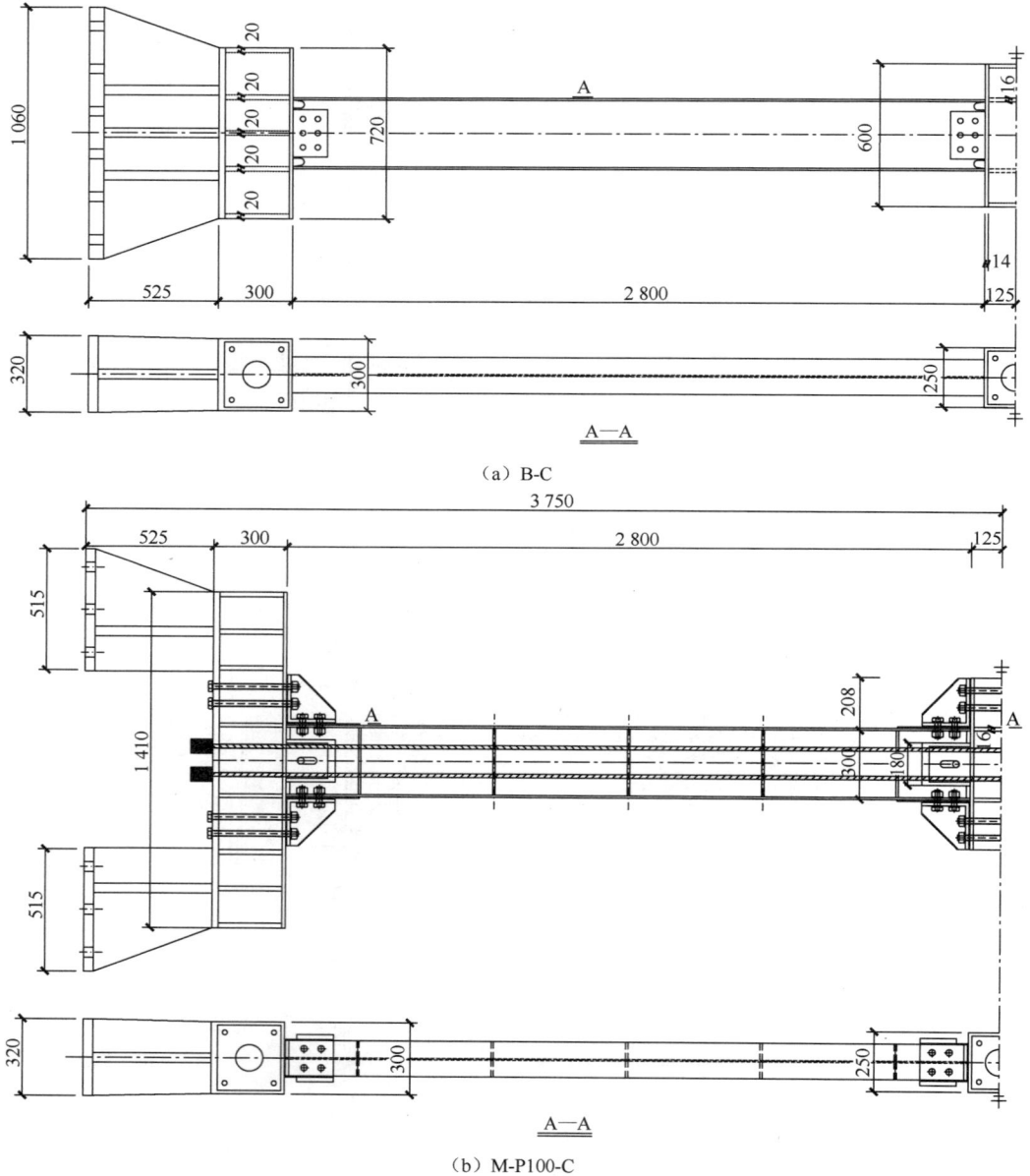

（a）B-C

（b）M-P100-C

图 6.4-26　抗连续倒塌子结构试验试件的构造及尺寸（单位：mm）

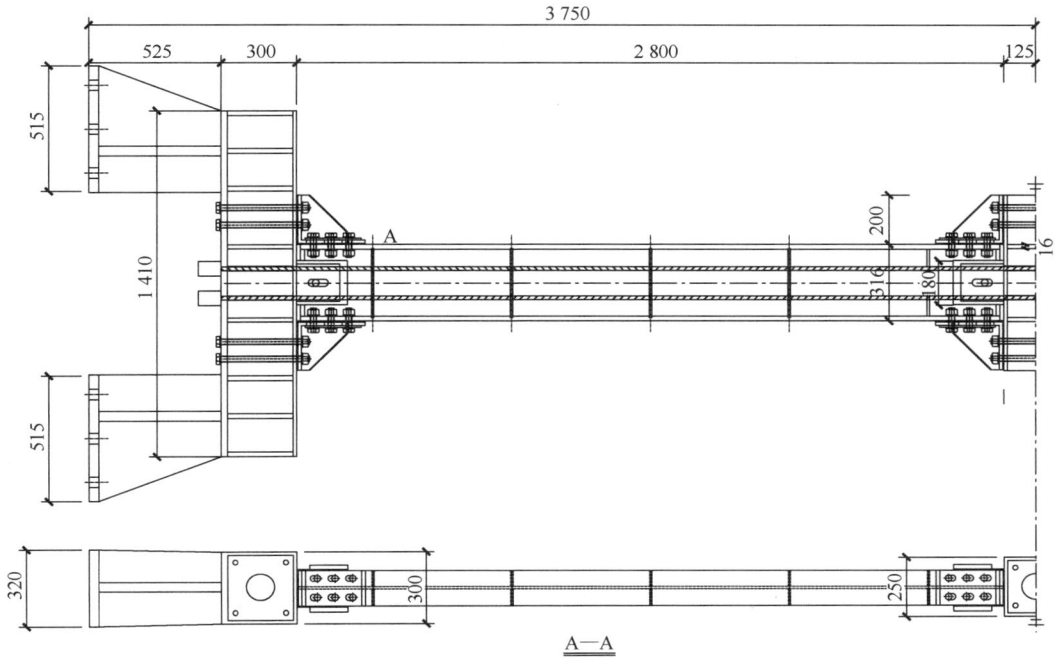

（c）M-P140-C2

图 6.4-26（续）

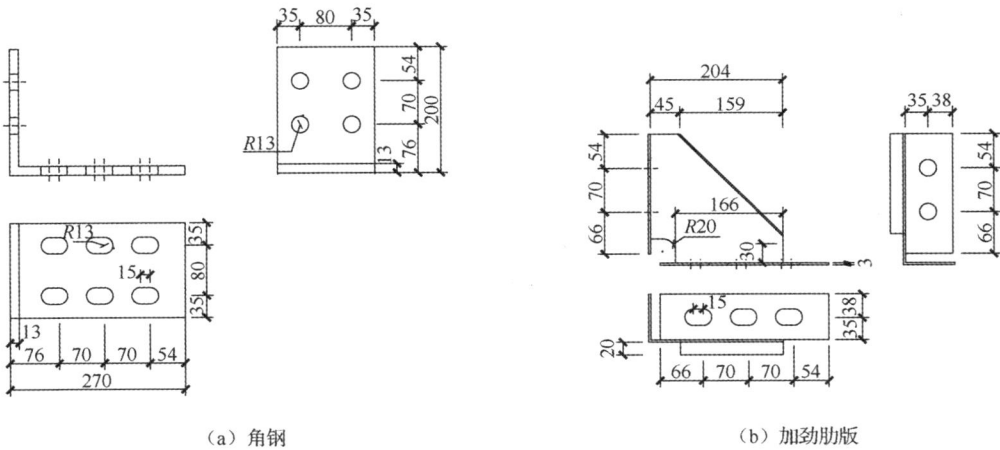

（a）角钢　　　　　　　　　　　　　　　（b）加劲肋版

图 6.4-27　MHRSCCF-2 抗连续倒塌子结构中加劲角钢耗能构件的
具体构造及尺寸示意图（单位：mm）

构件中所有钢材均为 Q345 钢，具体材性试验结果如表 6.4-6 所示；钢管混凝土柱中的混凝土强度等级为 C50，立方体抗压强度平均值为 61.05MPa。试件 M-P100-S、M-P140-S2、M-P100-C 和 M-P140-C2 中采用预应力钢绞线公称直径为 15.2mm，有效截面面积为 140mm²，抗拉强度为 1933MPa，极限拉力为 270.8kN，最大力伸长率为 6.5%，在 MHRSCCF-1 试件中初始预应力水平为 37%（单根预应力钢绞线的初始预应力为 100kN），在 MHRSCCF-2 试件中初始预应力水平为 52%（单根预应力钢绞线的初始预应力为 140kN）。

表 6.4-6　钢材材性试验结果

构件类型	设计厚度/mm	屈服强度/MPa	极限强度/MPa	伸长率/%
柱方钢管及普通节点抗剪板	14	359.3	544.8	34.5
抗剪板（MHRSCCF-1/1.5/2）	12	402.6	538.5	33.3
梁翼缘（普通节点和 MHRSCCF-1）	9	381.4	505.5	36.7
梁腹板（普通节点和 MHRSCCF-1）	6.5	398.7	537.1	32.0
梁翼缘（MHRSCCF-1.5/2）	20	369.1	502.5	24.6
梁腹板（MHRSCCF-1.5/2）	10	427.5	587.5	29.7
角钢	13	392.8	568.8	38.3
加劲肋板	3	376.8	512.8	30.0

6.4.3.2　抗震性能试验结果

1）常规组合框架试件

试件 B-S 试验加载的最大梁端位移为 76.8mm，对应的梁弦转角为 0.055rad，试验结束时节点完全失效。试件 B-S 的梁端荷载-转角曲线如图 6.4-28 所示。试验后的节点部位破坏形态及关键试验现象如图 6.4-29 所示。当 $\theta = 0.019$rad，南侧梁下翼缘出现可见屈曲；当 $\theta = 0.044$rad，北侧梁腹板出现可见屈曲，随后屈曲程度逐渐加重；当 $\theta = 0.055$rad，南侧梁下翼缘断裂，加载停止，试验结束。

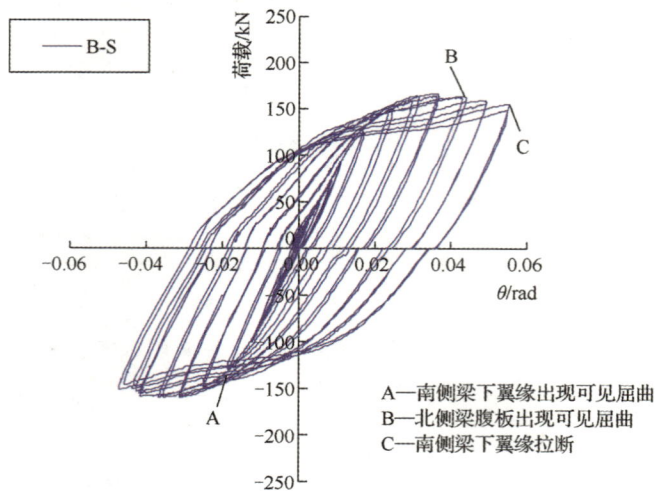

图 6.4-28　试件 B-S 的梁端荷载-转角曲线

（a）节点部位最终破坏形态

（b）南侧梁下翼缘屈曲（A，θ=0.019rad）

（c）北侧梁腹板屈曲（B，θ=0.044rad）

（d）南侧梁下翼缘断裂（C，θ=0.055rad）

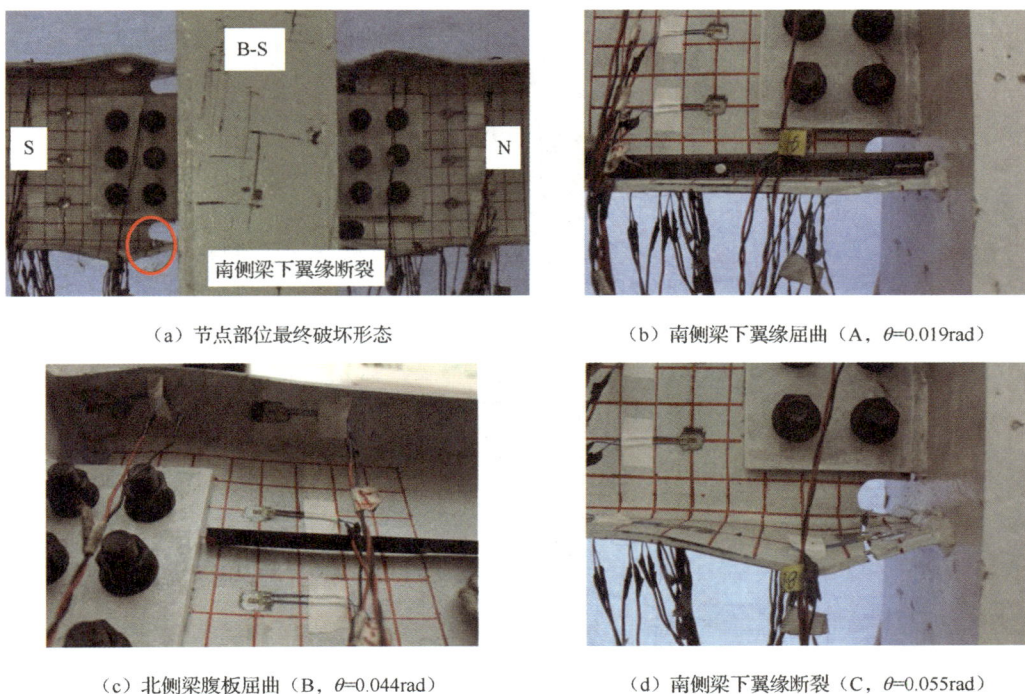

图 6.4-29　试件 B-S 节点部位破坏形态及关键试验现象

2）MHRSCCF-1 框架试件

试件 M-P100-S 为 MHRSCCF-1 梁柱节点，试验加载的最大梁端位移为 59.4mm（$\theta=$ 0.042rad），试验结束时加劲肋板撕裂。试件 M-P100-S 的梁端荷载-转角曲线如图 6.4-30 所示。试验后的节点部位破坏形态及关键试验现象如图 6.4-31 所示。当 $\theta=$ 0.024rad，加劲肋板出现可见变形，并大量耗散地震能量；当 θ =0.040rad，北侧梁下部加劲肋板发生撕裂，由于 θ 达到需求转角 0.04rad，加载停止，试验结束。

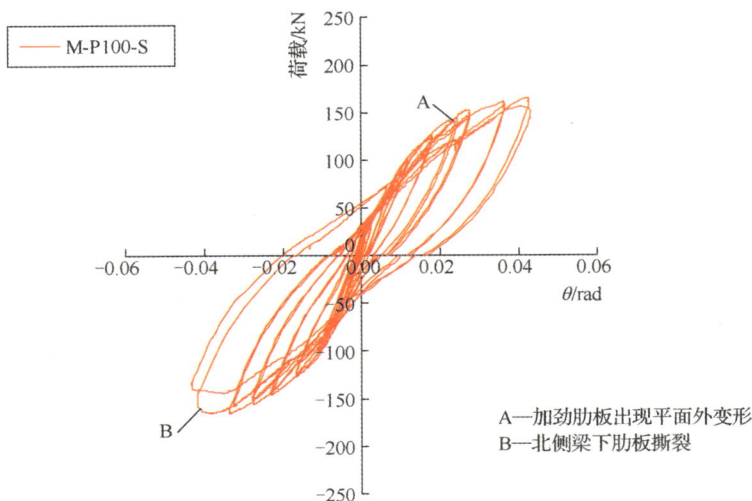

A—加劲肋板出现平面外变形
B—北侧梁下肋板撕裂

图 6.4-30　试件 M-P100-S 的梁端荷载-转角曲线

（a）节点部位最终破坏形态

（b）加劲肋板平面外变形（A，θ=0.024rad）

（c）北侧梁下加劲肋板撕裂（B，θ=0.040rad）

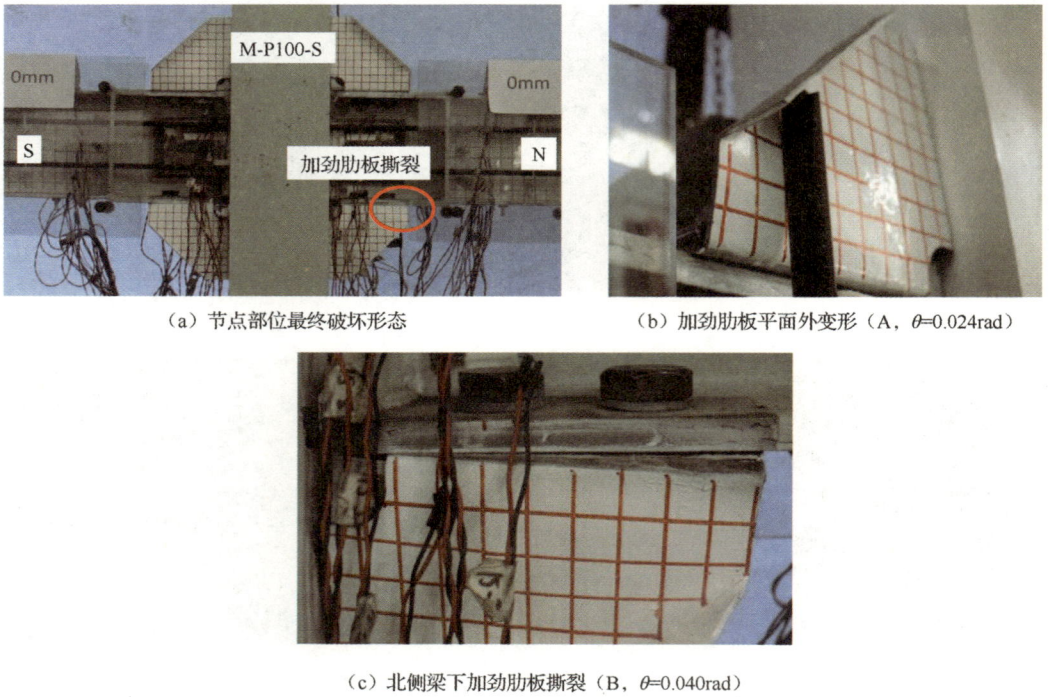

图 6.4-31　试件 M-P100-S 节点部位破坏形态及关键试验现象

3）MHRSCCF-1.5 框架试件

试件 M-P140-S1.5 梁端荷载-转角曲线如图 6.4-32 所示，节点部位最终破坏形态如图 6.4-33 所示。试验结果表明，该设计能够保证试件中关键构件（框架梁和框架柱）无损伤，其损伤集中在加劲角钢耗能构件，能够满足结构功能快速恢复性能。试件 M-P140-S1.5 中框架梁的设计方法能够应用在 M-P140-S2 中框架梁的设计。该构件试验目的已经达到，为了保证该构件在后续试验中继续使用，当变形超过 2%（我国有关规范中钢结构层间位移角限值）后停止加载。

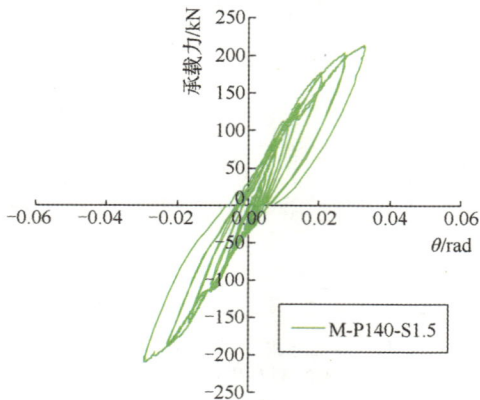

图 6.4-32　试件 M-P140-S1.5 梁端荷载-转角曲线

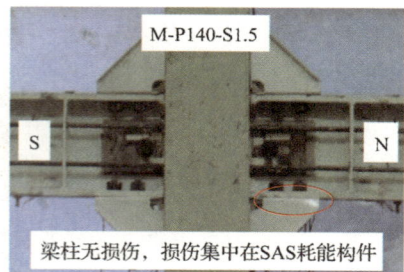

图 6.4-33　节点部位最终破坏形态

4）MHRSCCF-2 框架试件

试件 M-P140-S2 试验加载的最大梁端位移为 76.4mm，对应的梁弦转角为 0.055rad，梁柱无损伤，加劲肋板撕裂，角钢断裂。试件 M-P140-S2 的梁端荷载-转角曲线如图 6.4-34 所示。试验后的节点部位破坏形态及关键试验现象如图 6.4-35 所示。当 $\theta = 0.023$rad，加劲肋板出现可见变形，并大量耗散地震能量；当 $\theta = 0.045$rad，加劲肋板发生撕裂；在下一级加载中，南侧梁下角钢断裂，加载停止，试验结束。

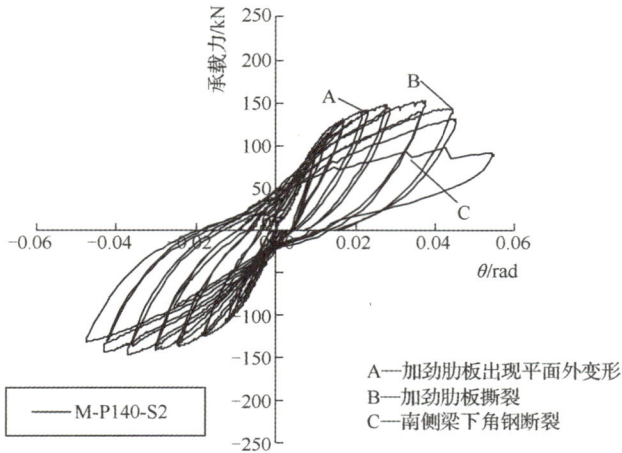

图 6.4-34　试件 M-P140-S2 的梁端荷载-转角曲线

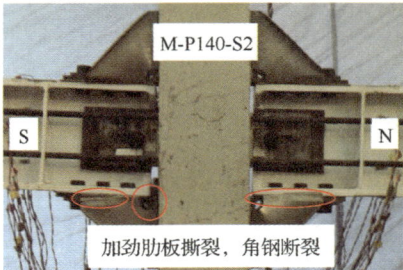

（a）节点部位最终破坏形态

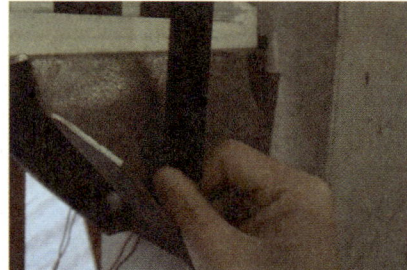

（b）加劲肋板塑性变形耗能（A，$\theta=0.023$rad）

（c）加劲肋板撕裂（B，$\theta=0.045$rad）

（d）南侧梁下角钢断裂（C，$\theta=0.033$rad）

图 6.4-35　试件 M-P140-S2 节点部位破坏形态及关键试验现象

在试验加载过程中试件 M-P140-S2 的梁柱未发生可见变形，试件 M-P140-S2 关键部件试验量测结果如图 6.4-36 所示。从图中可以看出，在加载过程中角钢和加劲肋板屈服耗能，相比耗能构件而言，MHRSCCF-2 中的抗剪板及预应力钢绞线在加载过程中处于弹性阶段。其中钢绞线出现预应力损失的主要原因是角钢的变形使得梁柱之间的空隙缩短，钢绞线预应力损失。此外，在整个加载过程中，试件 M-P140-S2 的主要损伤集中在加劲角钢耗能构件，其余关键构件损伤小甚至无损伤。

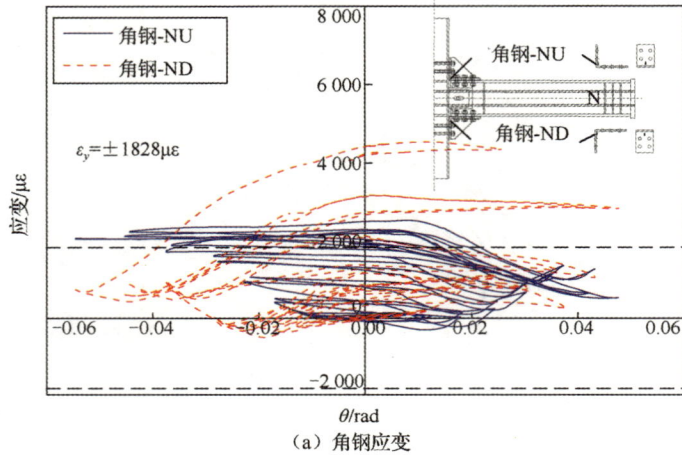

（a）角钢应变

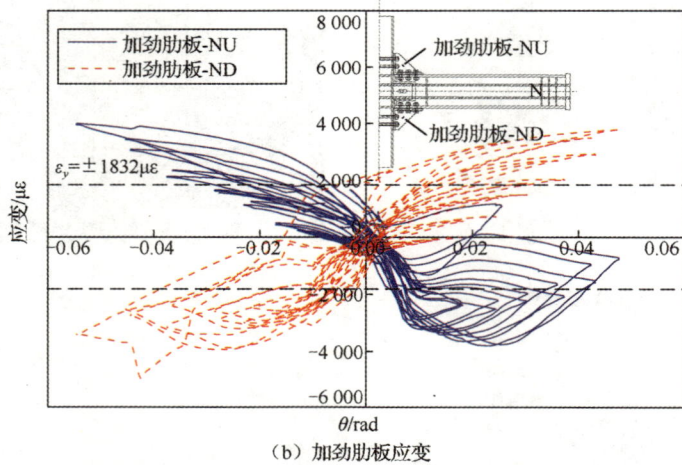

（b）加劲肋板应变

图 6.4-36　试件 M-P140-S2 关键部件试验量测结果

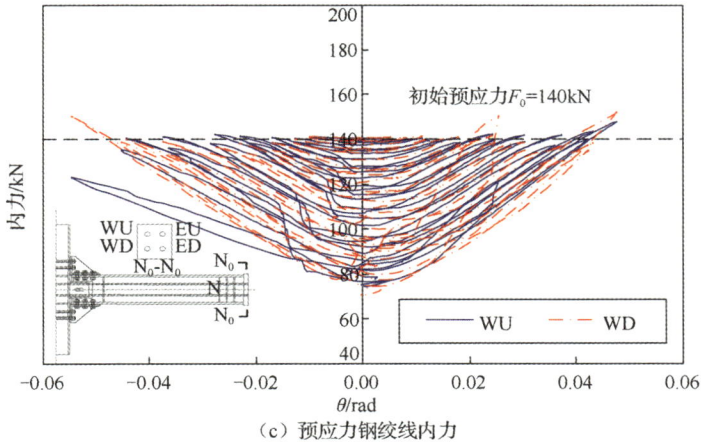

（c）预应力钢绞线内力

图 6.4-36（续）

　　试件 M-P140-S2、试件 B-S 和试件 M-P100-S 的骨架曲线对比如图 6.4-37（a）所示，滞回曲线如图 6.4-37（b）所示。结果表明：三种试件初始刚度相当，试件 M-P140-S2 的承载力略低于试件 B-S 以及试件 M-P100-S，这是由于试件 M-P140-S2 中梁与柱之间存在 15mm 的空隙，该构造会减小角钢所提供的承载力。FEMA P-58（FEMA，2012a）规定：当结构的残余层间位移角小于 0.005rad 时，结构处于可修复状态。从图 6.4-37（b）的结果中可以得到，试件 B-S 的节点转角达到 0.019rad 时对应的残余层间位移角为 0.0051rad，此时试件处于不易修复状态；试件 M-P100-S 的节点转角达到 0.028rad 时对应的残余层间位移角为 0.0049rad，此试件处于可修复状态。试件 M-P140-S2 的节点转角达到 0.029rad 时对应的残余层间位移角为 0.0048rad，此试件处于可修复状态，在满足结构可修复的条件下，试件 M-P100-S 的节点转角的延性比试件 B-S 高 47.4%，试件 M-P140-S2 的节点转角的延性比试件 B-S 高 52.6%。同时当节点转角小于 AISC（2010）规定的组合特殊抗弯框架（C-SMFs）需要满足的延性需求转角（0.04rad）时，试件

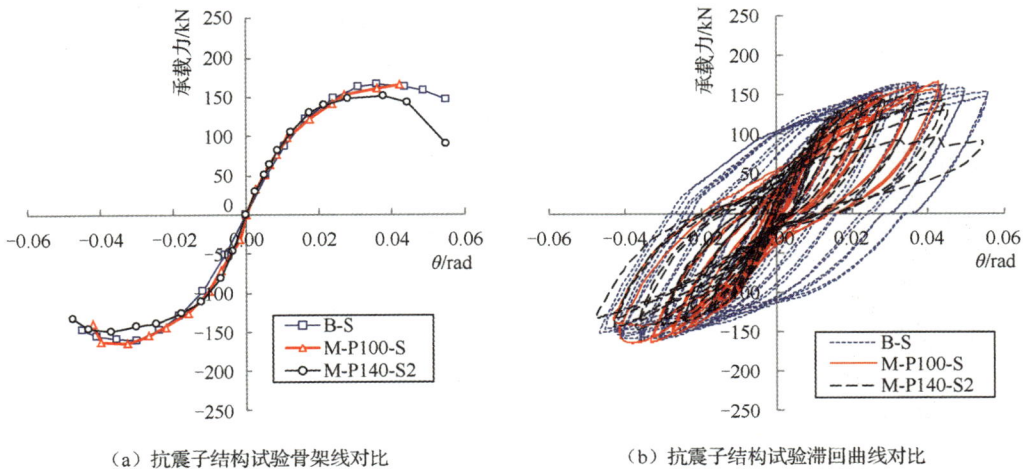

（a）抗震子结构试验骨架线对比　　　　　　（b）抗震子结构试验滞回曲线对比

图 6.4-37　抗震子结构试验骨架线与滞回曲线对比

M-P100-S 和试件 M-P140-S2 的关键构件（梁与柱）并未出现任何破坏，综上试件 M-P100-S 和试件 M-P140-S2 比试件 B-S 更能满足结构的抗震功能可恢复需求。

6.4.3.3　抗连续倒塌性能试验结果

1）常规组合框架试件

试件 B-C 试验加载的最大位移为 250mm，对应的梁柱相对转角为 0.089rad。试件 B-C 的柱顶荷载-柱顶位移曲线如图 6.4-38 所示，关键试验现象如图 6.4-39 所示。

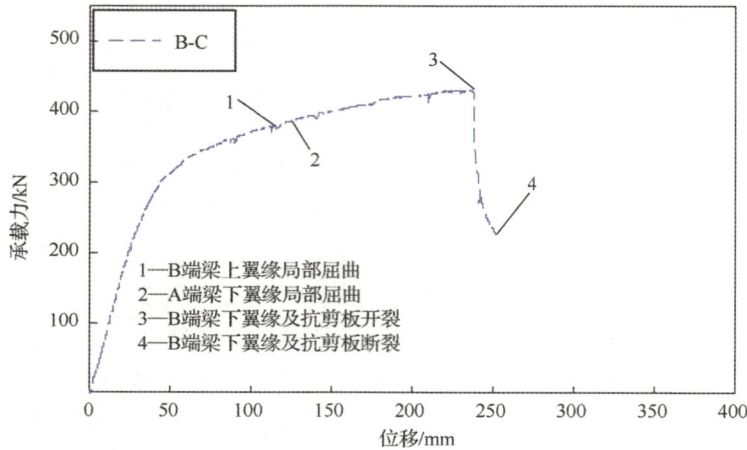

图 6.4-38　试件 B-C 的柱顶荷载（F）-柱顶位移（Δ）曲线

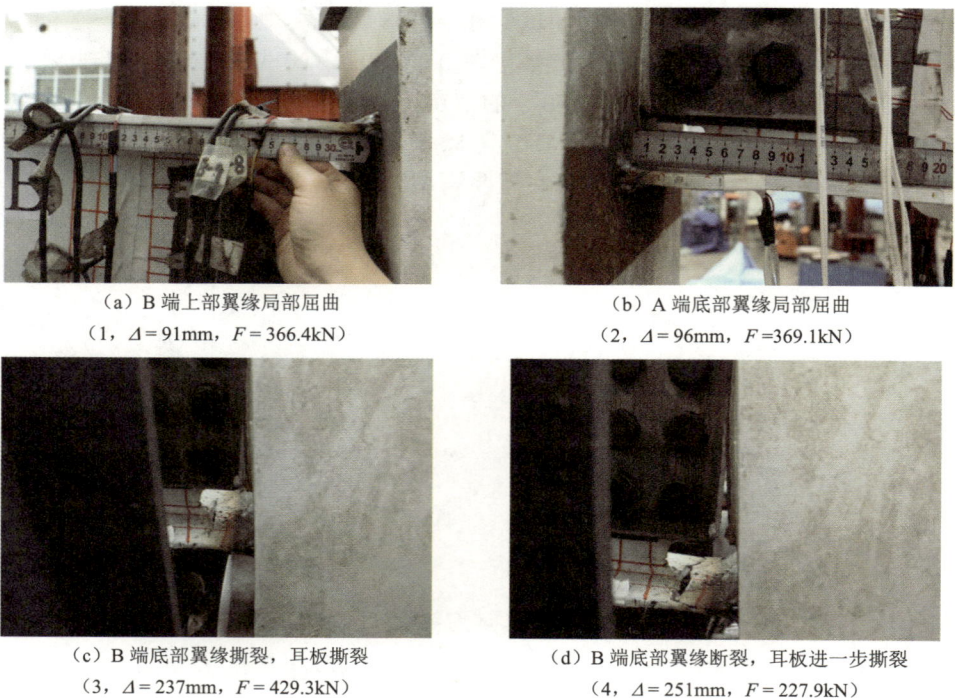

（a）B 端上部翼缘局部屈曲
（1，$\Delta = 91\text{mm}$，$F = 366.4\text{kN}$）

（b）A 端底部翼缘局部屈曲
（2，$\Delta = 96\text{mm}$，$F = 369.1\text{kN}$）

（c）B 端底部翼缘撕裂，耳板撕裂
（3，$\Delta = 237\text{mm}$，$F = 429.3\text{kN}$）

（d）B 端底部翼缘断裂，耳板进一步撕裂
（4，$\Delta = 251\text{mm}$，$F = 227.9\text{kN}$）

图 6.4-39　试件 B-C 关键试验现象

试验后子结构的整体变形状态如图 6.4-40 所示。试件在加载过程中整体竖向变形形态发展如图 6.4-41 所示，位移向下为负。从试件的竖向变形可以发现：试件在整个加载过程中梁呈现较明显的弯曲状态。试验结果表明，采用栓焊混合连接的节点延性较差，无法充分发挥结构的悬链线效应。

图 6.4-40 试件 B-C 试验后子结构的整体变形状态

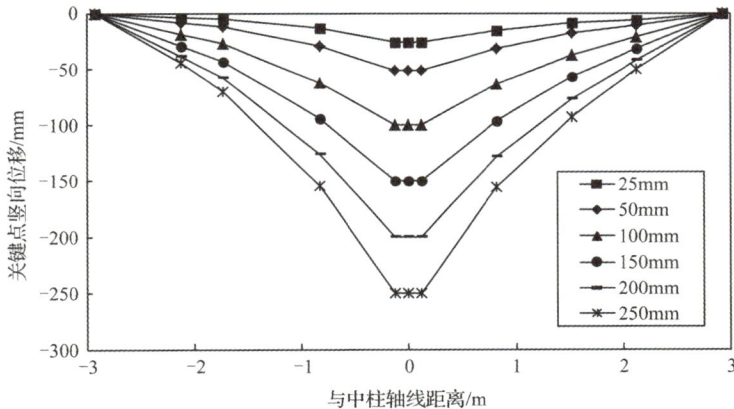

图 6.4-41 试件 B-C 竖向变形形态发展

2）MHRSCCF-1 框架试件

试件 M-P100-C 试验加载的最大位移为 399mm，对应的梁柱相对转角为 0.143rad。试件 M-P100-C 的柱顶荷载-柱顶位移曲线如图 6.4-42 所示，图中曲线标明了各关键试验现象，如图 6.4-43 所示。结合图 6.4-42 和图 6.4-43 来阐述试件 M-P100-C 的受力特征与破坏现象。

（1）当中柱竖向位移 Δ < 30mm 时，试件呈现线性受力特性；当 Δ 超过 30mm 时，试件开始进入非线性受力阶段。

（2）当 Δ = 85mm 时［对应图 6.4-42 中的 1 点及图 6.4-43（a）］，B 端上部翼缘发生局部屈曲，承载力从梁机制峰值 332kN 下降至 321kN，之后进入悬链线阶段，承载力稳步上升。

（3）当Δ=260mm时［对应图6.4-42中的2点及图6.4-43（b）］，A端上部东侧耗能肋板底部撕裂，承载力从443kN下降至430kN，之后承载力回升。

（4）当Δ=270mm时［对应图6.4-42中的3点及图6.4-43（c）］，D端上部西侧耗能肋板底部撕裂，同时A端上部西侧耗能肋板底部撕裂，承载力从442kN下降至424kN，之后承载力回升。

（5）当Δ=336mm时［对应图6.4-42中的4点及图6.4-43（d）］，A端上部下排东侧螺杆拉断，承载力从510kN下降至469kN，之后承载力回升。

（6）当Δ=357mm时［对应图6.4-42中的5点及图6.4-43（e）］，A端上部下排西侧螺杆拉断，承载力从520kN下降至464kN，之后承载力回升。

（7）当Δ=381mm时［对应图6.4-42中的6点及图6.4-43（f）］，D端上部下排东侧螺杆拉断，承载力从529kN下降至483kN，之后承载力回升。

（8）当Δ=393mm时［对应图6.4-42中的7点及图6.4-43（g）］，不同位置的钢绞线中钢丝均出现拉断现象，承载力从517kN不断下降，无法上升，试验结束。

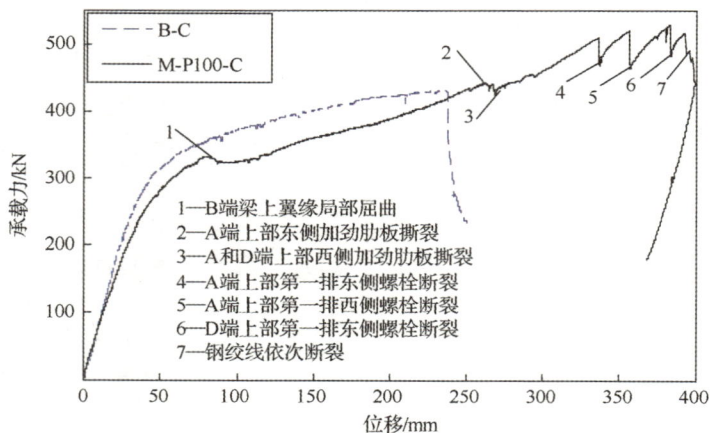

图 6.4-42　试件 M-P100-C 的柱顶荷载（F）-柱顶位移（Δ）曲线

（a）B 端梁翼缘局部屈曲　　　　　　　　（b）A 端上部南侧耗能肋板底部撕裂
（1，Δ = 85mm，F = 332kN）　　　　　　（2，Δ = 260mm，F = 443kN）

图 6.4-43　试件 M-P100-C 关键试验现象

（c）A 与 D 端上部北侧耗能肋板底部撕裂

（3，$\Delta = 270\text{mm}$，$F = 442\text{kN}$）

（d）A 端上部下排东侧螺杆被拉断

（4，$\Delta = 336\text{mm}$，$F = 510\text{kN}$）

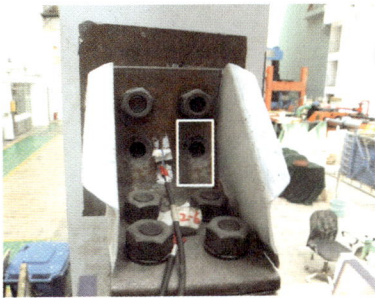

（e）A 端上部下排西侧螺杆被拉断

（5，$\Delta = 357\text{mm}$，$F = 520\text{kN}$）

（f）D 端上部下排东侧螺杆被拉断

（6，$\Delta = 381\text{mm}$，$F = 529\text{kN}$）

（g）不同位置的钢绞线中钢丝均出现拉断现象

（7，$\Delta = 393\text{mm}$，$F = 517\text{kN}$）

图 6.4-43（续）

　　试验后子结构的整体变形状态如图 6.4-44 所示。试件在加载过程中整体竖向变形形态发展如图 6.4-45 所示，位移向下为负。从试件的竖向变形可以发现：当柱顶竖向位移较小时（$\Delta < 100\text{mm}$，$\theta < 0.036\text{rad}$），试件中梁基本未发生变形，损伤主要集中在加劲角钢耗能构件；随着柱顶位移的增大逐渐呈现悬链线形态。试验结果表明，该多灾害防御节点延性较好，可以有效的发展结构的悬链线机制。但是因为钢梁 B 截面附近上翼缘因为压拱效应发生局部失稳，影响了其功能可恢复能力。

图 6.4-44　试件 M-P100-C 试验后子结构的整体变形状态

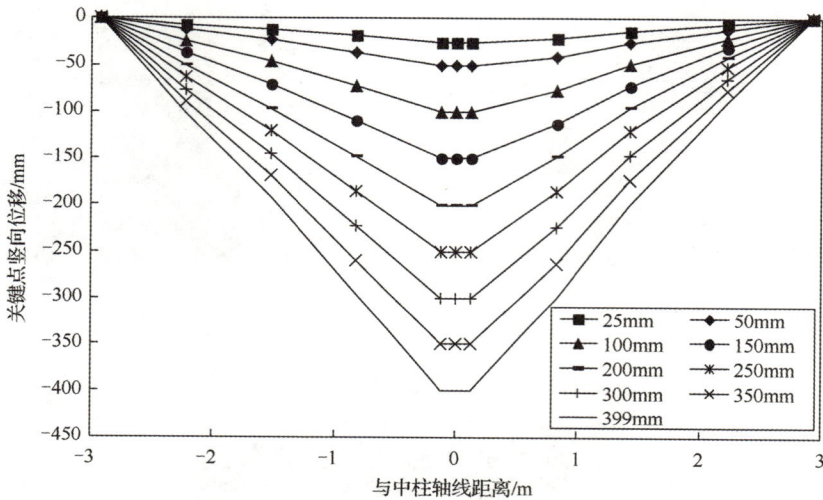

图 6.4-45　试件 M-P100-C 竖向变形形态发展

3）MHRSCCF-2 框架试件

试件 M-P140-C2 试验加载的最大位移为 572mm，对应的梁柱相对转角为 0.204rad。试件 M-P140-C2 的柱顶荷载-柱顶位移曲线如图 6.4-46 所示，图中曲线标明了各关键试验现象，具体如图 6.4-47 所示。

结合图 6.4-46 和图 6.4-47 来阐述试件 M-P140-C2 的受力特征与破坏现象。

（1）当 $\Delta = 53$mm 时，NE 截面梁中螺栓滑移［对应图 6.4-46 中的 1 点及图 6.4-47（a）］，释放了梁中的轴力，缓解了压拱效应。

（2）当 $\Delta = 115$mm 时，加劲肋板开始开裂［对应图 6.4-46 中的 2 点及图 6.4-47（b）］，子结构从梁机制向悬链线机制过度，此时承载力稳步上升。

（3）当 $\Delta = 372$mm 时，SA 截面上角钢断裂［对应图 6.4-46 中的 3 点及图 6.4-47（c）］，承载力从 487kN 下降至 445kN，之后承载力回升。

（4）当 $\Delta = 389$mm 时，钢绞线开始出现断裂，随后依次断裂［对应图 6.4-46 中的 4 点及图 6.4-47（d）］，承载力在 486kN 和 373kN 之间波动下降，之后承载力有所回升。

（5）当 Δ＝451mm 时，NE 截面上角钢断裂［对应图 6.4-46 中的 5 点及图 6.4-47（e）］，承载力从 348kN 下降至 218kN，之后承载力回升。

（6）当 Δ＝496mm 时，NA 截面上角钢断裂［对应图 6.4-46 中的 6 点及图 6.4-47（f）］，承载力从 327kN 下降至 237kN，之后承载力回升。

（7）当 Δ＝566mm 时，不同位置的钢绞线中钢丝均出现拉断现象［对应图 6.4-46 中的 7 点及图 6.4-47（g）］，承载力从 384kN 不断下降，无法上升，试验结束。

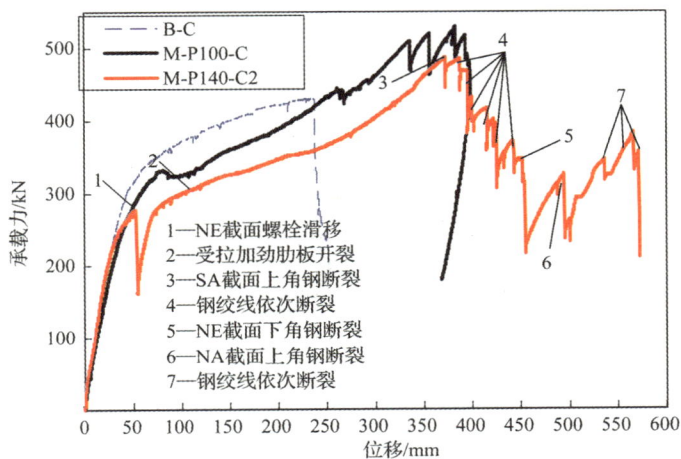

图 6.4-46　试件 M-P100-C2 的柱顶荷载（F）-柱顶位移（Δ）曲线

（a）NE 截面螺栓滑移
（1，Δ＝53mm，F＝278kN）

（b）受拉加劲肋板开始撕裂
（2，Δ＝115mm，F＝309kN）

（c）SA 截面上角钢断裂
（3，Δ＝372mm，F＝487kN）

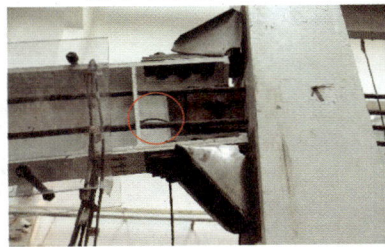

（d）钢绞线依次断裂
（4，Δ＝389mm，F＝486kN）

图 6.4-47　试件 M-P140-C2 关键试验现象

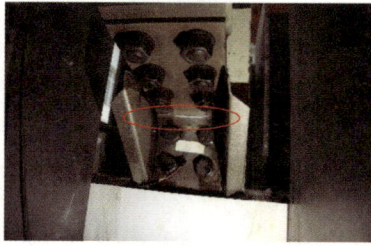

（e）NE截面下角钢断裂
（5，Δ=451mm，F=348kN）

（f）NA截面上角钢断裂
（6，Δ=496mm，F=327kN）

（g）钢绞线依次断裂
（7，Δ=566mm，F=384kN）

图 6.4-47（续）

　　试验后子结构的整体变形状态如图 6.4-48 所示。试验结果表明，该多灾害防御节点延性较好，可以有效地发展结构的悬链线机制。试件 M-P140-C2 以及试件 B-C 和试件 M-P100-C 在加载过程中整体竖向最终变形形态如图 6.4-49 所示，位移向下为负。从试件的竖向变形可以发现：试件 M-P140-C2 较试件 B-C 和试件 M-P100-C 可以更为有效地发展悬链线机制，具有更高的延性和安全储备。

　　在连续倒塌试验中，试件 M-P140-C2 梁 NB—NB/ND—ND 截面翼缘随着加载过程的应变发展规律如图 6.4-50 所示。可以看出在整个加载过程中梁处于弹性阶段，由于 NE 截面梁中螺栓的滑移造成了 ND 截面梁中应变的波动，当 NE 截面下角钢的断裂后，梁中的应力被释放。

图 6.4-48　试件 M-P140-C2 试验后子结构的整体变形状态

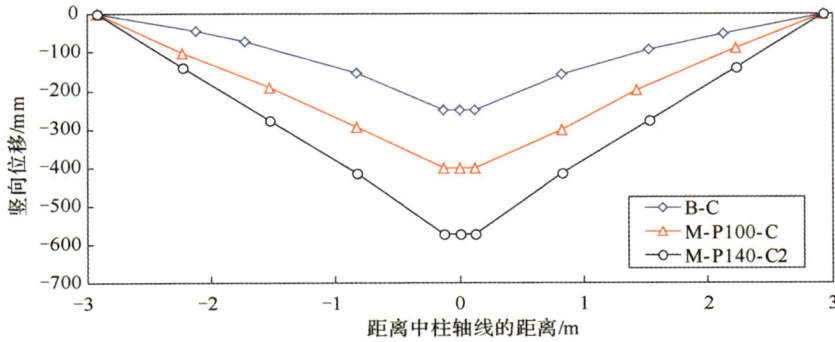

图 6.4-49　试件竖向最终变形形态

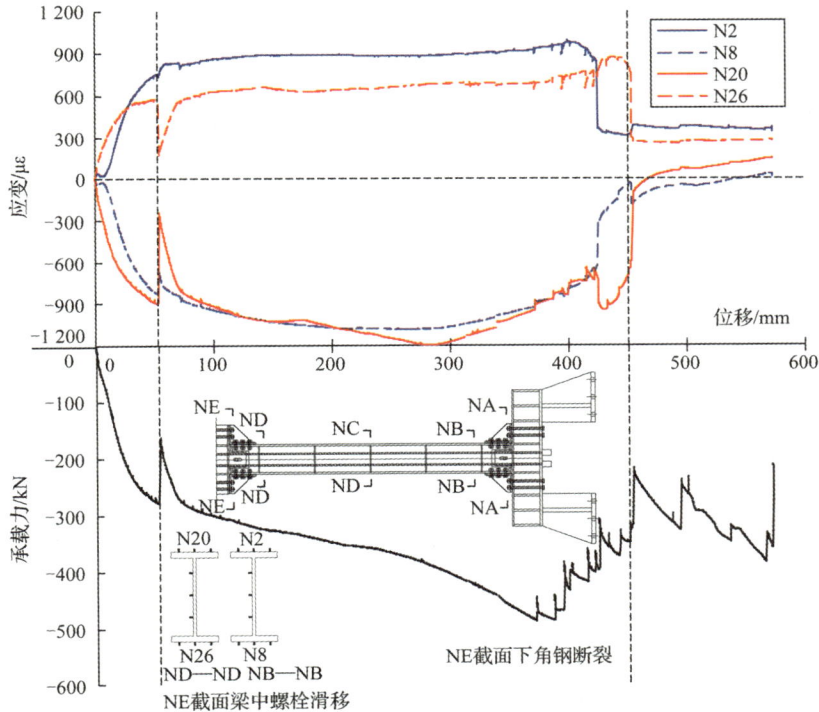

图 6.4-50　试件 M-P140-C2 梁 NB—NB/ND—ND 截面翼缘随着加载过程的应变发展规律

　　试件 M-P140-C2 梁 NE 截面处角钢随着加载过程的应变发展规律如图 6.4-51 所示。应变 A1 在加载过程中前期受压，当下角钢被拉断后，开始开始表现出受拉性能；应变 A2 在加载过程中始终受拉，当 NE 截面处的下角钢拉断后，应变 A2 失效。

　　钢绞线内力变化如图 6.4-52 所示，由于边界的螺栓连接出现一定程度的滑移，钢绞线在加载初期出现预应力损失。

　　在整个加载过程中抗剪板及框架梁柱无损伤，实现了结构抗连续倒塌下的功能可恢复性能。

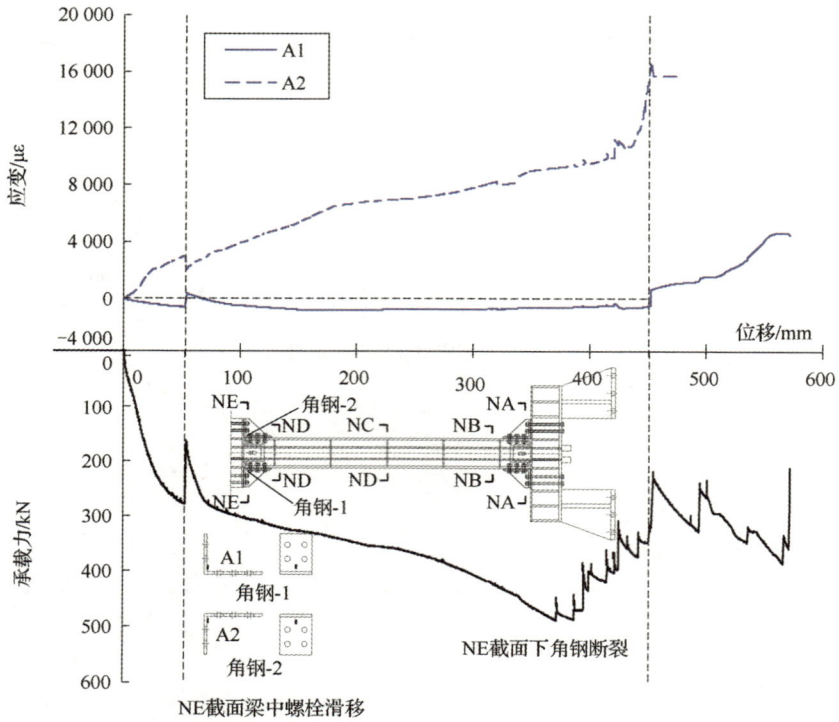

图 6.4-51　试件 M-P140-C2 梁 NE—NE 截面处角钢随着加载过程的应变发展规律

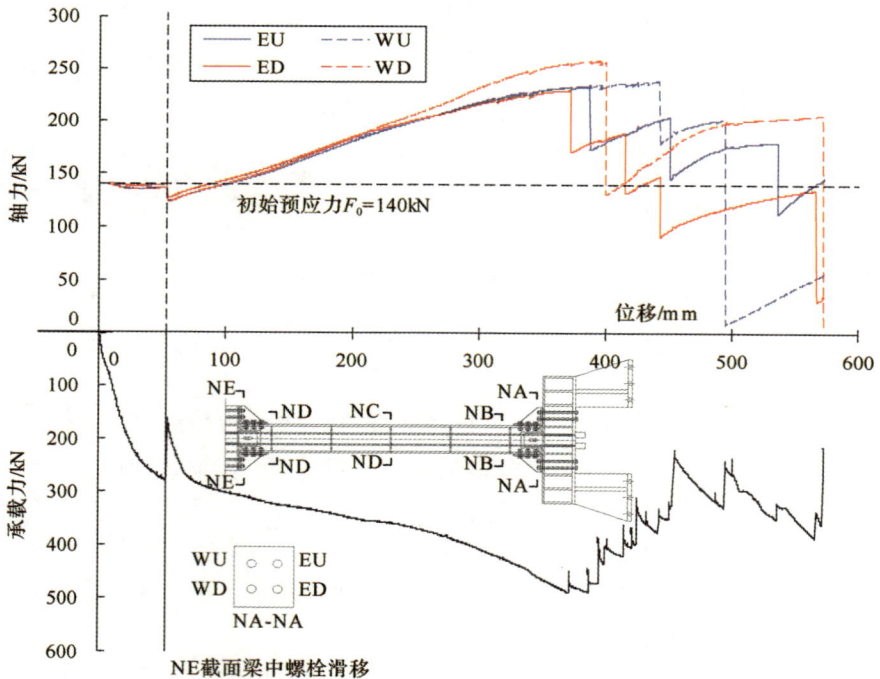

图 6.4-52　试件 M-P140-C2 钢绞线内力变化

不同试件的试验结果对比表明（图 6.4-47），试件 M-P100-C 的延性与承载力均优于试件 B-C，其中转动延性比试件 B-C 提高 59.6%，峰值承载力比试件 B-C 提高 22.6%；试件 M-P140-C2 的延性与承载力同样均优于试件 B-C，其中转动延性比试件 B-C 提高 126.4%，峰值承载力比试件 B-C 提高 13.4%。当 MHRSCCF-2 节点转角达到 0.2rad 时，其承载力仍然高于其梁机制阶段承载力，相比于 MHRSCCF-1，MHRSCCF-2 具有更优的延性与安全储备；同时，加载结束时 MHRSCCF-2 节点中关键构件（梁和柱）无损伤。综合抗震试件结果，MHRSCCF-2 具有抗震及抗连续倒塌多灾害的功能可恢复性能。

6.4.4 多灾害防御可恢复功能组合框架设计方法

在试验研究的基础上本节主要提出 MHRSCCF-2 框架节点的承载力计算方法。节点区域变形示意图如图 6.4-53 所示，其中梁柱界面弯矩和节点初始转动刚度如下式所示：

$$M = M_{\mathrm{SAS}} + M_s \qquad\qquad (6.4\text{-}33)$$

$$k_\theta = k_{\theta,\mathrm{SAS}} + k_{\theta,s} \qquad\qquad (6.4\text{-}34)$$

式中，M 为梁柱界面弯矩；M_{SAS} 为加劲角钢阻尼器产生的梁柱界面弯矩；M_s 为钢绞线产生的梁柱界面弯矩；k_θ 为梁柱节点初始转动刚度；$k_{\theta,\mathrm{SAS}}$ 为加劲角钢阻尼器提供的初始转动刚度；$k_{\theta,s}$ 为预应力钢绞线提供的初始转动刚度。

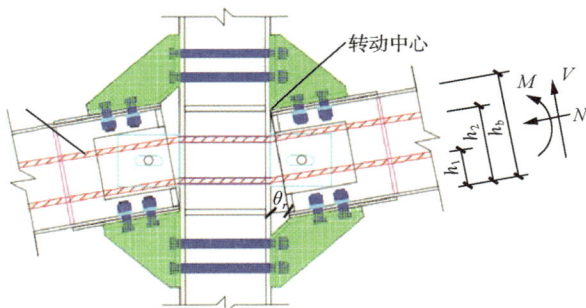

图 6.4-53 节点区域变形示意图

6.4.4.1 MHRSCCF-2 中预应力钢绞线计算

本节提出了一个可以考虑以下三种情况下，预应力钢绞线提供的节点的抗弯承载力和初始刚度的计算公式：①梁两端开口转角不相同的情况；②钢绞线规格不相同的情况；③钢绞线沿梁高任意分布情况。同时，可以考虑非理想固支边界条件引起的边界平动位移（Δ_b）、边界转动位移（θ_b）（图 6.4-54）及锚固滑移（δ_a）示意图（图 6.4-54）对预应力钢绞线提供节点的抗弯承载力的影响。

具体的理论推导如下。

钢绞线产生的梁柱界面弯矩如下：

$$M_s = M_s^{pt} + M_s^{\Delta T} \qquad\qquad (6.4\text{-}35)$$

式中，M_s^{pt} 为钢绞线中初始预应力产生的梁柱界面弯矩；$M_s^{\Delta T}$ 为钢绞线中增加的轴力产生的梁柱界面弯矩。

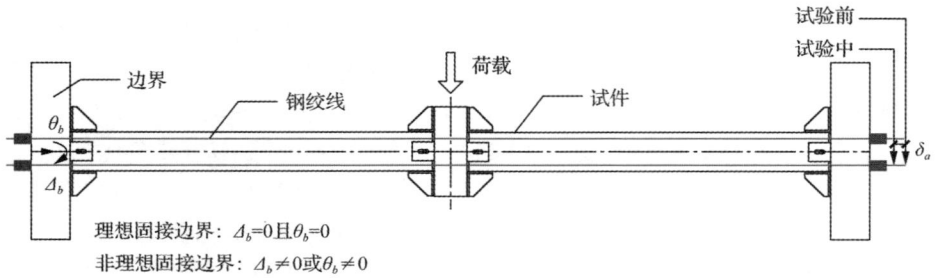

图 6.4-54 边界平动位移、边界转动位移及锚固滑移示意图

根据钢绞线拉力的增量等于梁轴向压力的增量，可得

$$\sum_{i=1}^{n}\Delta T_i = K_b\delta_b \tag{6.4-36}$$

式中，ΔT_i 为单根钢绞线轴向拉力的增量，$\Delta T_i = k_{si}(\delta_{si} - \delta_i - \delta_a - \delta_b)$，$K_b = E_b A_b / L_b$，$k_{si} = E_{si}A_{si}/L_{si}$，$\delta_{si} = \theta_{g1}h_i + \theta_{g2}(h_b - h_i)$，$K_s = \sum_{i=1}^{n}k_{si}$，其中，$k_{si}$ 为单根钢绞线轴向刚度；δ_{si} 为单根钢绞线轴向位移（受拉为正）；δ_i 为由于边界位移导致的预应力钢绞线内缩值，即 $\delta_i = \theta_b(h_i - h_b/2) + \Delta_b$；$\delta_b$ 为梁轴向位移（受压为正）；δ_a 为由于扰动或加载造成的预应力钢绞线在锚固处的滑移值（使钢绞线松弛的方向为正）；K_s、K_b 分别为钢绞线轴向刚度的总和，梁的轴向刚度；E_{si}、E_b 分别为钢绞线与梁的弹性模量；A_{si}、A_b 分别为钢绞线与梁的截面积；L_{si}、L_b 分别为钢绞线长度（一跨）与梁的长度（单根梁长）；h_b 为梁高；h_i 为钢绞线距梁底面的距离（$i=1,2,3,4$）；θ_{g1}、θ_{g2} 分别为梁两端开口转角。整理得

$$\sum_{i=1}^{n}\Delta T_i = \sum_{i=1}^{n}k_{si}(\delta_{si} - \delta_i - \delta_a - \delta_b) = K_b\delta_b \tag{6.4-37}$$

$$\delta_b = \frac{\sum_{i=1}^{n}k_{si}(\delta_{si} - \delta_i - \delta_a)}{K_b + \sum_{i=1}^{n}k_{si}} = \frac{\sum_{i=1}^{n}k_{si}(\delta_{si} - \delta_i - \delta_a)}{K_b + K_s} \tag{6.4-38}$$

单根钢绞线的拉力为

$$T_i = T_{0i} + \Delta T_i = T_{0i} + k_{si}(\delta_{si} - \delta_i - \delta_a - \delta_b)$$

$$= T_{0i} + k_{si}\left[\delta_{si} - \delta_i - \delta_a - \frac{\sum_{i=1}^{n}k_{si}(\delta_{si} - \delta_i - \delta_a)}{K_b + K_s}\right] \tag{6.4-39}$$

式中，T_i 为单根钢绞线中的总拉力；T_{0i} 为单根钢绞线中初始预拉力。

预应力钢绞线提供的弯矩

$$M_s = \sum_{i=1}^{n}(T_i h_i) = \sum_{i=1}^{n}(T_{0i}h_i) + \sum_{i=1}^{n}\left[k_{si}\left(\delta_{si} - \delta_i - \delta_a - \frac{\sum_{i=1}^{n}k_{si}(\delta_{si} - \delta_i - \delta_a)}{K_b + K_s}\right)h_i\right] \tag{6.4-40}$$

若梁两端开口转角相同，即 $\theta_{g1} = \theta_{g2} = \theta_r$，则 $\delta_{si} = \theta_{g1}h_i + \theta_{g2}(h_b - h_i) = \theta_r h_b$；且预应力钢绞线的规格相同，即 $k_{si} = E_{si}A_{si} / L_{si} = k_s$，且预应力钢绞线沿梁高度关于中轴线对称分布，即 $\sum_{i=1}^{n} h_i = n\overline{h_i} = nh_b / 2$。其中，$\theta_r$ 梁柱开口转角；$\overline{h_i}$ 为 h_i 的平均值。则预应力钢绞线提供的弯矩为

$$
M_s = \sum_{i=1}^{n}\left(T_{0i}h_i\right)
$$

$$
+ \frac{K_s\sum_{i=1}^{n}k_{si}\left(\delta_{si} - \delta_i - \delta_a\right)h_i - \sum_{i=1}^{n}k_{si}h_i\sum_{i=1}^{n}k_{si}\left(\delta_{si} - \delta_i - \delta_a\right) + K_b\sum_{i=1}^{n}k_{si}\left(\delta_{si} - \delta_i - \delta_a\right)h_i}{K_b + K_s}
$$

$$
= M_s^{pt} + \frac{K_b K_s h_b^2}{2K_b + 2K_s}\theta_r - \frac{K_s k_s\left(\sum_{i=1}^{n}\left(\delta_i h_i\right) - \dfrac{h_b}{2}\sum_{i=1}^{n}\delta_i\right)}{K_b + K_s} - \frac{K_b k_s\sum_{i=1}^{n}\left(\delta_i h_i\right)}{K_b + K_s} - \frac{K_b K_s h_b}{2K_b + 2K_s}\delta_a
$$

$$
\tag{6.4-41}
$$

将 $\delta_i = \theta_b\left(h_i - h_b / 2\right) + \varDelta_b$ 代入上式，得

$$
M_s = M_s^{pt} + \frac{K_b K_s h_b^2}{2K_b + 2K_s}\theta_r - K_s\left(\overline{\left(\sum_{i=1}^{n}h_i^2\right)} - \left(\overline{h_i}\right)^2\right)\theta_b - \frac{K_b K_s h_b}{2K_b + 2K_s}\left(\varDelta_b + \delta_a\right) \tag{6.4-42}
$$

此时预应力钢绞线提供的初始刚度

$$
k_{\theta,s} = \frac{K_b K_s h_b^2}{2K_b + 2K_s} \tag{6.4-43}
$$

进一步整理，得

$$
M_s = M_s^{pt} + k_{\theta,s}\left(\theta_r - \frac{\varDelta_b + \delta_a}{h_b}\right) - K_s D(h_i)\theta_b \tag{6.4-44}
$$

式中，$D(h_i) = \left[\overline{\left(\sum_{i=1}^{n}h_i^2\right)} - \left(\overline{h_i}\right)^2\right]$。

6.4.4.2　MHRSCCF-2 中加劲角钢耗能构件计算

加劲角钢耗能构件的承载力刚度贡献可以按照第 6.4.2 节提出的方法进行计算，加劲角钢耗能构件中加劲肋板提供的初始刚度和屈服弯矩为

$$
k_\theta^r = \frac{h_b t_r E_r\left[h_b(\ln l_r - \ln l_1) + (l_r - l_1)\right]}{9.34 - 0.022h_b / t_r} + \frac{t_r E_r(l_r^2 - l_2^2)}{7.91 - 0.018h_b / t_r} \tag{6.4-45}
$$

$$
M_y^r = \frac{f_y^r t_r\{h_b(l_r + b - 1.414c) + [(l_r + b)^2 - 2c^2]\}}{2.42 - 0.18h_b / l_r} \tag{6.4-46}
$$

根据 Kishi 等（1990）以及 6.5.2 节的计算方法有加劲角钢耗能构件中角钢提供的初始刚度和屈服弯矩为

$$k_\theta^a = \frac{3E_a I_a d_1^2}{g_1\left(g_1^2 + 0.78t_t^2\right)} \tag{6.4-47}$$

$$M_y^a = \frac{k_\theta^a \theta_y}{\left[1 + \left(\dfrac{\theta_y}{\theta_0^a}\right)^{n_p^a}\right]^{1/n_p^a}} \tag{6.4-48}$$

上述式中，$\theta_0^a = M_u^a / k_\theta^a$，$M_u^a$ 为加劲角钢耗能构件中角钢产生的梁柱界面极限弯矩；E_a 为顶角钢的弹性模量；I_a 为顶角钢横截面转动惯量；d_1 为上下角钢肢中心点之间的距离；θ_y 为加劲角钢耗能构件屈服时的梁端开口转角；n_p^a 为角钢承载力计算的形状参数；g_1 为顶角钢竖肢悬臂受力长度，根据 Eurocode 3（BSI，2005）的相关规定，依据梁柱之间的空隙对该参数进行修正，$g_1 = \begin{cases} g_t - t_t^a/2 - W/2, & gap \leqslant 0.4t_t^a \\ g_t - W/2 + 0.8k_t, & gap > 0.4t_t^a \end{cases}$，其中，$g_t$ 为角钢与梁接触面到与柱相连的第一排螺栓螺杆中轴线的距离，W 为角钢与柱相连的第一排螺栓螺帽直径，k_t 为角钢角部圆弧半径，gap 为梁柱之间的空隙，t_t^a 为受拉侧角钢厚度，从而有

$$n_p^a = 74.29\frac{M_u^a}{k_\theta^a} + 0.34 \tag{6.4-49}$$

$$\theta_y = \frac{M_y^r}{k_\theta^r\left(1 - 0.54^{n^r}\right)^{1/n^r}} \tag{6.4-50}$$

$$M_u^a = V_p^a g_2 / 2 + f_y^a l_s^a \left(t_s^a\right)^2 / 4 + V_p^a d_2 \tag{6.4-51}$$

式中，n^r 为角钢承载力计算的形状参数；V_p^a 为受拉侧角钢水平塑性剪力；f_y^a 为受压侧角钢屈服强度；l_s^a 为受压侧角钢长度；d_2 为节点转动中心到 V_p^a 作用线之间的距离，$d_2 = h_b + t_s^a / 2 + t_t^a + k_t$；$g_2$ 为角钢塑性铰之间的距离，根据 Eurocode 3（BSI，2005）的相关规定，依据梁柱之间的空隙对该参数进行修正，$g_2 = \begin{cases} g_t - k_t - 3t_t^a/2 - W/2, & gap \leqslant 0.4t_t^a \\ g_t - 0.2k_t - t_t^a - W/2, & gap > 0.4t_t^a \end{cases}$。

6.4.4.3　试验验证

1）非理想固支边界条件下理论计算公式合理性验证

利用试件 M-P140-C2 的试验数据可以得到，当梁柱连接达到屈服转角 0.0166rad 时，边界平动位移为 $\Delta_b = 1.94$mm，边界转动位移为 $\theta_b = 0.00276$rad。马振乾等（2016）对扰动下单孔夹片式锚具滑移机制进行了研究，其研究结果表明预应力钢绞线在扰动荷载作用下，夹片与钢绞线出现了相对滑动，扰动结束后，相对滑移值约为 1mm。由于现有相关研究不足，以上述结果为参考依据。由于本试验试件中预应力钢绞线两端均为夹片式锚具锚固，预应力钢绞线滑移值 δ_a 取为 2mm。根据以上提出的理论计算公式，可以计算出试件 M-P140-C2 的初始刚度和屈服弯矩。理论计算值与试验值对比如表 6.4-7 所示。加劲角钢耗能构件提供的梁柱连接屈服弯矩的理论值与试验值之间的误差为-5.70%，预

应力钢绞线提供的梁柱连接屈服弯矩的理论值与试验值之间的误差为5.22%。最终梁柱连接的屈服弯矩值的理论值与试验值之间的误差为-0.51%，而梁柱连接的初始刚度的理论值与试验值之间的误差仅为-0.18%。从而验证了非理想固支边界条件下理论计算公式合理性。

表 6.4-7　试件 M-P140-C2 理论计算值与试验值对比

内容	θ_y/rad	$k_{\theta,\mathrm{SAS}}$ /（kN·m）	$k_{\theta,s}$ /（kN·m）	k_θ /（kN·m）	$M_{y,\mathrm{SAS}}$ /（kN·m）	$M_{y,s}$ /（kN·m）	M_y /（kN·m）
理论值	0.016 6	17 436.6	1 510.7	18 947.3	93.6	94.4	188.0
试验值	0.016 6	—	—	18 981.4	99.3	89.7	189.0
误差/%	—	—	—	-0.18	-5.70	5.22	-0.51

2）理想固支边界条件下理论计算公式合理性验证

在实际结构中，由于楼板的存在使得子结构的边界更接近理想固支条件；同时由于柱间距不变，角钢的变形并不会造成钢绞线的预应力损失。因此，可以认为实际结构的边界条件近似为理想边界条件，即平动位移 $\Delta_b = 0\mathrm{mm}$ 与转动位移 $\theta_b = 0\mathrm{rad}$。根据上述分析，预应力钢绞线滑移值 δ_a 取为 2mm。试件 M-P140-S1.5 为抗震子结构试验，试件中梁柱之间的空隙为零，保证不会因为角钢的变形而造成钢绞线的预应力损失，近似满足理想边界条件。因此，可用该试验来进行理想固支边界条件下理论计算公式合理性验证。梁柱连接的初始刚度和屈服弯矩的理论计算值与试验值对比如表 6.4-8 所示。加劲角钢耗能构件提供的梁柱连接屈服弯矩的理论值与试验值之间的误差为-1.99%，预应力钢绞线提供的梁柱连接屈服弯矩的理论值与试验值之间的误差为2.21%。最终梁柱连接的屈服弯矩值的理论值与试验值之间的误差为-0.06%，梁柱连接的初始刚度的理论值与试验值之间的误差为7.26%，进而说明本节提出的理论计算公式既可以考虑理想固支边界条件也可以考虑非理想固支边界条件。

表 6.4-8　试件 M-P140-S1.5 理论计算值与试验值对比

内容	θ_y/rad	$k_{\theta,\mathrm{SAS}}$ /（kN·m）	$k_{\theta,s}$ /（kN·m）	k_θ /（kN·m）	$M_{y,\mathrm{SAS}}$ /（kN·m）	$M_{y,s}$ /（kN·m）	M_y /（kN·m）
理论值	0.016 6	24 226.2	1 510.7	25 736.9	116.8	104.0	220.8
试验值	0.016 6	—	—	23 995.6	119.2	101.8	220.9
误差/%	—	—	—	7.26	-1.99	2.21	-0.06

7 城市区域建筑震害模拟的计算模型

7.1 概　述

7.1.1 我国城市地震风险

我国有一半以上的城市位于设防烈度 7 度及以上的地区。城市是所在地区的政治、经济、文化、交通中心，人口、建筑和财富非常密集，由于国家发展的历史和现状（内因）以及全球环境的变化（外因），我国城市正面临着越来越严峻的地震风险。

首先，我国正处于城市化发展进程的关键时期，城市的规模还要不断扩大，人口还要不断增加，功能还要更加复杂。如图 7.1-1 所示的我国城市化进程（KPMG，2013），截至 2030 年，中国城镇人口将超过 10 亿，城镇人口比例将超过 70%（The World Bank，2014）。而伴随着城市的发展，城市的地震薄弱环节也可能相应增加；其次，我国过去因为经济、科技水平的限制而遗留下来大量低抗灾能力的基础工程设施和房屋建筑，将成为我国现代城市防灾能力的重要软肋。此外，当今我国不同地区之间的联系日益紧密，一旦发生严重地震灾害，将给一个地区甚至整个国家的国民经济及人民生活造成严重冲击。同时，自 2008 年汶川地震以来，世界逐渐进入一个地震活跃期，未来我国强震危险性不可忽视。综上所述，我国城市正面临着严峻的地震风险，因此城市的防震减灾能力必须得到可靠保证。

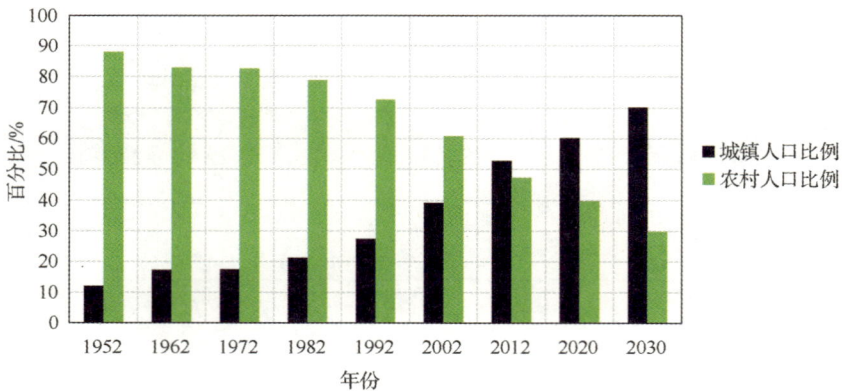

图 7.1-1　我国城市化进程（KPMG，2013）

7.1.2 城市区域震害模拟的必要性

世界各国与地震灾害长期斗争的经验表明，最有效的防震减灾手段是采取合理的预防措施，主要包括采取合理的工程抗震措施，制定震前规划、预案以及组织震后快速评估、救援，而城市区域震害模拟是城市抗震减灾工作的重要内容之一，其主要包括以下两点。

1）制定震前规划与预案

许多研究已经指出，细致合理的震前规划与预案能显著提高城市的地震风险应对能力，降低地震损失（刘本玉等，2008）。城市抗震防灾规划通常包括城市规划区内建筑的抗震性能评价、城市应急避难场所规划以及城市地震应急预案等（GB 50413—2007），这些规划和预案的编制都离不开城市区域震害模拟。

2）组织震后快速评估与救援

地震发生以后，需要对当地震害开展快速评估，从而确定地震应急响应等级，服务于震后快速救援（刘在涛等，2011）。区域建筑震害预测是震后快速评估中非常重要的一个环节（Erdik，et al.，2011）。采用实际的地震场景对规划区内建筑的地震损失进行快速分析，可以帮助决策者及时了解地震对当地建筑的实际影响，从而更为合理地分配抗震救援力量，减少震后的人员伤亡和经济损失。

由以上分析可以看出，无论是制定震前规划、预案还是组织震后快速评估、救援，都离不开对区域震害的科学认识和准确预测。

7.1.3　区域建筑震害模拟现有方法

国内外关于城市区域建筑震害模拟方法的相关研究很多，这些研究所采用的分析方法，主要可以分为震害分类统计法、参数映射法、能力需求分析法及时程分析法。

7.1.3.1　震害分类统计法

该方法基于建筑历史震害数据，针对不同类型的建筑，分别统计其在不同地震强度下的破坏程度。因此，只要给定分析地震场景，即可通过查询历史震害数据，推断该类结构的损伤情况。

震害分类统计法使用简单，对于不同类型的建筑，只需要套用该类建筑的历史震害数据就能较好地预测其震害情况。但是，该方法也有较大的局限性。首先该方法本身高度依赖历史震害数据，对于震害数据较少的地区以及缺乏相似数据的特大地震场景，预测的结果可能不可靠。其次，该方法可移植性差，由于场地情况以及建筑抗震能力的差异，一个地区的历史震害数据难以直接移植到另一个地区。最后，历史震害数据代表的始终是过去当地建筑的抗震能力，较当地的最新情况而言始终是滞后的。随着经济水平的发展，新建建筑抗震能力逐渐提高，其震害情况往往难以基于历史震害数据进行预测。

7.1.3.2　参数映射法

为了克服震害分类统计法的局限性，研究人员提出了参数映射法，并在一些研究中应用了该方法（杨玉成等，1980；尹之潜，1996；李树桢等，1995）。相对于震害分类统计法，该方法考虑了结构的抗侧能力等参数，具有更好的移植性。对于不同时期的建筑，只要知道其抗侧能力，就能采用该方法较为方便地进行震害预测。但是该方法依然存在局限性。首先，该方法通常难以考虑结构周期等因素对结构抗震能力的影响。其次，该方法通常只采用单一地震动强度指标描述地震动的特性，然而实际地震动的时域、频域特性复杂，且不同特性都将对结构的最终破坏情况产生影响。

7.1.3.3　能力需求分析法

为解决参数映射法难以较好反映地震动特性以及结构特性这一问题，一些学者提出了能力需求分析法（图 7.1-2），并逐渐将其应用于区域建筑震害模拟。该方法利用 Pushover 分析得到结构能力曲线，并结合地震需求曲线，计算结构的位移性能点，从而更为准确可靠地评价结构的震害情况（ATC，1996）。1997 年美国联邦应急管理署（FEMA）提出了基于能力需求分析法的 HAZUS 震害预测方法（FEMA，1997c）。其后，FEMA 和 NIBS 对原方法进行了进一步地改进，形成了比较成熟的 AEBM（advanced engineering building modules）方法（FEMA，1997c；FEMA，2012c）。因理论成熟、结构参数详尽，该方法在美国国内以及其他国家和地区都得到了广泛的应用（Lai，et al.，2004；Remo，et al.，2012；Levi，et al.，2015）。

能力需求分析法采用能力曲线描述建筑结构的抗震性能，因此能较好地反映结构的刚度、强度特性；采用地震需求谱，因此能更好地反映地震输入的强度以及频谱特性。然而，该方法同样有局限性：首先，能力需求分析法本质上是基于单自由度体系的分析方法，因此该方法难以考虑高阶振型对建筑结构响应的影响。虽然在多层结构中，高阶振型的影响一般不明显，但在高层建筑的分析中，忽略高阶振型的影响可能导致分析结果出现较大的误差。其次，能力需求分析法基于固定的振型形态，因此该方法难以考虑结构进入弹塑性以后损伤集中导致的振型变化。最后，能力需求分析法是一种静力弹塑性分析方法，因此难以考虑地震动的时域特性对结构的影响（比如速度脉冲的影响）（图 7.1-2）。

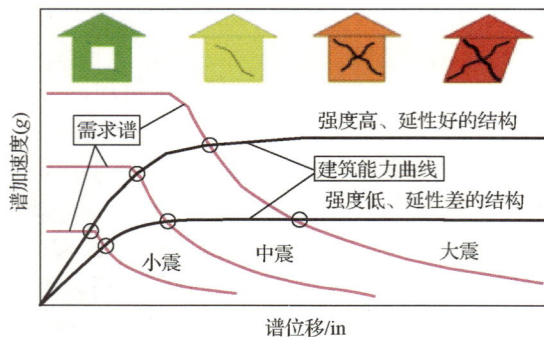

图 7.1-2　能力需求分析法示意图

（注：1in=2.54cm，下同）

7.1.3.4　时程分析法

时程分析法能更好地考虑结构以及地震动的特性，被广泛用于单体结构的震害模拟。但由于该方法计算量相对较大，而且建立整个区域建筑的计算模型需要标定的参数较多，在过去很少被用于模拟区域建筑的地震响应。随着科技水平的发展，超级计算机

（Hori，2011）以及 GPU 高性能计算（Lu，et al.，2014b）被应用于基于时程分析的城市区域震害模拟，逐渐克服了其计算瓶颈。

相对于其他方法而言，时程分析法能更为全面地考虑结构以及地震动的特性。首先，该方法中结构模型通常基于材料、构件模型或层间滞回模型，能更为合理地考虑结构的刚度、强度、延性以及耗能能力对结构响应的影响；其次，该方法中采用多自由度模型或者精细有限元模型，能较好考虑高阶振型对结构响应的影响；最后，该方法采用地震动时程记录，能够全面考虑地震动的强度、频域以及时域特性。因此，该方法具有更高的准确性。然而时程分析法仍然面临模型建模和参数标定等问题。时程分析法所采用的结构计算模型复杂，需要在楼层层次或者构件层次标定弹塑性本构模型，参数标定难度大；而且区域建筑震害模拟的分析对象是数以万计的建筑，难以获得每栋建筑详细的设计信息。因此，如何可靠合理地标定城市区域中海量建筑的弹塑性参数是一个亟待解决的问题。

前述详细讨论了四种不同的区域建筑震害模拟方法。为了更清晰地展示不同方法的特点，表 7.1-1 和表 7.1-2 分别对以上四种区域建筑震害模拟方法中地震数据部分以及结构模拟部分的特点进行了汇总对比。

表 7.1-1   不同震害模拟方法对比（地震数据部分）

内容	震害分类统计法	参数映射法	能力需求分析法	时程分析法
地震数据类型	地震强度分布数据	地震强度分布数据	地震需求谱场	地震动时程场
地震强度特性	能考虑	能考虑	能考虑	能考虑
地震频谱特性	不能考虑	不能考虑	能考虑	能考虑
地震时程特性	不能考虑	不能考虑	不能考虑	能考虑

表 7.1-2   不同震害模拟方法对比（结构模拟部分）

内容	震害分类统计法	参数映射法	能力需求分析法	时程分析法
结构数据类型	结构分类数据	结构分类及结构抗侧能力等参数	结构弹塑性能力曲线	材料/层间滞回模型
结构强度特性	不能考虑	能考虑	能考虑	能考虑
结构周期特性	不能考虑	不能考虑	能考虑	能考虑
结构高阶振动	不能考虑	不能考虑	不能考虑	能考虑

7.1.4 本章内容组织

区域震害分析是一项十分复杂的工作。考虑到目标研究区域实际拥有的数据详细程度与计算分析能力各不相同，有必要提出了一套基于多详细程度（levels of detail，以下统一简称为 LOD）模拟的城市区域建筑震害分析方法。为此，本章提出了多 LOD 区域建筑震害模拟框架，该框架包含三个模块：①地震数据获取；②结构模拟；③可视化模拟。具体操作中，三个模块的工作都可以根据数据详细程度、计算分析能力以及分析时限要求等选择不同 LOD 的方法，从而提高城市区域建筑震害模拟的灵活性，详见 7.2 节。

由于城市区域内建筑数量极多，一般不可能获得每栋建筑物的设计图纸，即便是有图纸，也不可能根据图纸逐一建模，必须提出适当的计算模型和参数确定方法，实现在保证计算精度的同时，能够根据建筑物易于获得的宏观参数（例如结构类型、建造年代、层数等信息），以确定结构的非线性计算模型和参数。本章针对城市中最常见的多层建筑和高层建筑，分别建议了其基于多层剪切模型和弯剪耦合模型的非线性计算模型及参数确定方法（详见 7.3 节和 7.4 节），并针对模型参数的不确定性及其影响进行了讨论分析（详见 7.5 节）。

在进行区域分析时，建筑的地震动输入是一个重要问题。而在人口密集的城市中，众多的结构体系在空间上紧密分布，城市区域内大量建筑的存在会对场地地震动产生显著影响，即"场地-城市效应"（site-city effect）。本章提出一套可以考虑"场地-城市效应"的区域建筑震害分析方法，并进行了方法可行性与准确性的验证以及相应的案例分析（详见 7.6 节）。

7.2　多 LOD 区域建筑震害模拟框架

7.2.1　引言

区域建筑震害模拟是一个复杂的问题，它涉及地震模拟、结构响应模拟以及可视化模拟三个模块，且进行不同地区的模拟时，数据详细程度、计算分析能力以及时限要求往往不同。为了提升区域建筑震害模拟的灵活性，使不同地区能根据当地数据、计算分析能力以及分析时限等要求选择合适的模拟方法，本书作者和清华大学研究生熊琛等（Xiong, et al., 2018）提出了多 LOD 区域建筑震害模拟框架（图 7.2-1），将地震数据、结构模拟及可视化模拟三个模块，分别划分为详细程度由简单（LOD0）到复杂（LOD3）的四个层级，如图 7.2-1 所示。三个模块之间呈递进关系，上一模块的计算结果将作为下一模块的输入数据。在实际区域建筑震害模拟时，可以根据具体情况，选用合适的方法进行模拟。以下将对该框架的三个模块做简要介绍。

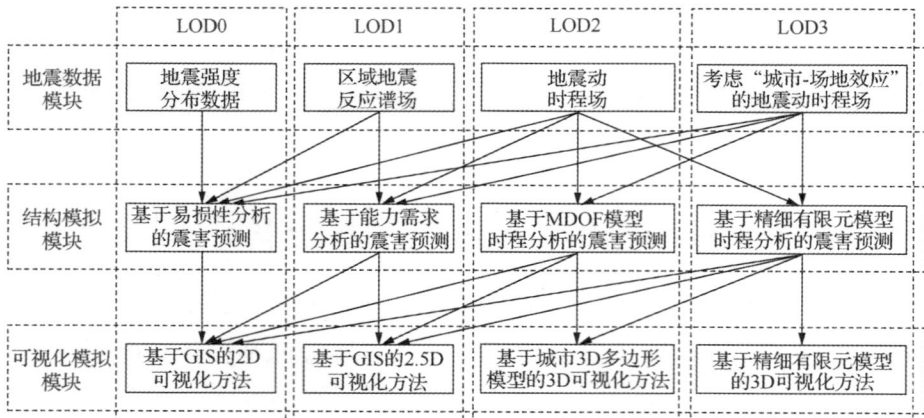

图 7.2-1　多 LOD 区域建筑震害模拟框架

7.2.1.1 地震数据模块

地震作用是整个震害分析的起点，地震作用的选取直接影响着建筑的震害预测结果，因此本模块将提供不同详细程度的地震数据，服务于不同详细程度的震害模拟。地震数据模块 LOD0～LOD3 四个层级的地震数据分别为地震强度分布数据、区域地震反应谱场、地震动时程场以及考虑"场地-城市效应"的地震动时程场。不同 LOD 层级地震数据对比如表 7.2-1 所示。

表 7.2-1 不同 LOD 层级地震数据对比

性能	地震强度分布数据（LOD0）	区域地震反应谱场（LOD1）	地震动时程场（LOD2）	考虑"场地-城市效应"的地震动时程场（LOD3）
数据获取难度	简单	较简单	较困难	困难
地震动强度特性	能考虑	能考虑	能考虑	能考虑
地震动频谱特性	不能考虑	能考虑	能考虑	能考虑
地震动时域特性	不能考虑	不能考虑	能考虑	能考虑
建筑与场地相互作用	不能考虑	不能考虑	不能考虑	能考虑

由表 7.2-1 可知，相对而言，LOD0 层级的地震强度分布数据获取难度最低，但其只能考虑地震的强度参数；LOD1 层级的区域地震反应谱场数据获取较简单，该数据能考虑地震的强度以及频谱特性；LOD2 层级的地震动时程场数据获取较难，但其可以考虑地震动的强度、频谱以及时域特性；LOD3 层级考虑"场地-城市效应"的地震动时程场数据获取难度最大，但其不仅能考虑地震动的强度、频谱以及时域特性，还能考虑城市中建筑与土体相互作用的影响，可以更为真实地模拟地震输入。

7.2.1.2 结构模拟模块

建筑结构的震害不仅取决于地震作用输入情况，还跟建筑结构本身的抗震能力有关。不同 LOD 层级的结构模拟方法采用不同的结构计算模型，需要不同详细程度的建筑抗震能力信息。结构模拟模块 LOD0～LOD3 四个层级分别为基于易损性分析的震害预测、基于能力需求分析的震害预测、基于多自由度集中质量层模型（以下简称 MDOF 模型）时程分析的震害预测以及基于精细有限元模型时程分析的震害预测。这四个层级结构模拟方法的计算效率、建模难度及其特点对比如表 7.2-2 所示。

表 7.2-2 不同 LOD 层级结构模拟方法的计算效率、建模难度及其特点对比

内容	基于易损性分析的震害预测（LOD0）	基于能力需求分析的震害预测（LOD1）	基于 MDOF 模型时程分析的震害预测（LOD2）	基于精细有限元模型时程分析的震害预测（LOD3）
计算效率	高	高	较高	较低
建模难度	低	低	较高	高

续表

内容	基于易损性分析的震害预测（LOD0）	基于能力需求分析的震害预测（LOD1）	基于 MDOF 模型时程分析的震害预测（LOD2）	基于精细有限元模型时程分析的震害预测（LOD3）
分析结果的详细程度	结构类型层次/结构层次	结构层次	楼层层次	构件层次
结构承载力	通常不能考虑	能考虑	能考虑	能考虑
结构刚度	不能考虑	能考虑	能考虑	能考虑
结构高阶振动	不能考虑	不能考虑	能考虑	能考虑
结构构件层次破坏	不能考虑	不能考虑	不能考虑	能考虑

由表 7.2-2 可知，LOD0 层级基于易损性分析的震害预测方法最为简单，但是其分析结果也相对较为简略，该方法只能在宏观结构类型层次给出不同类型结构的破坏程度或者破坏概率，难以考虑区域中单体结构的个性差异；LOD1 层级能力需求分析法能较好地考虑单体结构的刚度、承载力和变形能力，能给出整个单体结构层次的响应或者损伤，但该方法采用的单自由度分析模型难以考虑高阶振动对结构响应的影响；LOD2 层级模拟基于 MDOF 模型进行弹塑性时程分析，能较好地考虑地震动的强度、频谱以及时域特性对结构的影响，能考虑高阶振动对结构响应的影响，还能考虑楼层层次的破坏（例如软弱层破坏等），但是其建模与参数标定难度稍大，且时程分析耗时相对较长；LOD3 层级模拟基于精细有限元模型进行时程分析，其计算精度最高，能考虑构件层次的破坏，但其建模难度大、计算效率低，在实际区域震害模拟中难以得到大规模应用。

7.2.1.3　可视化模拟模块

可视化模拟作为一种沟通交流的手段，能服务于城市防灾减灾过程中不同专业背景的技术人员和决策者之间的交流，实现震害模拟结果的直观呈现，从而有利于作出科学合理的决策。可视化模拟的四个 LOD 层级分别为基于 GIS 的 2D 可视化方法、基于 GIS 的 2.5D 可视化方法、基于城市 3D 模型的 3D 可视化方法以及基于精细有限元模型的 3D 可视化方法。不同 LOD 层级可视化方法对比如表 7.2-3 所示。

表 7.2-3　不同 LOD 层级可视化方法对比

内容	基于 GIS 的 2D 可视化方法（LOD0）	基于 GIS 的 2.5D 可视化方法（LOD1）	基于城市 3D 模型的可视化方法（LOD2）	基于精细有限元模型的 3D 可视化方法（LOD3）
场景类别	2D	2.5D	3D	3D
可视化模型	GIS 多边形模型	GIS 多边形模型	城市 3D 模型	精细有限元模型
模型详细程度	建筑平面外形	建筑立体外形	详细建筑外形	建筑构件外形
可视化详细程度	建筑区块/单体建筑层次	单体建筑层次	楼层层次	构件层次
可视化模型获取难度	简单	简单	较难	难
渲染速度	快	较快	较快	较慢

表 7.2-3 中，LOD0 层级基于 GIS 的 2D 可视化方法最为简单，在过去多个震害预测平台（如 HAZUS 和 MAEViz）中得到了广泛的应用。该方法数据获取较为简单，渲染速度快，但无法展示三维的震害场景，并且通常只能展示城市区块或者单体建筑层级的损伤等级。LOD1 层级基于 GIS 的 2.5D 可视化方法对 GIS 数据中建筑平面多边形进行竖向拉伸，得到建筑三维模型，但由于该模型无法反映建筑立面上的变化，因此本章称之为 2.5D 模型。该模型能够展示单体建筑的三维外形，同时数据获取难度较低，渲染速度较快，在已有研究中得到了应用（Hori, et al., 2008；许镇等，2014）。LOD2 层级基于城市 3D 模型的可视化方法采用建筑 3D 模型，能够展示详细的建筑细节，具有较高的真实感，渲染速度也较快。LOD3 层级基于精细有限元模型的可视化方法直接采用精细有限元计算模型进行可视化，能展示构件层次的结构损伤情况，具有较强的真实感，但是其建模难度大，渲染速度较慢，很难同时适用于城市中所有建筑。通常采用该方法展示城市中个别特殊建筑。

下述将对这三个模块的四个不同 LOD 层次方法的理论以及实现过程作具体介绍。

7.2.2　地震数据模块

7.2.2.1　LOD0 层级地震强度分布数据

地震发生以后，地震动经过基岩衰减以及场地放大传至建筑基底。由于城市区域范围较大，不同地点的震中距以及场地条件各不相同，地震动强度也各不相同。地震强度分布数据采用地震动强度指标分布图，描述城市不同位置的地震动强度情况，能在一定程度上满足区域建筑震害模拟的地震输入需求。

地震动强度数据通常作为建筑易损性分析方法的输入数据，该方法通过易损性矩阵或者易损性曲线计算结构各级损伤概率。易损性曲线或者易损性矩阵多采用地震烈度或者 PGA 等地震动强度指标（尹之潜，1996；张令心等，2002），可根据当地数据的实际情况，选取地震烈度或 PGA 等作为 LOD0 层级地震强度分布数据的地震动强度指标。

地震强度分布数据有多种来源。我国很多城市都开展了地震强度小区划研究（汪梦甫，1990；聂树明，周克森，2007），在这些地区，可以采用地震强度小区划给出的数据（廖振鹏，1989）。该数据考虑了研究地区可能发生的多个地震场景，可以用于对目标研究区建筑的综合震前评价。

7.2.2.2　LOD1 层级区域地震反应谱场

LOD1 层级区域地震反应谱场采用地震反应谱描述区域不同位置的地震特性。相比 LOD0 层级方法，LOD1 层级能更好地反映地震动的频谱特性。

区域地震反应谱场通常可以采用不确定性方法或确定性方法来获取。不确定性方法以 PSHA（probabilistic seismic hazard analysis）方法（Atkinson, et al., 2000；Castaños, et al.，2002）为代表。PSHA 方法是一种基于概率的分析方法，通过对影响目标研究区域的多个活断层进行地震风险分析，考虑地震动衰减关系以及场地放大效应，得到研究区域不同超越概率的地震反应谱场。采用 PSHA 方法能够较为综合的考虑研究区域的地震风险。中国许多城市的地震动参数小区划图是采用该方法计算得到的（高孟潭等，2006）（GB 18306—2015）。

确定性分析以地震场景模拟为代表（FEMA，2012c）。针对单次特定场景，指定地震发震位置、地震类型、震源深度、震级等参数，考虑地震衰减关系以及场地放大效应，得到该地震场景下的研究区域的地震反应谱场。该方法基于单次事件分析，适用于特定地震场景的建筑震害模拟。

7.2.2.3　LOD2 层级地震动时程场

LOD2 层级的地震动时程场采用地震动时程描述区域中不同位置的地震输入。地震动时程能全面考虑地震动的强度、频域以及时域特性，实现更为准确的区域建筑震害模拟。

地震动时程场的来源主要有两种，即基于地震反应谱场的方法及基于地下速度结构模型数值模拟的方法。基于地震反应谱场的方法首先需要生成区域地震反应谱场数据，之后再通过选波（PEER，2016）或者生成人工波（Gasparini，et al.，1976）的方式得到区域的地震动场数据。基于地下速度结构模型数值模拟的方法相对较为复杂。东京大学 Hori 教授完成了断层的断裂模拟、地震动的传播模拟和场地土的放大效应模拟，生成了整个东京某区域地震动场，模拟展示如图 7.2-2 所示（Hori，et al.，2008）。付长华（2012）则对北京盆地地区地震动场进行了模拟，模拟展示如图 7.2-3 所示。

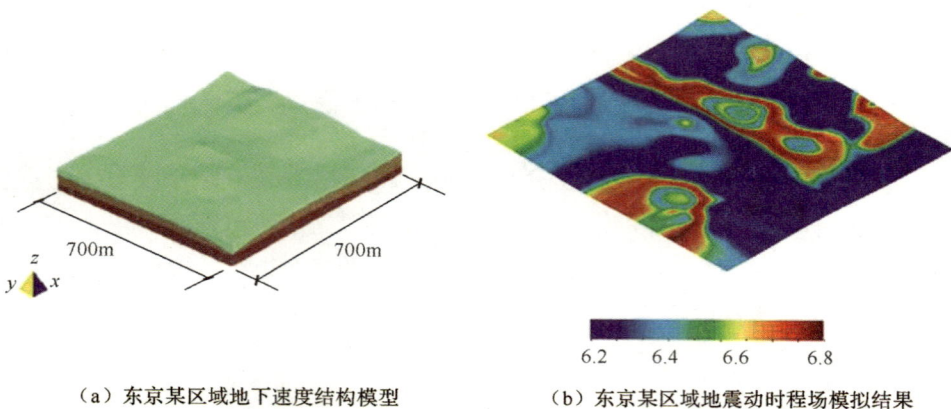

（a）东京某区域地下速度结构模型　　　　（b）东京某区域地震动时程场模拟结果

图 7.2-2　东京某区域地震动场模拟展示（Hori，et al.，2008）

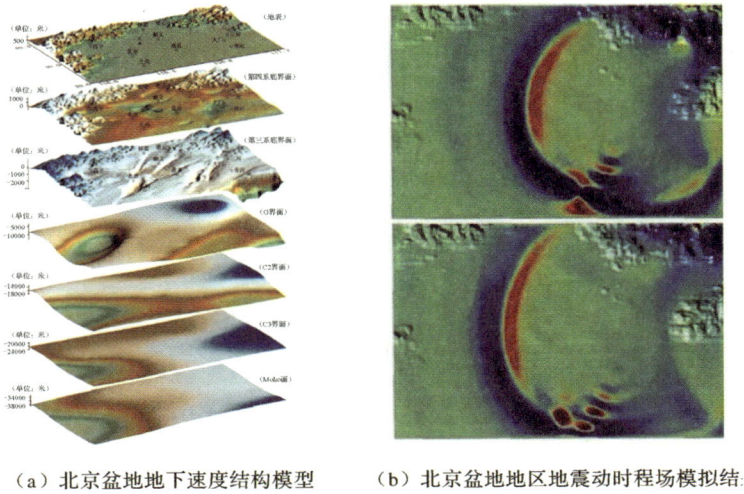

（a）北京盆地地下速度结构模型　　（b）北京盆地地区地震动时程场模拟结...

图 7.2-3　北京盆地地区地震动场模拟展示（付长华，2012）

7.2.2.4　LOD3 层级考虑"场地-城市效应"的地震动时程场

LOD0～LOD2 层级的地震数据都为自由场地的地震数据。城市核心区大量建筑和场地的相互作用会对地震动产生重要影响。过去关于单体建筑和场地的相互作用已有大量的研究（王一功等，2005；Li，et al.，2014）。对于城市区域，建筑物的存在可能显著影响整个区域的地震动分布。Guidotti 等（2012）通过建立"城市-场地"相互作用分析模型（图 7.2-4），模拟了新西兰基督城 CBD 在 2011 年基督城地震中的响应情况，分析结果显示城市建筑的存在将显著改变地表地震动的分布情况，考虑与不考虑"城市-场地"相互作用的场地 PGV 分布结果如图 7.2-5 所示。因此，对于拥有详细场地以及城市建筑物模型的地区，可以采用"场地-城市"共同模拟的方式确定区域建筑的地震输入，从而更准确地模拟区域建筑震害。

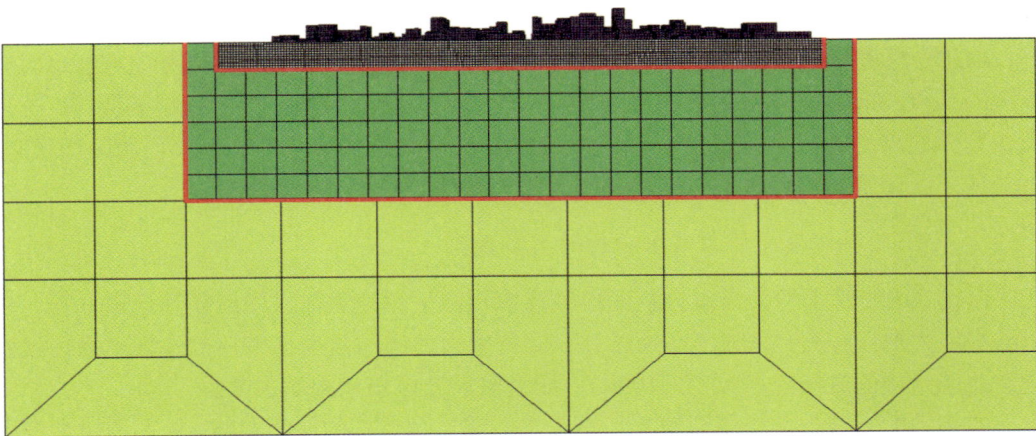

图 7.2-4　"城市-场地"相互作用分析模型（Guidotti，et al.，2012）

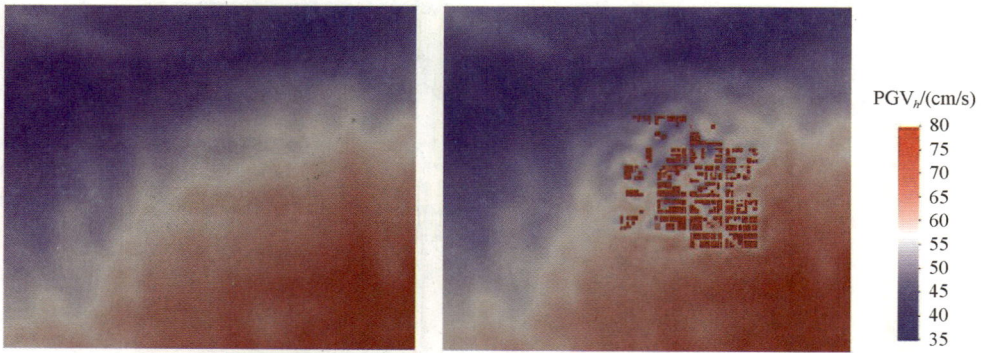

图 7.2-5　考虑与不考虑"城市-场地"相互作用的场地 PGV 分布结果（Guidotti，et al.，2012）

7.2.3　结构模拟模块

7.2.3.1　LOD0 层级基于易损性分析的震害预测

易损性分析作为一种概率分析方法被广泛用于区域建筑的震害模拟。该方法的基本思路为采用地震动强度作为输入，然后针对不同类型的结构，查询其相应的易损性矩阵（表 7.2-4）或者易损性曲线得到不同损伤程度的发生概率。易损性分析的关键问题是如何获取不同类型结构的易损性矩阵或者易损性曲线，解决方法主要包括基于历史震害数据的易损性数据获取方法及基于结构分析的易损性数据获取方法。

表 7.2-4　易损性矩阵（尹之潜等，2004）

烈度	完好/%	轻微破坏/%	中等破坏/%	严重破坏/%	损坏/%
Ⅵ	92.3	5.3	2.1	0.3	0.0
Ⅶ	82.3	9.6	6.0	1.8	0.3
Ⅷ	31.4	20.8	24.7	19.4	3.8
Ⅸ	28.2	21.0	22.9	14.8	13.1

LOD0 层级易损性分析方法简单，所需数据较少，计算效率高。但是该方法也有其相应的缺点：采用地震强度指标代表地震，忽略了地震动的持时特性和频谱特性，难以反映具体地震动的特点；采用统计学进行预测，其结果不能反映具体建筑物的破坏状态。对于缺乏统计资料的地区或者结构类型，难以给出合适的易损性矩阵。

7.2.3.2　LOD1 层级基于能力需求分析的震害预测

LOD1 层级基于能力需求分析的区域震害预测采用地震需求曲线作为地震输入，采用结构能力曲线作为结构输入。通过计算结构能力曲线与阻尼调整后的地震需求曲线的交点获取结构的性能点（ATC，1996），能力需求分析示意图如图 7.2-6 所示。

结构的能力需求分析需要输入地震需求曲线以及结构的能力曲线。地震需求曲线可以按前述方法获取区域中每栋建筑所在位置的地震反应谱，然后再按照 ATC-40 的方法（ATC，1996）计算地震需求曲线。

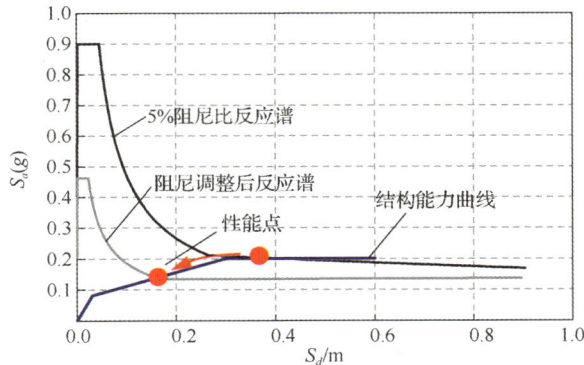

图 7.2-6　能力需求分析示意图

区域建筑的能力曲线通常有两种获取方式：对于城市中的重要建筑或者特殊建筑，可以根据其详细设计图纸开展 Pushover 分析，得到结构的能力曲线（ATC，1996）；对于城市中量大面广的常规建筑，可以根据建筑的 GIS 属性数据（结构类型、结构高度、建设年代、设计信息等），结合各类建筑的能力曲线数据库建立每栋建筑的能力曲线。例如，HAZUS 方法（FEMA，2012c）提供了非常丰富的结构能力曲线参数数据库。该方法采用三线性骨架线作为结构的能力曲线，并将结构划分为 36 类，然后分别给出了每种类型结构的三线性骨架线参数。计算得到的结构性能点之后，利用结构的易损性曲线即可计算结构各等级损伤状态的发生的概率（FEMA，2012c）。

LOD1 层级能力需求分析方法同样较为简单，采用地震需求谱和结构能力曲线能较好地把握地震动和结构的基本特性，相对易损性矩阵方法有了很大的进步。然而，由于其将建筑简化为单自由度体系，无法考虑高阶振型的影响。该方法采用静力分析（pushover 分析）代替动力时程分析，不能考虑地震动的持时、速度脉冲等特性的影响。

7.2.3.3　LOD2 层级基于 MDOF 模型时程分析的震害预测

LOD2 层级基于 MDOF 模型时程分析的方法采用地震动时程以及 MDOF 结构模型，通过弹塑性时程分析，更为准确地计算结构的地震响应。

LOD2 层级结构模拟方法需要获取区域中每栋建筑的地震动时程输入数据以及 MDOF 结构计算模型。每栋建筑的地震时程输入数据可以采用前述方法（7.2.2.3 节）获取。结构计算模型方面，由于多层建筑在地震作用下通常表现为剪切变形形态（GB 50011—2010），而高层建筑在地震作用下表现出明显的弯曲剪切变形形态（JGJ 3—2010），需要针对多层建筑以及高层建筑分别加以考虑。7.3 节提出了适用于区域多层建筑的多自由度集中质量剪切层模型（以下简称"MDOF 剪切模型"），如图 7.2-7（a）所示；7.4 节提出了适用于高层建筑的多自由度集中质量弯剪耦合模型（以下简称"MDOF 弯剪模型"），如图 7.2-7（b）所示。

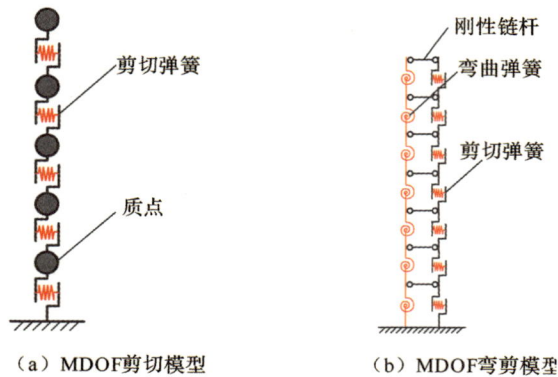

（a）MDOF剪切模型　　　（b）MDOF弯剪模型

图 7.2-7　LOD2 层级结构模拟的计算模型

　　LOD2 层级基于 MDOF 模型和时程分析的方法，相对于 LOD0 层级方法以及 LOD1 层级方法，能更为直接地模拟地震动以及结构的特性，从而获得更为合理的结构地震响应。随着高性能计算方法的逐渐成熟（Hori，2011；Lu，et al.，2014b），基于时程分析的区域建筑震害模拟的计算瓶颈正逐渐被克服，但是仍需针对 MDOF 模型的参数标定方法和损伤判别方法开展深入的研究和讨论。针对 MDOF 剪切模型，在 7.3.3 节与 7.3.4 节中，分别提出了适用于中国多层建筑的骨架线参数标定方法和基于 HAZUS 的骨架线参数标定方法；针对 MDOF 弯剪模型，在 7.4.3 节中，提出了一套适合我国高层建筑的参数确定方法。

7.2.3.4　LOD3 层级基于精细有限元模型时程分析的震害预测

　　城市区域中普遍存在一些重点建筑、异形建筑，其抗震能力较为独特，采用通用的 LOD0～LOD2 层级结构模拟方法难以较为准确地考虑其地震响应。如果拥有结构详细的设计图纸，可以直接采用 LOD3 层级基于精细有限元模型时程分析的方法开展震害模拟。

　　LOD3 层级结构模拟的地震输入可以采用 LOD2 以及 LOD3 层级的地震动时程场数据。结构模型方面，大量研究表明，采用本书建议的纤维梁单元和分层壳单元可以较为准确地把握结构的弹塑性动力性能，详见第 2 章。

　　精细有限元模型被广泛用于单体建筑模拟，其分析技术较为成熟，且在前述章节中有多处涉及，本章不再做详细介绍。由于精细有限元模型十分复杂，建模工作量巨大，用于区域分析将耗费大量的人力和时间，因此通常只选择区域内个别特殊建筑，开展该层级的震害模拟。

7.2.4　可视化模拟模块

7.2.4.1　LOD0 层级基于 GIS 的 2D 可视化方法

　　LOD0 层级基于 GIS 的 2D 可视化方法根据建筑震害模拟的结果，采用不同颜色显示城市的不同建筑区块或建筑单体的 2D-GIS 多边形，进而直观地展示城市每个区块或者每栋建筑的震害情况。但该方法是 2D 方法，难以提供一个服务于震害场景体验以及灾情演练的较为真实的地震三维虚拟场景。

7.2.4.2 LOD1 层级基于 GIS 的 2.5D 可视化方法

LOD1 层级基于 GIS 的 2.5D 可视化方法将平面的 GIS 多边形在竖向进行拉伸，得到建筑的 3D 外形。由于该方法采用棱柱块对每栋建筑进行可视化，难以展示建筑不同高度处的平面布置变化，因此称其为 2.5D 可视化方法。

2.5D 可视化方法可以展现建筑各层的地震响应情况以及损伤情况。Lu 等（2014b）采用考虑楼层的 2.5D 可视化方法（图 7.2-8）对一个区域的震害结果开展可视化分析，图 7.2-8 中不同颜色清晰地展现了每一层的地震响应情况。

图 7.2-8 考虑楼层的 2.5D 可视化方法（Lu, et al., 2014b）

LOD1 层级基于 GIS 的 2.5D 可视化方法能在三维场景中展现城市区域建筑的地震响应情况以及损伤情况，效果较 LOD0 层级更为真实。且该方法实现简便，如果拥有城市建筑 GIS 数据以及每栋建筑的高度和层数数据，即可采用该方法完成可视化。然而该方法基于平面 GIS 多边形拉伸，难以考虑建筑立面变化。

7.2.4.3 LOD2 层级基于城市 3D 模型的可视化方法

LOD2 层级基于城市 3D 模型的可视化方法采用城市的 3D 模型进行可视化，因此能更真实地展现城市中建筑的外形。Google 以及 PLW 等公司（PLW Modelworks，2014）所采用的城市 3D 多边形模型能真实地展现整个城市的场景。该模型中不但包含建筑对象，还包含地形、道路以及植被等非建筑对象，采用该模型进行震害结果可视化能显著提升城市震害展示的效果。本书作者采用第三方公司提供的基于城市 3D 模型的区域建筑震害高真实感可视化方法，如图 7.2-9 所示。具体技术参阅 9.5 节。另外，如果能够获取目标区域建筑 3D 模型表面的贴图信息，则可以进一步提升可视化效果，详见 9.6 节。

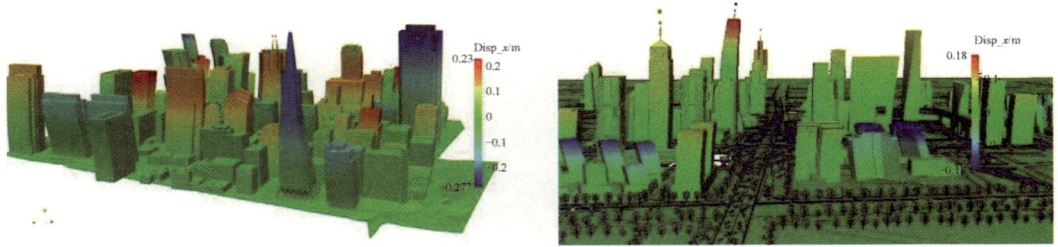

（a）基于城市3D多边形模型的旧金山区域　　　　（b）基于城市3D多边形模型的北京CBD区域
　　　建筑震害结果可视化　　　　　　　　　　　　　建筑震害结果可视化

图 7.2-9　基于城市 3D 模型的区域建筑震害高真实感可视化方法

7.2.4.4　LOD3 层级基于精细有限元模型的 3D 可视化方法

LOD3 层级基于精细有限元模型的 3D 可视化方法精细程度最高，由于直接采用精细有限元模型进行可视化，能更为细致的表现结构构件的损伤情况。

以往研究中精细有限元模型主要用于单体结构的分析，将精细有限元模型用于城市区域场景可视化模拟的案例比较少见。为了实现基于精细模型的区域地震场景可视化，需要解决不同精细模型的尺寸统一以及模型坐标映射等问题。本书作者实现的 LOD3 层级基于精细有限元模型的区域建筑震害最终可视化方法如图 7.2-10 所示，图中中央的建筑为精细有限元模型。

图 7.2-10　基于精细有限元模型的区域建筑震害最终可视化方法

7.3　多层建筑 MDOF 剪切层模型

7.3.1　引言

7.2.3.3 节简要介绍了结构模拟模块 LOD2 层级基于 MDOF 模型时程分析的震害预测方法。该方法能很好地模拟地震动及结构特性，然而如何恰当的建立城市区域建筑群的震害预测计算模型及标定相应的参数，还有待研究。

针对以上问题，本节首先建议了适用于一般多层结构的 MDOF 剪切模型（详见 7.3.2 节）。而后，收集了大量我国典型建筑的结构分析结果和构件试验数据，提出了一套适用于我国多层建筑的 MDOF 剪切模型参数确定方法（详见 7.3.3 节和 7.3.5 节），并通过典型建筑单体试验数据对该标定方法进行了验证（详见 7.3.6 节）。另外，美国 HAZUS 软件中也提供了一系列不同类型建筑 SDOF 模型的参数确定方法，基于 HAZUS 软件中的工作，本书提出了相应的 MDOF 剪切模型的参数确定方法，并将本方法和 HAZUS 方法进行了对比（详见 7.3.4 节）。上述结果可为其他拥有类似建筑的国家和地区提供参考。

7.3.2 MDOF 集中质量剪切模型

多层建筑由于高宽比较小，通常表现出较为明显的剪切变形模式。我们可以将每栋建筑结构简化成图 7.3-1 所示的 MDOF 集中质量剪切层模型。该模型假设结构每一层的质量都集中在楼面上，认为楼板为刚性并且忽略楼板的转动位移，可以将每一层简化成一个质点，不同楼层之间的质点通过剪切弹簧连接在一起。楼层间剪切弹簧的力-变形关系如图 7.3-2 所示，其中骨架线采用 HAZUS 报告（FEMA，2012d）中推荐的三线性骨架线，如图 7.3-2（a）所示。层间滞回模型采用 Steelman 等（2009）提出的较为简单、易于标定的单参数滞回模型，如图 7.3-2（b）所示。骨架线模型的参数标定方法将在 7.3.3 节以及 7.3.4 节中进行详细讨论，滞回参数的标定方法将在 7.3.5 节中加以介绍。

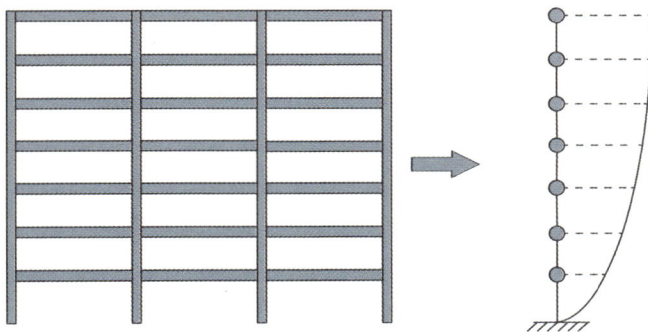

图 7.3-1　多自由度集中质量剪切层模型示意图

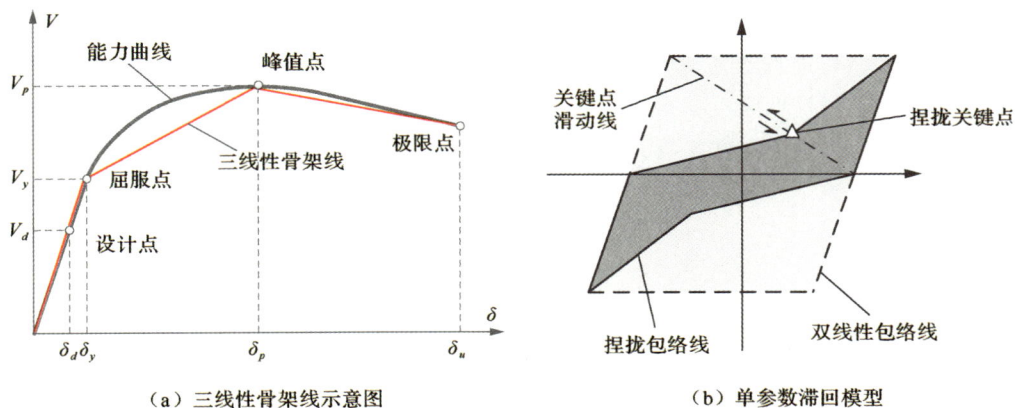

（a）三线性骨架线示意图　　　　　　　（b）单参数滞回模型

图 7.3-2　楼层间剪切弹簧的力-变形关系

7.3.3 适用于我国多层建筑的骨架线参数标定方法

按照结构类型划分，我国城市区域中的多层建筑主要有混凝土框架结构、设防砌体、未设防砌体、钢框架结构和门式刚架结构等。这几类结构的层间滞回关系都可以采用三线性骨架线。三线性骨架线的参数主要包括屈服点参数、峰值点参数和极限点参数，如图 7.3-2（a）所示。

1）屈服点参数

屈服点参数包括屈服承载力和屈服位移。屈服承载力对于不同类型的结构有着不同的意义。对于混凝土框架结构、钢框架结构及门式刚架结构，由于其结构的非线性程度主要受到钢筋（钢材）屈服行为的影响，结构的屈服承载力对应钢筋（钢材）屈服时的承载力。由于设计时考虑了材料的分项系数等因素的影响，结构的实际屈服承载力通常略大于设计承载力，如图 7.3-2（a）所示。对于砌体结构，由于其结构的非线性程度主要受到砌体墙体开裂的影响，屈服承载力对应砌体抗侧墙面开裂时的承载力，且该承载力一般也高于砌体墙片的设计承载力。屈服位移是结构达到屈服承载力时的位移，由于达到屈服之前结构基本处于弹性状态，屈服位移能根据结构的弹性刚度和屈服承载力进行计算。

2）峰值点参数

峰值点参数也分为峰值承载力和峰值位移。裂缝的发展、钢筋（钢材）的强化、构造措施等因素导致结构在屈服之后承载力会继续上升，从而使峰值承载力高于屈服承载力。峰值位移为结构达到峰值承载力时相应的位移。

3）极限点参数

结构达到峰值承载力后，如果位移继续增大，结构的承载力将因为材料的劣化以及 $P\text{-}\Delta$ 效应等影响而出现下降。继续加载达到某个位移之后，承载力出现急剧下降，之后结构的抗侧能力变得非常低，此时的位移为极限位移，相应的承载力为极限承载力。

7.3.3.1 弹性参数标定

确定结构屈服点的前提是得到结构各层的弹性参数。由于多层建筑的竖向布置通常相对比较规则，可以假设质量和刚度沿竖向均匀分布（Hori，2006），结构剪切刚度参数可以用结构层间抗剪刚度参数 k_0 表示，结构的质量参数可以用一个单层质量参数 m 表示。根据结构的剪切刚度参数 k_0 和质量参数 m 可以得到结构的刚度矩阵和质量矩阵，如式（7.3-1）和式（7.3-2）所示（Lu，et al.，2014b），即

$$[K]=k_0\begin{bmatrix}2 & -1 & & & \\ -1 & 2 & -1 & & \\ & -1 & \ddots & \ddots & \\ & & \ddots & 2 & -1 \\ & & & -1 & 1\end{bmatrix}=k_0[A] \tag{7.3-1}$$

$$[M] = m \begin{bmatrix} 1 & & & & \\ & 1 & & & \\ & & 1 & & \\ & & & \ddots & \\ & & & & 1 \end{bmatrix} = m[I] \qquad (7.3\text{-}2)$$

式（7.3-2）中结构的单层质量 m 可以根据结构的单层面积 A 以及单位面积的质量 m_1 按照式（7.3-3）进行计算（Sobhaninejad，et al.，2011）。

$$m = m_1 A \qquad (7.3\text{-}3)$$

结构的刚度、质量以及周期的关系可以按照式（7.3-4）进行计算，即

$$k_0 = m\omega_1^2 \left(\frac{[\varPhi_1]^{\mathrm{T}}[I][\varPhi_1]}{[\varPhi_1]^{\mathrm{T}}[A][\varPhi_1]} \right) = \frac{4\pi^2 m}{T_1^2} \left(\frac{[\varPhi_1]^{\mathrm{T}}[I][\varPhi_1]}{[\varPhi_1]^{\mathrm{T}}[A][\varPhi_1]} \right) \qquad (7.3\text{-}4)$$

式中，$[\varPhi_1]$ 是结构一阶振型的振型向量。对于刚度矩阵 $[K]$ 和质量矩阵 $[M]$ 已知的结构，$[\varPhi_1]$ 可以通过广义特征值分析计算得到（Chopra，1995）。

由式（7.3-4）可知，为了计算结构的层间剪切刚度参数 k_0，需要知道结构的单层质量 m 和一阶周期 T_1。对于不同类型的结构，结构的一阶频率可以根据经验公式进行确定。对于混凝土框架结构，可以采用我国《建筑结构荷载规范》（GB 50009—2012）中建议的公式进行确定，即

$$T_1 = (0.05 \sim 0.1)n \qquad (7.3\text{-}5)$$

式中，n 为结构层数。

对于砌体结构，本书作者与清华大学研究生田源等在本书第一版的基础上进行了修改，采用周洋等（2012）推荐的结构周期经验公式。设防砌体和未设防砌体的周期可以分别按照式（7.3-6）和式（7.3-7）确定为

$$T_1 = a + b \cdot h \qquad (7.3\text{-}6)$$

$$T_1 = c + d \cdot h \qquad (7.3\text{-}7)$$

式中，h 是设防砌体的总高度，a、b、c、d 为参数。周洋等（2012）依据 110 栋多层砌体结构的数据，回归得到其均值和方差为

$$\begin{cases} a \sim N(0.090\,9, 0.027\,8^2) \\ b \sim N(0.014\,0, 0.001\,8^2) \\ c \sim N(-0.011\,79, 0.033\,11^2) \\ d \sim N(0.021\,8, 0.002\,58^2) \end{cases} \qquad (7.3\text{-}8)$$

对于多层钢框架结构，基本自振周期按我国《建筑结构荷载规范》（GB 50009—2012）中建议的经验公式取值，即

$$T_1 = (0.10 \sim 0.15)n \qquad (7.3\text{-}9)$$

式中，n 为建筑层数。

针对单层门式刚架，本书作者统计了文献中 26 个单层门式刚架设计实例（束炜，2004；赵东杰，2005；刘艳，2008；邵雪超，2011；袁婷，2011；龚盈，2011；刘皓，2015）。区域震害模拟通常只能获取建筑高度、结构类型等信息，缺乏跨数跨度数据，使用单层门式刚架的高度参数与基本自振周期进行回归。考虑到单自由度体系基本自振周期与质点高度呈幂函数关系，因此使用幂函数对文献统计结果进行拟合，得到单层门式刚架基本自振周期和结构高度的关系如式（7.3-10）和图 7.3-3 所示。

$$T = 0.170\,8H^{0.733\,3} \tag{7.3-10}$$

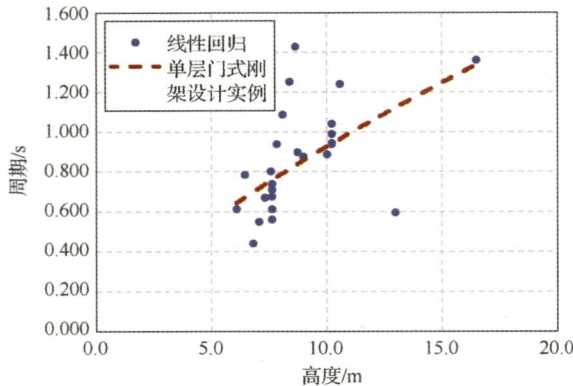

图 7.3-3　单层门式刚架周期与高度的回归关系

需要注意的是，如果结构的平面形状长短轴方向尺寸相差较大，此时式（7.3-5）～式（7.3-7）计算得到的周期可能不能很好地反映结构的平面形状特性。这时，建议采用以下公式计算。

对于混凝土框架结构，如果已知结构两个方向的平面宽度，可以《建筑结构荷载规范》（GB 50009—2012）中建议的经验公式计算平动周期，如式（7.3-11）所示，即

$$T_1 = 0.25 + 0.000\,53\frac{H^2}{\sqrt[3]{B}} \tag{7.3-11}$$

式中，H 为房屋总高度（m）；B 为房屋宽度（m）。

对于砌体结构，可以采用韩瑞龙等基于国内 73 栋不同类型的砌体结构的数据，回归出的多层砌体结构低阶周期的经验公式（韩瑞龙等，2011）。未设防砌体和设防砌体两个方向的平动周期可以按照式（7.3-12）和式（7.3-13）进行计算，即

$$T_1 = 0.164\,41 + 0.001\,82H^2/\sqrt{B} \quad （未设防砌体结构） \tag{7.3-12}$$

$$T_1 = 0.194\,86 + 0.001\,75H^2/\sqrt{B} \quad （设防砌体结构） \tag{7.3-13}$$

式中，H 为房屋总高度（m）；B 为房屋宽度（m）。

7.3.3.2　混凝土框架结构骨架线参数标定

1）承载力参数确定

混凝土框架结构骨架线的承载力参数包括各层屈服承载力、峰值承载力和极限承载力。

（1）屈服承载力。混凝土框架结构大都经历过严格完备的抗震设计，因此可以采用抗震设计得到的各层设计承载力为基准估算结构各层的屈服承载力。对于多层建筑，由于结构主要受一阶振动控制，通常采用底部剪力法得到结构各层的设计剪力（Paulay，et al.，1992；ASCE，2010；GB 50011—2010；CEN，2004）。得到各层的设计剪力 $V_{\text{design},i}$ 以后可以按照式（7.3-14）计算结构的各层的实际屈服承载力 $V_{\text{yield},i}$，即

$$V_{\text{yield},i} = \Omega_1 V_{\text{design},i} \tag{7.3-14}$$

式中，Ω_1 为 RC 框架结构的屈服超强系数，对于混凝土框架结构，其承载力主要受钢筋强度的影响，由于我国规范中钢筋的材料分项系数为 1.1（GB 50009—2012），因此可以取屈服超强系数 $\Omega_1 = 1.1$；i 为楼层号。

（2）峰值承载力。由于混凝土框架结构屈服后钢筋的强化、混凝土受压区高度的变化以及构造措施等因素的影响，结构的峰值承载力通常显著高于结构的屈服承载力。可以把设计承载力 $V_{\text{design},i}$ 乘以峰值超强系数 Ω_2 得到峰值承载力 $V_{\text{peak},i}$，如式（7.3-15）所示。为了确定峰值超强系数 Ω_2，作者统计了 155 个根据中国规范设计的 RC 框架结构有限元模型的推覆结果（刘兰花，2006；李刚强，2006；翟长海等，2007；赵凤雷，2008；张连河，2009；李伦，2013；Shi，et al.，2014），回归了峰值超强系数与结构设防烈度和层数的关系，如式（7.3-16）～式（7.3-18）所示，即

$$V_{\text{peak},i} = \Omega_2 V_{\text{design},i} \tag{7.3-15}$$

$$\Omega_2 = K_1 K_2 \tag{7.3-16}$$

$$K_1 = 0.167\,1DI^2 - 3.106\,2DI + 16.399 \tag{7.3-17}$$

$$K_2 = 1 - (0.009\,9n_{\text{story}} - 0.019\,7) \tag{7.3-18}$$

式中，DI 为抗震设防等级；n_{story} 为层数；i 表示第 i 层。拟合得到的峰值超强系数 Ω_2 的拟合结果与试验数据对比如图 7.3-4 所示。

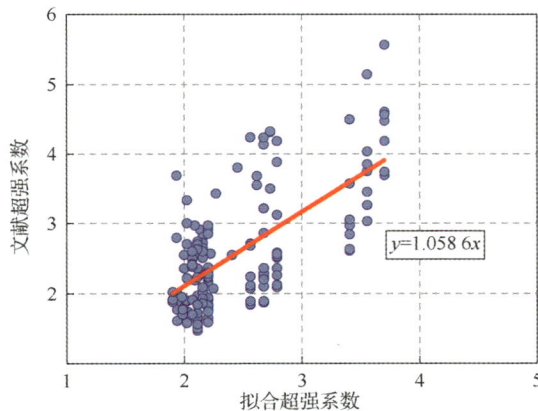

图 7.3-4 峰值超强系数 Ω_2 的拟合结果与试验数据对比

（3）极限承载力。由于混凝土框架结构通常具有较好的延性，结构达到峰值承载力以后能持续保持较高的承载力，对于混凝土框架结构，可以取极限承载力等于峰值承载力，如式（7.3-19）所示（Lu，et al.，2014b），即

$$V_{\text{ultimate},i} = V_{\text{peak},i} \qquad (7.3\text{-}19)$$

2）位移参数确定

混凝土框架结构骨架线的位移参数包括屈服位移、峰值位移和极限位移。

（1）屈服位移。结构屈服之前处于弹性状态，可以根据结构层间抗剪刚度 k_0 和屈服剪力 $V_{\text{yield},i}$ 直接确定结构的屈服层间位移 $\delta_{\text{yield},i}$，如式（7.3-20）所示，即

$$\delta_{\text{yield},i} = V_{\text{yield},i} / k_0 \qquad (7.3\text{-}20)$$

（2）峰值位移。混凝土结构开裂屈服之后刚度下降，结构达到峰值承载力对应的层间位移可以通过峰值时的割线刚度进行确定，如式（7.3-21）所示。层间剪切割线刚度可以根据式（7.3-22）确定，其中 η 为结构达到峰值承载力时对应的割线刚度折减系数。由于我国规范和美国规范的混凝土设计基本原理相似（宋世研等，2007），并且 ACI 318—08 中的割线刚度折减系数 η 已经被广泛地应用和验证（Tran，et al.，2012；Avşar，et al.，2014），因此 η 的具体取值可以根据 ACI 318—08 中 10.10.4.1 条进行确定，即

$$\delta_{\text{peak},i} = V_{\text{peak},i} / k_{\text{secant}} \qquad (7.3\text{-}21)$$

$$k_{\text{secant}} = \eta k_0 \qquad (7.3\text{-}22)$$

（3）极限位移。混凝土框架结构的极限位移表示达到此位移之后结构的承载力将出现突然下降，因此极限位移可以参考 8.2.2 节中 RC 框架结构达到损坏的层间位移角进行取值。

7.3.3.3 砌体结构骨架线参数标定

砌体结构的骨架线同样包括三个特征点，即屈服点、峰值点和极限点。不同的是砌体结构屈服的主要表现为砌体墙片的开裂，故屈服点一般称作开裂点。砌体结构的参数确定采用和混凝土框架结构类似的方法，即首先根据结构的实际情况，以获取相对容易并且可靠性较高的一个骨架线参数作为基准，然后乘以或者除以一个系数得到砌体的其他参数。对于设防砌体结构，由于和混凝土框架结构类似，经历了较为完备的抗震设计，因此可以采用各层的设计承载力作为基准，然后乘以或除以系数得到其他参数。对于未设防砌体结构，由于其没有经历抗震设计，无法采用类似设防砌体的设计公式估算设计承载力。尹之潜对我国 1000 多个未设防砌体进行了统计，得到了我国未设防砌体单位面积抗剪峰值承载力概率分布曲线（尹之潜等，2004），如图 7.3-5 所示。因此对于未设防砌体，可以首先采用统计结果计算峰值承载力参数，然后再乘以或者除以系数得到其他参数的取值。

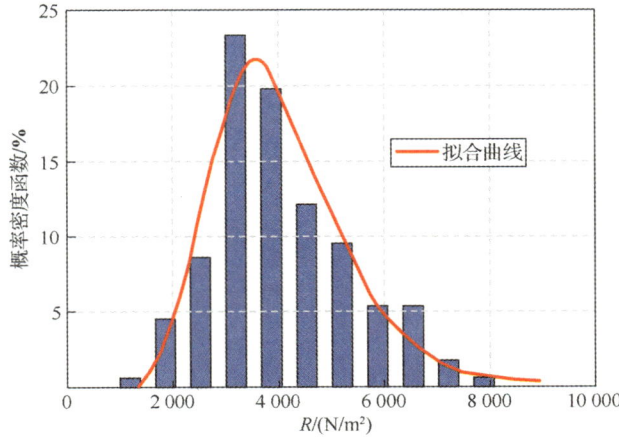

图 7.3-5 未设防砌体单位面积抗剪峰值承载力概率分布曲线

以下针对未设防砌体结构和设防砌体结构，分别给出了其层间骨架线的参数确定的具体步骤。

1）未设防砌体

（1）承载力参数。如前所述，要确定未设防砌体结构的几个承载力参数取值，首先需要得到未设防砌体结构的峰值承载力。未设防砌体的各层峰值承载力 $V_{\text{peak},i}$ 可以根据式（7.3-23）计算为

$$V_{\text{peak},i} = RA_i \qquad (7.3\text{-}23)$$

式中，R 为单位面积的结构峰值承载力；A_i 为结构第 i 层的面积。

计算得到结构的峰值承载力之后可以按照式（7.3-24）计算结构的开裂承载力为

$$V_{\text{crack},i} = V_{\text{peak},i} / \Omega_3 \qquad (7.3\text{-}24)$$

式中，Ω_3 为开裂超强系数，即未设防砌体结构峰值承载力和开裂承载力的比值。为了得到较为合理的开裂超强系数 Ω_3 的取值，作者收集并统计了我国 98 片未设防砌体墙片试验数据（杨德健等，2000；梁建国等，2005；姜凯等，2007；张维，2007；巩耀娜，2008；郝彤等，2008；杨元秀，2008；杨伟军等，2008；李保德等，2009；韩春，2009；顾祥林等，2010；翁小平，2010；赵成文等，2010；郑妮娜，2010；吴昊等，2012；郑强，2012；雷敏，2013；张永群，2014）。试验峰值承载力与开裂承载力的比值统计结果，如图 7.3-6 所示。从图 7.3-6 中得到 Ω_3 的统计分布规律，由于开裂超强系数恒大于 1，$\Omega_3 - 1$ 服从对数正态分布。统计得到 $\ln(\Omega_3 - 1) \sim N(-0.98, 1.01)$，$\Omega_3$ 的中位值为 1.40。

砌体结构相对混凝土框架结构而言延性较差，尤其是未设防砌体墙片，开裂并达到峰值之后承载力会有较为明显的下降。由于不能忽略软化段承载力下降的影响，结构试验中通常加载到承载力下降 15% 后结束试验，此时并不代表结构毁坏，结构还有足够的抗侧能力抵抗地震作用。可以将该点称作软化点，并用于确定结构的软化刚度。软化点

承载力 $V_{soft,i}$ 可以依照式（7.3-25）计算为

$$V_{soft,i} = 0.85V_{peak,i} \tag{7.3-25}$$

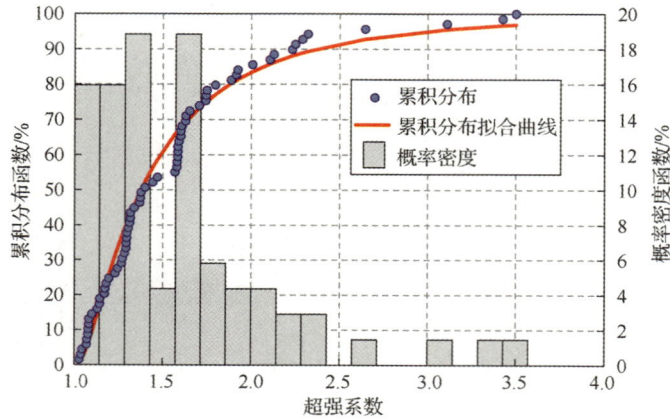

图 7.3-6　未设防砌体峰值承载力与开裂承载力比值统计结果

（2）位移参数。与混凝土框架结构类似，可以认为砌体结构在开裂之前保持弹性工作状态，开裂位移可以根据式（7.3-20）进行确定。对于砌体结构，$V_{yield,i}$ 为结构的各层开裂承载力。

为了得到未设防砌体结构达到峰值承载力时对应的位移，同样对收集得到的 98 个未设防砌体墙片的试验位移数据进行收集统计。统计结果显示未设防砌体的峰值层间位移角 $\delta_{URM,peak}$ 基本服从对数正态分布，结果如图 7.3-7（a）所示，$\ln(\delta_{URM,peak}) \sim N(-5.92, 0.75)$，相应的中位值为 0.002 68。

未设防砌体结构的软化点位移同样可以根据 98 个未设防砌体墙片的试验数据得到，统计结果显示未设防砌体的峰值层间位移角 $\delta_{URM,soft}$ 基本服从对数正态分布，如图 7.3-7（b）所示。软化点位移 $\ln(\delta_{URM,soft}) \sim N(-5.36, 0.50)$，相应的中位值为 0.005 07。结构在软化点之后将保持相同的软化刚度继续发展（Shi，et al.，2012），最后未设防砌体结构的极限点位移 $\delta_{ultimate}$ 依照 8.2 节给出的损坏层间位移角 $\delta_{complete}$ 进行取值。

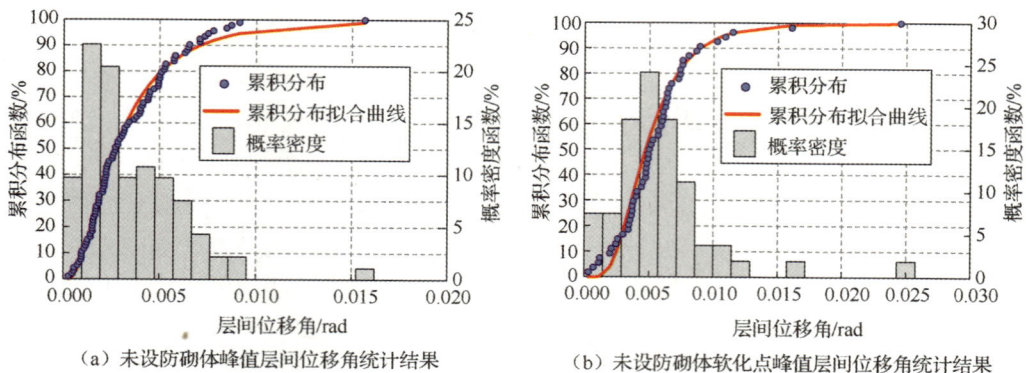

（a）未设防砌体峰值层间位移角统计结果　　　（b）未设防砌体软化点峰值层间位移角统计结果

图 7.3-7　未设防砌体结构峰值层间位移角统计

2）设防砌体

设防砌体的承载力确定方法和混凝土框架结构类似。在标定参数时，首先按照底部剪力法得到各层的设计承载力（GB 50011—2010），之后再通过式（7.3-26）和式（7.3-27）计算结构的开裂承载力和峰值承载力。

$$V_{\text{yield},i} = \Omega_4 V_{\text{design},i} \tag{7.3-26}$$

$$V_{\text{peak},i} = \Omega_4 \Omega_5 V_{\text{design},i} \tag{7.3-27}$$

式中，Ω_4 为开裂承载力与设计承载力的比值，即开裂超强系数；Ω_5 为峰值承载力与开裂承载力的比值，即峰值超强系数。

设防砌体结构的软化效应同样明显，不能忽略软化段承载力下降的影响，可以按照与未设防砌体同样的方法确定软化承载力，见式（7.3-25）。

与前述相似，由于设防砌体结构在开裂之前保持弹性工作状态，因此开裂位移可以参照未设防砌体，根据式（7.3-20）进行确定。

在本书第一版的基础上，作者和清华大学研究生田源等搜集了更丰富的文献、数据资料，并进行了系统的整理。最终，对于开裂超强系数 Ω_4，峰值超强系数 Ω_5，峰值点位移角 $\delta_{\text{RM,peak}}$ 与软化点位移角 $\delta_{\text{RM,soft}}$，采用 135 片砌体墙试验重新进行拟合统计（刘锡荟等，1981；阎开放，1985；史庆轩等，2000；杨德健等，2000；王正刚等，2003；于建刚，2003；王福川等，2004；叶燕华等，2004；周宏宇，2004；张会，2005；黄文伟，2006；孙巧珍等，2006；周锡元等，2006；张维，2007；张宏，2007；巩耀娜，2008；郝彤等，2008；杨元秀，2008；杨伟军等，2008b；方亮，2009；韩春，2009；顾祥林等，2010；翁小平，2010；张智，2010；郑妮娜，2010；刘雁等，2011；吴昊等，2012；吴文博，2012；肖建庄等，2012；郭樟根等，2014；王涛等，2014；张永群，2014），最终得到确定骨架线所需要的 4 个参数及其服从的分布形式如式（7.3-28）所示，设防砌体骨架线参数统计如图 7.3-8 所示。需要说明的是，由于开裂超强系数 Ω_4 与峰值超强系数 Ω_5 需要始终保证取值大于 1，此处采用 $\ln(\Omega_4-1)$ 和 $\ln(\Omega_5-1)$ 的形式进行回归；由于峰值点位移角 $\delta_{\text{RM,peak}}$ 与软化点位移角 $\delta_{\text{RM,soft}}$ 的取值需要始终大于 0，这里采用 $\ln(\delta_{\text{RM,peak}})$ 和 $\ln(\delta_{\text{RM,soft}})$ 的形式进行回归。

$$\begin{cases} \ln(\Omega_4 - 1) \sim N(0.461\,2,\,0.609\,2^2) \\ \ln(\Omega_5 - 1) \sim N(-0.721\,6,\,0.898\,5^2) \\ \ln(\delta_{\text{RM,peak}}) \sim N(-5.828\,0,\,0.794\,0^2) \\ \ln(\delta_{\text{RM,soft}}) \sim N(-4.859\,4,\,0.625\,4^2) \end{cases} \tag{7.3-28}$$

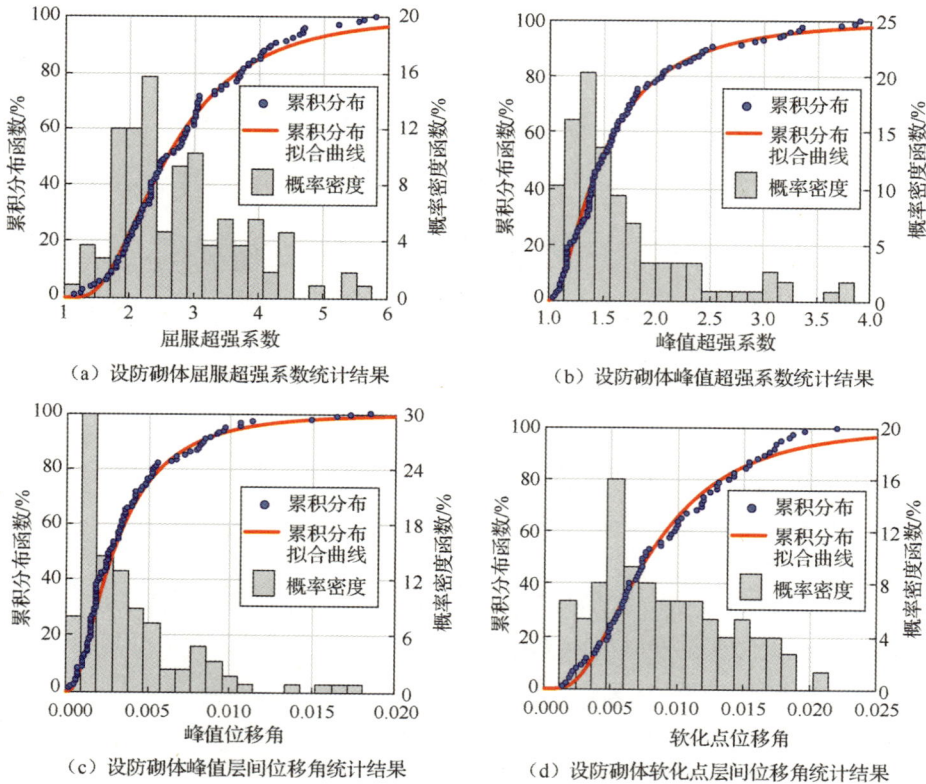

（a）设防砌体屈服超强系数统计结果　　　　（b）设防砌体峰值超强系数统计结果

（c）设防砌体峰值层间位移角统计结果　　　（d）设防砌体软化点层间位移角统计结果

图 7.3-8　设防砌体骨架线参数统计

7.3.3.4　钢框架结构骨架线参数标定

为了唯一确定多层钢框架结构的骨架线，需要对骨架线的屈服点、峰值点和极限点进行参数标定。本节统计了 59 个钢框架的推覆结果（舒兴平等，1999；钱德军，2006；吴香香，2006；孙文林，2006；王朝波，2007；徐春兰等，2007；孙鹏等，2008；李成，2008；钟光忠，2008；贾连光等，2008；张倩，2008；侯列迅，2008；王元清等，2009；孙延毅，2010；李东等，2011；熊二刚等，2011；唐柏鉴等，2012；周兴卫，2012；夏焕焕，2013；许鑫森等，2014；李梦祺，2015；陈永昌等，2015；倪永慧，2016；李沛豪等，2016；程满等，2017；孙诚，2017），包括 8 个试验推覆样本和 51 个有限元模拟推覆样本。

1）屈服点确定

钢框架强度参数以设计承载力 V_d 作为基准值，V_d 可以按照 7.3.3.1 节方法，获得结构基本自振周期后可以通过底部剪力法计算得到。屈服承载力 V_y 由 V_d 乘以屈服超强系数 Ω_y 得到，如式（7.3-29）所示，即

$$V_y = \Omega_y V_d \tag{7.3-29}$$

在统计屈服超强系数 Ω_y 时，需要确定文献中推覆曲线的设计点和屈服点，其中

前者由文献直接给出，后者可以按照 ATC-40（ATC，1996）建议的方法进行确定，即 ATC-40 屈服点确定方法，如图 7.3-9 所示。该方法将推覆曲线等效为双折线，第一段折线的斜率为曲线初始刚度，第二段折线的终点为峰值点，使双折线与横轴包络的面积和推覆曲线与横轴包络的面积相等，双折线的拐点即为等效屈服点。

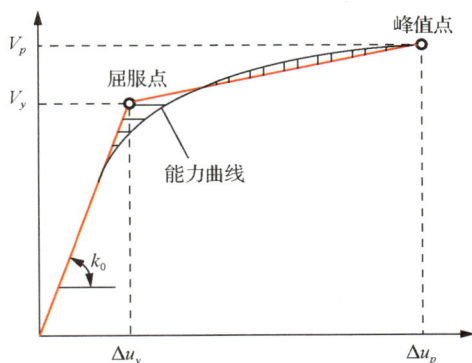

图 7.3-9　ATC-40 屈服点确定方法

对 59 个钢框架样本中 8 个给出设计值的样本进行统计，考虑到超强系数应大于 1，假设 $\Omega_y - 1$ 服从对数正态分布，得到多层钢框架结构骨架线屈服超强系数分布如式（7.3-30）和图 7.3-10 所示。

$$\ln(\Omega_y - 1) \sim N(0.799\,7, 0.425\,2^2) \tag{7.3-30}$$

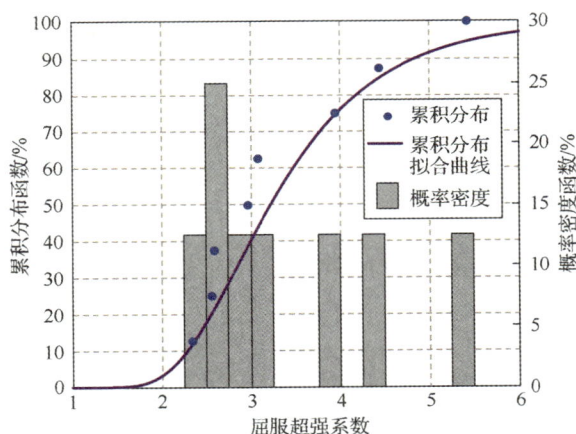

图 7.3-10　多层钢框架结构骨架线屈服超强系数分布

屈服点对应的位移可以由式（7.3-31）得到，其中 k_0 为初始层间刚度，可由结构基本自振周期求得。

$$\Delta u_y = \frac{V_y}{k_0} \tag{7.3-31}$$

2）峰值点确定

确定骨架线的屈服点之后，峰值承载力 V_p 可以由屈服承载力 V_y 乘以峰值超强系数 Ω_p 得到，再基于屈服点到峰值点之间折减后的切线刚度 k_1，即可确定三线性骨架线的第二段。k_1 可以按照式（7.3-32）确定，即

$$k_1 = \eta k_0 \tag{7.3-32}$$

式中，η 为弹性阶段进入弹塑性阶段后的刚度折减系数。对 59 个钢框架样本进行统计，假设 $\Omega_p - 1$ 和 η 均服从对数正态分布，得到其分布如式（7.3-33）、式（7.3-34）和图 7.3-11、图 7.3-12 所示，其中图 7.3-11 为峰值超强系数分布；图 7.3-12 为刚度折减系数分布。

$$\ln(\Omega_p - 1) \sim N(-1.435\,2, 0.535\,6^2) \tag{7.3-33}$$

$$\ln(\eta) \sim N(-2.034\,7, 0.697\,6^2) \tag{7.3-34}$$

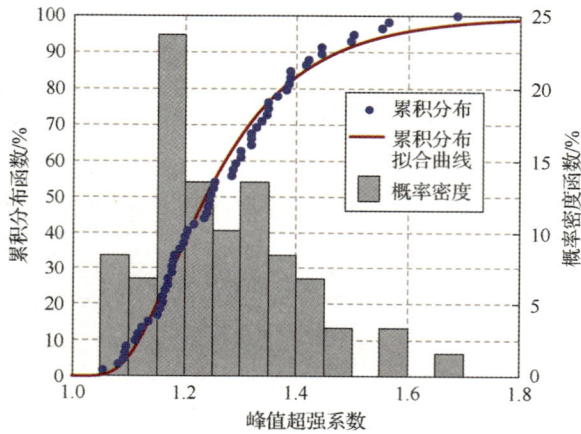

图 7.3-11　多层钢框架结构骨架线峰值超强系数分布

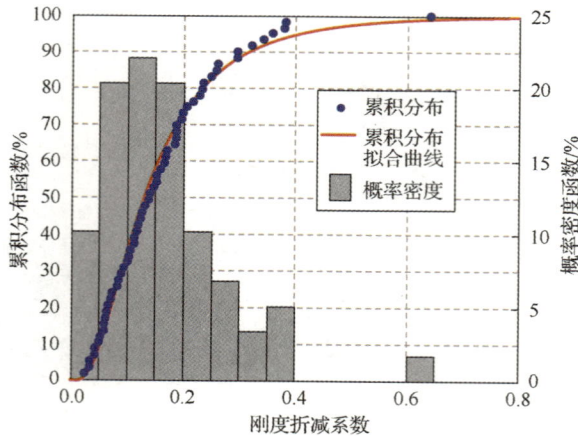

图 7.3-12　多层钢框架结构骨架线刚度折减系数分布

在得到峰值超强系数 Ω_p 和刚度折减系数 η 之后，峰值点对应的位移可以很容易由式（7.3-35）得到，即

$$\Delta u_p = \Delta u_y + \frac{V_p - V_y}{k_1} \qquad (7.3\text{-}35)$$

3）极限点确定

由于钢框架一般延性较好，因此不考虑骨架线的软化，取极限承载力 V_u 与峰值承载力 V_p 相等，这也与 HAZUS 报告（FEMA，2012d）建议的三线性骨架线形状一致。

由于结构骨架线的极限点对应结构倒塌的破坏状态，根据钢框架毁坏状态对应的层间位移角限值 δ_{complete} 确定其极限点对应的位移，如式（7.3-36）所示，即

$$\Delta u_u = \delta_{\text{complete}} h \qquad (7.3\text{-}36)$$

式中，h 为结构层高。δ_{complete} 的取值在 8.2.2 节予以介绍。

7.3.3.5　单层门式钢架骨架线参数标定

单层门式刚架对应 HAZUS 报告中的 S3 结构类型，其采用的三线性骨架线与多层钢框架相同。HAZUS 报告给出了结构能力曲线峰值点 A_u 的对数正态分布标准差 0.25，这里将屈服超强系数 Ω_y 取为均值 1.5，仅考虑峰值超强系数 Ω_p 的不确定性，其分布取为式（7.3-37），即

$$\ln(\Omega_p) \sim N(0.693\,1, 0.25^2) \qquad (7.3\text{-}37)$$

HAZUS 报告将骨架线的延性系数 μ 定义为式（7.3-38），并给出其建议取值 6.0。

$$\mu = \frac{\Delta u_u}{\Omega_p \Delta u_y} \qquad (7.3\text{-}38)$$

推导出刚度折减系数 η 与峰值超强系数 Ω_p 和延性系数 μ 的关系如式（7.3-39）所示，取值为 0.090 9。

$$\eta = \left(\frac{V_u - V_y}{\Delta u_u - \Delta u_y} \right) \Bigg/ \left(\frac{V_y}{\Delta u_y} \right) = \frac{\Omega_p - 1}{\Omega_p \mu - 1} \qquad (7.3\text{-}39)$$

获取上述参数后，可以按照 7.3.4 节的方法标定相应的计算模型。

7.3.4　基于 HAZUS 的骨架线参数标定方法及对比

7.3.4.1　基于 HAZUS 的骨架线参数标定方法

美国 HAZUS 软件根据美国相关统计数据，给出了不同类型结构 SDOF 模型骨架线的确定方法。本书作者以 HAZUS 软件作为基础，提出了不同结构类型多自由度剪切层模型骨架线参数的确定方法。

HAZUS 将城市区域中一般建筑按照结构类型和高度分为 36 个建筑类型（FEMA，2012d），其中 19 种建筑类型在中国也比较常见（表 7.3-1）。对于同一结构类型，HAZUS 考虑到不同建造年代设计规范的差异，其抗震性能参数也有所不同。

表 7.3-1 HAZUS 中 19 种在中国比较常见的结构类型

建筑编号	结构类型	包含范围		HAZUS 中典型建筑	
		分类	层数	层数（N_0）	高度/m
W1	木制轻型框架	—	1~2	1	4.27
S1L	钢框架	低层	1~3	2	7.32
S1M		中层	4~7	5	18.3
S1H		高层	8+	13	47.58
S3	轻钢框架	—	所有	1	4.575
C1L	混凝土框架	低层	1~3	2	6.1
C1M		中层	4~7	5	15.25
C1H		高层	8+	12	36.6
C2L	混凝土剪力墙	低层	1~3	2	6.1
C2M		中层	4~7	5	15.25
C2H		高层	8+	12	36.6
C3L	带砌体填充墙的混凝土框架	低层	1~3	2	6.1
C3M		中层	4~7	5	15.25
C3H		高层	8+	12	36.6
RM2L	带预制混凝土板的配筋砌体	低层	1~3	2	6.1
RM2M		中层	4~7	5	15.25
RM2H		高层	8+	12	36.6
URML	无筋砌体	低层	1~2	1	4.575
URMM		中层	3+	3	10.675

在本节中，对于区域中的某一个目标建筑，仅需知道其结构类型、层高、层数、建筑年代、面积，就能通过 HAZUS 已知的参数来确定其集中质量剪切模型的层间骨架线屈服点、峰值点和极限点参数，具体方法如式（7.3-40）~式（7.3-45）所示，即

$$V_{\text{yield},i} = SA_y \cdot \alpha_1 \cdot m \cdot g \cdot N \cdot \Gamma_i \tag{7.3-40}$$

$$V_{\text{peak},i} = V_{\text{yield},i} \frac{SA_u}{SA_y} \tag{7.3-41}$$

$$V_{\text{ultimate},i} = V_{\text{peak},i} \tag{7.3-42}$$

$$\delta_{\text{yield},i} = V_{\text{yield},i} / k_0 \tag{7.3-43}$$

$$\delta_{\text{peak},i} = \delta_{\text{yield},i} \frac{SD_u}{SD_y} \tag{7.3-44}$$

$$\delta_{\text{ultimate},i} = \delta_{\text{complete}} \tag{7.3-45}$$

式中，SD_y、SA_y、SD_u、SA_u 分别为 HAZUS 中给出的典型结构性能曲线的屈服点和极限

点；α_1 为 HAZUS 给出的典型建筑的振型质量系数；m 为结构单层的质量，可以根据结构层面积和建筑用途确定，如式（7.3-3）所示（Sobhaninejad, et al., 2011）；g 为重力加速度；N 为目标建筑的层数；Γ_i 为结构第 i 层的设计抗剪强度 $V_{\text{yield},i}$ 与基底设计抗剪强度 $V_{\text{yield},1}$ 的比值；k_0 为根据 7.3.3.1 小节确定的结构层间抗剪刚度；δ_{complete} 为 HAZUS 建议的结构完全破坏时所对应的层间位移角限值。

对于多层建筑，设计地震力随结构高度基本呈倒三角形（ASCE, 2010）。在本研究中，Γ_i 可以依据式（7.3-46）计算，即

$$\Gamma_i = \frac{\sum\limits_{j=i}^{N} W_j H_j}{\sum\limits_{k=1}^{N} W_k H_k} = 1 - \frac{i(i-1)}{(N+1)N} \tag{7.3-46}$$

式中，W_j、W_k 为结构第 j、k 层的质量；H_j、H_k 则为结构第 j、k 层所在平面距离地面的高程。

7.3.4.2　方法结果对比

本节选取了几个典型建筑，采用 7.3.4.1 节提出的从 HAZUS 数据库转化到 MDOF 模型的方法，计算 MDOF 的地震响应，并与 HAZUS 给定的能力曲线及能力需求方法计算得到的结构性能点进行对比，以说明二者的一致性。

如 7.1 节所述，HAZUS 采用能力需求分析法计算结构响应。具体地，HAZUS 数据库（FEMA, 2012c）中对不同结构类型和抗震设计等级的建筑预定义了能力曲线；而地震需求曲线则采用等效黏性阻尼折减线弹性反应谱得到（ATC, 1996）。结构响应（性能点）则为能力曲线和需求曲线的交点。

本节选择了几个不同结构类型、层数及建设年份的典型建筑进行分析，其典型建筑信息如表 7.3-2 所示。使用 7.3.4.1 节方法标定 MDOF 模型，通过推覆分析得到其能力曲线，并将该能力曲线与 HAZUS 提供的能力曲线进行对比。此外，对 MDOF 模型进行弹塑性时程分析，并将得到的顶点位移与 HAZUS 建议的能力需求法得到的顶点位移进行对比。

表 7.3-2　选择的典型建筑信息

编号	结构类型	层数	建设年份	抗震设计等级
W1-1	木质框架	1	1940 1970	Pre-Code Moderate-Code
C1M-5	混凝土框架	5	1940 1970	Pre-Code Moderate-Code
S1M-5	钢框架	5	1940 1970	Pre-Code Moderate-Code
RM2L-2	带预制混凝土板的 配筋砌体	2	1940 1970	Pre-Code Moderate-Code
C2M-5	混凝土剪力墙	5	1940 1970	Pre-Code Moderate-Code
URM-1	无筋砌体	1	1940	Pre-Code

1）能力曲线对比

以 W1-1 和 C1M-5 为例，图 7.3-13 为 HAZUS 建议的结构能力曲线和采用本节方法通过推覆分析（pushover analysis）得到的结构能力曲线对比。其中，推覆分析采用第一振型比例型侧力分布。图中，S_d 为谱位移，S_a 为谱加速度。可以看出，两种方法得到的结构能力曲线非常接近。

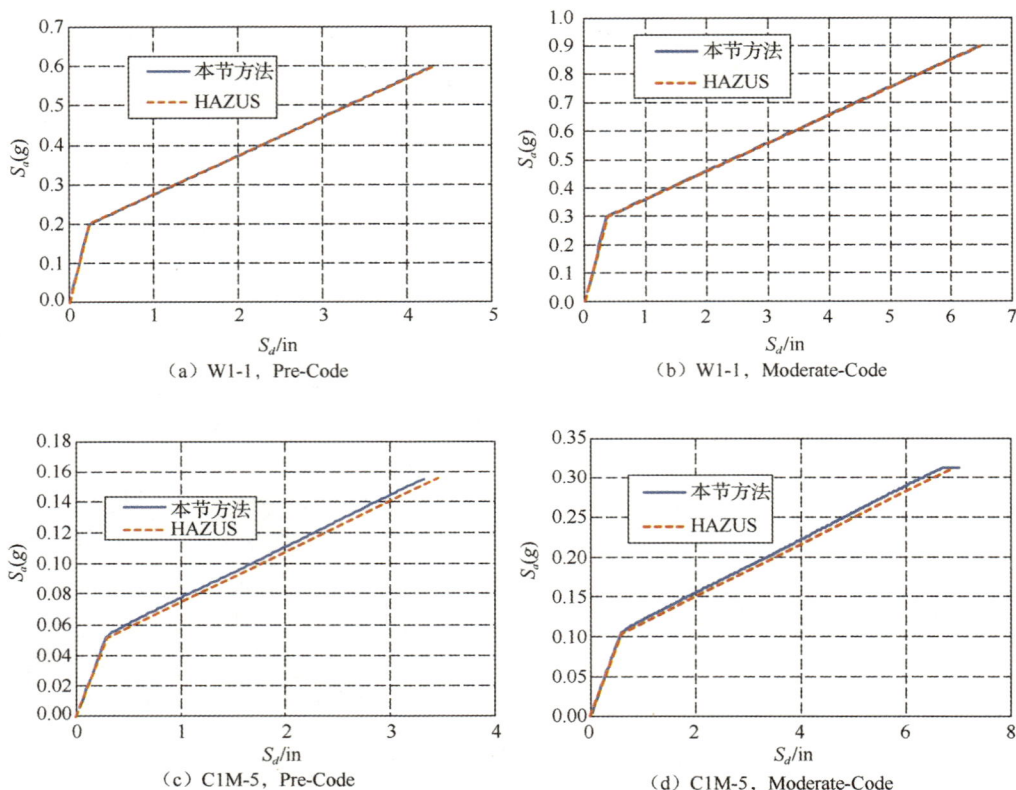

（a）W1-1，Pre-Code

（b）W1-1，Moderate-Code

（c）C1M-5，Pre-Code

（d）C1M-5，Moderate-Code

图 7.3-13 HAZUS 方法和本节方法的结构能力曲线对比

2）顶点位移对比

从 FEMA P695 报告（FEMA，2009）推荐的地震动记录中选取了三组远场地震动和三组近场地震动作为输入，计算结构顶点位移并进行对比。当 PGA 设为 0.2g 时，三组远场地震动及三组近场地震动下结构顶点位移对比如图 7.3-14 和图 7.3-15 所示。从图中可以看出，采用 HAZUS 能力谱方法计算的顶点位移结果，与采用本节方法进行参数标定后进行非线性时程分析的结果比较接近。进一步地，以 W1-1 Pre-Code 建筑、NORTHR_SYL360 近场地震动为例，对比了不同地震动强度（PGA）下的结构顶点位移对比（图 7.3-16），发现两种方法的计算结果吻合较好。

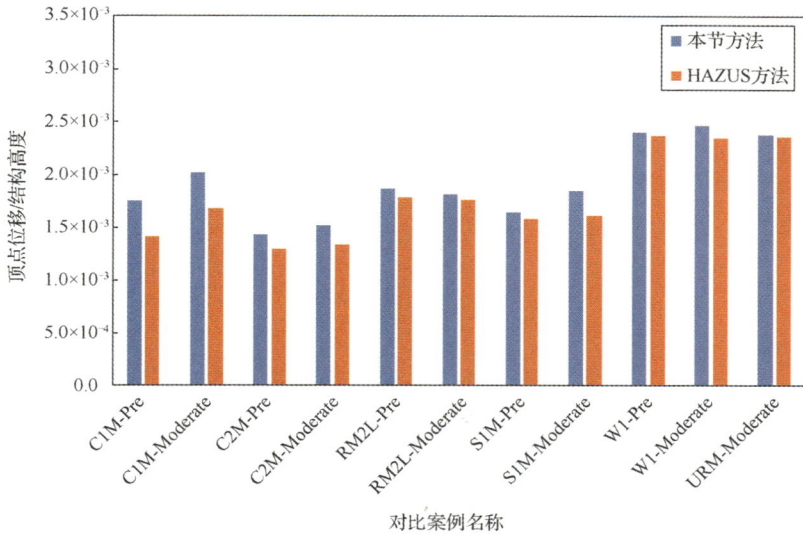

图 7.3-14　HAZUS 方法和本节方法的结构顶点位移对比（远场地震动）

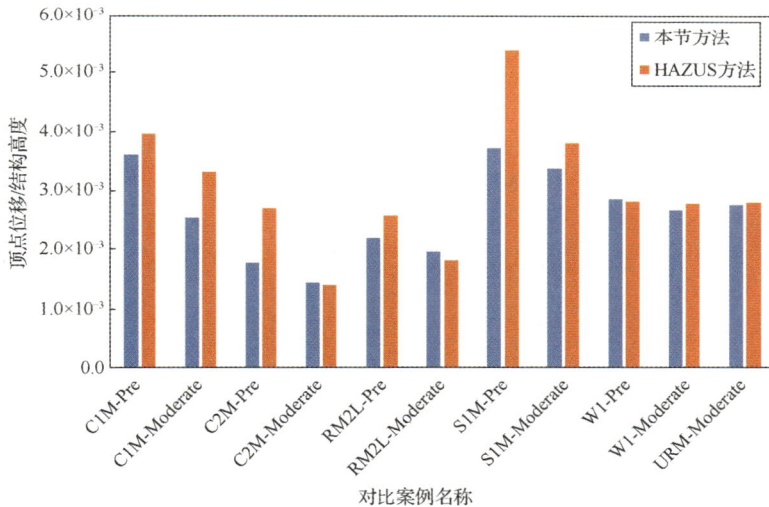

图 7.3-15　HAZUS 方法和本节方法的结构顶点位移对比（近场地震动）

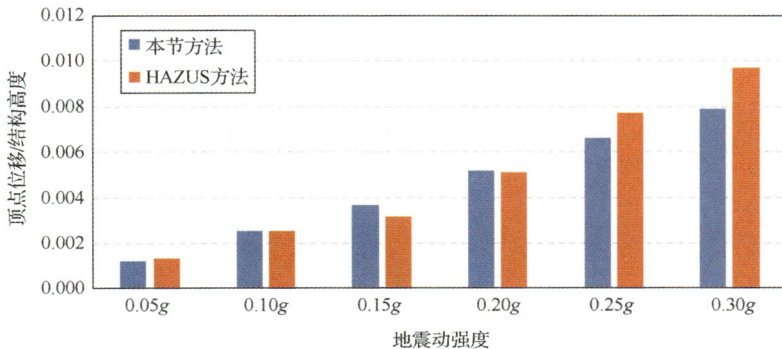

图 7.3-16　HAZUS 方法和本节方法的结构顶点位移对比（不同地震动强度）

综上所述，与 HAZUS 方法得到的结构能力曲线和顶点位移结果进行的对比验证了本节方法的合理性。

7.3.5　滞回参数标定方法

层间滞回模型的选取直接影响结构的弹塑性耗能情况，本节建议选取图 7.3-2（b）所示的单参数滞回曲线（Lu, et al., 2014b）。该曲线只需要一个系数 τ 就可以确定滞回行为，如式（7.3-47）所示，即

$$\tau = \frac{A_p}{A_b} \tag{7.3-47}$$

式中，A_p 和 A_b 分别为捏拢滞回曲线的包络面积和理想弹塑性滞回曲线的包络面积；τ 为描述结构退化程度的参数，在实际分析中，可以取 $\tau=0.4$ 或依据实际情况选取。

7.3.6　参数标定方法的验证

本节将基于一个 RC 框架、一个设防砌体的整体拟静力试验，两个文献中的钢框架推覆实验以及 10 榀文献中钢框架设计实例的 Pushover 分析，对 7.3.3 节建议的骨架线标定方法的可靠性进行讨论。

7.3.6.1　RC 框架结构试验验证

本书作者（陆新征等，2012b）对一栋按照中国规范设计的 6 层混凝土框架结构进行了试验研究。由于混凝土框架结构的破坏通常集中在底部几层，因此拟静力试验选取了混凝土框架的底部三层，并按照 18：2：1 的力比例加载来模拟 6 层结构倒三角的地震力。结构缩尺比为 1：2，结构试验加载示意图如图 7.3-17 所示。采用本节方法，考

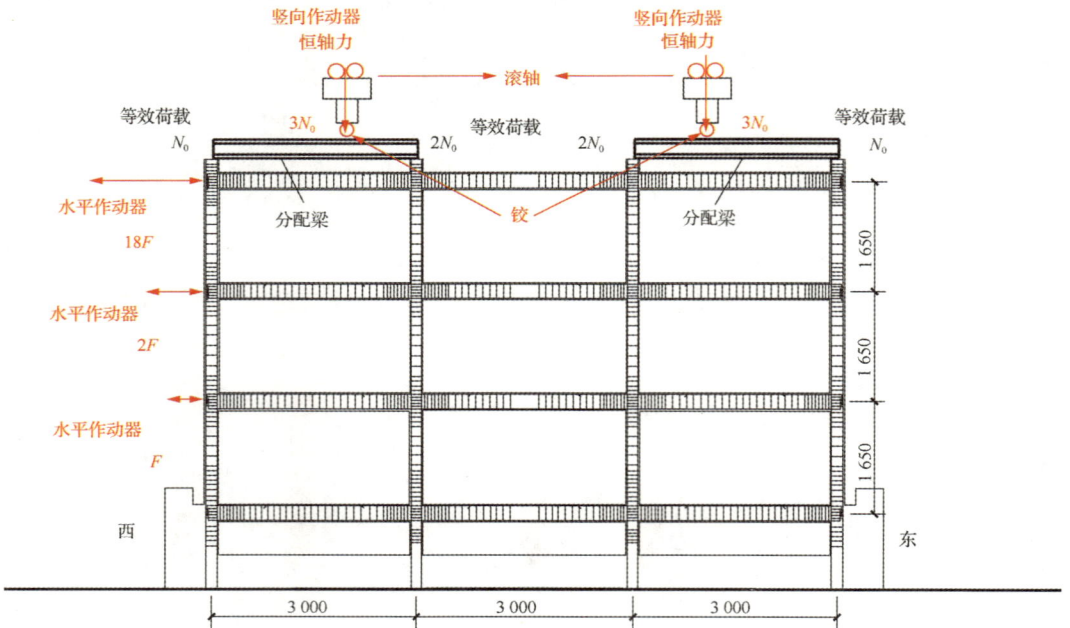

图 7.3-17　混凝土框架结构试验加载示意图（单位：mm）

虑模型相似比的影响，将计算得到的推覆位移按照 1/2 折减，基底剪力按照 1/4 折减。混凝土框架结构能力曲线对比如图 7.3-18 所示。结果显示本节提出的骨架线标定方法能很好地预测混凝土框架结构的性能。

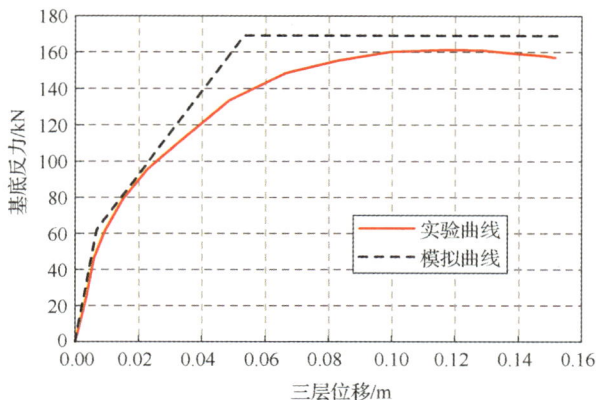

图 7.3-18　混凝土框架结构能力曲线对比

7.3.6.2　设防砌体结构试验验证

王宗纲等（2002）对一栋 6 层设防砌体结构进行了足尺的拟静力试验。结构层高 2.7m，总计 16.2m。但由于结构 6 层的总高度超过了实验室的高度限制，只建造了该砌体的 1～5 层，第 6 层的等效重力直接加在第 5 层顶部，试验模型示意图如图 7.3-19 所示。采用 7.3.3 节中的标定方法进行 MDOF 剪切模型的参数标定，并将计算得到的能力曲线和试验所得能力曲线对比，如图 7.3-20 所示。从图中可以看出，计算得到的承载力和试验所得承载力吻合良好，证明本节提出的骨架线标定方法能很好的模拟设防砌体结构的性能。

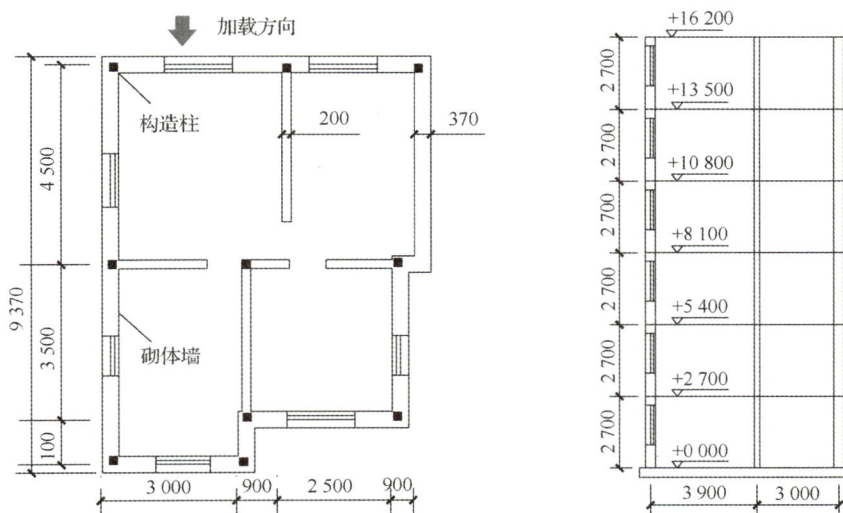

图 7.3-19　设防砌体结构试验模型示意图（单位：mm）

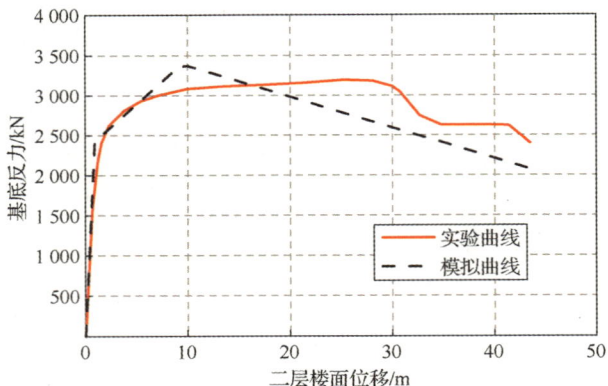

图 7.3-20　设防砌体结构能力曲线对比

7.3.6.3　钢框架结构试验验证

陈以一等（2006）对两个钢框架结构进行了推覆实验。两个钢框架均为空间二层足尺钢框架，首层层高 2.9m，二层层高 1.45m，原型结构按照抗震设防烈度 7 度设计。两个钢框架均为横向单跨、纵向两跨，其中横向跨度两者均为 3m，框架 1 纵向两跨跨度分别为 3.6m 和 4.2m，框架 2 纵向两跨跨度均为 3.6m。文献给出了两个框架在 7 度多遇地震下的底部剪力设计值，分别为 56kN 和 92kN。加载时使用二层顶部千斤顶模拟重力荷载，伺服加载器作用在二层楼面位置处提供侧向推覆荷载。

使用底部剪力设计值和相应的顶点位移对底部剪力和顶点位移进行归一化，并与采用本节方法标定骨架线参数的 MDOF 模型模拟结果对比，如图 7.3-21 所示。图中红色实线为骨架线参数取均值时的计算结果，红色虚线则为骨架线参数取均值加减 1 倍标准差时的计算结果。从图中可以看出，试验结果位于参数均值加减 1 倍标准差的计算结果之间，且与参数取均值时的计算结果较为接近，可见本节提出的骨架线标定方法能很好地模拟钢框架结构的性能。

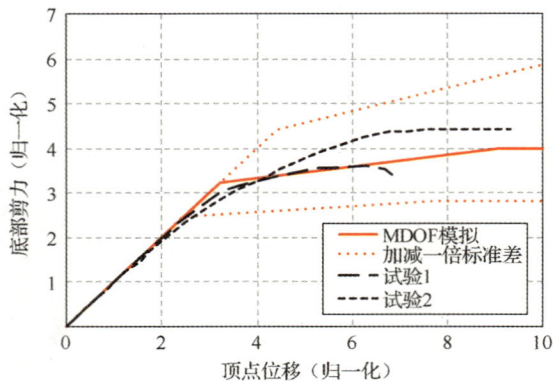

图 7.3-21　文献试验结果与 MDOF 模型模拟结果对比

7.3.6.4 钢框架结构 Pushover 分析验证

本节选择了 10 榀钢框架设计实例（孙文林，2006；陈全，2012；熊二刚等，2013；严林飞，2015；张震等，2016），即使用 SAP2000 建模并进行 Pushover 分析，得到其静力推覆曲线。10 榀钢框架的设计实例参数统计结果如表 7.3-3 所示。根据文献给出的设计参数，使用底部剪力法估算 10 榀钢框架的底部剪力设计值，使用底部剪力设计值和对应的顶点位移对底部剪力和顶点位移进行归一化后，与采用本节方法标定骨架线参数的 MDOF 模型模拟结果对比，如图 7.3-22 所示。图中红色实线为骨架线参数取均值时的计算结果，红色虚线为骨架线参数取均值加减 1 倍标准差时的计算结果。

表 7.3-3 钢框架设计实例参数统计结果

编号	层数	设防烈度	跨数	跨度/m	首层层高（其余层高）/m
1	3	8	3	6	3（3）
2	3	8	3	7.5	3（3）
3	5	9	3	6	4（3.5）
4	6	8.5	3	6	3（3）
5	6	8	2	5	3.5（3.5）
6	6	8	3	6	3（3）
7	6	8	3	7.5	3（3）
8	7	8	3	6	3（3）
9	9	8	3	6	3（3）
10	10	8	3	6	3.6（3.6）

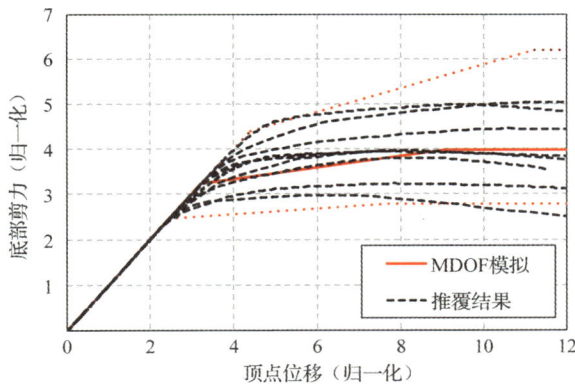

图 7.3-22 文献设计实例的推覆结果与 MDOF 模型模拟结果对比（归一化）

从图 7.3-22 中可以看出，SAP2000 推覆结果基本位于参数均值加减 1 倍标准差的计算结果之间。由于在统计文献结果进行参数标定时，并未拟合骨架线参数和设防烈度等设计参数之间的关系，SAP2000 推覆结果相比 MDOF 模型模拟结果有一定的离散性。不过总体而言，所建立的多层钢框架 MDOF 模型可以满足区域震害模拟的精度需要。

7.3.7　小结

本节针对量大面广的多层建筑，提出了相应的 MDOF 集中质量剪切层模型的建模方法，以及基于我国规范和大量建筑分析数据、试验数据的模型参数确定方法。此外，还提出了基于美国 HAZUS 软件数据库标定相应的模型参数的方法。最后，通过和 HAZUS 方法、典型试验与 Pushover 分析的对比，验证了模型的合理性。

7.4　高层建筑 MDOF 弯剪耦合模型

7.4.1　引言

高层建筑在城市中拥有不容忽视的地位。一方面随着城市化的发展，高层建筑数量迅速增加，大量人口和财富聚集于其中；另一方面，高层建筑还被大量用于医院、银行、通信、电力等重要部门，因此对城市正常功能的维持起着决定性的作用。虽然总体上高层建筑抗震性能比较好，过去 30 年中，在地震下发生倒塌的案例很少，但是在地震中遭受严重损伤的案例屡见不鲜。例如 2011 年 Christchurch 地震中，虽然 Christchurch CBD 地区高度前 50 名的建筑都没有发生倒塌，但是其中超过 70%由于损伤严重而被迫拆除（Wikipedia，2012）。因此，准确模拟高层建筑在地震下的结构损伤和经济损失，对于预测城市地震损失至关重要。

如 7.1 节所述，HAZUS 方法（FEMA，2012c）、MAEviz 方法（MAE Center，2006）以及 IES 方法（Hori，2006）都可以进行区域建筑震害分析。但是无论是基于能力需求谱的 HAZUS 和 MAEViz 方法，还是基于时程分析的 IES 方法，都无法较好地模拟高层建筑的地震响应，原因如下所述。

（1）能力需求谱方法主要考虑结构的第一阶振型，不能很好地考虑高层建筑地震响应中非常明显的高阶振型影响。

（2）IES 采用的多自由度剪切层模型（Hori，2006），不能很好地模拟高层建筑的弯曲变形行为。

城市区域高层建筑的地震响应模拟分析有其特殊的需求，主要包括以下三个方面：①高层建筑由于大多布置了剪力墙以及支撑等抗侧力构件，表现出非常明显的弯曲变形形态，所以该计算模型首先必须能考虑高层建筑的这一变形特点；②由于区域中拥有较多的高层建筑，所以该模型本身不能太复杂，需要计算量适中，方便大规模计算；③模型的参数标定方法必须相对简单，方便自动建模和标定。综上所述，需要针对区域中的高层建筑提出适用的计算模型及相应的参数标定方法。

现有文献中关于城市区域高层建筑计算模型的研究并不多，但是对单体高层建筑的计算模型已有很多研究。例如，本书第 3 章提出了基于详细的设计数据建立高层建筑的精细有限元模型的方法。该模型能很好地考虑高层建筑结构的复杂性，但是其巨大的计算和建模工作量使其很难被直接运用到城市区域建筑损伤分析之中。5.2 节介绍了

Miranda 提出的弯剪耦合模型，5.3 节介绍了鱼骨模型。但 Miranda 提出的弯剪耦合模型仅能模拟高层建筑的弹性响应，不能进行弹塑性计算；鱼骨模型需要借助于精细模型或者详细设计参数标定，并且标定方法比较复杂，不适合在区域分析中大规模的应用。Kuang 等（2011）基于 Miranda 的弹性弯剪耦合模型提出了弹塑性弯剪模型，但是 Kuang等并没有给出适用于城市区域计算的建模与参数标定方法。

因此，本书作者针对城市区域高层建筑地震损伤分析的迫切需求，基于 Miranda 的弯剪耦合模型，提出了适用于城市区域计算的高层建筑非线性弯剪耦合计算模型，该模型具有以下特点：①可以充分考虑高层建筑弯剪耦合的变形特征；②模型的计算效率很高；③能够输出各个楼层的地震响应，便于进行地震损失分析；④能充分利用城市 GIS数据提供的建筑宏观描述性数据（建筑外形、建设年代、场地类别、结构类型），结合设计规范自动确定模型合理的弹塑性参数。为了验证本方法的正确性和可靠性，将非线性弯剪耦合模型的计算结果和精细模型的结果进行了对比，发现两者吻合较好；将该模型与剪切层模型的计算结果进行对比，发现该模型能够更好地模拟高层建筑的性能。最后，采用该模型对一个高层建筑小区进行了地震损伤分析。

7.4.2　非线性弯剪耦合模型

Miranda（Miranda, et al., 2005）提出的弹性弯剪耦合模型如图 7.4-1（a）所示，模型采用一根弯曲刚度连续变化的弯曲梁模拟剪力墙的弯曲变形特性，一根剪切刚度连续变化的剪切梁模拟框架的剪切变形特性，并以链杆将两者连接在一起共同抵抗水平荷载。由于该模型的受力和变形模式和真实高层建筑中的双重抗侧力体系非常接近，能非常准确的模拟大部分高层建筑的变形特征。Reinoso 等采用该模型对加州 6 栋高层建筑进行了弹性地震响应模拟（Reinoso, et al., 2005），证明该模型模拟高层建筑弹性响应具有很高的精度。另外，该模型每一层每个主方向都只有一个自由度，所以模型简单、计算量小，可以满足城市区域大规模计算的需要。因此本节将基于 Miranda 的弯剪耦合模型，提出适用于城市区域高层建筑非线性计算的模型。考虑到高层框架-剪力墙结构或框架-核心筒结构是城市区域内高层建筑最常见的结构类型，因此本节着重讨论如何基于 Miranda 的弯剪耦合模型预测高层框架-剪力墙结构或框架-核心筒结构的地震响应。

Miranda 模型是弹性模型。为了考虑结构的弹塑性行为并模拟结构不同楼层弹塑性发展程度的差异，需要将 Miranda 模型中的连续体弹性弯曲梁和弹性剪切梁离散化，即将建筑的每一层离散为一根非线性弯曲弹簧和一根非线性剪切弹簧。每层的弯曲弹簧和剪切弹簧都用刚性链杆连接，如图 7.4-1（b）所示。根据 Paulay 等（1992）的研究，对于高层框架-剪力墙结构或框架-核心筒结构，弯曲梁的行为主要受剪力墙部分控制，剪切梁的行为主要受框架部分控制。因此，非线性弯剪耦合模型的参数标定将分别考察框架和剪力墙的受力行为特征。

在之前的研究中，层间滞回关系（图 7.4-2）往往采用双线性或三线性骨架线模型。

因此，本节也考虑选择以上模型。相比而言，双线性模型的参数更少，更容易标定并使用，因此得到广泛应用（Fajfar，et al.，1996；FEMA，1997c），而三线性模型虽然参数更多一些，但是和结构实际的非线性行为更加接近。有关双线性和三线性模型［图 7.4-2（a）］的对比见下述讨论。

由于城市区域震害模拟中可获取的建筑宏观信息有限，本研究采用 Steelman 和 Hajjar（2009）提出的较为简单、易于标定的单参数滞回模型，如图 7.4-2（b）所示。该模型只有一个参数，具体参数取值可以根据结构类型确定。

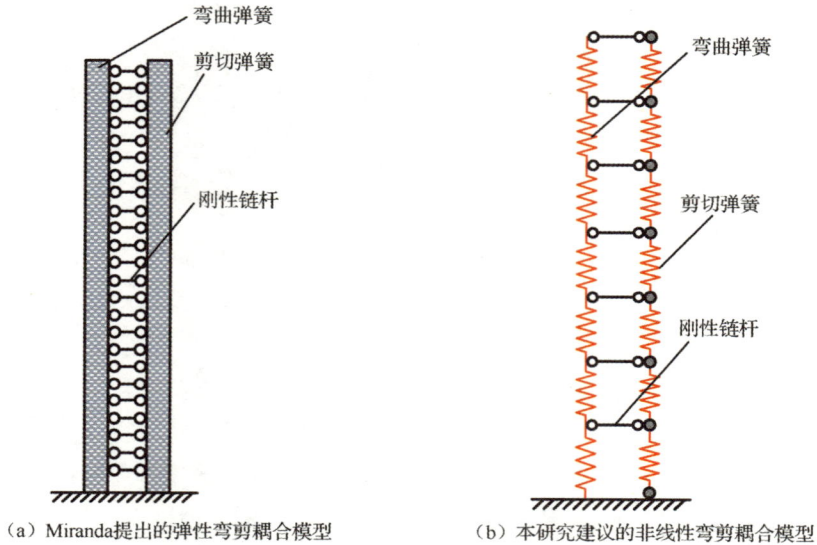

（a）Miranda提出的弹性弯剪耦合模型　　（b）本研究建议的非线性弯剪耦合模型

图 7.4-1　弯剪耦合模型

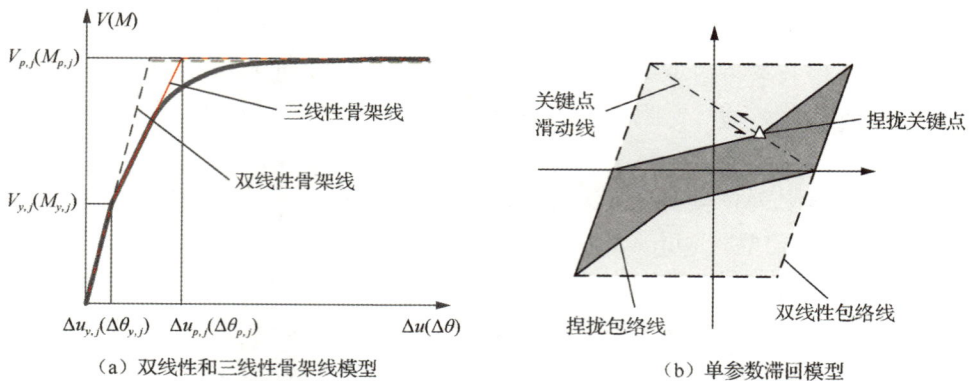

（a）双线性和三线性骨架线模型　　（b）单参数滞回模型

图 7.4-2　层间滞回关系

7.4.3 根据宏观建筑信息确定模型参数

由于城市区域中高层建筑数量庞大，难以获得每栋高层建筑详细的设计数据。因此，将非线性弯剪耦合模型用于城市区域高层建筑群震害模拟的关键难点在于如何获得高层建筑的信息，并标定非线性弯剪耦合模型中的计算参数。城市区域建筑物的 GIS 数据获取相对方便，该数据通常包含建筑物的宏观信息（例如建筑外形、建筑面积、建设年代和结构类型等）。因此，本研究将充分利用这些建筑物的宏观信息，来合理估计其结构的弹性及非线性行为特征。当然，如果已经获取了对象建筑的详细设计信息（如设计图纸等），也可以根据 Kuang 等（2011）建议的方法确定其非线性弯剪模型的计算参数。

现代高层建筑的设计都遵循相关设计规范的规定，因此它们的结构行为也受到设计规范的控制。据此，本节在确定非线性弯剪耦合模型的计算参数时，充分利用相关设计规范中的规定。由于钢筋混凝土框架-剪力墙结构或框架-核心筒结构是我国应用最广的高层建筑结构抗侧体系。下述将主要针对这两类结构，详细说明非线性弯剪耦合模型的参数确定方法。

根据 HAZUS 报告（FEMA，2012d）对能力曲线的定义，三线性骨架线可以由以下四个控制点（图 7.4-3）来定义，分别为设计点、屈服点、峰值点、极限点，其中，设计点代表建筑根据抗震规范设计的名义性能点，可以根据相关设计规范进行确定（Paulay，et al.，1992；ASCE，2010；GB 50011—2010；CEN，2004）。屈服点对应的是结构真正屈服时的性能点，考虑到设计具有一定程度的冗余度，因此真实的屈服强度略大于设计强度。峰值点充分考虑了材料的强化，是结构的峰值抗侧能力对应的性能点。极限点则是高层建筑即将发生倒塌的临界点。高层建筑的极限点以及不同位移对应的高层建筑损伤状态可以参阅第 8.2.3 节。

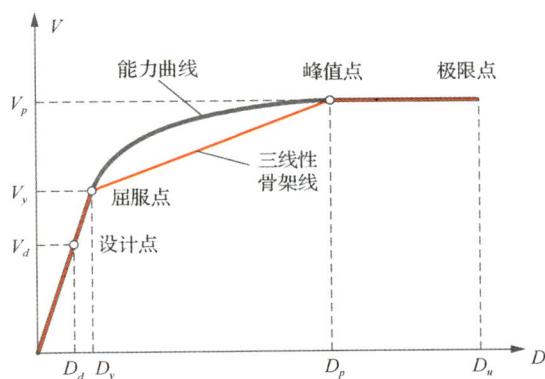

图 7.4-3   HAZUS 报告中推荐的三线性骨架线曲线

整个参数确定流程（图 7.4-4）包括以下四个步骤：①弹性参数标定；②屈服参数标定；③峰值参数标定；④滞回参数标定。

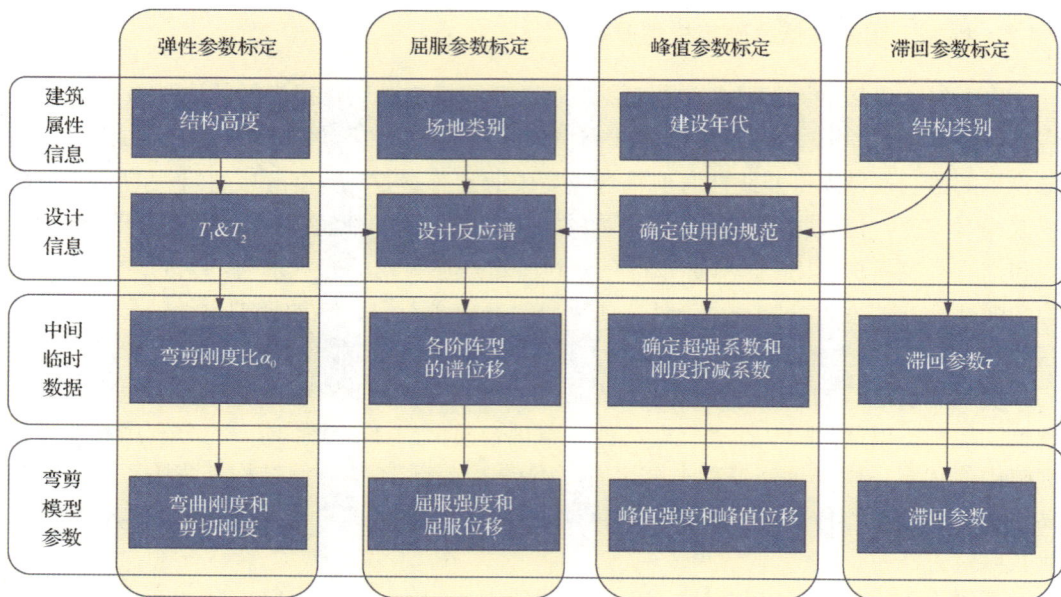

图 7.4-4　参数确定流程

7.4.3.1　弹性参数标定

Miranda 等的研究表明弯剪耦合模型沿高度方向的刚度和质量变化对其弹性地震响应影响不大（Miranda, et al., 2005），所以为了简化标定的参数数量，假设结构的质量和刚度沿高度方向均匀分布。基于这个假设，结构的弹性参数仅有弯曲刚度和剪切刚度两个，而确定这两个弹性参数只需要知道结构的 1 阶和 2 阶周期。获取结构的 1 阶和 2 阶周期主要有以下三种途径。

（1）高层建筑结构在设计的时候通常做了结构模态分析，可以直接获得结构的 1 阶和 2 阶周期。

（2）某些重要建筑往往布置了结构监测设备，可以根据传感器监测的结果计算这些建筑的 1 阶和 2 阶周期。

（3）对于无法通过以上方法获得结构周期的高层建筑，则可以采用基于经验的周期确定方法。

目前已经有大量的文献研究结构周期的经验确定方法。例如钢筋混凝土剪力墙结构的 1 阶周期可以根据 ASCE 7（ASCE, 2010）推荐的公式进行确定，如式（7.4-1）所示，其中系数 C_t 和 x 可以依据结构类型按照 ASCE 7 的表 12.8-2 选取。结构的第 2 阶周期可以根据 Lagomarsino（1993）建议的经验公式确定，如式（7.4-2）所示，即

$$T_1 = C_t h^x \tag{7.4-1}$$

$$T_2 = 0.27 T_1 \tag{7.4-2}$$

获取了结构的 1 阶、2 阶周期之后，则可以按照 Miranda（2005）给出的公式，即式（7.4-3）和式（7.4-4），推算弯剪刚度比 α_0。弯剪刚度比 α_0 的定义如式（7.4-5）所

示。为了方便，也可以通过查图的方式获得弯剪刚度比，T_1/T_2、γ_1 和 α_0 的关系如图 7.4-5 所示。

$$\frac{T_i}{T_1} = \frac{\gamma_1}{\gamma_i} \sqrt{\frac{\gamma_1^2 + \alpha_0^2}{\gamma_i^2 + \alpha_0^2}} \qquad (7.4\text{-}3)$$

$$2 + \left[2 + \frac{\alpha_0^4}{\gamma_i^2(\gamma_i^2 + \alpha_0^2)}\right]\cos(\gamma_i)\cosh\left(\sqrt{\alpha_0^2 + \gamma_i^2}\right) + \left[\frac{\alpha_0^2}{\gamma_i\sqrt{\alpha_0^2 + \gamma_i^2}}\right]\sin(\gamma_i)\sinh\left(\sqrt{\alpha_0^2 + \gamma_i^2}\right) = 0$$

$$(7.4\text{-}4)$$

$$\alpha_0 = H\sqrt{\frac{GA}{EI}} \qquad (7.4\text{-}5)$$

$$\omega_1^2 = \frac{EI}{\rho H^4}\gamma_1^2(\gamma_1^2 + \alpha_0^2) \qquad (7.4\text{-}6)$$

上述式中，γ_j 表示与第 j 阶结构振动相关的特征值参数；ω_1 为结构的一阶圆频率。

确定了结构弯剪刚度比 α_0 之后，则可根据结构 1 阶圆频率 ω_1 以及式（7.4-6）和图7.4-5 确定结构的弯曲刚度 EI，进而再根据式（7.4-5）确定结构的剪切刚度 GA。

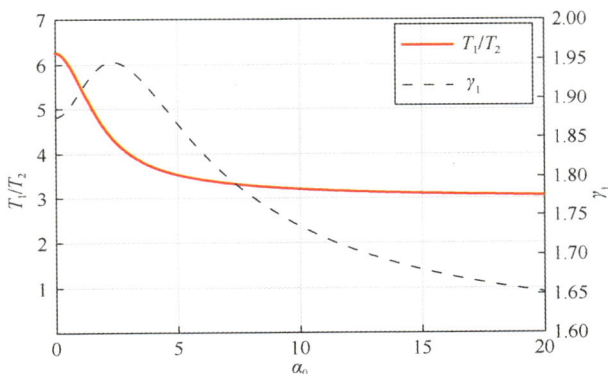

图 7.4-5　T_1/T_2、γ_1 和 α_0 的关系

7.4.3.2　屈服参数标定

图 7.4-2（a）中的三折线骨架线曲线可以用于图 7.4-1（b）中的弯曲弹簧和剪切弹簧。为了获取弯曲弹簧和剪切弹簧相应的屈服点，可以首先根据抗震规范计算得到各个弹簧（楼层）的设计强度，然后再将该设计强度乘以屈服超强系数，以获取各个楼层的实际屈服承载力。

楼层的设计地震力可以通过底部剪力法或模态分析法获得。由于高层建筑的高阶模态贡献较大，因此本节选用模态分析法来计算楼层的设计地震力。具体步骤如下。

（1）对已经完成弹性参数标定的模型进行模态分析，得到 1 阶和 2 阶的周期和振型 $\phi_{j,n}$，此处 j 和 n 分别为楼层数和振型编号。

（2）根据建筑当地的场地信息，建设年代信息，得到结构的设计反应谱，进而确定结构 1 阶、2 阶振型对应的谱位移 D_n。

（3）根据结构的振型系数 $\phi_{j,n}$ 和谱位移 D_n，计算 1 阶、2 阶的层间位移和层间转角，如式（7.4-7）～式（7.4-10）所示，即

$$u_{j,n} = \varGamma_n \phi_{j,n} D_n \tag{7.4-7}$$

$$\Delta u_{j,n} = u_{j,n} - u_{j-1,n} \tag{7.4-8}$$

$$\theta_{j,n} = \partial u_{j,n} / \partial z \tag{7.4-9}$$

$$\Delta \theta_{j,n} = \theta_{j,n} - \theta_{j-1,n} \tag{7.4-10}$$

式中，$u_{j,n}$ 和 $\Delta u_{j,n}$ 分别为第 n 阶振型 j 层的总位移和层间位移；$\theta_{j,n}$ 和 $\Delta \theta_{j,n}$ 分别为第 n 阶振型 j 层的总转角和层间转角，当 $j=1$ 时 $u_{j-1,n}=0$，$\theta_{j-1,n}=0$；z 为高度。

（4）将得到的 1 阶、2 阶层间位移和层间转角按照式（7.4-11）和式（7.4-12），分别计算得到 1 阶、2 阶对应的各层设计剪力 $V_{j,n}$ 和设计弯矩 $M_{j,n}$，h_j 是第 j 层的层高，即

$$V_{j,n} = \Delta u_{j,n} GA / h_j \tag{7.4-11}$$

$$M_{j,n} = \Delta \theta_{j,n} EI / h_j \tag{7.4-12}$$

（5）按照 SRSS 方法对 1 阶、2 阶地震力进行组合［式（7.4-13）和式（7.4-14）］得到剪切梁各层设计剪力 $V_{a,j}$ 和弯曲梁各层设计弯矩 $M_{a,j}$，即

$$V_{a,j} = \sqrt{\sum_{n=1,2} V_{j,n}^2} \tag{7.4-13}$$

$$M_{a,j} = \sqrt{\sum_{n=1,2} M_{j,n}^2} \tag{7.4-14}$$

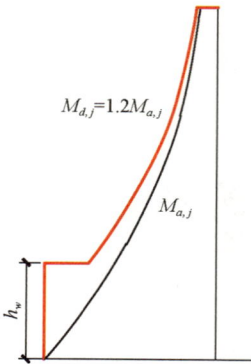

图 7.4-6　剪力墙设计弯矩包络调整

（6）以上分析得到的是各个楼层通过振型组合法得到的设计剪力和设计弯矩。根据我国规范《建筑抗震设计规范》（GB 50011—2010），以上设计荷载还要进行调整。其中，剪切梁的设计剪力包络需要根据式（7.4-15）调整，满足各层的设计剪力不小于底部总剪力的 20%，从而保证框架可以切实发挥二道防线的作用，而剪力墙设计弯矩包络则需要根据图 7.4-6 调整，即底部加强区范围 h_w 内，弯矩等于底部弯矩［底部加强区高度根据《高层建筑混凝土结构技术规程》（JGJ 3—2010）中 7.1.4 条确定，即式（7.4-16）］，而底部加强区以上各层，弯矩还要乘以 1.2 倍的放大系数。

$$V_{d,j} = \max[V_{a,j}, 0.2 V_{\text{base}}] \tag{7.4-15}$$

$$h_w = \max[2 h_{\text{story}}, 0.1 h_{\text{wall}}] \tag{7.4-16}$$

式中，V_{base} 为底部总剪力；h_{story} 为底部两层的平均高度；h_{wall} 为剪力墙总高度。

按照以上的 6 个步骤可以得到各层弯曲弹簧的设计弯矩 $M_{d,j}$ 和剪切弹簧的设计剪力 $V_{d,j}$。为了得到真实的屈服承载力，可以参照 HAZUS 报告的表 5.5（FEMA，2012d）确定屈服超强系数 $\varOmega_y$，然后再分别通过式（7.4-17）和式（7.4-18）计算得到各层屈服剪力和屈服弯矩。

$$V_{y,j} = V_{d,j}\Omega_y \tag{7.4-17}$$

$$M_{y,j} = M_{d,j}\Omega_y \tag{7.4-18}$$

屈服前结构处于弹性状态，因此屈服位移可以根据结构的弹性刚度进行反算，如式（7.4-19）和式（7.4-20）所示，即

$$\Delta u_{y,j} = \frac{V_{y,j}h_j}{GA} \tag{7.4-19}$$

$$\Delta\theta_{y,j} = \frac{M_{y,j}h_j}{EI} \tag{7.4-20}$$

7.4.3.3 峰值参数标定

峰值点参数主要包括各层的峰值承载力和峰值位移。峰值承载力可以按照式（7.4-21）和式（7.4-22）确定，其中 Ω_p 是峰值承载力超强系数，HAZUS 报告表 5.5（FEMA，2012d）给出了不同结构类型峰值承载力超强系数 Ω_p 的取值。比如对于混凝土高层剪力墙结构 C2H，峰值超强系数 Ω_p 取 2.5。

$$V_{p,j} = \Omega_p V_{y,j} \tag{7.4-21}$$

$$M_{p,j} = \Omega_p M_{y,j} \tag{7.4-22}$$

对于双线性骨架线而言，因为骨架线上只有一个点，所以其峰值点位移可以根据峰值点强度和初始刚度由式（7.4-23）和式（7.4-24）确定为

$$\Delta u_{p,j} = \frac{V_{p,j}h_j}{EI} \tag{7.4-23}$$

$$\Delta\theta_{p,j} = \frac{M_{p,j}h_j}{GA} \tag{7.4-24}$$

而三线性骨架线模型的峰值点位移确定就相对复杂。本节建议可以采用以下两种方法来确定：①刚度折减法；②延性系数法。详细介绍如下。

1）刚度折减法

由于混凝土结构开裂后刚度会下降，结构的峰值位移可以根据折减后的等效弯曲刚度 $E_r I$ 和等效剪切刚度 $G_r A$ 来计算。美国 ACI 318-08（ACI，2008）第 10.10.4.1 条建议了相应的刚度折减系数 η。因此，结构的峰值位移 $\Delta u_{u,j}$ 和峰值转角 $\Delta\theta_{u,j}$ 可以根据式（7.4-25）～式（7.4-28）确定。

$$E_r I = \eta EI \tag{7.4-25}$$

$$G_r A = \eta GA \tag{7.4-26}$$

$$\Delta u_{p,j} = \frac{V_{p,j}h_j}{E_r I} \tag{7.4-27}$$

$$\Delta\theta_{p,j} = \frac{M_{p,j}h_j}{G_r A} \tag{7.4-28}$$

式中，$V_{p,j}$ 和 $M_{p,j}$ 分别是第 j 层剪切弹簧的峰值剪力和第 j 层弯曲弹簧的峰值弯矩。

2）延性系数法

HAZUS 报告（FEMA，2012d）同时也给出了延性系数 μ，其定义如式（7.4-29）所示。该系数可以用于计算峰值位移，如式（7.4-30）和式（7.4-31）所示。不同结构的延性系数 μ 可以通过 HAZUS 报告（FEMA，2012d）的表 5.6 确定，即

$$\mu = \frac{D_p}{\Omega_p D_y} \tag{7.4-29}$$

$$\Delta u_{p,j} = \mu \Omega_p \Delta u_{y,j} \tag{7.4-30}$$

$$\Delta \theta_{p,j} = \mu \Omega_p \Delta \theta_{y,j} \tag{7.4-31}$$

以上两种峰值位移确定方法的效果对比参见 7.4.4 节。

7.4.3.4　滞回参数标定

结构在地震下的耗能能力受到滞回参数的影响。为了简化参数的标定，本节采用 Steelman 等（2009）提出的单参数滞回曲线，如图 7.4-2（b）所示。该模型只需要一个系数 τ 确定滞回行为，如式（7.4-32）所示，其中 A_p 和 A_b 分别是捏拢包络面积和理想弹塑性包络面积。τ 是描述结构退化程度的参数，具体取值可以基于 HAZUS 报告（FEMA，2012d）中表 5.18 的退化系数 k 确定，即

$$\tau = \frac{A_p}{A_b} \tag{7.4-32}$$

7.4.4　基于单体结构的模型应用和验证

为了详细展示模型参数标定的过程并验证该方法的准确性，本节将对两栋混凝土高层结构进行参数标定，并与相应的精细有限元模型计算的结果进行对比，其中包括一栋 15 层的钢筋混凝土框架-剪力墙结构 Building A（Ren, et al., 2015），如图 7.4-7（a）所示；一栋 42 层的钢筋混凝土框架-核心筒结构 Building B（Lu, et al., 2015b），如图 7.4-7（b）所示。这两栋结构很有代表性，框架剪力墙结构常常被用于公寓、旅馆等，框架-核心筒结构常用于高层办公楼和高层酒店建筑。这两栋高层建筑的主要属性数据参见表 7.4-1。

表 7.4-1　两栋高层建筑的主要属性数据

名称	层数	高度/m	场地类型	建造年份	结构类型
Building A	15	54.9	Class II	2013	钢筋混凝土框架-剪力墙结构
Building B	42	141.8	Class II	2013	钢筋混凝土框架-核心筒结构

采用通用有限元分析软件 MSC.Marc 建立两栋建筑的精细有限元模型，模型中的框架梁柱采用纤维梁单元模拟，剪力墙采用分层壳单元模拟。Building A 总计 25 238 个单元，Building B 总计 36 547 个单元，其精细有限元模型的详细信息详见 Ren 等（2015）和 Lu 等（2015b）的工作。

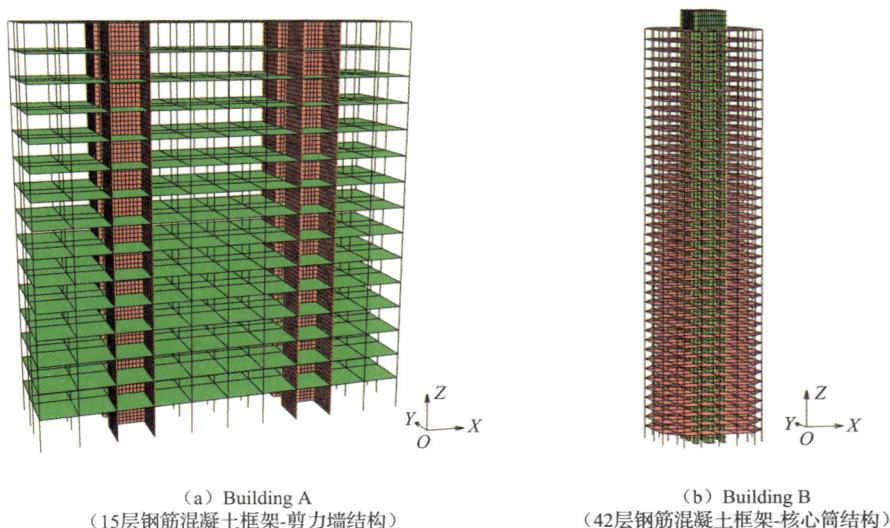

（a）Building A
（15层钢筋混凝土框架-剪力墙结构）

（b）Building B
（42层钢筋混凝土框架-核心筒结构）

图 7.4-7　两栋高层建筑的精细有限元模型

7.4.4.1　模型标定过程

为了详细说明模型参数标定的流程，本节以图 7.4-7（a）中的 15 层的框架-剪力墙结构的短边方向为例，介绍标定过程。由于本结构设计的时候已经进行了模态分析，已经知道了结构沿短边方向 1 阶、2 阶周期数据。按照 7.4.3 节中的方法对结构的弯曲刚度和剪切刚度进行计算，并进一步计算得到 MDOF 弯剪耦合模型周期，其与原模型振动周期对比如表 7.4-2 所示，两者十分接近。

表 7.4-2　振动周期对比

内容	T_1/s	T_2/s
精细有限元模型	1.442 2	0.344 9
弯剪耦合模型	1.442 1	0.347 3
误差/%	0	−0.7

根据我国抗震规范 GB 50011—2010，确定结构的设计反应谱。而后通过 SRSS 振型组合获得各层的设计剪力 $V_{a,j}$ 和设计弯矩 $M_{a,j}$，如图 7.4-8 中虚线所示。根据 7.4.3.2 节的讨论，以上设计剪力和设计弯矩需要根据规范按照式（7.4-15）、式（7.4-16）和图 7.4-6 进一步调整，得到修整后的设计剪力 $V_{d,j}$ 和设计弯矩 $M_{d,j}$，如图 7.4-8 中实线所示。

求得设计剪力 $V_{d,j}$ 和设计弯矩 $M_{d,j}$ 后，根据式（7.4-17）～式（7.4-20）可以得到屈服剪力 $V_{y,j}$、屈服弯矩 $M_{y,j}$、屈服位移 $\Delta u_{y,j}$ 和屈服转角 $\Delta \theta_{y,j}$。根据 HAZUS 报告中的表 5.5，对钢筋混凝土框架-剪力墙结构，取屈服超强系数 Ω_y=1.10。而后，再根据式（7.4-21）和式（7.4-22），取 Ω_p=2.50，可以得到峰值剪力 $V_{p,j}$ 和峰值弯矩 $M_{p,j}$。

如果选择刚度折减法，根据 ACI 318-08（ACI，2008）中的 10.10.4.1 条的规定，取刚度折减系数$\eta=0.7$，进而可以计算得到峰值位移$\Delta u_{u,j}$和$\Delta\theta_{u,j}$。如果选择延性系数法，则根据 HAZUS 报告（FEMA，2012d）表 5.6 可得$\mu=4$，同样可以得到峰值位移$\Delta u_{u,j}$和$\Delta\theta_{u,j}$。相应计算公式见式（7.4-25）～式（7.4-31）。根据 HAZUS 报告（FEMA，2012d）中的表 5.18，钢筋混凝土框架-剪力墙结构滞回参数可取$\tau=0.6$。

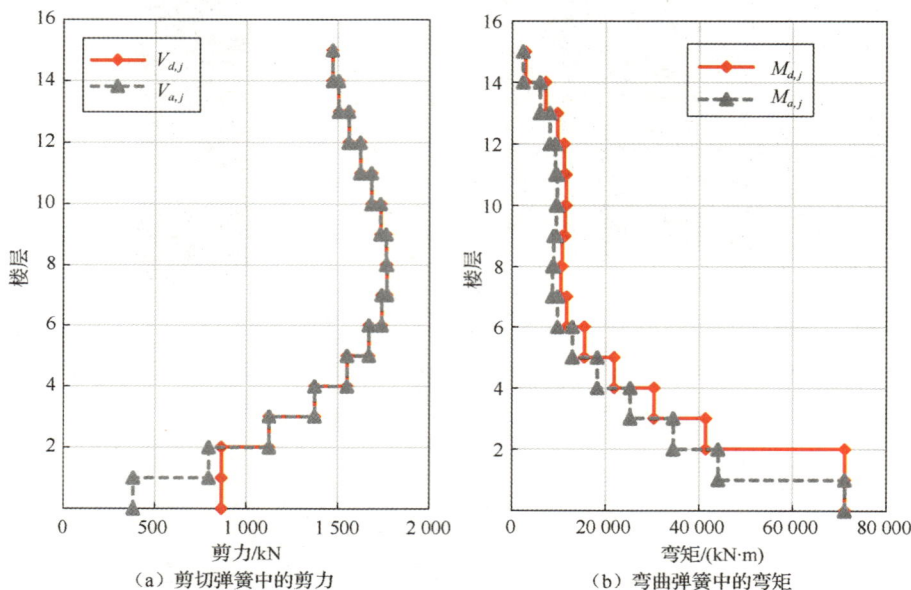

（a）剪切弹簧中的剪力　　　　（b）弯曲弹簧中的弯矩

图 7.4-8　各层设计地震作用

7.4.4.2　不同模型的计算精度比较

如前所述，层间滞回关系可以取双线性或三线性。此外，峰值位移可以由刚度折减法或延性系数法确定。为比较不同模型的计算精度，以精细有限元模型为基准，建立了三个弯剪耦合模型。另外，为了对比本节建议的模型和 Hori（2006）建议的剪切层模型在计算精度上的差别，也建立了相应的剪切层模型进行对比（表 7.4-3）。

表 7.4-3　相应的剪切层模型对比

模型名称	模型类别	骨架线	峰值位移	参数取值
Refined FE model	基于纤维梁和分层壳的精细有限元模型	—	—	—
NMFS-Tri-η	非线性弯剪耦合模型	三线性	刚度折减法	$\Omega_y=1.10$, $\Omega_p=2.50$, $\eta=0.7$
NMFS-Tri-μ	非线性弯剪耦合模型	三线性	延性系数法	$\Omega_y=1.10$, $\Omega_p=2.50$, $\mu=4$
NMFS-Bi	非线性弯剪耦合模型	双线性	—	$\Omega_y=1.10$, $\Omega_p=2.50$
NMS-Tri-η	剪切层模型	三线性	刚度折减法	$\Omega_y=1.10$, $\Omega_p=2.50$, $\eta=0.7$

采用广泛使用的 El-Centro 地震动作为典型地震动输入进行对比。Building A 的设防烈度为 7 度，因此将输入地震动的峰值加速度调整到 7 度罕遇地震水准，即 PGA=220cm/s^2。

　　首先，采用倒三角荷载推覆分析对比 NMFS-Tri-η、NMFS-Tri-μ、NMFS-Bi 三个模型，其底部剪力-顶点位移曲线如图 7.4-9 所示。不同非线性弯剪耦合模型得到的推覆曲线都有若干个转折点，这是由剪切弹簧和弯曲弹簧不同时屈服所导致。总体说来，三线性骨架线模型的计算结果比双线性骨架线模型的计算结果更加接近于精细有限元模型的结果。

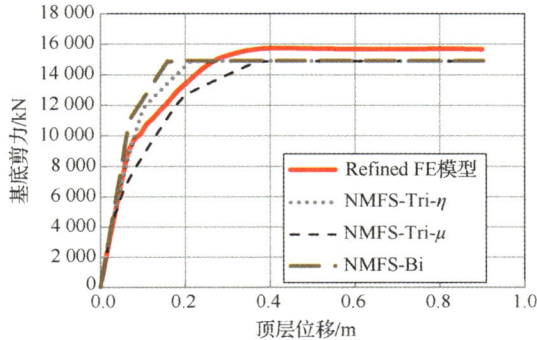

图 7.4-9　NMFS-Tri-η、NMFS-Tri-μ、NMFS-Bi 模型和精细有限元模型的
底部剪力-顶点位移曲线对比

　　其次，对四个模型进行非线性时程分析。层间位移角包络曲线是结构地震损失预测最重要的一个参考指标，以上四个模型时程分析得到的层间位移角包络曲线对比如图 7.4-10 所示。四个模型的结果彼此都很接近，与图 7.4-9 的结论相似，三线性骨架线模型的计算结果比双线性骨架线模型的计算结果更加接近精细有限元模型的结果。

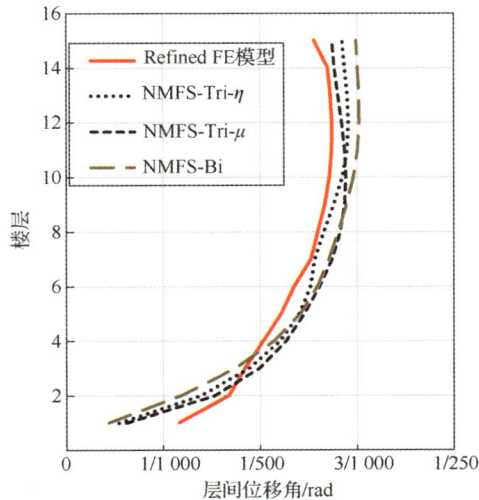

图 7.4-10　NMFS-Tri-η、NMFS-Tri-μ、NMFS-Bi 模型和精细有限元模型的
层间位移角包络曲线对比

　　剪切层模型可以比较好地模拟多层结构的剪切变形。但是，如果将该模型用于高层建筑，将无法反映高层建筑弯剪耦合的变形特征。NMS-Tri-η、NMFS-Tri-η 模型和精细

有限元模型非线性时程分析得到的层间位移角包络曲线对比如图 7.4-11 所示。显然，剪切层模型计算得到的层间位移角和其他两个模型的计算结果相差甚远。它显著高估了建筑下部的变形而低估了建筑上部的变形。考虑到层间位移角是地震损失预测的重要依据，剪切层模型计算得到的结构响应无法满足高层建筑震害预测的需要。

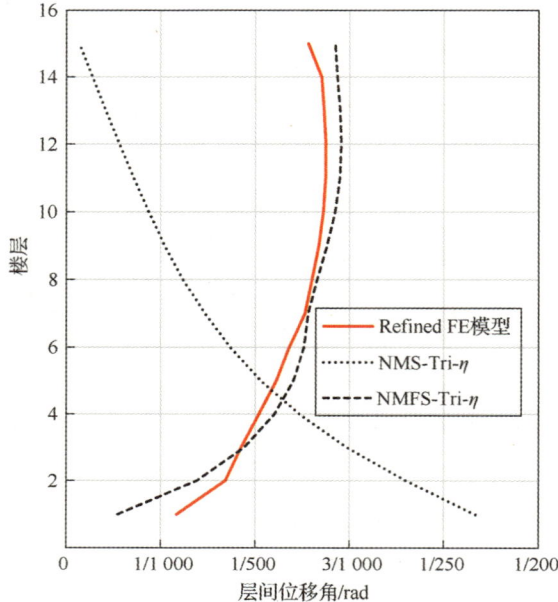

图 7.4-11　NMS-Tri-η、NMFS-Tri-η 模型和精细有限元模型的层间位移角包络曲线对比

　　考虑到地震动的不确定性，仅一条地震动的模拟难以充分说明本节所建议模型的准确性。因此，将 FEMA P695（FEMA，2009）建议的 22 组远场地震动输入到 Building A 和 Building B 中，并根据两栋建筑各自的设防水准，将 PGA 调幅为 220cm/s^2 和 510cm/s^2。计算得到 Building A 的最大层间位移角对比如图 7.4-12 所示。由于不同地震动自身频谱特性差异很大，不同地震动得到的最大层间位移角也有一定的差异。但是总的说来，三个非线性弯剪耦合模型（即 NMFS-Tri-η、NMFS-Tri-μ 和 NMFS-Bi）和精细有限元模型计算结果都吻合较好，其中 NMFS-Tri-η 的误差最小，NMFS-Tri-μ 其次，而 NMFS-Bi 的误差相对大一些。这个结论与图 7.4-9 及图 7.4-10 一致。因此，可以选择三线性骨架线用于区域震害分析。

　　22 组地震动计算得到 Building A 和 Building B 的平均层间位移角包络曲线如图 7.4-13 所示。显然，总体而言非线性弯剪耦合模型计算得到的层间位移角和精细有限元模型计算得到的层间位移角吻合较好。考虑到非线性弯剪耦合模型只需要很少的信息就可以完成模型的参数标定，这样的精度是令人满意的。特别需要说明的是，如果采用精细有限元模型完成这两栋建筑物的 22 组地震动的非线性时程分析，一共需要 1 137 个 CPU 小时（计算机配置：CPU 为 2.67-GHz Intel Xeon X5650，RAM 为 48GB of 1333-MHz DDR3）。而采用本节建议的非线性弯剪耦合模型，在同一设备条件下只需要 135s 就可以完成，效率提升了 30 320 倍，显示出本节建议方法突出的效率优势。

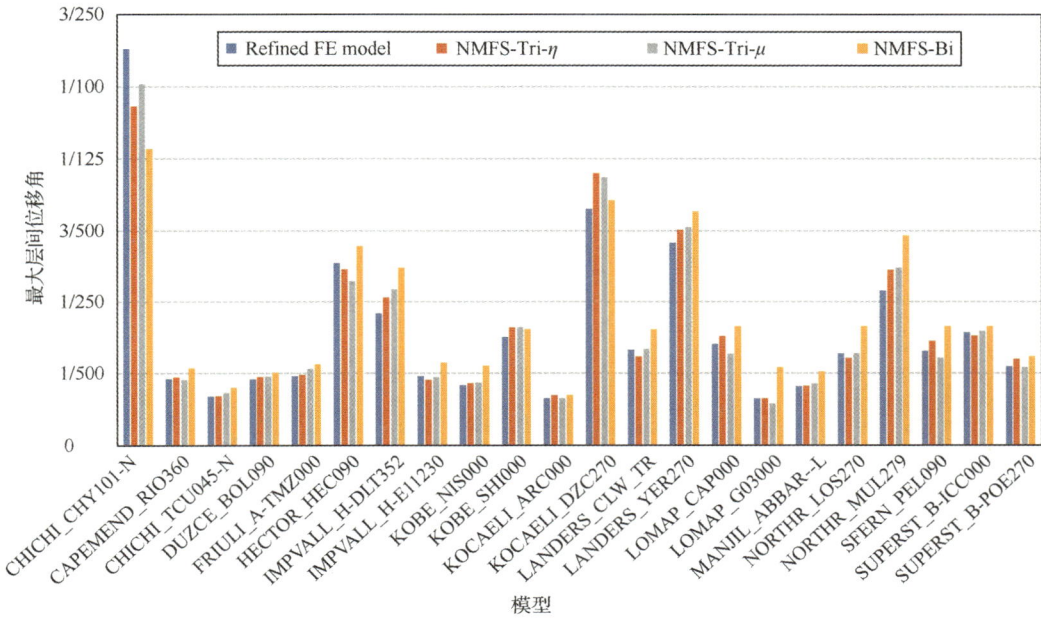

图 7.4-12　22 组地震动计算得到 Building A 的最大层间位移角对比

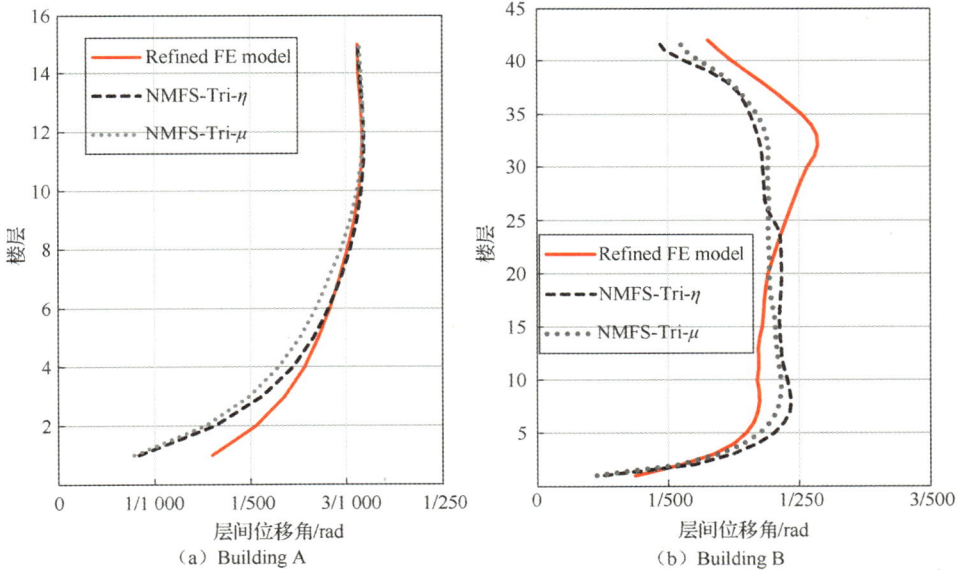

（a）Building A　　　　　　　（b）Building B

图 7.4-13　22 组地震动计算得到下 Building A 和 Building B 的平均层间位移角包络曲线

7.4.4.3　与实测结构最大层间位移角对比

为了验证多自由度弯剪耦合模型的准确性，将该模型计算得到的结构最大层间位移角与实测结构最大层间位移角数据记录（包括 9 栋高层建筑在 29 组地震波下的结构反应）进行了对比（USGS，et al.，2017）。需要说明的是，所选取的实测结构不是按照我国相关规范进行设计的，本节提出的周期确定方法未必完全适用，因此，除了直接和本节提出的方法进行对比外，还根据实测记录得到的结构周期，代入多自由度弯剪耦合模型进行计算，其与实测结果对比如图 7.4-14 所示，多自由度弯剪耦合模型计算结果的平均误差为-4.6%，采用实测周期标定的模型计算结果平均误差为-2.8%。对比结果表明，本节所采用的多自由度弯剪耦合模型具有较好的准确性，如果能获得结构实测周期，将能计算出更为准确的结果。

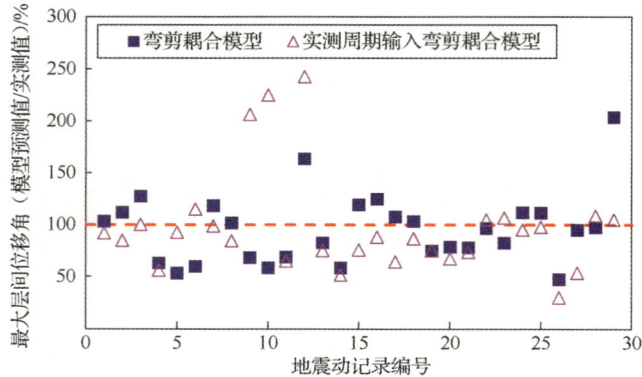

图 7.4-14　弯剪耦合模型计算结果与实测结果对比

7.4.5　非线性弯剪耦合模型在城市区域震害预测中的应用

为了展示本节建议的模型在城市区域中应用的效果，对位于北京的一个城市高层小区进行了地震损伤分析。该区域包括 11 栋建筑，其中 9 栋为高层框架-剪力墙结构，2 栋为多层框架结构。建筑 GIS 数据如表 7.4-4 所示；研究区域建筑 2D-GIS 图如图 7.4-15 所示。这 9 栋高层框架-剪力墙结构采用本节建议的非线性弯剪耦合模型，而框架结构采用之前的剪切层模型。

输入 PGA = 400cm/s^2（即该场地的罕遇水准地震动）的 El-Centro 地震动，得到 t = 10s 时不同结构的位移响应，如图 7.4-16（a）所示。整个区域的时程分析共用时 261s（计算机配置：CPU 为 2.67-GHz Intel Xeon X5650，RAM 为 48GB of 1333-MHz DDR3），体现出本节建议模型突出的效率优势。不同建筑物的层间位移包络如图 7.4-16（b）所示，可以直观地反映出建筑物的动力响应和损伤情况。

表 7.4-4　建筑 GIS 数据

编号	建筑物名称	层数	高度/m	场地类别	建造年份	结构类型
1	Yingu	23	92	Class II	2000	钢筋混凝土框架-剪力墙结构
2	Caizhi	28	112	Class II	1998	钢筋混凝土框架-剪力墙结构
3	Longhu-1	27	108	Class II	2010	钢筋混凝土框架-剪力墙结构
4	Longhu-2	9	36	Class II	2010	钢筋混凝土框架-剪力墙结构

编号	建筑物名称	层数	高度/m	场地类别	建造年份	结构类型
5	Longhu-3	25	100	Class II	2010	钢筋混凝土框架-剪力墙结构
6	Longhu-4	19	76	Class II	2010	钢筋混凝土框架-剪力墙结构
7	Longhu-5	7	28	Class II	2010	钢筋混凝土框架结构
8	Longhu-6	7	28	Class II	2010	钢筋混凝土框架结构
9	Longhu-7	18	72	Class II	2010	钢筋混凝土框架-剪力墙结构
10	Longhu-8	19	76	Class II	2010	钢筋混凝土框架-剪力墙结构
11	Longhu-9	15	60	Class II	2010	钢筋混凝土框架-剪力墙结构

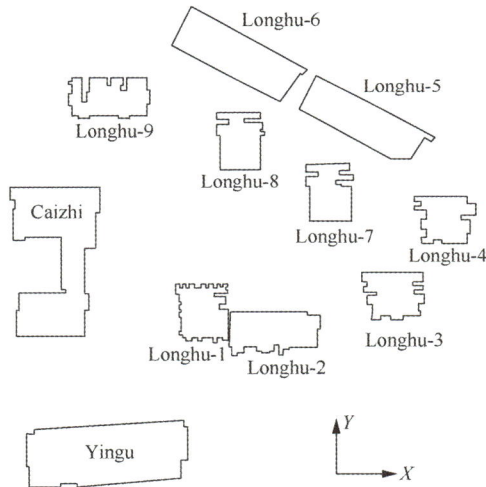

图 7.4-15　研究区域建筑 2D-GIS 图

（a）t=10s时位移

图 7.4-16　目标区域地震响应分析

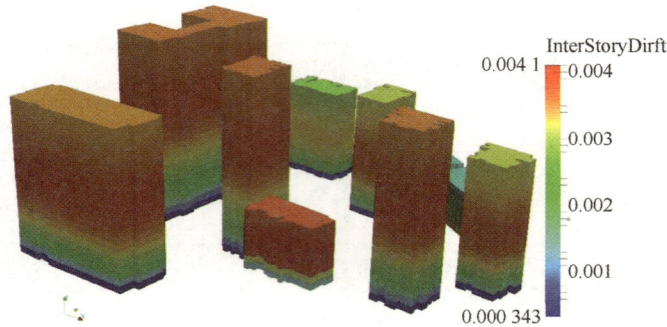

（b）层间位移包络

图 7.4-16（续）

7.4.6　小结

本节提出了一种非线性弯剪耦合模型及相应的参数确定方法，可用于城市区域高层建筑震害预测。该模型具有以下优点：①可以充分反映高层建筑弯剪耦合变形特征；②具有很高的计算效率；③便于参数标定；④可以准确预测不同楼层的层间位移角。通过和精细有限元模型对比，说明了本节提出的模型的精度和效率。通过和剪切层模型对比，说明本节提出的模型对高层建筑层间位移的预测精度明显更高。

本节最后对比了不同的骨架线和三线性骨架线模型的峰值点位移计算方法，结果表明三线性骨架线模型的精度更高，刚度折减法和延性系数法都可以满足精度需要。本节的研究为开展区域高层建筑震害预测提供了一个高效、准确的计算模型。

7.5　区域震害模拟中参数不确定性影响分析

7.5.1　引言

本章 7.3 节和 7.4 节提出了非线性 MDOF 剪切层模型与非线性 MDOF 弯剪耦合模型，可以快速、准确地模拟各类建筑在地震作用下的动力特性与破坏状态。上述 MDOF 模型选用三线性骨架线作为层间恢复力关系。根据我国相关规范与统计数据，提出了钢筋混凝土框架结构、设防砌体结构、未设防砌体结构、多层钢框架结构、门式刚架以及高层结构的多自由度模型参数确定方法。概括来讲，其参数确定流程如下所述。

（1）基于既有建筑的宏观参数（如高度、层数、面积、设防烈度等），根据我国相关规范规定，执行一个模拟设计流程，进而获得模型的基本周期以及骨架线的设计承载力。

（2）根据相关数据的回归统计结果，获得骨架线设计点、屈服点、峰值点及软化点四者之间的数值关系。

（3）结合（1）和（2）得到的结果，确定完整骨架线。

从上述流程中，可以发现，步骤（2）涉及骨架线上各关键点之间关系的回归统计。

而实际操作中，只能根据回归统计得到的某一特征值（一般为均值或中位值）作为进一步计算的依据。例如，7.3.3.3 节统计得到未设防砌体的峰值超强系数的中位值为 1.40。但实际上，这一系数近似地遵循着对数正态分布。这就表明，当这一超强系数被用于分析时，其参数的不确定性在 7.3 节和 7.4 节的研究中并未加以考虑，然而 FEMA P695 报告指出（FEMA，2009），结构模型参数本身的不确定性会对模型的抗震性能产生不可忽视的影响。

以建筑的倒塌易损性分析为例，FEMA P695 报告指出（FEMA，2009），建筑的倒塌易损性曲线可以用对数正态分布进行描述。普遍使用的增量动力分析 IDA（incremental dynamic analysis）方法，只考虑地震动的不确定性，因此得到的建筑倒塌易损性曲线的中位值对应结构条件倒塌概率为 50% 时的地震动强度，对应的标准差则是由于地震动不确定性引起的，一般记作 β_{RTR}。当引入模型参数的不确定性时，建筑倒塌易损性曲线的标准差由两部分构成，其关系如式（7.5-1）所示，即

$$\beta_{TOT}^2 = \beta_{RTR}^2 + \beta_{MDL}^2 \tag{7.5-1}$$

式中，β_{MDL} 为模型参数不确定性的影响；β_{TOT} 为地震动不确定性与模型参数不确定性的共同影响。以往的研究表明，就单体建筑分析而言，β_{MDL} 与 β_{RTR} 往往具有相同的量级。施炜（2014）研究表明，β_{MDL}/β_{RTR} 可以超过 0.5。因此，模型参数不确定性的影响不容忽视。因此，为研究模型参数不确定性对区域震害分析结果的影响，本书作者和清华大学博士生田源等开展了相关的研究（Lu，et al.，2017）。

7.5.2　参数不确定性影响分析方法

在进行参数不确定性影响的分析时，一般采用敏感性分析方法。其中，一次二阶矩方法（first-order second-moment method，FOSM method）（Melchers，1999）和蒙特卡罗分析法（Monte Carlo method）（Rubinstein，1981）使用广泛（Porter，et al.，2002；Lee，et al.，2005；Na，et al.，2008；Fellin，et al.，2010；Shin，et al.，2014），下面将对以上两种方法进行介绍。

7.5.2.1　一次二阶矩方法

一次二阶矩方法使用广泛、计算简便，仅需要相对较小的计算量，即可得到足够准确的结论。另外，在使用该方法时，不需要了解随机变量的具体分布形式，而只需要随机变量分布的关键参数（均值与标准差）。本节将对一次二阶矩方法进行简单的介绍。

假设随机变量 X 具有均值 μ_X 与协方差矩阵 Σ_X，如式（7.5-2）~式（7.5-4）所示。

$$X = [x_1, x_2, \cdots, x_n]^T \tag{7.5-2}$$

$$\mu_X = [\mu_{x_1}, \mu_{x_2}, \cdots, \mu_{x_n}]^T \tag{7.5-3}$$

$$\Sigma_X = \sigma_{x_i} \rho_{ij} \sigma_{x_j} \tag{7.5-4}$$

设 Y 是 X 的函数，如式（7.5-5）所示，即

$$Y = f(X) \tag{7.5-5}$$

于是，将函数在 X_0 处进行泰勒级数展开，只保留一阶项，忽略高阶项的影响，得到 Y 的近似结果如式（7.5-6）。

$$Y \approx f(X_0) + \left(\nabla f\big|_{X=X_0}\right)^{\mathrm{T}} (X - X_0) \tag{7.5-6}$$

其中

$$\nabla f\big|_{X=X_0} = \left[\frac{\partial f}{\partial x_1}, \frac{\partial f}{\partial x_2}, \cdots, \frac{\partial f}{\partial x_n}\right]^{\mathrm{T}}\Bigg|_{X=X_0} \tag{7.5-7}$$

基于式（7.5-6）可以推导出变量 Y 的前二阶矩（即均值 μ_Y 与方差 σ_Y^2），这种近似方法称为一次二阶矩方法。特别地，当 $X_0 = \mu_X$ 时，可以近似得到式（7.5-8）和式（7.5-9），即

$$\mu_Y \approx f(\mu_X) \tag{7.5-8}$$

$$\sigma_Y^2 \approx \left(\nabla f\big|_{X=\mu_X}\right)^{\mathrm{T}} \Sigma_X \left(\nabla f\big|_{X=\mu_X}\right) \tag{7.5-9}$$

上述方法称为均值一次二阶矩方法。在计算式（7.5-7）中的每一项时，一般采用有限差分方法计算，即

$$\frac{\partial f}{\partial x_i}\Bigg|_{X=\mu_X} \approx \frac{f(\mu_{X_i} + \Delta x_i) - f(\mu_{X_i} - \Delta x_i)}{2\Delta x_i}, \quad i = 1, 2, \cdots, n \tag{7.5-10}$$

特别是取 $\Delta x_i = \sigma_{x_i}$，可以得到

$$\frac{\partial f}{\partial x_i}\Bigg|_{X=\mu_X} \approx \frac{f(\mu_{X_i} + \sigma_{x_i}) - f(\mu_{X_i} - \sigma_{x_i})}{2\sigma_{x_i}}, \quad i = 1, 2, \cdots, n \tag{7.5-11}$$

为方便讨论，记

$$Y(x_i^{\pm}) = f(\mu_{X_i} \pm \sigma_{x_i}), \quad i = 1, 2, \cdots, n \tag{7.5-12}$$

采用上述分析计算过程，可以快速获得函数 Y 相关于变量 X 的参数敏感性结果，进而用于后续分析。

在实际计算中，本节选取 FEMA P695（FEMA，2009）推荐的 22 组远场地震动进行结构的增量动力分析，并记录结构首次达到轻微破坏、中等破坏、严重破坏和毁坏时的地震动强度。已有研究表明（FEMA，2012a，2012b），结构的易损性函数可以采用对数正态分布进行假设。因此，就单体建筑而言，这里记 Y 为结构达到某损伤状态的地震动强度对数值；就群体建筑而言，取所有结构达到某损伤状态时的平均易损性曲线。需要说明的是，这条平均易损性曲线严格来讲不再是对数正态分布的形式，但是仍可以采用对数正态分布进行近似，这一点将在 7.5.3.3 节中进一步解释。为了将问题简化，这里同样选取所有单体建筑 Y 值的平均值作为群体分析的 Y 值。

基于上述介绍可以发现，采用本方法得到的 σ_Y 即对应为式（7.5-1）中的 β_{MDL}。同

时，本研究选取 PGA 作为地震动强度指标，而不选取同样得到大量使用的 $S_a(T_1)$，这主要是基于以下几点。

（1）本研究所考虑的建筑基本周期 T_1 为一个随机变量，因此 $S_a(T_1)$ 的引入会使得问题更加复杂，关系难以厘清。

（2）进行群体性分析时，本研究将对大量周期不同的建筑进行时程分析，因此如果选用同一 $S_a(T_1)$ 指标则并不合适。

（3）以往的相关研究也大多基于 PGA 指标（Xiong, et al., 2017；Xu, et al., 2014；Zeng, et al., 2016），因此，本研究选用 PGA 作为地震动强度指标将有利于与以往研究进行对比。

（4）我国《建筑抗震设计规范》（GB 50011—2010）中采用 PGA 作为建筑设计的强度指标，因此选用这一指标将有利于相关成果与规范的比较。

7.5.2.2 蒙特卡罗方法

蒙特卡罗方法在参数不确定性分析中也十分常用，该方法可以较高精度地估计变量的概率分布，但随之而来的是巨大的计算量。在使用该方法前，需要明确变量的具体分布，以方便进行采样。同时，采样次数也要进行适当的控制，既要保证采样足够充分，又要避免采样过多而产生冗余计算量。

在确定参数分布时，结合本研究的具体情况，假设所考虑的变量 X 由 m 个参数构成，且满足 m 维正态分布，并根据从文献资料中收集的数据进行协方差矩阵的估计，于是有

$$X \sim N_m(\boldsymbol{\mu}_X, \boldsymbol{\Sigma}_X) \tag{7.5-13}$$

多元统计分析中有如下定理。

设 X 为一个 p 维随机变量，服从均值为 $\boldsymbol{\mu}$、协方差为 $\boldsymbol{\Sigma}$ 的 p 维正态分布，即 $X \sim N_p(\boldsymbol{\mu}, \boldsymbol{\Sigma})$, $p \geqslant 2, \boldsymbol{\Sigma} > 0$。

于是，X、$\boldsymbol{\mu}$ 和 $\boldsymbol{\Sigma}$ 可以进行如式（7.5-14）的剖分为

$$X = \begin{bmatrix} X^{(1)} \\ X^{(2)} \end{bmatrix}, \boldsymbol{\mu} = \begin{bmatrix} \boldsymbol{\mu}^{(1)} \\ \boldsymbol{\mu}^{(2)} \end{bmatrix}, \boldsymbol{\Sigma} = \begin{bmatrix} \boldsymbol{\Sigma}_{11} & \boldsymbol{\Sigma}_{12} \\ \boldsymbol{\Sigma}_{21} & \boldsymbol{\Sigma}_{22} \end{bmatrix} \tag{7.5-14}$$

式中，$X^{(1)}$ 与 $\boldsymbol{\mu}^{(1)}$ 为 $q \times 1$ 阶矩阵，$\boldsymbol{\Sigma}_{11}$ 为 $q \times q$ 阶矩阵。那么，在 $X^{(2)}$ 下 $X^{(1)}$ 的条件分布服从 q 维正态分布，其均值为 $\boldsymbol{\mu}_{1\cdot2}$，协方差矩阵为 $\boldsymbol{\Sigma}_{11\cdot2}$，具体形式如式（7.5-15）所示为

$$(X^{(1)} \mid X^{(2)}) \sim N_q(\boldsymbol{\mu}_{1\cdot2}, \boldsymbol{\Sigma}_{11\cdot2}) \tag{7.5-15}$$

其中

$$\boldsymbol{\mu}_{1\cdot2} = \boldsymbol{\mu}^{(1)} + \boldsymbol{\Sigma}_{12}\boldsymbol{\Sigma}_{22}^{-1}(X^{(2)} - \boldsymbol{\mu}^{(2)}) \tag{7.5-16}$$

$$\boldsymbol{\Sigma}_{11\cdot2} = \boldsymbol{\Sigma}_{11} - \boldsymbol{\Sigma}_{12}\boldsymbol{\Sigma}_{22}^{-1}\boldsymbol{\Sigma}_{21} \tag{7.5-17}$$

基于上述定理，可以依次对变量进行随机采样，并用于进一步的分析。

　　蒙特卡罗方法的采样次数的确定也是分析时的一个重要环节。为了保证蒙特卡罗结果的准确性，采样次数不能过低。对于一栋 1 层设防砌体，考察其软化点位移角 δ_s 对于结构达到完全破坏状态时地震动强度的影响。图 7.5-1 给出了在上述工况下，归一化均值与标准差结果随蒙特卡罗方法采样次数的确定情况。实际上，这组算例相对于其他算例而言，离散性最大，收敛最慢。从图中可以发现，500 次的采样次数已经足以保证分析结果的准确性。因此，本研究将统一采用 500 次作为蒙特卡罗方法的随机采样次数。

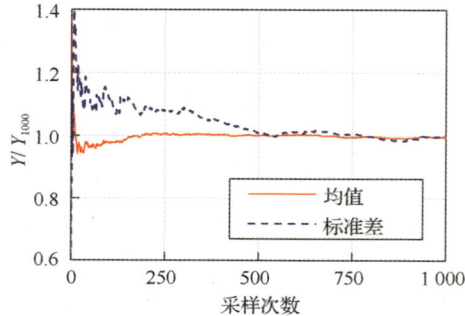

图 7.5-1　蒙特卡罗方法采样次数的确定情况

7.5.3　设防砌体结构的参数不确定性影响分析

7.5.3.1　关键参数与破坏准则确定

　　在进行区域建筑震害分析时，设防砌体结构一般采用多自由度剪切层模型，这样可以更好的模拟该类建筑在地震作用下的剪切型变形行为。采用多自由度剪切层模型时，其基本周期参数依据 7.3.3.1 节中提出的经验公式求得；其每层采用三线性骨架线的恢复力关系，骨架线参数可以依据 7.3.3.3 节给出的方法进行标定。本节中，进行不确定性影响分析的参数总计 6 个：周期经验参数 a 与 b ［分布见式（7.3-8）］，以及屈服超强系数 Ω_y、峰值超强系数 Ω_p、峰值位移 δ_p、极限位移 δ_s ［分布见式（7.3-28）］。

　　在进行参数不确定性的影响讨论时，应当选取能充分考虑不确定性影响的损伤限值，使之可以适应由建筑参数改变导致的骨架线形状变化。因此，本节分析中，采用本书 8.2 节定义的"考虑参数不确定性的损伤限值"来确定结构破坏状态。

7.5.3.2　案例分析

　　本节研究选用清华校园内的 199 栋设防砌体结构作为研究对象。根据我国《建筑抗震设计规范》（GB 50011—2010），清华大学范围内建筑的抗震设防烈度为 8 度（0.20g），场地类型为 II 类场地。本次研究选用的 199 栋设防砌体的结构层数与建筑年份构成如图 7.5-2 所示，其层数、层高、层面积的平均值如表 7.5-1 所示。在实际进行分析时，分别选取 1 层、3 层和 6 层设防砌体中具有代表性的结构（以下分别记为 RM-1、RM-3 和 RM-6）进行单体分析，另外对所有设防砌体（记为 RM-region）进行群体性分析。需要说明的是，在进行区域分析时，为简化问题，假设不同建筑之间不会相互影响。

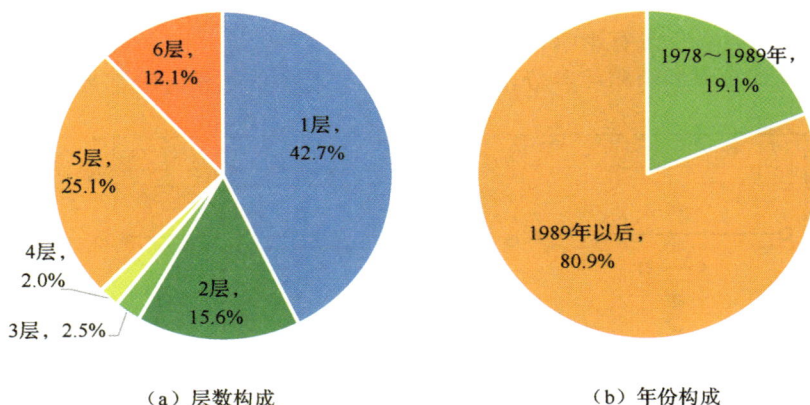

（a）层数构成　　　　　　　　　　（b）年份构成

图 7.5-2　清华大学校园设防砌体的结构层数与建筑年份构成

表 7.5-1　清华大学校园设防砌体结构特征参数

内容	层数	层高/m	层面积/m^2
平均值	2.87	3.43	505.05

1）单体建筑参数不确定性分析结果

龙卷风图是进行敏感性分析时最为常用的展示结果的方式（Porter，et al.，2002；Lee，et al.，2005；Na，et al.，2008；Shin，et al.，2014）。图 7.5-3～图 7.5-5 分别给出了 RM-1、RM-3 和 RM-6 对应四种损伤状态的敏感性分析结果。图中灰色竖线表示式（7.5-8）中的 μ_Y，蓝色实线表示根据一次二阶矩方法分析得到的结果，红色实线表示根据蒙特卡罗方法分析得到的结果，其中由一次二阶矩方法得到的结果中，空心方块表示 $Y(x_i^-)$，实心圆点表示 $Y(x_i^+)$，其具体定义见式（7.5-12）。蒙特卡罗方法分析的结果中，两侧实心三角形与中点的差值为分析结果的标准差。曲线结果中，"all-C" 表示所有变量同时随机变化且考虑条件分布的蒙特卡罗分析结果；"all-N" 表示所有变量同时随机变化但不考虑条件分布的蒙特卡罗分析结果；T_1 表示仅 a 和 b 同时随机变化，得到的蒙特卡罗分析结果；其余为各变量单独随机变化对应的结果。

从图 7.5-3～图 7.5-5 中可以发现如下几点。

（1）对于层数不同的建筑而言，结构易损性对于各个参数敏感性的相对大小关系基本保持一致。

（2）屈服超强系数 Ω_y 在"轻微破坏""中等破坏""严重破坏"状态中具有重要作用，但是对于"毁坏"状态其影响可以忽略。

（3）峰值超强系数 Ω_p 在"严重破坏"状态中具有重要作用，但是对于"轻微破坏"与"中等破坏"基本没有影响，对于"毁坏"状态的影响也十分有限。

（4）峰值层间位移角 δ_p 对于"毁坏"状态十分主要，但是对于"轻微破坏"与"中等破坏"没有影响。

（5）软化点位移角δ_s对于"严重破坏"与"毁坏"状态十分关键，但是对于"轻微破坏"与"中等破坏"没有影响。

（6）结构基本周期的相关参数a和b对于各个状态的结果影响都很有限。

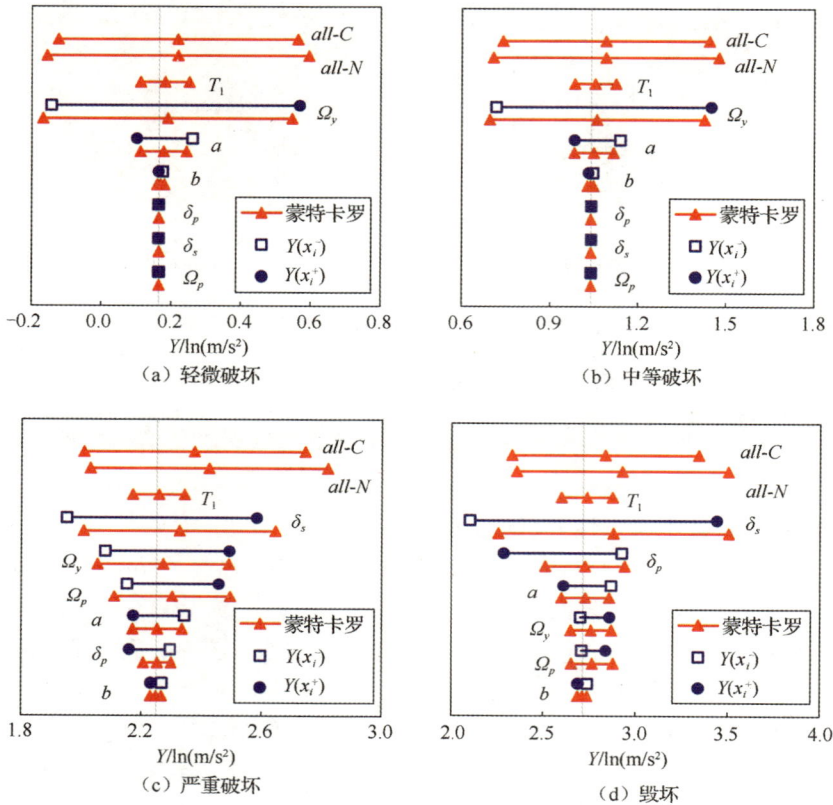

（a）轻微破坏　　　　　　　　　　（b）中等破坏

（c）严重破坏　　　　　　　　　　（d）毁坏

图 7.5-3　RM-1 参数不确定性分析结果龙卷风图

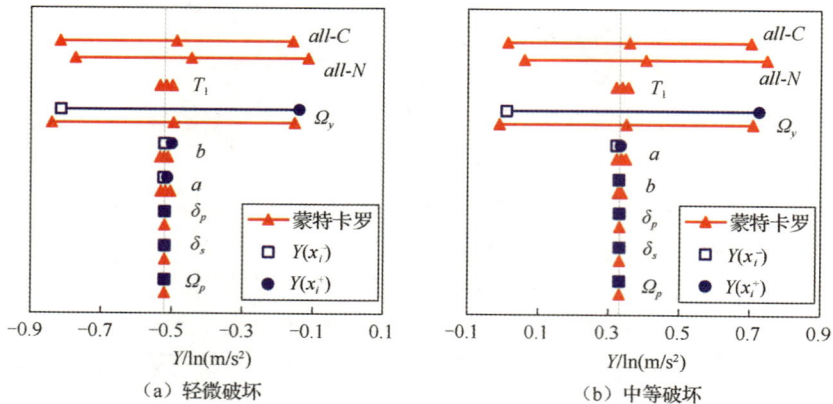

（a）轻微破坏　　　　　　　　　　（b）中等破坏

图 7.5-4　RM-3 参数不确定性分析结果龙卷风图

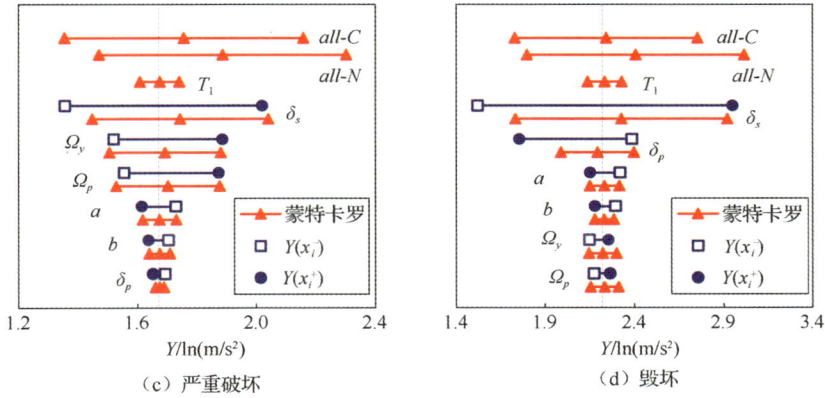

（c）严重破坏

（d）毁坏

图 7.5-4（续）

（a）轻微破坏

（b）中等破坏

（c）严重破坏

（d）毁坏

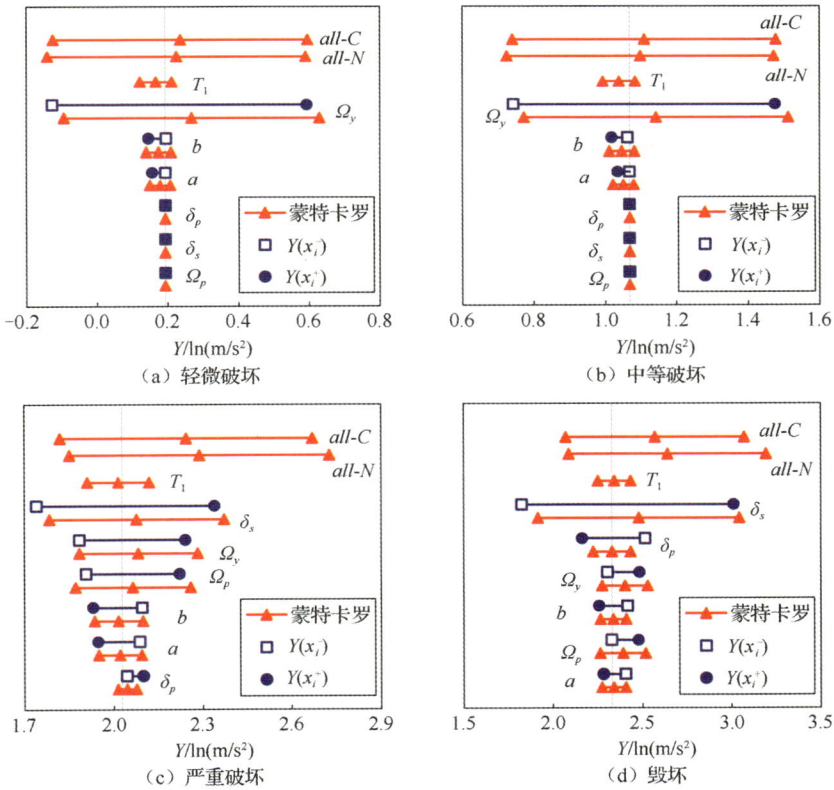

图 7.5-5 RM-6 参数不确定性分析结果龙卷风图

　　基于一次二阶矩方法与蒙特卡罗方法得到的模拟结果，同样可以获得针对不同破坏状态的建筑易损性曲线。为了使得结果对比效果更为明显，本节采用损伤概率密度曲线，如图 7.5-6～图 7.5-8 所示。图中，"RTR"表示只考虑地震动不确定性得到的计算结果；

"FOSM"表示在"RTR"的基础上，采用一次二阶矩方法，将模型参数的不确定性同时考虑得到的计算结果；"MCS-C"表示采用蒙特卡罗方法同时考虑地震动与模型参数的不确定性，且考虑了模型参数的条件分布的影响；"MCS-N"表示采用蒙特卡罗方法同时考虑地震动与模型参数的不确定性，且不考虑模型参数的条件分布的影响。

从图7.5-6～图7.5-8中可以发现如下几点。

（1）采用一次二阶矩方法可以得到与蒙特卡罗方法十分接近的结果，同时计算量大幅降低。

（2）当所有变量同时改变时，相比于一次二阶矩方法假设的均值 μ_Y，蒙特卡罗方法得到的 μ_Y 值偏大，说明一次二阶矩方法的相关假设在本工况下是相对保守的。

（3）当考虑到变量的条件分布时，其得到结果的标准差与一次二阶矩方法更为接近，因为一次二阶矩方法本身考虑了参数之间的相互影响，这一现象在"毁坏"状态下尤为明显。

（4）进行单体结构的抗震性能分析时，模型参数不确定性的影响与地震动不确定性造成的影响在量级上接近，因此不容忽视。

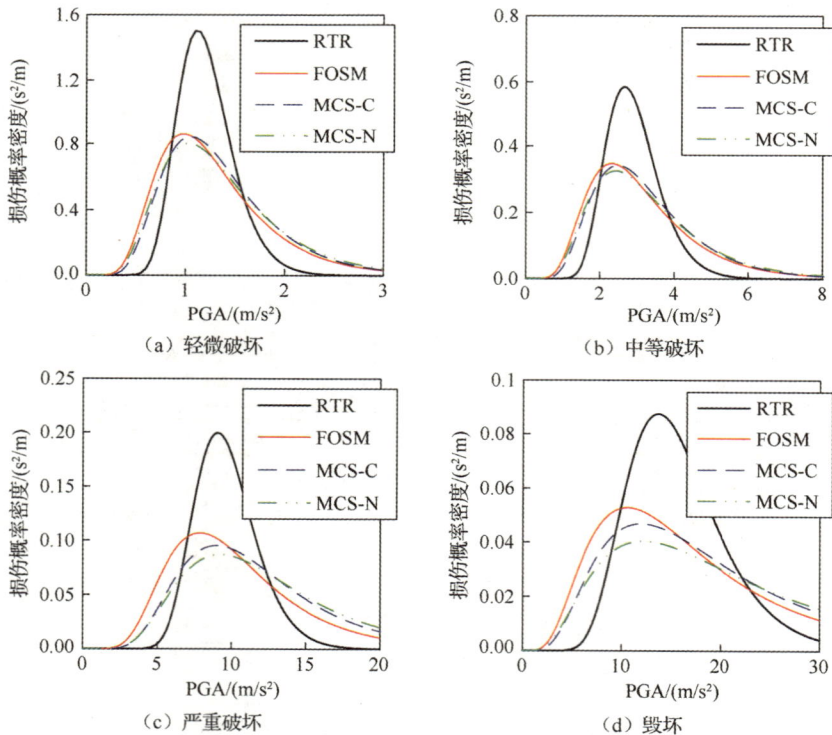

图7.5-6　RM-1在不同损伤状态下的损伤概率密度曲线

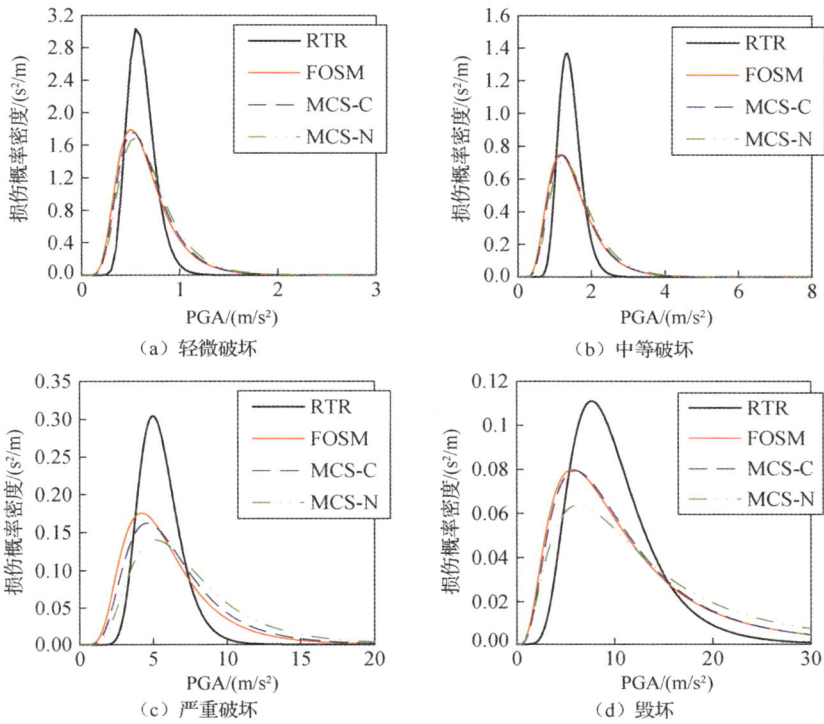

（a）轻微破坏 （b）中等破坏

（c）严重破坏 （d）毁坏

图 7.5-7 RM-3 在不同损伤状态下的损伤概率密度曲线

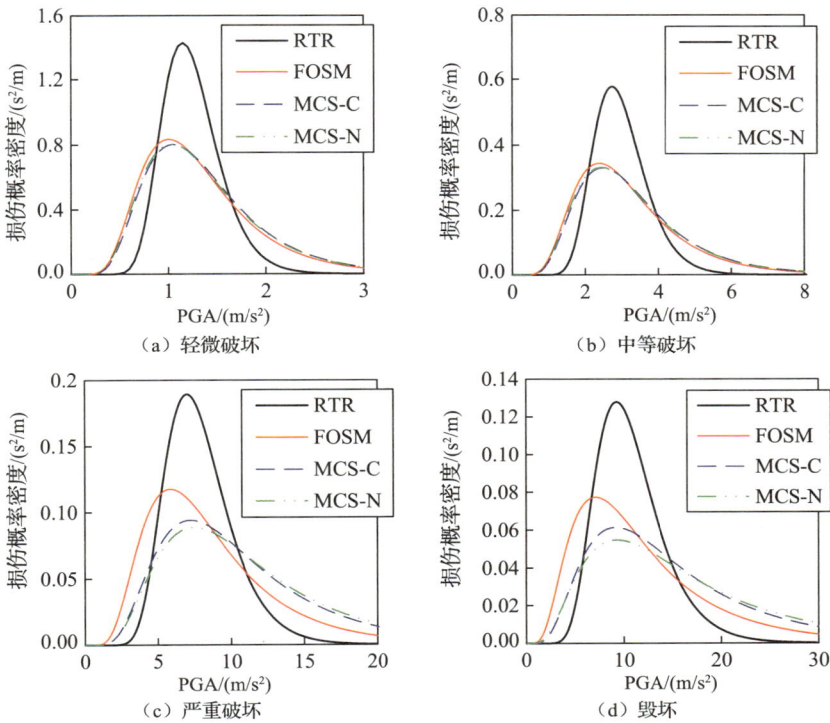

（a）轻微破坏 （b）中等破坏

（c）严重破坏 （d）毁坏

图 7.5-8 RM-6 在不同损伤状态下的损伤概率密度曲线

2）群体建筑参数不确定性分析结果

在上述单体建筑的研究基础上，可以进一步开展群体建筑的相关分析。首先，这里假设进行群体分析时不同建筑之间的模型参数相互独立；其次，这里采用所有建筑的平均易损性曲线来评估在给定地震动强度（PGA）下，所有建筑中达到某损伤状态的概率。图 7.5-9 中给出了考虑的清华校园中 199 栋设防砌体结构群体分析的一组典型结果。其中，实线表示所有建筑的平均易损性曲线，虚线表示对应的平均损伤概率密度曲线；红色粗线表示实际计算结果，蓝色细线表示用对数正态分布近似得到的结果。可以发现，实际计算出来的平均易损性曲线并不精确地符合对数正态分布，但是仍然可以用对数正态分布曲线进行适当的近似。

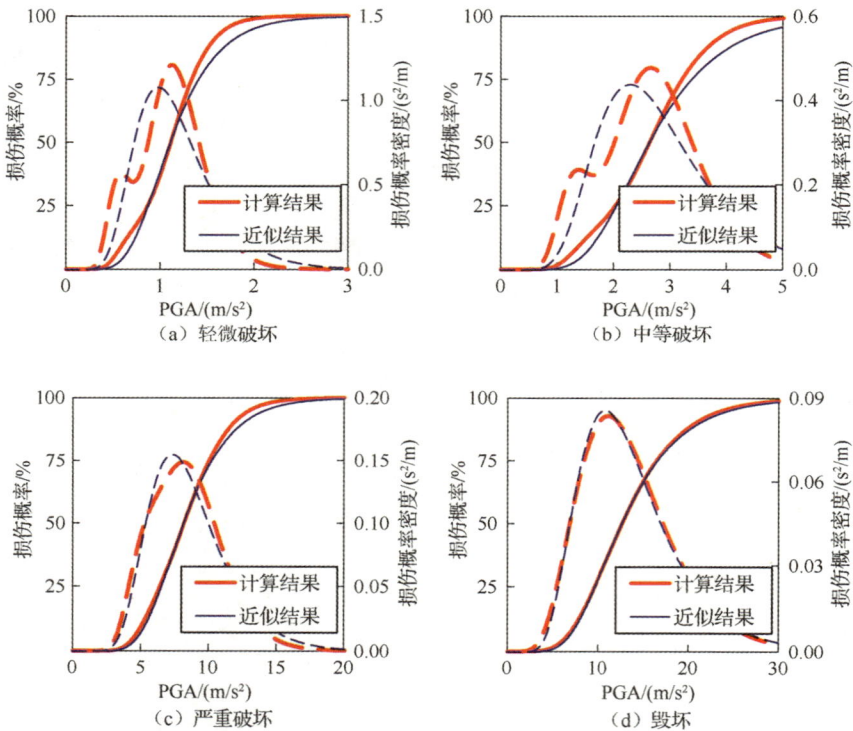

图 7.5-9　设防砌体结构群体分析的一组典型结果

类似可以得到分析结果的龙卷风图，如图 7.5-10 所示。对比图 7.5-3～图 7.5-5 及图 7.5-10 可以发现，建筑抗震性能对于每个模型参数的敏感性，在群体分析与单体分析中的规律相似，但是模型参数不确定性的绝对影响在群体分析中大大降低。

为了定量分析这一敏感性的折减，图 7.5-11 中计算了群体分析中的模型参数不确定性引起的结果不确定性 $\beta_{\mathrm{MDL,RM\text{-}Region}}$ 与单体结构分析中对应的 $\beta_{\mathrm{MDL,RM}\text{-}i}$ 的比值。图中每个点代表当横坐标中的某个变量随机变化时，得到结果对应的比值。可以发现，进行群体分析时，参数不确定性引起的结果不确定性接近于单体分析时的 $1/\sqrt{n_b}$（n_b 为群体分析时考虑的建筑数量）。需要注意的是，在数学上，当一组随机变量相互独立且服从相

同的正态分布 $N(\mu,\sigma)$ 时，这组随机变量的均值将遵循正态分布 $N(\mu,\sigma/\sqrt{n_b})$。因此，当所考虑的区域内均为相同且相互独立的建筑（"相互独立"指结构地震动力响应互不影响）时，参数不确定性引起的结果不确定性从理论上将下降至单体分析时的 $1/\sqrt{n_b}$。

当所有变量共同改变的时候（图 7.5-11 中的 "all-N" 与 "all-C"），比值尤其接近这一理论值，因为此时变量的共同改变将降低每个变量独自变化引起的结果的离散性。

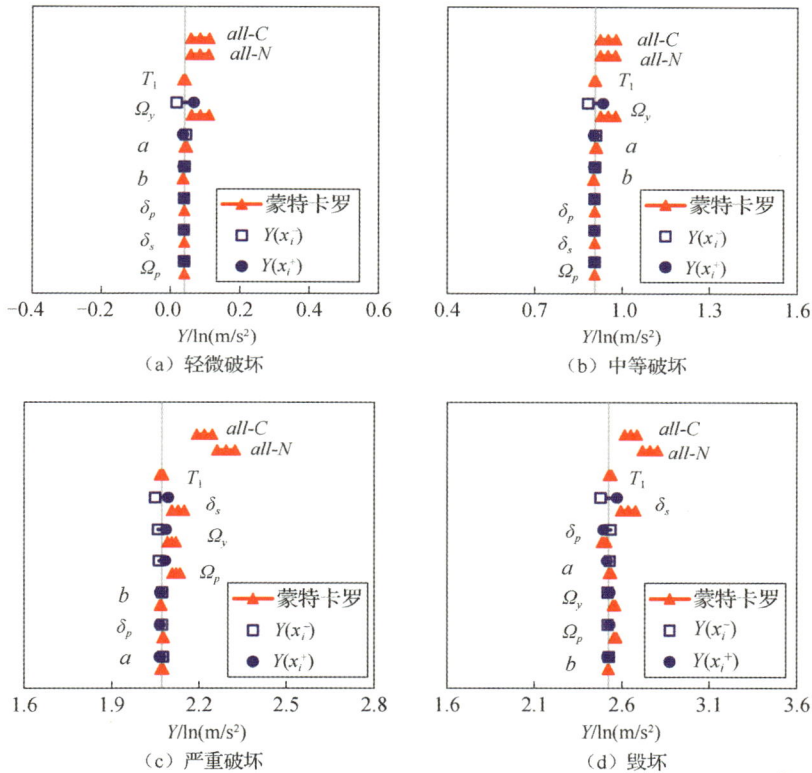

（a）轻微破坏　　　（b）中等破坏

（c）严重破坏　　　（d）毁坏

图 7.5-10　设防砌体结构群体分析结果的龙卷风图

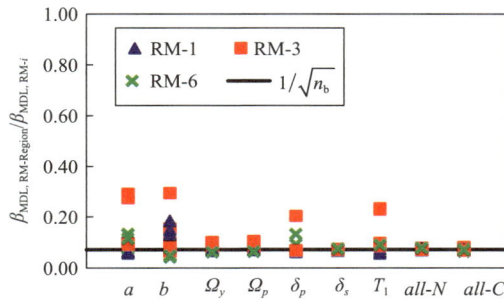

图 7.5-11　群体分析与单体分析敏感性结果对比

另外，同样可以得到群体分析时相关结果的损伤概率密度曲线，如图 7.5-12 所示。从图中可以发现如下几点。

（1）群体分析时，如果假设建筑之间没有相互影响，则参数不确定性对于群体性能指标影响很小。

（2）一次二阶矩方法可以以很小的计算量得到与蒙特卡罗方法接近的结果，因此在这类分析中，可以考虑采用一次二阶矩方法替代蒙特卡罗方法以提升分析效率。

（3）此类分析中，一次二阶矩方法假设的均值 μ_Y 相比于蒙特卡罗方法得到的结果而言更为保守。

（4）当采用蒙特卡罗方法时，若考虑到变量的条件分布，则与一次二阶矩方法结果接近，这一点在"严重破坏"与"毁坏"状态下最为明显。

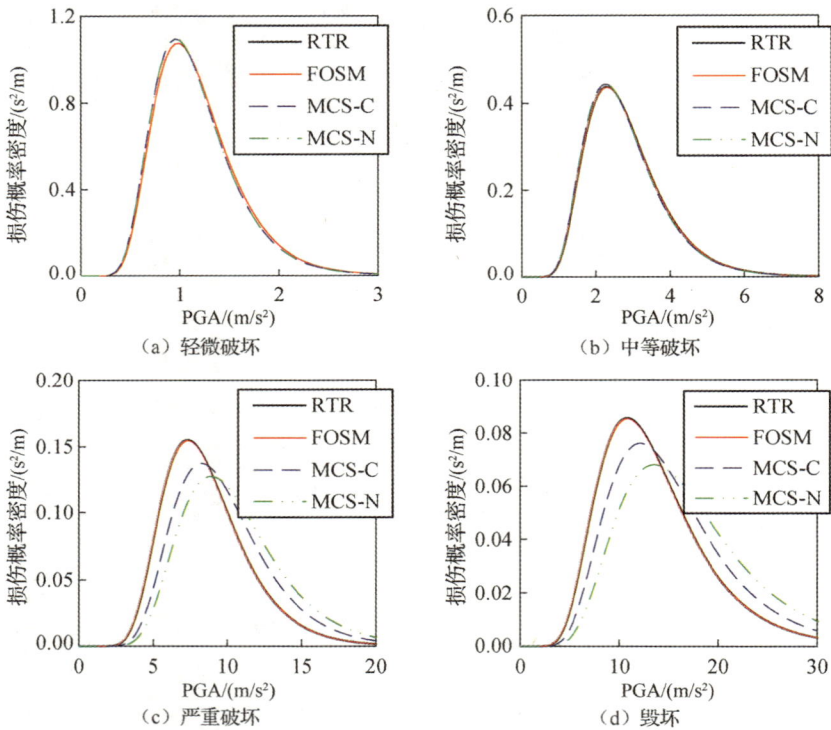

图 7.5-12　群体分析在不同损伤状态下的损伤概率密度曲线

7.5.4　其他结构类型的参数不确定性影响分析

采用与 7.5.3 节类似的方法，同样可以进行钢筋混凝土高层结构等其他结构类型的参数不确定性影响分析。由于方法类似，这里不再赘述细节。

对于高层钢筋混凝土结构，首先并采用 7.4.3 节介绍的方法对 MDOF 弯剪耦合模型进行参数标定，以模拟高层建筑震害。在参数标定过程中，存在参数不确定性的主要有两个变量，即屈服超强系数 Ω_y 与峰值超强系数 Ω_p。这里为方便随机取样，根据熊琛

（2016）统计的相关数据，采用 $\ln(\Omega_y\text{-}1)$ 和 $\ln(\Omega_p\text{-}1)$ 的形式进行重新回归，得到结果如式（7.5-18）所示，即

$$\begin{cases} \ln(\Omega_y-1) = 1.194\,1 - 0.267\,8DI \\ \ln(\Omega_p-1) = 2.025\,2 - 0.271\,9DI \end{cases} \tag{7.5-18}$$

式中，DI 为设防烈度。

进一步统计可得，通过上述两个公式预测的 $\ln(\Omega_y\text{-}1)$ 与 $\ln(\Omega_p\text{-}1)$ 的标准差分别为 0.478 6 和 0.448 3。图 7.5-13 中给出了预测公式以及加减 1 倍标准差的预测曲线与实际统计点的拟合关系。

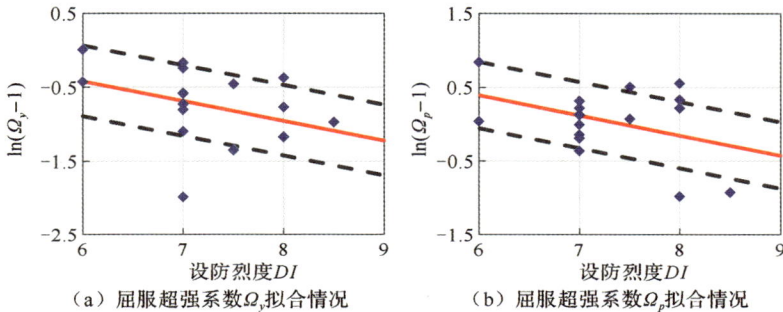

（a）屈服超强系数 Ω_y 拟合情况　　　（b）屈服超强系数 Ω_p 拟合情况

图 7.5-13　预测曲线与实际统计点的拟合关系

（红色实线为拟合公式，黑色虚线为加减 1 倍标准差后的曲线）

基于上述两个随机变量，采用一次二阶矩方法与蒙特卡罗方法，选取 FEMA P695（FEMA，2009）推荐的 22 组远场地震动，研究参数不确定性对高层建筑结构地震易损性的影响规律。

总体而言，其他结构类型分析结论与 7.5.3 节中讨论的内容接近。即单体结构分析中，模型参数不确定性对地震响应结果的影响和地震动的不确定性处于同一数量级；而群体建筑分析中，模型参数不确定影响会显著降低。

7.5.5　小结

本节针对所采用的非线性多自由度模型进行了参数不确定性的影响分析，分析结果如下所述。

（1）当研究关注的指标为单体建筑的指标时，需要考虑参数不确定性的影响，因为这一影响相对于经常考虑的地震动的不确定性而言不可忽略。

（2）当研究关注的指标为群体建筑的指标，且群体建筑之间无相互关联与影响时，不需将参数不确定性的影响予以考虑，因为此时这一影响随着建筑数目的增加而迅速减弱。

（3）在进行此类模型的参数不确定性的影响分析时，一次二阶矩方法可以替代蒙特卡罗方法，该方法简单、高效，且计算精度同样可以满足工程需要。

7.6　场地-城市效应分析

7.6.1　引言

在 7.2.2 节中，将区域震害分析的地震数据模块分为 LOD0～LOD3 这 4 个层级。目前，常规的区域建筑震害分析一般采用 LOD0～LOD2 层级的地震数据，即自由场地地震动。这种区域建筑震害分析方法一般包含下面两个步骤：①通过地震波传播模拟（Wang，et al.，2018）、地震波随机模拟（Huang，et al.，2015；Huang，et al.，2017）或者地震动预测方程（GMPEs），获取自由场地地面运动；②基于自由场地地面运动计算建筑响应，预测建筑震害。上述方法也许可以较好地考虑场地的影响（SE），但忽略了建筑的存在对于场地地震动的影响，即土体-结构相互作用（soil-structure-interaction，SSI）和结构-土体-结构相互作用（structure-soil-structure-interaction，SSSI）。特别对于建筑密集的城市区域，大量多层、高层建筑在空间上紧密分布，这将显著改变场地的特征。这种城市建筑群与场地之间整体的相互作用一般被称为"场地-城市效应"（site-city-interaction effects，简称"SCI 效应"）（Bard，et. al.，2006）。

近年来，国际上已经有一批研究学者针对这一问题分别从理论、试验和模拟等方面开展了一定的研究（Tsogka，et al.，2003；Kham，et al.，2006；Groby，et al.，2008；Semblat，et al.，2008；Hori，et al.，2008；Ghergu，et al.，2009；Uenishi，2010；Lou，et al.，2011；Mazzieri，et al.，2013；Boutin，et al.，2014；Isbiliroglu，et al.，2015；Sahar，et al.，2015，2016；Schwan，et al.，2016；Aldaikh，et al.，2016；Kato，et al.，2017）。上述既有研究均表明：场地地震动会受到建筑的显著影响，这可能导致建筑受到的地震动激励较自由场地情况而言，具有不可忽略的差异。因此在进行区域建筑震害模拟时，需要合理考虑 SCI 效应的影响。

此外，现有的 SCI 效应研究更多地关注场地地震动的传播模拟，所采用的建筑模型一般比较简单，大多为弹性模型。这些模型并不准确且无法考虑实际结构的非线性行为，因此其模拟结果与实际结构差异明显。因此，本书作者与研究生田源，以及香港科技大学王刚教授、黄杜若博士（Lu，et al.，2018c）在已有研究基础上，结合开源谱元分析软件 SPEED（Mazzieri，et al.，2013）及 7.3 节和 7.4 节所介绍的非线性 MDOF 建筑模型，提出了考虑"场地-城市效应"的区域建筑震害模拟方法（详见 7.6.2 节）。随后，通过一组已有的振动台试验验证了所提出的方法的合理性（详见 7.6.3 节）；并对一组三维盆地算例进行了详细分析（详见 7.6.4 节）；最后采用北京清华大学校园作为案例进行了区域建筑非线性时程分析（详见 7.6.5 节）。通过上述章节的分析，表明了 SCI 效应对建筑地震破坏的影响及本节方法在实际问题研究方面的可行性和优势。

7.6.2　考虑 SCI 效应的区域建筑非线性时程分析

7.6.2.1　MDOF 模型与 SPEED 软件

本节将提出考虑 SCI 效应的区域建筑非线性时程分析耦合方法。本方法在建筑分析中，采用 7.3 节和 7.4 节提出的非线性 MDOF 模型表征地面上不同建筑的关键特征。为了便于考虑 SCI 效应，本研究采用开源程序 SPEED 模拟场地地震波传播。SPEED 是一款基于谱元法的开源程序，可用于三维介质内地震波的传播分析，且集成了非连续伽辽金方法，解决了区域场地建模的复杂网格问题（Mazzieri，et al.，2013）。目前该程序已经被成功应用于新西兰 Christchurch、希腊 Thessaloniki 城区等大型区域范围的计算与分析（Mazzieri，et al.，2013；Abraham，et al.，2016；Evangelista，et al.，2017；Smerzini，et al.，2017）。

在 SPEED 软件中，波动在土体中传播的控制方程为式（7.6-1），即

$$\rho \ddot{u} + 2\rho \xi \dot{u} + \rho \xi^2 u - \nabla \cdot \sigma(u) = f \tag{7.6-1}$$

式中，ρ 为土体密度；u、$\dot{u}$ 和 $\ddot{u}$ 分别为土体中的位移、速度与加速度场；ξ 为衰减因子；$\sigma(u)$ 为柯西应力张量；f 为体积力密度。

在进行动力分析时，采用显式 Newmark 方法（$\beta = 0$，$\gamma = 0.5$）。

7.6.2.2　SCI 效应的耦合数值模拟方法

图 7.6-1 为考虑 SCI 效应的区域建筑震害耦合数值模拟方法示意图。该方法包含两个主要部分：第一部分是在 SPEED 软件中依据式（7.6-1）模拟地震波在土体中的传播；第二部分是采用非线性 MDOF 模型进行每栋建筑的时程分析。为了将这两个部分耦合，在每个计算时间步，需要提取建筑的基底反力并将其应用于土体分析；同时需要将土体计算得到的建筑所在位置地面运动加速度作为建筑的基底输入用于建筑分析。本方法详细步骤如下。

（1）给定 t_n 时刻的场地响应和边界条件，t_{n+1} 时刻的土体位移响应 $u_{\text{soil}}^{(n+1)}$ 可以通过显式 Newmark 方法（$\beta = 0$，$\gamma = 0.5$）求解。在整个土体上，式（7.6-1）可以用矩阵的形式表示如式（7.6-2），即

$$
\begin{aligned}
&\left(\frac{1}{\Delta t^2} + \frac{\xi}{\Delta t}\right) M_{\text{soil}} u_{\text{soil}}^{(n+1)} \\
&= F_{\text{ext,soil}}^{(n)} - F_{\text{int,soil}}^{(n)} - \xi^2 M_{\text{soil}} u_{\text{soil}}^{(n)} + \frac{\xi}{\Delta t} M_{\text{soil}} u_{\text{soil}}^{(n-1)} + \frac{1}{\Delta t^2} M_{\text{soil}} \left(2 u_{\text{soil}}^{(n)} - u_{\text{soil}}^{(n-1)}\right) \\
&= F_{\text{boundary}}^{(n)} + F_{\text{interaction}}^{(n)} - F_{\text{int,soil}}^{(n)} - \xi^2 M_{\text{soil}} u_{\text{soil}}^{(n)} + \frac{\xi}{\Delta t} M_{\text{soil}} u_{\text{soil}}^{(n-1)} + \frac{1}{\Delta t^2} M_{\text{soil}} \left(2 u_{\text{soil}}^{(n)} - u_{\text{soil}}^{(n-1)}\right)
\end{aligned} \tag{7.6-2}
$$

式中，上标为时间步；$F_{\text{ext,soil}}^{(n)}$ 为 t_n 时刻作用于土体的外力，该外力包含两个部分，即 $F_{\text{boundary}}^{(n)}$ 和 $F_{\text{interaction}}^{(n)}$；$F_{\text{boundary}}^{(n)}$ 为底部地震动输入荷载和土体吸收边界对应的力；$F_{\text{interaction}}^{(n)}$ 为施加于每栋建筑所在位置处建筑与土体之间的相互作用力，它等于基于结构动力学理论计算得到的建筑底部反力；$F_{\text{int,soil}}^{(n)}$ 为从 t_n 时刻土体响应中获得的内力；M_{soil} 为土体的质量矩阵。

式（7.6-2）不仅考虑了每栋建筑与土体之间的相互作用，也考虑了由各处土体不一致运动引起的波的传播和相互作用，从而可以自然地把握不同建筑之间以及自由场地与建筑周围场地之间的波场相互作用。

（2）获得土体在 t_{n+1} 时刻的位移场后，将各个建筑所在位置（例如图 7.6-1 中 A、B

点）t_n 时刻的加速度 $\ddot{u}_{soil}^{(n)}$ 指定为对应建筑的基底加速度输入，该值可以通过式（7.6-3）采用显式 Newmark 方法进行计算，即

$$\ddot{u}_{soil}^{(n)} = \frac{u_{soil}^{(n+1)} - 2u_{soil}^{(n)} + u_{soil}^{(n-1)}}{\Delta t^2} \tag{7.6-3}$$

（3）基于非线性 MDOF 模型，分别进行每栋建筑的动力响应分析。每栋建筑在 t_{n+1} 时刻的非线性结构响应 $u_{bldg}^{(n+1)}$ 可以通过式（7.6-4）获得，即

$$\left(\frac{1}{\Delta t^2} M_{bldg} + \frac{1}{2\Delta t} C_{bldg} \right) u_{bldg}^{(n+1)}$$

$$= -M_{bldg} \{1\} \ddot{u}_{soil}^{(n)} - F_{int,bldg}^{(n)} + \frac{1}{2\Delta t} C_{bldg} u_{bldg}^{(n-1)} + \frac{1}{\Delta t^2} M_{bldg} \left(2u_{bldg}^{(n)} - u_{bldg}^{(n-1)} \right) \tag{7.6-4}$$

式中，$\{1\}$ 代表向量 $\{1,1,\cdots,1\}^T$；M_{bldg} 代表每栋建筑的质量矩阵；C_{bldg} 代表 Rayleigh 阻尼矩阵；$F_{int,bldg}$ 代表从建筑非线性分析结果中得到的内力。值得注意的是，在求解结构非线性响应时，假定每栋建筑的底部（图 7.6-1 中的 A、B 点）固定，将基底加速度输入 $\ddot{u}_{soil}^{(n)}$ 引起的惯性力施加在建筑每一层。所以，图 7.6-1 和式（7.6-4）中的 u_{bldg} 代表了建筑相对于基底的位移。因此，建筑与场地连接处的位移一致性自然满足。

（4）采用结构 t_{n+1} 时刻的基底反力作为更新后的土体-结构相互作用力 $F_{interaction}^{(n+1)}$，并将其施加在建筑所在位置处的土体用于下一步计算。

（5）循环步骤（1）～（4）直至计算完成。

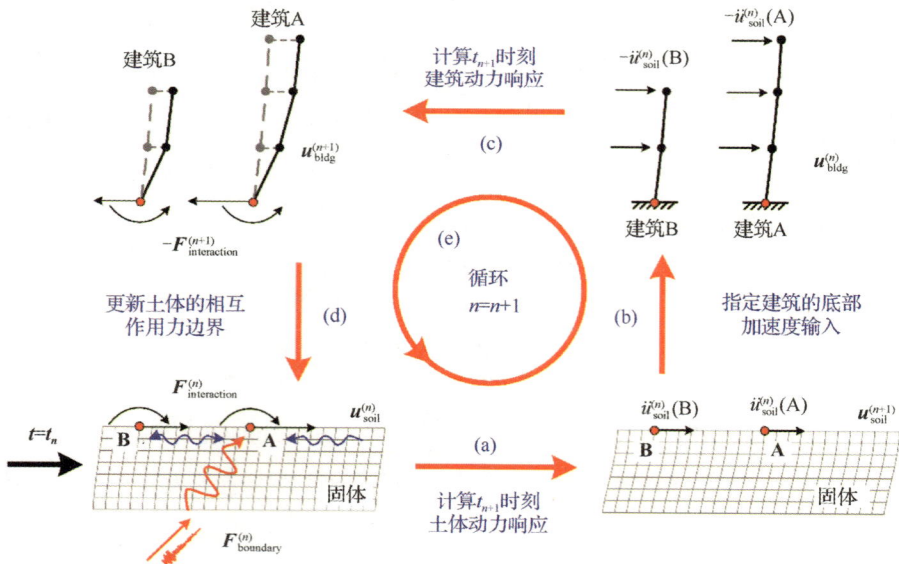

图 7.6-1　考虑 SCI 效应的区域建筑震害耦合数值模拟方法示意图

为了实现上述过程，首先应当获取建筑基本数据，主要包括建筑高度、建筑层数、结构类型、建造年代、建筑位置以及其他设计信息。结构的自振周期是可选的参数，如果建筑数据中不包含该信息，则可以通过经验公式和建筑其他信息进行估计。其次，为

了更新土体-结构相互作用力 $\boldsymbol{F}_{\text{interaction}}$，需在每栋建筑所在位置施加对应的 Neumann 边界条件。因此，在 SPEED 中开发了一种新型的函数类型，使得采用该函数类型的边界力可以依据 MDOF 模型计算得到的土体-结构相互作用力进行实时更新。

相对于已有的 SCI 效应分析方法，本节提出的耦合数值模拟方法仅需额外的建筑基本数据以及相互作用力边界作为输入。建筑的骨架线可以依据 7.3 节和 7.4 节介绍的标定方法得到，极大地降低了建模工作量。此外，如前所述，采用 MDOF 模型进行区域建筑震害模拟准确、高效。

7.6.3　振动台试验验证

为验证本研究方法的合理性与准确性，本节选取了 Schwan 等（2016）完成的一组缩尺振动台试验进行数值模拟，试验模型如图 7.6-2（a）所示。场地尺寸为 $(X \times Y \times Z)$ 2.13m×1.76m×0.76m，采用聚氨酯泡沫，材料密度为 49kg/m³，阻尼比 4.9%，剪切波速 33m/s，泊松比 0.06。场地沿 X 向实测基本频率为 9.36Hz。试验中采用铝条模拟建筑，铝条高度为 0.184m，厚度为 0.5mm。铝条沿 X 方向的基本自振频率约为 8.45Hz，实测阻尼比约为 4%。试验中，在底部沿 X 方向将 Ricker 子波按照位移形式输入，并保证子波的谱加速度峰值频率在 8Hz 左右。试验中建筑有两种布局形式，其一是仅有一栋建筑，其二是有 37 栋建筑，建筑布局示意图如图 7.6-2（b）所示。

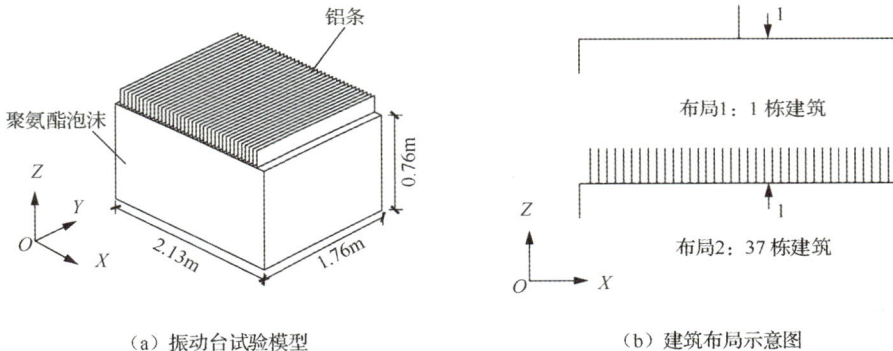

（a）振动台试验模型　　　　　　　　　（b）建筑布局示意图

图 7.6-2　振动台试验示意图

为了模拟该试验，本节基于上述参数，分别建立了场地和建筑的模型。建筑采用非线性 MDOF 模型模拟，并保证其具有与实测值一致的基本频率、高度和质量；另外，场地采用三维实体单元模拟。场地模型的单元划分示意图如图 7.6-3 所示（X-Z 平面）。单元沿 Z 向的尺寸为 93.75mm；单元沿 Y 向的尺寸为 0.05m；X 向的单元划分依据建筑的位置进行；模型第一层单元的高度为 10mm，可以考虑铝条的"基础"部分的质量影响。计算时，场地单元采用 2 阶谱单元。考虑到场地的剪切波速（33m/s）以及本模拟中考虑的频率范围（5～20Hz），每个波长范围内的平均谱元点数目不少于 5 个，这表明了本模型单元划分合理（Komatitsch, et al., 1999）。将 Ricker 子波作为底部的 Dirichlet 边界条件输入到建立的模型中，进行计算分析，并将试验和模拟得到的 1 点地面运动记录对比如图 7.6-4 所示；相应的传递函数比较如图 7.6-5 所示。

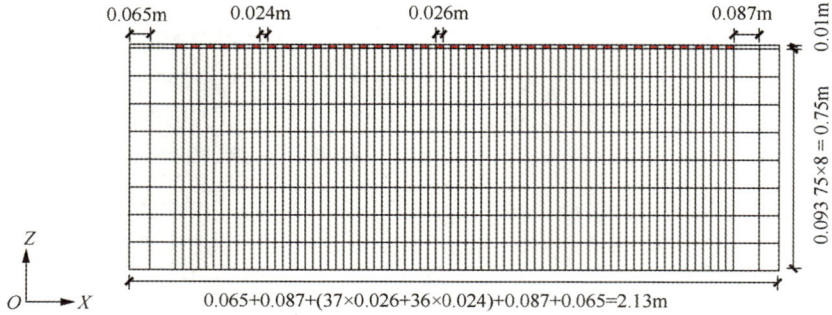

图 7.6-3　场地模型的单元划分示意图

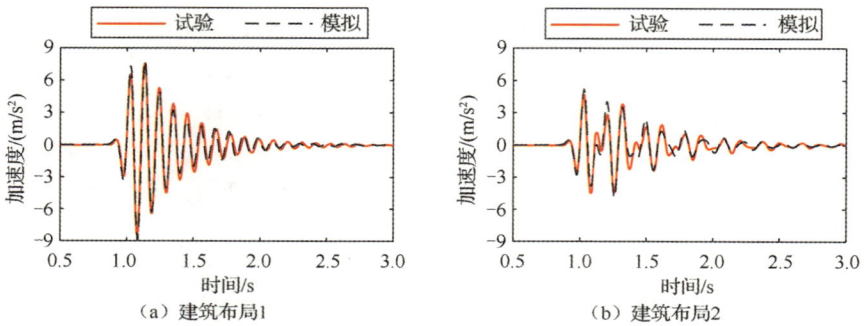

（a）建筑布局1　　　　　　　　　　　（b）建筑布局2

图 7.6-4　两种建筑布局下 1 点地面运动记录对比

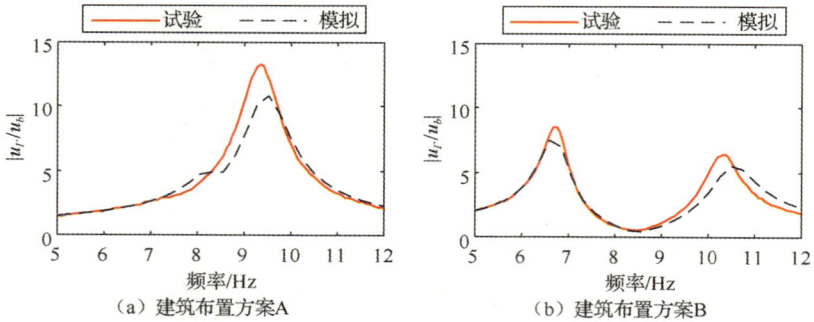

（a）建筑布置方案A　　　　　　　　　　（b）建筑布置方案B

图 7.6-5　两种建筑布局下传递函数 $|u_r/u_b|$ 的比较

（u_r 为场地表面位移，u_b 为场地底部位移）

图 7.6-4 及图 7.6-5 表明，随着地面建筑的密度增大，SCI 效应的影响将变得愈发显著。在仅有 1 栋建筑时，场地的特征几乎不改变。但当场地上建筑数目足够多时，SCI 效应将降低场地的基本频率，且会同时引发一个高频率模态。此外，相比于建筑较少时传递函数中的一个高峰值［图 7.6-5（a）］，SCI 效应下的传递函数中两个峰值的幅值均较低［图 7.6-5（b）］。模拟和试验结果的比较表明，本节提出的耦合数值模拟方法可以准确地模拟 SCI 效应的影响。

7.6.4 三维盆地算例

7.6.4.1 三维盆地模型简述

盆地中的地震动常会被显著放大。另外，在盆地场地基本周期与结构相近时，可能出现"双共振"（double-resonance）。在出现"双共振"时，SCI 效应将十分明显（Kham，et al.，2006；Semblat，et al.，2008）。在本节中，将采用 7.6.2 节提出的方法，分析一个考虑 SCI 效应的三维盆地算例。为了充分利用已有研究成果，本节选取 Sahar 等（2016）分析的梯台形盆地模型作为研究对象。在本节，采用弹性模型模拟建筑，并以 Ricker 子波作为地震动输入。不过，当可以获取具体的建筑信息时，本节所提出的耦合数值模拟方法可以模拟建筑的非线性动力行为，应用案例如 7.6.5 节所述。

本次分析中考虑场地范围为 3km×3km，深度为 600m。场地中央有一个梯台形（TRP）盆地（图 7.6-6 中绿色部分），深度为 150m，盆地侧面与水平面呈 30°倾角，其详细尺寸示意图如图 7.6-6 所示。场地其余各部分均为岩石层，最下方划分出深度为 100m 的一层作为平面地震波的输入层（图 7.6-6 中灰色部分）。盆地和岩体参数如表 7.6-1 所示。在场地中央按照 3×3 布置建筑群（分别记为 B1～B9），各个建筑群中心点分别记为 P1～P9，相邻建筑群之间的间距为 52m，具体建筑布置方案如图 7.6-7 所示。每个建筑群内布置 3×3 栋建筑，建筑平面为边长为 56m 的正方形，间距为 28m，每层层高为 3m，具体层数在不同的算例中有所不同。

根据场地参数可以发现，自由场地的基频在 0.6Hz 左右，因此采用主频为 0.6Hz 的 Ricker 子波从场地底部沿 X 方向输入。为了使场地与建筑的基本频率接近以实现"双共振"，在部分算例中将场地上布置的建筑设定为 16 层（基本频率为 0.625Hz）。为了对比，保持建筑位置不变，在另一算例中将部分建筑群中的建筑变更为 8 层，用以分析建筑高度/基频对 SCI 效应的影响。

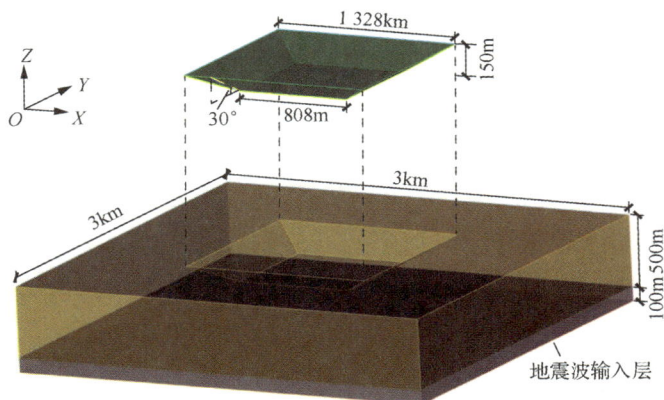

图 7.6-6 梯台形盆地尺寸示意图

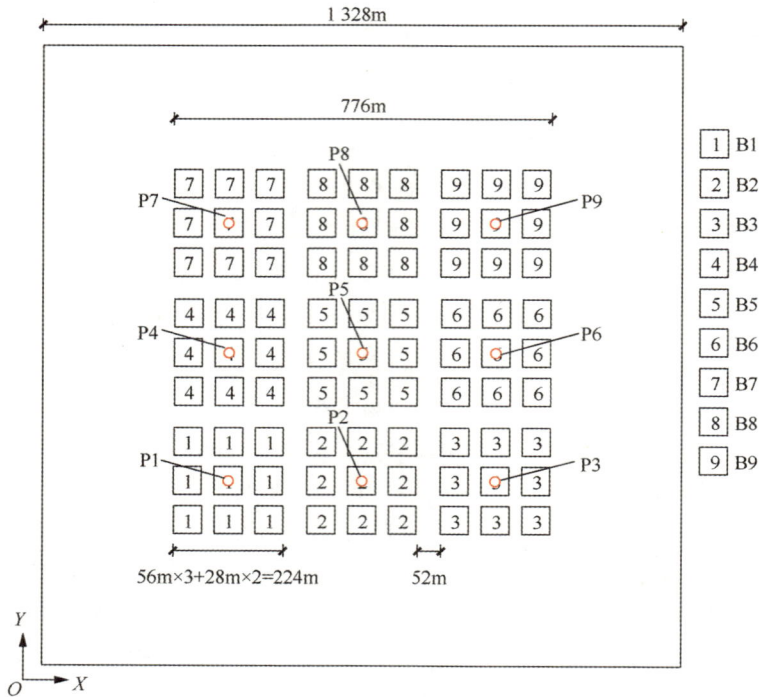

图 7.6-7　建筑布置方案

表 7.6-1　盆地和岩体参数（Sahar，et al.，2016）

材料	密度/（kg/m³）	V_s/（m/s）	V_p/（m/s）	Q_s	Q_p
盆地	1 800	360	612	36	61
岩体	2 650	1 800	3 060	180	300

注：Q 因子表征了阻尼振子的行为，$Q = 1/2\zeta$，ζ 是阻尼比（Thomson，1996）。

　　基于上述模型，本研究计算如下三种工况。

　　工况 1：分析自由场地地震波传播，并采用自由场地地面运动记录计算相应的建筑响应。

　　工况 2：计算中考虑 SCI 效应，所有建筑均为 16 层（基本频率为 0.625Hz）（布局 A），本情况为"双共振"。

　　工况 3：计算中考虑 SCI 效应，其中 B1、B3、B5、B7 和 B9 建筑群中建筑为 16 层（基本频率为 0.625Hz），其余建筑群中建筑为 8 层（基本频率为 1.25Hz）（布局 B）。

　　在计算中，本研究记录了盆地表面的运动记录，并对 P1～P9 的地面运动记录进行了详细分析。

7.6.4.2　工况 1：不考虑 SCI 效应的自由场地结果

　　经分析，在 0.6Hz 的 Ricker 子波作用下，场地表面盆地范围内的峰值加速度（PGA）

与峰值速度（PGV）分布情况如图 7.6-8 和图 7.6-9 所示。虽然本工况为自由场地模型，但是为方便讨论，图中采用白色框线画出了建筑的位置。从图中可以发现，虽然在本算例中，地震波沿 X 方向输入，但是由于盆地边界的反射，场地表面产生了 Y 方向的地震波。同时，由于场地的对称性，PGA 与 PGV 分布也具有对称性。整体而言，盆地场地中心部分的 PGA 与 PGV 最高。另外，图 7.6-8（a）和 7.6-9（a）中，PGA 与 PGV 的分布主要有三个峰值点，水平间距约为 192m。由于 PGA 与 PGV 分布的相似性，下面的章节将仅针对每个情况中 PGA 分布的差异展开讨论。

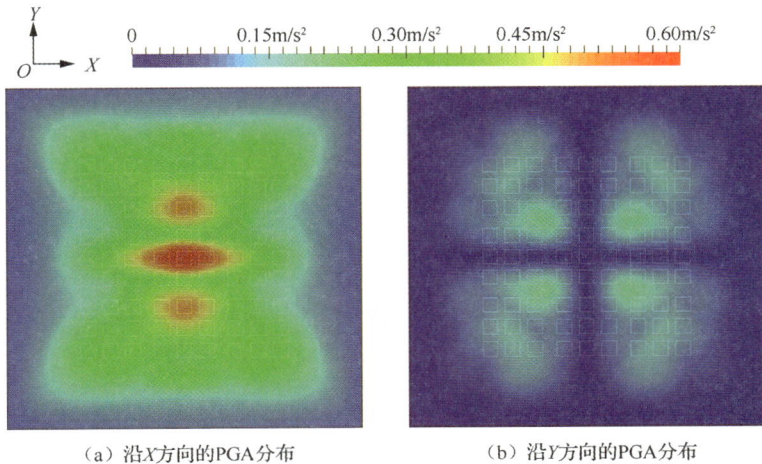

（a）沿 X 方向的 PGA 分布　　　　　　　（b）沿 Y 方向的 PGA 分布

图 7.6-8　自由场地表面的 PGA 分布

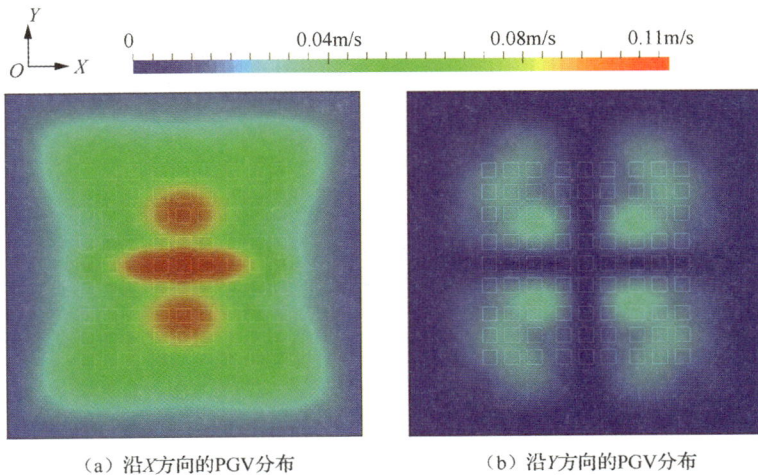

（a）沿 X 方向的 PGV 分布　　　　　　　（b）沿 Y 方向的 PGV 分布

图 7.6-9　自由场地表面的 PGV 分布

根据计算结果，可以得到 P1～P9 处地震动相对于输入地震波的传递函数。由于场地的对称性，在只沿 X 方向输入地震波时，P1、P3、P7 和 P9 处得到的传递函数一致；

P2 和 P8 处得到的传递函数一致；P4 和 P6 处得到的传递函数一致（后面的计算发现，在工况 2 和工况 3 中有相同的结论）。因此，接下来将只给出 P1、P2、P4 与 P5 的传递函数与反应谱，如图 7.6-10 所示。从图中可以发现，整个场地的基频在 0.66Hz 左右，但是不同位置的地面运动会表现出不同的特性。整体而言，场地传递函数峰值集中在图中阴影所示的四个频率区间，即 0.66Hz 左右、0.78～0.80Hz、1.00～1.07Hz 和 1.29～1.39Hz。

目前的区域建筑震害分析方法一般直接采用自由场地地震动作为输入进行时程分析。因此，本节也将自由场地地震动输入到相应位置的建筑，计算建筑响应。本次研究中考虑了两种建筑布局（布局 A 和布局 B）下建筑沿 X 方向的最大屋顶位移角（RDR），如图 7.6-11 所示。可以发现在布局 A 的工况下，所有建筑高度相同，因此其响应也与自由场地处对应位置的 PGA 幅值大致正相关。相对而言，在布局 B 中，B2、B4、B6 和 B8 中的建筑被替换为 8 层，因此其响应明显较小。

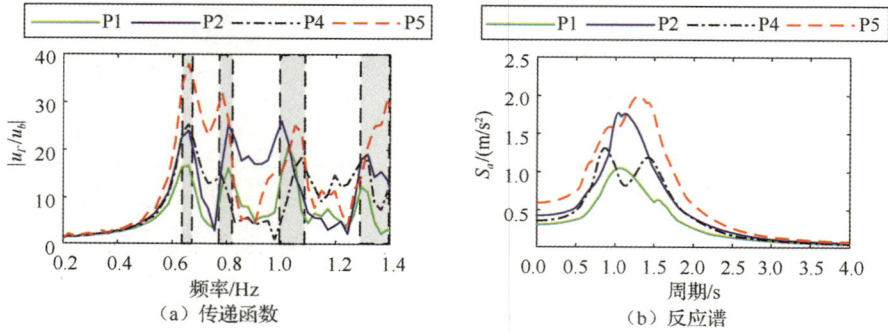

图 7.6-10　工况 1 中 P1、P2、P4 和 P5 的传递函数与反应谱

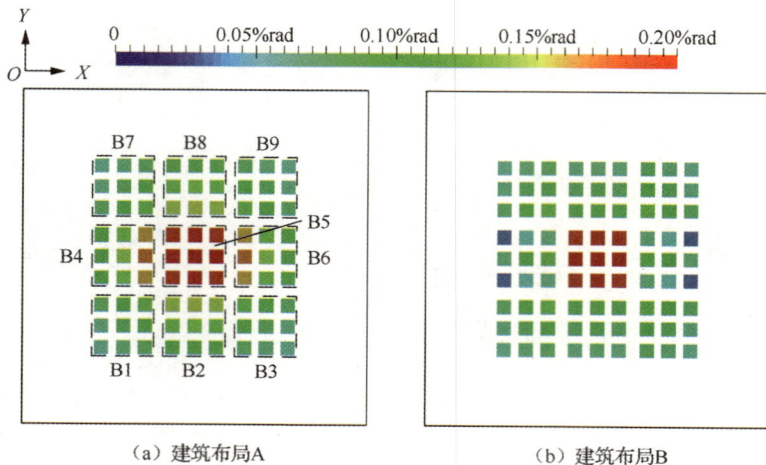

图 7.6-11　自由场地地震动下两种建筑布局下建筑沿 X 方向的最大屋顶位移角

7.6.4.3　工况 2 与工况 3：考虑场地-城市效应的结果

基于 7.6.2 节所述的方法，在工况 2 与工况 3 中开展考虑 SCI 效应的建筑响应模拟。需要注意的是，由于场地的 PGA 与 PGV 的分布十分相似，因此仅针对 PGA 结果进行讨论。在 0.6Hz 的 Ricker 子波输入下，盆地范围内地表的 PGA 分布工况如图 7.6-12 所示。为显示地面运动强度的变化情况，图中采用与自由场地结果（图 7.6-8）相同的图例。由于场地运动主要沿 X 方向，因此这里不再展示 Y 方向的结果。对比发现，在出现"双共振"的情况下，考虑 SCI 效应后地表运动强度较自由场地的结果而言大幅度降低，这与已有研究（Semblat，et al.，2008；Sahar，et al，2015；Abraham，et al.，2016）相吻合。

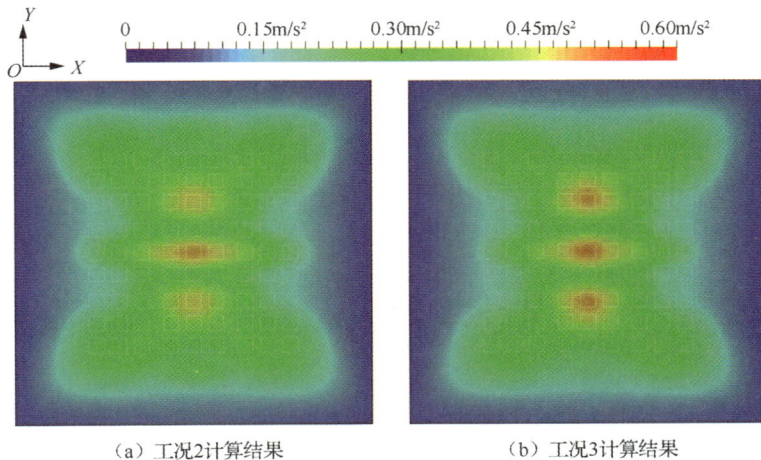

(a) 工况2计算结果　　　　　　　(b) 工况3计算结果

图 7.6-12　考虑 SCI 效应后场地沿 X 方向地面运动 PGA 分布工况

图 7.6-13 为考虑 SCI 效应后场地沿 X 方向地面运动 PGA 增长率，图中给出了相比于工况 1 的结果（自由场地），工况 2 与工况 3 中场地表面 PGA 的增长率（负值代表减小）。从图中可以发现，考虑 SCI 效应后，地表地面运动强度整体降低，最大降幅为24.98%。进一步研究发现，SCI 效应的影响十分复杂。工况 2 中，盆地表面建筑均为16 层，此时场地表面的 PGA 下降区域呈现一个椭圆状的扩展，最大降幅出现在中心区域，但是局部有所波动。另外，由于盆地边界反射作用及建筑群辐射作用，在建筑群 Y 向两侧同样出现了地面运动幅值下降区域。在工况 3 中，部分 16 层建筑（B2、B4、B6 和 B8）被替换为 8 层建筑，使得结果更为复杂。图 7.6-13 给出了 B1～B9 建筑群的位置示意。从图中可以发现，B2 与 B8 所在区域的地表 PGA 基本不受影响，降幅很小（基本不超过 10%），但是 B4 与 B6 所在区域地面运动幅值较工况 2 降幅更大。与工况 2 相同，在建筑群沿 Y 向正负两侧也同样产生了地面运动幅值下降区域，且降幅更大。对比工况 2 与工况 3 可以得出结论，即使建筑密度一致，建筑的高度/基频变化同样会对场地的地震动产生显著的影响。

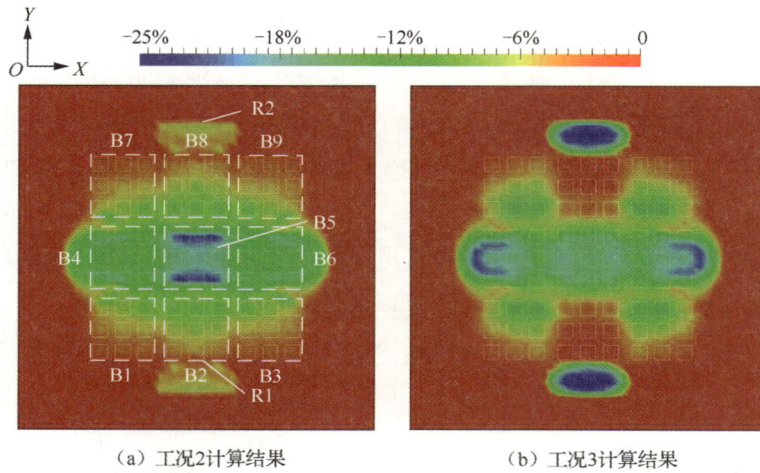

（a）工况2计算结果　　　　　　　（b）工况3计算结果

图 7.6-13　考虑 SCI 效应后场地沿 X 方向地面运动 PGA 增长率

图 7.6-14 中给出了考虑 SCI 效应后，建筑群内沿 X 方向的 RDR 增长率。对比图 7.6-13 和图 7.6-14 可以发现，SCI 效应对建筑响应的影响与其对地面运动强度的影响基本一致。工况 2 中，建筑的 RDR 降幅超过 25%（25.91%），而工况 3 中 RDR 最大降幅不足 20%（18.82%）。总体来说，考虑 SCI 效应后，沿 X 轴中间一行区域（B4~B6）的建筑响应降幅最大。

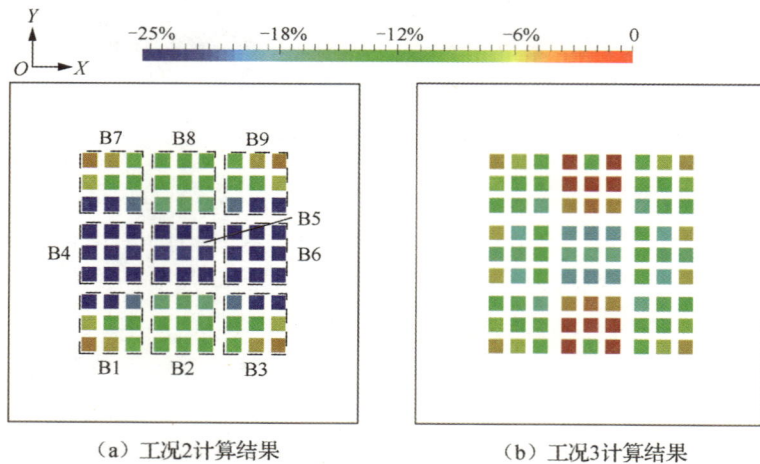

（a）工况2计算结果　　　　　　　（b）工况3计算结果

图 7.6-14　考虑 SCI 效应后建筑群内沿 X 方向的 RDR 增长率（负值代表降低）

另外，通过观察 P1~P9 地面运动结果，可以进一步研究 SCI 效应对于场地特性的影响。考虑到场地具有对称性，仅针对 P1、P2、P4 与 P5 的结果进行讨论。图 7.6-15 和图 7.6-16 分别给出了三种工况下，上述四点处地面运动相对于底部输入的传递函数及每条地面运动的加速度反应谱的对比。需要注意的是，16 层建筑与 8 层建筑的基本频率分别为 0.625Hz 和 1.25Hz。在工况 2 中，场地表面的传递函数在建筑基频（0.625Hz）附近的幅值明显降低，且峰值频率也有所降低（场地表面建筑的存在所引起的惯性效应使周期延长），更高频率部分幅值略有降低但变化不大。在工况 3 中，P2 与 P4 所在处为 8 层建筑，在建筑基本频率（1.25Hz）附近区间，场地表面的传递函数幅值有了较为明显的降低。此外，由于建筑的存在引起的惯性作用，场地基频同样略有降低，且对应的传递函数幅值也有所降低，但降幅小于工况 2 中结果。

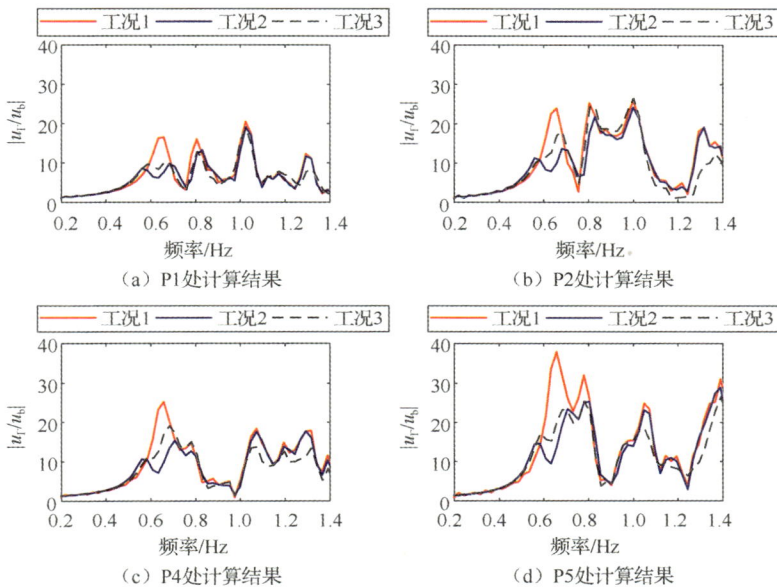

图 7.6-15　不同工况下建筑所在位置处地面运动传递函数对比

从图 7.6-16 的反应谱对比来看，考虑 SCI 效应后，场地表面运动的反应谱普遍降低。但是值得注意的是，P2 点在工况 3 中的反应谱在 1.2 s 附近比自由场地的情况略高。这说明，在实际情况中，场地与建筑可能共同构成复杂的动力体系，SCI 效应可能会使建筑的响应增大。

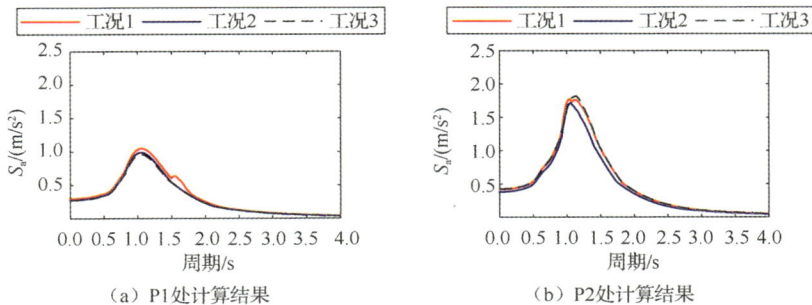

图 7.6-16　不同工况下建筑所在位置处地面运动加速度反应谱对比

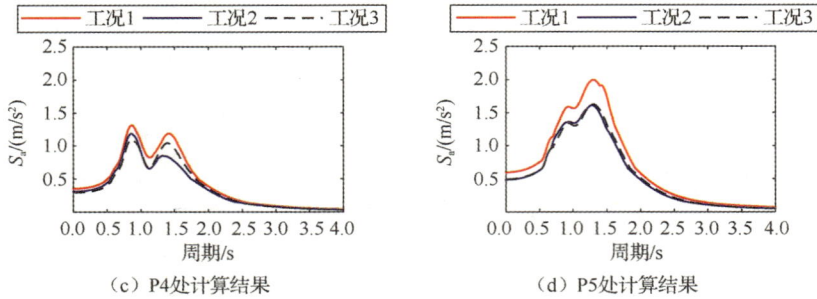

（c）P4处计算结果　　　　　　　　（d）P5处计算结果

图 7.6-16（续）

7.6.4.4　盆地案例结论

在本节三维盆地场景下，通过上述研究，可以得出以下结论。

（1）在场地、建筑主频接近的情况下（工况 2），SCI 效应可以显著的降低场地与建筑的响应，这一结果与已有研究一致（Semblat，et al.，2008；Sahar，et al.，2015；Abraham，et al.，2016）。该影响可用本节提出的方法予以准确考虑。据此可以认为传统的建筑震害预测方法（将自由场地地震动用于建筑震害分析）是偏于保守的。需要指出的是，不同于常规建筑设计（保守的计算结果在常规建筑设计中是可以接受的），在区域震害预测中，得到过于保守的结果会高估这一地区的震害程度，进而影响灾后应急救援的效率。因此在建筑震害模拟中合理考虑 SCI 效应具有重要价值。

（2）建筑的存在可以降低场地的基频，且会降低地表运动传递函数在建筑基频与场地基频附近区间的的幅值。

（3）盆地中地震动传播十分复杂，边界处的反射显著影响场地表面的地面运动。即使场地表面建筑密度不变，建筑的高度/基频的改变也将使 SCI 效应的影响产生显著变化。因此，在分析 SCI 效应时，仅选取建筑密度作为衡量指标是不够的。

7.6.5　清华大学校园案例分析

7.6.5.1　清华大学校园模型简述

本节以清华大学校园内的建筑及周围场地为例，进行考虑 SCI 效应的区域建筑震害模拟。该案例所考虑场地范围（长度×宽度×深度）为 3 000m×3 000m×350m。根据相关地勘数据与文献资料，场地情况如下。

（1）场地的第四系沉积厚度为 100m（Pan，et al.，2006），密度为 2 000kg/m^3。

（2）场地的上第三系土层厚度为 100m（付长华，2012），密度为 2 350kg/m^3。

（3）场地地表剪切波速 V_s 为 200m/s，地下 30m 处剪切波速为 300m/s（Xie，et al.，2016），第四系沉积层底面的剪切波速为 1000m/s（付长华，2012），上第三系底界面的剪切波速为 1 800m/s（付长华，2012）。在没有场地波速信息的深度处，可以采用线性插值获得相关信息，最终得到的场地土体剪切波速分布如图 7.6-17（a）所示。

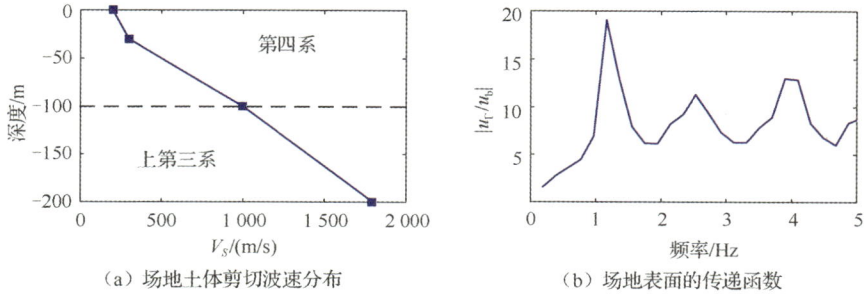

（a）场地土体剪切波速分布　　　　（b）场地表面的传递函数

图 7.6-17　清华大学校园场地特征

（4）场地底部为基岩层，密度为 2 700kg/m³，剪切波速为 3 400m/s（付长华，2012）。在本次模拟中，取基岩层厚度为 150m。

采用主频为 2Hz 的 Ricker 子波作为场地模型底部输入，得到场地表面的传递函数（自由场地地面运动相对于底部基岩输入的地震波）如图 7.6-17（b）所示。可以发现，该场地对于 1.2Hz、2.5Hz 和 4Hz 附近的频率成分放大作用较为明显。

7.6.5.2　考虑 SCI 效应的区域建筑震害模拟

根据相关数据（Zeng，et al.，2016），建立清华大学校园内 619 栋建筑的非线性 MDOF 层模型用于计算。分析时，场地表面目标地震动为中国地震局计算的三河—平谷 8.0 级地震在清华大学场地范围内的地震动加速度时程（付长华，2012），如图 7.6-18（a）所示。该地震的震中与清华大学距离约为 50km。采用 SHAKE 软件反演得到场地范围内底部输入地震动加速度时程（Schnabel，et al.，1972），用于清华大学校园的震害模拟，如图 7.6-18（b）所示。

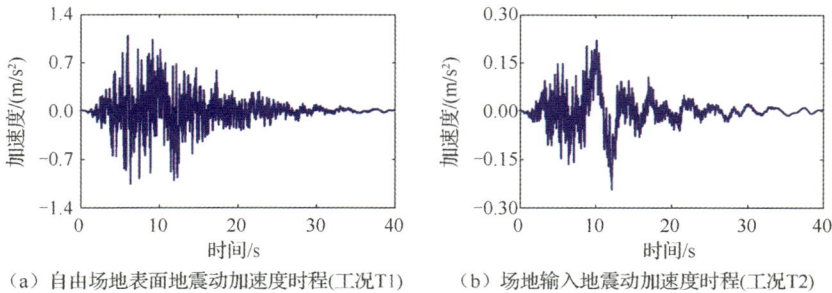

（a）自由场地表面地震动加速度时程(工况T1)　　（b）场地输入地震动加速度时程(工况T2)

图 7.6-18　场地不同位置的地面运动记录

基于上述模型与地震动输入，本节研究了以下两组对比算例。

工况 T1：不考虑 SCI 效应，将自由场地表面地震动记录直接输入建筑进行计算。

工况 T2：考虑 SCI 效应，在场地底部输入反演得到的地震动，考察建筑与场地共同作用下的地震动传播情况。

尽管常规的区域建筑震害模拟均采用工况 T1 类似的方法，但这一方法忽略了 SCI 效应的影响，因此希望通过分析工况 T2 来研究 SCI 效应对清华大学校园建筑震害的影响情况。图 7.6-19 给出了 SCI 效应对建筑响应的影响情况，从图中可得出每栋建筑峰值顶点位移的增长率及各变化范围内建筑数目所占比例。

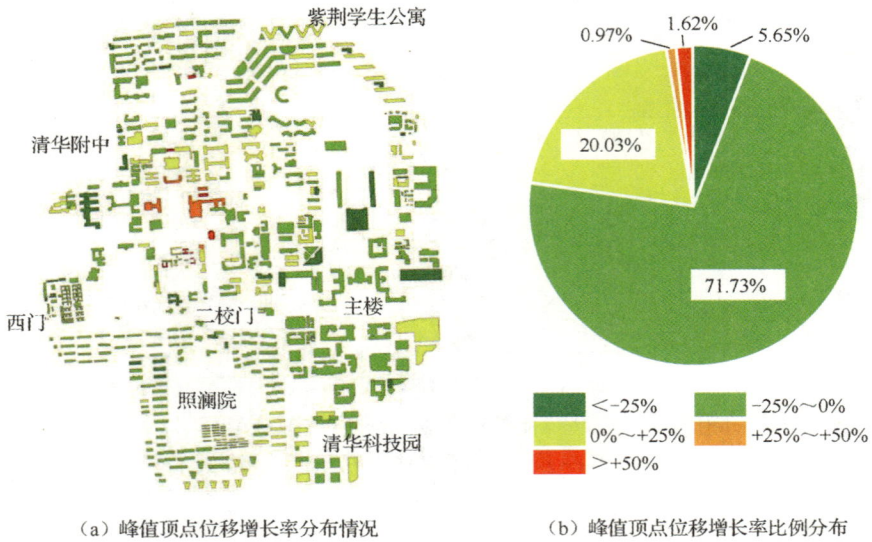

（a）峰值顶点位移增长率分布情况　　　　　（b）峰值顶点位移增长率比例分布

图 7.6-19　SCI 效应对建筑响应的影响情况

　　进一步分析表明，考虑 SCI 效应后，建筑峰值顶点位移会平均减小 6.59%。其中，最大降幅可达 45.72%，而最大增幅超过 50%。不过，增幅超过 50% 的只有 10 栋建筑，且都属于年代较早的非设防砌体。这部分建筑抗震承载力和延性普遍较低，因此地震动输入的微小变化即可能导致建筑响应的大幅增加。

　　例如，559 号 3 层未设防砌体的首层骨架线如图 7.6-20（a）所示。在该建筑所在的位置，两个案例中的地面运动反应谱对比如图 7.6-20（b）所示。该建筑在两个算例中的首层层间位移角（inter-story drift，IDR）时程对比如图 7.6-20（c）所示。可以看出，图 7.6-20（b）中地面运动反应谱的差异，明显小于图 7.6-20（c）中建筑响应的差异。这是因为在大约 10s 时，建筑的层间剪力-位移关系已经进入骨架线的下降段（骨架线峰值层间位移角为 0.001 3）。此时，输入的地震动的微小放大将导致结构首层倒塌，从而引起层间位移角的大幅改变。

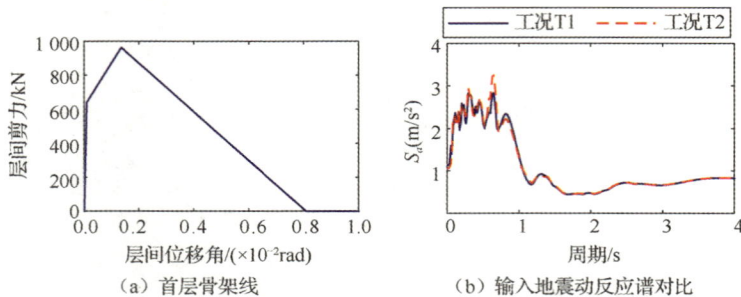

（a）首层骨架线　　　　　　　（b）输入地震动反应谱对比

图 7.6-20　559 号建筑骨架线、反应谱对比及首层层间位移角时程对比

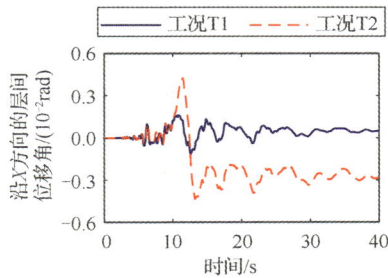

（c）首层层间位移角时程对比

图 7.6-20（续）

从图 7.6-19 给出的分布情况来看，由 SCI 效应引起的建筑响应变化的规律十分复杂，与具体的地震动输入、场地特性、建筑分布情况以及建筑自身的力学特性均有关。在本案例中，虽然考虑 SCI 效应后大部分建筑的响应降低，但不应忽略那些因此而遭受更加严重破坏的少数建筑，否则可能导致严重的人员伤亡。因此，在进行区域震害分析时，需要对 SCI 效应加以重视。

7.6.6　小结

本节提出了一种基于非线性 MDOF 模型与 SPEED 程序的 SCI 效应耦合分析方法，验证了该方法的可靠性，并以三维盆地、清华校园为案例进行了分析，得到以下结论。

（1）振动台试验表明，本研究提出的耦合方法可以准确地分析 SCI 效应的影响。

（2）在"双共振"情况下，建筑与场地的响应会受 SCI 效应的影响而显著降低，这一特点与已有文献结论一致，本节的研究方法可以很好地把握这一特征。

（3）在三维盆地案例中可以发现，仅以建筑密度为参数衡量 SCI 效应的影响是不够的，建筑高度、场地地震波输入等因素应当被纳入考量。

（4）在清华大学校园案例中可以发现，SCI 效应会从整体上降低建筑的响应。但由于建筑的非线性特点，SCI 效应可能导致部分建筑的破坏程度更为严重，因此在进行区域建筑的非线性时程分析时，应当对 SCI 效应的影响进行合理考虑。

（5）SCI 效应的作用机理十分复杂，其影响会随着建筑布局、场地特性、地震动输入等的改变而变化。本节提供了一个具有良好通用性的 SCI 效应模拟方法，今后可以采用本方法对更多场景加以分析，得出更为普适的结论。

8 城市区域地震经济损失预测方法

8.1 概　述

通过第 7 章提出的城市区域建筑震害预测精细化模型，已经可以对城市区域的结构破坏进行更加科学、准确的预测。这为发展城市区域地震损失的预测奠定了良好的基础。本节基于前述提出的城市区域建筑震害预测精细化模型，研究城市区域地震损失预测方法，为城市综合抗震防灾提供参考。

地震如果发生在人口密集、经济发达的城市区域，将带来严重的后果。随着抗震设计规范的不断完善，新建建筑结构的抗震性能不断提高，地震导致的建筑倒塌和人员死亡得到了有效控制，但造成的经济损失仍然很严重。例如，在经历 1960 年 9.5 级大地震造成的巨大灾难后，智利颁布了非常严格的建筑设计规范（Guha-Sapir，et al.，2011）。因此，在 2010 年 2 月 27 日发生的智利 8.8 级大地震中，建造年份在 1985～2009 年的所有 9 974 栋建筑中，仅有 4 栋建筑倒塌（Elnashai，et al.，2010）。然而 2010 年的这次地震造成的直接经济损失达 309 亿美元（2011 年美元值），占 2010 年全球自然灾害总损失（1 278 亿美元）的 24.2%（Guha-Sapir，et al.，2011）。如果地震发生在经济高度发达的地区，造成的经济损失将更严重。2011 年 3 月 11 日发生的 9.0 级东日本大地震和引发的海啸造成的直接经济损失高达 2 100 亿美元（Ponserre，et al.，2012）。即使地震震级没有如此巨大，其导致的经济损失也可能相当严重。2011 年 2 月 22 日发生在新西兰 Christchurch 的 M6.2 地震直接经济损失达 150 亿美元（Ponserre，et al.，2012）；1994 年 M6.7 美国北岭地震直接经济损失达 390 亿～607 亿美元（2011 年美元值）（Chen，et al.，2013b）。总之，地震可能对受灾区域带来严重的经济冲击，对重要的城市区域来说，进行合理的地震经济损失预测，可以为决策者提供重要的参考信息，从而有针对性地制定防震减灾规划、地震保险规划等对策，减小可能遭受的潜在地震损失。

常用的城市区域震损预测方法包括建筑整体层次和建筑构件层次的震损预测方法。

建筑整体层次的震损预测方法将目标区域的建筑按结构类型等属性划分为若干种类，对每类建筑，使用经济损失矩阵表征建筑破坏状态和损失比的关系，结合目标区域建筑重置价值，得到区域建筑震损预测结果。该方法的典型代表是我国国家标准《地震现场工作——第 4 部分：灾害直接损失评估》（GB/T 18208.4—2011）。目前采用下式计算房屋破坏损失 L_h 与装修破坏损失 L_d，并以其和作为房屋地震经济损失，即

$$L_h = S \times D_h \times P \tag{8.1-1}$$

$$L_d = \gamma_1 \times \gamma_2 \times (\xi \times S) \times D_d \times (\eta \times P) \tag{8.1-2}$$

式中，S 为房屋建筑面积（m^2）；D_h、D_d 分别为某种破坏状态下的房屋破坏、装修破坏损失比［可参考国家标准（GB/T 18208.4—2011）的建议取值］，表 8.1-1 给出各破坏状

态下房屋破坏和装修破坏损失比中位值；P 为房屋重置单价（元/m²），可根据袁一凡（2008）的建议取值；γ_1 为考虑各个地区经济状况差异的修正系数；γ_2 为考虑不同建筑用途的修正系数，若不考虑则取 1.0；ξ 为中高档装修房屋建筑面积占总房屋的比例；η 为房屋装修费用与房屋主体造价的比值。γ_1、γ_2、ξ、η 可根据国家标准（GB/T 18208.4—2011）中的表 A.1～A.4 进行取值。

表 8.1-1　各破坏状态下房屋破坏和装修破坏损失比中位值（GB/T 18208.4—2011）

破坏状态		基本完好	轻微	中等	严重	倒塌
房屋破坏损失比/%		3	11	31	73	91
装修破坏损失比/%	混凝土结构	6	18	43	81	96
	砌体结构	3	13	34	74	93

采用式（8.1-1）和式（8.1-2）计算震损的一个重要前提是需要已知房屋的震害（即破坏状态）。针对这一问题，本章第 8.2 节将探讨混凝土框架结构、砌体结构、高层结构的震害判别准则，从而利用本书第 7 章的方法确定各建筑的震害。

建筑构件层次的震损预测方法则相对更为精细。该方法需要建筑内结构构件、非结构构件、内容物的种类、数量等详细情况。通过结构地震响应分析，获取建筑各楼层的响应；根据结构响应、各构件的易损性曲线以及后果函数，得到构件维修费用；最后将所有构件维修费用加总得到整体建筑的震损。区域建筑数据是该震损预测方法的前提和基础，但在实践中，不同情况下能得到的建筑数据不同，即所能获取的建筑数据往往是多源的。本节提出了如图 8.1-1 所示的多源建筑数据震损预测框架，为多源数据下建筑构件层次的震损预测提供实现方法：①对于小范围的重点区域或示范区域，可能可获取其现场调查数据或建筑图纸数据等。本章第 8.3 节提出了基于新一代性能化设计思想，利用现场调查和建筑图纸数据进行构件层次震损预测的实现方案。②对于一部分建筑，特别是新兴城区的建筑，可能可获取其建筑信息模型（BIM）数据。本章第 8.4 节提出了从 BIM 中自动获取所需数据，进行构件层次的震损预测的一个实现方案。③对于量大面广的常规建筑，最容易获取的是建筑基本的 GIS 数据。本章第 8.5 节提出了基于GIS 数据进行建筑构件层次震损预测的一个实现方案。

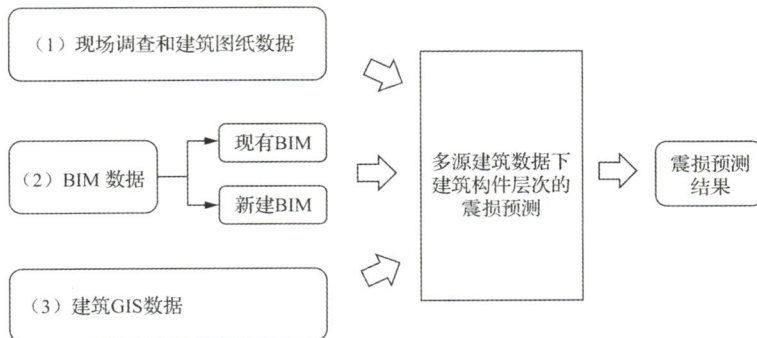

图 8.1-1　多源建筑数据震损预测框架

8.2　建筑整体层次的震损预测

8.2.1　引言

如前文所述，建筑整体层次的震损预测的一个重要环节，是计算结构的破坏状态。《建（构）筑物地震破坏等级划分》以及美国 HAZUS 报告将结构划分成以下五个破坏状态（损伤等级）：①基本完好；②轻微破坏；③中等破坏；④严重破坏；⑤毁坏（GB/T 24335—2009；FEMA，2012c）。目前研究者通过规定一系列的损伤限值，将结构分析得到的地震响应结果与结构的损伤程度相关联。本书第 7 章给出了区域建筑地震响应的模拟分析方法，结合本节规定的损伤限值，就能确定结构的破坏状态，进而采用式（8.1-1）和式（8.1-2）计算震损。本节将分别针对多层结构以及钢筋混凝土高层结构，探讨其损伤限值的选取。

8.2.2　多层结构震害判别

不同研究者对损伤限值都做了建议，主要分为两大类：①基于力的损伤限值（尹之潜等，2004）；②基于位移的损伤限值（FEMA，2012c）。基于力的损伤限值是根据结构的层间内力来判断破坏状态，例如结构内力超过结构的屈服承载力时，认为结构已经从完好发展到了轻微破坏。与此相对，基于位移的损伤限值则是根据结构的层间位移来判断破坏状态，如结构层间位移超过严重损伤限值时，认为结构已经从中等破坏发展到了严重破坏。

基于力的损伤限值和基于位移的损伤限值这两种方法各有其优点和不足。当结构损伤较小时，其刚度较大，此时较小的层间位移变化将会产生较大内力变化。如果采用基于位移的损伤限值，可能会产生较大的变异性。而此时采用基于力的损伤限值较为合适。而当结构损伤较大时，结构抗侧刚度已经大幅下降，甚至已经趋近于零。较小的内力变化对应较大的位移发展，此时采用基于位移的损伤限值则更为准确。

基于以上讨论，本书将结合上述两种方法各自的优势，即采用尹之潜和杨淑文（2004）建议的基于承载力关键点的方法确定"轻微破坏"和"中等破坏"的层间剪力限值，然后根据 HAZUS（FEMA，2012c）基于层间位移角限值的方法确定结构的"严重破坏"和"毁坏"的损伤限值。

上述定义中，虽然轻微破坏和中等破坏点是随着骨架线变化而变化的，但严重破坏和毁坏状态是确定的值，因此将其称为"确定性的损伤限值"。该限值的定义较为简单，且在一般的不考虑参数不确定性的区域建筑震害分析中，采用该限值是完全可以满足要求的。不同类型结构损伤限值规定如表 8.2-1 所示。

表 8.2-1 结构损伤限值规定

结构类型	轻微破坏限值	中等破坏限值	严重破坏限值	毁坏限值
混凝土框架结构	$V_{\text{yield},i}$	$(V_{\text{yield},i}+V_{\text{peak},i})/2$	$\delta_{\text{extensive}}$	δ_{complete}
未设防砌体结构				
钢框架结构				
单层门式刚架结构				
设防砌体结构	$V_{\text{uitialcrack},i}$	$V_{\text{yield},i}$	$\delta_{\text{extensive}}$	δ_{complete}

注：表中 $V_{\text{yield},i}$、$V_{\text{peak},i}$ 分别代表结构的屈服承载力和峰值承载力，按照 7.3.3 节中相应的方法进行标定；$\delta_{\text{extensive}}$、$\delta_{\text{complete}}$ 分别为严重破坏和毁坏对应的层间位移角，依据 HAZUS 报告选取（FEMA，2012d）。

1）混凝土框架结构

混凝土框架结构的前两个损伤限值可以直接按照尹之潜等（2004）建议的方法进行选取。其中"轻微破坏"对应层间剪力达到屈服承载力 $V_{\text{yield},i}$，"中等破坏"对应层间剪力达到屈服承载力和峰值承载力的中点 $(V_{\text{yield},i}+V_{\text{peak},i})/2$。"严重破坏"和"毁坏"的层间位移角限值如表 8.2-2 所示。表中"严重破坏"层间位移角为 $\delta_{\text{extensive}}$ 和"毁坏"层间位移角为 δ_{complete}。为了将 HAZUS 报告中各种类型建筑的层间位移角限值应用于中国建筑，可以根据 Lin 等（2010）的建议，得到不同年代和设防烈度的中国建筑与 HAZUS 中规范等级的对应关系，如表 8.2-3 所示。需要说明的是，我国有关规范对混凝土框架结构的弹塑性层间位移角限值为 0.02，这是偏于保守的，震害调查和试验得到的实际结构的倒塌层间位移一般大于该值。因此，本研究参考 HAZUS 的规定，确定毁坏层间位移角 δ_{complete} 的取值。

表 8.2-2 HAZUS 中几类结构的"严重破坏"和"毁坏"的层间位移角限值

内容	Pre-Code $\delta_{\text{extensive}}/\delta_{\text{complete}}$	Low-Code $\delta_{\text{extensive}}/\delta_{\text{complete}}$	Moderate-Code $\delta_{\text{extensive}}/\delta_{\text{complete}}$	High-Code $\delta_{\text{extensive}}/\delta_{\text{complete}}$
C1L（1F—3F）	0.016 0/0.040 0	0.020 0/0.050 0	0.023 3/0.060 0	0.030 0/0.080 0
C1M（4F—7F）	0.010 7/0.026 7	0.013 3/0.033 3	0.015 6/0.040 0	0.020 0/0.053 3

注：C1L/C1M 均对应我国有关规范中的混凝土框架结构；1F—3F 表示该种类型结构的典型层数为 1～3 层。

表 8.2-3 不同年代和设防烈度的我国建筑与 HAZUS 中规范等级的对应关系（Lin，et al.，2010）

抗震设防烈度	建设年份		
	1978 年之前	1978～1989 年	1989 年以后
IX（0.40g）	Pre-Code	Moderate-Code	High-Code
VIII（0.30g）	Pre-Code	Moderate-Code	Moderate-Code
VIII（0.20g）	Pre-Code	Low-Code	Moderate-Code
VII（0.15g）	Pre-Code	Low-Code	Low-Code
VII（0.10g）	Pre-Code	Pre-Code	Low-Code
VI（0.05g）	Pre-Code	Pre-Code	Pre-Code

2）未设防砌体结构

未设防砌体结构的损伤判别标准与混凝土框架结构相似，详见表 8.2-1。值得注意的是，未设防砌体对应 HAZUS 的 URML/URMM 结构，由于其没有经历抗震设计，因此均对应美国规范等级 Pre-Code。表 8.2-4 给出了 HAZUS 报告建议的未设防砌体结构的"严重破坏"和"毁坏"的层间位移角限值。

表 8.2-4　HAZUS 报告中未设防砌体结构的"严重破坏"和"毁坏"的层间位移角限值

内容	Pre-Code
	$\delta_{extensive}$ / $\delta_{complete}$
URML（1F-2F）	0.012 0/0.028 0
URMM（3F+）	0.008 0/0.018 7

注：URML/URMM 对应我国有关规范中的未设防砌体结构；1F-2F 表示该种类型结构的典型层数为 1～2 层。

3）钢框架结构

钢框架结构的损伤判别标准与混凝土框架结构相似，详见表 8.2-1。表 8.2-5 给出了 HAZUS 报告建议的不同规范等级下的钢框架结构"严重破坏"和"毁坏"的层间位移角限值。

表 8.2-5　HAZUS 报告中钢框架结构"严重破坏"和"毁坏"的层间位移角限值

层间位移角	Pre-Code		Low-Code		Moderate-Code		High-Code	
	$\delta_{extensive}$	$\delta_{complete}$	$\delta_{extensive}$	$\delta_{complete}$	$\delta_{extensive}$	$\delta_{complete}$	$\delta_{extensive}$	$\delta_{complete}$
S1L（1F—3F）	0.016 2	0.040 0	0.020 3	0.050 0	0.023 5	0.060 0	0.030 0	0.080 0
S1M（4F-7F）	0.010 8	0.026 7	0.013 5	0.033 3	0.015 7	0.040 0	0.020 0	0.053 3
S1H（8F+）	0.008 1	0.020 0	0.010 1	0.025 0	0.011 8	0.030 0	0.015 0	0.040 0

注：S1L/S1M/S1H 均对应我国有关规范中的钢框架结构；1F—3F 表示该种类型结构的典型层数为 1～3 层。

4）单层门式刚架结构

单层门式刚架的损伤判别标准与混凝土框架相似，详见表 8.2-1。表 8.2-6 给出了 HAZUS 报告建议的不同规范等级下的单层门式刚架结构"严重破坏"和"毁坏"的层间位移角限值。

表 8.2-6　HAZUS 报告中单层门式刚架结构"严重破坏"和"毁坏"的层间位移角限值

层间位移角	Pre-Code		Low-Code		Moderate-Code		High-Code	
	$\delta_{extensive}$	$\delta_{complete}$	$\delta_{extensive}$	$\delta_{complete}$	$\delta_{extensive}$	$\delta_{complete}$	$\delta_{extensive}$	$\delta_{complete}$
S3	0.012 8	0.035	0.016 1	0.043 8	0.018 7	0.052 5	0.024	0.07

注：S3 对应我国有关规范中的单层门式刚架结构。

5）设防砌体结构

设防砌体结构墙片裂缝的发展是一个较长的过程，而砌体结构开裂荷载通常对应结构出现贯通裂缝或者阶梯状斜裂缝，此时结构刚度明显下降，骨架曲线上出现拐点（史庆轩等，2000）。在此之前，抗剪砌体墙面已经出现一些非贯通的水平裂缝或者斜裂缝。根据《建筑地震破坏等级划分标准》（GB/T 24335—2009）的规定，设防砌体结构的轻度破坏宏观表现为"部分承重墙体出现轻微裂缝，屋盖完好或轻微损坏"；结构中等破坏对应"个别承重墙体严重裂缝或倒塌，部分墙体明显裂缝，个别屋盖构件塌落，个别非承重构件严重裂缝或局部酥碎"。因此按照该描述，设防砌体结构开裂承载力 V_{yield} 应该对应中等破坏点，轻微破坏点应该对应结构的初裂承载力 $V_{initialcrack}$。为了确定结构的初裂承载力，本书作者收集了 4 栋设防砌体房屋的整体推覆试验数据。结果显示，结构峰值承载力和初裂承载力的比值的均值为 2.455（赵作周，1993；苗启松等，2000；周炳章等，2000；王宗纲等，2002）。因此，可以按照式（8.2-1）计算设防砌体结构的初裂承载力 $V_{initialcrack}$。

$$V_{initialcrack,i} = V_{peak,i} / 2.455 \qquad (8.2\text{-}1)$$

与框架结构类似，设防砌体结构的"严重破坏"层间位移角（$\delta_{extensive}$）及"毁坏"层间位移角（$\delta_{complete}$）限值可以按照 HAZUS 报告的值进行选取（FEMA，2012d），如表 8.2-7 所示。同样，基于 Lin 等（2010）的工作（表 8.2-3）可确定我国砌体结构与HAZUS 数据的对应。

表 8.2-7　HAZUS 报告中设防砌体结构的"严重破坏"和"毁坏"的层间位移角限值

内容	Pre-Code $\delta_{extensive}/\delta_{complete}$	Low-Code $\delta_{extensive}/\delta_{complete}$	Moderate-Code $\delta_{extensive}/\delta_{complete}$	High-Code $\delta_{extensive}/\delta_{complete}$
RM2L（1F—3F）	0.012 8/0.035 0	0.016 1/0.043 8	0.018 7/0.052 5	0.024 0/0.070 0
RM2M（4F+）	0.008 6/0.023 3	0.010 7/0.029 2	0.012 5/0.035 0	0.016 0/0.046 7

注：RM2L/RM2M 对应我国有关规范中的设防砌体结构；1F—3F 表示该种类型结构的典型层数为 1～3 层。

8.2.3　混凝土高层结构震害判别

混凝土高层结构通常包含较多种类的抗侧力构件（框架构件、剪力墙构件以及连梁构件等），结构特性复杂，因此其损伤判别方法也更为复杂，需要对结构中各类抗侧力构件分别加以考虑，进而综合地判定结构各层的震害情况。

本节将从结构震害判别方法和构件震害判别方法两个方面入手，开展高层结构震害判别研究。具体而言，结构震害判别方法将对各等级结构损伤的宏观破坏表现进行描述，进而根据各类构件的破坏状态即能确定结构破坏状态；构件震害预测方法针对各个构件，给出不同破坏状态的限值，采用该限值以及结构地震响应即能确定各构件破坏状态。

8.2.3.1　结构震害判别方法

考虑到混凝土高层结构中剪力墙墙肢是主要的抗侧力构件，因此，本书建议以剪力墙墙肢的地震损伤作为结构震害判别的主要依据，其他构件的破坏状态可以辅助整体结构的震害判别。例如连梁构件破坏一般较早发生，因此其屈服可以作为结构轻微破坏和中等破坏判别的参考。框架构件作为混凝土高层结构抗侧力的第二道防线，在墙肢发生破坏之后逐渐发挥作用。框架的破坏程度可以作为判别结构严重破坏和倒塌的参考。基于以上考虑，混凝土高层结构的损伤描述如表 8.2-8 所示。

表 8.2-8　混凝土高层结构的损伤描述

名称	《建筑抗震设计规范》 （GB 50011—2010）破坏描述	本书建议的混凝土高层结构损伤描述
基本完好	"承重构件完好；个别非承重构件轻微损坏；附属构件有不同程度破坏"	剪力墙墙肢无损坏，个别连梁构件轻微损坏
轻微破坏	"个别承重构件轻微裂缝（对钢结构构件指残余变形），个别非承重构件明显破坏；附属构件有不同程度破坏"	剪力墙墙肢轻微损坏，部分连梁构件轻微损坏，个别连梁构件中度损坏，个别框架构件轻微损坏
中等破坏	"多数承重构件轻微裂缝，部分明显裂缝（或残余变形）；个别非承重构件严重破坏"	剪力墙墙肢中度损坏，多数连梁构件轻微损坏，部分连梁构件中度损坏，个别框架构件中度损坏
严重破坏	"多数承重构件严重破坏或部分倒塌"	剪力墙墙肢严重损坏，多数连梁严重损坏，多数框架构件中度损坏
倒塌（毁坏）	"多数承重构件倒塌"	剪力墙墙肢严重损坏，框架构件严重损坏

8.2.3.2　构件震害判别方法

混凝土高层结构通常由框架、剪力墙墙肢、连梁等抗侧力构件组成。由于抗侧机理不同，不同类型构件宜采用的损伤判别指标也不尽相同。根据宜采用的位移指标类型可以将抗侧力构件分为层间位移角敏感型构件和曲率敏感型构件。

框架构件的破坏主要受层间位移角控制，控制连梁破坏的弦转角也和层间位移角有直接的相关关系（钱稼茹等，2006），因此称这两种构件为层间位移角敏感型构件；而剪力墙墙肢通常表现出明显的弯曲变形，其层间位移角中的很大部分是弯曲变形贡献的无害层间位移角，因此以层间位移角作为弯曲型剪力墙墙肢的损伤判别指标将产生较大误差。而弯曲型剪力墙墙肢的损伤与该层的墙肢曲率直接相关，所以称剪力墙墙肢为曲率敏感型构件。以下将分别讨论这三种抗侧力构件的损伤预测方法。

1）剪力墙墙肢

根据《建筑结构抗倒塌设计规范》（CECS 392—2014）建议，本节对于压弯型构件，其骨架线关键点与破坏程度的对应关系如图 8.2-1 所示。其中，B、C、D 点分别代表结构的屈服点、峰值点和极限点。根据这三个点可以确定压弯构件的四个地震破坏等级判别标准，如表 8.2-9 所示。

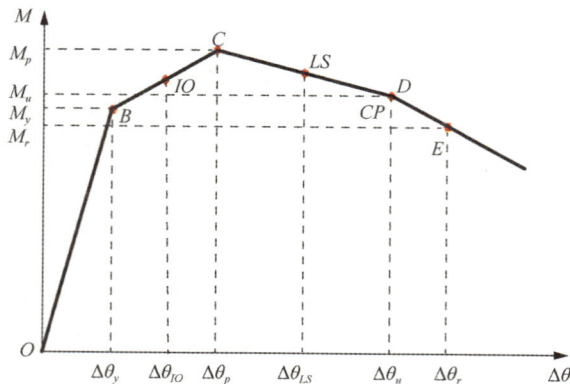

图 8.2-1　压弯构件骨架线关键点与破坏程度的对应关系

表 8.2-9　剪力墙墙肢转角的地震破坏等级判别标准

破坏等级	判别标准	破坏程度
1 级	$\Delta\theta \leqslant \Delta\theta_y$	基本完好
2 级	$\Delta\theta_y < \Delta\theta \leqslant \Delta\theta_{IO}$	轻微破坏
3 级	$\Delta\theta_{IO} < \Delta\theta \leqslant \Delta\theta_P$	
4 级	$\Delta\theta_P < \Delta\theta \leqslant \Delta\theta_{LS}$	中度破坏
5 级	$\Delta\theta_{LS} < \Delta\theta \leqslant \Delta\theta_u$	
6 级	$\Delta\theta > \Delta\theta_u$	严重破坏

　　第 7 章提出了 MDOF 弯剪模型及其参数标定方法，根据该方法，可以获得各层弯曲弹簧的三线性骨架线。由于 MDOF 弯剪模型中各层的弯曲弹簧能较好地代表高层结构中墙肢弹塑性行为（Paulay, et al., 1992），因此可以采用 MDOF 弯剪模型中弯曲弹簧的骨架线作为剪力墙墙肢损伤判别的基准，即按《建筑结构抗倒塌设计规范》中的表 5.4.4-2（本书表 8.2-9）确定剪力墙墙肢的损伤等级（CECS 392—2014）。

　　表 8.2-9 中$\Delta\theta_y$、$\Delta\theta_p$、$\Delta\theta_u$ 分别为剪力墙的屈服、峰值以及极限层间转角。剪力墙各层位置的屈服层间转角$\Delta\theta_y$和峰值层间转角$\Delta\theta_p$可以根据第 7 章的参数标定方法进行计算。为了确定剪力墙的极限层间转角$\Delta\theta_u$，作者收集了国内 39 片剪力墙墙片的试验结果（钱稼茹等，1999；邓明科等，2009；剡理祯等，2014；章红梅等，2009；刘志伟，2003；郑山锁等，2012），得到剪力墙的极限层间转角均值为$\Delta\theta_u = 3.89\Delta\theta_p$。

　　2）连梁

　　史庆轩等（2011）通过对 84 个不同高跨比、不同配筋的连梁进行统计分析，推荐连梁的轻微破坏（即初始开裂）对应的层间位移角为 1/1000，中度破坏（严重开裂或者部分钢筋屈服）的层间位移角为 1/300。连梁严重破坏的层间位移角为 1/60。

　　3）框架

　　郭子雄等（1998）通过对 34 榀框架试验以及大量实际工程进行统计分析，认为框架结构达到 1/800 层间位移角之后发生开裂，因此采用该限值作为框架达到轻微破坏的限值。

　　钟益村等（1984）通过对 270 余根柱试验资料进行统计分析，推荐取框架结构的屈服层间位移角大约为 1/200，因此采用该限值作为框架达到中度破坏的限值。

　　《建筑抗震设计规范》（GB 50011—2010）建议钢筋混凝土结构的弹塑性层间位移角限值为 1/50，本节以此为框架严重破坏限值。

8.2.4　考虑参数不确定性的结构损伤判别

　　前述所确定的破坏限值中，轻微破坏和中等破坏点是随着骨架线变化而变化的，而严重破坏和毁坏状态则是一个确定性的损伤限值，如图 8.2-2（a）所示。如果要讨论参数不确定性的影响，采用一个确定值作为损伤限值实际上是不合理的。尤其是在进行蒙特卡罗分析时（详见 7.5 节），骨架线上的控制点参数会发生随机的变化，确定性的损伤限值可能会导致极不合理的结果。例如，由于取样的随机性，结构实际骨架线的软化段下降至 0（对应于结构已经完全失去抗侧承载力，且真正倒塌的时刻）时的位移，可能小于结构严重破坏点的位移限值。因此，必须定义考虑参数不确定性的结构损伤限值，使之可以适应由建筑参数改变导致的骨架线形状变化的影响，如图 8.2-2（b）所示。下面以设防砌体结构为例，给出考虑参数不确定性的损伤限值的确定方法。

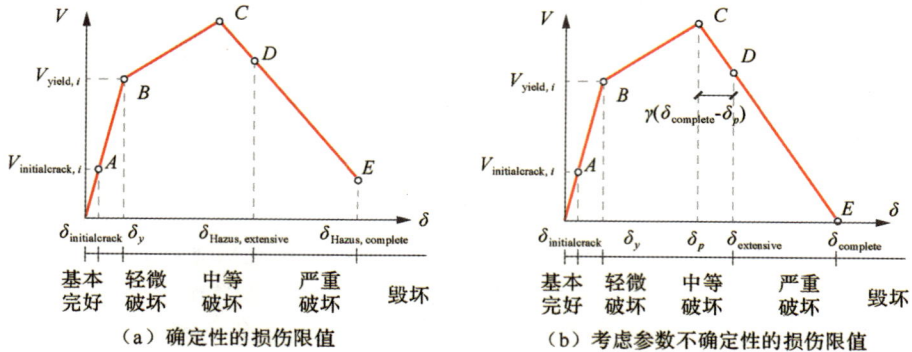

图 8.2-2　破坏状态的确定

对于毁坏状态，大量研究都建议将结构抗侧承载力下降到 0 的点 [即图 8.2-2（b）中的 E 点] 作为结构的完全损伤状态点（Ibarra, et al., 2004；Ibarra, et al., 2005；Haselton, 2008；Del Gaudio, et al., 2016）。因此，本节沿用这一准则，实现毁坏状态点随骨架线形状改变而改变。

为确定合适的严重破坏点，首先对 HAZUS 提供的损伤限值进行分析。通过研究 HAZUS 数据库（FEMA，2012d）里面不同规范水平（Pre-Code、Low-Code、Moderate-Code、High-Code）砌体结构的损伤标准，可以发现毁坏点、严重破坏点和中等破坏点之间大致服从式（8.2-2）的关系，即不同规范水平的砌体结构，θ 基本都在 0.26 左右（均值为 0.259，标准差为 0.001）。

$$\delta_{\text{Hazus,extensive}} = \delta_{\text{Hazus,moderate}} + \theta\left(\delta_{\text{Hazus,complete}} - \delta_{\text{Hazus,moderate}}\right) \tag{8.2-2}$$

因此，根据模型的骨架线，结合中等破坏点、毁坏点以及 θ 值，可以计算出严重破坏点所在的位置。从计算结果中可以进一步发现，对于不同规范水平的砌体结构，这一严重破坏点全部落在峰值点（图 8.2-2 中 C 点）之后的下降段处，即图 8.2-2（b）的 CE 段。因此，可以进一步将上述计算得到的严重破坏点与骨架线的峰值点、毁坏点建立类似式（8.2-3）的关系为

$$\delta_{\text{extensive}} = \delta_{\text{p}} + \gamma\left(\delta_{\text{complete}} - \delta_{\text{p}}\right) \tag{8.2-3}$$

式（8.2-3）提供的数值关系，相比于式（8.2-2）更适合于蒙特卡罗分析，因为式（8.2-3）可以保证在建筑模型参数随机取样的时候，严重破坏点始终位于 C 点（峰值点）与 E 点（毁坏点）之间，这更符合严重破坏的定义。

将式（8.2-3）中各个参数根据图 8.2-2（b）的定义代入，可以得到 γ 的表达式为

$$
\begin{aligned}
\gamma &= \frac{\theta\left(\delta_{\text{complete}} - \delta_y\right) + \delta_y - \delta_p}{\delta_{\text{complete}} - \delta_p} \\
&= \frac{\theta\left\{\left[\dfrac{1}{1 - V_{\text{soft}}/V_{\text{peak}}}\left(\dfrac{\delta_s}{\delta_p} - 1\right) + 1\right] - \dfrac{\delta_y}{\delta_p}\right\} + \dfrac{\delta_y}{\delta_p} - 1}{\dfrac{1}{1 - V_{\text{soft}}/V_{\text{peak}}}\left(\dfrac{\delta_s}{\delta_p} - 1\right)}
\end{aligned}
\tag{8.2-4}
$$

将各变量的均值代入式（8.2-4），可以得到 γ 的取值约为 0.214。因此，严重破坏点可以按照式（8.2-5）进行取值，即

$$
\delta_{\text{extensive}} = \delta_p + 0.214\left(\delta_{\text{complete}} - \delta_p\right)
\tag{8.2-5}
$$

值得注意的是，上式中计算得到的严重破坏点与 HAZUS 报告（FEMA，2012d）中提供的限值十分接近，这印证了该方法的合理性。该方法可以相应地推广到其他类型的结构中，在此不予赘述。

8.2.5　小结

建筑在地震作用下的破坏状态预测，是建筑整体层次的震损预测的重要环节。本节针对多层结构以及钢筋混凝土高层结构，建议了不同破坏状态对应的损伤限值。据此，可将结构分析得到的地震响应与结构的损伤程度相关联，从而进行进一步的震损预测。

8.3　基于精细化数据的城市建筑震损预测

8.3.1　引言

建筑整体层次的震损预测方法易于操作，因此得到广泛应用。然而，该方法有两个主要局限：①难以准确考虑建筑每层的损失。如果一栋建筑在不同层财产分布很不均匀，该方法将难以准确预测经济损失。②难以准确考虑各类非结构构件的性能。不同使用功能的建筑，其内部非结构构件具有不同的分布特点，但该方法采用相同的损失比进行震损预测，难以准确考虑不同功能建筑的非结构构件损失的差异。

美国联邦应急管理署（FEMA）经过长期研究，于 2012 年发布了 FEMA P-58 报告《建筑抗震性能评价的方法与实现》（FEMA，2012a；FEMA，2012b）。该方法基于新一代性能化设计思想，为解决上述建筑整体层次震损预测的问题提供了一个方案。它可以直接考虑建筑每个结构构件与非结构构件的易损性和地震损失。FEMA P-58 方法已经被应用于一些单体建筑的损失预测或评估，如第 4 章的中美高层建筑抗震性能对比，但鲜见其应用于区域建筑地震损失预测。主要原因之一是，该方法需要获得各楼层的峰值层

间位移角（IDR）、峰值楼层加速度（PFA）、残余位移等大量详细的建筑地震响应（被称为工程需求参数，EDP），而区域地震损失分析常采用的易损性分析方法或单自由度静力方法是无法给出这些详细响应结果的。

针对以上需求，本书作者和清华大学研究生曾翔，北京科技大学许镇副教授等，基于 FEMA P-58 建筑地震损失评价方法，提出了一种新的区域建筑地震损失预测手段，使之能提供一个城市区域内每栋建筑、每个楼层、甚至每种结构构件和非结构构件的经济损失情况。为了得到 FEMA P-58 方法所需要的各建筑的 EDP，采用了基于多自由度层模型和非线性时程分析的区域建筑震害模拟方法。建筑信息、结构和非结构构件信息通过实地调查和建筑图纸得到；典型结构和非结构构件的易损性能和维修成本计算基于 FEMA P-58 提供的数据库。之后，选择了清华大学校园里的两栋建筑作为案例，具体说明了上述方法的实现过程。最后对整个清华大学校园的 619 栋建筑进行了基于地震强度的损失预测，并对预测结果进行了详细讨论和对比。本节内容可以为城市区域的地震损失预测提供参考。

8.3.2　损失预测方法

性能化地震工程框架（Cornell，et al.，2000；Moehle，et al.，2004）是 FEMA P-58 方法的基本原理。本节采用 FEMA P-58 方法提供的基于强度的地震损失评估方法，通过考虑不同强度的地震发生概率、给定地震强度下 EDP 达到某个值的超越概率、给定 EDP 下建筑和构件达到某个破坏状态的超越概率及给定某个破坏状态下维修成本的超越概率，然后将其进行多重积分计算，得到建筑的地震损失（FEMA，2012a）。多重积分的解析解很难求解，为此，Yang 等（2009）基于蒙特卡罗分析，提出了一套适合于工程应用的实现方法，而 FEMA P-58 就采用了 Yang 的这种方法实现建筑地震损失预测。

8.3.2.1　FEMA P-58 方法的流程图

图 8.3-1 所示是 FEMA P-58 方法的一个总体流程，包括三个部分：①建立建筑性能模型；②分析结构响应，得到 EDP；③计算经济损失。

建筑性能模型是用于计算建筑地震损失的必要建筑信息集合。它包含建筑基本信息（建筑层数、层高、层面积、使用功能和重置成本等），以及建筑各层的易损结构构件和非结构构件的种类、数量、易损特性和维修成本。由同一个 EDP 决定的结构构件和非结构构件，被称为性能组（PG）。PG 的易损特性由服从对数正态分布的易损性曲线刻画，给定一个 PG 所关联的 EDP 的大小，就可以通过易损性曲线得到它发生某个破坏状态（DS）的概率。PG 的维修成本由若干结果函数（consequence functions）刻画，每个 DS 对应一个结果函数。不同 PG 维修费用计算过程示意图如图 8.3-2 所示，所需的关键 EDP，包括各层的 PFA、峰值楼层速度（PFV）、IDR 及残余位移，通过非线性时程分析得到。

FEMA P-58 采用蒙特卡罗方法计算经济损失，对每个随机变量，根据其分布，随机确定其取值进行计算，得到一个损失结果。一次这样的计算称为一个"实现"，其流程如图 8.3-1 中虚线框内的部分。通过执行大量的"实现"，就能模拟各个随机变量的不确定性，得到大量经济损失的样本。最后假定经济损失服从对数正态分布，根据样本对总体的统计参数进行估计，拟合得到经济损失的分布。

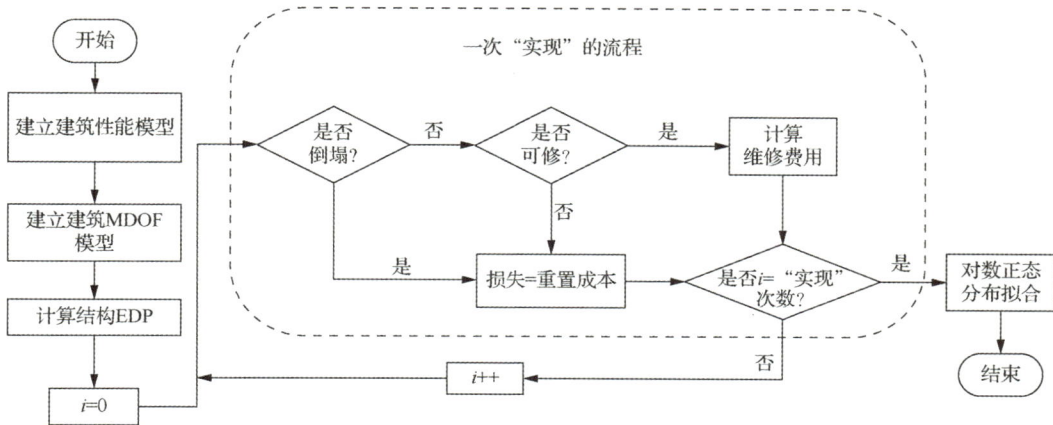

图 8.3-1　FEMA P-58 方法流程图

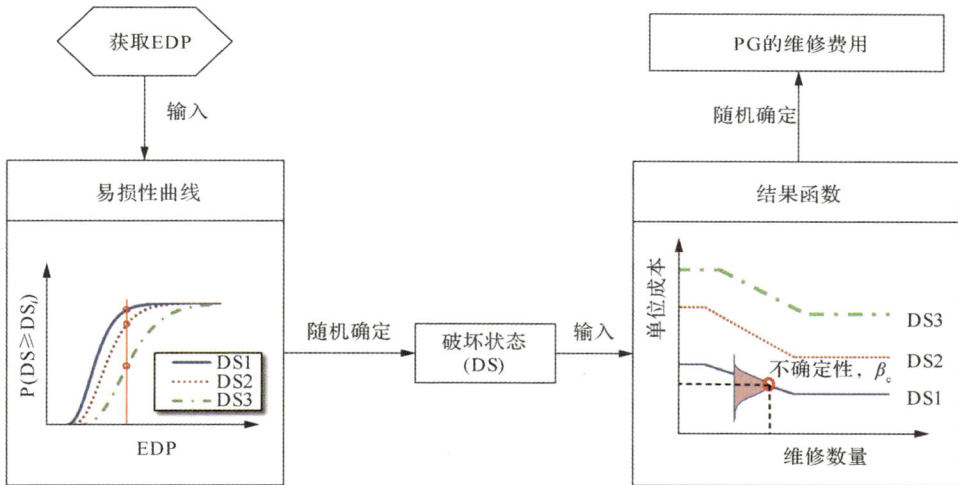

图 8.3-2　不同 PG 维修费用计算过程示意图

8.3.2.2　从单体建筑应用到区域建筑群所存在的问题和解决方法（图 8.3-3）

FEMA P-58 方法是针对单体建筑的地震损失评价，事实上，只要能提供所有建筑的 EDP 集，它也能用于对区域地震损失进行评价。在将 FEMA P-58 方法从单体建筑推广到区域建筑地震损失预测的过程中，由于建筑数量大大增加，将面临以下三个新的挑战：①建筑群的性能模型建立；②建筑群 EDP 集的快速获取；③建筑群倒塌易损性的建立。

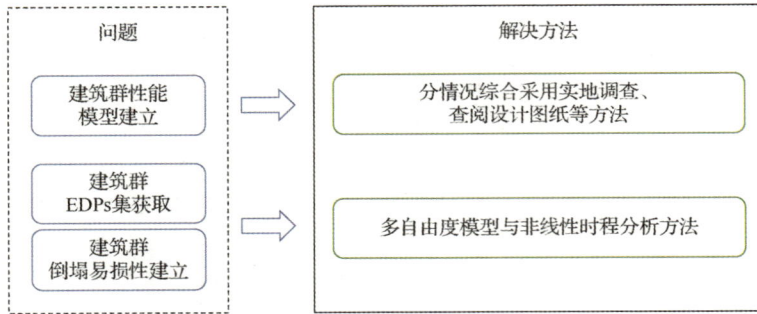

图 8.3-3　推广 FEMA P-58 方法所存在的问题和解决方法

1）建立建筑群的性能模型

为了建立建筑群的性能模型，应根据建筑的具体情况，综合采用实地调查、查阅设计图纸等方法，获取建筑基本数据、建筑群的结构和非结构 PG 的种类和数量，区域建筑的性能模型建立方法如图 8.3-4 所示。

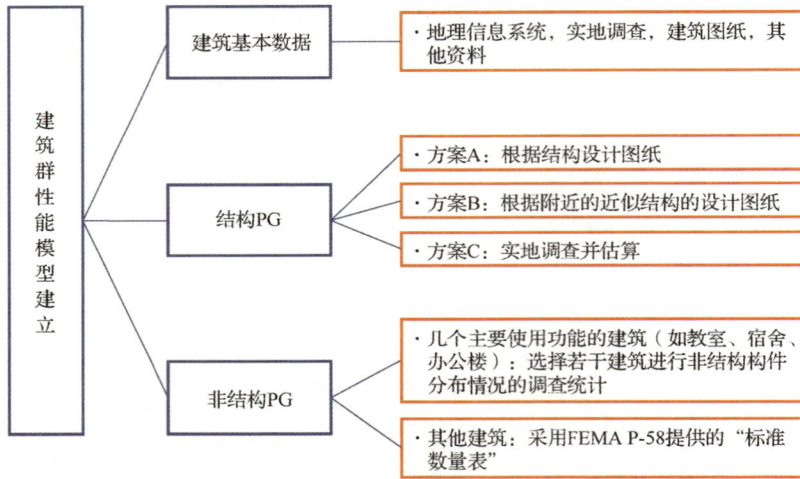

图 8.3-4　区域建筑的性能模型建立方法

建筑的基本数据（层数、层高、层面积、使用功能等）可以从地理信息系统（GIS）中获取，或通过实地调查和建筑图纸得到。如果有目标区域的 GIS 数据，这些建筑基本数据是很容易收集的。对于建筑的重置成本，如果没有准确的数据，则取其为建筑内部所有结构、非结构构件在发生最严重的破坏状态下，产生的维修费用之和。

对于结构 PG 的信息，本书建议，可按照建筑结构资料的完整程度，分三种情况考虑。

（1）方案 A：如果可以获取建筑的设计图纸，则可得到建筑各层的结构 PG 的种类和数量。通常，住宅小区中的建筑多是同一批建设的房屋，其结构设计信息基本相同，这种情况下可选择其中一栋建筑为代表，以减少工作量。FEMA P-58 提供了根据大量调查统计和专家建议得到的 700 多种 PG 的易损性曲线和结果函数，并用易损性分类编码对这些 PG 进行编号。因此，只需要找到建筑的 PG 在 FEMA P-58 中对应的易损性分类编码，就可以直接利用其易损性曲线和结果函数计算损失情况。

（2）方案 B：如果建筑的结构资料不完整，但在附近范围内有建造年代、结构体系和使用功能相近且可以获取设计图纸的类似建筑物，则可按照式（8.3-1）估算该建筑的构件数量，即

$$Q = A \times \frac{Q_0}{A_0} \tag{8.3-1}$$

式中，A 和 Q 分别是目标建筑的楼层面积和结构构件数量；A_0 和 Q_0 分别是类似建筑物的总建筑面积和结构构件总数。

（3）方案 C：对于其他无法获取结构资料、且相近结构的资料也无法获取的建筑，通过实地勘察其结构布置，来估算其结构信息。

为获取非结构 PG 的信息，对区域建筑的使用功能进行统计，得到几个主要的使用功能分类（如住宅、办公楼等）。对这些主要使用功能分类，分别选择相同使用功能的若干代表性建筑进行重要非结构构件（数量多或价值高的构件）分布情况的调查统计，得到统计参数。对于其他难以调查得到的 PG（如管线等），则根据 FEMA P-58 提供的"标准数量"表（Appendix F）（FEMA，2012a）估计其种类和数量。对于其他使用功能的建筑，则根据 FEMA P-58 提供的"标准数量"表（appendix F）（FEMA，2012a）估计建筑的 PG 的种类和数量。

需要说明的是，这种处理方法需要一定的工作量，但它可以分配给多人同时进行处理，并且只要求处理人掌握一些基本的专业背景知识即可。对于本节所述清华校园算例，可以通过组织学生开展调查获取。相比大学校园，其他城市区域可能不易获取建筑图纸或开展实地调查，这就需要借助新的手段（如建筑信息模型，BIM）自动完成建筑关键数据的获取。

2）快速获取建筑群 EDP 集

将 FEMA P-58 方法从单体建筑推广到区域建筑地震损失预测的关键问题是如何高效获取大量建筑的 EDP 集。对于包含大量建筑的城市区域来说，精细化计算模型的建模的工作量是非常巨大的。而且不同于建筑性能模型的建立，它要求建模工作者对建筑的计算模型和非线性分析有较深的理解，因此不容易找到足够多的合适人选以分配建模任务。此外，即使能够建立城市建筑群的精细化计算模型，也需要依赖高性能计算才能完成如此巨大的计算量（Sobhaninejad, et al., 2011）。为了方便快速地获取建筑群的 EDP 集，需要使效率和精度达到一个合理的平衡。本节采用了第 7 章建议的多自由度集中质量层模型和非线性时程分析方法来方便快速地获取建筑群的 EDP 集。

3）建立建筑群倒塌易损性

在进行经济损失计算的时候，需要用到建筑的倒塌和修复易损性曲线。由于第 7 章所采用的建筑响应分析方法可以计算建筑在一条地震动作用下是否倒塌，可以直接对建筑的多自由度集中质量层模型进行增量动力分析（IDA），得到倒塌易损性曲线。

通过以上方法，就可以实现将 FEMA P-58 震害损失预测从单体向建筑群的推广，下面将以一个实际区域（北京清华大学校园）为例，说明本文建议方法的具体实现流程。

8.3.3　案例研究：清华大学校园区域建筑地震损失预测

8.3.3.1　算例区域介绍

清华大学校园所在地理位置和三维地图如图 8.3-5 所示。校园总面积约为 $4km^2$，包含 619 栋建筑。根据我国抗震设计规范（GB 50011—2010），清华大学校园建筑的设防烈度为 8 度，其 50 年超越概率为 63%、10%、2%的 PGA 分别为 0.07g、0.2g 和 0.4g。

图 8.3-5　清华大学校园所在地理位置和三维地图

不同的结构类型及不同的建筑功能的建筑物所占比例如图 8.3-6 所示。就结构类型而言，砌体结构占一半以上，而其他主要类型有混凝土框架结构、剪力墙结构和框架剪力墙结构，钢结构很少。就建筑功能而言，住宅占一半以上，其他主要类型有办公室、研究所和教室等。

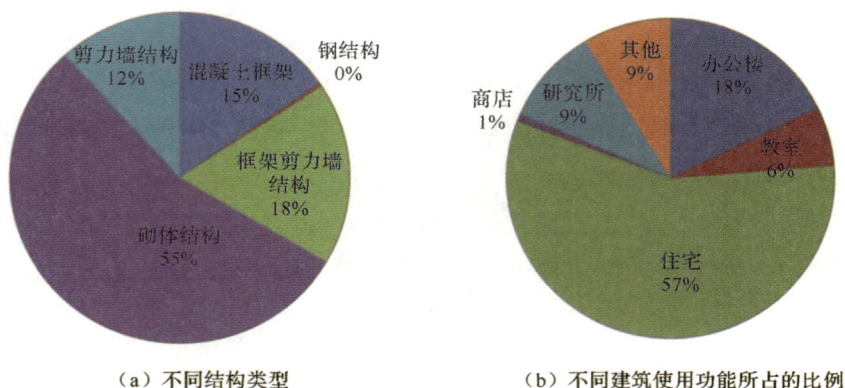

（a）不同结构类型　　　　　　　　（b）不同建筑使用功能所占的比例

图 8.3-6　清华大学校园不同结构类型及不同建筑功能的建筑物所占比例

8.3.3.2　建立建筑性能模型

通过组织学生到学校档案馆收集建筑的结构设计图纸，以及开展实地调查，建立了区域建筑的性能模型。在建立结构 PG 的过程中，8.3.2.2 节中列举的三种情况的调查结果如表 8.3-1 所示，大部分建筑（数量占校园建筑总数的 80.3%，重置成本占校园区域总重置成本的 88.8%）的图纸资料都是可以获取的。

表 8.3-1　校园区域建筑按结构资料完整程度的分类调查结果

分类	数量/栋	占校园建筑总数的比例/%	重置成本占校园区域总重置成本的比例/%	备注
结构资料可获取的建筑	497	80.3	88.8	比较重要的校园建筑，一般都能在档案馆查到图纸资料
结构资料不完整的建筑	64	10.3	9.8	主要用于宿舍、行政办公、临时使用等
其他建筑	58	9.4	1.4	主要是历史上自行建造的老旧建筑，一般作为临时性住宅或者储存建筑

选择一栋钢筋混凝土框架办公楼和一栋砌体结构住宅楼作为示例建筑，来展现建筑性能模型的建立情况。表 8.3-2 显示了两栋示例建筑（以下用其代号 RC_Office 和 Mas_Residence 加以指代）的基本信息。需要说明的是，当获取了这些基本信息后，就可以使用第 7 章建议的方法建立建筑的多自由度层模型，从而获取其 EDP 集。RC_Office 和 Mas_Residence 的重要 PG 的种类和分布情况列于表 8.3-3 和表 8.3-4 中，所考虑的其他 PG 的种类列于表 8.3-5 中。对于 FEMA P-58 中没有提供数据的 PG，则近似采用与之类似的 PG 的数据代替，在表中用括号标注。

表 8.3-2　两栋示例建筑的基本信息

代号	RC_Office	Mas_Residence
建筑名称	土木工程系馆	住宅小区 5 号楼
层数	4	6
层高/m	4.0	2.7
层面积/m²	630	434
使用功能	办公楼	住宅
重置成本/万美元*	685	251
结构类型	钢筋混凝土框架结构	砌体结构
建设年份	1995	1991

* 2011 年美元值。

表 8.3-3　RC_Office 的重要 PG 的种类和分布情况

分类	PG	易损性分类编码	单位	数量			
				1 楼	2 楼	3 楼	4 楼
结构构件	混凝土框架梁柱节点	B1041.041a	个	10	19	19	19
	—	B1041.041b	个	13	25	25	25
	—	B1041.042a	个	9	0	0	0
	—	B1041.042b	个	12	0	0	0
非结构构件	外墙	B2011.201a	m²	523.2	523.2	523.2	523.2
	内隔墙	C1011.001a	m²	771.6	818.4	818.4	818.4
	天花板	C3032.003b	m²	630.0	630.0	630.0	630.0
	吊灯	C3034.002	个	28	126	93	85
	工作站	E2022.001	个	0	8	10	16
	计算机	E2022.022	个	19	48	66	98
	办公桌	（E2022.020）	个	25	84	63	104
	空调	E2022.021	个	13	16	20	16
	打印机	（E2022.022）	个	11	9	12	7
	虚拟现实实验设备	（C3033.002）	套	0	0	0	1
	远程会议设备	（E2022.020）	套	0	0	1	0
	投影仪	（C3033.002）	个	11	9	12	7

表 8.3-4　Mas_Residence 的重要 PG 的种类和分布情况

分类	PG	易损性分类编码	单位	每层数量
结构构件	砌体承重墙	B1052.011	m²	265.3
非结构构件	内隔墙	C1011.001a	m²	158.0
	天花板	C3032.003b	m²	434.0
	吊灯	C3034.002	个	6
	计算机	E2022.022	个	10
	电视	E2022.022	个	8
	床	（E2022.020）	个	18
	空调	E2022.021	个	12
	桌椅	（E2022.020）	个	14
	衣柜	（E2022.020）	个	15
	热水器	E2022.021	个	6

表8.3-5　其他PG

PG	易损性分类编码	PG	易损性分类编码
屋顶	B3011.011	排污管	D2031.013b
墙面装修	C3011.002c	HVAC 管道	D3041.021c
电梯	D1014.011		D3041.022c
冷水管道	D2021.013a	HVAC 其他配件	D3041.032c
	D2021.013b	变风量通风设备	D3041.041b
热水管道	D2022.023a	消防设备	D4011.033a
	D2022.023b		

参考文献（Lu，et al.，2012；施炜，2014）中的做法，采用 FEMA P695 推荐的22组远场水平地震动记录（FEMA，2009）进行 IDA 分析，以建立建筑的倒塌易损性曲线。倒塌分析的地震动强度指标可以有多种选择（Lu，et al.，2013b；Lu，et al.，2013c），但本节依据我国抗震设计规范（GB 50011—2010），选择 PGA 作为地震动强度指标。采用对数正态拟合，得到两栋示例建筑的倒塌易损性和修复易损性曲线参数（均值和离差）如表 8.3-6 所示。其倒塌中值与最大考虑地震（MCE）强度（0.4g）的比值分别为 3.11 和 1.85，与其他关于校园建筑抗倒塌能力的研究结果相比基本一致（Tang，et al.，2011；Lu，et al.，2012）。倒塌离差仅考虑了地震动的随机性，其结果与 Haselton 等（2010）对 30 个混凝土结构的 IDA 分析得到的离差平均值（0.398）基本一致。建筑的修复易损性曲线参数采用 FEMA P-58（FEMA，2012a）中表 C-1 建议的值。

表8.3-6　两栋示例建筑的倒塌易损性和修复易损性曲线参数

代号		RC_Office	Mas_Residence
倒塌易损性曲线	PGA 中值（g）	1.25	0.74
	离差	0.44	0.42
修复易损性曲线	残余位移角中值	0.01	0.01
	离差	0.3	0.3

8.3.3.3　地震动记录的选择与调幅

FEMA P-58 建议采用以下步骤完成地震动记录的选择与调幅：首先根据工程信息选定一条目标反应谱，然后筛选出若干对在感兴趣周期段内反应谱形状与目标反应谱形状相似的地震动，最后将所选地震动进行调幅，使其地震强度指标符合要求，然而本节在选取地震动记录时进行了简化处理。

（1）由于北京地区的强震记录较为缺乏，本节直接选择了 FEMA P695 中推荐的适用于 C、D 类场地的22 组远场地震动记录、14 组近场地震动记录（有脉冲）和14 组近场地震动记录（无脉冲），一共 50 组记录的水平分量（FEMA，2009）。之所以选取这组地震动，主要是因为：①这些地震动和本研究对象场地土类型比较接近；②这些地震动在相关研究中被大量采用（Lu，et al.，2013b；Shi，et al.，2014），便于读者对比分析本节研究的结论；③本研究主要是说明在区域地震损失预测中应用非线性时程分析、多自由度集中质量层和 FEMA P-58 损失评价方法的可行性与优越性，而非一个具体的工程应用案例。所以选择了这样一组比较通用的地震动。

（2）由于我国抗震规范（GB 50011—2010）以 PGA 作为地震动强度指标，本节也采用 PGA。

（3）由于本节所研究的算例区域面积较小，且场地条件变化不大，对每栋建筑采用相同的地震动输入。如果区域面积大，场地条件复杂多变，则应考虑地震动的多点输入。

8.3.4　损失预测结果及讨论

根据我国抗震规范（GB 50011—2010），清华大学校园的地震重现期与 PGA 的关系如表 8.3-7 所示。将地震动记录调幅使其 PGA 分别为 0.07g、0.2g、0.4g，进行三组基于地震强度的损失预测，用损失比（地震损失与建筑重置成本的比值）作为衡量损失情况的参数。

表 8.3-7　清华大学校园的地震重现期与 PGA 的关系

地震水准	重现周期/年	PGA（g）
小震（多遇地震）	50	0.07
中震（设防地震）	475	0.2
大震（罕遇地震）	2 475	0.4

8.3.4.1　两栋示例建筑的地震损失预测结果

两栋示例建筑的地震损失预测结果如图 8.3-7 所示。对于 RC_Office，PGA 为 0.07g 时，损失轻微，结构构件基本处于弹性状态，几乎没有造成经济损失；位移敏感型非结构构件的损失占主要部分，主要由隔墙和墙面装修的维修成本引起。PGA 为 0.4g 时，结构构件、加速度敏感型非结构构件的维修损失所占比例逐渐增大。相反，Mas_Residence 的地震经济损失要远远高于 RC_Office，这是因为一方面砌体结构的抗震性能要低于框架结构，另一方面砌体承重墙对变形十分敏感，很容易造成损坏。

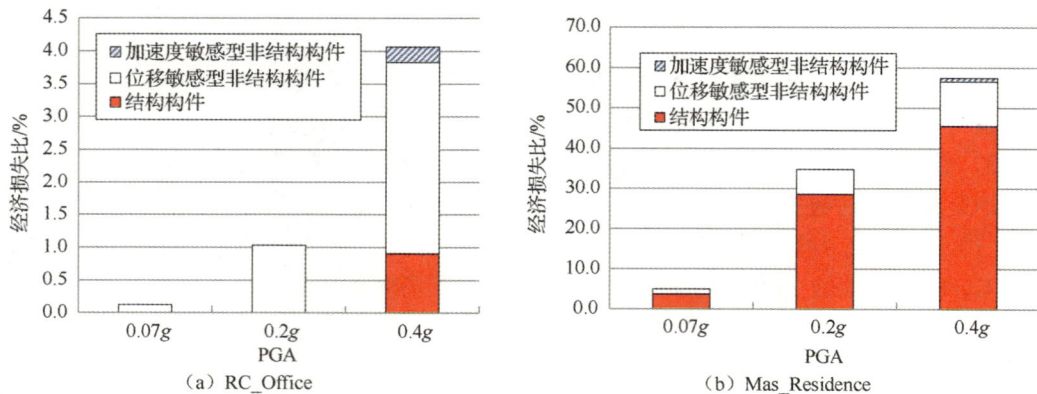

（a）RC_Office　　（b）Mas_Residence

图 8.3-7　三种地震强度作用下两栋示例建筑的地震损失预测结果

图 8.3-8 所示的是 RC_Office 每层的非结构构件的损失情况。可知，非结构构件中的墙体（外墙、隔墙以及墙面装修）的维修费用占的比例较高，甚至在结构的 IDR 不大时，墙体就开始破坏并导致维修成本。值得注意的是 3 层的远程会议设备和 4 层的计算机造成的损失比较突出。这是因为远程会议设备十分昂贵，而 4 层的计算机数量远大于其他楼层（表 8.3-3）。由此可知，损失分析结果很好地反映了 RC_Office 的各楼层财产分布特点。

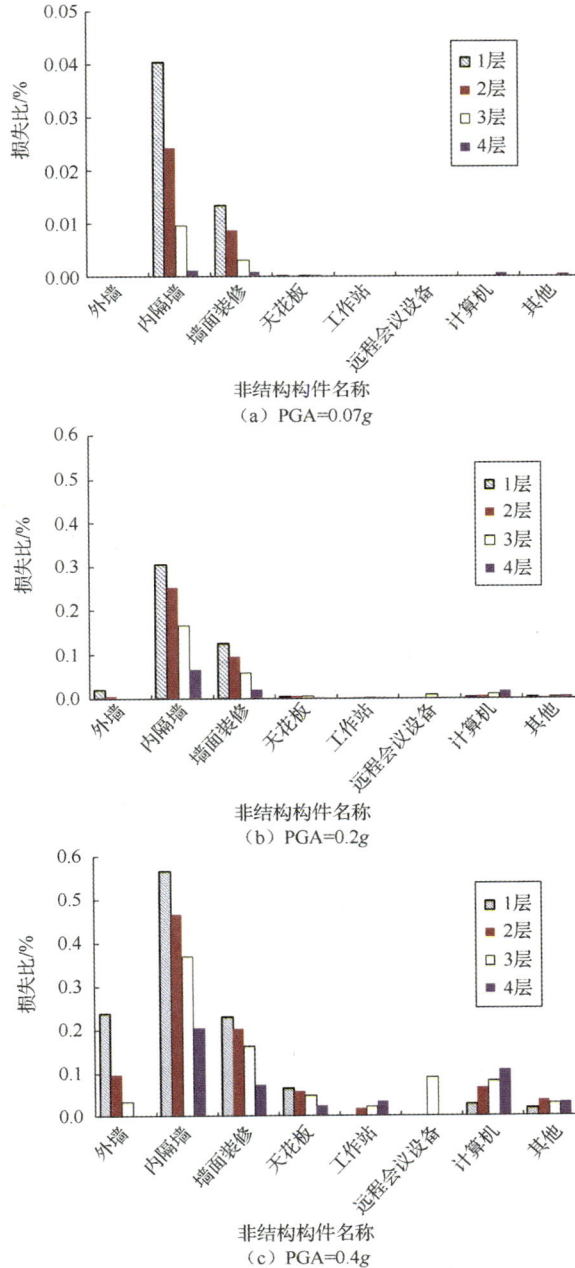

（a）PGA=0.07g

（b）PGA=0.2g

（c）PGA=0.4g

图 8.3-8　三种地震强度作用下 RC_Office 每层的非结构构件的损失情况

8.3.4.2　算例区域地震损失预测结果

图 8.3-9 所示的是在三种地震强度作用下，算例区域的地震损失预测结果。采用本节建议的方法，使用一台普通桌面计算机对整个校园区域的 619 栋建筑进行一次 40s 的非线性时程分析，耗时仅为 15s，体现了该方法的高效性。图 8.3-9 中，总损失比是地震总损失与区域建筑总重置成本（74.76 亿美元）的比值。在 PGA 为 0.07g、0.2g 和 0.4g 时，总损失比中值分别为 1.3%、13.7% 和 34.9%。将这些总损失中值进一步分为由建筑倒塌引起的损失、由不可修复变形引起的损失和维修损失，结果如图 8.3-9（b）所示。从图中可见，在 0.07g 地震强度下，地震总损失主要来自于维修损失；随着地震强度的增大，不可修复变形引起的损失逐渐增大。但即使是在 0.4g 的强震作用下，由建筑倒塌引起的损失所占比例也很小。这与 8.3.1 节中提到的 2010 年智利地震和 2011 年新西兰地震的损失结果比较相似：在强震作用下，虽然发生倒塌的建筑很少（Elnashai，et al.，2010；Smyrou，et al.，2011），但大量建筑破坏太严重，甚至不得不拆除。最终，维修和拆除费用导致经济损失巨大。因此，发展功能可恢复（resilience）抗震研究具有重要价值。

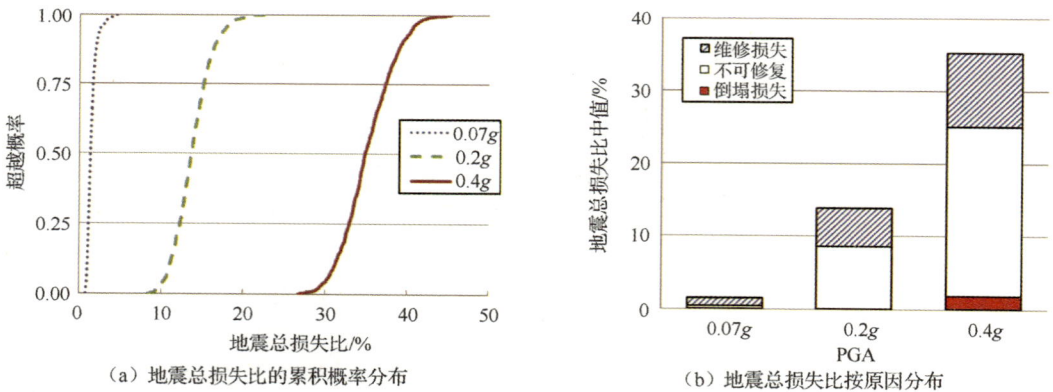

（a）地震总损失比的累积概率分布　　　　（b）地震总损失比按原因分布

图 8.3-9　三种地震强度作用下算例区域的地震损失预测结果

为了验证本节提出的方法是否能考虑速度脉冲的影响，分别用 14 组有速度脉冲的近场地震动和 14 组无速度脉冲的近场地震动作为输入，对算例区域的经济损失结果的影响，如图 8.3-10 所示。速度脉冲会增大算例区域的经济损失（在 PGA 为 0.2g 时增大了约 50%，在 0.4g 时增大了约 60%），这是因为速度脉冲会加重区域建筑的破坏状态（Lu，et al.，2014b）。因此，本节提出的区域地震损失预测方法可以很好地考虑速度脉冲等地震动特征的影响。

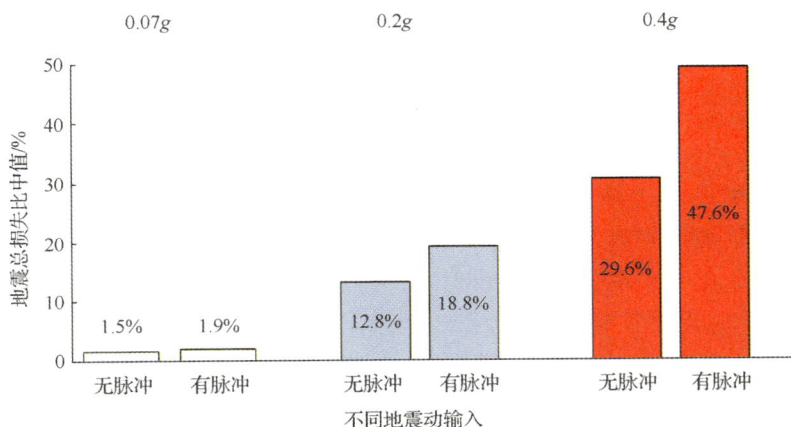

图 8.3-10 速度脉冲对算例区域的经济损失结果的影响

8.3.5 小结

基于新一代性能化设计思想，本节综合 FEMA P-58 建筑地震损失评价方法、多自由度层模型和非线性时程分析，提出了一种新的区域建筑地震损失预测手段，使之能提供具体到建筑各层、各种结构构件和非结构构件的详细损失结果。以清华大学校园为算例区域，进行了地震损失预测，以说明该损失预测手段的实现过程。对预测结果进行分析后，得到了以下几个主要结论。

（1）基于多自由度模型和非线性时程分析的区域建筑震害预测方法，可以提供 FEMA P-58 方法所需的各个建筑每层的峰值层间位移角、峰值楼层加速度等工程需求参数，从而实现了基于 FEMA P-58 方法的区域建筑地震损失预测。

（2）在小震（PGA=0.07g）作用下，区域地震总损失主要来自于维修损失；在强震（PGA=0.4g）作用下，总损失主要来自于维修损失和不可修复变形导致的拆除和重建费用，建筑倒塌损失所占的比例较小。这与 2010 年 M8.8 智利地震、2011 年 M6.2 新西兰地震的损失结果比较相似。

（3）本节提出的损失预测方法，可以考虑速度脉冲等地震动特征对区域建筑地震损失的影响。在速度脉冲作用下，结构的位移响应增大，从而导致总损失增大。

需要注意的是，本节旨在提出一个新的区域建筑地震损失预测手段，而不是为清华校园进行一次精确的地震损失预测。这种精确的预测依赖于区域建筑信息、易损性信息等数据的合理性。本节使用的 PG 的易损性曲线、结果函数和典型数量都来自于 FEMA P-58 推荐的取值，由于我国和美国的地域差别，使用这些取值得到的具体地震损失金额可能不一定非常准确。但在后续工作中，将会对易损性信息、结果函数等数据进行合理选取，使之更加符合目标区域所在地区的特点。

8.4　基于 BIM 数据的城市建筑震损预测

8.4.1　引言

由于 FEMA P-58 方法可以直接计算建筑内每类构件的地震破坏与损失，从而更精细地考虑建筑地震损失，被一些研究认为是目前建筑性能评价最先进的方法之一（Dimopoulos, et al., 2016）。但与此同时，正因为 FEMA P-58 是一种构件级别的评价方法，应用该方法时需要非常精细的数据。例如，FEMA P-58 提供了 12 种不同的墙面装修类型（其中 9 种可用），需根据面层材质、墙体高度、墙体上部固定形式等数据，才能确定某一墙面对应的具体装修类型。因此，建筑数据的完备程度将对建筑震损评价产生重要影响。对于城市区域，这些精细化数据的获取将成为一个问题。

建筑信息模型（BIM）可能是解决上述问题的一个关键技术。BIM 致力于实现不同建筑工程领域的信息共享和协同管理（Lee, et al., 2014），它包含丰富的结构和非结构信息，可为建筑震损评价提供关键数据支持（Perrone, et al., 2017）。然而，将 BIM 应用于基于 FEMA P-58 方法的建筑震损评价时，尚面临两个问题：①建筑信息模型中，不同发展程度（level of development，LOD）的构件包含的建筑信息的丰富程度不同，需设计一个统一的方法框架处理不同的 LOD，且 LOD 越高，震损结果应当越精确；②即使一个建筑信息模型的构件有很高的 LOD，也可能并不包含 FEMA P-58 判断该构件所需的全部信息，或因不同建模者的建模风格不同导致信息提取困难或提取失败。因此，需对 BIM 建模过程提出适当的要求，使得所建立的模型能为建筑震损评价提供尽量多的有用数据。

本节聚焦于如何结合 BIM 与 FEMA P-58 方法进行建筑非结构构件震损评价。首先，探讨 FEMA P-58 方法的局限性，然后有针对性地提出了改进方案。具体地，结合构件的分类决策树，给出当信息不全时构件类型的确定以及构件脆弱性函数的建立方法（这一方法既适用于非结构构件，也适用于结构构件），并举例说明不同 LOD 的构件的脆弱性函数的特征。为了从建筑信息模型中提取尽可能多的有用信息，本节建议 BIM 建模规则和基于 Revit 应用编程接口（API）的信息提取方法。最后，以网上公开的一栋办公楼为例，进行不同信息丰富程度下的地震损失预测。本节建议的 BIM 与 FEMA P-58 结合的方法，可为精细化建筑抗震性能评价的自动化提供参考。

8.4.2　新一代性能化设计方法的局限性

基于新一代性能化设计方法的结构震损计算步骤如下。

（1）选择合适的地震输入，计算结构的响应（EDP），包括每层的最大层间位移角、最大楼面加速度等。

（2）对于不发生倒塌且可修复的情形，逐构件计算修复费用：根据构件所在楼层的 EDP 和构件的易损性曲线［图 8.4-1（a）］计算构件的破坏状态，进而根据相应的损失后果函数［图 8.4-1（b）］计算修复费用。

（3）加总各个构件的修复费用，得到整个结构的地震损失，并通过蒙特卡罗模拟考虑结构响应、构件易损性曲线、损失函数的不确定性。

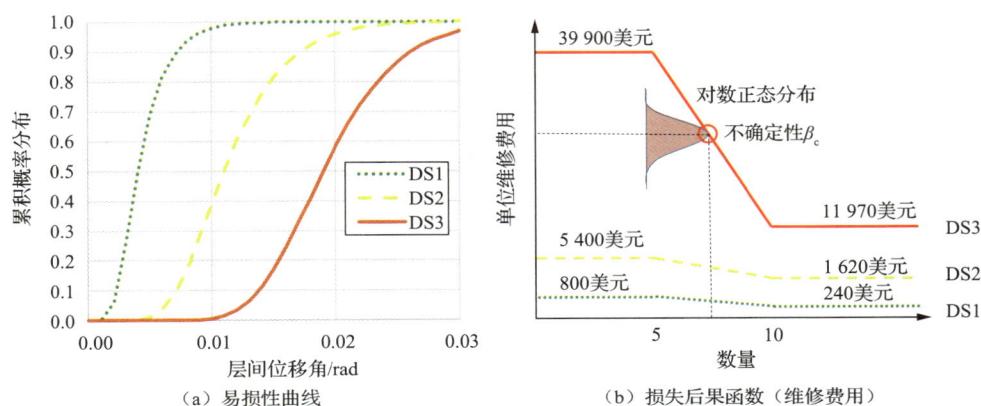

图 8.4-1　典型构件石膏板隔墙的易损性曲线和损失后果函数（FEMA，2012a）

为使 FEMA P-58 可以得到实际应用，FEMA（2012a）提出了 764 种构件数据库（其中 322 种构件需用户提供部分参数，尚不能直接应用），包括易损性曲线和后果函数等。例如，FEMA P-58 提供了五种石膏板隔墙构件，不同构件通过骨架材质、墙体高度、安装信息（上部固定形式）等属性进行分类，其决策树如图 8.4-2 所示，叶节点的易损性分类编码代表一个特定的构件。其中，虚框所示的叶节点代表该构件缺失部分参数，需用户提供，否则无法直接使用。需要说明的是，本节讨论的 FEMA P-58 构件数据库是指目前最新的更新于 2016 年 9 月的版本（ATC，2016）。

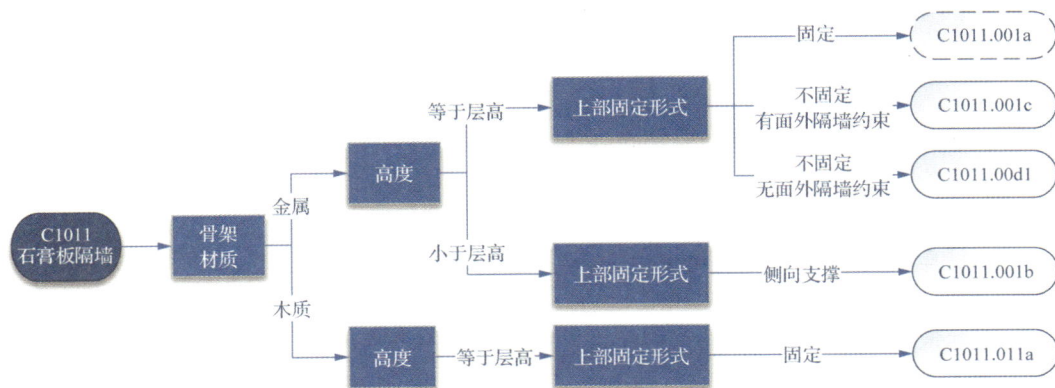

图 8.4-2　FEMA P-58 构件数据库中石膏板隔墙的决策树

　　尽管 FEMA（2012a）经过 10 年的努力建立了这样一个丰富的构件数据库，但它仍然存在如下局限性。

　　（1）当信息不全时构件判断失效。从图 8.4-2 中可以看出，如果缺少构件的部分关键信息（例如石膏板隔墙构件的骨架材质未知），某些情况下无法唯一确定构件对应的分类编码，导致 FEMA P-58 分类失败。当分类失败时，一些文献采用某种特定规则选择构件，例如 Gobbo 等（2017）直接选用其中抗震性能最好的构件，另一些文献则直接假定了构件分类编码而未给出具体依据 [例如 Dimopoulos 等（2016）]，这样可能导致损失评价结果出现误差。

　　（2）提供的构件数据库仍有待进一步丰富。一方面，现有的构件数据库中仍有 42%的构件需要用户提供部分参数才能使用；另一方面，构件数据库中尚未包含部分类型的构件。例如，现有的数据库中提供了四类升降电梯（D1014），其中三类需用户提供数据；而对于电动扶梯（D1021），数据库中尚未有相关记录。

　　（3）仅适用于特定地区和时期。FEMA P-58 的构件数据库主要基于美国数据，它是否可以直接应用于其他国家和地区需要慎重考虑。例如，Del Vecchio 等（2017）的研究表明，将 FEMA P-58 的数据库直接应用于意大利的震损评价将显著低估填充墙、隔墙等的损失。此外，数据库中的损失函数需持续更新，否则几年后便将过时而不再适用（Jarret，et al.，2015）。

　　FEMA P-58 方法定义了开源的、格式化的构件易损性规格，且易损性数据库是灵活的、可扩充的，这些良好的设计使得数据库可以很容易地得到修改和扩充。因此对于（2）和（3）所述问题，可通过全世界的研究者共同的努力得以解决。研究人员开发新的或因地制宜的构件，经同行评审合格后，便可应用于 FEMA P-58 数据库中。例如，已有研究者开发了适用于意大利的混凝土框架梁柱构件和砌体填充墙构件（Cardone，et al.，2015；Cardone，2016）。全球地震模型（global earthquake model，GEM）基金会也提出了一系列技术指南，用于指导在全球各区域建立适用于当地的易损性关系（Porter，et al.，2015）。

　　基于上述原因，本节不讨论（2）和（3）所述问题，而仅针对（1）提出改进方案，具体方法请见第 8.4.3 节。

8.4.3　适用于多 LOD 数据的构件脆弱性函数

8.4.3.1　方法框架

　　针对上一节所述 FEMA P-58 方法的局限性（1），本节给出的改进方案如下。

　　（1）确定候选易损性分类编码。当采用决策树确定构件的具体分类时，如果缺少构件的部分关键信息，导致分类过程止于某一节点而无法到达叶节点时，则从该节点的子树中的所有可用的叶节点中随机选取一个叶节点。图 8.4-3 所示当信息不全时构件类型的确定方法，即假定对于一个石膏板隔墙，仅仅已知其为金属骨架材质及高度等于层高，而其他信息未知，则分类过程将会止于节点 3，从而只能判断其为 C1011.001a、C1011.001c 及 C1011.001d 中的一种。由于 C1011.001a 需要用户指定部分参数 [即上节所述 FEMA P-58 方法的局限性（2）]，在信息不充分的情况下，仅从两个候选构件类型（即 C1011.001c 与 C1011.001d）中随机挑选一种构件，选中的概率分别为 p_1 和 p_2，其中 $p_1 + p_2 = 1$。本节假定 $p_1 = p_2 = 0.5$，当有其他先验知识（例如假如已知"有面外隔墙约束"能更好地模拟内隔墙的易损性）时，可以对 p_1 和 p_2 的取值作相应调整。

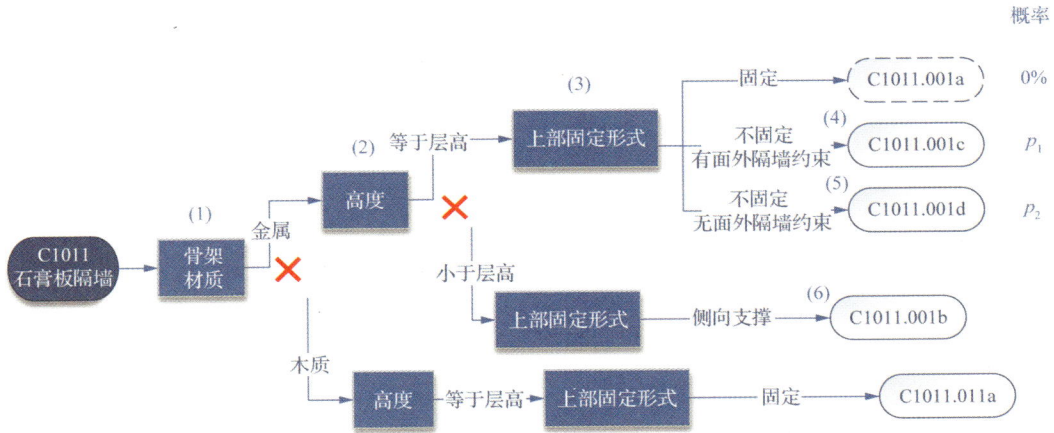

图 8.4-3   当信息不全时构件类型的确定方法

（2）蒙特卡罗模拟。利用蒙特卡罗方法进行大量随机模拟，得到该情形下构件的脆弱性函数（维修费用这一随机变量关于 EDP 的函数，即图 8.4-1 所示易损性曲线和损失后果函数的结合），且所得的脆弱性函数综合了所有候选构件类型（对本例即为 C1011.001c 与 C1011.001d）的特性。这一计算脆弱性函数的流程如图 8.4-4 所示，令 EDP 在一个感兴趣的范围 [0, 上限值] 内每隔 Δ_{edp} 取值。对于一个给定的 EDP = edp，进行蒙特卡罗分析，每次分析称之为一次"实现"。在每次实现中，首先随机确定构件易损性分类编码；再根据对应的易损性曲线和 edp，计算构件发生各个破坏状态的概率，并据此随机确定其破坏状态为 ds_i；根据破坏状态 ds_i 对应的损失后果函数，随机确定构件的单位维修费用 $l \mid edp$。通过进行多次实现，则可以得到 $l \mid edp$ 的多个样本值。这里随机变量 $l \mid edp$ 并不服从常见的分布（如正态分布等），且不同 edp 分布的特征也不同。为直观方便起见，采用 $l \mid edp$ 的 10%分位值、中位值、90%分位值等刻画其分布特征。数值实验表明，当实现次数超过 500 次时，得到的 $l \mid edp$ 的分布趋于稳定。由于每次实现的计算耗时并不大（远小于 1ms），本节取实现次数 = 1000。

建筑信息模型中可能包含不同 LOD 的构件，因此可用信息的丰富程度不同。上述方法的主要优势在于：既可以使用一个基于 FEMA P-58 方法的统一框架处理不同 LOD 构件的损失评价，又能充分利用可用的信息。当信息越充分时，候选的构件类型越少，所对应的脆弱性函数的不确定性越低。

本节重点聚焦非结构构件的损失预测，但上述构件脆弱性函数建立方法既适用于非结构构件，也适用于结构构件。下面将以几个代表性的结构构件和非结构构件为例，说明不同 LOD 构件的脆弱性函数的建立。

```
       ┌──────┐      ┌──────────┐
       │ 开始 │─────▶│ edp=0.0  │
       └──────┘      └──────────┘
                          │
                          ▼
                   ┌──────────────┐
              ┌───▶│  循环计数器    │
              │    │    i=0        │
              │    └──────────────┘
              │           │
              │           ▼
              │    ┌──────────────┐
              │    │ 从构件的候选易损 │◀───┐
              │    │ 性分类编码中，   │    │
              │    │ 随机确定一个编码  │    │
              │    └──────────────┘    │
              │           │            │
              │           ▼            │
              │    ┌──────────────┐    │
              │    │ 根据易损性曲线， │    │
              │    │ 计算破坏状态dsᵢ  │  ┌──────┐
              │    └──────────────┘  │ i++  │
              │           │          └──────┘
              │           ▼            ▲
              │    ┌──────────────┐    │
┌──────────┐ │    │ 根据破坏状态dsᵢ对│    │
│edp+=Δedp │ │    │ 应的损失函数，   │    │
└──────────┘ │    │ 计算单位维修费用  │    │
      ▲      │    └──────────────┘    │
      │      │           │            │
      │      │           ▼            │
      │      │      ╱是否╲      否      │
      │      │    ╱ i=实现次数?╲──────────┘
      │      │      ╲      ╱
      │      │         │是
      │      │         ▼
      │      │   ┌──────────────┐
      │      │   │ 得到该edp下单位 │
      │      │   │ 维修费用的分布   │
      │      │   │(10%分位值，中位  │
      │      │   │值，90%分位值等)  │
      │      │   └──────────────┘
      │      │         │
      │      │  否     ▼       是    ┌──────┐
      └──────┴─────╱是否╲──────────▶│ 结束 │
                 ╱edp=上限值?╲       └──────┘
                   ╲      ╱
```

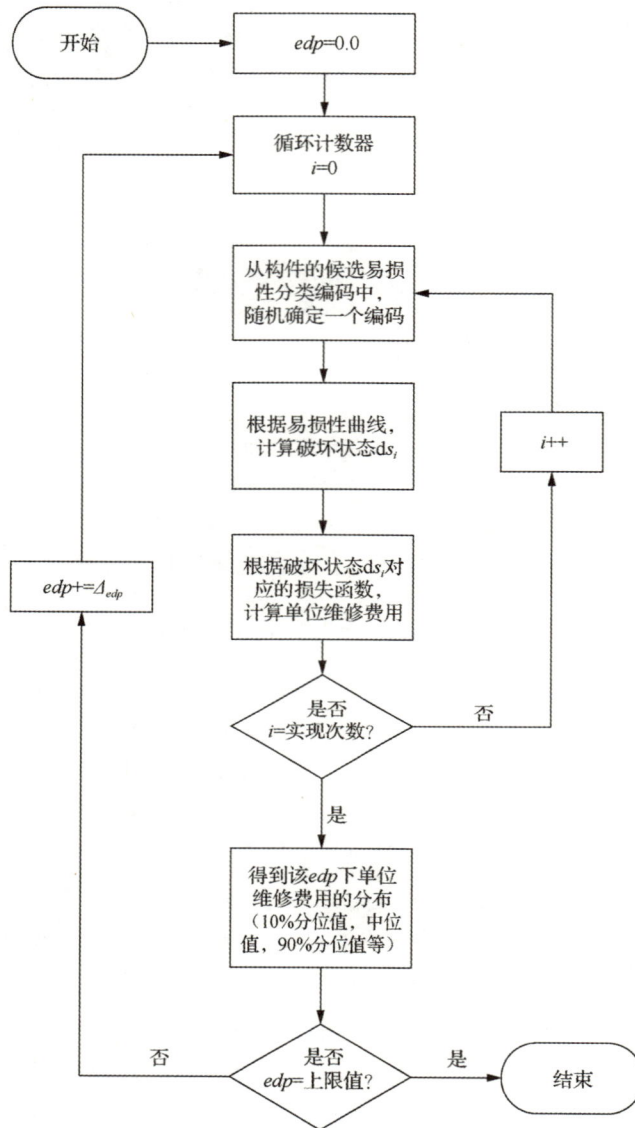

图 8.4-4　使用蒙特卡罗方法计算脆弱性函数的流程图

8.4.3.2　结构构件脆弱性函数确定

结构构件以抗弯钢框架（B1035）为例，FEMA P-58 中提供了 12 种构件，其决策树如图 8.4-5 所示，分类属性包括钢框架节点两侧梁的数量、梁高、钢框架梁柱连接类型、梁端是否为狗骨截面（RBS）等。选择决策树中 6 个节点作为案例进行说明，将其按照深度顺序编号为 1～6 号，计算每个节点的脆弱性函数。FEMA P-58 数据库给出的维修费用与构件数量有关，以考虑规模经济效应［图 8.4-1（b）］，但为讨论方便起见，这里假定一共 10 个构件并取其单价。

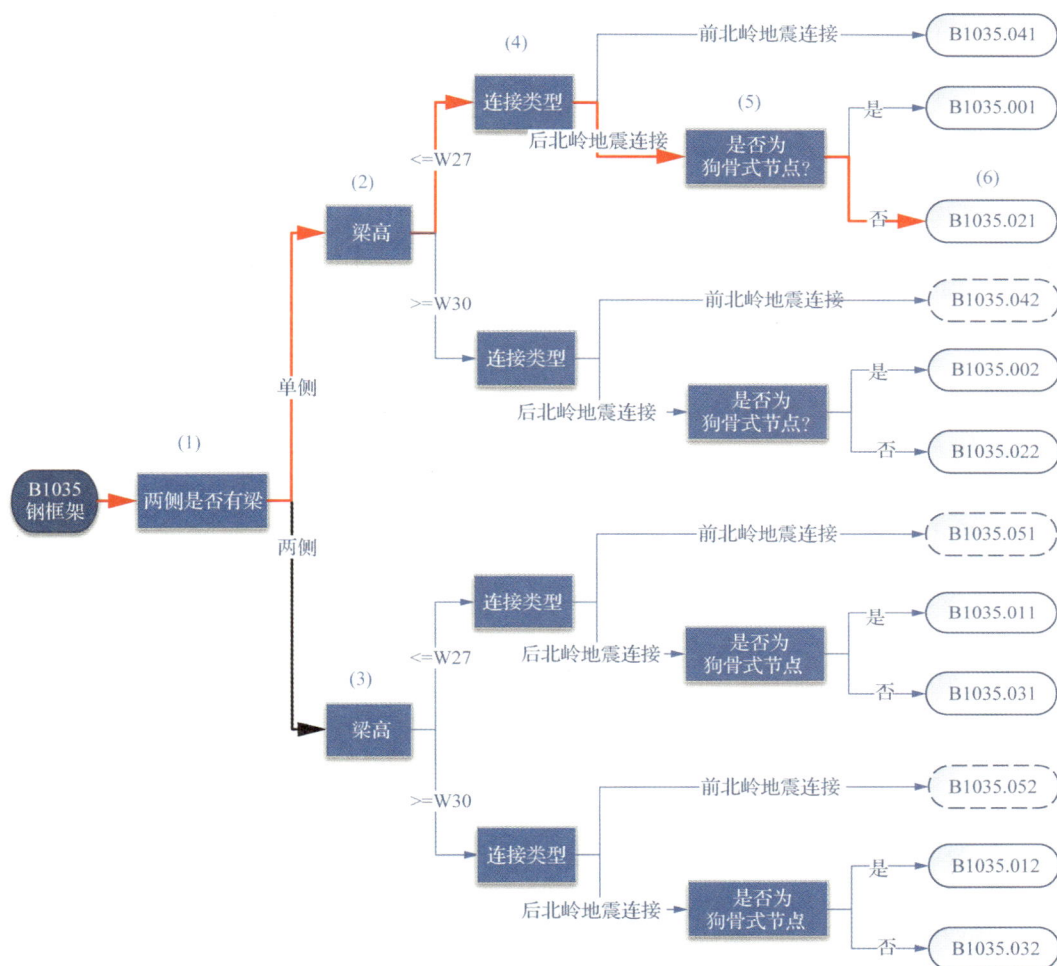

图 8.4-5　FEMA P-58 构件数据库中钢框架的决策树

计算得到的 1～6 号节点的脆弱性函数如图 8.4-6 所示。抗弯钢框架的 EDP 类型为层间位移角，当它大于 0.08 时，单位维修费用的分布基本趋于稳定。对比不同节点的脆弱性函数，可得到一些有趣的结论。

（1）图 8.4-6（a）表明，即使不知道抗弯钢框架的任何信息，仍可计算其维修费用，只是其不确定性比较大。

（2）对比图 8.4-6（d）～（f）可知，随着所提供的信息逐渐丰富，所达节点的深度越深，维修费用的不确定性有减小趋势。因此，更多有用信息能带来更好的震损预测结果。

（3）有些信息（如两侧梁的数量）作用有限，带来的中位值的变化和不确定性的减小都不明显［图 8.4-6（a）和（b）］；而有些信息（如钢框架梁柱连接类型）则可以显著减小不确定性［图 8.4-6（d）和（e）］，因此图 8.4-6 所示决策树中不同节点的脆弱性函数有助于识别影响震损评价的关键属性。

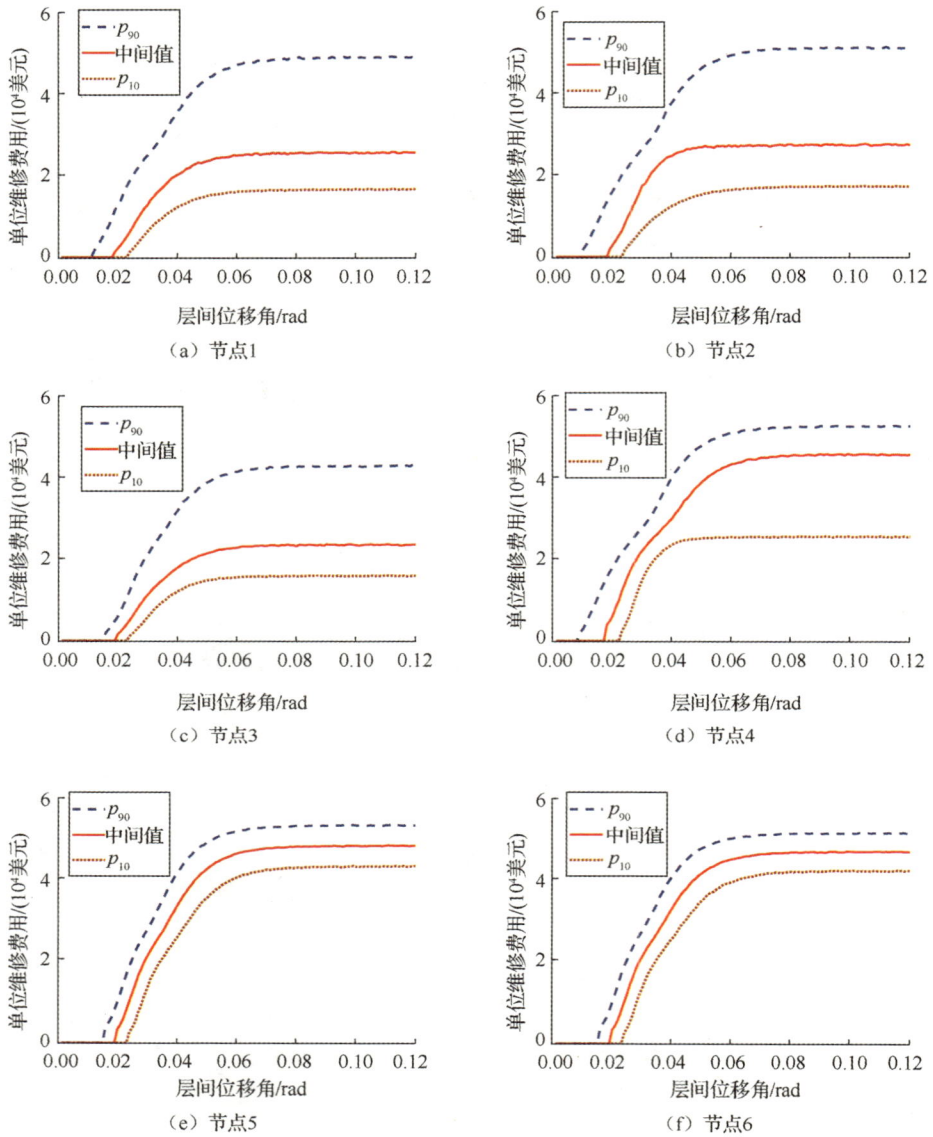

（a）节点1　　　　　　　　　　　　　（b）节点2

（c）节点3　　　　　　　　　　　　　（d）节点4

（e）节点5　　　　　　　　　　　　　（f）节点6

图 8.4-6　抗弯钢框架 1～6 号节点的脆弱性函数

（其中 p_{10} 表示 10%分位值，p_{90} 表示 90%分位值）

　　美国建筑师学会（AIA）定义了 LOD 纲要，BIMForum（2017）对其进行了细化。根据 BIMForum（2017）中对抗弯钢框架的细化规定，LOD 200 的构件应有定义好的结构网格（布局）；LOD 350 及以上的构件应给出构件尺寸和连接细节。因此 LOD 200 构件可提供构件数量、构件两侧梁数量等信息，从而到达节点 2 或节点 3（例如图 8.4-5 中黑色粗线条所示），而 LOD 350 及以上构件则包含了所有所需信息，因而可直达叶节点（例如图 8.4-5 中红色粗线条所示）。

8.4.3.3　非结构构件脆弱性函数确定

非结构构件以石膏板隔墙（C1011）为例，其决策树如图 8.4-3 所示。选择决策树中 6 个节点作为案例进行说明，将其按照深度顺序编号为 1～6 号，计算每个节点的脆弱性函数（图 8.4-7）。假定有 10 个构件并取其单价，当层间位移角大于 0.04rad 时，单位维修费用的分布基本趋于稳定，例外的是节点 1 和节点 3 的中位值。以节点 3 在层间位移角为 0.06rad 时的维修费用 $l_3 \mid 0.06$ 为例，它的两个候选构件类型，即 C1011.001c [图 8.4-7（d）] 与 C1011.001d [图 8.4-7（e）]，维修费用相差很大，导致 $l_3 \mid 0.06$ 的概率密度有多个峰值，且中位值对应的概率密度分布值很低 [图 8.4-8（a）]，即 $l_3 \mid 0.06$ 的经验累积分布函数的中位值的斜率很小 [图 8.4-8（b）]，因此会导致波动明显。

需要说明的是，当层间位移角为 0.06rad 时，C1011.001c 与 C1011.001d 都将以几乎 100%的概率达到各自最大的破坏状态。而 C1011.001c 定义了三种破坏状态，C1011.001d 只定义了前两种破坏状态。由于破坏状态 3 对应的维修费用远远大于破坏状态 2 对应的维修费用 [图 8.4-1（b）]，导致层间位移角为 0.06rad 时 C1011.001c 的维修费用远大于 C1011.001d。

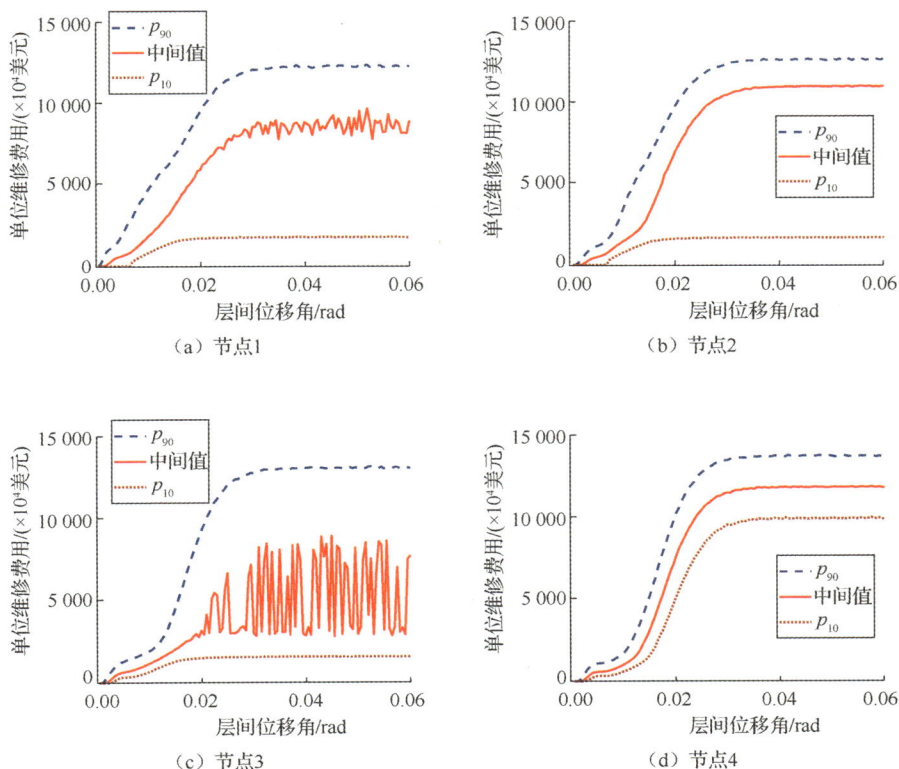

图 8.4-7　石膏板隔墙 1～6 号节点的脆弱性函数

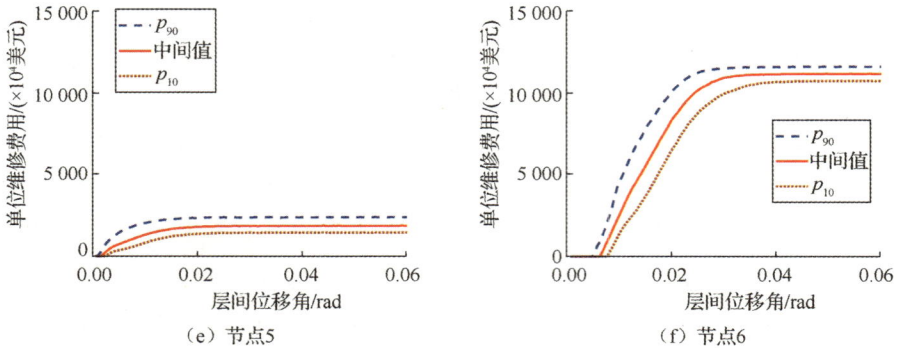

（e）节点5　　　　　　　　　　（f）节点6

图 8.4-7（续）

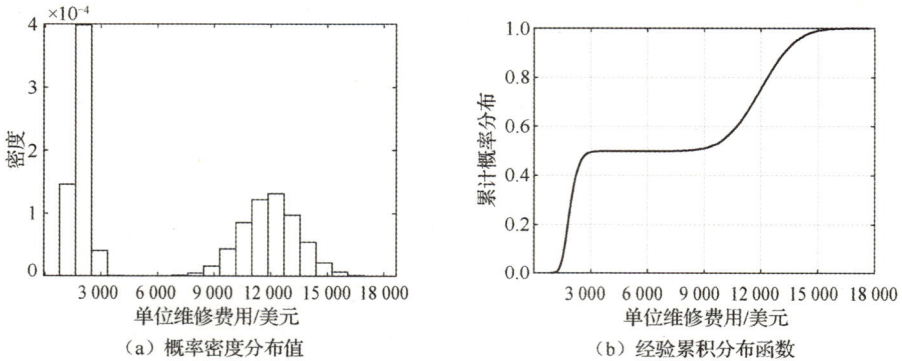

（a）概率密度分布值　　　　　　（b）经验累积分布函数

图 8.4-8　层间位移角=0.06 时，石膏板内隔墙节点 3 的样本特性

（取实现次数=10 000，得到 10 000 个样本）

　　根据 BIMForum（2017）中对隔墙的细化规定，LOD 200 的构件应有定义好的材质，但布局、位置、高度等属性仍可变；LOD 300 应有定义好的几何和位置信息；LOD 350 及以上的构件应定义隔墙各边与其他物体的交界面。因此，LOD 200 构件可到达深度为 2 的节点［例如图 8.4-3 中节点（2）］；LOD 300 构件可到达深度为 3 的节点［例如图 8.4-3 中节点（3）］；而 LOD 350 及以上构件则包含了所有所需信息，而可直达叶节点［例如图 8.4-3 中节点（4）～（6）］。

　　BIM 提供的信息不仅可以降低构件种类的不确定性，还能降低构件数量的不确定性。例如对一个 LOD 200 的隔墙，如果其数量不定，则可以根据 FEMA（2012b）附表 F 给出的构件数量统计表以及 FEMA P-58 报告附带的构件数量估计工具（FEMA，2012b）进行估计。例如，一个 900m^2 的办公楼约含有 10 个单位的隔墙（单位为 1 300ft^2），对数标准差为 0.2，考虑数量的不确定性后，计算得到的图 8.4-3 中节点 2 的脆弱性函数如图 8.4-9 所示。对比图 8.4-7（b），可知如果获取了构件数量的确切信息，维修费用的不确定性可以显著降低。

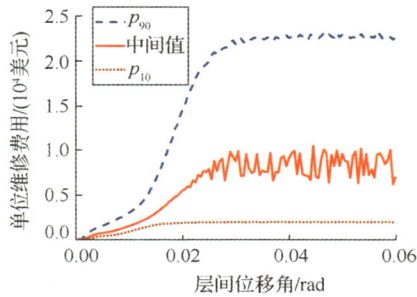

图 8.4-9 考虑构件数量不确定性的石膏板内隔墙节点 2 的脆弱性函数

8.4.4 BIM 建模规则与信息提取

8.4.3 节的分析表明,本节建议的建筑地震损失评价方法可适用于多 LOD 构件,构件中包含的有效信息越丰富,所得的结果不确定性越小。然而,即使一个建筑信息模型的构件有很高的 LOD,也可能因不同建模者的建模风格不同导致信息提取困难或提取失败。因此需对 BIM 建模过程提出适当的要求,使得所建立的模型能为建筑震损评价提供尽量多的有用数据,且这些数据可以较方便地被获取。

目前 BIM 建模的软件平台很多,为了便于说明,本节所提及的 BIM 建模采用广泛使用的 Autodesk 公司推出的 Revit 2018 软件,而对应地,信息提取则使用 Revit 的 API 2018(Autodesk,2018a)完成。

构件的信息提取分为以下两个步骤:①利用 Revit API 中的过滤器获取建筑信息模型中包含的各类构件数量;②获取构件的相关属性。

8.4.4.1 抗弯钢框架

结构构件以抗弯钢框架为例,根据其构件分类决策树,总结分类所需数据需求,其需求与 BIM 建模规则如表 8.4-1 所示。通过指定梁柱材料为钢,确定该结构的类型为钢框架。柱两侧梁的数量和梁高只需正常建模,即可通过 API 获取梁的几何属性和位置得到。

表 8.4-1 抗弯钢框架的信息需求与 BIM 建模规则

信息需求	信息来源	建模规则
梁柱类型	梁柱材料	使用系统族:结构-框架-钢、结构-柱-钢
梁高	梁几何属性	正常建模
梁数量	梁几何位置	允许梁跨节点定义,允许柱跨层定义
连接类型（方法 1）	钢结构梁柱连接参数	安装官方插件"Autodesk Steel Connections for Revit 2018"。使用其系统族为连接建模。以系统族"Moment connection"为例,指定参数 cut type（焊孔）为 Contour,且下部 backing bar（焊接垫板）为 none,则为后北岭地震连接,否则为前北岭地震连接
连接类型（方法 2）	用户指定参数	使用系统族:结构-连接,在类型属性中,设置"类型标记（Type mark）"参数为:A0-前北岭地震连接;B0 或 B1-后北岭地震连接
是否为狗骨式节点（方法 1）	钢结构梁柱连接参数	安装官方插件"Autodesk Steel Connections for Revit 2018"。使用其系统族为连接建模。指定参数 Top 或 Bottom flange cut 为 none 则为非狗骨式节点,否则为狗骨式节点
是否为狗骨式节点（方法 2）	用户指定参数	使用系统族:结构-连接,在类型属性中,设置"类型标记（Type mark）"参数为:B0-狗骨节点;B1-非狗骨节点

对于连接类型属性,情况则相对复杂一些。"连接类型"指前北岭地震连接与后北

岭地震连接。在 1994 年美国北岭地震和随后的 1995 年日本阪神地震中，人们发现过去被认为抗震性能很好的钢结构刚性连接却大量出现脆性破坏。为调查钢结构焊接刚性连接的破坏形式，研究其破坏机理，美国成立了一家名为"SAC"的合资机构（SAC，2000），开展了相关研究，并提出了修复措施和新的连接设计方法。因此，传统的焊接刚性连接被称为"前北岭地震连接"，而改进后的连接则被称为"后北岭地震连接"。

这两种连接方式的区别主要体现在细部构造措施上。例如，后北岭地震连接需要移除焊接垫板、改进焊孔形状等（FEMA，2000a）。因此可通过判断钢结构连接的细部构造，对连接类型进行分类。然而，Revit 2018 的系统族中未包括相关族类型，无法直接建立钢结构的细部连接模型。为此，本研究建议安装 Autodesk 公司的官方插件"Autodesk Steel Connections for Revit 2018"（Autodesk，2018b），并使用其提供的系统族进行建模。以系统族"Moment connection"为例，指定参数 cut type（焊孔）为 Contour，且下部 backing bar（焊接垫板）为 none，则为后北岭地震连接，否则为前北岭地震连接，焊孔形状如图 8.4-10（a）所示；狗骨式节点如图 8.4-10（b）所示。需要说明的是，现有研究对新的连接的构造要求提供了非常细致丰富的建议［如 FEMA（2000a）］，而本节此处仅以其中一个典型的构造要求为例进行说明。以上建模规则总结于表 8.4-1 中。

对于按照上述规则建立的 Revit 模型，可通过 Revit API 提取连接的细部信息，"Autodesk Steel Connections for Revit 2018"插件利用"可扩展存储"技术将这些信息以"schema"数据结构的形式绑定在连接实例中。连接的细部数据提取步骤如下：首先利用 API 提供的一种快速过滤器 ElementClassFilter，获取 Revit 模型中的 StructuralConnectionHandler 元素的集合，此即为 Revit 模型中按上述规则建立的各个刚性连接实例。之后获取这些实例所关联的 schema，schema 中各个字段的值即为连接实例的属性值。图 8.4-11 列出了利用 API 提取 Revit 模型连接细部信息并判断连接类型的部分 C#代码。

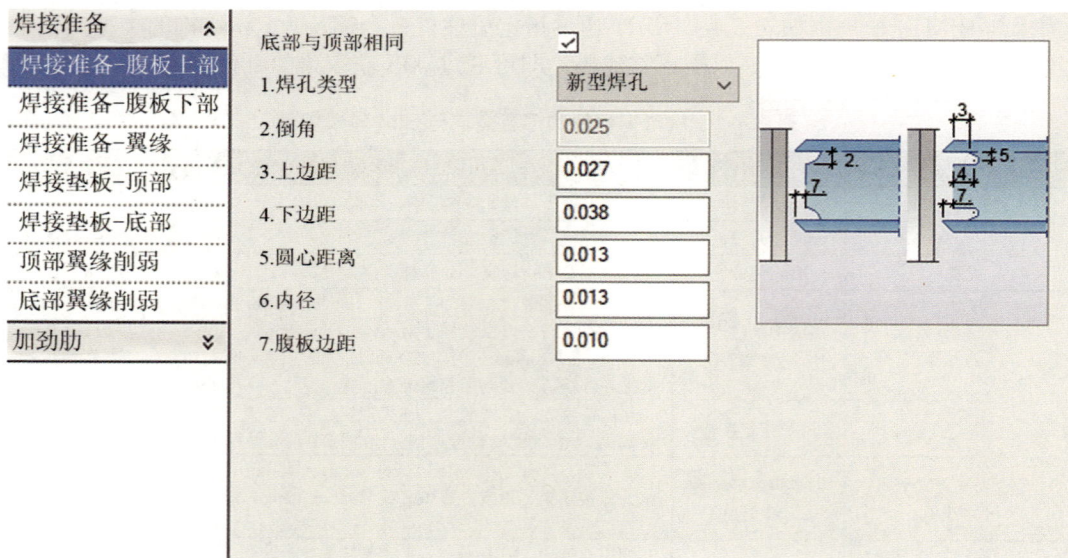

（a）焊孔形状

图 8.4-10 利用 Autodesk Steel Connections for Revit 2018 插件设置钢框架刚性连接细部构造

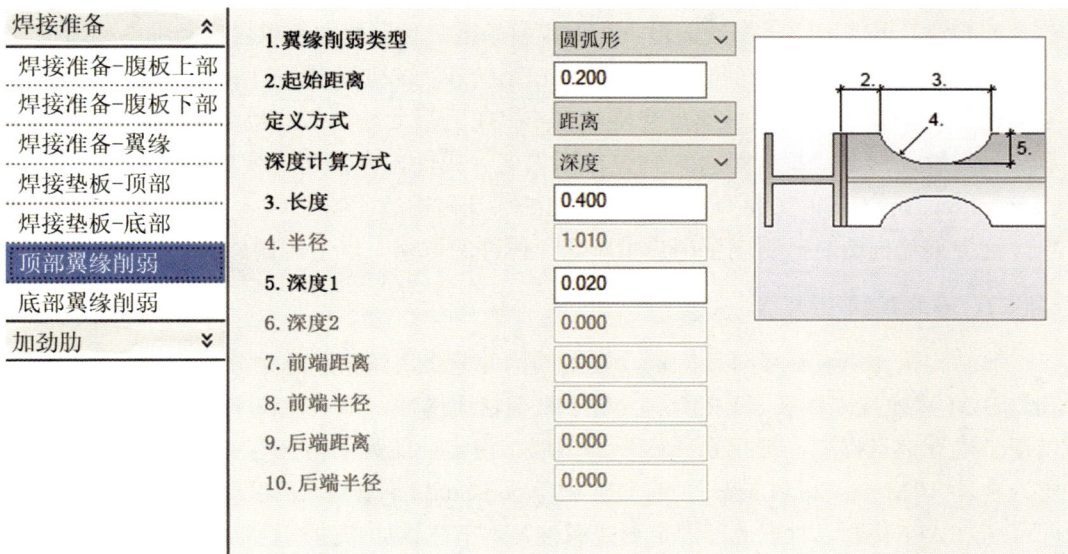

（b）狗骨式节点

图 8.4-10（续）

```
string connectionType = "";
FilteredElementCollector fec = new FilteredElementCollector(_document);
ElementClassFilter conHandler = new
    ElementClassFilter(typeof(StructuralConnectionHandler));
fec.WherePasses(conHandler);
foreach (StructuralConnectionHandler connection in fec)
{
    IList<Guid> guids= connection.GetEntitySchemaGuids();
    Schema sch=Schema.Lookup(guids[0]);
    Entity conSchEntity = connection.GetEntity(sch);
    Field f1 = sch.GetField("AS_CONN_PARAM_NAME");
    IList<string> names= conSchEntity.Get<IList<string>>(f1);
    Field f2 = sch.GetField("AS_CONN_PARAM_VALUE");
    IList<string> values = conSchEntity.Get<IList<string>>(f2);
    string BottomCutType = values[names.IndexOf("BottomCutType")];
    string TopCutType = values[names.IndexOf("TopCutType")];
    string BottomBackingBar = values[names.IndexOf("BottomBackingBar")];
    if (BottomCutType == "1" && TopCutType == "1" && BottomBackingBar == "0")
        connectionType = "PostNorthridge";
    else
        connectionType = "PreNorthridge";
}
```

图 8.4-11　利用 API 提取 Revit 模型连接细部信息并判断连接类型的部分 C#代码

以上连接类型判断方法（称之为方法 1）要求直接在 Revit 中建立钢框架连接的细部几何构造，可能因过于细致而增大了建模复杂性。当模型中未包含这类细部构造信息时，本节建议了连接类型判断方法 2：用户在系统族"结构-连接"的类型属性中设置"类型标记"，约定 A0 为前北岭地震连接，B0 或 B1 为后北岭地震连接（表 8.4-1）。

类似地，对于"梁端是否为狗骨截面"这一属性，本节建议使用"Autodesk Steel Connections for Revit 2018"插件直接建立细部几何构造 [图 8.4-10（b）]。当模型中不包含这类细部构造时，则应由用户指定这一属性的取值。以上规则总结于表 8.4-1 中。

8.4.4.2　石膏板隔墙

非结构构件以石膏板隔墙为例，根据其构件分类决策树，总结分类所需数据需求，其与 BIM 建模规则如表 8.4-2 所示。对于骨架材质属性，本节建议采用如下规则建模，以便于进行信息提取：选择系统族－基本墙，指定功能为"内部"，并选择核心结构材质为金属（"Metal-Stud Layer"）或木质（"Wood-Stud Layer"）。高度属性只需正常建模，即可通过 API 获取。对于上部固定形式属性，本节建议如下建模规则：在墙体的类型属性中设置"类型标记"，约定 0 为固定，1 为侧向支撑，2 为不固定、有面外隔墙约束，3 为不固定、无面外隔墙约束。

表 8.4-2　石膏板隔墙的信息需求与 BIM 建模规则

信息需求	信息来源	建模规则
骨架材质	隔墙核心结构材质	选择系统族－基本墙；类型为 Interior-Partition；构造-结构-核心结构材质选择金属或木质
高度	隔墙几何属性	正常建模。隔墙不能在非标高处断开
上部固定形式	用户指定参数	用户指定上部固定形式。在墙体类型属性中，设置"类型标记（Type Mark）"参数为：0 为固定；1 为侧向支撑；2 为不固定，有面外隔墙约束；3 为不固定，无面外隔墙约束

8.4.4.3　非内置类别

Revit 为大量构件（如梁、柱、墙、管道、喷淋等）预定义了内置类别。对于这种情况，只需使用 Revit API 提供的 ElementCategoryFilter 过滤器，即可从 Revit 模型中提取该类别的所有族类型和族实例。进一步应用 ElementClassFilter [Typeof（FamilyInstance）] 过滤器，即可提取族实例的集合。

然而，依然有部分构件（如电梯、空气处理机组、制冷机组、低压开关柜等），在 Revit 中没有对应的内置类别。对于这种情况，本节以空气处理机组为例，建议了两种方法，对这些构件进行识别。

方法 1：定义族子类别（subcategory）。

以"系统-机械设备"族（BuiltInCategory 为：OST_MechanicalEquipment）为模板自建空气处理机组族和族类型，并新定义一个名为"空气处理机组"的族子类别。自建族内需指定至少一个元素的类别为"空气处理机组"。这样，首先使用 ElementCategoryFilter

〔Typeof（OST_MechanicalEquipment）〕和 ElementClassFilter〔Typeof（FamilyInstance）〕过滤得到所有 OST_MechanicalEquipment 类别的机械设备实例，再判断该实例的族文件中是否包含"空气处理机组"子类别，即可筛选得到"空气处理机组"族实例的集合。

方法 2：手动建立映射关系。

针对每一个 Revit 模型，使用 Revit API 过滤器 ElementCategoryFilter〔Typeof（OST_MechanicalEquipment）〕和 ElementClassFilter〔Typeof（ElementType）〕过滤得到所有 OST_MechanicalEquipment 类别的机械设备类型，并弹出对话框由用户指定哪些类型（Family Symbol，继承自 Element Type）属于"空气处理机组"。这样，通过使用 FamilyInstanceFilter 即可筛选得到指定类型对应的"空气处理机组"族实例的集合。为了方便用户进行上述操作，本研究基于 Revit API 和微软基础类库（microsoft foundation classes，MFC），编写了图形用户界面，作为插件集成在 Revit 操作界面中，映射关系如图 8.4-12 所示。

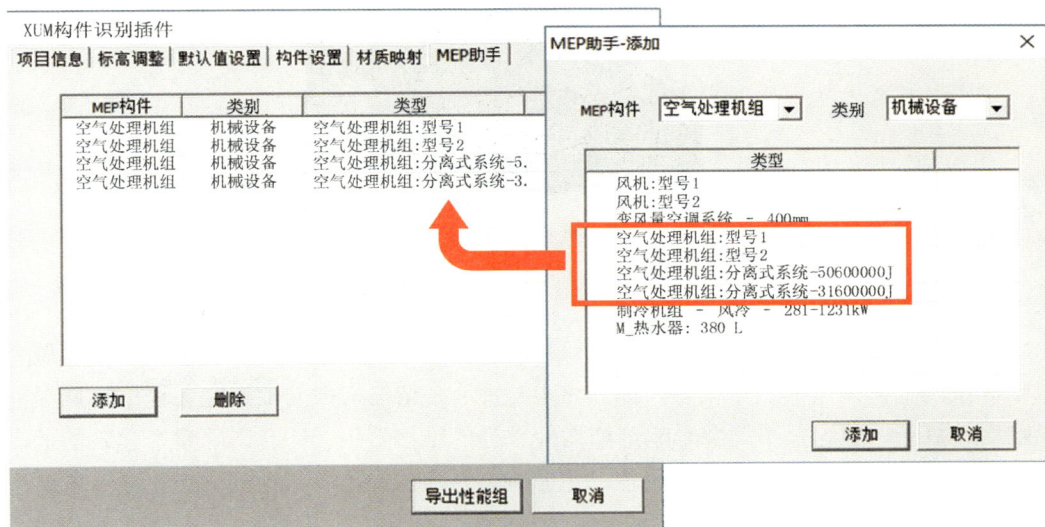

图 8.4-12　用户手动建立所有可用机械设备类型和空气处理机组的映射关系

方法 1 对自定义的族文件提出了建模要求，按照这种要求建模的自定义族的实例可以被自动识别。而方法 2 对自定义族文件没有要求，因此相对更为灵活，但需要用户进行少量手动操作。

8.4.5　案例分析

8.4.5.1　模型简介

本节以一个 2 层钢框架办公楼为例，对所提出的方法进行说明。该办公楼是以前的研究使用过的一个基准模型（East，et al.，2012），包含了建筑、结构、水电暖通（MEP）

全专业模型，如图 8.4-13 所示的办公楼的 Revit 模型，且这些模型都可以在网上下载（NIBS，2017），因此本节选择了该建筑作为说明。此外，该建筑没有其他设计信息。本节假定它的抗震设计类别（ASCE，2010）为 C，许多构件（如天花板、管道、HVAC 风管、散流器等）的决策树均含这一属性。

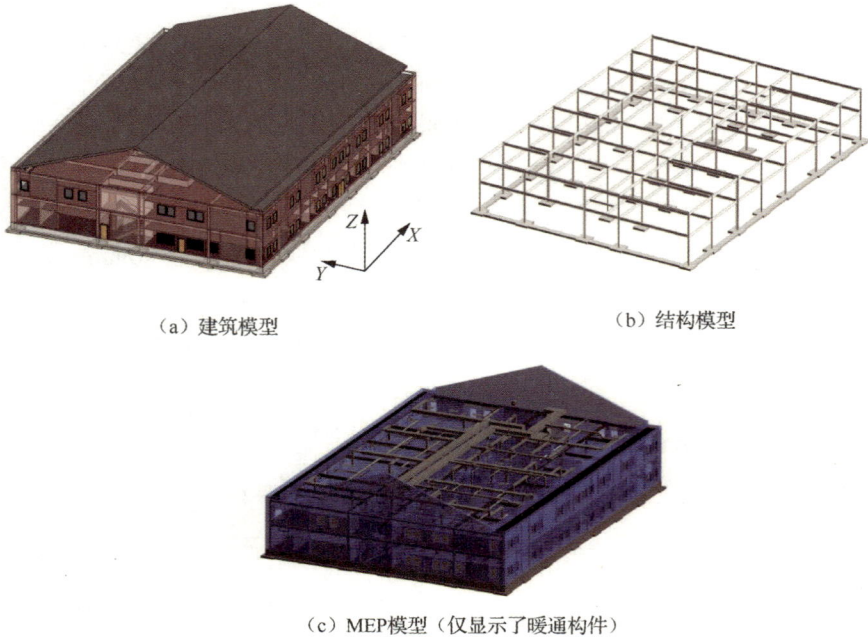

（a）建筑模型

（b）结构模型

（c）MEP模型（仅显示了暖通构件）

图 8.4-13　示例办公楼的 Revit 模型

　　为了考察建筑数据的完备程度给建筑震损带来的不确定性，本节以这个基准模型为基础，案例分析采用的三个模型，如表 8.4-3 所示。结构构件的数据完备程度对震损的影响比较复杂，因为它不仅会影响结构构件本身的维修费用，还会影响整个建筑的地震响应从而对非结构构件的维修费用也产生影响。为了控制不确定性的来源，更清晰地讨论分析结果，本节假定三个虚拟建筑的结构构件种类和数量是确定的，且完全相同，这些信息通过 Revit API 从基准模型［图 8.4-13（b）］中获取，结构构件信息提取流程图示如图 8.4-14 所示，提取得到的各楼层的抗弯钢框架梁柱连接构件的种类和数量与 Revit 明细表结果相同。

表 8.4-3　案例分析采用的三个模型

模型编号	结构构件种类和数量	非结构构件种类	非结构构件数量
建筑 A	确定	不确定	不确定
建筑 B	确定	不确定	确定（墙面装修除外）
建筑 C	确定	确定	确定

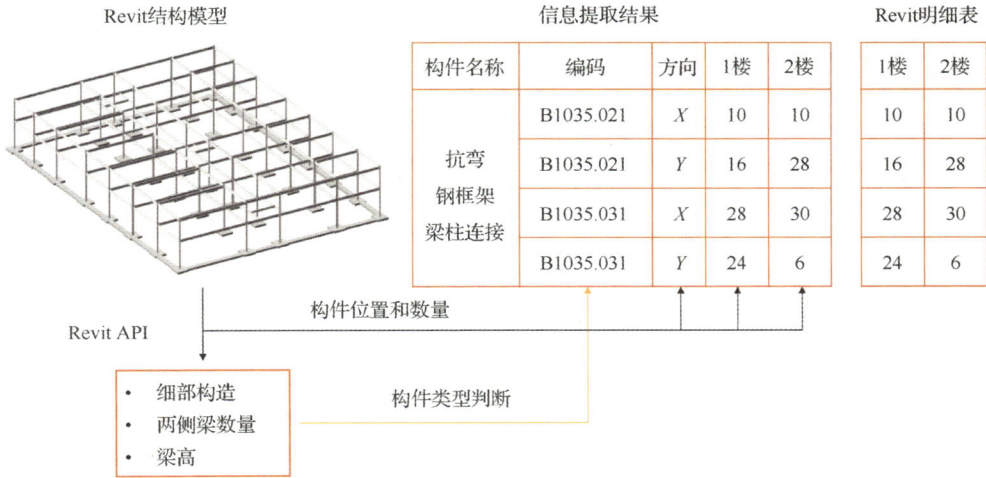

图 8.4-14 结构构件信息提取流程图示

三个虚拟建筑的非结构构件设置如下。

建筑 A 是在基准模型的基础上，删去所有非结构构件得到的，因此非结构构件的种类和数量都不确定。建筑 A 构件分布信息如表 8.4-4 所示，可见，由于信息不全，各个构件有较多候选易损性分类编码。构件的数量假定服从对数正态分布（FEMA，2012a），其中位值和对数标准差根据 FEMA（2012a）中的附表 F 给出的构件数量统计表以及 FEMA P-58 报告附带的构件数量估计工具（FEMA，2012b）选取得到。

表 8.4-4 建筑 A 构件分布信息

构件类别	候选易损性分类编码	单位	构件数量		构件数量对数标准差
			1 层	2 层	
抗弯钢框架	B1035.021	个	10 16	10 28	0
抗弯钢框架	B1035.031	个	28 24	30 6	0
外墙	B2011.011a B2011.011b B2011.021a B2011.021b B2011.101 B2011.131	m²	270.0 270.0	270.0 270.0	0.6
内隔墙	C1011.001b C1011.001c C1011.001d C1011.011a	m²	1 170.0 1 170.0	1 170.0 1 170.0	0.2
墙面装修	C3011.001a C3011.001b C3011.001c C3011.001d C3011.002a C3011.002b C3011.002c C3011.002d C3011.003a	m²	88.5 88.5	88.5 88.5	0.7
楼梯	C2011.001b C2011.011b	个	1 1	1 1	0.2
天花板	C3032.001a C3032.001b C3032.001c C3032.001d	m²	1 746.0	1 746.0	0
吊灯	C3034.001 C3034.002	个	290.6	290.6	0.3
电梯	D1014.011	个	0.5	0.5	0.7
冷热水管	D2021.012b D2021.022a	m	88.6	88.6	0.2

续表

构件类别	候选易损性分类编码	单位	构件数量		构件数量对数标准差
			1 层	2 层	
制冷机组	D3031.011a　D3031.011b　D3031.011c　D3031.011d D3031.012b　D3031.012e　D3031.012h　D3031.012k D3031.013b　D3031.013e　D3031.013h　D3031.013k	t（US）	55.2	55.2	0.1
HVAC 风管	D3041.011b　D3041.021b	m	442.9	442.9	0.2
HVAC 风管	D3041.012b	m	118.1	118.1	0.2
HVAC 散流器	D3041.031b　D3041.032b	个	174.4	174.4	0.5
变风量空调系统	D3041.041b	个	38.8	38.8	0.5
普通风机	D3041.101a　D3041.102b　D3041.103b	个	0	0	0
空气处理机组	D3052.011a　D3052.011b　D3052.011c　D3052.011d D3052.013b　D3052.013e　D3052.013h　D3052.013k	CFM	13 562.5	13 562.5	0.2
消防管道	D4011.022a	m	1 181.1	1 181.1	0.1
消防喷淋	D4011.032a　D4011.042a	个	174.4	174.4	0.2
开关板	D5012.021a　D5012.021b　D5012.021c　D5012.021d D5012.023b　D5012.023e　D5012.023h　D5012.023k	个	5.8	5.8	0.4
配电柜	D5012.031a　D5012.031b　D5012.031c　D5012.031d D5012.033b　D5012.033e　D5012.033h　D5012.033k	个	0.8	0.8	0.5

注："构件数量"栏中，如果有两行数据，则第一行表示沿建筑 X 方向的数量，第二行表示沿 Y 方向的数量。对于加速度敏感型构件，它们是方向不敏感的，因此仅有 1 行数据。下同。

建筑 B 是在基准模型的基础上，删去所有非结构构件的属性得到的，因此非结构构件的种类不确定，与建筑 A 有相同的候选易损性分类编码，但数量是确定的，通过 Revit API 提取模型信息得到。例外的是"墙面装修"构件，在 Revit 中不是一种独立构件，而是隔墙构件的属性，因此建筑 B 的墙面装修构件的数量也不确定，取其值与建筑 A 相同。建筑 B 构件分布信息如表 8.4-5 所示。

表 8.4-5　建筑 B 构件分布信息

构件类别	候选易损性分类编码	单位	构件数量		构件数量对数标准差
			1 层	2 层	
抗弯钢框架	B1035.021	个	10 16	10 28	0
抗弯钢框架	B1035.031	个	28 24	30 6	0
外墙	B2011.011a　B2011.011b　B2011.021a　B2011.021b B2011.101　B2011.131	m²	399.0 278.6	316.4 239.0	0
内隔墙	C1011.001b　C1011.001c　C1011.001d　C1011.011a	m²	1 379.9 1 295.9	962.3 826.5	0

续表

构件类别	候选易损性分类编码	单位	构件数量		构件数量对数标准差
			1层	2层	
墙面装修	C3011.001a C3011.001b C3011.001c C3011.001d C3011.002a C3011.002b C3011.002c C3011.002d C3011.003a	m²	88.5 88.5	88.5 88.5	0.7
楼梯	C2011.001b C2011.011b	个	0 2	0 2	0
天花板	C3032.001a	m²	454	383	0
天花板	C3032.001b	m²	416	167	0
天花板	C3032.001c	m²	259	0	0
天花板	C3032.001d	m²	367	1071	0
吊灯	C3034.001 C3034.002	个	10	4	0
电梯	D1014.011	个	1	1	0
冷热水管	D2021.012b D2021.022a	m	147.4	143.9	0
制冷机组	D3031.011a D3031.011b D3031.011c D3031.011d D3031.012b D3031.012e D3031.012h D3031.012k D3031.013b D3031.013e D3031.013h D3031.013k	个	1	0	0
HVAC 风管	D3041.011b D3041.012b D3041.021b	m	767.2	701	0
HVAC 散流器	D3041.031b D3041.032b	个	149	96	0
变风量空调系统	D3041.041b	个	13	8	0
普通风机	D3041.101a D3041.102b D3041.103b	个	0	1	0
空气处理机组	D3052.011a D3052.011b D3052.011c D3052.011d D3052.013b D3052.013e D3052.013h D3052.013k	个	1	1	0
消防管道	D4011.022a	m	572.4	485.1	0
消防喷淋	D4011.032a D4011.042a	个	151	141	0
开关板	D5012.021a D5012.021b D5012.021c D5012.021d D5012.023b D5012.023e D5012.023h D5012.023k	个	6	3	0
配电柜	D5012.031a D5012.031b D5012.031c D5012.031d D5012.033b D5012.033e D5012.033h D5012.033k	个	2	0	0

建筑 C 是在基准模型的基础上，根据上一节所述建模规则，补充所有必要信息、以至于所有构件决策树都能直达叶节点而得到，因此非结构构件的种类和数量都是确定的。建筑 C 构件分布信息如表 8.4-6 所示，通过 Revit API 提取模型信息得到。以 HVAC 风管构件为例，信息提取流程图示如图 8.4-15 所示。提取结果与根据 Revit 明细表得到的手动统计结果的对比表明，信息提取算法具有很高的精度。

需要说明的是，建筑 C 中一部分提取到的构件未列入表 8.4-6 中，如钢屋面（编码 B301，总面积 1850.9m²）、嵌入灯（RecessedCeilingLighting，编码 C3033，总个数 316）、污水管（SanitaryWastePiping，编码 D2031.022a，总长度 283.9m）等。这些构件目前在 FEMA P-58 构件数据库中没有记录，或需要用户提供部分参数，即第 8.4.2 节所讨论的 FEMA P-58 方法的局限性（b）。如上所述，本节暂不针对这一局限性进行讨论。

表 8.4-6　建筑 C 构件分布信息

构件类别	候选易损性分类编码	单位	构件数量		构件数量对数标准差
			1 层	2 层	
抗弯钢框架	B1035.021	个	10 16	10 28	0
抗弯钢框架	B1035.031	个	28 24	30 6	0
外墙	B2011.011a	m²	399.0 278.6	316.4 239.0	0
内隔墙	C1011.001c	m²	1 379.9 1 295.9	962.3 826.5	0
墙面装修		m²	0 0	0 0	0
楼梯	C2011.001b	个	0 2	0 2	0
天花板	C3032.001a	m²	454	383	0
天花板	C3032.001b	m²	416	167	0
天花板	C3032.001c	m²	259	0	0
天花板	C3032.001d	m²	367	1071	0
吊灯	C3034.001	个	10	4	0
电梯	D1014.011	个	1	1	0
冷热水管	D2021.012b	m	118.1	143.9	0
冷热水管	D2021.022a	m	29.3	0.0	0
制冷机组	D3031.012b	个	1	0	0
HVAC 风管	D3041.011b	m	764.2	653.8	0
HVAC 风管	D3041.012b	m	3.0	47.2	0
HVAC 散流器	D3041.031b	个	149	96	0
变风量空调系统	D3041.041b	个	13	8	0
普通风机	D3041.102b	个	0	1	0
空气处理机组	D3052.013b	个	1	1	0
消防管道	D4011.022a	m	572.4	485.1	0
消防喷淋	D4011.032a	个	151	141	0
开关板	D5012.021a	个	6	3	0
配电柜	D5012.031a	个	2	0	0

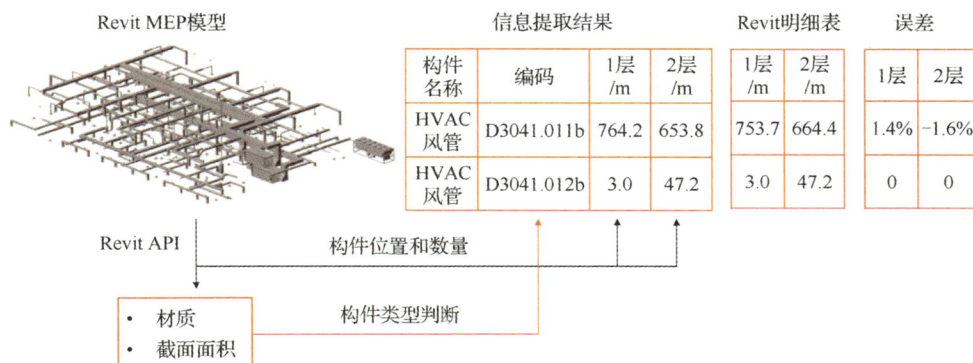

图 8.4-15 HVAC 风管构件信息提取流程图示

8.4.5.2 结构分析

BIM 在结构领域的应用是一个重要的研究热点，很多已有文献对基于建筑信息模型自动生成结构分析模型进行了探讨（Hu, et al., 2016；Oti, et al., 2016；Shin, 2017）。本节对此不做进一步讨论，直接利用 Revit 软件导出工业基础类（IFC）格式模型，并导入 Etabs 2016 软件（图 8.4-16），得到结构分析模型。梁柱等结构构件的布置情况基本可以正确导入，而材料、截面、塑性铰等需手动调整。

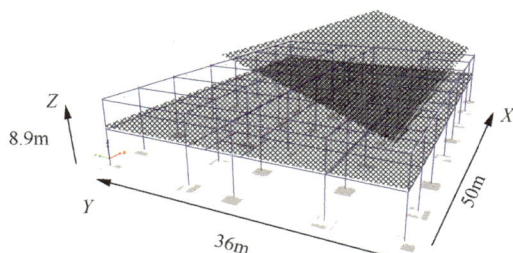

图 8.4-16 利用 IFC 文件接口将 Revit 模型导入 Etabs 2016 软件

以广泛使用的 El-Centro 地震动为例，PGA 设为 $0.2g$（相当于我国 8 度设防地区的设防地震水平，重现周期为 475 年），从 X 方向和 Y 方向输入。选择该地震强度的主要原因有：①我国《建筑抗震设计规范》（GB 50011—2010）对设防地震下建筑的性能要求是结构震后可修，研究该强度下建筑的修复代价具有较好的实际价值；②美国 ARUP公司的 REDi 等指南（Almufti, et al., 2013）提出的建筑韧性（building resilience）评级，也是针对重现周期为 475 年的设防地震。

为对比验证导入的结构模型的正确性，同时采用 MSC.Marc 有限元软件手动建立了结构分析模型。非线性时程分析结果对比如图 8.4-17 所示，两个软件的分析结果吻合较好。由于结构构件尤其是柱的截面较小（梁：W460×60，工字形截面，截面高 455mm，宽 153mm；柱 W250×67，工字形截面，截面高 257mm，宽 204mm），虽然是设防地震水准，但是结构仍然有较大的变形。

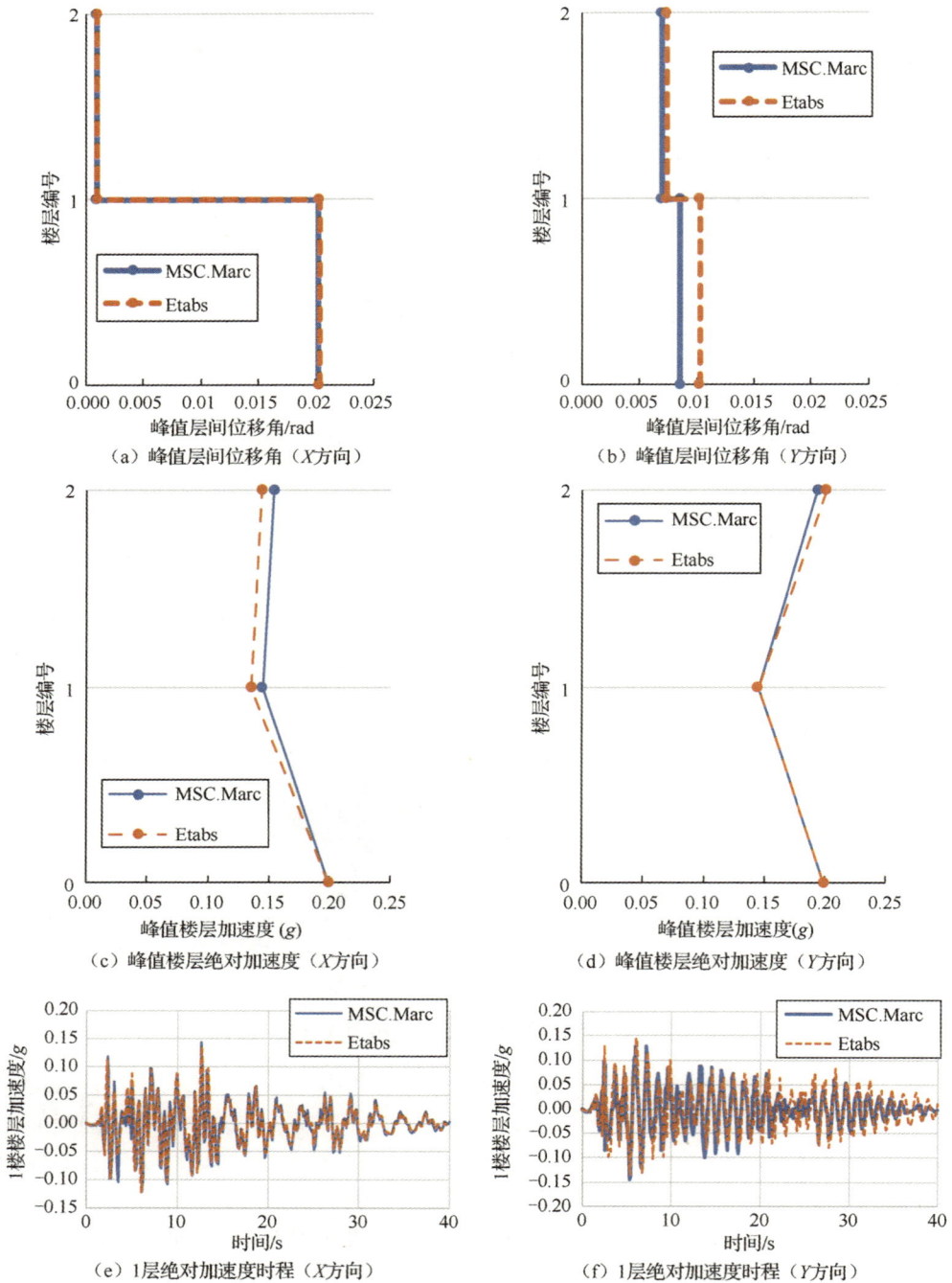

（a）峰值层间位移角（X方向）

（b）峰值层间位移角（Y方向）

（c）峰值楼层绝对加速度（X方向）

（d）峰值楼层绝对加速度（Y方向）

（e）1层绝对加速度时程（X方向）

（f）1层绝对加速度时程（Y方向）

图 8.4-17　非线性时程分析结果对比

（El Centro 地震动，PGA=0.2g）

8.4.5.3　地震损失评价结果

三栋建筑的地震损失分析结果如图 8.4-18 所示。对比建筑 A、B 和 C［图 8.4-18（a）］

可知，随着建筑信息模型中包含的信息不断丰富，地震总损失的不确定性有减小的趋势（对数标准差分别为 0.38、0.28 和 0.14）。即使仅仅已知建筑抗震设计类别和结构信息（建筑 A），也可以得到一个可用的地震损失结果。

　　在这个案例中，在非结构种类和数量信息完全未知（建筑 A）或仅已知数量（建筑 B）的情况下，计算得到的总损失中位值与非结构种类和数量信息完全已知（建筑 C）的总损失中位值非常接近。需要说明的是，这只是一个巧合。图 8.4-18（b）进一步展示了建筑内不同构件的损失中位值情况。从图中可以看出，建筑 A 和建筑 B 的非结构外墙损失中位值远低于建筑 C，而隔墙墙面装修的损失中位置远高于建筑 C，这是由于信息不充分带来的误差。具体地，外墙损失的误差主要来自墙体类型信息的缺失，而隔墙墙面装修损失的误差主要来自数量信息的缺失。因此，在建立建筑信息模型时，如果能根据本节建议的规则建模，使得模型中包含更多有用且可提取的信息，对提高地震损失评价的准确性和精度都有促进作用。

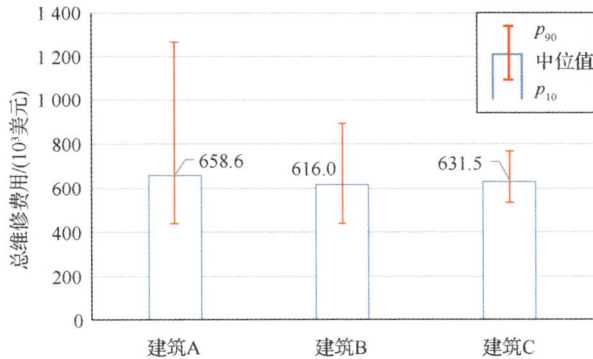

（a）地震总损失

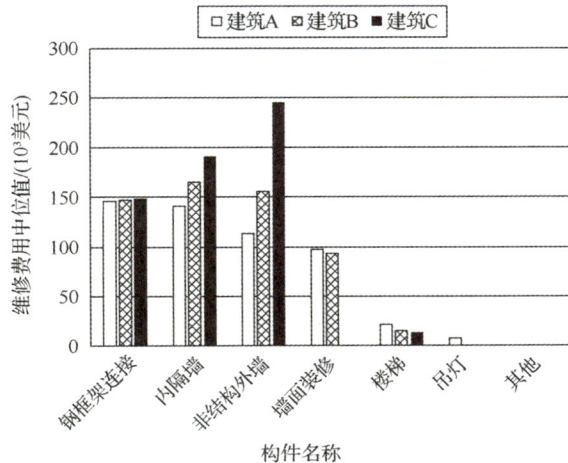

（b）各个构件的损失中位值

图 8.4-18　三栋建筑的地震损失分析结果

8.4.6 小结

本节聚焦于如何结合 BIM 与 FEMA P-58 精细化建筑震损评价方法进行建筑震损预测。结合构件的分类决策树，给出了当信息不全时构件类型的确定以及构件脆弱性函数的建立方法，并举例说明了不同 LOD 的构件的脆弱性函数的特征。为了从建筑信息模型中提取尽可能多的有用信息，本节建议了 BIM 建模规则和信息提取方法。最后，以网上公开的一栋办公楼为案例，进行了不同信息丰富程度下的地震损失预测。本节结论如下。

（1）FEMA P-58 需要精细的构件数据以对其进行分类，本节提出了候选易损性分类编码方法，使得当可用信息不全而无法对构件进行精确分类时，也能计算脆弱性函数。但随着所提供的信息逐渐丰富，所达分类树节点的深度越深，脆弱性函数的不确定性会有所减小。

（2）本节以抗弯钢框架连接和石膏板隔墙等构件为例，整理了 FEMA P-58 方法的信息需求，并据此建议了建筑信息模型的建模规则和基于 Revit API 的信息提取方法。此外，为识别非内置类别构件（如空气处理机组、低压开关柜等），本节建议了定义族子类别和由用户在运行时手动建立映射关系两种处理办法。

（3）案例分析表明，一方面，即使可用信息非常有限（例如仅知道结构信息），本节提出的方法也可以给出一个可接受的震损预测结果；另一方面，更丰富的可用信息则有助于提高震损预测的准确性，降低预测结果的不确定性。

本节所建议的 BIM 与 FEMA P-58 结合的方法，可为精细化建筑抗震性能评价的自动化提供参考。

8.5 基于 GIS 和 FEMA P-58 的城市建筑震损预测

8.5.1 引言

在为城市区域震损预测准备数据时，应尽可能获取完善、丰富的数据，并对其加以充分的利用，以提高震损预测结果的精度。但对于量大面广的常规建筑，最容易获取的是建筑基本的 GIS 数据，包括建筑的层面积、层数、高度、结构类型、建筑功能等。当仅能获取 GIS 数据时，亦当能给出一个适当精度的震损预测结果。针对这一问题，本节将提出基于 GIS 数据和 FEMA P-58 新一代性能化设计方法进行建筑震损预测的一个实现方案。

利用 FEMA P-58 方法进行建筑地震损失预测时，需要建筑所含构件的详细信息，包括结构构件和非结构构件的种类和数量。然而 GIS 数据中通常仅包含建筑的基本信息。因此，需要引入一定的假设，对结构构件和非结构构件的种类和数量进行估计，从而形成建筑性能模型。基于 GIS 数据的建筑性能模型建立如图 8.5-1 所示。

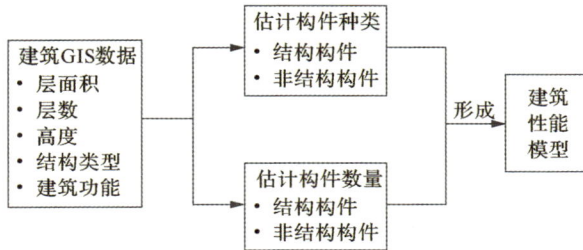

图 8.5-1 基于 GIS 数据的建筑性能模型建立

8.5.2 估计构件种类

建筑内所含的构件按其功能分类，可分为结构构件、外立面、内部设施、运输、水管、暖通空调（HVAC）、消防装置、电气服务和配电、家具和电器等部分（李梦珂，2015；FEMA，2012a，2012b）。对建筑的这些部分，FEMA（2012a，2012b）又进行了不同程度的细分，并采用树状结构加以组织。

如第 8.4 节所述，只有当已知构件的详细属性时，才能根据其分类决策树，确定该构件在 FEMA P-58 提供的构件数据库中对应的易损性分类编码。当仅有建筑 GIS 数据时，其可用信息往往不足以唯一确定构件对应的分类编码。在这种情况下，可以沿用第 8.4.3 节提出的方法，利用候选易损性分类编码解决信息不全的问题。具体地，将该构件在 FEMA P-58 提供的构件数据库中的所有可能的编码视为其候选易损性分类编码，在每次蒙特卡罗"实现"中，从候选易损性分类编码中随机选取一个编码进行地震维修费用计算。这样即使利用 GIS 数据仅能到达构件分类决策树的根节点，也可以使用 FEMA P-58 方法进行震损预测，只是预测结果的不确定性将会增大。

根据上述方法，将 FEMA（2012a，2012b）中提供的 764 种构件数据库加以整理，排除其中 322 种需用户提供部分参数、尚不能直接应用的构件，得到建筑各个结构构件、非结构构件的候选易损性分类编码，分别如表 8.5-1 和表 8.5-2 所示。据此，可在仅有建筑基本 GIS 数据时，估计构件的种类。

表 8.5-1 结构构件候选易损性分类编码

构件类别	候选编号个数	候选易损性分类编号
钢柱焊接拼接	3	B1031.021a B1031.021b B1031.021c
钢结构梁柱连接	9	B1035.041 B1035.001 B1035.021 B1035.002 B1035.022 B1035.011 B1035.031 B1035.012 B1035.032
混凝土梁柱连接	72	B1041.001a B1041.001b B1041.002a B1041.002b B1041.003a B1041.003b B1041.011a B1041.011b B1041.012a B1041.012b B1041.013a B1041.013b B1041.021a B1041.021b 等
混凝土连梁	10	B1042.001a B1042.001b B1042.002a B1042.002b B1042.011a B1042.011b B1042.012a B1042.012b B1042.021a B1042.022b

续表

构件类别	候选编号个数	候选易损性分类编号						
混凝土剪力墙	30	B1044.001	B1044.002	B1044.003	B1044.011	B1044.012	B1044.013	B1044.031
		B1044.032	B1044.033	B1044.041	B1044.042	B1044.043	B1044.051	B1044.052
				B1044.053 等				
砌体承重墙	15	B1051.001	B1051.002	B1051.004	B1051.011	B1051.012	B1051.014	B1051.021
		B1051.022	B1051.024	B1052.001	B1052.002	B1052.004	B1052.011	B1052.012
				B1052.013				
木结构承重墙	4		B1071.001	B1071.002	B1071.011	B1071.031		

表 8.5-2　非结构构件候选易损性分类编码

构件类别		候选编号个数	候选易损性分类编号					
外立面	非结构外墙	6	B2011.011a	B2011.011b	B2011.021a	B2011.021b	B2011.101	
					B2011.131			
	窗	12	B2022.001	B2022.002	B2022.021	B2022.031	B2022.032	B2022.033
			B2022.034	B2022.035	B2022.036	B2022.072	B2022.081	B2022.082
	屋顶饰面	4		B3011.011	B3011.012	B3011.013	B3011.014	
内部设施	内隔墙	4		C1011.001b	C1011.001c	C1011.001d	C1011.011a	
	楼梯	2			C2011.001b	C2011.011b		
	内墙饰面	9	C3011.001a	C3011.001b	C3011.001c	C3011.001d	C3011.002a	
			C3011.002b	C3011.002c	C3011.002d	C3011.003a		
	活动地板	2			C3027.001	C3027.002		
	天花板	10	C3032.001a	C3032.001b	C3032.001c	C3032.001d	C3032.003a	
			C3032.003b	C3032.003c	C3032.003d	C3032.004a	C3032.004d	
	吊灯	2			C3034.001	C3034.002		
运输	升降电梯	1			D1014.011			
水管	冷热水管	12	D2021.011a	D2021.011b	D2021.012b	D2021.013b	D2021.014a	
			D2021.014b	D2021.021a	D2021.022a	D2021.023a	D2021.023b	
				D2021.024a	D2021.024b			
暖通空调 HVAC	制冷机组	12	D3031.011a	D3031.011b	D3031.011c	D3031.011d	D3031.012b	
			D3031.012e	D3031.012h	D3031.012k	D3031.013b	D3031.013e	
				D3031.013h	D3031.013k			
	冷却塔	12	D3031.021	D3031.021	D3031.021	D3031.021	D3031.022	
			D3031.022	D3031.022	D3031.022	D3031.023	D3031.023	
				D3031.023	D3031.023			
	HVAC 风管	13	D3041.011a	D3041.011b	D3041.011c	D3041.011d	D3041.012a	
			D3041.012b	D3041.012c	D3041.012d	D3041.021a	D3041.021b	
				D3041.021c	D3041.021d	D3041.022a		
	HVAC 散流器	6	D3041.031a	D3041.031b	D3041.032a	D3041.032b	D3041.032c	
					D3041.032d			
	变风量空调系统	2			D3041.041a	D3041.041b		
	HVAC 风机	3		D3041.101a	D3041.102b	D3041.103b		
	空气处理机组	8	D3052.011a	D3052.011b	D3052.011c	D3052.011d	D3052.013b	
				D3052.013e	D3052.013h	D3052.013k		

续表

构件类别		候选编号个数	候选易损性分类编号				
消防装置	消防管道	3	D4011.021a	D4011.022a	D4011.023a		
	消防喷淋	10	D4011.032a	D4011.033a	D4011.034a	D4011.041a	D4011.042a
			D4011.053a	D4011.054a	D4011.063a	D4011.064a	D4011.071a
电气服务和配电	低压开关板	8	D5012.021a	D5012.021b	D5012.021c	D5012.021d	D5012.023b
			D5012.023e	D5012.023h	D5012.023k		
	柴油发电机	10	D5092.031a	D5092.031c	D5092.031d	D5092.032b	D5092.032e
			D5092.032h	D5092.032k	D5092.033b	D5092.033e	D5092.033h
家具和电器	家具	1	E2022.020				
	电器	1	E2022.022				

　　需要说明的是，不同分类编码的构件，其地震易损性和维修费用不同。不同的建筑中，这些构件的出现概率可能是不同的。对于高烈度地区的建筑，由于抗震设计规范的要求，其结构构件和非结构构件可能进行了更合理的抗震设计（如更多的配筋、更牢的锚固等），而低烈度地区的建筑则相反。以吊灯构件（independent pendant lighting）为例，该构件有两个候选易损性分类编码：C3034.001 抗震性能较差，C3034.002 抗震性能较好。因此，高烈度地区的建筑内的吊灯更有可能对应 C3034.002，而低烈度地区的建筑内的吊灯更有可能对应 C3034.001。但目前本文假定等概率地从候选易损性分类编码中随机选取编码，在今后的研究中，可以在基于 GIS 信息确定候选易损性分类编码时，进一步考虑建筑的抗震设防烈度和抗震设计类别的影响。

8.5.3　估计构件数量

8.5.3.1　结构构件

　　由于抗震设计规范的要求，以及结构设计的经济性考虑，结构构件的数量通常会服从一定的统计规律。因此，可以通过调查统计，得到单位面积的结构构件数量的统计特性，再根据建筑的结构类型、层面积、层数等 GIS 数据，对结构构件的数量进行估计。FEMA（2012a，2012b）假定非结构构件的数量服从对数正态分布，因此本文假定结构构件的数量也服从对数正态分布。

　　本节将分别给出适用于美国地区和中国地区的结构构件数量估计方法。由统计学基本知识可知（葛余博，2005），为了估计某一地区建筑的各结构构件数量的统计特性（即中位值和对数标准差），需获取该地区建筑的随机样本，并根据样本的统计特性对总体进行估计。然而，受时间和资源等限制，本文未采用这一方式进行统计，而是从现有已发表文献及施工图纸中收集相关数据（足尺试验、虚拟数值分析案例、或实际工程案例等中的结构平面布置图等数据）。这样收集到的样本可能存在偏差，例如足尺试验或虚拟数值分析案例建筑通常形状比较规则，而实际上建筑形状可能多种多样。但在缺乏其他数据的情况下，本节暂用这些数据对结构构件的数量进行估计，通过在今后进一步丰富相关统计数据，可以提高估计的精度。

1）钢框架结构

从现有文献中收集了 13 个美国地区的钢框架结构构件统计数据，如表 8.5-3 所示。表中，空白单元格表示数据缺失。"柱个数"指每层柱个数；"钢框架类型"列，IMF 指 "Intermidiate Moment Frame"，OMF 指 "Ordinary Moment Frame"。抗震设计类别（seismic design category，SDC）由美国 ASCE 7-10 规范（ASCE，2010）规定。

表 8.5-3　钢框架结构构件统计数据

编号	层面积/m²	柱个数	每 100 m² 柱个数	结构层数	层高/m	钢框架类型	建筑功能	抗震设计类别	建筑所在地	参考文献
1	1 394	36	2.6	10	4.2	IMF	办公楼	C	奥特兰大	NIST（2018）
2	1 394	36	2.6	10	4.2	SMF	办公楼	D	西雅图	NIST（2018）
3	1 394	24	1.7	10	4.2	IMF	办公楼	C	奥特兰大	NIST（2018）
4	1 394	24	1.7	10	4.2	SMF	办公楼	D	西雅图	NIST（2018）
5	1 003	20	2.0	4	3.7		办公楼			Del Carpio Ramos et al.（2016）
6	803	20	2.5	6	3.8					Jones, Zareian（2010）
7	558	20	3.6	20	3.8				洛杉矶	Jones, et al.（2010）
8	994	20	2.0	4	3.7	SMF			洛杉矶	Lignos, et al.（2011）
9	2 006	32	1.6	4	4.5		医院			Khalil（2012）
10	2 296	32	1.4	35	4.0		办公楼		旧金山	Wang et al.（2017）
11	2 112	44	2.1	3			办公楼		伯克利	Yang et al.（2009）
12	802	20	2.5	6	3.8					Perrone, et al.（2017）
13	1 302	36	2.8	4	4.0	SMF	办公楼		洛杉矶	Hwang, Lignos（2017）

根据表 8.5-3 的统计数据，采用极大似然估计法可以得到每 100m² 钢框架柱个数的中位值为 2.2，对数标准差为 0.3。本节暂未考虑该统计值与结构层数、建筑使用功能、抗震设计类别等之间的关系。

2）混凝土框架结构

从现有文献中收集了 14 个美国地区的混凝土框架结构构件统计数据，如表 8.5-4 所示。表中，空白单元格表示数据缺失。"柱个数"指每层柱个数；场地分类（site classification）由美国 ASCE 7-10 规范（ASCE，2010）规定。

表 8.5-4　混凝土框架结构构件统计数据

编号	层面积/m²	柱个数	每 100 m² 柱个数	结构层数	层高/m	建筑功能	场地分类	建筑所在地	参考文献
1	1 987	35	1.8	4	3.7	办公楼			Padgett & Li（2016）
2	1 394	28	2.0	10	3.7			奥特兰大	NIST（2018）
3	1 012	30	3.0	4	3.8	办公楼	D	加利福尼亚	CESMD（2018a）
4	1 418	50	3.5	4	4.6	办公楼	D	加利福尼亚	CESMD（2018b）

续表

编号	层面积/m²	柱个数	每100 m²柱个数	结构层数	层高/m	建筑功能	场地分类	建筑所在地	参考文献
5	2 007	35	1.7	4	4.0	办公楼		洛杉矶	Haselton, et al.（2008）
6	221	12	5.4	3	3.4			加利福尼亚	Burton, et al.（2014）
7	432	20	4.6	4	3.3			加利福尼亚等	Shokrabadi, et al.（2015）
8	432	20	4.6	8	3.3			加利福尼亚等	Shokrabadi, et al.（2015）
9	432	20	4.6	12	3.3			加利福尼亚等	Shokrabadi, et al.（2015）
10	432	20	4.6	5	3.0	医院	D	加利福尼亚	Arroyo, et al.（2017）
11	750	28	3.7	10	3.0	办公楼	D	加利福尼亚	Arroyo, et al.（2017）
12	900	25	2.8	15	3.0	办公楼	D	加利福尼亚	Arroyo, et al.（2017）
13	296	16	5.4	6	3.0	办公楼			Arroyo, et al.（2017）
14	802	24	3.0	14			D	旧金山	Rahman, et al.（2018）

根据表8.5-4的统计数据，采用极大似然估计法可以得到每100 m²的混凝土框架柱个数的中位值为3.4，对数标准差为0.4。本节暂未考虑该统计值与结构层数、建筑使用功能、场地分类等之间的关系。

3）混凝土剪力墙结构

从现有文献中收集了七个混凝土剪力墙结构构件统计数据，如表8.5-5所示。由于可参考文献有限，表中包含了美国以外其他国家（中国、印度、加拿大）的建筑，以及混凝土框架-核心筒（或混凝土框架-剪力墙）结构。表中，空白单元格表示数据缺失；柱个数、连梁个数指每层的个数；墙率 ρ 按照式（8.5-1）计算为

$$\rho = \frac{A_{sw}}{A} \times 100\% \qquad (8.5\text{-}1)$$

式中，A_{sw} 为一层中承重墙的截面积；A 为建筑层面积。

根据表8.5-5的统计数据（除去0值），采用极大似然估计法可以得到如下结果：对于混凝土剪力墙结构，墙率中位值为6.1%，对数标准差为0.3。对于混凝土框架-核心筒（或混凝土框架-剪力墙）结构，每100 m²的柱个数中位值为1.5，对数标准差为0.5；每100 m²的连梁个数中位值为0.6，对数标准差为0.3；剪力墙墙率中位值为2.0%，对数标准差为0.2。

表8.5-5　混凝土剪力墙结构构件统计数据

编号	层面积/m²	柱个数	连梁个数	墙率/%	结构层数	建筑功能	结构类型	建筑所在地	参考文献
1	1 072	24	6	1.9	43	住宅	框架-核心筒	洛杉矶	Lu, et al.（2015b）
2	1 665	20	8	2.0	27	办公楼	框架-核心筒	旧金山	胡妤等（2015）
3	975	0		4.5	20	住宅	剪力墙	波士顿	Zhang, et al.（2017）
4	187	0		7.0	5	住宅	剪力墙	德黑兰	Beheshti Aval, et al.（2017）

续表

编号	层面积/m²	柱个数	连梁个数	墙率/%	结构层数	建筑功能	结构类型	建筑所在地	参考文献
5	194	0		7.3	15	住宅	剪力墙	德黑兰	Beheshti Aval, et al.（2017）
6	2 145	16	17	2.6	51		框架-核心筒	中国	Ge, et al.（2018）
7	1 225	28	0	1.6	5		框架-剪力墙	加拿大	Nazari, et al.（2017）

4）木结构

从现有文献中收集了六个美国地区的轻型木结构构件统计数据，如表 8.5-6 所示。表中，空白单元格表示数据缺失；"木结构墙长度"指每层长度。

表 8.5-6　轻型木结构构件统计数据

编号	层面积/m²	木结构墙长度/m	每 100 m² 木结构墙长度/m	结构层数	建筑功能	参考文献
1	118	55.0	46.6	2	住宅	Christovasilis, et al.（2009）
2	219	82.5	37.7	6	住宅	Pang, et al.（2010）
3	45	28.0	62.7	3	住宅	Pang, et al.（2012）
4	93	40.8	43.9	1	住宅	Kasal, et al.（2004）
5	59	31.7	53.3	1	住宅	Ellingwood, et al.（2008）
6	48	29.3	61.5	1	住宅	Kasal, et al.（1994）

根据表 8.5-6 的统计数据，采用极大似然估计法可以得到木结构每 100m² 的木结构墙长度中位值为 50.1m，对数标准差为 0.2。

5）砌体结构

从现有文献中收集了七个美国等地区的砌体结构构件统计数据，如表 8.5-7 所示。表中，空白单元格表示数据缺失；"墙长度"指每层长度；"结构类型"列，"URM"指未设防砌体，"RM"指设防砌体。

表 8.5-7　砌体结构构件统计数据

编号	层面积/m²	墙长度/m	墙率/%	结构层数	结构类型	所在地	参考文献
1	81	47.5	14.7	2	URM		Kollerathu, et al.（2017）
2	59	33.0	14.1	2	URM		Kollerathu, et al.（2017）
3	37	20.7	16.7	1	RM	美国	Klingner, et al.（2013）
4	24	14.6	9.2	1	RM	美国	Gülkan, et al.（1990）
5	24	10.0	6.3	1	RM	美国	Gülkan, et al.（1990）
6	38	23.0	9.1	5	RM	美国	Seible, et al.（1994）
7	57	18.6	8.1	2	URM	美国	Park, et al.（2009）

根据表 8.5-7 的统计数据，采用极大似然估计法可以得到砌体结构墙率中位值为 10.6%，对数标准差为 0.4。

综上所述，美国地区不同结构类型的结构构件的数量可以采用其中位值和对数标准差进行估计，这些标准差汇总于表 8.5-8 中。表中，括号内的数字为对应的对数标准差。

表 8.5-8 美国地区结构构件数量中位值和对数标准差汇总

结构类型	每 100m² 柱个数	每 100m² 连梁个数	墙率/%	每 100m² 墙长度/m
钢框架	2.2（0.3）			
混凝土框架	3.4（0.4）			
混凝土框架-核心筒（或混凝土框架-剪力墙）	1.5（0.5）	0.6（0.3）	2.0（0.2）	
混凝土剪力墙			6.1（0.3）	
木结构			—	50.1（0.2）
砌体结构			10.6（0.4）	—

另外，收集了我国 41 栋钢结构（以门式刚架厂房为主）、50 栋混凝土框架结构、45 栋混凝土剪力墙结构及 41 栋砌体结构的施工图纸，从中得到了我国地区结构构件数量的统计信息。钢框架、混凝土框架结构柱的统计信息和对数正态分布拟合情况分别如图 8.5-2 和图 8.5-3 所示；混凝土剪力墙结构构件数量统计信息如图 8.5-4 所示；砌体结构墙率统计信息如图 8.5-5 所示。这些结构构件数量中位值与对数标准差汇总于表 8.5-9 中。表中，括号内的数字为对应的对数标准差。

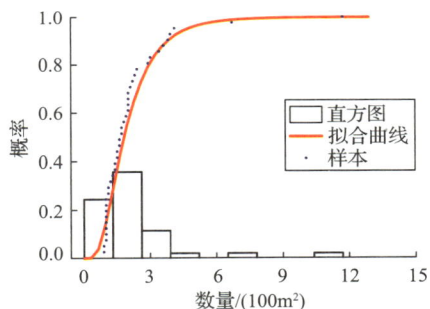

图 8.5-2 钢框架结构柱个数统计信息

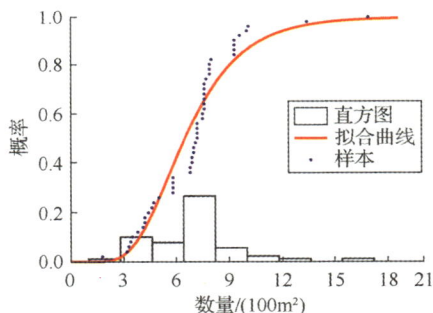

图 8.5-3 混凝土框架结构柱个数统计信息

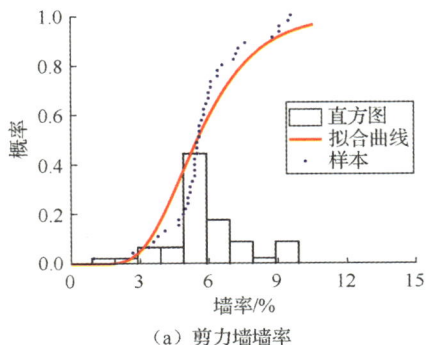

（a）剪力墙墙率

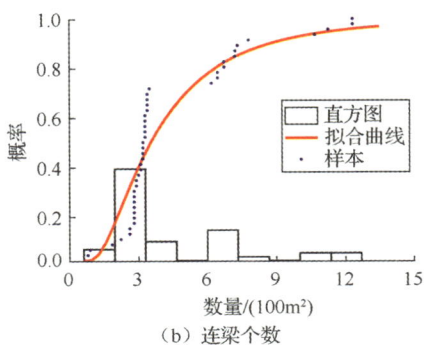

（b）连梁个数

图 8.5-4 剪力墙结构构件数量统计信息

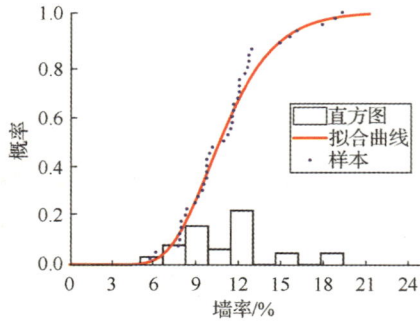

图 8.5-5　砌体结构墙率统计信息

表 8.5-9　中国地区结构构件数量中位值与对数标准差汇总

结构类型	每 100m² 柱个数	每 100m² 连梁数	墙率/%
钢框架	1.8（0.6）		
混凝土框架	6.5（0.4）		
混凝土剪力墙		3.1（0.8）	5.5（0.4）
砌体结构			10.7（0.3）

8.5.3.2　非结构构件

　　FEMA（2012a，2012b）对 3000 多栋（办公楼、教学楼、医院、旅馆、住宅、商店、仓库、研究所）不同使用功能的典型建筑非结构构件数量进行了调查，并建议了各使用功能的建筑的非结构构件数量典型值，列在 FEMA P-58 附表 F 给出的构件数量统计表中（FEMA，2012a），同时 FEMA P-58 报告还附带了构件数量估计工具（FEMA，2012b）以方便使用。因此，利用这些数据，就可以根据建筑的层面积、层数、使用功能等基本 GIS 信息，估计建筑的非结构构件数量。

　　本节将 FEMA（2012a，2012b）建议的非结构构件数量中位值和对数标准差汇总于表 8.5-10 中。表 8.5-10 中的符号 μ 指的是每平方米建筑面积构件数量的中位值；σ 指的是对应的对数标准差；空白单元格表示值为 0。

表 8.5-10　不同使用功能建筑的非结构构件数量中位值和对数标准差汇总

（FEMA，2012a；FEMA，2012b）

构件名称	单位	办公楼		教学楼		医院		旅馆	
		μ	σ	μ	σ	μ	σ	μ	σ
非结构外墙	ft²	6.94	0.5	8.07	0.6	5.38	0.5	3.77	0.2
窗	ft²	3.229	0.6	1.184	0.8	1.507	0.7	1.292	0.3
屋顶饰面	ft²	2.906	1.3	7.319	0.6	3.122	1	2.153	1
内隔墙	ft²	1.076	0.2	0.603	0.5	1.130	0.2	0.646	0.2
楼梯	个	0.001	0.2	0.001	0.2	0.001	0.1	0.001	0.1
内墙饰面	ft²	0.081	0.7	0.153	0.7	0.137	0.6	0.310	0.3

续表

构件名称	单位	办公楼		教学楼		医院		旅馆	
		μ	σ	μ	σ	μ	σ	μ	σ
活动地板	ft^2	8.073	0.2						
天花板	ft^2	9.688	0	10.226	0	8.611	0	1.615	0
吊灯	个	0.161 5	0.3	0.161 5	0.2	0.161 5	0.2		
升降电梯	个	0.000 3	0.7	0.000 2	1.4	0.000 3	0.9	0.000 2	0.2
冷热水管	ft	1.356	0.7	0.969	0.3	3.552	0.2	2.583	0.3
制冷机组	t（US）	0.030 7	0.1			0.035 0	0.1		
冷却塔	t（US）	0.030 7	0.1			0.035 0	0.1		
HVAC 风管	ft	1.023	0.2	0.538	0.6	1.184	0.2	0.538	0.6
HVAC 散流器	个	0.096 9	0.5	0.053 8	0.6	0.215 3	0.1	0.086 1	0.4
变风量空调系统	个	0.021 5	0.5	0.043 1	0.2	0.053 8	0.2	0.064 6	0.2
空气处理机组	CFM	7.535	0.2			10.76 4	0.2		
消防管道	ft	2.153	0.1	1.938	0.1	2.368	0.1	2.368	0.1
消防喷淋	个	0.097	0.2	0.086	0.2	0.129	0.1	0.129	0.1
低压开关板	A	1.585	0.4	1.839	0.4	2.260	0.4	1.076	0.4
柴油发电机	kV·A					0.053 8	0.7		
非结构外墙	ft^2	8.29	0.5	3.23	0.2	2.37	0.2	5.60	0.5
窗	ft^2	1.615	0.6	0.646	0.3	0.011	0.2	1.615	0.8
屋顶饰面	ft^2	3.444	0.9	5.382	1	10.764	0	2.637	1
内隔墙	ft^2	1.292	0.3	0.108	0.2	0.032	0.2	0.915	0.2
楼梯	个	0.001	0.1	0.001	0.3			0.001	0.2
内墙饰面	ft^2	0.411	0.4	0.116	0.2	0.005	0.2	0.054	0.8
活动地板	ft^2								
天花板	ft^2			9.688	0	0.538	0	9.149	0
吊灯	个			0.161 5	0.2	0.161 5	0.3	0.161 5	0.2
升降电梯	个	0.000 4	0.8	0.001 1	0.3			0.000 2	1.2
冷热水管	ft	3.423	0.4	0.969	0.2	0.155	0.2	1.937	0.3
制冷机组	t（US）							0.035 0	0.1
冷却塔	t（US）							0.035 0	0.1
HVAC 风管	ft	0.538	0.6	0.592	0.6	0.431	0.6	1.615	0.3
HVAC 散流器	个	0.086 1	0.4			0.032 3	0.4	0.172 2	0.2
变风量空调系统	个	0.043 1	0.2	0.043 1	0.2			0.003 2	0.7
空气处理机组	CFM					2.153	0.8	13.455	0.2
消防管道	ft	2.368	0.1	1.938	0.1	1.184	0.1	2.153	0.1
消防喷淋	个	0.129	0.1	0.086	0.2	0.086	0.2	0.108	0.2
低压开关板	A	1.115	0.3	1.839	0.4	0.587	0.5	2.231	0.4
柴油发电机	kV·A							0.053 8	0.7

注：1ft^2=9.290 304×10^{-2}m^2；1ft =3.048×10^{-1}m。

综上所述，即可根据建筑的 GIS 数据，估计建筑内结构构件和非结构构件的种类和数量，形成建筑性能模型，从而使用 FEMA P-58 方法进行建筑地震损失预测。

8.5.4　小结

本节提出了基于 GIS 数据和 FEMA P-58 方法的建筑震损预测的实现方案。通过候选易损性分类编码估计建筑的构件种类；通过收集现有文献和施工图纸中各类型结构的平面布置情况，得到统计数据，以估计单位面积结构构件的数量；通过 FEMA P-58 附表 F 给出的构件数量统计表和 FEMA P-58 报告附带的构件数量估计工具估计单位面积非结构构件的数量。这样，即可根据建筑的 GIS 数据（层面积、层数、高度、结构类型、建筑功能等），组装形成建筑性能模型，用于震损预测。

需要说明的是，本节提出的多源建筑数据震损预测的准确性与基础数据的质量有关。特别地，针对 GIS 数据，该数据与实际结构数据的对应性可以通过多种方式加以验证。例如，当目标区域包含建筑较少时，可以通过实地考察的方法对建筑数据进行验证，对于建筑层数、功能等属性，还可通过 Google 地图或百度地图等的街景功能进行对比验证。当目标区域包含建筑较多时，可采用随机抽样的方法，抽取少量建筑作为样本，再通过实地调查、街景地图等方式对样本建筑的数据进行验证。

此外，GIS 数据反映了建筑的基本信息，利用 GIS 数据建立的建筑性能模型和结构多自由度模型主要刻画了某类建筑的平均抗震性能。实际上由于随机性的影响，一些建筑的抗震性能可能比平均性能更为薄弱。针对这一问题，可以通过开展不确定性分析［例如 Lu 等（2017）的相关分析工作］加以考虑。本节提出的震损预测框架基于 FEMA P-58 下一代建筑抗震性能评价方法，可以较好地考虑震损预测各环节产生的不确定性及其传递，因此，在今后的工作中，可以将 Lu 等（2017）等研究给出的不确定性分析结果整合到本节提出的震损预测框架中。

8.6　利用震后航拍影像提高近实时震损预测准确性

8.6.1　引言

第 8.1～8.5 节阐述了典型城市区域地震直接经济损失预测的两类方法。震前的震损预测可为防震减灾规划、地震保险规划等的制定提供参考信息，减小目标区域可能遭受的潜在地震损失。而在地震发生之后，快速并准确地预测地震建筑破坏导致的经济损失，对制定合理的救灾和重建方案也具有重大价值。

震后的损失评估方法主要包括：①现场调查或抽查统计损失（Masi，et al.，2016）；②根据损失预测模型评价损失（Erdik，et al.，2011；Jaiswal，et al.，2011）；③根据遥感或航拍数据评估损失（Dong，et al.，2013）等。方法①相对最为准确，但是耗时较长，往往需几周甚至几个月之久，且需要较多人力资源，因此无法适应震后快速评价震损的现实需求。而方法②和方法③相对而言速度较快，在震后快速建筑震损评价中得到广泛应用（Yeh，et al.，2006；Vu，et al.，2010）。

损失预测模型（方法②）可以快速得到一个大区域的地震经济损失，且当地震输入和建筑易损性模型正确时，损失预测模型可以充分考虑不同损坏程度（轻度、中度、严重和毁坏）建筑的经济损失，因此应用十分广泛。区域建筑损失预测模型经历了以下三个阶段的发展：①易损性矩阵方法，如 ATC（1985）和尹之潜和杨淑文（2004）；②能力谱方法，如 FEMA（2012d）；③时程分析方法，如 Hori（2011），Lu 等（2014b），Xiong 等（2016，2017）。前两种方法存在一系列局限，例如难以考虑建筑特性和高阶振型的影响，难以考虑地震动的特异性等（Lu, et al., 2014b；Alonso-Rodríguez, et al., 2015；Xiong，et al., 2017）。时程分析方法则很好地改善了这些局限性，然而时程分析结果的合理性很大程度上取决于输入参数（即建筑信息和地震动时程）的质量。如果受灾区附近刚好没有地震台站，则需要慎重考虑如何选择地震动输入（Kalkan, et al., 2010）。

通过卫星或者飞机、无人机航拍，可以得到整个灾区的遥感或航拍图像。通过分析遥感或者航拍图像，可以识别倒塌建筑与未倒塌建筑（Gusella，et al., 2005；Ehrlich，et al., 2009），进而能快速给出整个灾区建筑倒塌的实际情况。但是，从遥感图像中难以获取建筑内部的破坏情况，因此会低估建筑震损（Rathje, et al., 2008）。尽管有不少研究试图根据震后遥感图片识别更细化的建筑震害（Yamazaki，et al., 2005；Corbane，et al., 2011），但目前非倒塌破坏识别精度较低，一些研究表明严重破坏建筑的识别精度仅有 20%～30%（Yamazaki，et al., 2005；Rathje, et al., 2008；Corbane, et al., 2011）。因此，就目前来说识别建筑是否倒塌，比识别更细化的建筑震害，从技术上更加成熟、可靠。

综上所述，基于时程分析的区域建筑损失预测模型，可以评估不同损坏程度建筑的经济损失，但是评估的结果依赖于输入参数的质量。当缺乏真实地震动输入时，评估的精度会下降，而遥感图像分析可以获得灾区实际的建筑倒塌分布。但是对未倒塌建筑的震害评估精度则相对较低。因此，一个很自然的想法就是能否结合时程分析和遥感图像分析技术的优点，既可以提升损失预测模型的精度，也可以同时获得不同损坏程度建筑的经济损失。本书作者和研究生曾翔等给出了一个可能的解决方案（Lu, et al., 2018e）：当缺乏合理的地震动输入时，选择大量（例如成百上千个）不同地震动作为输入，进行一系列非线性时程分析，得到对应的模拟结果集，进而利用遥感图像分析技术得到灾区建筑倒塌的实际情况；从模拟结果集中挑选出与建筑倒塌实际情况最相似的结果（即最优结果），进而利用其计算区域建筑震损。这样有可能显著提高地震经济损失的预测精度，而其中关键的问题之一是如何从模拟结果集中挑选出最优结果。本章详细描述了这一近实时震损预测框架，并给出了挑选最优结果的两种可能方法。通过 1730 年北京西郊地震虚拟案例对本节方法框架进行了说明和讨论，最后通过一个实际案例（2014 年云南鲁甸地震）进行了验证。

8.6.2　方法框架

本章提出的结合非线性时程分析与震后航拍影像分析技术的近实时区域建筑震损评估框架如图 8.6-1 所示，主要包含五个部分：①从震后灾区的航拍图或遥感图像中，识别倒塌的建筑和未倒塌建筑，得到区域建筑倒塌识别结果；②构造大量震害分析工况，例如可以设计不同强度、不同频谱和不同持时的地震动输入；③分别对每个工况进行区域建筑震害模拟，得到震害模拟结果集，各个模拟结果不仅包括建筑是否倒塌，还包括建筑的详细破坏状态（完好、轻微破坏、中等破坏、严重破坏）；④搜索模拟结果集，从中挑选出与建筑倒塌分布识别结果最匹配的结果，作为最优模拟结果；⑤利用最优模拟结果的详细破坏状态，进行区域建筑震损计算，得到地震经济损失结果。其中，第①、③、⑤部分，已有相关文献做了充分的讨论（见本节后续说明），因此本节仅进行简要叙述，而不展开详细讨论。本节重点针对第④部分，提出了两种倒塌分布相似度匹配方法；并对第②部分进行了简要说明。需要指出的是，在本章建议的近实时区域建筑震损评估框架（图 8.6-1）下，任意一个部分完全可以替换为其他更好的实现方式，而不限于本章所述的实现方法。

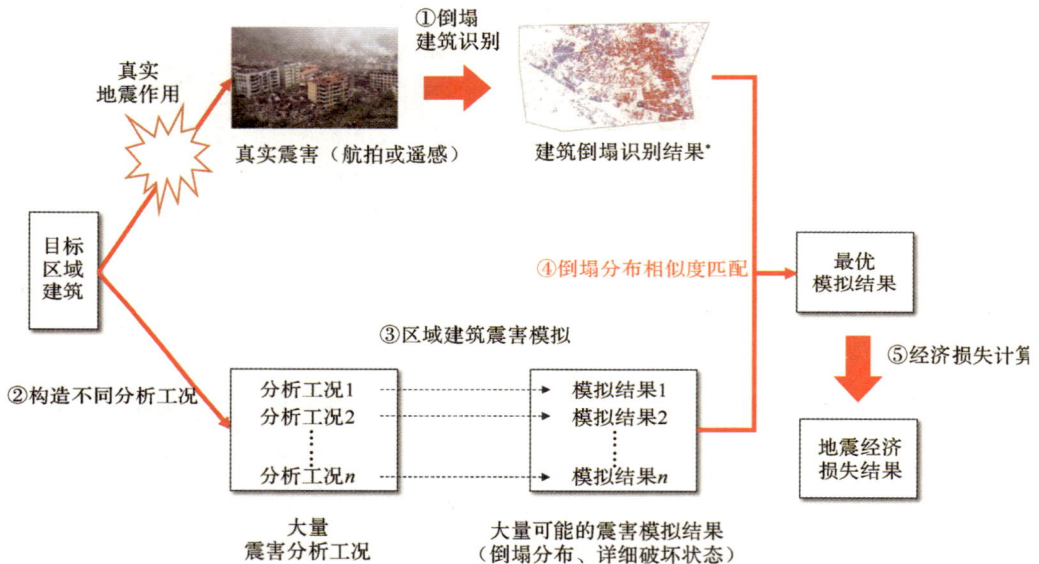

图 8.6-1　本章建议的近实时区域建筑震损评估框架

［＊ 建筑倒塌分布图片来源：Gusella，et al.（2005）］

8.6.2.1　倒塌建筑识别

关于如何从震后航拍照片或遥感影像中识别倒塌建筑与非倒塌建筑，可参考大量现有研究。例如，不仅可以通过众包方法将震害图像分发给多人进行人工识别（Xie，et al.，2016a），还可以使用图像分类算法自动完成对倒塌与非倒塌建筑的识别（Li，et al.，2014）。这方面已有大量相关研究和实际应用，一些综述文章对此作了很好的总结和描述（Rathje，et al.，2008；Dong，et al.，2013）。因此本节对此不作过多叙述。就 8.6.4 节所给出的鲁甸地震案例而言，本节结合了我国地震局和各大新闻媒体提供的现场航拍照片和建筑矢量图，并通过目视判读方法（Dong，et al.，2013；Xie，et al.，2016a）对灾区 56 栋建筑的倒塌情况进行人工识别，获取了和实际倒塌情况相符合的识别结果。

8.6.2.2　不同分析工况构造

非线性时程分析的结果的合理性受诸多因素的影响，例如（a）建筑基础数据的准确性，（b）建筑模型和参数的合理性，以及（c）地震动输入的合理性。第一，随着大数据和智慧城市等技术的进步，城市建筑的数据不断完善（Geiß, et al., 2014; Qi, et al., 2017）。第二，就建筑模型和参数而言，本节采用 Lu 等（2014b）和 Xiong 等（2016, 2017）等提出的区域震害模拟方法，大量算例对比表明，该模型参数确定方法具有较高的精度。第三，7.5 节研究了多自由度层模型结构参数（如层间骨架线的屈服点、峰值点、软化点）的不确定性及其对区域建筑震害预测结果的影响，研究结果表明，假定区域内不同建筑的结构参数变量相互独立，则这些参数的不确定性对区域震害分析结果影响较小。因此，本节在构造不同分析工况时，仅考虑了地震动输入的不确定性，即地震动的不确定性成为影响结构地震响应非线性时程分析精度的主要原因。需要说明的是，已有研究也表明，地震强度较大时，地震动不确定性在结构地震响应分析中占据主导地位（Kwon, et al., 2006）。

为了得到合适的地震动输入，本节采取如下策略：选择大量不同的地震动，形成一系列非线性时程分析工况；根据倒塌分布的相似度来寻找最接近倒塌分布遥感图像识别结果的地震动输入。对于缺乏足够地震动输入的区域，可以首先选择 p 种不同地面运动预测方程（GMPE），再根据震源参数，针对每个 GMPE 选择 q 条地震动记录，这样可构造 $n = pq$ 个分析工况，为倒塌分布相似度匹配提供基础。

8.6.2.3　区域建筑震害模拟

对于区域建筑震害模拟，本节应用了第 7 章提出的方法。由于其模型参数是基于我国《建筑抗震设计规范》（GB 50011—2010）的设计流程，并结合我国大量试验统计数据进行标定的，适用于我国的区域建筑震害模拟。对于我国以外的其他国家和地区，本节建议使用适用于当地的模型参数标定方法代替第 7 章建议的模型参数标定方法。例如，对于美国等地区的建筑，可以使用 Lu 等（2014b）基于美国 HAZUS 数据库提出的参数标定方法。

本节同时也通过算例对比了时程分析方法和易损性矩阵方法。本节采用了尹之潜等（2004）提出的适用于我国建筑的易损性矩阵，该易损性矩阵方法被广泛应用于我国建筑地震损失评估。易损性矩阵方法需要使用烈度指标。PGA 与烈度的关系具有很大的离散性（Wald, et al., 1999），不同研究建议的转换关系也有很大差别。本节采用国家标准《中国地震烈度表》（GB/T 17742—2008）建议的烈度与 PGA 的对应关系，如表 8.6-1 所示。

表 8.6-1　《中国地震烈度表》（GB/T 17742—2008）建议的烈度与 PGA 的对应关系

烈度	七度	八度	九度
对应的 PGA（g）	0.090～0.177	0.178～0.353	0.354～0.707

8.6.2.4　倒塌分布相似度匹配

为了从一系列模拟结果中挑选出与从航拍图像中识别的建筑倒塌分布最匹配的结果，需要给每个模拟结果进行评分。与识别的建筑倒塌分布相似度匹配流程（图 8.6-2），其得分越高，而得分最高的模拟结果则被定义为最优模拟结果。

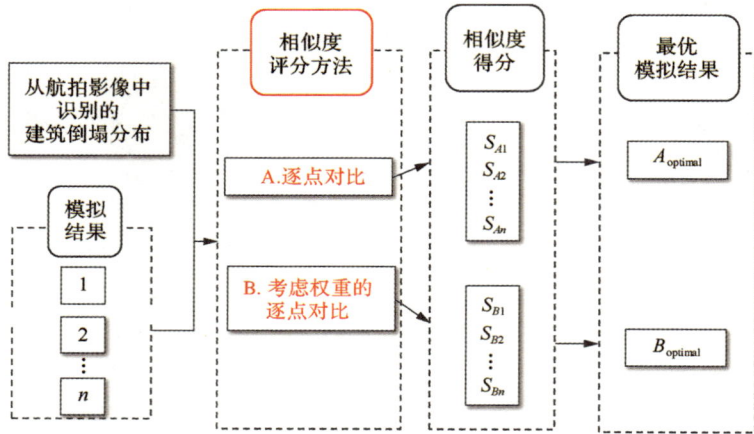

图 8.6-2　倒塌分布相似度匹配流程

相似性度量（或距离度量）用于量化衡量两个物体之间的相似程度，在模式识别、聚类、分类、推荐系统等问题中扮演着重要角色（Mahmoud，2011；Guo，et al.，2013）。特别地，二值相似性和距离度量是使用最为广泛的相似性度量方法之一。由于建筑是否倒塌是一种二值事件，本章采用二值相似性和距离度量，衡量模拟结果与航拍识别结果之间的相似性。Choi 等（2010）总结了 76 个二值相似性度量公式，包括广泛应用的 Jaccard 相似性度量和欧几里得距离等。本节选择了其中一个公式，作为倒塌分布相似度匹配方法之一，并称之为"逐点对比法"（见第 8.6.3 节）。然而进一步的讨论发现，仅采用二值相似性度量方法可能会在某些情况下存在不合理之处。因此，本节通过考虑修正系数，进一步提出了"考虑权重的逐点对比法"，具体内容详见第 8.6.3 节。

8.6.2.5　经济损失计算

为了更清晰地展示本节重点阐述的"倒塌分布相似度匹配"算法，对于经济损失计算部分，本节采用了第 8.1 节中所述建筑整体层次的震损预测方法，采用式（8.1-1）和式（8.1-2）计算震损。从这两个计算公式和表 8.1-1 中可以看出，建筑经济损失计算要求建筑的详细破坏状态作为输入，仅从灾区航拍照片中识别出建筑的倒塌分布情况，并不足以用于计算经济损失。但建筑的倒塌分布情况可被用于从大量模拟结果中识别最优模拟结果，最优模拟结果中包含建筑的详细破坏状态，从而可用于计算经济损失。图 8.6-3 为经济损失计算需要建筑详细破坏状态作为输入的情况。

需要说明的是，由于本节提出的近实时震损评估框架的通用性，经济损失计算部分也可以替换为第 8.3～8.5 节所述的建筑构件层次的区域震损预测方法。

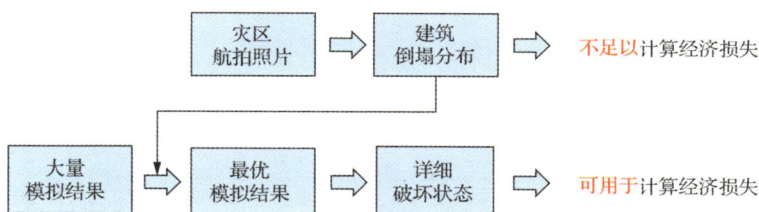

图 8.6-3　经济损失计算需要建筑详细破坏状态作为输入的情况

8.6.3　倒塌分布相似度匹配算法

为了从一系列模拟结果中挑选出与实际建筑倒塌分布最相似的结果，本节提出了两种相似度匹配方法（图 8.6-2）。需要注意的是，两个相似度匹配方法之间是彼此独立的。

8.6.3.1　方法 A：逐点对比法

最自然的想法是，逐一比较每栋建筑的倒塌情况是否与实际倒塌情况相同。若建筑倒塌情况相同则计 1 分，否则计 0 分。该方法简单而有效，它本质上等效于文献 Choi, et al.（2010）中定义的一种二值相似性度量方法，本节称该方法为逐点对比法。具体表示如下。

设随机变量 y 表示建筑倒塌情况，y 服从伯努利分布，即 $y \sim B(1, p)$，其中 p 为建筑倒塌概率；$y = 1$ 表示倒塌，$y = 0$ 表示未倒塌。对任意一个模拟结果 i，对任意一栋建筑 j，设模拟的建筑倒塌情况为 y_{ij}，该建筑实际倒塌情况为 y_j，则得分定义为

$$S_{aij} = \begin{cases} 1, & y_{ij} = y_j \\ 0, & y_{ij} \neq y_j \end{cases} \tag{8.6-1}$$

设建筑总数为 m，则该模拟结果的总得分为

$$S_{Ai} = \frac{1}{m} \sum_{j=1}^{m} S_{aij} \tag{8.6-2}$$

从式（8.6-1）和式（8.6-2）中可见，模拟结果的总得分 S_{Ai} 仅考虑了建筑是否倒塌，而未考虑建筑的位置坐标、结构类型等其他重要信息。因此，逐点对比法在某些情况下可能不够合理。例如，考虑图 8.6-4 所示的包含 12 栋建筑的区域，图中给出了实际倒塌分布［图 8.6-4（a）］和三个模拟结果［图 8.6-4（b）～（d）］，红色填充代表发生倒塌的建筑。从实际倒塌分布图中可见，倒塌的建筑均为砌体结构，由此可以推测在本次震害中，砌体结构的倒塌概率比较高，而混凝土框架结构的倒塌概率相对比较低。模拟结果 1［图 8.6-4（b）］与实际倒塌分布相差最大，逐点对比法给该结果一个较低分数（得分为 $S_{A1} = 7/12$ 分），这是合理的。模拟结果 2［图 8.6-4（c）］表明有一栋混凝土框架结构发生倒塌，虽然根据实际倒塌分布情况可知，在此次地震下混凝土框架结构不大可能发生倒塌，但逐点对比法仍然给了模拟结果 2 一个较高的分数（得分为 $S_{A2} = 10/12$ 分）。模拟结果 3［图 8.6-4（d）］也得到了与模拟结果 2 相同的分数（$S_{A3} = S_{A2} = 10/12$），但显然模拟结果 3 与实际倒塌分布的相似度更高。这个例子表明逐点对比法无法区分模拟结果 2 和模拟结果 3 的差别。

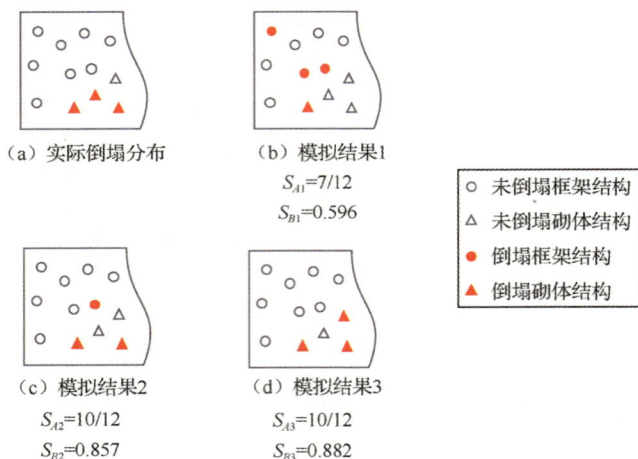

（a）实际倒塌分布　　　（b）模拟结果1
$S_{A1}=7/12$
$S_{B1}=0.596$

（c）模拟结果2　　　（d）模拟结果3
$S_{A2}=10/12$　　　　$S_{A3}=10/12$
$S_{B2}=0.857$　　　　$S_{B3}=0.882$

图 8.6-4　案例中对比两种相似度匹配算法

（逐点对比法、考虑权重的逐点对比法）的评分结果

8.6.3.2　方法 B：考虑权重的逐点对比法

从上述讨论可知，需要为式（8.6-2）定义的每栋建筑的得分乘以一个修正系数，这个修正系数跟建筑的倒塌概率有关。不同建筑的倒塌概率不同，取决于建筑特性和建筑位置。因此，本节提出考虑权重的逐点对比法，采用如下评分规则，即

$$S_{bij} = S_{aij} \tag{8.6-3}$$

$$w_{bj} = \begin{cases} p_j, & y_j = 1 \\ 1-p_j, & y_j = 0 \end{cases} \tag{8.6-4}$$

式中，w_{bj} 是建筑 j 的权重；p_j 是建筑 j 的倒塌概率。该模拟结果 i 的总得分定义为

$$S_{Bi} = \frac{\displaystyle\sum_{j=1}^{m} S_{bij} w_{bj}}{\displaystyle\sum_{j=1}^{m} w_{bj}} \tag{8.6-5}$$

这样，问题就转化为如何求每栋建筑的倒塌概率 p_j。设建筑倒塌概率的决定因素为向量 $\boldsymbol{x}$，$\boldsymbol{x}$ 可能由建筑坐标、结构类型、建设年代、层数等构成。假定

$$p_j = P(y=1 \,|\, \boldsymbol{x}=\boldsymbol{x}_j; \boldsymbol{\theta}) = h(\boldsymbol{\theta}^\mathrm{T} \boldsymbol{x}_j) = \frac{1}{1+\mathrm{e}^{-\boldsymbol{\theta}^\mathrm{T} \boldsymbol{x}_j}} \tag{8.6-6}$$

$$1-p_j = P(y=0 \,|\, \boldsymbol{x}=\boldsymbol{x}_j; \boldsymbol{\theta}) = 1 - h(\boldsymbol{\theta}^\mathrm{T} \boldsymbol{x}_j) \tag{8.6-7}$$

式中，$\boldsymbol{\theta}$ 是待定参数向量；逻辑函数（logistic funtion）$h(z)$ 的值域为（0，1）。式（8.6-6）和式（8.6-7）也可以合并为一个公式为

$$P(y \,|\, \boldsymbol{x}; \boldsymbol{\theta}) = h(\boldsymbol{\theta}^\mathrm{T} \boldsymbol{x})^y [1 - h(\boldsymbol{\theta}^\mathrm{T} \boldsymbol{x})]^{1-y} \tag{8.6-8}$$

由于已知建筑的实际倒塌情况，我们可以利用这一信息，采用极大似然准则估计 $\boldsymbol{\theta}$，

即$\boldsymbol{\theta}$的取值应使倒塌建筑的倒塌概率p_j尽可能大，未倒塌建筑的倒塌概率p_j尽可能小。因此，求解$\boldsymbol{\theta}$等效于求解式（8.6-9）所示最优化问题为

$$\hat{\boldsymbol{\theta}} = \arg\max_{\boldsymbol{\theta}} L(\boldsymbol{\theta}) = \arg\max_{\boldsymbol{\theta}} \prod_{j=1}^{m} P(y = y_j \mid \boldsymbol{x} = \boldsymbol{x}_j; \boldsymbol{\theta})$$

$$= \arg\max_{\boldsymbol{\theta}} \prod_{j=1}^{m} h(\boldsymbol{\theta}^{\mathrm{T}} \boldsymbol{x}_j)^{y_j} [1 - h(\boldsymbol{\theta}^{\mathrm{T}} \boldsymbol{x}_j)]^{1-y_j} \qquad (8.6\text{-}9)$$

在实践中，为了避免过拟合现象，通常要在式（8.6-9）中添加正则项，成为式（8.6-10）所示优化问题并加以求解，其中λ是非负的正则化参数。

$$\hat{\boldsymbol{\theta}} = \arg\max_{\boldsymbol{\theta}} \mathrm{e}^{-\lambda \boldsymbol{\theta}^T \boldsymbol{\theta}} \prod_{j=1}^{m} h(\boldsymbol{\theta}^{\mathrm{T}} \boldsymbol{x}_j)^{y_j} [1 - h(\boldsymbol{\theta}^{\mathrm{T}} \boldsymbol{x}_j)]^{1-y_j} \qquad (8.6\text{-}10)$$

由式（8.6-8）～式（8.6-10）描述的这一过程，实际上是一种机器学习算法，即逻辑分类（Logistic Classification）（Bishop，2006）。任意一栋建筑j的倒塌概率因素向量$\boldsymbol{x}_j$和实际倒塌情况y_j构成了一个训练样本，样本总数等于建筑总数m。通常仅选取一部分样本（如60%）作为训练集，训练得到参数向量$\boldsymbol{\theta}$；一部分样本（如20%）作为交叉验证集，确定正则化参数λ的取值；剩下的样本作为测试集，测试机器学习精度（Bishop，2006）。

得到$\boldsymbol{\theta}$后，就能由式（8.6-6）求得每栋建筑的倒塌概率。注意到$h(\boldsymbol{\theta}^T \boldsymbol{x}_j)$仅跟实际倒塌分布有关，而与模拟结果无关。

如图8.6-4所示，采用考虑权重的逐点对比法进行评分，模拟结果3的得分S_{B3}高于模拟结果2的得分S_{B2}，因此，考虑权重的逐点对比法相对逐点对比法而言更为合理。

如果能提供合适的训练样本，机器学习方法本身也能直接作为地震经济损失预测方法，但这要求训练样本中不仅要给出建筑是否倒塌，还要给出建筑的详细破坏状态。然而，目前遥感图像识别暂时难以准确判断非倒塌破坏状态，因此难以提供准确的训练样本。一种可能的方法是利用历史地震的现场调查数据作为训练样本。这的确是一种可行的方案，但与易损性矩阵方法类似，对于缺少历史震害数据的地区，采用其他地区数据训练得到的分类器能否给出合理的预测结果，值得进一步的研究。

8.6.4 案例分析：清华大学校园虚拟地震

8.6.4.1 地震情境

为进一步展示8.6.3节所述倒塌分布相似度匹配方法的效果，本节选择北京清华大学校园作为案例（包含619栋建筑）加以讨论，建筑详情见第8.3.3节。清华大学校园附近最近的一次强震为1730年北京西郊地震，距今已将近300年。以这次地震事件为情境，进行基于情境的地震模拟（FEMA，2012c），并视之为"目标情境"。

文献资料指出，1730年北京西郊地震为6.5级，震中位置为40.0° N，116.2° E附近，约在圆明园—玉泉山一带（环文林等，1996），距离清华大学校园案例区域中心约4.3 km。如图8.6-5所示，此次地震的发震断层取为F3清河隐伏断层（环文林等，1996；玄月，2011）。F3清河隐伏断层为正断层，走向55°，倾角69°（环文林等，1996；周

青云等，2008；玄月，2011），全长 15 km（周青云等，2008）。1730 年北京西郊地震时间过早，缺乏相应的地震动记录。对于这种情况，已有文献建议（Douglas，2007）采用较为广泛认可的衰减模型。因此，本节选用广泛使用的美国下一代地震动衰减关系（NGA）项目组提出的 GMPE 之一，CB14 模型（Campbell, et al., 2014），计算目标场地的反应谱。需要说明的是，这里 CB14 模型仅用于生成一个虚拟的"目标情境"地震事件，用以对比本章提出的不同倒塌分布相似度匹配算法的准确性，在第 8.6.5 节中，进一步通过一个实际地震事件，对本章所提方法进行了验证。

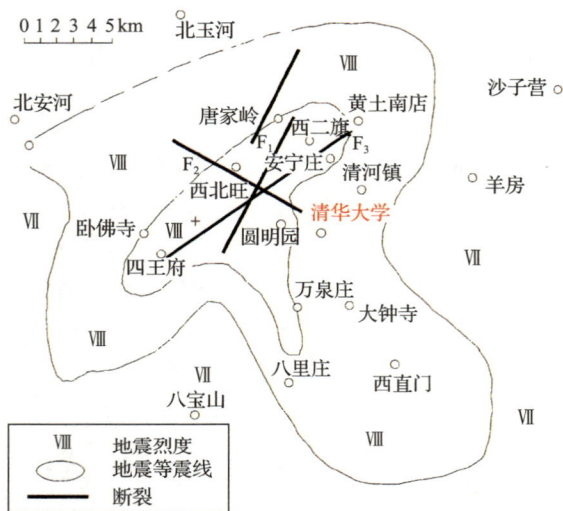

图 8.6-5　1730 年 M6.5 北京西郊地震等震线图［修改自华金玉等（2005）］

使用太平洋地震研究工程中心（PEER）提供的在线数据库 NGA-West2 和地震动选择工具（Ancheta, et al., 2014），选择了一组与目标反应谱接近的地震动的反应谱，如图 8.6-6 所示。由于校园面积不大（约 4km²），为简化起见，所有建筑使用同一条地震

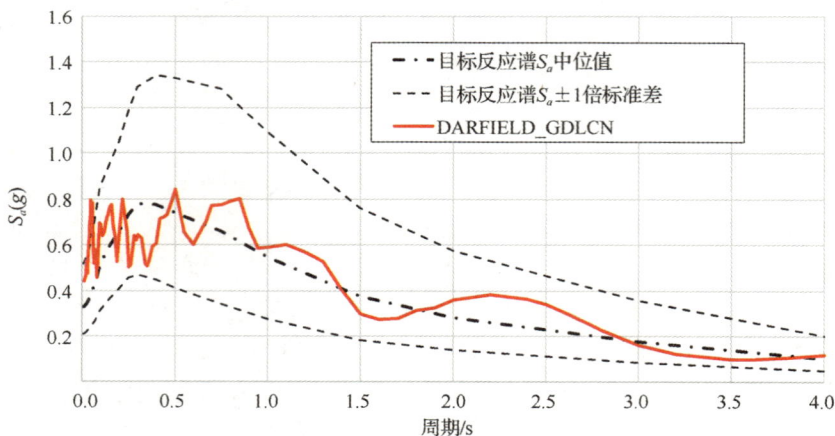

图 8.6-6　清华大学校园示例区域中心点与目标反应谱接近的地震动的反应谱

动时程，但调幅至不同的 PGA，每栋建筑的 PGA 均由 CB14 模型计算。由于断层位于清华大学校园的西北角，位于校园西北方向的建筑，地震动的 PGA 要高于东南方向的建筑。CB14 模型可给出目标谱的中位值和标准差，这里 PGA 取其中位值。

8.6.4.2 倒塌建筑识别

给定上述地震动输入，可以通过区域建筑震害模拟得到"目标情境"下的结构破坏状态，进而可以很容易地得到建筑结构倒塌分布情况，如图 8.6-7 所示。其中 x' 和 y' 为建筑坐标，x' 轴由西向东，y' 轴由南向北。

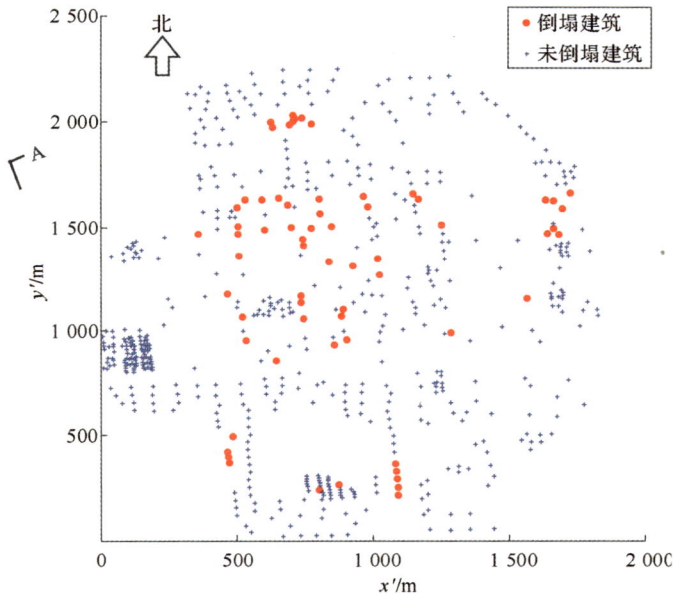

[A—A 所示剖面图见图 8.6-8（b）]

图 8.6-7 "目标情境"（即 1730 年 M6.5 北京西郊地震）下
清华大学校园建筑结构倒塌分布情况

8.6.4.3 不同分析工况构造

如 8.6.4.2 节所述，由于 1730 年北京西郊地震缺少地震动记录和合适的 GMPE，选择了 NGA West 2 项目组提出的另外 3 种 GMPE，即 BSSA14 模型（Boore, et al., 2014）、ASK14 模型（Abrahamson, et al., 2014）和 CY14 模型（Chiou, et al., 2014），以及中国第五代区划图（GB18306—2015，2015）建议的椭圆衰减关系，共计 4 种 GMPE。4 种 GMPE 计算得到的 PGA 均值的分布如图 8.6-8 所示。从图中可以看出，目标区域范围内，PGA 的大小与建筑坐标基本呈线性关系。然而，不同 GMPE 计算得到的 PGA 均值不同，衰减速度（斜率）也不同。因此，仅选用以上 4 种 GMPE，可能难以构造出与"目标情境"有较高相似度的分析工况。为此，定义了式（8.6-11）所示的 5 种不同斜率的线性衰减函数，其中 PGA_{max} 代表目标区域内最大 PGA，其值域取为 $\{0.1g, 0.2g, \cdots, 1.0g\}$。这样，式（8.6-11）事实上一共定义了 50 种不同的"GMPE"（5 个计算公式，每个公式中的 PGA_{max} 有 10 种不同的取值）。

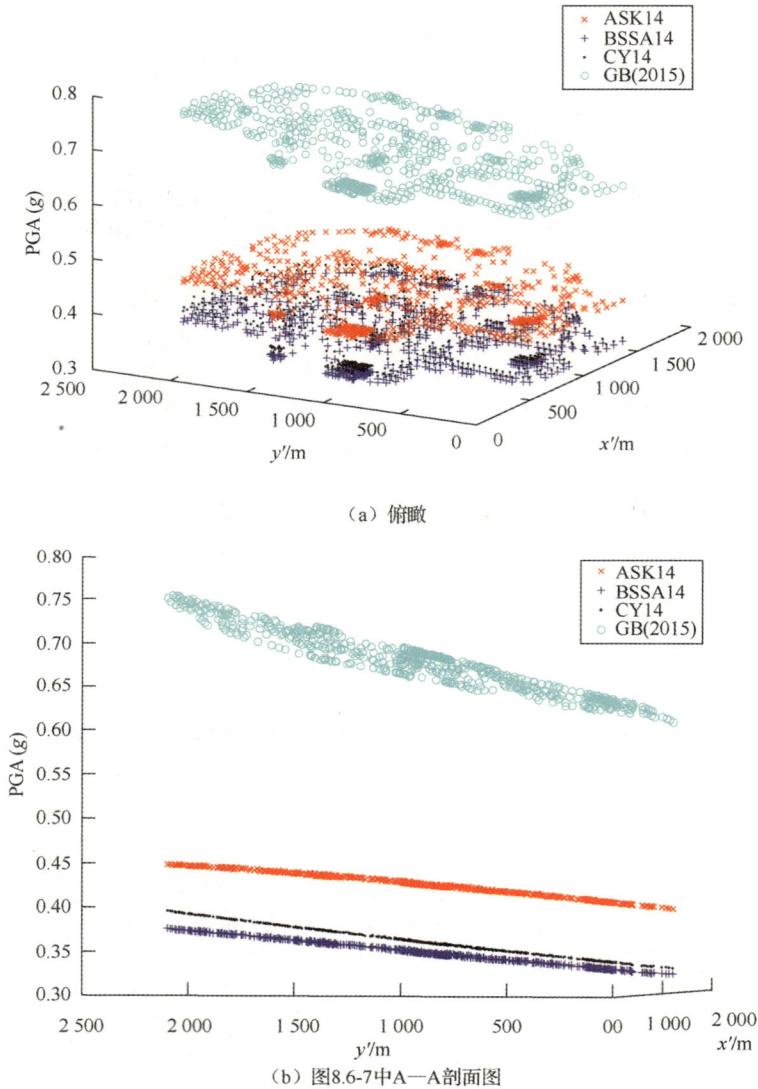

（a）俯瞰

（b）图8.6-7中A—A剖面图

图 8.6-8　使用 4 种 GMPE［ASK14、BSSA14、CY14 和 GB（2015）］
计算得到的 PGA 均值的分布

选取广泛使用的 El Centro 1940 地震动、FEMA P695 报告推荐的 22 组远场地震动记录和 28 组近场地震动记录（FEMA，2009），共计 51 组地震动记录作为输入。这样，一共可构造 2 550 种不同的非线性时程分析工况。

$$PGA = \begin{cases} PGA_{max}\left[100\% + \dfrac{(y' - y'_{max})(100\% - 80\%)}{y'_{max} - y'_{min}}\right] \\[2em] PGA_{max}\left[100\% + \dfrac{(y' - y'_{max})(100\% - 60\%)}{y'_{max} - y'_{min}}\right] \\[2em] PGA_{max}\left[100\% - \dfrac{(x' - x'_{min})(100\% - 80\%)}{x'_{max} - x'_{min}}\right] \\[2em] PGA_{max}\left[100\% - \dfrac{(x' - x'_{min})(100\% - 60\%)}{x'_{max} - x'_{min}}\right] \\[2em] PGA_{max} \end{cases} \tag{8.6-11}$$

需要说明的是，上述方法是用于快速构造大量分析工况的一种简化途径，如果对研究地区的地震特征有更多了解，可以根据当地地震特征构造合适的分析工况，从而提高精度和效率。

8.6.4.4　区域建筑震害模拟

通过运行上述非线性时程分析工况，可得到 2 550 个模拟结果。每个模拟结果均包括各个建筑的详细破坏状态。图 8.6-9（a）显示了每个分析工况下、每种破坏状态对应的建筑数量。分析工况是按照地震强度从小到大排序并编号的，因此从工况 1 到工况 2 550，建筑的震害逐渐变得严重。

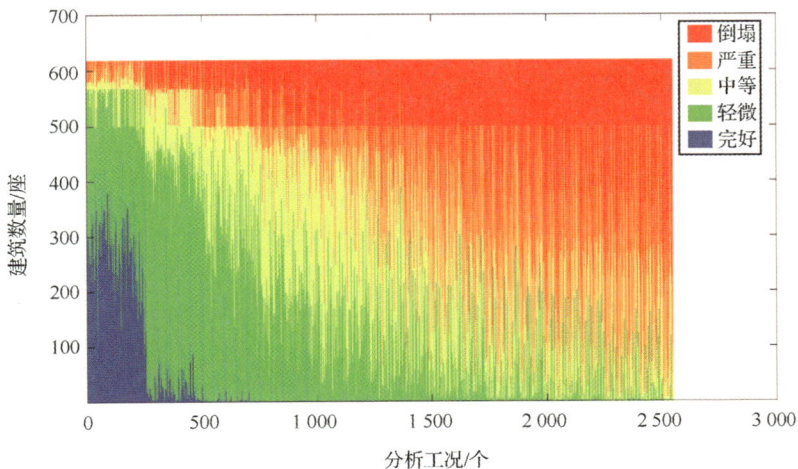

（a）每种破坏状态对应的建筑数量

图 8.6-9　各个分析工况的模拟结果

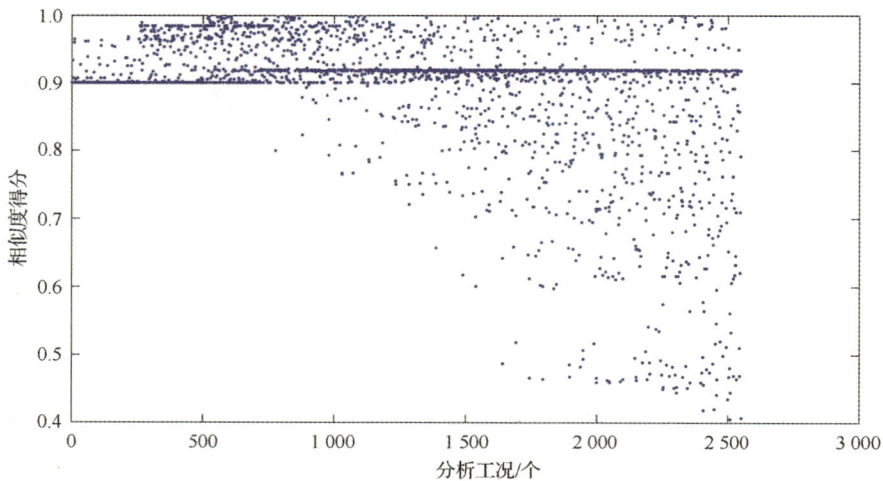

（b）使用考虑权重的逐点对比法计算的相似度得分

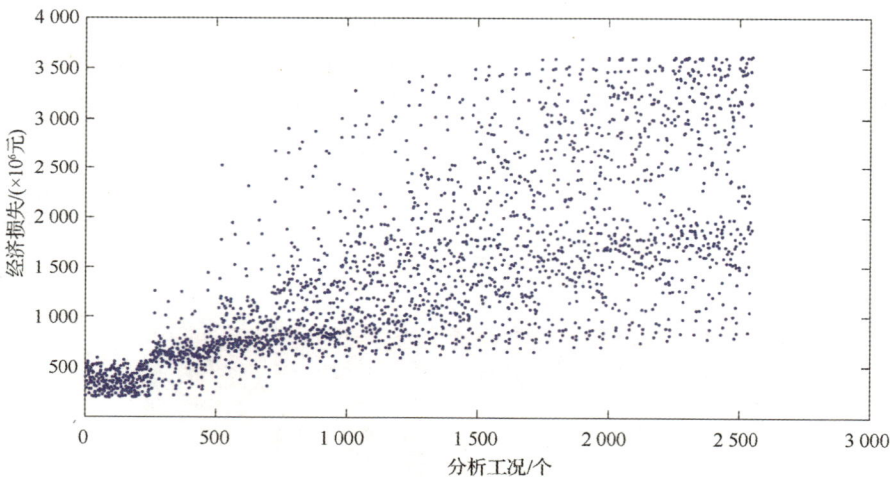

（c）计算的各模拟结果的地震损失

图 8.6-9（续）

8.6.4.5 相似度匹配与地震损失评估

分别使用本章提出的两种倒塌分布相似度匹配方法，可以计算得到各个模拟结果的得分，以及最优模拟结果。以考虑权重的逐点对比法为例，计算得到的各个模拟结果对应的相似度得分如图 8.6-9（b）所示。使用式（8.1-1）和式（8.1-2）计算得到各个模拟结果对应的地震经济损失，如图 8.6-9（c）所示。

为了评价相似度得分是否有效地衡量了模拟结果和实际倒塌分布的相似性，进一步绘制出了得分与地震经济损失关系，如图 8.6-10（a）和（b）所示。图中蓝色点代表每个模拟结果对应的损失 V_j，j 为模拟结果编号。红色实线代表根据"目标情境"下建筑破坏状态计算得到的实际损失 V_{actual}。黑色虚线代表使用尹之潜和杨淑文（2004）的易损性矩阵方法计算得到的损失 V_{yin}。从图 8.6-10 中可以看到如下几点。

（1）模拟结果的相似度得分越高，模拟的经济损失 V_j 有向着实际值 V_{actual} 收敛的趋势。

（2）两种相似度匹配方法的结果非常接近。特别地，两种方法都得到 1 个最优模拟结果，其相似度得分都为 1.0，即与"目标情境"实际倒塌分布（图 8.6-7）完全相同。

（3）最优模拟结果对应的经济损失 V_{opt} 为 13.156 亿元［图 8.6-10（c）］，与实际损失 V_{actual}（11.004 亿元）相比，误差为 19.6%，可见最优模拟结果对应的损失是实际经济损失的一个很好的估计。虽然最优模拟结果与实际结果的倒塌分布相同，但它们的建筑详细破坏状态不同，因此 V_{opt} 与 V_{actual} 并不相等。

（4）与实际损失 V_{actual} 相比，易损性矩阵方法给出的损失 V_{yin}（2.869 亿元）偏低。这可能是由于易损性矩阵方法的合理性依赖于历史震害统计数据，然而北京地区将近 300 年没有经历过强震，缺少相关的统计数据，因此易损性矩阵方法可能难以准确描述北京地区的结构的抗震性能。而最优模拟结果对应的损失 V_{opt} 可以很好地估计实际经济损失。

需要说明的是，图 8.6-10（a）中相似度得分为 0.9 左右的区间内聚集了大量蓝色点。这是由于该"目标情境"下实际建筑倒塌率为 10.5%，即有 89.5% 的建筑未发生倒塌，即使一个分析工况的模拟结果为"所有建筑均未倒塌"，它仍能得到 0.895 的相似度得分（逐点对比法）。当得分进一步提高时，意味着部分倒塌建筑得到了正确模拟，因此经济损失会快速趋向实际损失。

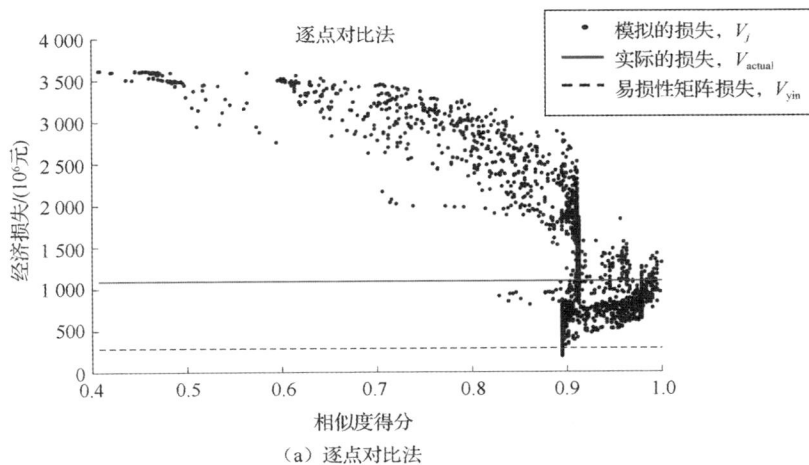

图 8.6-10　模拟结果得分与地震经济损失关系（1730 年北京西郊地震）

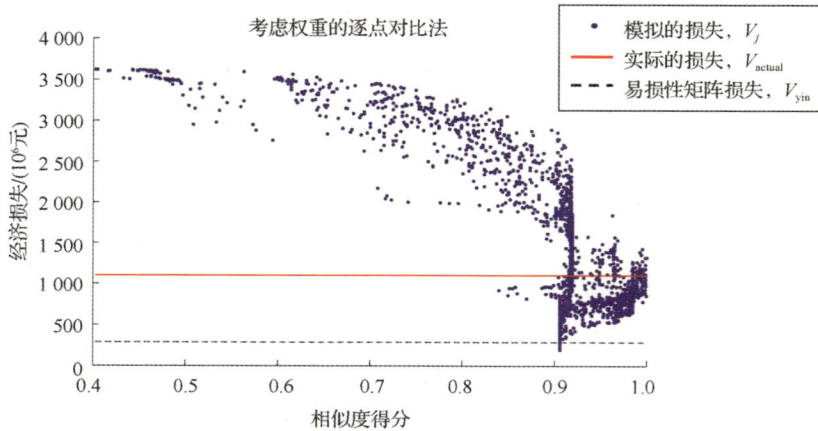

（b）考虑权重的逐点对比法

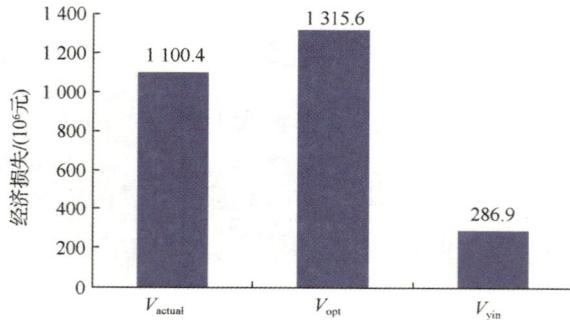

（c）模拟得到的损失和实际损失对比

图 8.6-10（续）

8.6.4.6 其他地震情境

为了评估本章所建议的方法在其他地震情境下的效果，本节进一步选取了两个额外的虚拟地震情境进行分析。这两个情境是在 1730 年北京西郊地震的基础上，保持其他震源参数不变，而将震级调整为（1）M5 及（2）M8 得到的。对这两个目标情境，仍然采用 CB14 模型计算每栋建筑的 PGA，并且仍然使用前文所述 2 550 个分析工况及其模拟结果，从中选出最优模拟结果。两个目标地震情境下的模拟结果得分与计算的地震经济损失关系如图 8.6-11 所示。两种相似度匹配算法的结果非常相似，因此图中仅仅给出了考虑权重的逐点对比法的结果。对于 M5 情境，通过倒塌分布相似度匹配得到了 5 个最优模拟结果，得分均为 1.0 [图 8.6-11（a）]，取这 5 个最优模拟结果对应的损失的中位值作为最终预测的损失 V_{opt}。而对于 M8 情境，一共得到了 302 个最优模拟结果，其得分也均为 1.0 [图 8.6-11（c）]，进一步绘制这 302 个最优模拟结果对应的经济损失的分布情况，如图 8.6-12 所示，损失近似服从正态分布，可据此求出变异系数为 0.15，从而考虑多个最优模拟结果的不确定性的影响。

图 8.6-11（b）和（d）展示了在 M5 情境和 M8 情境下，本章方法预测的损失 V_{opt} 都与实际损失 V_{actual} 接近。

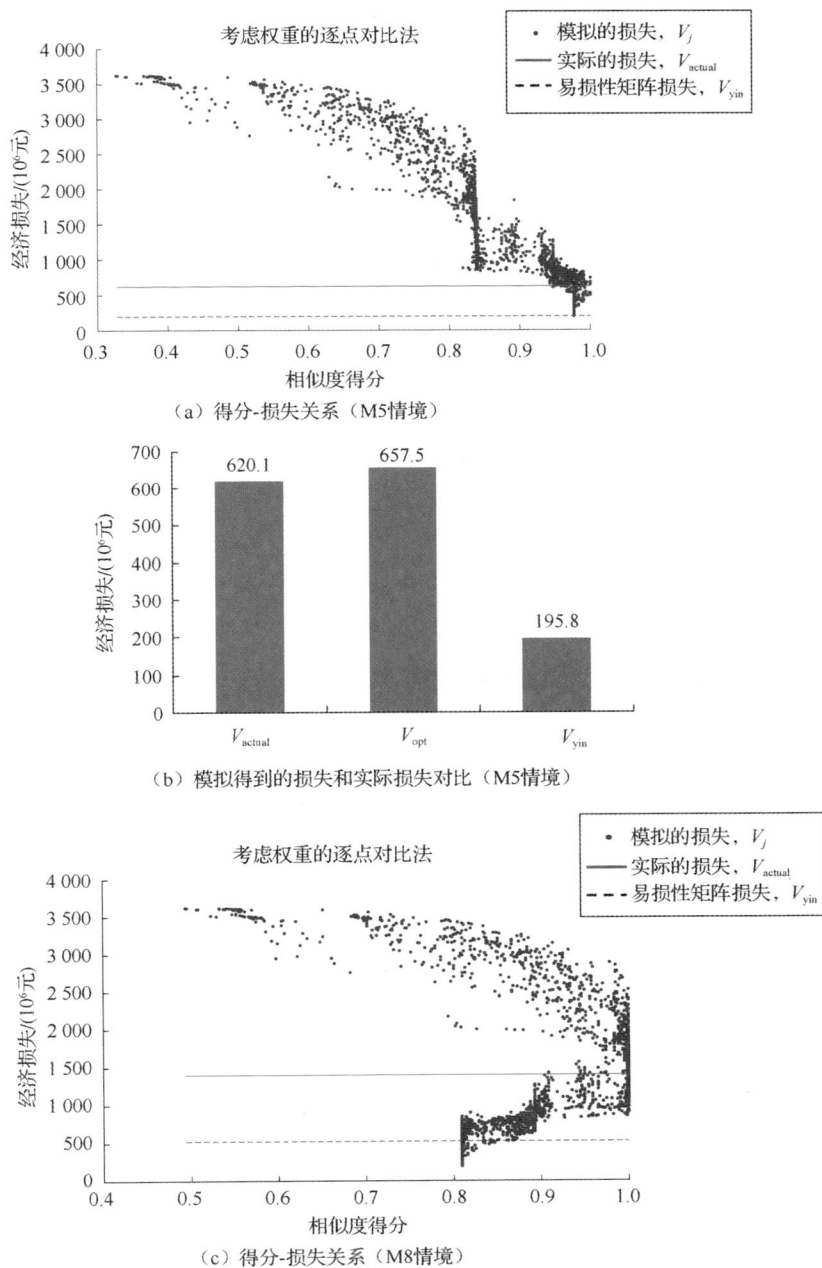

（a）得分-损失关系（M5情境）

（b）模拟得到的损失和实际损失对比（M5情境）

（c）得分-损失关系（M8情境）

图 8.6-11   模拟结果得分与地震经济损失关系（两个额外的虚拟地震情境）

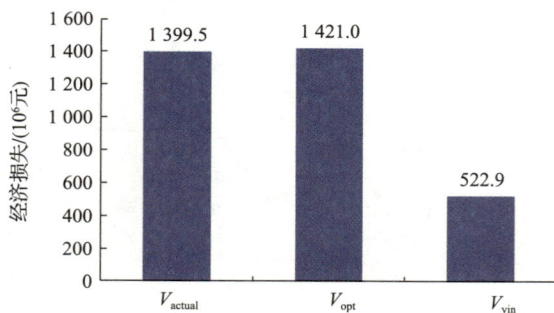

（d）模拟得到的损失和实际损失对比（M8情境）

图 8.6-11（续）

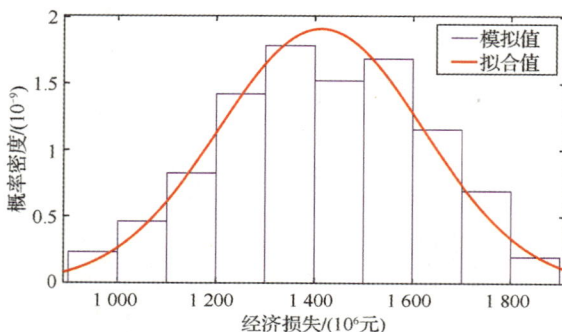

图 8.6-12　M8 情境下所有最优模拟结果对应的经济损失的分布情况

上述三个虚拟地震情境（震级分别为 M5、M6.5、M8）表明本章建议的方法可用于不同地震强度的损失预测。但需要指出的是，本章方法相对而言更适用于地震强度较高的情况。一方面，当地震强度较高时，地震动的不确定性一般占据主导作用（Kwon，et al.，2006）；另一方面，如果地震太小而几乎没有结构发生倒塌，那么灾区的航拍影像可能不足以提供充分的信息用于寻找最优模拟结果。

8.6.5　方法验证：2014 年鲁甸地震

以上案例分析结果说明了本章建议的倒塌分布相似度匹配方法可以给出较好的地震损失预测结果，但案例中的"目标情境"毕竟是基于久远的 1730 年北京西郊地震的虚拟地震事件。

为了进一步验证方法的合理性，本节采用了 2014 年 8 月 3 日在我国云南省真实发生的鲁甸地震进行分析。鲁甸地震震级为 M6.5，震源深度 12km，震中位于 27.189° N，103.409° E，地震给 9km 外的龙头山镇带来了较严重的破坏（Xu，et al.，2015）。地震发生后第二天，中国地震局就利用无人机获取了大量灾区航拍照片。利用这些照片和各大新闻媒体提供的现场航拍照片，可以迅速得到龙头山镇的建筑倒塌分布 [图 8.6-13（a）]。而建筑的详细破坏信息，则是通过专家赴现场展开震害调查得到的（Lin，et al.，2015）。

根据这些详细破坏信息，可以采用式（8.1-1）和式（8.1-2）计算地震的实际经济损失 V_{actual}，然而采用实地调查方法得到 V_{actual} 时，距发生地震已经将近一个月了。本节仅就龙头山镇的 56 栋建筑的倒塌分布（图 8.6-13）展开案例分析。

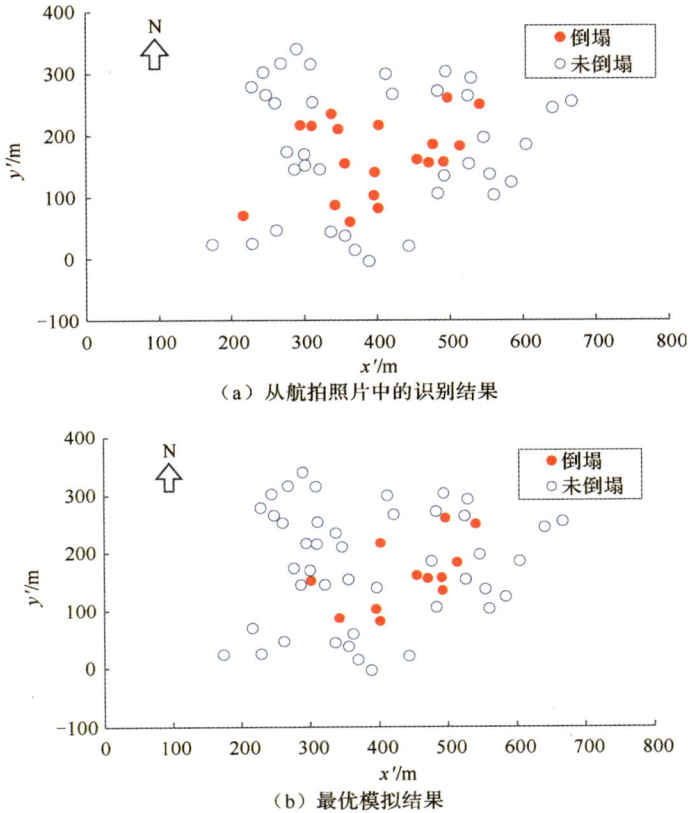

图 8.6-13　龙头山镇的 56 栋建筑的倒塌分布（2014 年鲁甸地震）

　　与清华大学校园虚拟地震案例分析（第 8.6.4 节）类似，定义了式（8.6-11）所示的 5 种不同斜率的线性衰减函数，其中 PGA_{max} 的值域取为 $\{0.2g, 0.4g, \cdots, 1.2g\}$。这样，一共定义了 30 种不同的 GMPE。选用 FEMA（2009）推荐的 28 组近场地震动记录作为输入。因此，一共可构造 840 种不同分析工况。运行这些工况，可以得到 840 种模拟结果。分别使用本章提出的两种倒塌分布相似度匹配方法，可以计算得到各个模拟结果的得分，以及最优模拟结果。绘制得分与地震经济损失关系，如图 8.6-14 所示。

　　中国强震动台网捕获到 70 多组鲁甸地震主震记录（Xu, et al., 2015），其中一组恰好由位于龙头山镇的强震台站记录到。本节同时也使用了这个地震动记录和回归得到的地震动衰减关系（Xiong, et al., 2017）作为对比：使用该输入进行非线性时程分析，对其结果进行相似度评分，并计算了该结果对应的经济损失，记为 $V_{recorded}$。该结果的得分与地震经济损失在图 8.6-14（a）和（b）中用红色五角星标出。需要说明的是，强震

　　台站实测的地震动记录可能难以完全体现每一栋建筑受到的实际地震作用，因此使用
该地震动记录得到的模拟倒塌分布虽然与实际结果很接近，但也并非100%相同。

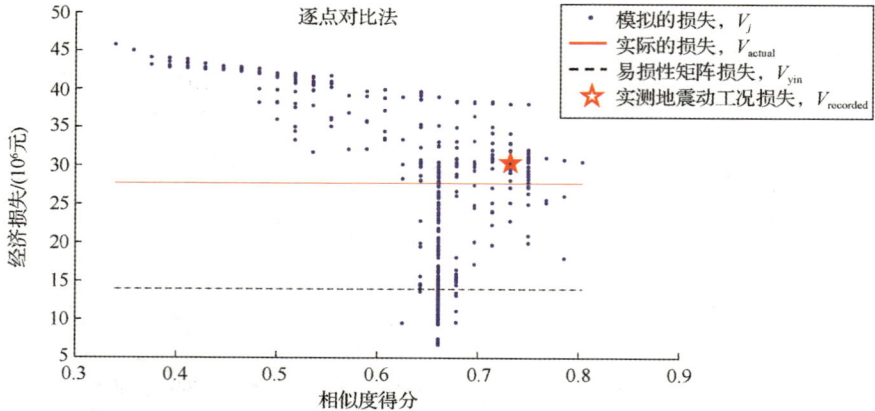

（a）逐点对比法

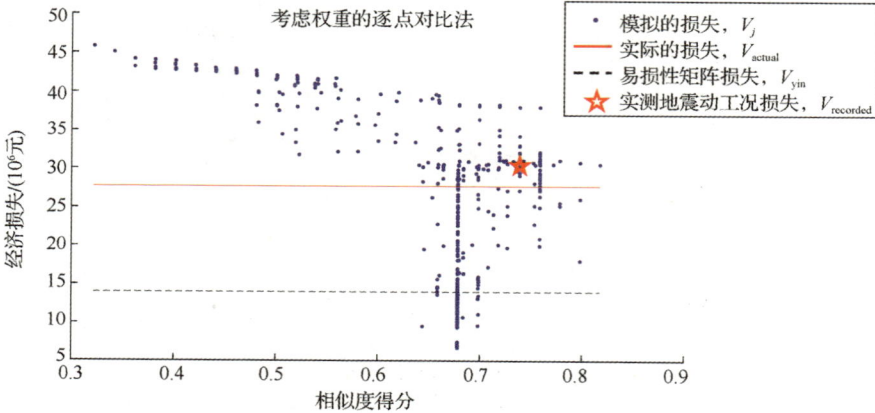

（b）考虑权重的逐点对比法

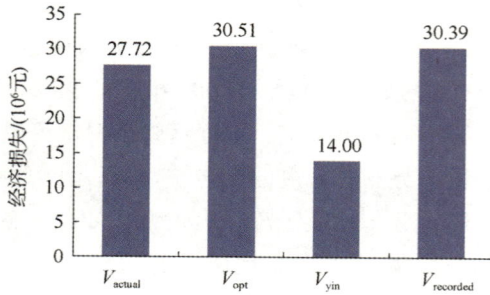

（c）模拟的损失与实际损失的对比

图 8.6-14　模拟结果得分与地震经济损失关系（2014 年鲁甸地震）

从图 8.6-14 中可以看出如下几点。

（1）使用逐点对比法和考虑权重的逐点对比法，均得到同一个最优模拟结果。其得分小于 1，这说明最优模拟结果与实际倒塌结果不完全相同。然而对比模拟的倒塌分布 [图 8.6-13（b）] 与实际情况 [图 8.6-13（a）]，可见二者还是比较相似的。

（2）使用本章建议的方法得到的最优模拟结果对应的损失 V_{opt} 与实际损失 V_{actual} 接近，而易损性矩阵方法给出的损失 V_{yin} 偏低，如图 8.6-14（c）所示。其关键原因是本章建议的方法充分利用了实际建筑倒塌分布情况这一重要信息。

（3）使用实测鲁甸地震动记录得到的损失预测结果 $V_{recorded}$ 与实际损失 V_{actual} 也吻合良好（这里实际损失 V_{actual} 仅就本文所考虑的龙头山镇 56 栋建筑而言）。

需要说明的是，上述 840 种分析工况在一台多核心计算机上并行运算 [中央处理器（CPU）：Intel E5-2695 v4@2.10Hz，36 核；内存：64GB]，耗时仅约 4 min，倒塌分布相似度匹配更是能在几秒内完成。如果使用 GPU 加速（Lu，et al.，2014b）或分布异构并行计算（Xu，et al.，2016），计算效率还能有大幅度的提升，使得对于更多分析工况和更大规模区域，也能在几分钟到 1h 内完成计算。随着遥感或无人机技术的进步，震后 24h 内就有望获取大量灾区的卫星或航拍照片，从而迅速识别得到灾区的建筑倒塌情况。因此，本章提供的方法是一种近实时的地震经济损失评估方法，能在震后一两天内给出与耗时数周的专家调查结果接近的震损估计。

在倒塌分布相似度匹配过程中，仅用到了模拟结果中建筑是否倒塌这一信息。这里隐含了一条假定，即如果某一模拟结果得到的建筑倒塌分布与实际的建筑倒塌情况相似，则该模拟结果得到的建筑破坏情况、甚至建筑经济损失，都与实际震害情况接近。换句话说，区域建筑的震损与灾区建筑倒塌情况是高度相关的。考虑到结构在地震激励下的非线性行为的复杂性，目前本章没有对这一假定的合理性进行严格分析论证。但本章给出的几个案例（三个清华校园虚拟地震案例，以及鲁甸地震实际案例）可被视为数值试验，这些数值试验的结果（图 8.6-10～图 8.6-14）表明，这一假定是相对合理的。

本节仅通过损伤限值判断建筑整体的破坏状态，进而计算经济损失。事实上，非线性时程分析可以给出建筑每层的位移和加速度时程和峰值，利用这些精细化的结构响应，可以根据 FEMA P-58 方法（FEMA，2012a）计算结构构件、位移敏感型非结构构件及加速度敏感型非结构构件的破坏状态和维修成本，从而得到更精细的建筑震害和震损模拟结果。这也是非线性时程分析相对于易损性矩阵方法或能力谱方法的一个优势。第 8.3～8.5 节对此进行了详细的探讨，但为了不使论点过于发散，本节并没有将基于 FEMA P-58 方法的震损评估作为近实时震损框架评估第（5）部分（图 8.6-1）的具体损失评价方法。

8.6.6　小结

区域建筑地震经济损失是重要的决策指标之一。现场调查可以得到相对最准确的结果，但耗时往往长达几周甚至几个月。非线性时程分析则更适应震损快速评估的需求，但其准确性取决于地震动输入的合理性。本章提出了一种近实时区域建筑震损评估框架，利用灾区建筑的倒塌分布情况（可利用遥感图像分类技术等快速获取），改善非线性时程分析结果，从而在震后一两天内给出近实时的震损评估。

具体地讲，选择大量不同强度和时程的地震动作为输入，进行一系列非线性时程分析，得到对应的模拟结果集；从模拟结果集中挑选出与灾区建筑的实际倒塌情况最相似的结果（即最优模拟结果），进而利用其计算区域建筑震损。其中最关键的问题之一是如何从结果集中挑选出最优模拟结果。为此本文给出了两种倒塌分布相似度匹配方法：逐点对比法和考虑权重的逐点对比法。通过1730年北京西郊地震虚拟案例和2014年鲁甸地震实际案例，对本章的方法框架进行了说明和验证，结论如下所述。

（1）两种倒塌分布相似度匹配方法都能较好地衡量模拟的倒塌结果与实际的倒塌结果的相似性。相似性越高，模拟结果的震损有向着实际震损收敛的趋势。

（2）最优模拟结果对应的经济损失与实际损失比较接近，即使在缺乏实测地震动输入时，仍然能得到与实际损失接近的结果，其关键原因是充分利用了灾区实际建筑倒塌分布这一重要信息。当缺乏充足的历史震害数据时，最优模拟结果可用于对易损性矩阵的参数进行标定。

（3）非线性时程分析可以在几分钟或几小时内完成，而倒塌分布相似度匹配耗时仅几秒钟。随着遥感等方面的技术发展，一般震后24h内就能获取大量灾区卫星照片或航拍照片，因此本章建议的方法能适应近实时震损评估的需求。

9 城市区域震害模拟的高性能计算和可视化

9.1 概 述

城市地震灾害情景模拟不仅需要适合的结构模型（见第 7 章），也需要高性能计算和可视化技术的支持。

一方面，城市建筑数量庞大，城市区域震害精细化模拟对计算效率提出了很高的要求。提出符合城市区域震害预测特点的高性能低成本计算方法，对推广城市区域震害精细化模拟具有非常重要的价值。近年来计算机技术在 GPU 计算、分布式计算上取得了很多重要进展，因此，本章将讨论如何将上述前沿技术引入城市区域震害模拟。

另一方面，当建筑震害模拟从单体推广到区域时，其使用者往往已经不是单纯的结构工程师或者地震工程人员。城市区域建筑群地震灾害的模拟，对城市的规划、管理、应急等都有着非常重要的作用。但是，这些部门的人员往往不都具备足够的结构工程知识。因此，需要提供一种更加直观有效的方法，来真实展现城市建筑群地震灾害的场景。本章主要提出相应的城市区域建筑群地震灾害场景的高真实感展示方法。

9.2 基于 GPU 粗粒度并行的城市区域震害模拟

9.2.1 引言

在第 7 章中，详细讨论了如何对城市中大量一般建筑进行建模，同时确定它们的计算参数。而对于城市区域来说，这类建筑数量巨大，如果采用传统的 CPU 平台进行计算，耗时长、效率低，无法满足紧急情况下城市区域震害应急响应的需求。

近年来，随着 GPU 技术不断发展，越来越多的领域开始应用 GPU 进行计算。GPU 因其强大的浮点计算能力和并行计算能力，非常适合处理大型计算问题。因此，本书作者和清华大学研究生韩博、熊琛以及日本东京大学 Hori 教授等，采用粗粒度并行 GPU 技术，开发了适用于城市区域一般建筑震害模拟的并行计算方法，进行了效率测试和比较，并举例应用于实际震害分析（Lu，et al.，2014b）。

9.2.2 程序架构与并行思路

GPU 并不是万能的，它有着"单核弱，并行强；逻辑弱，浮点强"的特点，只有合理地设计程序架构和模型，让 GPU 和 CPU 协同合作，各司其职，才能够充分发挥 GPU 的计算能力。本节将详述采用 GPU 进行一般建筑震害模拟的程序架构和思路。

对于一个并行计算任务来说，GPU 程序最合适的架构应该是基于细粒度并行的（Che，et al.，2008），即将每一个子任务都分解为细部的基本操作，比如矩阵和向量的运算，再对每个可以并行的细部操作进行并行化处理，如 2.7 节基于 GPU 的高性能矩阵求解算法。细粒度并行广泛应用于神经元网络分析和有限元分析中（Hung，et al.，1994；Mackerle，2003），然而这种架构的程序也有其缺陷：为了获得较高的并行效率，细粒度架构程序的算法需要高度精密设计，否则将难以充分利用 GPU 平台的计算能力，造成 GPU 利用率低，计算资源浪费。而另外一种 GPU 程序架构即粗粒度并行则能够更加方便地利用 GPU 强大的计算能力。在粗粒度并行架构中，并行化处理并非针对每一个细部操作，而是以子任务并行计算的方式进行。粗粒度并行架构同样广泛应用于分析、优化和控制领域（Adeli，2000）。当然，为了获得与细粒度并行相当的高效率，粗粒度并行对于计算任务有着一定的限制，限制条件如下。

（1）计算子任务的数量较多，且远大于 GPU 中计算核心的数量。

（2）每个计算子任务的计算量适中，足以在单个 GPU 计算核心上实现。

（3）计算子任务之间的通讯较少，且不需要全局同步。

通过研究发现，这些特点和城市区域震害模拟的特点吻合。虽然在城市区域中有着成千上万的建筑，但如果将每座建筑的地震动力时程分析视为一个子任务，并且采用合适的计算模型的话，每一个子任务的计算量足以由单个 GPU 核心进行计算。此外，由于在地震作用下建筑间的影响（例如碰撞等）有限，该部分的影响可以忽略，从而让子任务之间的通信变得很少。由于 GPU 有着成百上千的计算核心，若每一个计算核心都用来计算一栋建筑，仅需要几轮任务分配就可以完成一个城市上千栋建筑的震害模拟，计算效率也将会非常高。另外，与细粒度并行架构相比，采用粗粒度并行架构进行城市区域震害模拟能够适应不同的计算模型和不同的城市规模，更具有弹性，同时编程实现的难度较低，因此在本研究中，将采用粗粒度并行架构进行程序设计。

9.2.2.1　整体架构

采用 GPU 进行城市区域震害模拟，其整体分为三个模块，即前处理模块、结构计算分析模块和后处理模块，程序整体架构如图 9.2-1 所示。三个模块相互独立，采用统

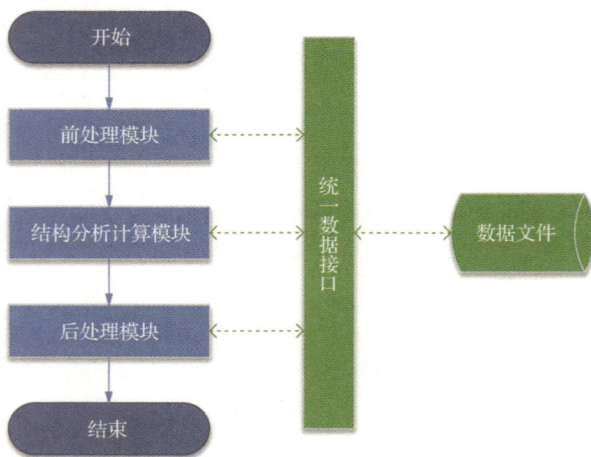

图 9.2-1　程序整体架构

一的数据接口和文件传递数据。采用这样的整体架构有着如下特点：①模块相对独立，不同模块开发可以不受其他模块限制，扩展和升级方便；②数据接口统一，可以保证模块之间数据传递保持一致，便于数据阅读和处理；③文件传递数据，减少内存消耗，保证模块间独立性，便于调试和排查错误。

9.2.2.2　前处理模块

前处理模块的主要工作是获得城市区域中建筑的结构模型参数，以及选取合适的地震动，为后面结构分析计算模块的非线性时程分析提供数据基础，前处理模块流程图如图 9.2-2 所示。

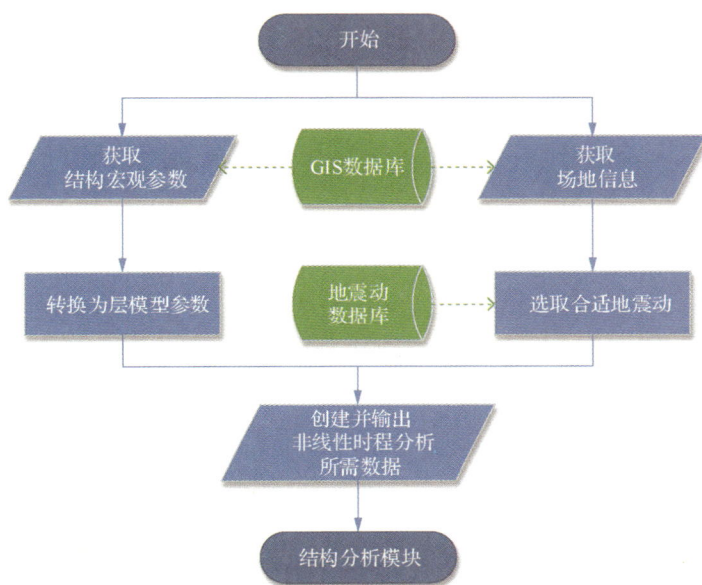

图 9.2-2　前处理模块流程图

9.2.2.3　结构分析计算模块

结构分析计算模块是整个程序的核心计算模块。该模块采用非线性时程分析来获得每个建筑在地震作用下的破坏状态和响应。如前所述，为了解决区域震害模拟计算效率低的问题，该模块将采用 GPU/CPU 协同计算分析。因此，该模块的结构必须进行良好设计，才能充分发挥 GPU 的计算性能。其架构原则如下。

（1）采用 GPU 进行每座建筑的非线性时程计算，避免其参与过多的逻辑计算工作。

（2）采用 CPU 完成数据读取、计算任务分配等逻辑计算能力需求较高的工作。

（3）应尽量减少内存和显存之间相互数据交换的次数，以降低数据传输延迟。

图 9.2-3 展示了结构分析计算模块流程图，各部分详细内容如下。

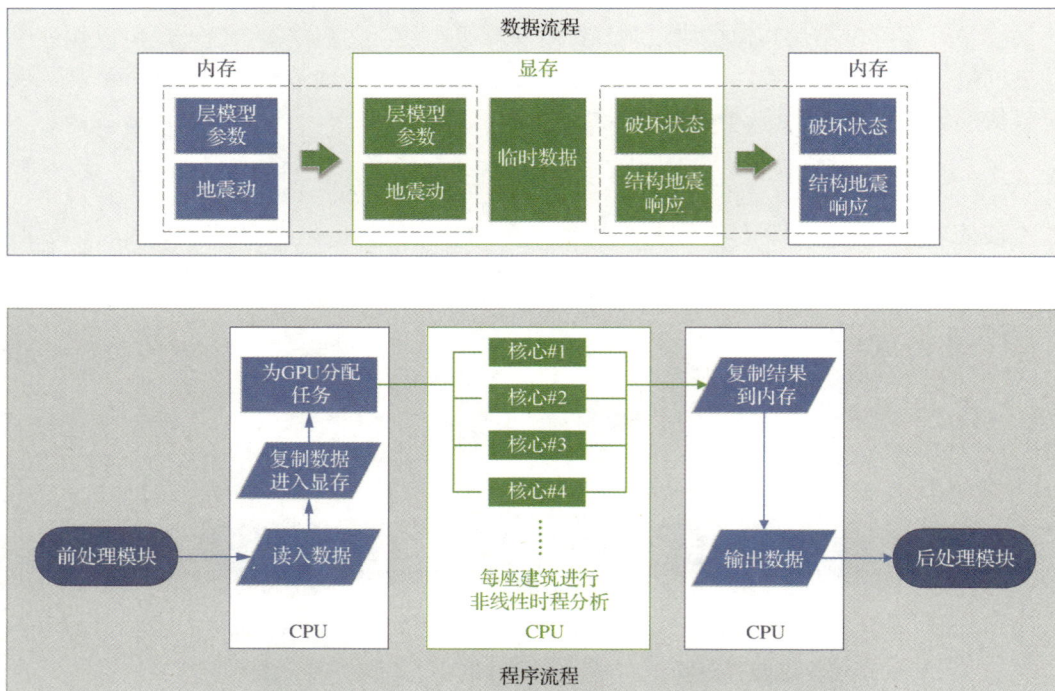

图 9.2-3　结构分析计算模块流程图

CPU 任务

（1）读取地震动和剪切层模型参数信息，将其储存在内存中。

（2）在内存和显存的 Global Memory 中分别开辟空间，用于进行显存和内存的数据交换。

（3）在显存和内存之间复制数据（包括地震动数据，建筑参数和分析结果等）。

（4）管理和分配 GPU 资源，调用 GPU 核心函数进行计算。

（5）输出结果。

GPU 任务

（1）在显存中开辟空间存放临时数据。

（2）读取每座建筑数据和地震动参数，并行进行非线性时程分析，并将分析结果写在事先分配好用于数据传递的显存中。

（3）采用中心差分法求解动力方程（为了避免收敛性问题），采用经典 Rayleigh 阻尼矩阵计算。

CPU-GPU 通信方式

（1）采用 CUDA 提供的"cudaMemcpy()"函数进行 CPU 和 GPU 之间的数据复制。

（2）仅在计算开始前和结束后进行通信，减小通信延迟。

9.2.2.4 后处理模块

在获得区域建筑震害计算结果之后，为了使震害结果能够更加直观、明确地展示出来，需要引入后处理模块。后处理模块采用虚拟现实技术，通过 GIS 数据库获取结构的外观信息，将结构分析计算模块的分析结果采用震害三维展示的形式展现出来。图 9.2-4 为后处理模块流程图，三维渲染采用 OSG（OpenSceneGraph）引擎。有关这一模块的详细内容将在 9.4 节详述。

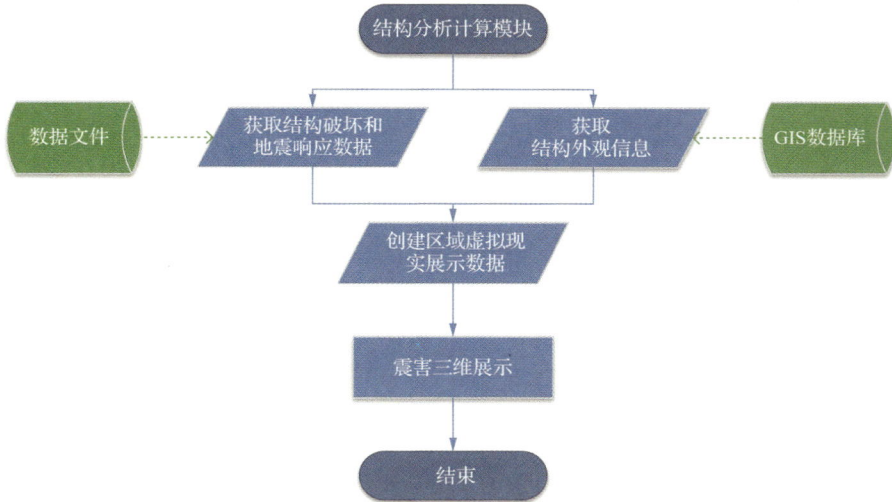

图 9.2-4　后处理模块流程图

依照上述程序架构，编制完成基于 GPU 技术的城市区域一般建筑震害模拟软件包，下面将对其效率和计算结果进行分析。

9.2.3　程序性能测试

为了测定 GPU 技术的加速效果，结构分析计算模块分别编制了 GPU 版本和 CPU 版本。CPU 版本的所有计算方法与 GPU 版本相同，仅在进行时程分析时，直接在主机 CPU 线程上进行，没有复制数据到显存，以及调用 GPU 进行计算的过程。本节将对两个版本的结构分析计算模块的性能进行比较。

9.2.3.1　测试算例说明

（1）样本区域建筑总数为 1024 座，抗震设防等级为 Moderate-Code（FEMA，1997c），层数和结构类型为随机生成，见表 9.2-1。

（2）测试选用的地震动记录选取的是 1940 年的 El Centro 波。值得注意的是，这仅仅是进行效率测试所选用的地震波。由于结构的非线性动力响应与输入的地震动特性相关性较大，在进行实例分析时，应采用可信的方法合理选择地震动之后进行计算。

表 9.2-1　性能测试中样本建筑参数

结构类型	类型描述	楼层范围/层	建筑数量/座
W1	木结构	1～2	51
S1L	低层钢框架结构	1～3	43
S1M	多层钢框架结构	4～7	55
S1H	高层钢框架结构	8～10	83
S3	轻钢结构	所有	54
C1L	低层 RC 框架结构	1～3	55
C1M	多层 RC 框架结构	4～7	58
C1H	高层 RC 框架结构	8～10	52
C2L	低层 RC 剪力墙结构	1～3	68
C2M	多层 RC 剪力墙结构	4～7	52
C2H	高层 RC 剪力墙结构	8～10	69
C3L	低层带砌体填充墙 RC 框架结构	1～3	51
C3M	多层带砌体填充墙 RC 框架结构	4～7	34
C3H	高层带砌体填充墙 RC 框架结构	8～10	49
RM2L	低层配筋砌体结构	1～3	51
RM2M	多层配筋砌体结构	4～7	57
RM2H	高层配筋砌体结构	8～10	47
URML	低层无配筋砌体结构	1～2	50
URMM	多层无配筋砌体结构	3～7	45
总计			1024

（3）地震动记录峰值加速度（PGA）被调幅为 $200\mathrm{cm/s^2}$（相当于我国 8 度中震水平）。在该 PGA 下，超过一半的房屋都进入了非线性阶段。由于非线性时程分析采用中心差分法进行计算，因此不同大小的 PGA 并不会显著影响计算耗时。

（4）分析时间长度为 40s，分析步数为 8 000 步。

（5）为了避免硬盘的读写速度对于测试结果的影响，数据读入和写出的时间并未算在计算耗时内。

9.2.3.2　测试平台

CPU 平台和 GPU/CPU 协同计算平台配置见表 9.2-2。

表 9.2-2　CPU 平台和 GPU/CPU 协同计算平台配置

平台	硬件部分	编译器
CPU 计算平台	Intel Core i3 530 @2.93GHz & DDR3 4G 1333MHz	Microsoft Visual C++ 2008 SP1
GPU/CPU 协同计算平台	Intel Celeron E3200 @ 2.4GHz & NVIDIA GeForce GTX 460 1GB	Microsoft Visual C++ 2008 SP1 & CUDA 4.2

两个平台在购置时拥有相近的价格（2011 年），因此采用这两个平台计算可以比较两种计算方法的性价比。

9.2.3.3　性能测试结果

1）单体建筑震害分析性能测试

首先，为了验证 CPU 和 GPU 的单核计算能力，本研究采用 GPU/CPU 协同计算平台和 CPU 计算平台分别对 1 024 栋建筑逐个进行非线性时程分析，单体建筑平均计算时间与楼层数量的关系如图 9.2-5 所示。可以看出，对于单体建筑分析来说，采用 GPU/CPU 协同计算平台的计算用时远大于 CPU 平台的计算时间。这是由于 GPU 的单核计算能力相对弱于 CPU 造成的。对于一座 10 层建筑，如果采用 GPU/CPU 协同计算平台进行分析，单精度浮点数模式下需要计算 5s，双精度浮点数模式下需要计算 8s。与此相对，采用 CPU 平台进行建筑单体分析时，单精度和双精度的计算耗时基本相同，双精度模式下略快于单精度模式。产生这种现象的主要原因，是因为该 CPU 平台是 64 位架构的，因此它的默认浮点数计算精度为双精度模式。如若进行单精度浮点计算，则需要进行转换，从而造成了额外的时间消耗。

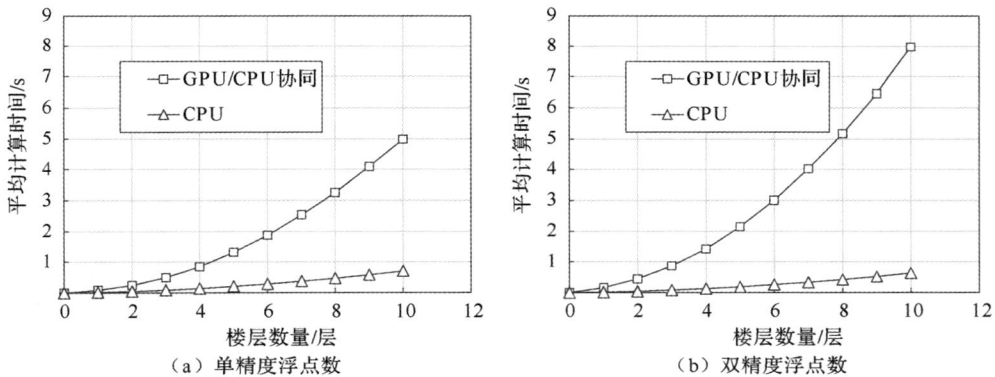

图 9.2-5　单体建筑平均计算时间与楼层数量的关系

2）GPU 块划分测试

为了得到最适合进行分析的 GPU 参数设置，本研究对不同块线程数量（block size）划分下 GPU/CPU 协同计算程序的效率进行了测试。测试采用 1 024 栋建筑并行计算，计算块线程数量与计算时间的关系如图 9.2-6 所示。对于本算例所采用的硬件配置而言，当 GPU 的块线程数量设置为 32 时，程序可以获得其最高效率。其原因如下。

（1）当块线程数量小于 32 时，程序效率较低，这主要是由 CUDA 架构所决定的。当采用 CUDA 进行并行计算时，同一个块内每 32 条线程（Thread）会构成一个"warp"，而同一条计算指令只能在一个 warp 内实现无延迟并行（NVIDIA，2012a）。由于 warp 不能跨块分配，因此当块线程数量小于 32 时，warp 内线程数小于 32，warp 数量上升，造成 GPU 计算资源浪费，从而导致计算效率下降（Farber，2011）。

（2）当块线程数量大于 32，且越来越大时，程序效率也会下降，这是由于寄存器（Register）限制导致的。寄存器是 GPU 上读写速度最快的存储单元（Farber，2011），有着高带宽和低延迟，使用寄存器进行读写可以充分利用 GPU 的极限性能。在 GPU/CPU

协同计算程序中，并行采用粗粒度并行方法，因此每条线程均需要许多私有变量。如果一条线程可以分配的寄存器数量越多，那么这些私有变量的读写就越快，从而使程序效率提高。在本测试所采用的 GPU 型号中，一个块可以分配到 32K 个 32 位寄存器（相当于 32 768 个单精度浮点数或 16 384 个双精度浮点数），而一个线程最多能使用的寄存器数量为 63（NVIDIA，2012a）。因此，当块线程数量在单精度计算下大于 520（或在双精度下大于 260）时，每条线程所能分配到的寄存器数量就会下降，从而导致并行计算效率下降。

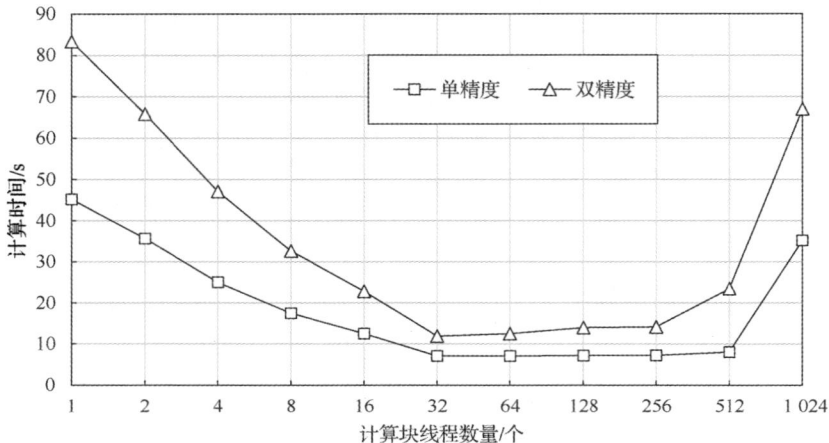

图 9.2-6　计算块线程数量与计算时间的关系（1 024 栋建筑）

3）GPU 并行加速测试

为了验证 GPU/CPU 协同计算程序的加速效率，本研究对两个程序进行了效率测试（计算块线程数量取为 32）。计算耗时与计算建筑数量的关系如图 9.2-7 所示。可以看出，CPU 程序的曲线基本上为一条直线，表明计算时间与计算建筑数量基本呈线性关系。这与 CPU 单线程的线性计算理论相吻合。相反，GPU/CPU 协同计算程序的计算时间受最长计算时间的线程所控制，这说明该程序很好地隐藏了线程间的计算延迟。此外，在双精度浮点数模式下，曲线有一些小的抖动。这是由于本测试采用的 GTX460 显卡上，双精度浮点运算是由 Special Function Unit（SFM）进行的，其数量是其他 CUDA 核心数量的 1/6，因此计算核心数量下降，导致线程间计算延迟不能被很好地隐藏。然而，这种影响在 NVIDIA 同世代的专业计算 GPU——Tesla 系列上将不会出现。虽然同样是基于 Fermi 架构，但是 Tesla 的双精度浮点数运算是直接在 CUDA 核心上进行的，延迟也能够被很好地隐藏（NVIDIA，2012a）。

图 9.2-8 表示了在不同计算建筑数量下，GPU/CPU 协同计算相对于 CPU 计算的加速比。当计算 1 024 栋建筑时，单精度模式下采用 GPU/CPU 协同计算的加速比可达到 39 倍；即使是双精度模式下，加速比仍然达到了 21 倍。这说明，GPU 很适合进行大规模并行非线性时程分析。

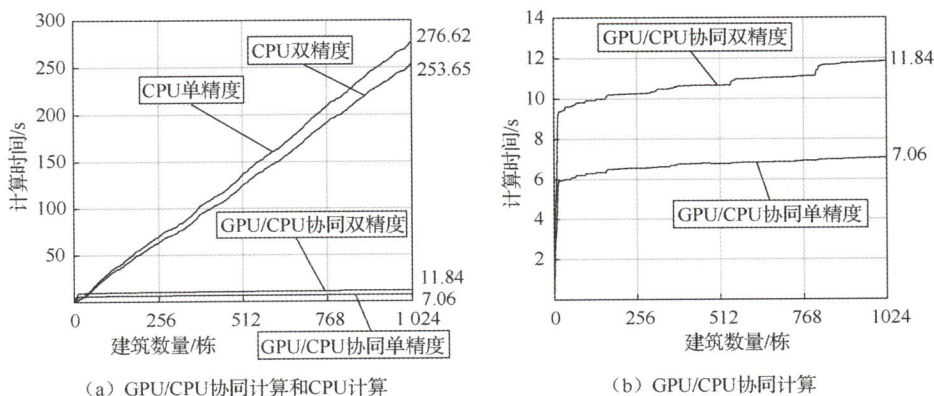

（a）GPU/CPU协同计算和CPU计算　　　　　（b）GPU/CPU协同计算

图 9.2-7　计算耗时与计算建筑数量的关系

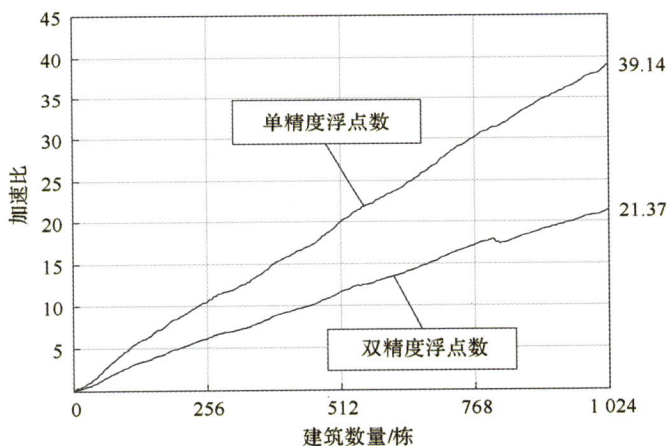

图 9.2-8　GPU/CPU 协同计算加速比（相对于 CPU 计算）

4）计算结果对比

表 9.2-3 和表 9.2-4 分别表示了对于同一座 5 层钢框架结构，GPU/CPU 协同计算和 CPU 计算的分析结果。从最大层间位移角计算结果可以看出，无论采用 CPU 平台还是 GPU/CPU 协同计算平台，单精度浮点数模式与双精度浮点数模式的计算误差都不大于 0.1%，完全在区域震害计算的可接受范围内。

表 9.2-3　GPU/CPU 协同计算结果（5 层钢框架结构）

层数	1 层	2 层	3 层	4 层	5 层
最大层间位移角（单精度浮点数）	0.006 203	0.007 796	0.006 722	0.005 461	0.002 684
最大层间位移角（双精度浮点数）	0.006 204	0.007 799	0.006 722	0.005 466	0.002 683
偏差/%	0.01	0.03	0	0.08	0.05

表 9.2-4　CPU 计算结果（5 层钢框架结构）

层数	1 层	2 层	3 层	4 层	5 层
最大层间位移角（单精度浮点数）	0.006 204	0.007 798	0.006 723	0.005 465	0.002 684
最大层间位移角（双精度浮点数）	0.006 204	0.007 799	0.006 722	0.005 466	0.002 683
偏差/%	0	0.01	0.01	0.01	0.01

9.2.3.4　测试小结

本节对 GPU/CPU 协同计算程序进行了效率和结果测试，测试结论如下。

（1）对于本研究采用的粗粒度 GPU/CPU 协同计算程序，CUDA 的计算块线程数取 32 为最佳。此时程序可以获得最高性能，因为线程间计算延迟能够被很好地被隐藏，同时寄存器可以获得最大限度的利用。

（2）采用 GPU/CPU 协同计算程序的性能可以最多达到同价格下 CPU 平台的 39 倍，说明采用 GPU 进行城市区域震害模拟的性价比非常可观。如果区域中建筑数量进一步增多（比如 100 000 栋以上，相当于实际大城市的规模），或者采用更多的地震动进行分析，那么采用 GPU/CPU 协同计算程序的计算时间会比 CPU 程序短数个小时甚至数天。

（3）对于本研究采用的 GPU/CPU 协同计算程序来说，采用单精度浮点数模式计算要比双精度浮点数模式快 60%，但其与双精度浮点数的计算误差仅有不到 0.1%，完全在城市区域震害模拟的精度可接受范围内。此外，采用双精度浮点数计算消耗的显存会更多（是单精度浮点数的两倍）。因此，本研究推荐采用单精度浮点数模式进行计算，可以在可接受的精度范围内获得更高性能。

9.3　多尺度区域建筑震害模拟的分布式计算

9.3.1　引言

在区域建筑震害模拟中，采用多尺度结构分析模型是非常必要的。这是因为如果所有建筑都采用精细尺度模型，整个区域建筑震害模拟的建模工作量以及计算量都是不可接受的。但如果都采用粗尺度的模型，由于模拟精度低，一些重要建筑，例如医院、桥梁，将无法得到精确的震害结果，难以用于城市关键节点的评估。因此，在区域建筑震害模拟中，对于重要或特殊建筑，建议采用精细尺度模型，如第 2 章所述的分层壳模型、纤维梁模型等；对于一般建筑，采用中等尺度模型，如第 7 章所述的多自由度剪切层模型或非线性弯剪耦合模型。

然而，由于城市的建筑数量非常庞大，多尺度的区域震害模拟也依然面临海量计算的难题。为此，本书作者及清华大学博士后许镇和斯坦福大学 K. H. Law 教授等提出了一个基于 GPU 和分布式计算的解决方案。即采用 GPU 并行计算提升每台单机中震害模拟的效率；采用分布式计算，通过一系列联网的计算机来解决庞大计算规模的难题。

如 9.2 节所述，GPU 是一种低成本但高性能的计算手段，可以通过粗粒度并行方式显著提升中等尺度模型（MDOF 模型等）的震害分析的效率。同时，GPU 也可以通过细粒度并行方式来加速有限元求解过程中的矩阵运算，如特征值求解、线性方程组求解等。分布式计算是一种灵活的计算手段，它可以根据问题的规模来调用所需的计算资源。很多研究表明，当计算资源充足时，分布式计算常用于解决大规模计算问题（Xian，et al.，2011；Chen，et al.，2010；Cevahir，et al.，2010；Okamoto，et al.，2012），故本节将采用基于 GPU 加速的分布式计算来解决城市区域海量建筑所带来的大规模计算问题。

本节首先介绍了所提出的多尺度区域建筑震害模拟的分布式计算框架；然后，围绕该框架的关键问题，也就是不同尺度模型在分布式计算中的荷载平衡策略加以详细讨论，并详细阐述了多尺度区域建筑震害模拟的分布式计算框架的具体实现方法；最后，给出一个虚拟大城市的震害算例，以展示所提出的分布式计算框架的效率。

9.3.2　计算框架

多尺度区域建筑震害模拟的分布式计算框架包括三个模块，即输入、计算和输出，如图 9.3-1 所示。输入模块包括精细尺度模型和中等尺度模型，分别对应重要或特殊建筑和一般建筑。无论哪种尺度，每个模型的模拟都被认为是一个计算任务。所有计算任务通过计算模块进行模拟，最终由输出模块给出模拟结果。

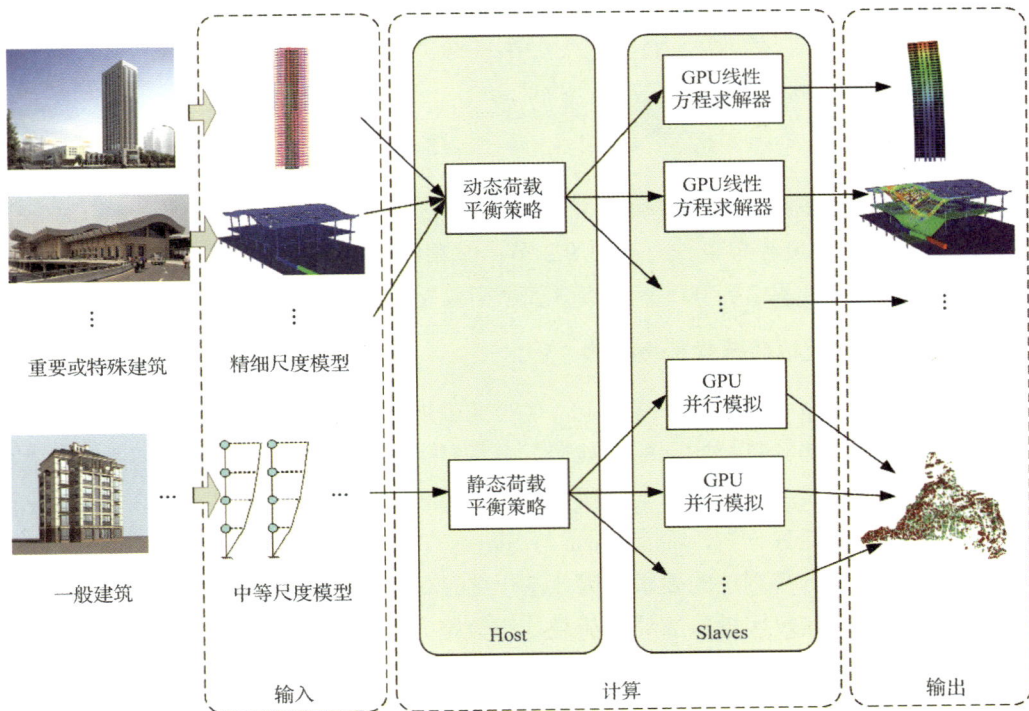

图 9.3-1　多尺度区域建筑震害模拟的分布式计算框架

计算模块使用一组配有 GPU 的计算机。这些计算机可以被分为一个 Host 和若干 Slaves，Host 负责给每一个 Slave 分配计算任务，而 Slave 负责执行具体的计算任务。为了使分配任务的大小和 Slave 的计算能力相匹配，Host 所采取的荷载平衡策略（load balancing strategies）非常重要。由于精细尺度模型和中等尺度模型计算量差异巨大，它们的荷载平衡策略也存在很大差异，需要分别设计。荷载平衡策略分为静态荷载平衡策略和动态荷载平衡策略，主要区别在于计算前分配好任务还是在计算过程中逐步分配任务。静态荷载平衡策略比较简单，但是需要在事先较为准确地评估任务的荷载量，如果荷载量不容易实现评估，则可以采用动态荷载平衡策略。精细尺度模型的计算荷载量事先难以准确估计，因此建议采用动态平衡策略；而中等尺度模型比较简单，容易评估计算荷载量，建议采用静态平衡策略。为实现所提出的荷载平衡策略，本章的分布式计算框架采用了一个开源的分布式计算管理平台 HTCondor（HTCondor，2014）。此外，每一个 Slave 都将使用 GPU 来加速计算。对于精细尺度模拟，采用 2.7 节基于 GPU 的线性方程求解器；对于中等尺度模拟，采用 9.2 节的基于 GPU 的粗粒度并行计算方法。

本计算框架的实施还依赖一些软硬件条件。在软件上，将开源的 OpenSees 作为精细尺度模拟平台。一方面，OpenSees 是免费的，分布式模拟需要大量安装了有限元软件的计算机，免费的 OpenSees 将极大地节省成本；另一方面，OpenSees 也非常容易结合 GPU 版本的求解器，降低了开发难度。在硬件上，所使用的 GPU 必须支持 CUDA。CUDA 是广泛使用的 GPU 开发平台，NVIDIA 的主流显卡都支持 CUDA，因此这样的硬件条件比较容易满足。

9.3.3 计算方法

本研究建议的多尺度区域建筑震害模拟的分布式计算框架包括三个部分：①中等尺度模型的 GPU 粗粒度模拟方法，详见 9.2 节；②精细尺度模型的分布式模拟及 GPU 线程方程求解加速，详见 2.7 节；③分布荷载平衡策略，将在本节详细介绍。

9.3.3.1 精细尺度模拟的荷载平衡策略

在精细尺度模拟中，计算非常复杂，很难准确地估计荷载量。动态荷载平衡策略可以在计算过程中根据计算机实际的负载情况分配任务，这种策略非常适合无法预先准确估计荷载量的精细尺度模拟。在本章所提出的计算框架中，Host 可以获取所有 Slave 的负载状态，并主管任务分配，而且 Host 与 Slaves 之间的通信时间是非常短的，可以忽略。这些特点满足贪婪算法的要求，因此基于 Zheng 提出的贪婪算法（Zheng，2005），本节提出了适合精细尺度模拟的动态荷载均衡策略。

该策略选择未分配任务中荷载最大的任务分配给当前负载最轻的 Slave。为了实现这一目的，需要建立两个堆栈，一个用于储存计算任务，一个用于储存 Slave 的负载状态。在每一次分配前，都会更新负载状态堆栈，并核对是否有 Slave 可以接受新任务。

在分配过程中，当前荷载最大的任务将会分配给当前负载最轻的 Slave，直到任务堆栈为空。动态荷载平衡策略流程图如图 9.3-2 所示，它可以划分成 4 个步骤。

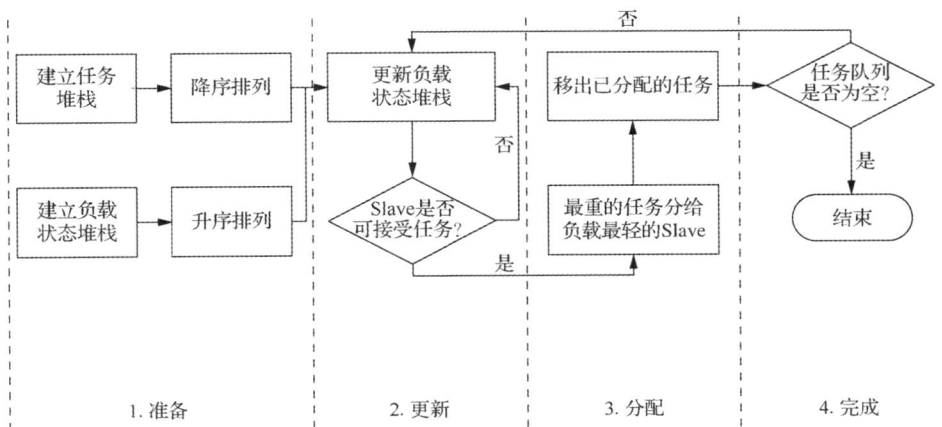

图 9.3-2　动态荷载平衡策略流程图

步骤 1：准备

首先，需要建立任务堆栈。在任务堆栈中，任务按照近似荷载量从大到小降序排列。模型的自由度个数是评价计算荷载的一个重要指标。因此，在任务堆栈中，任务的次序可以简单地通过模型自由度数量进行降序排列。这种情况下，任务堆栈的顶部元素就是当前的最大荷载任务。其次，需要建立负载状态堆栈。在这个堆栈中，负载状态的个数等于 Slave 的个数，每个 Slave 对应的负载状态按照当前状态从小到大升序排列。特别说明的是，如果任何一个 Slave 都没有被分配任务，将取每个 Slave 在无任务情况下的背景负载（background load）作为负载状态。初始情况下，负载状态的排序就是根据背景负载状态确定的。

步骤 2：更新

首先，在每次任务分配前，将会更新负载状态堆栈，并按升序重新排列。在本节中，用 CPU 使用率表示负载状态（Zheng，2005）。然后，检查是否有能够接受新任务的 Slave。在本节的计算框架中，每个计算任务都需要占用一个 GPU，而每个 Slave 都只有一个 GPU，因此一个 Slave 一次只能运行一个任务，也就是说，只有该 Slave 的当前任务队列为空时，这个 Slave 才能接受新任务。如果所有的 Slave 都无法接受新任务，那么将会不断更新负载状态以及每个 Slave 的任务队列，直到出现任务队列为空的 Slave。如果有可接受新任务的 Slave，将执行任务分配过程。

步骤 3：分配

在任务堆栈中，当前荷载最大的任务（也就是任务堆栈最顶端元素）将被分配到最低负载的 Slave 上（也就是负载状态堆栈最顶端元素）。然后，最顶端的任务将被移出任务堆栈，表示该任务已经被分配。

步骤 4：完成

如果任务堆栈为空，则任务分配将结束。否则，剩下的未分配的任务将继续执行步骤 2 和步骤 3 直到任务堆栈变空。

9.3.3.2　中等尺度模拟的荷载平衡策略

在中等尺度模拟中，可以很好地评估多自由度模型的计算荷载，适合在模拟前分配任务。因此，适合选用静态荷载平衡策略。中等尺度所采用多自由度模型的输入数据非常小，每一层只有 0.3 KB，而实验室局域网的网速一般在 100 Mbps，所以 Host 与 Slave 的数据传输时间几乎可以忽略不计。对于中等尺度的多自由度模型，负载均衡的基本原则尽可能将计算任务分配到更多的 GPU 上，以实现最大程度的并行，而且每个 GPU 分配任务的多少与其计算能力成正比。

对于多自由模型，震害反应以楼层作为基本单元，因此楼层数量决定了计算负载量。对于 GPU，其计算能力可以用每秒浮点数运算量 FLOPS（floating-point operations per second）来衡量。定义 S_i 作为第 i 个建筑的楼层数量，而 C_j 作为第 j 个 Slave 计算中 GPU 的计算能力。荷载平衡系数 k 可以由所有建筑的总楼层数（记为 n）与所有 Slave（记为 m）中 GPU 计算总能力的比值确定，即

$$k = \sum_{i=1}^{n} S_i \bigg/ \sum_{j=1}^{m} C_j \qquad (9.3\text{-}1)$$

因此，每个 Slave 理想的负载可由其 GPU 计算能力与 k 计算，即

$$L_j^{\text{Slave}} = k \cdot C_j \qquad j = 1,\ 2,\ 3, \cdots, m \qquad (9.3\text{-}2)$$

根据理想负载，多自由度模型被逐个分配到对应的 Slave 上。当分配的楼层总数超过理想负载时，则进行下一个 Slave 的分配，直到所有计算任务（楼层数）都被分配完。

9.3.3.3　基于 HTCondor 的策略实现

上述荷载均衡策略通过 HTCondor 来实现。对于静态荷载平衡策略，任务与 Slave 的对应关系已经确定。因此，HTCondor 只需将计算任务提交给对应的 Slave 就可以。在 HTCondor 中，每一个任务都被定义在一个提交描述文件中，通过修改该文件就可以实现将具体任务提交给所需的计算机。具体包括：通过提交文件的 *Input* 命令，将不同的结构模型定义为不同任务的输入文件，使结构模型与计算任务关联。再通过使用 *Requirements* 命令指定 Slave 的计算机名，就可以将计算任务提交到该指定 Slave 上。对于动态荷载平衡策略，需要实时获取 Slave 的负载状态以及任务队列来分配任务。在 HTCondor 中，*condor_status* 和 *condor_q* 命令可以分别用来获得负载状态和任务队列情况。

此外，Host 和 Slave 之间的文件传输可以通过 *transfer_input_files* 和 *transfer_output_files* 两个命令实现。具体地，通过 *transfer_input_files* 将 Host 中结构模型传递给 Slave，通过 *transfer_output_files* 把 Slave 的模拟结果传递给 Host。

9.3.4 案例研究

　　本节选取了一个虚拟的城市数据，这个虚拟城市有 10 万栋一般建筑和 50 个重要或特殊建筑，包括高层建筑、火车站，大型写字楼等。这个虚拟城市中的一般建筑物和重要特殊建筑物的数量、结构类型、建造年代、层数等比例都是参考一些中国真实大城市数据生成的。因此，其分析结果具有可信的参考价值。

　　在本案例中，一般建筑采用基于多自由度模型的中等尺度模型进行建模，而重要或特殊建筑根据真实的设计数据在 OpenSees 中建立精细尺度模型。

　　通过网速 100.0 Mbps 的局域网将一个 Host 和 7 个 Slave 通过 HTCondor 进行连接，形成本节分布式计算框架的硬件平台，它们的硬件配置如表 9.3-1 所示。表 9.3-1 中 Slave 的平均价格大约是 1 700 美元/台，这样硬件配置并不贵，在大多数实验室都能够实现。特别需要说明的是，计算框架的硬件配置并不是固定的，而是可以根据不同计算问题灵活调整的。本研究震害模拟采用 PGA 为 400 cm/s^2 的 El-Centro 地震动作为输入。当然，对于这样一个大城市，需要考虑不同建筑物由于场地和震源距离不同而导致的地震输入不同。由于本节研究主要针对的是计算效率的分析，因此上述地震动输入的差异在此不予讨论。

表 9.3-1　计算框架的硬件配置

类型	CPU	GPU	内存容量 / 硬盘容量
Host	Intel Core2 Q8200, 2.33GHz, 4 cores	Quadro FX 3800, 192 cores, 1GB	4GB / 640GB
Slave 1~2	Intel Xeon E5-2620V2, 2.1GHz, 6 cores	GeForce GTX Titan X, 3072 cores, 12GB	32GB / 1TB
Slave 3	Intel i7 4770K, 3.5GHz, 4 cores	GeForce GTX Titan, 2688 cores, 6GB	32GB / 1TB
Slave 4	Pentium Dual-core E5400, 2.7GHz, 2 cores	GeForce GTX 480, 480 cores, 1.5GB	8GB / 1TB
Slave 5~7	Pentium G630, 2.7GHz, 2 cores	GeForce GTX 750, 512 cores, 2GB	8GB / 500GB

9.3.4.1 精细尺度模拟

　　GPU 加速矩阵求解的效率在 2.7 节已经做了详细的对比介绍。这里重点讨论本节建议的荷载平衡算法的效果。执行 50 个精细模型的分布式模拟，为了展示本节荷载平衡策略的优势，也执行了 10 组随机分配任务的模拟。使用本节提出的荷载平衡策略与随机分配的计算时间比较，如图 9.3-3 所示。可以发现，使用荷载均衡策略的用时比 10 组随机分配所得用时都要低，这说明该荷载均衡策略是有效的。在本节荷载平衡策略下各个 Slave 的计算耗时如图 9.3-4 所示，采用该策略后，尽管每台 Slave 被分配的任务量（自由度数量）不同，但每一台 Slave 的计算时间都非常接近，这也说明每一台 Slave 被分配任务的大小与其计算能力是相匹配的。

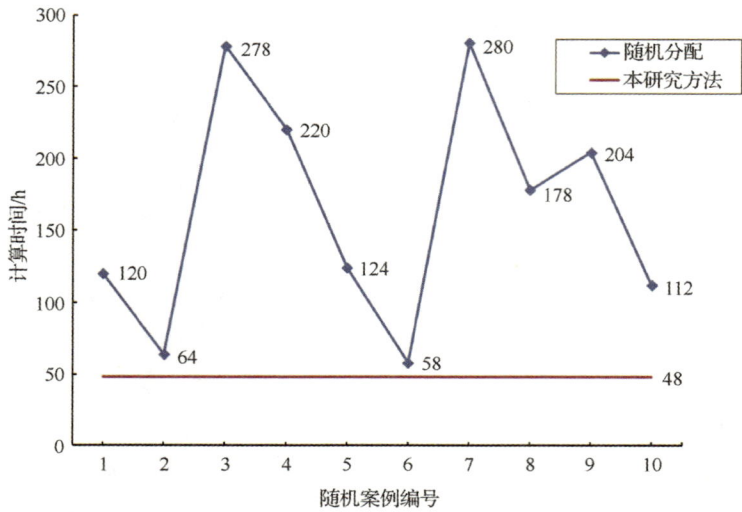

图 9.3-3　本节荷载平衡策略与随机分配的计算时间比较

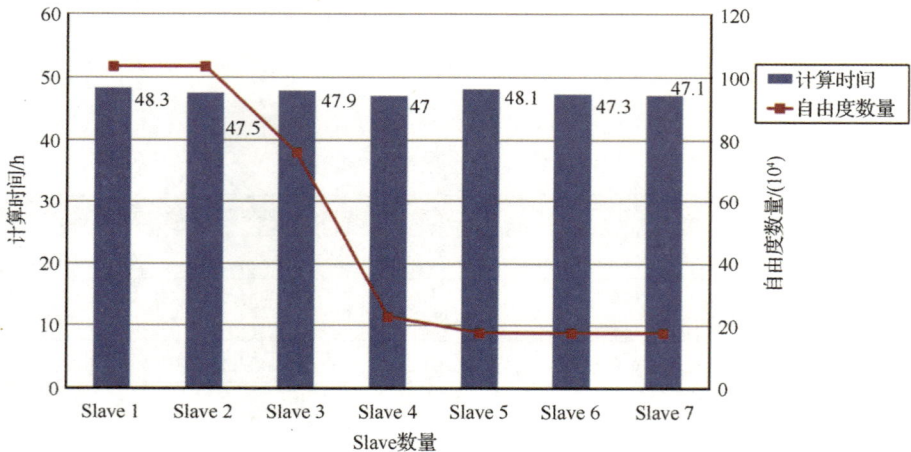

图 9.3-4　在本节荷载平衡策略下各个 Slave 的计算耗时

在本研究所提出的分布式计算框架下，50 栋建筑的精细尺度震害模拟共耗时 48h。如果不采用该框架，即使应用最强大的 Slave 1 进行模拟，总模拟时间也需要 168h。相比 Slave 1，该计算框架取得了 3.5 倍的效率提升。而且，图 9.3-5 也展示了计算耗时随 Slave 数量的增长而下降的关系。这种情况下，如果计算规模增大，可以增加更多的 Slave 来维持高效。特别值得一提的是，本节选择的这 7 个 Slave 的计算能力是存在显著差别的，Slave 1~3 的能力非常强，而 Slave 4~7 的计算能力较弱，最强和最弱的 Slave 之间 CPU 的 FLOPS 理论上达到了 4.2 倍，GPU 的 FLOPS 理论上达到了 5.9 倍。所以，在图 9.3-5 中，当 Slave 4~7 参与工作后，计算耗时的下降速度并不明显。但是，联系图 9.3-4 和图 9.3-5 可以看出，本节提出的计算框架，即便是当不同 Slave 计算能力有如此悬殊的差距的情况下，不同 Slave 之间的计算时间仍取得了比较好的平衡，且总计算时间也得到了降低。这充分体现出本节建议的动态任务分配框架的合理性。

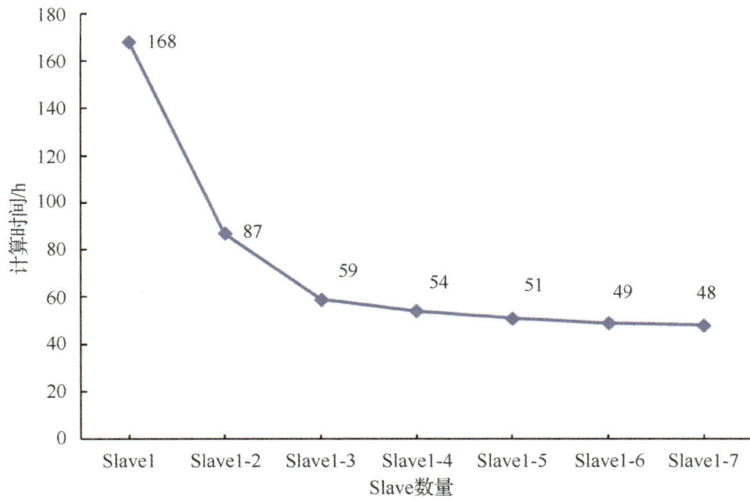

图 9.3-5 计算耗时随 Slave 数量的增长而下降的关系

9.3.4.2 中等尺度模拟

采用中等尺度的多自由度模型进行 10 万栋一般建筑的模拟。首先，评估单个 GPU 的计算效率。使用 Slave 1，不同建筑规模（从 1 万栋到 10 万栋）下 GPU 与 CPU 单机计算效率对比如图 9.3-6 所示。10 万栋建筑采用 GPU 计算耗时只有 731s，而采用 CPU 耗时 39 480s（约 11h）。相比 CPU，GPU 加速比达到 54.5，这充分说明了 GPU 计算的高效性。

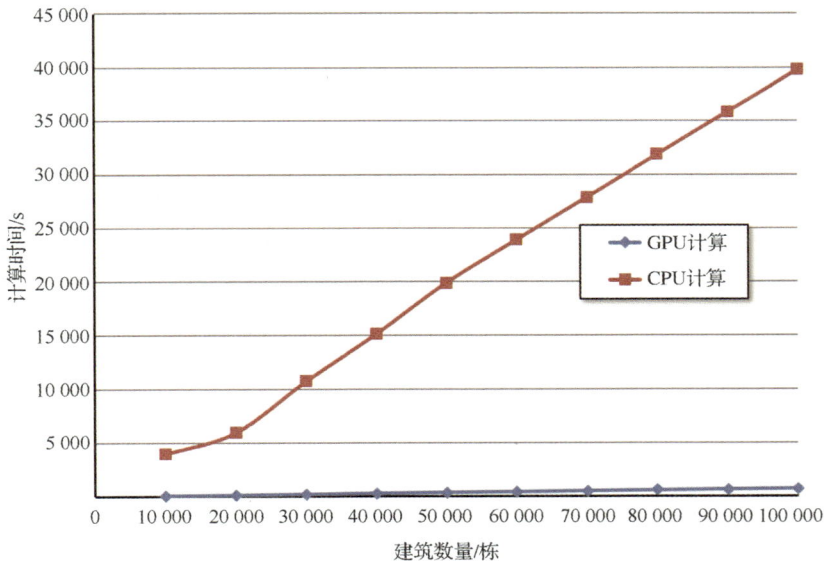

图 9.3-6 中等尺度模拟中 CPU 与 GPU 单机计算效率对比

采用本章提出的荷载均衡策略，10 万栋建筑被分配到 7 个 Slave 上，结果显示这 10 万栋建筑分布式计算仅耗时 123s，相比性能最强的 Slave 1，效率又进一步提升了 6 倍。

图 9.3-7 示出中等尺度模拟中每个 Slave 的任务量与计算时间的关系。在计算任务分配过程中，计算负载（也就是楼层数量）根据 GPU 的 FLOPS 大小成比例分布到 Slave 上，因此，尽管不同 GPU 被分配的任务数量不同，但是计算时间几乎是相同的。这充分说明了本章所提出负载平衡方法的合理性。

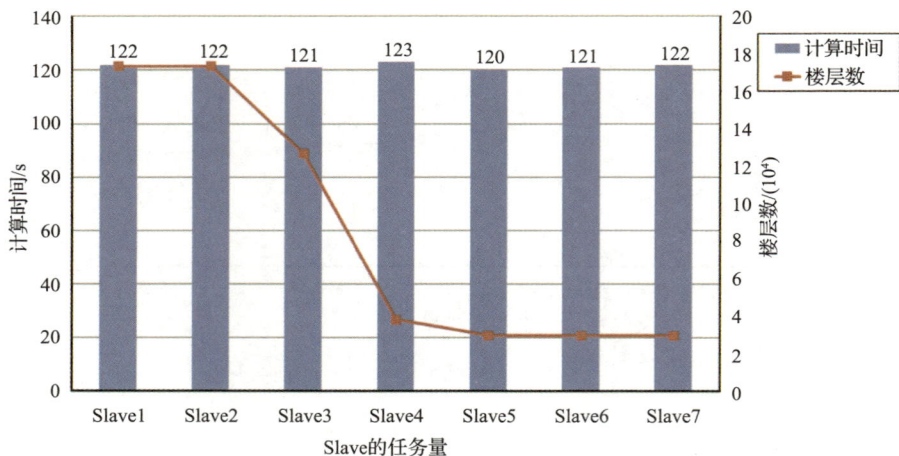

图 9.3-7 中等尺度模拟中每个 Slave 的任务量与计算时间的关系

9.3.4.3 模拟结果

通过本研究所提出的计算框架，50 栋精细尺度模型和 10 万栋中等尺度模型的震害模拟分别耗时为 48h 和 0.2h（731s），总时间为 48.2h。如果不采用分布式计算，即使使用最强大的 Slave 1，精细尺度震害模拟也需要 168h。如果连 GPU 加速也不采纳，则精细尺度模拟甚至要超过 2 500h，中等尺度模拟也要耗时 11.1h（39 840s），总时间大于 2 511.1h。因此，相比 Slave 1，所提出的计算框架至少取得了 52.1 倍（2 511.1 / 48.2）的效率提升。

9.3.5 小结

本节提出了一个针对区域建筑震害多尺度模拟的分布式计算框架，并且模拟了一个虚拟大城市的震害，得到的结论如下。

（1）所提出的荷载均衡策略可以很好地匹配任务和计算资源，进而保证了分布式模拟的高效性。

（2）设计的基于 GPU 的中等尺度模拟的粗粒度并行计算方法非常适合大规模模拟，取得了显著的计算效率的提升。

（3）本研究所提出的计算框架是低成本、高性能、灵活的，为多尺度区域震害模拟提供了重要的计算手段。

9.4 城市建筑群震害场景的 2.5D 可视化

第 7 章介绍的城市区域建筑震害预测模型，都是将建筑楼层对象简化为质量点，它并不包含完整的三维信息（只有高度，没有长度、宽度等）。因此，本书作者和研究生许镇、韩博等提出了一个城市建筑群震害场景 2.5D 可视化模型的建立方法。首先需要利用模拟区域的地理信息系统 GIS 数据，获取建筑位置、外形等必要的地理信息（Xu，et al.，2008）。通过拉伸建筑物平面多边形，同时结合集中质量剪切层模型，以楼层为基本单元建立建筑的三维几何模型。此外，基于 Tsai 等（2007）的方法，采用多重纹理技术，对建筑物的不同表面分别进行贴图，以提高显示的真实感。城市建筑群 2.5D 可视化模型的创建方法如图 9.4-1 所示。

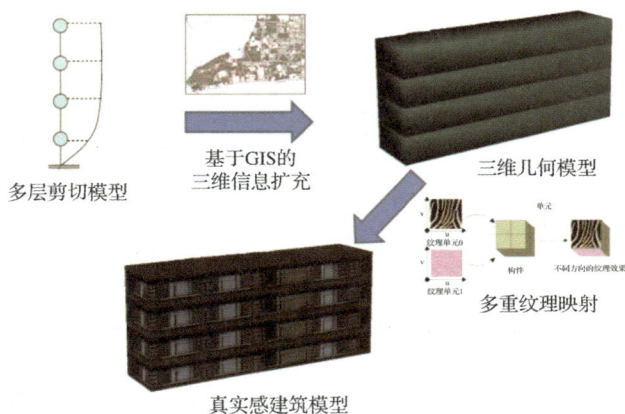

图 9.4-1　城市建筑群 2.5D 可视化模型的创建方法

　　建筑模型创建图解如图 9.4-2 所示。从算法上，具体包括以下几个步骤（图 9.4-2）：①建立建筑模型叶节点，用于存储建筑模型；②根据建筑平面几何坐标和层高、层数计算得到顶点信息，生成顶点数组；③采用四边形建立墙面图元，并为其添加颜色和纹理；④采用多边形建立屋顶图元，并对多边形进行镶嵌（tessellation），然后为其添加颜色与纹理；⑤将生成的图元添加到建筑模型中。

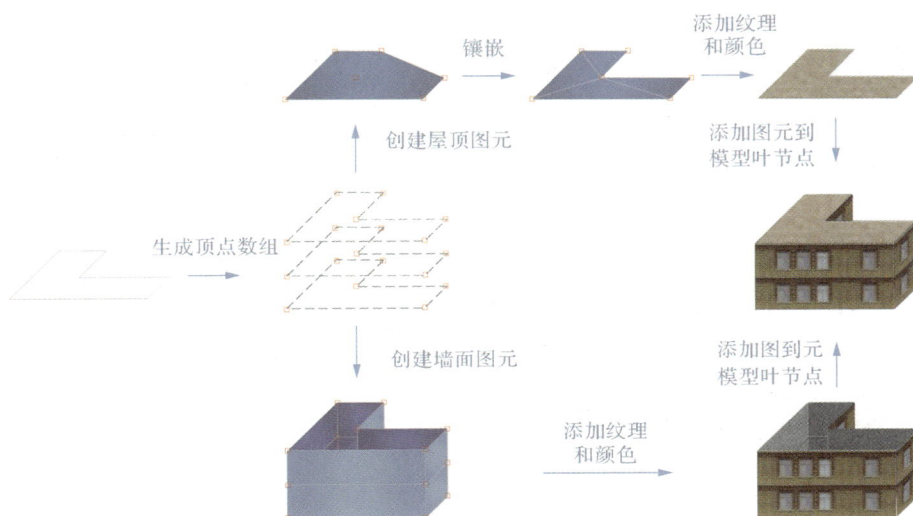

图 9.4-2　建筑模型创建图解

在生成屋顶时，受限于建筑平面形状，其边界多边形经常是凹多边形。很多图形引擎，例如 OSG 等（OSG Community，2010）是基于 OpenGL 开发，默认无法正确显示凹多边形。因此，需要对屋顶的凹多边形进行"镶嵌"，将多边形分解为三角形或三角形条带，使 OSG 能够正常渲染。OSG 中提供了 osgUtil::Tessellator 类来实现这一功能。

由上述方法得到的城市建筑群 2.5D 模型如图 9.4-3 所示，通过将 2.5D 模型角点的位移和震害时程分析得到的不同楼层的时程结果相关联，可以直观地得到不同时刻下的地震位移响应（图 9.4-4）。这种方法的优势是实现起来非常简单，而且得到的场景也具有很好的真实感。因此，这是目前区域震害真实感展示的主要手段。

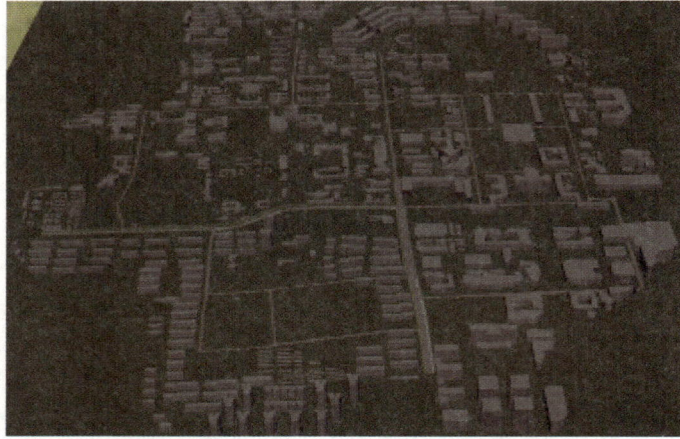

图 9.4-3　城市建筑群 2.5D 模型

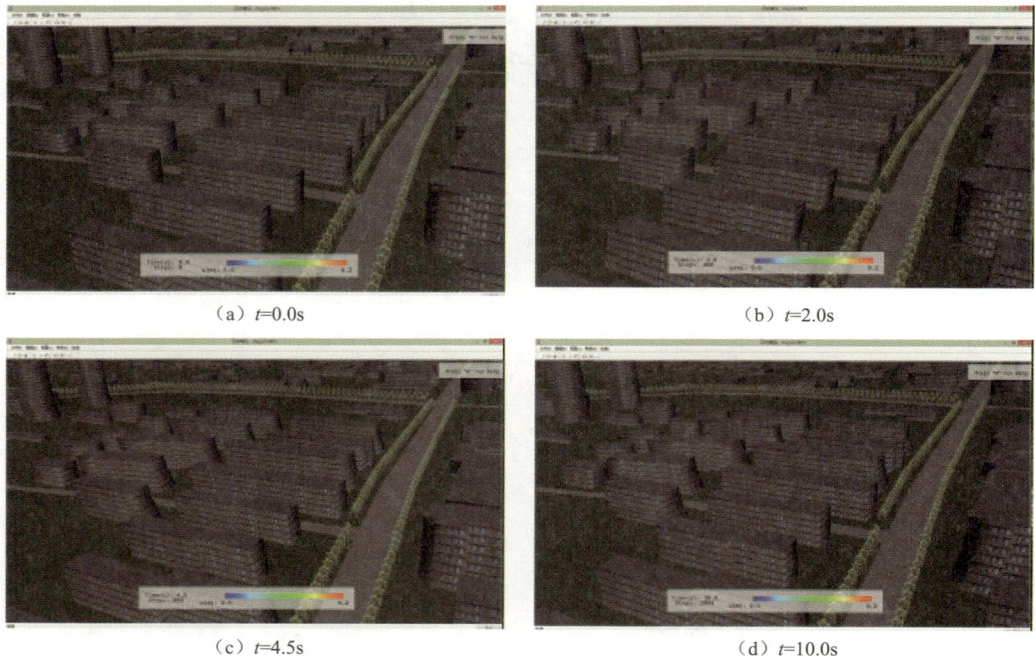

（a）t=0.0s

（b）t=2.0s

（c）t=4.5s

（d）t=10.0s

图 9.4-4　2.5D 建筑模型在不同时刻下的地震位移响应（位移放大 50 倍）

9.5 城市建筑群震害场景的 3D 可视化

9.5.1 引言

图 9.4-3 得到的城市建筑群 2.5D 模型，无法逼真地反映城市建筑物的真实 3D 几何外形，特别是无法反映建筑物沿着高度方向形状的变化，因而限制了其真实感效果的提升。近年来航空摄影技术以及激光雷达技术的发展（Förstner，1999；Michihiko，2008），使得可以自动或半自动地建立 3D 城市多边形模型（3D urban polygonal model）。事实上，越来越多的城市开始拥有 3D 城市多边形模型（Shiode，2000；Batty，et al.，2001；CyberCity3D，2007；PLW Modelworks，2014），例如 Google 提供了非常真实的 3D 城市多边形模型，如图 9.5-1 所示。类似地，商业公司 CyberCity3D 提供全美 62 个城市的 3D 多边形数据（CyberCity3D，2007）。这些模型提供了非常全面真实的区域环境几何外形数据，并有非常广泛的应用，比如城市场景仿真、城市烟雾传播的模拟等（Hanna，et al.，2006）。因此，如果将这些城市 3D 多边形模型用于震害场景展示，将极大地提高其真实感。但是，由于以下两个关键问题，这些城市 3D 多边形模型并不能直接用于震害场景展示：①这些 3D 多边形模型没有各栋建筑详细的信息（如结构高度、结构类型、建造年代等），而这些信息对于分析结构的动力特性至关重要；②该模型的建筑几何数据通常都是建筑的外表面多边形数据，而震害场景展示往往需要各楼层的多边形数据。考虑到城市的 2D-GIS 数据非常普遍，如果采用 2D-GIS 数据作为每栋建筑的属性数据，

图 9.5-1 Google Earth 3D 城市多边形模型

再对城市 3D 多边形模型进行处理，得到每栋建筑的楼层多边形，就可以建立高真实感的城市区域 3D-GIS 模型，进而提高震害场景展示的真实感。因此，本书作者和东京大学 M. Hori 教授，以及清华大学研究生熊琛、博士后许镇等，提出了一个利用城市建筑群空间多边形模型来提高城市区域震害场景展示效果的方法（Xiong，et al.，2015）。

9.5.2　整体技术框架

本研究方法主要包括三个模块：①城市 3D-GIS 数据的获取；②区域结构地震响应计算；③高真实感的结果可视化。使用城市 3D 多边形模型开展震害分析的研究框架，如图 9.5-2 所示。

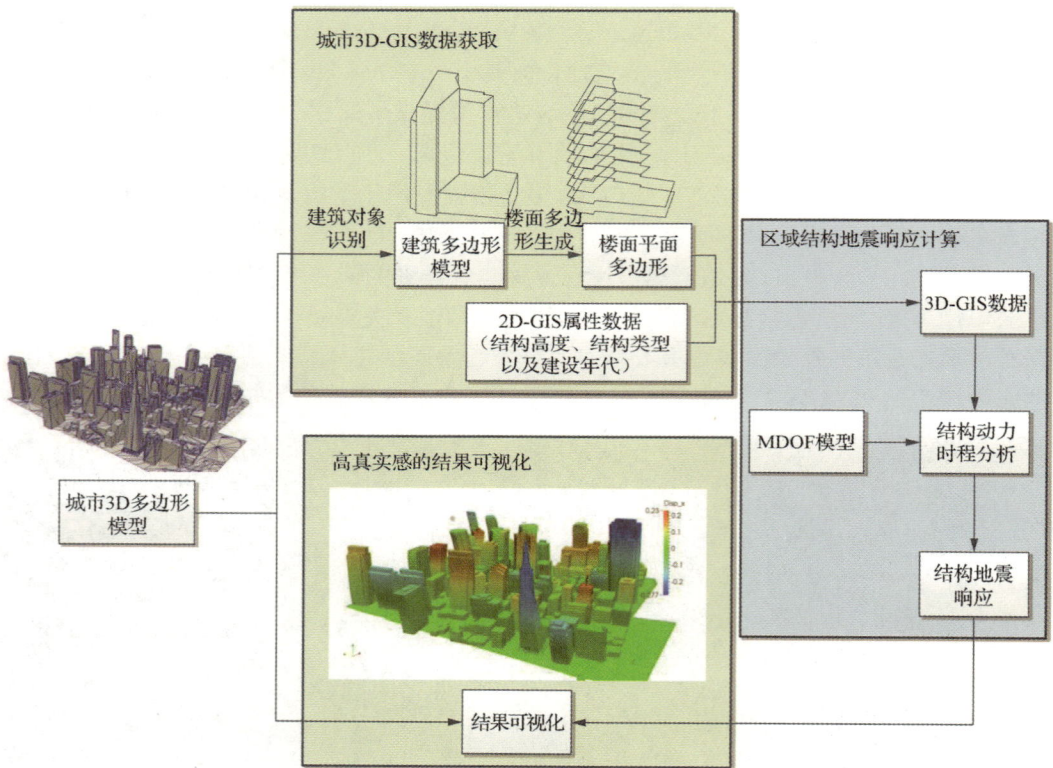

图 9.5-2　使用城市 3D 多边形模型开展震害分析的研究框架

模块 1：城市 3D-GIS 数据的获取方法

本部分将采用 2D-GIS 数据并结合城市 3D 多边形模型生成 3D-GIS 数据，然后再利用生成的 3D-GIS 数据完成模型建立以及结构计算。具体而言分为三个步骤：①从非建筑对象中识别并获取建筑外形多边形数据；②将识别得到的每栋建筑与其从 2D-GIS 数据获得的属性数据（结构高度，结构类型，建设年代）对应；③然后再对建筑的外形多边形进行切片，得到各楼层形状的多边形，从而最终生成 3D-GIS 数据。在获取到完备的 3D-GIS 数据之后，则可以采用本书相关章节的方法，开展结构动力计算。

模块 2：区域结构地震响应计算

由 3D-GIS 模型提供的建筑信息，可以非常方便地按照第 7 章的方法，生成城市区域建筑地震分析模型，进而通过本章介绍的高性能计算方法，获取相应的震害预测结果。而后各栋建筑时程分析的结果将提供给城市 3D 多边形模型进行可视化显示。

模块 3：高真实感的结果可视化

城市 3D 多边形模型能够提供非常真实的城市场景，可以使用它来进行高真实感的可视化显示。将利用非线性时程分析得到的每栋建筑的计算结果（比如位移）映射到该栋建筑的 3D 模型之上，就可以显示地震响应。对于非建筑对象，比如地形、道路和植被等模型，也被添加到城市场景之中，以提升城市地震场景的真实感。

9.5.3　城市 3D-GIS 数据的获取

9.5.3.1　3D 建筑模型

目前可以使用不同的方法来定义建筑的 3D 模型（3D 多边形模型，3D 实体模型）（Förstner，1999）。本研究选择 3D 多边形模型，主要是基于以下考虑：①最有影响力的 3D 城市平台 Google Earth 采用了 3D 多边形模型，因此其认可度较高；②3D 多边形模型可以从一些商业公司（CyberCity3D，2007；PLW Modelworks，2014）或者免费的模型仓库中获得，资源非常丰富；③它们的精度（亚米级）可以满足要求（You, et al., 2003）。

一个典型的城市 3D 多边形模型如图 9.5-3（a）所示，该模型不但包括建筑对象，还可能包括地形、道路等非建筑对象。而地震动力时程计算需要的 3D-GIS 模型只包括建筑对象，如图 9.5-3（b）所示。为了完成从 3D 城市多边形模型到 3D-GIS 数据的自动转换，需要解决如下问题。

（1）建筑震害模拟只需要建筑对象，因此必须识别出建筑对象，剔除掉非建筑对象。

（2）城市 3D 多边形模型并不包含各栋建筑的描述性信息。因此需要通过 2D-GIS 数据获得每栋建筑的描述性信息，同时需要将每栋建筑的外表面多边形与其 2D-GIS 数据建立映射关系。

（3）需要提出一个算法来解决从外表面多边形到建筑楼层外形多边形的转换。

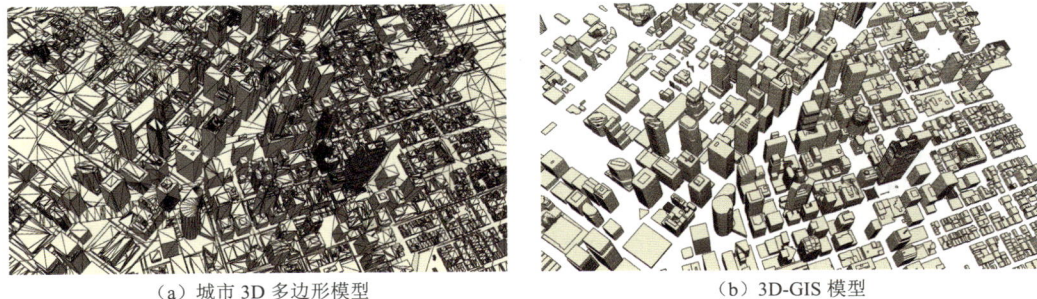

（a）城市 3D 多边形模型　　　　　　　　　　（b）3D-GIS 模型

图 9.5-3　3D 模型转换

9.5.3.2　建筑对象识别

建筑对象识别的基本任务是从城市 3D 多边形模型中获得单栋建筑的外形多边形，然后将每栋建筑的描述性信息与外形多边形对应从而生成 3D-GIS 数据。为了实现建筑对象识别，将借助建筑 2D-GIS 数据中的建筑平面多边形。其基本原理是：如果一个 3D 多边形位于 2D-GIS 数据的建筑平面多边形的投影范围内，那么这个多边形就是属于这个建筑对象的外形多边形。然而，建筑的 2D-GIS 平面多边形往往和城市 3D 多边形模型的形状以及具体位置有一定的差异，所以无法直接根据 2D-GIS 平面多边形获取该建筑对应的外形多边形。为了得到准确的建筑外形多边形，并将 2D-GIS 数据与城市 3D 多边形模型相联系，建筑对象识别如图 9.5-4 所示的方法。

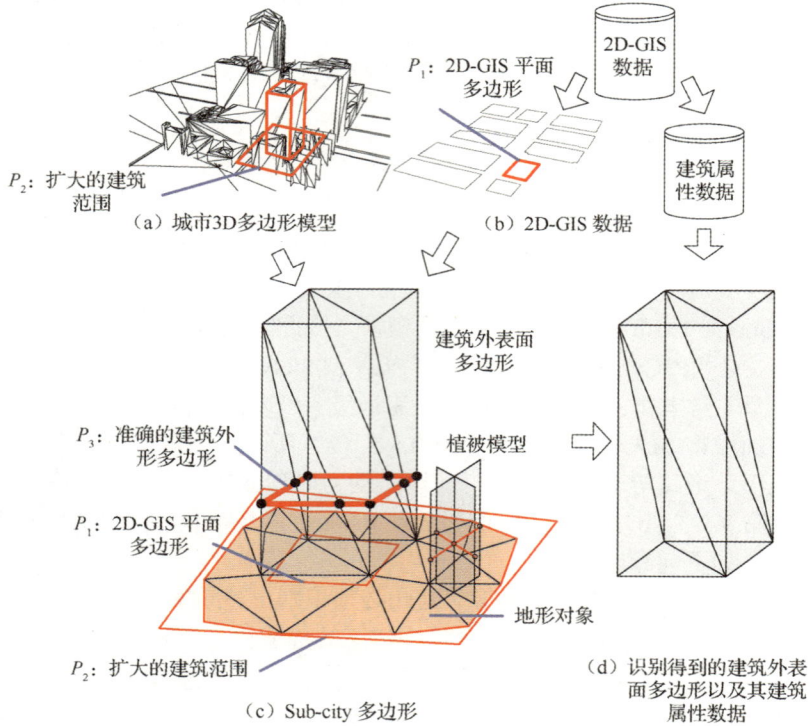

图 9.5-4　建筑对象识别

首先要对 2D-GIS［图 9.5-4（b）］中建筑平面多边形 P_1 进行一定范围的放大，得到新的平面多边形 P_2。从 P_1 到 P_2 扩大的程度根据具体情况而定，要确保所有 3D 多边形投影都能落在 P_2 范围内。然后提取出所有投影在 P_2 范围中的多边形，并存入 Polygon 类的容器 *SubCityPolys*，如图 9.5-4（c）所示。与此同时细分城市 3D 多边形，将原始的城市 3D 多边形模型［图 9.5-4（a）］划分成许多只包含一栋建筑的子模型［图 9.5-4（c）］。图 9.5-4（c）所提取出的这些多边形既包括建筑对象，也包括植被对象、地形对象等非建筑对象。为了识别出建筑多边形，在高于地表高程 0.5m 处对所有 *SubCityPolys* 多边形进行切片，切片得到的建筑外表面多边形将连成一个封闭的多边形 P_3［图 9.5-4（c）］。然后提取所有投影位于 P_3 内的多边形，将它们作为建筑物的外形多边形，从而过滤掉植被对象、地形对象等非建筑对象，如图 9.5-4（d）所示。

当识别出建筑对象外形多边形后，就将 2D-GIS 数据库中相应的建筑信息赋到外形多边形上，从而生成 3D-GIS 建筑信息［图 9.5-4（d）］。

9.5.3.3 建筑楼面平面多边形生成

通过建筑对象识别，得到了每栋建筑的外表面多边形，如图 9.5-4（d）所示。但是地震动力时程计算往往需要建筑各楼层的平面多边形数据［图 9.5-5（d）］。因此，本节将对建筑的外表面多边形进行切片，得到每一楼层的平面多边形。

楼面平面多边形生成如图 9.5-5 所示。首先从建筑属性数据中可以获得建筑每层的高程数据［图 9.5-5（a）］，而后在该高程处对建筑外表面多边形进行切片，如图 9.5-5（b）所示。例如，在第 6 层高程处对建筑某个外表面多边形进行切片，可以得到一些交线。对所有的外表面多边形重复相同步骤，得到一组交线［图 9.5-5（c）］。将这些交线组成一个闭合的多边形，就得到了该层的楼层平面多边形。对其余各层高程进行相同的处理，得到各层的平面多边形［图 9.5-5（d）］。

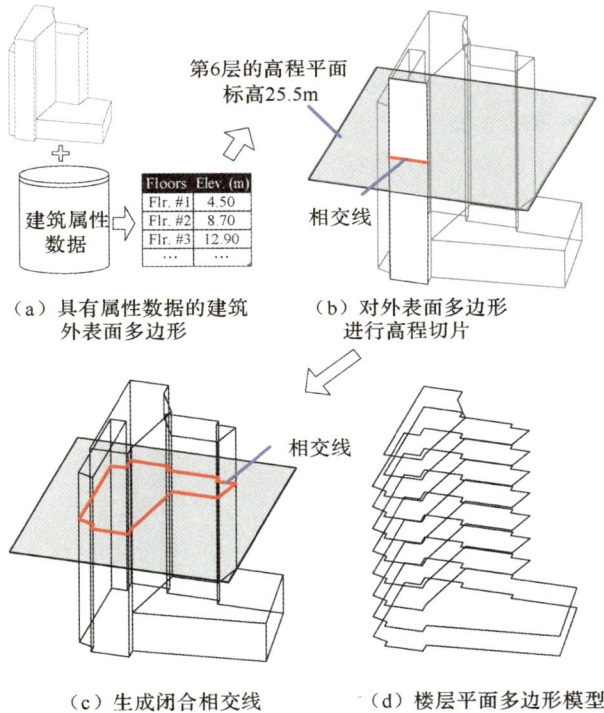

图 9.5-5　楼面平面多边形生成

通过以上的步骤，自动生成了包含楼层平面多边形的 3D-GIS 数据以及建筑属性信息，这些数据可以用于第 7 章城市建筑震害的模拟。

9.5.4　基于城市 3D 多边形模型的震害场景可视化

9.5.4.1　数据准备

为了实现基于城市 3D 多边形模型的高真实感的地震响应可视化，需要将地震响应计算结果赋予每栋建筑。首先需要将城市 3D 多边形里面的对象分成两组：第一组是

BuildingPolys，即建筑对象的外表面多边形。它们能根据地震动力时程计算的结果发生变形。第二组是 *NonBuildingPolys*，它们是通过建筑对象识别过滤出的地形、植被等非建筑模型。*NonBuildingPolys* 没有变形，但是它们对于提高城市场景的真实性来说非常重要，因此也集成在高真实感可视化场景中。

9.5.4.2　网格重划分

采用第 7 章的模型对每栋单体建筑进行结构分析之后，会输出每层的动力响应结果以及损伤状态变量。但正如图 9.5-6（a）显示的那样，城市 3D 多边形模型没有层的概念。因此，需要对 3D 城市建筑的外表面多边形模型进行网格重划分，使位于不同层的多边形能独立显示该层的结构响应［图 9.5-6（b）］。

为了对原始的建筑 3D 多边形模型进行网格重划分，需要通过建筑属性数据获得各楼层的高程。然后对建筑外表面多边形逐一进行分析，判断它是否穿过某一楼层高程：①如果是，则对该多边形进行重划分，将其分为若干个较短的多边形，每个多边形都只位于相应的楼层内，然后分别存入所对应层的多边形对象中；②如果否，则将该多边形直接存入相应的楼层对象中。如图 9.5-6（a）所示，原模型有较多多边形竖向跨越多层。网格重划分后的效果如图 9.5-6（b）所示，竖向跨越多层的多边形被分割，从而所有多边形都位于对应的楼层高程范围内。

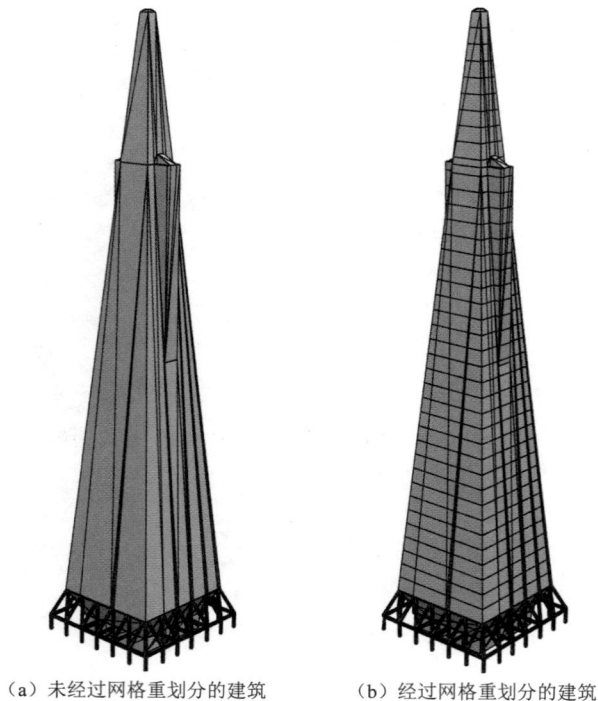

（a）未经过网格重划分的建筑　　　　（b）经过网格重划分的建筑

图 9.5-6　可视化模型网格重划分

9.5.4.3　位移插值

第 7 章地震时程计算通常生成几个离散高程处的结构响应结果。例如，多层剪切模型只生成了 Elevation 1 处的位移响应 δ_1，如图 9.5-7（a）所示。如果把 Elevation 1 处的位移结果 δ_1 仅仅赋予建筑外表面多边形在 Elevation 1 处的所有节点，可视化结果如图 9.5-7（c）所示。可以看出，介于 Elevation 1 和 Elevation 0 之间描述建筑细节，门、窗之类的一些节点没被赋予任何位移，导致门窗之类的对象在可视化显示的时候和各层的整体位移脱节，这明显是不合适的。因此，为了保证各层之间描述建筑细节的一些节点跟随各层发生位移，将利用线性插值的方法，计算位于两层之间所有节点处的建筑响应结果。所有节点的坐标由式（9.5-1）和式（9.5-2）得到。插值之后各层之间的建筑细节多边形更为真实，可视化结果如图 9.5-7（d）所示。

$$x_{n,\text{updated}} = x_{n,\text{original}} + \delta_{0,x} + (\delta_{1,x} - \delta_{0,x})h_n / H \tag{9.5-1}$$

$$y_{n,\text{updated}} = y_{n,\text{original}} + \delta_{0,y} + (\delta_{1,y} - \delta_{0,y})h_n / H \tag{9.5-2}$$

式中，$x_{n,\text{updated}}/y_{n,\text{updated}}$ 和 $x_{n,\text{original}}/y_{n,\text{original}}$ 分别为插值前后第 n 层节点的 x/y 坐标；$\delta_{0,x}/\delta_{0,y}$ 和 $\delta_{1,x}/\delta_{1,y}$ 分别为 x/y 方向上计算得到的地震下该节点底部（图 9.5-7 中 Elevation 0）和顶部（图 9.5-7 中 Elevation 1）的位移；h_n 为第 n 个节点到 Elevation 0 之间的距离；H 为楼层高度。

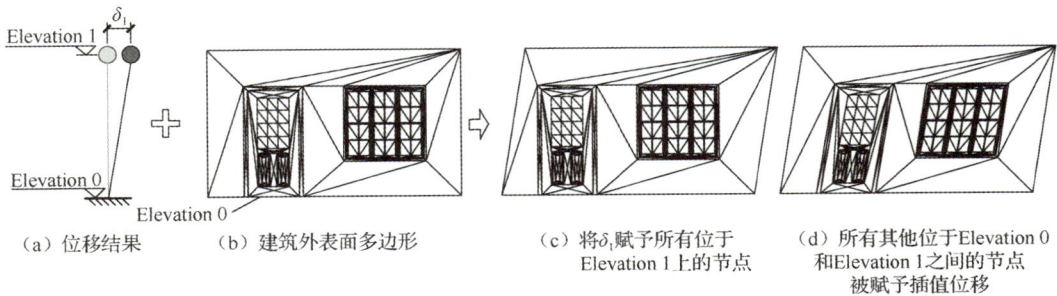

图 9.5-7　位移插值

9.5.5　数据流程

如图 9.5-3 和图 9.5-8 所示，整个模拟的数据流程从基础输入数据开始。本研究采用基于 Collada DAE 模型格式（Barnes，et al.，2008）的城市 3D 多边形模型，该格式基于开源的 XML 语法，具有很好的可读性。采用开源的 TinyXML 解析器（Lee，2007）对城市 3D 多边形模型进行解析，所有 DAE 文件的节点坐标和多边形都会被存在对象 *CityPolys* 中。

将城市 3D 多边形 *CityPolys* 通过细分，生成包含每栋建筑物的 *SubCityPolys* 对象。对每一个 *SubCityPolys* 进行建筑对象识别，将识别出来的建筑多边形存在 *Buildings[i].ExteriorPolys*（图 9.5-8）中，其中 *i* 是建筑编号。而其余的非建筑多边形则存在 *NonBuildingPolys* 中，用于后续的高真实感可视化显示。将从 2D-GIS 中获得的每栋建筑的属性数据存在 *Building* 对象中，命名为 *Buildings[i].Attribute*。最后，使用 *Buildings[i].Attribute* 中的高程数据和 *Buildings[i].ExteriorPolys* 中的几何数据生成建筑楼面平面多边形信息。将得到的楼面平面多边形信息存储在 *Buildings[i].Floor[j].FloorPlan* 中，其中 *Floor[j]* 用于存储与第 *j* 层楼面相关的所有数据。

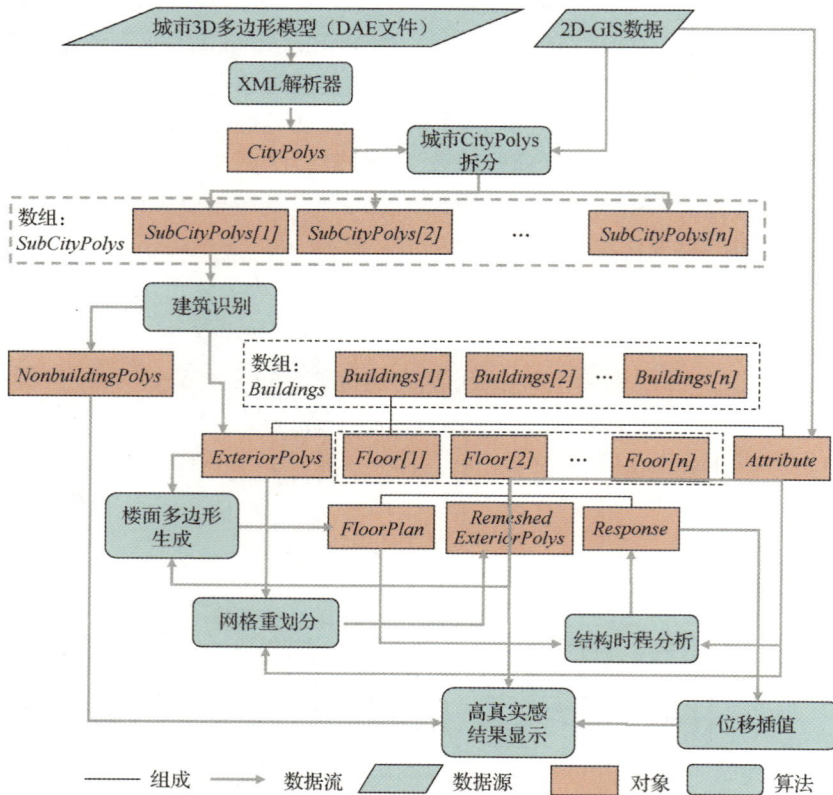

图 9.5-8　数据流程

城市震害模拟计算结果存储在相应的 *Building* 对象中。具体而言，每一楼层的动力时程分析结果存储在对应的 *Buildings[i].Floor[j].Response* 中。然后，对模型进行网格重划分，将 *Buildings[i].ExteriorPolys* 中的外表面多边形划分成更小的多边形，并将它们存在对应楼层的 *Buildings[i].Floor[j].RemeshedExteriorPolys* 中。

9.5.6　案例分析

本研究使用了一个包含 78 栋建筑的城市 3D 多边形模型，来演示所提出的 3D-GIS 生成方法以及高真实感可视化方法。这一城市 3D 多边形模型中对应的 2D-GIS 数据包括了每栋建筑楼层的数量、高度、建造年代以及结构类型。

9.5.6.1　3D-GIS 数据生成方法验证

本研究采用该城市 3D 多边形模型来验证所提出的建筑识别方法。结果表明这 78 栋建筑都能够被自动识别出来，验证了建议方法的适用性和可靠性。如果在某些特殊的情形下，一些建筑没有识别成功，则会根据 2D-GIS 数据输出这些建筑的 ID 以及位置，之后可以对这些建筑做进一步的检查和人工处理。

生成楼层平面多边形时，不同线段间可能会存在细小的间隙。这时需要在初始阶段定义间隙容差，即间隙的宽度（$\delta\Delta$）和楼层高度（H）的比值。如果两条相交线（图 9.5-5）之间的间隙比容差小，则认为这两条线是连在一起的。楼层平面多边形生成的成功率和不同间隙容差的关系见图 9.5-9。曲线显示当间隙容差大于 2.5% 时，楼面生成的成功率可以达到 100%。因此，在分析中推荐使用该容差值。

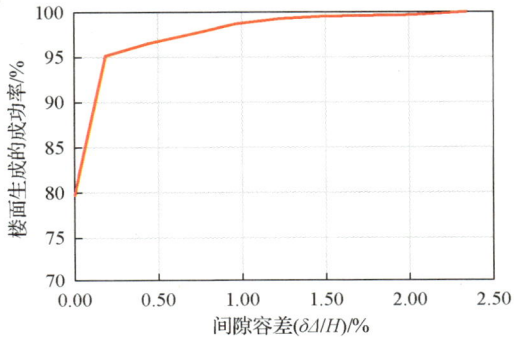

图 9.5-9　楼层平面多边形生成的成功率和不同间隙容差的关系

9.5.6.2　3D-GIS 数据生成效率分析

在人口密集的现代化城市里建筑数目庞大，城市 3D 多边形模型的规模也非常巨大，因此有必要检验数据生成或转换方法的可扩展性。本研究采用不同规模的模型进行测试。测试基于一台桌面级计算机（Intel Core i3 M370 CPU，主频 2.4-GHz，4GB 1333-MHz DDR3 内存，NVIDIA NVS 3100M 的显卡），采用的编译器为 Microsoft Visual C++ 2010。

3D-GIS 数据生成方法的可扩展性如图 9.5-10 所示，结果表明计算时间与模型体量基本呈线性关系。因此，该线性扩展方法能够适用于大规模城市场景。

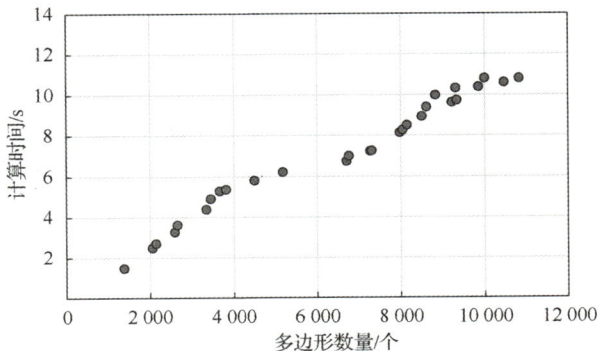

图 9.5-10　3D-GIS 数据生成方法的可扩展性

9.5.6.3　高真实感可视化效果展示

为了说明本节建议方法的显示效果，将 2.5D 模型与精细化模型对比，如图 9.5-11 所示。从图中可知，与高真实感模型［图 9.5-11（b）］相比，2.5D 模型［图 9.5-11（a）］缺少了很多建筑细节。

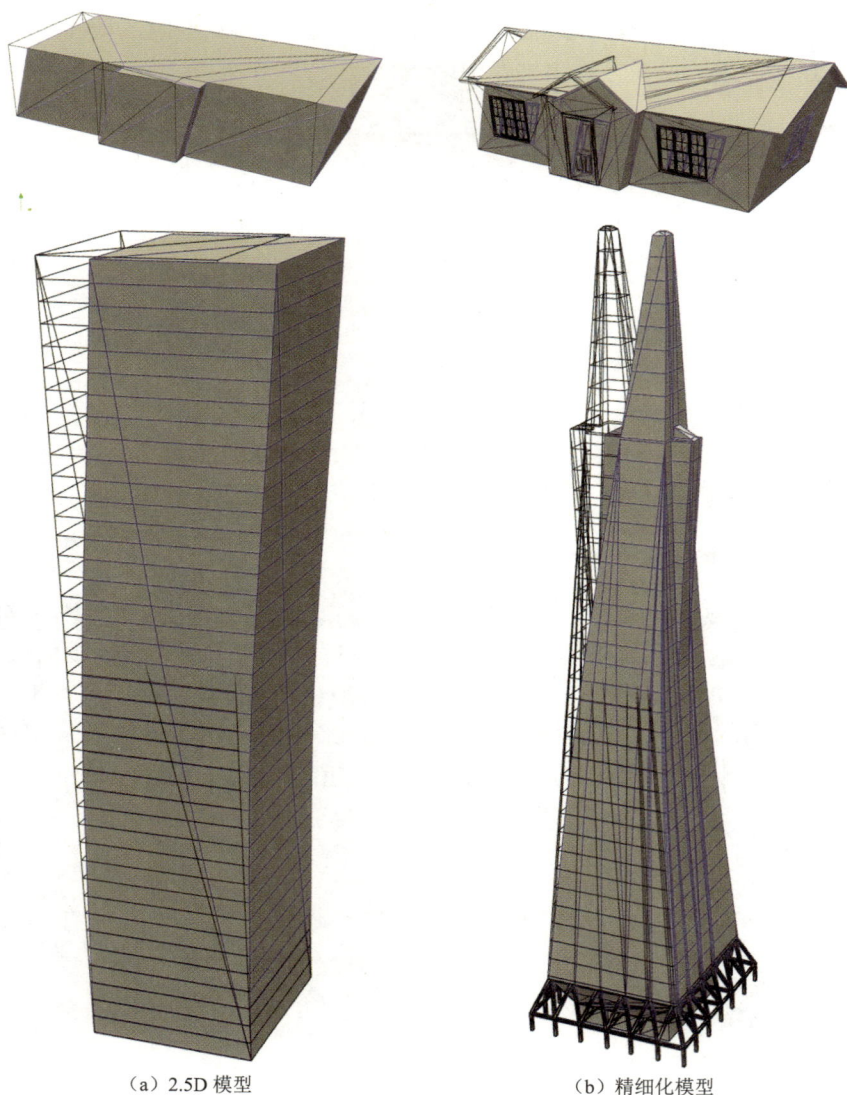

（a）2.5D 模型　　　　　　　　（b）精细化模型

图 9.5-11　2.5D 模型与精细化模型对比

某建筑地震下位移的可视化如图 9.5-12 所示，本小节建议的方法同样可以用于动力时程响应的可视化。该方法可以显示不同时间的位移云图，因此可以用来生成某建筑地震下的位移动画（图 9.5-13）。

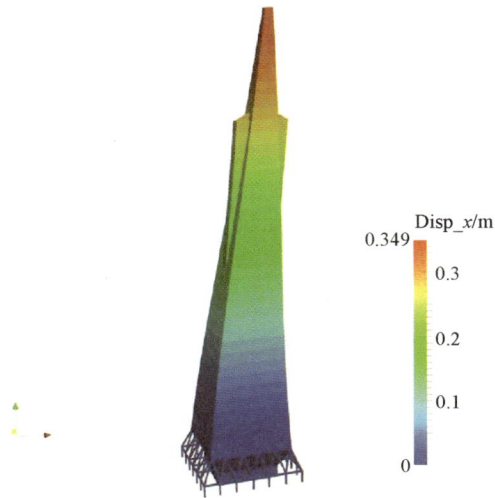

图 9.5-12 某建筑地震下位移的可视化

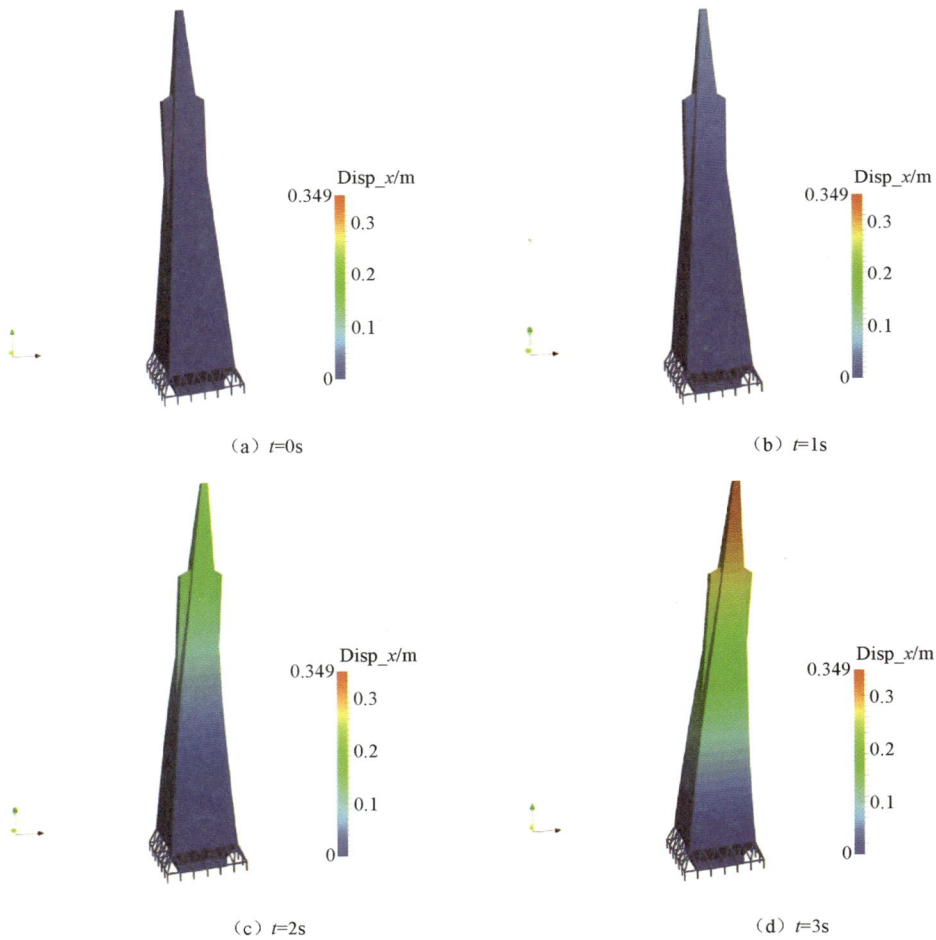

（a）t=0s

（b）t=1s

（c）t=2s

（d）t=3s

图 9.5-13 某建筑地震下的位移动画

　　最后，采用本小节建议的方法对一个拥有 78 栋建筑的区域开展地震场景显示，城市地震场景 3D-GIS 可视化如图 9.5-14 所示，图中清晰地显示出建筑对象和非建筑对象（如地形）。与图 9.5-15 中的 2.5D 城市地震场景可视化显示的结果相比，采用这种方法展示的地震场景显得更为真实。

图 9.5-14　城市地震场景 3D-GIS 可视化

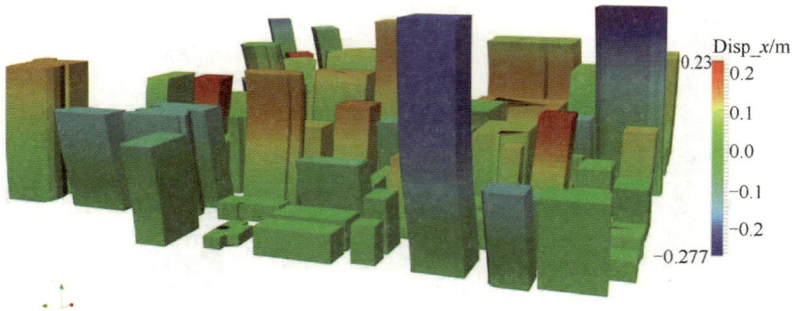

图 9.5-15　2.5D 城市地震场景可视化

9.6　基于倾斜摄影的城市建筑群震害场景增强现实可视化

9.6.1　引言

　　9.5 节提出的基于 3D-GIS 的可视化方法，存在两大制约因素。

　　（1）城市 3D 模型获取困难。虽然已经有很多模型库可以提供城市的 3D 模型，但总的数量还是很少，而且 3D 模型也往往难以满足实际城市动态发展的需求。

　　（2）城市 3D 模型一般只有线框信息，缺乏必要的建筑表面纹理和贴图，进而影响了可视化效果的真实感。

　　倾斜摄影测量（oblique photogrammetry）是近些年新起的一项新的建模技术，它通过多台传感器从不同的角度采集影像数据，快速、高效地获取图像信息，真实地反映地面纹理，建立符合人眼视觉的真实直观世界（Hoehle，2008），倾斜摄影测量技术如图 9.6-1

所示。目前，该技术在灾害调研、应急指挥、国土安全、城市管理、城市规划等方面得到了很好的应用（Yalcin，et al.，2015；Nex，et al.，2014）。倾斜摄影测量可以快速（几个小时的航拍）获取一个城市的 3D 模型，而且包含建筑表面的纹理信息（Vetrivel，et al.，2015），从而为城市震害场景真实感 3D 可视化提供了非常良好的工具。

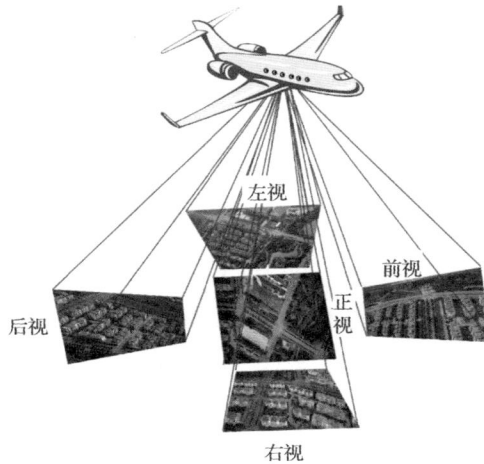

图 9.6-1　倾斜摄影测量技术

本书作者与北京科技大学许镇副教授以倾斜摄影测量模型为基础，创建城镇区域的震害增强现实场景，为抗震防灾和虚拟救援训练提供高真实感的环境。

9.6.2　基于倾斜摄影的实景三维模型建模

本研究使用 Bentley 公司开发的 Context Capture 软件（Bentley，2018）构建城市的实景三维模型，实景三维模型重建工作流程如图 9.6-2 所示。

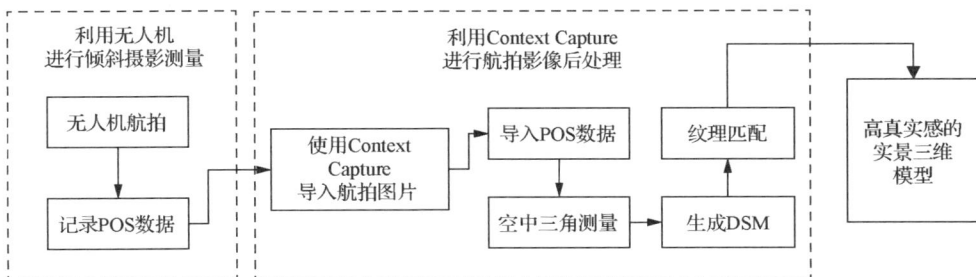

图 9.6-2　实景三维模型重建工作流程

作为实景三维模型建模的"原材料"，航拍影像的质量直接决定了模型的精度，而航线规划又是确保航拍图像质量的关键。实景三维模型的精度主要是指模型的地面分辨率（ground sampling distance，GSD）。

在我国《低空数字航空摄影规范》（CH/Z 3005—2010）中，推荐各摄影分区基准面的地面分辨率应根据不同比例尺航摄成图的要求，结合分区的地形条件、测图等高距、航摄基高比及影像用途等，在确保成图精度的前提下，模型的测图比例尺与地面分辨率可按照表 9.6-1 的范围内选择。

表 9.6-1　测图比例尺与地面分辨率

测图比例尺	地面分辨率值/cm
1：500	≤5
1：1 000	8～10
1：2 000	15～20

地面分辨率确定后，则可估算本次飞行的航高，航高可按下式计算：

$$H = \frac{f \times GSD}{a} \tag{9.6-1}$$

式中，H 为摄影航高（m）；f 为镜头焦距（mm）；a 为像元尺寸（mm）；GSD 为地面分辨率（m）。

为了使模型具有较高的精确度，不致因照片之间重叠度不足而导致模型出现空洞或凸包，《低空数字航空摄影规范》（CH/Z 3005—2010）建议照片重叠度不应小于下式计算值：

$$p_x = p_x' + (1 - p_x')\Delta h / H \tag{9.6-2}$$

$$q_y = q_y' + (1 - q_y')\Delta h / H \tag{9.6-3}$$

式中，p_x'、q_y' 分别为航摄照片的航向、旁向标准重叠度（以百分比表示）；Δh 为相对于摄影基准面的高差（m）；H 为摄影航高（m）。

根据经验，连续影像之间的重叠部分应超过 60%，同一地物在不同拍摄点之间的分割应小于 15°，这样才能获得较好的建模效果。

上述需求参数确定后，应根据设计的飞行高度利用式（9.6-1）反算地面分辨率，确保航拍照片能够符合质量要求。确定无误后，便可根据拟定航拍区域的范围、地面高程变化情况等设计航拍路线，获取指定区域的航拍影像。一般来说，航拍高度为 300m 即可满足 0.1m 级别的分辨率需求。

以上是利用固定翼无人机搭载倾斜摄影镜头的航拍方法。在使用消费级单镜头无人机对重点建筑物环绕拍摄时，应注意使相机云台俯角在 45° 左右，以便获取建筑外立面的完整信息，且照片间角度相差不宜超过 15°；除了对建筑物进行环绕拍摄，获取建筑物外立面的图像信息外，还应对建筑物屋顶补充拍摄，获取建筑物顶面影像信息。

9.6.2.1　POS 数据匹配

对于固定翼无人机而言，航拍的 POS 数据主要是指拍摄时飞行器的坐标信息（经度、纬度和高程）和姿态信息（横滚角、俯仰角和偏航角）等。图 9.6-3 为成都某无人机公司某架次航拍所记录的 POS 数据信息。

对于利用小型无人机获取的航拍照片，其相机云台可以将云台位置信息和角信息写入图片 Exif 信息中。获取了 POS 数据或者 Exif 数据后，就可以进行后续的数据合成。

```
[1]      2018-03-22T10:18:04 31.58000700  104.45753991  609.47       0.527121
-2.074107    157.804036   -53.411126   0.002 DSC_0001    353884721
[2]      2018-03-22T10:18:08 31.58000700  104.45753991  609.45       0.498473
-2.045459    157.804036   -40.399254   0.005 DSC_0002    353888205
[3]      2018-03-22T10:30:38 31.58009295  104.45786650  610.55      -0.916732
-0.022918    145.857866  -149.943055   0.021 DSC_0003    354638983
[4]      2018-03-22T10:30:41 31.58009295  104.45786650  610.53      -0.968299
-0.022918    145.794841  -147.645494   0.024 DSC_0004    354641843
[5]      2018-03-22T10:37:12 31.61974736  104.48563776  832.30      -1.289155
-2.188699    150.183697   151.730683  26.970 DSC_0005    355032127
[6]      2018-03-22T10:37:14 31.61934056  104.48588986  831.00      -2.011082
-2.457989    151.650469   151.421286  26.961 DSC_0006    355034003
[7]      2018-03-22T10:37:15 31.61893376  104.48614769  829.60      -0.171887
-1.163104    150.046187   150.997297  26.902 DSC_0007    355035884
```

图 9.6-3　航拍所记录的 POS 数据信息

9.6.2.2　空中三角测量

空中三角测量是通过技术手段来求解加密点的高程和平面位置的测量方法。该过程的最终目的是通过改进每张照片的外部取向参数，以此来提高生成的数字表面模型 DSM（digital surface model）精度。Context Capturer 软件（Bentley，2018）可以利用已有的 POS 信息进行空中三角测量，若 POS 信息不完整，则软件根据算法自行解算每一张影像的 POS 信息。但需要注意的是，在计算前需要明确各组照片拍摄时镜头所使用的焦距。对于固定翼无人机使用的五拼镜头相机，其正射镜头和斜射镜头有时可能使用不同的焦距进行拍摄，这点尤为需要注意。

空中三角测量完成后，即可在软件中查看空中三角测量加密点云（图 9.6-4），此时隐约可见模型轮廓已经初步形成。

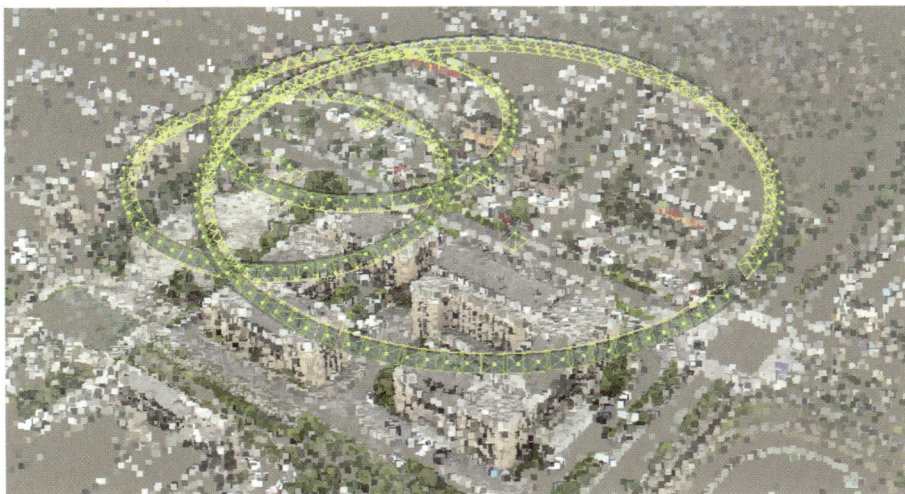

图 9.6-4　空中三角测量加密点云

9.6.2.3　生成 DSM

在生成 DSM 的过程中，有两个参数非常重要：一个是生成模型的范围边框，适当地缩减边框可以优化模型生成速度；另一个参数是瓦片尺寸，采用较大的瓦片尺寸则内存占用过多，过小的瓦片尺寸会使模型过于零碎，不便于后处理。

在 Context Capture 软件（Bentley，2018）中，可对 DSM 模型的几何精度、几何简化、空洞填充等设置进行调整。在这些选项中，几何精度这一选项十分重要。该选项共有四个等级，包括中、高、极高和超高。对于同一片空中三角测量加密点云而言，几何精度等级越高，生成的模型多边形面数越多。越多的多边形面数虽然可以提供更加精准的几何尺寸信息，但是也会为后处理增加数十倍甚至数千倍的工作负荷。

9.6.2.4　纹理映射

DSM 数据生成后，Context Capture 软件（Bentley，2018）利用之前的空中三角测量加密成果从倾斜摄影图像中自动提取纹理并映射到 DSM 模型，形成具有真实感的实景三维模型。所提取的模型纹理如图 9.6-5 所示。

图 9.6-5　模型纹理

在利用 Context Capture 软件（Bentley，2018）生成实景三维模型时，软件出于展示效果考虑，自动生成了质量极高的纹理，图片分辨率可达 8192×8192。这样的纹理图片会占用过多的内存，影响可视化的效率。因此，本节建议采用效率更高的 tga 格式并压缩其分辨率，将 tga 纹理图片分辨率压缩为 2048×2048，从而节省计算机资源。

9.6.2.5　模型重建

上述所有准备工作都完成后，即可开始生成实景三维模型。Context Capture 软件（Bentley，2018）可以生成多种格式的三维模型。本研究中，主要应用 fbx 格式模型进行可视化模拟。图 9.6-6 为生成的实景三维模型（左为无纹理的 DSM 模型，右为纹理映射后的实景模型）。

图 9.6-6　实景三维模型

在进行模型重建时，根据需要，还可勾选细节层次 LOD（levels of detail）选项，从而程序可以根据模型的节点在显示环境中所处的位置和重要度，决定物体渲染的资源分配，降低非重要物体的面数和细节度，从而提高场景渲染效率。

9.6.3　建筑物单体识别

由前所述，对实景三维模型的重建过程可以简单概括为导入数据及 POS 数据、空中三角测量、生成模型三个步骤。由于整个模型生成过程中没有人为干预，软件并不会对建筑、植被、地形等元素进行区分，而是形成一个连续的三角网格模型。对于这种整体的三维模型，无法针对其中的某一栋建筑进行单独处理。因此，需要对模型进行单体识别操作。单体识别的基本思路与 9.5.3.2 节相似，只是为了更好地保留倾斜摄影测量得到的模型表面贴图信息，因此可以采用 3ds Max 程序（Autodesk，2018）来完成单体识别的操作，具体步骤为：首先，将 Context Capture 生成的实景三维模型导入到 3ds Max 中，并将其转换为可编辑多边形（Editable Poly），以便对其进行切割操作。同时，将 2D-GIS 数据导出为*.dwg 文件并同样导入 3ds Max 中，如图 9.6-7 所示。

图 9.6-7　将 2D-GIS 线框和模型导入 3ds Max

之后，按照 9.5.3.2 节的思路，用 2D-GIS 中的建筑线框数据生成建筑外轮廓包络面，如图 9.6-8 所示。

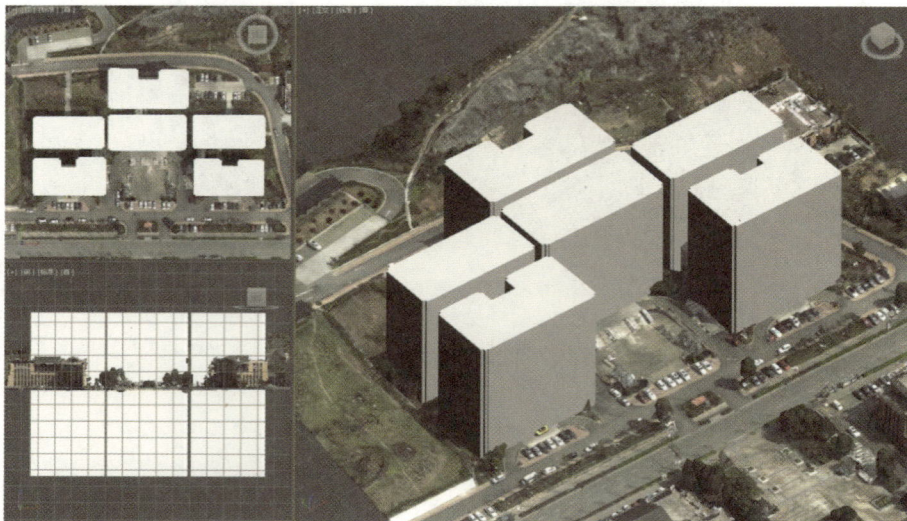

图 9.6-8　2D-GIS 中的建筑线框数据生成建筑外轮廓包络面

随后，利用 3ds Max 中 ProCutter（超级切割）工具对模型和建筑外轮廓包络面进行布尔运算，即可将模型中建筑物范围内的部分几何体切割并分离出来，ProCutter 设置及切割结果如图 9.6-9 所示。

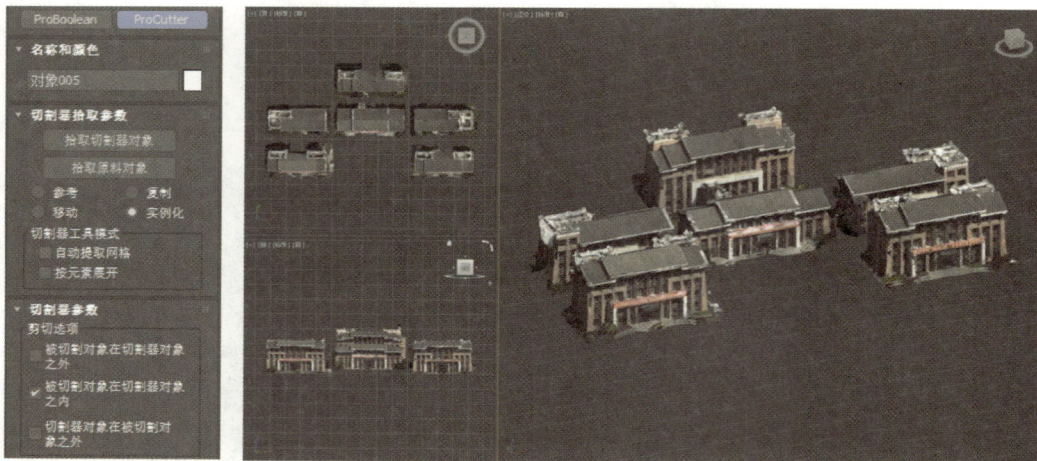

图 9.6-9　ProCutter 设置及切割结果

考虑到区域内建筑物数量较多，逐栋建筑进行上述操作不仅烦琐，而且容易出现错误。本研究利用一段 MaxScript 脚本完成相同的工作，实现了单体化工作的半自动化进行。MaxScript 脚本如下。

```
rangeBox = $GISBOX* as array
mModel = $model
for i in rangeBox do(
    select i
    ProCutter.CreateCutter i 1 false true false false false
    ProCutter.AddStocks i #(mModel) 0 0
)
```

　　对于一些复杂外形建筑，上述操作无法自动化实现，这时还需要适当补充人工修改。

9.6.4　建筑群地震反应动态可视化

　　本节主要利用 OSG（OSG Community，2010）实现建筑群地震反应动态可视化。程序基本流程与 9.5.4 节相似，包括位移数据的映射、图形的修改以及位移的插值等，具体 OSG 可视化流程图如图 9.6-10 所示。

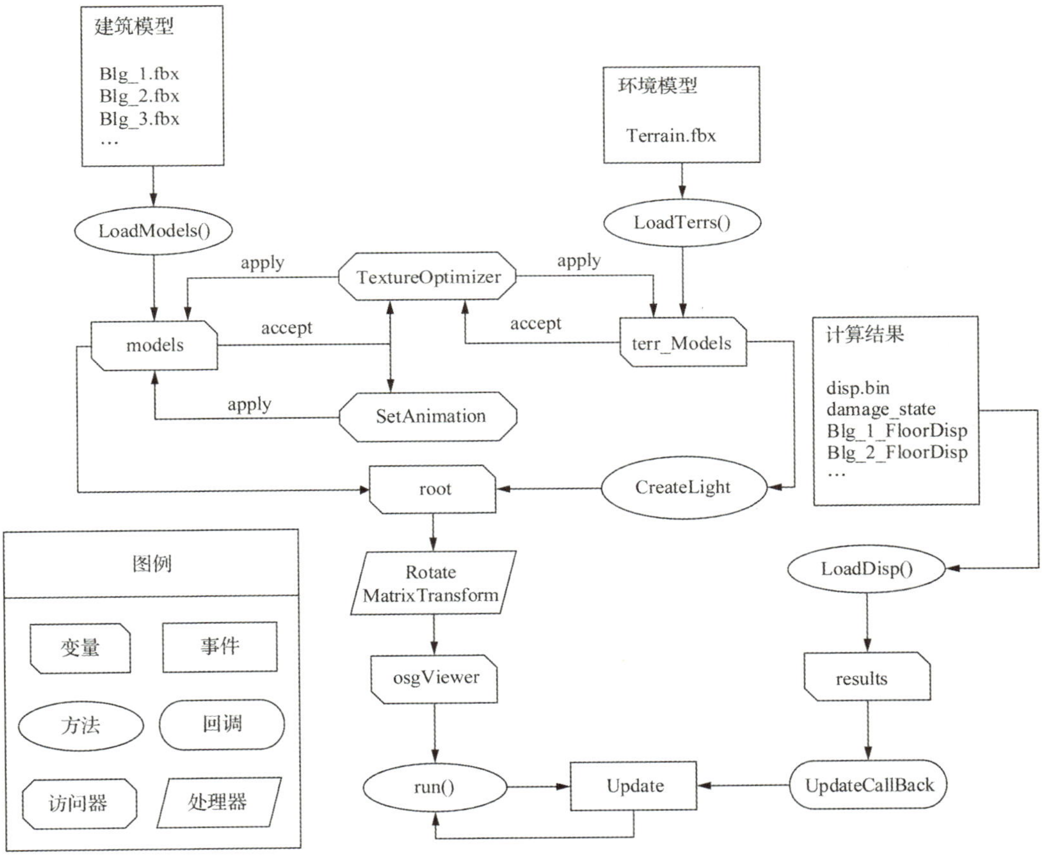

图 9.6-10　OSG 可视化流程图

　　（1）数据加载。包括建筑物模型（models）、地形模型（terrain）及计算结果（包括时程位移结果 disp.bin 及结构损伤状况 damage_state 等）的读取。其中，建筑物模型与地形模型分别读取到两个不同的 osg::Group 中，以便分别对两种不同种类的模型采用不同的处理。

（2）设置访问器。对于建筑物模型，需要其在程序运行时每一帧修改顶点坐标实现时程位移动画，因此需要为其添加纹理优化访问器（TextureOptimizier）、动画访问器（SetAnimation）；对于地形模型，由于其无须参与时程位移动画，在动画中只需保持静止不动即可，只需为其添加纹理优化访问器即可。纹理优化访问器会遍历每一个模型节点，扫描模型使用的全部纹理并与纹理列表比对，当发现模型使用的纹理在纹理列表中已经存在时，将其重新映射到已经加载的相同纹理上，这样就避免了同一纹理重复加载，大幅减少了内存占用并提高了模型加载效率。纹理优化访问器的主要代码如下。

```
void apply(osg::StateSet* state){
    osg::Texture2D* tex2D = NULL;
    if(tex2D=dynamic_cast<osg::Texture2D*>(state->getTextureAttribute
(0,osg::StateAttribute::TEXTURE))){
        if(tex2D->getImage()){
            map<std::string,osg::Texture2D*>::iterator iter=_texList.find
(tex 2D->getImage()->getFileName());
            if(iter !=_texList.end()){
    state->removeAttribute(osg::StateAttribute::TEXTURE,0U);
                state->setTextureAttribute(0,iter->second,0U); //共享纹理
            }
            else
              _texList.insert(make_pair(tex2D->getImage()->getFileName(),
tex2D));
        }
    }
}
```

动画访问器则是为每一个模型添加更新回调，在渲染画面更新时完成顶点坐标修改。

（3）场景预处理。包括为模型组添加旋转变换（RotateMatrixTransform），统一所有模型的位置（transform），以及利用 CreateLight 方法为模型添加光照，实现更好的实时渲染效果。

（4）初始化场景。本研究利用 osgViewer 显示动画场景。在构建场景前，需要将所有处理好的模型组添加到 osgViewer 中。

（5）运行场景。在运行时，每一帧的渲染都会伴随一次更新事件，更新回调在更新事件出现时进行。通过更行回调机制，每一帧所有建筑物模型的顶点坐标都会根据时程位移文件更新。在程序中，如不进行另外的设置，则一个渲染帧对应时程分析时一个时间步。

通过上述方法，即可实现地震反应可视化。可视化的效果如图 9.6-11 所示。需要指出的是，为了使建筑物变形更加明显，本研究中对计算得到的时程位移进行了一定倍数的放大。在图 9.6-11 所示的地震反应可视化动画效果中，位移放大倍数为 500。

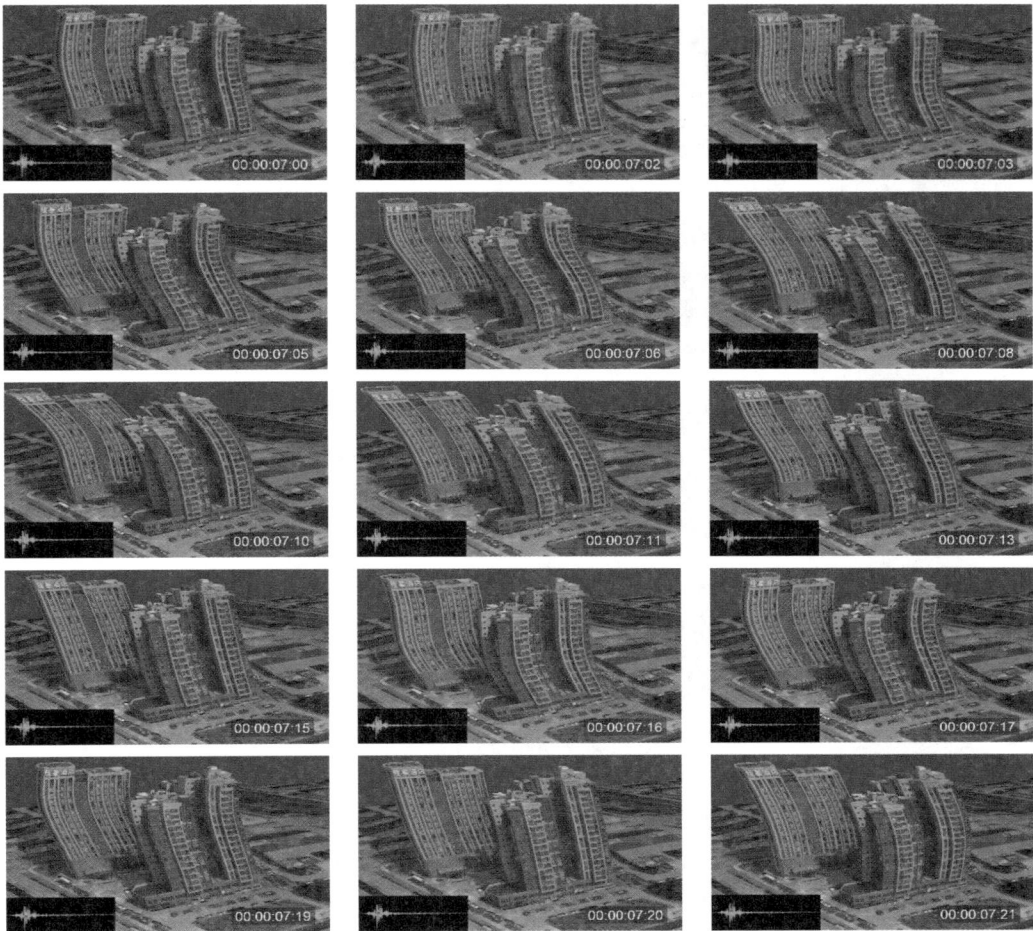

图 9.6-11　地震反应可视化动画效果

9.6.5　小结

本节实现的基于倾斜摄影的城市建筑震害场景增强现实可视化，突破了高真实感城市 3D 模型获取的瓶颈。基于 OSG 平台，实现了建筑群地震反应动态可视化效果。使用具有纹理的建筑模型进行时程位移展示，突破了 2.5D 模型或有限元模型真实感差的限制，建筑地震时程响应展示更为直观。本章创建的高真实感震害场景能够为防灾规划和抗震加固提供重要决策支持，对提升城市整体抗震水平、最大限度减少生命财产损失、更好地进行抗震准备，都具有积极意义。

9.7　基于物理引擎的城市建筑群震害倒塌模拟

9.7.1　引言

建筑物倒塌不但对可视化的真实感有显著影响，而且由于道路有可能被倒塌的建筑阻塞或阻断，也会对救援和交通规划有影响。而采用第 2 章建议的精细模型模拟大量建筑物的倒塌过程会花费大量时间。因此，有必要提出一种展示建筑物倒塌震害的高效仿真方法。

物理引擎（Millington，2007）是近些年计算机图形学的新技术，专门用于计算场景中物体的复杂物理行为，如烟雾的扩散、水的流动以及刚体的碰撞。Havok、Bullet 和 PhysX 是三大最流行的物理引擎，它们被广泛应用在科学仿真、电影制作上（Havok，2012；Game Physics Simulation，2012；NVIDIA，2012b）。这一技术可用于模拟建筑物或其他结构的倒塌过程（Boeing，et al.，2007；Joselli，et al.，2008；Maciel，et al.，2009），如本书作者和清华大学研究生许镇等（Xu，et al.，2013a）曾用物理引擎技术模拟桥梁垮塌全过程中残骸的运动。但是，物理引擎在震害模拟上没有得到充分的应用，利用物理引擎模拟仿真地震下建筑物倒塌过程有待于进一步的研究。本书作者和清华大学任爱珠教授、北京科技大学许镇副教授，以及澳大利亚格里菲斯大学 H. Guan 教授等提出了一个基于物理引擎的算法以实现地震下建筑倒塌的可视化，并将相关模拟技术和可视化技术集成了一个完整的可视化系统。

9.7.2　基于物理引擎的倒塌模拟

如果使用第 7 章中的多自由度集中质量层模型对密集城市区域每一栋建筑进行倒塌全过程模拟，这样的计算量将会相当大。对于每一栋建筑，基于集中质量层模型来准确计算各楼层间的位移和碰撞也会花费大量时间，因此这一方法不可行。由于物理引擎在多刚体动力学和碰撞检测上的优势，它善于模拟倒塌过程中大量物体的复杂运动和相互碰撞过程，物理引擎可以作为解决这一问题的理想方法。此外，物理引擎在大规模模拟上有很高的效率，如物理引擎 PhysX 可以采用 GPU 的群核来加速计算过程（NVIDIA，2012a）。因此，本研究采用 PhysX 模拟大量建筑的倒塌过程。

为了结合集中质量层模型的计算结果，本研究在倒塌模拟中将建筑楼层作为一个基本的单元，即每一楼层都被当作具有相同面积、高度和质量的箱形刚体。此外，将地面建模为一个具有无限质量的平面刚体。图 9.7-1 为物理引擎倒塌模拟过程。在集中质量层模型中，已经定义了倒塌的层间位移角判据，建筑物倒塌初始状态的层间位移角是确定的，如图 9.7-1（a）所示。集中质量层模型可以给出不同楼层倒塌发生时的位移和速度，为了准确地模拟建筑物倒塌，这些位移和速度可以作为后续使用 PhysX 进行倒塌模拟的初始状态，如图 9.7-1（b）所示。给定了倒塌初始阶段的位移和速度，楼层刚体在重力作用下的运动可通过 PhysX 模拟，直到楼层刚体间相互碰撞或者接触到地面，如图 9.7-1（c）所示。

为了实现建筑倒塌过程的可视化，PhysX 必须与图形引擎结合。为了控制渲染过程，使用开源图形引擎 OpenSceneGraph（OSG）作为可视化平台。在 OSG 中，所有的几何图形是由 *Geode* 节点储存和管理的。在 PhysX 中，物理角色 *Actor* 类是基本的计算单元，代表着物理世界中所有的物体（NVIDIA，2012b）。为了保证物理计算与图形显示的准确对应,对建筑的每一个楼层都建立了 OSG 中 *Geode* 节点,同样也对应地建立了 PhysX 的 *Actor* 类。最初的参数(即楼层的形状、倒塌发生时的初始位置和形状)在 *Actor* 类和 *Geode* 节点中是相同的。此外,建立了一个平面 *Static Actor* 类来模拟地面,这是 PhysX 中具有无限质量的特殊 *Actor* 类(NVIDIA,2012b)。

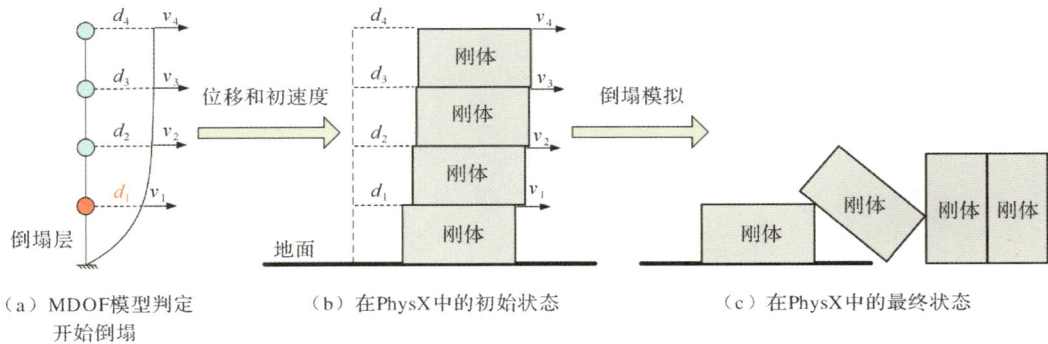

图 9.7-1　物理引擎倒塌模拟过程

为了在 OSG 中动态地显示 PhysX 的计算结果,研究采用了 *Callback* 机制,它可以在渲染可视化运动信息前实现用户定义的功能(OSG Community,2010)。*Callback* 机制从 PhysX 的 *Actors* 中获取运动信息,然后转换成相应的 *Geodes* 信息,应用这些运动信息来更新楼层图形,实现动态显示每一楼层的运动(Xu,et al.,2014b)。这一持续的循环构成了建筑倒塌可视化的过程。

9.7.3　集成的模拟系统

基于前述提及的方法,建筑震害完整的可视化过程可以分为两个阶段,即倒塌前阶段(层间位移角未达到倒塌的限值)与倒塌后阶段。

(1)在倒塌前阶段,建筑楼层的位移由集中质量层模型的非线性动力时程分析确定,可视化画面与时程分析中相应的时间步对应。为了动态显示建筑的位移,通过继承 *Callback* 机制中管理几何更新的 *UpdateCallback* 类,创建了一个 *updater* 新类(OSG Community,2010)。在 *Callback* 过程中,*updater* 使用时程分析中相应时间步的位移来更新不同楼层的顶点。这一持续的更新过程实现了建筑位移的可视化。当达到最大时间步或者建筑开始倒塌时,位移动画的更新器 *updater* 将被清空来释放内存。

(2)在进入倒塌后阶段,首先在渲染前创建每一建筑的物理模型。如果在使用集中质量层模型进行时程分析中,模型满足了倒塌限值,关联时程分析结果和图形引擎的 *updater* 就会被清除。同时,相应的物理角色 *Actor* 被激活。利用前面提出的倒塌模拟方法,后续各建筑楼层的倒塌运动过程被实时计算和显示出来。倒塌前和倒塌后阶段模拟的建筑震害可视化的完整流程如图 9.7-2 所示。

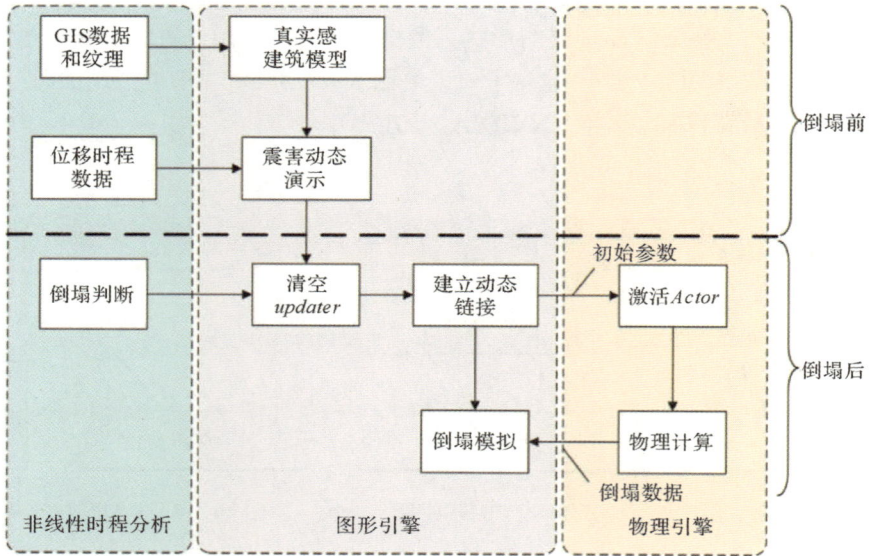

图 9.7-2 建筑震害可视化的完整流程

9.7.4 案例展示

采用上述模拟方法，完成某城市区域建筑群地震倒塌模拟，局部区域建筑震害的可视化如图 9.7-3 所示。由于这一城市区域有数量巨大的建筑，使用传统的桌面级计算机无法完成所有建筑精细化结构模型的倒塌模拟。然而，通过使用物理引擎 PhysX，倒塌过程的画面可以以每秒 30 帧的速度在普通桌面级计算机实时显示，如图 9.7-3（c）和（d）所示。与已有的震害可视化方法相比，基于物理引擎的方法可以更加真实地展示建筑倒塌过程，这可以弥补精细化结构模型的不足。

（a）真实感建筑可视化模型

图 9.7-3 局部区域建筑震害的可视化

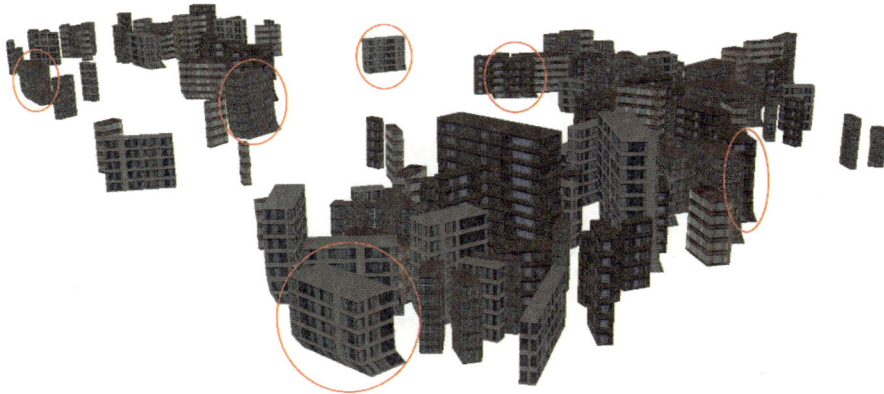

（b）建筑位移放大（圆圈标记）

（c）倒塌过程

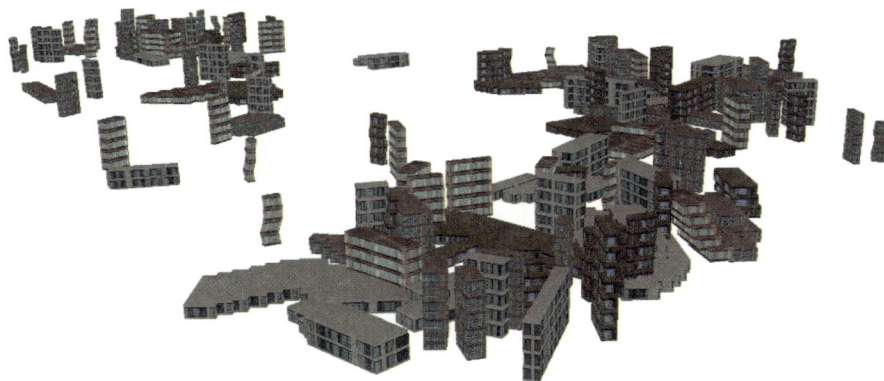

（d）倒塌结束

图 9.7-3（续）

　　使用物理引擎实现可视化可以为应急决策提供参考，这是因为详细的可视化结果（包括倒塌的方向以及坠物的位置）提供了诸如倒塌建筑是否阻塞了周围的路网这些重要的信息。此外，本研究的结果可以用于地震疏散救援的虚拟现实模拟。通过使用两台数字投影仪和双屏幕，实现了城市建筑群震害场景的立体可视化（图 9.7-4），同时在模拟中加入了地形、天空等环境模型。震害的立体可视化展示可以为应急救援创造一个具有真实感和高度沉浸感的地震场景。

数字光处理投影仪

双屏监视器

图 9.7-4　城市建筑群震害场景的立体可视化

9.7.5　小结

本节基于精细化的结构模型和物理引擎技术，对我国一个真实的中型城市进行区域建筑震害模拟，准确、高真实感地表现了区域建筑震害过程；同时，给出了符合物理规律的倒塌过程，弥补了震害模拟的细节缺失。研究结果可以用于震害预测、灾后应急、救援训练等，为城市防震减灾提供了重要技术支持。

10　城市区域地震次生火灾及次生坠物模拟

10.1　概　　述

地震不仅会造成城市区域内建筑大量破坏，而且还会引发一系列的次生灾害，典型的地震次生灾害包括次生火灾和次生坠物，严重威胁生命财产安全。因此，本章将基于前文提出的城市区域建筑震害分析模型，研究单体和区域尺度的地震次生火灾模拟及高真实感显示方法，以及地震导致的碎片坠落次生灾害及其对人员疏散的影响，为防御地震次生灾害提供参考。

10.2　考虑喷淋系统震害影响的建筑地震次生火灾模拟

10.2.1　引言

建筑遭遇地震后往往伴随严重的次生火灾，造成巨大的人员伤亡和财产损失。1906年美国旧金山地震（Scawthorn，et al.，2006）、1923年日本关东大地震（Nishino，et al.，2008）、1995年日本阪神大地震（Architect，2016）都曾出现过严重次生火灾。其中，阪神大地震中，建筑燃烧的面积约100hm^2，是第二次世界大战以来燃烧面积最大的一场火灾，地震和火灾共造成5 438人死亡，直接经济损失1 000亿美元（Architect，2016）。在2011年，在国际公认的防灾先进国家日本，"3·11"大地震依然造成278处次生火情（Tanaka，2011），进一步加剧了灾情。

自动喷淋系统是建筑防火的重要手段，它可以在第一时间灭火，有效阻止火势扩大。目前，自动喷淋系统在高层建筑、大型公共建筑、人员密集的建筑中被广泛使用。然而，地震会对建筑中自动喷淋系统造成破坏，降低其灭火效果。地震中，经过良好抗震设计的建筑结构可能不会发生严重破坏，但自动喷淋系统中的喷头、管道可能因为地震加速度作用而发生破坏，如1995年阪神地震时就出现了自动喷淋系统的破坏比例达到40.8%（Sekizawa，et al.，2003）。这种情况下，建筑一旦在地震中起火，损坏的喷淋系统可能难以阻止火势发展，进而造成严重的财产损失和人员伤亡，加剧灾情。

为了防止地震次生火灾的严重灾害，需要考虑自动喷淋系统震损情形下的次生火灾蔓延情况，从而提出针对性的解决方案。目前，已有研究主要针对地震对喷淋系统震害的评估（Jeon，et al.，2014；Soroushian，et al.，2014；Yuan，et al.，2014a），而考虑喷淋系统震害的火灾蔓延模拟方面的研究极为有限。要实现这样的模拟，需要解决三个关键问题：①如何建立精细化的包含自动喷淋系统的建筑火灾数值模型。自动喷淋系统包含了喷头、管道等多种构件，而且在空间上分布复杂。为了真实反映喷淋系统复杂性对建筑火灾蔓延的影响，必须建立精细化的喷淋数值模型。②如何准确、高效地评价自动喷淋系统构件的震害。评价喷淋构件的震害是评估消防喷淋系统震害影响的基础，地震对喷淋构件的破坏具有一定随机性，需要建立一种基于已有震害数据和结构计算的评估方法，给出地震下喷淋构件不同震害等级的概率水平。③如何根据构件震害评价自动喷淋系统灭火性能。构件震害与系统震害有很大差别，而且构件震害与喷淋系统灭火性能也需要建立起合理的映射关系。因此，需要建立针对喷淋系统的灭火性能的评价方法，才能反映喷淋系统破坏对火灾蔓延的影响。本节将介绍本书作者和北京科技大学许镇副教授等一起针对该问题开展的研究（Xu，et al.，2018）。

针对问题①，BIM 技术提供了很好的解决手段（Ding，et al.，2014）。当前，主流 BIM 软件，如 Revit、MagiCAD 都包含了很多精细化的喷淋系统构件库（Autodesk，2016；MagiCAD，2016）可以直接在其中建立精细化的喷淋构件（Wang，et al.，2014），并集成详细的属性信息。因此，利用 BIM 软件可以建立包含自动喷淋系统的三维建筑信息模型。该信息模型可以转换为火灾数值模拟的 CFD 模型。在火灾数值模拟方面，由美国技术标准局开发的开源软件 FDS 被广泛采用。PyroSim 软件提供了针对 FDS 开发的第三方操作界面（Thunderhead Engineering，2016），可以将建筑的三维 BIM 模型转换成 FDS 数值模型。但是，PyroSim 解决的只是几何模型的转换，并不能提取大量的参数信息。要建立精细化的喷淋火灾模拟模型，就必须获取相关参数信息，因此需要建立基于 BIM 的喷淋系统火灾模型的建模方法。

针对问题②，很多学者进行了理论和试验研究（Filiatrault，et al.，2010；Yuan，et al.，2014b；Soroushian，et al.，2015；Jenkins，et al.，2016）。其中，美国 FEMA 推出了下一代的性能化设计方法 FEMA P-58（FEMA，2012a；FEMA，2012b），为自动喷淋系统构件（如管道、喷头等）提供了大量的易损性关系和基于地震需求参数的震害评估方法。在对建筑结构进行地震反应计算的基础上，可以利用 FEMA P-58 的数据和方法，对喷淋系统构件的震害给出定量的概率结果。然而，目前基于 FEMA P-58 的喷淋系统评估应用非常有限。

针对问题③，现有研究尚没有很好的解决方案。一方面，现有研究的震害评估主要针对喷淋构件（Soroushian，et al.，2014；Yuan，et al.，2014a；Jenkins，et al.，2016），对喷淋系统的研究极少。喷淋系统是典型树状网络（Shaw，et al.，2007；Dobersek，et al.，2009），一处构件的破坏不可避免地会影响到与之相连的其他构件。另一方面，现有研究给出了构件震害的评价方法，但是，没有给出震害与自动喷淋系统的灭火性能之间的关系。喷淋灭火性能主要取决于水力学参数，通过网络水力学计算得到整个系统的灭火性能。然而，构件震害与网络震害的关系、网络震害与网络灭火性能的关系都还需要进行深入的研究。

针对以上问题，本节提出了一套考虑自动喷淋系统震害的建筑地震次生火灾模拟方法。首先，提出了基于 BIM 的喷淋系统火灾数值模型建模方法，解决喷淋系统的精细化建模问题；其次，提出了基于 FEMA P-58 和层模型的喷淋构件震害评价方法，可以快速给出合理的喷淋构件破坏概率；再次，在上述基础上，提出了喷淋系统灭火性能的震害评价模型，解决了由构件震害到网络震害、由震害到灭火性能的映射难题；最后，以一个 6 层混凝土框架为例，使用本节的方法模拟震后次生火灾，并分析了喷淋系统的震害对火灾蔓延的影响。

10.2.2　模拟框架

考虑喷淋系统震害的次生火灾模拟方法本研究的整体框架如图 10.2-1 所示，分为四个模块，分别为：①建筑与喷淋系统建模；②喷淋构件震害评估；③喷淋系统性能评估；④次生火灾模拟。

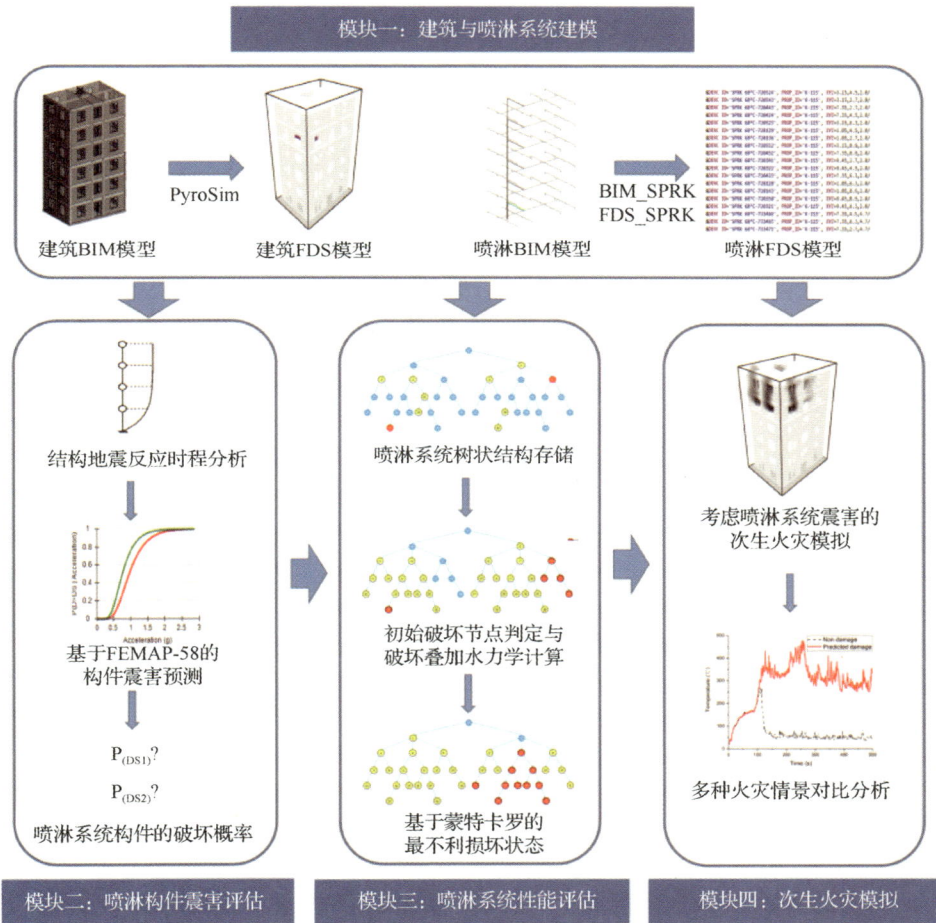

图 10.2-1　本研究的整体架构

模块一，建筑与喷淋系统建模，是建筑次生火灾模拟的基础。BIM 模型包含丰富的建筑几何信息和喷淋系统信息，提取模型中的相关信息可用于震害模拟和喷淋系统性能评估，并建立建筑和喷淋系统的火灾数值模型。

模块二，喷淋构件震害评估。对建筑进行弹塑性时程分析可得到最大楼层加速度等数据。FEMA P-58 中给出了确定不同种类构件的损坏状态和概率的准则，结合地震响应结果即可完成喷淋系统震害的评估。

模块三，喷淋系统性能评估，需要将喷淋构件的损坏状态及概率映射到喷淋系统灭火性能上。由于喷淋系统的特点，树状结构存储有利于系统性能的分析。结合树状叠加损坏喷淋节点的影响和关键节点算法，确定最不利震害状态，考察该状态下建筑的火灾蔓延情况。

模块四，次生火灾模拟，可利用 FDS 软件完成。根据模块三得到的喷淋系统破坏情况，建立考虑喷淋系统震害的火灾蔓延模型，基于 FDS 计算结果分析喷淋系统破坏对火灾蔓延的影响。

10.2.3　分析方法

10.2.3.1　模块一建筑与喷淋系统的建模

为了得到火灾数值模拟所需的建筑和喷淋信息，本节首先基于 BIM 技术建立建筑和喷淋系统的模型，然后通过 PyroSim 软件导出建筑模型，通过基于 Dynamo 的二次开发导出喷淋模型，并对模型转换方法的准确性进行了验证。该部分的关键技术包括：基于 PyroSim 的模型转换；依托 BIM 技术，通过基于 Dynamo 的二次开发提取喷淋系统的喷头 ID、坐标值、管道长度、标高等重要参数；基于 Visual Studio 开发桌面端程序，读取喷淋系统数据并转化为 FDS 模型。

1）基于 BIM 的精细化建模

本部分模型主要分为建筑模型和喷淋模型，建模软件使用的是 Autodesk 公司的 Revit 软件，该软件分为建筑、结构、MEP 三个模块，能够实现不同专业的 BIM 设计与建模功能。

建筑模型主要包括墙、梁、板、柱、楼梯、门、窗等常规构件，使用 Revit 的建筑和结构模块即可实现准确、快速的精细化建模，如图 10.2-2（a）所示。自动喷淋消防系统主要由供水设施、报警阀组、水流报警装置、管网、洒水喷头、末端试水装置等组成，本研究主要考虑管网和喷头的震损对其消防性能的影响，所以只针对喷淋系统中的管网和喷头进行了精细化建模。使用 Revit MEP 模块的管道绘制和喷头放置功能即可快速创建精细化的喷淋模型，如图 10.2-2（b）所示。

2）基于 PyroSim 的建筑火灾数值模型转换

PyroSim 是一款基于 FDS 的火灾模拟软件（thunderhead engineering，2016），具有图形化的操作界面，支持导入 FBX、DXF 等图形格式文件，并且可以直接调用 FDS 程序进行火灾模拟，或者生成 FDS 文件。

首先需要将本研究的建筑 BIM 模型导出为 FBX 文件，然后将该文件导入 PyroSim 软件。模型导入之后仅保留了构件 ID 和几何属性信息，材质信息等重要属性丢失，所以需要对不同的构件设置材质属性。同时还需要设置模型网格，由于建筑一般层数较多，火源均设置在较高楼层，本研究采用了多重网格（底部网格尺寸为 0.5m×0.5m，上部网格尺寸为 0.25m×0.25m），使网格总数量比采用单一网格的方式减少了 50%以上，在保

证数值模拟精度的前提下提高了计算效率。在设置完成之后即可生成包含建筑模型的
FDS 文件（图 10.2-3）。

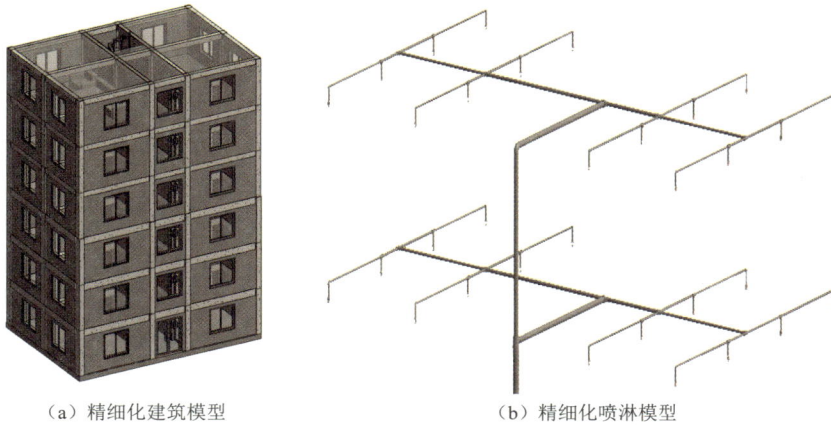

（a）精细化建筑模型　　　　　　　　　（b）精细化喷淋模型

图 10.2-2　办公楼 BIM 模型

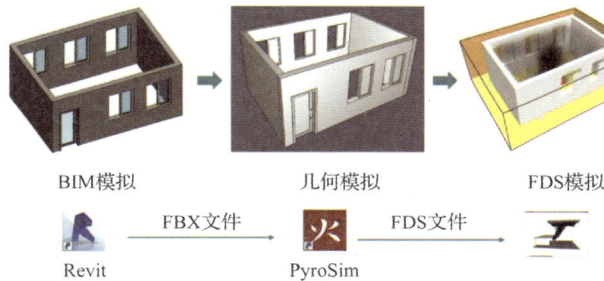

BIM模拟　　　　　　　几何模拟　　　　　　FDS模拟

Revit　　FBX文件　→　PyroSim　　FDS文件　→

图 10.2-3　建筑模型的 FDS 文件

3）基于 Dynamo 二次开发的喷淋火灾数值模型转换

在 FDS 模型中，喷淋系统所需的参数包括喷头 ID、喷头类型、XYZ 坐标数据、喷
头启动温度、响应时间指数（RTI）、粒子类型、粒子速度、单位时间粒子数量、喷洒角
度等，其中一部分参数需要从模型中直接获取，另外一部分参数可以根据规范、设计标
准等资料进行补充。

喷头的 ID、类型、XYZ 坐标数据这些必须从模型中获取的参数都已包含在 Revit
创建的喷淋模型中，但是喷淋模型采用以上方式导入 PyroSim 软件之后无法识别这些参
数，所以需要借助相应的二次开发来完成喷淋模型的转换。

Dynamo 是一款基于 Revit 的可视化编程插件（Dynamo，2016）。本研究基于 Dynamo
开发了用于提取喷淋模型信息的程序（图 10.2-4），该程序具体实现步骤：首先通过"选
取模型元素"的程序块选取喷淋模型；然后使用"获取图元 ID"和"设置图元参数"
这两个程序块遍历选取到的所有喷淋图元，将其 ID 值逐个映射到用户自定义的项目参
数中；使用"获取族实例位置"程序块获取喷头坐标值；最后使用"设置图元参数"程
序块将三个坐标参数分别映射到用户自定义的项目参数中。

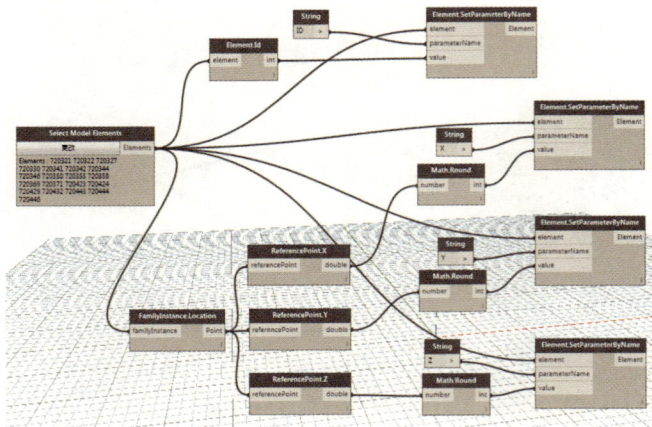

图 10.2-4 使用 Dynamo 开发的程序

本研究开发了用于转换喷淋模型和震损分析的 FDS_SPRK 程序，该程序可以直接读取 Revit 导出的喷淋系统明细表（图 10.2-5），并将其写入 SQL Server 数据库（Microsoft，2016）。完成后续的震损分析之后，程序自动将 FDS 所需的其他喷淋数据按预先设置补充完整，然后写入包含建筑模型的 FDS 中的喷淋数据（图 10.2-6），在 FDS 执行分析计算时，将会在建筑指定位置创建相应类型的喷淋模型。

图 10.2-5 喷淋系统明细表

```
&DEVC ID='SPRK 68℃-720524', PROP_ID='K-115', XYZ=3.15,4.5,2.0/
&DEVC ID='SPRK 68℃-720543', PROP_ID='K-115', XYZ=3.15,2.7,2.0/
&DEVC ID='SPRK 68℃-720443', PROP_ID='K-115', XYZ=7.35,2.7,2.0/
&DEVC ID='SPRK 68℃-720424', PROP_ID='K-115', XYZ=7.35,4.5,2.0/
&DEVC ID='SPRK 68℃-720523', PROP_ID='K-115', XYZ=3.15,6.3,2.0/
&DEVC ID='SPRK 68℃-728129', PROP_ID='K-115', XYZ=1.05,4.5,2.0/
&DEVC ID='SPRK 68℃-728136', PROP_ID='K-115', XYZ=1.05,2.7,2.0/
&DEVC ID='SPRK 68℃-720552', PROP_ID='K-115', XYZ=3.15,0.9,2.0/
&DEVC ID='SPRK 68℃-720452', PROP_ID='K-115', XYZ=7.35,0.9,2.0/
&DEVC ID='SPRK 68℃-720341', PROP_ID='K-115', XYZ=9.45,2.7,2.0/
&DEVC ID='SPRK 68℃-720322', PROP_ID='K-115', XYZ=9.45,4.5,2.0/
&DEVC ID='SPRK 68℃-720423', PROP_ID='K-115', XYZ=7.35,6.3,2.0/
&DEVC ID='SPRK 68℃-728128', PROP_ID='K-115', XYZ=1.05,6.3,2.0/
&DEVC ID='SPRK 68℃-728143', PROP_ID='K-115', XYZ=1.05,0.9,2.0/
&DEVC ID='SPRK 68℃-720350', PROP_ID='K-115', XYZ=9.45,0.9,2.0/
&DEVC ID='SPRK 68℃-720321', PROP_ID='K-115', XYZ=9.45,6.3,2.0/
&DEVC ID='SPRK 68℃-733466', PROP_ID='K-115', XYZ=7.35,4.5,4.7/
&DEVC ID='SPRK 68℃-733465', PROP_ID='K-115', XYZ=7.35,6.3,4.7/
&DEVC ID='SPRK 68℃-733471', PROP_ID='K-115', XYZ=7.35,2.7,4.7/
```

图 10.2-6 写入 FDS 中的喷淋数据

10.2.3.2 模块二喷淋构件震害评估

为了准确评估消防喷淋系统在地震之后的损坏状态，首先需要对建筑结构进行弹塑性时程分析，获取峰值楼层加速度值（PFA），然后基于 FEMA P-58 的易损性曲线，根据 PFA 判定各楼层不同种类构件的损坏状态和概率。该部分的关键技术包括结构的弹塑性时程分析和基于 FEMA P-58 的震损判定方法。

1）结构弹塑性时程分析

本书第 2 章和第 7 章分别建议了基于精细有限元模型和多自由度层模型进行建筑抗震弹塑性分析的方法，读者可以根据计算精度需要和资料翔实程度，选取合适的模型进行分析，得到峰值楼层加速度。

2）计算构件损坏概率

FEMA P-58 针对喷淋系统分别提供了喷淋管道和喷头的易损性曲线，根据 FEMA P-58 提供的资料可知喷淋管道和喷头均属于加速度敏感型组件（即组件的损坏主要由加速度控制），具体损坏状态如表 10.2-1 所示，在 DS1 状态时管道和喷头都只有小范围的滴漏，造成了较小的水头损失，但是仍然可以正常工作；在 DS2 状态时，管道和喷头漏水严重，已彻底损坏，需要更换。

表 10.2-1　喷淋组件损坏状态

组件	DS1	DS2
喷淋管道	水头损失：2%/20ft	彻底损坏
喷头	水头损失：1%	彻底损坏

所以，只需要根据每个楼层的峰值加速度值就可以通过相应的易损性曲线判定各层组件的损坏状态及其概率。图 10.2-7 是 FEMA P-58 中的喷淋构件易损性曲线，喷淋构件发生 DS1 和 DS2 破坏状态的概率如式（10.2-1）和式（10.2-2）所示，其中 $P(DS \geq DS1)$ 和 $P(DS \geq DS2)$ 可根据峰值楼层加速度从 FEMA P-58 提供的易损性曲线获取。

$$P(DS1) = P(DS \geq DS1) - P(DS \geq DS2) \qquad (10.2-1)$$

$$P(DS2) = P(DS \geq DS2) \qquad (10.2-2)$$

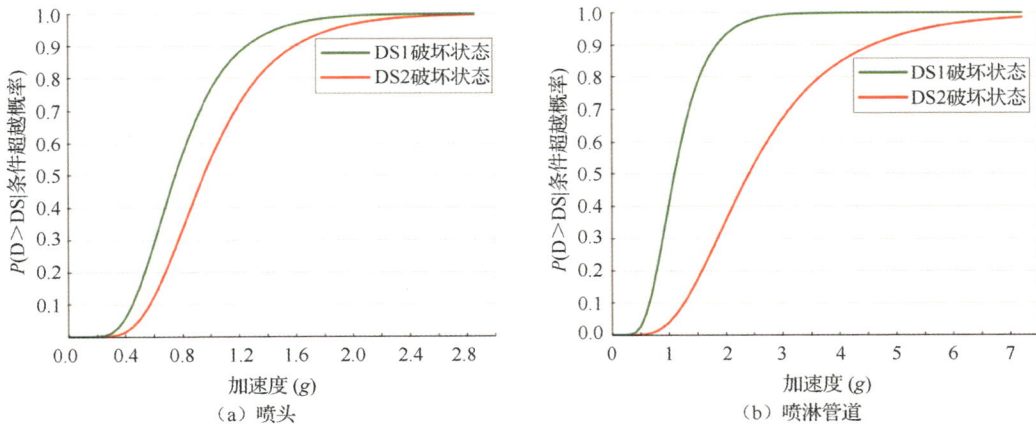

图 10.2-7　FEMA P-58 中的喷淋构件易损性曲线

10.2.3.3　模块三喷淋系统性能评估

为了评估整个喷淋系统的震后性能，需要解决三个问题：①如何高效地描述喷淋系统；②如何评估整个喷淋系统的破坏状态；③如何预测喷淋系统的最不利破坏状态。为了解决这三个问题，首先，将三维的喷淋模型转换为树状结构；其次，提出了一种基于树结构的子节点遍历方法，用于计算喷淋系统的整体破坏状态；最后，基于关键节点（即子节点最多的节点）确定喷淋系统的最不利破坏状态。

1）喷淋模型的树状存储

三维的喷淋模型能够直观地展示真实的喷淋系统，但是由于没有采用结构化方式存储喷淋数据，无法快速对喷淋系统的震害进行分析计算，需要将三维喷淋模型转换为树状结构数据。

树是一种非线性的数据结构，它是由 n（$n \geqslant 1$）个有限节点组成一个具有层次关系的集合。为了将三维喷淋模型转化为树状结构，本研究将喷头和三通、四通等管件等效为树的节点，管道等效为节点之间的连接线。按照此思路，三维喷淋模型可以转化为如图 10.2-8 所示的树状结构，其中的叶子节点表示喷头，所有非叶子节点表示三通或四通管件。

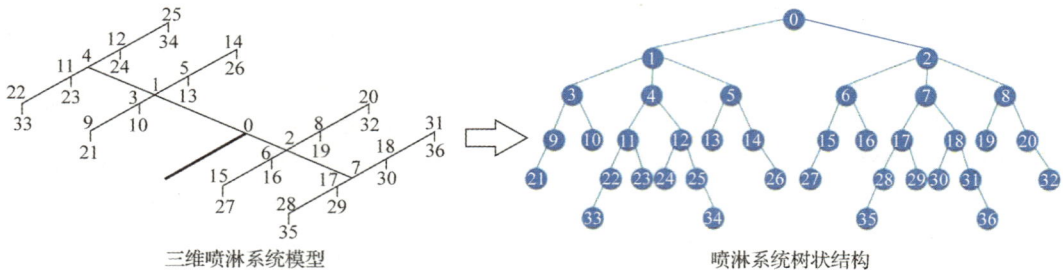

图 10.2-8　喷淋模型树状结构

在喷淋系统中，一个破坏的构件（如管道）将会对其连接的所有下游构件造成影响。识别所有受影响的节点相当于检索受损节点的所有子节点，因此提出了一种如图 10.2-9 所示的根据双亲遍历法来检索所有受影响的节点流程图。在该流程图中，喷淋树模型采用双亲表示法进行存储，每个节点都记录了自身 ID 和双亲 ID。假设 ID 为 m 的节点发生了损坏，通过以下方法可以检索到受该节点影响的所有子节点。

步骤 1：将 m 分配给一个名为 A_child[0]的新数组。

步骤 2：搜索双亲 ID 为 m 的所有节点，并将这些节点的 ID 添加到数组 A_child[i]。重复步骤 2，直到 A_child[i]为空（即遍历完所有子节点）。

步骤 3：输出 A_child[0]到 A_child[i-1]所有节点。

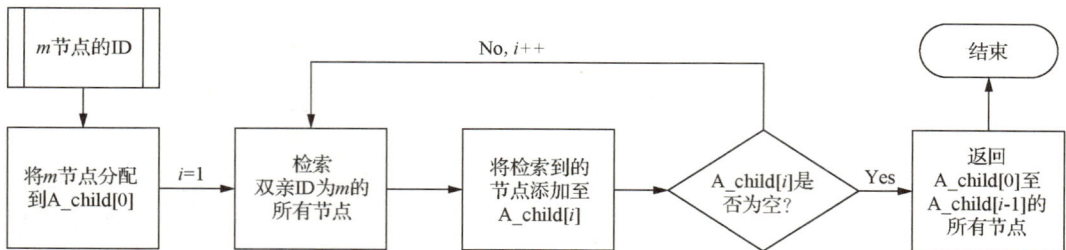

图 10.2-9　根据双亲遍历法来检索所有受影响的节点流程图

2）喷淋系统破坏状态评估

首先，需要确定喷淋系统的节点损伤状态。假设某楼层某一类喷淋构件的总数为 n，则对应的 DS1 和 DS2 的数量可以用相应破坏状态的概率乘以总数 n 计算得到，如式（10.2-3）和式（10.2-4）所示。

$$n_{\mathrm{DS1}} = n \times P(\mathrm{DS1}) \qquad (10.2\text{-}3)$$

$$n_{\mathrm{DS2}} = n \times P(\mathrm{DS2}) \qquad (10.2\text{-}4)$$

然后，使用概率均布函数将损坏的喷淋组件随机分布。该函数的主要实现方式为：在 $1 \sim n$ 的范围内随机产生（$n_{\mathrm{DS1}} + n_{\mathrm{DS2}}$）个不重复的整数，然后将这些整数所对应的节点设置为 DS1 损坏状态；再在 $1 \sim$（$n_{\mathrm{DS1}} + n_{\mathrm{DS2}}$）的范围内随机产生 n_{DS2} 个整数，最后将这些整数所对应的节点设置为 DS2 损坏状态。通过这样的方式即可判定每个节点的损坏状态。

在确定喷淋系统的节点损伤状态之后，基于所有受损节点进行子节点遍历即可确定喷淋系统的整体损伤状态。如果某一节点处于 DS2 状态（即完全损坏），则其下游的所有节点均失效；如果某一节点处于 DS1 状态（即轻微损坏），将对其下游节点造成一定程度的流量损失。根据 FEMA P-58，DS1 状态下管道和喷头的流量可以通过式（10.2-5）和式（10.2-6）计算。

$$q_{\mathrm{DS1},p} = q_p \times (1 - 0.02 \times L / 20) \qquad (10.2\text{-}5)$$

$$q_{\mathrm{DS1},d} = q_d \times (1 - 0.01) \qquad (10.2\text{-}6)$$

式中，$q_{\mathrm{DS1},p}$、$q_{\mathrm{DS1},d}$ 分别为管道和喷头 DS1 时的流量；q_p、q_d 分别为管道和喷头正常状态时的流量；L 为管道损坏长度（ft）。

首先，基于以下算法可以计算出 DS2 节点造成的整体损伤状态，其算法流程见图 10.2-10。

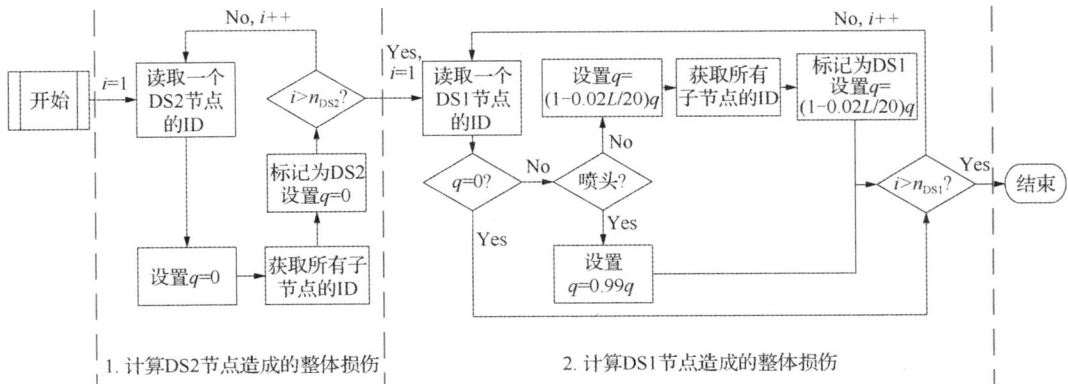

图 10.2-10　喷淋系统整体损伤状态及算法流程

步骤 1：从 DS2 节点中读取一个节点 ID。

步骤 2：读取该节点数据并将该节点流量设置为零。

步骤 3：通过双亲遍历法获取该节点的所有子节点。

步骤 4：将所有子节点状态标记为 DS2，并将节点流量设置为零。

假设喷淋系统中状态为 DS2 的节点总数为 n_{DS2}，则以上步骤将被重复执行 n_{DS2} 次。

接下来，将通过以下步骤计算 DS1 节点造成的整体损伤状态，算法流程见图 10.2-10。

步骤 1：从 DS1 节点中读取一个节点 ID。

步骤 2：判断该节点流量是否为零，若为零则重复步骤 1，若不为零则执行步骤 3。

步骤 3：判断节点类型，分别计算并设置节点损坏之后的流量，如果是喷头则返回到步骤 1，不是喷头则执行步骤 4。

步骤 4：通过双亲遍历法获取该节点的所有子节点。

步骤 5：将所有子节点状态标记为 DS1，并重新设置子节点流量。

假设喷淋系统中状态为 DS1 的节点总数为 n_{DS1}，则以上步骤将被重复执行 n_{DS1} 次。

通过如图 10.2-10 所示的方法，可以基于节点损伤状态对整个喷淋系统的破坏状态进行评估。喷淋系统的初始节点损伤状态如图 10.2-11（a）所示，通过整体评估之后，喷淋系统的整体损坏状态如图 10.2-11（b）所示。从图中可以看出两个状态存在明显的差异，因为子节点的状态会受到损坏的父节点的影响。

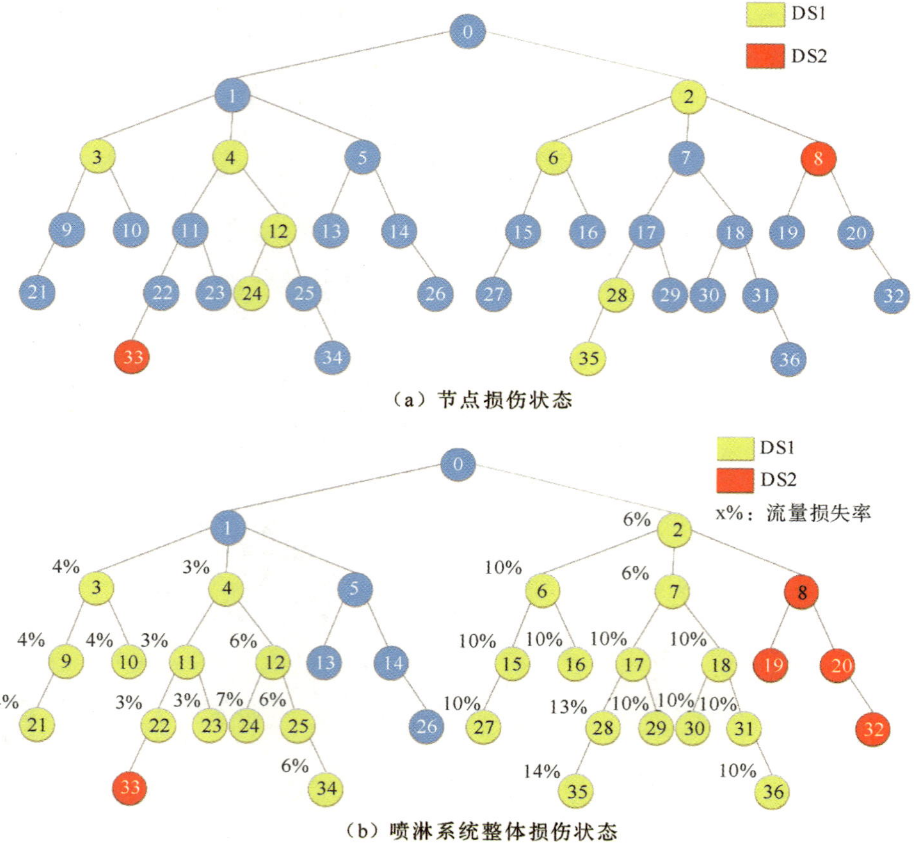

（a）节点损伤状态

（b）喷淋系统整体损伤状态

图 10.2-11　节点及喷淋系统损伤状态

3）喷淋系统最不利破坏状态的确定

由于每个节点的损伤状态是随机分配的，喷淋系统的整体损伤状态也是随机的。对于较高要求的抗震设计，需要确定喷淋系统的最不利破坏状态。理论上，可以采用蒙特卡罗方法获取最不利破坏状态，但是需要进行大批量的模拟，时间成本较高。因此，本节提出了一种基于关键节点的方法来确定喷淋系统的最不利破坏状态。

FEMA P-58 提供的方法将每个楼层的同类构件作为一个整体进行评估，因此最不利状态的确定需要逐层进行。假设建筑楼层数量为 N_s，应该从下至上逐层进行计算，因为下层管道的损坏可能会影响上层的喷淋系统。

在每个楼层中，子节点数最多的节点被确定为关键节点，最严重的损坏状态将被优先分配到关键节点，从而确定楼层的最不利破坏状态。图 10.2-12 为通过关键节点确定喷淋系统最不利破坏状态的基本流程图，其中 $n_{DS2,p}$、$n_{DS1,p}$ 分别表示某楼层 DS2 和 DS1 的管道数量，$n_{DS2,d}$、$n_{DS1,d}$ 分别表示某楼层 DS2 和 DS1 的喷头数量。

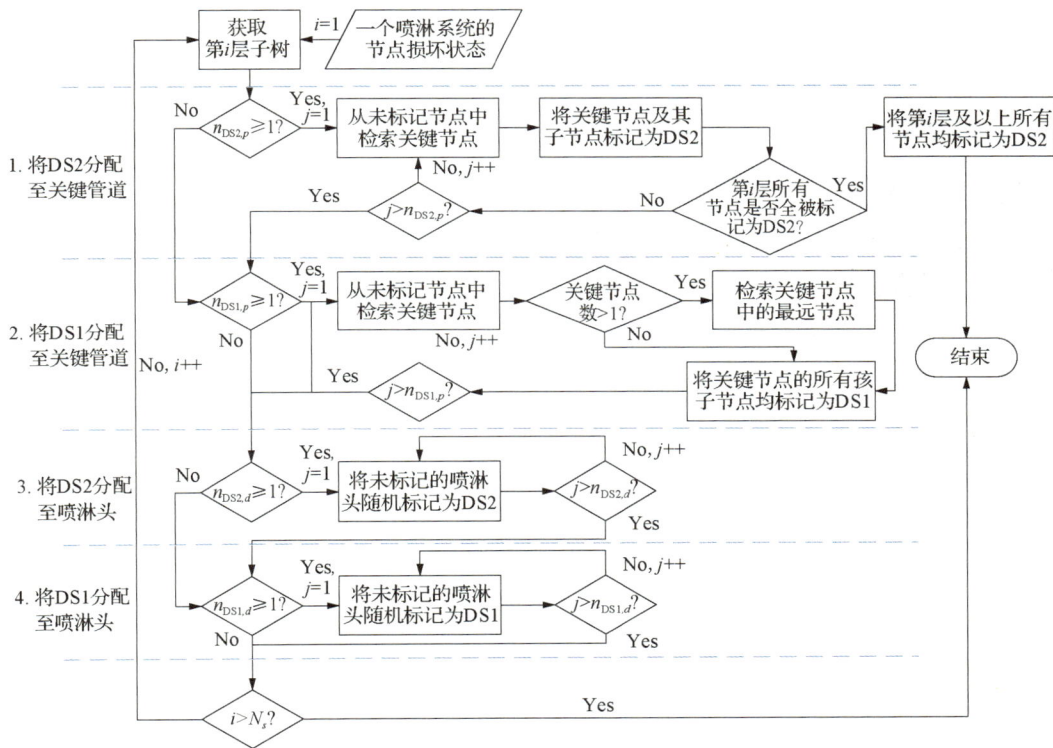

图 10.2-12 喷淋系统最不利破坏状态的基本流程图

步骤 1：将 DS2 分配至关键节点。

步骤 2：将 DS1 分配至关键节点。

步骤 3：将 DS2 随机分配至喷头。

步骤 4：将 DS1 随机分配至喷头。

当把所有损伤状态分配至所有楼层之后即可确定喷淋系统的最不利破坏状态。

10.2.3.4 模块四次生火灾模拟

建筑次生火灾模拟是获取建筑内部烟气蔓延情况、评估喷淋系统灭火性能的基础。

在建立建筑及喷淋系统火灾模拟的模型后，即可利用 Fire Dynamic Simulator（FDS）软件（NIST，2016）计算烟气粒子的运动，显示室内温度场分布，并分析喷淋系统震害对次生火灾蔓延的影响。

10.2.4　算例

10.2.4.1　算例介绍

本研究选取了一栋宿舍楼作为算例来具体介绍上述的方法与流程。该宿舍楼为框架混凝土结构，分为 6 层，层高 3.6m，总建筑面积 9600m^2，设防烈度为 8 度（0.3g），场地条件假设为二类场地，大致相当于美国的 C、D 类场地（Luo，et al.，2012），每层有 30 个宿舍。图 10.2-13（a）是该建筑的 BIM 三维模型，图 10.2-13（b）是宿舍楼一层建筑平面图。

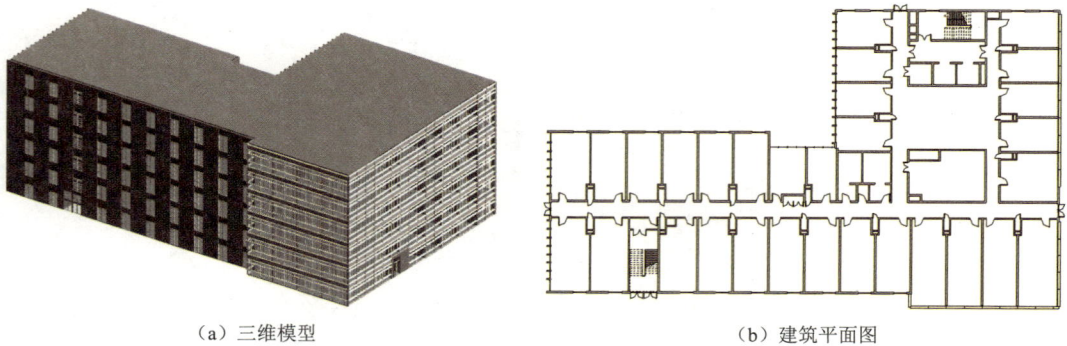

（a）三维模型　　　　　　　　　　　　　（b）建筑平面图

图 10.2-13　宿舍楼三维模型及平面图

喷淋系统每层有 214 个喷头，采用的是直径为 20mm 下垂式喷头，启动温度为 68℃，流量系数 K=80，喷头标准设计水压为 0.1MPa，所以单个喷头的喷水强度（流量）为 80L/min。

本研究使用 Revit 对喷淋系统进行建模，其三维模型如图 10.2-14（a）所示，图 10.2-14（b）是宿舍楼一层喷淋布置平面图。

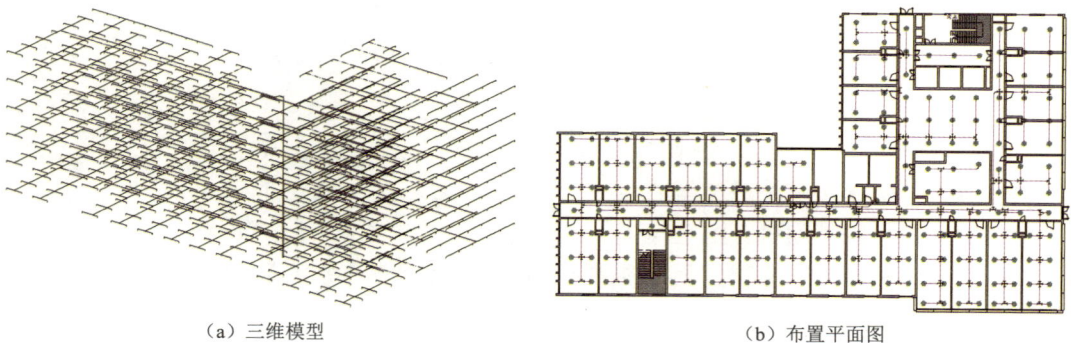

（a）三维模型　　　　　　　　　　　　　（b）布置平面图

图 10.2-14　喷淋系统三维模型及平面图

运用 10.2.3.1 节所述的方法，基于 BIM 模型可以创建高精度的喷淋系统和建筑火灾数值模型。具体来说，通过 PyroSim 软件可以将高精度的建筑 BIM 模型转换为 FDS 模型，随后再把材质等属性数据补充到 FDS 模型；喷淋模型的转换采用基于 Dynamo 插件和 FDS_SPRK 程序的方式，从 BIM 模型中提取喷淋数据并转换之后，最终与建筑 FDS 模型进行合并。转换之后的建筑 FDS 模型如图 10.2-15 所示，喷淋 FDS 模型如图 10.2-16 所示。

图 10.2-15　建筑 FDS 模型

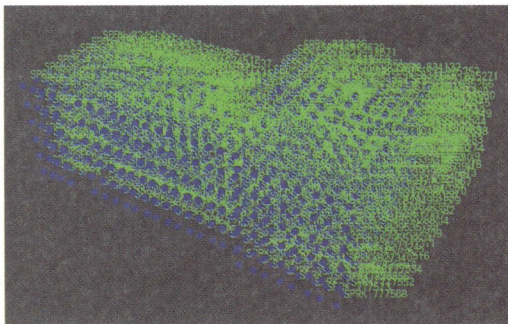

图 10.2-16　喷淋 FDS 模型

10.2.4.2　震害评估

模型转换完成之后，采用弹塑性时程分析方法对建筑物进行结构地震损失分析，本算例选取了 El Centro 地震波作为地震动输入（Cundumi, et al., 2008）。根据我国《建筑抗震设计规范》（GB 50011—2010），宿舍楼所在地区罕遇地震时程分析所采用的 PGA 为 510cm/s^2，所以本算例的输入 PGA 为 510cm/s^2。宿舍楼楼层破坏状态统计及楼层峰值加速度（PFA）如表 10.2-2 所示。

表 10.2-2　宿舍楼楼层破坏状态统计及楼层峰值加速度

楼层	破坏状态	PFA/（m/s^2）
1	中等破坏	5.14
2	轻微破坏	5.52
3	轻微破坏	5.84
4	轻微破坏	5.93
5	轻微破坏	5.68
6	轻微破坏	5.81

模拟结果表明，在给定的地震动下，建筑物不会发生倒塌。建筑首层为中等破坏，2～6 层为轻微破坏。PFA 从 5.14m/s^2 逐渐增加到 5.93m/s^2，在第 4 层达到了最大值。根据各楼层的 PFA 值，利用 FEMA P-58 提供的易损性曲线对喷淋管道和喷头进行损伤分析，震损情况如表 10.2-3 所示。

表 10.2-3　喷淋系统震损情况

楼层	喷淋管道			喷淋头		
	数量/个	DS1 概率/%	DS2 概率/%	数量/个	DS1 概率/%	DS2 概率/%
1	884	4	0	214	36	7
2	884	5	0	214	41	9
3	884	6	0	214	44	11
4	884	6	0	214	45	12
5	884	6	0	214	43	10
6	884	6	1	214	44	11

　　运用上述所示的方法，可以计算出喷淋系统的最不利损伤状态，喷淋系统震损结果如图 10.2-17 所示。该损伤状态将被用于后续的地震次生火灾模拟。

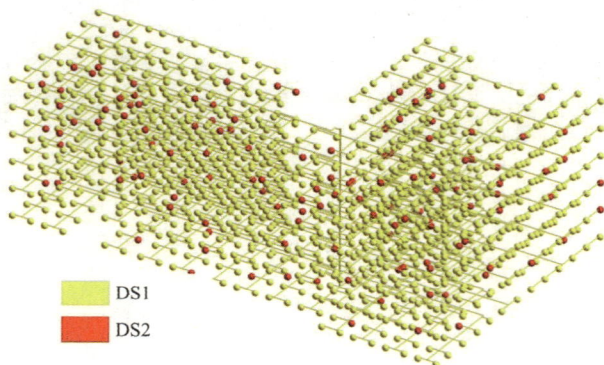

图 10.2-17　喷淋系统震损结果

10.2.4.3　地震次生火灾模拟

　　很多研究成果表明 FDS 的火灾模拟结果与试验数据具有较高的吻合度，因此本节采用了 FDS 进行地震次生火灾的模拟。为了考虑火灾在水平方向和垂直方向的蔓延，起火点设置在了第 5 层中部的一个房间内，着火房间位置示意图如图 10.2-18 所示，该房间内 6 个喷头完全破坏。可燃物是两个尺寸为 2.0m×1.5m×0.25m 的海绵床垫，模拟所设置燃烧反应物及火源如图 10.2-19 所示，其中燃烧反应物为聚氨酯（McGrattan，et al.，2016）。

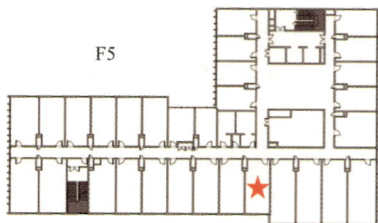

图 10.2-18　着火房间位置示意图

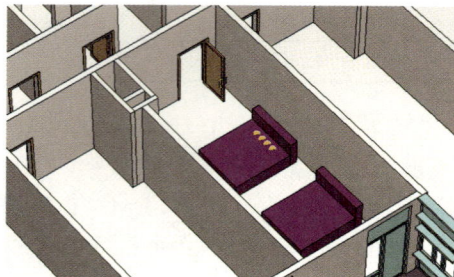

图 10.2-19　设置燃烧反应物及火源

　　为了兼顾计算精度和计算效率，本算例采用了多重网格，起火房间附近区域的网格尺寸设置为 0.25m×0.25m×0.25m，其他区域的网格尺寸为 0.5m×0.5m×0.5m。火灾模拟时间设置为 500s，与建筑安全疏散时间几乎相同。

　　在起火楼层中共有四个关键位置，其编号如图 10.2-20 所示，其中 5-b 是起火房间，5-1 和 5-3 是两个楼梯口，5-2 是大厅，在以上关键位置的 3.0m 标高处分别设置了温度、烟气浓度、FED 监测器用于监测各项火灾数据，其中 FED（fractional effective dose）是指有效剂量分数，是衡量燃烧气体中毒性气体浓度的指数，主要是通过 CO、NO_x 等气体的浓度计算得到，在研究中被广泛采用（Hong, et al., 2013；Xu, et al., 2014a）。为了研究地震对喷淋系统灭火性能的影响，本节设置了两个算例进行对比，其中一个喷淋系统完好，另外一个喷淋系统发生了上面步骤计算的地震损伤。

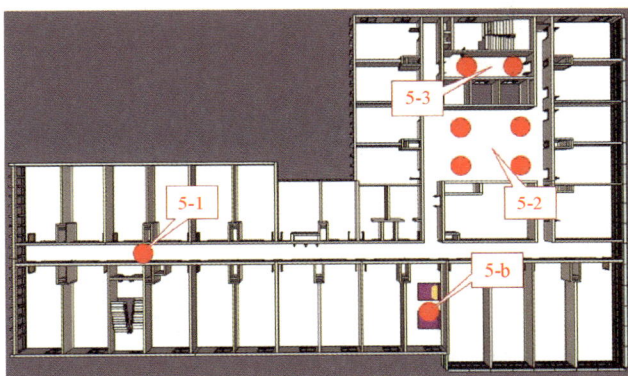

图 10.2-20　火灾数据监测点布置平面图

10.2.4.4　模拟结果分析

　　1）火灾横向蔓延结果

　　在 FDS 中完成计算后，可以在 Smoke View 中查看火灾模拟结果，图 10.2-21（a）和（b）分别为整体建筑烟气蔓延过程和建筑内部可燃物燃烧过程。

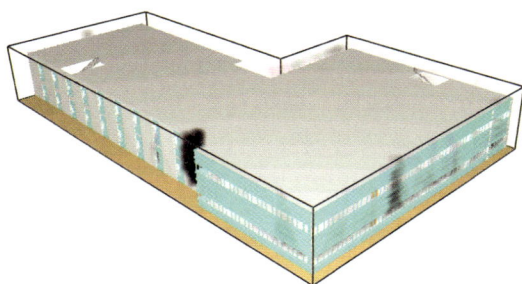

（a）整体建筑烟气蔓延过程　　　　　　　　（b）建筑内部可燃物燃烧过程

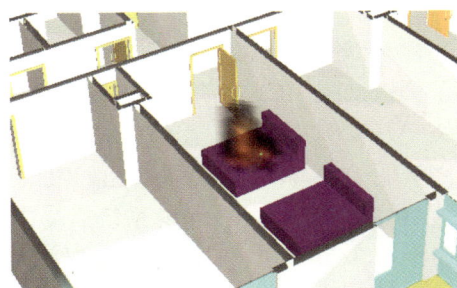

图 10.2-21　建筑次生火灾模拟结果

该算例的单层面积为 1 600m²，每层有 31 个普通房间和 3 个设备间，有 3 条过道和 1 个大厅，为火灾的横向蔓延提供了有利的条件。图 10.2-22 是 300s 时两个算例第 5 层烟气蔓延对比平面图，从图中可以看出喷淋系统由于地震发生损坏，火灾蔓延程度大大增强，楼道和大厅烟气弥漫最为严重。

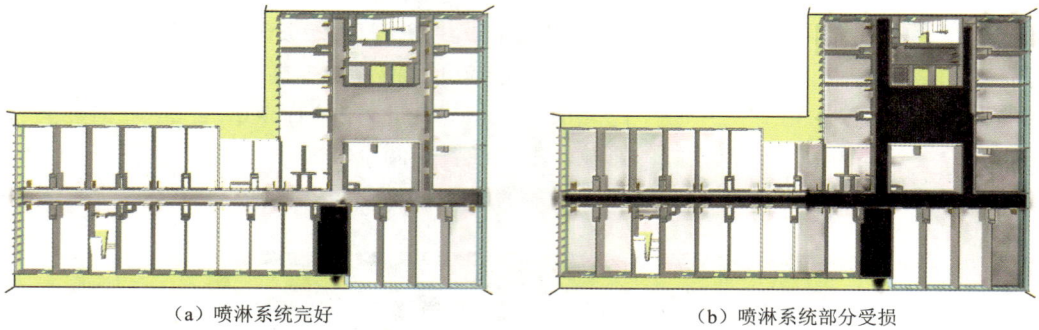

（a）喷淋系统完好　　　　　　　　　　（b）喷淋系统部分受损

图 10.2-22　300s 时两个算例第 5 层烟气蔓延对比平面图

图 10.2-23 是两个算例着火房间温度最高时的温度切片，从图中可以看出喷淋系统完好房间的最高温度明显低于喷淋受损的房间，其温度变化主要集中在起火房间，楼道内局部位置温度仅有小范围地上升。

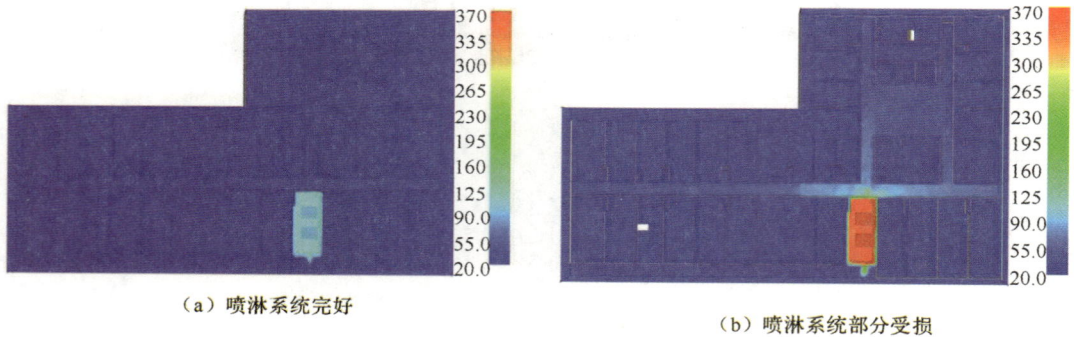

（a）喷淋系统完好　　　　　　　　　　（b）喷淋系统部分受损

图 10.2-23　两个算例着火房间温度最高时的温度切片

针对以上烟气蔓延和温度变化情况，本研究分别对以上关键位置的火灾监测数据进行了分析，图 10.2-24 是第 5 层起火房间各参数变化曲线图，其中蓝色点画线表示喷淋系统完好算例的数据，红色实线表示喷淋系统损坏算例的数据。

从图 10.2-24（a）可以看出，喷淋系统完好的算例中，起火房间的温度大约在 110s 时达到峰值 180℃，在喷淋系统启动之后火情得到控制并最终被扑灭，温度逐渐下降，最终维持在 50℃以下；喷淋系统损坏的算例中，起火房间的温度一直持续上升，在大约 260s 时达到峰值 470℃，之后温度逐渐下降，维持在 250℃左右。

由于喷淋系统的影响，烟气浓度和 FED 值也出现了类似的变化规律，如图 10.2-24（b）和（c）所示。

（a）温度曲线

（b）烟气浓度曲线

（c）FED值曲线

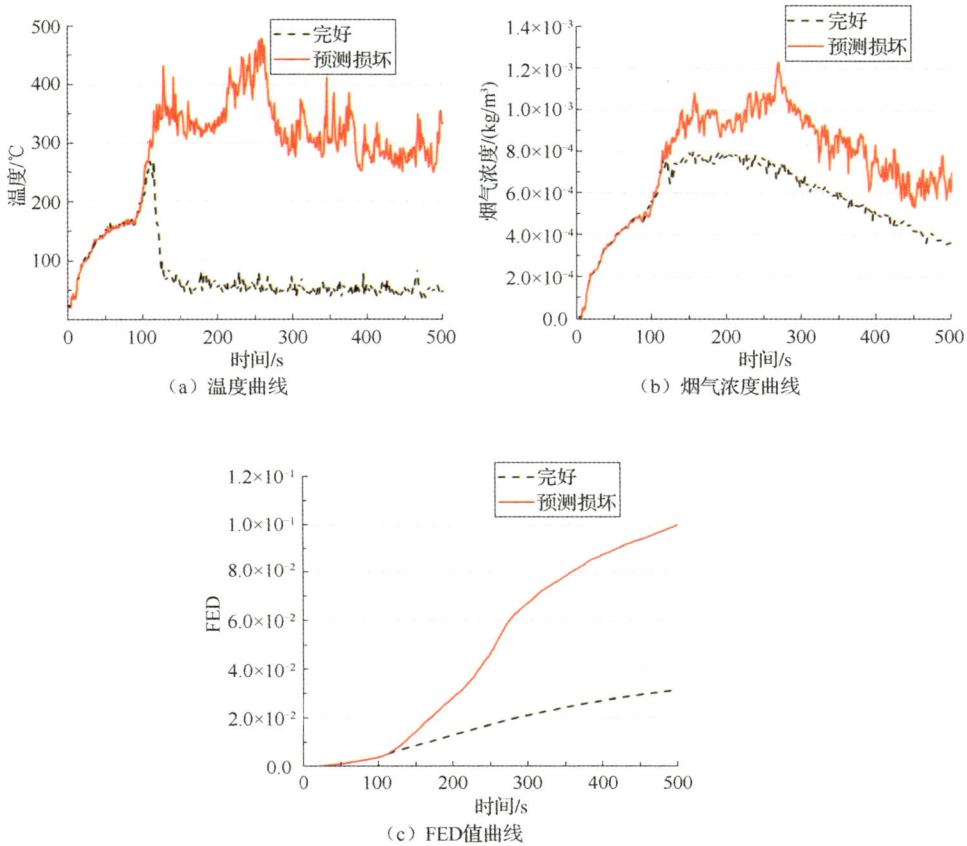

图 10.2-24　第 5 层起火房间各参数变化曲线图

　　综合以上三个曲线图可以看出喷淋系统完好的算例其房间各项指标的数据都维持在一个较低水平，喷淋系统的灭火性能得到了很好发挥，在火灾发生后能够迅速控制火情并较快扑灭；喷淋系统损坏算例的各项指标相比于喷淋完好的算例都有大幅的增长，都处于一个比较高的水平，火灾危害很严重，说明地震对喷淋系统的灭火性能造成了很大的影响，导致喷淋系统对火情的控制效果明显减弱。

　　除了起火房间温度有明显上升之外，其余监测点的温度均无明显上升，所以下述仅对其余监测点的烟气浓度和 FED 值进行对比分析。图 10.2-25～图 10.2-27 为 5-1～5-3监测点各参数变化曲线图。图中示出了烟气浓度和 FED 值。

　　综合以上三个监测点的曲线图可以看出，两个算例在该监测点各项指标的变化趋势与起火房间基本一致，喷淋系统完好算例的各项参数要远低于喷淋系统损坏的算例，但是两算例的数据均低于起火房间。说明火情已经蔓延到了以上三个监测点，但有一定程度的削弱，喷淋系统由于地震造成损坏之后，其火灾蔓延程度明显加强。

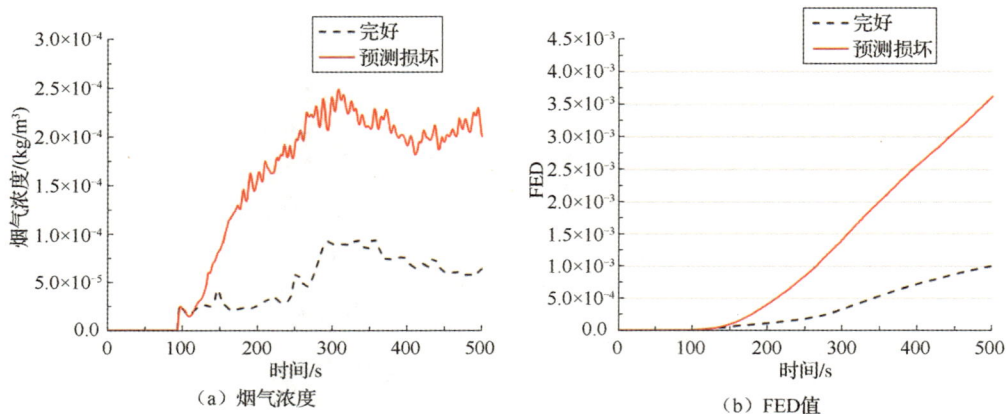

（a）烟气浓度 （b）FED值

图 10.2-25　5-1 监测点各参数变化曲线图

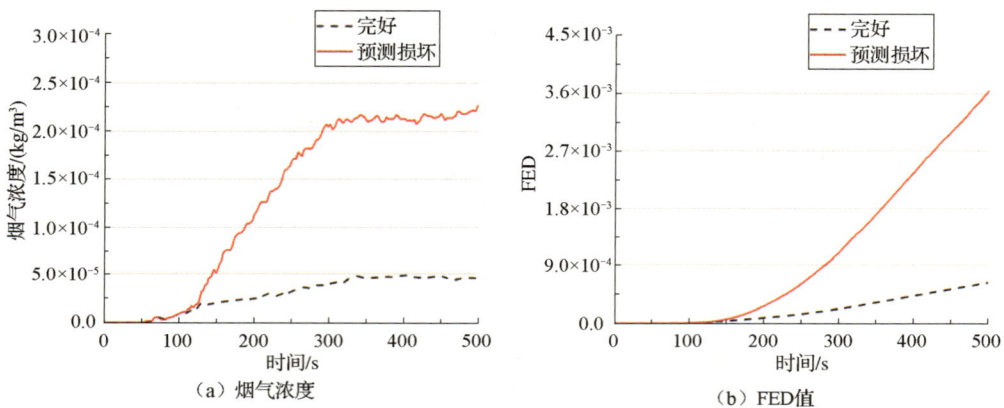

（a）烟气浓度 （b）FED值

图 10.2-26　5-2 监测点各参数变化曲线图

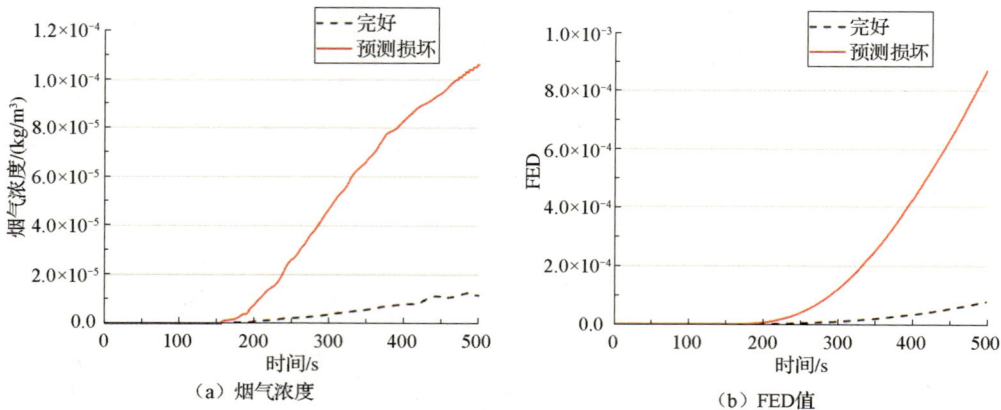

（a）烟气浓度 （b）FED值

图 10.2-27　5-3 监测点各参数变化曲线图

2）火灾竖向蔓延结果

由于起火房间位于第 5 层，火灾可能会通过窗户、楼道向第 6 层蔓延，图 10.2-28

是第 6 层在 300s 时的烟气蔓延对比平面图。从图中可以看出，第 5 层的烟气均不同程度地蔓延到了第 6 层的房间，喷淋完好算例的烟气主要集中在起火点上部的房间，且烟气浓度较低；喷淋损坏的算例中，烟气蔓延到了起火点上部房间和临近房间，烟气浓度明显高于喷淋完好的算例。

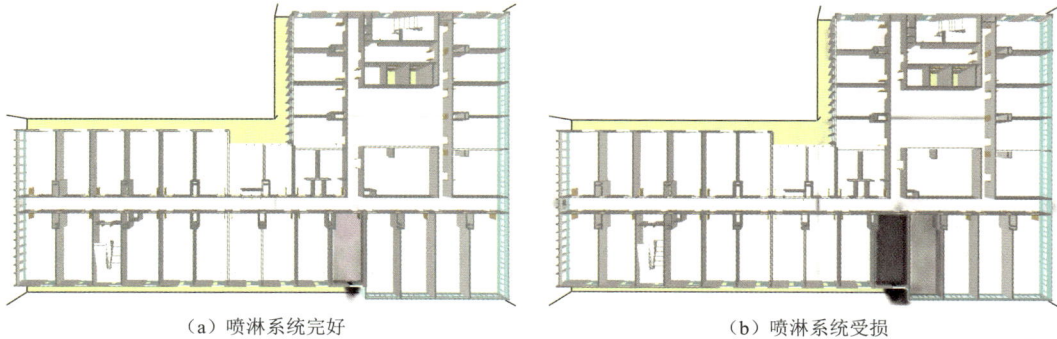

（a）喷淋系统完好 　　　　　　　　　　　　　（b）喷淋系统受损

图 10.2-28　第 6 层在 300s 时的烟气蔓延对比平面图

通过分析第 6 层楼各监测点的数据发现，除 6-b 监测点外，其余监测点均无明显的数据变化，且 6-b 监测点的温度也无明显上升。从图 10.2-29 各参数变化曲线可以看出，两个算例的烟气浓度均远低于 5 层的数值，喷淋系统完好算例的烟气浓度一直保持在 $4.0 \times 10^{-5} kg/m^3$ 以下的较低水平，喷淋系统损坏房间的烟气浓度一直持续上升，最终达到了 $1.2 \times 10^{-4} kg/m^3$，大约是喷淋完好算例的 3 倍。而且，两个算例的 FED 值均远低于 5 楼的数值，喷淋完好算例的 FED 值呈缓慢上升趋势，在 500s 时达到了 4.8×10^{-4}，喷淋损坏算例的 FED 值上升较快，在 500s 时达到了 1.6×10^{-3}，大约是喷淋完好算例的 4 倍。

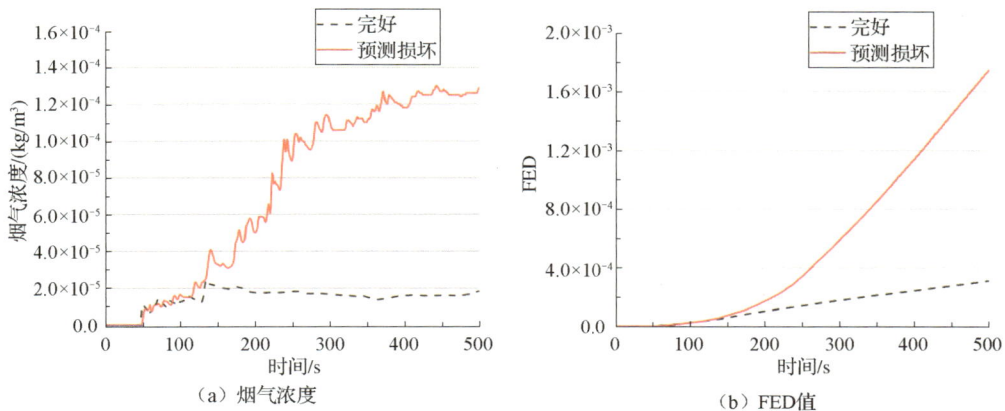

（a）烟气浓度 　　　　　　　　　　　　　　　（b）FED 值

图 10.2-29　6-b 监测点各参数变化曲线

通过以上两个算例的分析可知，火灾以横向蔓延为主，竖向蔓延程度较低。在横向蔓延中，主要以烟气蔓延为主，其烟气浓度和 FED 值在各监测点都有较大的变化，而除起火房间以外的其他监测点温度变化则较低。在两个算例中，喷淋系统完好算例的各项参数均远低于喷淋系统损坏的算例，说明喷淋系统对火情的控制发挥了重要的作用，完好的喷淋系统可以及时控制火情甚至将其扑灭；喷淋系统受损之后，其灭火性能有了很大的削弱，其控制火情的能力大大降低，火灾各项参数明显升高。在竖向蔓延中，火情有了很大的衰减，仅对第 6 层的两个房间造成影响，但是喷淋损坏算例的火灾危害程度也要明显高于喷淋完好的算例。以上两个算例说明了地震次生火灾将会比普通火灾造成更大的危害。

10.2.5　小结

本节提出了考虑自动喷淋系统震害的建筑次生火灾模拟方法，并以一栋 6 层宿舍楼为例进行了地震次生火灾模拟。基于这一研究，可得出以下结论。

（1）提出了基于 BIM 的喷淋火灾 FDS 数值模型的建模方法，为精细化喷淋作用数值模拟提供了重要基础。

（2）基于 FEMA P-58 可以预测不同喷淋构件的破坏概率，然后通过喷淋树状模型可以预测喷淋系统的整体损伤，基于关键节点方法可以确定喷淋系统的最不利破坏状态。

（3）所提出的模拟方法可以量化喷淋系统的震损对火灾蔓延造成的影响（包括温度、烟气浓度和 FED）。

值得注意的是，本节为了证明所提出的地震次生火灾模拟方法的可行性，选取了 1940 年的 El Centro 地震波及 510cm/s^2 的地震波。对于特定的真实建筑物，应该选择与建筑所在区域地质状况相符的地震动，以得到准确的结构地震响应数据，从而更为准确地预测建筑物的震后防火性能。

10.3　城市区域地震次生火灾模拟和高真实感显示

10.3.1　引言

地震后大规模的城市次生火灾会造成重大人员伤亡（Sathiparan，2015）。在某些地震事件中，地震次生火灾引起的后果甚至比地震直接导致的后果更严重。例如，1906 年旧金山地震和 1923 年日本东京地震造成了 20 世纪和平时期最大的城市火灾（赵思健等，2006；陈素文等，2008；Scawthorn，et al.，2005；Mousavi，et al.，2008）。其中，1906 年旧金山地震导致大范围次生火灾，大火烧了三天三夜，次生火灾造成的房屋破坏占总破坏的 80%；而 1923 年日本东京地震的次生火灾造成了约 14 万人的死亡和 44.7 万幢房屋破坏，东京市区被烧毁了约 2/3，次生火灾导致的经济损失占总损失的 77%。因此，除 10.2 节建筑次生火灾外，城市地震次生火灾及其蔓延问题需要引起高度重视。

地震次生火灾模拟的相关研究经历了充分的发展，但现有模型仍然存在一些局限性，包括：①现有的起火模型难以较准确地判断具体起火位置；②现有的蔓延模型中较少考虑房屋震害对火灾蔓延的影响；③现有模型较少涉及城市建筑群火灾蔓延的高真实感展示。

近年来，区域建筑震害预测方法取得了一些新的进展（参见第 7 章），利用多自由度模型和非线性时程分析，可以快速准确地把握区域建筑在地震动作用下的动力响应特性。应用这些研究成果，可在地震次生火灾模拟中更合理地考虑建筑震害对起火和蔓延行为的影响。因此，本书作者与清华大学博士生曾翔、北京科技大学许镇副教授一起，在现有区域建筑震害预测方法，以及现有次生火灾起火模型和蔓延模型的基础上进行发展，提出了考虑建筑震害的地震次生火灾模拟方法和高真实感显示方法。其突出特点包括：①采用基于多自由度建筑模型和非线性时程分析的区域建筑震害预测方法，考虑了建筑和地震的个性化特点，可以模拟不同地震动及不同建筑抗震能力对初始起火位置和火灾蔓延的影响。②基于 OpenSceneGraph（OSG）三维图形引擎和 FDS 火灾模拟软件，从火灾蔓延和烟气蔓延两个方面实现了次生火灾高真实感展示。并采用对太原市中心城区 44 152 栋建筑进行了次生火灾模拟案例演示。

上述区域地震次生火灾模拟和可视化方法，既可用于震前预测，从而为消防规划和基于虚拟现实的火灾防控提供科学依据和技术支持；亦可在震后近实时条件下，根据实际地震动、实际天气、风速、风向、起火点等情况，动态调整模拟设置，从而为灾后消防扑救和应急救援工作提供参考。

10.3.2 模拟框架

如图 10.3-1 所示，本方法的整体架构（一）主要包括四个模块：①区域建筑的地震响应模拟；②起火模型；③蔓延模型；④地震次生火灾高真实感显示。

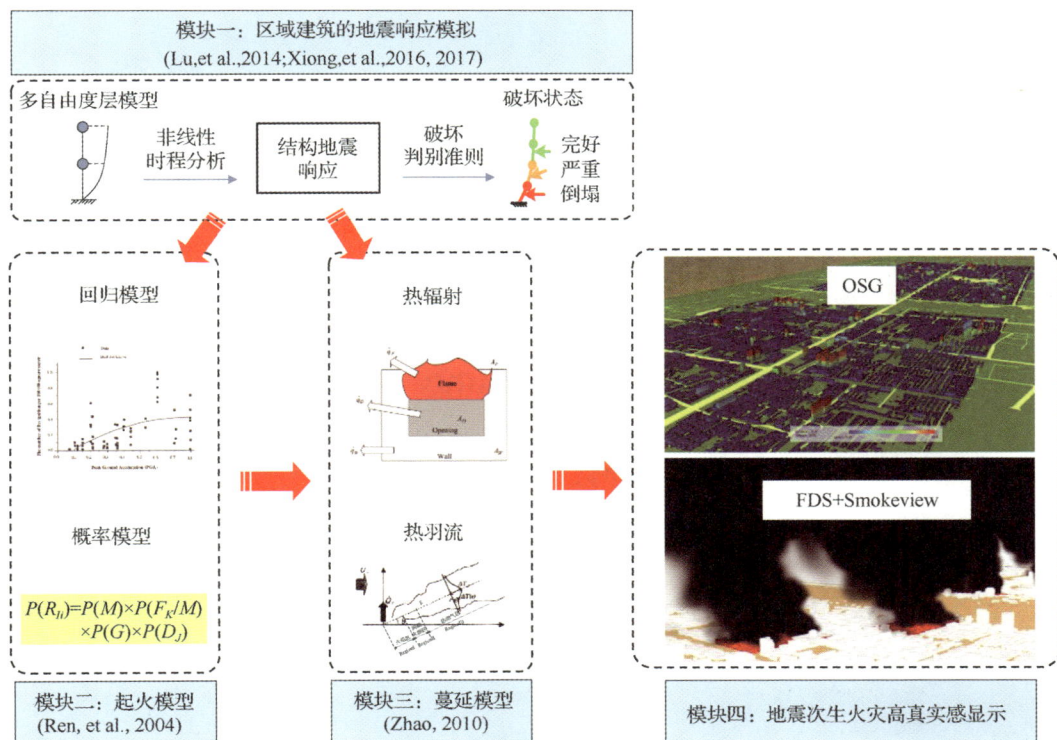

图 10.3-1 本方法的整体架构（一）

模块一：区域建筑的地震响应模拟，是地震次生火灾模拟的前提。如前所述，本采用了基于多自由度模型和非线性时程分析的区域建筑震害模拟方法（详见第 7 章）。该方法可以更好地考虑建筑和地震的个性化特点。

模块二：起火模型，是在现有回归模型和概率模型（Ren，et al.，2004）的基础上进行发展的，使模型能更好地考虑房屋震害的影响。建筑震害越严重，会导致建筑起火概率越高，因此地震会影响区域内建筑起火概率分布，从而影响具体起火位置。

模块三：蔓延模型，是在现有的次生火灾蔓延物理模型（Zhao，2010）的基础上进行发展的，使模型能更好地考虑房屋震害对蔓延的影响。地震将导致建筑外墙出现不同程度的破坏，外墙破坏越严重，建筑被引燃的临界热通量越低。因此，不同的地震会给火灾在建筑群的蔓延特性带来不同的影响。

模块四：地震次生火灾高真实感显示，可在三维可视化平台上实现对火情发展过程和烟气扩散效果的展示。区域建筑地震次生火灾的三维场景是使用 OpenSceneGraph（OSG）开源三维图形引擎（OSG，2016）建立的。利用不同颜色表征燃烧状态，从而展示着火建筑的状态变化及火情的发展。利用 Fire Dynamic Simulator（FDS）软件（NIST，2016）计算烟气粒子的运动，并显示在 FDS 的后处理软件 Smokeview 中（NIST，2016），从而展示火灾场景的烟气效果。

以上四个模块组成了地震次生火灾模拟和可视化的计算模块。这些计算模块所需的初始数据通过 GIS 平台进行存储和组织，模块之间通过中间文件传递数据，其整体架构（二）如图 10.3-2 所示。

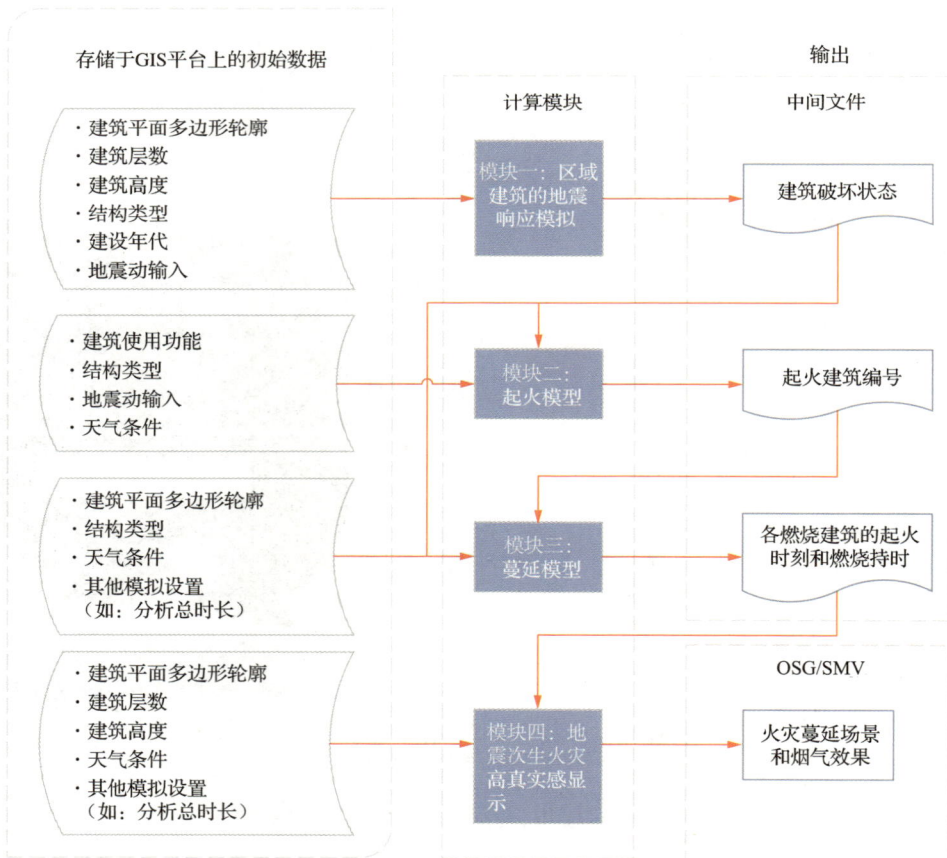

图 10.3-2　本方法的整体架构（二）

GIS 平台主要存储了两类数据：一类是建筑信息，如建筑几何外形、建筑层数、高度、结构类型、建设年代、建筑功能等；另一类是模拟设置，如地震动输入、天气条件（环境温度、湿度、风速、风向、降水等）、分析总时长、分析时间增量步等。计算模块的各个部分分别需要从 GIS 平台中获取相应数据，作为计算的输入（图 10.3-2）。

计算模块之间也有数据传递。模块一（区域建筑的地震响应模拟）生成建筑破坏状态文件，该文件将作为模块二（起火模型）和模块三（蔓延模型）的输入；模块二（起火模型）得到初始起火建筑的编号，该文件将作为模块三（蔓延模型）的输入；模块三（蔓延模型）计算得到各初始起火建筑和后续被引燃的建筑的起火时刻和燃烧持时，该文件将作为模块四（地震次生火灾高真实感显示）的输入，并得到最终输出结果，即火灾蔓延场景和烟气效果。

10.3.3 分析方法

本节将阐述上述四个计算模块的具体实现方法。

10.3.3.1 模块一区域建筑的地震响应模拟

模块一区域建筑的地震响应模拟，是后续地震次生火灾模拟的重要前提条件。本节采用第 7 章提出的区域建筑震害多自由度层模型和非线性时程分析，实现建筑的地震响应模拟。

10.3.3.2 模块二起火模型

现有起火回归模型大多根据历史地震次生火灾数据，回归得到起火数量与地震动强度的关系式，但具体起火位置则需随机确定或由用户指定。为了给起火位置的选择提供进一步依据，本章建议采用 Ren 等（2004）提出的思路：①给定地震强度，利用回归模型计算起火建筑数量 N；②根据单体建筑起火概率模型，计算各建筑发生地震次生火灾的概率；③对目标区域中的所有建筑，按照发生火灾的概率，从大到小排序；④选取概率最高的前 N 个建筑，认为是初始起火建筑。

由于起火回归模型基于历史地震次生火灾事件的统计数据，对于统计数据所包含的地区，回归模型有较好的准确性；而对其他地区，回归模型的结果不一定合理。因此，在众多起火回归模型中，本节使用 Ren 等（2004）基于中国、美国和日本在 1900～1996 年间的震后火灾数据提出的回归模型，如式（10.3-1）所示。

$$N = -0.117\,49 + 1.345\,34\,\text{PGA} - 0.847\,6\,\text{PGA}^2 \qquad (10.3\text{-}1)$$

式中，N 为每 100 000m^2 建筑面积内起火建筑数量；PGA 为峰值加速度（g）。

设给定 PGA 下，单体建筑发生地震次生火灾的概率为 $P(R\,|\,\text{PGA})$。则 $P(R\,|\,\text{PGA})$ 可利用式（10.3-2）和式（10.3-3）进行计算（Ren, et al., 2004）：

$$P(R\,|\,\text{PGA}) = P(M) \times P(F_K|M) \times P(D\,|\,\text{PGA}) \times P(G) \qquad (10.3\text{-}2)$$

$$P(D\,|\,\text{PGA}) = \sum_j [P(D_j\,|\,\text{PGA}) \times P(C_j\,|\,D_j) \times P(S_j\,|\,D_j)] \qquad (10.3\text{-}3)$$

式中，$P(F_K\,|\,M)$ 反映特定可燃物对建筑起火概率的影响，它与建筑的功能有关，如加油

站等含易燃易爆物品的建筑，震后起火概率相对更高；$P(D|\text{PGA})$反映给定 PGA 下单体建筑震害对起火概率的影响。其他各参数的符号含义和取值如表 10.3-1 所示。

表 10.3-1　起火概率模型计算公式中符号含义和取值

参数	含义	取值
$P(M)$	建筑物有可燃物质的概率	Ren, et al., 2004
$P(F_K|M)$	特定可燃物影响建筑发生起火的概率	Ren, et al., 2004
$P(G)$	天气等其他因素对建筑起火的影响概率	Ren, et al., 2004
$P(C_j|D_j)$	破坏状态 D_j 下建筑易燃物泄漏概率	Ren, et al., 2004
$P(S_j|D_j)$	破坏状态 D_j 下建筑室内起火源引发火灾的概率	Ren, et al., 2004
$P(D_j|\text{PGA})$	给定 PGA 下建筑发生破坏状态 D_j 的概率	根据区域建筑地震响应模拟的结果

需要说明的是，式（10.3-2）的计算结果可能会高估建筑的起火概率［利用式（10.3-2）计算的起火概率乘以总建筑数量得到起火建筑数量期望，会大于式（10.3-1）计算得到的总起火建筑数量］，因此 Ren 等（2004）提出的 $P(D|\text{PGA})$ 不应作为不同建筑的绝对起火风险，而应视为不同建筑相对起火风险的衡量指标。也就是说，$P(D|\text{PGA})$ 越大，表明建筑发生地震次生火灾的风险越大。因此，为清晰起见，避免后续讨论中造成误解，基于式（10.3-4）定义了每栋建筑的起火指数 r 为

$$r = \frac{P(R|\text{PGA})}{P(R)_{\text{max}}} \times 100 \tag{10.3-4}$$

式中，$P(R)_{\text{max}} = 0.867$ 为使用式（10.3-2）和式（10.3-3）计算可能得到的最大起火概率，对应情况为建筑在地震作用下发生倒塌，建筑内含易燃易爆化学品，且天气条件十分不利（Ren, et al., 2004）。

Ren 等（2004）建议了表 10.3-1 中所列的大多数参数的取值。对于 $P(M)$，如果建筑存在可燃物质，则 $P(M)$ 值取为 1；如果建筑内不存在可燃物质，则 $P(M)$ 值取为 0。其余几个参数 $P(F_k|M)$、［$P(G)$、$P(C_j|D_j)$、$P(S_j|D_j)$］的取值如表 10.3-2～表 10.3-5 所示。其中，不利情形是指晴朗、炎热、干燥、大风及建筑物集中等条件；普通情形是指晴朗、微风以及中等湿度等条件；有利情形包括多云、雨雪、高湿度及无风等条件。

表 10.3-2　$P(F_K|M)$的取值

分类	特征	取值
1	易燃易爆的化学物质	0.97
2	易燃物质（布、纸张和煤炭等）	0.89
3	木结构	0.795
4	包含木质门窗、家具和家居用品的砌体结构	0.675
5	包含家具和家居用品的钢结构	0.50

表 10.3-3　$P(G)$的取值

天气情况	不利情形	普通情形	有利情形
$P(G)$	0.95	0.80	0.50

表 10.3-4 $P(C_j | D_j)$ 的取值

建筑破坏程度	倒塌	严重破坏	中度破坏	轻微破坏	完好
$P(C_j | D_j)$	0.97	0.89	0.795	0.675	0.50

表 10.3-5 $P(S_j | D_j)$ 的取值

建筑破坏程度	倒塌	严重破坏	中度破坏	轻微破坏	完好
$P(S_j | D_j)$	0.97	0.89	0.795	0.675	0.50

Ren 等（2004）未提到如何计算给定 PGA 时建筑发生破坏状态 D_j 的概率 $P(D_j | PGA)$。有文献建议使用易损性矩阵得到该参数的取值（赵思健，2006），但易损性矩阵难以考虑地震动的某些特性（如速度脉冲）带来的影响。因此，本节采用如 10.3.3.1 节所述的区域建筑的地震响应模拟方法，计算得到建筑发生不同破坏状态的概率，具体步骤如下。

（1）给定 PGA，选择 n 条地震动记录，地震动记录的选择方法可以参考已有文献（FEMA，2012c）。特别地，如需考虑某个特定地震事件导致的次生火灾，则 $n = 1$，即直接根据地震情境来生成相应的地震动（Chaljub，et al.，2010；Diao，et al.，2016）。

（2）对任一建筑，进行 n 次非线性时程分析，每次分析给出该建筑的一个确定的破坏状态（完好、轻微破坏、中等破坏、严重破坏、倒塌），从而得到各破坏状态 D_j 的发生次数 n_j。

（3）采用式（10.3-5）计算 $P(D_j | PGA)$ 为

$$P(D_j | PGA) = \frac{n_j}{n} \qquad (10.3\text{-}5)$$

（4）对区域中每栋建筑执行上述步骤（1）～（3），利用式（10.3-2）～式（10.3-5）就能得到该区域建筑起火指数 r 的分布。指定 r 值最大的前 N 个建筑，将其作为起火建筑，至此就完成了起火建筑数量和位置的模拟。

需要说明的是，震后建筑内煤气管道的破坏、家具电器的倾倒、电线的破坏等对建筑起火概率的影响是复杂的、耦合的，但式（10.3-2）和式（10.3-3）给出的单体建筑起火概率作了一定程度的简化。虽然 Zolfaghari 等（2009），Yildiz 等（2013）试图通过建立复杂的事件树模型模拟震后起火，以考虑更多影响起火的因素，但该模型需要更详细的建筑室内数据，此外该模型没有给出相关验证，因此本节暂时没有应用该模型。

10.3.3.3 模块三蔓延模型

火灾的蔓延包括建筑室内的火势发展和建筑间的火灾蔓延。本节应用了 Zhao（2010）提出的火灾蔓延模型：对于建筑室内的火势发展，模型通过定义着火建筑的温度和热释放率随时间变化的函数，来简化模拟建筑起火、轰然、火灾充分发展、熄灭的过程。对于建筑间的火灾蔓延考虑了两个主要方式，即热辐射和热羽流（图 10.3-3），着火建筑不仅通过门窗洞口的火焰直接辐射和外墙的热辐射影响临近的建筑，还通过高温烟气羽流影响下风方向的建筑。对于未起火建筑，在周围起火建筑共同影响下，如果某时刻接收到的热通量超过其临界热通量，则认为该建筑将在该时刻被引燃。模型同时考虑了环境温度、湿度、是否下雨等气象条件对蔓延的影响。通过对 1995 年日本阪神地震次生火灾进行模拟并与实际结果进行对比，对模型进行了验证。火灾蔓延模型（Zhao，2010）的技术细节如下。

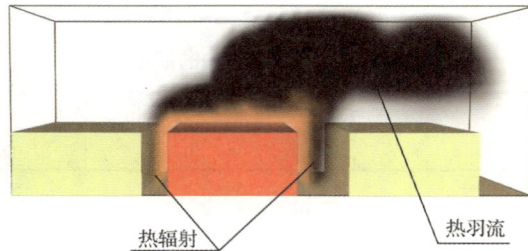

热辐射　　　热羽流

图 10.3-3　建筑间火灾蔓延的两个主要方式

1）建筑内部火灾发展

单体建筑内部火灾发展的简化模型将起火建筑视为独立的点火源，单体建筑火灾发展阶段示意图如图 10.3-4 所示。图中示出火灾发展阶段具体分为起火、轰燃、充分发展、倒塌和熄灭 5 个阶段。首先，初始火源出现在室内，火源在充分通风的情况下经历时间 t_1 后达到轰燃。轰燃发生后，室内火焰与烟气从外墙窗口喷出，此时建筑物初步具备向临近建筑蔓延的能力。但此时的建筑物向外蔓延的能力显得较弱，主要进行的是建筑物楼层间的发展蔓延。在这期间，如能及时对该建筑进行火灾扑救，火灾将被控制在个体建筑内部，不具备向临近建筑蔓延的能力。如果仍旧没能对该建筑实施有效的扑救，经历时间 t_2 后火灾将由室内发展到整幢建筑物。当火灾发展到整幢建筑物时，建筑内部的火势达到了充分发展阶段，室内的温度和热释放率达到峰值：T_{max} 和 HRR_{max}。这时，建筑物具备很强的向外蔓延能力，并通过热辐射和热对流方式向临近建筑扩展蔓延。随着室内燃料的耗尽和建筑到达耐火极限，建筑物在火灾充分发展 t_3 时间后发生倒塌。倒塌之后，火势快速减弱，向外蔓延的能力也随之降低，经历 t_4 时间后熄灭。根据历史记录和专家建议，各火灾发展阶段的时间间隔如表 10.3-6 所示。

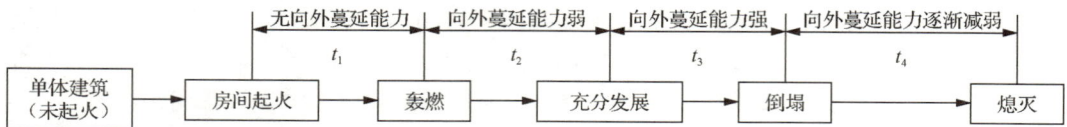

图 10.3-4　单体建筑火灾发展阶段示意图

表 10.3-6　单体建筑各火灾发展阶段的时间间隔

阶段（时间间隔）	木制结构时间间隔/min	防火结构时间间隔/min	耐火结构时间间隔/min
起火→轰燃（t_1）	5，10	5，10	5，10
轰燃→充分发展（t_2）	20，30	30，50	50，60
充分发展→倒塌（t_3）	50，60	80，100	120，180
倒塌→熄灭（t_4）	240，300	30，40	20，30

　　除了时间间隔 t，在单体建筑火灾发展模拟时还需要考虑另外两个变量，分别是温度和热释放率，可采用 T 和 Q 用来代表建筑从起火到熄灭过程中的温度和热释放率。假设所有起火单体建筑的火灾发展各阶段均遵循图 10.3-5 所示的简化曲线，其中 T_{max} 是起火建筑的温度峰值，建议从 800～1200℃ 间随机选择。Q_{max} 是热释放率峰值，建议从 40～50MW 间随机选择。α 和 α' 分别是温度和热释放率的增长系数，β 和 β' 分别是温度和热释放率的衰减系数。

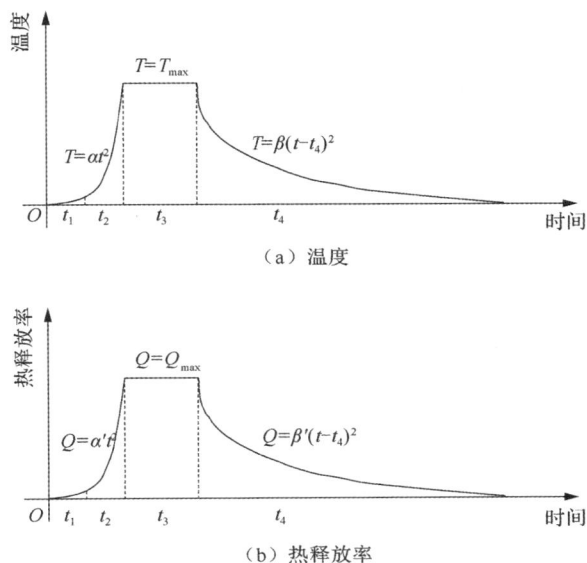

（a）温度

（b）热释放率

图 10.3-5　单体建筑内部温度和热释放率发展简化曲线

2）建筑间火灾蔓延

　　建筑间火灾蔓延的主要方式包括热辐射、热羽流和飞火蔓延。由于飞火蔓延的复杂性和随机性，本节暂不考虑飞火蔓延行为。

　　（1）热辐射强度。热辐射是建筑间火灾蔓延的主要方式，其辐射源来自起火建筑的室内烟气，喷出窗口的火焰和受热外墙（图 10.3-6）。对窗口火焰和外墙的辐射量进行折算后，起火建筑通过外墙发射的热辐射强度可以按照式（10.3-6）计算（Himoto，et al.；2000；Himoto，et al.，2002）：

图 10.3-6　起火建筑物外墙产生的热辐射强度（Himoto，et al.，2000；Himoto，et al.，2002）

$$\dot{q}_R = \frac{\dot{q}_D A_D + \dot{q}_W (A_W - A_F) + \dot{q}_F A_F}{A_D + A_W} \tag{10.3-6}$$

式中，$\dot{q}_D$ 为室内烟气通过窗口发射的辐射强度（kW/m²）；A_D 为窗口的面积（m²）；$\dot{q}_W$ 为外墙的辐射强度（kW/m²）；A_W 为外墙的面积（m²）；$\dot{q}_F$ 为喷出火焰的辐射强度；A_F 为火源的面积（m²）。

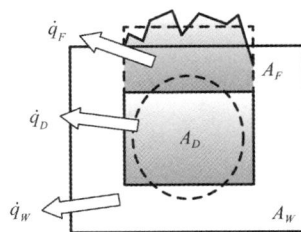

大量研究发现，外墙和喷出火焰的辐射强度占总辐射强度的 18%～20%（Fan, et al., 1995），因此，式（10.3-6）可以简化为式（10.3-7）为

$$\dot{q}_R = \frac{1}{\phi_D} \frac{\dot{q}_D A_D}{A_D + A_W} = \frac{k}{\phi_D} \dot{q}_D = \frac{k}{\phi_D} \sigma T^4 \qquad (10.3\text{-}7)$$

式中，ϕ_D 为火焰和外墙辐射占总辐射的折算因子，取 $\phi_D = 0.8$；k 为建筑外墙的开窗率；σ 为斯蒂芬-玻尔兹曼常数，其值为 $5.6704 \times 10^{-8}\ \text{kg} \cdot \text{s}^{-3} \cdot \text{K}^{-4}$；$T$ 为室内烟气的温度（K）。

（2）热羽流。垂直热羽流的特性已被很好地研究，此处采用垂直羽流轴线上的温度来近似代替风力作用下发生倾斜的热羽流轴线温度，按照式（10.3-8）计算。

$$\Delta T_0 = \begin{cases} 900 & (\text{Region I}: z / Q_c^{2/5} < 0.08) \\ 60(z / Q_c^{2/5})^{-1} & (\text{Region II}: 0.08 \leqslant z / Q_c^{2/5} < 0.2) \\ 24(z / Q_c^{2/5})^{-5/3} & (\text{Region III}: 0.2 \leqslant z / Q_c^{2/5}) \end{cases} \qquad (10.3\text{-}8)$$

式中，ΔT_0 为羽流轴线上的温度（K）；z 为羽流轴线上任意点与起火建筑中心点的距离（m）；Q_c 为起火建筑的热释放率（kW）。

在当前模型中，假设在风力作用下，热羽流上温度对称性依然保持不变，则地处下风向上和热羽流轴线有一定距离的建筑物，其由热羽流升高的温度可以利用式（10.3-9）进行计算为

$$\begin{cases} \Delta T(r) / \Delta T_0 = \exp[-\beta(r / l_1)^2] \\ \tan\theta = 0.1[U_\infty / (\dot{Q}' \cdot g / \rho_\infty C_P T_\infty)^{1/3}]^{-3/4} \\ \dot{Q}' = Q_c \big/ \sqrt{A_{Bfloor}} \end{cases} \qquad (10.3\text{-}9)$$

式中，r 为下风向建筑物中心点到羽流轴线的垂直距离（m）；l_1 为高斯半宽度；β 为温度半宽和速度半宽的比例；θ 为风力作用下羽流轴线的倾角；$\dot{Q}'$ 为单位长度的热释放率（kW/m）；ρ_∞ 为周围空气的密度（kg/m²）；C_P 为热烟气的比热 [kJ/（kg·K）]；T_∞ 为周围环境的温度（K）；A_{Bfloor} 为起火建筑的楼层平面面积（m²）。

由于特大火灾的蔓延常常导致邻近多幢建筑物相继起火，下风向未起火的建筑将处于多处热羽流综合作用（图 10.3-7）。为了简化计算，模型中暂时不考虑多个羽流之间相互混合的复杂机制，仅仅假设多个羽流共同作用下升高的温度是由单个羽流升高温度的叠加。在这样的假设前提下，对地处下风向的建筑物，由多处热羽流共同作用升高的温度可通过式（10.3-10）进行计算，即

$$\Delta T = \left[\sum_{i=1}^{N} (\Delta T_i)^{3/2} \right]^{2/3} \qquad (10.3\text{-}10)$$

式中，ΔT 为多个羽流共同作用下升高的温度（K）；ΔT_i 为单个羽流作用下升高的温度（K）；N 为共同作用在建筑物上的羽流数目。

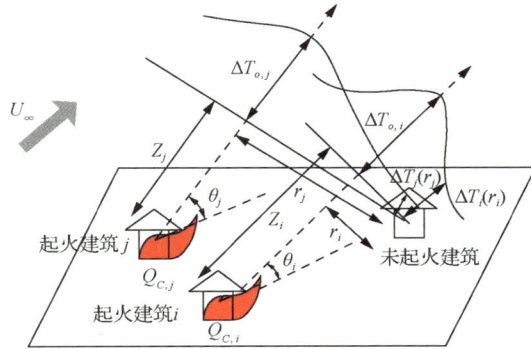

图 10.3-7　多处热羽流综合作用（Himoto，et al.，2000；Himoto，et al.，2002）

3）起火条件

未起火建筑主要通过外墙和窗口来接收外界环境的热辐射，建筑表面热交换示意图如图 10.3-8 所示，按照建筑表面分为空间 i（室外空间）和 j（室内空间）。在起火建筑的热辐射与热羽流共同作用下，外墙和窗口接收的热辐射强度分别按照式（10.3-11）和式（10.3-12）计算，即

$$\begin{cases} \dot{q}_W = \dot{q}_{W,ij} - \dot{q}_{W,ji} \\ \dot{q}_{W,ij} = \varepsilon_W \left[\left(1 - \sum \varphi_R\right) \sigma T_i^4 + \sum \varphi_R \dot{q}_R \right] + h_W \\ \dot{q}_{W,ji} = \varepsilon_W \sigma T_W^4 + h_W T_W \end{cases} \quad (10.3\text{-}11)$$

$$\begin{cases} \dot{q}_D = \dot{q}_{D,ij} - \dot{q}_{D,ji} \\ \dot{q}_{D,ij} = \left(1 - \sum \varphi_R\right) \sigma T_i^4 + \sum \varphi_R \dot{q}_R \\ \dot{q}_{D,ji} = \sigma T_j^4 \end{cases} \quad (10.3\text{-}12)$$

式中，$\dot{q}_W$ 为墙面的热通量；$\dot{q}_D$ 为没有玻璃的窗口的热通量；ε_W 为外墙的发射率，木制墙体的取值约为 0.9；φ_R 为墙外热源（起火建筑）对该墙面的热辐射角系数；$\dot{q}_R$ 为外热源（起火建筑）发射的辐射强度（kW/m²）；h_W 为墙体的热对流换热系数；T_W 为墙体表面的温度；T_i 为墙外的温度；T_j 为室内的温度（K）。

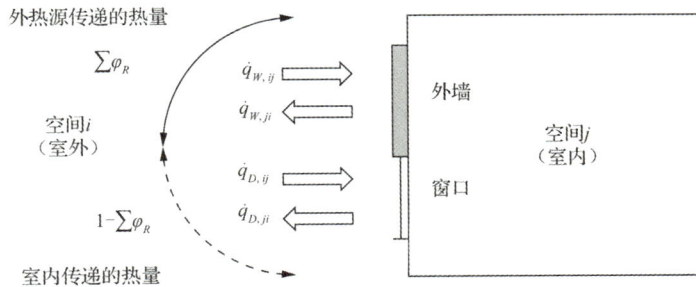

图 10.3-8　建筑表面热交换示意图（Himoto，et al.，2000；Himoto，et al.，2002）

如果未起火建筑物是木质结构，其外墙起火往往先于室内，因此当外墙接收的热辐射强度 $\dot{q}_W$ 超出起火的极限热辐射强度 $\dot{q}_C$ 时，该建筑物就被判断为起火。如未起火建筑外墙为防火或耐火材料，起火往往出现在室内，因此当窗口接收的热辐射强度 $\dot{q}_D$ 超出起火的极限热辐射强度 $\dot{q}_C$ 时，该建筑物被判断为起火。利用木材起火的极限热辐射强度 $\dot{q}_C$ 为据，根据含水量不同，在 $10\sim18\mathrm{kW/m^2}$ 取值。

4）气象条件

气象条件是影响建筑间火灾蔓延的重要因素，其中主要的影响因素包括气温、湿度、降水、风等。

（1）气温。气温是描述空气冷热程度的物理参数。在正常情况下，一天中的最高气温出现在下午 2 时左右，此时火灾蔓延速度最快；最低气温出现在黎明前后，此时火灾蔓延速度最慢。一天中任一时刻的温度可按式（10.3-13）求解（Ren，et al.，2004）：

$$\begin{cases} T_\infty = (T_H + T_L)/2 + (T_H - T_L)\cos[(24 - t_H + t)\pi/(24 - t_H + t_L)]/2 & 0 \leqslant t \leqslant t_L \\ T_\infty = (T_H + T_L)/2 + (T_H - T_L)\cos[(t_H - t)\pi/(t_H - t_L)]/2 & t_L \leqslant t \leqslant t_H \\ T_\infty = (T_H + T_L)/2 + (T_H - T_L)\cos[(t - t_H)\pi/(24 - t_H + t_L)]/2 & t_H \leqslant t \leqslant 24 \end{cases} \quad (10.3\text{-}13)$$

式中，T_∞ 为 t 时刻的温度；T_H 为一天中的最高温度；T_L 为一天中的最低温度；t_H 为一天中出现最高温度的时刻；t_L 为一天中出现最低温度的时刻。

（2）湿度。湿度会影响火灾蔓延的速度，较高的空气湿度可以减小火灾的蔓延速度。在模型中，我们将湿度划分为五个等级，分别是"非常高（＞80%）"、"高（60%～80%）"、"中等（40%～60%）""低（20%～40%）"和"非常低（＜20%）"，并依据湿度等级对起火的极限热辐射强度采用不同的取值。

（3）降水。降水会降低温度，减小火灾燃烧的强度。如果降水足够大，火灾可能会熄灭。因此，在降水天气下，模型认为火灾仅限于起火建筑内部，不参与建筑间的火灾蔓延。

（4）风。风会增加火灾蔓延速度和蔓延面积，火灾蔓延模型中考虑了风速和风向的影响。根据气象学标准，风向可以分为 16 个方位，分别是 N、NNE、NE、ENE、E、ESE、SE、SSE、S、SSW、SW、WSW、W、WNW、NW 和 NNW，其中 N、S、E、W 代表北、南、东、西。

需要说明的是，建筑室内的火势发展和建筑间的火灾蔓延在实际情况中都是很复杂的过程。虽然不少研究提出了针对单体建筑的火灾发展模型（Sekizawa，et al.，2003；Cheng，et al.，2011），这些模型可以考虑更细节的因素（例如建筑层数、房间布置等）对室内火灾发展的影响，但将这些模型应用于区域建筑尚存在困难，主要是因为建筑室内详细信息不易获取。在现有模型中，Zhao（2010）提出的模型相对比较适用于低矮房屋密集的城市区域，而历史地震次生火灾事件表明，这类区域往往也是发生地震次生火灾的高风险区。因此，尽管 Zhao（2010）的模型存在一定的局限，但它仍是地震次生火灾模拟的一个很好的选择。然而，Zhao（2010）的模型中并未考虑震害对蔓延的影响。事实上，震害将削弱房屋的抗火能力，加剧火灾的蔓延。就本书作者所知，目前的地震次生火灾蔓延模型中，仅有少数模型考虑了震害影响，一个典型代表是 Himoto 等（2013）提出的模型。该模型区分了倒塌建筑和未倒塌建筑的燃烧方式。另一方面，对于未倒塌建筑，地震可能导致建筑外围护材料出现不同程度破坏，破坏越严重的建筑，越容易被周围起火建筑引燃。

本节借鉴 Himoto 等（2013）的基本思路，假定地震导致的建筑外围护材料的破坏将降低引发建筑着火的极限热通量，如式（10.3-14）所示为

$$\dot{q}_{cr} = \varphi\, \dot{q}_{cr,H} + (1-\varphi)\, \dot{q}_{cr,L} \tag{10.3-14}$$

式中，φ 为围护材料损伤因子，定义为外墙损坏面积与外墙总面积之比；$\dot{q}_{cr,H}$、$\dot{q}_{cr,L}$ 分别为 $\varphi=1$ 和 $\varphi=0$ 时的极限热通量，$\dot{q}_{cr,L}$ 的取值可参考 Zhao（2010）。

定义 α 为外墙完全破坏时的极限热通量折减系数，如式（10.3-15）所示。而 α 的取值缺乏很好的依据，因此 α 对火灾蔓延模拟结果的影响将在下节进一步讨论。

$$\alpha = \frac{\dot{q}_{cr,H}}{\dot{q}_{cr,L}} \tag{10.3-15}$$

建筑外围护材料损伤因子 φ 与结构的地震破坏状态有关。Hayashi 等（2005）根据日本 1995 年阪神地震的震害调查数据，给出了 φ 与结构的破坏状态的对应关系。在没有更好的取值依据的情况下，本节采用 Hayashi 等（2005）给出的这一关系。

需要说明的是，Himoto 等（2013）没有对结构震害的确定进行进一步说明，而是随机指定了各建筑的破坏状态。为了改进这一局限，第 10.3.3.1 节则给出了模拟结构震害的更加合理的方法。

10.3.3.4　模块四高真实感显示

政府减灾规划部门和消防部门等的决策者往往不具备地震工程的相关专业知识，因此有必要将次生火灾模拟结果加以生动形象地展示，以便于决策者更直观地理解。为此，本节从两个层次出发，对地震次生火灾的高真实感显示进行了研究。

（1）火情发展过程。通过建筑颜色的变化，展现着火建筑的状态变化和整个区域的火情发展。这一可视化结果有利于决策者从整体上把握火势蔓延面积和方向等动态信息，判断火灾蔓延高风险区域，从而为消防救援决策、城市消防规划等提供依据。

（2）火灾烟气效果。利用粒子系统，在三维可视化平台展现火灾现场的烟气弥漫的情况。烟气效果可以提高火灾场景展示的真实感，为火灾演练等营造高真实感的虚拟现实场景（Xu，et al.，2014a）。

火情发展过程的可视化基于 Xu 等（2014b）的工作，采用 OSG 开源三维图形引擎实现。OSG 对 OpenGL 进行了很好的封装，是一款很好的三维场景开发工具。利用 OSG 进行高真实感显示的流程如图 10.3-9 所示。根据建筑的层数、高度和平面形状等信息，拉伸并创建 OSG 三维模型叶节点，并添加到火灾场景根节点中。根据火灾起火与蔓延模拟结果，确定建筑各时刻的燃烧状态（定义为建筑已燃烧时间与建筑燃烧持时的比

值），并用从亮到暗的不同颜色表示不同燃烧状态。定义节点回调类（node callback），在 OSG 火灾场景渲染时，每帧都会调用该节点回调类，从而更新当前帧建筑颜色。上述过程可采用 Xu 等（2014b）建议的方法来实现，只不过需要将 Xu 等（2014b）中不同建筑的表面贴图和位移云图替换成燃烧状态云图。

为了向场景中添加真实的烟气效果，采用 FDS 软件对大规模开放区域的火灾发展进行流体力学计算。FDS 采用大涡模拟，可以直接计算烟气粒子的运动，这种运动是遵循物理规律的，因此可大大提高烟气效果的真实感；相反，使用 OSG 中的粒子系统则难以实现这样高真实感的烟气蔓延场景。利用 FDS 软件进行高真实感显示流程如图 10.3-9 所示。为符合 FDS 数据输入的要求，本节借助了商用软件 PyroSim（Thunderhead，2016），将建筑的 OSG 三维模型转换为 FDS 几何模型，即利用 OSG 提供的函数 *osgDB: writeNodeFile()* 导出建筑三维模型文件，并导入 PyroSim 软件，软件会将其转换生成 FDS 模型文件的几何信息部分，在 FDS 中用"&OBST"关键词定义。之后，根据起火与蔓延模拟结果，得到各建筑的起火时刻与燃烧持时信息，补充至 FDS 模型文件中（分别用"&DEVC"和"&SURF"关键词定义）。再根据风、模拟时间等其他设置，在 FDS 模型文件中补充其他信息，最后提交 FDS 计算，计算结果在 FDS 的后处理软件 Smokeview 中显示。

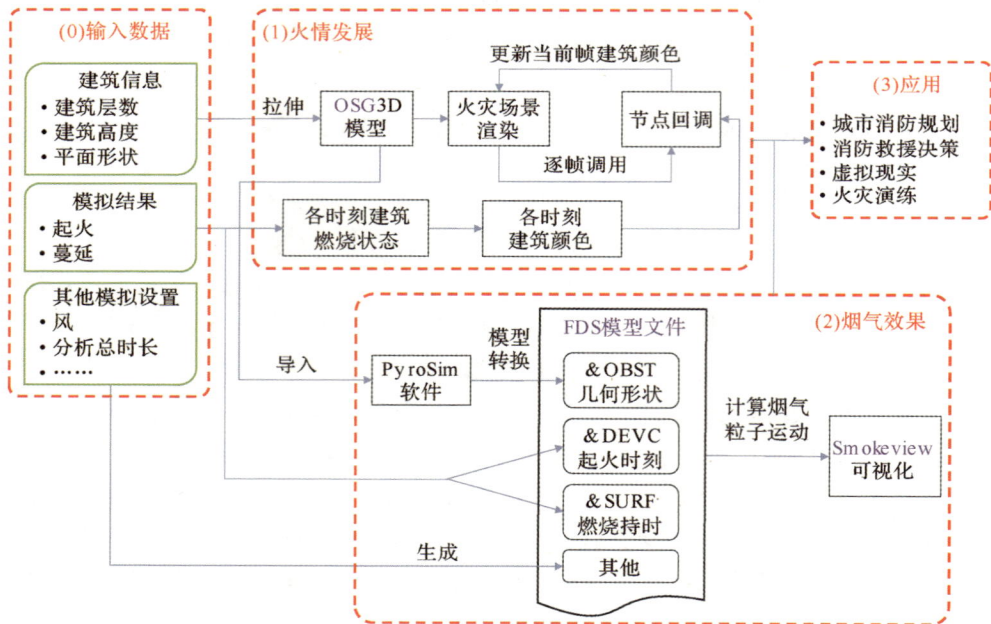

图 10.3-9　高真实感显示流程

通过建立如上所述的四个模块，可以顺利地实现本节建议的地震次生火灾模拟和高真实感显示框架。另外，FDS 和 Smokeview 均为开源、跨平台软件，可以很容易地从互联网下载得到。因此，本章建议的方法和相关软件适用于多数城市区域的地震次生火灾模拟。10.3.4 节将以一个案例对此进行进一步说明。

10.3.4　案例分析

10.3.4.1　案例区域介绍

本节选定了太原市中心城区作为案例分析区域。该区域东西宽约 8.3km，南北宽约 3.1km，整个案例分析区域面积约 26km²，包含 44 152 栋建筑，如图 10.3-10 所示。建筑层数分布统计信息如图 10.3-11 所示，绝大多数建筑为低层建筑，因此，Zhao（2010）的地震次生火灾蔓延模型适用于该区域的分析。

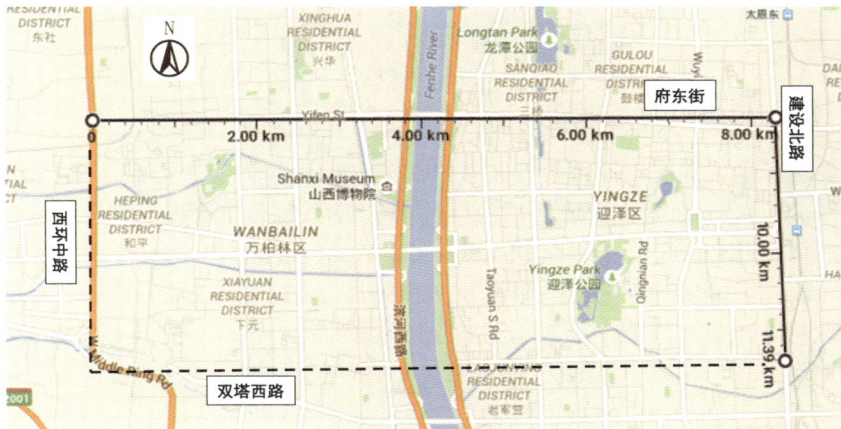

（a）范围

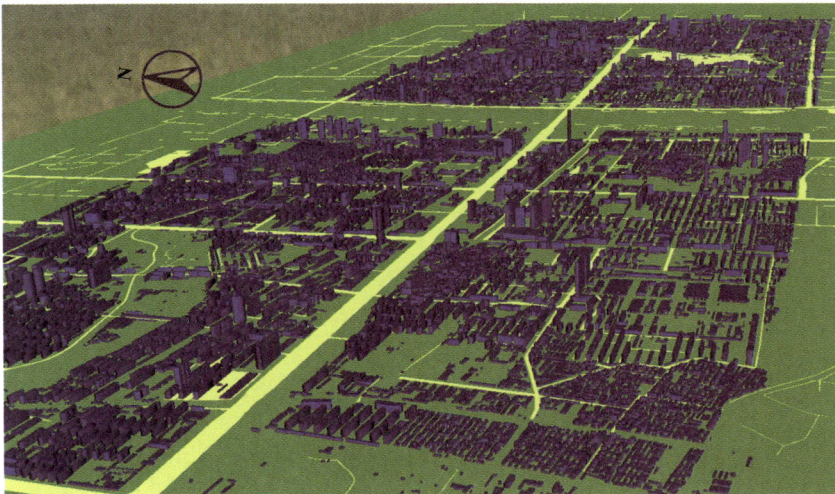

（b）三维图

图 10.3-10　案例分析区域：太原中心城区

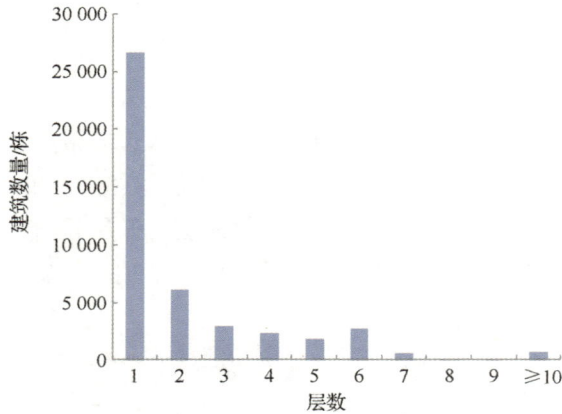

图 10.3-11　案例分析区域的建筑层数分布统计信息

根据我国《建筑抗震设计规范》（GB 50011—2010），太原中心城区案例区域为 8 度设防。选择规范规定的场地反应谱作为目标谱，借助太平洋地震研究中心（PEER）提供的在线工具（PEER，2016），从 PEER NGA-West2 数据库中选择并调幅了 30 组地震动记录作为输入。地震动反应谱与目标反应谱如图 10.3-12 所示，可见，在低层和多层建筑基本周期段（基本周期小于 2s），这些地震动的反应谱与场地反应谱吻合较好。

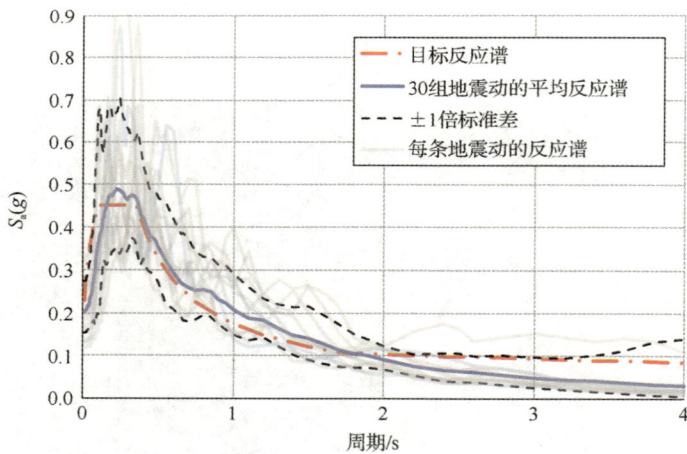

图 10.3-12　输入地震动反应谱与目标反应谱

本案例选择设防地震水准（PGA = 0.2 g）地震作用进行分析，该地震水准下，大量老旧未设防建筑将出现严重破坏或倒塌，而新建的设防建筑则一般会出现中等以下破坏状态，因此可以更好地展现本节建议的方法可以考虑不同破坏状态对地震次生火灾的影响。如果地震动太小或太大，建筑破坏状态可能都很轻微或都很严重，则可能难以清晰地展现该方法的特点。

10.3.4.2 起火模拟

选用图 10.3-12 所示的 30 组地震动对算例区域建筑进行非线性时程分析,得到建筑的破坏状态。利用式(10.3-2)～式(10.3-5)即可得到各建筑在不同地震动作用下的起火指数 r 以及平均起火指数 r_m。利用式(10.3-1)可计算得到 PGA = 0.2 g 时算例区域起火建筑数量 N = 32。各建筑平均起火指数如图 10.3-13 所示。指定平均起火指数 r_m 最高的前 32 栋建筑为起火建筑,可得到 32 栋起火建筑位置(图 10.3-13)。将起火指数由高到低排序,图中圆圈数字表示排序次序(数字越小表示起火指数越高,排序越靠前)。进一步标示出平均震害最严重的前 1 000 栋建筑位置,如图 10.3-14 所示。对比可知该案例中,建筑震害与建筑起火可能性呈正相关关系。

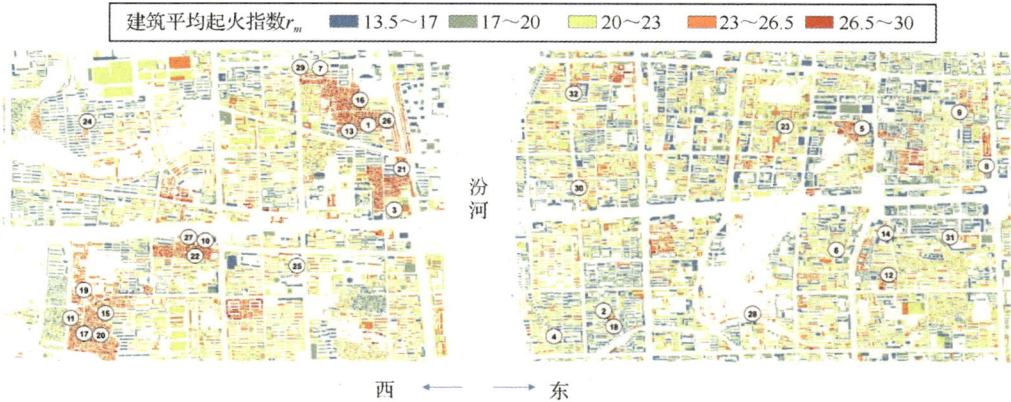

图 10.3-13　各建筑平均起火指数 r_m 及 32 栋起火建筑位置

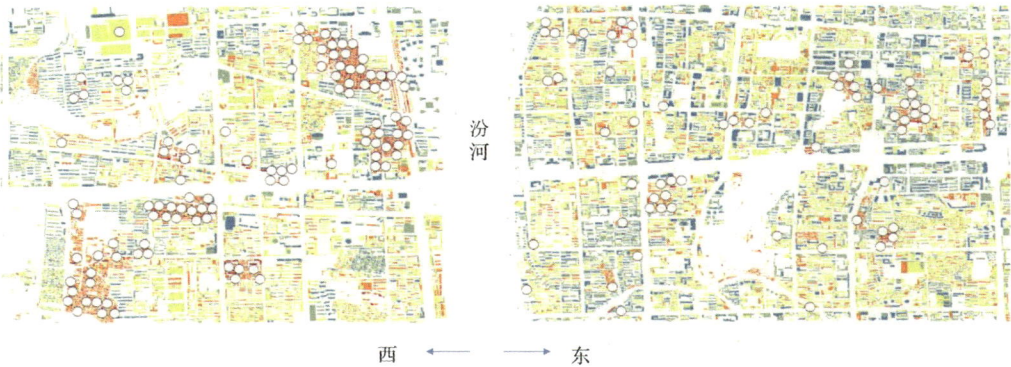

图 10.3-14　平均震害最严重的前 1 000 栋建筑位置

由于地震动的特异性,在不同地震动作用下,建筑起火指数及起火点的分布不同。为了说明这一点,从 30 组地震动的分析结果中挑选两条地震动的结果进行对比,一组为近场地震动（Imperial Valley-02，El-Centro Array #9），另一组为远场地震动（Northwest Calif-02，Ferndale City Hall）。图 10.3-15 给出了这两组不同地震动下建筑起火指数。注意到虽然两条地震动的 PGA 相同，但它们的加速度反应谱不同，从而导致具有不同动力学特性的建筑产生不同破坏状态。因此，不同地震动下起火指数分布存在差别。然而，如果采用易损性矩阵方法计算结构震害，则同一 PGA 下只能给出相同的地震起火结果。

图 10.3-15　所选择的两组不同地震动下建筑起火指数

10.3.4.3　火灾蔓延模拟

设定天气条件为西风（风速 $v = 6\text{m/s}$），最低气温 $T_{low} = 10℃$，最高气温 $T_{high} = 25℃$，外墙完全破坏时的极限热通量折减系数 α 取 0.4 为例。在得到起火建筑位置后进行火灾蔓延模拟，不同地震动输入下，总燃烧建筑占地面积-时间关系曲线示出的平均结果与标准差如图 10.3-16 所示。火灾在初期有加速蔓延趋势，18h 后变缓慢，但部分地震动作用下在 20～35h 时仍有加速蔓延现象。第 45h 后，火灾完全熄灭。在不考虑消防扑救的情况下，最终平均燃烧占地面积约为 0.45km²，是总建筑占地面积的 5.5%。约 6h 后，不同地震动下火灾蔓延情况的差异开始增大。在第 45h 时，不同地震动导致的燃烧占地面积变异系数（标准差与平均值之比）约为 5%。

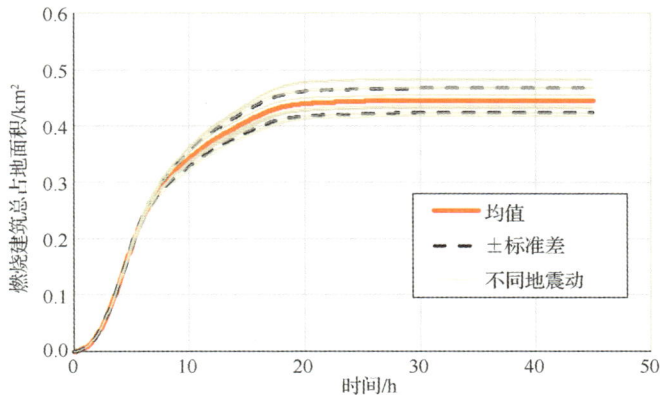

图 10.3-16 总燃烧建筑占地面积-时间关系曲线示出的平均结果与标准差

由于外墙完全破坏时的极限热通量折减系数 α 的取值缺少很好的依据，本节将讨论 α 的取值对火灾蔓延的影响。保持天气条件和起火位置不变，不同的 α 取值下总燃烧建筑占地面积-时间关系曲线如图 10.3-17 所示，第 45h 左右火灾完全熄灭。图中总燃烧面积指采用 30 组地震动分别模拟得到的平均值。由图可见，α 越小，总燃烧面积越大，即震害对蔓延的加剧作用越大。$\alpha=0.4$ 时，考虑震害对蔓延的影响比不考虑震害影响总燃烧面积增大了约 10%（$t=45\text{h}$）。

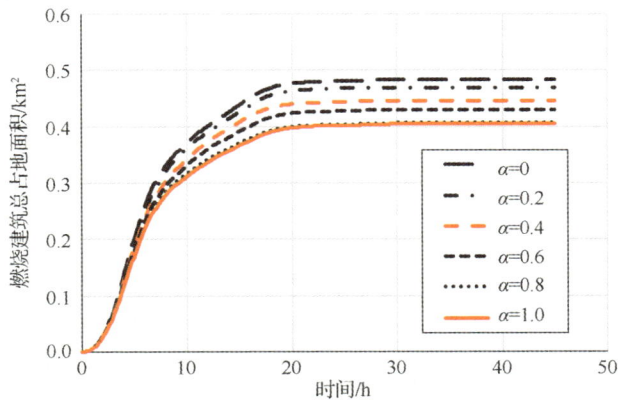

图 10.3-17 不同的 α 取值下总燃烧建筑占地面积-时间关系曲线

风是影响火灾蔓延的重要因素，保持其他条件不变（取 $\alpha=0.4$），仅改变风速 v，得到总燃烧建筑占地面积随时间的变化曲线如图 10.3-18 所示。图中总燃烧建筑占地面积指采用 30 组地震动分别模拟得到的平均值。当 $v=2\text{m/s}$ 时，火势蔓延速度和最终总燃烧面积与无风（$v=0\text{m/s}$）时几乎相同；当风速进一步增大时，不仅会加大火灾蔓延速度，也会导致最终总燃烧面积增加；当 $v=6\text{m/s}$ 时，最终总燃烧面积比无风时增加了 42%。由此可见，风对火灾蔓延有很大的加剧作用。根据太原年鉴（太原市地方志办公室，2015），太原市年平均风速为 1.4～2.2m/s。在这一风速水平下，总燃烧建筑占地面积约为 0.31km^2，占建筑总占地面积的 3.8%。此外，地震次生火灾燃烧持时约为 22h。然而，需要指出的是，如果风速达到 6m/s，火灾蔓延面积将会显著增加，图 10.3-18 示出不同风速下总燃烧面积-时间关系曲线。因此，如果发生地震次生火灾时风速远远大于年平均风速（1.4～2.2m/s），则可能造成比上述预测值更为严重的后果。

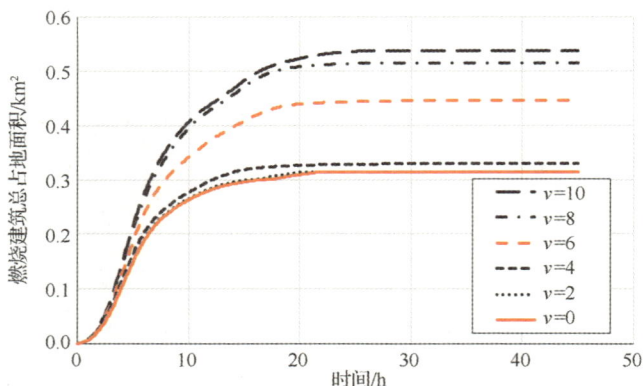

图 10.3-18　不同风速下总燃烧面积-时间关系曲线（v 代表风速，单位 m/s）

从上述分析可知，本节建议的蔓延模型能考虑不同地震动对蔓延结果的影响，从而把握地震动的特异性和离散性。此外，模型还能合理地反映风速对火灾蔓延的加剧作用。

10.3.4.4　高真实感可视化结果

利用 OSG 展示的火灾蔓延可视化效果如图 10.3-19 所示，（a）～（c）三张图片分别显示了第 4h、6h 和 10h 时火灾情况，不同颜色直观地表达了火情发展的动态过程。利用 Smokeview 展示的烟气效果如图 10.3-20 所示，从图中可见，烟气粒子的运动清晰地展现了城市区域里次生火灾的起火位置和严重程度，增强了火灾蔓延场景的真实感。

（a）$t = 4$h

图 10.3-19　利用 OSG 展示的火灾蔓延可视化效果

（b）t = 6h

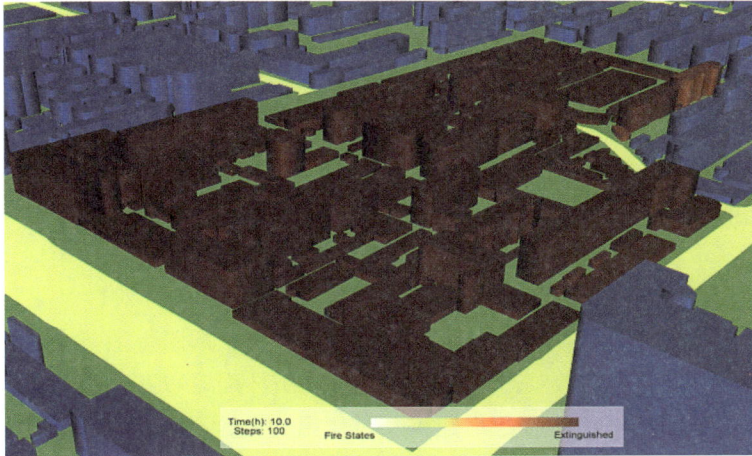

（c）t = 10h

图 10.3-19（续）

（a）整体视角

图 10.3-20　利用 Smokeview 展示的烟气效果

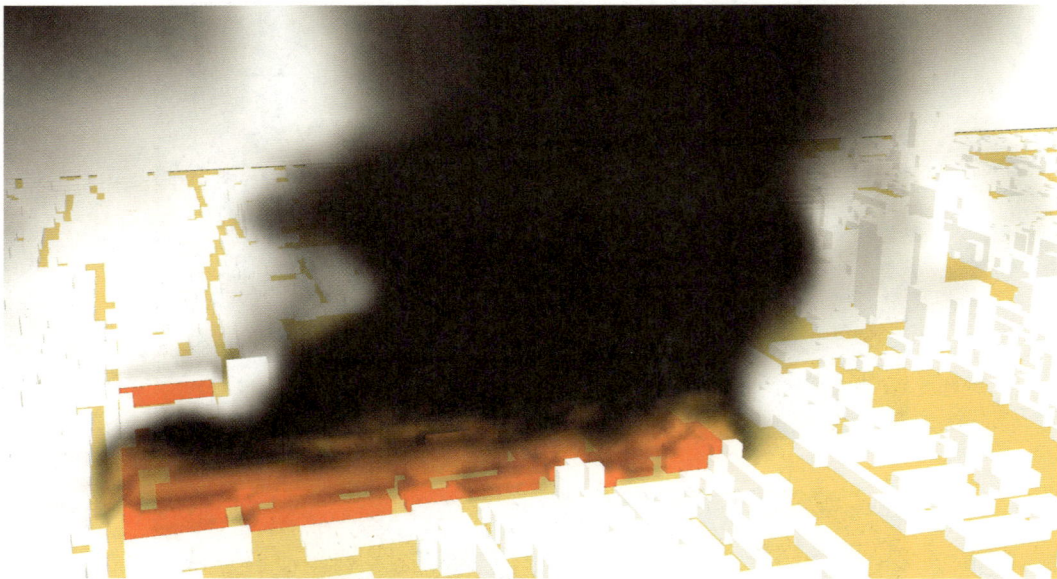

（b）局部视角

图 10.3-20（续）

　　需要说明的是，本节建议的方法引入了一定的假设，主要包括：①起火模型中的回归模型主要是基于我国、美国和日本的震后火灾数据提出的，因此主要适用于这些国家的城市区域地震次生火灾模拟。对于其他国家和地区，则应针对性地采用适用于该地的起火模型。②在火灾蔓延模型中，暂时没有考虑喷淋、烟感等消防设施以及消防部门的影响。然而，地震可能导致喷淋等消防设施出现破坏而难以正常工作，消防部门也可能因道路损坏等原因无法对所有起火建筑及时作出扑救行动。因此本节通过上述假定，给出的模拟结果偏于保守，但可以认为有一定的合理性。③三维可视化场景中没有体现建筑门窗等细节，但如图 10.3-20 所示，采用目前的细节层次，已经可以营造一种真实的火灾蔓延场景了。今后的研究中，可以在现有工作的基础上，对火灾场景进行进一步细化。

10.3.5　小结

　　本节在现有地震次生火灾起火模型和蔓延模型的基础上进行发展，提出了考虑建筑震害的地震次生火灾模拟方法和高真实感显示框架。之后对我国太原市中心城区进行了次生火灾预测案例研究。得出结论如下。

　　（1）本节采用区域建筑地震响应时程分析，得到建筑震害，可以考虑不同地震动记录和不同建筑抗震能力差别对初始起火位置的影响和对火灾蔓延的影响。

　　（2）在火灾蔓延的初始阶段，不同地震动的蔓延结果比较接近；但一定时间后，不同地震动下火灾蔓延情况逐渐出现差异。建筑外围护结构的震害会增大火灾蔓延面积。

　　（3）基于 OSG 引擎的高真实感显示可以使用不同颜色表征建筑燃烧状态，从而展现火灾蔓延场景。而利用 FDS 和 Smokeview 开源软件，可以实现真实的烟气效果。这些高真实感可视化结果可以方便非专业人士直观地理解次生火灾模拟结果，从而为消防救援决策、城市消防规划等提供依据。

10.4 地震次生坠物灾害及其对人员疏散的影响

10.4.1 引言

城市中的多高层建筑大量采用砌体填充墙作为外围护结构，以往历次地震中建筑外围护填充墙破坏严重（清华大学土木工程结构专家组等，2008；Hermanns, et al., 2014），墙体砌块也因为各楼层的地震响应发生坠落。次生坠物导致了大量的人员伤亡（Peek-Asa, et al., 1998；Chan, et al., 2006；Qiu, et al., 2010），此外坠物覆盖了交通道路，严重阻碍应急疏散和救援（Goretti, et al., 2006；Hirokawa, et al., 2016）。人员在前往应急避难场所的过程中受到坠物等周围环境的影响时，行进速度也会发生变化（Orazio, et al., 2014；Bernardini, et al., 2016）。因此，有必要对非结构构件次生坠物进行深入研究，分析影响建筑坠物的因素，并考察次生坠物的分布情况及其对疏散的影响。

目前地震引起的非结构构件坠物方面已有一些研究工作，Xu 等（2016a）采用ASCE-07（ASCE，2010）中给出的不同类型非结构构件破坏限值，假设达到一定层间位移角时，该楼层外围护墙即会发生破坏并坠落。黄秋昊等（2013）直接采用 1/300 层间位移角作为外围护结构的破坏限值，并假设破坏后的碎片以一定水平速度抛出。Liu 等（2015）根据非结构构件的易损性曲线，选择层间位移角限值作为破坏准则，对室内隔墙和吊顶进行坠物分析。上述研究均直接采用层间位移角限值作为填充墙破坏的准则，事实上，墙体所受的面外加速度、墙体宽厚比同样会对填充墙的破坏和坠物产生影响，现有的墙体破坏和坠物准则有待改进。

在次生坠物分布方面，Liu 等（2015）在分析中假定构件损坏所产生的坠物完全覆盖地面，Cimellaro 等（2017）则假定了原有障碍物附近坠物的分布范围。不少研究人员利用卫星照片识别建筑损伤和室外的碎片分布（Saito, et al., 2004；Quagliarini, et al., 2016）。例如，Quagliarini 等在卫星照片的基础上，通过统计回归得到坠物形成的公式，研究中假定坠物是均匀分布的。上述研究较少考虑构件破坏后的碎片在地面上的碰撞和运动，而且坠物分布是不均匀的，现有模型无法满足研究需求。

地震下人员疏散行为模拟需要考虑多种因素，Xiao 等（2016）采用社会力模型用于模拟疏散，提出了完成疏散的时间要求。Wijerathne 等（2013）模拟了城市中人员的疏散，考察了对城市熟悉程度不同的人员的行为。Osaragi 等（2012）考虑了建筑倒塌对道路的覆盖以及次生火灾的影响，并对疏散过程中的区域进行了风险评估。Orazio 等（2014）通过分析地震下人员的行为，给出了相关人员运动的模型，并考虑了建筑倒塌残骸对人员行为的影响。人员在室外疏散时，均会经过坠物区域，已有的研究大多考虑结构倒塌引起的坠物对疏散的影响，而较少考虑非结构构件的坠物对人员行动的影响

（Alexander，1990）。忽略非结构构件坠物会低估对人员疏散的影响；假设人员在有部分碎片覆盖的区域无法通行，则又会高估坠物的影响（Quagliarini，et al.，2016），尤其是在因高估坠物范围而判断道路被完全阻断的情形中，疏散过程和总时间会发生较大偏差。

因此，有必要针对非结构构件在地震中坠落和分布进行研究，并定量分析碎片对人员行进速度的影响，考察坠物情形中的疏散过程，识别地震中坠物碎片分布的危险区域。本书作者和清华大学研究生杨哲飚、谢昭波，北京科技大学许镇副教授一起，首先给出了地震次生坠物灾害分析框架；其次设计了综合考虑面内层间位移角和面外加速度的拟静力试验装置，基于试验结果提出了新的墙体破坏和坠物准则；之后提出了非结构构件（砌体填充墙）坠物的模拟方法，并给出了坠物分布的公式；而且，通过试验量化了碎片分布对人员运动的影响；最后以清华校园教学区为例，应用了本节提出的分析方法，计算了地震次生坠物分布，实现震后疏散模拟，并确定了疏散道路中的高风险区域。

10.4.2　模拟框架

地震次生坠物灾害分析框架分为五个模块，分别为：①区域建筑和道路基础数据库；②区域建筑非线性时程分析；③非结构构件破坏准则确定；④坠物分布计算；⑤疏散情境构建与模拟。本研究的整体框架如图 10.4-1 所示。

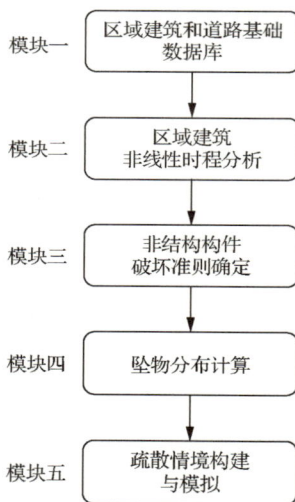

图10.4-1　本研究的整体架构

模块一：区域建筑和道路基础数据库

获取建筑宏观参数和道路信息，在 GIS 平台建立基础数据库，为建筑地震响应计算和疏散情境构建提供数据支持。

模块二：区域建筑非线性时程分析

区域内建筑的非线性时程分析结果是坠物分布计算的基础，这里采用第 7 章提出的建筑多自由度模型和非线性时程分析方法，计算得到每个建筑各层的位移时程和速度时程。

模块三：非结构构件破坏准则确定

采用非结构构件拟静力试验，考察了层间位移角、面外加速度和墙体宽厚比对填充墙体坠落面积比例的影响，并基于试验结果拟合确定非结构构件的破坏准则。基于模块一中得到建筑各层的位移时程和速度时程，结合破坏准则可以确定非结构构件发生破坏的时刻和坠落的比例。

模块四：坠物分布计算

非结构构件如砌体墙等，在满足模块三中的破坏准则时，就会发生破坏形成坠物（ASCE，2010；Xu，et al.，2016a）。坠物之间以及坠物与地面会发生相互碰撞，采用LS-DYNA 模拟坠物运动的过程，并在此基础上确定坠物在地面上的分布。

模块五：疏散情境构建与模拟

根据模块一的基础数据库确定建筑及避难场所的位置、道路信息、各建筑内人员的数目，根据模块四的计算结果，在疏散场景中建立坠物分布的区域。考虑人员经过坠物覆盖的区域时行进速度的变化，采用社会力模型（Helbing, et al., 1995）进行人员疏散的模拟。

10.4.3 分析方法

10.4.3.1 区域建筑和道路基础数据库

区域建筑和道路基础数据库是建筑响应计算以及疏散场景建构的基础，数据库中包含建筑信息、道路信息、避难场所位置、人员数量等，利用 GIS 平台存储和管理这些数据。通过城市建设档案数据库、Google Earth 模型（Xiong, et al., 2015）、实地调查（Zeng, et al., 2016）等方式可以获取建筑高度、层数、结构类型、建造年代、建筑面积等建筑属性数据；Google 地图（Wu, et al., 2007）、OpenStreetMap（Haklay, et al., 2008）拥有丰富的地理信息数据，从中可以直接获取建筑外形、道路信息、避难场所位置等信息。疏散模拟时需要确定建筑内人员的数量，FEMA P-58 报告中给出了不同用途建筑内人员的密度（FEMA, 2012a），依据建筑面积可以计算得到每栋建筑人员的数量。

10.4.3.2 区域建筑非线性时程分析

区域建筑非线性时程分析为坠物分布计算提供基本数据。本节采用第 7 章提出的多自由度建筑模型和非线性时程分析方法，得到建筑的地震响应结果（如每层的位移时程和速度时程）。

10.4.3.3 非结构构件破坏准则确定

外围护填充墙作为一类典型的非结构构件在建筑中得到大量使用，本节以填充墙为例研究其在地震下的破坏准则。加气混凝土砌块具有密度小、隔声效果良好等优点，常用于建筑的外围护填充墙，因此试验选用该类型砌块制作填充墙试件。建筑中填充墙常见的厚度在 100～240mm（Hashemi, et al., 2006；Wakchaure, et al., 2012；周晓洁等，2015），为考虑不同墙体宽厚比的影响，试验设计了两种墙体厚度（100mm、200mm），填充墙试件的尺寸分别为 1600mm×1600mm×100mm［图 10.4-2（a）］和 1600mm×1600mm×200mm［图 10.4-2（b）］。

本节设计了一种专门的拟静力加载装置，可以综合考虑面内层间位移角和面外加速度。该装置由钢框架与混凝土支座组成，钢框架包含左右两个钢立柱和上下两根钢梁，钢立柱和钢梁之间采用铰接，如图 10.4-3（a）所示。钢框架用来模拟实际建筑中支承外围护墙的结构框架，利用剪力键和砂浆将砌筑完成的填充墙试件固定在钢框架内部，保证试件和钢框架协同变形。试验设置一个往复荷载加载点，通过作动器施加水平荷载。作动器与钢框架的上部钢梁直接相连，底部支座通过钢压梁固定在地梁上。钢框架作为一个平行四边形机构，在作动器作用下会发生水平错动，与之相连的填充墙试件会相应地产生变形，用于模拟地震时因楼层位移产生的外围护墙变形。加载装置底部的两个混凝土支座上各设有四个孔道［图 10.4-3（b）］，底部钢梁通过锚杆与混凝土支座连接，从而实现钢框架的固定。

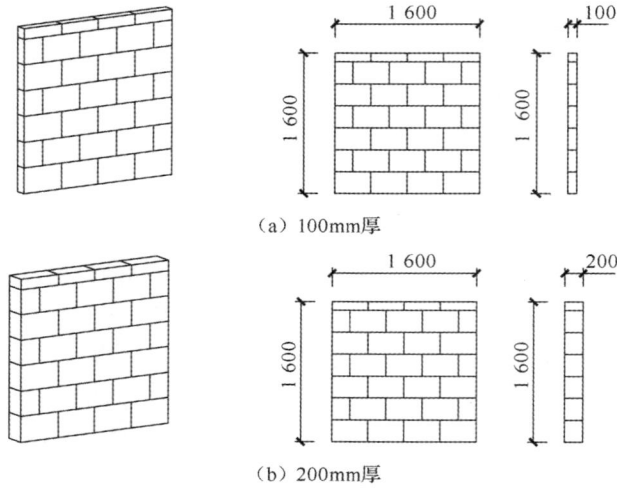

（a）100mm厚

（b）200mm厚

图 10.4-2　填充墙试件

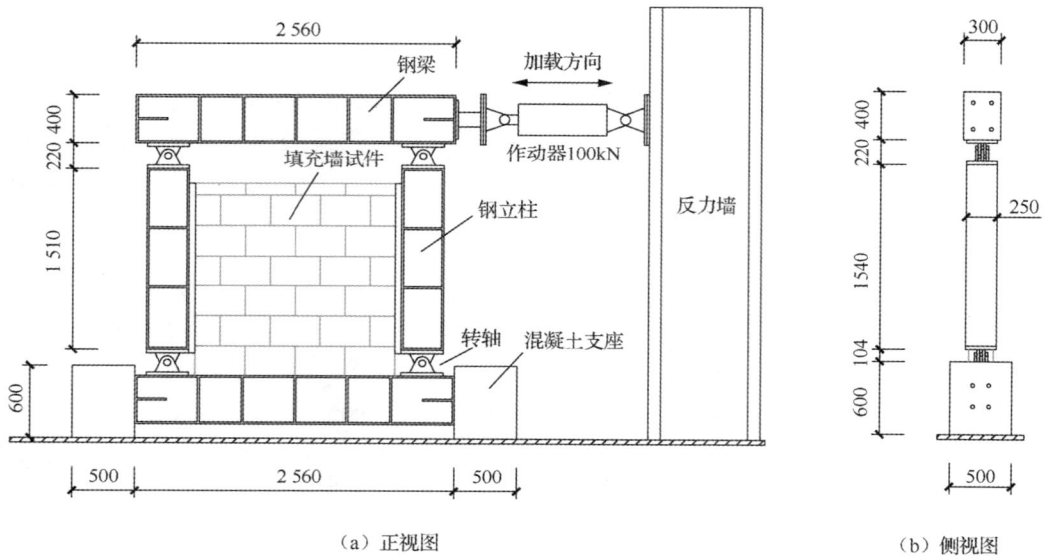

（a）正视图

（b）侧视图

图 10.4-3　试验加载装置

为了模拟地震时填充墙所受的面外加速度，钢框架能够以不同角度向面外倾斜，倾斜墙体重力加速度的面外分量即用于模拟地震时的面外加速度。试验共设计了 5 组混凝土支座（总计 10 个），图 10.4-4 为混凝土支座侧视图，图中示出每组混凝土支座的孔道位置，使得钢框架在面外能够以 5 种角度（0°、15°、30°、45°和 60°）倾斜，对应的面外地震加速度分别为 0.0g、0.26g、0.50g、0.70g 和 0.87g。图 10.4-5 为试验框架侧视图。

试验采用位移控制的拟静力加载方式，设计加载为 24 级，每个加载级重复 2 次（JGJ/T 101—2015），当钢框架的层间位移角超过 1/30 或填充墙试件完全脱落时停止加载。

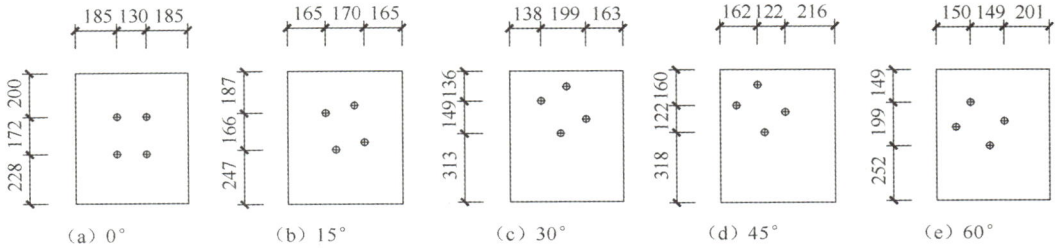

图 10.4-4　混凝土支座侧视图

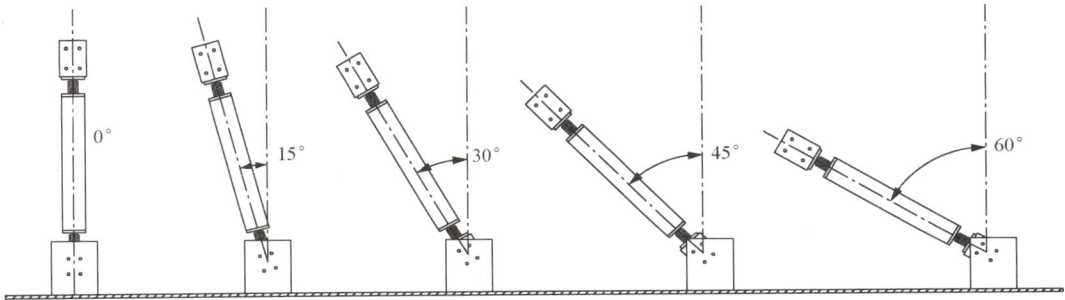

图 10.4-5　试验框架侧视图

在试验中，各填充墙试件在面内剪切变形作用下，逐渐产生裂缝。随着变形不断增大，裂缝逐渐变宽，数量也不断增多。当填充墙试件的倾斜角度为 0°时（不存在面外加速度），即使试件发生严重破坏，加气混凝土砌块也很难掉落。当填充墙试件倾斜时（存在面外加速度），在墙体破坏坠落情况（图 10.4-6）下，100mm 厚和 200mm 厚填充墙体的破坏情况如表 10.4-1 和表 10.4-2 所示。100mm 厚的填充墙试件在 1/75 层间位移角时就开始有砌块坠落。相对地，200mm 厚的填充墙体只有在层间位移角达到 1/50 时，倾斜角度最大（面外加速度为 0.87g）的试件才开始有较大面积的砌块坠落，其余试件均无砌块脱落。由对比可知，在面外加速度相同时，100mm 厚的墙体比 200mm 厚的墙体更早发生砌块脱落现象，且最终脱落的砌块数量更多。填充墙体破坏的规律为：试件倾斜角度越大（面外加速度越大），墙体越薄，填充墙砌块掉落的时间就越早；在同样层间位移角下，脱落的墙体面积就越大。

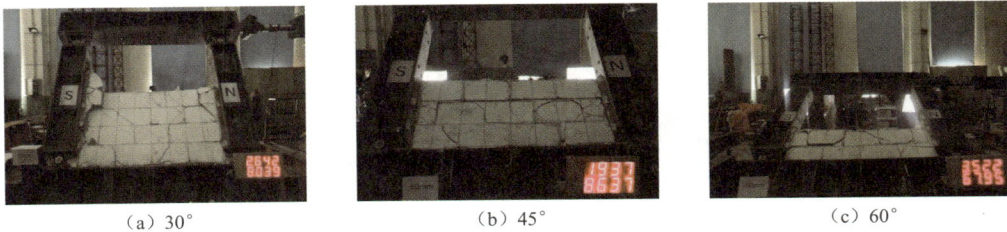

图 10.4-6　不同倾角下墙体破坏坠落情况

表 10.4-1　100mm 厚填充墙体的破坏情况

面外加速度	层间位移角/rad				
	1/100	1/75	1/50	1/30	>1/30
0.26g	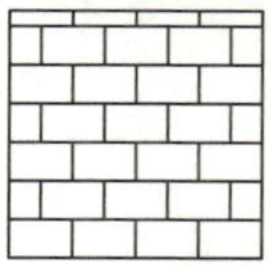	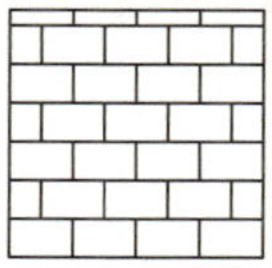	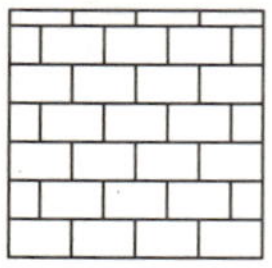	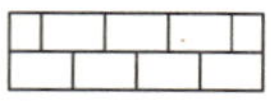	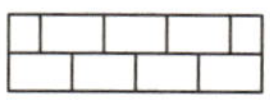
0.50g			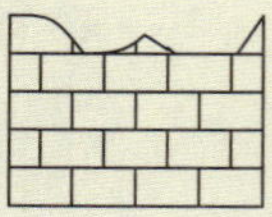	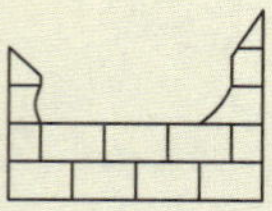	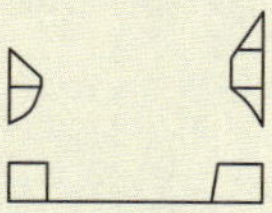
0.70g	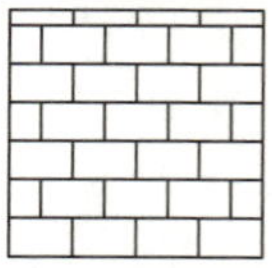	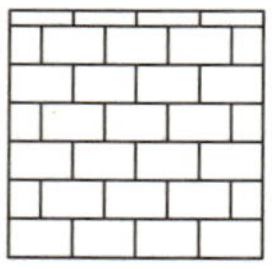	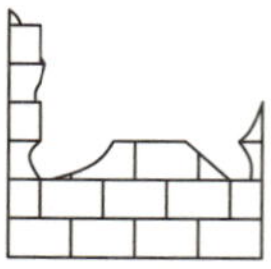	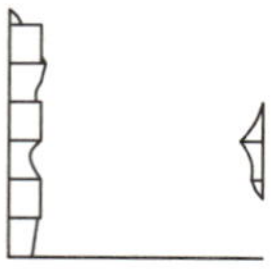	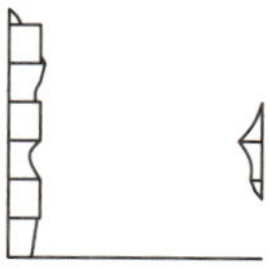
0.87g		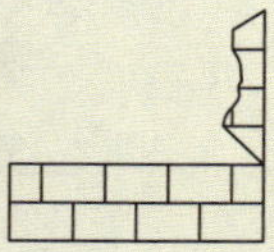	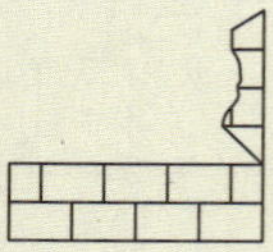	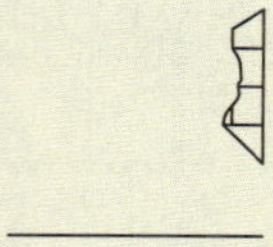	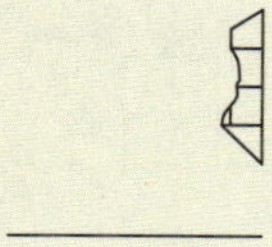

表 10.4-2　200mm 厚填充墙体的破坏情况

面外加速度	层间位移角/rad				
	1/100	1/75	1/50	1/30	>1/30
0.26g	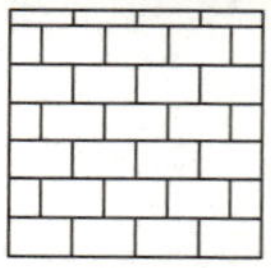	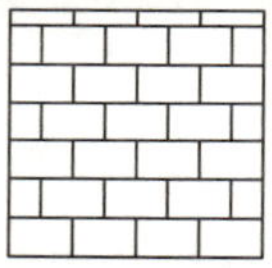	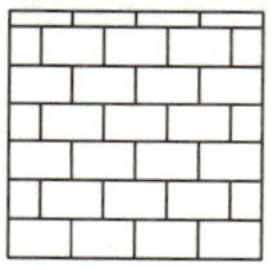	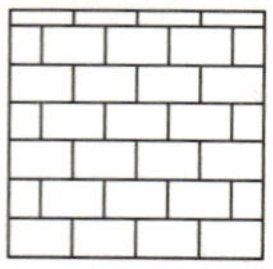	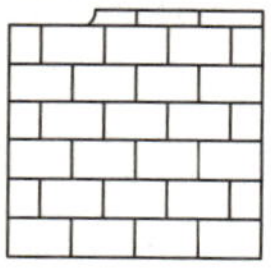
0.50g				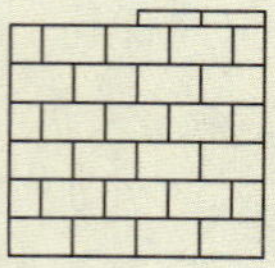	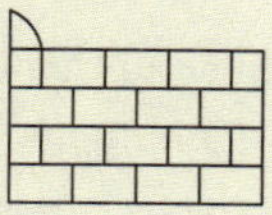
0.70g	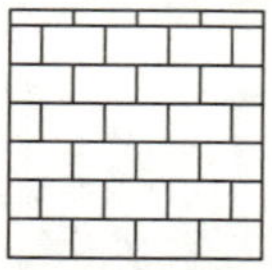	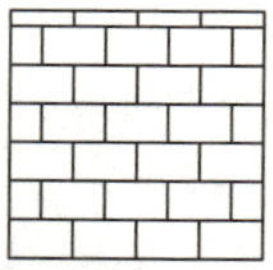	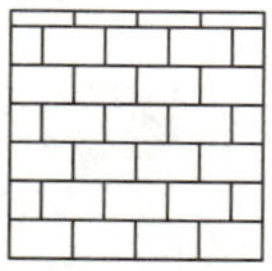	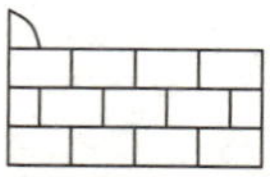	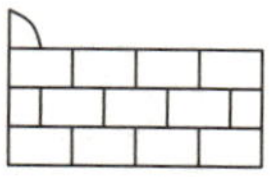
0.87g			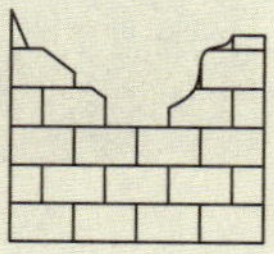		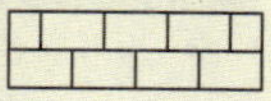

脱落的墙体面积除以墙体总面积，可以得到墙体砌块的脱落比例，不同面外加速度和层间位移角下填充墙体脱落面积的比例如表 10.4-3 所示。

表 10.4-3　填充墙体脱落面积的比例　　　　单位：%

层间位移角/rad	墙体厚度 100mm 面外加速度				墙体厚度 200mm 面外加速度			
	0.26g	0.50g	0.70g	0.87g	0.26g	0.50g	0.70g	0.87g
1/100	0	0	0	0	0	0	0	0
1/80	0	0	0	48.1	0	0	0	0
1/60	0	0	38.2	62.5	0	0	0	0.3
1/50	0	32.4	52.5	62.5	0	0	0	33.2
1/40	6.0	60.1	87.3	93.8	0	0	0.3	68.8
1/35	47.4	60.1	87.3	93.8	0	0	0.3	68.8
1/30	68.8	88.7	87.3	93.8	0	3.1	52.1	68.8
> 1/30	68.8	88.7	87.3	93.8	2.1	36.5	52.1	68.8

面外加速度为 0 的填充墙试件（即墙体竖直），当层间位移角超过 1/30 时，试件破坏严重，部分砌块虽然因为裂缝而和周围分离，但分离的砌块和周围砌体依然接触咬合，而面外合力基本不存在，因此这些砌块并不会脱落形成坠物。由分析可知，砌块脱落需要满足两个条件：①墙体出现贯通裂缝；②砌块所受的面外合力大于砌块之间的摩擦力。填充墙砌块脱落的面积比例与层间位移角、面外加速度和墙体宽厚比有关。层间位移角越大，坠物数量越多。当层间位移角和墙体宽厚比相同时，面外加速度越大，墙体产生的坠物越多。墙体的宽厚比也会影响墙体坠落的比例，宽厚比越大，砌块越容易发生坠落。根据表 10.4-3 的试验数据，采用 Logistic 函数对试验结果进行拟合，填充墙砌块掉落比例公式为

$$A_{\text{debris}} = A_{\text{wall}} \left(\frac{\lambda_{\text{max}}}{1 + e^{9.87 \times (1 - \gamma \Delta)}} \right) \tag{10.4-1}$$

式中，λ_{max} 为砌块坠落面积比最大值，根据 $\lambda_{\text{max}} = 1 - e^{-0.15\eta}$ 计算，η 为墙体宽厚比；A_{debris} 为墙体坠落的砌块面积；A_{wall} 为填充墙墙体面积；Δ 为层间位移角；γ 为修正系数，按照式（10.4-2）计算：

$$\gamma = 183.1\alpha^3 - 86.6\alpha^2 - 12.46\alpha^2\eta - 15.38\alpha + 13.36\alpha\eta \tag{10.4-2}$$

式中，$\alpha = a_{\text{max}} / g$，$a_{\text{max}}$ 为楼层最大加速度，g 为重力加速度。

公式计算得到的填充墙砌块掉落比例和试验结果对比如图 10.4-7 所示，两者吻合良好，验证了填充墙砌块掉落比例计算公式的可靠性。该公式可作为填充墙破坏和坠物准则，用于建筑坠物分布计算。

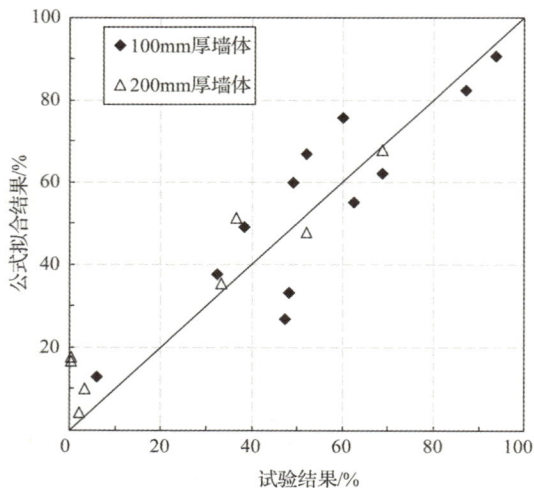

图 10.4-7　填充墙砌块掉落比例和试验结果对比

10.4.3.4　坠物分布计算

本节采用砌块抛掷试验结合有限元模拟的方法，来计算地震下坠物的分布。由于文献中缺乏砌块运动和分布的相关数据，因此研究首先进行砌块抛掷试验，之后通过建立合适的 LS-DYNA 模型来模拟砌块运动过程。在此基础上，在 LS-DYNA 中建立各楼层砌体填充墙的有限元模型，赋予砌块水平初速度模拟地震中破坏后的初始运动过程，各有限元模型的目的是分析砌块所在楼层和初速度对砌块分布的影响。当计算得到地面不同位置处的砌块坠物密度后，采用统计拟合方法确定坠物分布密度公式。

砌块抛掷试验（图 10.4-8）选择了外围护填充墙中使用的混凝土加气砌块，尺寸则为常见的 250mm× 200mm×100mm。为了避免单一高度处抛掷可能导致的有偏性，试验选择在三个高度（1.8m、5.4m 和 9.0m）处以不同的水平初始速度抛掷砌块（图 10.4-8），记录砌块最终落地位置的距离 d 和角度 φ。图 10.4-9 为砌块抛掷试验示意图。

图 10.4-8　砌块抛掷试验

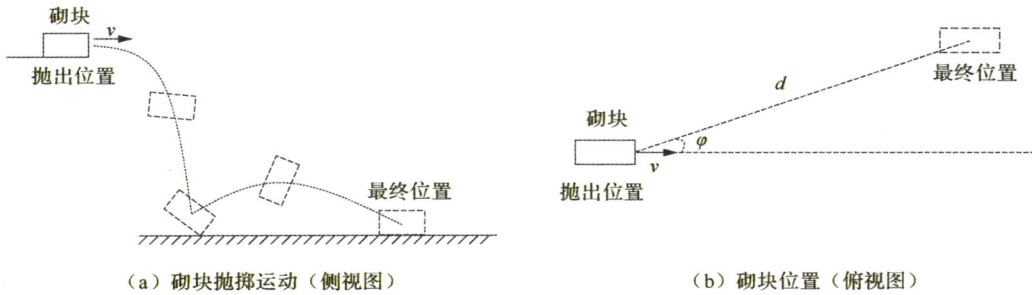

（a）砌块抛掷运动（侧视图）　　　　　　　　　　（b）砌块位置（俯视图）

图 10.4-9　砌块抛掷试验示意图

在 LS-DYNA 中模拟砌块抛掷试验，首先需要确定填充墙砌块和地面的材料参数。由于砌块和地面均为混凝土，LS-DYNA 中 PLASTIC KINEMATIC（MAT 3）参数简单且碰撞计算时稳定性较高，综合考虑后选用该材料模型来模拟砌块与地面。坠物分布密度公式参数取值如表 10.4-4 所示，属性数据由试验测得。

表 10.4-4　坠物分布密度公式参数取值

参数	砌块	地面混凝土
密度/（kg/m³）	1200	2500
弹性模量/GPa	0.8	8.0
强度/MPa	1.0	11.2

砌块之间以及砌块与地面之间选择 Automatic-Node-To-Node（ANTN）接触类型（LSTC，2014），共模拟了试验中 10 个砌块的抛掷及运动过程。表 10.4-5 为砌块最终抛掷的模拟结果与试验结果对比，距离和角度对比如图 10.4-10 所示。模拟结果和试验结果吻合良好，验证了 LS-DYNA 中砌块抛掷模型和参数设置的可靠性。

表 10.4-5　砌块最终抛掷模拟结果与试验结果对比

编号	模拟		试验	
	距离 d/m	角度 φ/（°）	距离 d/m	角度 φ/（°）
1	2.2	13	2.3	10
2	3.1	−11	3.1	−15
3	3.5	−5	3.7	−5
4	3.5	−20	3.9	−17
5	4.4	12	4.5	16
6	4.4	−17	4.4	−18
7	5.4	−7	5.7	−6
8	5.5	2	5.3	5
9	5.5	18	5.4	18
10	6.5	2	6.8	2

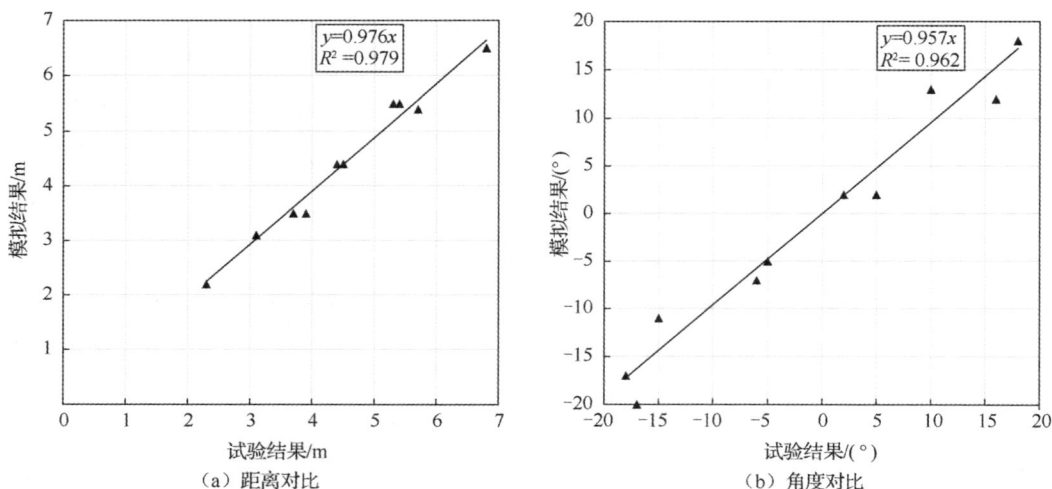

（a）距离对比　　　　　　　　　　　（b）角度对比

图 10.4-10　距离和角度对比

　　地震作用下各楼层都有可能发生砌块坠落，坠物的分布与砌块所在楼层和抛出时的速度有关。为了考察各因素对坠物分布的影响，研究采用 LS-DYNA 软件来模拟地震下各楼层填充墙的砌块坠落和碰撞情况。图 10.4-11 为砌块抛掷结果对比。具体地，在 LS-DYNA 建立了从第 1~10 层共 10 个填充墙模型（图 10.4-11），建筑中填充墙的高度因层高而异，常见的高度在 2.8~3.4m（Hashemi，et al.，2006；Pujol，et al.，2010），此模型中填充墙的尺寸选高度为 3m，宽度为 4m，模型参数按照前文的方法设置。

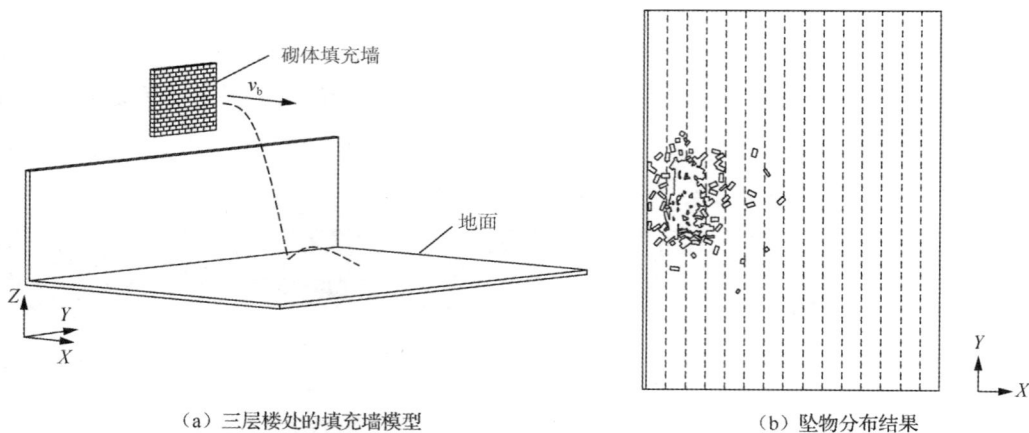

（a）三层楼处的填充墙模型　　　　　　　（b）坠物分布结果

图 10.4-11　砌块抛掷结果对比

　　图 10.4-1 模块二中建筑非线性时程分析基于 MDOF 模型，计算给出了各楼层位移和速度时程结果，因此认为每层的填充墙在达到层间位移角限值发生破坏时，该层的砌块都以相同的水平初速度抛出（Xu，et al.，2016a）。根据已有研究（Lu，et al.，2014b；Xu，et al.，2016a），在峰值加速度小于 400cm/s^2 的地震下，楼层速度的最大值基本小于 2m/s，砌块破坏时抛出的速度也不会超过该值。各层填充墙模型的砌块设置 4 种抛出的初速度（0.5m/s、1.0m/s、1.5m/s、2m/s），总共有 40 个算例，计算得到填充墙的坠物分

布 [图 10.4-11（b）]。将地面划分成若干 1m×5m 的子区域，统计各算例子区域内的坠物密度。对统计数据进行拟合，得到各层楼坠物分布密度的公式为

$$P_d = \frac{d + C_1 \times v_b + C_2}{C_3} \times \exp\left[-\frac{(d + C_4 \times v_b)^2}{C_5}\right] \qquad (10.4\text{-}3)$$

式中，P_d 为所需计算区域（宽度为 1m）坠物分布密度；v_b 为某楼层砌块抛出时的速度（m/s）；d 为所需计算区域与建筑之间的距离（m）；$C_1 \sim C_5$ 为常数，各楼层取值不同。子区域内的坠物来自建筑的各个楼层，当计算得到各楼层引起的坠物密度后，采用线性叠加方式计算该子区域内最终的坠物分布密度。坠物分布密度公式常数取值如表 10.4-6 所示。

表 10.4-6　坠物分布密度公式常数取值

楼层	常数				
	C_1	C_2	C_3	C_4	C_5
1	-0.30	0	0.77	-0.29	2.25
2	-0.45	0	1.30	-0.60	3.33
3	0	-12.12	-15.05	-1.80	2.44
4	0	-16.89	-24.82	-2.08	3.08
5	0	-21.29	-36.17	-2.25	3.93
6	0	-19.13	-32.30	-2.43	4.15
7	0	-22.18	-38.70	-2.68	4.27
8	0	-21.54	-41.85	-2.82	5.24
9	0	-19.52	-34.26	-2.98	3.88
10	0	-22.31	-41.10	-3.04	4.21

有限元分析结果和式（10.4-3）预测的坠物覆盖密度有限元计算结果和公式预测结果对比如图 10.4-12 所示，两者吻合良好，验证了式（10.4-3）的可靠性和准确性。

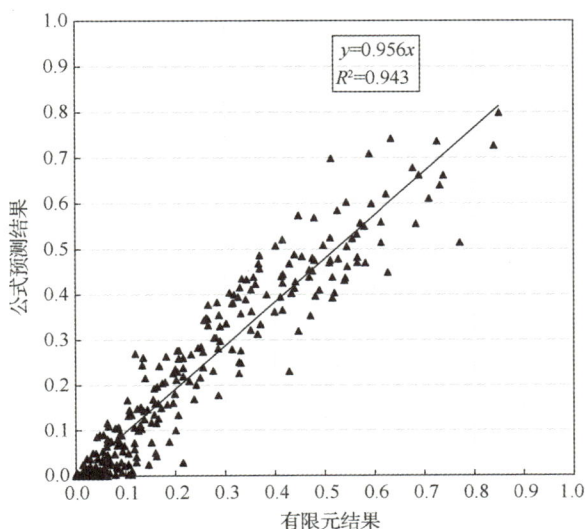

图 10.4-12　坠物覆盖密度有限元计算结果和公式预测结果对比

10.4.3.5 疏散情境构建与模拟

疏散情境构建包括疏散环境构建和人员行为模拟两部分。疏散环境中建筑位置、道路信息、避难场所位置以及各建筑的人数由图 10.4-1 模块一的基础数据库即可确定，道路上的坠物分布则由模块四确定。在人员行为方面，本研究选用社会力模型进行疏散模拟，该模型得到了实际疏散过程的验证（Johansson，et al.，2008；Li，et al.，2015），在疏散模拟中得到了广泛的使用（Parisi，et al.，2009；Wan，et al.，2014；Xiao，et al.，2016）。在无坠物覆盖的区域，人员按照正常速度行进；而在有坠物覆盖的区域，人员的行进速度会受到影响，而行进速度的变化会对疏散过程产生较大影响。为了考察坠物对人员速度的影响，本研究设计了不同障碍物占比下的人员运动实验，记录人员通过跑道的时间，拟合得到人员行进速度和障碍物密度之间的关系。在获得不同区域内人员的运动行为后，即可在疏散环境中设置人员速度，由于人员行动的直径约为 0.7m（Lakoba，et al.，2005），将坠物覆盖区域分成宽度为 1m 的相邻的子区域，模块四中计算得到了每个子区域的坠物密度，按照坠物密度的不同将各子区域设置不同的人员行进速度。由此完成疏散情境构建，进行人员疏散模拟。

人员运动的直径在 0.7m 左右（Lakoba，et al.，2005），当考虑障碍物对人员行经速度的影响时，试验中人员在经过跑道时应处在同一障碍物密度中，因此跑道的宽度选用 1.5m 以容纳人员运动的范围，跑道的长度则选择 20m。跑道上设置 4 种障碍物密度的情形，比例分别为 5%、10%、15% 和 25%，如图 10.4-13（a）～（d）所示。为了防止

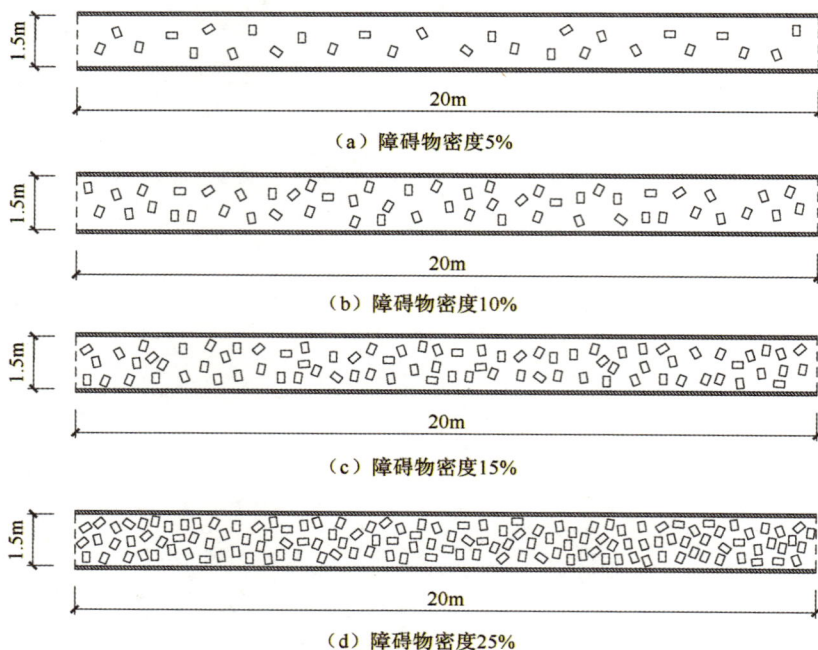

（a）障碍物密度5%

（b）障碍物密度10%

（c）障碍物密度15%

（d）障碍物密度25%

图 10.4-13　跑道示意图

人员被坚硬的障碍物绊倒受伤，选用纸盒作为障碍物，纸盒尺寸为 290mm×170mm× 190mm。在各障碍物情形中，每个人用行走方式和跑步方式经过跑道，记录两种方式下人员通过的时间，共 13 个人参加试验。图 10.4-14 为障碍物下人员运动试验。

| （a）行走情形 | （b）跑步情形 |

图 10.4-14 障碍物下人员运动试验

在试验时发现，当跑道上障碍物密度达到 25%时［图 10.4-13（d）］，人员已经无法通行，因此在该密度处，人员行走速度和跑步速度取为 0。对人员行进速度进行拟合，其曲线如图 10.4-15 所示。

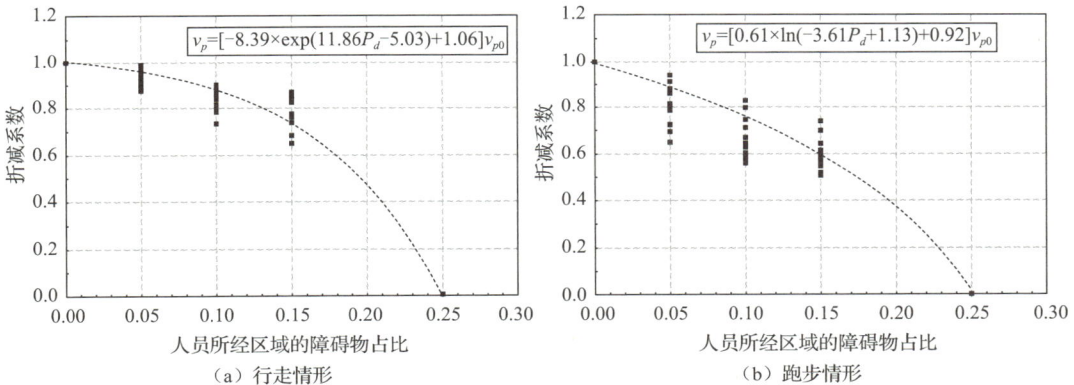

$$v_p=[-8.39\times\exp(11.86P_d-5.03)+1.06]v_{p0}$$

$$v_p=[0.61\times\ln(-3.61P_d+1.13)+0.92]v_{p0}$$

| （a）行走情形 | （b）跑步情形 |

图 10.4-15 人员行进速度拟合曲线

行走情形： $R=\dfrac{v_p}{v_{p_0}}=\begin{cases}-8.39\times\exp(11.86P_d-5.03)+1.06, & 0\leqslant P_d<25\% \\ 0, & 25\%\leqslant P_d\leqslant100\%\end{cases}$ （10.4-4）

跑步情形： $R=\dfrac{v_p}{v_{p_0}}=\begin{cases}0.61\times\ln(-3.61P_d+1.13)+0.92, & 0\leqslant P_d<25\% \\ 0, & 25\%\leqslant P_d\leqslant100\%\end{cases}$ （10.4-5）

式中，R 为折减系数；v_p 为人员的速度（m/s）；v_{p_0} 为无坠物时人员的速度（m/s）；P_d 为人员行经区域的障碍物占比。

10.4.4 算例

在清华大学教学区内共有 15 栋建筑，大多为教学楼和科研场所，上课时段人员众多，选择该区域作为地震次生坠物计算和人员疏散的分析对象。操场位于教学区东北方，它作为应急避难场所（GB 50413—2007；GB 21734—2008）是区域内人员疏散的目的地。教学区示意图如图 10.4-16 所示，总面积约 0.22km^2，其中蓝色单斜线的多边形是建筑，绿色区域是道路，网格四边形区域为避难场所。

图 10.4-16 教学区示意图

FEMA P-58 给出了不同用途建筑内人员的密度（FEMA，2012a），依据建筑用途和面积即可确定人员的数量，各建筑的基本信息如表 10.4-7 所示。

表 10.4-7 建筑基本信息

编号	层数/层	结构类型	建筑用途	人员数量/人
1	5	框架剪力墙	教学楼	1190
2	9	框架剪力墙	教学楼	740
3	4	框架剪力墙	教学楼	360
4	4	框架结构	科研场所	265
5	2	砌体结构	科研场所	75
6	1	砌体结构	科研场所	70
7	3	框架结构	教学楼	450
8	3	框架结构	教学楼	490
9	5	框架结构	教学楼	590
10	4	框架剪力墙	公共场所	430
11	5	框架结构	教学楼	660
12	2	框架结构	教学楼	480
13	2	框架结构	科研场所	235
14	5	砌体结构	科研场所	125
15	2	砌体结构	科研场所	70

根据《建筑抗震设计规范》（GB 50011—2010）（2016 年版），该区域地震设防烈度为 8 度，设计基本地震（重现期 475 年）的峰值地面加速度（PGA）为 200cm/s²，罕遇地震（重现期 2475 年）的 PGA 为 400cm/s²。地震动输入采用 El-Centro 地震动记录，峰值地面加速度分别选择设防地震情况时 200cm/s² 和罕遇地震情况时的 400cm/s²。研究中建立的三种疏散情境分别如下。

（1）无坠物情形下的人员疏散。

（2）有坠物情形下的人员疏散，输入地震动的 PGA 为 200cm/s²。

（3）有坠物情形下的人员疏散，输入地震动的 PGA 为 400cm/s²。

几种疏散情境下的坠物分布示意如图 10.4-17 所示，其中红色多边形为通行阻断区域，人员无法通过，即坠物覆盖比例超过 25%；黄色多边形为通行减速区域，坠物覆盖的比例为 0～25%。由于坠物的存在，人员在经过这一区域时速度会减小。从图中可以看到，在情境 2 中（PGA = 200cm/s²），只有建筑 1#附近存在 1m 宽的减速区域，而其余建筑周围均无坠物。情境 2 和无坠物情境 1 相近，情境 2 中的人员通行基本不受坠物影响。而在疏散情境 3 中（PGA=400cm/s²），建筑 1#和建筑 2#、建筑 3#之间的 7m 宽的通道有部分被坠物堵塞，其中 A 处堵塞的宽度为 3m，B 处被堵塞的宽度为 5m，说明 A 处和 B 处的通道存在较大风险。C 处有 2m 宽的道路被坠物堵塞。在情境 3 的其余道路上均未有坠物堵塞，部分道路存在减速区域，对人员的通行速度存在部分影响。

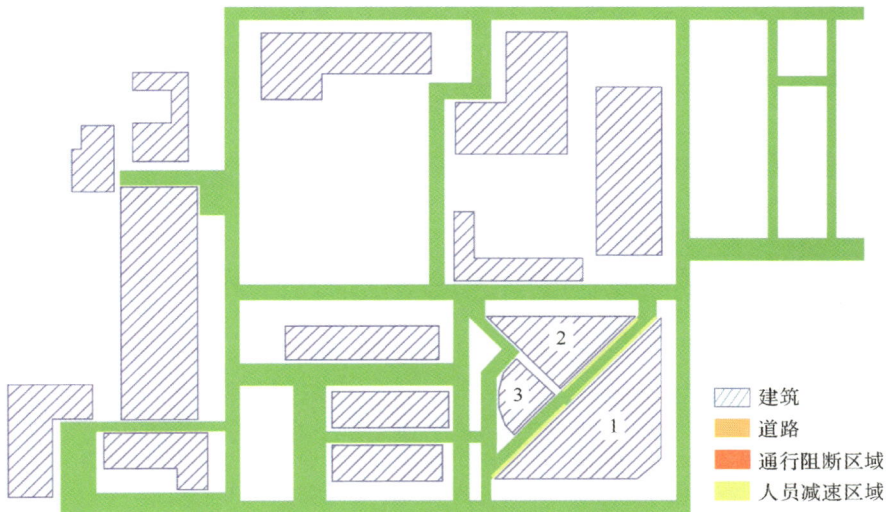

（a）PGA=200cm/s²（疏散情境2）

图 10.4-17　几种疏散情境下的坠物分布示意图

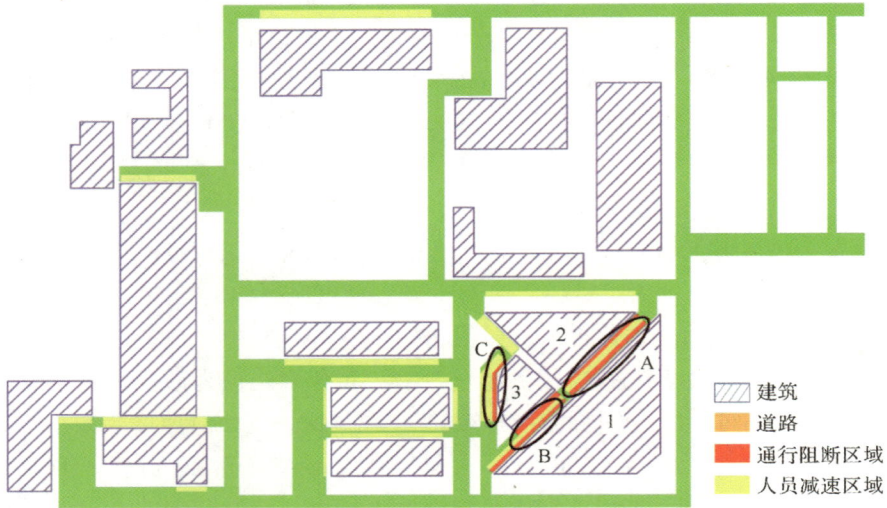

（b）PGA=400cm/s²（疏散情境3）

图 10.4-17（续）

对三种情境进行人员疏散模拟，由于坠物主要分布在建筑 1#、建筑 2#和建筑 3#周围的道路上，而位于这些建筑密集区内的人员占总人数的比例超过 36%重点分析了这部分人员的疏散情况，疏散结果对比如图 10.4-18 所示。建筑#1 和建筑 3#的人员在三种疏散情境中的疏散距离基本相等［图 10.4-18（a）］，原因在于三种疏散情境中，虽然周围通道存在坠物，但通道没有完全被堵塞（图 10.4-17），因此人员并没有绕路。图 10.4-17（a）显示建筑 1#仅有 1m 宽的坠物减速区域，建筑 3#周围没有坠物，对人员基本无影响，因此建筑 1#和建筑 3#在疏散情境 1 和 2 中的平均疏散时间也相等。在疏散情境 3 中，建筑内人员的平均疏散距离基本不变，说明坠物并未改变绝大部分人员原先的疏散路线，但是坠物的存在使得建筑 1#内的人员平均疏散时间增加 41%，建筑 3#内的人员疏散时间增加 31%，增加幅度显著。

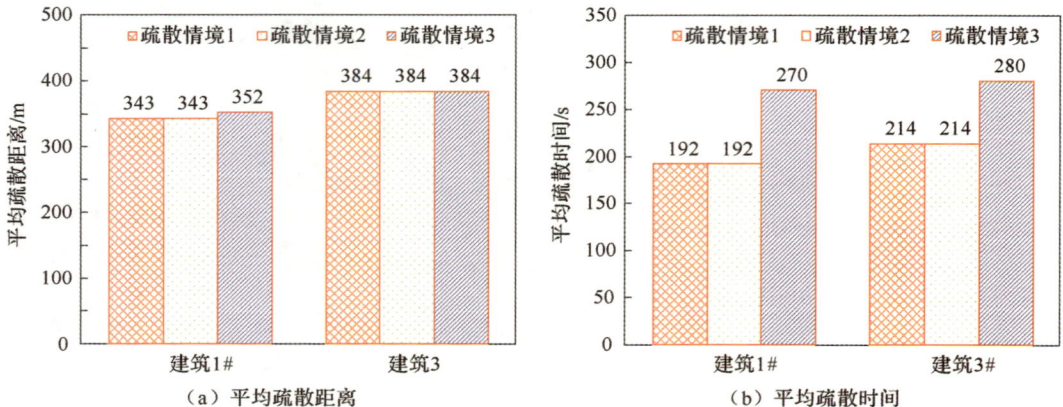

（a）平均疏散距离　　　　　　　　　　（b）平均疏散时间

图 10.4-18　疏散结果对比（建筑 1#和建筑 3#）

各情境下人员整体的疏散时间和各疏散情境结果对比如表 10.4-8 和图 10.4-19 所示。其中无坠物情形时，人员需要 707s 全部到达避难场所，情境 2（PGA = 200cm/s^2）的总疏散时间和无坠物时基本相等，与图 10.4-17（a）中坠物分布的分析结果一致。在情境 3 中（PGA = 400cm/s^2），疏散时间增加约 5%。当考察 95% 的人员完成疏散所需的时间，情境 3 比情境 1 增加 8%，而情境 2 和情境 1 的时间依旧十分接近。

表 10.4-8 疏散时间

疏散情境	情形	95%人员到达时间/s	100%人员到达时间/s
1	无坠物	565	707
2	有坠物，PGA = 200cm/s^2	568	708
3	有坠物，PGA = 400cm/s^2	609	741

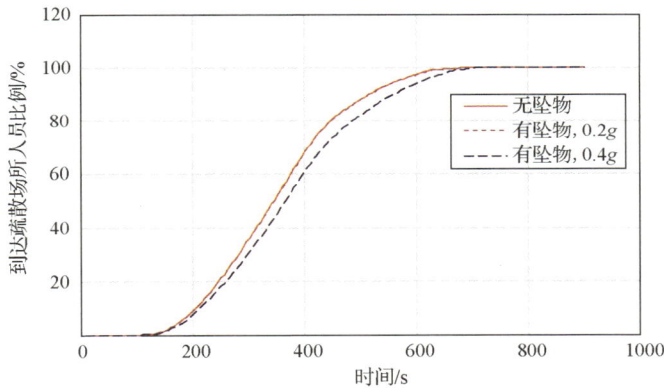

图 10.4-19 各疏散情境结果对比

由算例分析结果可知，尽管坠物对人员整体的疏散时间影响不大，但是对建筑密集区而言，坠物覆盖的道路面积尤为显著，导致个别建筑内的人员的疏散时间明显增加，这些人员在疏散过程中会面临更多风险。因此，进行区域疏散分析时，不仅需要着眼于整体的疏散情况，更应该对建筑密集区内的人员重点加以考虑，分析坠物对疏散时间和疏散距离造成的影响。

10.4.5 小结

本节提出了地震次生坠物灾害分析框架，采用该框架对清华大学校园教学区进行地震坠物分布计算，并模拟了各种坠物情形下的人员疏散，相关结论如下。

（1）基于填充墙试验结果，本节提出了填充墙砌块掉落比例公式，该公式可作为外围护填充墙的破坏准则，用于地震中建筑的坠物计算。

（2）本节通过砌块抛掷试验和 LS-DYNA 有限元模拟，给出了砌块坠物落地后的运动和分布模型。

（3）当考虑砌块落地后的运动时，坠物的范围远大于未考虑砌块落地后的运动时的范围。在所研究的算例中，对于建筑密集区内的部分人员，当坠物没有完全阻断道路时，人员的疏散距离变化较小，但坠物的大量存在会显著增加人员的疏散时间，有必要在疏散演练和应急救援中加以考虑。

（4）本节提出的方法能够计算地震下建筑的坠物分布情况，识别具有高坠物风险的道路，为震后应急救援、城市规划提供决策依据和技术支持。

10.5　考虑坠物次生灾害的避难场所规划

10.5.1　引言

应急避难场所可以在地震后为受灾人群提供临时安置，是减轻地震灾害后果的重要手段。应急避难场所不仅可以在室内，如体育馆等大空间公共建筑（ARC, 2002；FEMA, 2008b），也可以在室外（GB 50413—2007；GB 21734—2008），如大型公园和绿地等。为了防止出现意外伤害，应急避难场所的选址非常重要。为充分保证人员安全，应急避难场所要避免周边建筑外围非结构坠物导致的二次伤害。在避难场所规划标准中（CCSN, 2014），认为当有可靠抗灾设计保证建（构）筑物不会发生倒塌或破坏时，应急避难场所距离两侧建筑的距离应大于坠落物安全距离，以避免避难人员遭受坠物伤害。然而，该标准并未给出坠物危害距离的计算方法，这也限制了它的应用。

本书作者和清华大学研究生杨哲飚，北京科技大学许镇副教授等提出了一套区域建筑群地震作用下非结构坠物危害的分析方法。通过 IDA 方法考虑地震动的不确定性，通过多自由度模型分析建筑群的非线性动力响应，并采用前文建议的外围非结构构件破坏准则，模拟了地震作用下的非结构构件坠物分布。以北京某一高层住宅小区为例，给出 50 年设计周期内不同坠物分布的概率水平，据此建议了应急避难场所的适合区域。

10.5.2　整体架构

区域建筑群外围非结构坠物危害分析包括 3 个步骤，即建筑群坠物分布计算、地震动不确定性分析和应急避难场所选址，本研究的整体架构如图 10.5-1 所示。

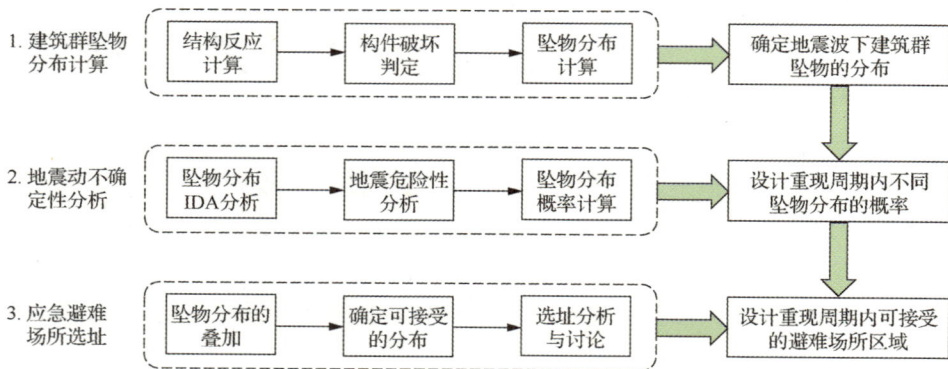

图 10.5-1　本研究的整体架构

1）建筑群坠物分布计算

采用第 7 章建议的多自由度模型，对区域建筑群的主体结构在确定地震动下的结构反应进行非线性时程分析，得到每个楼层的位移、速度等时程数据；基于 10.4 节提出的围护构件失效准则，判定其是否发生坠落；如果发生坠落，所产生的碎块速度等于该时刻楼层水平速度，按照平抛运动计算坠物的水平距离，从而得到确定地震动下建筑群外围非结构坠物的分布。

2）地震动不确定性分析

参照倒塌易损性分析中的 IDA 方法，选择大量地震动记录和不同地震强度，计算特定坠物分布的易损性曲线；根据场地特征，计算场地的地震危险性；通过坠物分布易损性和地震危险性的积分，计算在一定设计年限内坠物分布的概率。

3）应急避难场所选址

在 GIS 平台上，给出考虑概率叠加后的建筑坠物分布结果；根据可接受的概率水平，确定区域建筑非结构坠物的分布范围；讨论应急避难场所的选址问题，给出最为适合的避难场所选址区域。

10.5.3　分析方法

10.5.3.1　建筑群的非结构坠物分布计算

1）区域建筑群结构地震反应计算

结构地震反应计算采取多自由度层模型，其具体实现方法已在第 7 章做了详细介绍，这里不再赘述。

2）外围非结构物破坏准则

根据 10.4 节提出的非结构构件失效准则，就可以判断外围非结构物破坏状态和破坏时刻。需要说明的是，在本书的第一版，在缺少试验数据的情况下，采用了 ASCE-7 规范中规定的非结构构件的失效准则作为外围非结构构件的破坏准则。从 10.4 节的对比可以看出，该准则只考虑了结构的层间位移角，而没有考虑面外加速度的影响，因此 10.4 节提出的指标更加合理。

3）坠物分布计算

围护构件破坏后，产生的碎块具有楼层的水平速度，将发生平抛运动。假设在 i 个时间步建筑 j 层外围非结构物发生破坏，其高度为 h_j，速度为 $v_{i,j}$，则坠物的落点距离为

$$d_{i,j} = v_{i,j}\sqrt{\frac{2h_j}{g}} \tag{10.5-1}$$

式中，速度 $v_{i,j}$ 由非线性时程分析得到。

对于一栋建筑而言，尽管大部分碎块的落点非常靠近建筑，但是离建筑越远的碎块具有的动能更大，破坏性更强。因此，其坠物危害距离应该为所有碎块落点的最大距离。假设楼层数为 m，外围非结构物破坏后的总时间步数为 n，则建筑碎块的危害距离为

$$d_{max} = \max\left(\left|v_{i,j}\sqrt{\frac{2h_j}{g}}\right|\right) \qquad i = 1, 2, 3, \cdots, n, \ j = 1, 2, 3, \cdots, m \qquad （10.5\text{-}2）$$

由于地震在方向上具有不确定性，假设建筑非结构坠物在各个方向上均可达到最大距离 d_{max}。根据以上方法，可以求出确定地震动下每一栋建筑物的外围非结构坠物分布范围，进而可以计算整个区域的坠物分布情况。

10.5.3.2　地震动不确定性分析

不同地震事件将产生不同强度、持续时间和频谱特性的地震动记录。地震动记录的这些不确定性可以通过在分析中使用大量地震动记录加以考虑。FEMA P695 对地震动记录的选取进行了大量研究（FEMA，2009），并推荐了一套地震记录数据库，本节选择该地震动记录进行动力时程分析。

地震动强度的不确定性则通过 IDA 加以考虑。对建筑群逐条输入上述 50 组 FEMA P695 地震动记录，并逐步增大地震动强度（IM）。

假设某一点到建筑墙面的水平距离为 d_0，坠物的最大距离为 d_{max}，则该点被坠物覆盖的概率为 $P(d_{max} \geqslant d_0)$。通过 IDA 和地震危险性分析，可以得到建筑设计基准期内的总概率。具体方法分以下三个步骤。

1）建筑群的 IDA

选择一组用于 IDA 的地震动记录，记为 N_{total}（在本节 $N_{total}=50$）。对各个建筑输入这组地震动记录，以进行时程分析。为了与我国目前的《建筑抗震设计规范》（GB 50011—2010）一致，选取 PGA 作为地震动强度指标。在某一地震动强度下，对结构输入上述地震记录，按照前文的坠物分布计算方法得到一组坠物最大距离 d_{max}。记录 $d_{max} \geqslant d_0$ 的地震动数（记为 $N_{d_{max} \geqslant d_0}$），由此得到该地震动强度下被坠物覆盖的概率为

$$P(d_{max} \geqslant d_0 \mid IM) = N_{d_{max} \geqslant d_0} / N_{total} \qquad （10.5\text{-}3）$$

单调增加地震动强度，重复上一步骤，得到结构在不同地震动强度输入下的 $P(d_{max} \geqslant d_0)$，直到 $P(d_{max} \geqslant d_0)=1.0$，从而得到 d_0 位置被坠物覆盖的易损性曲线。为了更好地解释坠物分布在不同地震动强度下的变异性，假定易损性曲线服从对数正态分布。10.5.4 节的模拟算例表明，拟合曲线满足对数正态分布的这一假定通过了显著性水平为 5% 的 Kolmogorov-Smirnov 检验。

2）地震危险性分析

地震危险性分析给出了设计使用年限（Y 年）内建筑结构所在场地遭遇不同地震动强度 IM 的概率密度，用 $P(IM)$ 表示，可以根据设计规范和给定场地的地震数据，通过函数拟合得到。

3）设计年限内坠物分布全概率计算

设计使用年限 Y 年内结构坠物覆盖指定距离的全概率计算为

$$P(d_{max} \geqslant d_0 \text{ in } Y \text{ 年}) = \int_0^{+\infty} P(d_{max} \geqslant d_0 \mid IM) P(IM) \mathrm{d}IM \qquad （10.5\text{-}4）$$

式中，$P(d_{max} \geqslant d_0 \text{ in } Y \text{ 年})$ 为结构在设计使用年限 Y 年内发生坠物覆盖距离 d_0 的概率；

$P(d_{max} \geq d_0|IM)$ 是 $P(d_{max} \geq d_0)$ 在给定 IM 下的条件概率，由 $P(d_{max} \geq d_0)$ 和 IM 的易损性曲线给出；$P(IM)$ 为结构所在场地在设计使用年限 Y 年内发生强度为 IM 地震的可能性，由地震危险性分析给出。

选取一组逐渐增大的 d_0，根据上述方法可以计算出该结构周边不同距离被坠物覆盖的概率，进而可以根据此结构评价建筑周边的坠物分布的危险性。将上述方法应用到不同建筑上就可以得到一个区域内坠物分布的危险性，为应急避难场所的选址提供依据。

10.5.3.3 应急避难场所选址

对于应急避难场所选址问题，最重要的是给出可接受的区域建筑群坠物分布范围。

首先，需要考虑不同建筑物的碎块叠加的影响。在 GIS 平台上，将目标区域划分成精细的网格。对于每个网格，不同建筑物坠物的影响是独立的，可以进行概率相加。因此，将不同建筑物坠物覆盖该网格的概率进行叠加，可以得到该网格最终的被坠物覆盖的概率，以此作为坠物风险评价的依据。

其次，要确定可接受的概率水平。ASCE（ASCE，2010）以 50 年设计周期内倒塌概率不超过 1%作为设计目标，因此，本节也采用超越概率 1%作为可接受水平的概率水平，从而保证坠物危害的概率不大于建筑倒塌概率。在 GIS 平台下，选择坠物覆盖概率大于等于 1%的网格，这些网格将是坠物危害的影响区域，不适合作为应急避难场所。

10.5.4 算例

该算例为中国北京市海淀区某一高层住宅小区，共有 19 栋住宅，均为钢筋混凝土结构，平均每栋建筑 20 层，平均高度约为 60m，外围非结构物为填充墙。

以小区其中一栋典型建筑为例，该楼 20 层，60.5m 高。按照本节提出的坠物距离计算方法,使用多自由度弯剪耦合模型进行地震响应分析和不同 d_0 下 $P(d_{max} \geq d_0)$ 的易损性曲线的计算。当 $d_0 = 10.0$m 时，不同 PGA 情况下坠物距离大于 10m 的概率分布及对数正态分布的拟合曲线（Zareian，et al.，2007），如图 10.5-2 所示。从该曲线可以看出，

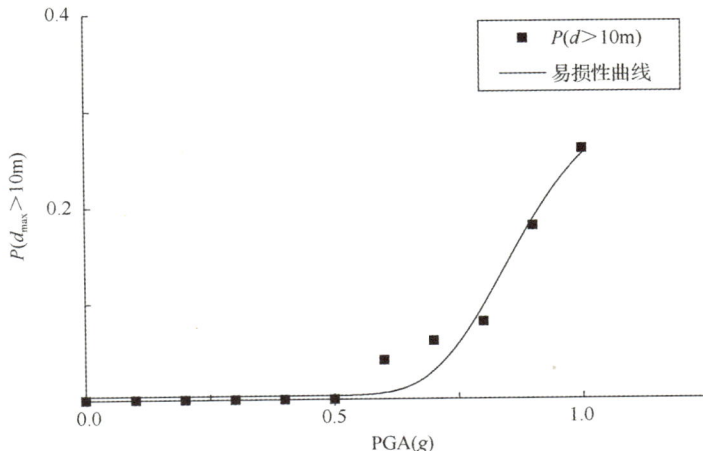

图 10.5-2　不同 PGA 情况下坠物距离大于 10m 的概率分布及对数正态分布的拟合曲线

当 PGA 小于 0.5g 时，坠物距离大于 10m 的概率几乎为零，这说明 PGA 很小时外围非结构物未发生破坏或发生破坏但速度很小没有达到 10m 的距离；而当 PGA 为 1.0g 时，碎块距离大于 10m 的概率为 26%。

　　根据中国规范中规定的该地区地震危险性特征分区（CECS 160: 2004），该小区所在区域 50 年超越概率分别为 63%、10% 和 2% 的设计地震动强度 PGA 分别为 0.07g、0.20g、0.40g。50 年超越概率是指未来 50 年内工程场地至少发生一次地震动强度超过给定值 PGA 的概率，因此地震危险性曲线［50 年超越概率与地震动强度的关系，用函数 P(PGA)表示］需要满足如下两个边界条件：当 PGA = 0 时，50 年内工程场地遭受 PGA 大于 0 的地震是必然事件，其 50 年超越概率应为 100%；当 PGA = +∞ 时，50 年内工程场地遭遇 PGA 无穷大的地震是不可能事件，其 50 年超越概率应为 0%。为了满足地震危险性曲线的边界条件，并使拟合的地震危险性曲线尽量接近规范数值，故地震危险性曲线采用式（10.5-5）形式进行拟合（马玉宏等，2002），50 年内地震危险性曲线如图 10.5-3 所示。

$$P(\text{PGA})=1-\exp\left[-\left(\frac{\text{PGA}}{\text{PGA}_0}\right)^{-k}\right] \tag{10.5-5}$$

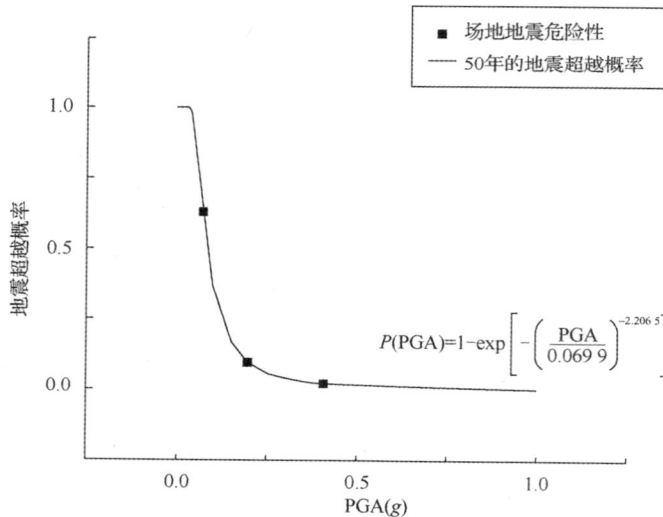

图 10.5-3　50 年内地震危险性曲线

　　根据 50 年内地震危险性概率拟合曲线（图 10.5-3）和不同 PGA 情况下坠物距离大于 10m 的概率拟合曲线（图 10.5-2），按照式（10.5-5）进行积分，可以得到该建筑在 50 年期限内坠物距离大于 10m 的全概率约为 0.63%，不到 1%。取 d_0 为 1~15m，可以得到该建筑坠物分布情况在 50 年设计期内建筑不同距离的坠物覆盖概率如图 10.5-4 所示。可以看出，该建筑的坠物覆盖概率随距离增加逐渐减少，这与震害实际经验相吻合。特别当距离大于 15m 时，坠物覆盖概率基本为 0。

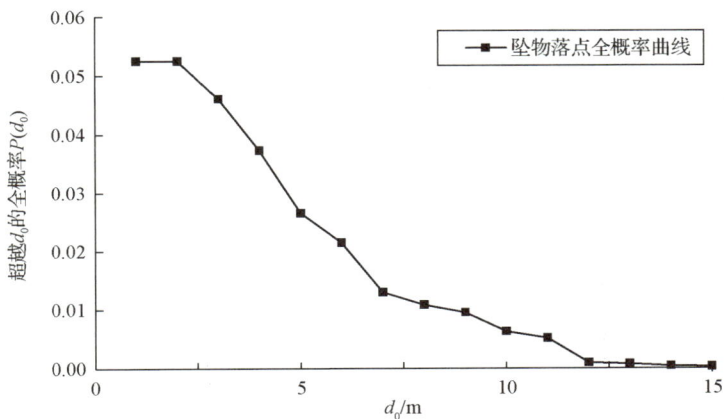

图 10.5-4 在 50 年设计期内建筑不同距离的坠物覆盖概率

对小区 19 栋建筑都进行坠物覆盖密度的计算，得到小区内坠物分布概率如图 10.5-5 所示。在图 10.5-5 中颜色越红的区域表明被坠物覆盖的概率越大，坠物危害风险也越高。该结果已经考虑了不同建筑坠物的叠加，由图 10.5-5 可以看出建筑间隔较密区域的红色会非常突出，这很好地反映了建筑群对非结构坠物分布的影响。

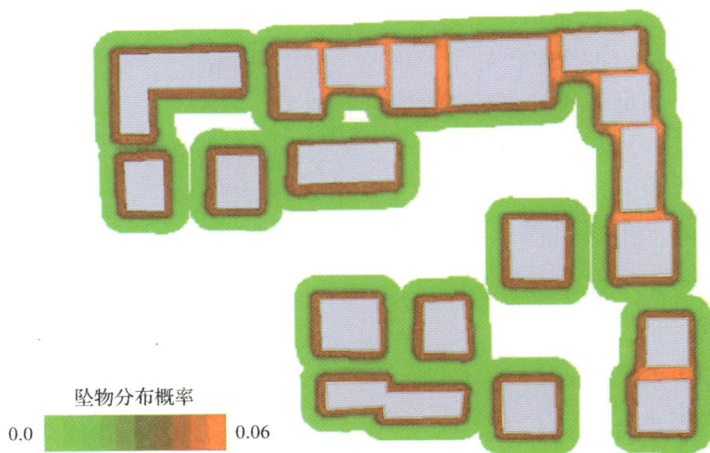

图 10.5-5 小区内坠物分布概率

取覆盖概率大于等于 1%的区域作为坠物的影响区域，则该小区坠物危害影响区域与应急避难场所选址如图 10.5-6 所示。从图中可以看出，坠物影响区域是非常大的，因此应急避难场所的可用空间也非常有限。在碎块影响区域外，存在一个空白的平面区域非常适合作为应急避难场所。另外，小区已有的应急避难场所区域也在图中标示。新旧应急避难场所的面积是相同的，且都靠近道路，便于疏散。但是，通过对比可以发现旧的应急避难区域有部分位于坠物影响区域内，而且旧的应急避难区域附近的通行道路均受坠物影响，这些重叠区域是非常危险，人员很可能被建筑的非结构坠物击中而造成伤亡；

而新选择的应急避难区域完全避开了坠物影响区域，相对更加安全、可靠。因此，本节建筑外围非结构坠物危害的分析对应急避难场所的选址决策具有参考价值。

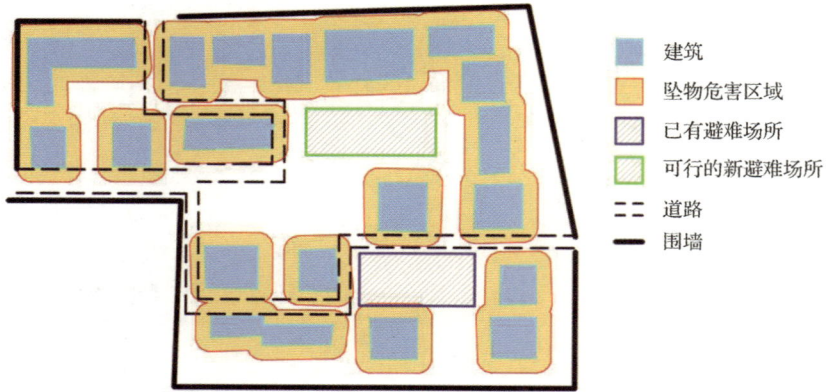

图 10.5-6　坠物危害影响区域与应急避难场所选址

10.5.5　小结

本节提出一套针对区域建筑群的非结构坠物危害的分析方法。建筑群坠物的分布通过多自由度层模型和非线性时程分析得到，坠物在建筑全生命周期内的分布概率基于 IDA 方法和地震危险性分析得到。选择一个高层住宅小区，进行了坠物危害案例分析，为应急避难场所选址提供了量化的决策依据。该方法还可用于震后应急疏散路线的选择等。本节提出的方法可为地震应急管理提供参考。

11 典型城市建筑群的震害模拟案例

11.1 概　　述

第7～10章介绍了关于城市区域建筑群地震灾变模拟的数值模型、地震经济损失评估、高性能计算、可视化及次生灾害模拟方法，本章将结合6个不同规模的典型算例和地震破坏力速报系统，介绍相应的模型、方法在实际城市区域中应用的效果。本章首先模拟了鲁甸地震极震区龙头山镇57栋建筑的实际震害，并与常用的易损性矩阵方法加以对比，验证了本书提出的模型的合理性和准确性。然后对北京CBD地区172栋建筑进行多尺度建筑震害模拟，给出了不同尺度的建筑震害可视化结果。而后模拟了新北川县城近1 000栋建筑的震害，模拟结果考虑场地-城市效应，并对结果进行了高真实感可视化展示。接着对西安灞桥区6万多栋建筑进行了建筑震害模拟，并模拟了未设防砌体加固后的效果。接着模拟了唐山市23万多栋建筑的震害，介绍了本书建议方法在实际大城市中的可行性和优势。最后，实现了从断层到建筑地震经济损失的美国旧金山湾区184万多栋建筑的震害模拟。本章研究工作主要由本书作者和清华大学研究生熊琛、曾翔、杨哲飚、程庆乐、孙楚津，以及北京科技大学许镇副教授、中国地震局工程力学研究所林旭川研究员等合作完成。

11.2 鲁甸地震极震区震害场景再现

本节以鲁甸地震极震区龙头山镇为例，通过和实际震害对比，检验本书提出的区域震害模拟方法的准确性。

11.2.1 鲁甸极震区震害情况

2014年8月3日中国云南省昭通市鲁甸县发生了6.5级地震，震中位于鲁甸龙头山镇。这次地震的震级虽然只有6.5级，但给震中区域建筑带来的破坏却十分严重。图11.2-1为鲁甸县龙头山镇震前Google卫星图像，图11.2-2为鲁甸县龙头山镇实际震害情况。其中图11.2-1中实线线框内的建筑损伤情况较严重。中国地震局的强震记录台站就位于在图11.2-1所示的实线区域内，它记录到的地震动为震害模拟提供了宝贵的数据。这次地震有一个很重要的特点，即地震波从北到南衰减很快（Lin, et al., 2015），因此之后在震害模拟输入地震动时，需要考虑地震波的衰减规律。

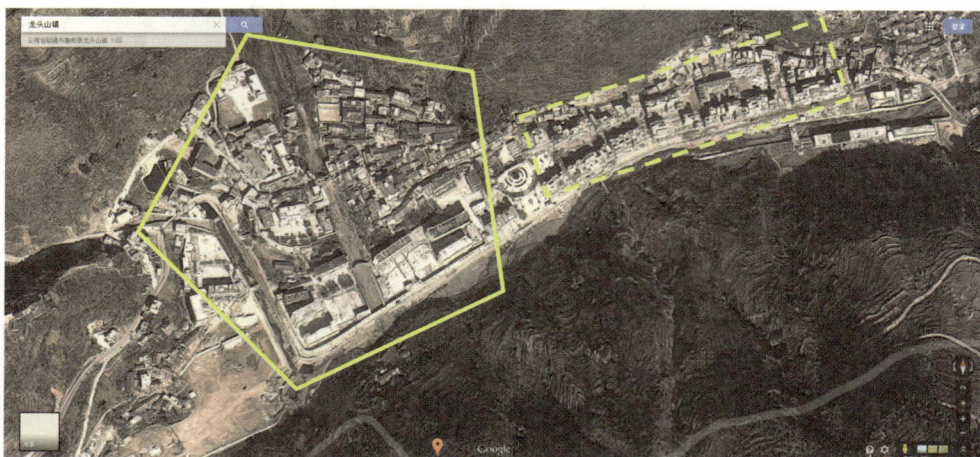

图 11.2-1　鲁甸县龙头山镇震前 Google 卫星图像

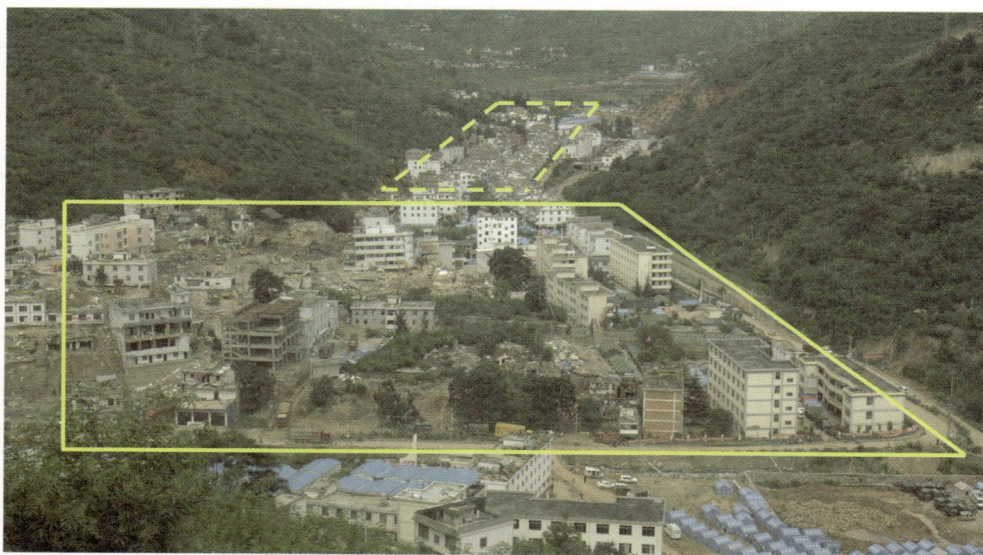

图 11.2-2　鲁甸县龙头山镇实际震害情况

　　从结构类型上看，龙头山镇房屋主要分为四类：①经过抗震设计的砖混结构；②未经抗震设计的砖混结构；③框架结构；④土石结构。这四类建筑中，未经抗震设计的砖混结构和土石结构占大多数。经过抗震设防的建筑多为公共建筑，如政府机关、学校、医院等。这次震害显示，一些经过抗震设计建筑物发生了首层严重破坏或倒塌的破坏模式。龙头山镇建筑震害如图 11.2-3（a）～（c）所示（Lin，et al.，2015）。有圈梁构造柱的砌体结构发生了墙体开裂；按照《建筑抗震设计规范》（GB 50011—2010）的框架结构，依然出现了柱端塑性铰破坏形式［图 11.2-3（d）］；土石结构基本上全部倒塌（陆新征等，2014）。

（a）龙泉小学

（b）龙头山卫生院

（c）镇政府

（d）在建卫生院

图 11.2-3　龙头山镇建筑震害

为了校验第 7 章提出的方法对实际区域震害的模拟效果，本节将以鲁甸地震龙头山镇的震害调查结果为基础，采用常规的易损性方法与第 7 章提出的方法分别进行计算，对比讨论其结果差别以及准确性。

11.2.2　与实际震害对比

龙头山镇的震害调查收集到了 RC 框架结构、设防砌体结构和未设防砌体结构共计 57 栋建筑的结构及震害资料。根据第 7 章中的参数确定方法，根据收集到的建筑层数、层高、结构类型、建设年代以及单层面积数据标定每栋建筑的计算参数。

龙头山镇台站记录的地震动如图 11.2-4 所示。由于本次地震地震动衰减得很快（Lin，et al.，2015），因此统计并回归了本次地震震中周围 16 个台站记录到 PGA 与地震动衰减关系，如图 11.2-5 所示。然后将龙头山镇地区的建筑物根据其距离震中的距离计算得到其对应的衰减后 PGA 大小，并采用城市抗震弹塑性时程计算，得到各个建筑不同楼层的震害损失。模拟结果显示本书提出的分析方法能很好地模拟震害与实际震害等级的对比，如图 11.2-6 所示，一半建筑分析得到的损伤等级和实际震害等级相吻合，其他建筑的预测损伤等级误差大部分在一个等级之内。因此，本节方法能较为准确可靠地预测区域地震损伤情况。

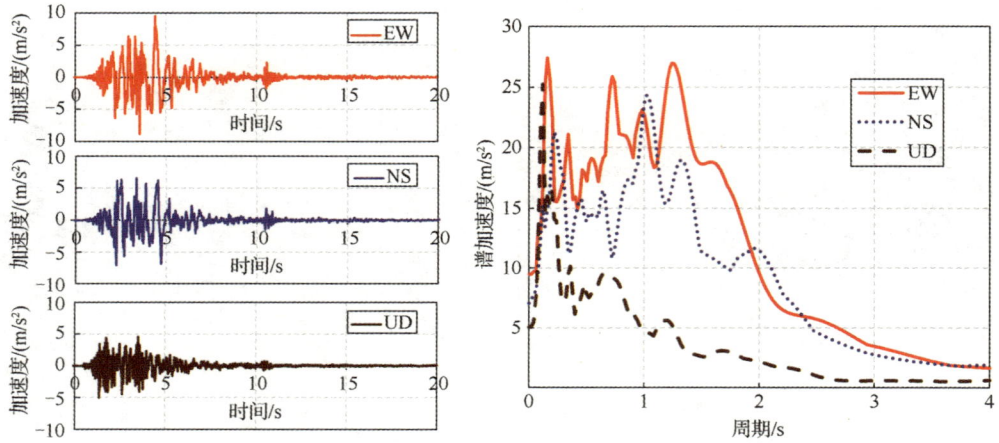

图 11.2-4　龙头山镇台站记录的地震动

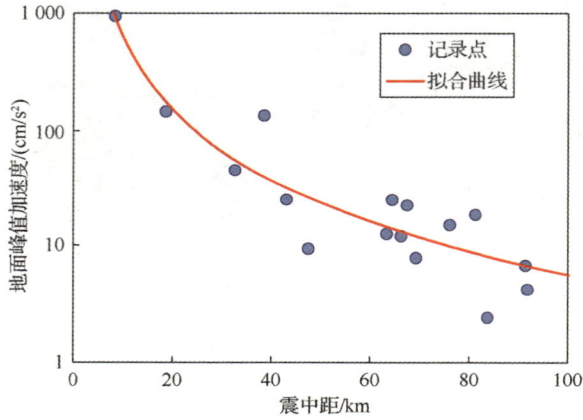

图 11.2-5　PGA 与龙头山镇地震动衰减关系

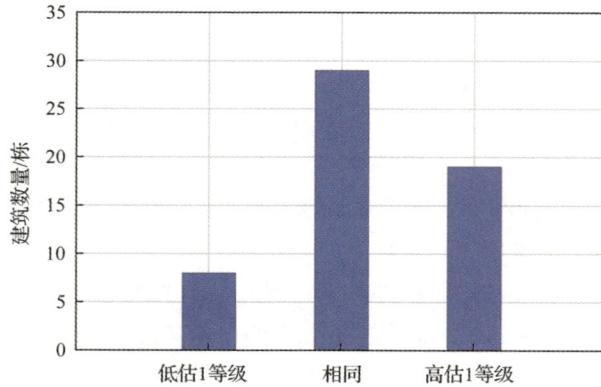

图 11.2-6　模拟震害与实际震害等级的对比

11.2.3 与易损性方法对比

尹之潜等根据以往震害情况，统计并给出了适用于中国各类建筑的震害矩阵（尹之潜等，2004）。这些震害矩阵在相关的研究中得到了广泛的应用。因此，本节针对鲁甸地震龙头山镇的实际震害情况，将尹之潜的震害矩阵预测结果以及本方法得到的震害预测结果进行了对比。

根据中国地震局的公布数据（中国地震局，2014），鲁甸地震龙头山镇地区烈度为9度地区，并且龙头山镇地区为7度设防地区。因此 RC 框架结构的震害矩阵选取了尹之潜建议的 VII 度地区 A 级建筑震害矩阵；设防砌体选取了 III 类地区基本烈度为 VII 度的 B 级结构震害矩阵；未设防砌体选取了 C 级结构的震害矩阵（尹之潜等，2004）。尹之潜的震害矩阵预测结果、本方法分析得到的震害结果及实际的震害预测结果对比如图 11.2-7 所示。

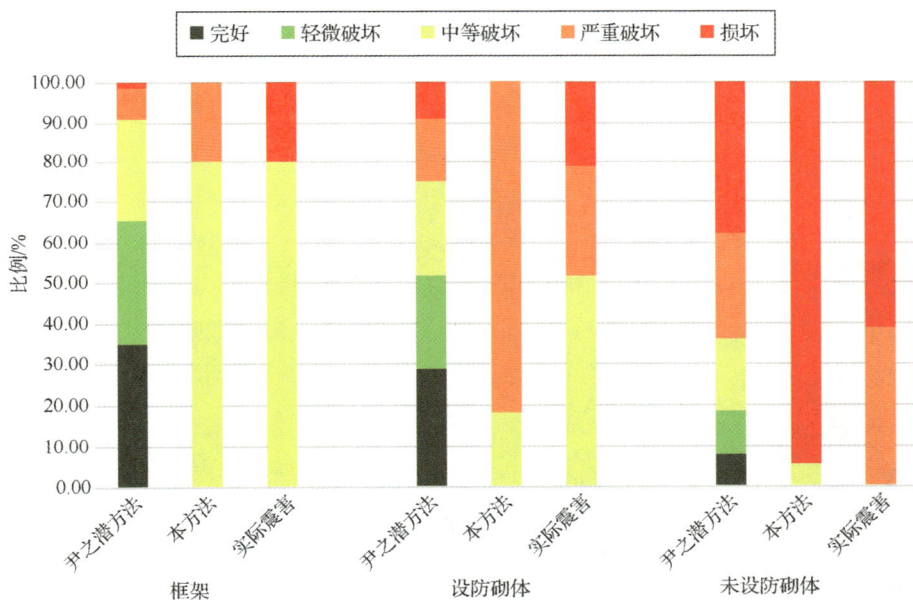

图 11.2-7 不同方法的震害预测结果对比

对比结果显示，尹之潜的震害矩阵低估了本次地震对震中地区建筑的破坏程度。这主要是由于本次鲁甸地震虽然震级不大，但是震中龙头山镇记录到的地震动时程数据却显示本次地震具有较大的破坏性（Lin, et al., 2015）。易损性矩阵以烈度作为评价依据，比较粗糙，而采用非线性时程分析可以充分考虑地震动的时域和频域特征，能更好地预测实际的震害情况。

11.3 北京 CBD 建筑群震害模拟

北京中央商业区（CBD）作为中国最重要的高层建筑区之一，包含 117 家全球 500 强企业（新华网，2008），其中全球 500 强企业总部 48 家（中国新闻网，2014），是全球 500 强企业最密集的区域。该区域如果因地震发生建筑损伤，以致建筑功能中断，将导致严重的后果。因此迫切需要对该地区进行震害模拟，把握该地区的建筑地震风险。

11.3.1　北京 CBD 地区结构模型介绍

本节选取了北京 CBD 核心区的 172 栋常规高层建筑和 3 栋特殊建筑（CCTV 总部大楼、国贸三期大楼和中国尊），如图 11.3-1 所示。考虑到该数据并不是最新的北京 CBD 数据，实际的建筑情况可能有部分差别。由于本节研究目的在于对提出的震害模拟方法进行展示，如果拥有最新的 CBD 高层建筑数据，则可以采用同样的方法开展研究。基于第 7 章提出的多尺度建模思路，采用多自由度层模型建立 172 栋常规高层建筑的模型，采用第 2 章提出的精细有限元模型，利用纤维梁和分层壳建立 3 栋特殊建筑的模型。

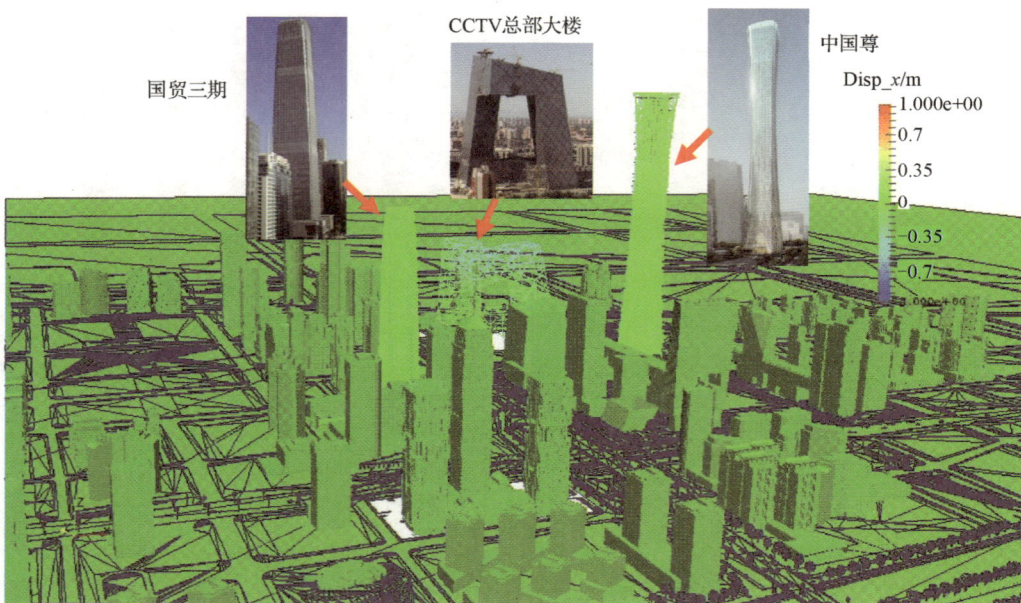

图 11.3-1　北京 CBD 建筑分布

11.3.2　北京 CBD 地震动时程数据获取

付长华（2012）通过采用四维震源模型、三维速度结构模型对北京盆地地区的三河—平谷地震场景进行了有限差分数值模拟、随机振动合成模拟方法以及土体反应分析，得到了整个北京盆地地区的地表宽频带地震动时程场，该方法的模拟方法框架如图 11.3-2 所示。北京 CBD 典型地震动加速度及速度时程记录如图 11.3-3 所示，可以看出地震动有着明显的速度脉冲。

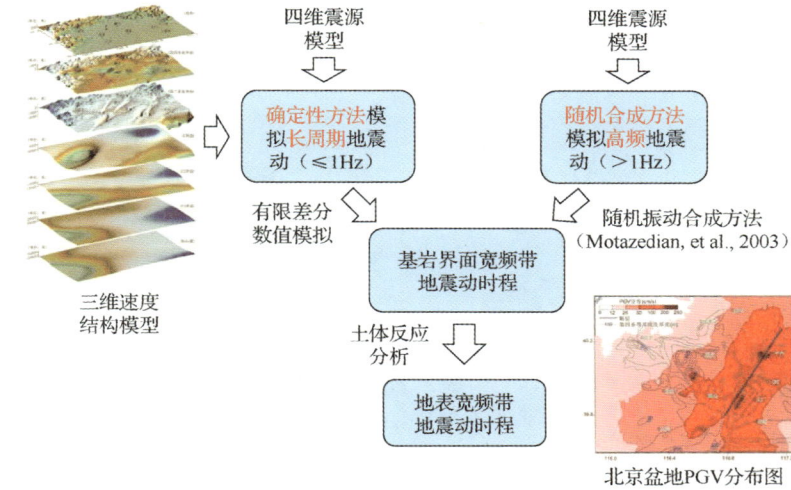

图 11.3-2　付长华提出的北京盆地地区地震动场模拟方法框架

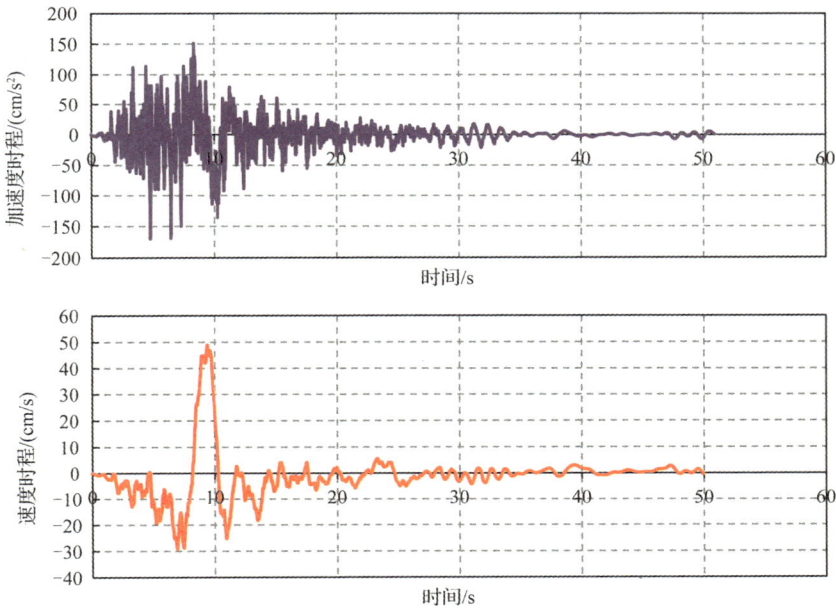

图 11.3-3　北京 CBD 典型地震动加速度及速度时程记录

　　付长华（2012）对三河—平谷 8 级地震场景下北京 CBD 地震动强度参数分布（图 11.3-4）进行了计算，每栋建筑位置的地面峰值加速度（PGA）分布如图 11.3-4（a）所示。此外，Lu 等（2013b）的研究发现高层建筑的地震响应对 PGV 更为敏感，因此将北京 CBD 地面峰值速度（PGV）分布绘制如图 11.3-4（b）所示。

PGA/(cm/s²)

- 145.05～161.61
- 161.61～176.76
- 176.76～191.22
- 191.22～211.32
- 211.32～251.69

N

（a）北京CBD地面峰值加速度（PGA）分布

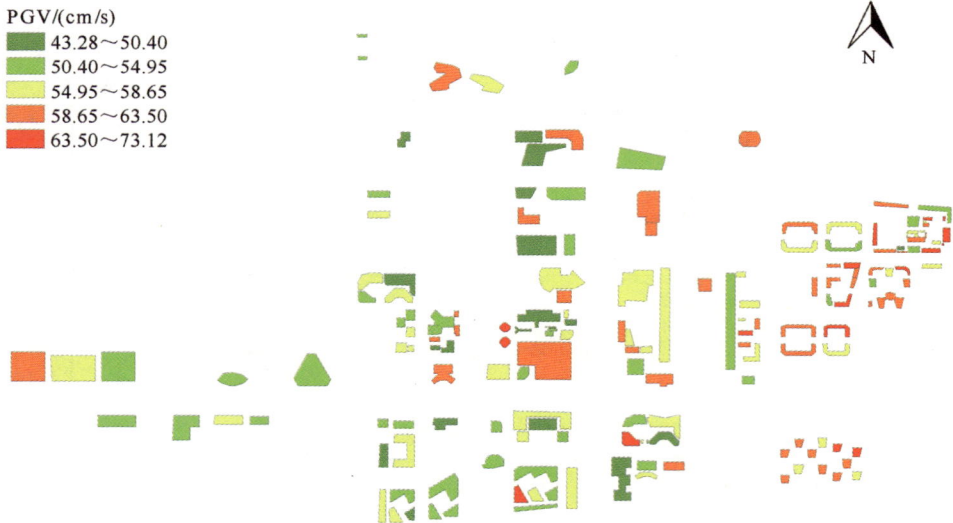

PGV/(cm/s)

- 43.28～50.40
- 50.40～54.95
- 54.95～58.65
- 58.65～63.50
- 63.50～73.12

N

（b）北京CBD地面峰值速度（PGV）分布

图 11.3-4　三河—平谷 8 级地震场景下北京 CBD 地震动强度参数分布

　　由于三河—平谷地震的震源位于北京 CBD 的东面，从图 11.3-4 中的地震动强度分布可以看出，东侧建筑的地震动强度要高于西侧的建筑，这基本符合地震动的衰减规律。此外，图中有些较为临近建筑的地震动强度也有差异，这是由于在模拟高频地震动时采用了随机分析方法，此外在考虑盆地对地震动加速度反应谱放大效应时也引入了不确定性分析（付长华，2012）。付长华通过将其地震动场的模拟结果与其他研究者的结果

（Field，2000；高孟潭等，2002；Day，et al.，2005；潘波等，2009）进行了对比验证，证明了该地震动场结果的合理性。因此本节后续将采用付长华计算得到的地震动时程记录对北京 CBD 建筑群开展弹塑性时程分析。

11.3.3　北京 CBD 建筑群震害模拟结果

采用第 7 章提出的方法开展高层建筑震害模拟，并获得每栋建筑的损伤状态，北京 CBD 建筑损伤结果如图 11.3-5 所示，图中不同颜色表示每栋建筑的损伤等级。

图 11.3-5　北京 CBD 建筑损伤结果

图 11.3-5 的结果显示，在三河—平谷 8 级地震作用下，北京 CBD 建筑的损伤等级基本为轻微破坏和中等破坏。从损伤程度的空间分布规律可以看出，位于整个区域中间的建筑损伤程度较高，这与图 11.3-4 中地震动强度分布规律不相符（东侧 PGA 与 PGV 更大）。为了分析该现象产生的原因，对每栋建筑分别计算了其对应规范反应谱的第一周期谱加速度 $S_a(T_1)$ 设计值（以下记为 S_{a_design}），以及实际每栋建筑底部输入地震动时程记录的 $S_a(T_1)$ 值（以下记为 S_{a_actual}）。将每栋建筑的 $S_{a\_actual}/S_{a\_design}$ 以不同的颜色绘制出来，图 11.3-6 为不同建筑的超越倍率，该值粗略反映了结构实际承受的地震作用与结构抗震设计地震作用的比值。在《地震损失分析与设防标准》（尹之潜等，2004）中，该值被称作超越倍率，并被用于预测结构的损伤等级。

图 11.3-6 的结果同样显示，位于区域中央的建筑具有较高的超越倍率。将结构损伤等级与每栋结构的超越倍率进行对比，如图 11.3-7 所示，可以发现结构的超越倍率越大，结构的损伤等级越高。此次分析中，北京 CBD 建筑发生轻微破坏结构的超越倍率均值为 2.18（大致相当于地震强度在设防小震和中震之间），中等破坏结构的超越倍率均值为 3.83（大致略高于设防中震水平），可以看出，超越倍率与结构的损伤等级具有一定的正相关性。

图 11.3-6　不同建筑的超越倍率

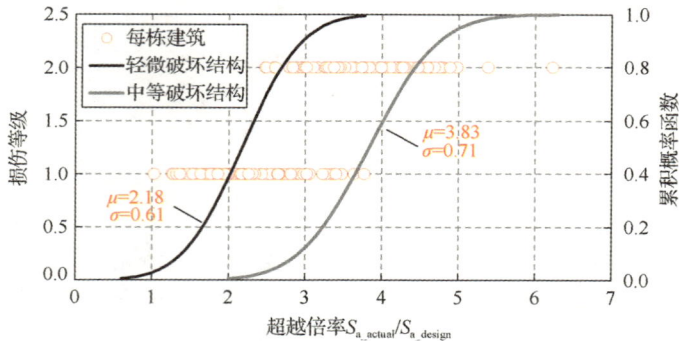

图 11.3-7　结构损伤等级与超越倍率对比

　　为了更进一步分析高层结构损伤更为严重的原因，选取整个区域典型的 5 组地震动时程记录，这 5 组地震动时程记录的反应谱与结构周期分布情况如图 11.3-8 所示。可以明显看出，CBD 地区的地震反应谱在 2.5～6s 有一个明显的反应谱谱值高峰，这是由于这些地震动时程记录中包含明显的速度脉冲，见图 11.3-3。地震动的速度时程在 10s 时达到峰值，产生了一个较大的速度脉冲，并对高层建筑造成了显著的影响。结构周期分布状况如图 11.3-8 中的柱状图所示，可以看出有较多高层建筑的周期范围正好落在 2.5～6s。此外，北京 CBD 建筑按照 8 度（0.2g）设防，对应的规范设计地震反应谱如图 11.3-8 所示。可以看出在周期小于 2s 的范围内，结构的超越倍率大约为 2，但是 2s 之后，由于输入地震动的反应谱显著上升，导致超越倍率达到 4～6。该结果进一步解释了高层结构地震损伤较重的原因。

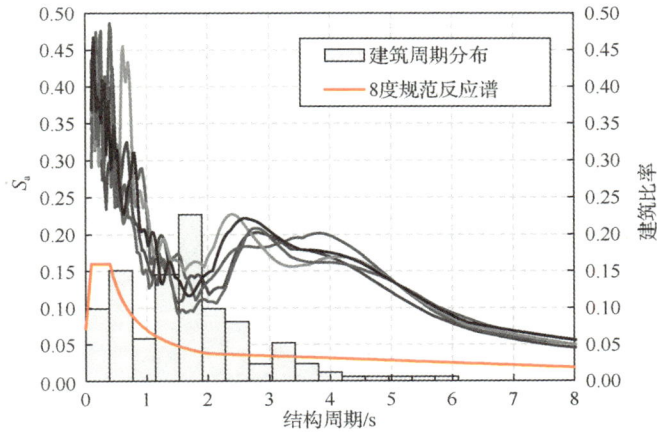

图 11.3-8　北京 CBD 地震动反应谱与结构周期分布情况

以上北京 CBD 高层建筑群震害模拟基于付长华模拟的三河—平谷 8 级地震场景（付长华，2012），如果需要更为综合的评价北京 CBD 高层建筑群的地震风险，将来还应采用更多的地震场景开展更为综合全面的模拟分析。而本方法作为城市区域高层建筑震害预测的一种手段，能为城市区域高层建筑群的地震风险评价提供参考。

11.3.4　北京 CBD 建筑群震害结果可视化

本节基于第 9 章可视化方法对北京 CBD 高层建筑群进行可视化展示。其中，对北京 CBD 中超高层结构和特殊结构采用精细有限元结构模型进行分析，并采用第 7 章中提出的 LOD3 层级可视化方法进行展示，该方法可以清晰显示建筑各构件的地震响应情况。其他建筑采用 LOD2 层级的可视化进行展示。建筑位移响应可视化如图 11.3-9 所示，建筑破坏状态可视化如图 11.3-10 所示。

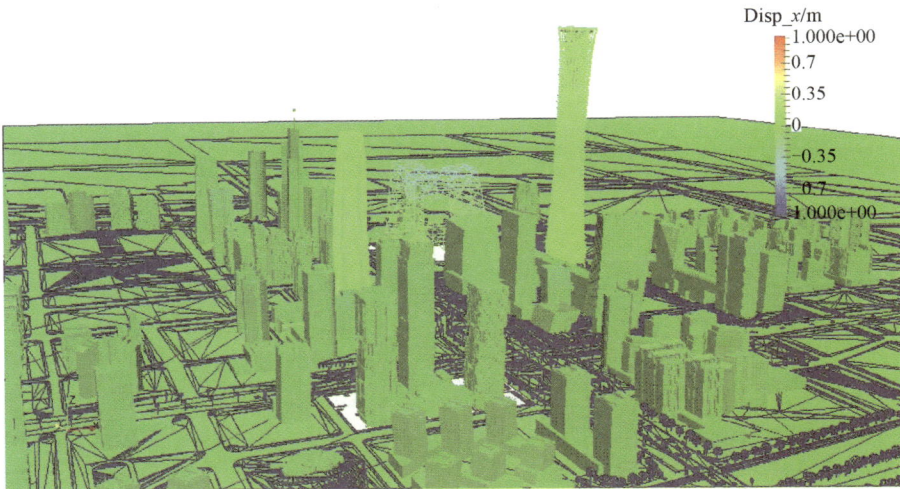

（a）t=5s

图 11.3-9　北京 CBD 三河—平谷地震下建筑位移响应可视化

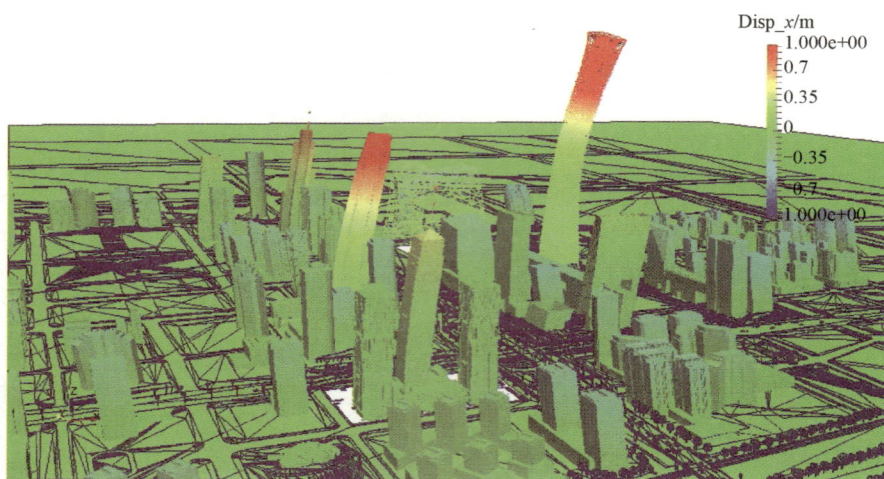

（b）*t*=10s

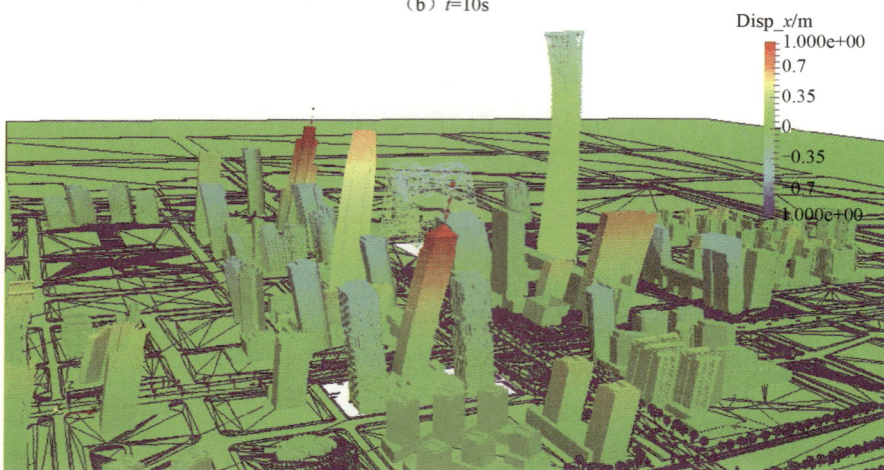

（c）*t*=15s

（d）*t*=20s

图 11.3-9（续）

（a）t=10s

（b）t=20s

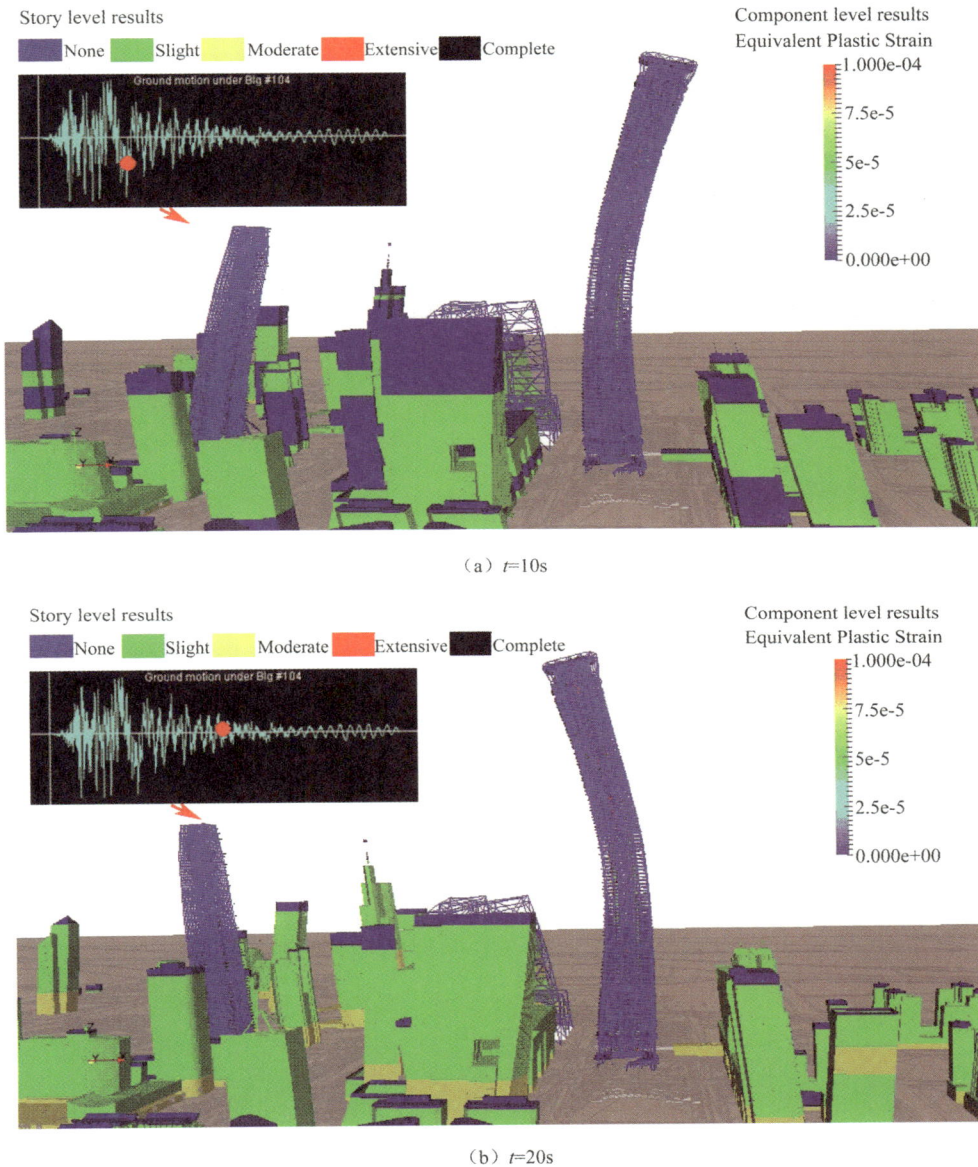

图 11.3-10　北京 CBD 三河—平谷地震下建筑破坏状态可视化

11.4　新北川县城震害可视化预测

　　四川省绵阳市北川羌族自治县在 2008 年汶川地震中遭受严重破坏，震后设立永昌镇作为新北川县城场址。在 2018 年 5 月 12 日汶川地震发生十周年之际，作者所在清华大学土木工程系联合中国地震局地球物理研究所、北京科技大学、北川县防震减灾局、中国地震学会地震应急专业委员会等多家科研、政府机构，并与国家超级计算无锡中心和香港科技大学合作，共同开展了"新北川县城震害可视化预测"项目。

11.4.1　新北川县城建筑信息

获取建筑基本属性是区域震害模拟的基础，通过谷歌地图、实地调查和建筑图纸，一共获取了新北川县城 907 栋建筑的基本属性（图 11.4-1），建筑层数和结构类型的比例分布如图 11.4-1（a）、（b）所示。

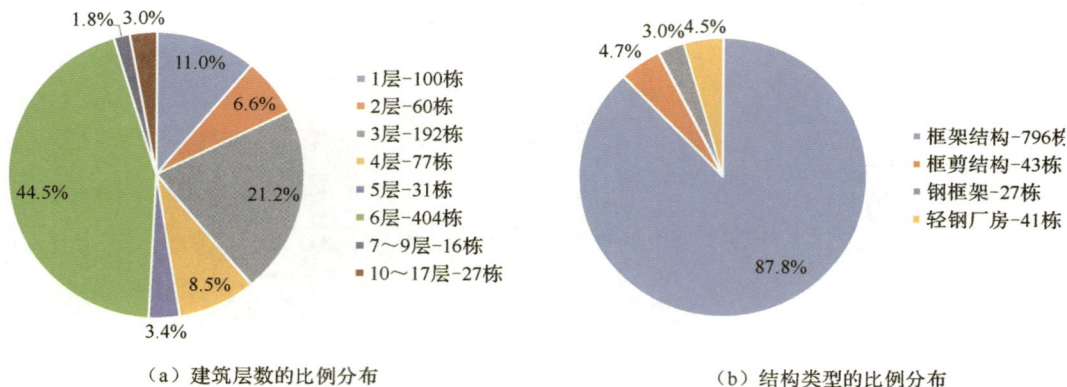

（a）建筑层数的比例分布　　　　　　　　　　（b）结构类型的比例分布

图 11.4-1　新北川县城建筑基本属性

为了对新北川县城的建筑震害预测结果进行可视化，需要获取新北川县城建筑的 3D 模型。为此，本书作者与中国地震局地球物理研究所杨建思教授团队，以及北京科技大学许镇副教授合作，应用无人机倾斜摄影测量技术，采用搭载 5 台微单相机的国产垂直起降固定翼无人机，拍摄了 2 860 组航拍照片，每组航拍包括 5 张由不同角度相机拍摄的航拍图片，共 14 300 张，总数据量 414GB。然后，对数据进行空中三角测量加密运算。图 11.4-2 所示为通过空中三角测量加密得到的影像位置解算（黄色图标）及空中三角测量加密点云。

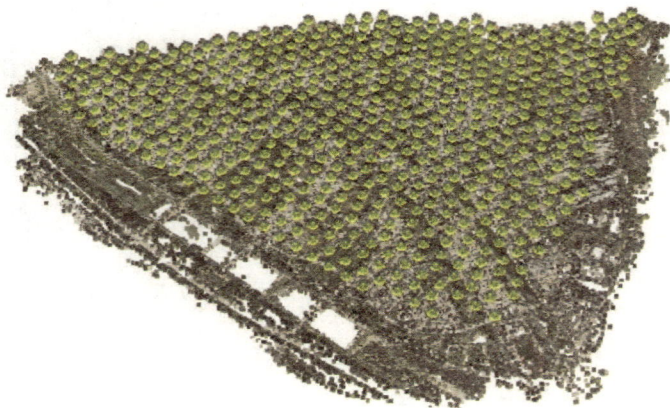

图 11.4-2　影像位置解算及空中三角测量加密点云

得到加密点云后，即可生成实景三维模型。为了之后进行震害可视化工作，实景三维模型以*.fbx 格式生成。这一格式文件大小适中，并且具有良好的跨平台性能。在生成模型时，选择使用单一级别 LOD。同时对整体模型进行划分，切割为若干瓦片（tile）。由于此次共需要对新北川县城约 $6km^2$ 的城镇区域进行实景三维模型重建，模型体量较大，在重建模型时，将区域划分为 195 个正方形模型瓦片。然后使用高性能计算机集群处理生成含两亿余个多边形的高真实感三维模型，分辨率达 0.035m，所生成的城镇实景三维模型如图 11.4-3 所示。

（a）全局

（b）局部

图 11.4-3　城镇实景三维模型

对于重点建筑，使用四旋翼无人机环绕飞行，得到更加精细的建筑高真实感 3D 摄影模型，如四旋翼无人机单体倾斜摄影模型（图 11.4-4）。

图 11.4-4　四旋翼无人机单体倾斜摄影模型

11.4.2 新北川县城地震动模拟

如何获取科学的地震动输入是区域震害模拟的第一个问题。地震波的传播十分复杂，以往由于计算机能力的限制，基于波动模型的地震波模拟只能满足低频地震动模拟需求。本书作者与国家超级计算无锡中心合作，中心付昊桓教授团队利用"神威·太湖之光"超级计算机模拟了 2008 年汶川地震在新北川县城场址处的全频段地震动输入，具体细节参见 Fu 等（2017）。

11.4.3 考虑场地-城市效应的震害分析结果

基于上述地震动及建筑基本属性对新北川县城建筑群开展区域建筑震害模拟，采用 7.5 节场地-城市建筑群耦合弹塑性分析方法，可以得到新北川建筑群在 2008 年汶川地震新北川县城场址地震动作用下考虑场地-城市效应的震害模拟结果。考虑场地-城市建筑群耦合弹塑性分析方法可以考虑复杂地形对地震动时程的影响，山顶和山脚加速度时程如图 11.4-5 所示，可见山顶和山脚加速度幅值有明显差别。

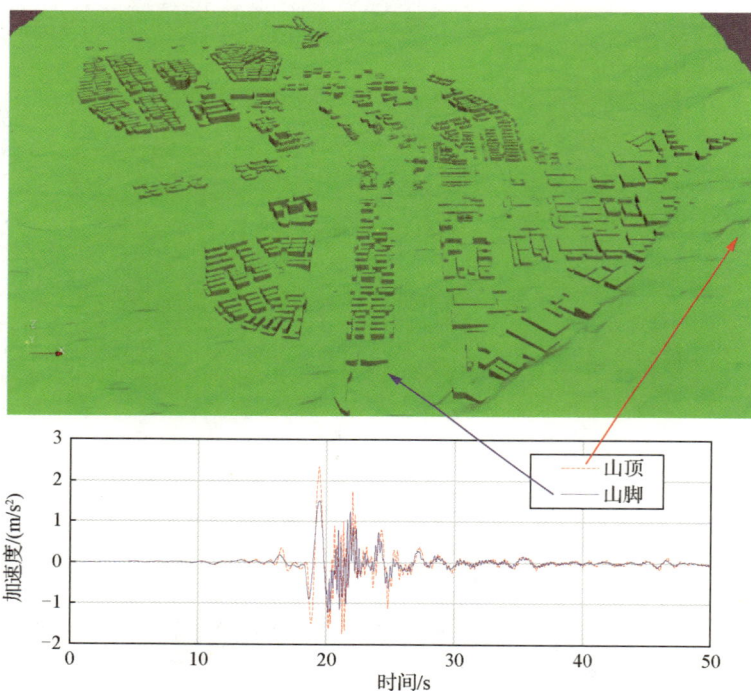

图 11.4-5　山顶和山脚加速度时程

11.4.4 高真实感震害可视化

新北川县城建筑可视化可以分为三个层级：①3D-GIS 可视化；②考虑场地-城市效应的 3D 模型可视化；③带建筑纹理的高真实感 3D 可视化。

层级 1 的 3D-GIS 模型可视化采用 9.5 节的可视化方法，通过颜色更加直观地展示建筑的变形，效果如图 11.4-6（a）所示。

　　层级 2 的可视化结合 9.4 节和 9.5 节可视化方法，并考虑场地-城市建筑群耦合，在可视化中地形不再是静态模型，而是具有多点位移时程输入的动态模型。此外，地上建筑群需要根据形状文件经纬度坐标和地形模型调整高度坐标，并且模型文件中点的位移时程应在相对位移时程的基础上加上建筑场址位置处的地面运动位移时程，以保证可视化中建筑变形和地面运动的协调性。层级 2 的 3D-GIS 模型可视化如图 11.4-6（b）所示。

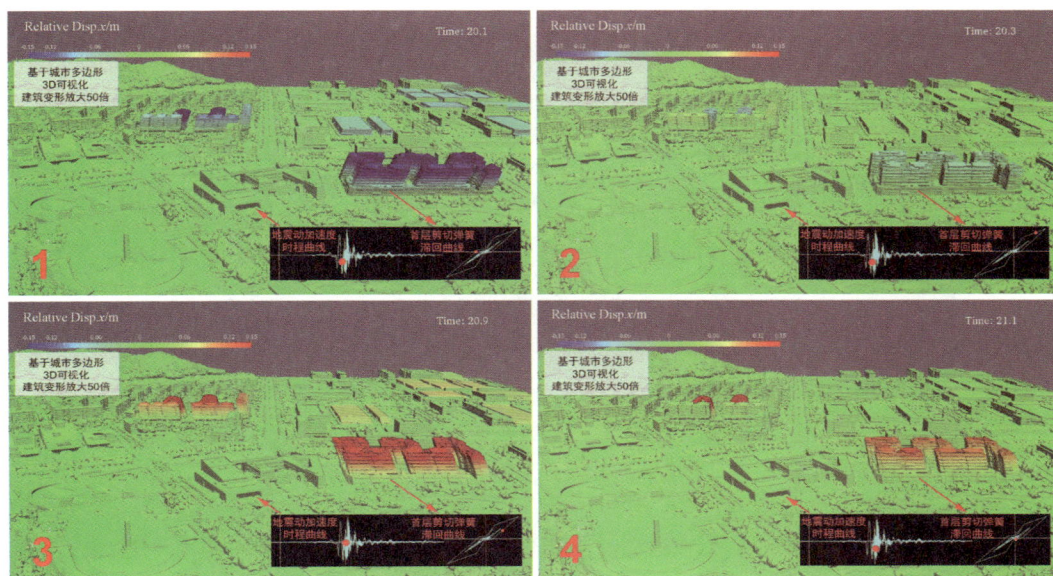

（a）3D-GIS模型可视化

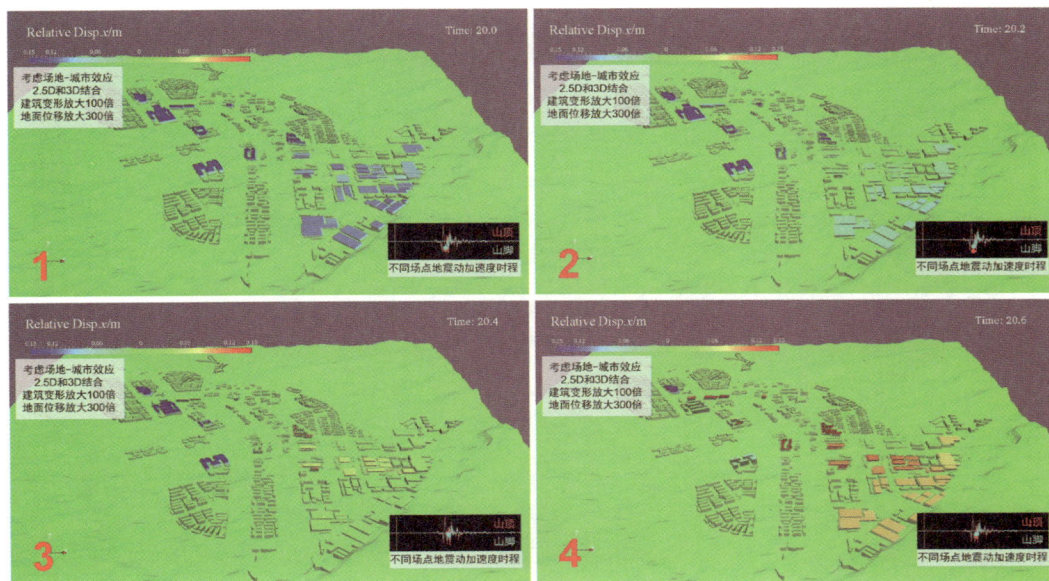

（b）考虑场地-城市效应的3D-GIS模型可视化

图 11.4-6　新北川县城层级 1 和层级 2 的建筑震害可视化

　　层级 3 采用 9.6 节的基于倾斜摄影的城市建筑震害场景真实感 3D 可视化方法对震害结果进行可视化。首先对城镇模型进行切割单体化。除去边缘质量不佳的部分，共切割单体建筑模型 708 个，建筑切割单体化成果如图 11.4-7 所示。结合先前计算得到的区域建筑震害分析结果，构建该城镇的震害可视化情景。新北川县城震害可视化如图 11.4-8 所示，局部震害可视化如图 11.4-9（a）～（d）所示。

图 11.4-7　建筑切割单体化成果

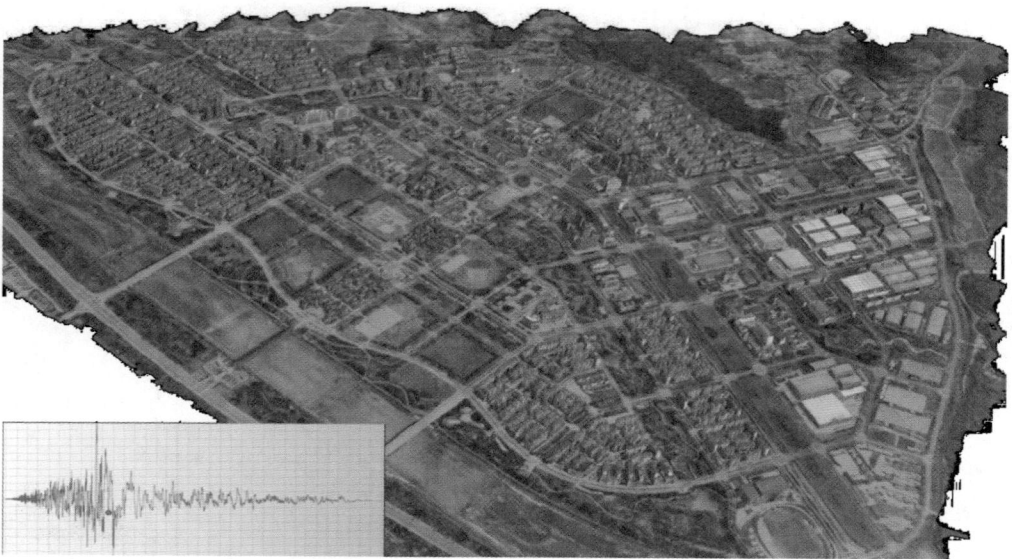

图 11.4-8　新北川县城震害可视化

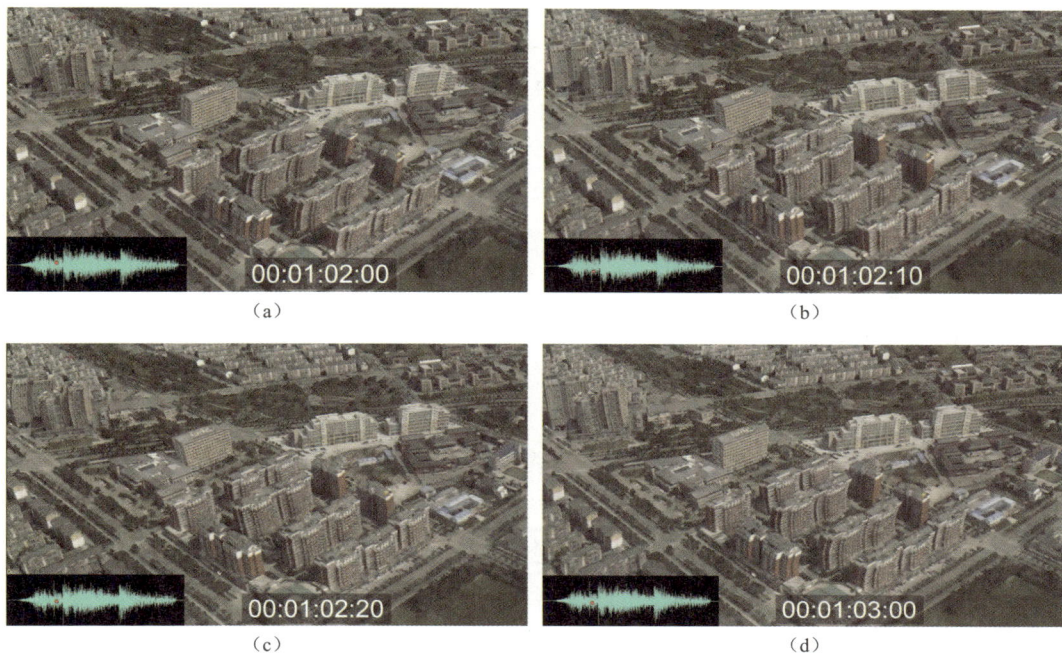

图 11.4-9　新北川县城震害可视化（局部）

新北川县城震害的可视化镜头和技术背景介绍已整合为成果视频，视频在原中央电视台、新北川县城防震减灾局和幸福馆等地以及全国防震减灾工程学术研讨会上得到展示，可以在国内外主要视频网站下载。

11.5　西安灞桥区建筑震害模拟

11.5.1　西安灞桥区建筑信息

本节应用案例分析的研究范围为灞桥区内的纺织城、十里铺、红旗、席王、洪庆、狄寨、灞桥、新筑、新合等区域，目标区域抗震设防烈度为 8 度。通过与当地相关单位合作，获取了该区域内建筑的 GIS 数据，包括每栋建筑的层数、高度、结构类型、建设年代等。由于目标研究区并没有位于城市的中心城区，整个区域内的建筑以多层砌体结构为主，其结构类型分布如图 11.5-1（a）所示。占比最大的结构类型为未设防砌体结构，其次为设防砌体结构与 RC 框架结构。研究区域这三类建筑总计 66 355 栋，其建设年代分布如图 11.5-1（b）所示。可以看出该区域内大部分建筑都是 1989 年之后修建的，但是由于该区域内有大量的自建房，所以 1989 年之后仍有相当比例的未设防砌体结构。建筑的层数分布如图 11.5-2 所示。可以看出该区域内的设防砌体结构以及未设防砌体结构大的层数多在 3 层以内，而 RC 框架结构的层数则主要为 1～2 层和 6 层。

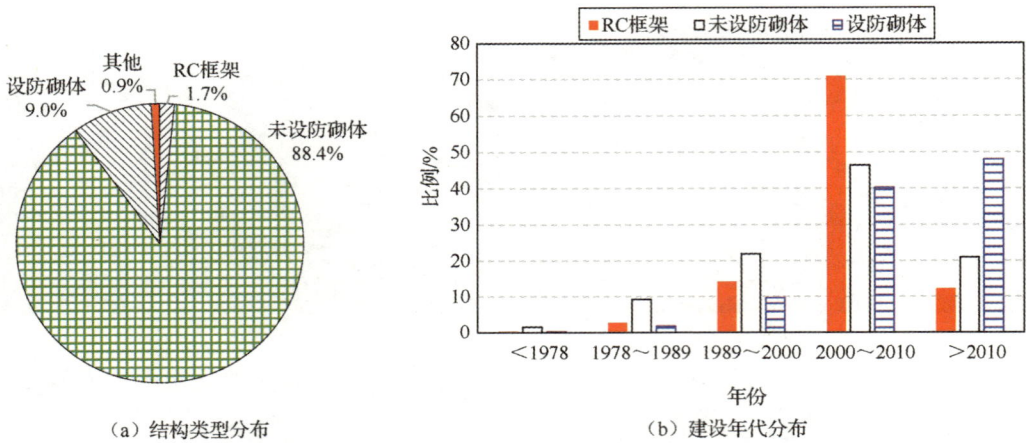

（a）结构类型分布　　　　　　　　　（b）建设年代分布

图 11.5-1　西安灞桥区建筑的结构类型和建设年代分布

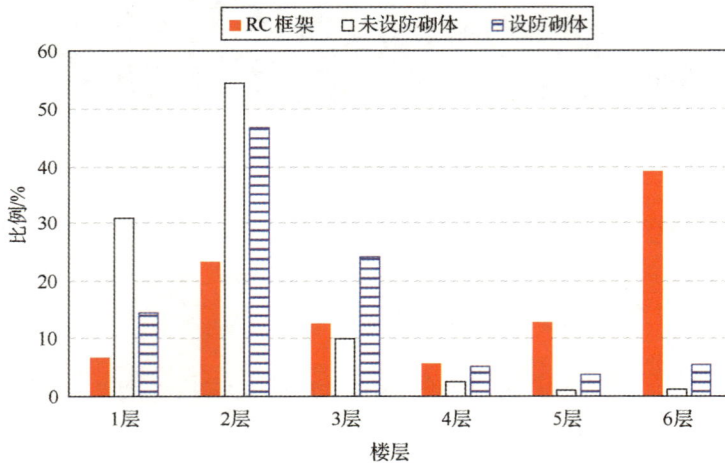

图 11.5-2　西安灞桥区建筑的层数分布

　　本算例将根据第 7 章中介绍的建筑震害模拟方法，采用 GIS 数据中每栋建筑的属性信息（层数、结构高度、结构类型以及建设年代等）生成每栋建筑的 MDOF 层模型，为之后的时程分析做准备。

11.5.2　西安灞桥区建筑震害模拟地震动输入

　　地震动数据是区域震害预测的前提。由于缺乏当地详细的地震构造数据，采用西安市的地震动参数小区划图作为地震动数据的基础。地震动参数小区划图充分考虑了影响该研究区域的活断层分布情况以及各活断层的发震概率，因此能较为综合地反映目标研究区域内不同位置的地震风险。

　　灞桥区的建筑主要位于以下几个小区划区域。对于多遇地震，建筑主要分布于 B1 与 B2 小区划区域（以下将分别称作 B1-63% 和 B2-63%）；对于设防地震，建筑主要分布于 B1 与 B2 小区划区域（以下将分别称作 B1-10%和 B2-10%）；对于罕遇地震，建筑主要分布于 B2 与 B3 小区划区域（以下将分别称作 B2-2%和 B3-2%）。小区划图采用的地震动反应谱如式（11.5-1）所示。目标研究区域对应的 6 个小区划区域的反应谱参数如表 11.5-1 所示。

$$\alpha(T) = \begin{cases} \alpha_0 + \dfrac{\alpha_{\max} - \alpha_0}{0.1} T & 0 \leq T < 0.1 \\ \alpha_{\max} & 0.1 \leq T < T_g \\ \alpha_{\max} \left(\dfrac{T_g}{T} \right)^{\gamma} & T_g \leq T < 5T_g \\ \alpha_{\max} [0.2^{\gamma} - 0.02(T - 5T_g)] & 5T_g \leq T < 6.0(\text{s}) \end{cases} \qquad (11.5\text{-}1)$$

表 11.5-1　小区划区域的反应谱参数

区划名称	$\alpha_{\max}$	α_0	T_g	γ
B1-63%	0.2	0.08	0.4	0.9
B2-63%	0.2	0.08	0.45	0.9
B1-10%	0.58	0.23	0.5	0.9
B2-10%	0.58	0.23	0.55	0.9
B2-2%	1.06	0.425	0.7	0.9
B3-2%	1.06	0.425	0.75	0.9

　　根据得到的小区划反应谱，采用 PEER 地震动数据库进行选波（PEER，2016）。选波时尽量采用较小的加速度调幅系数（0.5～2.5），使得选取的地震动强度和目标地震动强度不致差异过大。对每个小区划区域各选取 10 组地震动时程记录，不同小区划区域所选取的地震动时程记录地震反应谱与目标反应谱对比如图 11.5-3 所示。图中红色实线为目标反应谱，黑色粗虚线为 10 组地震动时程记录的平均反应谱。细虚线为平均反应谱加减一倍标准差的浮动范围。

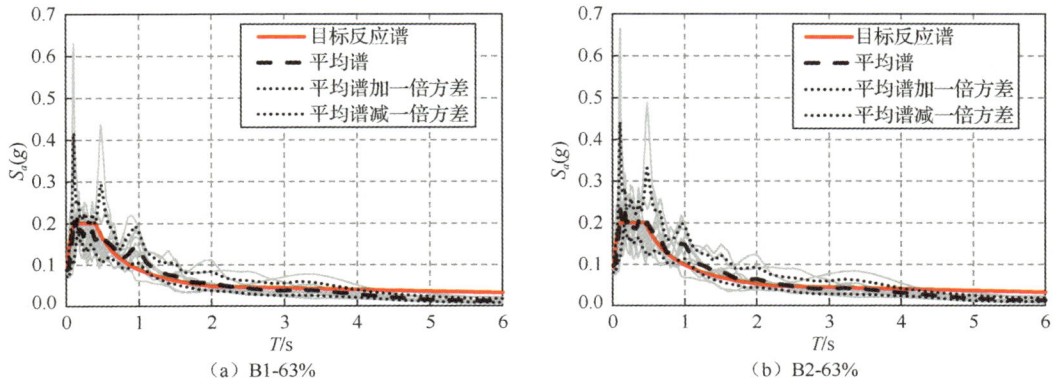

（a）B1-63%　　　　　　　　　　（b）B2-63%

图 11.5-3　选取的地震动时程记录地震反应谱与目标反应谱对比

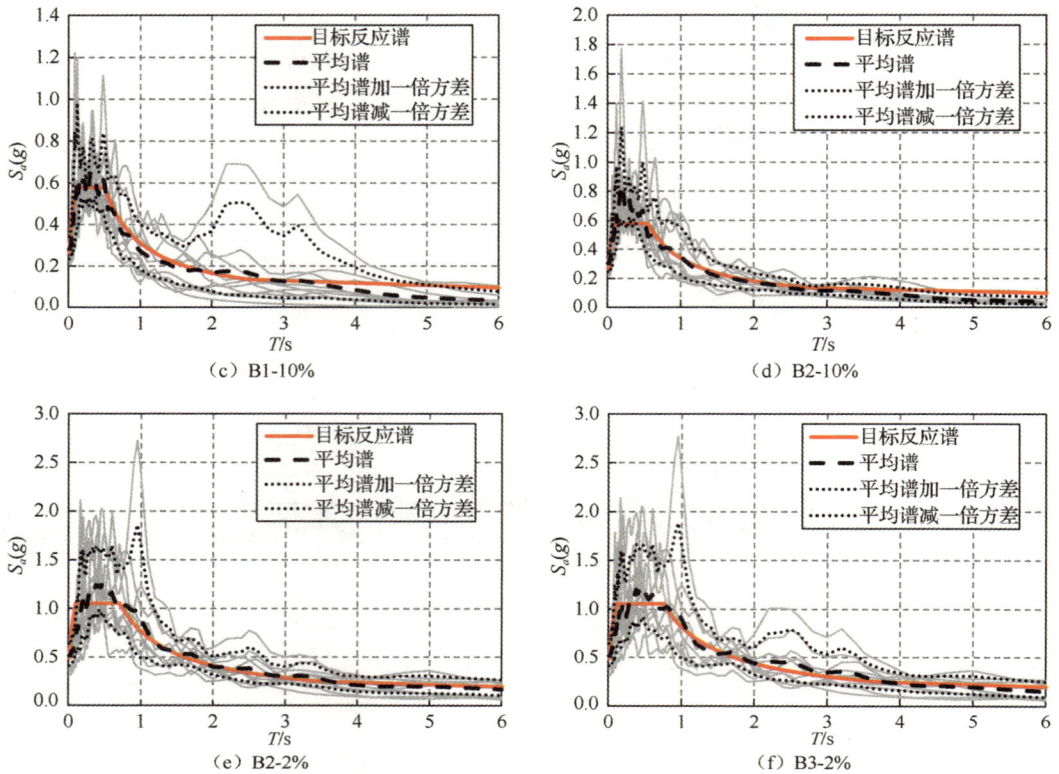

（c）B1-10%

（d）B2-10%

（e）B2-2%

（f）B3-2%

图 11.5-3（续）

　　由于目标研究区域大部分的建筑为 6 层以内的多层建筑，结构周期在 2s 以内。由图 11.5-3 中各个小区划区域的地震反应谱可以看出，周期为 0.1～2s，平均反应谱和目标反应谱吻合良好。

　　以上步骤完成了地震动数据的获取。对于区域中每栋建筑，可以根据其所处的小区划区域，分别选择对应的地震动组进行弹塑性时程分析，得到区域中每栋建筑的地震响应以及损伤状态。

11.5.3　西安灞桥区建筑震害分析结果

　　对整个区域的 66 355 栋多层建筑分别采用多遇地震、设防地震以及罕遇地震三个地震水准进行分析。每个地震水准共 10 组地震动时程记录，总计 663 550 次时程分析，采用桌面计算平台（CPU：Intel i7-4770 @3.4GHz；内存：32GB）大约耗时 3.5h。

　　三个地震水准下不同类型结构的损伤分布情况如图 11.5-4 所示。每张图中不同颜色条带分别表示 RC 框架结构、未设防砌体结构以及设防砌体结构的损伤情况。最右侧条带为三种结构损伤情况的汇总。

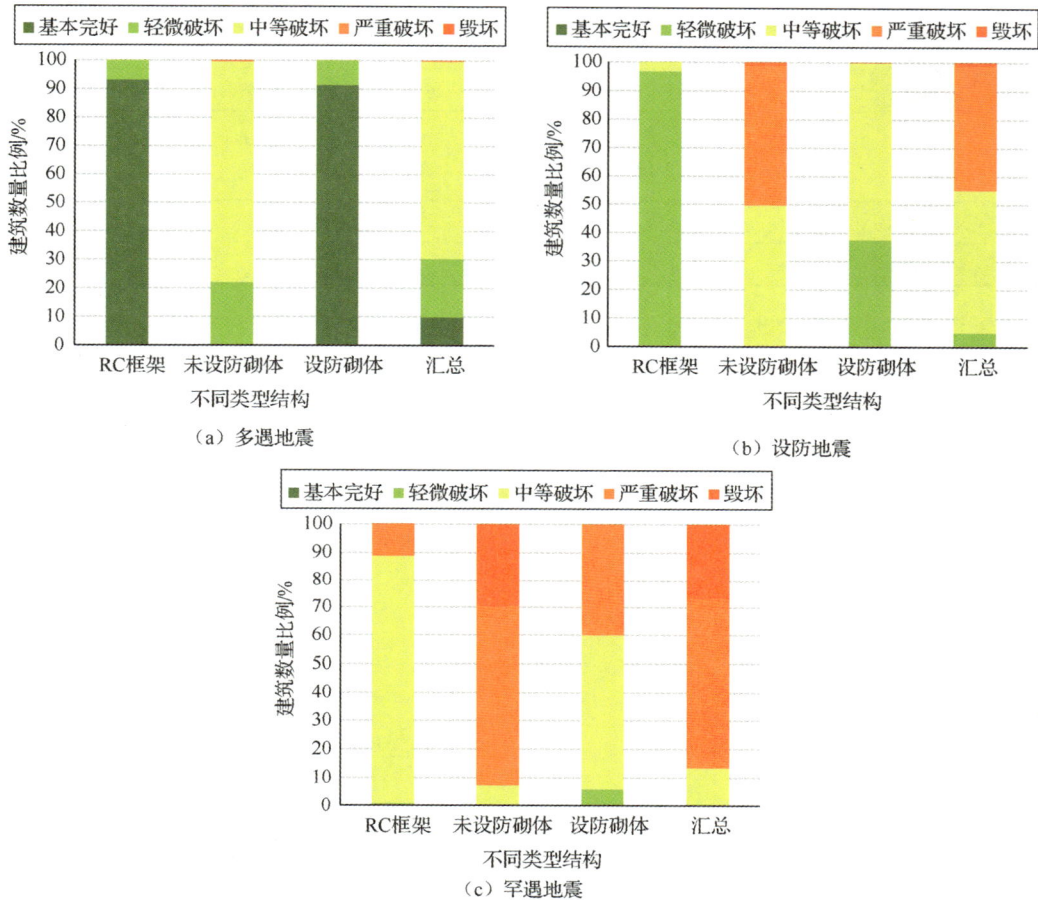

图 11.5-4 三个地震水准下不同类型结构的损伤分布情况

分析结果表明，RC 框架结构以及设防砌体结构的损伤相对较轻，其损伤情况基本满足"小震不坏，中震可修，大震不倒"的设计抗震目标；然而未设防砌体结构由于未进行抗震设计，损伤较其他类型结构明显更为严重。

为了估算不同地震水准下的大致经济损失，本节采用袁一凡（2008）建议的地震经济损失预测方法。该方法原理清晰，方法简单，曾被用于汶川地震多层建筑的直接经济损失预测，具有较好的效果（袁一凡，2008）。

根据袁一凡提出的直接经济损失预测方法，目标研究区域内某类结构某种损伤等级下的经济损失 L_h 可以按照式（11.5-2）进行计算：

$$L_h = A_h D_h P_h \qquad (11.5\text{-}2)$$

式中，A_h 为所有发生某等级损伤的该类型结构的建筑面积；D_h 为该损伤等级对应的房屋破坏损失比，该值可以根据表 11.5-2 进行确定（袁一凡，2008）；P_h 为该类型结构的重置单价，该值可以根据表 11.5-3 进行确定（袁一凡，2008）。

表 11.5-2　房屋破坏损失比（袁一凡，2008）

破坏程度	基本完好	轻微破坏	中等破坏	严重破坏	毁坏
损失比/%	2.5	7.5	25	55～80	85～100

表 11.5-3　城市房屋重置单价（袁一凡，2008）

结构类型	RC 框架结构	未设防砌体结构	设防砌体结构
单价/（元/m²）	1 300	850	850

采用该方法对三个地震水准下 66 355 栋多层建筑的地震直接经济损失进行了计算，结果如图 11.5-5～图 11.5-8 所示。其中，图 11.5-5 为不同地震水准下不同类型结构的直接经济损失。可以看出，即使在多遇地震作用下，该区域也出现了超过 500 亿元的直接经济损失。这主要是由于目标研究区域内近 90%的结构为未设防砌体结构。前述的震害模拟发现，多遇地震作用下，目标研究区内的未设防砌体结构大部分处于中等破坏状态 [图 11.5-4（a）]，因此该地区未设防砌体结构的破坏是震后直接经济损失的主要来源。

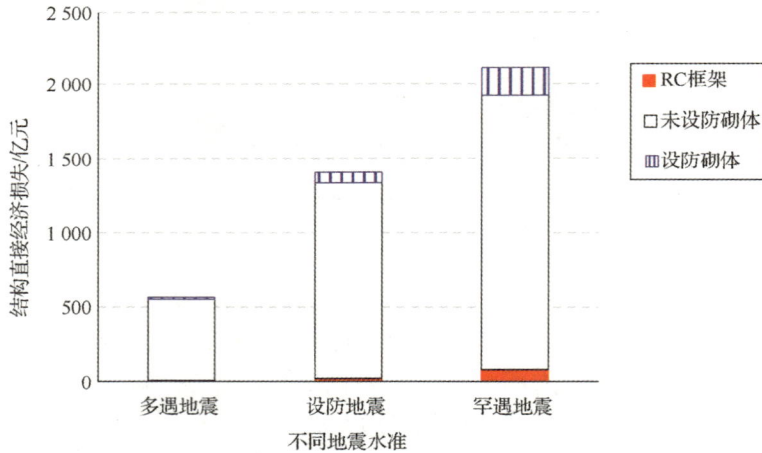

图 11.5-5　不同地震水准下不同类型结构的直接经济损失

图 11.5-6～图 11.5-8 反映了不同地震水准下不同类型结构直接经济损失分布情况。其中，图 11.5-6（a）反映了各类结构的直接经济损失与建筑重置成本的比值，可以看出，RC 框架结构以及设防砌体结构抗震性能较好，不同地震水准作用下，经济损失占重置成本的比例都远小于未设防砌体结构；图 11.5-6（b）反映了总直接经济损失中三种类型结构分别占的比例，可以看出，未设防砌体结构的地震损失是当地结构直接经济损失的最主要来源。

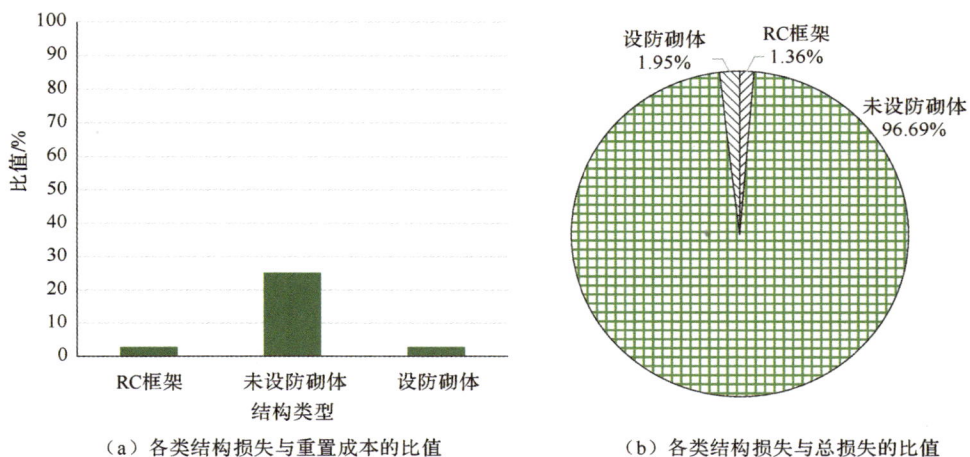

（a）各类结构损失与重置成本的比值　　　　　　（b）各类结构损失与总损失的比值

图 11.5-6　多遇地震下结构直接经济损失分布

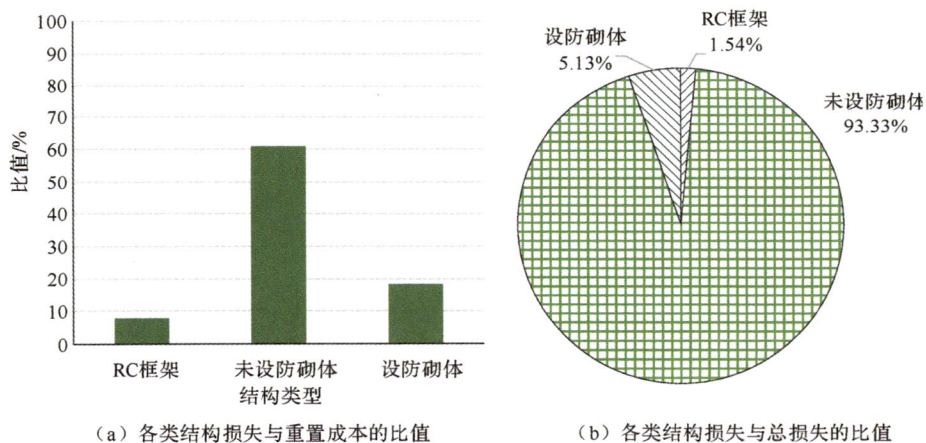

（a）各类结构损失与重置成本的比值　　　　　　（b）各类结构损失与总损失的比值

图 11.5-7　设防地震下结构直接经济损失分布

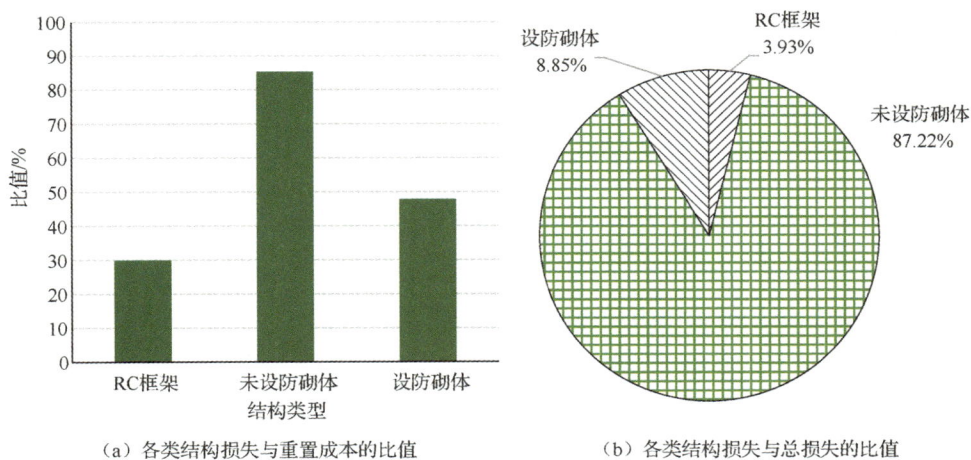

（a）各类结构损失与重置成本的比值　　　　　　（b）各类结构损失与总损失的比值

图 11.5-8　罕遇地震下结构直接经济损失分布

11.5.4　对未设防建筑加固后的效果

为了降低目标研究区域的潜在地震损失，本小节将讨论加固后当地结构损伤以及经济损失的情况。

由于该地区大部分的结构破坏以及经济损失皆来源于未设防砌体结构，本小节建议对所有未设防结构进行加固，使其达到当地抗震设防烈度的要求。为了验证加固措施的效果，本节对加固后的建筑采用与 11.5.3 节相同的震害模拟以及经济损失预测方法进行分析，计算得到的不同地震水准下不同类型结构的损伤分布情况如图 11.5-9 所示。从计算结果可以看出，加固后该地区结构的抗震性能显著提升。例如，多遇地震作用下，该地区大部分的建筑处于基本完好或者轻微破坏的状态。罕遇地震作用下，所有结构都没有出现毁坏。

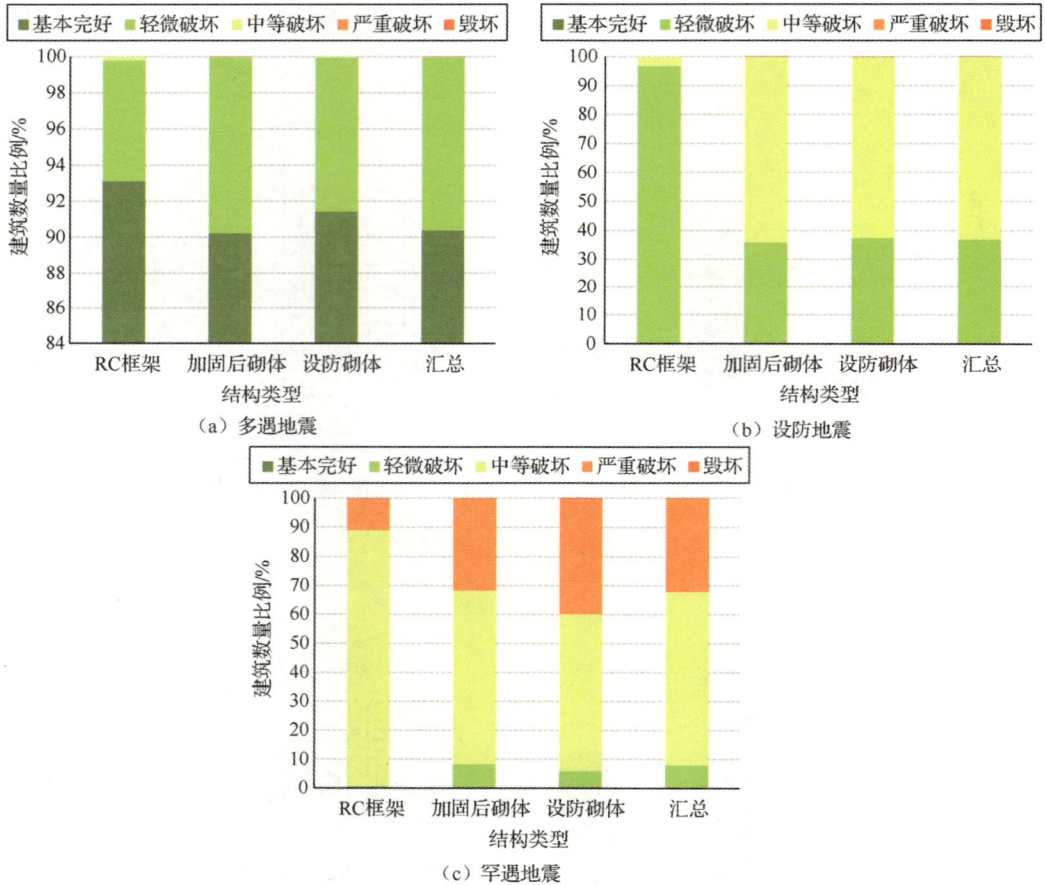

（a）多遇地震　　　　　　　　　　（b）设防地震

（c）罕遇地震

图 11.5-9　不同地震水准下不同类型结构的损伤分布情况

根据计算得到的各类结构损伤状态，采用与 11.5.3 节相同的方法计算不同地震水准下结构的经济损失情况，如图 11.5-10 所示。与图 11.5-5 相比，各类结构的经济损失显著下降［图 11.5-10（a）］。尤其是当遭遇多遇地震时，加固后结构的经济损失仅为加固前的

14%［图 11.5-10（b）］。但值得注意的是，加固后整个区域的罕遇地震经济损失下降幅度明显小于多遇地震经济损失。这是由于加固后虽然能保证结构的抗倒塌性能，但大部分结构仍出现了大量中等破坏和严重破坏，造成了大量经济损失。该结果表明，目前按照我国《建筑抗震设计规范》（GB 50011—2010）设计的房屋能较好地控制结构在多遇地震下的经济损失以及罕遇地震作用下的倒塌风险；但是，按照现行规范设计的结构在罕遇地震下的损失仍很大，功能可恢复能力不足，因此这是未来地震工程的重要研究方向。

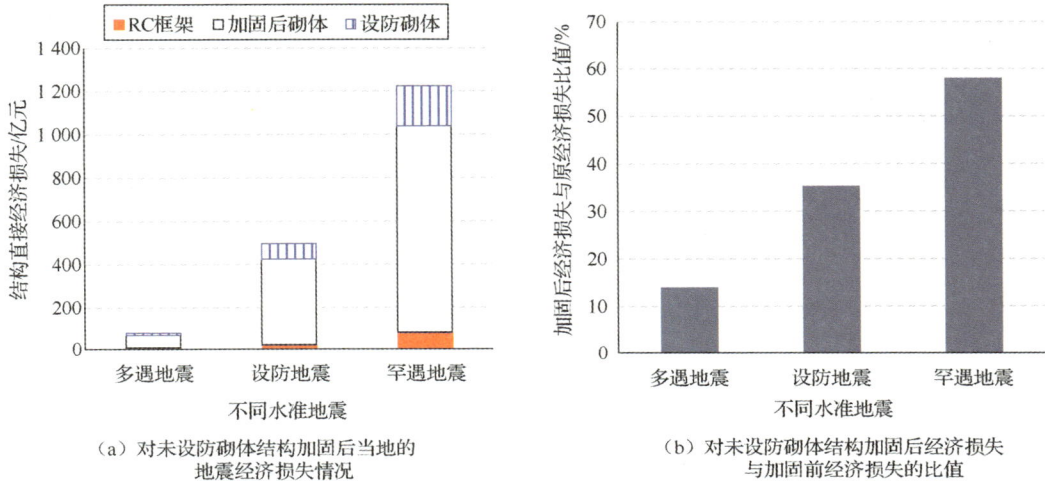

（a）对未设防砌体结构加固后当地的
地震经济损失情况

（b）对未设防砌体结构加固后经济损失
与加固前经济损失的比值

图 11.5-10　不同地震水准下结构的经济损失情况

不同地震水准下结构的直接经济损失分布如图 11.5-11～图 11.5-13 所示。可以看出加固之后，几种结构在多遇地震作用下的损伤都比较小，结构损失与重置成本的比值不超过 5%。此外在设防地震以及罕遇地震作用下，各类型结构的经济损失占重置成本的比值也更加均衡。

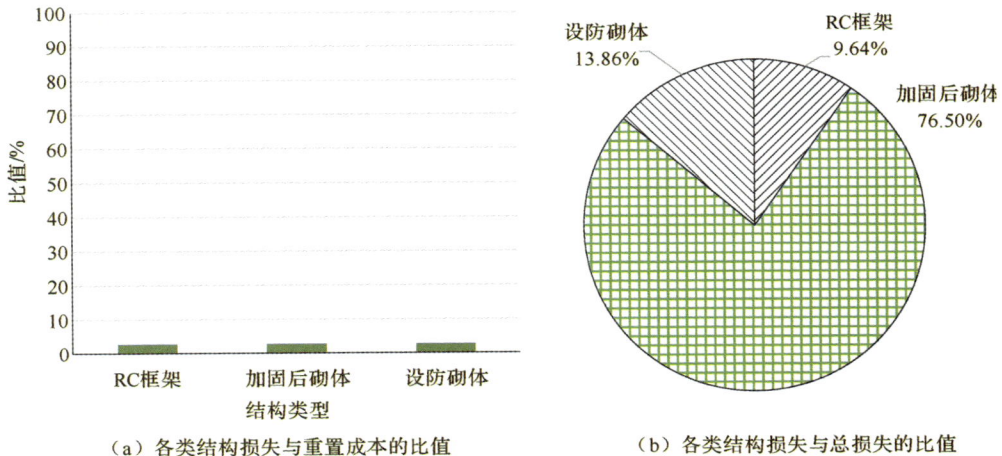

（a）各类结构损失与重置成本的比值

（b）各类结构损失与总损失的比值

图 11.5-11　多遇地震下结构的直接经济损失分布

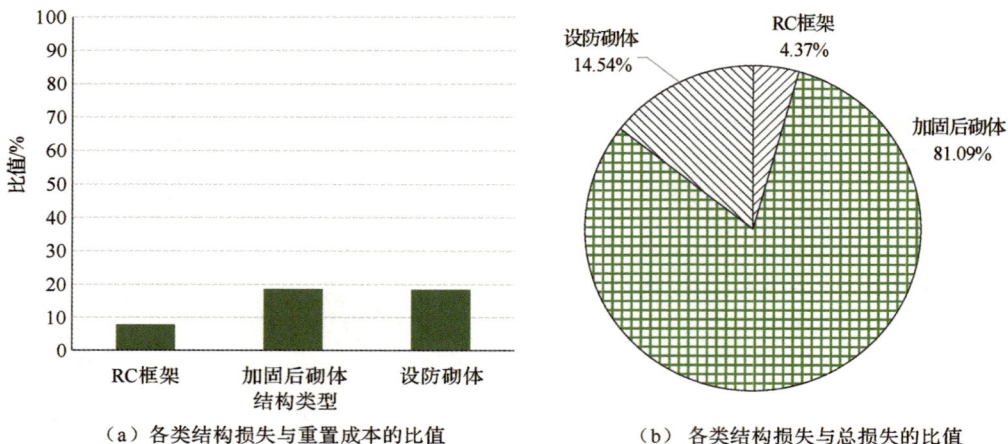

（a）各类结构损失与重置成本的比值　　　　　（b）各类结构损失与总损失的比值

图 11.5-12　设防地震下结构的直接经济损失分布

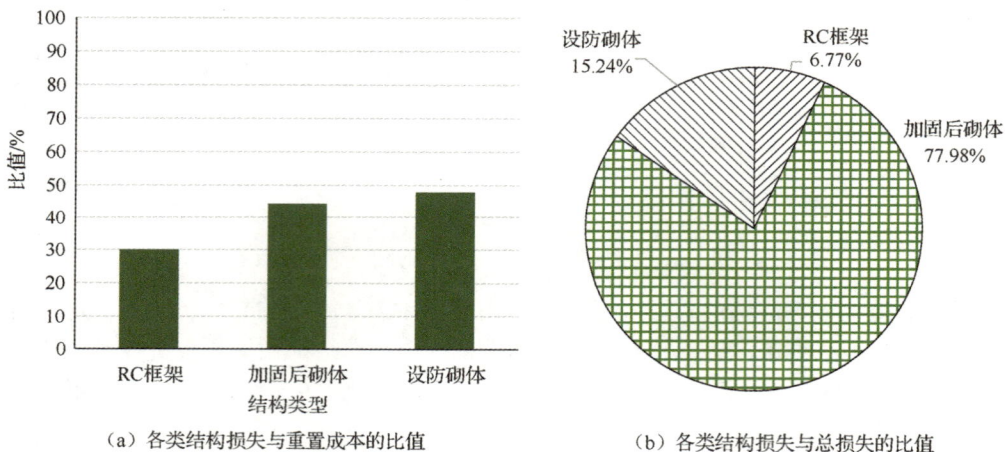

（a）各类结构损失与重置成本的比值　　　　　（b）各类结构损失与总损失的比值

图 11.5-13　罕遇地震下结构的直接经济损失分布

11.6　唐山市建筑震害模拟

1976 年 7 月 28 日，河北省唐山市发生了 7.8 级大地震，造成超过 24 万人死亡，285 万间房屋倒塌，96 万间房屋严重破坏（苏幼坡等，2006）。本节对唐山市 23 万多栋建筑进行了震害模拟，在此基础上，对比了三种地震动衰减关系的震害结果，并基于较为合理的椭圆形衰减关系的震害预测结果进行了具体的分析和讨论。

11.6.1　唐山市建筑信息

唐山市区设防烈度为 8 度，通过实地调查并结合 GIS 平台，一共收集了该地区 230 683 栋建筑的基本信息（结构类型、高度、层数、建造年代、楼层面积）（图 11.6-1），其中，20 世纪 90 年代以前的建筑的面积占 19%，老旧平房的比例占 9%。

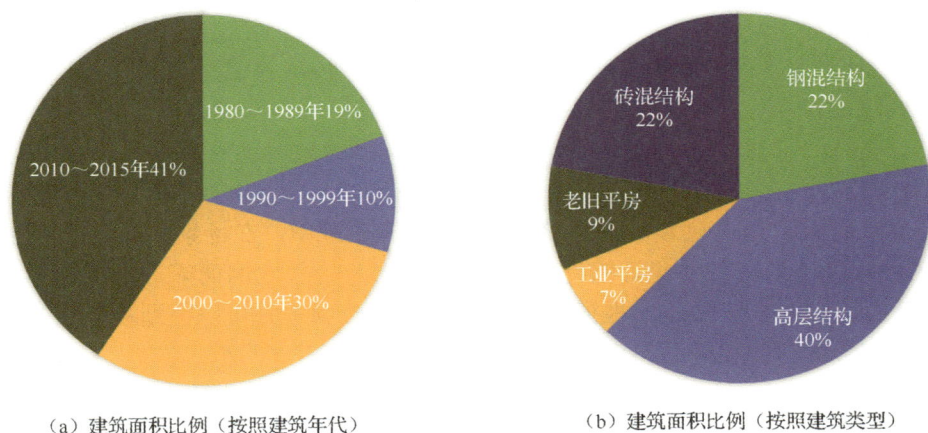

（a）建筑面积比例（按照建筑年代）　　　　　　（b）建筑面积比例（按照建筑类型）

图 11.6-1　唐山市建筑的基本信息

11.6.2　唐山市建筑震害模拟地震动输入

由于唐山地震发生时，我国强震观测站很少，因此主震在 VIII 度以上区未测得强震记录，较好的主震记录为北京饭店测得的地震记录，但此处烈度为 VI 度区，距离震中 157km。考虑到北京饭店测得的地震动经历了较远距离的传播，已经不能很好地表征极震区的地震动特征，因此本次模拟从 FEMA P695（FEMA，2009）中挑选了 4 组代表性近场地震动（震源距小于 10km）记录，其震级与唐山大地震相近，地震动时程曲线如图 11.6-2 所示。其中，中国台湾 Chichi 记录震级为 7.6 级，土耳其 Kocaeli 记录震级为 7.5 级，美国 Denali 地震震级为 7.9 级。

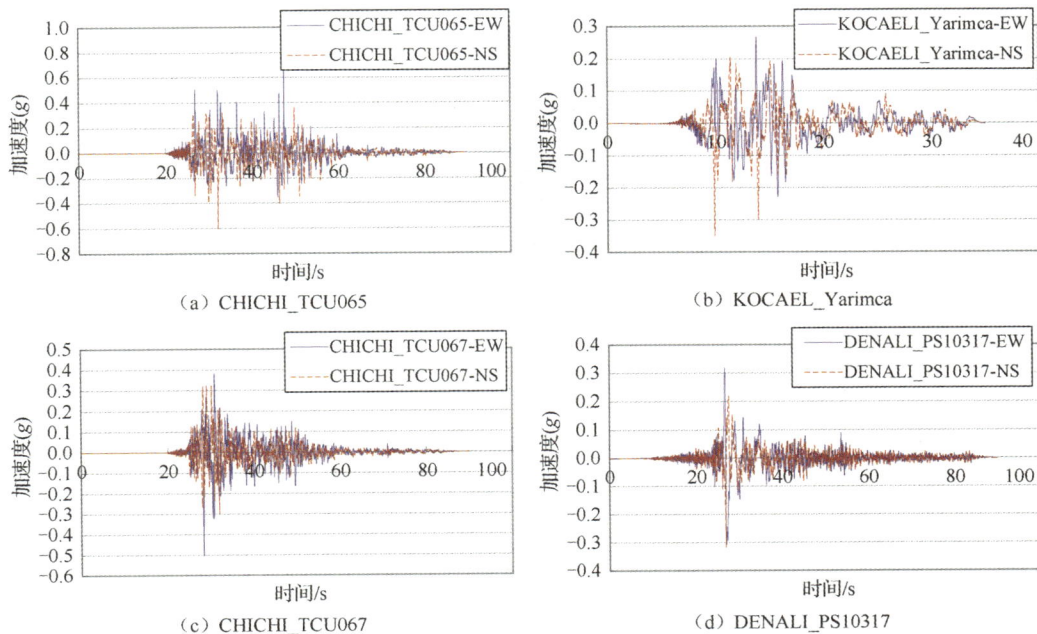

（a）CHICHI_TCU065　　　　　　　　　　　（b）KOCAEL_Yarimca

（c）CHICHI_TCU067　　　　　　　　　　　（d）DENALI_PS10317

图 11.6-2　4 组近场地震动时程曲线

　　由于目标区域范围较广，单一的地震动输入和实际情况相差较大，需要考虑地震动的衰减。此次模拟采用了三种地震动 PGA 衰减关系，分别为：①霍俊荣等（1992）提出的地震动 PGA 衰减关系，PGA 按照同心圆进行衰减，震中 PGA=850cm/s^2，如图 11.6-3（a）所示（后文统一称作场景 A）；②肖亮（2011）提出的地震动衰减关系，按照椭圆的长短轴方向进行衰减，震中 PGA=1 160cm/s^2，如图 11.6-3（b）所示（后文统一称作场景 B）；③为了比较同心圆衰减关系和椭圆衰减关系的差别，在场景 B 的基础之上，将震中 PGA 根据场景 A 的结果调幅到 850cm/s^2，其他地方按比例调幅，如图 11.6-3（c）所示（后文统一称作场景 C）。根据上述三种 PGA 的衰减关系可以得到各个位置建筑的 PGA 大小，以此作为地震动的输入参数。

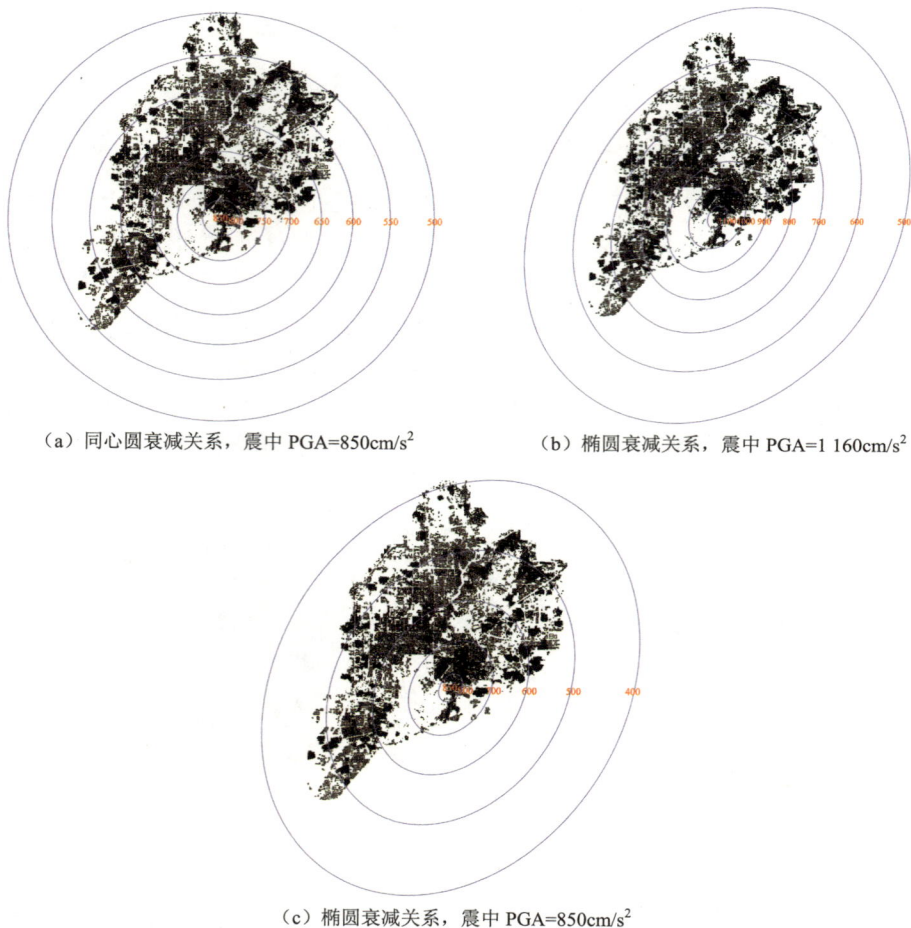

（a）同心圆衰减关系，震中 PGA=850cm/s^2　　　　　（b）椭圆衰减关系，震中 PGA=1 160cm/s^2

（c）椭圆衰减关系，震中 PGA=850cm/s^2

图 11.6-3　考虑衰减关系后的三种地震动 PGA 分布图（单位：cm/s^2）

　　为了使地震场景与实际的唐山地震更接近，需要对地震动进行调幅。按照以上的衰减关系，将归一化后的 4 组近场地震动调幅后得到震中的地震动反应谱曲线（PGA=1 160cm/s^2、850cm/s^2，如图 11.6-4 和图 11.6-5 所示。可见，震中附近地震作用显著强于规范规定的 9 度罕遇地震反应谱，特别是在 0.5～2s 这一频率段。

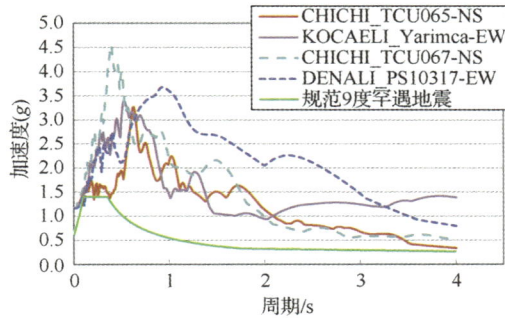

图 11.6-4　调幅后震中的地震动反应谱曲线（PGA=1 160cm/s^2）

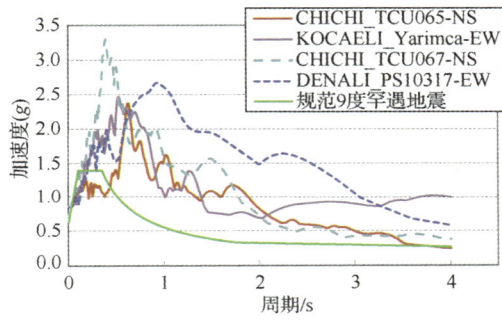

图 11.6-5　调幅后震中的地震动反应谱曲线（PGA=850cm/s^2）

11.6.3　唐山市建筑震害分析结果

11.6.3.1　不同 PGA 衰减关系的结果对比

基于以上区域建筑基本信息及地震动信息，采用第 7 章的城市区域建筑震害模拟方法对唐山市进行了震害模拟，每种场景下 4 组地震动的震害结果平均值如表 11.6-1 所示（以下震害结果分析均为建筑面积比）。

表 11.6-1　三种场景的震害结果平均值　　　　　　单位：%

场景	震害程度				
	完好	轻微破坏	中等破坏	严重破坏	毁坏
场景 A	0.00	0.00	13.10	56.88	30.02
场景 B	0.00	0.00	4.40	61.76	33.84
场景 C	0.00	2.05	22.98	48.82	26.15

从表 11.6-1 中可以看出，建筑震害由轻到重依次为场景 C、场景 A 和场景 B，说明 PGA 按照椭圆形衰减的速度快于按照圆形衰减的速度；同时，本书所建议的区域建筑震害分析方法能够考虑不同地震动衰减关系对震害结果的影响。考虑到唐山大地震实际的烈度分布更接近椭圆形（刘恢先，1985），以及椭圆形的衰减关系理论上具有更高的合理性（石建梁等，2011）。因此，下面将进一步分析场景 B 预测得到的震害结果。

11.6.3.2 场景 B 震害模拟结果可视化及分析

采用第 9 章提出的城市建筑群震害场景的 2.5D 可视化方法，对场景 B 下（Chichi-TCU065 地震动）唐山市建筑震害进行可视化，如图 11.6-6 所示。该可视化结果不仅能直观清楚地展示区域内建筑的破坏情况，还能给出各个建筑每层的破坏状态及其时程动态过程，相较于传统的易损性矩阵分析方法，提供了更为直观、丰富的震害信息。

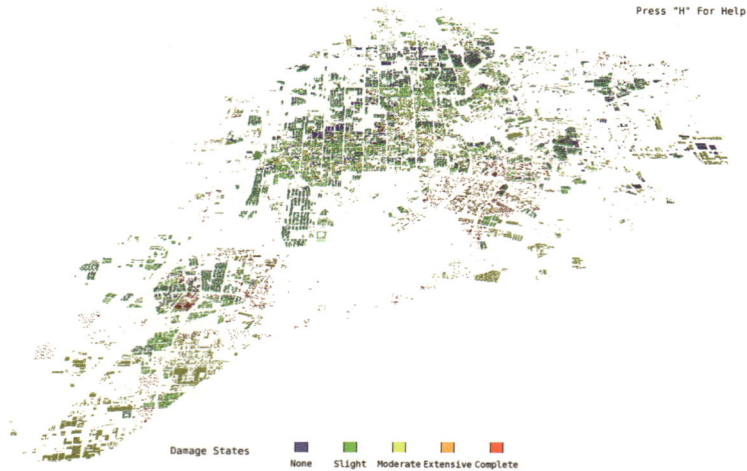

（a）唐山市震害结果整体视角

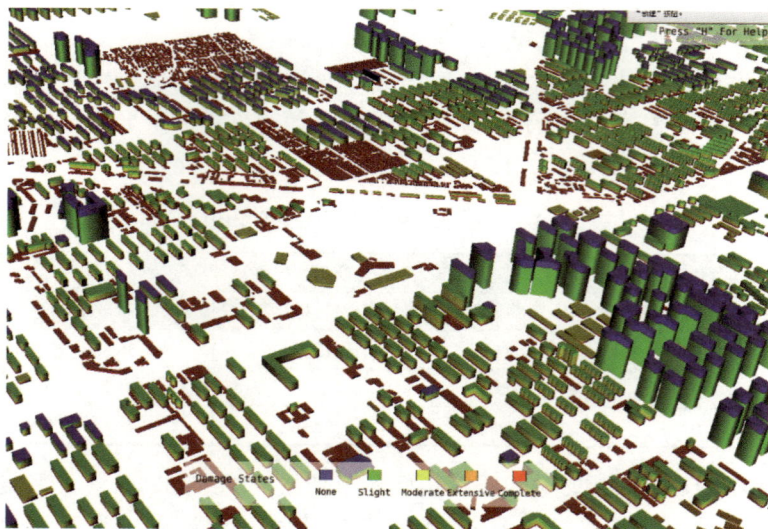

（b）唐山市震害结果局部视角

图 11.6-6　场景 B 下（Chichi-TCU065 地震动）唐山市建筑震害可视化结果

按照建筑设防分类的震害结果对比如表 11.6-2 所示（完好和轻微破坏的比例均为 0，所以略去）。根据苏幼坡等（2006）统计的唐山大地震的实际震害结果，所研究的区域在 1976 年唐山大地震时倒塌率超过 80%，而根据表 11.6-2，4 组地震动下所有建筑的平均倒塌比例为 33.84%，因此当前唐山市建筑的抗倒塌能力比 1976 年已经有了显著提高。特别需要说明的是，这 33.84% 的倒塌比例很大程度上是由大量的老旧未设防建筑导致的。进行过抗震设防的建筑，其平均倒塌比例为 18.58%，而未设防的建筑，平均倒塌比例达到了 97.49%，所以建筑抗震设防对提高其抗震性能具有决定性的作用。今后应对未设防建筑尽快逐步更新或加固，以解决城市抗震防灾能力的短板。

表 11.6-2　按建筑设防分类的不同破坏程度的比例

地震动	结构设防类别	中等破坏/%	严重破坏/%	毁坏/%
CHICHI_TCU065	设防结构	10.43	86.63	2.94
	非设防结构	0.00	5.30	94.70
	汇总	8.41	70.89	20.69
KOCAELI_Yarimca	设防结构	6.28	85.80	7.92
	非设防结构	0.00	1.28	98.72
	汇总	5.07	69.45	25.48
CHICHI_TCU067	设防结构	5.11	74.83	20.05
	非设防结构	0.00	2.66	97.34
	汇总	4.12	60.87	35.01
DENALI_PS10317	设防结构	0.00	56.61	43.39
	非设防结构	0.00	0.82	99.18
	汇总	0.00	45.81	54.19
平均值	设防结构	5.46	75.97	18.58
	非设防结构	0.00	2.51	97.49
	汇总	4.40	61.76	33.84

另外值得注意的是，即便是对于设防结构，超过中等破坏的建筑物比例也达到了 94.55%，这些建筑基本都不存在修复的价值或可能性。因此，如果 1976 年唐山地震再次发生，虽然随着倒塌率的降低，人员伤亡率会得到有效控制，但是基本上整个城市都要拆除重新建设，粗略估算重建面积超过 1.0 亿 m^2。其经济代价及环境、资源代价都非常高昂，因此，提高城市的抗震“韧性”（resilience）极为重要。

11.7　旧金山建筑震害模拟

本节基于第 7 章的城市区域建筑震害模拟的建模方法和第 8 章的城市区域地震经济损失评估方法，通过与美国国家科学基金重大项目“多灾害模拟平台 SimCenter”合作，提出一套从地震动输入到建筑破坏和震损分析框架 Workflow，如图 11.7-1 所示。该

Workflow 主要包括 6 个模块，各个模块介绍如表 11.7-1 所示。各个模块通过 C++编程实现，相关代码已开源于 GitHub 代码托管平台上。其中，Create SAM 和 Create DL 是整个分析中的两个主要环节，Create SAM 模块采用 7.2.4 节中基于 HAZUS 的方法对建筑进行骨架线参数标定，Create DL 模块采用第 8 章的城市区域地震经济损失评估方法对建筑进行地震经济损失评估。

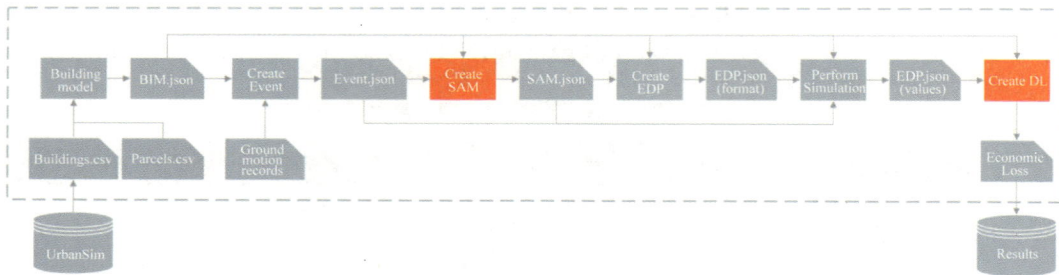

图 11.7-1　本节所提出的建筑破坏和震损分析框架 Workflow

表 11.7-1　Workflow 各个模块介绍

模块名称	作用
Building Model	从建筑原始 GIS 数据中得到建筑信息模型文件 BIM.json
Create Event	从原始地震动数据库中根据建筑位置得到输入地震动时程 Event.json
Create SAM	根据 BIM.json 文件自动生成建筑结构分析模型
Create EDP	根据 BIM.json 文件得到建筑的工程需求参数 Engineering Demand Parameters（EDP）种类
Perform Simulation	根据结构分析模型和输入地震动进行非线性时程分析，计算得到 EDP 取值
Create DL	根据所得的 EDP 确定建筑损失

旧金山湾区位于太平洋板块和北美板块交界处（Sloan，et al.，2006），七条主要断层分布在这一区域。旧金山湾区地震频发，如 1868 年 Hayward Earthquake、1906 年 San Francisco Earthquake、1989 年 Loma Prieta Earthquake，造成了严重的人员伤亡和经济损失（Aldrich，et al.，1986；Lawson，et al.，1908；National Research Council，1994）。本节以美国旧金山湾区为例，对其 180 多万栋建筑进行了 Hayward 断层 M7.0 级地震情境下的建筑震害模拟，并对典型建筑分析进行介绍，详细说明了整个 Workflow 的分析流程。

11.7.1　旧金山湾区建筑信息

本节一共统计了旧金山湾区 1 843 351 栋建筑的基本信息，主要包括建筑位置、楼层数、建造年代、结构类型、占地面积和功能。建造年代和楼层数分布如图 11.7-2 和图 11.7-3 所示，从中可以看出，湾区建筑主要为 2000 年以前的低层建筑。

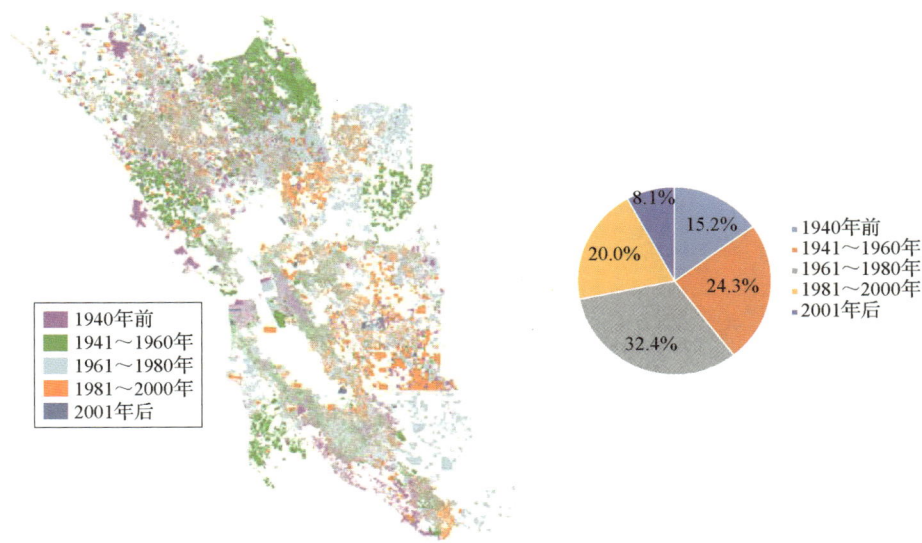

图 11.7-2 旧金山湾区建筑建造年代分布

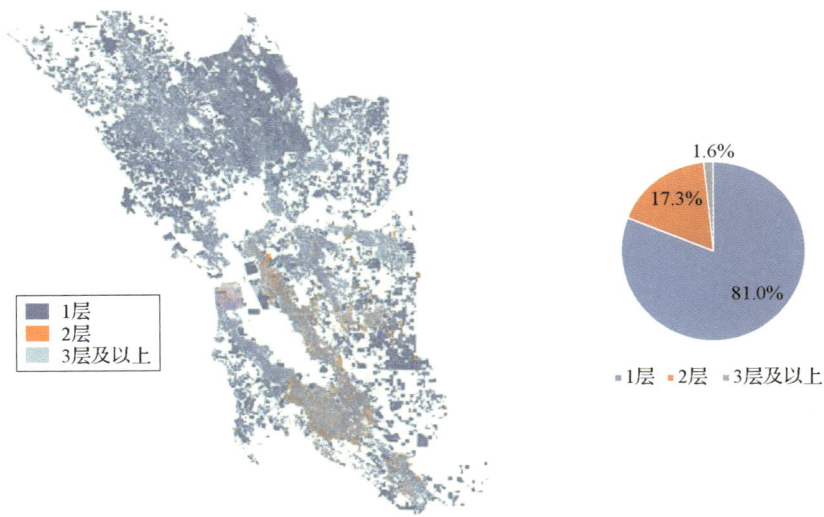

图 11.7-3 旧金山湾区建筑楼层数分布

11.7.2 地震动输入

美国劳伦斯-伯克利国家实验室（Lawrence Berkeley National Laboratory，LBNL）设定 Hayward 断层发生了一场 M 7.0 级地震，模拟得到了旧金山及周边 120km×80km×30km 区域的地震动传播过程，以及地表各个网格点处地面运动（图 11.7-4）。整个模拟计算工作在 LBNL 国家能源研究科学计算中心的超级计算机[峰值浮点运算能力为 29.1 千万亿（Pflops）次]上完成，该模拟工作具体可以参阅（Rodgers，et al.，2018）。

　　本节采用了上述 M 7.0 级 Hayward 设定地震作为情境，进行建筑震害模拟。每栋建筑根据其实际地理位置，选取最近的网格点的地震动作为输入，所有建筑所输入的地震动时程的峰值加速度 PGA 分布如图 11.7-5 所示。

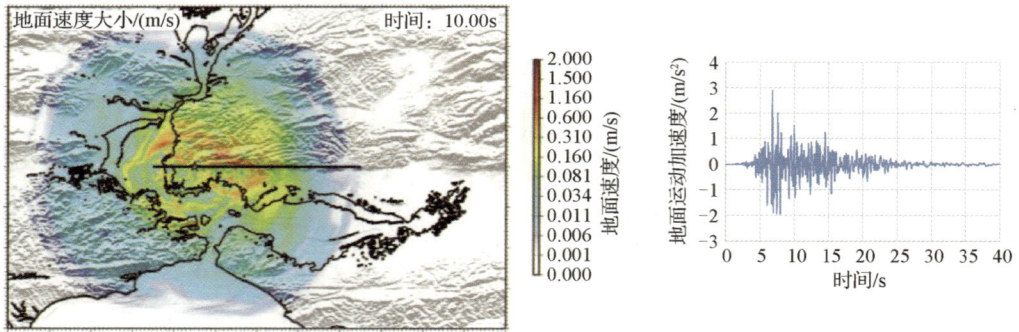

图 11.7-4　Hayward 断层 M 7.0 级模拟地震地面运动

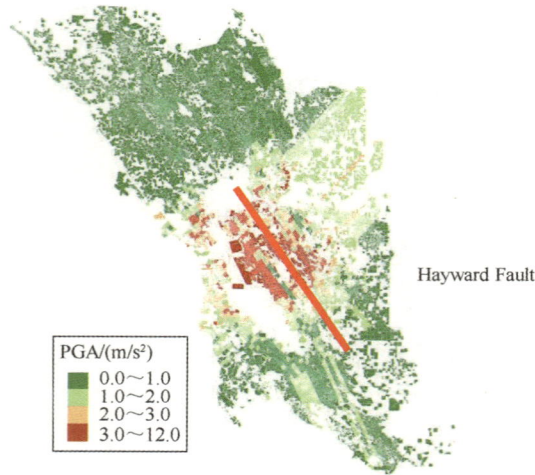

图 11.7-5　每栋建筑输入地震动时程 PGA 分布

11.7.3　典型建筑分析流程

　　根据所提出的 Workflow 对每栋建筑进行分析，本节以旧金山湾区两栋典型的建筑为例（表 11.7-2），详细介绍整个分析流程。

表 11.7-2　典型建筑基本信息

名称	结构类型	功能	楼层面积/m²	层数	建造年代	设计规范	重置价格/（10^6\$）
C1M	RC 框架	办公楼	1530	5	1925	Pre code	20.368
W1	木结构	住宅	170	1	1970	Moderate code	0.272

　　（1）给定建筑标签，"Building Model"模块将会根据 UrbanSim 所提供的建筑基本信息数据库生成建筑信息模型 BIM.json。两栋典型建筑的 BIM.json 文件如图 11.7-6 所示。

```
{
 "GI": {
  "area": 1530,
  "structType": "C1",
  "name": "1",
  "numStory": 5,
  "yearBuilt": 1925,
  "occupancy": "Office ",
  "height": 15.25,
  "replacementCost": 20368000,
  "replacementTime": 180.0,
  "location": {
    "latitude": 37.783714,
    "longitude": -122.396516
  }
 }
}
```

（a）C1M

```
{
 "GI": {
  "area": 170,
  "structType": "W1",
  "name": "1",
  "numStory": 1,
  "yearBuilt": 1970,
  "occupancy": "Residential",
  "height": 4.27,
  "replacementCost": 272000,
  "replacementTime": 180.0,
  "location": {
    "latitude": 37.6791,
    "longitude": -122.489
  }
 }
}
```

（b）W1

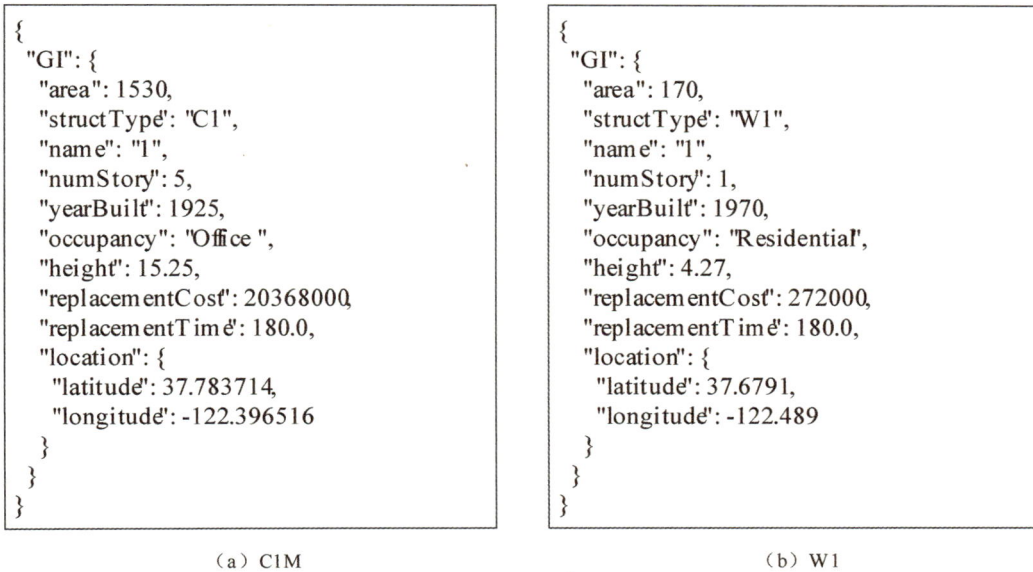

图 11.7-6　典型建筑的 BIM.json 文件

（2）给定 BIM.json 文件中建筑经纬度信息，"Create Event"模块将会从 Hayward 断层模拟的 M 7.0 级地震动数据库中得到相应的地震动输入时程，并存储于 Event.json 文件中。两栋典型建筑 C1M 和 W1 分别对应网格点 S_28_28、S_27_21 所输入地震动时程曲线如图 11.7-7 所示。

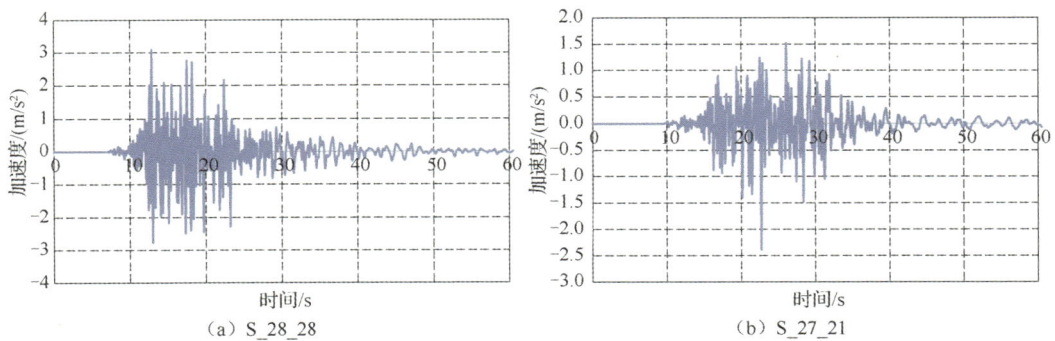

（a）S_28_28

（b）S_27_21

图 11.7-7　典型建筑输入地震动时程曲线

（3）给定 BIM.json 和 Event.json 文件，"Create SAM"模块会根据 7.2.4 节所述建模方法和参数标定方法生成建筑结构分析模型 SAM.json 文件。为了验证建筑结构分析模型的合理性，将其能力曲线与广泛使用的 HAZUS 方法中提供的典型建筑能力曲线（图 11.7-8）进行了对比，两者十分接近。

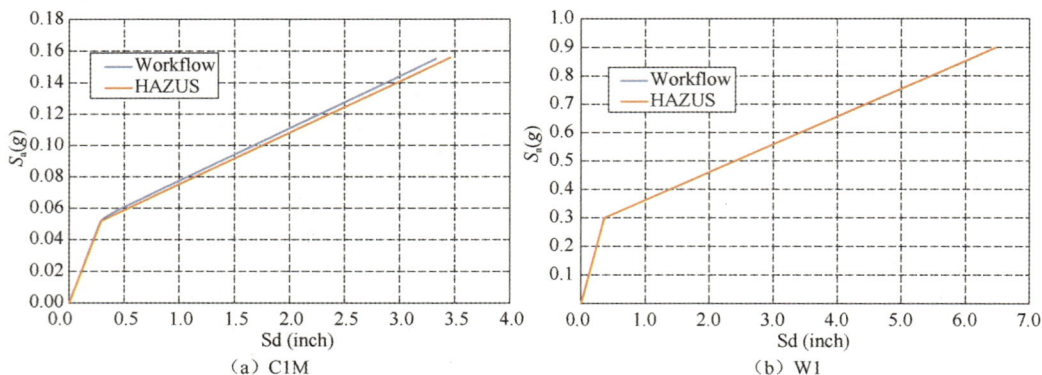

图 11.7-8　典型建筑能力曲线对比

（4）根据 BIM.json 和 Event.json 文件，"Create EDP"将会根据后续结构破坏分析和损失分析的数据需求，确定 EDP 的种类，如各楼层的层加速度、层间位移角和残余位移角。

（5）根据 SAM.json 和 Event.json 文件，"Perform Simulation"模块将会对每栋建筑进行非线性时程分析，进而得到每栋建筑的 EDP 的值，存储到 EDP.json 中。C1M 和 W1两栋典型建筑对应的最大顶点位移与 HAZUS 对比如图 11.7-9 所示，二者较为接近。

（6）最后，根据所得到的 EDP.json 文件，运用"Create DL"模块即可确定该栋建筑的破坏和经济损失。两栋典型建筑的 Workflow 与 HAZUS 损失对比如图 11.7-10 所示。

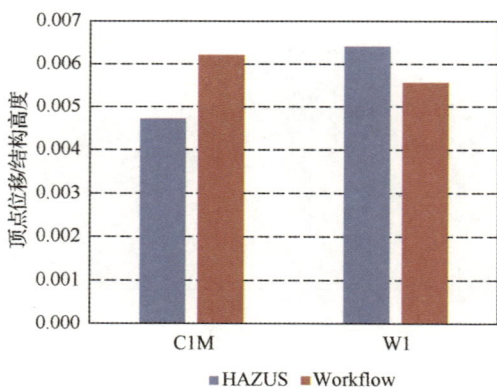

图 11.7-9　最大顶点位移与 HAZUS 对比　　　图 11.7-10　Workflow 与 HAZUS 损失对比

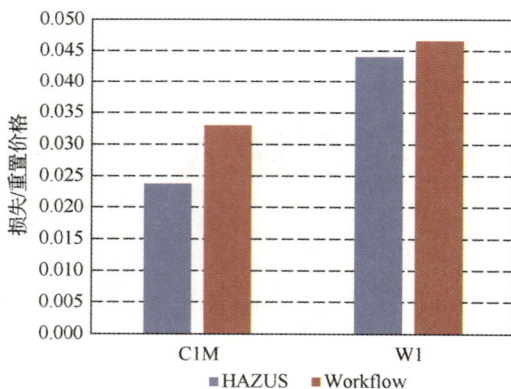

以上分析详细说明了整个分析流程中的每一步，实现了从断层到建筑损失的全过程的精细模拟，为区域建筑震害模拟提供了精细化的手段。

11.7.4　建筑震害损失分布

基于以上建筑信息和地震动输入信息，对每栋建筑按照以上流程进行分析，可以得到旧金山湾区 180 多万栋建筑的建筑损失比中位值和建筑修复时间中位值的分布，如图 11.7-11 和图 11.7-12 所示。

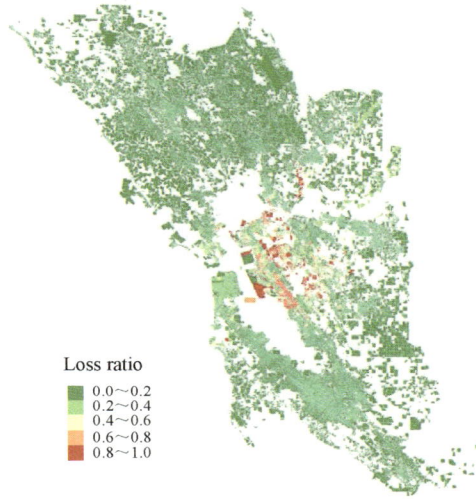

图 11.7-11　旧金山湾区建筑损失比中位值分布

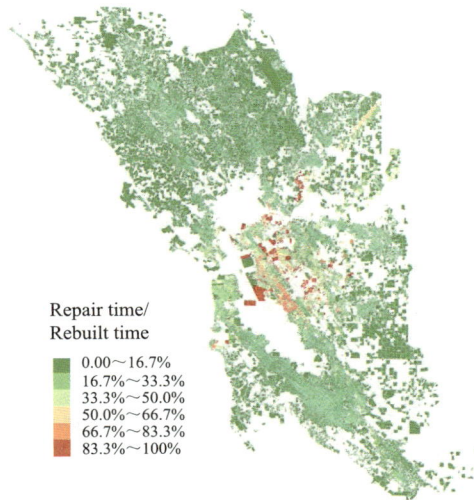

图 11.7-12　旧金山湾区建筑修复时间中位值分布

为了对震害结果进行更为真实的展示，采用 9.5 节可视化方法对旧金山中心城区进行了非线性时程分析结果的动态可视化。图 11.7-13 给出了计算得到的旧金山中心区域地震可视化场景，不同的颜色代表建筑位移的大小。

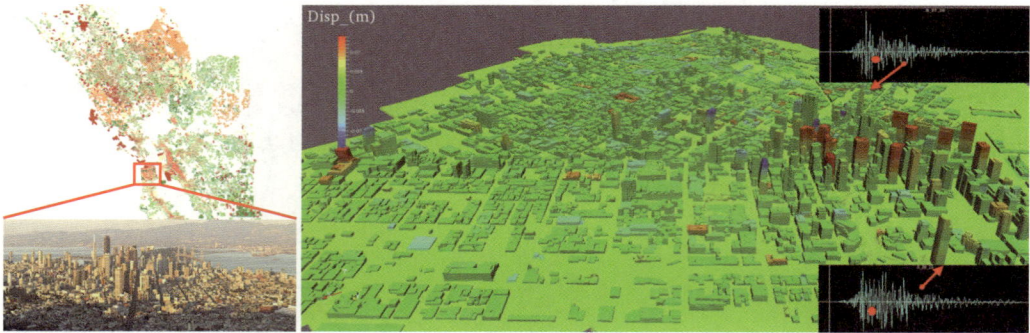

图 11.7-13　旧金山建筑地震可视化场景（t =13.2s）

　　另外，选择案例区域中的旧金山市中心建筑群，采用第 10 章地震次生火灾模拟方法进行了地震次生火灾模拟。根据当地的年均气象统计数据（The Weather Channel，2018；The Weather Company，2018；Wind History，2018），设置最低气温为 T_{low}=10.5℃，最高气温为 T_{high}=17.7℃，风向为西风，风速为 v = 4.8 m/s。总燃烧建筑占地面积-时间曲线如图 11.7-14 所示，对于该案例而言，火灾的蔓延速度基本恒定，在第 2h 蔓延速度稍有增加。9h 后，火完全熄灭。次生火灾模拟结果高真实感显示，如图 11.7-15 所示。最终的火灾蔓延情况如图 11.7-15（a）所示。本案例的地震次生火灾并不太严重，其主要原因是所选案例建筑的间距较大，降低了火灾蔓延风险。在次生火灾场景中添加烟气效果如图 11.7-15（b）所示，不仅可以提高场景的真实感，还能更明显地标示出燃烧建筑的位置。

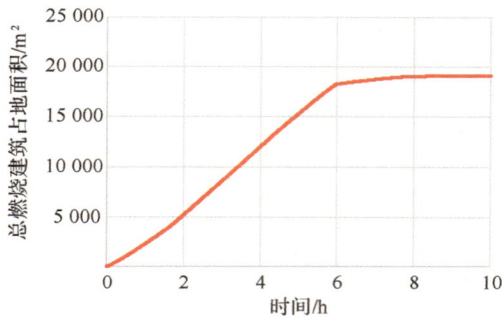

图 11.7-14　总燃烧面积-时间曲线

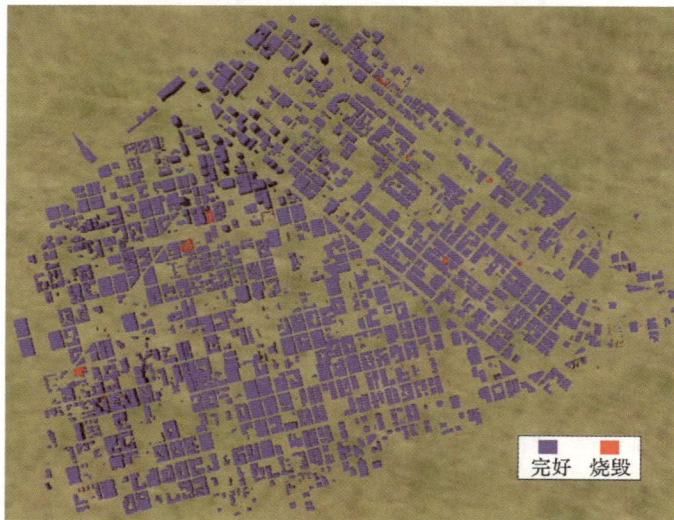

（a）火灾蔓延情况(t=10h)

图 11.7-15　次生火灾模拟结果高真实感显示

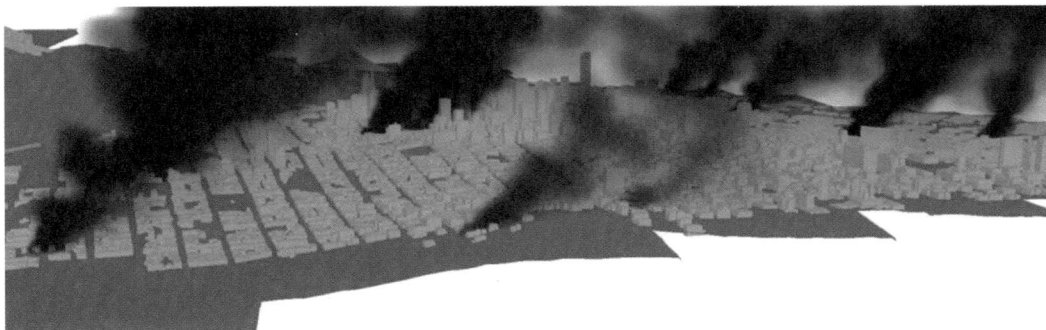

（b）烟气效果

图 11.7-15（续）

11.8 地震破坏力速报系统

地震后准确快速地评估建筑的破坏情况对抗震救灾有着重要意义。近年来数次重大地震灾害的经验表明，对于灾区实际震损的评价能力有待进一步完善（国家发展和改革委员会，中国地震局，2016）。地震发生后，灾区往往通信不通畅，现场缺乏组织，短时间内难以有足够的专业人员对建筑震损进行评价，同时网络上不实言论的传播可能干扰正常救灾信息的获取和决策，因此，需要提出科学、客观、及时的震损评价方法。

目前，近实时震损评价系统可以根据服务范围分为：①全球范围的系统；②局部的系统（Erdik, et al., 2014）。全球范围的震损评价系统主要有：*Prompt Assessment of Global Earthquakes for Response*（PAGER）（Wald, et al., 2010），*Global Disaster Alert and Coordination System*（GDACS）（GDACS，2018），*World Agency of Planetary Monitoring and Earthquake Risk Reduction*（WAPMERR）（Trendafiloski, et al., 2011），*Earthquake Loss Estimation for the Euro-Med Region*（NERIES-ELER）（EC，2016）；局部的系统主要包括 *USGS-ShakeCast*, *Istanbul Earthquake Rapid Response System* 和 *Rapid Response and Disaster Management System in Yokohama, Japan*（Erdik, et al., 2008）。这些震损评价系统一般由地震输入参数、建筑信息和易损性、直接经济损失和人员伤亡三个部分组成。地震输入参数根据地震台网实时监测数据（一般包括地震的震级、震中位置和震源深度）和地面运动预测方程（GMPE）得到，建筑信息可通过宏观与微观统计信息结合的方法获得，建筑的破坏情况则根据易损性关系和能力需求方法推算，经济损失和人员伤亡主要依据经验公式求得。但现有系统存在的问题主要有：①单一的地震动参数输入较难全面地考虑地震动的动力特性；②基于易损性的震害分析方法对于缺乏实际震害数据的地区较难给出准确的震害预测结果；③基于静力推覆的能力-需求分析方法难以考虑地震动的持时、速度脉冲等特性。此外，中国地震局开发了较为完善的地震速报程序（中国地震台网中心，2018），可在短时间内给出地震发生的时间、地点、震源深度和震级的报告，并提供震中周边城市乡镇、震中天气和区域历史地震等相关信息，但是，地震局提供的速报信息中没有包含建筑震害的预测信息。

针对上述问题，本书基于动力弹塑性时程分析和实测地面运动记录，提出了一套近实时的地震破坏力分析评价方法并开发了相应的系统，以下将进行详细的介绍。

11.8.1　地震破坏力分析评价方法

本书基于实测地面运动记录和动力弹塑性时程分析，提出了一套近实时的地震破坏力分析评价方法。该方法包括：①通过地震台站获取发震地区实测地面运动记录；②将实测地面运动记录输入到典型单体建筑的有限元模型中，进行动力弹塑性分析，根据计算模型的分析结果评价本次地震对典型单体建筑的破坏情况；③建立发震区域典型的区域建筑数据库，运用第 7 章城市区域建筑震害模拟方法，将实测地面运动记录输入到目标区域建筑分析模型中，根据区域分析结果评价本次地震对该地区建筑的破坏情况。以下将对这三个部分进行具体的介绍。

11.8.1.1　地震动记录

地震动记录的获取是时程分析的关键。我国现有数以千计个正式运行的测震台站，测震台站所测数据均以实时数据的方式进行全国范围内的交换（杨陈等，2015）。地震发生后，中国地震台网能够及时获取震中周边的地面运动记录，连同台站经纬坐标、记录时间和仪器参数等信息记录在数据文件中。对所获取的实测地面运动记录进行处理，就可以为动力弹塑性时程分析提供输入地震动。

11.8.1.2　单体结构分析

单体结构震害分析主要针对典型类型结构。不同结构在地震动作用下的响应不同，呈现出不同的变形特点和破坏机制，产生不同程度或不同类型的破坏。特别是一些典型单体建筑曾经经历过详细的振动台试验或拟静力试验，其抗震性能已经通过试验手段进行准确标定。通过对典型建筑进行动力弹塑性时程分析，可以详细地获取单体建筑各个位置的结构响应情况，分析其损伤机制和安全储备，同时更好地理解地震对于不同结构的破坏能力和破坏机理，为科学研究和结构设计提供参考。

目前本系统所选取的典型单体结构包括钢筋混凝土框架结构和砌体结构，随着系统的开发与完善，更多的典型单体结构将会加入其中，为地震破坏力评价提供更为丰富的信息。对于钢筋混凝土结构，采用 2.2 节基于材料的纤维梁模型来建模；对于砌体结构，则采用 2.4.2 节基于构件的滞回模型加以模拟（陆新征，2015）。以下将对本系统所选取的典型单体结构进行介绍。

1）多层钢筋混凝土框架

钢筋混凝土框架结构广泛应用于城市和乡镇的建筑中，尤其是学校、医院等重要建筑，在分析建筑震害时具有很好的代表性。本系统采用的典型钢筋混凝土框架结构选取施炜等（2011）设计的 3 个 6 层 RC 框架模型。3 个 RC 框架按照 II 类场地、设计地震分组第二组的丙类结构进行设计，抗震设防烈度分别为 6 度、7 度和 8 度，以对比地震动对不同抗震设防烈度的 RC 框架的破坏情况。该 RC 框架结构布置（图 11.8-1）设计常用于学校和医院等建筑的典型平面和立面布置，选取中间榀框架 [图 11.8-1（a）中阴影部分] 进行设计配筋，混凝土等级均为 C30，纵筋种类均为 HRB335。采用基于材料的纤维梁模型建立其有限元分析模型，为分析典型框架结构地震下的响应提供基础。详细的建模方法可以参考第2章。

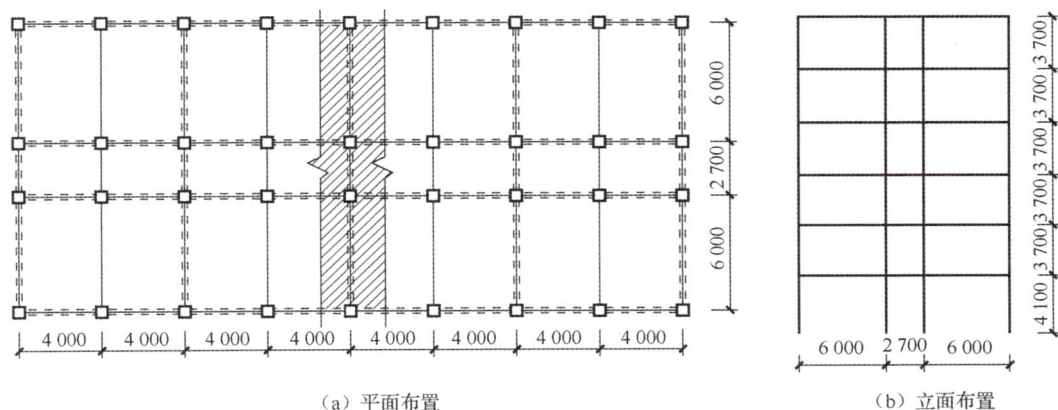

（a）平面布置　　　　　　　　　　　　　　　　（b）立面布置

图 11.8-1　六层 RC 框架结构布置（单位：mm）（施炜等，2011）

　　2）砌体结构

　　砌体结构广泛存在于乡镇房屋建筑中，而且砌体结构在遭遇地震时容易发生破坏。特别是未设防砌体结构，其破坏可能成为震后直接经济损失的主要来源。因此，有必要在地震破坏力速报系统中关注砌体结构的震害情况。本系统所选取的砌体结构包括单层未设防砌体、五层简易砌体和四层设防砌体。

　　（1）单层未设防砌体结构。纪晓东等（2012）开展了砖木结构的振动台试验，试验以北京市的一栋单层三开间农村住宅砖木结构为原型，以砖柱、砖墙和木梁砌筑搭建，模型照片如图 11.8-2 所示。试验通过振动台输入实测地面运动加速度时程记录和人工波，得到该单层结构的加速度-位移滞回曲线。本系统采用第 2 章图 2.4-3 建议的滞回模型，根据试验的结果对模型屈服点、峰值点和软化段参数进行了标定，作为层间剪切滞回关系，以此建立该单层砌体结构分析模型，用以反映地震对于典型自建农村住宅房屋的破坏力。

图 11.8-2　单层三开间农村住宅砖木结构振动台试验（纪晓东等，2012）

（2）5 层简易砌体结构。朱伯龙等（1981）开展了五层简易砌体结构的足尺拟静力试验。模型由粉煤灰密实砌块砌筑而成，有圈梁但没有构造柱，其结构布置如图 11.8-3 所示。试验通过对各层施加水平荷载，得到反复荷载作用下的基底剪力-顶点位移关系。与单层未设防砌体结构相同，采用图 2.4-3 建议的滞回模型，依据试验结果进行参数标定，建立了该多层砌体结构的分析模型，用以分析多层低设防水平砌体结构的震害。

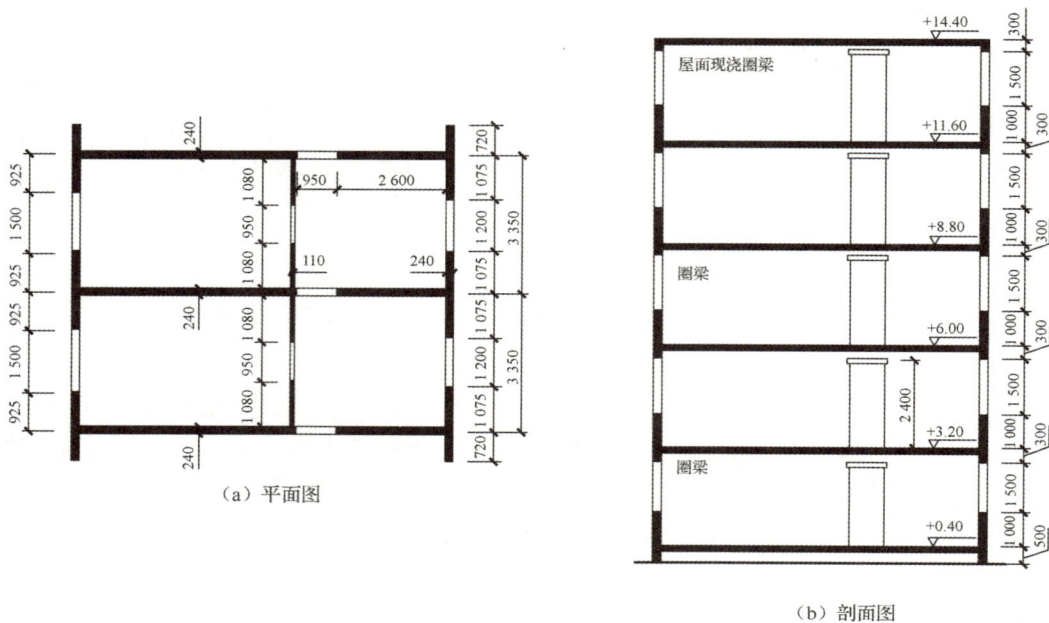

（a）平面图　　　　　　　　　　　　　（b）剖面图

图 11.8-3　5 层简易砌体结构布置（单位：mm）（朱伯龙等，1981）

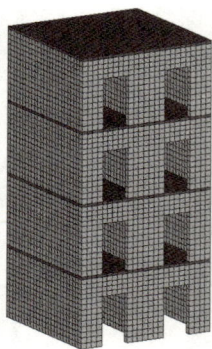

图 11.8-4　4 层设防砌体结构模型
（许浒等，2011）

（3）4 层设防砌体结构。许浒等（2011）采用图 2.4-3 建议的滞回模型，提出了一个 4 层设防砌体结构模型（图 11.8-4），该砌体结构每层两个开间，前后纵墙开有门窗洞，材料为 MU10 烧结实心砖和 M5 砌筑水泥砂浆。建立该模型的具体技术细节参见许浒等（2011），本系统采用该模型分析多层设防砌体结构的震害。

11.8.1.3　区域建筑分析

区域建筑地震破坏力评价的关键问题为区域建筑震损分析方法和区域建筑数据库的建立。其中，区域建筑震损分析方法选取第 7 章的城市区域建筑震害模拟方法；区域建筑数据库基于《第六次全国人口普查》（国务院人口普查办公室等，2012）等数据，通过求解线性规划问题来构建。

其实现方法是：根据《第六次全国人口普查》可以获得我国主要城市建筑按照层数、承重类型和建造年代分类的各个类别建筑的总数，但这些分类之间是彼此独立的。本方法将建筑按照层数、承重类型和建造年代一共分成 33 类，比如"1990 年以前，砌体结构，平房""1990 年以前，砌体结构，2~3 层"等。求解此问题构成的 N 元一次不定方程组即可获得这 33 类建筑的比例。在获得 33 类建筑的比例之后，就可以建立各个区域的建筑模型数据库，服务于后续的地震破坏力评价。需要说明的是，如果目标区域已经有每栋建筑的统计信息，则可以直接采用这些信息建立分析模型。

11.8.2　系统开发

根据上述所提出的方法，本书开发了相应的地震破坏力评价系统，该系统共由五个功能模块组成，分别为地震动模块、单体建筑计算模块、区域计算模块、后处理模块和自动生成报告模块，各模块主要功能介绍如下。

（1）地震动模块：读取指定格式的地震动文件，处理并展示地震动的时程和加速度反应谱，生成计算模块所需的标准格式地震动文件。

（2）单体计算模块：读取地震动文件，进行指定典型单体的计算分析，得到单体建筑的响应计算结果。

（3）区域计算模块：读取地震动文件，进行目标区域的计算分析，并以清华校园为对比算例，得到目标区域内每栋建筑的破坏状态。

（4）后处理模块：读取单体计算和区域计算的结果文件，提取单体建筑响应数据和目标区域不同结构类型建筑的破坏情况比例，生成用于交换的数据文件。

（5）自动生成报告模块：读取后处理模块生成的数据文件，完成数据整理和可视化，将震害结果自动生成地震破坏力报告和其他展示形式。

系统开发设计流程图如图 11.8-5 所示。

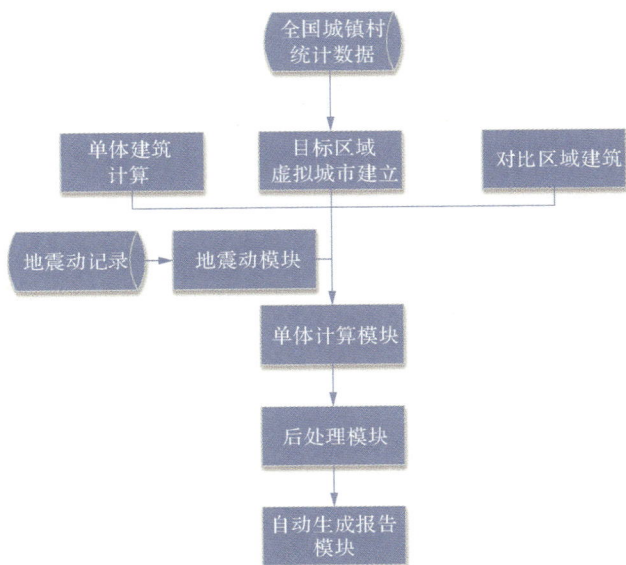

图 11.8-5　系统开发设计流程图

11.8.3　应用案例

本书所提出的我国地震破坏力评价方法在多次地震中得到运用，应用案例如表 11.8-1 所示，其中，2017 年 8 月 8 日九寨沟 7.0 级地震破坏力分析为典型的应用案例（陆新征等，2017），以下对其进行介绍。

表 11.8-1　我国地震破坏力评价方法应用案例

序号	地震名称	序号	地震名称
1	2016 年 12 月 8 日新疆呼图壁 6.2 级地震	13	2018 年 9 月 8 日云南墨江 5.9 级地震
2	2016 年 12 月 18 日山西清徐 4.3 级地震	14	2018 年 9 月 12 日陕西宁强 5.3 级地震
3	2017 年 3 月 27 日云南漾濞 5.1 级地震	15	2018 年 10 月 16 日新疆精河县 5.4 级地震
4	2017 年 8 月 8 日四川九寨沟 7.0 级地震	16	2018 年 10 月 31 日四川西昌市 5.1 级地震
5	2017 年 9 月 30 日四川青川 5.4 级地震	17	2016 年 4 月 16 日日本熊本 7.3 级地震
6	2018 年 2 月 6 日中国台湾花莲 6.5 级地震	18	2016 年 8 月 24 日意大利 6.2 级地震
7	2018 年 2 月 12 日河北永清 4.3 级地震	19	2016 年 11 月 13 日新西兰 8.0 级地震
8	2018 年 5 月 28 日吉林松原 5.7 级地震	20	2017 年 9 月 20 日墨西哥 7.1 级地震
9	2018 年 8 月 13 日云南玉溪 5.0 级地震	21	2017 年 11 月 23 日伊拉克 7.8 级地震
10	2018 年 8 月 13 日云南通海 5.0 级地震	22	2018 年 6 月 18 日日本大阪 6.1 级地震
11	2018 年 8 月 14 日云南通海 5.0 级地震	23	2018 年 9 月 6 日日本北海道 6.9 级地震
12	2018 年 9 月 4 日新疆伽师县 5.5 级地震	24	2018 年 10 月 26 日日本北海道 5.4 级地震

2017 年 8 月 8 日，北京时间 21h19min46s，四川省北部阿坝州九寨沟县发生 7.0 级地震（震中北纬 33.20°，东经 103.82°）。本书作者从国家强震动台网中心获取了 17 组强震动观测记录。其中，九寨百河强震台（51JZB）震中距最小，震中距为 30.50km，台站位置为北纬 33.2°，东经 104.1°。九寨百河强震台地震动记录的东西、南北以及垂直向加速度峰值分别为-129.5 cm/s²、-185.0 cm/s² 和-124.7cm/s²，其地震动时程曲线如图 11.8-6 所示。对九寨百河强震台地震动记录的三个分量（南北方向、东西方向和竖直方向）求加速度反应谱（阻尼比 5%），并将加速度反应谱与我国 8 度Ⅱ类场地设计反应谱和我国近年来震中附近强震记录对比，如图 11.8-7 所示。可见，与我国近年来记录到的一些强震记录相比，此次九寨沟地震的反应谱值明显较低。

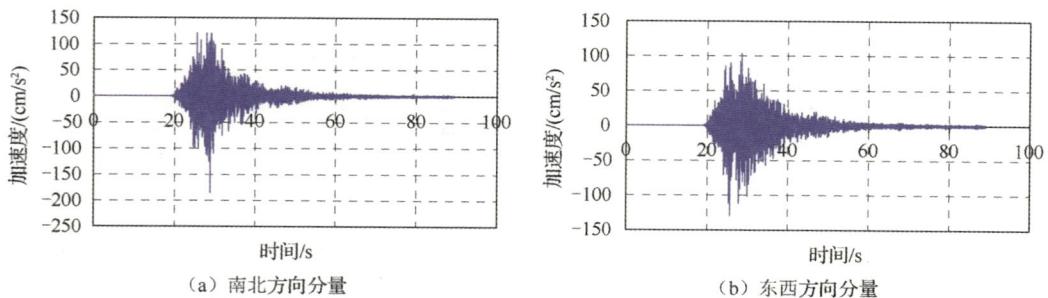

（a）南北方向分量　　（b）东西方向分量

图 11.8-6　九寨百河强震台地震动时程曲线

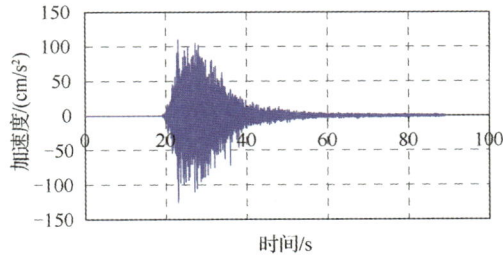

（c）竖直方向分量

图 11.8-6（续）

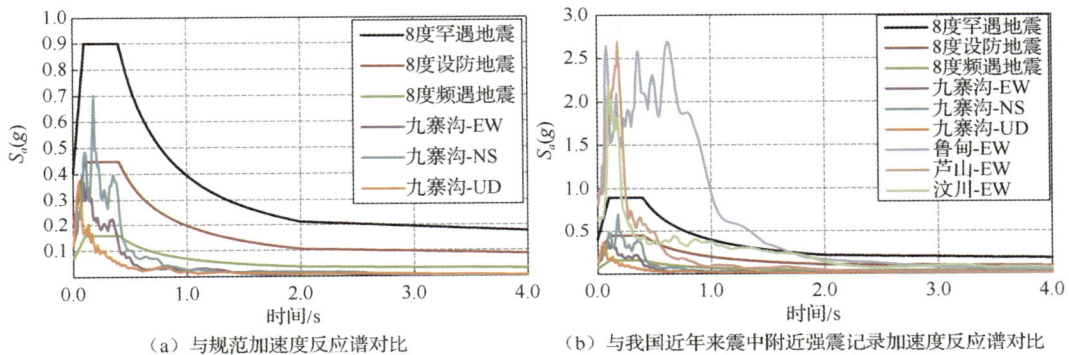

（a）与规范加速度反应谱对比　　　　（b）与我国近年来震中附近强震记录加速度反应谱对比

图 11.8-7　九寨百河强震台记录加速度反应谱

　　将九寨百河强震台记录输入到典型框架结构中，得到结构层间位移角包络如图 11.8-8 所示。从图 11.8-8（a）可以看出，8 度框架基本无损伤，6 度和 7 度框架层间位移角刚刚超过《建筑抗震设计规范》（GB 50011—2010）规定的弹性层间位移角限值 1/550，损伤程度较轻，故此地震动对上述框架的破坏力较弱。

　　将记录分别输入到单层未设防砌体、5 层简易砌体和 4 层设防砌体模型中，对比模型分析结果和文献中试验或模拟的破坏状态限值可以得到：单层未设防砌体结构发生中等破坏；5 层简易砌体结构由于周期较长，避开了地震动的主要频率，所以基本完好；4 层设防砌体结构的底层层间位移角超过弹性层间位移角限值，尚未达到峰值承载力对应的变形，其层间位移角包络如图 11.8-8（b）所示。

　　将记录输入目标区域中，得到不同结构类型建筑的破坏状态比例如图 11.8-9 所示。可以看出，阿坝地区典型乡镇的中等以上破坏率约为 70%，典型农村的中等以上破坏率约为 98%，农村建筑破坏情况较为严重，但是未见倒塌建筑。从图 11.8-9 可以看出，阿坝地区破坏较严重的建筑类型为未设防砌体、设防砌体和土木结构，而框剪结构破坏程度较轻，农村的框架结构受到一定程度的破坏。进一步分析框架结构的破坏情况可以得出，发生中等破坏的框架结构多为 6 层以下低矮短周期框架，而 6 层及 6 层以上框架破坏程度较轻。总体说来，灾区建筑可能受到一定的破坏，但是发生倒塌的可能性较小。

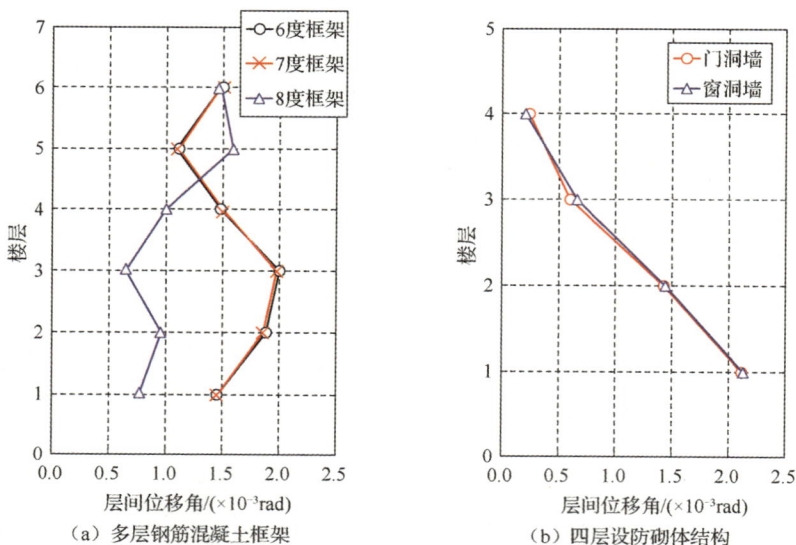

（a）多层钢筋混凝土框架　　　　（b）四层设防砌体结构

图 11.8-8　九寨百河强震台记录下典型结构层间位移角包络

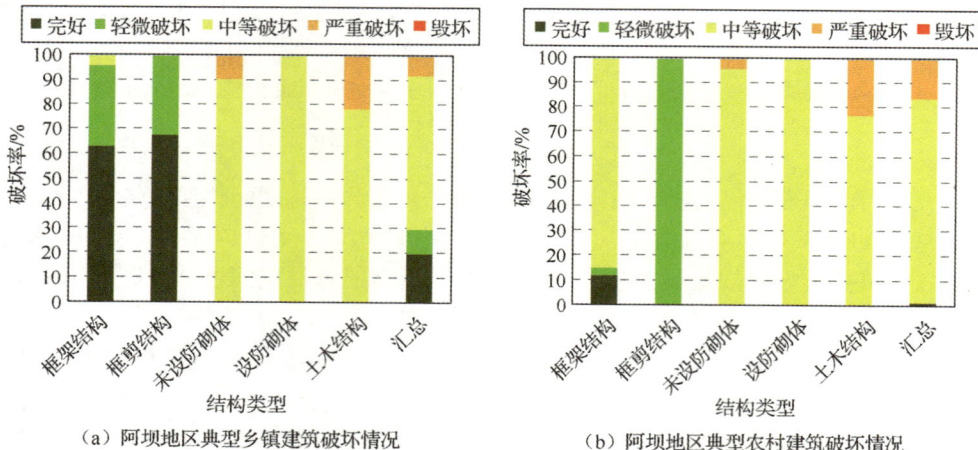

（a）阿坝地区典型乡镇建筑破坏情况　　　　（b）阿坝地区典型农村建筑破坏情况

图 11.8-9　九寨百河强震台记录下阿坝地区典型乡镇和典型农村建筑破坏状态比例

　　根据灾后实际震害调查结果，灾区不同程度受损房屋 73 671 间，实际倒塌 76 间（戴君武等，2018），倒塌率只有 0.1%左右，可见，本书所提出的方法预测的倒塌概率和实际震害较为一致。之所以得到这样的结果，是因为该分析是基于实测地震动进行的计算，可以更好地考虑实际地震的破坏能力。提供的分析结果为本次地震的应急响应和普及公众防震减灾知识提供了参考。

12　结论和展望

12.1　结　　论

Reitherman 指出，地震工程学所面临的三个主要困难在于"风险、非弹性和动力学（Risk，inelasticity and dynamics）"（Reitherman，2012）。虽然地震工程很多重要思想，在 20 世纪中期甚至 19 世纪末期就已经被提出来了，但是没有计算机的帮助，定量且精确地研究上述三个问题中的任何一个都是非常困难的。而自从计算机出现后，结构工程和地震工程的研究取得了翻天覆地的巨大变化。Roesset 等评价："20 世纪及未来若干年结构工程学最主要的改变是因为数字计算机的发展，包括将计算机作为一个强大的工具进行烦琐的计算以及作为一个新的通信工具供设计团队及其他人员开展交流"（Roesset，et al.，2002）。充分利用计算机科学和技术方面取得的最新成果，加深对工程结构和城市在强烈地震下的灾变演化规律和机理的理解，进而提出高效可靠的工程对策，对工程防灾减灾有着重大而深远的意义。

中国已经从数量的高速增长，发展到质量增长与数量增长并重的阶段。人民对生活品质要求的提高将推动性能更好、安全性更高的结构体系的出现。如果将视野放到全球，那么在广大的发展中国家，大规模基础设施建设的需求依旧存在。提高工程结构的性能水准也是中国基建能力成功对外输出的重要条件。而工程结构的灾变模拟是提升工程结构性能的重要手段和工具。近年来随着中国海外工程的增多，中国标准和国际标准交流愈发频繁，现有中国设计标准中很多设计规定的合理性也引发很多讨论，工程结构的地震灾变模拟也是未来改进完善抗震设计标准的一个重要支撑。

另外，我国的城市化进程已经进入高潮，此后将慢慢过渡到建设与维护并重的阶段。如何提升中国城市的地震安全和"韧性"（Resilience）水平，将是未来中国土木工程界的严峻挑战：一方面，中国是从贫穷落后的阶段逐步发展过来的，我国城市大量既有的、低安全水准的建筑还会长期存在；另一方面，高速建设过程渐渐进入尾声，不会继续大拆大建。因此，未来我国城市地震安全韧性建设，势必通过工程与管理等其他措施并重的手段来实现，这里面牵涉到多个学科的交叉和融合，而城市地震灾变模拟所提供的直观、高真实感的情境模拟结果，将是多学科交叉研究中的关键工具和手段。

12.2　展　　望

工程地震灾变模拟，是一个多学科交叉，有着丰富内涵和广阔前景的研究方向。很多科研管理机构都要求，对申请的研究课题要求说明其"STEM"的价值，其中"S"就是科学（science），"T"就是技术（technology），"E"就是工程（engineering），"M"就是数学（mathematic）。图 12.2-1 示出工程地震灾变模拟的科学、技术、工程和数学价值。

对于工程地震灾变模拟来说，首先需要提出工程结构的数值模型，这就是其科学价值。提出数值模型后，要通过精心设计的试验来对数值模型的准确性进行验证，这就是其技术价值。在深入理解工程灾变的机理上，可以提出一系列抗震减灾的设计方法和工程措施，这就是其工程价值。而工程结构灾变模拟中，需要开发一系列新的数值计算方法，这就是其数学价值。因此，工程地震灾变模拟绝不是简单的数字或计算机游戏，而是多学科前沿的交叉、融合与升华。正如美国国家科学基金委（NSF）报告所指出的那样，很少有如此多的独立研究得出这样一个共识：计算机模拟成为在工程和科学上取得进步的关键要素（*Seldom have so many independent studies been in such agreement: simulation is a key element for achieving progress in engineering and science.*）（NSF，2006）。

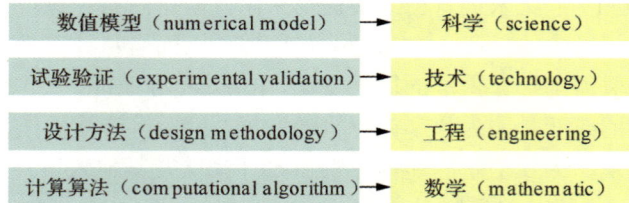

数值模型（numerical model）→ 科学（science）

试验验证（experimental validation）→ 技术（technology）

设计方法（design methodology）→ 工程（engineering）

计算算法（computational algorithm）→ 数学（mathematic）

图 12.2-1 工程地震灾变模拟的科学、技术、工程和数学价值

本书仅对超高层建筑及城市区域建筑群的地震灾变模拟问题进行了讨论。实际上，广义的工程地震灾变模拟，囊括了从断层到场地的工程强地震动模拟，以及各类建筑、桥梁、生命线、地下工程等大大小小的工程设施地震响应，再到防灾避难、应急疏散、经济活动等各种社会响应等，还有很多问题尚未得到研究。随着信息技术的进步和工程抗震防灾研究的进步，工程地震灾变模拟势必会在未来获得更大的发展。

参 考 文 献

安东亚，周德源，李亚明，2015. 框架-核心筒结构双重抗震防线研究综述 [J]. 结构工程师，31（1）：191-199.

包世华，龚耀清，2003. 超高层建筑空间巨型框架的简化振动计算 [J]. 建筑结构，33（7）：54-56.

卜丹，国巍，2014. 绿地中心超高层写字楼结构设计 [J]. 建筑结构，44（S2）：24-28.

卜凡民，聂建国，樊健生，2013. 高轴压比下中高剪跨比双钢板-混凝土组合剪力墙抗震性能试验研究 [J]. 建筑结构学报，34（4）：91-98.

陈慈评，张海义，楼东浩，2012. 杭州某超高层办公楼结构设计 [J]. 建筑结构，42（S2）：241-245.

陈洪富，孙柏涛，陈相兆，等，2013. 基于云计算的中国地震灾害损失评估系统研究 [J]. 地震工程与工程振动，33（1）：198-203.

陈明辉，宋晓胜，苏幼坡，2010. 配筋率对钢筋混凝土框架梁极限承载力的影响-拱效应试验研究 [J]. 自然灾害学报，19（1）：44-48.

陈勤，2002. 钢筋混凝土双肢剪力墙静力弹塑性分析 [D]. 北京：清华大学.

陈全，2012. 钢框架结构影响系数研究 [D]. 湖北：华中科技大学.

陈素文，李国强，2008. 地震次生火灾的研究进展 [J]. 自然灾害学报，17（5）：120-126.

陈小刚，牟在根，张举兵，等，2009. 型钢混凝土柱抗震性能实验研究 [J]. 北京科技大学学报，31（12）：1516-1524.

陈以一，吴香香，田海，等，2006. 空间足尺薄柔构件钢框架滞回性能试验研究 [J]. 土木工程学报，5：51-56.

陈颖，陈招智，吕坚锋，2013. 长安万科中心结构方案选型与性能化设计 [J]. 建筑结构，43（S1）：21-27.

陈颖，陈招智，吴金妹，2013. 十字门标志塔楼结构体系研究 [J]. 建筑结构，43（13）：71-77.

陈永昌，李建中，2015. 基于性态设计的抗弯钢框架与钢板剪力墙结构性能对比分析 [J]. 钢结构，9：18-22，11.

陈颙，刘杰，陈棋福，等，1999. 地震危险性分析和震害预测 [J]. 北京：地震出版社.

陈云涛，吕西林，2003. 联肢剪力墙抗震性能研究：试验和理论分析 [J]. 建筑结构学报，24（4）：25-34.

程满，闻广坤，2017. 钢结构抗侧力体系抗震性能对比 [J]. 世界地震工程，1：244-251.

戴君武，孙柏涛，李山有，等，2018. 四川九寨沟 7.0 级地震之工程震害 [M]. 北京：地震出版社.

邓明科，梁兴文，张思海，2009. 高性能混凝土剪力墙延性性能的试验研究 [J]. 建筑结构学报，（S1）：139-143.

丁洁民，巢斯，赵昕，等，2010a. 上海中心大厦结构分析中若干关键问题 [J]. 建筑结构学报，31（6）：122-131.

丁洁民，吴宏磊，赵昕，2010b. 上海中心大厦罕遇地震抗震性能分析与评价 [J]. 土木建筑与环境工程，32（Sup.2）：231-233.

丁生根，张伟育，袁雅光，等，2009. 重庆某酒店超限高层基于性能抗震设计分析 [J]. 工程抗震与加固改造，31（3）：61-64.

杜刚，2012. 厦门海峡明珠广场超限高层结构设计 [J]. 上海建设科技，3：10-13.

范重，马万航，赵红，等，2015. 超高层框架-核心筒结构体系技术经济性研究 [J]. 施工技术，44（20）：1-10.

方亮，2009. 蒸压粉煤灰砖墙抗震抗剪强度及抗震性能实验研究 [D]. 长沙：长沙理工大学.

冯克，温凌燕，张学朋，等，2015. 海口中心主塔楼混合结构方案分析与设计 [J]. 建筑结构，45（4）：41-46.

扶长生，张小勇，周立浪，2015. 框架-核心筒结构体系及其地震剪力分担比 [J]. 建筑结构，（4）：1-8.

付长华，2012. 北京盆地结构对长周期地震动加速度反应谱的影响 [D]. 北京：中国地震局地球物理研究所.

傅学怡，吴兵，陈贤川，等，2008. 卡塔尔某超高层建筑结构设计研究综述 [J]. 建筑结构学报，29（1）：1-8.

傅学怡，吴国勤，黄用军，等，2012. 平安金融中心结构设计研究综述 [J]. 建筑结构，42（4）：21-27.

高孟潭，卢寿德，2006. 关于下一代地震区划图编制原则与关键技术的初步探讨 [J]. 震灾防御技术，1（1）：1-6.

高孟潭，俞言祥，张晓梅，等，2002. 北京地区地震动的三维有限差分模拟 [J]. 中国地震，18（4）：356-364.

葛余博，2005. 概率论与数理统计 [M]. 北京：清华大学出版社.

龚亮，张天龙，2011. 天津市"345"大厦高层写字楼结构设计 [J]. 工程建设与设计，（11）：51-55.

龚盈，2011. 轻钢门式刚架抗风性能和极限承载力分析 [D]. 杭州：浙江大学.

巩耀娜，2008. 混凝土多孔砖墙体抗震性能试验研究 [D]. 郑州：郑州大学.

顾祥林，陈贡联，马俊元，等，2010. 反复荷载作用下混凝土多孔砖墙体受力性能试验研究 [J]. 建筑结构学报，31（12）：
　　123-131.

顾正维，2003. 钢结构半刚性连接的非线性分析 [D]. 浙江：浙江大学.

管娜，2012. 中美规范荷载组合对比 [J]. 武汉大学学报：工学版，（S1）：343-346.

广东省住房和城乡建设厅，2013. 高层建筑混凝土结构技术规程：DBJ 15-92—2013 [S]. 北京：中国建筑工业出版社.

郭全全，2005. 超高层建筑结构体系的选择与优化 [D]. 上海：同济大学.

郭樟根，吴灿炜，孙伟民，等. 2014. 再生混凝土多孔砖墙体抗震性能试验 [J]. 应用基础与工程科学学报 22（3）：539-547.

郭子雄，吕西林，王亚勇，1998. 建筑结构抗震变形验算中层间弹性位移角限值的研讨 [J]. 工程抗震，（2）：1-6.

国家测绘局，2010. 低空数字航空摄影规范：CH/Z 3005—2010 [S]. 北京：测绘出版社.

国家发展和改革委员会，中国地震局，2016. 国家防震减灾规划（2006—2020 年）[R/OL]. [2018-11-20]. http://www.ndrc.gov.cn/
　　zcfb/ zcfbghwb/201612/t20161202_829097.html.

国家工程建设标准化信息网，2014. 城镇防灾避难场所设计规范（征求意见稿）[S/OL]. [2018-11-20]. 国家工程建设标
　　准化信息网，http://www.ccsn.gov.cn/.

国务院人口普查办公室，国家统计局人口和就业统计司，2012. 中国 2010 年人口普查资料 [R]. 北京：中国统计出版社.

哈敏强，李蔚，陆陈英，等，2015a. 宁波绿地中心超高层结构设计 [J]. 建筑结构，45（7）：17-24.

哈敏强，李蔚，潘浩浩，等，2015b. 泰州华润中心超高层结构设计 [J]. 建筑结构，45（8）：1-7.

哈敏强，陆道渊，姜文伟，等，2012. 天津现代城办公塔楼抗震设计研究 [J]. 建筑结构，42（5）：68-73.

韩春，2009. 蒸压粉煤灰砖柱与墙体抗震性能的试验研 [D]. 西安：西安建筑科技大学.

韩林海，2007. 钢管混凝土结构 [M]. 北京：科学出版社.

韩瑞龙，施卫星，魏丹，2011. 基于脉动法实测数据的多层砌体结构低阶周期的经验公式 [C] //第 20 届全国结构工程学
　　术会议论文集：第 I 册. 宁波.

韩玉栋，王立伟，龙辉元，等，2013. 中铁·西安中心超高层结构设计 [J]. 建筑结构，43（23）：42-46.

郝彤，刘立新，王仁义，2008. 混凝土多孔砖墙体的抗震性能实验研究 [J]. 建筑砌块与砌块建筑，（4）：22-25.

何伟明，刘鹏，殷超，等，2009. 北京财富中心二期办公楼超高层结构体系设计研究 [J]. 建筑结构，39（11）：1-8.

侯列迅，2008. 钢框架结构非线性地震动力分析 [D]. 成都：西南交通大学.

胡妤，2014. 高烈度地区钢筋混凝土框架-核心筒结构抗震性能研究 [D]. 北京：清华大学.

胡妤，赵作周，钱稼茹，2015. 高烈度地区框架-核心筒结构中美抗震设计方法对比 [J]. 建筑结构学报，36（2）：1-9.

华金玉，侯贵廷，刘锡大，2005. 1730 年北京西郊 6 1/2 级地震发震构造讨论 [J]. 北京大学学报（自然科学版），41（4）：
　　530-535.

环文林，时振梁，杨玉林，1996. 1730 年北京圆明园地震 [J]. 地震研究，19（3）：260-266.

黄良. 2015a. 长沙国金中心 T1 塔楼总体结构设计 [J]. 结构工程师，31（4）：15-22.

黄良. 2015b. 武汉绿地中心主塔楼结构设计 [J]. 施工技术，44（5）：40-45.

黄秋昊，黄盛楠，陆新征，等，2013. 高层建筑围护结构地震破坏导致次生灾害的初步研究 [J]. 工程力学，30（S1）：
　　94-98.

黄文伟，2006. 混凝土小砌块墙体抗震试验 [J]. 广西城镇建设，1：69-71.

黄奕辉，王全凤，2009. FRP 加固砖砌体的抗剪承载力研究 [J]. 建筑科学与工程学报，26（1）：12-18.

黄永强. 2012. 苏州 IFC 超限高层结构设计中的关键问题 [J]. 建筑结构，42（5）：28-33.

黄忠海，廖耘，王远利，等，2011. 深圳平安国际金融中心的罕遇地震弹塑性时程分析 [J]. 建筑结构，41（S1）：40-44.

霍俊荣，胡聿贤，1992. 地震动峰值参数衰减规律的研究 [J]. 地震工程与工程振动，12（2）：1-11.

纪晓东，马琦峰，王彦栋，等，2014. 钢连梁可更换消能梁段抗震性能试验研究 [J]. 建筑结构学报，35（6）：1-11.

纪晓东，马琦峰，赵作周，等，2012. 北京市既有农村住宅砖木结构加固前后振动台试验研究 [J]. 建筑结构学报，33（11）：53-61.

贾连光，孙鹏，肖青，2008. 考虑填充墙对钢框架结构体系影响的静力非线性分析 [J]. 沈阳建筑大学学报（自然科学版），1：11-15.

贾鹏，杜修力，赵均，2009. 不同轴压比钢筋混凝土核心筒抗震性能 [J]. 北京工业大学学报，35（1）：63-69.

江见鲸，2005. 防灾减灾工程学 [M]. 北京：机械工业出版社.

江见鲸，陆新征，2013. 混凝土结构有限元分析 [M]. 2 版. 北京：清华大学出版社.

江见鲸，陆新征，叶列平，2005. 混凝土结构有限元分析 [M]. 北京：清华大学出版社.

姜凯，赵成文，代俊杰，2007. 工业废渣混凝土多孔砖墙片抗震性能试验研究 [J]. 新型建筑材料，34（10）：69-72.

姜忻良，李博强，老浩寅，2013. 上海中心大厦桩-土-结构 Miranda 模型的地震反应分析 [J]. 工程抗震与加固改造，35（4）：42-47.

蒋冬启，2011. 高强混凝土钢板组合剪力墙压弯性能试验研究 [D]. 北京：中国建筑科学研究院.

蒋欢军，和留生，吕西林，等，2011. 上海中心大厦抗震性能分析和振动台试验研究 [J]. 建筑结构学报，32（11）：55-63.

孔启明，朱立刚，梁金桐，2012. 深圳能源集团总部大厦结构体系研究 [J]. 钢结构，27（4）：6-9.

雷敏，2013. 空斗墙及 HPFL 加固空斗墙的抗震性能研究 [D]. 长沙：湖南大学.

雷强，刘冠亚，侯胜利，2011. 深圳京基金融中心超限高层结构初步设计 [J]. 建筑结构，41（S1）：346-351.

李保德，王兴肖，2009. 混凝土普通砖素墙片抗震性能实验研究 [J]. 武汉理工大学学报，31（16）：72-76.

李成，2008. 多层抗弯钢框架的结构影响系数和位移放大系数 [D]. 陕西：西安建筑科技大学.

李东，苏恒品，2011. 基于 Pushover 方法的钢框架结构超强分析 [J]. 东北电力大学学报，Z1：80-84.

李东存，2012. 某超高层框架-核心筒混合结构的结构设计介绍 [J]. 广东土木与建筑，12：3-8.

李刚强，2006. 抗震设计的 R-μ 基本准则及钢筋混凝土典型 RC 框架结构超强特征分析 [D]. 重庆：重庆大学.

李龚健，王庆飞，王必任，等，2010. 北京南口地区构造特征与虎峪水坝渗流稳定性分析 [J]. 现代地质，24（4），727-734.

李海涛，张富强，2003. 高层建筑结构自振周期的计算方法探讨 [J]. 河北建筑工程学院学报，21（1）：67-68.

李杰，2005. 生命线工程抗震：基础理论与应用 [M]. 北京：科学出版社.

李俊，王振宇，2008. 超高强混凝土单轴受压应力-应变关系的试验研究 [J]. 混凝土，10：11-14.

李伦，2013. 钢筋混凝土 RC 框架结构超强特征及其影响因素研究 [D]. 广州：华南理工大学.

李梦珂，2015. 中美高层钢筋混凝土框架-核心筒结构抗震设计与评估 [D]. 北京：清华大学.

李梦祺，2015. 带垫板的双肢 C 型钢半刚性框架抗震性能研究 [D]. 内蒙古：内蒙古科技大学.

李宁，甄庆华，赵统，2013. 广州绿地金融中心超高层塔楼结构设计 [J]. 建筑结构，43（S1）：14-20.

李宁波，2013. 复合钢管高强混凝土柱抗震性能研究 [D]. 北京：清华大学.

李沛豪，刘崇奇，2016. 一种基于性能的抗震设计的 Pushover 分析方法 [J]. 浙江工业大学学报，5：538-542，579.

李盛勇，聂建国，刘付钧，等，2013. 外包多腔钢板-混凝土组合剪力墙抗震性能试验研究 [J]. 土木工程学报，46（10）：26-38.

李树桢，朱玉莲，赵直，等，1995. 高层建筑的震害预测 [J]. 世界地震工程，（3）：23-26.

李文岭，2007. 钢框架梁柱弱轴半刚性连接性能研究 [D]. 西安：西安建筑科技大学.

李兆霞，孙正华，郭力，等，2007. 结构损伤一致多尺度模拟和分析方法 [J]. 东南大学学报：自然科学版，37（2）：251-260.

梁建国，湛华，周江，等，2005. KP1 型烧结页岩粉煤灰多孔砖墙体抗震性能试验研究 [J]. 建筑结构，34（9）：49-52.

廖振鹏，1989. 地震小区划：理论与实践 [M]. 北京：地震出版社.

林旭川，陆新征，缪志伟，等，2009. 基于分层壳单元的 RC 核心筒结构有限元分析和工程应用 [J]. 土木工程学报，42（3）：51-56.

林旭川，陆新征，叶列平，2010. 钢-混凝土混合框架结构多尺度分析及其建模方法 [J]. 计算力学学报，27（3）：469-475.

刘本玉，叶燎原，苏经宇，2008. 城市抗震防灾规划的研究与展望 [J]. 世界地震工程，24（1）：68-72.

刘皓，2015. 单层多跨钢结构厂房的结构设计及地震作用分析 [D]. 南昌：南昌大学.

刘恢先，1985. 唐山大地震震害 [M]. 北京：地震出版社.

刘晶波，杜修力，2004. 结构动力学 [M]. 北京：机械工业出版社.

刘兰花，2006. 多自由度体系 R-μ 规律初步分析及超静定次数对结构超强的影响 [D]. 重庆：重庆大学.

刘鹏，何伟明，郭家耀，等，2009. 中国国际贸易中心三期 A 主塔楼结构设计 [J]. 建筑结构学报，S1：8-13.

刘鹏，殷超，李旭宇，等，2012. 天津高银 117 大厦结构体系设计研究 [J]. 建筑结构，42（3）：1-9.

刘晴云，闫锋，常耘，等，2012. 上海白玉兰广场超高层混合结构设计 [J]. 建筑结构，42（5）：83-86.

刘庆志，赵作周，陆新征，等，2011. 钢支撑滞回曲线的模拟方法 [J]. 建筑结构，41（8）：63-67.

刘琼祥，张建军，王启文，等，2014. 喀什国际免税广场超高层钢结构设计综述 [C] // 中国建筑金属结构协会，等. 中国建筑金属结构协会钢结构分会年会暨建筑钢结构专家委员会学术年会论文集. 武汉.

刘锡荟，张鸿熙，刘经伟，等，1981. 用钢筋混凝土构造柱加强砖房抗震性能的研究 [J]. 建筑结构学报，（6）：47-55.

刘艳，2008. 单层轻型钢结构厂房的抗震性能研究 [D]. 西安：西安建筑科技大学.

刘雁，徐远飞，张宏，2011. 约束梁柱粉煤灰砌块墙受力性能的试验研究 [J]. 工业建筑，41（8）：38-41.

刘在涛，王栋梁，张维佳，等，2011. 基于贝叶斯判别分析的地震应急响应等级初判方法 [J]. 地震，31（2）：114-121.

刘志伟，2003. 高性能混凝土剪力墙抗震性能研究 [D]. 上海：同济大学.

龙驭球，2004. 新型有限元论 [M]. 北京：清华大学出版社.

卢啸，2013. 超高巨柱-核心筒-伸臂结构地震灾变及抗震性能研究 [D]. 北京：清华大学.

陆道渊，陆益鸣，哈敏强，等，2011. 华敏帝豪大厦结构设计 [J]. 建筑结构，41（4）：44-48.

陆新征，2015. 工程地震灾变模拟：从高层建筑到城市区域 [M]. 北京：科学出版社.

陆新征，顾栋炼，林旭川，等，2017.2017.08.08 四川九寨沟 7.0 级地震震中附近地面运动破坏力分析 [J]. 工程建设标准化，（8）：68-73.

陆新征，李易，叶列平，等，2008a. 钢筋混凝土框架结构抗连续倒塌设计方法的研究 [J]. 工程力学（8）：150-157.

陆新征，林旭川，田源，等，2014. 汶川、芦山、鲁甸地震极震区地面运动破坏力对比及其思考 [J]. 工程力学，31（10）：1-7.

陆新征，林旭川，叶列平，2008b. 多尺度有限元建模方法及其应用 [J]. 华中科技大学学报（城市科学版），25（4）：76-80.

陆新征，林旭川，叶列平，等，2010. 地震下高层建筑连续倒塌数值模型研究 [J]. 工程力学，27（11）：64-70.

陆新征，叶列平，缪志伟，2009. 建筑抗震弹塑性分析 [M]. 北京：中国建筑工业出版社.

陆新征，叶列平，潘鹏，等，2012a. 钢筋混凝土框架结构拟静力倒塌试验研究及数值模拟竞赛 II：关键构件试验 [J]. 建筑结构，42（11）：23-26.

陆新征，叶列平，潘鹏，等，2012b. 钢筋混凝土框架结构拟静力倒塌试验研究及数值模拟竞赛 I：框架试验 [J]. 建筑结构，42（11）：19-22.

陆新征，蒋庆，缪志伟，等，2015. 建筑抗震弹塑性分析 [M]. 2 版. 北京：中国建筑工业出版社.

罗开海，王亚勇，2006. 中美欧抗震设计规范地震动参数换算关系的研究 [J]. 建筑结构，36（8）：103-107.

罗永峰，王磊，李海锋，等，2011. 罕遇地震下上海中心超高层的性能化设计 [J]. 同济大学学报（自然科学版），39（4）：467-473.

吕大刚，李晓鹏，胡晓琦，等. 2008. 钢框架结构的非线性静力抗震可靠性分析 II：可靠度指标及其灵敏度 [J]. 地震工程与工程振动，28（1）：71-78.

吕西林，陈跃庆，陈波，等. 2000. 结构-地基动力相互作用体系振动台模型试验研究 [J]. 结构工程师，20（4）：20-29.

吕西林，陈云，毛苑君，2011. 结构抗震设计的新概念：可恢复功能结构 [J]. 同济大学学报（自然科学版），39（7）：941-948.

马玉宏，谢礼立，2002. 考虑地震环境的设计常遇地震和罕遇地震的确定 [J]. 建筑结构学报，23（1）：43-47.

马振乾，姜耀东，杨英明，2016. 动力扰动下单孔夹片式锚具滑移机制研究 [J]. 岩石力学与工程学报，35（a01）：3042-3050.

苗启松，何西令，周炳章，等，2000. 小型混凝土空心砌块九层模型房屋抗震性能试验研究 [J]. 建筑结构学报，21（4）：13-21.

倪永慧，2016. 近场地震下抗弯钢框架基于能量的性态设计方法 [D]. 苏州：苏州科技大学.

聂建国，胡红松，李盛勇，等，2013. 方钢管混凝土暗柱内嵌钢板-混凝土组合剪力墙抗震性能试验研究 [J]. 建筑结构学报，34（1）：52-60.

聂建国，陶慕轩，樊健生，等，2011. 双钢板-混凝土组合剪力墙研究新进展 [J]. 建筑结构，41（12）：52-60.

聂树明，周克森，2007. 广州市部分城区地震小区划和震害预测 [J]. 世界地震工程，23（4）：176-181.

牛金鑫，苏幼坡，王海霞，2011. 钢筋混凝土框架梁抗倒塌性能的试验研究 [C] // 第20届全国结构工程学术会议论文集：第Ⅰ册. 宁波：377-382.

潘波，许建东，刘启方，2009. 1679年三河-平谷8级地震近断层强地震动的有限元模拟 [J]. 地震地质，31（4）：69-83.

齐建伟，郝贵强，杜永山，等，2010. 河北开元环球中心超高层结构设计 [J]. 建筑结构，40（12）：74-79.

钱德军，2006. 钢框架非线性抗震静力计算程序的编制和研究 [D]. 南京：东南大学.

钱稼茹，李宁波，赵作周，等，2015. 震后可快速恢复功能的双钢管混凝土柱试验研究 [J]. 建筑钢结构进展，1：7-13.

钱稼茹，吕文，方鄂华，1999. 基于位移延性的剪力墙抗震设计 [J]. 建筑结构学报，20（3）：42-49.

钱稼茹，魏勇，赵作周，等，2008. 高轴压比钢骨混凝土剪力墙抗震性能试验研究 [J]. 建筑结构学报，29（2）：43-50.

清华大学土木工程结构专家组，西南交通大学土木工程结构专家组，北京交通大学土木工程结构专家组，2008. 汶川地震建筑震害分析 [J]. 建筑结构学报，29（4）：1-9.

邱坤，饶国祥，蔡军，等，2013. 绿景纪元大厦结构设计 [J]. 建筑结构，43（S1）：28-32.

曲哲，2010. 摇摆墙-框架结构抗震损伤机制控制及设计方法研究 [D]. 北京：清华大学.

曲哲，叶列平，2011. 基于有效累积滞回耗能的钢筋混凝土构件承载力退化模型 [J]. 工程力学，28（6）：45-51.

任沛琪，2015. 钢筋混凝土梁板子结构在边柱失效下的连续倒塌试验研究 [D]. 北京：清华大学.

陕西省地震局，西安市地震局，2012. 西安市地震动参数小区划图 [R]. 西安：陕西大地地震工程勘察中心.

上海市住房和城乡建设管理委员会，2003. 建筑抗震设计规程：DGJ 08-9—2003 [S]. 上海：同济大学出版社.

邵雪超，2011. 变截面门式刚架结构体系弹塑性动力时程分析 [D]. 苏州：苏州科技学院.

施刚，石永久，李少甫，等，2005. 多层钢框架半刚性端板连接的循环荷载试验研究 [J]. 建筑结构学报，25（2）：74-80.

施炜，2014. RC框架结构基于一致倒塌风险的抗震设计方法研究 [D]. 北京：清华大学.

施炜，叶列平，陆新征，等，2011. 不同抗震设防RC框架结构抗倒塌能力的研究 [J]. 工程力学，28（3）：41-48.

石建梁，闫庆民，葛秋莹，2011. 用椭圆衰减关系模型计算任意场点烈度及地震动参数的数值方法 [J]. 内陆地震，25（1）：21-28.

史庆轩，侯炜，田园，等，2011. 钢筋混凝土核心筒性态水平及性能指标限值研究 [J]. 地震工程与工程振动，31（6）：85-95.

史庆轩，易文宗，2000. 多孔砖砌体墙片的抗震性能实验研究及抗倒塌能力分析 [J]. 西安建筑科技大学学报（自然科学版），32（3）：271-275.

舒兴平，沈蒲生，尚守平，1999. 钢框架结构二阶弹塑性稳定极限承载力试验研究 [J]. 钢结构，4：19-22.

束炜，2004. 门式刚架轻钢结构的优化设计与模态有限元分析 [D]. 合肥：合肥工业大学.

宋莉，邱韶光，2011. 嘉和广场矩形钢管混凝土框架-核心筒超高层性能化设计 [J]. 建筑结构，41（S1）：475-478.

宋世研，叶列平，2007. 中、美混凝土结构设计规范构件正截面受弯承载力的分析比较 [J]. 建筑科学，23（7）：28-33.

苏幼坡，张玉敏，2006. 唐山大地震震害分布研究 [J]. 地震工程与工程振动，26（3）：18-21.

孙诚，2017. 基于推覆分析的钢框架结构地震倒塌判别准则研究 [D]. 西安：长安大学.

孙会郎，陈建妙，冯自强，2013. 无锡云蝠大厦超限高层结构设计 [J]. 建筑结构，43（18）：1-7.

孙鹏，汤扬，2008. 考虑楼板开洞的轻钢框架的Pushover分析 [J]. 山西建筑，5：105-106.

孙巧珍，闫维明，周锡元，等，2006. 带构造柱的水平配筋双排孔封底砌块墙片抗震性能试验研究 [J]. 施工技术，6：93-95.

孙文林，2006. 基于性能的钢框架结构非线性地震反应分析 [D]. 长沙：湖南大学.

孙延毅，2010. 轻型楼板钢框架结构的弹塑性分析 [D]. 南京：南京林业大学.

孙正华，李兆霞，陈鸿天，等，2007. 考虑局部细节特性的结构多尺度模拟方法研究 [J]. 特种结构，24（1）：71-75.

太原市地方志办公室，2015. 太原年鉴2015 [M]. 太原：三晋出版社.

谭伟，王文涛，韩骏，等，2012．航天科技广场主塔楼超限结构设计［J］．建筑结构，42（4）：50-55．

唐柏鉴，彭小龙，邵建华，2012．基于 Pushover 的钢框架结构抗震性能分析［J］．江苏科技大学学报（自然科学版），5：439-443．

唐增洪，刘晓春，胡鸣，等，2013．无锡茂业城主塔楼超限高层结构设计［J］．建筑结构，43（22）：49-52．

田春雨，张宏，肖从真，等，2011．上海中心大厦模型振动台试验研究［J］．建筑结构，41（11）：47-52．

汪大绥，周建龙，姜文伟，等，2012．超高层结构地震剪力系数限值研究［J］．建筑结构，42（5）：24-27．

汪梦甫，1990．岳阳市地震小区划的地震动输入［J］．湖南大学学报（自然科学版），17（2）：23-30．

汪训流，陆新征，叶列平．2007．往复荷载下钢筋混凝土柱受力性能的数值模拟［J］．工程力学，24（12）：76-81．

王朝波，2007．既有多高层钢框架抗震鉴定指标体系及分析方法研究［D］．上海：同济大学．

王春林，吕志涛，吴京，2008．半柔性悬挂结构体系的减振机理及其减振效果分析［J］．土木工程学报，41（1）：48-54．

王福川，刘云霄，刘玉玲，等，2004．盲孔多孔砖墙片抗震性能的试验研究［J］．砖瓦，（5）：7-11．

王国安，冯平，2011．柳州地王国际财富中心超高层结构抗震设计［J］．建筑结构，41（1）：40-44．

王浩，2009．重宾保利国际广场抗震抗风性能研究［D］．长沙：湖南大学．

王洁，2012．常州润华环球中心主塔楼结构设计［J］．建筑结构，42（5）：87-91．

王立长，李凡磷，朱维平，等，2004．大连国贸中心大厦结构设计［C］// 第18届全国高层建筑结构学术交流会．重庆．

王立长，李凡磷，朱维平，等，2005．大连国贸中心大厦超高层混合结构设计［J］．建筑结构，35（10）：5-9．

王立长，王想军，纪大海，等，2012．大连国贸中心大厦超高层结构设计与研究［J］．建筑结构，42（2）：74-80．

王涛，张永群，陈曦，等，2014．基于装配式技术加固的砌体墙片的力学性能研究［J］．工程力学，31（8）：144-153．

王伟锋，吴琨，车顺利，2014．西安绿地中心 A 座超高层建筑结构设计［J］．建筑结构，44（15）：1-6．

王玮，赵旭东，2014．厦门国际中心超高层结构设计中的关键问题研究［J］．建筑结构，44（14）：44-49．

王新武，2003．钢框架梁柱连接研究［D］．武汉：武汉理工大学．

王兴法，林超伟，陈勤，等，2011．长富金茂大厦结构设计及抗震性能研究［J］．建筑结构，41（5）：38-42．

王勖成，2003．有限单元法［M］．北京：清华大学出版社．

王绪华，董卫青，李昆，等，2011．昆明江东和谐广场超高层建筑结构抗震设计［J］．建筑结构，41（10）：1-6．

王亚勇，高孟潭，叶列平，2010．基于大震和特大震下倒塌率目标的建筑抗震设计方法研究方案［C］// 第八届全国地震工程学术会议论文集．重庆：291-297．

王一功，杨佑发，2005．多层接地框架土-结构共同作用分析［J］．世界地震工程，21（3）：88-93．

王元清，张一舟，施刚，等，2009．半刚性端板连接多层钢框架的 Push-over 分析［J］．湖南大学学报（自然科学版），11：10-15．

王正刚，薛国亚，高本立，等，2003．约束页岩砖砌体墙抗震性能实验研究［J］．东南大学学报（自然科学版），33（5）：638-642．

王宗纲，查支祥，2002．构造柱-圈梁体系外多孔墙内混凝土小型空心砌块六层足尺房屋抗震性能实验研究［J］．地震工程与工程振动，22（4）：90-96．

魏龙海，陈春光，王明年，等，2008．三维离散元模型及计算参数选取研究［J］．重庆交通大学学报（自然科学版），27（4）：618-621．

魏群，1991．散体单元法的基本原理、数值方法及程序［M］．北京：科学出版社．

文元，张颖，牟达，等，2013．大连万达中心结构优化设计［J］．建筑结构，42（S1）：85-88．

翁小平，2010．空斗墙砌体数值模拟分析与抗震性能试验研究［D］．杭州：浙江大学．

吴国勤，傅学怡，曾志和，等，2014．深业上城高塔结构动力弹塑性分析［J］．广东土木与建筑，1：3-8．

吴昊，赵世春，许浒，等，2012．砖混教学楼横墙不同构造条件下破坏特点分析［J］．建筑结构，42（S1）：226-230．

吴文博，2012．蒸压砖结构抗震性能研究［D］．哈尔滨：中国地震局工程力学研究所．

吴香香，2006．多层薄柔钢框架的抗震设计［D］．上海：同济大学．

吴昭华，孙芬，邹安宇，等，2013．天津富润中心超高层结构设计［J］．建筑结构，41（11）：42-50．

夏焕焕，2013．钢框架结构位移角研究［D］．青岛：青岛理工大学．

肖建庄，黄江德，姚燕，2012．再生混凝土砌块墙体抗震性能试验研究［J］．建筑结构学报，42（4）：100-109．

肖亮，2011．水平向基岩强地面运动参数衰减关系研究［D］．北京：中国地震局地球物理研究所．

谢伟强，王传峰，韩小雷，等，2008．广州西塔大震作用下结构非线形分析［C］//第八届全国现代结构工程学术会议论文集．天津：338-343．

辛力，王敏，曾凡生，等，2013．延长石油科研中心超高层结构设计概述［C］//第三届中西部地区土木建筑年会获奖论文选．宜昌：84-87．

新华网，2008．北京CBD成为世界500强最为密集区域［R/OL］．［2018-11-20］．http://www.bj.xinhuanet.com/bjfs/2008-04/29/content_13125155.html.

熊琛，2016．基于时程分析和三维场景可视化的区域建筑震害模拟研究［D］．北京：清华大学．

熊二刚，梁兴文，张倩，2011．钢框架结构直接基于位移的抗震设计方法研究［J］．地震工程与工程振动，4：106-113．

熊二刚，张倩，2013．高层钢框架结构基于性能的塑性设计方法研究［J］．工程力学，9：211-219．

熊洁，2011．顶底角钢半刚性节点的试验与理论分析［D］．南昌：南昌大学．

须寅，龙驭球，1993．采用广义协调条件构造具有旋转自由度的四边形膜元［J］．工程力学，10（3）：27-36．

胥建龙，唐志平，2004．离散元与有限元结合的多尺度方法及其应用［J］．计算物理，20（6）：477-482．

徐春兰，顾强，2007．多层抗弯钢框架的结构影响系数［J］．苏州科技学院学报（工程技术版），1：10-14．

徐培福，肖从真，李建辉，2014．高层建筑结构自振周期与结构高度关系及合理范围研究［J］．土木工程学报，47（2）：1-11．

徐永基，王润昌，鱼水滢，等，2002．陕西省信息大厦超高层结构设计和安全性分析［J］．建筑结构学报，23（1）：89-95．

许浒，赵世春，叶列平，等，2011．砌体结构在地震下的非线性计算模型［J］．四川建筑科学研究，37（6）：170-175．

许鑫森，杨娜，2014．考虑组合效应的梁腹板开圆孔型钢框架的静力弹塑性分析［J］．北京交通大学学报，6：82-87，92．

许镇，陆新征，韩博，等，2014．城市区域建筑震害高真实度模拟［J］．土木工程学报，47（7）：46-52．

玄月，2011．北京市断裂活动性研究及地震危险性分析［D］．北京：中国地质大学．

闫锋，周建龙，汪大绥，等，2007．南京绿地紫峰大厦超高层混合结构设计［J］．建筑结构，37（5）：20-24．

严林飞，2015．半刚性节点钢框架的地震易损性分析［D］．南京：东南大学．

严鹏，王伟，陈以一，2013．钢管混凝土柱与伸臂桁架连接节点试验研究［C］//第21届全国结构工程学术会议论文集．第Ⅲ册．沈阳：149-153．

阎开放，1985．KP_1型承重粘土空心砖墙片抗震性能试验研究［J］．四川建筑科学研究，1：34-39，30．

剡理祯，梁兴文，徐洁，等，2014．钢筋混凝土剪力墙变形能力计算方法研究［J］．工程力学，31（11）：92-98．

杨陈，郭凯，张素灵，等，2015．中国地震台网现状及其预警能力分析［J］．地震学报，37（3）：508-515．

杨德健，高水孚，孙锦镖，等．2000．构造柱-芯柱体系混凝土砌块墙体抗震性能试验研究［J］．建筑结构学报，21（4）：22-27．

杨建宏，2008．基于小波理论的多尺度计算方法［J］．科技信息，36：15-16．

杨伟军，陈利群，祝晓庆，2008．混凝土多孔砖墙体抗震性能试验研究［J］．工程力学，25（9）：126-133．

杨先桥，傅学怡，黄用军，2011．深圳平安金融中心塔楼动力弹塑性分析［J］．建筑结构学报，32（7）：40-49．

杨晓明，徐和财，郑玮，等，2013．洛阳正大超高层办公楼结构抗震设计［J］．建筑结构，43（18）：39-43．

杨学林，周平槐，徐燕青，2012a．兰州红楼时代广场超限高层结构设计［J］．建筑结构，42（8）：42-49．

杨学林，周平槐，徐燕青，2012b．兰州红楼时代广场超限高层性能化抗震设计［J］．建筑结构，42（8）：50-55．

杨玉成，杨柳，高云学，等，1980．唐山地震多层砖房震害与强度的关系［J］．地震工程与工程振动，1：42-54．

杨元秀，2008．预应力蒸压粉煤灰实心砖墙抗震性能试验研究［D］．重庆：重庆大学．

姚攀峰，2011．房屋结构抗巨震的探讨、应用及实现［J］．建筑结构，41（S1）：277-281．

叶列平，程光煜，陆新征，等，2008a．论结构抗震的鲁棒性［J］．建筑结构，38（6）：11-15．

叶列平，陆新征，马千里，等，2006．混凝土结构抗震非线性分析模型、方法及算例［J］．工程力学，23：131-140．

叶列平，曲哲，陆新征，等，2008b. 提高建筑结构抗地震倒塌能力的设计思想与方法 [J]. 建筑结构学报，29（4）：42-50.

叶燕华，李利群，孙伟民，等，2004. 内注泡沫混凝土空心砌块墙体抗震性能的试验研究 [J]. 地震工程与工程振动，24（5）：154-158.

尹之潜，1996. 结构易损性分类和未来地震灾害估计 [J]. 中国地震，12（1）：49-55.

尹之潜，杨淑文，2004. 地震损失分析与设防标准 [M]. 北京：地震出版社.

于建刚，2003. 集中式预应力砖墙的抗侧强度及抗侧刚度计算方法的研究 [D]. 重庆：重庆大学.

于敬海，李路川，丁永君，等，2015. 天津君临大厦超高层结构设计 [J]. 建筑结构，45（1）：1-4.

袁婷，2011. 大坡度轻型门式刚架静动力性能分析 [D]. 武汉：武汉理工大学.

袁一凡，2008. 四川汶川 8.0 级地震损失评估 [J]. 地震工程与工程振动，28（5）：10-19.

袁媛，2007. 顶底角钢与 H 型钢柱弱轴连接节点的伪静力试验性能及分析 [D]. 西安：西安建筑科技大学.

袁志立，2013. 扬州东方国际大酒店超高层结构设计 [J]. 建筑结构，43（6）：28-33.

翟长海，谢礼立，2007. 钢筋混凝土 RC 框架结构超强研究 [J]. 建筑结构学报，28（1）：101-106.

张爱林，张艳霞，刘学春，2013. 震后可恢复功能的预应力钢结构体系研究展望 [J]. 北京工业大学学报，4：507-515.

张宏，2007. 带洞口约束梁柱粉煤灰蒸压砖承重墙、粉煤灰砌块自承重墙抗震性能的试验研究 [D]. 扬州：扬州大学.

张会，2005. 复合混凝土小型砌块砌体抗裂与抗震性能试验研究 [D]. 南京：南京工业大学.

张磊，蒋庆，陆新征，等，2015. TMD 对超高层建筑地震楼层加速度的控制效果的分析 [J]. 地震工程与工程振动，35（10）：84-89.

张连河，2009. 钢筋混凝土 RC 框架结构超强系数分析 [D]. 重庆：重庆大学.

张令心，江近仁，刘洁平，2002. 多层住宅砖房的地震易损性分析 [J]. 地震工程与工程振动，22（1）：49-55.

张倩，2008. 钢框架结构基于性能的抗震设计方法研究 [D]. 西安：西安建筑科技大学.

张世民，王丹丹，刘旭东，等，2008. 北京南口-孙河断裂晚第四纪古地震事件的钻孔剖面对比与分析 [J]. 中国科学，（7）：881-895.

张维，2007. CFRP 加固砌体试验研究的有限元分析及受剪承载力研究 [D]. 武汉：武汉理工大学.

张颖，文元，牟达，等，2012. 大连新世界大厦东塔楼结构设计 [J]. 建筑结构，42（2）：81-84.

张永群，2014. 预制钢筋混凝土墙板加固砌体结构的抗震性能研究 [D]. 哈尔滨：中国地震局工程力学研究所.

张震，邓长根，2016. Perform-3D 在某钢框架推覆分析中的应用 [J]. 佳木斯大学学报（自然科学版），3：341-343.

张智，2010. 喷射 GFRP 加固砌体结构抗震性能试验研究与理论分析 [D]. 武汉：武汉理工大学.

章红梅，2007. 剪力墙结构基于性态的抗震设计方法研究 [D]. 上海：同济大学.

章红梅，吕西林，杨雪平，等，2009. 边缘构件配箍对钢筋混凝土剪力墙抗震性能的影响 [J]. 结构工程师，24（5）：100-104.

赵成文，尚义明，周康，等，2010. 蒸压粉煤灰砖墙片抗震性能试验 [J]. 沈阳建筑大学学报（自然科学版），25（1）：57-61.

赵东杰，2005. 门式刚架轻钢结构支撑研究及动力性能分析 [D]. 郑州：郑州大学.

赵风雷，2008. 钢筋混凝土 RC 框架结构超强系数的研究 [D]. 西安：西安建筑科技大学.

赵宏，雷强，侯胜利，等，2012. 八柱巨型结构在广州东塔超限设计中的工程应用 [J]. 建筑结构，42（10）：1-6.

赵静，2012. 超限复杂高层武汉中心的结构抗震分析 [J]. 结构工程师，28（2）：66-73.

赵思健，任爱珠，熊利亚，2006. 城市地震次生火灾研究综述 [J]. 自然灾害学报，15（2）：57-67.

赵宪忠，王斌，陈以一，等，2013. 上海中心大厦伸臂桁架与巨柱和核心筒连接的静力性能试验研究 [J]. 建筑结构学报，34（2）：20-28.

赵作周，1993. 多层大开间少内纵墙住宅结构模型试验研究及弹塑性分析 [D]. 北京：清华大学.

赵作周，胡妤，钱稼茹，2015. 中美规范关于地震波的选择与框架-核心筒结构弹塑性时程分析 [J]. 建筑结构学报，36（2）：10-18.

郑妮娜，2010. 装配式构造柱约束砌体结构抗震性能研究 [D]. 重庆：重庆大学.

郑强，2012. FRP 加固砌体墙抗震性能及抗剪承载力模型研究 [D]. 沈阳：沈阳建筑大学.

郑山锁，侯丕吉，李磊，等，2012. RC 剪力墙地震损伤试验研究 [J]. 土木工程学报，45（2）：51-59.

中国地震局，2008．汶川 8.0 级地震烈度分布图［R/OL］．［2018-11-20］．http://www.cea.gov.cn/manage/html/ 8a8587881632fa5c0116674a018300cf/_content/08_09/01/1220238314350.html.Accessed on Apr 2016.

中国地震局，2014．中国地震局发布云南鲁甸 6.5 级地震烈度图［R/OL］．［2018-11-20］．http://www.cea.gov.cn/publish/ dizhenj/464/478/ 20140807085249557322083/index.html．

中国地震局，2008．中国地震烈度表：GB/T 17742—2008［S］．北京：中国标准出版社．

中国地震局，2011．地震现场工作，第 4 部分：灾害直接损失评估：GB/T 18208.4—2011［S］．北京：中国标准出版社．

中国地震局，2009．建（构）筑物地震破坏等级划分：GB/T 24335—2009［S］．北京：中国标准出版社．

中国地震局，2015．中国地震动参数区划图：GB 18306—2015［S］．北京：中国标准出版社．

中国地震局，2008．地震应急避难场所场址及配套设施：GB 21734—2008［S］．北京：中国标准出版社．

中国地震台网中心，2018．中国地震台网［R/OL］．［2018-11-20］．http://news.ceic.ac.cn/index.html?time=1528878360．

中国钢铁工业协会，2008．低合金高强度结构钢：GB 1591—2008［S］．北京：中国标准出版社．

中国工程建设标准化协会，2001．点支式玻璃幕墙工程技术规程：CECS 127：2001［S］．北京：中国计划出版社．

中国工程建设标准化协会，2004．建筑工程抗震性态设计通则（试用）：CECS 160：2004［S］．北京：中国计划出版社．

中国工程建设标准化协会，2008．高层建筑钢-混凝土混合结构设计规程：CECS 230：2008［S］．北京：中国计划出版社．

中国工程建设标准化协会，2012．钢管混凝土结构技术规程：CECS 28：2012［S］．北京：中国计划出版社．

中国工程建设标准化协会，2012．建筑结构荷载规范：GB 50009—2012［S］．北京：中国建筑工业出版社．

中国工程建设标准化协会，2014．建筑结构抗倒塌设计规范：CECS 392—2014［S］．北京：中国计划出版社．

中国建筑科学研究院，2003．玻璃幕墙工程技术规范：JGJ 102—2003［S］．北京：中国建筑工业出版社．

中国建筑科学研究院，2001．金属与石材幕墙工程技术规范：JGJ 133—2001［S］．北京：中国建筑工业出版社．

中国建筑科学研究院，2011．高层建筑混凝土结构技术规程：JGJ 3—2010［S］．北京：中国建筑工业出版社．

中国建筑科学研究院，2015．建筑抗震试验规程：JGJ/T 101—2015［S］．北京：中国计划出版社．

中国建筑科学研究院，2016．无粘结预应力混凝土结构技术规程：JGJ 92—2016［S］．北京：中国建筑工业出版社．

中国新闻网，2014．北京拥有世界 500 强企业总部 48 家 居全球首位［R/OL］．［2018-11-20］．http://finance.chinanews.com/ cj/2014/12-30/ 6924993.shtml．

中华人民共和国建设部，1990．建筑地震破坏等级划分标准（建抗字第 377 号）［S］．北京：中华人民共和国建设部．

中华人民共和国建设部，2001．建筑抗震设计规范：GB 50011—2001［S］．北京：中国建筑工业出版社．

中华人民共和国建设部，2003．钢结构设计规范：GB 50017—2003［S］．北京：中国计划出版社．

中华人民共和国建设部，2007．城市抗震防灾规划标准：GB 50413—2007［S］．北京：中国建筑工业出版社．

中华人民共和国住房和城乡建设部，2015．超限高层建筑工程抗震设防专项审查技术要点，建质［2015］67 号［S］，北京：中华人民共和国住房和城乡建设部．

中华人民共和国住房和城乡建设部，2010．混凝土结构设计规范（2015 年版）：GB 50010—2010［S］．北京：中国建筑工业出版社．

中华人民共和国住房和城乡建设部，中华人民共和国国家质量监督检验检疫总局，2010．建筑抗震设计规范：GB 50011—2010［S］．北京：中国建筑工业出版社．

中华人民共和国住房和城乡建设部，2017．钢结构设计规范：GB 50017—2017［S］．北京：中国建筑工业出版社．

钟光忠，2008．罕遇地震作用下多层钢框架结构的弹塑性分析［D］．成都：西南交通大学．

钟益村，王文基，田家骅，1984．钢筋混凝土结构房屋变形性能及容许变形指标［J］．建筑结构，（2）：35-45．

周炳章，郑伟，关启勋，等，2000．小型混凝土空心砌块六层模型房屋抗震性能试验研究［J］．建筑结构学报，21（4）：2-12．

周宏宇，2004．带构造柱混凝土小型空心砌块承重墙抗震性能的试验研究［D］．北京：北京工业大学．

周健，陈锴，张一峰，等，2012．武汉中心塔楼结构设计［J］．建筑结构，42（5）：8-12．

周青云，周仕勇，陈棋福，等，2008．正演推算 1730 年北京西郊地震的发震断层和滑动角［J］．地震研究，31（4）：369-377．

周锡元，李万举，闫维明，等，2006．构造柱约束的混凝土小砌块墙体抗震性能的试验研究［J］．土木工程学报，8：45-50．

周晓洁，李忠献，续丹丹，等，2015. 柔性连接填充墙框架结构抗震性能试验［J］. 天津大学学报（自然科学版），2：155-166.

周兴卫，2012. 梁柱半刚性连接钢框架结构的抗震性能分析［D］. 长沙：中南大学.

周洋，施卫星，韩瑞龙，2012. 多层大开间砌体结构的基本周期实测与分析［J］. 工程力学，29（11）：197-204.

周优文，李宏，2006. 某超高层建筑结构优化方案［J］. 西部探矿工程，121（5）：255-258.

周育泷，2015. 钢筋混凝土单向梁板子结构抗连续倒塌试验研究［D］. 烟台：烟台大学.

朱伯龙，蒋志贤，吴明舜，1981. 上海五层砌块试验楼抗震能力分析［J］. 同济大学学报，（4）：10-17.

朱宏，刘全福，苏惠文，2008. 某超高层大厦的结构设计方案［J］. 工业建筑，38（S1）：433-437.

朱立刚，柳杰，董骁，等，2015. 创新组合伸臂系统在重庆来福士广场北塔楼中的应用［J］. 建筑结构，45（24）：22-28.

朱立刚，卢玲，2012a. 重庆"嘉陵帆影"二期超高层塔楼结构设计挑战［J］. 建筑结构，42（10）：33-40.

朱立刚，张志强，梁金桐，2012b. 重庆"嘉陵帆影"二期超高层塔楼设计与研究［J］. 建筑结构，42（S1）：251-260.

邹昀，2006. 上海环球金融中心大厦基于性能的抗震设计研究［D］. 上海：同济大学.

ABAQUS，2013. ABAQUS /CAE User's Manual［M］. Dassault Systèmes，Providence，RI，USA.

ABRAHAM J R，SMERZINI C，PAOLUCCI R，et al.，2016. Numerical study on basin-edge effects in the seismic response of the Gubbio valley，Central Italy［J］. Bulletin of Earthquake Engineering，14（6）：1437-1459.

ACI，2008. Building code requirements for structural concrete ACI 318-08 and commentary 318R-08（ACI 318-08/318R-08）［S］. American Concrete Institute，Farmington Hills，MI.

ACI，2011. Building code requirements for structural concrete and commentary（ACI 318-11）［S］. American Concrete Institute，Farmington Hills，Michigan.

ACI，2013. Design specification for unbonded post-tensioned precast concrete special moment frames satisfying ACI 374.1 and Commentary（ACI 550.3-13）［S］. American Concrete Institute，Farmington Hills，Michigan.

ADELI H，2000. High-performance computing for large-scale analysis，optimization，and control［J］. Journal of Aerospace Engineering，13（1）：1-10.

AHMED A，HASAN R，2015. Effect and evaluation of prying action for top-and seat-angle connections［J］. International Journal of Advanced Structural Engineering，7（2）：159-169.

AIJ，2009. Recommendations for stability design of steel structures［S］. Tokyo：Architectural Institute of Japan.

AISC，2010. Seismic provisions for structural steel buildings（ANSI/AISC 341-10）［S］. American Institute of Steel Construction，Chicago，Illinois.

ALDAIKH H，ALEXANDER N A，IBRAIM E，et al.，2016. Shake table testing of the dynamic interaction between two and three adjacent buildings（SSSI）［J］. Soil Dynamics and Earthquake Engineering，89：219-232.

ALDRICH M L，BOLT B A，LEVITON A E，et al. 1986. The "report" of the 1868 Haywards earthquake［J］. Bulletin of the Seismological Society of America，76（1）：71-76.

ALEXANDER D，1990. Behavior during earthquakes：a southern Italian example［J］. International Journal of Mass Emergencies and Disasters，8（1）：5-29.

ALLMAN D J，1984. A compatible triangular element including vertex rotations for plane elasticity analysis［J］. Computers & Structures，19（1）：1-8.

ALMUFTI I，WILLFORD M，2013. REDi^{TM} rating system：resilience-based earthquake design initiative for the next generation of buildings［R］. ARUP Corporation.

ALOGLA K，WEEKES L，AUGUSTHUS-NELSON L，2016. A new mitigation scheme to resist progressive collapse of RC structures［J］. Construction and Building Materials，125：533-545.

ALONSO-RODRÍGUEZ A，MIRANDA E，2015. Assessment of building behavior under near-fault pulse-like ground motions through simplified models［J］. Soil Dynamics and Earthquake Engineering，79：47-58.

ALY A M，2014. Proposed robust tuned mass damper for response mitigation in buildings exposed to multidirectional wind［J］. Structural Design of Tall & Special Buildings，23（9）：664-691.

ANCHETA T D，DARRAGH R B，STEWART J P，et al.，2014. NGA-West2 database [J]. Earthquake Spectra，30（3）：989-1005.

ANSYS INC，2013. ANSYS Workbench User's Guide [M]. Canonsburg：PA，ANSYS Inc.

ARC，2002. Standards for hurricane evacuation shelter selection（ARC 4496）[S]. American Red Cross，Washington，DC.

ARCHITECT SA，2016. Lessons from the Great Hansin-Awaji Earthquake [R]. http://www3.grips.ac.jp/~ando/HanshinLessons%20en.pdf.

ASCE，2005. Minimum design loads for buildings and other structures（ASCE/SEI 7-05）[S]. American Society of Civil Engineers，Reston，VA.

ASCE，2006. Seismic rehabilitation of existing buildings（ASCE 41-06）[S]. American Society of Civil Engineers，Reston，VA.

ASCE，2010. Minimum design loads for buildings and other structures（ASCE/SEI 7-10）[S]. American Society of Civil Engineers，Reston，VA.

ASCE，2016. Minimum design loads for buildings and other structures（ASCE/SEI 7-16）[S]. American Society of Civil Engineers，Reston，VA.

ATC，1985. Earthquake damage evaluation data for California（ATC-13）[S]. Applied Technology Council，Redwood City，CA.

ATC，1996. Seismic evaluation and retrofit of existing concrete buildings（ATC-40）[S]. Applied Technology Council，Redwood City，CA.

ATC，2008. Quantification of building seismic performance factors，ATC-63 Project Report（90% Draft）[S]，FEMA P695 / April 2008. Applied Technology Council，Redwood City，CA.

ATC，2010. Modeling and acceptance criteria for seismic design and analysis of tall buildings（PEER/ATC-72-1）[S]. Applied Technology Council，Redwood City，CA.

ATC，2016. Development of next generation performance-based seismic design procedures for new and existing buildings（ATC-58）[S]. Applied Technology Council，Redwood City，CA.

ATKINSON G，BAKUN B，BODIN P，et al.，2000. Reassessing the new Madrid seismic zone [J]. Eos Transactions American Geophysical Union，81（35）：397-403.

AUTODESK，2016. Revit：Built for BIM [R]. http://www.autodesk.com/products/revit-family/overview.

AUTODESK，2018. 3ds Max：3D modeling，animation，and rendering software [R]. https://www.autodesk.com/products/3ds-max/overview.

AUTODESK，2018a. Online documentation for the Revit API [R]. http://www. revitapidocs. com/2018/. Accessed on Feb 2018.

AUTODESK，2018b. Steel connections for Revit [R]. https://knowledge.autodesk.com/support/revit-products/learn-explore/caas/CloudHelp/cloudhelp/2018/ENU/Revit-AddIns/files/GUID-645A8C55-900A-42A7-8991-BFF6B2C7F6C6-htm.html.Accessed on Feb 2018.

AVAL S B B，SAADEGHVAZIRI M A，GOLAFSHANI A A，2002. Comprehensive Composite inelastic fiber element for cyclic analysis of concrete-filled steel tube columns [J]. Journal of Engineering Mechanics-ASCE，128（4）：428-437.

AVŞAR Ö，BAYHAN B，YAKUT A，2014. Effective flexural rigidities for ordinary reinforced concrete columns and beams [J]. Structural Design of Tall and Special Buildings，23（6）：463-482.

AZARBAKHT A，DOLŠEK M，2007. Prediction of the median IDA curve by employing a limited number of ground motion records [J]. Earthquake Engineering & Structural Dynamics，36（15）：2401-2421.

BAKER J W，CORNELL C A，2005. A vector-valued ground motion intensity measure consisting of spectral acceleration and epsilon [J]. Earthquake Engineering and Structural Dynamics，34（10）：1193-1217.

BAKER J W，CORNELL C A，2008. Vector-valued intensity measures for pulse-like near-fault ground motions [J]. Engineering Structures，30（4）：1048-1057.

BAN H Y, SHI G, SHI Y J, et al., 2011. Research progress on the mechanical property of high strength structural steels [J]. Advanced Materials Research, 250: 640-648.

BARD P Y, CHAZELAS J, GUÉGUEN P, et al., 2006. Site-City Interaction [C] // Assessing and Managing Earthquake Risk. Dordrecht: Springer: 91-114.

BARNES M, FINCH E L, 2008. Collada-digital asset schema release 1.5.0 specification [R]. Khronos Group, CA, USA.

BATOZ J L, BATHE K J, HO L W, 1980. A study of three-node triangular plate bending elements [J]. International Journal for Numerical Methods in Engineering, 15 (12): 1771-1812.

BATOZ J L, TAHAR M B, 1982. Evaluation of a new quadrilateral thin plate bending element [J]. International Journal for Numerical Methods in Engineering, 18 (11): 1655-1677.

BATTY M, CHAPMAN D, EVANS S, et al., 2001. Visualizing the city: communicating urban design to planners and decision-makers [R]. Centre for Advanced Spatial Analysis, University College London, London, UK.

BEHESHTI A S B, ASAYESH M J, 2017. Seismic performance evaluation of asymmetric reinforced concrete tunnel form buildings [J]. Structures, 10: 157-169.

BEHR R A, 1998. Seismic performance of architectural glass in mid-rise curtain wall [J]. Journal of Architectural Engineering-ASCE, 4 (3): 94-98.

BELYTSCHKO T, LEVIATHAN I, 1994. Physical stabilization of the 4-node shell element with one point quadrature [J]. Computer Methods in Applied Mechanics and Engineering, 113 (3): 321-350.

BENTLEY, 2018. Create 3D models from simple photographs [R]. https://www.bentley.com/en/products/brands/contextcapture.

BERNARDINI G, ORAZIO M, QUAGLIARINI E, 2016. Towards a "behavioural design" approach for seismic risk reduction strategies of buildings and their environment [J]. Safety Science, 86: 273-294.

BERNUZZI C, ZANDONINI R, ZANON P, 1996. Experimental analysis and modelling of semi-rigid steel joints under cyclic reversal loading [J]. Journal of Constructional Steel Research, 38 (2): 95-123.

BIMFORUM, 2017. Level of development specification for building information models, Part 1, Version: 2017 [R/OL]. [2018-11-20]. https://bimforum.org/wp-content/uploads/2017/11/LOD-Spec-2017-Part-I-2017-11-07.pdf.

BISHOP C M, 2006. Pattern Recognition and Machine Learning [M]. Singapore: Springer.

BOEING A, BRÄUNL T, 2007. Evaluation of real-time physics simulation systems [C] // Proc., 5th International Conference on Computer Graphics and Interactive Techniques in Australia and Southeast Asia, ACM, New York: 281-288.

BOORE D M, STEWART J P, SEYHAN E, et al., 2014. NGA-West2 equations for predicting PGA, PGV, and 5% damped PSA for shallow crustal earthquakes [J]. Earthquake Spectra, 30 (3): 1057-1085.

BOUTIN C, SOUBESTRE J, SCHWAN L, et al., 2014. Multi-scale modeling for dynamics of structure-soil-structure interactions [J]. Acta Geophysica, 62 (5): 1005-1024.

BOZER A, 2015. Finding optimal parameters of tuned mass dampers [J]. Structural Design of Tall & Special Buildings, 24 (6): 461-475.

BRAGA F, MANFREDI V, MASI A, et al., 2011. Performance of non-structural elements in RC buildings during the L'Aquila, 2009 Earthquake [J]. Bulletin of Earthquake Engineering, 9: 307-324.

BROUGHTON J Q, ABRAHAM F F, BERNSTEIN N, et al., 1999. Concurrent coupling of length scales: Methodology and application [J]. Physical Review B, 60 (4): 2391.

BRUNEAU M, CHANG S E, EGUCHI R T, et al., 2003. A framework to quantitatively assess and enhance seismic resilience of communities [J]. Earthquake Spectra, 19 (4): 733-752.

BSI, 2005. BS EN 1993-1-1. 2005 Eurocode 3: Design of steel structures, Part 1-1: general rules and rules for buildings [S]. British Standard Institute, CEN Central Secretariat, Rue de Stassart 36, B-1050.

CALADO L, FERREIRA J, 1994. Cyclic behaviour of steel beam-to-column connections-an experimental research [C] // Proc. International Workshop and Seminar on Behaviour of Steel Structures in Seismic Areas: 381-389.

CAMPBELL K W，BOZORGNIA Y，2014. NGA-West2 ground motion model for the average horizontal components of PGA，PGV，and 5% damped linear acceleration response spectra [J]. Earthquake Spectra，30（3）：1087-1115.

CARDONE D，2016. Fragility curves and loss functions for RC structural components with smooth rebars [J]. Earthquakes and Structures，10（5）：1181-1212.

CARDONE D，PERRONE G，2015. Developing fragility curves and loss functions for masonry infill walls [J]. Earthquakes and Structures，9（1）：257-279.

CASTAÑOS H，LOMNITZ C，2002. PSHA：is it science? [J]. Engineering Geology，66（3）：315-317.

CEN，2004. Eurocode 8：Design of structures for earthquake resistance. Part 1：General rules，seismic action and rules for buildings [S]. Comite Europeen de Normalisation，Brussels.

CEVAHIR A，NUKADA A，MATSUOKA S，2010. High performance conjugate gradient solver on multi-GPU clusters using hypergraph partitioning [J]. Computer Science-Research and Development，25（1-2）：83-91.

CHALJUB E，MOCZO P，TSUNO S，et al.，2010. Quantitative comparison of four numerical predictions of 3D ground motion in the Grenoble valley，France [J]. Bulletin of the Seismological Society of America，100（4）：1427-1455.

CHAN R W K，ALBERMANI F，2008. Experimental study of steel slit damper for passive energy dissipation [J]. Engineering Structures，30（4）：1058-1066.

CHE S，BOYER M，MENG J，et al.，2008. A performance study of general-purpose applications on graphics processors using CUDA [J]. Journal of Parallel and Distributed Computing，68（10）：1370-1380.

CHEN Q J，YUAN W Z，LI Y C，et al.，2013. Dynamic response characteristics of super-tall buildings subjected to long-period ground motions [J]. Journal of Central South University，20（5）：1341-1353.

CHEN R，BRANUM D M，WILLS C J，2013. Annualized and scenario earthquake loss estimations for California[J]. Earthquake Spectra，29（4）：1183-1207.

CHEN W F，LUI E M，2005. Handbook of Structural Engineering [M]. Boca Raton：CRC Press.

CHEN Y，CUI X，MEI H，2010. Large-scale FFT on GPU clusters [C] // Proceedings of the 24th ACM International Conference on Supercomputing，ACM New York，NY：315-324.

CHENG H，HADJISOPHOCLEOUS G V，2011. Dynamic modeling of fire spread in building [J]. Fire Safety Journal，46（4）：211-224.

CHEUNG Y L，WONG W O，2011. H-infinity optimization of a variant design of the dynamic vibration absorber-revisited and new results [J]. Journal of Sound & Vibration，330（16）：3901-3912.

CHIOU B S J，YOUNGS R R，2014. Update of the Chiou and Youngs NGA model for the average horizontal component of peak ground motion and response spectra [J]. Earthquake Spectra，30（3）：1117-1153.

CHOI S S，CHA S H，TAPPERT C C，2010. A survey of binary similarity and distance measures [J]. Journal of Systemics，Cybernetics and Informatics，8（1）：43-48.

CHOPRA A K，1995. Dynamics of structures [M]. New Jersey：Prentice-Hall.

CHRISTOVASILIS I P，FILIATRAULT A，WANITKORKUL A，2009. Seismic testing of a full-scale two-story light-frame wood building：NEESWood benchmark test[R]. Multidisciplinary Center for Earthquake Engineering Research. Buffalo，New York.

CIMELLARO G P，OZZELLO F，VALLERO A，et al.，2017. Simulating earthquake evacuation using human behavior models [J]. Earthquake Engineering & Structural Dynamics，46（6）：985-1002.

CLOUGH R W，1966. Effect of stiffness degradation on earthquake ductility requirements[R]. Report No. UCB/SESM-1966/16. Berkely：UC Berkeley.

CONNOR J J，POUANGARE C C，1991. Simple-model for design of framed-tube structures [J]. Journal of Structural Engineering-ASCE，117（12）：3623-3644.

CORBANE C，SAITO K，DELL'ORO L，et al.，2011. A comprehensive analysis of building damage in the 12 January 2010 MW7 Haiti earthquake using high-resolution satelliteand aerial imagery [J]. Photogrammetric Engineering & Remote Sensing，77（10）：997-1009.

CORDOVA P P，DEIERLEIN G G，MEHANNY S S F，et al.，2001. Development of a two-parameter seismic intensity measure and probabilistic assessment procedure［C］// The Second U. S. -Japan Workshop on Performance-based Earthquake Engineering Methodology for Reinforced Concrete Building Structures，Sapporo，Japan：187-206.

CORNELL C A，KRAWINKLER H，2000. Progress and challenges in seismic performance assessment［R］. PEER Center News，3（2）：1-3.

CUNDUMI O，SUÁREZ L，2008. Numerical investigation of a variable damping semiactive device for the mitigation of the seismic response of adjacent structures ［J］. Computer-Aided Civil and Infrastructure Engineering，23（4）：291-308.

CUSP HOME PAGE，2014. ［EB］. ［2018-11-20］. http://cusplibrary.github.io/.

CYBERCITY3D，2007. CyberCity3D ［R/OL］［2018-11-20］. http//cybercity3d. com/.

DAVISON J B，KIRBY P A，NETHERCOT D A，1987. Rotational stiffness characteristics of steel beam-to-column connections ［J］. Journal of Constructional Steel Research，8（87）：17-54.

DAY S M，BIELAK J，DREGER D，et al.，2005. 3D ground motion simulation in basins［R］. Final report prepared for the Pacific Earthquake Engineering Research Center，Project 1A03.

DEL GAUDIO C，RICCI P，VERDERAME G M，et al.，2016. Observed and predicted earthquake damage scenarios：the case study of Pettino（L'Aquila）after the 6th April 2009 event ［J］. Bulletin of Earthquake Engineering，14（10）：1-36.

DEL VECCHIO C，DI LUDOVICO M，PAMPANIN S，et al.，2018. Repair costs of existing RC buildings damaged by the L'Aquila Earthquake and comparison with FEMA P-58 predictions ［J］. Earthquake Spectra，34（1）：237-263.

DENG K L，PAN P，LAM A，et al.，2014. A simplified model for analysis of high-rise buildings equipped with hysteresis damped outriggers ［J］. Structural Design of Tall and Special Buildings，23（15）：1158-1170.

DIAO F Q，WANG R J，AOCHI H，et al.，2016. Rapid kinematic finite-fault inversion for an Mw 7+ scenario earthquake in the Marmara Sea：an uncertainty study ［J］. Geophysical Journal International，204（2）：813-824.

DIMOPOULOS A I，TZIMAS A S，KARAVASILIS T L，et al.，2016. Probabilistic economic seismic loss estimation in steel buildings using post-tensioned moment-resisting frames and viscous dampers ［J］. Earthquake Engineering & Structural Dynamics，45（11）：1725-1741.

DING L Y，ZHOU Y，AKINCI B，2014. Building information modeling（BIM）application framework：the process of expanding from 3D to computable nD ［J］. Automation in Construction，46：82-93.

DOBERSEK D，GORICANEC D，2009. Optimisation of tree path pipe network with nonlinear optimisation method ［J］. Applied Thermal Engineering，29（8）：1584-1591.

DoD，2016. Design of structures to resist progressive collapse（DoD 2016）［S］. Department of Defense，Washington，D. C.

DONG L G，SHAN J，2013. A comprehensive review of earthquake-induced building damage detection with remote sensing techniques ［J］. ISPRS Journal of Photogrammetry and Remote Sensing，84：85-99.

DOUGLAS J，2007. On the regional dependence of earthquake response spectra ［J］. ISET Journal of Earthquake Technology，44（1）：71-99.

DVORKIN E N，BATHE K J，1984. A continuum mechanics based four-node shell element for general non-linear analysis ［J］. Engineering Computations，I：77-88.

DYNAMO，2016. Dynamo BIM ［R/OL］. ［2018-11-20］. http://dynamobim.org.

EAST E W，BOGEN C，2012. An experimental platform for building information research ［C］// Proceedings of International Conference on Computing in Civil Engineering，Clearwater Beach，Florida：301-308.

EHRLICH D，GUO H D，MOLCH K，et al.，2009. Identifying damage caused by the 2008 Wenchuan earthquake from VHR remote sensing data ［J］. International Journal of Digital Earth，2（4）：309-326.

ELLIDOKUZ H，UCKU R，AYDIN U Y，et al.，2005. Risk factors for death and injuries in earthquake：cross-sectional study from Afyon ［J］，Turkey. Croatian Medical Journal，46：613-618.

ELLINGWOOD B R, ROSOWSKY D V, PANG W, 2008. Performance of light-frame wood residential construction subjected to earthquakes in regions of moderate seismicity [J]. Journal of Structural Engineering, 134 (8): 1353-1363.

ELNASHAI A S, GENCTURK B, KWON O, et al., 2010. The Maule (Chile) Earthquake of February 27, 2010: Consequence assessment and case studies [R]. Urbana: University of Illinois.

ELREMAILY A, AZIZINAMINI A, 2002. Behavior and strength of circular concrete-filled tube columns [J]. Journal of Constructional Steel Research, 58 (12): 1567-1591.

EL-SHEIKH M, PESSIKI S, SAUSE R, et al., 2000. Moment rotation behavior of unbonded post-tensioned precast concrete beam-column connections [J]. ACI Structural Journal, 97 (1): 122-131.

ERDIK M, FAHJAN Y, 2008. Early warning and rapid damage assessment, Assessing and managing earthquake risk [M]. Netherlands: Springer.

ERDIK M, ŞEŞETYAN K, DEMIRCIOĞLU M B, et al., 2011. Rapid earthquake loss assessment after damaging earthquakes [J]. Soil Dynamics and Earthquake Engineering, 31 (2): 247-266.

ESMAEILY A, XIAO Y, 2005. Behavior of reinforced concrete columns under variable axial loads: analysis [J]. ACI Structural Journal, 102 (5): 736-744.

EUROPEAN COMMISSION (EC), 2016. Network of research infrastructures for European seismology (NERIES) [R]. https://www. neries-eu. org.

EVANGELISTA L, DEL GAUDIO S, SMERZINI C, et al., 2017. Physics-based seismic input for engineering applications: a case study in the Aterno river valley, Central Italy [J]. Bulletin of Earthquake Engineering, 15 (7): 2645-2671.

FAELLA C, PILUSO V, RIZZANO G, 1999. Structural steel semirigid connections: theory, design, and software [M]. Boca Raton, Fla. : CRC Press.

FAJFAR P, GASPERSIC P, 1996. The N2 method for the seismic damage analysis for RC buildings [J]. Earthquake Engineering & Structural Dynamics, 25 (1): 23-67.

FAN H, LI QS, TUAN AY, et al., 2009. Seismic analysis of the world's tallest building [J]. Journal of Constructional Steel Research, 65 (5): 1206-1215.

FAN W C, 1995. Concise study course of fire [M]. Hefei: University of Science and Technology of China Press.

FARBER R, 2011. CUDA application design and development [R]. San Francisco: Morgan Kaufmann.

FARHANGVESALI N, VALIPOUR H, SAMALI B, et al., 2013. Development of arching action in longitudinally-restrained reinforced concrete beams [J]. Construction and Building Materials, 47: 7-19.

FATICA M, 2009. Accelerating linpack with CUDA on heterogenous clusters [C] // Proceedings of 2nd Workshop on General Purpose Processing on Graphics Processing Units, ACM New York: NY46-51.

FELLIN W, KING J, KIRSCH A, et al., 2010. Uncertainty modelling and sensitivity analysis of tunnel face stability [J]. Structural Safety 32 (6): 402-410.

FEMA, 1997a. NEHRP Guidelines for the seismic rehabilitation of buildings (FEMA 273) [R]. Washington, DC: Federal Emergency Management Agency.

FEMA, 1997b. NEHRP Commentary on the guidelines for the seismic rehabilitation of buildings (FEMA-274) [R]. Washington, DC: Federal Emergency Management Agency.

FEMA, 1997c. Earthquake loss estimation methodology - HAZUS97, Technical manual [R]. Washington, DC: Federal Emergency Management Agency-National Institute of Building Sciences.

FEMA, 1999. Earthquake loss estimation methodology-HAZUS99, Technical manual [R]. Washington, DC: Federal Emergency Management Agency.

FEMA, 2000a. Prestandard and commentary for the seismic rehabilitation of buildings (FEMA 356) [R]. Washington, DC: Federal Emergency Management Agency.

FEMA, 2000b. Recommended seismic design criteria for new steel moment frame buildings（FEMA 350）[R]. Washington, DC: Federal Emergency Management Agency.

FEMA, 2004. NEHRP Recommended provisions for seismic regulations for new buildings and other structures（FEMA 450）[R]. Washington, DC: Federal Emergency Management Agency.

FEMA, 2006. Next-generation performance-based seismic design guidelines program plan for new and existing buildings（FEMA 445）[R]. Washington, DC: Federal Emergency Management Agency.

FEMA, 2007. Interim testing protocols for determining the seismic performance characteristics of structural and nonstructural components（FEMA 461）[R]. Washington, DC: Federal Emergency Management Agency.

FEMA, 2008a. Casualty consequence function and building population model development（FEMA P-58/BD-3.7.8.）[R]. Washington, DC: Federal Emergency Management Agency.

FEMA, 2008b. Design and construction guidance for community safe rooms（FEMA P-361）[R]. Washington, DC: Federal Emergency Management Agency.

FEMA, 2009. Quantification of building seismic performance factors（FEMA P695）[R]. Washington DC: Federal Emergency Management Agency.

FEMA, 2012a. Seismic performance assessment of buildings: Volume 1-Methodology（FEMA P-58-1）[R]. Washington, DC: Federal Emergency Management Agency.

FEMA, 2012b. Seismic performance assessment of buildings: Volume 2-Implementation guide（FEMA P-58-2）[R]. Washington, DC: Federal Emergency Management Agency.

FEMA, 2012c. Multi-hazard loss estimation methodology-earthquake model technical manual（HAZUS-MH 2.1）[R]. Washington, DC: Federal Emergency Management Agency.

FEMA, 2012d. Multi-hazard loss estimation methodology HAZUS-MH 2.1 advanced engineering building module（AEBM）technical and user's manual [R]. Washington, DC: Federal Emergency Management Agency.

FENG M Q, MITA A, 1995. Vibration control of tall building using mega subconfiguration [J]. Journal of Engineering Mechanics-ASCE, 121（10）: 1082-1088.

FERRACUTI B, PINHO R, SAVOIA M, et al., 2009. Verification of displacement-based adaptive pushover through multi-ground motion incremental dynamic analyses [J]. Engineering Structures, 31（8）: 1789-1799.

FIELD E H, 2000. A modified ground-motion attenuation relationship for southern California that accounts for detailed site classification and a basin-depth effect [J]. Bulletin of the Seismological Society of America, 90（6）: S209-S221.

FILIATRAULT A, MOSQUEDA G, RETAMALES R, et al., 2010. Experimental seismic fragility of steel studded gypsum partition walls and fire sprinkler piping subsystems [J]. Structures Congress, 369: 2633-2644.

FLEISCHMAN R B, CHASTEN C P, LU L W, et al., 1989. Top and seat angle connections and end plate connections: snug vs fully pre-tensioned bolts [R]. ATLSS Reports, ATLSS report number 89-06.

FÖRSTNER W, 1999. 3D-city models automatic and semiautomatic acquisition methods [R]. D. Fritsch, R. Spiller (Eds.), Photogrammetric Week 99, Wichmann Verlag: 291-303.

FU H H, HE C H, CHEN B W, et al., 2017. 18. 9-Pflops nonlinear earthquake simulation on Sunway TaihuLight: enabling depiction of 18-Hz and 8-meter scenarios [C] // Proceedings of the International Conference for High Performance Computing, Networking, Storage and Analysis, New York, USA.

GAME PHYSICS SIMULATION, 2012. Bullet physics library [R/OL]. [2018-11-20]. http://www.bulletphysics.com.

GARLOCK M M, RICLES J M, SAUSE R, 2003. Cyclic load tests and analysis of bolted top-and-seat angle connections [J]. Journal of Structural Engineering-ASCE, 129（12）: 1615-1625.

GASPARINI D, VANMARCKE E H, 1976. SIMQKE, A program for artificial motion generation [R]. Cambridge, MA: Department of Civil Engineering, Massachusetts Institute of Technology.

Global Disaster Alert and Coordination System GDACS, 2018. Global Disaster Alert and Coordination System [R/OL]. [2018-11-20]. http://www.gdacs.org/.

GE P, ZHOU Y, 2018. Investigation of efficiency of vector-valued intensity measures for displacement-sensitive tall buildings [J]. Soil Dynamics and Earthquake Engineering, 107: 417-424.

GEIß C, TAUBENBOECK H, TYAGUNOV S, et al., 2014. Assessment of seismic building vulnerability from space [J]. Earthquake Spectra, 30 (4): 1553-1583.

GHABRAIE K, CHAN R, HUANG X, et al., 2010. Shape optimization of metallic yielding devices for passive mitigation of seismic energy [J]. Engineering Structures, 32 (8): 2258-2267.

GHERGU M, IONESCU I R, 2009. Structure-soil-structure coupling in seismic excitation and "city effect" [J]. International Journal of Engineering Science, 47 (3): 342-354.

GHOBARAH A, 2001. Performance-based design in earthquake engineering: state of development [J]. Engineering Structures, 23 (8): 878-884.

GILTON C S, UANG C M, 2002. Cyclic response and design recommendations of weak-axis reduced beam section moment connections [J]. Journal of Structural Engineering-ASCE, 128 (4): 452-463.

GOGGINS J M, BRODERICK B M, ELGHAZOULI A Y, et al., 2005. Experimental cyclic response of cold-formed hollow steel bracing members [J]. Engineering Structures, 27 (7): 977-989.

GOKHALE M, COHEN J, YOO A, et al., 2008. Hardware technologies for high-performance data-intensive computing [J]. Computer, 41 (4): 60-68.

GORETTI A, SARLI V, 2006. Road Network and Damaged Buildings in Urban Areas: Short and Long-term Interaction [J]. Bulletin of Earthquake Engineering, 4 (2): 159-175.

GOULET C A, HASELTON C B, MITRANI-REISER J, et al., 2007. Evaluation of the seismic performance of a code-conforming reinforced-concrete frame building—from seismic hazard to collapse safety and economic losses [J]. Earthquake Engineering & Structural Dynamics, 36: 1973-1997.

GROBY J P, WIRGIN A, 2008. Seismic motion in urban sites consisting of blocks in welded contact with a soft layer overlying a hard half-space [J]. Geophysical Journal International, 172 (2): 725-758.

GUHA-SAPIR D, VOS F, BELOW R, et al., 2011. Annual disaster statistical review 2010: the numbers and trends [R]. Centre for Research on the Epidemiology of Disasters (CRED). Brussels, Belgium.

GUHA-SAPIR D, VOS F, BELOW R, et al., 2012. Annual disaster statistical review 2011: the Numbers and trends [R]. Brussel. Centre for Research on the Epidemiology of Disasters (CRED) Working Paper.

GUIDOTTI R, MAZZIERI I, STUPAZZINI M, et al., 2012. 3D numerical simulation of the Site-City Interaction during the 22 February. 2011. MW 6. 2 Christchurch earthquake [C]//Proceedings of the 15th World Conference on Earthquake Engineering, Lisbon, Portugal.

GÜLKAN P, CLOUGH R W, MAYES R L, et al., 1990. Seismic testing of single-story masonry houses: Part 1 [J]. Journal of Structural Engineering, 116 (1): 235-256.

GUO G, ZHANG J, YORKE-SMITH N, 2013. A novel bayesian similarity measure for recommender systems [C]// Proceedings of the Twenty-Third International Joint Conference on Artificial Intelligence. Beijing.

GUO T, SONG L L, ZHANG G D, 2015. Numerical simulation and seismic fragility analysis of self-centering steel MRF with web friction devices [J]. Journal of Earthquake Engineering, 19 (5): 731-751.

GURU3D, 2014. RivaTuner [R/OL]. [2018-11-20]. http://www.guru3d.com/content_page/rivatuner.html.

GUSELLA L, ADAMS B J, BITELLI G, et al., 2005. Object-oriented image understanding and post-earthquake damage assessment for the 2003 Bam, Iran, earthquake [J]. Earthquake Spectra, 21 (S1): 225-238.

HAJJAR J F, GOURLEY B C, 1996. Representation of concrete-filled steel tube cross-section strength [J]. Journal of Structural Engineering-ASCE, 122 (11): 1327-1336.

HAKLAY M, PATRICK W, 2008. Openstreetmap: User-generated street maps [J]. IEEE Pervasive Computing, 7 (4): 12-18.

HAMADA M, AYDAN O, SAKAMOTO A, 2007. A quick report on Noto Peninsula Earthquake on March 25, 2007[R]. Tokyo: Japan Society of Civil Engineers Report.

HAMBURGER R, ROJAHN C, MOEHLE J, et al., 2004. The ATC-58 project: development of next-generation performance-based earthquake engineering design criteria for buildings[C]// Proc. 13th World Conference on Earthquake Engineering, Vancouver, B.C., Canada, August 1-6, Paper No.1819.

HAN L H, ZHAO X L, TAO Z, 2001. Tests and mechanics model of concrete-filled SHS stub columns, columns and beam-columns [J]. Steel & Composite Structures, 1 (1): 51-74.

HANNA S R, BROWN M J, CAMELLI F E, et al., 2006. Detailed simulations of atmospheric flow and dispersion in downtown Manhattan: An application of five computational fluid dynamics models [J]. Bulletin of the American Meteorological Society, 87 (12): 1713-1726.

HASAN M J, 2017. Moment-rotation behaviour of top-seat angle bolted connections produced from austenitic stainless steel [J]. Journal of Constructional Steel Research, 136 (9): 149-161.

HASELTON C B, LIEL A B, DEIERLEIN G G, et al., 2010. Seismic collapse safety of reinforced concrete buildings. I: assessment of ductile moment frames [J]. Journal of Structural Engineering-ASCE, 137: 481-491.

HASHEMI A, MOSALAM KM, 2006. Shake-table experiment on reinforced concrete structure containing masonry infill wall [J]. Earthquake Engineering & Structural Dynamics, 35 (14): 1827-1852.

HAVOK, 2012. Havok physics [R]. http://www.havok.com/products/physics.

HAYASHI Y, INOUE M, KUO K C, et al., 2005. Damage ratio functions of steel buildings in 1995 Hyogo-ken Nanbu earthquake [C] // Proceedings of ICOSSAR 2005, Rotterdam: Netherlands.

HELBING D, MOLNAR P, 1995. Social force model for pedestrian dynamics [J]. Physical review E, 51 (5): 4282-4286.

HERMANNS L, FRAILE A, ALARCÓN E, et al., 2014. Performance of buildings with masonry infill walls during the 2011 Lorca earthquake [J]. Bulletin of Earthquake Engineering, 12 (5): 1977-1997.

HIMOTO K, MUKAIBO K, AKIMOTO Y, et al., 2013. A physics-based model for post-earthquake fire spread considering damage to building components caused by seismic motion and heating by fire [J]. Earthquake Spectra, 29 (3): 793-816.

HIMOTO K, TANAKA T, 2000. A preliminary model for urban fire spread-building fire behavior under the influence of external heat and wind [C] // Thirteenth Meeting of the UJNR Panel on Fire Research and Safety. National Institute of Standards and Technology, Gaithersburg, MD.

HIMOTO K, TANAKA T, 2002. A physically-based model for urban fire spread [C] // Fire Safety Science—Proceedings of the Seven International Symposium, Gaithersburg, MD.

HIROKAWA N, OSARAGI T, 2016. Earthquake disaster simulation system: Integration of models for building collapse, road blockage, and fire spread [J]. Journal of Disaster Research, 11 (2): 175-187.

HOANG N, FUJINO Y, WARNITCHAI P, 2008. Optimal tuned mass damper for seismic applications and practical design formulas [J]. Engineering Structures, 30 (3): 707-715.

HOEHLE J, 2008. Photogrammetric measurements in oblique aerial image[J]. Photogrammetrie Fernerkundung Geoinformation, (1): 7-14.

HOENDERKAMP J C D, 2002. Simplified analysis of asymmetric high-rise structures with cores [J]. Structural Design of Tall Buildings, 11 (2): 93-107.

HOENDERKAMP J C D, 2004. Shear wall with outrigger trusses on wall and column foundations [J]. Structural Design of Tall and Special Buildings, 13 (1): 73-87.

HONG J K, BAE S Y, CHOI Y K, et al., 2013. Numerical analysis on the effect of improved fractional effective dose (FED) for evacuation by FDS_EVAC [J]. Journal of the Korean Society of Safety, 28 (1): 125-131.

HORI M, 2006. Introduction to computational earthquake engineering [M]. London: Imperial College Press.

HORI M，2011. Introduction to Computational Earthquake Engineering ［M］. 2rd ed. London：Imperial College Press.

HORI M，ICHIMURA T，2008. Current state of integrated earthquake simulation for earthquake hazard and disaster ［J］. Journal of Seismology，12（2）：307-321.

HTCONDOR，2014. Computing with HTCondor ［R/OL］. ［2018-11-20］. http://research.cs.wisc.edu/htcondor/.

HU Z Z，ZHANG X Y，WANG H W，et al.，2016. Improving interoperability between architectural and structural design models：An industry foundation classes-based approach with web-based tools ［J］. Automation in Construction，66：29-42.

HUANG D，WANG G，2015. Stochastic Simulation of Regionalized Ground Motions using Wavelet Packet and Cokriging Analysis ［J］. Earthquake Engineering & Structural Dynamics，44：775-794.

HUANG D，WANG G，2017. Energy-compatible and spectrum-compatible（ECSC）ground motion simulation using wavelet packets ［J］. Earthquake Engineering & Structural Dynamics，46：1855-1873.

HUMPHREY J R，PRICE D K，SPAGNOLI K E，et al.，2010. CULA：hybrid GPU accelerated linear algebra routines ［C］// SPIE Defense，Security，and Sensing. International Society for Optics and Photonics，Or/ando，Florida.

HUNG H C，CHEN L C，2007. The application of seismic risk-benefit analysis to land use planning in Taipei City ［J］. Disasters，31（3）：256-276.

HUNG S L，ADELI H，1994. A parallel genetic/neural network learning algorithm for MIMD shared memory machines［J］. Neural Networks，IEEE Transactions on，5（6）：900-909.

HUTT C M，ALMUFTI I，WILLFORD M，et al.，2015. Seismic loss and downtime assessment of existing tall steel-framed buildings and strategies for increased resilience ［J］. Journal of Structural Engineering-ASCE，142（8）：C4015005-1-C4015005-17.

IBARRA L F，KRAWINKLER H，2004. Global collapse of deteriorating MDOF systems ［C］// 13th World Conference on Earthquake Engineering，Vancouver，BC.

IBARRA L F，MEDINA R A，KRAWINKLER H，2005. Hysteretic models that incorporate strength and stiffness deterioration ［J］. Earthquake Engineering & Structure Dynamics，34（12）：1489-1511.

ICC，2000. International building code ［S］. International Code Council，Falls Church，Virginia.

ICC，2003. International building code ［S］. International Code Council，Falls Church，Virginia.

ICC，2006. International building code ［S］. International Code Council，Falls Church，Virginia.

ICC，2009. International building code ［S］. International Code Council，Country Club Hills，IL.

ICC，2012. International building code ［S］. International Code Council，Country Club Hills，IL.

IERVOLINO I，CORNELL C A，2005. Record selection for nonlinear seismic analysis of structures ［J］. Earthquake Spectra，21：685-713.

IERVOLINO I，GALASSO C，COSENZA E，2010. REXEL：computer aided record selection for code-based seismic structural analysis ［J］. Bulletin of Earthquake Engineering，8：339-362.

IERVOLINO I，MANFREDI G，COSENZA E，2006. Ground motion duration effects on nonlinear seismic response［J］. Earthquake Engineering & Structural Dynamics，35：21-38.

ISBILIROGLU Y，TABORDA R，BIELAK J，2015. Coupled soil-structure interaction effects of building clusters during earthquakes ［J］. Earthquake Spectra，31（1）：463-500.

IWAN W D，1980. Estimating inelastic response spectra from elastic spectra［J］. Earthquake Engineering & Structural Dynamics，8（4）：375-388.

JACOBSEN L S，1930. Steady forced vibrations as influenced by damping ［J］. ASME Transactions，52：169-181.

JAISWAL K S，WALD D J，2011. Rapid estimation of the economic consequences of global earthquakes ［R］. Report No. 2011-1116. U. S. Geological Survey，Reston，Virginia.

JARRETT J A，JUDD J P，CHARNEY F A，2015. Comparative evaluation of innovative and traditional seismic-resisting systems using the FEMA P-58 procedure ［J］. Journal of Constructional Steel Research，105：107-118.

JENKINS C, SOROUSHIAN S, RAHMANISHAMSI E, et al., 2016. Experimental fragility analysis of pressurized fire sprinkler piping systems [J]. Journal of Earthquake Engineering, 21 (1): 62-86.

JEON J T, JUNG W Y, JU B S, 2014. Evaluation of seismic performance of 2-story fire protection sprinkler piping system [J]. Journal of the Korean Society of Disaster Information, 10 (3): 458-464.

JI X D, JIANG F M, QIAN J R, 2013. Seismic behavior of steel tube-double steel plate-concrete composite walls: experimental tests [J]. Journal of Constructional Steel Research, 86 (7): 17-30.

JIANG H J, LU X L, LIU X J, et al., 2014a. Performance-based seismic design principles and structural analysis of Shanghai Tower [J]. Advances in Structural Engineering, 17 (4): 513-528.

JIANG Q, L U X Z, GUAN H, et al., 2014b. Shaking table model test and FE analysis of a reinforced concrete mega-frame structure with tuned mass dampers [J]. Structural Design of Tall & Special Buildings, 23 (18): 1426-1442.

JOHANSSON A, HELBING D, AL-ABIDEEN H Z, et al., 2008. From crowd dynamics to crowd safety: a video-based analysis [J]. Advances in Complex Systems, 11 (4): 497-527.

JONES S L, FRY G T, ENGELHARDT M D, 2002. Experimental evaluation of cyclically loaded reduced beam section moment connections [J]. Journal of Structural Engineering-ASCE, 128 (4): 441-451.

JOSELLI M, CLUA E, MONTENEGRO A, et al., 2008. A new physics engine with automatic process distribution between CPU-GPU [C] // Proceedings of 2008 ACM SIGGRAPH symposium on Video games, ACM, New York: 149-156.

KAISER A, HOLDEN C, BEAVAN J, et al., 2012. The Mw 6.2 Christchurch Earthquake of February 2011: preliminary report [J]. New Zealand Journal of Geology and Geophysics, 55 (1): 67-90.

KALKAN E, CHOPRA A K, 2010. Practical guidelines to select and scale earthquake records for nonlinear response history analysis of structures [R]. U. S. Geological Survey, Reston, Virginia.

KANAZAWA Y, TAMAI H, KONDOH K, et al., 2003. On optimum shape and strength evaluation expression of shear resistance member for K-braced frame [J]. Journal of Structural and Construction Engineering, 564: 125-133.

KASAL B, COLLINS M S, PAEVERE P, et al., 2004. Design models of light frame wood buildings under lateral loads[J]. Journal of Structural Engineering-ASCE, 130 (8): 1263-1271.

KASAL B, LEICHTI RJ, ITANI R Y, 1994. Nonlinear finite-element model of complete light-frame wood structures[J]. Journal of Structural Engineering-ASCE, 120 (1): 100-119.

KATO B, WANG G, 2017. Ground motion simulation in an urban environment considering site-city interaction: a case study of Kowloon station, Hong Kong. [C] //3rd Huixian International Forum on Earthquake Engineering for Young Researchers. University of Illinois, Urbana-Champaign, United States, August 11-12.

KATSANOS E I, SEXTOS A G, MANOLIS G D, 2010. Selection of earthquake ground motion records: A state-of-the-art review from a structural engineering perspective [J]. Soil Dynamics and Earthquake Engineering, 30: 157-169.

KHAM M, SEMBLAT J F, BARD P Y, et al., 2006. Seismic site-city interaction: main governing phenomena through simplified numerical models [J]. Bulletin of the Seismological Society of America, 96 (5): 1934-1951.

KHANDELWAL K, 2008. Multi-scale computational simulation of progressive collapse of steel frames [D]. Ph. D. Thesis, University of Michigan, MI.

KIM H J, CHRISTOPOULOS C, 2008. Friction damped posttensioned self-centering steel moment-resisting frames [J]. Journal of Structural Engineering-ASCE, 134 (11): 1768-1779.

KIRCHER C A, WHITMAN R V, HOLMES W T, 2006. Hazus earthquake loss estimation methods[J]. Natural Hazards Review, 7 (2): 45-59.

KISHI N, CHEN W F, 1990. Moment-rotation relations of semirigid connections with angles [J]. Journal of Structural Engineering-ASCE, 116 (7): 1813-1834.

KLINGNER R E, MCGINLEY W M, SHING P B, et al., 2013. Seismic performance of low-rise wood-framed and reinforced masonry buildings with clay masonry veneer [J]. Journal of Structural Engineering-ASCE, 139 (8): 1326-1339.

KOLLERATHU J A, MENON A, 2017. Role of diaphragm flexibility modelling in seismic analysis of existing masonry structures [J]. Structures, 11: 22-39.

KOMATITSCH D, TROMP J, 1999. Introduction to the spectral element method for three-dimensional seismic wave propagation [J]. Geophysical Journal International, 139 (3): 806-822.

KOMURO M, KISHI N, CHEN W F, 2004. Elasto-plastic FE analysis on moment-rotation relations of top-and seat-angle connections [J]. Connection in Steel Structures, 5 (6): 111-120.

KOWALSKY M J, 1994. Displacement-based design: A methodology for seismic design applied to RC bridge columns [R]. University of California at San Diego, La Jolla, US.

KPMG, 2013. China's urbanization: Funding the future [R]. KPMG Global China Practice, Beijing.

KRENK S, HØGSBERG J, 2008. Tuned mass absorbers on damped structures under random load [J]. Probabilistic Engineering Mechanics, 23 (4): 408-415.

KUANG J S, HUANG K, 2011. Simplified multi-degree-of-freedom model for estimation of seismic response of regular wall-frame structures [J]. Structural Design of Tall and Special Buildings, 20 (3): 418-432.

KWAN W P, BILLINGTON S L, 2003. Influence of hysteretic behavior on equivalent period and damping of structural systems [J]. Journal of Structural Engineering-ASCE, 129 (5): 576-585.

KWON O, ELNASHAI A, 2006. The effect of material and ground motion uncertainty on the seismic vulnerability curves of RC structure [J]. Engineering Structures, 28 (2): 289-303.

LAGOMARSINO S, 1993. Forecast models for damping and vibration periods of buildings [J]. Journal of Wind Engineering and Industrial Aerodynamics, 48 (2-3): 221-239.

LAKOBA T, KAUP D, FINKELSTEIN N, 2005. Modifications of the Helbing-Molnar-Farkas-Vicsek social force model for pedestrian evolution [J]. Simulation, 81 (5): 339-352.

LAM W Y, SU R K L, PAM H J, 2005. Experimental study on embedded steel plate composite coupling beams [J]. Journal of Structural Engineering-ASCE, 131 (8): 1294-1302.

LAN Z J, TIAN Y J, FANG L, et al., 2004. An experimental study on seismic responses of multifunctional vibration-absorption reinforced concrete megaframe structures [J]. Earthquake Engineering & Structural Dynamics, 33 (1): 1-14.

LAN Z J, WANG X D, DAI H, et al., 2000. Multifunctional vibration-absorption RC megaframe structures and their seismic responses [J]. Earthquake Engineering & Structural Dynamics, 29 (8): 1239-1248.

LANDI L, FABBRI O, DIOTALLEVI P P, 2014. A two-step direct method for estimating the seismic response of nonlinear structures equipped with nonlinear viscous dampers [J]. Earthquake Engineering & Structural Dynamics, 43 (11): 1641-1659.

LANGDON D, 2010. Program cost model for PEER tall buildings study concrete dual system structural option [R]. Pacific Earthquake Engineering Research Center, Los Angeles, California.

LATBSDC, 2008. An alternative procedure for seismic analysis and design of tall buildings located in the Los Angeles region [S]. Los Angeles Tall Buildings Structural Design Council, Los Angeles, CA.

LATBSDC, 2011. An alternative procedure for seismic analysis and design of tall buildings located in the Los Angeles region (2011 edition including 2013 supplement) [S]. Los Angeles Tall Buildings Structural Design Council, Los Angeles, CA.

LAWSON A C, REID H F, 1908. The California earthquake of April 18, 1906: report of the state earthquake investigation commission [R]. Washington: Carnegie Institution of Washington.

LEE C H, JEON S W, KIM J H, et al., 2005. Effects of panel zone strength and beam web connection method on seismic performance of reduced beam section steel moment connections [J]. Journal of Structural Engineering-ASCE, 131 (12): 1854-1865.

LEE S K, KIM K R, YU J H, 2014. BIM and ontology-based approach for building cost estimation [J]. Automation in Construction, 41: 96-105.

LEE T, 2007. TinyXML [R/OL]. [2018-11-20]. http//www.grinninglizard.com/tinyxml/.

LEE T H，MOSALAM K M，2005. Seismic demand sensitivity of reinforced concrete shear-wall building using FOSM method [J]. Earthquake Engineering & Structural Dynamics，34（14）：1719-1736.

LÉGERON F，PAULTRE P，2003. Uniaxial confinement model for normal and high-strength concrete columns [J]. Journal of Structural Engineering-ASCE，129（2）：241-252.

LÉGERON F，PAULTRE P，MAZARS J，2005. Damage mechanics modeling of nonlinear seismic behavior of concrete structures [J]. Journal of Structural Engineering-ASCE，131（6）：946-954.

LEVI T，BAUSCH D，KATZ O，et al.，2015. Insights from hazus loss estimations in Israel for dead sea transform earthquakes [J]. Natural Hazards，75（1）：365-388.

LI M，ZANG S Y，ZHANG B，et al.，2014. A review of remote sensing image classification techniques：The role of spatio-contextual information [J]. European Journal of Remote Sensing，47（1），389-411.

LI M，ZHAO Y，HE L，et al.，2015. The parameter calibration and optimization of social force model for the real-life 2013 Ya'an earthquake evacuation in China [J]. Safety Science，79：243-253.

LI M K，LU X，LU X Z，et al.，2014. Influence of soil-structure interaction on seismic collapse resistance of super-tall buildings [J]. Journal of Rock Mechanics and Geotechnical Engineering，6（5）：477-485.

LI Q S，WU J R，2004. Correlation of dynamic characteristics of a super-tall building from full-scale measurements and numerical analysis with various finite element models [J]. Earthquake Engineering & Structural Dynamics，33（14）：1311-1336.

LI Y，LU X Z，GUAN H，et al.，2011. An improved tie force method for progressive collapse resistance design of reinforced concrete frame structures [J]. Engineering Structures，33：2931-2942.

LIMAZIE T，ZHANG X A，WANG X J，2013. Vibration control parameters investigation of the mega-sub controlled structure system（MSCSS）[J]. Earthquakes & Structures，5（2）：225-237.

LIN K Q，LI Y，LU X Z，et al.，2017. Effects of seismic and progressive collapse designs on the vulnerability of RC frame structures [J]. Journal of Performance of Constructed Facilities-ASCE，31（1）：04016079.

LIN K Q，LU X Z，LI Y，et al.，2018a. Experimental study of a novel multi-hazard resistant prefabricated concrete frame structure [J]. Soil Dynamics and Earthquake Engineering，2018. DOI：10.1016/j.soildyn.2018.04.011.

LIN S B，XIE L L，GONG M S，et al.，2010. Performance-based methodology for assessing seismic vulnerability and capacity of buildings [J]. Earthquake Engineering and Engineering Vibration，9（2）：157-165.

LIN X C，KATO M，ZHANG L X，et al.，2018b. Quantitative investigation on collapse margin of steel high-rise buildings subjected to extremely severe earthquakes [J]. Earthquake Engineering and Engineering Vibration，17（3）：445-457.

LIN X C，ZHANG H Y，CHEN H F，et al.，2015. Field investigation on severely damaged aseismic buildings in 2014 Ludian Earthquake [J]. Earthquake Engineering and Engineering Vibration，14（1）：169-176.

LIU D，NAKASHIMA M，KANAO I，2003. Behavior to complete failure of steel beams subjected to cyclic loading [J]. Engineering Structures，25（5）：525-535.

LIU M Y，CHIANG W L，HWANG J H，et al.，2008. Wind-induced vibration of high-rise building with tuned mass damper including soil-structure interaction [J]. Journal of Wind Engineering and Industrial Aerodynamics，96（6）：1092-1102.

LIU Z，JACQUES C，SZYNISZEWSKI S，et al.，2015. Agent-based simulation of building evacuation after an earthquake：coupling human behavior with structural response [J]. Natural Hazards Review，17（1）：4015019.

LØLAND K E，1980. Continuous damage model for load-response estimation of concrete [J]. Cement and Concrete Research，10（3）：395-402.

LOPEZ-BARRAZA A，RUIZ S E，REYES-SALAZAR A，et al.，2016. Demands and distribution of hysteretic energy in moment resistant self-centering steel frames [J]. Steel & Composite Structures，20（5）：1155-1171.

LOU M，WANG H，CHEN X，et al.，2011. Structure-soil-structure interaction：literature review[J]. Soil Dynamics and Earthquake Engineering，31（12）：1724-1731.

LSTC, 2014. LS-DYNA Keyword User's Manual Volume II Material Models, LS-DYNA R7.1 [M]. Livermore Software Technology Corporation.

LU X, LU X Z, GUAN H, et al., 2013a. Collapse simulation of reinforced concrete high-rise building induced by extreme earthquakes [J]. Earthquake Engineering & Structural Dynamics, 42: 705-723.

LU X, LU X Z, GUAN H, et al., 2013b. Comparison and selection of ground motion intensity measures for seismic design of super high-rise buildings [J]. Advances in Structural Engineering, 16: 1249-1262.

LU X, LU X Z, GUAN H, et al., 2016a. Application of earthquake-induced collapse analysis in design optimization of a supertall building [J]. Structural Design of Tall and Special Buildings, 25 (17): 926-946.

LU X, LU X Z, SEZEN H, et al., 2014a. Development of a simplified model and seismic energy dissipation in a super-tall building [J]. Engineering Structures, 67: 109-122.

LU X, LU X Z, ZHANG W K, et al., 2011. Collapse simulation of a super high-rise building subjected to extremely strong earthquakes [J]. Science China Technological Sciences, 54 (10): 2549-2560.

LU X, YE L, LU X Z, LI M K, et al., 2013c. An improved ground motion intensity measure for super high-rise buildings [J]. Science China Technological Sciences, 56 (6): 1525-1533.

LU X L, CUI Y, LIU J J, et al., 2015a. Shaking table test and numerical simulation of a 1/2-scale self-centering reinforced concrete frame [J]. Earthquake Engineering & Structural Dynamics, 44 (12): 1899-1917.

LU X Z, GUAN H, 2017. Earthquake disaster simulation of civil infrastructures: from tall buildings to urban areas[M]. Singapore: Springer.

LU X Z, HAN B, HORI M, et al., 2014b. A coarse-grained parallel approach for seismic damage simulations of urban areas based on refined models and GPU/CPU cooperative computing [J]. Advances in Engineering Software, 70: 90-103.

LU X Z, LI M K, GUAN H, et al., 2015b. A comparative case study on seismic design of tall RC frame-core tube structures in China and USA [J]. Structural Design of Tall and Special Buildings, 24: 687-702.

LU X Z, LIN K Q, LI C F, et al., 2018a. New analytical calculation models for compressive arch action in reinforced concrete structures [J]. Engineering Structures, (168): 721-735.

LU X Z, LIN X C, YE L P, 2009. Simulation of structural collapse with coupled finite element-discrete element method [C] // Proc. Computational Structural Engineering, Yuan Y, Cui J Z and Mang H (eds.), Jun. 22-24, 2009, Springer, Shanghai: 127-135.

LU X Z, TIAN Y, CEN S, et al., 2018b. A high-performance quadrilateral flat shell element for seismic collapse simulation of tall buildings and its implementation in OpenSees [J]. Journal of Earthquake Engineering, 2018, 22 (9): 1662-1682.

LU X Z, TIAN Y, GUAN H, et al., 2017. Parametric sensitivity study on regional seismic damage prediction of reinforced masonry buildings based on time-history analysis [J]. Bulletin of Earthquake Engineering, 15 (11): 4791-4820.

LU X Z, TIAN Y, WANG G, et al., 2018c. A numerical coupling scheme for nonlinear time-history analysis of buildings on a regional scale considering site-city interaction effects [J]. Earthquake Engineering & Structural Dynamics, 2018, 47 (13): 2708-2725.

LU X Z, XIE L L, GUAN H, et al., 2015c. A shear wall element for nonlinear seismic analysis of super-tall buildings using OpenSees [J]. Finite Elements in Analysis & Design, 98: 14-25.

LU X Z, XIE L L, YU C, et al., 2016b Development and application of a simplified model for the design of a super-tall mega-braced frame-core tube building [J]. Engineering Structures, 110: 116-126.

LU X Z, YE L P, MA Y H, et al., 2012. Lessons from the collapse of typical RC frames in Xuankou School during the great Wenchuan Earthquake [J]. Advances in Structural Engineering, 15: 139-154.

LU X Z, ZENG X, XU Z, et al., 2018e. Improving the accuracy of near-real-time seismic loss estimation using post-earthquake remote sensing images [J]. Earthquake Spectra, 2018, 34 (3): 1219-1245.

LU X Z, ZHANG L, CUI Y, et al., 2018d. Experimental and theoretical study on a novel dual-functional replaceable stiffening angle steel component [J]. Soil Dynamics and Earthquake Engineering, 2018, 114: 378-391.

LU Y, PANAGIOTOU M, KOUTROMANOS L, 2014c. Three-dimensional beam-truss model for reinforced concrete walls and slabs subjected to cyclic static or dynamic loading [R]. PEER, 2014/18.

LUCCHINI A, MOLLAIOLI F, MONTI G, 2011. Intensity measures for response prediction of a torsional building subjected to bi-directional earthquake ground motion [J]. Bulletin of Earthquake Engineering, 9 (5): 1499-1518.

LUCO J E, DE BARROS F C, 1998. Control of the seismic response of a composite tall building modelled by two interconnected shear beams [J]. Earthquake Engineering & Structural Dynamics, 27 (3): 205-223.

LUCO N, CORNELL C A, 2007. Structure-specific scalar intensity measures for near-source and ordinary earthquake motions [J]. Earthquake Spectra, 23 (2): 357-391.

LUI E M, SINGH R, 2014. Design of PR frames with top and seat angle connections using the direct analysis method [J]. Advanced Steel Construction, 10 (2): 116-138.

LUO K, WANG Y, 2012. Researches about the conversion relationships among the parameters of ground motions in the seismic design codes of China, America and Europe. [C] // Proc. of Fifteenth World Conference on Earthquake Engineering. Lisbon, Portugal.

LYNN A C, MOEHLE J P, MAHIN S A, et al., 1996. Seismic evaluation of existing reinforced concrete building columns [J]. Earthquake Spectra, 12 (4): 715-739.

MACIEL A, HALIC T, LU Z, et al., 2009. Using the PhysX engine for physics-based virtual surgery with force feedback [J]. International Journal of Medical Robotics and Computer, 5: 341-353.

MACKERLE J, 2003. FEM and BEM parallel processing: theory and applications-a bibliography (1996-2002) [J]. Engineering Computations, 20 (4): 436-484.

MACNEAL R H, HARDER R L, 1985. A proposed standard set of problems to test finite element accuracy [J]. Finite Element in Analysis and Design, 1: 3-20.

MAE CENTER, 2006. Earthquake risk assessment using MAEviz 2. 0: a tutorial [R]. Mid-America Earthquake Center, University of Illinois at Urbana-Champaign, Urbana-Champaign, IL.

MAGICAD, 2016. BIM with MagiCAD [R/OL] [2018-11-20]. https://www.magicad.com/en/.

MAHDAVINEJAD M, BEMANIAN M, ABOLVARDI G, et al., 2012. Analyzing the state of seismic consideration of architectural non-structural components (ANSCs) in design process (based on IBC) [J]. International Journal of Disaster Resilience in the Built Environment 3: 133-147.

MAHMOUD S M, LOTFI A, LANGENSIEPEN C, 2011. Abnormal behaviours identification for an elder's life activities using dissimilarity measurements. [C] // Proceedings of the 4th International Conference on Pervasive Technologies Related to Assistive Environments, Crete, Greece.

MANDER J B, CHEN S S, PEKCAN G, 1994. Low-cycle fatigue behavior of semi-rigid top-and-seat angle connections [J]. AISC Engineering Journal, 31 (3): 111-122.

MANDER J B, PRIESTLEY M J N, PARK R, 1988. Theoretical stress-strain model for confined concrete [J]. Journal of Structural Engineering-ASCE, 114 (8): 1804-1825.

MARANO G C, GRECO R, TRENTADUE F, et al., 2007. Constrained reliability-based optimization of linear tuned mass dampers for seismic control [J]. International Journal of Solids & Structures, 44 (22): 7370-7388.

MARINO E M, NAKASHIMA M, 2006. Seismic performance and new design procedure for chevron-braced frames [J]. Earthquake Engineering & Structural Dynamics, 35 (4): 433-452.

MARTÍNEZ A S, 2001. Probability of damage due to earthquakes for buildings in Puerto Rico using the HAZUS methodology [R]. Puerto Rico: University of Puerto Rico.

MASI A, SANTARSIERO G, DIGRISOLO A, et al., 2016. Procedures and experiences in the post-earthquake usability evaluation of ordinary buildings [J]. Bollettino di Geofisica Teorica ed Applicata, 57 (2).

MATTOCK A H, 1979. Flexural strength of prestressed concrete sections by programmable calculator [J]. PCI Journal, 24 (1): 32-54.

MAZARS J, 1986. A description of micro-and macroscale damage of concrete structures [J]. Engineering Fracture Mechanics, 25 (5): 729-737.

MAZZIERI I, STUPAZZINI M, GUIDOTTI R, et al., 2013. SPEED: SPectral Elements in Elastodynamics with Discontinuous Galerkin: a non-conforming approach for 3D multi-scale problems [J]. International Journal for Numerical Methods in Engineering, 95 (12): 991-1010.

MAZZONI S, MCKENNA F, SCOTT M H, et al., 2006. OpenSees command language manual[R]. Berkeley: Pacific Earthquake Engineering Research (PEER) Center, University of California.

MCGRATTAN K, HOSTIKKA S, MCDERMOTT R, et al., 2016. Fire Dynamics Simulator User's Guide (Sixth Edition) [R]. http://ws680.nist.gov/publication/get_pdf.cfm?pub_id=913619.

MCLAREN T M, MYERS J D, LEE J S, et al., 2008. MAEviz: an earthquake risk assessment system. [C] // Proceedings of the 16th ACM SIGSPATIAL International Conference on Advances in geographic information systems, ACM New York, 88.

MEFTAH S A, TOUNSI A, EL ABBAS A B, 2007. A simplified approach for seismic calculation of a tall building braced by shear walls and thin-walled open section structures [J]. Engineering Structures, 29 (10): 2576-2585.

MELCHERS R E, 1999. Structural reliability analysis and prediction [M]. Chichester: John Wiley & Sons.

MELL P, GRANCE T, 2011. The NIST definition of cloud computing [R]. National Institute of Standards and Technology.

MEMARI A M, BEHR R A, KREMER P A, 2003. Seismic behavior of curtain walls containing insulating glass units[J]. Journal of Architectural Engineering-ASCE 9: 70-85.

MEYERHOF G G. 1953. Some recent foundation research and its application to design[J]. Structural Engineer, 31(6): 151-167.

MICHIHIKO S, 2008. Virtual 3D models in urban design [R]. Virtual Geographic Environment, Hong Kong, China, 2008.

MICROSOFT, 2016. SQL Server [R/OL]. [2018-11-20]. https://www.microsoft.com/en-us/sql-server/sql-server-2016.

MILLINGTON I, 2007. Game physics engine development(The Morgan Kaufmann Series in Interactive 3D Technology)[R]. San Francisco: Morgan Kaufmann Publishers Inc.

MIRANDA E, 1999. Approximate seismic lateral deformation demands in multistory buildings [J]. Journal of Structural Engineering-ASCE, 125 (4): 417-425.

MIRANDA E, AKKAR S D, 2006. Generalized interstory drift spectrum [J]. Journal of Structural Engineering-ASCE, 132 (6): 840-852.

MIRANDA E, ASLANI H, 2003. Probabilistic response assessment for building-specific loss estimation [C] // PEER 2003/03, Berkeley: Pacific Earthquake Engineering Research Center, University of California.

MIRANDA E, REYES C. 2002. Approximate lateral drift demands in multistory buildings with nonuniform stiffness [J]. Journal of Structural Engineering-ASCE, 128 (7): 840-849.

MIRANDA E, TAGHAVI S, 2005. Approximate floor acceleration demands in multistory buildings. I: formulation [J]. Journal of Structural Engineering-ASCE, 131 (2): 203-211.

MOEHLE J, 2015. Seismic design of reinforced concrete buildings [M]. New York: McGraw-Hill Education.

MOEHLE J, BOZORGNIA Y, JAYARAM N, et al., 2011. Case studies of the seismic performance of tall buildings designed by alternative means [R]. Berkeley: Pacific Earthquake Engineering Research Center, CA.

MOEHLE J, DEIERLEIN G G, 2004. A framework methodology for performance-based earthquake engineering. Paper No. 679 [C] // Proceedings of 13th World Conference on Earthquake Engineering, 1-6 August, 2004, Vancouver, B.C., Canada.

MOUROUX P, LE BRUN B, 2006. Presentation of RISK-UE project [J]. Bulletin of Earthquake Engineering, 4 (4): 323-339.

MOUSAVI S，BAGCHI A，KODUR V K，2008. Review of post-earthquake fire hazard to building structures[J]. Canadian Journal of Civil Engineering，35（7）：689-698.

MSC SOFTWARE，2013. Marc 2013 user's guide [R]. Santa Ana：MSC Software，CA.

MSC. SOFTWARE Corp，2007. MSC. Marc user's manual [R]. MSC. Software Corporation，Santa Ana，CA.

MUNDUR P，RAO Y，YESHA Y，2006. Keyframe-based video summarization using Delaunay clustering[J]. International Journal on Digital Libraries，6（2）：219-232.

NA UJ，CHAUDHURI SR，SHINOZUKA M，2008. Probabilistic assessment for seismic performance of port structures [J]. Soil Dynamics and Earthquake Engineering 28（2）：147-158.

NAKASHIMA M，IWAI S，IWATA M，et al.，1994. Energy dissipation behaviour of shear panels made of low yield steel [J]. Earthquake Engineering & Structural Dynamics，23（12）：1299-1313.

NATIONAL RESEARCH COUNCIL，1994. Practical lessons from the Loma Prieta Earthquake [R]. Washington，DC：The National Academies Press.

NAZARI YR，SAATCIOGLU M，2017. Seismic vulnerability assessment of concrete shear wall buildings through fragility analysis [J]. Journal of Building Engineering，12：202-209.

NEX F，REMONDINO F，2014. UAV for 3D mapping applications：a review [J]. Applied Geomatics，6（1）：1-15.

NIBS，2017. BuildingSMART alliance-common building information model files and tools[R]. https://www.nibs.org/?page=bsa_commonbimfiles.National Institute of Building Sciences.Accessed on Jan 2018.

NICHOLAS C，HENRYK S，TED B，1986. Improvements in 3-node triangular shell elements [J]. International Journal for Numerical Methods in Engineering，23：1643-1667.

NISHINO T，TSUBURAYA SI，HIMOTO K，et al.，2008. A study on the estimation of the evacuation behaviors of Tokyo city residents in the Kanto Earthquake Fire [J]. Fire Safety Science 9：453-464.

NIST，2016. Fire Dynamics Simulator Technical Reference Guide [R]. Gaithersburg，MD：National Institute of Standards and Technology.

NIST. 2012. Soil-structure interaction for building structures [R]. Gaithersburg，MD：National Institute of Standards and Technology.

NSF，2006. Blue Ribbon Panel Report on Simulation-Based Engineering Science：Revolutionizing Engineering Science through Simulation [R]. Arlington：National Science Foundation，VA，May，2006.

NVIDIA，2010. PhysX [R/OL]. [2018-11-20]. http://www.nvidia.cn/object/physx_new_cn.html.

NVIDIA，2012a. NVIDIA CUDA C Programming Guide [R]. Santa Clara.

NVIDIA，2012b. PhysX [R/OL]. [2018-11-20] http://www.nvidia.cn/object/physx_new_cn.html.

NVIDIA，2013. NVIDIA CUDA C Programming Guide（Version 5.0）[R]. Santa Clara，USA，2013.

OKAMOTO T，TAKENAKA H，NAKAMURA T，et al.，2012. Large-scale simulation of seismic-wave propagation of the 2011 Tohoku-Oki M9 earthquake. [C] // Proceedings of the International Symposium on Engineering Lessons Learned from the 2011 Great East Japan Earthquake，Tokyo.

OLSON M D，TERRENCE B W，1979. A simple flat triangular shell element revisited [J]. International Journal for Numerical Methods in Engineering，14：51-68.

ONUR T，VENTURA CE，FINN WDL，2006. A comparison of two regional seismic damage estimation methodologies [J]. Canadian Journal of Civil Engineering，33（11）：1401-1409.

ORAZIO M，SPALAZZI L，QUAGLIARINI E，et al.，2014. Agent-based model for earthquake pedestrians' evacuation in urban outdoor scenarios：behavioural patterns definition and evacuation paths choice [J]. Safety Science，62：450-465.

OSARAGI T，MORISAWA T，OKI T，2012. Simulation model of evacuation behavior following a large-scale earthquake that takes into account various attributes of residents and transient occupants [R]. Eidgenössische Technische Hochschule Zürich.

OSG COMMUNITY，2010. OpenSceneGraph [R]. http://www.openscenegraph.org/projects/osg/.

OSG，2016. Openscenegraph［R］. http://www.openscenegraph.org/.

OTI A H，TIZANI W，ABANDA F H，et al.，2016. Structural sustainability appraisal in BIM［J］. Automation in Construction，69：44-58.

ÖZGEN C，2011. An integrated seismic loss estimation methodology：a case study in northwestern Turkey［D］. Turkey：Middle East Technical University.

PADGETT J，DESROCHES R，2007. Sensitivity of seismic response and fragility to parameter uncertainty［J］. Journal of Structural Engineering-ASCE，133：1710-1718.

PADGETT J E，NIELSON B G，DESROCHES R，2008. Selection of optimal intensity measures in probabilistic seismic demand models of highway bridge portfolios［J］. Earthquake Engineering & Structural Dynamics，37（5）：711-725.

PALL A S，MARSH C，1982. Response of friction damped braced frames［J］. Journal of Structural Engineering-ASCE，108（9）：1313-1323.

PAN B，XU J D，HARUKO S，et al.，2006. Simulation of the near-fault strong ground motion in Beijing region［J］. Seismology and Geology，28（4）：623-634.

PAN P，OHSAKI M，ZHANG J Y，2008. Collapse analysis of 4-story steel moment-resisting frames.［C］// Proc. 14th World Conference on Earthquake Engineering，Beijing.

PANG W，ROSOWSKY D V，PEI S，et al.，2010. Simplified direct displacement design of six-story woodframe building and pretest seismic performance assessment［J］. Journal of Structural Engineering-ASCE，136（7）：813-825.

PANG W，ZIAEI E，FILIATRAULT A，2012. A 3D model for collapse analysis of soft-story light-frame wood buildings.［C］// Proceedings of the World Conference on Timber Engineering，Auckland，New Zealand.

PARISI D，GILMAN M，MOLDOVAN H，2009. A modification of the Social Force Model can reproduce experimental data of pedestrian flows in normal conditions［J］. Physica A：Statistical Mechanics and its Applications，388（17）：3600-3608.

PARK H C，CHO C，LEE S W，1995. An efficient assumed strain element model with six DOF per node for geometrically non-linear shells［J］. International Journal for Numerical Methods in Engineering，38（24）：4101-4122.

PARK J，TOWASHIRAPORN P，CRAIG J I，et al.，2009. Seismic fragility analysis of low-rise unreinforced masonry structures［J］. Engineering Structures，31（1）：125-137.

PARK R，GAMBLE W L，2000. Reinforced concrete slabs［M］. New York：John Wiley & Sons.

PARK Y J，REINHORN A M，KUNNATH S K，1987. IDARC：Inelastic damage analysis of reinforced concrete frame-shear-wall structures［R］. Technical Report NCEER-87-0008. Buffalo：State University，New York.

PAULAY T，PRIESTLEY M J N，1992. Seismic design of reinforced concrete and masonry buildings［M］. New York：John Wiley & Sons.

PEEK-ASA C，KRAUS J F，BOURQUE L B，et al.，1998. Fatal and hospitalized injuries resulting from the 1994 Northridge Earthquake［J］. International Journal of Epidemiology，27：459-465.

PEER，2010. Guidelines for performance-based seismic design of tall buildings［R］. Report PEER-2010/05. Berkeley：Pacific Earthquake Engineering Research Center，University of California.

PEER，2014. Preliminary notes and observations on the August 24，2014，South Napa Earthquake［R］. Report No. 2014/13. Berkeley：Pacific Earthquake Engineering Research Center（PEER），University of California.

PEER，2016. PEER ground motion database［R］. Pacific Earthquake Engineering Research Center. http://ngawest2. berkeley. edu/.

PERRONE D，FILIATRAULT A，2017. Automated seismic design of non-structural elements with building information modelling［J］. Automation in Construction，84：166-175.

PIEDRAFITA D，CAHIS X，SIMON E，et al.，2015 A new perforated core buckling restrained brace［J］. Engineering Structures，85：118-126.

PIRMOZ A，DANESH F，FARAJKHAH V，2011. The effect of axial beam force on moment-rotation curve of top and seat angels connections［J］. Structural Design of Tall and Special Buildings，20（7）：767-783.

PITILAKIS D, CLOUTEAU D. 2010. Equivalent linear substructure approximation of soilfoundation-structure interaction: model presentation and validation [J]. Bulletin of Earthquake Engineering, 8 (2): 257-282.

PLOEGER S K, ATKINSON G M, SAMSON C, 2010. Applying the HAZUS-MH software tool to assess seismic risk in downtown Ottawa, Canada [J]. Natural Hazards, 53 (1): 1-20.

PLW MODELWORKS, 2014. PLW Modelworks [R/OL]. [2018-11-20]. http//plwmodelworks.com/.

PONSERRE S, GUHA-SAPIR D, VOS F, et al., 2012. Annual disaster statistical review 2011: the numbers and trends [R]. Brussels: Centre for Research on the Epidemiology of Disasters (CRED).

POON D C K, HSIAO L E, ZHU Y, et al., 2011. Non-linear time history analysis for the performance based design of Shanghai Tower. [C] // ASCE Structures Congress, 541-551.

PORTER K, FAROKHNIA K, VAMVATKSIKOS D C, et al., 2015. Guidelines for component-based analytical vulnerability assessment of buildings and nonstructural elements [R]. Boulder: Global Vulnerability Consortium.

PORTER K A, BECK J L, SHAIKHUTDINOV R V, 2002. Sensitivity of building loss estimates to major uncertain variables [J]. Earthquake Spectra 18 (4): 719-743.

PRIESTLEY M J N, 1996. Displacement-based seismic assessment of existing reinforced concrete buildings [J]. Bulletin of the New Zealand National Society for Earthquake Engineering, 29 (4): 256-272.

PRIESTLEY M J N, SRITHARAN S S, CONLEY J R, et al., 1999. Preliminary results and conclusions from the PRESSS five-story precast concrete test building [J]. PCI Journal, 44 (6): 42-67.

PRIESTLEY M J N, TAO J R, 1993. Seismic response of precast prestressed concrete frames with partially debonded tendons [J]. PCI Journal, 38 (1): 58-69.

PUJOL S, FICK D, 2010. The test of a full-scale three-story RC structure with masonry infill walls [J]. Engineering Structures, 32 (10): 3112-3121.

QI W H, SU G W, SUN L, et al., 2017. "Internet+" approach to mapping exposure and seismic vulnerability of buildings in a context of rapid socioeconomic growth: a case study in Tangshan, China [J]. Natural Hazards, 86 (1): 107-139.

QIAN J R, JIANG Z, JI X D, 2012. Behavior of steel tube-reinforced concrete composite walls subjected to high axial force and cyclic loading [J]. Engineering Structures, 36: 173-184.

QIAN J R, LI N B, JI X D, et al., 2014. Experimental study on the seismic behavior of high strength concrete filled double-tube columns [J]. Earthquake Engineering and Engineering Vibration, 13: 47-57.

QIAN K, LI B, MA J X, 2015. Load-carrying mechanism to resist progressive collapse of RC buildings [J]. Journal of Structural Engineering-ASCE, 141 (2): 04014107.

QIU J, LIU G, WANG S, et al., 2010. Analysis of injuries and treatment of 3 401 inpatients in 2008 Wenchuan earthquake—based on Chinese Trauma Databank [J]. Chinese Journal of Traumatology (English Edition) 13: 297-303.

QUAGLIARINI E, BERNARDINI G, WAZINSKI C, et al., 2016. Urban scenarios modifications due to the earthquake: ruins formation criteria and interactions with pedestrians' evacuation [J]. Bulletin of Earthquake Engineering, 14 (4): 1071-1101.

RATHJE E M, ADAMS B J, 2008. The role of remote sensing in earthquake science and engineering: opportunities and challenges [J]. Earthquake Spectra, 24 (2): 471-492.

REINOSO E, MIRANDA E, 2005. Estimation of floor acceleration demands in high-rise buildings during earthquakes [J]. Structural Design of Tall and Special Buildings, 14 (2): 107-130.

REITHERMAN R, 2012. Earthquakes and Engineers: An International History [M]. American Society of Civil Engineers.

REMO J, PINTER N, 2012. Hazus-MH earthquake modeling in the central USA [J]. Natural Hazards, 63 (2): 1055-1081.

REN A Z, XIE X Y, 2004. The simulation of post-earthquake fire-prone area based on GIS [J]. Journal of Fire Sciences, 22 (5): 421-439.

REN P Q, LI Y, GUAN H, et al., 2015. Progressive collapse resistance of two typical high-rise RC frame shear wall structures [J]. Journal of Performance of Constructed Facilities-ASCE, 29 (3): 04014087.

ROBINSON H, SYMONDS B, GILBERTSON B, et al., 2015. Design economics for the built environment: Impact of sustainability on project evaluation [M]. John Wiley & Sons.

RODGERS A J, PITARKA A, PETERSSON N A, et al., 2018. Broadband (0-4Hz) ground motions for a magnitude 7. 0 Hayward fault earthquake with three-dimensional structure and topography [J]. Geophysical Research Letters, 45 (2): 739-747.

ROESSET J M, YAO J, 2002. State of the Art of Structural Engineering [J]. Journal of Structural Engineering-ASCE, 128 (8): 965-975.

ROJAHN C, SHARPE RL, 1985. Earthquake damage evaluation data for California [R]. Redwood City: Applied Technology Council.

ROJAS P, RICLES J M, SAUSE R, 2005. Seismic performance of post-tensioned steel moment resisting frames with friction devices [J]. Journal of Structural Engineering-ASCE, 131 (4): 529-540.

ROWSHANDEL B, REICHLE M, WILLS C, et al., 2006. Estimation of future earthquake losses in California [R]. Menlo Park: California Geological Survey.

ROY N, SHAH H, PATEL V, et al., 2002. The Gujarat earthquake (2001) experience in a seismically unprepared area: community hospital medical response [J]. Prehospital and Disaster Medicine, 17: 186-195.

RUBINSTEIN R Y, 1981. Simulation and the Monte Carlo Method [M]. New York: Wiley.

RUDD RE, BROUGHTON JQ, 2000. Concurrent coupling of length scales in solid state systems [J]. Physica Status Solidi (B), 27 (1): 251-291.

SAATCIOGLU M, GRIRA M, 1999. Confinement of reinforced concrete columns with welded reinforcement grids [J]. ACI Structural Journal, 96 (1): 29-39.

SAC, 2000. SAC project overview [R]. http://www.sacsteel.org/project/index.html.SAC Joint Venture.Accessed on Feb. 2018.

SADEK F, MOHRAZ B, TAYLOR A W, et al., 1997. A method of estimating the parameters of tuned mass dampers for seismic applications [J]. Earthquake Engineering & Structural Dynamics, 26 (6): 617-635.

SAHAR D, NARAYAN J P, 2016. Quantification of modification of ground motion due to urbanization in a 3D basin using viscoelastic finite-difference modelling [J]. Natural Hazards, 81 (2): 779-806.

SAHAR D, NARAYAN J P, KUMAR N, 2015. Study of role of basin shape in the site-city interaction effects on the ground motion characteristics [J]. Natural Hazards, 75 (2): 1167-1186.

SAITO K, SPENCE S, GOING C, et al., 2004. Using high-resolution satellite images for post-earthquake building damage assessment: a study following the 26 January 2001 Gujarat Earthquake [J]. Earthquake Spectra, 20 (1): 145-169.

SANDERS J, KANDROT E, 2010. CUDA by example: An introduction to general-purpose GPU programming [R]. Boston: Addison-Wesley.

SASANI M, WERNER A, KAZEMI A, 2011. Bar fracture modeling in progressive collapse analysis of reinforced concrete structures [J]. Engineering Structures, 33 (2): 401-409.

SATHIPARAN N, 2015. Mesh type seismic retrofitting for masonry structures: critical issues and possible strategies [J]. European Journal of Environmental and Civil Engineering, 19 (9): 1136-1154.

SCAWTHORN C, EIDINGER J, SCHIFF A, 2005. Fire following earthquake [R]. Technical Council on Lifeline Earthquake Engineering Monograph No. 26. Reston: American Society of Civil Engineers, VA.

SCAWTHORN C, O'ROURKE T D, BLACKBURN F T, 2006. The 1906 San Francisco earthquake and fire: enduring lessons for fire protection and water supply [J]. Earthquake Spectra, 22 (S2): 135-158.

SCHELLENBERG A, MAHIN S, 2006. Integration of hybrid simulation within the general-purpose computational framework OpenSees [C]. // Proc.8th US National Conference on Earthquake Engineering, San Francisco, CA.

SCHMIDTLEIN M C, SHAFER J M, BERRY M, et al., 2011. Modeled earthquake losses and social vulnerability in Charleston [R], South Carolina. Applied Geography, 31 (1): 269-281.

SCHNABEL P B, LYSMER J, SEED H B, 1972. SHAKE: a computer program for earthquake response analysis of horizontal layered sites. [C] // Earthquake Engineering Research Center (EERC) Report, University of California at Berkeley.

SCHWAN L, BOUTIN C, PADRÓN L A, et al., 2016. Site-city interaction: theoretical, numerical and experimental crossed-analysis [J]. Geophysical Journal International, 205 (2): 1006-1031.

SEAOC, 1995. Performance-based seismic engineering of buildings (Vision 2000) [S]. Structural Engineers Association of California, Sacramento, CA.

SEIBLE F, PRIESTLEY M J N, KINGSLEY G R, et al., 1994. Seismic response of full-scale five-story reinforced-masonry building [J]. Journal of Structural Engineering-ASCE, 120 (3): 925-946.

SEKIZAWA A, EBIHARA M, NOTAKE H, 2003. Development of seismic-induced fire risk assessment method for a building [J]. Fire Safety Science, 7: 309-320.

SEMBLAT JF, KHAM M, BARD P Y, 2008. Seismic-wave propagation in alluvial basins and influence of site-city interaction [J]. Bulletin of the Seismological Society of America, 98 (6): 2665-2678.

SHAW K, IOUP E, SAMPLE J, et al., 2007. Efficient approximation of spatial network queries using the M-Tree with road network embedding [C]. // International Conference on Scientific and Statistical Database Management, IEEE, Banff, Alta, Canada.

SHI W, LU X Z, GUAN H, et al., 2014. Development of seismic collapse capacity spectra and parametric study [J]. Advances in Structural Engineering, 17 (9): 1241-1256.

SHI W, LU X Z, YE L P, 2012. Uniform-risk-targeted seismic design for collapse safety of building structures [J]. Science China Technological Sciences, 55 (6): 1481-1488.

SHI Y, WANG M, WANG Y. 2011. Experimental and constitutive model study of structural steel under cyclic loading [J]. Journal of Constructional Steel Research, 67 (8): 1185-1197.

SHIN D H, KIM H J, 2014. Probabilistic assessment of structural seismic performance influenced by the characteristics of hysteretic energy dissipating devices [J]. International Journal of Steel Structures, 14 (4): 697-710.

SHIN T S, 2017. Building information modeling (BIM) collaboration from the structural engineering perspective [J]. International Journal of Steel Structures, 17 (1): 205-214.

SHIODE N, 2000. 3D urban models recent developments in the digital modelling of urban environments in three-dimensions [J]. GeoJournal, 52 (3): 263-269.

SHOME N, CORNELL C A, BAZZURRO P, et al., 1998. Earthquakes, records and nonlinear responses [J]. Earthquake Spectra, 14 (3): 469-500.

SHOME N, JAYARAM N, KRAWINKLER H, et al., 2013 Loss estimation of tall buildings designed for the PEER Tall Building Initiative project [J]. Earthquake Spectra, 31 (3). 1309-1336.

SINHA B P, GERSTLE K H, TULIN L G, 1964. Stress-strain relations for concrete under cyclic loading [J]. ACI Journal Proceedings, 61 (2): 195-212.

SLOAN D, KARACHEWSKI J, 2006. Geology of the San Francisco Bay region [R]. University of California Press.

SMERZINI C, PITILAKIS K, HASHEMI K, 2017. Evaluation of earthquake ground motion and site effects in the Thessaloniki urban area by 3D finite-fault numerical simulations [J]. Bulletin of Earthquake Engineering, 15 (3): 787-812.

SMITH R J, WILLFORD M R, 2007. The damped outrigger concept for tall buildings [J]. Structural Design of Tall and Special Buildings, 16 (4): 501-517.

SMYROU E, TASIOPOULOU P, BAL H E, et al., 2011. Ground motions versus geotechnical and structural damage in the February 2011 Christchurch Earthquake [J]. Seismological Research Letters, 82 (6): 882-892.

SOBHANINEJAD G, HORI M, KABEYASAWA T, 2011. Enhancing integrated earthquake simulation with high performance computing [J]. Advances in Engineering Software, 42 (5): 286-292.

SONG L L, GUO T, CHEN C, 2014. Experimental and numerical study of a self-centering prestressed concrete moment resisting frame connection with bolted web friction devices [J]. Earthquake Engineering & Structural Dynamics, 43 (4): 529-545.

SOROUSHIAN S, ZAGHI A E, MARAGAKIS E, et al., 2014. Seismic fragility study of displacement demand on fire sprinkler piping systems [J]. Journal of Earthquake Engineering, 18 (7): 1129-1150.

SOROUSHIAN S, ZAGHI A E, MARAGAKIS M, et al., 2015. Analytical seismic fragility analyses of fire sprinkler piping systems with threaded joints [J]. Earthquake Spectra, 31 (2): 1125-1155.

STANTON J, STONE W C, CHEOK G S, 1997. A hybrid reinforced precast frame for seismic regions [J]. PCI Journal, 42 (2): 20-32.

STEELMAN J S, HAJJAR J F, 2009. Influence of inelastic seismic response modeling on regional loss estimation[J]. Engineering Structures, 31 (12): 2976-2987.

SU Y P, TIAN Y, SONG X S, 2009. Progressive collapse resistance of axially-restrained frame beams[J]. ACI Structural Journal, 106 (5): 600-607.

SUCUOĞLU H, VALLABHAN C V, 1997. Behaviour of window glass panels during earthquakes [J]. Engineering Structures, 19: 685-694.

SUITA K, YAMADA S, TADA M, et al., 2008. Results of recent E-Defense tests on full-scale steel buildings: part 1-collapse experiments on 4-story moment frames. [C] // Proc. ASCE Structures Congress 2008, April 24-26, 2008, Vancouver, British Columbia, Canada.

TAKEDA T, SOZEN M A, NEILSEN N N, 1970. Reinforced concrete response to simulated earthquakes[J]. Journal of Structural Engineering Division-ASCE, 96 (12): 2557-2573.

TAN P, FANG C J, CHANG C M, et al., 2015. Dynamic characteristics of novel energy dissipation systems with damped outriggers [J]. Engineering Structures, 98: 128-140.

TANAKA T, 2011. Characteristics and problems of fires following the great east Japan earthquake in March [J]. Fire Safety Journal, 54: 197-202.

TANG B X, LU X Z, YE L P, et al., 2011. Evaluation of collapse resistance of RC frame structures for Chinese schools in Seismic Design Categories B and C [J]. Earthquake Engineering and Engineering Vibration, 10: 369-377.

TANTALA M W, NORDENSON G J, DEODATIS G, et al., 2008. Earthquake loss estimation for the New York City Metropolitan Region [J]. Soil Dynamics and Earthquake Engineering, 28 (10): 812-835.

TBI GUIDELINES WORKING GROUP, 2010. Guidelines for performance-based seismic design of tall buildings [R]. Berkeley: University of California (PEER Report No. 2010/05).

THE WEATHER CHANNEL, 2018. San Francisco, CA monthly weather [R/OL]. [2018-11-20]. https://weather.com/zh-CN/weather/monthly/l/USCA0987: 1: US.

THE WEATHER COMPANY, 2018. Weather history for San Francisco, CA [R/OL]. [2018-11-20]. https://www.wunderground.com/history/airport/KSFO/2018/2/19/MonthlyHistory.html?&reqdb.zip=&reqdb.magic=&reqdb.wmo=.

THE WORLD BANK, 2014. Urban China: toward efficient inclusive and sustainable urbanization [R]. Beijing: The World Bank Development Research Center of the State Council, the People's Republic of China.

THUNDERHEAD ENGINEERING, 2016. PyroSim [R/OL]. [2018-11-20]. http://www.thunderheadeng.com/pyrosim/.

TIAN Y, LU X, LU X Z, et al., 2016. Quantifying the seismic resilience of two tall buildings designed using Chinese and US codes [J]. Earthquakes and Structures, 11 (6): 925-942.

TIZIANO P, ROBERTO L, 2008. Behavior of composite CFT beam-columns based on nonlinear fiber element analysis. [C] // Proceedings of the 2008 Composite Construction in Steel and Concrete Conference VI, 237-251.

TOTHONG P, LUCO N, 2007. Probabilistic seismic demand analysis using advanced intensity measures [J]. Earthquake Engineering & Structural Dynamics, 36 (13): 1837-1860.

TRAN C, LI B, 2012. Initial stiffness of reinforced concrete columns with moderate aspect ratios [J]. Advances in Structural Engineering, 15 (2): 265-276.

TRENDAFILOSKI G, WYSS M, ROSSET P, 2011. Loss estimation module in the second generation software QLARM, Human casualties in earthquakes [R]. Netherlands: Springer.

TSAI F, LIN HC, 2007. Polygon-based texture mapping for cyber city 3D building models [J]. International Journal of Geographical Information Science, 21: 965-981.

TSOGKA C, WIRGIN A, 2003. Simulation of seismic response in an idealized city [J]. Soil Dynamics and Earthquake Engineering, 23 (5): 391-402.

UANG C M, FAN C C, 2001. Cyclic stability criteria for steel moment connections with reduced beam section [J]. Journal of Structural Engineering, 127 (9): 1021-1027.

UBC, 1997. Uniform building code [S]. CA.

UENISHI K, 2010. The town effect: dynamic interaction between a group of structures and waves in the ground [J]. Rock Mechanics and Rock Engineering, 43 (6): 811-819.

UNIVERSITY OF SIEGEN, 2012. osgCompute documentation [R]. http://www.basementmaik.com/doc/osgcompute/html/index.html.

USGS, CGS, ANSS, 2017. Center for Engineering Strong-Motion Data [R]. http://www.strongmotioncenter.org/.

VAFAEI D, ESKANDARI R. 2015. Seismic response of mega buckling-restrained braces subjected to fling-step and forward-directivity near-fault ground motions [J]. Structural Design of Tall & Special Buildings, 24 (9): 672-686.

VAMVATSIKOS D, CORNELL C A, 2002. Incremental dynamic analysis [J]. Earthquake Engineering & Structure Dynamics, 31 (3): 491-514.

VAMVATSIKOS D, CORNELL C A, 2005. Developing efficient scalar and vector intensity measures for IDA capacity estimation by incorporating elastic spectral shape information [J]. Earthquake Engineering & Structural Dynamics, 34 (13): 1573-1600.

VARMA A H, RICLES J M, SAUSE R, 2002. Seismic behavior and modeling of high-strength composite concrete-filled steel tube (CFT) beam-columns [J]. Journal of Constructional Steel Research, 58 (5-8): 725-758.

VETRIVEL A, GERKE M, KERLE N, et al., 2015. Identification of damage in buildings based on gaps in 3D point clouds from very high resolution oblique airborne images [J]. ISPRS Journal of Photogrammetry and Remote Sensing, 105: 61-78.

VILLAVERDE R, 2007. Methods to assess the seismic collapse capacity of building structures: State of the art [J]. Journal of Structural Engineering-ASCE, 133: 57-66.

VU T T, BAN Y, 2010. Context-based mapping of damaged buildings from high-resolution optical satellite images [J]. International Journal of Remote Sensing, 31 (13): 3411-3425.

WAHBA G, 1990. Spline models for observational data, society for industrial and applied mathematics [R]. Philadelphia, Pennsylvania.

WAKCHAURE M R, PED SP, 2012. Earthquake analysis of high rise building with and without in filled walls [J]. International Journal of Engineering and Innovative Technology, 2 (2): 89-94.

WALD D J, JAISWAL K, MARANO K D, et al., 2010. PAGER-Rapid assessment of an earthquake's impact[J]. U. S. Geological Survey Fact Sheet 2010-3036.

WALD D J, QUITORIANO V, HEATON T H, et al., 1999. Relationships between peak ground acceleration, peak ground velocity, and modified Mercalli intensity in California [J]. Earthquake Spectra, 15 (3): 557-564.

WALLACE J W, 1994. New methodology for seismic design of RC shear walls [J]. Journal of Structural Engineering-ASCE, 120 (3): 863-884.

WAN J, SUI J, YU H, 2014. Research on evacuation in the subway station in China based on the combined social force model [J]. Physica A: Statistical Mechanics and its Applications, 394: 33-46.

WANG F, YANG C Q, DU Y F, et al., 2011. Optimizing LINPACK benchmark on GPU-accelerated petascale supercomputer [J]. Journal of Computer Science and Technology, 26 (5): 854-865.

WANG G，DU C，HUANG D，et al.，2018. Parametric models for ground motion amplification considering 3D topography and subsurface soils [J]. Soil Dynamics and Earthquake Engineering. Accepted.

WANG J，WANG X Y，SHOU W C，et al.，2014. Development of BIM-based evacuation regulation checking system for high-rise and complex buildings [J]. Automation in Construction，46：38-49.

WANG W，CHAN T M，SHAO H，et al.，2015. Cyclic behavior of connections equipped with NiTi shape memory alloy and steel tendons between H-shaped beam to CHS column [J]. Engineering Structures，88：37-50.

WANG W，FANG C，LIU J，2016. Self-centering beam-to-column connections with combined superelastic SMA bolts and steel angles [J]. Journal of Structural Engineering-ASCE，143（2）：04016175.

WATERS T P. 1995. Finite element model updating using measured frequency response functions [D]. Ph. D. Thesis. Bristol：University of Bristol.

WIJERATHNE M L L，MELGAR L，HORI M，et al.，2013. HPC enhanced large urban area evacuation simulations with vision based autonomously navigating multi agents [J]. Procedia Computer Science，18：1515-1524.

WIJERATHNE M L L，HORI M，KABEYAZAWA T，et al.，2012. Strengthening of parallel computation performance of integrated earthquake simulation [J]. Journal of Computing in Civil Engineering，27（5）：570-573.

WIKIPEDIA，2012. List of tallest buildings in Christchurch [R/OL]. [2018-11-20]. available from：http://en.wikipedia.org/wiki/List_of_tallest_buildings_in_Christchurch.Accessed on Jan 2015.

WIND HISTORY，2018. Wind history for KSFO：San Francisco International Airport [R/OL]. [2018-11-20]. http://windhistory.com/station. html?KSFO.

WU Y J，WANG Y，QIAN D，2007. A google-map-based arterial traffic information system[R]. Intelligent Transportation Systems Conference，2007，IEEE：968-973.

XIAN W，TAKAYUKI A，2011. Multi-GPU performance of incompressible flow computation by lattice Boltzmann method on GPU cluster [J]. Parallel Computing，37（9）：521-535.

XIANG P，NISHITANI A，2015. Optimum design and application of non-traditional tuned mass damper toward seismic response control with experimental test verification [J]. Earthquake Engineering & Structural Dynamics，44（13）：2199-2220.

XIAO M，CHEN Y，YAN M，et al.，2016. Simulation of household evacuation in the 2014 Ludian earthquake [J]. Bulletin of Earthquake Engineering，14（6）：1757-1769.

XIE L L，LU X Z，GUAN H，et al.，2015. Experimental study and numerical model calibration for earthquake-induced collapse of RC frames with emphasis on key columns，joints and overall structure [J]. Journal of Earthquake Engineering，19：8，1320-1344.

XIE J J，ZIMMARO P，LI X J，et al.，2016. VS30 empirical prediction relationships based on a new soil-profile database for the Beijing plain area，China [J]. Bulletin of the Seismological Society of America，106（6）：2843-2854.

XIE S，DUAN J B，LIU S B，et al.，2016. Crowdsourcing rapid assessment of collapsed buildings early after the earthquake based on aerial remote sensing image：a case study of Yushu earthquake [J]. Remote Sensing，8（759）：1-16.

XIONG C，LU X Z，GUAN H，et al.，2016. A nonlinear computational model for regional seismic simulation of tall buildings [J]. Bulletin of Earthquake Engineering，14（4）：1047-1069.

XIONG C，LU X Z，HORI M，et al.，2015. Building seismic response and visualization using 3D urban polygonal modeling [J]. Automation in Construction，55：25-34.

XIONG C，LU X Z，LIN X C，et al.，2017. Parameter determination and damage assessment for THA-based regional seismic damage prediction of multi-story buildings [J]. Journal of Earthquake Engineering，21（3）：461-485.

XIONG C，LU X Z，HUANG J，et al.，2018. Multi-LOD seismic-damage simulation of urban buildings and case study in Beijing CBD [J]. Bulletin of Earthquake Engineering，Accepted on Nov，16，2018，DOI：10. 1007/s10518-018-00522-y.

XU F，CHEN X P，REN A Z，et al.，2008. Earthquake disaster simulation for an urban area，with GIS，CAD，FEA and VR integration [C] // Proc. 12th Int. Conf. on Computing in Civil and Building Engineering，Oct. 2008，Beijing，CDROM.

XU P B，WEN R Z，WANG H W，et al.，2015. Characteristics of strong motions and damage implications of Ms 6. 5 Ludian earthquake on August 3，2014 [J]. Earthquake Science，28（1）：17-24.

XU Z，LU X Z，GUAN H，et al.，2013a. Progressive-collapse simulation and critical region identification of a stone arch bridge [J]. Journal of Performance of Constructed Facilities-ASCE，27（1）：43-52.

XU Z，LU X Z，GUAN H，et al.，2013b. Physics engine-driven visualization of deactivated elements and its application in bridge collapse simulation [J]. Automation in Construction，35：471-481.

XU Z，LU X Z，GUAN H，et al.，2014a. A virtual reality based fire training simulator with smoke hazard assessment capacity [J]. Advances in Engineering Software，68：1-8.

XU Z，LU X Z，GUAN H，et al.，2014b. Seismic damage simulation in urban areas based on a high-fidelity structural model and a physics engine [J]. Natural Hazards，71（3）：1679-1693.

XU Z，LU X Z，GUAN H，et al.，2014c. High-speed visualization of time-varying data in large-scale structural dynamic analyses with a GPU [J]. Automation in Construction，42：90-99.

XU Z，LU X Z，GUAN H，et al.，2016a. Simulation of earthquake-induced hazards of falling exterior non-structural components and its application to emergency shelter design. Natural Hazards，80（2）：935-950.

XU Z，LU X Z，LAW K H，2016b. A computational framework for regional seismic simulation of buildings with multiple fidelity models [J]. Advances in Engineering Software，99：100-110.

XU Z，ZHANG Z C，LU X Z，et al.，2018. Post-earthquake fire simulation considering overall seismic damage of sprinkler systems based on BIM and FEMA P-58 [J]. Automation in Construction，90：9-22.

YALCIN G，SELCUK O，2015. 3D city modelling with oblique photogrammetry method [J]. Procedia Technology，19：424-431.

YAMADA S，AKIYAMA H，KUWAMURA H，1993a. Post-buckling and deteriorating behavior of box section steel members [J]. Journal of Structural and Construction Engineering-AIJ，444：135-143.（in Japanese）

YAMADA S，AKIYAMA H，KUWAMURA H，1993b. Deteriorating behavior of wide flange section steel members in post buckling range [J]. Journal of Structural and Construction Engineering-AIJ，454：179-186.（in Japanese）

YAMASHITA T，KAJIWARA K，HORI M，2011. Petascale computation for earthquake engineering [J]. Computing in Science & Engineering，13（4）：44-49.

YAMAZAKI F，YANO Y，MATSUOKA M，2005. Visual damage interpretation of buildings in Bam City using quickbird images following the 2003 Bam，Iran，earthquake [J]. Earthquake Spectra，21（S1）：329-336.

YANG B，TAN KH，2013. Robustness of bolted-angle connections against progressive collapse：mechanical modelling of bolted-angle connections under tension [J]. Engineering Structures. 57：153-168.

YANG J G，JEON S S，2009. Analytical models for the initial stiffness and plastic moment capacity of an unstiffened top and seat angle connection under a shear load [J]. International Journal of Steel Structures，9（3）：195-205.

YANG N，ZHONG Y N，MENG Q T，et al.，2014. Hysteretic behaviors of cold-formed steel beam-columns with hollow rectangular section：experimental and numerical simulations [J]. Thin-Walled Structures，80：217-230.

YANG Q S，LU X Z，YU C，et al.，2017. Experimental study and finite element analysis of energy dissipating outriggers [J]. Advances in Structural Engineering，20（8）：1196-1209.

YANG S P，LIN X G，2005. Key frame extraction using unsupervised clustering based on a statistical model[J]. Tsinghua Science and Technology，10（2）：169-173.

YANG T Y，MOEHLE J，STOJADINOVIC B，et al.，2009. Seismic performance evaluation of facilities：methodology and implementation [J]. Journal of Structural Engineering-ASCE，135（10）：1146-1154.

YE L P，MA Q L，MIAO Z W，et al.，2013. Numerical and comparative study of earthquake intensity indices in seismic analysis [J]. Structural Design of Tall and Special Buildings，22（4）：362-381.

YI W J，HE Q F，XIAO Y，et al.，2008. Experimental study on progressive collapse resistant behavior of reinforced concrete frame structures [J]. ACI Structural Journal，105（4）：433-439.

YILDIZ S S，KARAMAN H，2013. Post-earthquake ignition vulnerability assessment of küçükçekmece district［J］. Natural Hazards and Earth System Sciences Discussions，1（3）：2005-2040.

YOU S，HU J H，NEUMANN U，et al.，2003. Urban site modeling from LiDAR，Computational science and its applications—ICCSA 2003［R］. Springer Berlin Heidelberg.

YU J，TAN K H，2012. Structural behavior of RC beam-column subassemblages under a middle column removal scenario［J］. Journal of Structural Engineering-ASCE，139（2）：233-250.

YU J，TAN K H，2013. Experimental and numerical investigation on progressive collapse resistance of reinforced concrete beam column sub-assemblages［J］. Engineering Structures，55：90-106.

YUAN T，FILIATRAULT A，MOSQUEDA G，2014a. Seismic response of pressurized fire sprinkler piping systems I：experimental study［J］. Journal of Earthquake Engineering，19（4）：674-699.

YUAN T，FILIATRAULT A，MOSQUEDA G，2014b. Seismic response of pressurized fire sprinkler piping systems II：numerical study［J］. Journal of Earthquake Engineering，19（4）：674-699.

ZAREIAN F，KRAWINKLER H，2007. Assessment of probability of collapse and design for collapse safety［J］. Earthquake Engineering & Structural Dynamics，36（13）：1901-1914.

ZENG X，LU X Z，YANG T Y，et al.，2016. Application of the FEMA-P58 methodology for regional earthquake loss prediction ［J］. Natural Hazards，83（1）：177-192.

ZHANG A L，ZHANG Y X，LI R，et al.，2016. Cyclic behavior of a prefabricated self-centering beam-column connection with a bolted web friction device［J］. Engineering Structures，111：185-198.

ZHANG L，LU X Z，GUAN H，et al.，2017. Floor acceleration control of super-tall buildings with vibration reduction substructures ［J］. Structural Design of Tall and Special Buildings，26（16）：e1343.

ZHANG W Z，BAHRAM M S，1999. Comparison between ACI and AISC for concrete-filled tubular columns［J］. Journal of Structural Engineering-ASCE，125（11）：1213-23.

ZHANG X A，QIN X J，CHERRY S，et al.，2009. A new proposed passive mega-sub controlled structure and response control ［J］. Journal of Earthquake Engineering，13（2）：252-274.

ZHANG Y，MUELLER C，2017. Shear wall layout optimization for conceptual design of tall buildings［J］. Engineering Structures，140：225-240.

ZHAO S J，2010. GisFFE-an integrated software system for the dynamic simulation of fires following an earthquake based on GIS ［J］. Fire Safety Journal，45（2）：83-97.

ZHENG G B，2005. Achieving high performance on extremely large parallel machines：performance prediction and load balancing ［R］. Urbana：Technical Report of University of Illinois at Urbana-Champaign，No. UIUCDCS-R-2005-2559.

ZHOU X，LIN Y，GU M，2015 Optimization of multiple tuned mass dampers for large-span roof structures subjected to wind loads ［J］. Wind & Structures An International Journal，20（3）：363-388.

ZHOU Y，ZHANG C Q，LU X L，2014. Earthquake resilience of a 632-meter super-tall building with energy dissipation outriggers. ［C］// Proceedings of the 10th National Conference on Earthquake Engineering，Earthquake Engineering Research Institute. July 21-25，Anchorage，Alaska，US.

ZOLFAGHARI M R，PEYGHALEH E，NASIRZADEH G，2009. Fire following earthquake，intra-structure ignition modeling ［J］. Journal of Fire Sciences，27（1）：45-79.

ZUO L，NAYFEH S A，2005. Optimization of the individual stiffness and damping parameters in multiple-tuned-mass-damper systems［J］. Journal of Vibration and Acoustics，127（1）：77-83.